2007~2023

건축사 자격시험

과년도 출제문제

1교시 과목 대지계획

한솔아카데미 건축사수험연구회 편

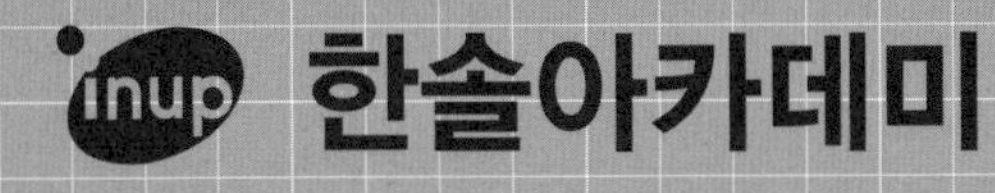

한솔아카데미

www.inup.co.kr

■ 건축사자격시험 기출문제해설 1, 2, 3교시

년 도	1교시 대지계획	2교시 건축설계 1	3교시 건축설계 2
2007	제1과제 | 내수면 생태교육센터 배치계획 제2과제 | 주민복지시설 최대 건축가능영역 및 주차계획	제1과제 | 지방공사 신도시 사옥 평면설계	제1과제 | 주민 자치시설 단면설계 제2과제 | 연수시설 계단설계 제3과제 | 친환경 설비계획
2008	제1과제 | 지역주민을 위한 체육시설이 포함된 초등학교 배치계획 제2과제 | 의료시설 최대 건축가능영역	제1과제 | 숙박이 가능한 향토문화체험시설	제1과제 | 청소년 자원봉사센터 단면설계 제2과제 | 지상주차장의 구조계획 제3과제 | 환경친화적 에너지절약 리모델링 계획
2009	제1과제 | ○○대학교 기숙사 및 관련시설 배치계획 제2과제 | 종교시설 신축대지 최대 건축가능영역	제1과제 | 임대형 미술관 평면설계	제1과제 | 어린이집 단면설계 및 설비계획 제2과제 | 증축설계의 구조계획
2010	제1과제 | 어린이 지구환경 학습센터 제2과제 | 공동주택의 최대 건립 세대수	제1과제 | 청소년 창작스튜디오	제1과제 | 근린문화센터의 단면설계와 설비계획 제2과제 | 사회복지회관의 구조계획
2011	제1과제 | 폐교를 이용한 문화체험시설 배치계획 제2과제 | 근린생활시설의 최대 건축가능영역	제1과제 | 소극장 평면설계	제1과제 | 중소기업 사옥의 단면 · 계단 설계 제2과제 | ○○청사 구조계획
2012	제1과제 | ○○ 비엔날레 전시관 배치계획 제2과제 | 대학 캠퍼스 교사동의 최대 건축가능영역	제1과제 | 기업홍보관 평면설계	제1과제 | 소규모 근린생활시설 단면설계 제2과제 | 소규모 갤러리 구조계획
2013	제1과제 | 중소도시 향토문화 홍보센터 배치계획 제2과제 | 교육연구시설의 최대 건축가능영역	제1과제 | 도시재생을 위한 마을 공동체 센터	제1과제 | 문화사랑방이 있는 복지관 단면설계 제2과제 | 도심지 공장 구조계획
2014	제1과제 | 평생교육센터 배치계획 제2과제 | 주거복합시설의 최대건축가능영역	제1과제 | 게스트하우스 리모델링 설계	제1과제 | 주민센터 단면설계 · 설비계획 제2과제 | 실내체육관 구조계획 · 지붕설계
2015	제1과제 | 노유자종합복지센타 배치계획 제2과제 | 공동주택의 최대 건축 가능영역과 주차계획	제1과제 | 육아종합 지원시설을 갖춘 어린이집	제1과제 | 연수원 부속 복지관 단면설계 제2과제 | 철골구조 사무소 구조계획
2016	제1과제 | 암벽등반 훈련원 계획 제2과제 | 근린생활시설의 최대 건축가능 영역	제1과제 | 패션산업의 소상공인을 위한 지원센터 설계	제1과제 | 노인요양시설의 단면설계 & 설비계획 제2과제 | ○○판매시설 건축물의 구조계획
2017	제1과제 | 예술인 창작복합단지 배치계획 제2과제 | 근린생활시설의 최대 건축가능 규모계획	제1과제 | 도서관 기능이 있는 건강증진센터	제1과제 | 주민자치센터의 단면설계 및 설비계획 제2과제 | ○○고등학교 건축물의 구조계획
2018	제1과제 | 지식산업단지 시설 배치계획 제2과제 | 주민복지시설의 최대 건축가능 규모 및 주차계획	제1과제 | 청년임대주택과 지역주민공동시설	제1과제 | 학생 커뮤니티센터의 단면설계 및 설비계획 제2과제 | 필로티 형식의 건축물 구조계획

■ 건축사자격시험 기출문제해설 1, 2, 3교시

년 도	1교시 대지계획	2교시 건축설계 1	3교시 건축설계 2
2019	제1과제 | 야생화 보존센터 배치계획 제2과제 | 예술인 창작지원센터의 최대 건축가능영역 및 주차계획	제1과제 | 노인공동주거와 창업지원센터	제1과제 | 증축형 리모델링 문화시설 단면설계 제2과제 | 교육연구시설 증축 구조계획
2020(1)	제1과제 | 천연염색 테마 리조트 배치계획 제2과제 | 근린생활시설의 최대 건축가능영역	제1과제 | 주간보호시설이 있는 일반노인요양시설	제1과제 | 청년크리에이터 창업센터의 단면설계 및 설비계획 제2과제 | 주차모듈을 고려한 구조계획
2020(2)	제1과제 | 보건의료연구센터 및 보건소 배치계획 제2과제 | 지체장애인협회 지역본부의 최대 건축가능영역	제1과제 | 돌봄교실이 있는 창작교육센터	제1과제 | 창업지원센터의 단면설계 및 설비계획 제2과제 | 연구시설 신축 구조계획
2021(1)	제1과제 | 전염병 백신개발 연구단지 배치계획 제2과제 | 청소년문화의집 신축을 위한 최대 건축가능규모 산정 및 주차계획	제1과제 | 의료교육시설과 건강생활지원센터	제1과제 | 도시재생지원센터의 단면설계 및 설비계획 제2과제 | 필로티 형식의 건축물 구조계획
2021(2)	제1과제 | 마을주민과 공유하는 치유시설 배치계획 제2과제 | 근린생활시설의 최대 건축가능규모 계획	제1과제 | 청소년을 위한 문화센터 평면설계	제1과제 | 노인복지센터 리모델링 단면설계 및 설비계획 제2과제 | 문화시설 구조계획
2022(1)	제1과제 | 생활로봇 연구센터 배치계획 제2과제 | 복합커뮤니티센터의 최대 건축가능 규모 산정	제1과제 | 창작미디어센터 설계	제1과제 | 바이오기업 사옥 단면설계 제2과제 | 대학 연구동 증축(별동) 구조계획
2022(2)	제1과제 | 공동주택단지 배치계획 제2과제 | 주거복합시설의 최대 건축가능규모 및 주차계획	제1과제 | 생활 SOC 체육시설 증축 설계	제1과제 | 지역주민센터 증축 단면설계 및 설비계획 제2과제 | 필로티 형식 주거복합건물의 구조계획
2023(1)	제1과제 | 초등학교 배치계획 제2과제 | 공동주택(다세대주택)의 최대 건축가능규모 및 주차계획	제1과제 | 어린이 도서관 설계	제1과제 | 초등학교 증축 단면설계 및 설비계획 제2과제 | 근린생활시설 증축 구조계획
2023(2)	제1과제 | 문화산업진흥센터 제2과제 | 최대 건축가능 거실면적 및 주차계획	제1과제 | 다목적 공연장이 있는 복합상가	제1과제 | 마을도서관 신축 단면설계 및 설비계획 제2과제 | 일반업무시설 증축 구조계획

건축사자격시험 기출문제해설

1교시 대지계획

건축사자격시험 기출문제해설

1교시 대지계획

배치계획 출제기준의 이해

1. 배치계획 출제기준

1.1 배치계획 과제 개요

'배치계획' 과제에서는 주어진 규모의 건물, 시설물 등을 계획대지 내에 적정 배치하게 하여, 배치 영향조건을 합리적으로 해석·종합하고 이를 일정한 규격의 도면(배치도)에 표현하는 능력을 측정한다.

1.2 주요 배치 영향조건

① 대지 주변 자연환경 및 지역지구제 등 지역적 특성
② 방위, 대지면적, 대지경계선, 대지가 접하는 도로의 위치와 폭, 주출입구
③ 건축선 및 대지경계선으로부터 건축물의 거리
④ 대지 내외의 기존 건물/시설물, 각 건물의 연계 기능
⑤ 동선 계획(사람, 물건, 차량) 및 주차계획
⑥ 건축물 외부 공간 계획 및 조경 계획(담장 계획 포함)
⑦ 공사용 가설건축물의 축조위치, 공사기간중의 도로점용범위
⑧ 옹벽, 우물, 급배수시설, 오수정화시설, 분뇨정화조, 쓰레기분리수거용기, 기타 부대시설 및 공공설비에 대한 계획 및 현황

1.3 배치계획 출제유형

[출제유형 1] 제시조건을 고려한 도심지역 내 건물배치
계획대지가 도심지역에 위치한 경우, 계획대지를 둘러싼 도시 환경이 건물에 미치는 영향을 고려하여 건물을 배치하는 능력을 측정한다.

<예1> 지역주민을 위한 문화센터를 계획하는 경우, 계획대지에 인접한 다른 건물이나 독특한 성격을 가진 외부 공간 등 주변의 입지적 조건을 고려하여 요구하는 시설을 배치한다.

<예2> 계획대지가 여러 건물에 근접하여 있는 경우, 인접대지 내 건물의 조건과 면밀하게 관계를 맺는 별동을 증축하거나, 제시된 도로의 성격을 반영한 외부 공간을 고려하여 건물을 배치한다.

[출제유형 2] 자연환경을 고려한 교외지역 내 건물배치
계획대지가 도시개발이 진행되지 않은 곳에 위치한 경우, 조망·자연지형의 이용 등 자연환경에 대한 고려가 중요한 조건이 된다.

<예1> 교외로 나들이 하러 나온 사람들이 주로 이용하는 음식점인 경우, 자연 지형의 경사를 이용하여 내·외부의 조망을 확보할 수 있도록 건축물 및 시설물을 배치한다. 이에는 옥외 공간구성 및 동선 계획이 포함될 수 있다.

<예2> 계획대지의 주변 성격이 특별하지는 않지만 면적이 충분히 넓어서 외부공간을 적극적으로 제시해야 하는 경우, 자연적 요소를 주제로 하여 건물을 배치한다.

[출제유형 3] 자연환경, 대지 내 기존 건축물 등을 고려한 건물배치
계획대지 안에 위치한 자연환경 요소 또는 기존 시설물을 고려하여 필요한 시설을 배치하는 것이 중요한 조건이 된다.

<예1> 계획대지 안에 강한 암반이나 보호수와 같은 자연환경에 맞추어 초등학교를 배치하는 경우, 기능·면적·향·소음원에서 이격하는 거리 등을 고려하여 교실동, 지원동, 체육관 등과 같은 필요한 시설을 배치한다.

<예2> 계획대지 안의 기존 건물에 대하여 증축을 고려하거나 인접대지의 건물을 신축 또는 증축하고자 하는 경우, 이격거리 필요한 옥외공간 요구되는 동선 및 주차 등 주어진 조건을 고려하여 필요한 시설을 배치한다.

[출제유형 4] 철도, 도로 등 제약조건을 고려한 건물배치
계획대지 내외의 제약조건에 따라 여러 건물을 적절히 인접시키거나 이격하는 문제가 배치계획의 중요한 조건이 된다.

<예1> 철도, 도로 등으로 둘러싸인 계획대지에 철도역사, 기념관, 여행안내소 등을 배치하는 경우, 여러 건물을 주어진 성격에 따라 적정하게 분리·연결하거나, 공유할 수 있는 부분을 발견하여 불필요한 공간이 생기지 않도록 주어진 기능을 배치한다.

<예2> 제시된 건물 중 일부를 계획대지 안에 미리 배치하고, 면적 등 제시조건을 고려하여 이미 배치된 건물과 함께 다른 건물들을 적절히 배치한다.

과년도 출제유형 분석(1교시 배치계획)

(주)한솔아카데미

유형	2007	2008	2009	2010	2011	2012	2013	2014	2015	2016	2017	2018
용도	내수면 생태 교육센터	체육시설이 포함된 초등학교	대학교 기숙사 및 관련시설	어린이 지구 환경 학습센터	폐교를 이용한 문화체험시설	비엔날레 전시관	중소도시 향토 문화 홍보센터	평생교육센터	노유자 종합복지센터	암벽등반 훈련원	예술인 창작복합 단지	지식산업단지 시설
답안	1/500	1/600	1/600	1/600	1/600	1/600	1/400	1/600	1/600	1/600	1/400	1/500
방위												
지역지구	자연녹지	주거지역	준주거	자연녹지	계획관리	준주거	자연녹지	자연녹지	계획관리	계획관리	준공업	준공업지역
경사지(등고선간격)	●(1)		●(2)		●(1)	●(1)	●(1)	●(1)		●(1)		
배수												
호수,연못,유수지	●		●								●	
개천										●		
보호수목(림)	●		●	●	●	●	●	●	●	●	●	
도로	8m	20m,8m	18m	16m, 12m	10m	20m	20m, 15m	15m, 10m	18m, 10m	12m, 6m	15m, 10m	20m, 12m, 10m
일조권												
건물동수	7	8	6	7	4	6	3	5	5	6	7	9
	관리동,교육관, 생태홍보관, 연구동,숙박동, 후생동,다목적홀	저학년,중학년, 고학년 교실동, 특별교실동,본관, 부설유치원,강당, 실내체육관	남자,여자 기숙사, 공용부분, 지하주차장, 게스트하우스, 산학협동관	극한환경체험, 학습관,자연생태실습,학습관, 자원재활용학습관, 종합교육관, 지구환경전시관	다목적강당 체험동 숙소동(2)	전시관A,B 다목적강당 교육관 관리동(기존)	전통문화공연장 지역홍보전시관 향토문화교육관	정보도서관 교육관 대강당 스포츠센터 생활관	노인병원 요양원 노인주거동 스포츠센터 유치원	행정동 강의동 기숙사(2) 강사숙소 다목적강당	예술지원센터 전시동 공연동 창작동 후생동 숙소동(2)	IT센터,창의제작소,생산공장,산단본부,연구동,전시동,판매동,기숙사A동,기숙사B동
경비실			●			●						
증축고려	●				●			●				
연결통로						●		●	●		●	●
기존건물	●				●	●		●				
옥외공간	6	6	6	4	5	6	3	8	7	3	4	5
	휴게데크,마당, 생태체험마당,운동장(관람석),호 수변탐방로	휴게마당, 운동장,옥외운동시설, 휴게시설, 놀이마당, 자전거보관소	진입광장, 옥외휴게공간(2), 테니스코트, 미니농구장, 자전거보관소	연결데크 놀이마당 야외학습장 휴게데크	잔디마당, 야외공연장, 야외조각정원, 휴게데크, 진입마당	옥외전시장(2), 옥외공연장, 옥외휴게공간, 진입마당(2), 상징탑공간	진입마당 문화행사마당 민속놀이마당	진입마당,문화행사마당,교육마당, 야외공연마당,축구,테니스,배드민턴,게이트볼	잔디마당,휴게광장,진입마당,승하차장,텃밭,체육시설,유치원 놀이터	체력단련장 암벽등반대기장 휴게마당	창작거리 예술마당 창작마당 생태마당	운동마당 휴게마당 쌈지공원 옥외엘리베이터 외부계단
산책로	●			●	●				●	●	●	
옹벽	●				●	●						●
교량												●(공중가로)
차폐조경		●										
옥외주차장	2	2	2	1	2	2	1	2	4	1	2	2
하역공간					△	△	●					●
지하주차장					●	●						

문제유형	자연권(증축)	도시권	자연권	기존시설연계	자연권(증개축)	자연권(증개축)	도시권	자연권(증개축)	도시권	자연권	도시권	도시권
Factor	경사지형 내부도로 호수 탐방로 산책로 관리동 증축 자연경사를 활용한 관람석	평탄지 교사동 향과 소음 자연생태공원, 주민체육공원과의 연계 병렬 분산형 배치	경사지형 3개 주차장 (지하주차장) 장애인 이용성 내부도로 레벨계획	Cul-De-Sac(회차) 볼라드 이형 주차장 대지 내 장애물 탐방로 각종 데크	증축 / 리노베이션 내부도로 주차장 2개소 대지 내 장애물 기존 산책로 존중 보차분리 합리적 지형계획	증축 / 리노베이션 내부도로 주차장 2개소 대지 내 장애물 기존 시설물 활용 보차분리 합리적 지형계획	경사지형 건폐율/용적률 적용 바닥면적 합계 제시 주차대수 산정형 보차분리 건축물 서비스 동선	증축 / 리노베이션 경사지형 기존대지 / 매입대지 주차장 2개소 정보도서관,교육관은 지상면적 합계	평탄지 보행로 위주의 계획 지역주민의 접근성 주변질서와의 연계 내부동선에 의한 영역별 조닝	경사지형 주 진입도로(보+차) 지형축, 방위축 암벽등반장 수림대, 보호수, 암반, 실개천, 산책로 고려	평탄지 차량진입허용구간 수변산책로 연계 창작거리에 의한 영역별 조닝 건물조합	평탄지 차량진입불허구간 대지 내 단차(5m) 공원과 연계동선 용도를 고려한 영역별조닝
Check Point	관리동 합리적 증축 내부도로에 의한 기능별 조닝 지형 고려한 관람석 지형축 고려한 배치	교사동 위치선정 주민체육공원과 체육시설의 연계 본관동의 위계 보차분리 유치원 위치선정	기존 캠퍼스와의 기능, 동선 연계 경사대지의 합리적 대지조성 건물의 입체적 조합 및 배치 지하주차장 고려한 옥외주차장 계획	주변시설과 연계를 고려한 동선축 도로축에 따른 대지영역의 분할 명쾌한 기능별 시설조닝 입.퇴 동선을 고려한 시설배치 대지형상에 순응하는 도로축과 주차장	기존 폐교를 문화 체험 동으로 리노베이션 /증축 원칙적인 보차분리 숙소동의 합리적 위치 선정 해변이라는 조망 및 체험 요소	기존 시설과의 연계를 고려한 전시관 영역 설정 교각, 경사지를 활용한 합리적인 외부공간 계획 원칙적인 보차분리	건축물 볼륨의 합리적 계획 중심 기능에 맞는 건축물 배치 용도 및 현황을 고려한 보행 접근성 확보 모든 건물로의 차량서비스 접근을 고려	기존대지와 매입대지의 용도별 합리적 영역 조닝 교육관의 합리적 증축 완경사지 고려한 지형계획 보차분리	노인병원/스포츠센터/유치원/노인주거동의 4영역 조닝계획 원칙적인 보차분리 영역별 주차장의 합리적인 통합계획 자연휴양림과 공원과의 동선연계를 고려한 내부 보행로 계획	암벽등반장을 고려한 주동선 축 선정 1/15 경사도를 만족하는 도로 계획 기숙사 및 강사숙소의 프라이버시 확보 보차혼용도로 사용으로 사실상 모든 건축물로의 차량 접근 가능	공공보행통로(창작거리)를 기준으로 2개 용도별 조닝계획 하천과 수변산책로를 고려한 시설배치 숙소동의 적정 배치 창작동의 합리적인 건물조합 원칙적인 보차분리	기존대지의 레벨과 옹벽은 최대한 유지 공중가로를 포함한 공공보행통로 계획 산업단지 특성을 고려한 내부동선 계획 기숙사동의 적정 배치 건물 기능을 고려한 영역 내 적정 배치
출제가능유형	특정한 출제유형 보다는 다양한 대안이 도출되는 계획형 배치계획으로 출제되고 있는 만큼 더욱 유연한 사고가 필요하다. 이러한 경향은 앞으로도 계속될 것이라 보여진다.											

배치계획 출제기준의 이해

1. 배치계획 출제기준

1.1 배치계획 과제 개요

'배치계획' 과제에서는 주어진 규모의 건물, 시설물 등을 계획대지 내에 적정 배치하게 하여, 배치 영향조건을 합리적으로 해석·종합하고 이를 일정한 규격의 도면(배치도)에 표현하는 능력을 측정한다.

1.2 주요 배치 영향조건

① 대지 주변 자연환경 및 지역지구제 등 지역적 특성
② 방위, 대지면적, 대지경계선, 대지가 접하는 도로의 위치와 폭, 주출입구
③ 건축선 및 대지경계선으로부터 건축물의 거리
④ 대지 내외 기존 건물/시설물, 각 건물의 연계 기능
⑤ 동선 계획(사람, 물건, 차량) 및 주차계획
⑥ 건축물 외부 공간 계획 및 조경 계획(담장 계획 포함)
⑦ 공사용 가설건축물의 축조위치, 공사기간중의 도로점용범위
⑧ 옹벽, 우물, 급배수시설, 오수정화시설, 분뇨정화조, 쓰레기분리수거용기, 기타 부대시설 및 공공설비에 대한 계획 및 현황

1.3 배치계획 출제유형

[출제유형 1] 제시조건을 고려한 도심지역 내 건물배치
계획대지가 도심지역에 위치한 경우, 계획대지를 둘러싼 도시 환경이 건물에 미치는 영향을 고려하여 건물을 배치하는 능력을 측정한다.

<예1> 지역주민을 위한 문화센터를 계획하는 경우, 계획대지에 인접한 다른 건물이나 독특한 성격을 가진 외부 공간 등 주변의 입지적 조건을 고려하여 요구하는 시설을 배치한다.

<예2> 계획대지가 여러 건물에 근접하여 있는 경우, 인접대지 내 건물의 조건과 면밀하게 관계를 맺는 별동을 증축하거나, 제시된 도로의 성격을 반영한 외부 공간을 고려하여 건물을 배치한다.

[출제유형 2] 자연환경을 고려한 교외지역 내 건물배치
계획대지가 도시개발이 진행되지 않은 곳에 위치한 경우, 조망·자연지형의 이용 등 자연환경에 대한 고려가 중요한 조건이 된다.

<예1> 교외로 나들이 하러 나온 사람들이 주로 이용하는 음식점인 경우, 자연 지형의 경사를 이용하여 내·외부의 조망을 확보할 수 있도록 건축물 및 시설물을 배치한다. 이에는 옥외 공간구성 및 동선 계획이 포함될 수 있다.

<예2> 계획대지의 주변 성격이 특별하지는 않지만 면적이 충분히 넓어서 외부공간을 적극적으로 제시해야 하는 경우, 자연적 요소를 주제로 하여 건물을 배치한다.

[출제유형 3] 자연환경, 대지 내 기존 건축물 등을 고려한 건물배치
계획대지 안에 위치한 자연환경 요소 또는 기존 시설물을 고려하여 필요한 시설을 배치하는 것이 중요한 조건이 된다.

<예1> 계획대지 안에 강한 암반이나 보호수와 같은 자연환경에 맞추어 초등학교를 배치하는 경우, 기능·면적·향·소음원에서 이격하는 거리 등을 고려하여 교실동, 지원동, 체육관 등과 같은 필요한 시설을 배치한다.

<예2> 계획대지 안의 기존 건물에 대하여 증축을 고려하거나 인접대지의 건물을 신축 또는 증축하고자 하는 경우, 이격거리 필요한 옥외공간 요구되는 동선 및 주차 등 주어진 조건을 고려하여 필요한 시설을 배치한다.

[출제유형 4] 철도, 도로 등 제약조건을 고려한 건물배치
계획대지 내외의 제약조건에 따라 여러 건물을 적절히 인접시키거나 이격하는 문제가 배치계획의 중요한 조건이 된다.

<예1> 철도, 도로 등으로 둘러싸인 계획대지에 철도역사, 기념관, 여행안내소 등을 배치하는 경우, 여러 건물을 주어진 성격에 따라 적정하게 분리·연결하거나, 공유할 수 있는 부분을 발견하여 불필요한 공간이 생기지 않도록 주어진 기능을 배치한다.

<예2> 제시된 건물 중 일부를 계획대지 안에 미리 배치하고, 면적등 제시조건을 고려하여 이미 배치된 건물과 함께 다른 건물들을 적절하게 배치한다.

과년도 출제유형 분석(1교시 배치계획)

(주)한솔아카데미

유 형	2019	2020 1회	2020 2회	2021 1회	2021 2회	2022 1회	2022 2회	2023 1회	2023 2회			
용 도	야생화 보존센터	천연염색 테마 리조트	보건의료연구센터 및 보건소	전염병 백신개발 연구단지	치유시설	생활로봇 연구센터	공동주택단지	초등학교	문화산업진흥센터			
답 안	1/500	1/500	1/600	1/600	1/600	1/400	1/400	1/600	1/500			
방 위	N	N	N	N	N	N	N	N	N			
지역지구	계획관리지역	계획관리지역	계획관리지역	준공업지역	자연녹지지역	준공업지역	일반주거지역	일반주거지역	준공업지역			
경사지(등고선간격)	●(1)	●(1)	●(1)	●(1)	●(1)	●(1)		●(1)		14		
배 수												
호수,연못,유수지	●			●						5		
개 천		●		●						3		
보호수목(림)	●	●	●	●	●		●	●		17		
도 로	10m	10m	15m, 8m	20m, 8m	10m 2개소	15m, 8m	15m, 8m 2개소	20m 2개소	20m, 15m, 10m	-		
일 조 권							●	●		2		
건물동수	9	8	7	8	9	5	9	6	7			
	온실동,웰컴센터, 산학연협력동, 숙소동-1,숙소동-2, 숙소동-3,연구동, 강의동,실험동	염색전시관 판매동,공방 체험동,안내센터 숙박동㉮ 숙박동㉯ 숙박동㉰	관리동,교육동 연구동,실험동 보건소 기숙사㉮ 기숙사㉯	유전연구동, 백신연구동, 나노공학동, 제약사본부동, 산학협력동, 기숙사㉮, 기숙사㉯, 관리동	치유센터,숙소㉮,숙소㉯, 명상관, 공작소㉮, 공작소㉯, 도서관, 실내체육관, 안내동	로봇연구동 로봇실험동 로봇홍보동 메이커스랩 관리업무동	주거동 A-F동 (6개동,근생포함) 유치원 커뮤니티동 경비동	특별교실동 고학년교실동 저학년교실동 다목적체육관 도서관 유치원	공연동, 운영지원동, 숙박동,창작동, 전시동,후생동, 업무동			
경 비 실					●(안내)		●	●		5		
증축고려		●						●		5		
연결통로				●		●		●	●	9		
기존건물		●								5		
옥외공간		5	4	4	6	3	6	7	5			
	야외실험장 생태마당	건조마당 체험마당 허브정원 생태데크 힐링데크	쌈지마당 보건마당 휴게마당 의료광장	진입마당 중앙마당 소통마당 만남광장	치유정원, 작업마당, 소통마당,운동장,옥외데크(2개소), 휴게데크	로봇경기장 다목적마당 로봇광장	선큰마당 놀이터, 텃밭 정자마당 주민체육마당 만남마당	운동장,운동마당, 중앙,놀이마당, 상상놀이터 진입마당, 휴게정원	진입마당, 아트 스트리트, 중앙광장, 휴게마당, 생태정원			
산 책 로				●	●		●			9		
옹 벽			●	●	●					7		
교 량		●(기존다리확폭)		●(공중보행로)						3		
차폐조경					●					2		
옥외주차장	3	3	3	2	2	3		2	3	-		
하역공간			●							3		
지하주차장			●	●			●	●		6		

문제유형	자연권	자연권	자연권	자연권	자연권	자연권	도시권	도시권	도시권			
Factor	경사지형 순환형 내부도로 기존 지형을 존중하는 시설배치 영역별 조닝 합리적 지형조정	평탄지+경사지 주 진입도로(보+차) 지형축, 방위축 영역별 조닝 합리적 지형조정 기존시설 증축	경사지 보건의료시설 고려 용도를 고려한 영역별조닝 영역별 차량출입구 별도 계획	경사지 보차의 입체적분리 지하주차장 규모를 고려한 영역선정 (진출입구 2개소) 용도를 고려한 영역별 조닝	경사지 용도를 고려한 영역별 조닝 영역별 차량출입구 별도 계획 전실과 건물 조합 산책로 연계 고려	경사지 내부도로+쿨데삭 영역별 조닝 테라스하우스 부도로 주출입구 대지단면도	평탄지 공동주택(APT) 공공보행로 건물의 수직, 수평 조합 정북, 채광일조권 산책로+비상동선	경사지 영역별 조닝 영역별 차량출입구 교실동 향 고려 건물 간 공중통로 주보행로 2개소	평탄지 영역별 조닝 기존 가로축 존중 영역별 주차장 조건에 의한 내부도로			
Check Point	차량진출입 권장구간을 고려한 진출입구 선정 및 합리적인 순환형 단지 내 도로 연계조건이 있는 영역별 합리적 조닝 숙소동의 적정 배치 영역별 합리적 주차장 계획	진출입 가능구간과 기존다리를 고려한 내부동선 축 설정 하천 및 내부도로에 의한 합리적 조닝 숙박동 적정 배치 및 횡단면도 작성 영역별 합리적 주차장 계획 적정한 지형 조정	보건의료연구센터와 보건소로 명쾌한 2개의 영역별 조닝 영역별 합리적 차량동선 계획 의료광장 중심의 합리적 보건소 영역 계획 1/20 이하의 단지 내 보행로 계획 보건소 지하주차장	연구 vs 산학 vs 부속 영역의 명확한 조닝 중앙보행로, 공공보행로를 활용한 조닝 차로와 보행로의 입체적 분리 및 요구 경사도 확보 지상 및 지하주차장의 합리적 위치 및 규모	치유영역 vs 공유영역의 명확한 조닝 기존 산책로와 연계되는 중앙보행로를 통한 시설 조닝 보차분리(6m 보행로는 비상시 모든 건물로의 차량 접근 가능) 운동장의 계획적 표현	8m도로와 로봇광장을 연결하는 단지내도로와 쿨데삭 15m도로와 자연녹지를 연결하는 2개의 녹지축 계획 지형을 고려한 테라스하우스형 메이커스랩 200석 이상 규모의 스탠드형 관람석 계획	15m도로와 체육공원을 잇는 공공보행로 가로축과 대지형상을 고려한 배치축 건물의 합리적 조합과 배치(코어위치 고려) 향과 개방감 고려한 공동주택 배치 도로 특성을 고려한 근린생활시설 배치	보행로A, B의 합리적 보행축 설정. 자체소음을 고려한 운동장의 합리적 배치. 교실동의 향을 고려한 배치향 설정. 공중통로의 유기적 연결성 확보. 지역주민 이용을 고려한 시설 조닝.	전통악기거리와의 연속성을 고려한 주진입 보행축 설정. 공원지원영역과 문화산업진흥영역 조닝. 생태정원과 숙박동의 공원 연계. 각 시설별 주차장 연계 및 차로 계획.			
출제가능유형	특정한 출제유형 보다는 다양한 대안이 도출되는 계획형 배치계획으로 출제되고 있는 만큼 더욱 유연한 사고가 필요하다. 이러한 경향은 앞으로도 계속될 것이라 보여진다.											

대지조닝 · 대지분석 출제기준의 이해

1. '대지조닝' 과제 개요

'대지조닝'과제의 주요 내용은 건축물의 규모 제한조건을 고려한 최대 건물 규모(높이)를 계획하는 것으로서, 규모 제한조건을 합리적으로 해석하여 건물높이를 결정하고 이를 일정한 규격의 도면(대지 종·횡 단면도 등)에 표현하는 능력을 측정하는 것이다. 이 과제는 대지분석과 함께 종합적으로 출제될 수도 있다.

1.1 '대지조닝' 관련 주요 규모 제한조건

① 건축선, 사선제한, 일조권, 용적률, 층수, 지역지구제 등 법규상 제한조건

② 지형, 지반조건, 지하수위, 홍수위, 지하매설물, 일조, 일영 등 계획적 제약조건

1.2 '대지조닝' 출제유형

[출제유형 1] 규모 제한조건을 고려한 단면상 건축 가능 범위(층수 등) 결정

법규상의 높이 제한, 이격거리 제한, 지반고의 차이, 기타 계획조건을 고려하여 건축이 가능한 단면상 범위를 결정하는 기본능력을 평가한다.

<예1> 계획대지의 등고선 또는 전면도로의 너비에 따른 각종 높이 제한과 사선제한 등 법규상의 제한과 지반조건, 지하수위, 홍수위, 지하매설물, 일조, 일영 등 계획적인 제약을 만족시키면서 건축 가능한 공간의 크기를 단면으로 나타낸다.

<예2> 층고를 명시하여 건물의 층수를 결정하거나, 건축이 가능한 지하층의 규모를 검토한다.

[출제유형 2] 가상 지표면을 기준으로 건축 가능한 건물의 규모 결정

인접한 도로와 대지 지표면의 높이 차이로 생기는 가상 도로면과 가상지표면을 설정하고, 가상 지표면을 기준으로 건축 가능한 건물의 규모를 결정하는 능력을 평가한다.

<예1> 일반주거지역 안의 도로에 접하는 두 인접대지에 대하여 각종 후퇴거리와 높이제한, 제시된 층고 등을 만족시키는 건축이 가능한 범위를 배치도에 지상과 지하로 나누어 표시한다.

<예2> 도로와 계획대지의 경사도, 지표면의 높이 차이 등을 만족시키는 건축이 가능한 범위를 배치도에 표시한다.

[출제유형 3] 경사 대지 내 인동거리 등을 고려한 건축가능 범위 결정

건축규모 제한에 관한 법규를 대지에 적용하여 건축이 가능한 최대 규모를 파악한 다음, 이 규모가 건축적으로 적정한지를 검토하는 능력을 평가한다.

<예 1> 도로 및 일조권에 따른 높이제한 규정, 인접대지 경계선에서 이격거리, 건축후퇴선 등을 만족하면서, 제시된 층수가 경사진 대지에 지어질수 있는 규모를 대지 단면도에 표시한다.

<예2> 고저차가 큰 대지 안에 공동주택 등 2동 이상의 건물을 계획할 경우 최소 인동거리를 검토하여 건축이 가능한 범위를 표시한다.

2. '대지분석' 과제 개요

'대지분석'과제는 법규에 의한 건축물의 규모 제한과 각종 장애물을 고려하여 평면 또는 단면의 크기와 모양을 계획하는 과제로서, 제한조건을 합리적으로 해석하여 적정 건물규모(평면 또는 단면의 크기 및 모양)를 결정할 수 있는 능력을 측정한다. 이 과제는 대지조닝과 함께 종합적으로 출제될 수도 있다.

2.1 '대지분석' 관련 주요 제한조건

① 건축선, 사선제한, 일조권, 건폐율, 건물최고높이 등 법규상 제한조건

② 인접 도로 레벨 차 및 경사, 문화재 인접, 공동구 대지 관통 등 장애물

2.2 '대지분석' 출제유형

[출제유형 1] 규모 제한조건 및 장애물을 고려한 건축 가능 범위(단면) 결정

건축물의 높이제한과 이격거리확보 규정에 따라 건물을 배치할 수 있는 부분을 단면으로 확인한다.

<예1> 각 경계선에서 지상층 건축 후퇴선, 건물 최고 높이 등 법규 및 제반 규정에 따라 건축이 가능한 부분을 단면으로 표시한다.

<예2> 대지에 접한 도로면이 경사지거나 도로와 대지의 높이가 다른 조건을 만족하면서 건축이 가능한 부분을 단면으로 표시한다.

[출제유형 2] 건축 가능한 층고 및 층별 평면 면적 산정

대지의 내·외부에 존재하는 장애물이나 건폐율 등 평면을 제한하는 규정에 따라 건물을 배치할 수 있는 영역을 측정한다.

<예1> 문화재가 인접하고 공동구가 대지를 관통하는 계획 대지에서 여러 조건을 만족하면서 건축이 가능한 범위를 표시한다.

<예2> 층별 층고를 제시한 후 층별로 가능한 수평투영면적을 표시한다.

과년도 출제유형 분석(1교시 대지조닝 · 대지분석)

(주)한솔아카데미

유 형	2007	2008	2009	2010	2011	2012	2013	2014	2015	2016	2017	2018
용 도	주민복지시설	의료시설	종교시설	공동주택	근린생활시설	캠퍼스 교사동	교육연구시설	주거복합시설	공동주택	근린생활시설	근린생활시설	주민복지시설
답 안	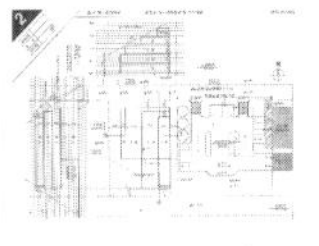 1/300	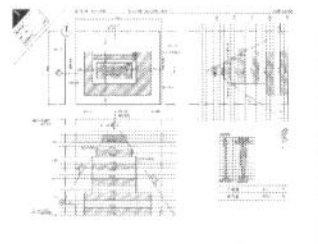 1/400	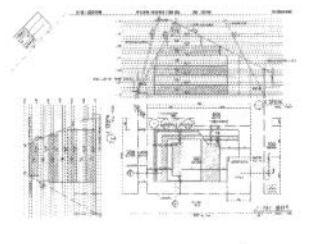 1/300	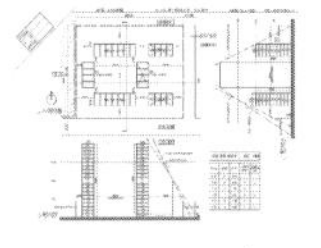 1/600	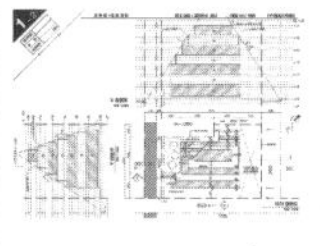 1/300	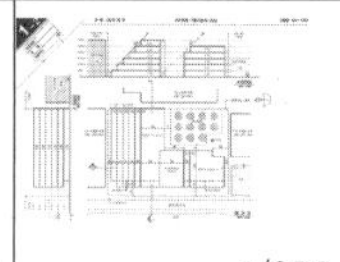 1/600	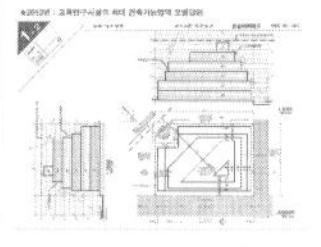 1/300	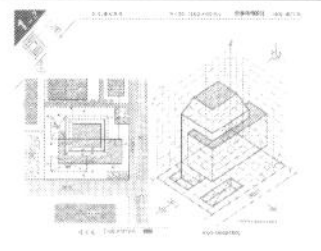 1/400	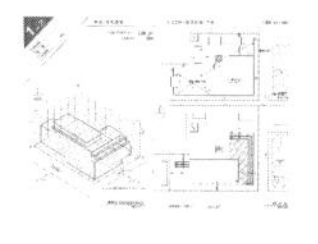 1/400	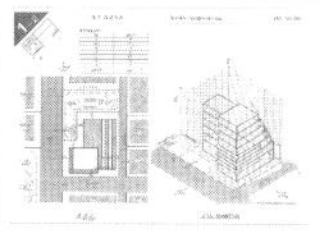 1/400	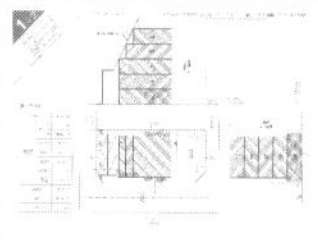 1/200	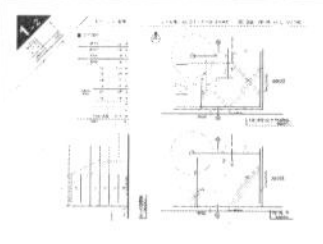 1/300
방 위	N	N	N	N	N	N		N	N	N	N	N
지역지구	제3종 일반주거	제3종 일반주거	제3종 일반주거	제3종 일반주거	제3종 일반주거	제3종 일반주거	제2종 일반주거	제3종 일반주거	제3종 일반주거	제2종 일반주거 지구단위계획구역	제2종 일반주거	제3종 일반주거
건 폐 율	60%이하	50%이하	60%이하	50%이하	50%				50%이하	60%이하	60%이하	50%이하
용 적 률	250%이하	250%이하	250%이하	300%이하	240%						250%이하	300%이하
층 고	4m, 3.5m	4m	4m	3m	5m, 4m	5m	4m	4m	3m	4m, 6m	4m	4m
층 수	지상최대층	지상최대층	지상최대층	최대세대수	지상최대층	지상6층이하	지상최대층	지상9층	지상최대층	지하1/지상최대	지상최대층	지상최대층
대지면적 변화		●			●							
통과도로		◎										
막다른 도로					◎							
가각전제												
도시계획 예정도로												
공개공지	●		●									
이격거리	●	●	●	●	●	●	●	●	●	●	●	●
각종 장애물 이격조건			●		●	●	●	●	●	●	●	●
건축한계선	●		●							●		
건축후퇴선, 지정건축선												
가중지표면(경사지)												
도로가중평균면	●				●		●					
지하층산정												
필 로 티	●			●		●		●	●			●
건축물의높이제한	●	●	●	●	●		●	●				
가로구역별 최고높이								◎				
도로사선제한	◎	◎	◎	◎	◎		◎					
일 조 권	●	●	●	●	●		●	●	●	●	●	●
정북일조	◎	◎	◎	◎	◎		◎	◎(정남)	◎	◎	◎	◎
채광일조				◎					◎			
문화재보호앙각	●		●				●		●			
벽면지정		●		●				●		●		
옥 탑		●										
연면적,용적률계산	●	●	●	●	●			●	●	●	●	●
문제유형	주차복합형	옥탑/적정성	법규형	공동주택	법규형	계획형	법규형	법규+계획형	법규+계획형	법규+계획형	법규+계획형	법규+계획형
Factor	도로사선제한 문화재 보호 앙각 필로티 공개공지	건폐율/용적률 옥탑층 소요폭 미달도로 정북일조 도로사선제한 외벽일치조건	건폐율/용적률 공개공지 인센티브 정북방향 (3:4:5) 보호수목 도로사선제한 정북일조 문화재보호앙각	인동거리 채광일조 도로사선제한 필로티 완화 세대조합 공지완화	건폐율/용적률 막다른 도로 확폭 정북방향(45°) 보호수목 도로사선제한 정북일조 최고고도제한	계획적 일조사선 바닥면적 연면적 건물최소폭 옥외휴식공간	도로사선제한 정북방향(45°) 문화재보호앙각 건축물최고높이제한	가로구역별최고높이 대지안의 공지 정남일조 건물최소폭 필로티조건 썬큰조건 테라스조건	건물최고높이 제한 지상주차장 계획 정북일조 채광일조 문화재보호앙각 건물최소폭 필로티조건	지구단위계획구역 건물최고높이 제한 정북일조 돌출된 발코니 계획 바닥면적/연면적 건물최소폭	기존건물 증축 건물최고높이 제한 정북일조 소규모주차장 계획 바닥면적/연면적	건축물 최고높이 지상주차장 계획 정북일조 바닥면적/연면적 보호수목 보존지역 차량진입 불허구간
문제특성	대지주차계획과 복합으로 출제되었으나 과제 상호간 아무런 영향을 주지 못하였으므로 단순 복합의 성격을 띈다	최대 용적률을 구하는 문제이지만 4면의 외벽 일치조건에 의해 층별 건축범위가 한정됨 옥탑의 특수성(높이, 층수에서 제외)에 대한 이해 필요	용적률 건폐율 체크 공개공지에 따른 용적률과 높이제한 인센티브(1.2배) 일조권 빗각처리 미소한 부분의 돌출부위 체크(작도오차 최소화)	최대규모를 위한 동별 세대조합(4세대/8세대) 채광일조권과 도로사선 제한에 의한 규모제한 필로티 적용대상 검토 남쪽동보다 북쪽동이 더 낮게 배치되는 특수한 상황 설정	용적률 건폐율 체크 막다른 도로의 확폭 45°기울어진 정북방향 건축불가영역(지상주차장 및 옥외휴게공간)의 처리 최고고도제한 적용 공지에 의한 완화 적용	캠퍼스 내 부지로서 법규적 제약이 없는 대지 일조 및 개방감확보를 위한 계획적 사선제한 적용 각동 층별 바닥면적 각동 동별 연면적 각동 건축물 폭 제시	45°기울어진 정북 도로사선제한을 적용함에 있어 8m 도로의 평균수평면 산정이 필요 (전개도 필요) 문화재보호앙각에 의해 규모가 제한되는 부분의 정확한 단면 표현이 필요	법규와 계획적 factor가 복합된 형태 (계획조건+법규+증축건물요구사항) 합리적인 썬큰 및 필로티 위치, 규모계획 투상도 작도에 많은 시간 소요 지상층 바닥면적 합계 산정	공동주택의 최대건축 가능영역을 산정함에 있어 지상 주차장계획을 유기적으로 복합시켜 높은 난이도로 출제. 건폐율 검토에 있어 대안이 가능한 형태의 문제로 평가됨.	정북일조와 층별 바닥의 최소너비로 건물의 형태는 다소 용이하게 접근. 발코니에 대한 해석에 따라 대안이 검토 되지만 이격 거리를 지구단위계획구역의 건축한계선으로 이해하는 것이 합리적.	기존건물 수평,수직 증축형 문제. 정북일조 검토. 전면도로의 중앙선까지 차로로 이용할 수 있는 소규모 주차장 계획.	건폐율 및 용적률 최대를 고려한 지상주차장 및 건축물 계획. 건축면적 최대를 확보하는 방법에 따라 건물 형태 대안이 가능. 배점에 비해 지상주차장 검토에 다소 많은 시간 소요되어 체감 난이도 높아짐.
출제가능유형	특정한 출제유형 보다는 실무적인 요소가 가미된 문제가 출제되고 있으므로 앞으로도 법규 및 계획적 요소의 이해를 요구하는 복합·실무적인 문제가 출제될 것으로 예측된다.											

대지조닝 · 대지분석 출제기준의 이해

1. '대지조닝' 과제 개요

'대지조닝'과제의 주요 내용은 건축물의 규모 제한조건을 고려한 최대 건물 규모(높이)를 계획하는 것으로서, 규모 제한조건을 합리적으로 해석하여 건물높이를 결정하고 이를 일정한 규격의 도면(대지 종·횡 단면도 등)에 표현하는 능력을 측정하는 것이다. 이 과제는 대지분석과 함께 종합적으로 출제될 수도 있다.

1.1 '대지조닝' 관련 주요 규모 제한조건

① 건축선, 사선제한, 일조권, 용적률, 층수, 지역지구제 등 법규상 제한조건

② 지형, 지반조건, 지하수위, 홍수위, 지하매설물, 일조, 일영 등 계획적 제약조건

1.2 '대지조닝' 출제유형

[출제유형 1] 규모 제한조건을 고려한 단면상 건축 가능 범위(층수 등) 결정
법규상의 높이 제한, 이격거리 제한, 지반고의 차이, 기타 계획조건을 고려하여 건축이 가능한 단면상 범위를 결정하는 기본능력을 평가한다.

<예1> 계획대지의 등고선 또는 전면도로의 너비에 따른 각종 높이 제한과 사선제한 등 법규상의 제한과 지반조건, 지하수위, 홍수위, 지하매설물, 일조, 일영 등 계획적인 제약을 만족시키면서 건축 가능한 공간의 크기를 단면으로 나타낸다.

<예2> 층고를 명시하여 건물의 층수를 결정하거나, 건축이 가능한 지하층의 규모를 검토한다.

[출제유형 2] 가상 지표면을 기준으로 건축 가능한 건물의 규모 결정
인접한 도로와 대지 지표면의 높이 차이로 생기는 가상 도로면과 가상지표면을 설정하고, 가상 지표면을 기준으로 건축 가능한 건물의 규모를 결정하는 능력을 평가한다.

<예1> 일반주거지역 안의 도로에 접하는 두 인접대지에 대하여 각종 후퇴거리와 높이제한, 제시된 층고 등을 만족시키는 건축이 가능한 범위를 배치도에 지상과 지하로 나누어 표시한다.

<예2> 도로와 계획대지의 경사도, 지표면의 높이 차이 등을 만족시키는 건축이 가능한 범위를 배치도에 표시한다.

[출제유형 3] 경사 대지 내 인동거리 등을 고려한 건축가능 범위 결정
건축규모 제한에 관한 법규를 대지에 적용하여 건축이 가능한 최대 규모를 파악한 다음, 이 규모가 건축적으로 적정한지를 검토하는 능력을 평가한다.

<예 1> 도로 및 일조권에 따른 높이제한 규정, 인접대지 경계선에서 이격거리, 건축후퇴선 등을 만족하면서, 제시된 층수가 경사진 대지에 지어질수 있는 규모를 대지 단면도에 표시한다.

<예2> 고저차가 큰 대지 안에 공동주택 등 2동 이상의 건물을 계획할 경우 최소 인동거리를 검토하여 건축이 가능한 범위를 표시한다.

2. '대지분석' 과제 개요

'대지분석'과제는 법규에 의한 건축물의 규모 제한과 각종 장애물을 고려하여 평면 또는 단면의 크기와 모양을 계획하는 과제로서, 제한조건을 합리적으로 해석하여 적정 건물규모(평면 또는 단면의 크기 및 모양)를 결정할 수 있는 능력을 측정한다. 이 과제는 대지조닝과 함께 종합적으로 출제될 수도 있다.

2.1 '대지분석' 관련 주요 제한조건

① 건축선, 사선제한, 일조권, 건폐율, 건물최고높이 등 법규상 제한조건

② 인접 도로 레벨 차 및 경사, 문화재 인접, 공동구 대지 관통 등 장애물

2.2 '대지분석' 출제유형

[출제유형 1] 규모 제한조건 및 장애물을 고려한 건축 가능 범위(단면) 결정
건축물의 높이제한과 이격거리확보 규정에 따라 건물을 배치할 수 있는 부분을 단면으로 확인한다.

<예1> 각 경계선에서 지상층 건축 후퇴선, 건물 최고 높이 등 법규 및 제반 규정에 따라 건축이 가능한 부분을 단면으로 표시한다.

<예2> 대지에 접한 도로면이 경사지거나 도로와 대지의 높이가 다른 조건을 만족하면서 건축이 가능한 부분을 단면으로 표시한다.

[출제유형 2] 건축 가능한 층고 및 층별 평면 면적 산정
대지의 내·외부에 존재하는 장애물이나 건폐율 등 평면을 제한하는 규정에 따라 건물을 배치할 수 있는 영역을 측정한다.

<예1> 문화재가 인접하고 공동구가 대지를 관통하는 계획 대지에서 여러 조건을 만족하면서 건축이 가능한 범위를 표시한다.

<예2> 층별 층고를 제시한 후 층별로 가능한 수평투영면적을 표시한다.

과년도 출제유형 분석(1교시 대지조닝 · 대지분석)

(주)한솔아카데미

유 형	2019	2020 1회	2020 2회	2021 1회	2021 2회	2022 1회	2022 2회	2023 1회	2023 2회		
용 도	창작지원센터	근린생활시설	장애인협회본부	청소년문화의집	근린생활시설	복합커뮤니티센터	주거복합시설	다세대주택	중소기업사옥		
답 안	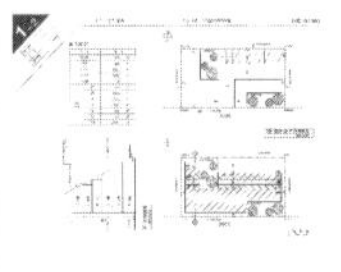 1/300	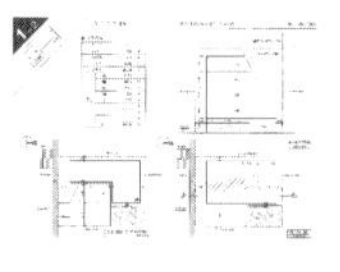 1/200	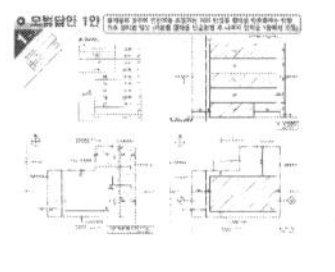 1/200	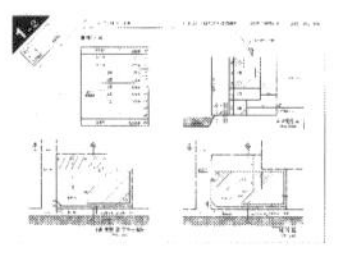 1/300	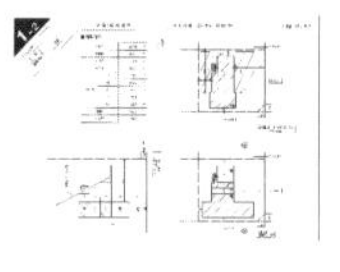 1/200	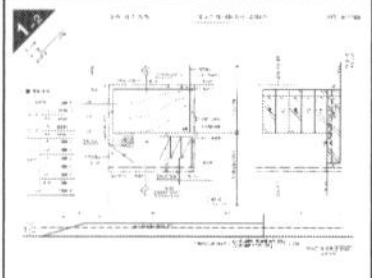 1/200	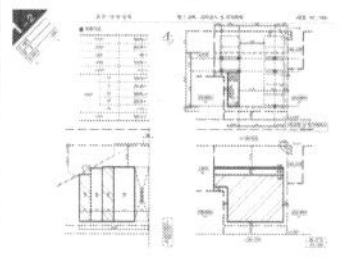 1/200	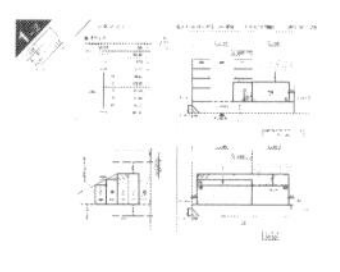 1/200	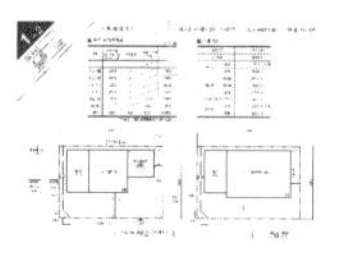 1/200		
방 위	N	N	N	N	N	N	N	N	N		
지역지구	제2종 일반주거	제3종 일반주거	제2종 일반주거, 경관지구	제2종 일반주거	제3종 일반주거	준주거, 제2종 일반주거	제2종 일반주거	제2종 일반주거	제2종 일반주거		
건 폐 율	60%	50%	60%	60%	50%	60%(준), 50%(2종)	60%	50%	60%		
용 적 률	250%	200%	250%	200%	250%	300%(준), 150%(2종)	250%	200%	250%		
층 고	5m, 4m	4m	4m	6m, 4.5m, 4m	4.8m, 3m	3m	3.6m, 5.4m, 3m	3.2m, 2.9m, 3m	4.5m, 4m		
층 수	지상최대층	지상최대층	지상최대층	7층 이하	5층 이하	5층 이하	5층 이하	5층	지상최대층		
대지면적 변화			●	●	●	●	●	●	●	9	
통과도로				◎		◎	◎		◎	5	
막다른 도로										1	
가각전제				◎	◎		◎	◎	◎	5	
도시계획 예정도로			◎							1	
공개공지										2	
이격거리	●	●	●	●	●	●	●	●	●	21	
각종 장애물 이격조건	●	●		●	●			●		14	
건축한계선					●			●		5	
건축후퇴선, 지정건축선		●								1	
가중지표면(경사지)										-	
도로가중평균면										3	
지하층산정						●				1	
필 로 티	●	●	●	●			●	●	●	13	
건축물의높이제한		●	●							9	
가로구역별 최고높이		◎	◎							3	
도로사선제한										6	
일 조 권	●	●		●	●		●	●	●	18	
정북일조	◎	◎		◎	◎		◎	◎	◎	18	
채광일조										2	
문화재보호앙각										4	
벽면지정								●	●	6	
옥 탑										1	
연면적,용적률계산	●	●	●	●	●	●	●	●	●	19	

문제유형	법규+계획형	법규+계획형	법규+계획형	법규+계획형	법규+계획형	법규+계획형	법규+계획형	법규+계획형	법규+계획형		
Factor	건축물 최고높이 지상주차장 계획 정북일조 바닥면적/연면적 수목보호선 차량진입 불허구간	가로구역별최고높이 지상주차장 계획 정북일조 바닥면적/연면적 보호수목건축한계선 지정건축선 내 건축물 및 주차장 금지	가로구역별최고높이 지상주차장 계획 정북일조 적용 배제 바닥면적/연면적 도시계획도로 확폭 차량진출입불허구간 소규모주차장 기준	정북일조 지상주차장 계획 소요폭미달도로 확폭 +가각전제 차량진출입불허구간 바닥면적/연면적	정북일조 지상주차장계획 (소규모주차장 기준) 가각전제 조경면적 건축한계선	하나의 대지가 둘 이상의 용도지역에 걸치는 경우 건폐율, 용적률 지하층 지표면 산정 소요폭미달도로 확폭 차량출입불허구간 소규모주차장 계획	주거복합(상가+다세대) 1층 전체 필로티 지상주차장 계획 (기둥 계획 고려) 대지안의 공지 소요폭미달도로 확폭 +가각전제	정북일조 지상주차장계획 가각전제 건축한계선 장애인승강기 면적산정 각 층 최소폭	정북일조(공지완화) 바닥면적, 건축면적 제외항목 파악 지상주차장 계획 +지하기계식주차장 소요폭미달도로 확폭 +가각전제		
문제특성	건폐율 및 용적률 최대를 고려한 지상주차장 및 건축물 계획. 주차구획 상부 건축물 금지 조건을 활용한 건축면적 정리 차량진출입로에 대한 대안 가능(1층 면적 변경 없는 범위)	건폐율 및 용적률 최대를 고려한 지상주차장 및 건축물 계획. 지정건축선 시설물 계획 금지 조건. 주차구획은 필로티 하부 계획, 차로 상부는 건물 계획 금지.	용적률 최대를 만족하는 다양한 대안 가능. 경관지구를 고려한 형태적 접근도 가능. 전면도로를 차로로 이용하는 소규모주차장. 장애인주차구역과 보행안전통로 관계설정. 정확한 개요작성 필요.	건폐율 및 용적률 최대를 고려한 주차구획 위치 선정 소규모주차장 완화기준 적용 배제 용절률 최대를 만족하는 다양한 건축물의 형태적 대안 가능	출제자의 의도를 파악하기 힘든 문제 소규모주차장 기준을 적용함에 있어 건축한계선측 주차 출입에 대한 조건 해석에 따라 계획 방향 달라짐 용적률 최대를 고려한 주차구회 위치 선정	지하층의 계획 가능 범위에 따른 지하층 산정용 지표면 산정 전면도로(확폭)를 차로로 이용하는 소규모 주차장 둘 이상의 용도지역에 걸친 대지의 건폐율, 용적률 가중 평균 최대용적률을 고려한 다양한 대안 가능	상부 건축가능영역을 고려한 1층 필로티 기둥계획+주차장 계획 도로확폭, 가각전제에 따른 대지면적 변경 최대용적률을 고려한 건축영역 설정 최대건폐율에 맞게 건축면적 조정 채광일조 배제(다세대)	최상층 영역 내 합리적인 코어 위치 선정. 최대 규모를 고려한 로비 계획. 단순 명쾌한 지상주차장 계획. 최대 용적률을 만족하는 다양한 1층 대안 가능.	코어의 합리적인 위치 선정. 지하주차장과 필로티고려한 합리적 지상주차+차량승강로 계획. 직사각형 형태의 용도별 최대 거실면적. 바닥면적, 건축면적 제외항목의 정확한 적용		
출제가능유형	특정한 출제유형 보다는 실무적인 요소가 가미된 문제가 출제되고 있으므로 앞으로도 법규 및 계획적 요소의 이해를 요구하는 복합·실무적인 문제가 출제될 것으로 예측된다.										

지형계획 · 대지단면 출제기준의 이해

1.1 지형계획 출제기준

1.2 지형계획 과제 개요

'지형계획'과제에서는 지형 등 자연환경을 최대한 보존하면서 대지를 조성케 하고, 제시된 설계조건에 따라 대지의 지형을 조정하게 함으로써 설계조건에 대한 이해력과 대지조성 관련 지형계획 능력을 측정한다.

1.2 지형계획 관련 주요 설계조건

① 대지의 지형 및 지질
② 대지 내 우수의 흐름, 공동구, 우수관, 오하수관
③ 대지 내 기존 건축물 및 구조물, 수목 상태 등

1.2.3 지형계획 출제유형

[출제유형 1] 등고선 조정 및 건축물 배치(포장 바닥 높이 결정 포함)
주어진 지형의 고저를 조정하고 대지 안에서 우수의 흐름을 원하는 방향으로 유도하며, 지질조사 결과물을 이해하고 활용하는 능력을 평가한다.
<예1> 주어진 대지의 형상과 지질조사 결과를 고려하면서, 건물을 적절한 위치에 배치하고 우수가 원만하게 흐를 수 있도록 등고선을 변경한다.
<예2> 도시 안에 있는 대지에서 각 지점마다 포장할 바닥의 높이를 결정하고 공동구, 우수관, 오하수관 등을 고려하여 우수처리를 계획한다.

[출제유형 2] 기존 자연지형 유지 조건부 건축 계획
주어진 자연지형을 최대한으로 살리면서 필요한 면적을 가진 시설을 계획하는 능력을 측정한다.
<예1> 아직 개발되지 않은 경사지에 클럽하우스와 부속 시설을 계획하는 경우, 진입하는 지점에서 직접 보이지 않도록 지형을 조절하며 필요한 시설과 면적을 나타낸다.
<예2> 경사지에 이미 설치된 건물과 옥외 구조물을 이용하여 지형을 최대한 유지하도록 여러 개의 증축 건물을 배치한다.

[출제유형 3] 대지 단면 조건에 따른 건축물 배치
계획대지의 단면 조건에 맞추어 요구 규모(평면과 단면의 크기)의 건축물을 배치하는 능력을 측정한다. 이 유형은 대지단면과 함께 출제한다.

2.1 대지단면 출제기준

2.2 대지단면 과제 개요

'대지단면'과제에서는 대지조건 및 요구기능을 파악하여 대지의 변형을 최소화하거나 절토와 성토의 균형을 이루면서 주어진 높이의 건물과 외부공간을 배치하고 이를 표현하는 능력을 측정한다.

2.3 대지단면 관련 주요 조건 및 요구 기능

① 지반상태, 지상과 지하의 시설, 풍향, 식생, 동결심도, 대지경계선, 지역지구제 등의 대지조건
② 차량 및 보행자 접근로, 배수, 소방 및 피난, 장애자 이용, 건물의 특성 및 프로그램 등에 의한 요구기능

2.4 대지단면 출제유형

[출제유형 1] 지반의 암반상태와 절토 및 성토를 고려한 배치 및 단면 계획
제시된 경사지에 지반의 암반상태를 파악한 후 절토와 성토의 균형을 이루면서 주어진 건물과 옥외 구조물의 단면을 계획하고 건물을 배치하는 능력을 확인한다.
<예1> 경사가 있는 계획 대지에 지형 훼손을 최소화하기 위해 대지 안의 등고선을 적절히 이용·변경하여 제시된 건물과 시설물을 배치한 결과를 단면으로 표시한다.
<예2> 지형의 고저 차이를 자연적인 물매만이 아니라 적정한 높이의 옹벽으로 변경하여 표시한다.

[출제유형 2] 대지조건 및 요구기능을 고려한 건물 및 옥외구조물 배치
계획 대지 안에 설치하는 지하 매설물을 보호하며 제시된 건물과 옥외구조물을 배치한다.
<예1> 계획대지 안의 등고선을 적절하게 이용·변경하되 지하 매설물을 손상하지 않는 한도 안에서 주어진 건물을 배치한 결과를 단면으로 표시한다.
<예2> 풍향, 식생, 동결심도, 차량 및 보행자 접근로, 배수, 소방 및 피난, 장애자 이용, 건물의 기능적 특성 및 프로그램 등에 의한 제약을 해결하고 건물을 배치한 결과를 단면으로 표시한다.

[출제유형 3] 서로 다른 건물을 배치하면서 건물 규모 및 높이를 설정
제시된 평면을 주어진 조건에 따라 대지 안에 배치하면서 건물 규모 및 높이를 설정하는 것을 확인한다. 이 유형은 지형계획과 함께 종합적으로 출제될 수도 있다.
<예1> 경사가 있는 계획 대지에 지형 훼손을 최소화하기 위해 대지 안의 등고선을 적절히 이용·변경하여 제시된 건물과 시설물을 배치한 결과를 단면으로 표시한다.
<예2> 지형의 고저 차이를 자연적인 물매만이 아니라 적정한 높이의 옹벽으로 변경하여 표시한다.

대지주차 출제기준의 이해

3.1 대지주차 출제기준

3.2 대지주차 과제 개요

'대지주차'과제에서는 계획대지 내 각종 동선, 진입도로의 성격과 대지조건 및 주변 환경 등을 합리적으로 고려한 주차장 계획 능력을 측정한다.

3.3 '대지주차' 주요 평가요소

① 주차 배치(주차 면적 및 주차 대수 등)의 적정성
② 차량동선, 보행자 동선, 하역동선 등 각종 동선계획의 적정성
③ 진입도로, 대중교통정류장, 대지 주변의 교통흐름과 체계, 차도 및 보도 등에 대한 계획 내용
④ 대지 내 교통체계, 택시 승강장, 소방도로 확보 상황 등
⑤ 대지 내 기존 시설물, 증축예정 건축물, 지하주차장, 지상 기계식주차시설 등 대지 조건에 대한 처리 내용
⑥ 대지 내 자연환경 요소(천연기념물, 보호수 포함), 지형(경사지의 고저차 포함) 등의 환경 요소와 인접도로(진출입도로 포함) 관련 처리 내용 등

3.4 '대지주차' 출제유형

[출제유형 1] 차량 동선의 성격, 대지 지형 등을 고려한 주차장 계획
성격이 다른 자동차 동선이 같은 대지 안에 있을 때, 이를 적절히 분리하여 대지면적을 최대한으로 활용한 주차장을 계획하는 능력을 측정한다.
<예1> 차량의 성격에 따라 동선을 계획하고, 건물의 출입구와 연계한다.
<예2> 경사지의 고저차를 이용하여 주차장을 계획한다.

[출제유형 2] 대지조건 및 주변환경을 고려한 옥외주차장 계획
대지 안에 위치한 자연환경 요소와 기존 시설물을 고려하며 주어진 크기의 주차장을 동선에 무리 없이 확보하는 능력을 측정한다.
<예1> 병원이 위치한 대지에서 인접한 도로의 폭과 성격에 따라 차량 진출입 도로를 설정하고, 증축을 대비한 옥외주차장을 계획한다.
<예2> 대지의 한가운데 있는 천연기념물인 보호수나 지하주차장의 출입구를 동시에 고려하며 주어진 주차 대수를 옥외 주차장으로 해결하거나, 기존 건물의 증축에 따라 주차장을 변경한다.

[출제유형 3] 주변환경 및 장래 수요 증가를 고려한 옥외 주차장계획
지하주차장이나 지상기계식 주차장이 옥외주차장과 함께 계획되는 경우 동선에 무리 없이 제시된 크기의 주차장을 확보하는 능력을 측정한다.
<예1> 지하주차장 계획을 고려하여 주차장 진입경사로의 방향을 결정하고, 보차 동선이 교차하지 않고 이용자 승하차공간과 장애인 주차공간 등을 적정하게 배치한다.
<예2> 기존 건물의 위치와 지하주차장 출입 경사로 및 주차 수요 증가에 대비하여 장래의 주차타워를 고려하여 표시한다.

2007년도 건축사 자격시험 문제

과 목 명
대 지 계 획

과 제 명	제1과제 : 배 치 계 획 (60점) 제2과제 : 대지분석 및 주차계획 (40점)

응시자 준수사항

1. 문제지를 받더라도 시험시작 타종전까지 문제내용을 보아서는 안 됩니다.
2. 문제지를 받는 즉시 과목편철 순서, 문제누락 여부, 인쇄상태 이상 유무 등을 확인한 후 답안지에 본인의 응시번호와 성명을 기재합니다.
3. 시험이 시작되면 문제를 주의 깊게 읽은 후 답안을 작성하시기 바랍니다.
4. 시험시간종료 후 문제지와 보조용지 (깔판지, 트레이싱지)는 제출하지 않습니다.

※ 시험시간이 종료되기 전에는 어떠한 경우에도 문제지를 시험장 밖으로 가지고 갈 수 없습니다.

5. 답안지 미제출자는 부정행위자로 간주 처리됩니다.

공 지 사 항

1. 문제지 공개

– 방 법 : 국토교통부 및 대한건축사협회 인터넷 홈페이지에 게시

2. 합격예정자 발표

– 방 법 : 국토교통부 / 대한건축사협회 인터넷 홈페이지 및 각 시 · 도 건축사회 게시판

3. 점수 열람

– 방 법 : 대한건축사협회 인터넷 홈페이지 / 성적열람 메뉴

※ 합격예정자 제출서류에 대한 자세한 사항은 대한건축사협회 인터넷 원서접수 프로그램 공지사항에 게재되어 있으며, 합격예정자 발표시 별도 공고합니다.

2007년도 건축사자격시험 문제

과목 : 대지계획　　제1과제(배치계획)　　배점 : 60/100점　　(주)한솔아카데미

제목 : 내수면 생태교육센터 배치계획

1. 과제개요

기존 건물 1동이 있는 경사진 대지에 내수면 생태교육센터를 건축하고자 한다. 아래사항을 고려하여 시설물을 배치하고 지형을 계획하시오.

2. 대지개요

(1) 용도지역 : 자연녹지지역
(2) 대지현황 : 현황도 참조
※ 건폐율 및 용적률은 고려하지 않음

3. 계획조건

(1) 건축물 개요
① 관리동(기존건물증축) : 15×30m, 1층, 층고 4m
※ 기존건물 : 15×15m, 1층, 층고 4m
② 교육관 : 15×25m, 2층, 각층 층고 4m
③ 생태홍보관 : 20×25m, 2층, 각층 층고 4m
④ 연구동 : 15×35m, 4층, 각층 층고 5m
⑤ 숙박동 : 15×30m, 3층, 각층 층고 3m
⑥ 후생동 : 12×25m, 1층, 층고 4m
⑦ 다목적홀 : 25×25m, 1층, 층고 5m

(2) 옥외시설물 개요
① 휴게데크 : 7.5m×10m
② 휴게마당 : 15m×15m
③ 운 동 장 : 30m×45m
④ 운동장관람석 : 각 10단씩 2면에 설치 (단높이 40cm, 단너비 1m)
⑤ 호수변탐방로 : 너비 1.5m, 길이 40m 이상, 15m 이내 간격으로 관찰데크(4m×4m) 설치
⑥ 생태체험마당 : 15m×20m
⑦ 주차장

구분	이용자	대수
주차장A	방문자 및 직원	40대이상 (장애인용 2대 포함)
주차장B	숙박동 전용	10대 이상 (장애인용 1대 포함)

⑧ 단지내 도로
• 대지출입구에서 각 주차장까지 연결
• 구배 1/8이하, 너비 10m(차도 8m, 보도 2m)
※ 서비스 차량은 보행로를 이용

(3) 배치계획시 고려사항
① 자연지형을 최대한 이용하고, 지형과의 조화를 고려하여 설계
② 모든 시설물과 건축물은 8m 도로경계선에서 15m 이상 이격
③ 건축물, 옥외시설물간의 이격거리
• 옥외시설물 상호간 : 5m 이상
• 옥외시설물과 건축물사이 : 5m 이상
• 건축물 상호간 : 10m 이상
※ 운동장과 운동장 관람석간은 적용제외
※ 교육관과 휴게데크간은 적용제외
④ 대지의 주출입구는 교량과 30m 이상 이격
⑤ 방문객이 많은 생태홍보관은 관리동과 인접배치
⑥ 숙박동은 호수의 조망이 가능하도록 하고 후생동과 인접배치
⑦ 휴게데크는 교육관에 접하며 휴양림 조망을 고려
⑧ 휴게마당은 다목적홀에 인접 설치
⑨ 운동장관람석의 2면중 1면은 지형을 고려하여 단수 및 길이 일부 조정가능
⑩ 호수변탐방로는 호수경계선에서 3m 이상 이격하여 수심 2m 이내 호수면 위에 설치
⑪ 생태체험마당에서 호수변탐방로에 연결되는 산책로 (너비 1.5m) 설치
⑫ 건축물 전면에 보행로(너비 3m, 구배 1/10 이하) 계획
⑬ 보호수목 중심에서 반경 5m 이내는 옥외시설물과 건축물 설치 및 등고선 조정 불가
⑭ 대지의 배수는 고려치 않으며, 등고선 조정은 경사도 45° 이하(옹벽 제외)

4. 도면작성요령

(1) 모든 시설물은 실선으로 표시하고 시설명을 표기
(2) 모든 건축물은 건물명과 주출입구를 표시하고 그 표고를 표기
(3) 옥외시설물의 경우 중앙표고를 표기
(4) 도면의 표기는 <보기>를 참조
(5) 조정된 등고선은 실선으로 표시
(6) 주차대수 기입(장애인용은 HP로 표기)
(7) 주요치수 표기(각 건축물의 길이, 인동거리, 시설물과의 이격거리 등)
(8) 단위 : m
(9) 축척 : 1/500

5. 유의사항

(1) 도면 작성은 흑색연필로 한다.
(2) 명시되지 않은 사항은 관계 법령의 범위 안에서 임의로 한다.

<보기>

(1) 교　량
(2) 보 행 로
(3) 건 축 물
(4) 옹　벽
(5) 주 출 구
(6) 표　고

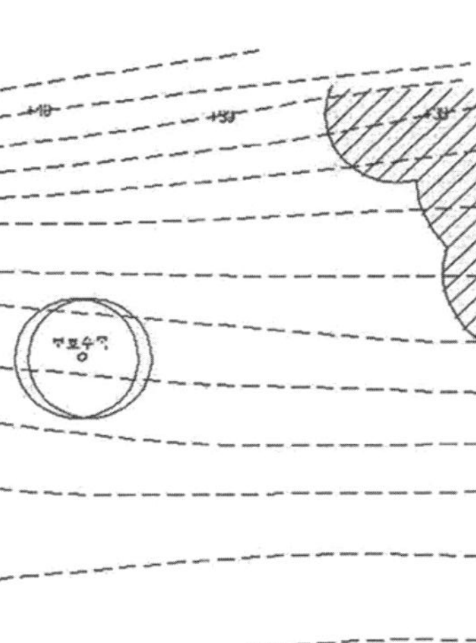

현황도 (축척1/1000)

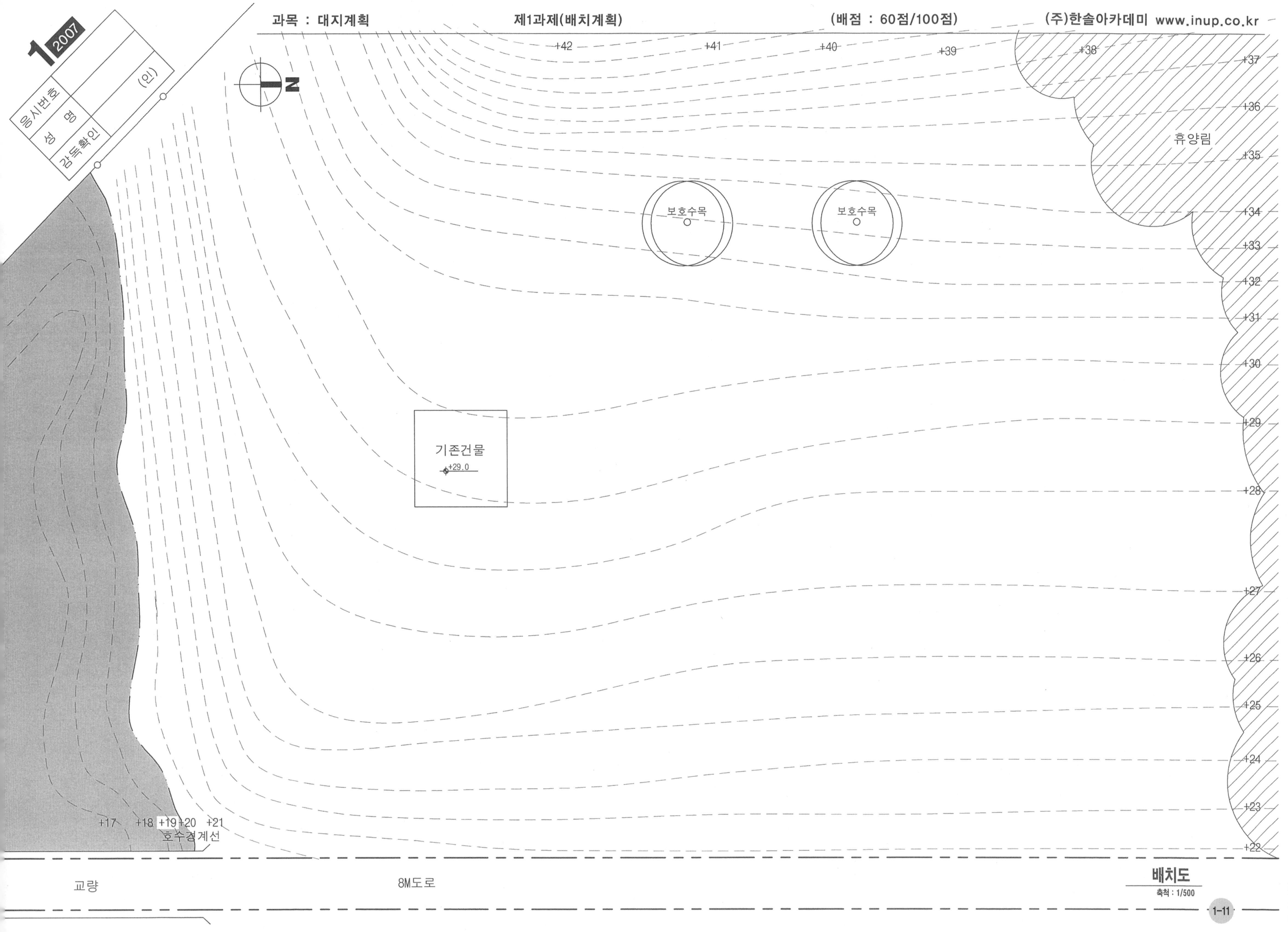
1 2007
응시번호
성 명
감독확인
(인)
N
+42
+41
+40
+39
+38
+37
+36
휴양림
+35
보호수목
보호수목
+34
+33
+32
+31
+30
+29
기존건물
+29.0
+28
+27
+26
+25
+24
+23
+22
+17
+18
+19
+20
+21
호수경계선
교량
8M도로
배치도
축척 : 1/500

2007년도 건축사자격시험 문제

과목 : 대지계획 　 제2과제(대지분석 및 주차계획) 　 배점 : 40/100점 　 (주)한솔아카데미

제목 : 주민복지시설 최대 건축가능영역 및 주차계획

1. 과제개요

지구단위계획이 수립되어 있는 지역으로서 기존 문화회관이 있는 대지에 주차장을 계획하고 인접한 대지에 주민복지시설을 건축하고자 한다.

아래 사항을 고려하여 대지 A의 최대 건축가능영역을구하고, 대지 B의 주차계획 부지내 두 시설의 공용부설주차장을 계획하시오.

2. 대지A 계획조건(최대건축가능영역)

(1) 용도지역 : 제2종 일반주거지역

(2) 건폐율 : 60% 이하

(3) 용적률 : 250% 이하

(4) 대지면적 : 1,131m²

(5) 층고 : 지상 1층 4m, 2층 이상 각층 3,5m

(6) 인접도로 : 남측 너비 8m, 북측 너비 6m

(7) 대지의 북측은 제2종 일반주거지역이며, 서측은 문화재보호구역임

(8) 전면도로에 의한 사선제한은 각각의 전면도로를 적용하되 건축물의 각 부분의 높이는 그 부분으로부터 전면도로의 반대쪽 경계선까지의 수평거리의 1.5배를 초과할 수 없음

(9) 일조 등의 확보를 위한 건축물의 높이제한을 위하여 건축물의 각 부분을 정북방향으로의 인접대지경계선에서 띄어야 할 거리

① 높이 4m 이하 부분 : 1m 이상

② 높이 8m 이하 부분 : 2m 이상

③ 높이 8m 초과 부분 : 건축물 각 부분 높이의 1/2이상

(10) 건축한계선

① 건축선 및 인접대지경계선으로부터 3m

② 문화재보호구역으로부터 5m

(11) 건축물 최고높이 : 20m 이하

(12) 건축물 하부에 설치되는 공개공지는 유효높이 최소6m의 피로티 구조로 설치

(13) 문화재보호구역 경계선의 지표면(±0m기준)으로부터 높이 7,5m인 곳에서 그린 사선(수평거리와 수직거리의 비가 2:1)의 범위내에서 건축가능

(14) 외벽은 수직으로 계획

(15) 지상 1층 바닥레벨은 ±0m

3. 대지 B 계획조건(주차계획)

(1) 차량진출입 동선이 서로 교차되지 않고 6m 도로에서 일방향으로 통행될 수 있도록 계획하며, 기존 건물과신축 건물로의 접근성을 고려

(2) 차량진출입시 옥외마당에서 승하차가 가능하도록 계획

(3) 주차대수 : 19대 이상(장애인용 2대 포함)

(4) 주차방식 : 직각주차

(5) 주차장 출입구 및 차로폭

① 출입구를 1개소로 하는 경우 최소혹 6m, 2개소로 하는 경우 최소폭 4m

② 출입구를 제외한 주차장 차로 최소폭 6m

(6) 주차구획이 주차장 차로나 도로에 면한 부분은 폭2m 이상의 조경처리

(7) 주차구획

① 일반인용 2.5 × 5.0m

② 장애인용 3.5 × 5.0m

(8) 기존 건물과 주차장 차로, 주차구획으로부터 이격거리 : 최소 3m

(9) 주차계획부지내 기존 수목은 보존하며 수목 하부에 주차구획 설치 불가

4. 도면작성요령

(1) 최대 건축가능영역을 배치도 및 X,Y 단면도에 표현

(2) 층고, 이격거리 등 주요 치수 표기

(3) 차량의 진출입 및 주차장 내의 진행방향을 실선과 화살표로 표기

(4) 소수점 이하 3자리는 반올림하여 2자리로 표기

(5) 단위 : m

(6) 축척 : 1/300

5. 유의사항

(1) 도면작성은 흑색연필로 한다.

(2) 명시되지 않은 사항은 관계 법령의 범위안에서 임의로 한다.

과목 : 대지계획　　　제2과제(대지분석 및 주차계획)　　　배점 : 40/100점　　　(주)한솔아카데미

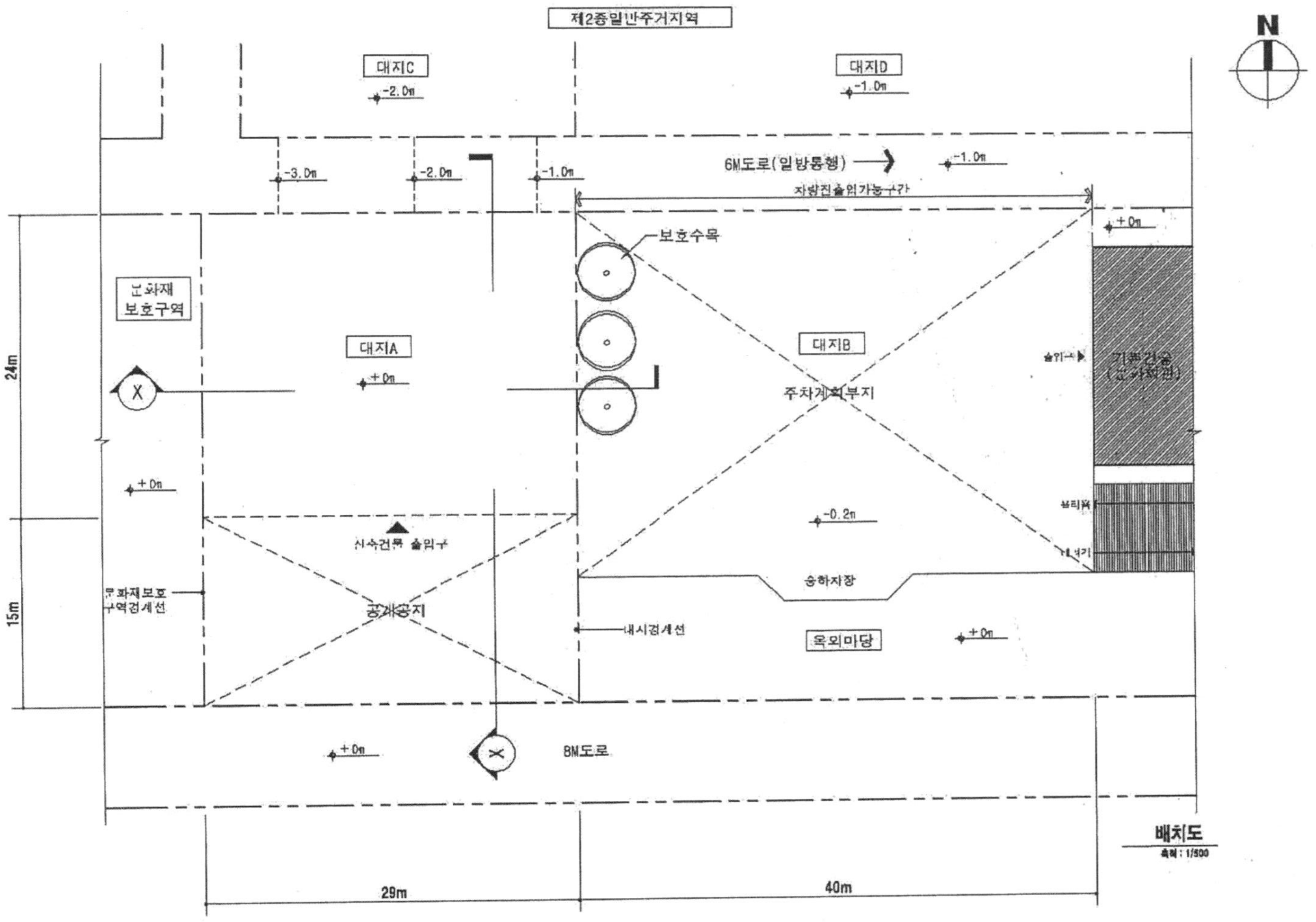

제2종일반주거지역

대지C

-2.0m

대지D

-1.0m

-3.0m

-2.0m

-1.0m

6M도로(일방통행)

-1.0m

차량진출입가능구간

문화재
보호구역

대지A

+0m

보호수목

대지B

주차계획부지

+0m

-0.2m

신축건물 출입구

공개공지

문화재보호
구역경계선

승하차장

대지경계선

옥외마당

+0m

+0m

8M도로

24m

15m

29m

40m

배치도

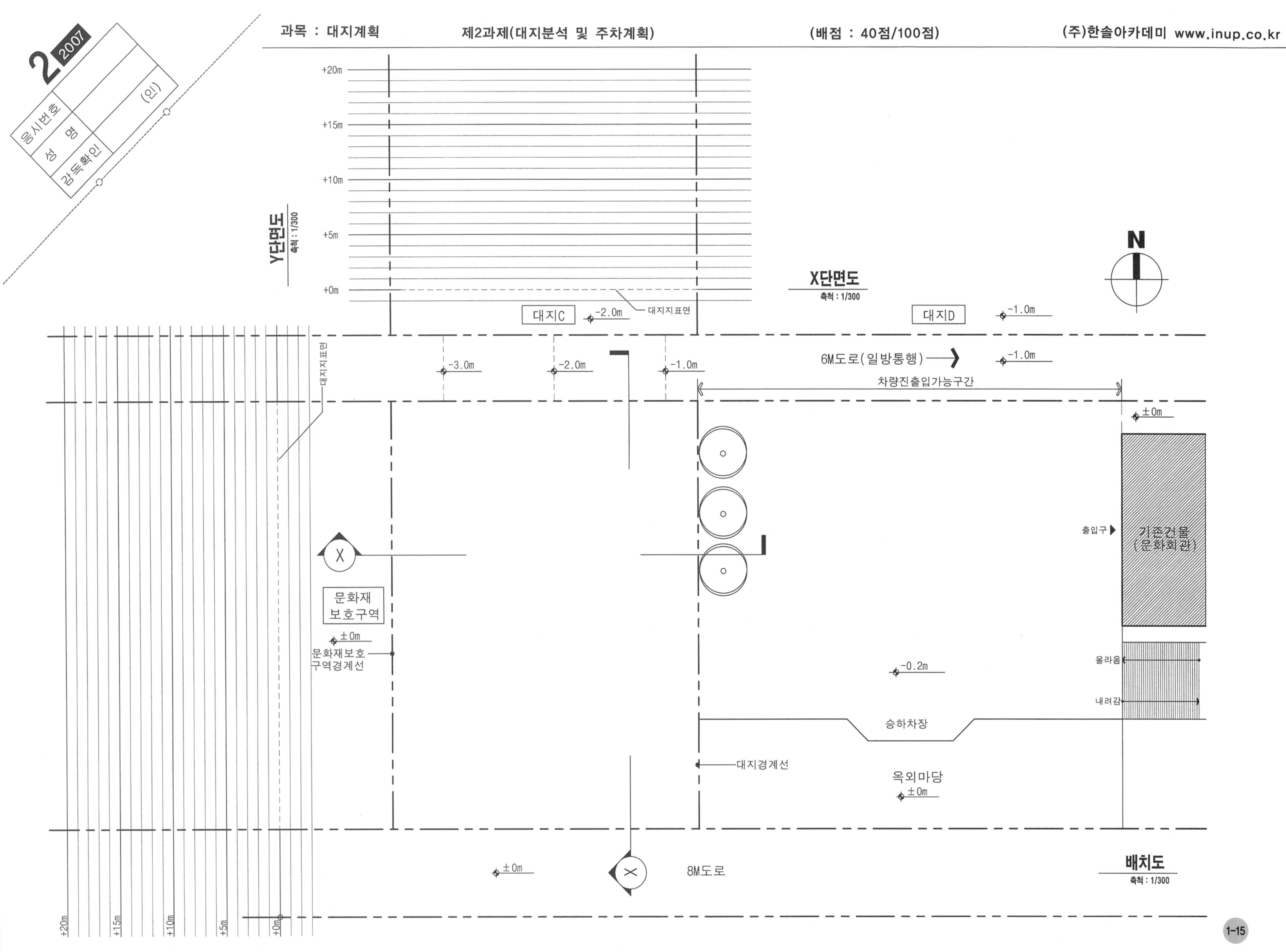
2 2007
응시번호
성 명
감독확인
(인)
Y단면도
축척 : 1/300
+20m
+15m
+10m
+5m
+0m
대지지표면
X단면도
축척 : 1/300
N
대지C
-2.0m
대지D
-1.0m
-3.0m
-2.0m
-1.0m
6M도로(일방통행)
-1.0m
차량진출입가능구간
±0m
출입구
기존건물
(문화회관)
문화재
보호구역
±0m
문화재보호
구역경계선
-0.2m
올라옴
내려감
승하차장
대지경계선
옥외마당
±0m
±0m
8M도로
배치도
축척 : 1/300

2008년도 건축사 자격시험 문제

과 목 명	과 제 명	
대 지 계 획	제1과제 : 배 치 계 획 (65점) 제2과제 : 대지분석 · 조닝 (35점)	

응시자 준수사항

1. 문제지를 받더라도 시험시작 타종전까지 문제내용을 보아서는 안 됩니다.

2. 문제지를 받는 즉시 과목편철 순서, 문제누락 여부, 인쇄상태 이상 유무 등을 확인한 후 답안지에 본인의 응시번호와 성명을 기재합니다.

3. 시험이 시작되면 문제를 주의 깊게 읽은 후 답안을 작성하시기 바랍니다.

4. 시험시간종료 후 문제지와 보조용지 (깔판지, 트레이싱지)는 제출하지 않습니다.

※ 시험시간이 종료되기 전에는 어떠한 경우에도 문제지를 시험장 밖으로 가지고 갈 수 없습니다.

5. 답안지 미제출자는 부정행위자로 간주 처리됩니다.

공 지 사 항

1. 문제지 공개

– 방 법 : 국토교통부 및 대한건축사협회 인터넷 홈페이지에 게시

2. 합격예정자 발표

– 방 법 : 국토교통부 / 대한건축사협회 인터넷 홈페이지 및 각 시 · 도 건축사회 게시판

3. 점수 열람

– 방 법 : 대한건축사협회 인터넷 홈페이지 / 성적열람 메뉴

※ 합격예정자 제출서류에 대한 자세한 사항은 대한건축사협회 인터넷 원서접수 프로그램 공지사항에 게재되어 있으며, 합격예정자 발표시 별도 공고합니다.

2008년도 건축사 자격시험 문제

과목 : 대지계획　　제1과제(배치계획)　　배점 : 65/100점　　(주)한솔아카데미

제목 : 지역주민을 위한 체육시설이 포함된 초등학교 배치계획

1. 과제의 개요

지방 신도시 주거지역 내 자연생태공원,주민체육공원과 아파트단지 사이에 위치하는 대지에 초등학교 및 부설유치원을 신축하고자 한다. 초등학교는 병렬분산형으로 계획하며 실내체육관은 지역주민을 위한 시설로 겸용한다. 아래사항을 고려하여 요구되는 시설의 배치계획과 주차계획을 하시오.

2. 대지개요

(1) 용도지역 : 주거지역

(2) 대지현황 : 현황도 참조

(3) 건폐율,용적률,건축물의 층수 및 높이는 고려하지 않음

3. 계획조건

(1) 시설개요

① 저학년(1-2학년)교실동 : 48mX12m

② 중학년(3-4학년)교실동 : 48mX12m

③ 고학년(5-6학년)교실동 : 48mX12m

④ 특별교실동 : 30mX15m

⑤ 본관 : 30mX15m

⑥ 부설유치원 : 25mX15m

⑦ 강당(급식시설 포함) : 30mX25m

⑧ 실내체육관 : 37mX25m

⑨ 자전거보관소 : 20mX2m

⑩ 휴게마당(중심광장) : 30mX20m

⑪ 운동장 : 100mX48m

⑫ 옥외운동시설 : 25mX5m

⑬ 옥외휴게시설 : 25mX5m

⑭ 저학년 및 유치원 놀이마당 : 20mX15m

⑮ 주차장

- 초등학교 : 38대이상(장애인주차 2대포함)
- 유 치 원 : 3대이상(장애인주차 1대포함)

⑯ 도로

- 보도 너비 : 4m
- 차도 너비 : 6m

⑰ 조경: 너비2m이상

- 도로와 건축물,옥외시설물과 건축물,옥외시설물과 도로또는 인접대지경계선 사이에 반드시 설치(출구제외)

(2) 배치계획시 고려사항

① 대지의 주변환경과 시설현황,각 건축물의 입지조건,소음,향,동선,프라이버시,보행 안전성 등을 고려하여 합리적으로 계획

② 건축물 외벽 간의 거리는8m이상 이격

③ 도로경계선 및 인접대지경계선에서 건축물 외벽까지는 6m이상 이격

④ 체육시설 이용시 주민의 주차는 주민체육공원주차장을 이용

⑤ 유치원은 별도의 차량출입구를 설치하고 20m도로에서 접근이 용이하도록 배치

⑥ 저학년과 유치원은 놀이마당을 공유하도록 배치

⑦ 필요시 적절한 곳에 차폐조경 설치

⑧ 건축물상호간의 연결통로는 고려치 않음

4. 도면작성요령

(1) 모든 시설동은 굵은실선으로 표시하고,시설명과 출입구 표기

(2) 모든 옥외서설은 가는 실선으로 표기

(3) 주차장에 주차대수기입(장애인용은 HP로 표기)

(4) 주요치수 표기

(5) 기타 표기는<보기>참조

(6) 단위:m

(7) 축척: 1/600

5. 유의사항

(1) 제도는 반드시 흑색연필로 표현(기타사용금지)

(2) 명시되지 않은 사항은 현행 관계법령의 범위 안에서 임의로 한다.

<보기>

출입구	▲
보 도	(빗금)
차 로	(빈칸)
조 경	(점, 원)
차폐조경	(구름형)

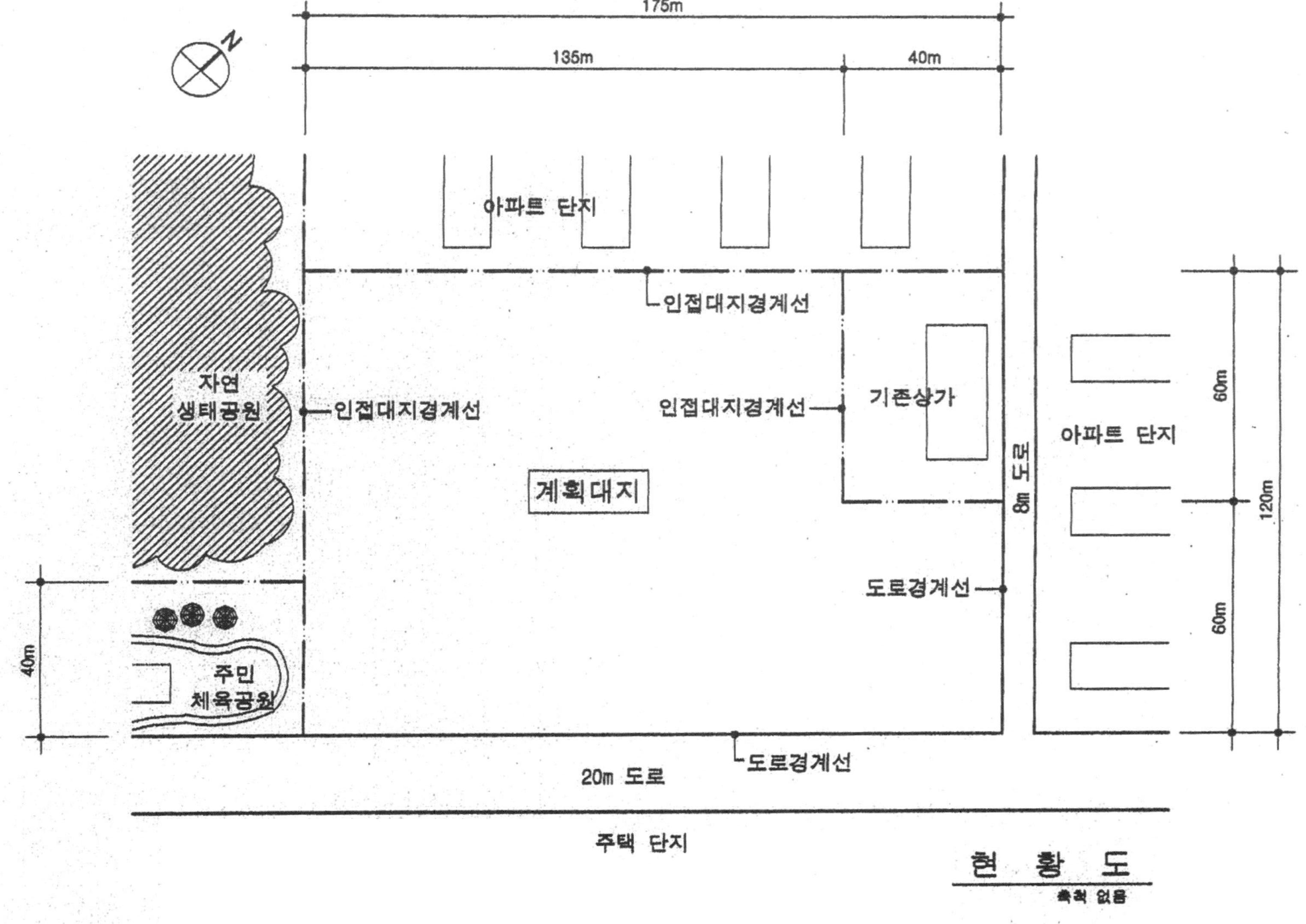
175m
135m
40m
아파트 단지
인접대지경계선
자연
생태공원
인접대지경계선
인접대지경계선
기존상가
계획대지
8m 도로
아파트 단지
60m
120m
60m
도로경계선
40m
주민
체육공원
도로경계선
20m 도로
주택 단지
현 황 도
축척 없음

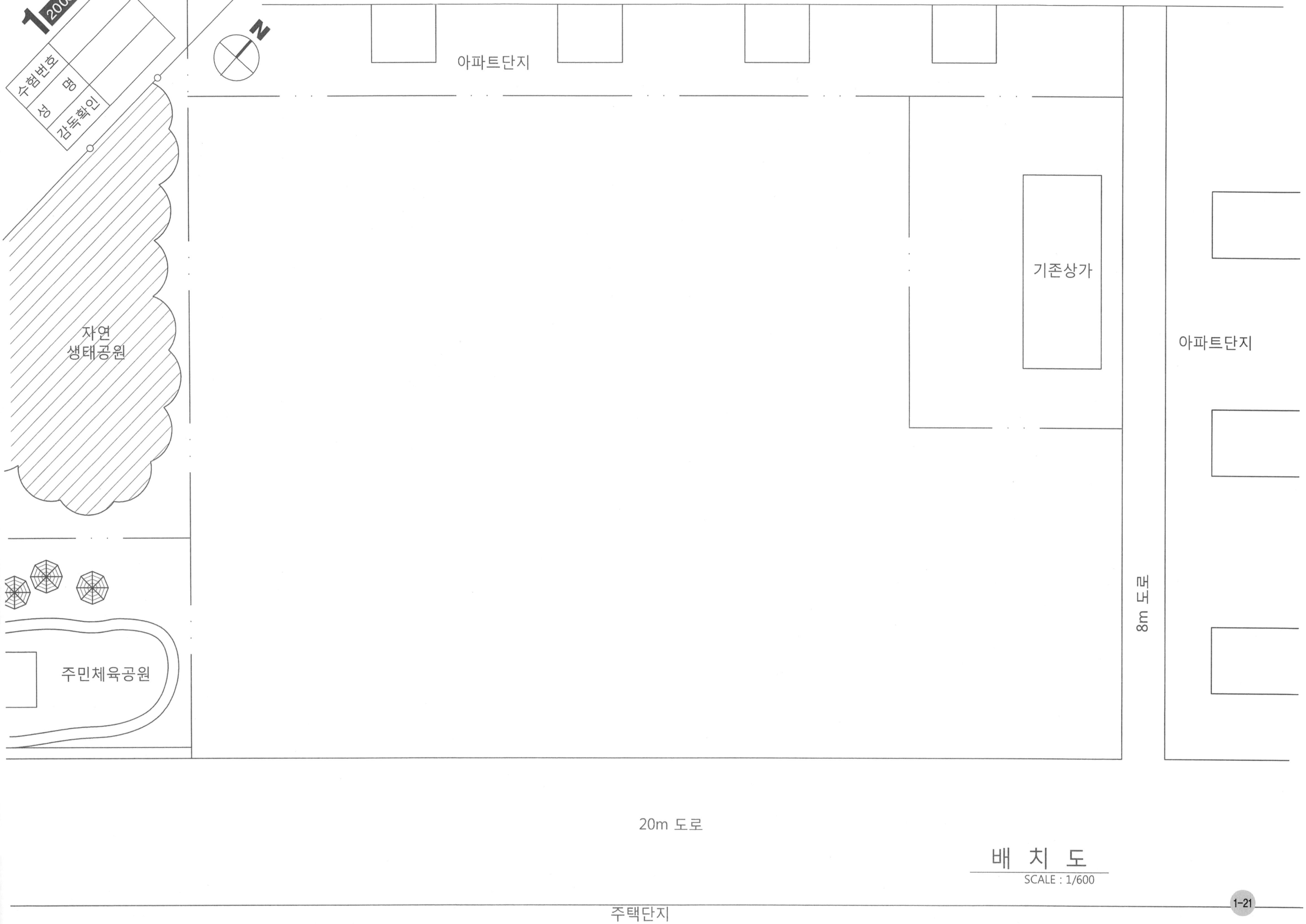

1 2008

수험번호	
성 명	
감독확인	

N

아파트단지

기존상가

아파트단지

자연 생태공원

주민체육공원

8m 도로

20m 도로

배 치 도

SCALE : 1/600

주택단지

2008년도 건축사 자격시험 문제

과목 : 대지계획 제2과제(대지분석·조닝) 배점 : 35/100점 (주)한솔아카데미

제목 : 의료시설 최대 건축가능영역

1. 과제의 개요

제3종 일반주거지역 내의 대지A에 의료시설(병원)을 신축하고자 한다. 아래 사항을 고려하여 최대건축가능영역을 구하시오.

2. 대지개요

(1) 용도지역 : 제3종 일반주거지역
(인접대지 모두 동일)
(2) 건폐율 : 50%이하
(3) 용적률 : 250%이하
(4) 대지규모 : 대지 평면도 참조
(5) 인접도로상황 : 모든 인접도로는 통과도로임
(현황도 참조)
(6) 대지A 및 주변대지는 각 대지 내 고저차 없음
(7) 건축물 외벽은 건축선 및 인접대지경계선으로부터 5m 이상 이격
(8) 층고
① 지상층 : 4m
② 옥　탑 : 4m
③ 지하층 : 고려하지 않음
(9) 외벽계획
① 각 층 외벽은 수직으로 함
② 북 측 : 지상1층~지상6층 외벽은 동일 수직면으로 계획
③ 동・서・남측 : 지상4층~지상8층 외벽은 동일 수직면으로 계획
(10) 지상1층 바닥레벨은 EL+20m로 함
(11) 전면도로에 의한 높이제한 규정 적용시 전면도로의 너비는 가장 넓은도로의 너비를 적용
(12) 일조 등의 확보를 위한 건축물의 높이제한을 위하여 건축물의 각 부분을 정북방향으로의 인접대지경계선에서 띄어야 할거리
① 높이 4m이하 부분 : 1m 이상
② 높이 8m이하 부분 : 2m 이상
③ 높이 8m초과 부분 : 건축물 각 부분 높이의1/2이상
(13) 지상1층 바닥면적의 1/2은 주차장임
(14) 옥탑(승강탑 등으로 사용되며 옥탑내 거실없음)의 완화 규정(높이 및 층수)적용
(15) 공개공지 규정은 고려치 않음

3. 도면작성요령

(1) 최대 건축가능영역을 대지 평면도 및 단면도에 <보기>와 같이 표현
(2) 평면도에 중복된 층은 그 최상층만 표현
(3) 모든 제한선 및 치수기재(소수점 이하는 소수2자리에서 반올림)
(4) 건폐율,용적률을 산정하여 기재
(5) 단위:m
(6) 축척: 1/400

4. 유의사항

(1) 제도는 반드시 흑색연필로 표현(기타사용금지)
(2) 명시되지 않은 사항은 현행 관계법령의 범위 안에서 임의로 한다.

<보기>

홀 수 층	(사선 해치)
짝 수 층	(빈 칸)
옥 탑 층	(교차 해치)

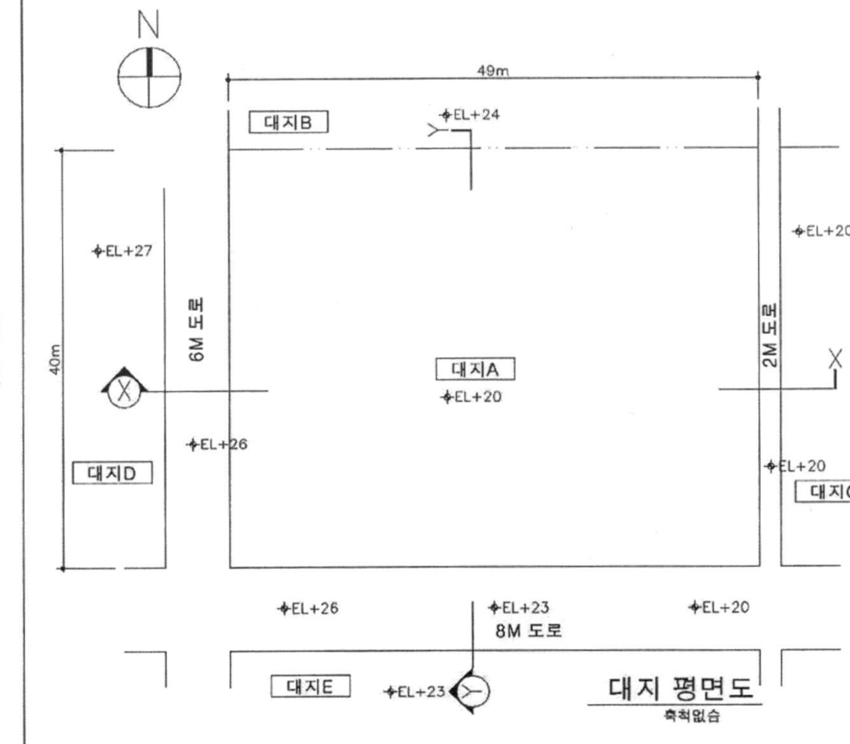

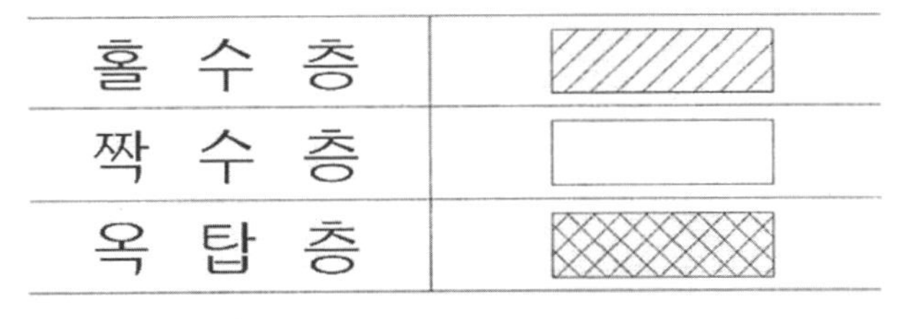

대지 평면도
축척없음

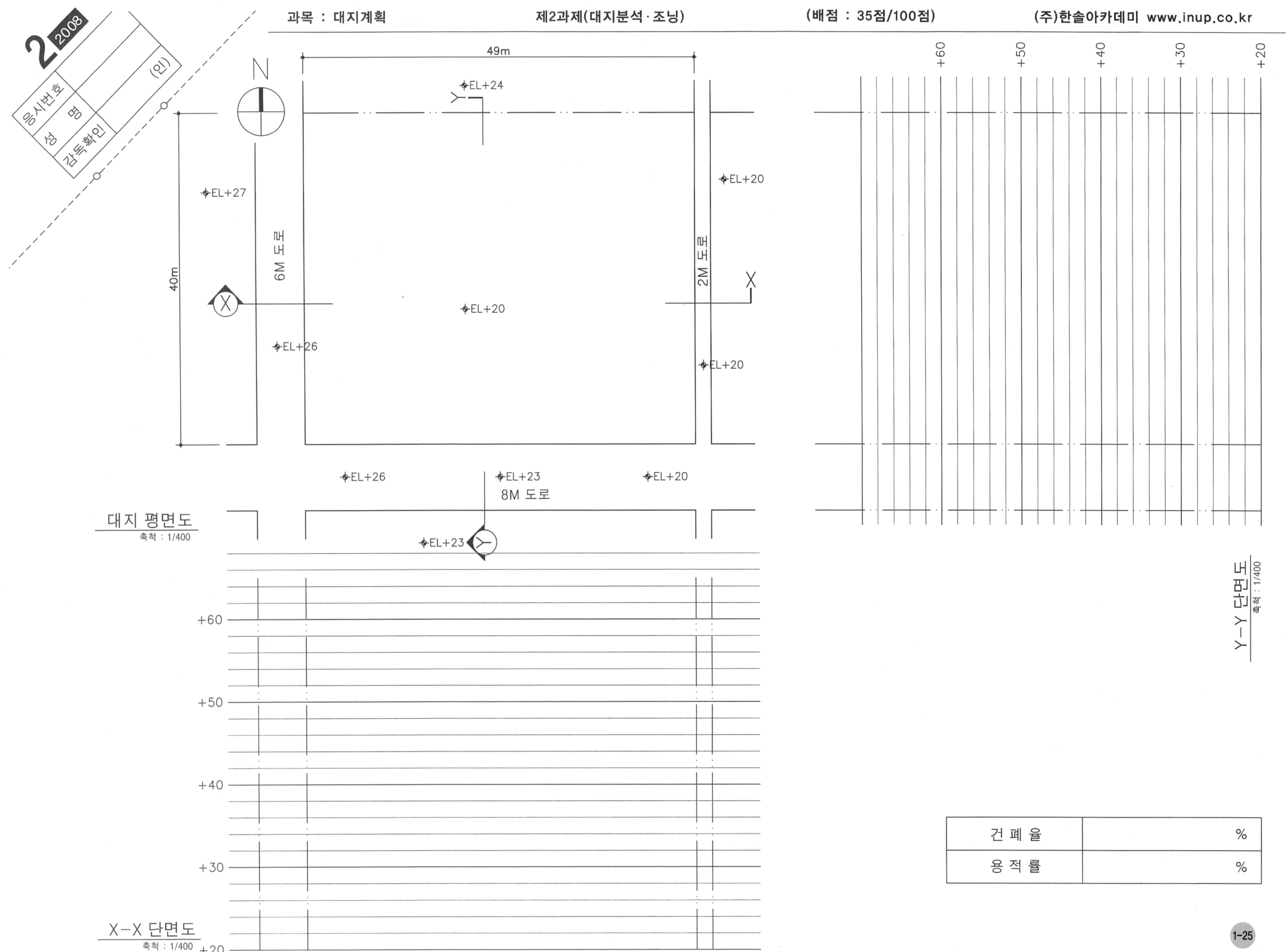
2 2008
응시번호
성 명
감독확인
(인)
N
49m
40m
EL+24
EL+27
EL+20
EL+26
EL+20
EL+20
EL+26
EL+23
EL+20
EL+23
6M 도로
2M 도로
8M 도로
X
Y
대지 평면도
축척 : 1/400
+60
+50
+40
+30
+20
X-X 단면도
축척 : 1/400
Y-Y 단면도
축척 : 1/400

건 폐 율	%
용 적 률	%

2009년도 건축사 자격시험 문제

과 목 명
대 지 계 획

과 제 명	제1과제 : 배 치 계 획 (65점) 제2과제 : 대지분석 · 조닝 (35점)

응시자 준수사항

1. 문제지를 받더라도 시험시작 타종전까지 문제내용을 보아서는 안 됩니다.

2. 문제지를 받는 즉시 과목편철 순서, 문제누락 여부, 인쇄상태 이상 유무 등을 확인한 후 답안지에 본인의 응시번호와 성명을 기재합니다.

3. 시험이 시작되면 문제를 주의 깊게 읽은 후 답안을 작성하시기 바랍니다.

4. 시험시간종료 후 문제지와 보조용지 (깔판지, 트레이싱지)는 제출하지 않습니다.

※ 시험시간이 종료되기 전에는 어떠한 경우에도 문제지를 시험장 밖으로 가지고 갈 수 없습니다.

5. 답안지 미제출자는 부정행위자로 간주 처리됩니다.

공 지 사 항

1. 문제지 공개

– 방 법 : 국토교통부 및 대한건축사협회 인터넷 홈페이지에 게시

2. 합격예정자 발표

– 방 법 : 국토교통부 / 대한건축사협회 인터넷 홈페이지 및 각 시 · 도 건축사회 게시판

3. 점수 열람

– 방 법 : 대한건축사협회 인터넷 홈페이지 / 성적열람 메뉴

※ 합격예정자 제출서류에 대한 자세한 사항은 대한건축사협회 인터넷 원서접수 프로그램 공지사항에 게재되어 있으며, 합격예정자 발표시 별도 공고합니다.

2009년도 건축사 자격시험 문제

과목 : 대지계획　　제1과제(배치계획)　　배점 : 65/100점　　(주)한솔아카데미

제목 : OO 대학교 기숙사 및 관련시설 배치계획

1. 과제의 개요

연구단지에 접하고 있는 OO대학교에서 학생 기숙사동과 교수, 연구원을 위한 게스트하우스 및 산학협동관을 캠퍼스 내에 건립하고자 한다. 아래 조건에 만족하는 배치계획을 작성하시오.

2. 대지개요

(1) 용도지역 : 준주거지역
(2) 대지조건 및 주변현황 : 대지 현황도 참조

3. 계획조건

(1) 배치시설 요구사항
① 대지내 차량도로 : 너비 10m
② 학생기숙사동 시설
- 남자기숙사동(1동) : 15m X 15m
  건물높이 24m
- 여자기숙사동(1동) : 15m X 15m
  건물높이 24m
- 진 입 광 장 : 25m X 30m
- 공용부분(식당등 학생편의시설) :
  55m X 30m, 층고4m
- 지하주차장 : 25m X 45m,층고4m
- 옥외 주차장 :45대(장애인용 3대포함)이상

③ 게스트하우스 시설
- 게스트 하우스(1동) : 12m X 30m
  건물높이 16m
- 옥외휴게공간 : 15m X 30m

④ 산학협동시설
- 산학협동관(1동) : 30m X 20m
  건물높이 8m
- 옥외휴게공간 : 30m X 15m

⑤ 기타시설
- 공용주차장(게스트하우스, 산학협동관 공용)
  : 30대(장애인용 3대포함)이상
- 테니스코트(1면) : 25m X 45m
- 미니농구장(1면) : 25m X 24m
- 후문경비실(1동) : 3.5m X 5m
  건물높이 4m

(2) 배치계획시 고려사항
① 자연지형을 최대한 이용하고, 지형과의 조화를 고려하여 계획
② 대지내 차량도로는 기존 차량접근로에서 후문이 설치되는 대지의 남서측 너비 18m도로 까지 연결
③ 학생기숙사동 시설의 진입광장은 기존 보행자 접근로와 연계
④ 학생기숙사동 시설 중 진입광장과 남자·여자 기숙사는 공용부분 상부층에 배치
⑤ 학생기숙사동 시설의 지하주차장은 공용부분 하부층에 배치
⑥ 학생기숙사동 시설의 남자기숙사와 여자기숙사의 외벽간 거리는 20m이상 이격
⑦ 게스트 하우스, 산학협동관은 각각 별도의 보행자 진입공간을 확보
⑧ 기타 시설중 테니스코트와 미니농구장은 진입광장과 연계
⑨ 장애인을 고려하여 배치
⑩ 친환경 측면에서 포장면적을 최소화
⑪ 옥외주차장은 그늘식재를 도입
⑫ 자전거 보관소를 적절한 장소에 설치

4. 도면작성요령

(1) 조정된 등고선, 대지내 차량도로는 실선으로 표시
(2) 각 시설은 명칭과 크기를 표시
(3) 중첩되는 시설의 경우 하부층 시설은 점선으로 표시
(4) 대지내 차량도로의 시설별 주출입구의 연결 부분과 주요 시설에는 표고 기입
(5) 각 시설의 주출입구 표시
(6) 기숙간 이격거리 표시
(7) 단위:m
(8) 축척: 1/600

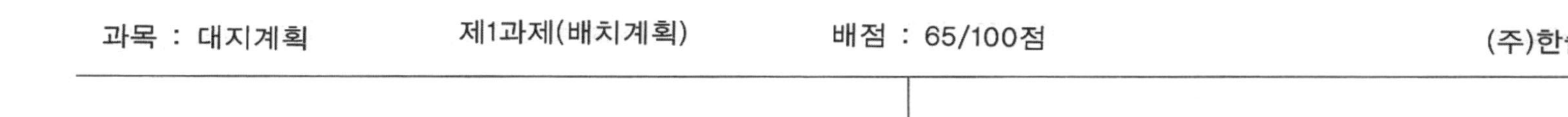

5. 유의사항

(1) 제도는 반드시 흑색연필로 표현(기타사용금지)

(2) 명시되지 않은 사항은 현행 관계법령의 범위 안에서 임의로 한다.

<보기>

구분	표기
보　도	
조　경	
옹　벽	
법　면	
표　고	+64.0m
주출입구	▲

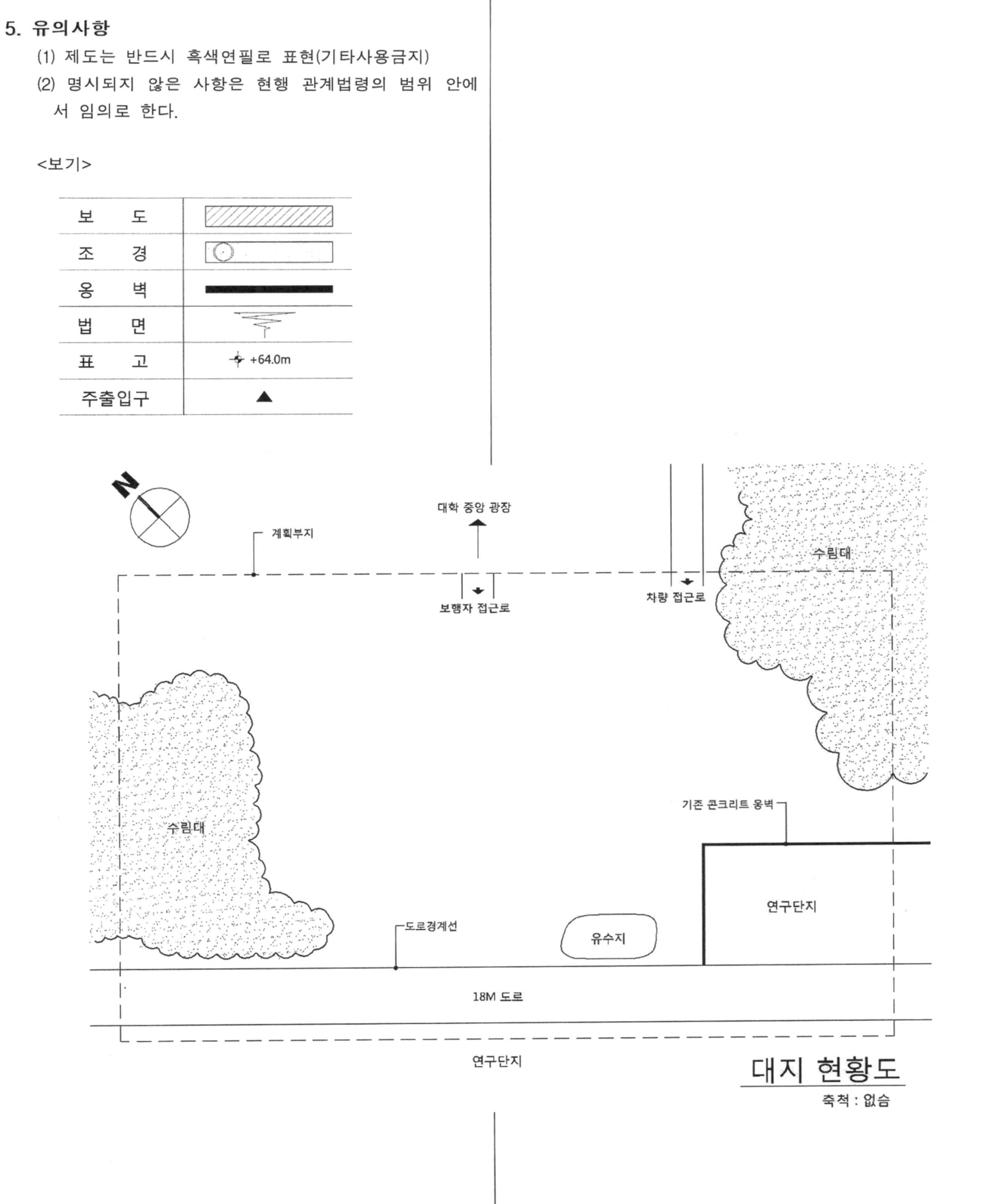

대학 중앙 광장
계획부지
보행자 접근로
차량 접근로
수림대
수림대
기존 콘크리트 옹벽
연구단지
도로경계선
유수지
18M 도로
연구단지

대지 현황도

축척 : 없음

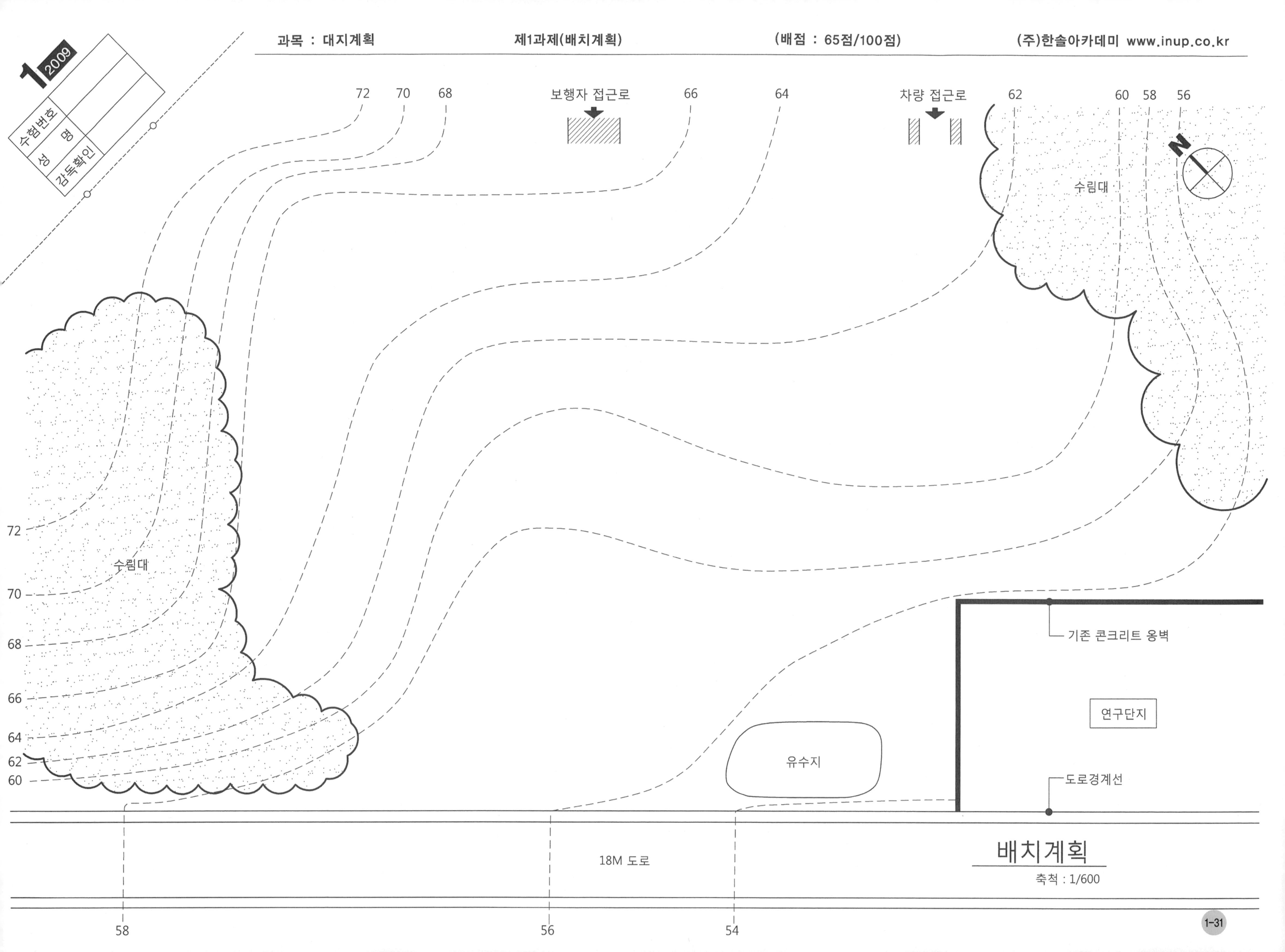
1 2009
수험번호
성 명
감독확인
72
70
68
보행자 접근로
66
64
차량 접근로
62
60
58
56
N
수림대
수림대
72
70
68
66
64
62
60
기존 콘크리트 옹벽
연구단지
유수지
도로경계선
18M 도로
58
56
54
배치계획
축척 : 1/600

2009년도 건축사 자격시험 문제

과목 : 대지계획　　제2과제(대지분석·조닝)　　배점 : 35/100점　　(주)한솔아카데미

제목 :종교시설 신축대지 최대 건축가능영역

1. 과제의 개요

대지현황도에 제시된 대지A내에 종교시설을 신축하고자 한다. 아래 사항을 고려하여 최대건축가능영역을 구하시오.

2. 대지개요

(1) 용도지역 : 제3종 일반주거지역
(인접대지도 모두 동일한 용도지역)
(2) 대지규모 : 대지 평면도 참조(대지A영역)
(3) 건폐율 : 60%이하
(4) 용적률 : 250%이하

3. 계획조건

(1) 전면도로에 의한 건축물 높이제한은 전면도로의 반대쪽 경계선까지의 수평거리의 1.5배 이하로 한다. 단, 건축물 높이제한 산정을 위한 전면도로의 너비 기준은 각각 전면도로의 너비를 적용한다.

(2) 일조 등의 확보를 위한 건축물의 높이제한을 위하여 건축물의 각 부분을 정북방향으로의 인접대지경계선으로부터 띄어야 할 거리:
① 높이 4m이하 부분 : 1m 이상
② 높이 8m이하 부분 : 2m 이상
③ 높이 8m초과 부분 : 해당 건축물 각 부분 높이의 1/2 이상

(3) 대지의 남동쪽에는 문화재보호구역이 있고, 문화재보호구역 경계선의 지표면(EL+18기준)으로부터 높이7.5m인 곳에서 그은 사선(수평거리와 수직거리의 비가 2:1)의 범위내에서 건축가능

(4) 건축물의 모든 외벽은 수직으로 하되 도로경계선 및 인접대지경계선으로부터 아래와 같이 이격거리를 확보토록 한다.
① 8m 및 6m 도로 : 5m 이상
② 4m 도로 : 3m 이상
③ 인접대지경계선 : 1.5m 이상

(5) 계획대지내 보호수목은 대지현황도에 표시된 바와 같이 직사각형(20mX5m)의 보호수목 경계선을 설정, 건축한계선으로 하여 보호한다.

(6) 대지현황도에 표시된 부분에 설치된 공개공지에 따라 다음조건에 의한 규정을 완화 적용한다.
① 용적률 : 해당 용적률의 1.2배 이하
② 전면도로에 의한 건축물 높이제한: 해당 높이 기준의 1.2배 이하

(7) 계획대지는 절토 또는 성토를 하지 아니하며 지상1층 바닥레벨은 EL+15m로 한다.

(8) 지상의 각층 층고는 4m로 한다.

(9) 대지안의 공지규정은 별도로 적용하지 않는 것으로 한다.

(10) 별도의 옥탑층은 고려하지 않는다.

4. 도면작성요령

(1) 최대 건축가능영역을 대지평면도 및 단면도에 작성하고 그 표현은 아래 <보기>와 같이 한다.(다만, 대지평면도에 중복된 층은 그 최상층만 표현)

(2) 모든 제한선, 이격거리 및 치수를 대지평면도와 단면도에 기재하되 소수점이하는 소수3자리에서 반올림하여 2자리로 표기)

(3) 단위:m

(4)축척: 1/400

<보기>

홀 수 층	(빗금)
짝 수 층	(흰 칸)

5. 유의사항

(1) 제도는 반드시 흑색연필로 표현(기타사용금지)

(2) 명시되지 않은 사항은 현행 관계법령의 범위 안에서 임의로 한다.

과목 : 대지계획 제2과제(대지분석·조닝) 배점 : 35/100점 (주)한솔아카데미

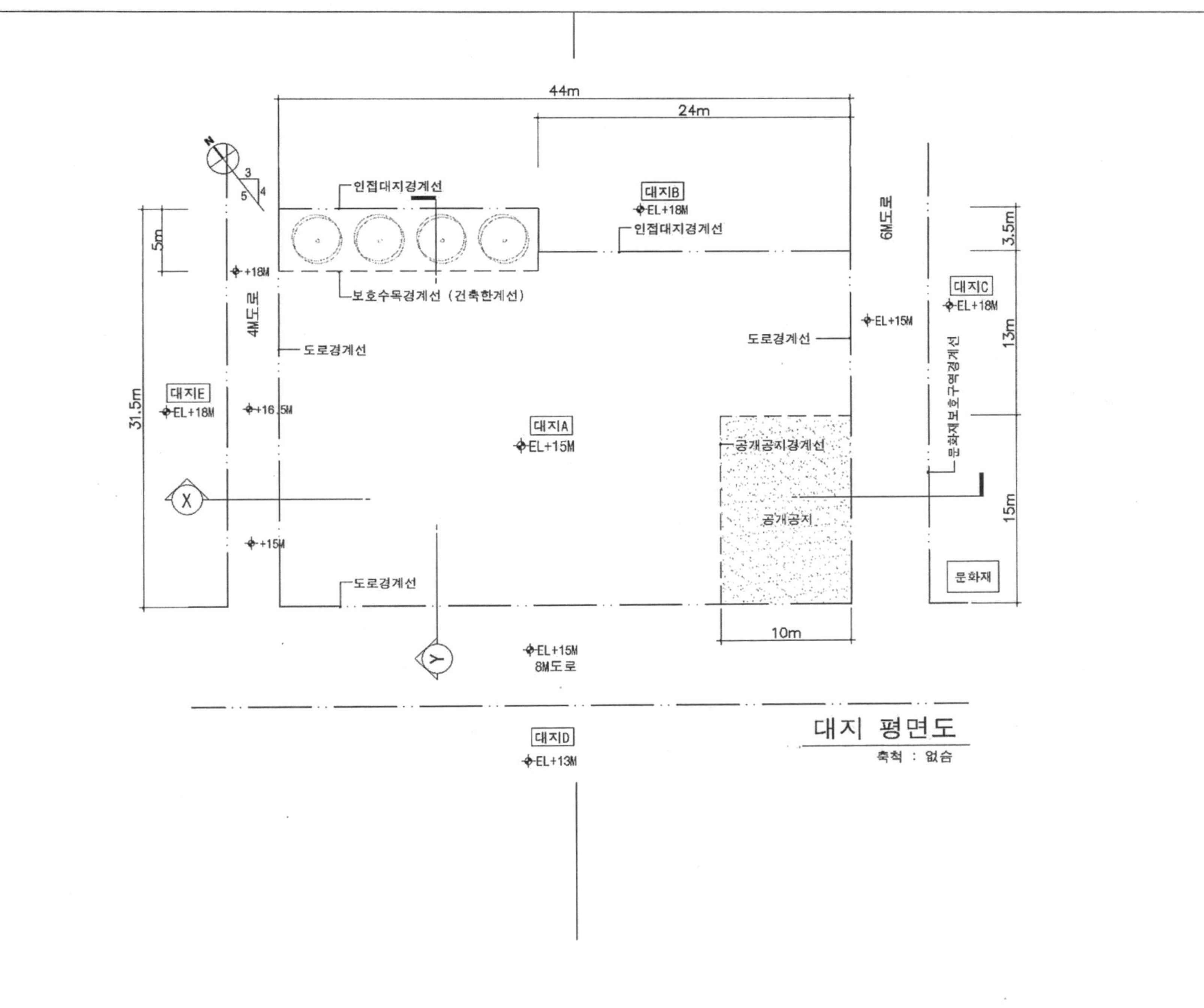

대지 평면도

축척 : 없음

2 2009

수험번호	
성 명	
감독확인	

45
40
35
30
25
20
15

X 단면도
축척 : 1/300

45
40
35
30
25
20
15

Y 단면도
축척 : 1/300

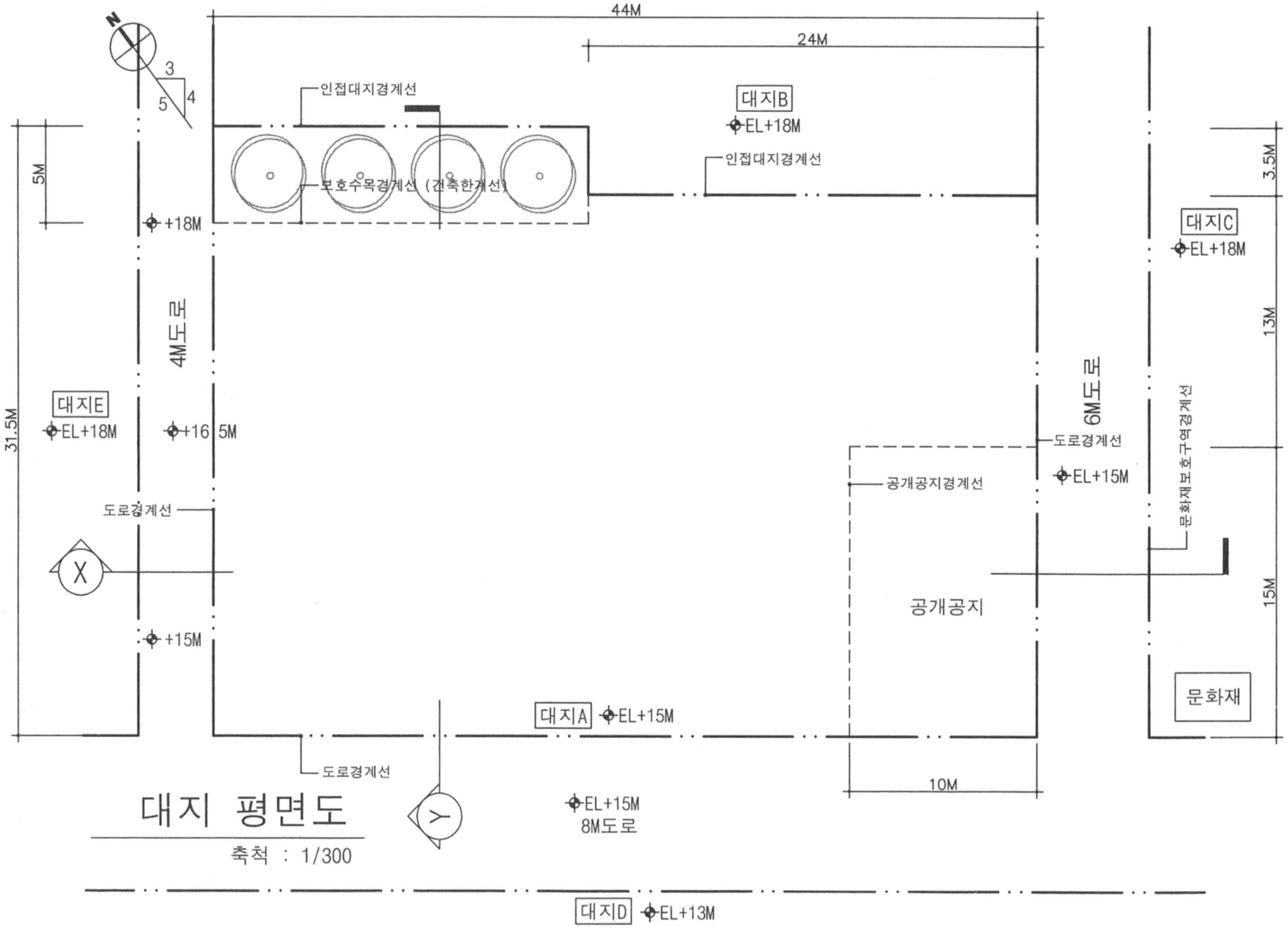
N
3
4
5
44M
24M
인접대지경계선
대지B
EL+18M
인접대지경계선
보호수목경계선 (건축한계선)
5M
+18M
4M도로
31.5M
대지E
EL+18M
+16.5M
도로경계선
X
+15M
대지A
EL+15M
도로경계선
3.5M
대지C
EL+18M
13M
6M도로
도로경계선
EL+15M
공개공지경계선
문화재보호구역경계선
15M
공개공지
문화재
10M
Y
EL+15M
8M도로
대지D
EL+13M

대지 평면도
축척 : 1/300

2010년도 건축사 자격시험 문제

과 목 명
대 지 계 획

과 제 명	제1과제 : 배 치 계 획 (60점) 제2과제 : 대지분석 · 조닝 (40점)

응시자 준수사항

1. 문제지를 받더라도 시험시작 타종전까지 문제내용을 보아서는 안 됩니다.
2. 문제지를 받는 즉시 과목편철 순서, 문제누락 여부, 인쇄상태 이상 유무 등을 확인한 후 답안지에 본인의 응시번호와 성명을 기재합니다.
3. 시험이 시작되면 문제를 주의 깊게 읽은 후 답안을 작성하시기 바랍니다.
4. 시험시간종료 후 문제지와 보조용지 (깔판지, 트레이싱지)는 제출하지 않습니다.

※ 시험시간이 종료되기 전에는 어떠한 경우에도 문제지를 시험장 밖으로 가지고 갈 수 없습니다.

5. 답안지 미제출자는 부정행위자로 간주 처리됩니다.

공 지 사 항

1. 문제지 공개

– 방 법 : 국토교통부 및 대한건축사협회 인터넷 홈페이지에 게시

2. 합격예정자 발표

– 방 법 : 국토교통부 / 대한건축사협회 인터넷 홈페이지 및 각 시 · 도 건축사회 게시판

3. 점수 열람

– 방 법 : 대한건축사협회 인터넷 홈페이지 / 성적열람 메뉴

※ 합격예정자 제출서류에 대한 자세한 사항은 대한건축사협회 인터넷 원서접수 프로그램 공지사항에 게재되어 있으며, 합격예정자 발표시 별도 공고합니다.

2010년도 건축사자격시험 문제

과목 : 대지계획　　제1과제(배치계획)　　배점 : 60/100점　　(주)한솔아카데미

제목 : 어린이 지구환경 학습센터

1. 과제개요

어린이 테마공원 안에 어린이 지구환경 학습센터를 건립하고자 한다. 아래 사항을 고려하여 배치도를 작성하시오.

2. 대지조건

(1) 용도지역 : 자연녹지지역
(2) 대지조건과 주변환경 : <대지현황도> 참조
(3) 건폐율, 용적률은 고려하지 않음

3. 계획조건

(1) 배치시설 요구사항

① 도로
- 대지내 도로 : 길이 160m 이상, 너비 12m (도로의 양측에 각각 너비 3m 보도 포함)
- 대지내 보행자 전용도로 : 너비 12m (도로의 양측에 각각 너비 3m 식재 포함)

② 건축물(가로와 세로의 표기 구분은 없음)
- 극한환경 체험관 : 30m × 23m
- 극한환경 학습관 : 27m × 21m
- 자연생태 실습관 : 21m × 19m
- 자연생태 학습관 : 38m × 24m
- 자원재활용 학습관 : 40m × 28m
- 종합교육관 : 25m × 24m
- 지구환경 전시관 : 33m × 24m

③ 옥외 시설물
- 건축물 연결데크 : 17m × 13m
- 놀이마당 : 41m × 36m
- 띠조경 : 너비 3m
- 자연생태 야외학습장 : 23m × 18m
- 주차장 : 1개소, 총 주차대수 65대 이상 (일반 60대, 장애인전용 5대) 단, 경형과 확장형 차량, 기계식과 지하주차장은 고려하지 않음
- 휴게데크 : 24m × 10m

④ 기타 시설물
- 탐방로 : 길이 50m 이상, 너비 1.5m, 10m 이내 간격으로 관찰데크(3m×3m) 설치

(2) 고려사항

① 대지 주변환경과 시설현황, 보행의 안전과 쾌적함 등을 고려하여 합리적으로 계획한다.
② 인접 도로경계선과 접하는 계획대지에는 띠조경을 설치한다.
③ 대지의 주출입구는 너비 16m 도로에 설치한다.
④ 주차장은 대지의 주출입구에 가깝게 배치하고, 입구와 출구는 대지내 도로에 면하며 10m 이상 이격한다.
⑤ 대지내 도로의 끝에는 지름 24m의 쿨데삭(cul-de-sac)을 설치하고, 보도는 자연생태하천에 인접한 기존 산책로와 연결한다.
⑥ 대지내 도로에는 관리와 비상시에만 차량의 통행이 허용되도록 이동식 볼라드(bollard)를 적절한 장소에 설치한다.
⑦ 대지내 보행자 전용도로는 지구환경연구소와 어린이 테마공원을 연결한다.
⑧ 차를 타고 도착한 어린이가 먼저 안내와 교육을 받을 수 있도록 종합교육관을 배치하고, 휴식 시간에 보호수목을 자세히 관찰할 수 있도록 옥외 시설물을 배치한다.
⑨ 학습과 체험을 마친 후 종합교육관 옆 보호수목이 있는 놀이마당으로 다시 모두 모이는 특성을 고려한다.
⑩ 건축물 연결데크는 기능을 고려하여 필요한 건축물 사이에 적절히 설치한다.
⑪ 극한환경 학습관과 자원재활용 학습관은 지구환경 연구소에 근접 배치한다.
⑫ 탐방로는 보호수림등을 이용하여 자연생태 야외 학습장과 기존 산책로를 연결한다.
⑬ 필요한 경우 적절한 곳에 조경을 설치한다.
⑭ 각 시설의 경계선간 이격거리는 아래와 같다.

이격대상 (A : B)		이격거리
A	B	
· 도로 · 인접대지 · 띠조경 · 보호수림	· 건축물	6m 이상
	· 옥외 시설물	2m 이상
· 대지내 도로	· 보호수림	2m 이상
· 건축물	· 건축물	6m 이상
	· 놀이마당 · 자연생태 야외학습장 · 주차장	2m 이상
· 기존 연못	· 도로 · 건축물 · 옥외 시설물	2m 이상
· 휴게데크 · 건축물 연결데크 · 보호수목	· 건축물 · 옥외 시설물 · 보호수림	없음

4. 도면작성요령

(1) 건축물은 굵은 실선으로 표기한다.
(2) 옥외 시설물은 가는 실선으로 표기한다.
(3) 건축물과 옥외 시설물에는 명칭과 크기를 표기한다.
(4) 대지의 주출입구와 각 건축물의 출입구를 표기한다.
(5) 요구한 이격거리를 표기한다.
(6) 주차장에 주차대수를 표기한다(장애인전용은 HP로 표기).
(7) 기타 표기는 <보기>를 따른다.
(8) 단위 : m
(9) 축척 : 1/600

5. 유의사항

(1) 제도는 반드시 흑색연필심으로 한다.
(2) 명시되지 않은 사항은 현행 관계법령을 준용한다.

<보기>

구분	표기
보 도	
조 경	
띠 조 경	
식 재	
데 크	
볼 라 드	●●●
건축물 출입구	▲
대지의 주출입구	

<대지현황도>

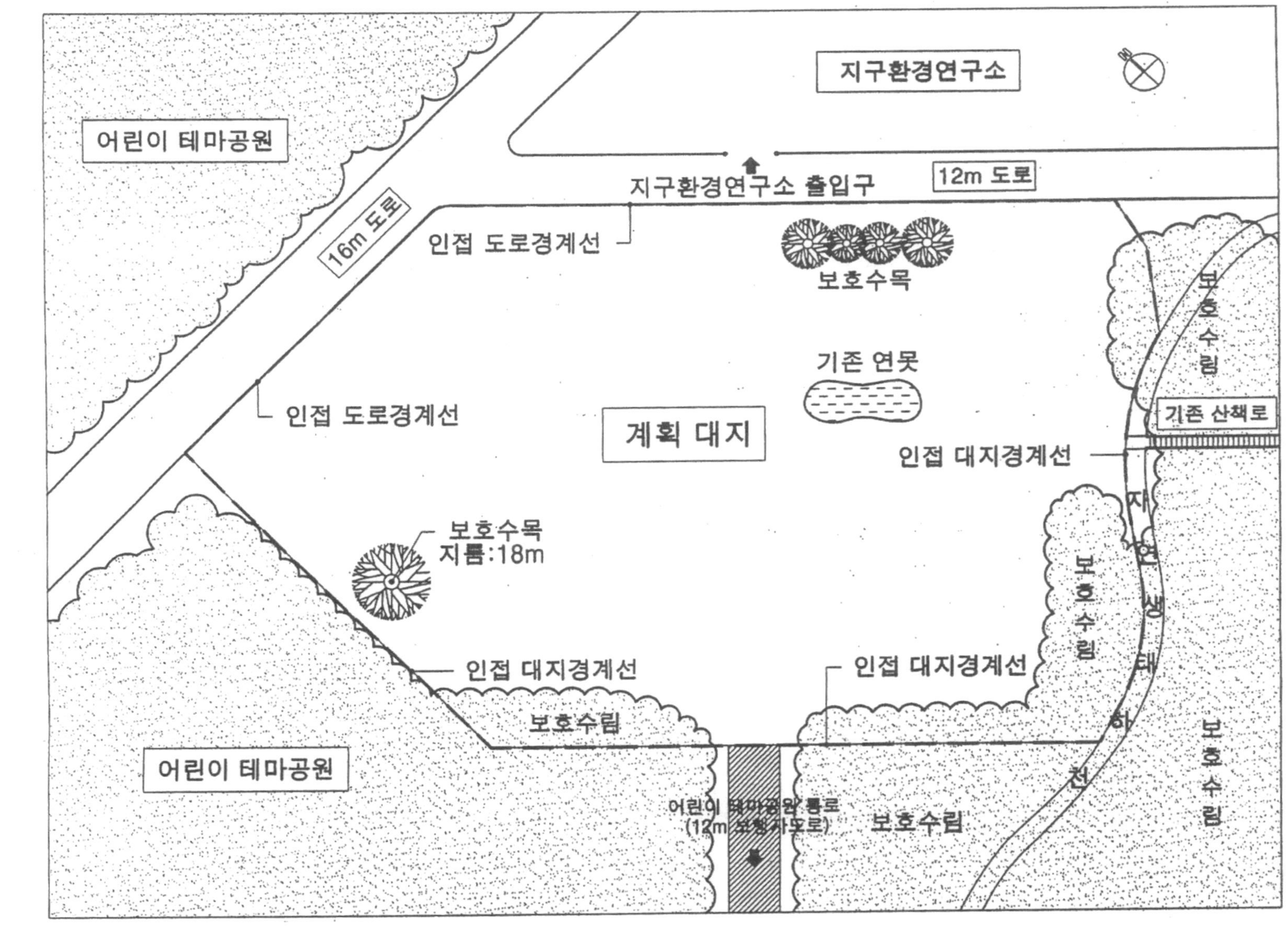

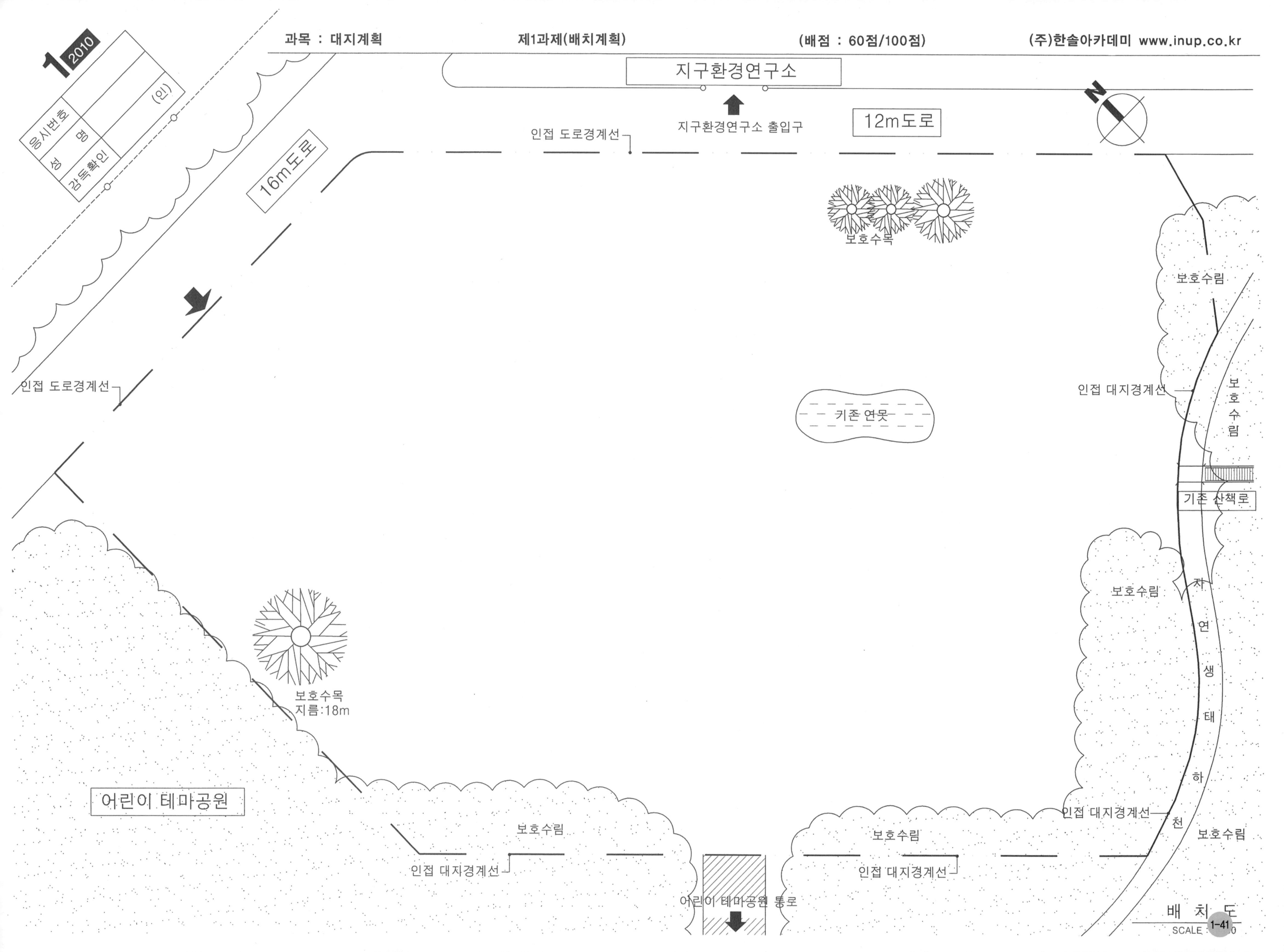

1 2010
응시번호
성 명
감독확인
(인)
지구환경연구소
지구환경연구소 출입구
12m도로
16m도로
인접 도로경계선
인접 도로경계선
보호수목
보호수림
인접 대지경계선
보호수림
키존 연못
기존 산책로
보호수림
자연생태하천
보호수목
지름:18m
어린이 테마공원
보호수림
인접 대지경계선
보호수림
인접 대지경계선
인접 대지경계선
보호수림
어린이 테마공원 통로
배 치 도
SCALE

2010년도 건축사자격시험 문제

과목 : 대지계획　　제2과제(대지분석·조닝)　　배점 : 40/100점　　(주)한솔아카데미

제목 : 공동주택의 최대 건립 세대수

1. 과제개요

'대지A'에 공동주택(아파트)을 신축하고자 한다. 아래 사항을 고려하여 최대 건립 세대수를 구하시오.

2. 대지개요

(1) 용도지역
① '대지A' 와 인접대지 : 제3종 일반주거지역
② 공원 : 자연녹지지역
(2) 건폐율 : 50% 이하
(3) 용적률 : 300% 이하
(4) 대지규모 : 90m X 75m = 6,750m^2
(5) 주변현황 : <대지현황도>에 따름

3. 계획조건

(1) 전면도로에 따른 건축물의 높이제한은 전면도로 반대쪽 경계선까지 수평거리의 1.5배 이하로 한다. 다만, 건축물 높이제한 산정을 위한 전면도로의 너비 기준은 각각 전면도로의 너비를 적용한다.

(2) 건축물의 각 부분을 정북방향 인접 대지경계선으로부터 띄어야 할 거리 중 높이 8m를 초과하는 부분은 해당 건축물 각 부분 높이의 1/2 이상을 띄어야 한다.

(3) 건축물의 각 부분의 높이는 그 부분으로부터 채광을 위한 창문등이 있는 벽면에서 직각 방향으로 인접 대지경계선까지의 수평거리의 2배 이하로 한다. 다만, '대지A'에 접한 공원쪽의 인접 대지경계선에서는 적용하지 않는다.

(4) 같은 대지에서 두 동 이상의 건축물이 서로 마주 보고 있는 경우에 건축물 각 부분 사이의 거리는 다음 각 항의 거리 이상을 띄어 건축한다.
① 채광을 위한 창문등이 있는 벽면으로부터 직각 방향으로 건축물 각 부분 높이의 0.6배 이상
② ①항에도 불구하고 서로 마주 보는 건축물 중 남쪽 방향의 건축물 높이가 낮고 주된 개구부의 방향이 남쪽을 향하는 경우에는 높은 건축물 각 부분 높이의 0.5배 이상, 낮은 건축물 각 부분 높이의 0.6배 이상

(5) 건축물의 외벽은 수직으로 하며, 도로경계선과 인접 대지경계선으로부터 이격거리를 다음과 같이 확보한다.
① 15m 도로 : 10m 이상
② 10m 도로 : 5m 이상
③ 인접 대지경계선 : 5m 이상
(6) 건축물과 건축물 사이의 거리는 5m 이상으로 한다.
(7) 단위세대
① 크기 : 5m X 10m (계단, 엘리베이터, 복도 등 공용면적을 포함한 것임)
② 개구부 : 5m 부분을 주개구부로 하며, 10m 부분에는 개구부를 설치할 수 없다.
③ 평면형식 : 편복도
④ 층고 : 3m
(8) 주동
① 주동의 수는 3개 동 이상으로 한다.
② 주동의 기준층은 4세대 이상 10세대 이하로 한다.
③ 하나의 동에서는 층수의 변화를 줄 수 없다.
④ 다음 조건의 필로티를 지상 1층에 설치한다.
가. 개소 : 3개 동
나. 크기 : 설치하는 동마다 높이 3m X 너비 10m X 길이 20m
⑤ 단위세대를 제외한 별도의 공용면적과 옥탑층은 고려하지 않는다.
(9) 대지와 도로의 높이 차이는 없다.
(10) 지상 1층의 바닥레벨은 대지레벨과 동일하다.
(11) 주택법에 의한 부대·복리시설은 고려하지 않는다.

4. 도면작성요령

(1) 대지평면도, 횡단면도 및 종단면도에 동 이름(A, B, C …), 층수, 사선 제한선, 필로티 위치, 단면지시선 및 이격거리 등을 표기한다.
(2) 동 이름, 세대수, 층수, 기준층 세대수, 필로티 설치 여부 및 최대 건립 세대수를 답안지의 주어진 표에 표기한다.
(3) 소수점 이하는 소수 3자리에서 반올림하여 2자리로 표기한다.
(4) 단위 : m
(5) 축척 : 1/600

5. 유의사항

(1) 제도는 반드시 흑색연필심으로 한다.
(2) 명시되지 않은 사항은 현행 관계법령을 준용한다.

과목 : 대지계획 제2과제(대지분석·조닝) 배점 : 40/100점 (주)한솔아카데미

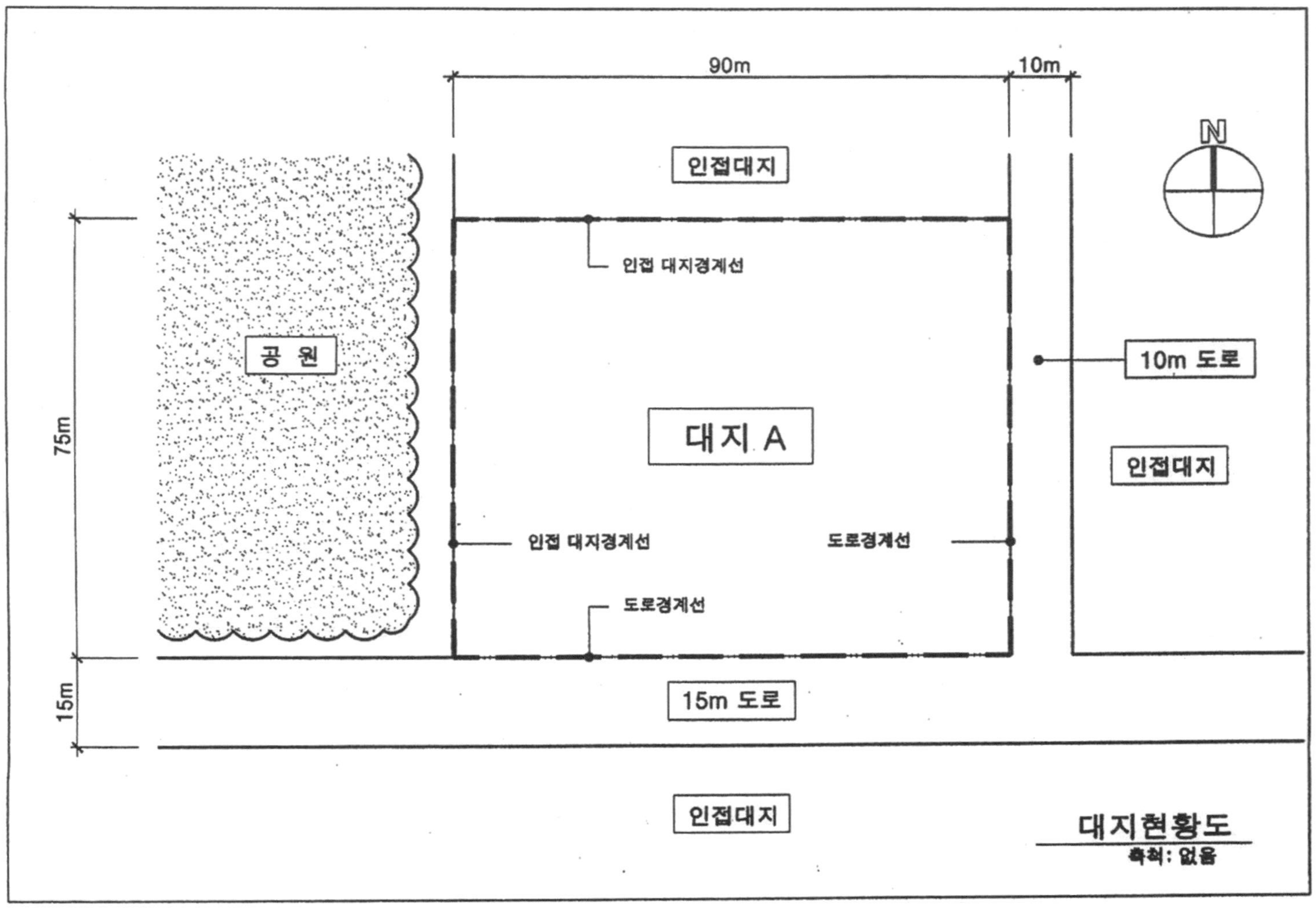

<대지현황도>

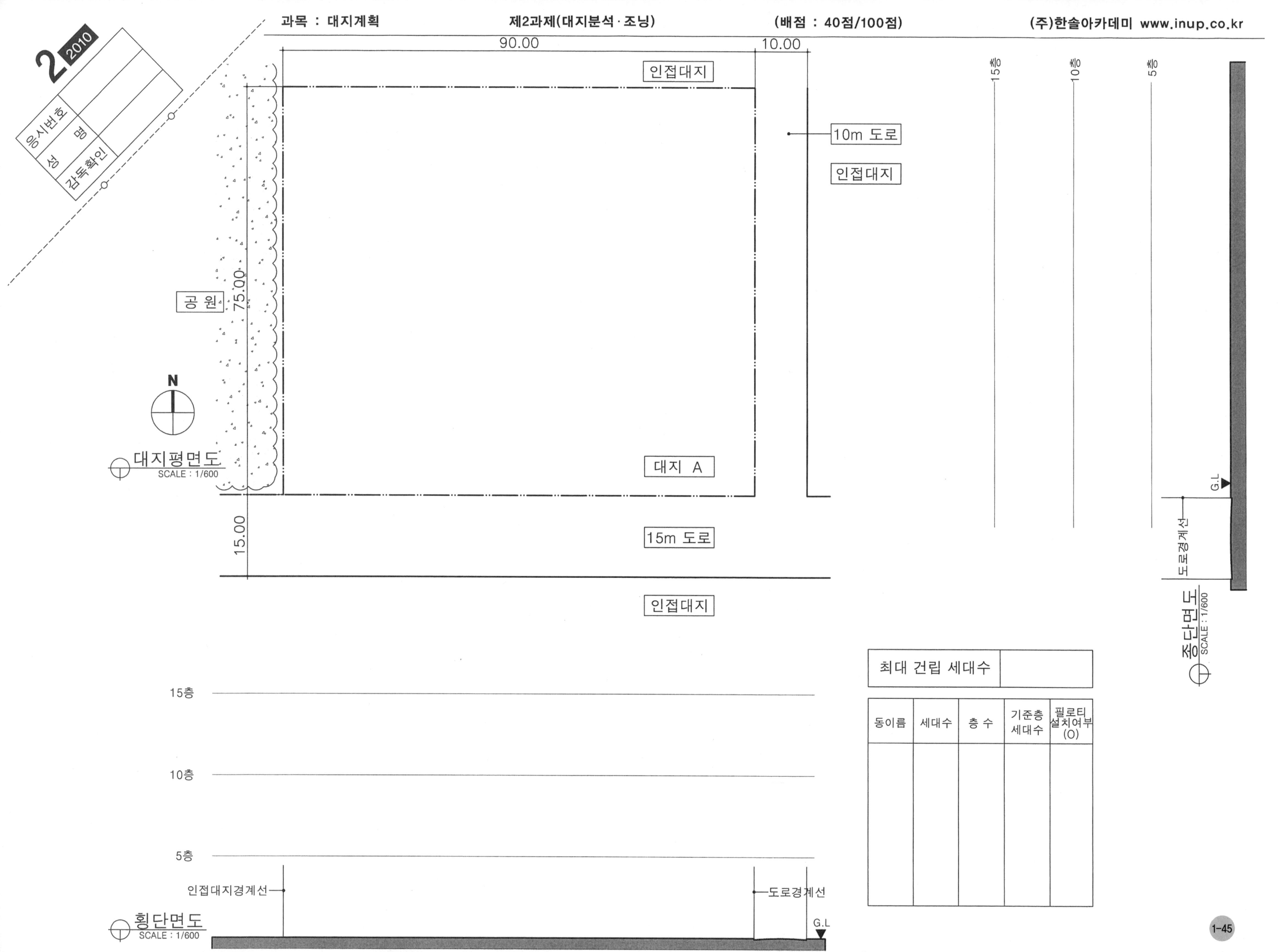

최대 건립 세대수	

동이름	세대수	층 수	기준층 세대수	필로티 설치여부 (O)

2011년도 건축사 자격시험 문제

과 목 명
대 지 계 획

과 제 명	제1과제 : 배 치 계 획 (60점) 제2과제 : 대지분석 · 조닝 (40점)

응시자 준수사항

1. 문제지를 받더라도 시험시작 타종전까지 문제내용을 보아서는 안 됩니다.
2. 문제지를 받는 즉시 과목편철 순서, 문제누락 여부, 인쇄상태 이상 유무 등을 확인한 후 답안지에 본인의 응시번호와 성명을 기재합니다.
3. 시험이 시작되면 문제를 주의 깊게 읽은 후 답안을 작성하시기 바랍니다.
4. 시험시간종료 후 문제지와 보조용지 (깔판지, 트레이싱지)는 제출하지 않습니다.

※ 시험시간이 종료되기 전에는 어떠한 경우에도 문제지를 시험장 밖으로 가지고 갈 수 없습니다.

5. 답안지 미제출자는 부정행위자로 간주 처리됩니다.

공 지 사 항

1. 문제지 공개

– 방 법 : 국토교통부 및 대한건축사협회 인터넷 홈페이지에 게시

2. 합격예정자 발표

– 방 법 : 국토교통부 / 대한건축사협회 인터넷 홈페이지 및 각 시 · 도 건축사회 게시판

3. 점수 열람

– 방 법 : 대한건축사협회 인터넷 홈페이지 / 성적열람 메뉴

※ 합격예정자 제출서류에 대한 자세한 사항은 대한건축사협회 인터넷 원서접수 프로그램 공지사항에 게재되어 있으며, 합격예정자 발표시 별도 공고합니다.

2011년도 건축사자격시험 문제

과목 : 대지계획　　제1과제(배치계획)　　배점 : 60/100점　　(주)한솔아카데미

제목 : 폐교를 이용한 문화체험시설 배치계획

1. 과제개요

서해안 바닷가에 위치한 폐교를 증축하여 문화를 체험 할 수 있는 시설로 리노베이션(Renovation) 하고자 한다. 다음 사항을 고려하여 시설을 배치 하시오.

2. 대지조건

(1) 용도지역 : 계획관리지역
(2) 주변현황 : 대지현황도 참조

3. 계획조건

(1) 배치시설 요구사항

① 도로
- 단지내 도로 : 너비 6m (경사도 1/10 이하)
- 단지내 보행로 : 너비 1.5m ~ 6m

② 건축물 (가로, 세로 구분 없음)
- 다목적강당 : 36m x 24m
- 체 험 동
  - 관 리 실 : 12m x 9m
  - 전 시 장 : 30m x 18m
  - 아틀리에(Atelier) : 540m² (1실당 7.5m x 4.5m, 10개실 및 공용면적 포함)
- 숙 소 동 : 21m x 9m (2개동, 각각 3개층)

③ 외부시설 (가로, 세로 구분 없음)
- 잔디마당 : 50m × 40m
- 야외 공연장 : 30m x 20m
- 야외 조각정원 : 1,000m² ~ 1,100m²(최소폭 10m)
- 휴게데크 : 400m² ~ 500m²(최소폭 10m)
- 진입마당 : 300m² ~ 400m²
- 주차장 (기계식 주차장은 고려하지 않음)
  - 일반주차장 : 24대 이상(장애인용 2대 포함)
  - 숙소동주차장(숙소동 하부층 이용) : 10대 이상(장애인용 1대 포함)

(2) 배치시 고려사항

① 관리실과 아틀리에는 기존 교사동을 리노베이션 하여 배치한다.
② 전시장은 기존 교사동에 수직 및 수평으로 증축하여 2개층으로 계획하되, 바닥면적의 합계는 810m²로 한다.
③ 다목적 강당은 지역 주민의 접근성을 고려하여 배치하고 잔디마당과 인접하도록 한다.
④ 숙소동은 저녁 노을을 바라보기 좋은 곳에 배치하고 기존 산책로와 연결시킨다.
⑤ 차량(서비스동선 포함)과 보행동선은 최대한 분리한다.
⑥ 휴게데크는 갯벌관찰이 편리한 곳에 배치하고 해변(갯벌)으로 접근이 용이하게 한다.
⑦ 야외 조각정원은 전시장에 인접하고, 잔디마당과 야외 공연장에 연계되도록 배치한다.
⑧ 등고선을 조정할 경우, 그 경사도는 1/2 이하로 한다.
⑨ 단지내 도로와 건축물 사이는 너비 3m 이상 조경 등으로 이격한다. (단, 주차 진입로는 제외)
⑩ 기존 시설(주차장 제외)은 최대한 활용한다.

4. 도면작성요령

(1) 건축물 외곽선은 굵은 실선으로 표시한다.
(2) 조정된 등고선, 단지내 차량도로는 실선으로 표시한다.
(3) 중첩되는 시설의 경우 하부층 시설(숙소동 하부층 주차장 포함)은 점선으로 표시한다.
(4) 각 시설은 명칭과 크기를 표기한다.
(5) 현황도의 레벨을 기준으로 각 시설의 계획 레벨(건축물은 1층 바닥높이)을 표시한다.
(6) 각 건축물에는 주출입구를 표시한다.
(7) 기타 표시는 <보기>를 따른다.
(8) 단위 : m
(9) 축척 : 1/600

5. 유의사항

(1) 답안작성은 반드시 흑색연필로 한다.
(2) 명시되지 않은 사항은 현행 관계법령의 범위 안에서 임의로 한다.

<보기>

보 행 로	(빗금 사각형)
조 경	(점 패턴 사각형)
수 목	(수목 기호)
데 크	(세로줄 사각형)
건축물 주출입구	▲
단지의 주출입구	(굵은 화살표)
필 로 티	(X 점선 사각형)

<대지 현황도> 축척 없음

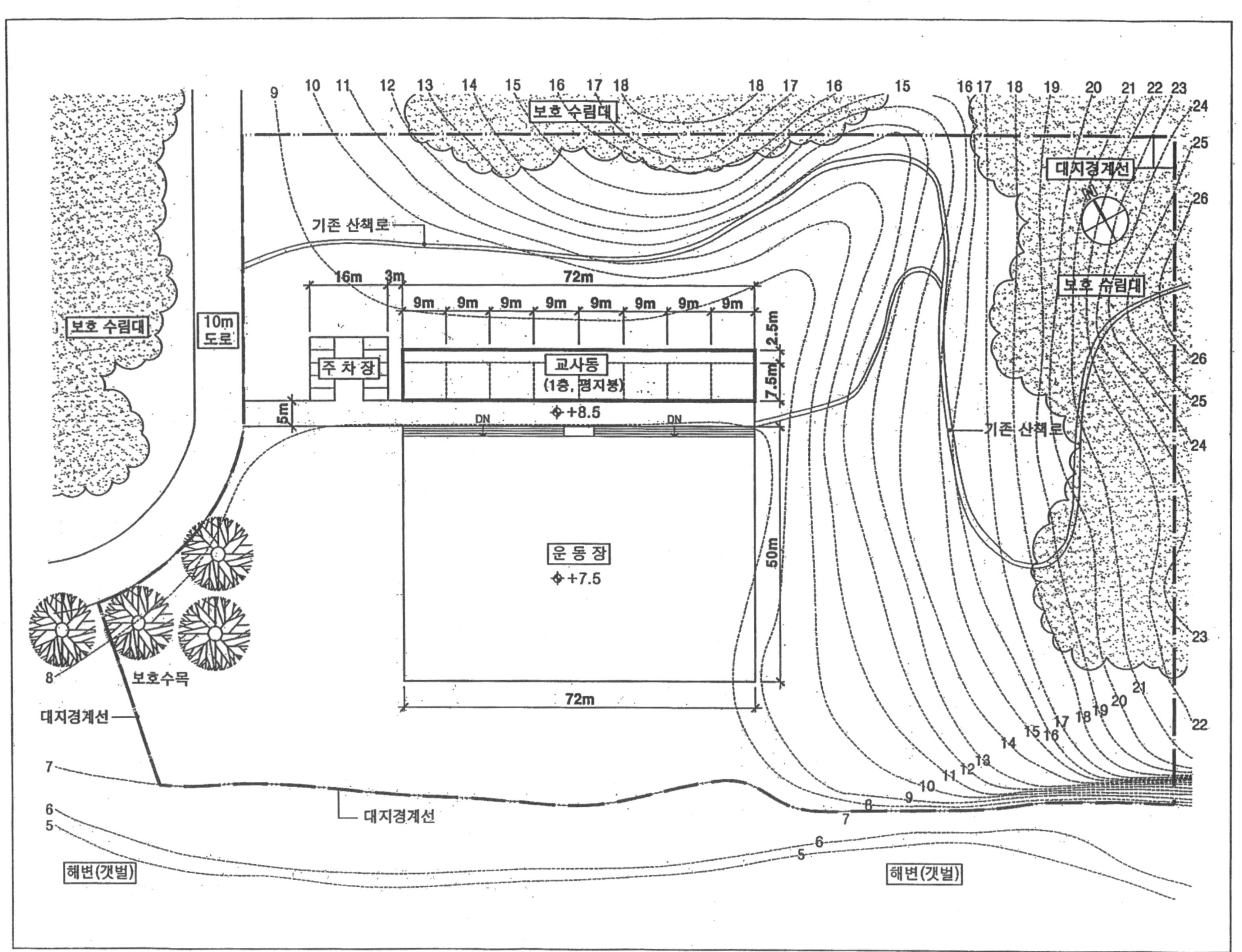
보호 수림대
10m
도로
기존 산책로
16m
3m
72m
9m
2.5m
7.5m
5m
주 차 장
교사동
(1층, 평지붕)
+8.5
DN
운 동 장
+7.5
50m
대지경계선
보호수목
해변(갯벌)

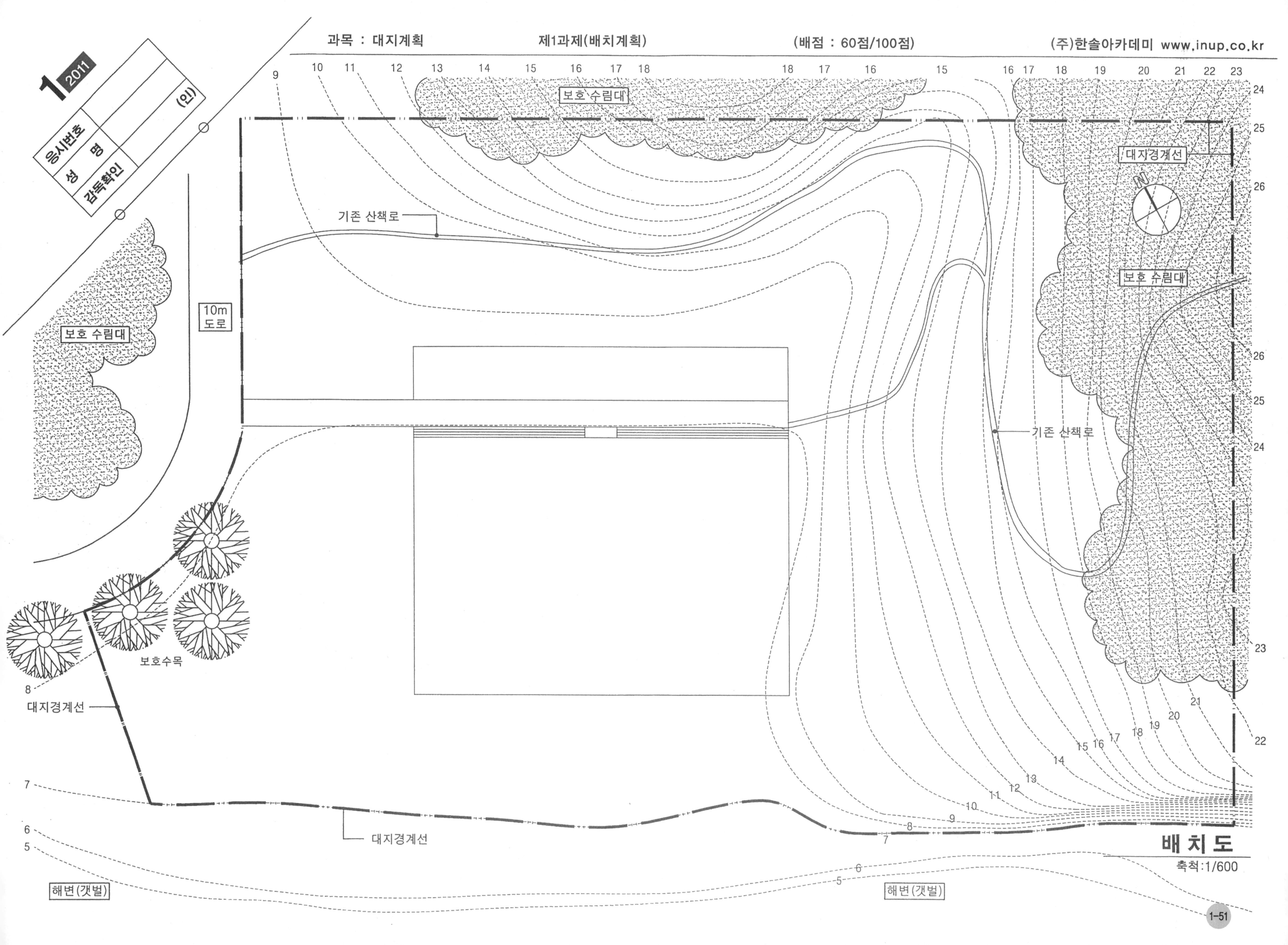
1 2011
응시번호
성 명
(인)
감독확인
보호 수림대
기존 산책로
10m 도로
보호 수림대
대지경계선
보호 수림대
기존 산책로
보호수목
대지경계선
대지경계선
해변(갯벌)
해변(갯벌)
배 치 도
축척:1/600

2011년도 건축사자격시험 문제

과목 : 대지계획 제2과제(대지분석·조닝) 배점 : 40/100점 (주)한솔아카데미

제목 : 근린생활시설의 최대 건축가능영역

1. 과제개요

대지현황도에 제시된 계획대지에 근린생활시설을 신축하고자 한다. 다음 사항을 고려하여 최대 건축가능영역을 구하시오.

2. 대지개요

(1) 용도지역 : 제3종 일반주거지역
(인접대지도 모두 동일한 용도지역임)
(2) 대지규모 : 대지현황도 참조
(3) 건 폐 율 : 50% 이하
(4) 용 적 률 : 240% 이하

3. 계획조건

(1) 전면도로에 의한 건축물 높이제한
① 전면도로의 반대쪽 경계선까지의 수평거리의 1.5배 이하로 한다. 단, 건축물 높이제한 산정을 위한 전면도로의 너비기준은 각각 전면도로의 너비를 적용한다.
② 도로의 반대쪽에 '하천'을 접하고 있는 도로는 그 하천을 전면도로의 너비에 포함하여 적용한다.
(2) 일조 등의 확보를 위한 건축물의 높이제한을 위하여 건축물의 각 부분을 정북방향으로의 인접대지 경계선으로부터 다음과 같이 띄운다.
① 높이 4m 이하 부분 : 1m 이상
② 높이 8m 이하 부분 : 2m 이상
③ 높이 8m 초과 부분 : 해당 건축물 각 부분 높이의 1/2 이상
(3) 막다른 도로는 아래 <표>에서 정한 도로의 너비 이상으로 한다.

<표>

막다른 도로의 길이	도로의 너비
10m 미만	2m
10m 이상 35m 미만	3m
35m 이상	6m(도시지역이 아닌 읍·면 지역은 4m)

(4) 해당지역은 최고고도지구로서 건축물 높이 최고한도는 EL + 52m 이다.

(5) 건축물의 모든 외벽은 벽 두께를 고려하지 않고 수직으로 하며, 도로 경계선 및 인접대지 경계선으로부터 다음과 같이 이격거리를 확보하도록 한다.
① 6m 및 8m 도로 : 4m 이상
② 막다른 2m 도로 : 소요너비 확보 후 3m 이상
③ 인접대지 경계선 : 2m 이상
(6) 지상층의 층고는 1층 5m, 2층 이상은 4m로 한다.
(7) 옥탑층은 고려하지 않는다.
(8) 계획대지내 보호수목은 대지현황도에 표시된 바와 같이 보호수목 경계선을 설정, 건축한계선으로 하여 보호한다.
(9) 계획대지는 평탄하고 절토 또는 성토를 하지 아니하며, 지상1층 바닥레벨은 EL + 21m로 한다. (단, 소요도로 너비 미달부위 확보부분은 절토 가능)
(10) 주변대지는 내부의 고저차가 없는 것으로 한다.
(11) 계획대지내 제시된 지상주차장 및 옥외 휴게공간, EL+20m 이하에는 별도의 건축물 배치 및 공간계획은 고려하지 않는다.
(12) 대지의 안전을 위하여 설치하는 옹벽은 콘크리트 구조로 가정한다.

4. 도면작성요령

(1) 최대 건축가능영역을 대지평면도 및 단면도에 작성하고 그 표현은 아래 <보기>와 같이 한다.
(다만, 대지평면도에 중복된 층은 그 최상층만 표현)

<보기>

홀 수 층	(빗금 표시)
짝 수 층	(빈 사각형)

(2) 모든 제한선, 이격거리 및 치수를 대지평면도와 단면도에 기재하되 소수점 이하 3자리에서 반올림하여 2자리로 표기한다.
(3) 단위 : m
(4) 축척 : 1/300

5. 유의사항

(1) 답안작성은 반드시 흑색연필로 한다.
(2) 명시되지 않은 사항은 현행 관계법령의 범위 안에서 임의로 한다.

<대지현황도> 축척 없음

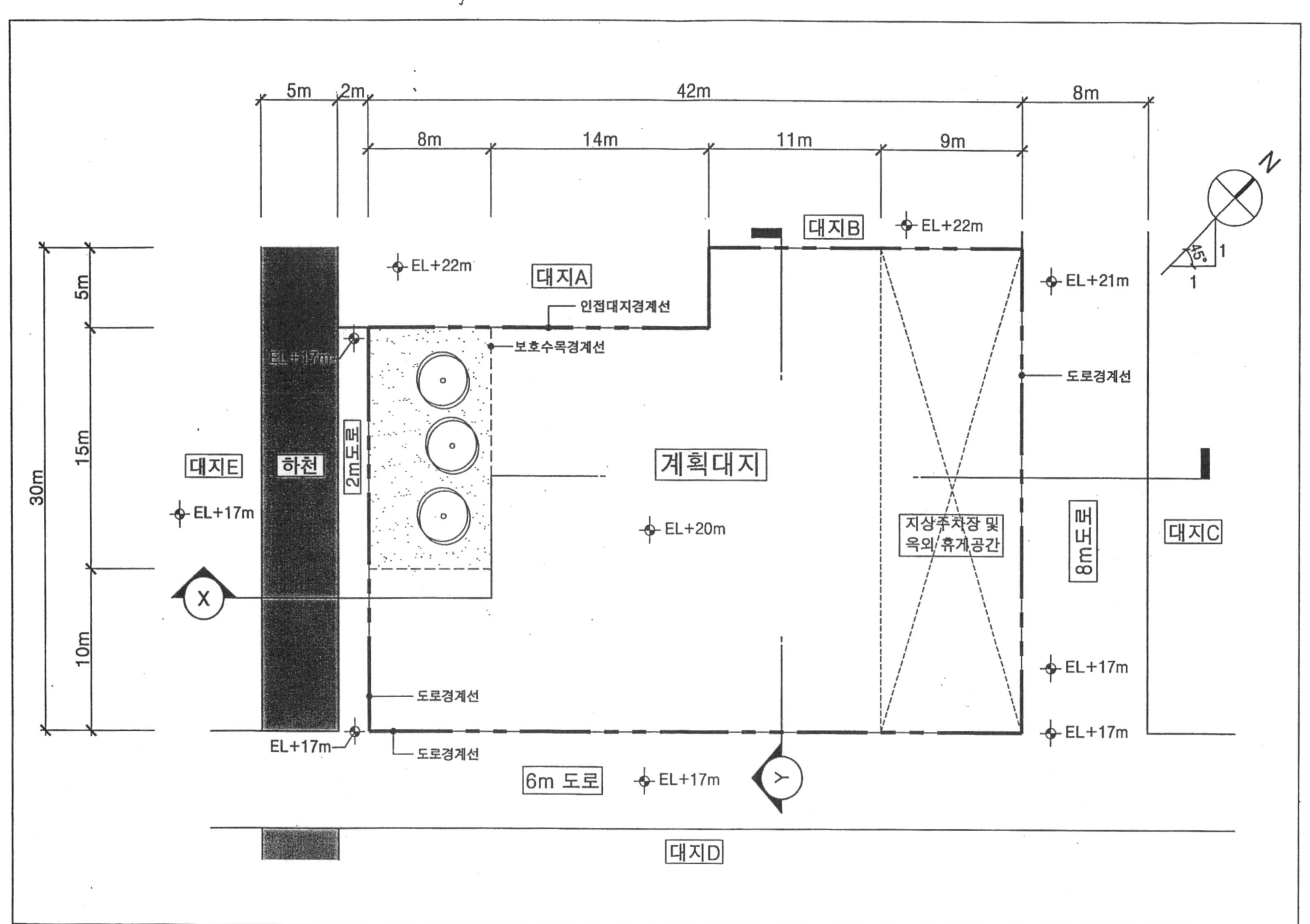

5m
2m
42m
8m
8m
14m
11m
9m
30m
5m
15m
10m
대지A
대지B
대지C
대지D
대지E
하천
2m 도로
8m 도로
6m 도로
계획대지
지상주차장 및 옥외 휴게공간
인접대지경계선
보호수목경계선
도로경계선
EL+22m
EL+21m
EL+20m
EL+17m
X
Y
N
45°
1

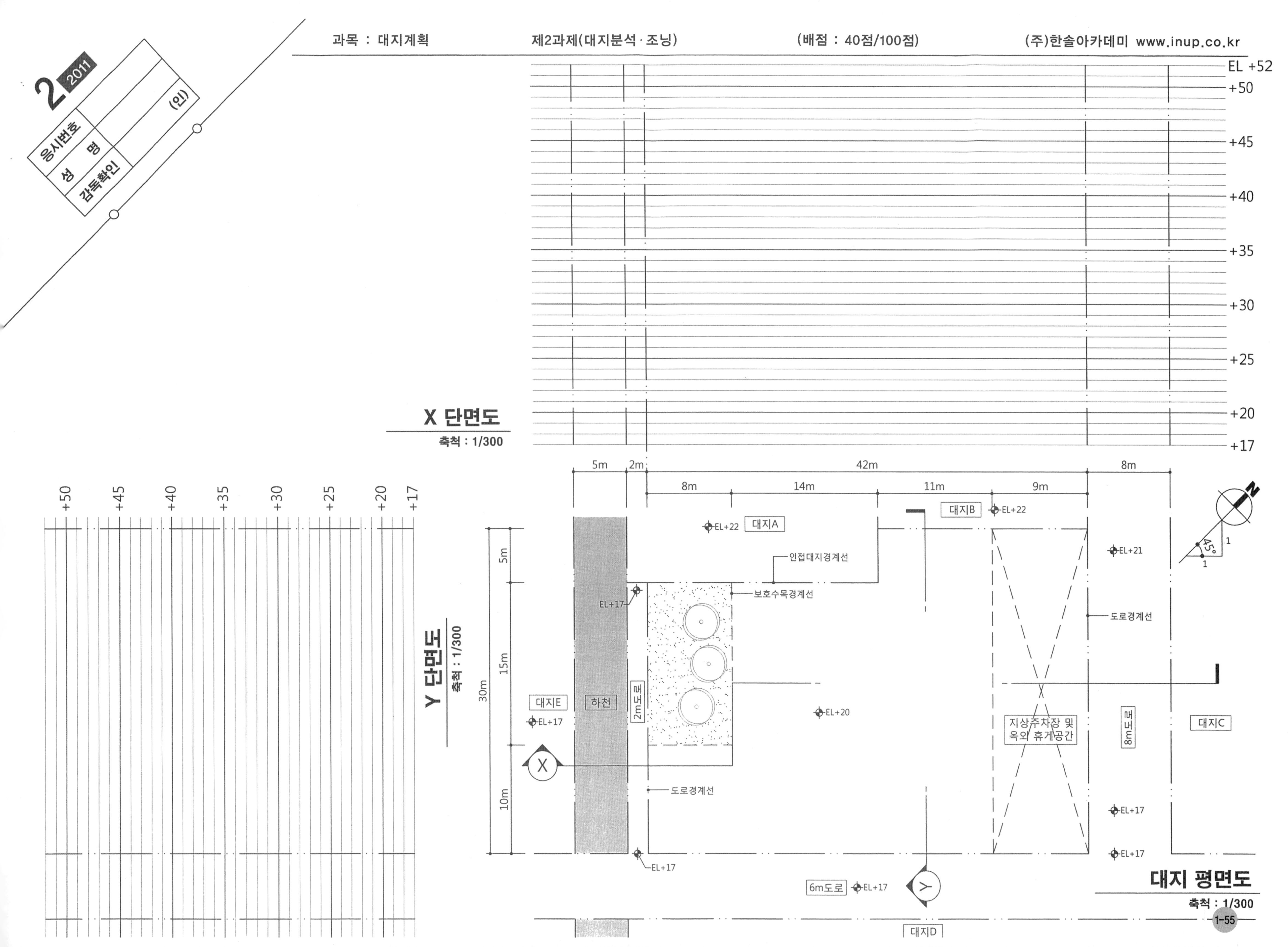
2 2011
응시번호
성 명
감독확인
(인)
EL +52
+50
+45
+40
+35
+30
+25
+20
+17
X 단면도
축척 : 1/300
Y 단면도
축척 : 1/300
5m
2m
42m
8m
14m
11m
9m
15m
10m
30m
대지A
대지B
대지C
대지D
대지E
EL+22
EL+21
EL+20
EL+17
인접대지경계선
보호수목경계선
도로경계선
하천
2m도로
8m도로
6m도로
지상주차장 및 옥외 휴게공간
45°
대지 평면도
축척 : 1/300

2012년도 건축사 자격시험 문제

과 목 명	과 제 명	
대 지 계 획	제1과제 : 배 치 계 획 (60점) 제2과제 : 대지분석 · 조닝 (40점)	

응시자 준수사항

1. 문제지를 받더라도 시험시작 타종전까지 문제내용을 보아서는 안 됩니다.

2. 문제지를 받는 즉시 과목편철 순서, 문제누락 여부, 인쇄상태 이상 유무 등을 확인한 후 답안지에 본인의 응시번호와 성명을 기재합니다.

3. 시험이 시작되면 문제를 주의 깊게 읽은 후 답안을 작성하시기 바랍니다.

4. 시험시간종료 후 문제지와 보조용지 (깔판지, 트레이싱지)는 제출하지 않습니다.

※ 시험시간이 종료되기 전에는 어떠한 경우에도 문제지를 시험장 밖으로 가지고 갈 수 없습니다.

5. 답안지 미제출자는 부정행위자로 간주 처리됩니다.

공 지 사 항

1. 문제지 공개

   – 방 법 : 국토교통부 및 대한건축사협회 인터넷 홈페이지에 게시

2. 합격예정자 발표

   – 방 법 : 국토교통부 / 대한건축사협회 인터넷 홈페이지 및 각 시 · 도 건축사회 게시판

3. 점수 열람

   – 방 법 : 대한건축사협회 인터넷 홈페이지 / 성적열람 메뉴

※ 합격예정자 제출서류에 대한 자세한 사항은 대한건축사협회 인터넷 원서접수 프로그램 공지사항에 게재되어 있으며, 합격예정자 발표시 별도 공고합니다.

2012년도 건축사자격시험 문제

과목 : 대지계획 제1과제(배치계획) 배점 : 60/100점 (주)한솔아카데미

제목 : ○○ 비엔날레 전시관 배치계획

1. 과제개요

○○도시에 비엔날레를 개최하게 되어 전시관을 신축하려고 한다. 대지 내 기존 건축물 및 승강탑과 폐철도를 이용하여 시설을 배치하시오.

2. 대지조건

(1) 대지면적 : 15,750m^2
(2) 용도지역 : 준주거지역
(3) 주변현황 : 대지현황도 참조

3. 계획조건

(1) 배치시설 요구사항

① 도로
- 단지 내 도로 : 너비 6m(경사도 1/8 이하)
- 단지 내 보행로 : 너비 3m 이상

② 건축물(가로, 세로 구분 없음)
- 전 시 관 A : 12m x 30m x 9m(H)
- 전 시 관 B : 12m x 30m x 9m(H)
- 다목적강당 : 25m x 40m x 15m(H)
- 교 육 관 : 15m x 30m x 15m(H)
- 관리동(기존 건축물) : 12m x 25m x 9m(H) (지상1, 2층 - 층고 각 4.5m, 지하층 - 층고 3m)
- 경 비 실 : 3m x 5m x 3m(H)

③ 외부시설(가로, 세로 구분 없음)
- 옥외전시장 : 20m × 50m
- 폐철도 상부 옥외전시장 : 10m x 50m
- 옥외공연장 : 20m x 20m(무대 최소 폭 5m)
- 옥외휴게공간 : 1,000m^2 이상(최소 폭 15m)
- 진입마당 : 2개소(각 300m^2 ~ 350m^2, 최소폭 10m)
- 상징탑 공간 : 10m × 15m
- 주차장(기계식 주차장은 고려하지 않음)
  - 옥외주차장 : 2개소로 분리(합계 50대 이상, 장애인용 5대 포함)
  - 옥내주차장 : 관리동 지하층

(2) 배치 시 고려사항

① 기존시설을 최대한 활용한다.
② 모든 건축물은 도로 경계선과 인접 대지경계선으로부터 5m 이상 이격한다.
③ 기존 시설물과 계획 건축물 사이는 최소 3m 이격한다.
④ 절토된 지형은 건축물 외벽과 최소 2m 이격한다.
⑤ 전시관 A, B는 기존 교각을 이용하여 배치하고 폐철도 상부 옥외전시장과 기존 승강탑으로 동선을 연결한다.
⑥ 옥외공연장은 기존 지형을 이용하고 그 경사도는 1/3 이하로 한다.
⑦ 옥외공연장에 인접한 전시관의 옥상은 야외 카페로 활용한다.
⑧ 관리동은 기존 건축물을 면적증감 없이 재활용 한다.
⑨ 전시관 옥상의 야외 카페는 관리동 1층 바닥과 다리로 수평 연결한다.
⑩ 다목적강당과 옥외공연장은 옥외휴게공간에 인접하게 한다.
⑪ 교육관은 단지의 주출입구에서 접근이 용이하게 하고 옥외전시장과 인접하게 한다.
⑫ 진입마당은 다목적강당에 1개소와 전시관 A, B에 1개소를 둔다.
⑬ 차량과 보행동선은 분리한다.
⑭ 옹벽 높이는 최대 4m로 한다.
⑮ 상징탑 공간은 단지의 주출입구 부근에 둔다.

4. 도면작성요령

(1) 건축물 외곽선은 굵은 실선으로 배치도와 단면도에 표시한다.
(2) 조정된 등고선, 단지 내 도로는 실선으로 표시한다.
(3) 옥외 주차대수 및 각 시설의 명칭과 크기를 표기 한다.
(4) 현황도의 레벨을 기준으로 계획 레벨을 표시한다.
  ① 외부시설 : 조성 레벨
  ② 건 축 물 : 1층 바닥 레벨
(5) 각 건축물에는 주출입구를 표시한다.
(6) 기타 표시는 <보기>를 따른다.
(7) 단위 : m
(8) 축척 : 1 / 600

5. 유의사항

(1) 답안작성은 반드시 흑색연필로 한다.
(2) 명시되지 않은 사항은 현행 관계법령의 범위 안에서 임의로 한다.

<보기>

보 행 로	(빗금 해치)
조경 · 수목	(점 해치, 수목 기호)
건축물 주출입구	▲
단지의 주출입구	🡅

과목 : 대지계획 제1과제(배치계획) 배점 : 60/100점 (주)한솔아카데미

〈대지 현황도〉 축척 없음

승강탑 및 폐철도 교각 입면도

배 치 도

A-A' 단면도

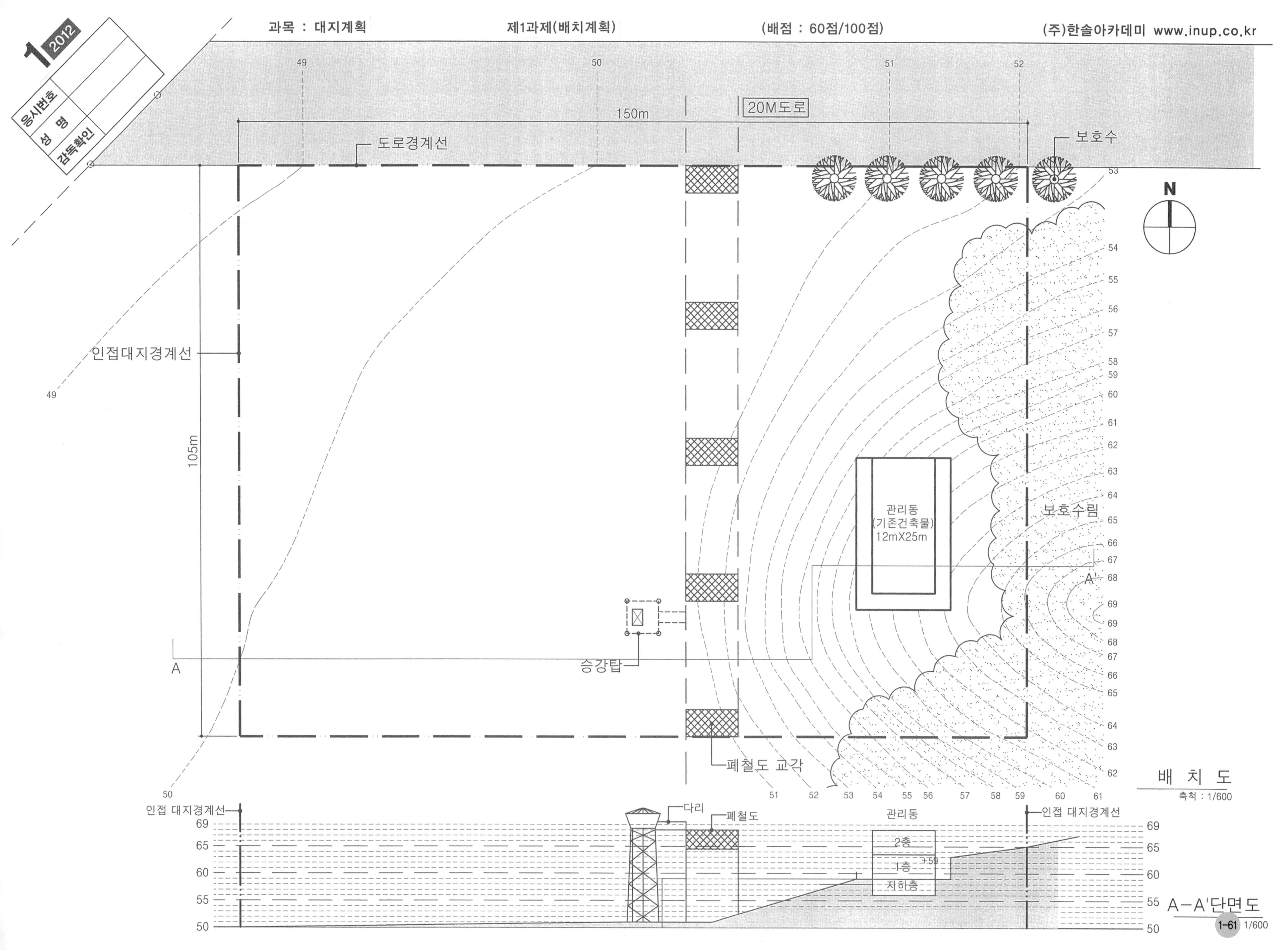

1 2012
응시번호
성 명
감독확인
20M도로
150m
도로경계선
보호수
N
인접대지경계선
105m
관리동
(기존건축물)
12mX25m
보호수림
A
A'
승강탑
폐철도 교각
배 치 도
축척 : 1/600
인접 대지경계선
다리
폐철도
관리동
2층
1층
지하층
+59
인접 대지경계선
A-A'단면도
1/600

2012년도 건축사자격시험 문제

과목 : 대지계획 제2과제(대지분석·조닝) 배점 : 40/100점 (주)한솔아카데미

제목 : 대학 캠퍼스 교사동의 최대 건축 가능영역

1. 과제개요

대학 캠퍼스 내에 2개의 교사동을 증축하려고 한다. 다음 사항을 고려하여 대지현황도의 증축가능 구획선 내에 최대 건축가능 영역을 구하시오.

2. 대지개요

(1) 용도지역 : 제3종 일반주거지역

(2) 건폐율, 용적률 : 고려하지 않음

3. 계획조건 및 고려사항

(1) 증축 건축물은 2개의 교사동이다.

(2) 증축 교사동의 규모

① 모든 층의 층고는 5m(파라펫 높이는 고려하지 않음)

② 지상 6층 이하

③ 각 동 모든 층의 건축물 폭은 15m 이상

④ 각 동의 층별 바닥면적은 $800m^2$ 이상

⑤ 각 동의 동별 연면적은 $4,500m^2$ 이상

(3) 일조 및 개방감 확보를 위하여 증축 교사동의 각 부분은 다음과 같이 이격한다.

① 증축 교사동과 정북방향의 기존 건축물 사이의 거리는 정남방향의 증축 교사동 각 부분의 높이 이상으로 한다.

② 증축 교사 2개동 사이의 거리는 최소 15m로 하고, 정남방향의 증축 교사동 각 부분의 높이 이상으로 한다.

③ 증축 교사동 각 부분과 정남방향의 기존 건축물 사이의 거리는 기존 건축물 높이 이상으로 한다.

④ 보행통로를 확보하기 위하여 보호수목 및 녹지 경계선으로 부터 5m, 도로 경계선으로 부터는 10m 이상 이격한다.

⑤ 증축 교사동 1층 외벽은 도로 경계선으로부터 15m 이상 이격한다.

(4) 각 층의 외벽은 수직으로 한다.

(5) 옥외 휴식공간

① 증축교사 2개동 사이에 배치

② 규모는 $600m^2$ 이상(보행통로는 포함하지 않는다)

③ 최소 폭 20m

④ 옥외 휴식공간에는 건축물 설치 불가

(6) 지하층은 고려하지 않는다.

(7) 대지는 평탄하다.

(8) 지상 1층의 바닥레벨은 대지레벨과 동일하게 한다.

4. 도면작성요령

(1) 배치도에는 건축가능영역, 이격거리, 필로티 위치(점선으로 표기), 각 교사동의 연면적 등을 표현한다.

(2) X, Y 단면도에 건축가능영역, 층수 등을 표현한다.

(3) 단위 : m

(4) 축척 : 1/600

5. 유의사항

(1) 답안작성은 반드시 흑색연필로 한다.

(2) 명시되지 않은 사항은 현행 관계법령의 범위 안에서 임의로 한다.

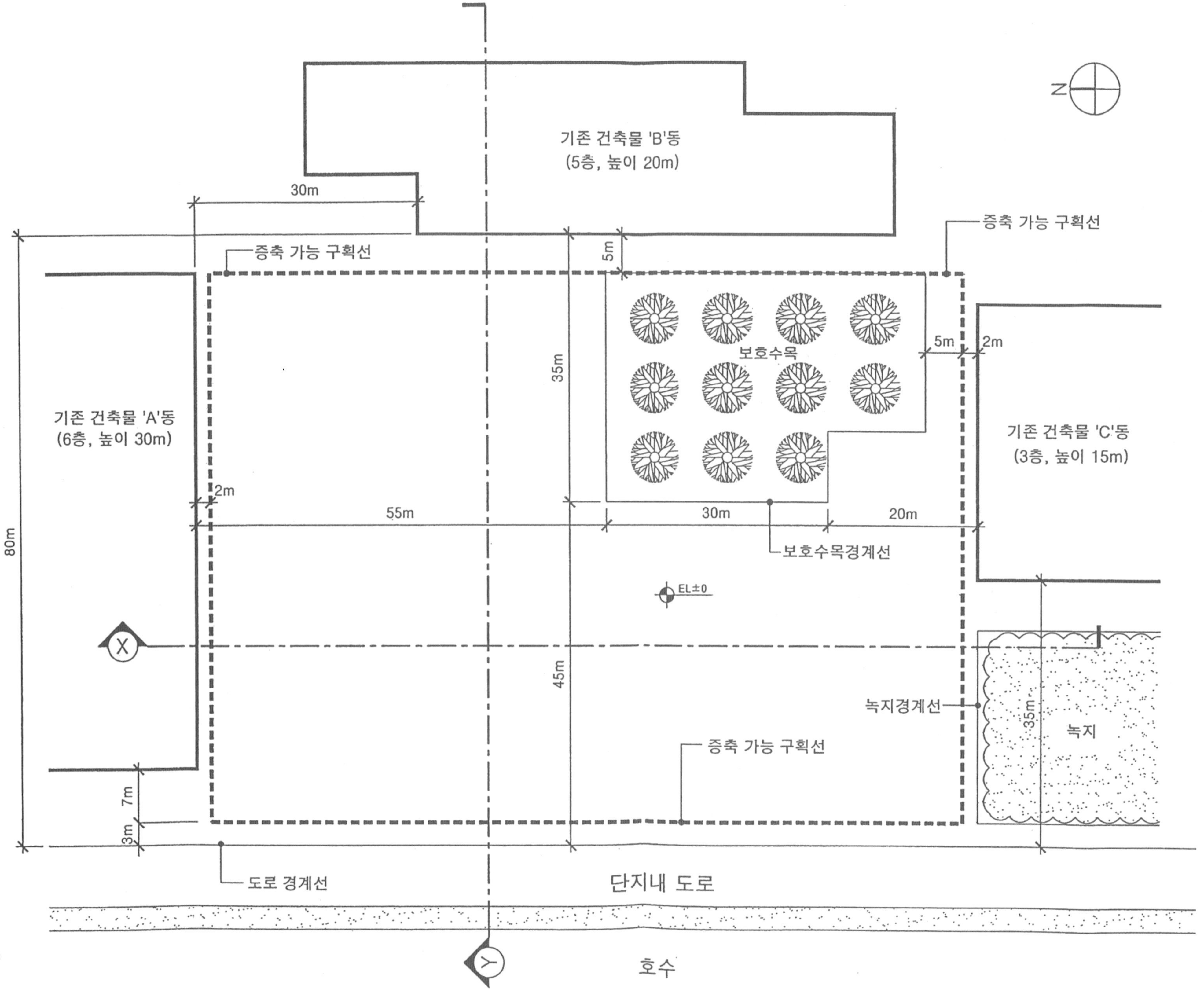

과목 : 대지계획　　제2과제(대지분석·조닝)　　배점 : 40/100점　　(주)한솔아카데미

<대지현황도> 축척 없음

기존 건축물 'B'동
(5층, 높이 20m)

30m

증축 가능 구획선

5m

증축 가능 구획선

보호수목

35m

5m

2m

기존 건축물 'A'동
(6층, 높이 30m)

기존 건축물 'C'동
(3층, 높이 15m)

2m

55m

30m

20m

80m

보호수목경계선

EL±0

X

45m

녹지경계선

35m

녹지

증축 가능 구획선

7m

3m

도로 경계선

단지내 도로

Y

호수

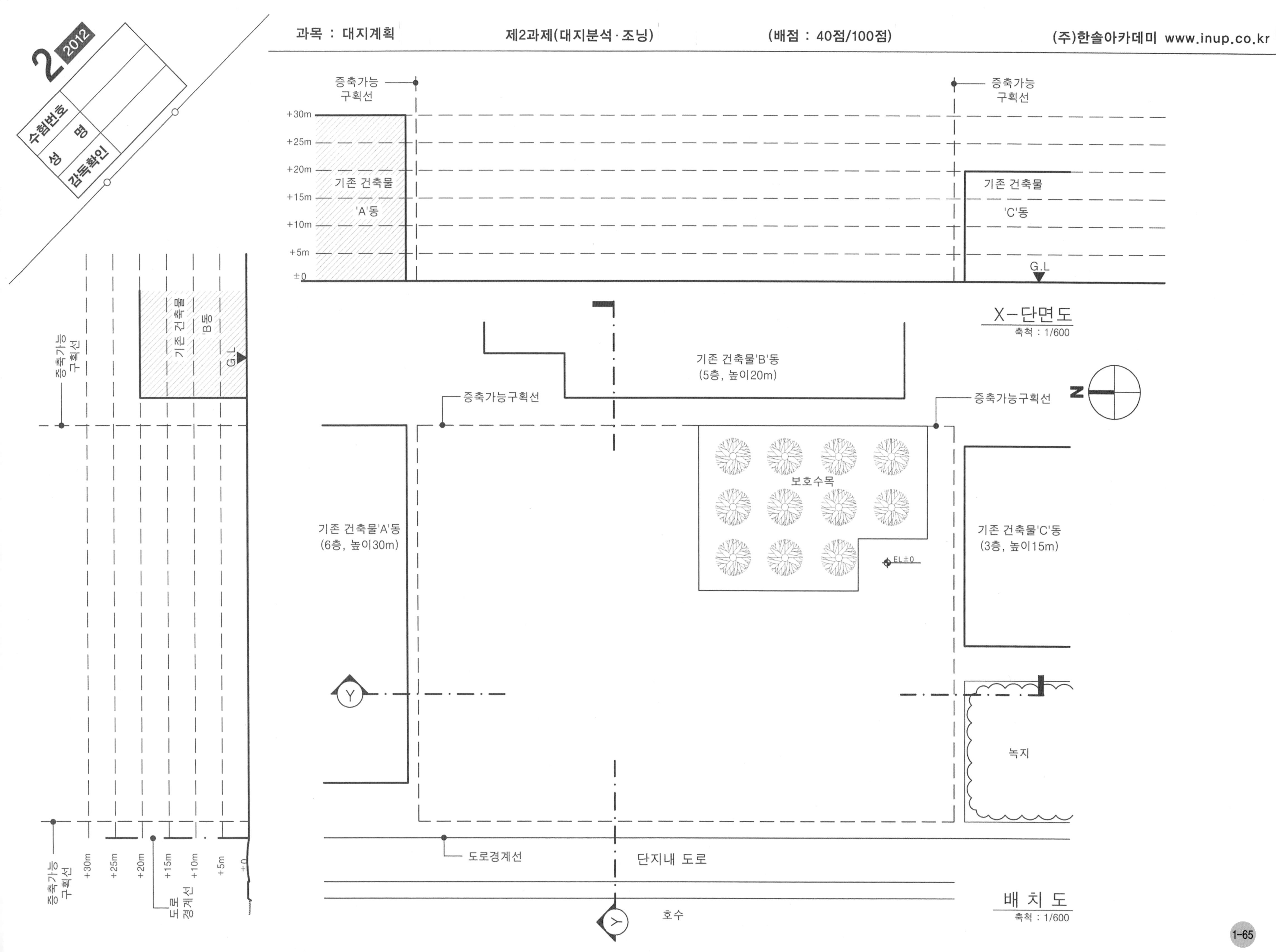
2 2012
수험번호
성 명
감독확인
증축가능 구획선
+30m
+25m
+20m
+15m
+10m
+5m
±0
기존 건축물 'A'동
기존 건축물 'C'동
G.L
X-단면도
축척 : 1/600
기존 건축물 'B'동
기존 건축물'B'동 (5층, 높이20m)
증축가능구획선
보호수목
EL±0
기존 건축물'A'동 (6층, 높이30m)
기존 건축물'C'동 (3층, 높이15m)
녹지
도로경계선
단지내 도로
호수
배 치 도
축척 : 1/600
도로 경계선

2013년도 건축사 자격시험 문제

과 목 명
대 지 계 획

과 제 명	제1과제 : 배 치 계 획 (65점) 제2과제 : 대 지 분 석 (35점)

응시자 준수사항

1. 문제지를 받더라도 시험시작 타종전까지 문제내용을 보아서는 안 됩니다.
2. 문제지를 받는 즉시 과목편철 순서, 문제누락 여부, 인쇄상태 이상 유무 등을 확인한 후 답안지에 본인의 응시번호와 성명을 기재합니다.
3. 시험이 시작되면 문제를 주의 깊게 읽은 후 답안을 작성하시기 바랍니다.
4. 시험시간종료 후 문제지와 보조용지 (깔판지, 트레이싱지)는 제출하지 않습니다.

※ 시험시간이 종료되기 전에는 어떠한 경우에도 문제지를 시험장 밖으로 가지고 갈 수 없습니다.

5. 답안지 미제출자는 부정행위자로 간주 처리됩니다.

공 지 사 항

1. 문제지 공개

– 방 법 : 국토교통부 및 대한건축사협회 인터넷 홈페이지에 게시

2. 합격예정자 발표

– 방 법 : 국토교통부 / 대한건축사협회 인터넷 홈페이지 및 각 시 · 도 건축사회 게시판

3. 점수 열람

– 방 법 : 대한건축사협회 인터넷 홈페이지 / 성적열람 메뉴

※ 합격예정자 제출서류에 대한 자세한 사항은 대한건축사협회 인터넷 원서접수 프로그램 공지사항에 게재되어 있으며, 합격예정자 발표시 별도 공고합니다.

2013년도 건축사자격시험 문제

과 목 : 대지계획　　제1과제 배치계획　　배점 : 65/100　　(주)한솔아카데미

제 목 : 중소도시 향토문화 홍보센타 배치계획

1. 과제개요

중소도시에 향토문화 홍보센타를 신축하고자 한다.
계획대지 주변에는 예술고등학교와 아파트 단지 등이 있다. 다음 사항을 고려하여 시설을 배치하시오.

2. 대지조건

(1) 지역지구 : 도시지역, 자연녹지지역
(2) 대지면적 : 9,990㎡
(3) 건폐율 : 20%이하
(4) 용적률 : 50%이하
(5) 조경면적 : 대지면적의 30%이상
(6) 최고높이 : 3층이하, 15m이하
(7) 주변현황 : 대지현황도 참조

3. 계획조건 및 고려사항

(1) 계획조건

① 도로(경사도 1/15이하)
- 단지내 도로(차도) : 너비 6m
- 단지내 보행로 : 너비 3m 이상

② 건축물(지상층 바닥면적 합계)
- 전통문화공연장 1동 : 1,500㎡
  -객석(350석)과 무대의 층고는 9m이상
- 지역홍보전시관 1동 : 2,100㎡
- 향토문화교육관 1동 : 1,200㎡

③ 외부시설
- 진입마당 : 600㎡이상(경사도1/15이하)
- 문화행사마당 : 700㎡이상(경사도1/15이하)
- 민속놀이마당 : 700㎡이상
- 주차장
  - 문화 및 집회시설은 시설면적 150㎡당 1대
  - 교육연구시설은 시설면적 300㎡당 1대
  - 장애인전용주차는 전체 주차대수의 3%이상
  - 일반형 주차규격은 1대당 2.3mX5m
  - 지하주차장은 고려하지 아니하며, 민속놀이마당 관람석은 주차대수 산정할 때 고려하지 아니함

(2) 고려사항

① 건축물의 평면형태는 사각형으로 하고, 외부시설의 형태는 임의로 한다.
② 전통문화공연장 1층 일부를 너비 6m이상의 필로티로하고, 그 부분은 바닥면적에 산입하지 아니한다.
③ 필로티는 보호수림대를 향하여 열리도록 한다.
④ 향토문화교육관은 주민들이 접근이 용이하고 전면이 넓게 개방되도록 배치한다.
⑤ 문화행사마당은 주민들이 도로에서 쉽게 접근할수있도록 배치한다.
⑥ 민속놀이마당은 경사지형을 활용하며, 주변소음과 오후 공연관람에 적합한 향을 고려하여 배치한다.
⑦ 건축물 간의 이격거리는 9m이상로 한다.
⑧ 건축물 및 외부시설은 인접대지경계선에서 5m이상, 건축선에서 6m이상 이격한다.
⑨ 조경의 너비는 3m이상으로 한다.
⑩ 진입마당과 문화행사마당 및 옥상조경은 조경면적에 산입되지 아니한다.
⑪ 차량과 보행동선은 최대한 분리하며, 모든 건축물은 차량서비스 동선에 접하게 한다.
⑫ 계획된 지형의 경사도는1/2이하로 하며 옹벽은 설치하지 아니한다.
⑬ 각 건축물이 접하는 대지의 지표면의 고저차는 1m를 넘지하도록 계획한다.
⑭ 등고선을 조정할 때 우수처리에 대한 표현은 생략한다.

4. 도면작성요령

(1) 건축물 외곽선은 굵은 실선으로 표시한다.
(2) 조정된 등고선과 단지내 도로는 실선으로 표시한다.
(3) 각 시설에는 명칭과 면적을 표기한다.
(4) 대지현황도의 레벨을 기준으로 각 시설의 계획레벨을 표기하며, 건축물은 1층 바닥높이를 표기한다.
(5) 건폐율과 용적률을 표기한다.
(6) 기타 표시는 <보기>를 따른다.
(7) 주요치수를 표기한다.
(8) 단위 : m ,축척 : 1/400

<보기>

보 행 로	(빗금)
조경 · 수목	(점·원)
건축물 주출입구	▲
필 로 티	(X 점선)

5. 유의사항

(1) 답안작성은 반드시 흑색연필로 한다.
(2) 명시되지 않은 사항은 현행 관계법령의 범위 안에서 임의로 한다.

과 목 : 대지계획　　　제1과제　배치계획　　　배점 : 65/100　　　(주)한솔아카데미

<대지 현황도> 축척없음

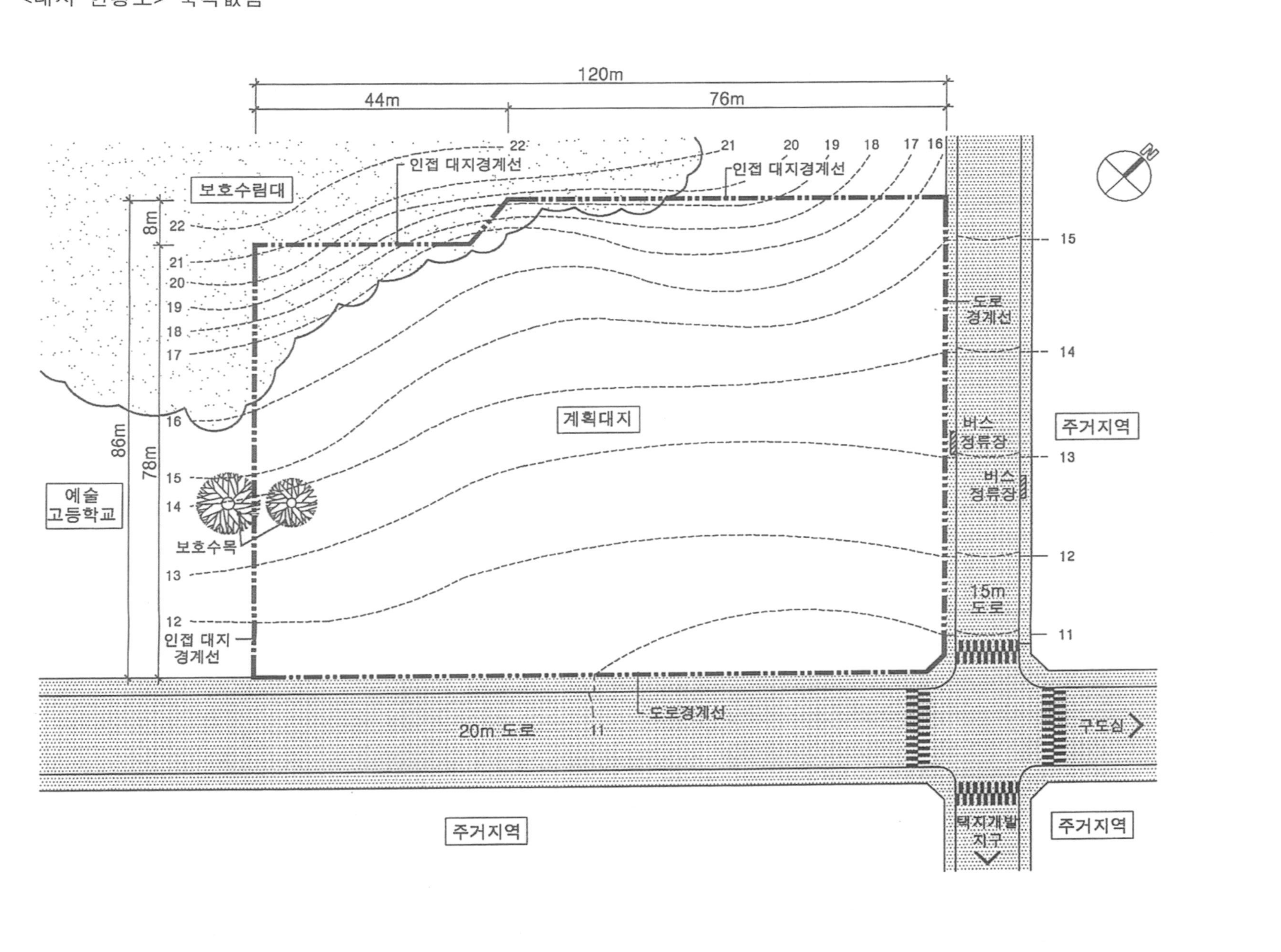

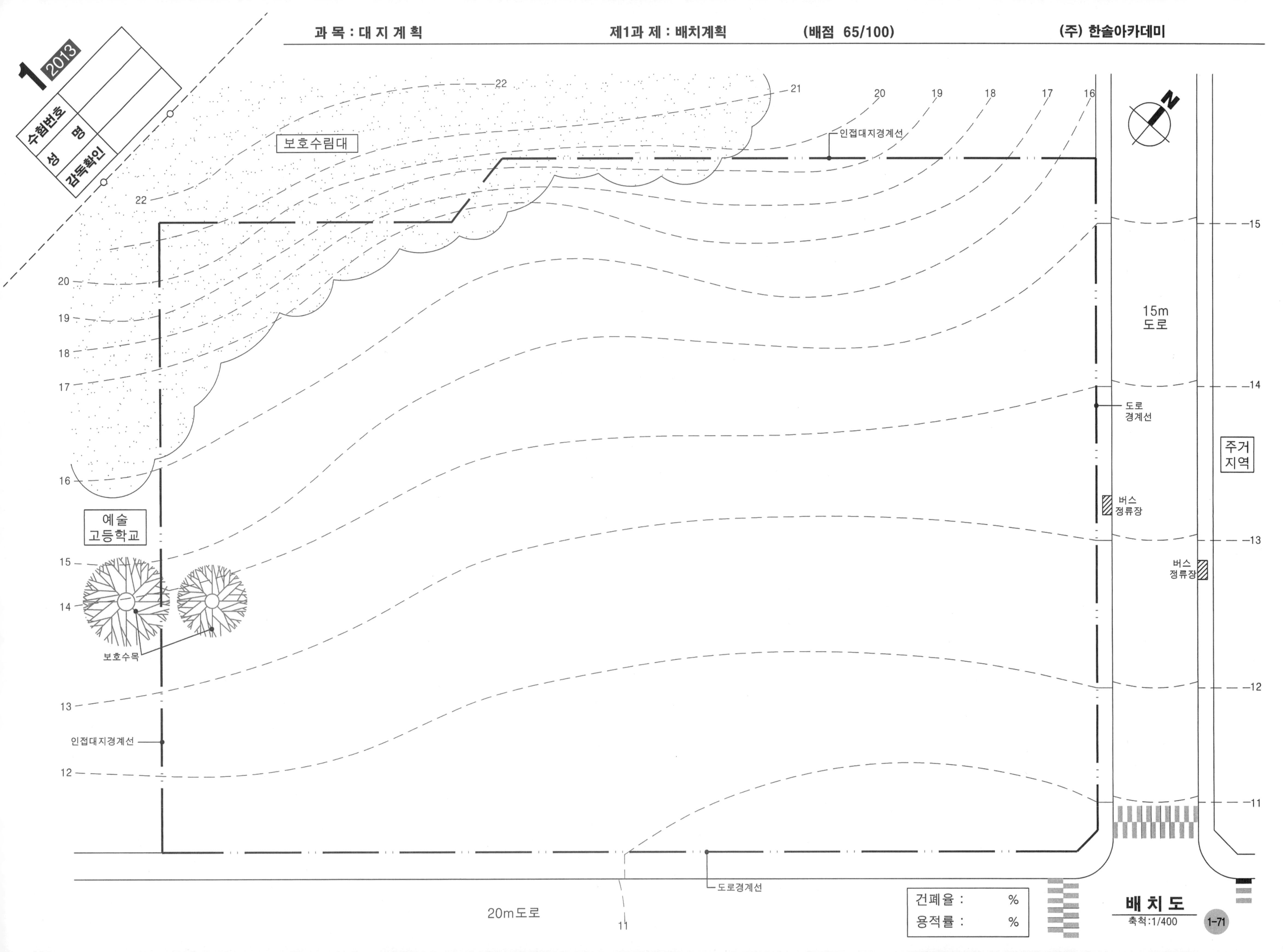
1 2013
수험번호
성 명
감독확인
보호수림대
인접대지경계선
15m
도로
도로
경계선
주거
지역
버스
정류장
버스
정류장
예술
고등학교
보호수목
인접대지경계선
도로경계선
20m도로
건폐율 : %
용적률 : %
배 치 도
축척:1/400
22
21
20
19
18
17
16
15
14
13
12
11

2013년도 건축사자격시험 문제

과 목 : 대지계획　　제2과제　대지분석　　배점 : 35/100　　(주)한솔아카데미

제 목 : 교육연구시설의 최대 건축 가능영역

1. 과제개요
대지현황도에 제시된 계획대지에 교육연구시설을 신축하고자 한다. 다음 사항을 고려하여 최대 건축가능영역을 구하시오.

2. 대지조건
(1) 용도지역 : 제2종 일반주거지역
(주변 대지는 모두 동일한 용도지역이며, 도로 건너편 대지는 최대 건축가능영역 산정에 영향을 미치지 아니함)
(2) 대지규모 : 대지현황도 참조
(3) 건폐율, 용적률 : 고려하지 않음
(4) 인접도로 현황 : 대지현황도 참조

3. 계획조건 및 고려사항
(1) 건축물 높이는 전면도로의 반대쪽 경계선까지의 수평거리의 1.5배 이하로 한다. 단, 건축물 높이제한 산정을 위한 전면도로의 너비 기준은 당해 전면도로의 너비를 적용한다.
(2) 일조등의 확보를 위하여 정북방향의 인접대지경계선으로부터 띄어야 할 거리는 다음과 같다.
① 높이 9m이하인 부분 : 1.5m이상
② 높이 9m를 초과하는 부분 : 해당 건축물 각 부분 높이의 1/2이상
(3) 건축물의 최고높이는 25m이하로 한다.
(4) 계획대지의 북쪽에 있는 문화재 보호구역 경계선의 지표면(EL±0 기준)에서 높이 7.5m인 지점으로부터 그은 사선(수평거리와 수직거리의 비는 2:1)의 범위내에서 건축이 가능하다.
(5) 건축물의 외벽은 수직으로 하며, 건축선 및 인접대지경계선으로부터 이격하는 거리는 다음과 같다.
① 6m 도로 : 1m 이상
② 8m 도로 : 2m 이상
③ 인접대지경계선 : 1m 이상
(6) 보호수목 경계선(8mX8m)으로부터 2m를 이격하여 건축한계선으로 한다.
(7) 계획대지 및 건축물 지상 1층 바닥레벨은 EL±0m로 하며 절토 또는 성토를 하지 아니한다.(도로에 접한 대지경계는 콘크리트 옹벽으로 되어 있음)
(8) 지상의 각층 층고는 4m로 하며, 지하층은 고려하지 아니한다.
(9) 승강기탑, 계단탑,옥탑,옥상난간벽 및 대지안의 공지 기준 등은 별도로 고려하지 아니한다.

4. 도면작성요령
(1) 최대 건축가능영역을 대지배치도 및 단면도에 작성하고 <보기>와 같이 표시한다.
(2) 대지배치도를 작성할 때 중복된 층은 그 최상층만 표시한다.
(3) 대지배치도, X단면도 및 Y단면도에는 건축가능영역, 이격거리,층수 등을 표시한다.
(4) 치수는 소수점 이하 셋째자리에서 반올림하여 둘째자리까지 표기한다.
(5) 단위 : m
(6) 축척 : 1/300

<보기>

홀 수 층	(빗금 표시)
짝 수 층	(빈 사각형)

5. 유의사항
(1) 답안작성은 반드시 흑색연필로 한다.
(2) 명시되지 않은 사항은 현행 관계법령의 범위 안에서 임의로 한다.

과 목 : 대지계획　　제2과제　대지분석.조닝　　배점 : 35/100　　(주)한솔아카데미

<대지 현황도> 축척없음

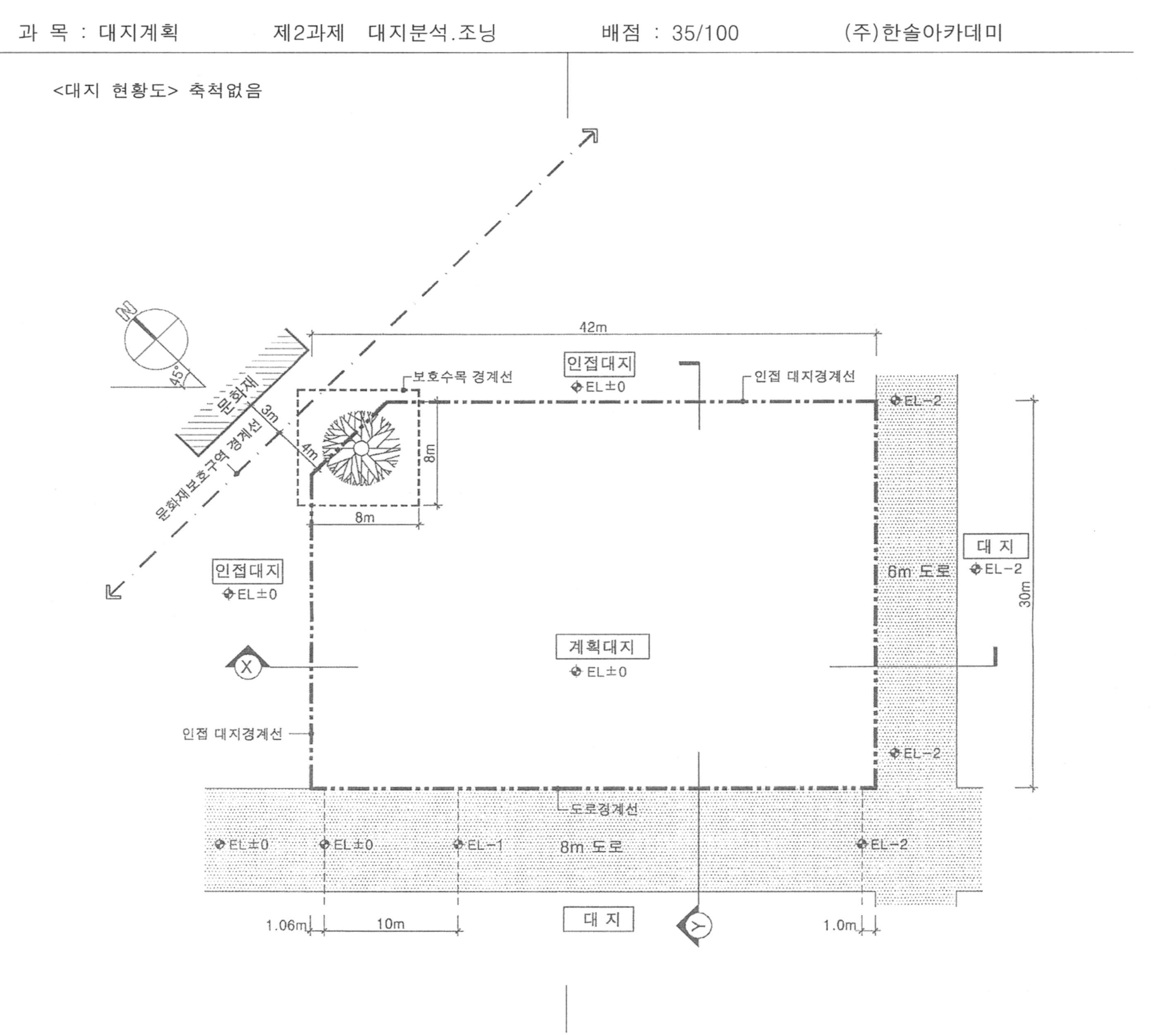

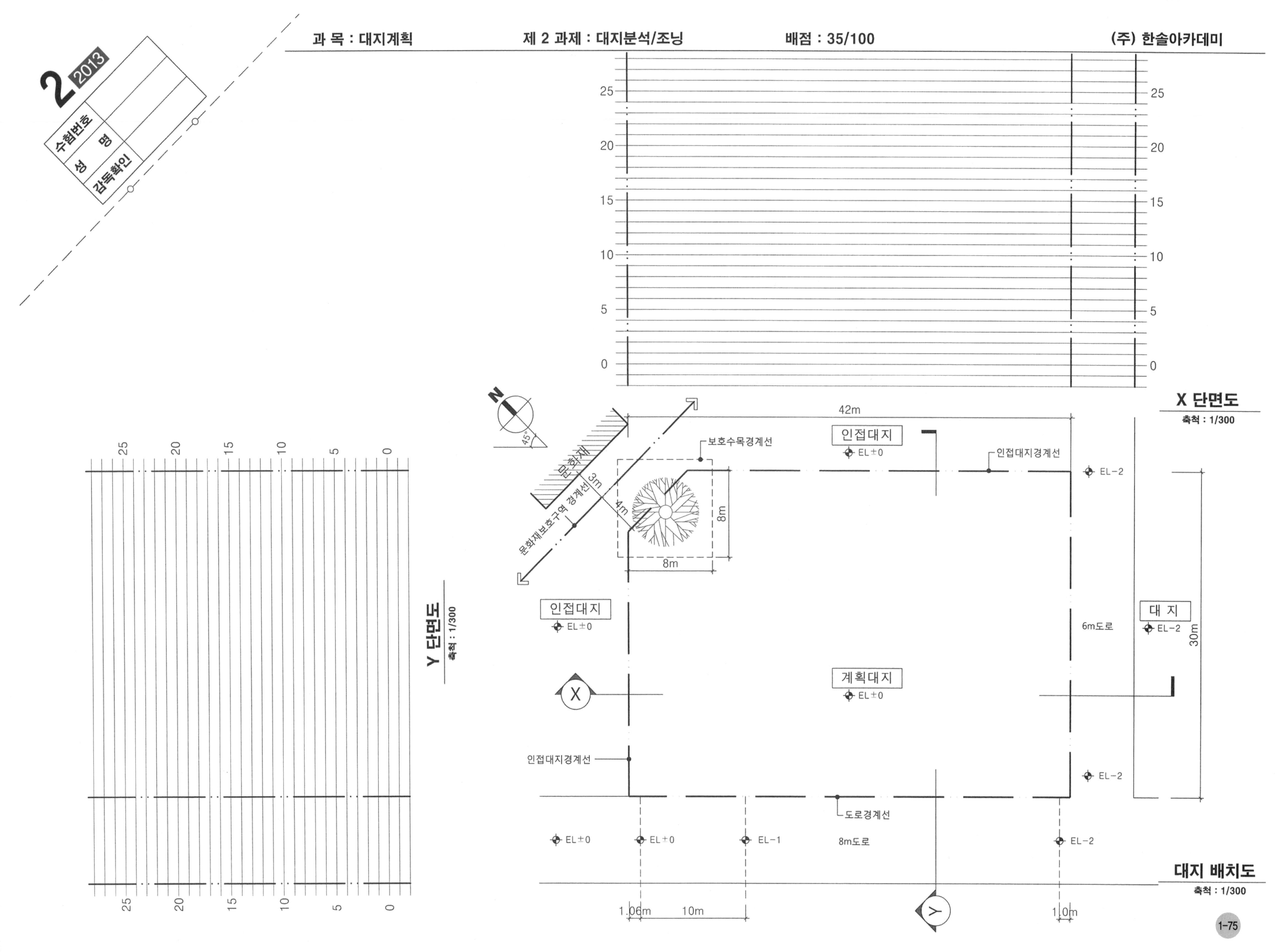
2 2013
수험번호
성 명
감독확인
X 단면도
축척 : 1/300
Y 단면도
축척 : 1/300
42m
인접대지
EL±0
보호수목경계선
인접대지경계선
EL-2
문화재
3m
4m
문화재보호구역 경계선
8m
8m
인접대지
EL±0
6m도로
대 지
EL-2
30m
계획대지
EL±0
인접대지경계선
EL-2
도로경계선
EL±0
EL±0
EL-1
8m도로
EL-2
대지 배치도
축척 : 1/300
1.0m
10m
1.0m

2014년도 건축사 자격시험 문제

과 목 명
대 지 계 획

과 제 명	제1과제 : 배 치 계 획 (60점) 제2과제 : 대지분석 · 조닝 (40점)

응시자 준수사항

1. 문제지를 받더라도 시험시작 타종전까지 문제내용을 보아서는 안 됩니다.
2. 문제지를 받는 즉시 과목편철 순서, 문제누락 여부, 인쇄상태 이상 유무 등을 확인한 후 답안지에 본인의 응시번호와 성명을 기재합니다.
3. 시험이 시작되면 문제를 주의 깊게 읽은 후 답안을 작성하시기 바랍니다.
4. 시험시간종료 후 문제지와 보조용지 (깔판지, 트레이싱지)는 제출하지 않습니다.

※ 시험시간이 종료되기 전에는 어떠한 경우에도 문제지를 시험장 밖으로 가지고 갈 수 없습니다.

5. 답안지 미제출자는 부정행위자로 간주 처리됩니다.

공 지 사 항

1. 문제지 공개

– 방 법 : 국토교통부 및 대한건축사협회 인터넷 홈페이지에 게시

2. 합격예정자 발표

– 방 법 : 국토교통부 / 대한건축사협회 인터넷 홈페이지 및 각 시 · 도 건축사회 게시판

3. 점수 열람

– 방 법 : 대한건축사협회 인터넷 홈페이지 / 성적열람 메뉴

※ 합격예정자 제출서류에 대한 자세한 사항은 대한건축사협회 인터넷 원서접수 프로그램 공지사항에 게재되어 있으며, 합격예정자 발표시 별도 공고합니다.

2014년도 건축사자격시험 문제

과목 : 대지계획　　　제1과제 : 배치계획　　　배점 : 60/100점　　　(주)한솔아카데미

제　목 : 평생교육센터 배치계획

1. 과제개요

중소도시에 있는 기존 교육시설을 재생하고, 인근 대지를 추가 매입하여 지역주민을 위한 평생교육센터를 계획하고자 한다. 다음 사항을 고려하여 시설을 배치하시오.

2. 대지조건

(1) 용도지역 : 도시지역, 자연녹지지역
(2) 대지면적 : 약 30,000m^2
(3) 주변현황 : 대지현황도 참조

3. 계획조건 및 고려사항

(1) 계획조건

① 단지 내 도로 (경사도 1/15 이하)
- 도로　: 폭 7m 이상(보도 1.5m 이상 포함)
- 보행로 : 너비 3m~6m(비상 및 서비스차량 동선겸용)

② 건축물
- 정보도서관(1동, 3층) : 3,000m^2(지상층 바닥면적 합계)
  - 폭 25m × 길이(임의)
- 교육관(1동, 3층) : 1,500m^2(지상층 바닥면적 합계)
  - 기존 건축물 증축(폭 10m 유지)
  - 1층(420m^2)은 관리사무소로 활용
- 대강당(1동, 2층) : 25m × 30m
- 스포츠센터(1동, 3층) : 36m × 42m
- 생활관(1동, 3층) : 10m × 36m

③ 옥외시설
- 옥외마당
  - 진입마당 : 900m^2 이상
  - 문화행사마당 : 700m^2 이상
  - 교육마당 : 400m^2 이상
  - 야외공연마당 : 600m^2 이상
- 옥외체육시설(경기장 포함 부지규모)
  - 축구장(1면) : 45m × 60m
  - 테니스장(1면) : 18m × 36m
  - 배드민턴장(2면) : 9m × 15m/1면
  - 게이트볼장(1면) : 17m × 22m
- 주차장
  - 주차장 A(기존대지) : 30대(장애인전용 3대 포함)
  - 주차장 B(매입대지) : 20대(장애인전용 2대 포함)
  - 지하주차장 및 대형주차는 고려하지 않는다.

(2) 고려사항

① 건축물의 평면 형태는 사각형으로 하고, 옥외시설의 평면 형태는 임의로 한다.
② 정보도서관은 진입마당에 인접하여 배치한다.
③ 대강당은 교육관과 근접하여 배치하고, 2층에 상호 연결되는 통로(너비 3m)를 계획한다.
④ 스포츠센터와 옥외체육시설은 매입대지에 배치(축구장은 제외)하되, 시설 간 이격거리는 6m 이상을 확보한다.
⑤ 진입마당은 기존 대중교통을 이용하여 쉽게 접근할 수 있도록 배치한다.
⑥ 문화행사마당은 전면도로 및 측면도로에서 접근이 용이하도록 배치한다.
⑦ 교육마당은 정보도서관, 교육관 및 생활관에 인접 배치한다.
⑧ 야외공연마당은 경사지형을 활용하며, 소음영향을 고려하여 배치한다.
⑨ 축구장 한 변에 본부석(12m×6m)과 관람석 4단(단 너비 1.5m, 단 높이 0.5m)을 배치한다.
⑩ 건축물 주위에 폭 3m의 화단을 조성한다.
⑪ 기존 및 매입대지의 주차장 출입구는 <대지현황도>에 제시된 10m 측면도로에 계획하며, 대지 내 보행자의 안전한 통행을 고려한다.
⑫ 건축물 간의 이격거리는 12m 이상으로 한다.
⑬ 건축물과 옥외시설은 인접 대지경계선 및 보호수림대에서 5m 이상, 건축선에서 6m 이상 이격한다.

4. 도면작성요령

(1) 건축물 외곽선은 굵은 실선으로 표시한다.
(2) 조정 등고선과 단지 내 도로는 실선으로 표시한다.
(3) 건축물과 옥외시설은 명칭과 외곽선 치수 및 이격거리를 표기한다.
(4) 대지현황도의 레벨을 기준으로 각 시설의 계획레벨을 표기하며, 건축물은 1층 바닥높이를 표기한다.
(5) 기타 표시는 <보기>를 따른다.
(6) 단위 : m, 축척 : 1/600

<보 기>

보 행 로	(빗금 패턴)
조경 · 수목	(점 패턴·원)
건축물 주출입구	▲
필 로 티	(X 점선 사각형)
옥외마당	(가로줄 패턴)

5. 유의사항

(1) 답안작성은 반드시 흑색 연필로 한다.
(2) 명시되지 않은 사항은 현행 관계법령의 범위 안에서 임의로 한다.

<대지현황도> 축척 없음

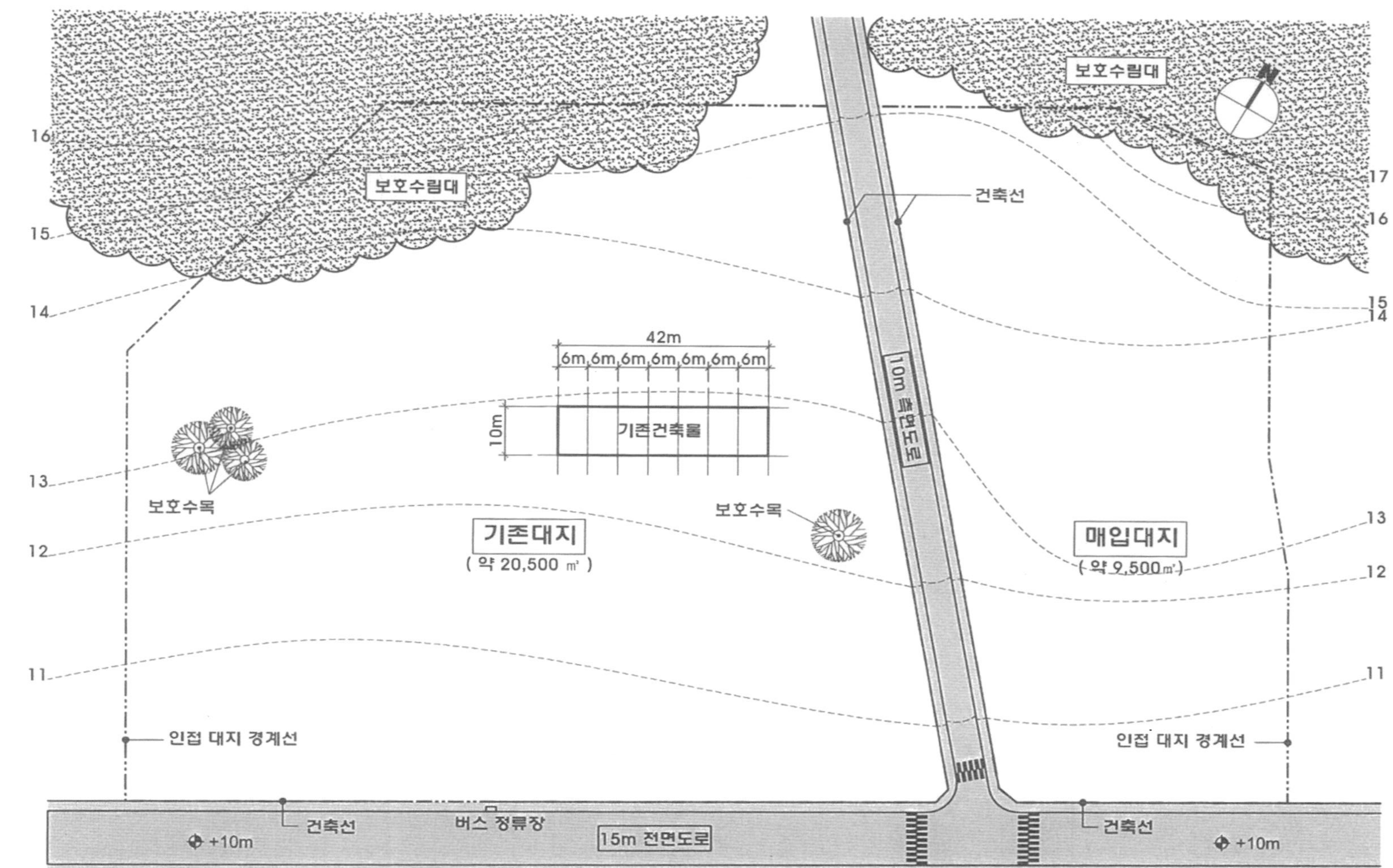

보호수림대
보호수림대
건축선
42m
6m 6m 6m 6m 6m 6m 6m
10m
기존건축물
10m 측면도로
보호수목
보호수목
기존대지
(약 20,500 ㎡)
매입대지
(약 9,500㎡)
인접 대지 경계선
인접 대지 경계선
건축선
버스 정류장
15m 전면도로
건축선
+10m
+10m
11
12
13
14
15
16
17

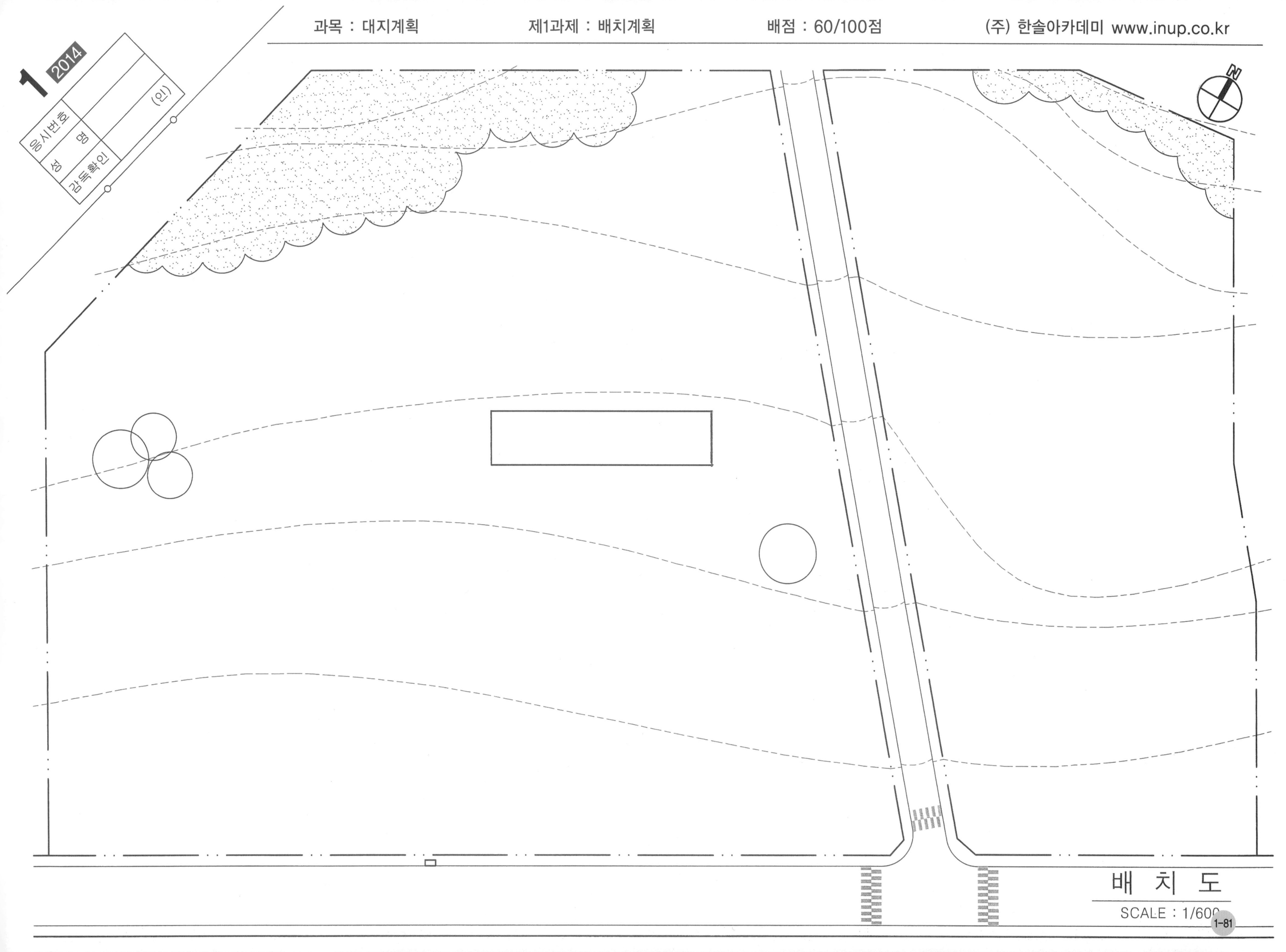
1
2014
응시번호
성 명
감독확인
(인)
N
배 치 도
SCALE : 1/600

2014년도 건축사자격시험 문제

과목 : 대지계획　　제2과제 : 대지분석/조닝　　배점 : 40/100점　　(주)한솔아카데미

제　목 : 주거복합시설의 최대건축가능영역

1. 과제개요

대지 현황도에 제시된 증축가능대지에 지역 자치센터 및 공동주택(기숙사) 용도의 주거복합시설을 증축하고자 한다. 다음 사항을 고려하여 최대 건축가능영역을 구하시오.

2. 설계개요

(1) 용도지역 : 제3종 일반주거지역, 택지개발지구
(2) 건폐율과 용적률은 고려하지 않음
(3) 증축 건축물 용도
- 지하1층~지상2층 : 제1종 근린생활시설
- 지상3층~지상9층 : 공동주택(기숙사)

3. 계획조건

(1) 가로구역별 최고 높이제한 : 36m 이하 (건축물 높이에 파라펫은 고려하지 않음)
(2) 대지안의 공지 : 증축건축물과 썬큰(sunken)은 인접대지경계선 및 건축선으로부터 4m 이상 이격한다.
(3) 대지는 주변대지와 고저차가 없이 평탄하다.
(4) 각 층의 층고는 4m이며, 지상 1층의 바닥레벨은 대지레벨과 동일한 것으로 한다.
(5) 필로티 면적은 바닥면적에서 제외한다.
(6) 건축주의 요구사항
① 상층부 2개층(8층, 9층) 4면의 외벽은 경사면으로 계획(경사도 1/2)
② 3층~6층까지의 남측외벽은 동일 수직면으로 계획

4. 이격거리 및 높이제한

(1) 일조 등의 확보를 위한 건축물의 높이제한을 위하여 정남방향으로의 인접 대지경계선(도로와 접한 경우 도로중심선)으로부터 띄어야 할 거리는 다음과 같다.
① 높이 9m 이하인 부분 : 1.5m 이상
② 높이 9m를 초과하는 부분 : 해당건축물 각 부분 높이의 1/2 이상
(2) 채광방향에 의한 높이제한은 고려하지 않는다.
(3) 증축건축물의 모든 외벽은 벽 두께를 고려하지 않으며, 다음과 같이 이격거리를 확보한다.
① 북측부분은 기존건축물 높이만큼 각각 기존건축물로부터 이격하여 계획한다.
② 공원과 접하는 부분은 인접대지경계선으로부터 8m 이격하여 계획한다.
(4) 증축건축물 및 썬큰은 단지내통로 경계선과 보호수목 경계선으로부터 4m 이격하여 계획한다.

5. 증축건축물에 대한 요구사항

(1) 각 층 바닥 : 최소 폭 12m 확보
(2) 필로티(남측부분에 설치) : 높이 8m, 면적 $360m^2$ 이상 확보(윗 층 수평투영면적으로 산정하되 썬큰과 겹치는 부분은 제외한다)
(3) 썬큰 : 수직깊이 4m, 폭 8m 이상, 면적 $250m^2$ 이상
① 지상1층 레벨 오픈부분만 산정
② 2개소 이내로 가능한 공원과 연계하여 배치
(4) 테라스(지붕이 없는 형태) : 7층에 최소 폭 4m, 면적 $240m^2$ 이상 확보
(5) 진입통로 : 최소 폭 4m (8m 도로 및 공원과 각각 연계한다)

6. 도면작성요령 및 유의사항

(1) 배치도에는 건축가능영역과 경사지붕을 실선으로 표현하고, 필로티 위치는 점선으로 표현한다.
(2) 증축건축물의 지상층 바닥면적 합계 및 이격거리를 표기한다.
(3) 투상도(Isometric)는 지하층 썬큰부분을 포함하여 보이는 부분만 실선으로 표현한다.
(4) 단위 : m
(5) 축척 : 1/400

<보 기>

7층 테라스 및 지붕층	(빗금 표시)
썬 큰	(X 점선 표시)

(6) 제도는 반드시 흑색 연필로 한다.
(7) 명시되지 않은 사항은 현행 관계법령의 범위 안에서 임의로 한다.

과목 : 대지계획　　　제2과제 : 대지분석/조닝　　　배점 : 40/100점　　　(주)한솔아카데미

<대지현황도> 축척 없음

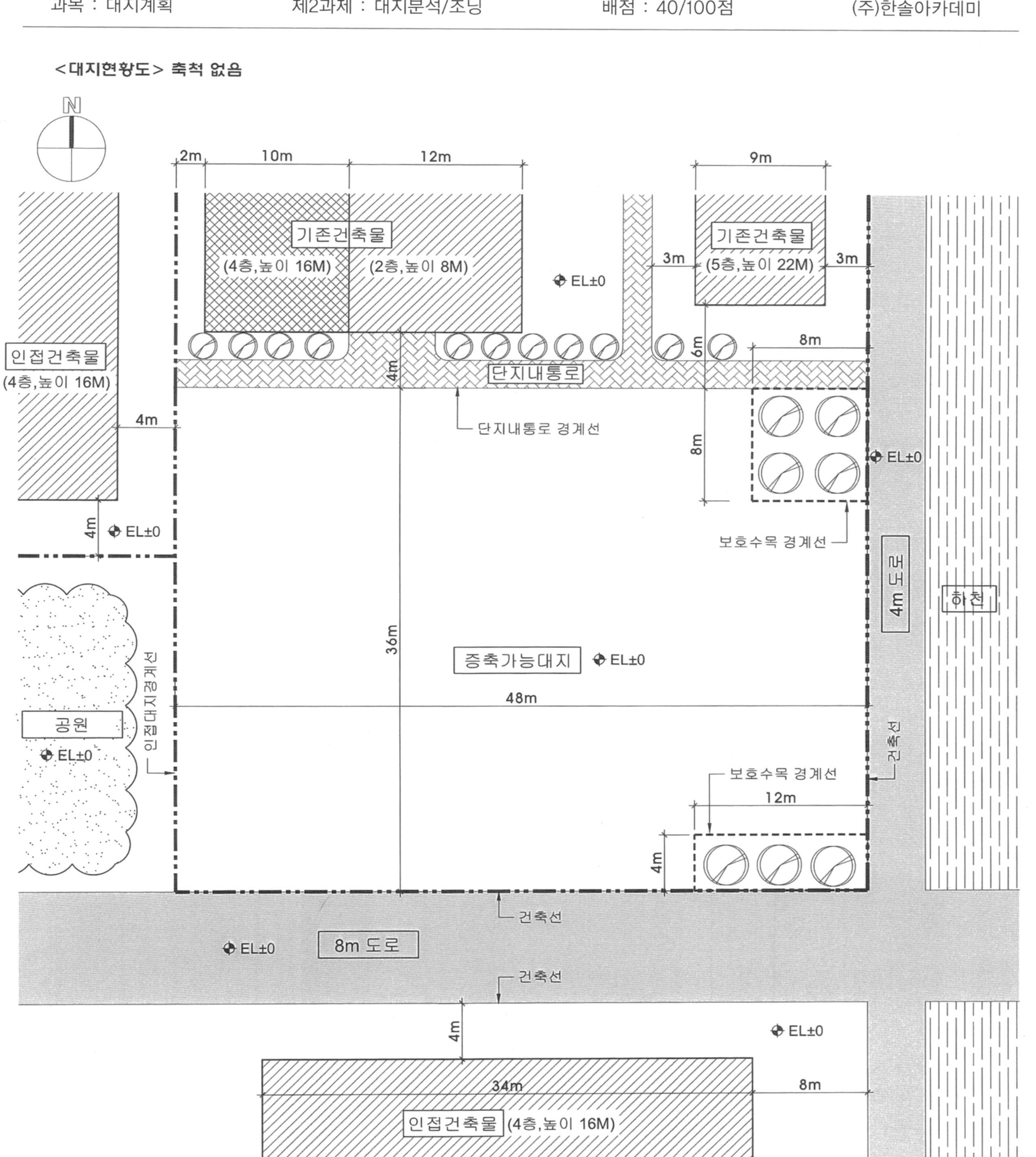

< 경사면(8,9층) 바닥면적 산정 기준 >

- 본 과제에서 바닥면적산정은 아래의 예시도에 따름.

층고

1

2

L

(바닥면적 산정 길이 또는 폭)

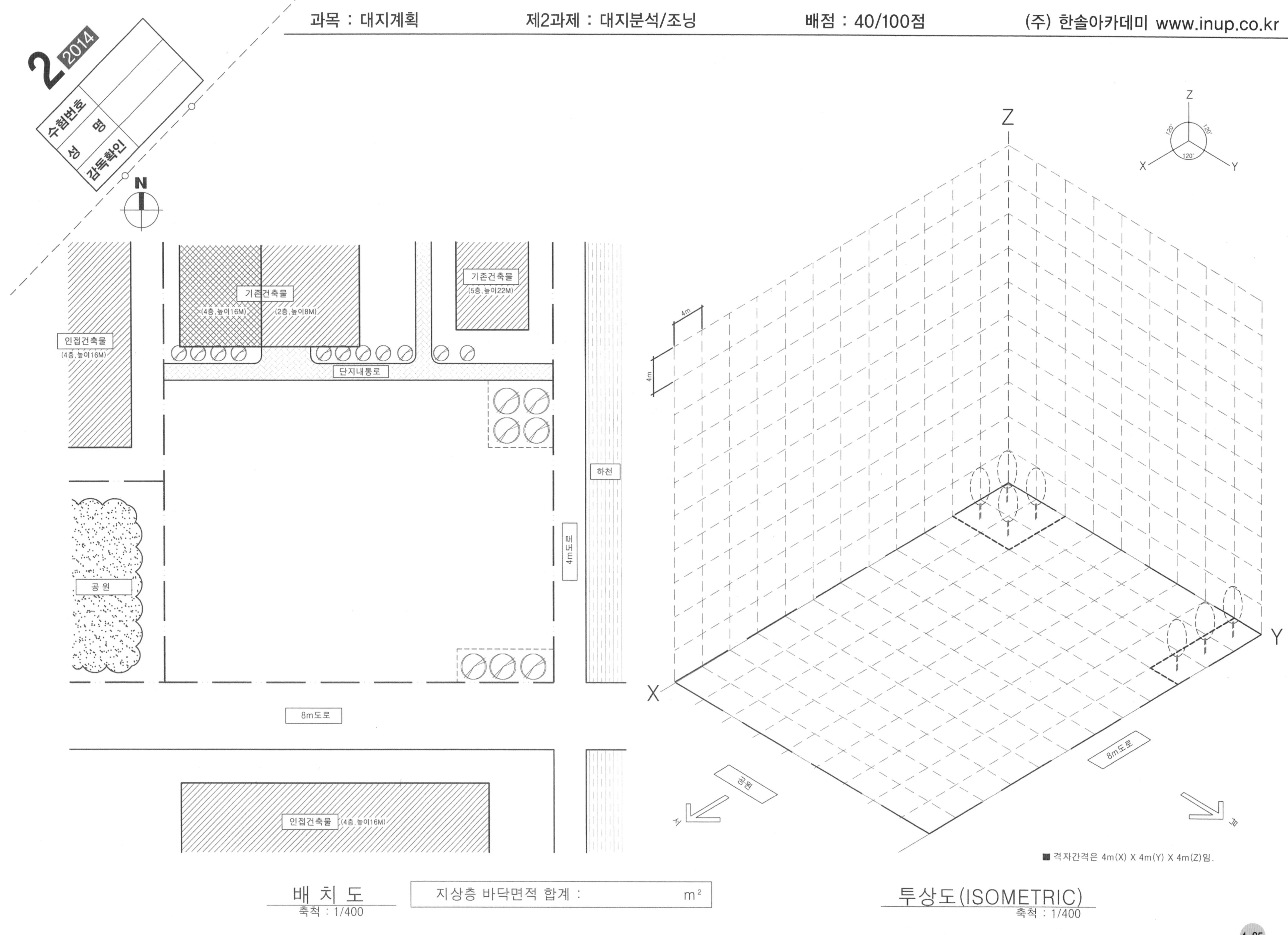
과목 : 대지계획
제2과제 : 대지분석/조닝
배점 : 40/100점
(주) 한솔아카데미 www.inup.co.kr
2 2014
수험번호
성 명
감독확인
N
기존건축물
(4층,높이16M)
(2층,높이8M)
기존건축물
(5층,높이22M)
인접건축물
(4층,높이16M)
단지내통로
하천
4m도로
공 원
8m도로
인접건축물
(4층,높이16M)
배 치 도
축척 : 1/400
지상층 바닥면적 합계 : m²
Z
X
Y
120˚
4m
4m
8m도로
공원
서
남
■ 격자간격은 4m(X) X 4m(Y) X 4m(Z)임.
투상도(ISOMETRIC)
축척 : 1/400

2015년도 건축사 자격시험 문제

과 목 명
대 지 계 획

과 제 명	제1과제 : 배 치 계 획 (50점) 제2과제 : 대지분석 · 조닝 (40점)

응시자 준수사항

1. 문제지를 받더라도 시험시작 타종전까지 문제내용을 보아서는 안 됩니다.
2. 문제지를 받는 즉시 과목편철 순서, 문제누락 여부, 인쇄상태 이상 유무 등을 확인한 후 답안지에 본인의 응시번호와 성명을 기재합니다.
3. 시험이 시작되면 문제를 주의 깊게 읽은 후 답안을 작성하시기 바랍니다.
4. 시험시간종료 후 문제지와 보조용지 (깔판지, 트레이싱지)는 제출하지 않습니다.

※ 시험시간이 종료되기 전에는 어떠한 경우에도 문제지를 시험장 밖으로 가지고 갈 수 없습니다.

5. 답안지 미제출자는 부정행위자로 간주 처리됩니다.

공 지 사 항

1. 문제지 공개

– 방 법 : 국토교통부 및 대한건축사협회 인터넷 홈페이지에 게시

2. 합격예정자 발표

– 방 법 : 국토교통부 / 대한건축사협회 인터넷 홈페이지 및 각 시 · 도 건축사회 게시판

3. 점수 열람

– 방 법 : 대한건축사협회 인터넷 홈페이지 / 성적열람 메뉴

※ 합격예정자 제출서류에 대한 자세한 사항은 대한건축사협회 인터넷 원서접수 프로그램 공지사항에 게재되어 있으며, 합격예정자 발표시 별도 공고합니다.

2015년도 건축사자격시험 문제

과 목 : 대지계획　　제1과제　배치계획　　배점 : 50/100점　　(주)한솔아카데미

제 목 : 노유자종합복지센타 배치계획

1. 과제개요
노유자를 위한 노인병원,스포츠센터,유치원 등이 있는 노유자종합복지센터를 계획하고자 한다. 다음 사항을 고려하여 시설을 배치하시오.

2. 대지조건
(1) 용도지역 : 계획관리지역
(2) 주변현황 : <대지현황도> 참조

3. 계획조건 및 고려사항
(1) 계획조건
① 단지 내 도로
• 보행로 : 너비 6m 이상
• 차 로 : 너비 8m 이상
② 건축물(가로,세로 구분없음)
• 노인병원(3층) : 46m X 38m
• 요 양 원(3층) : 46m X 12m
• 노인주거동(3층,2개동) : 각34m X 14m
• 스포츠센타(2층) : 46m X 22m
• 유 치 원(1층) : 24m X 16m
③ 옥외시설(가로,세로 구분없음)
• 잔디마당 : 34m X 30m
• 휴게광장 : 54m X 18m
• 진입마당 2개소 : 38m X 8m (스포츠센터),
16m X 8m (유치원)
• 승하차장(drop zone) : 20m X 20m (노인병원)
• 텃 밭 : 28m X 24m
• 체육시설 : 48m X 32m
-배드맨턴장 3면(코트규격 13.4m X 6.1m)
-게이트볼장 1면(코트규격 27m X 22m)
• 주 차 장 : 노인병원 및 요양원 28면, 스포츠센터 34면, 유치원 6면, 노인주거동 18면
(필요한 경우 2개소까지 통합가능)

(2) 고려사항
① 차량출입구는 18m도로와 10m도로에서 각각 1개소 설치한다.
② 보행로출입구는 18m도로와 10m도로에 각각 1개소 설치한다.
③ 단지내 도로는 보행로 위주로 계획한다.(보행로는 비상시 차로로 사용가능)
④ 주차장에 진입하는 차로는 보행로와 분리하며 교차하지 않도록 계획한다.
⑤ 보행로는 공원 및 자연휴양림(산책로)과 연결되도록 계획한다.
⑥ 노인병원은 18m도로에서 진입하도록 한다.
⑦ 노인병원은 중정(18m X 12m)을 두고, 요양원과 연결하는 통로(너비6m)를 설치한다.
⑧ 요양원은 노인병원을 통하여 접근하고 자연휴양림의 조망이 용이하도록 배치한다.
⑨ 텃밭은 노인주거동 사이에 배치한다.
⑩ 유치원은 환경이 양호한 공원과 인접하게 배치하고 진입마당을 둔다.
⑪ 유치원의 놀이터는 안전을 고려하여 외부도로에 면하지 않도록 배치한다.
⑫ 스포츠센터와 체육시설은 지역주민의 접근이 용이하도록 배치한다.
⑬ 잔디마당은 노인병원의 환자와 직원들이 이용하기 용이한 위치에 배치한다.
⑭ 휴게광장은 기존수목을 포함하여 배치한다.
⑮ 건축물 및 옥외시설은 인접대지 경계선과 도로경계선으로부터 최소3m이상 이격한다.
⑯ 건축물,옥외시설물,단지 내 도로 등은 상호간에 최소 2m이상 이격한다.
⑰ 모든 이격공간에는 필요에 따라 조경을 한다.

4. 도면작성요령
(1) 건축물 외곽선은 굵은 실선으로 표시한다.
(2) 단지 내 도로는 실선으로 표시한다.
(3) 건축물과 옥외시설은 명칭과 외곽선 치수 및 이격거리를 표기한다.
(4) 기타 표시는 <보기>를 따른다.
(5) 단위 : m ,축척 : 1/600

<보 기>

보 행 로	(빗금)
기존 수목	(수목 기호)
건축물 주출입구	▲
보행로 출입구	↑
휴게광장, 승하차장, 잔디마당, 놀이터, 진입마당, 텃밭	(가로줄 해치)
차량 출입구	⇆

5. 유의사항
(1) 답안작성은 반드시 흑색연필로 한다.
(2) 명시되지 않은 사항은 현행 관계법령의 범위 안에서 임의로 한다.

과 목 : 대지계획 　　　 제1과제 배치계획 　　　 배점 : 50/100점 　　　 (주)한솔아카데미

<대지 현황도> 축척없음

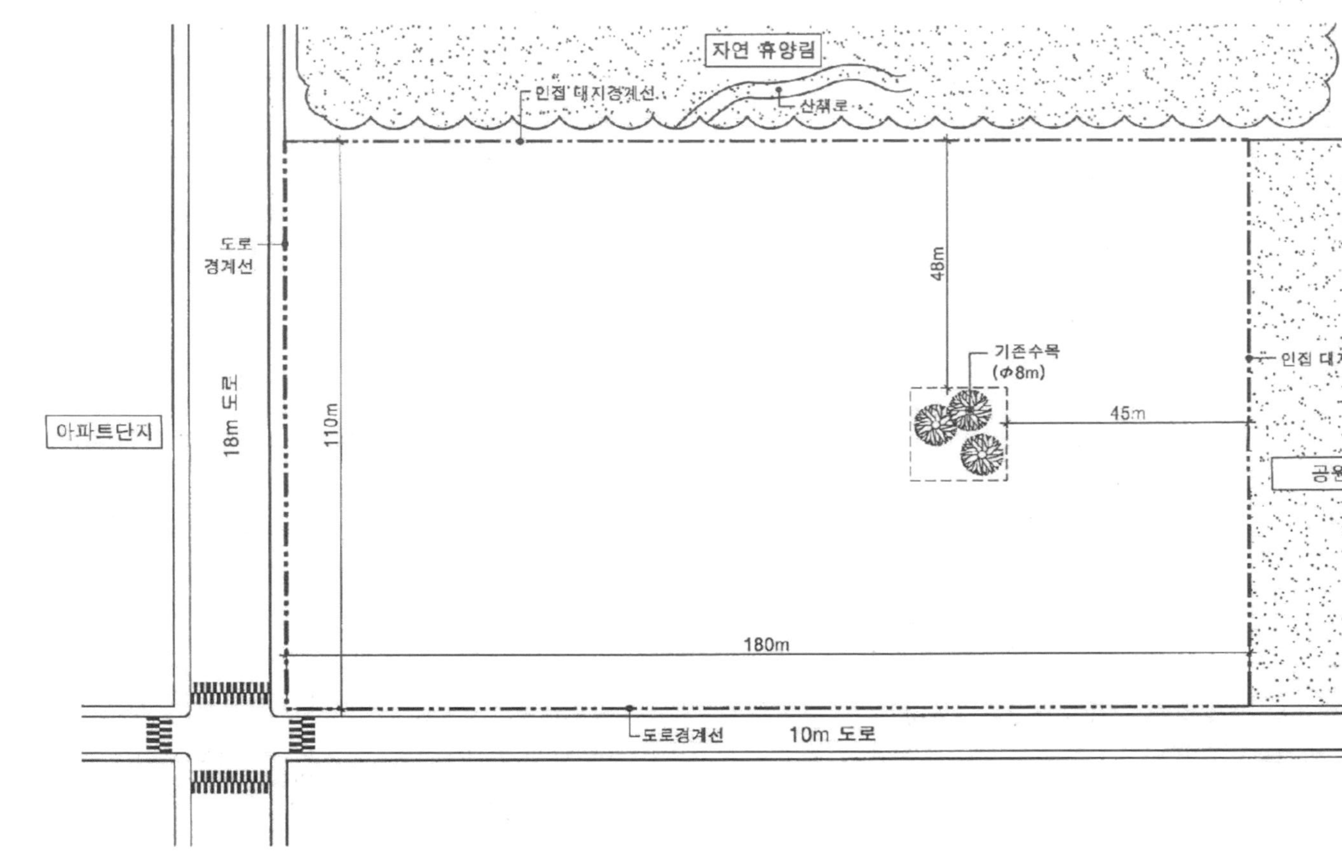

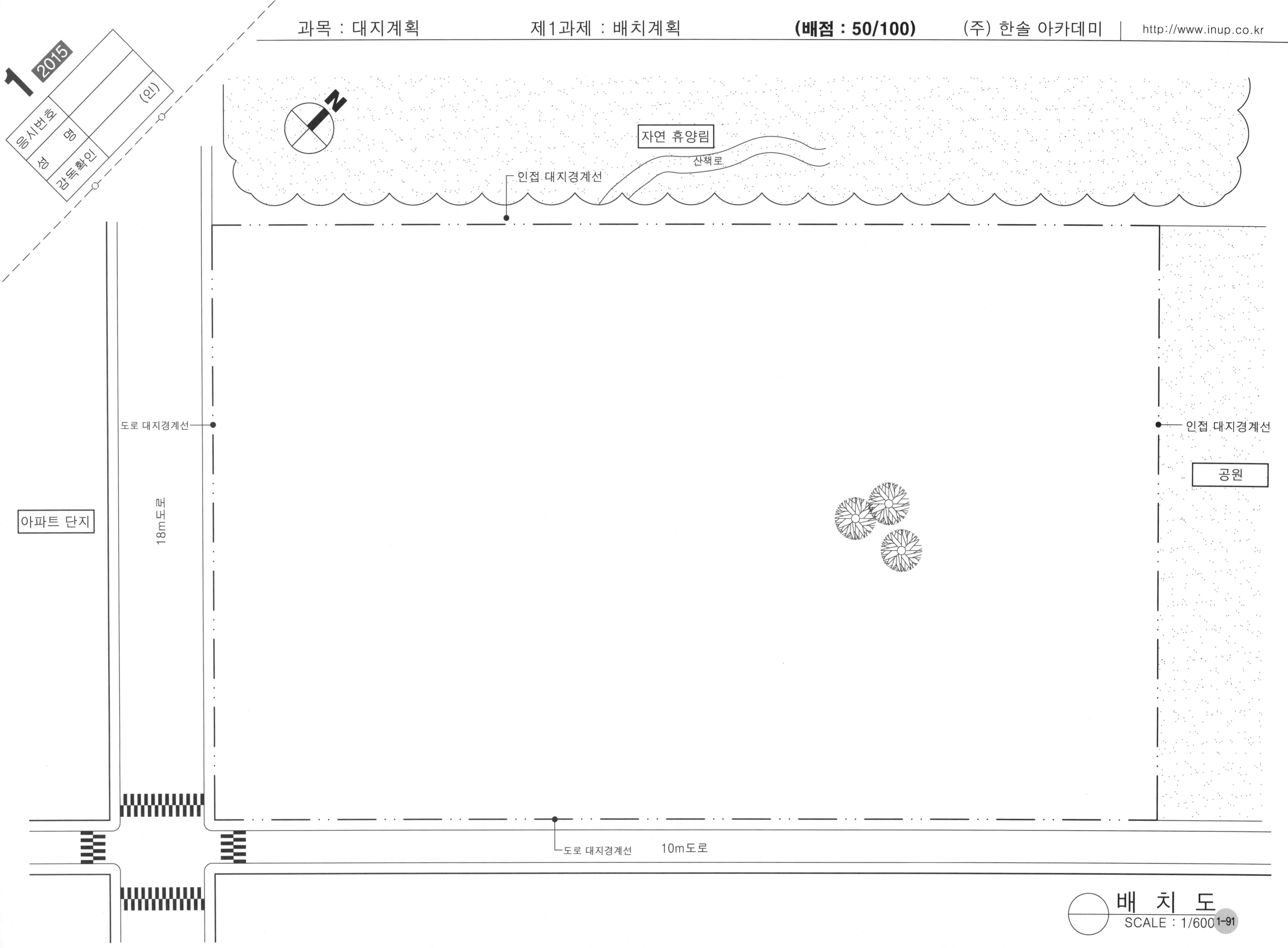
1 2015
응시번호
성 명
감독확인
(인)
N
자연 휴양림
산책로
인접 대지경계선
도로 대지경계선
18m도로
아파트 단지
인접 대지경계선
공원
도로 대지경계선
10m도로
배 치 도
SCALE : 1/600

2015년도 건축사자격시험 문제

과목 : 대지계획 | 제2과제 : 대지분석+주차 | 배점 : 50/100점 | (주)한솔아카데미 통신강좌

제 목 : 공동주택의 최대 건축 가능영역과 주차계획

1. 과제개요
노후화된 단독주택 밀집지역 내의 합필한 대지에 공동주택을 건축하고자 한다. 다음 사항을 고려하여 최대건축가능영역을 구하고 주차계획을 하시오.

2. 대지조건
(1) 용도지역 : 제3종 일반주거지역
(2) 건폐율 50%이하, 용적률은 고려하지 않음
(3) 건축물 최고 높이제한 : 23m이하

3. 계획조건 및 고려사항
(1) 각층의 층고는 3m이며, 지상 1층 바닥레벨은 대지레벨과 동일한 것으로 한다.
(2) 각층의 바닥 폭은 10m이상 15m이하
(3) 각 세대는 2면이상 채광을 위한 창문을 설치하는 것으로 본다.
(4) 모든 외벽은 벽 두께를 고려하지 않는다.
(5) 주민공동시설
① 지상1층에 설치, 공원을 조망할 수 있게 한다.
② 바닥면적 450㎡(최소폭 15m)이상 설치
(6) 차량 진출입구
① 6m도로변에 설치하고 도로교차부 모서리에 최소 12m이상 이격
② 최소폭 6m, 필로티 부분 이용가능
(7) 주차장
① 옥외주차장 : 주차대수 33대이상
② 필로티 부분 주차가능
③ 기둥과 벽체, 코어 등은 고려하지 않음
④ 주차형식은 직각주차로 계획(주차통로 6m, 모든 주차면은 2.5mX5m)
(8) 필로티 면적은 바닥면적에서 제외한다.

4. 이격거리 및 높이제한
(1) 일조등의 확보를 위한 건축물의 높이제한을 위하여 정북방향으로의 인접대지경계선(도로와 접한 경우 도로중심선)으로부터 띄어야 할 거리는 다음과 같다.
① 높이 9m이하인 부분 : 1.5m이상
② 높이 9m를 초과하는 부분 : 해당 건축물 각 부분 높이의 1/2이상
(2) 건축물 각 부분의 높이는 그 부분으로부터 채광을 위한 창문 등이 있는 벽면에서 직각방향으로 인접대지경계선까지의 수평거리의 2배 이하(단, 도로에 면하는 경우 도로중심선을 인접대지경계선으로 봄)
(3) 대지 동쪽 공원에 있는 문화재보호구역경계선의 지표면에서 높이 7.5m인 지점으로부터 그은 사선(수평거리와 수직거리의 비는 2:1)의 범위 내 건축가능
(4) 건축물의 모든 외벽은 수직으로 하며, 건축선 및 인접대지경계선으로부터 이격하는 거리는 다음과 같다.
① 건축선 : 3m이상
② 인접대지경계선 : 3m이상
(5) 보호수목과 경계선으로부터 건축외벽선까지 최소 4m이격
(6) 주차면과의 이격거리
① 건축선 및 건축외벽선 : 3m 이상(필로티 부분 제외)
② 인접대지경계선 : 2m 이상

5. 도면작성요령 및 유의사항
(1) 배치도에는 최대건축가능영역을 실선으로 표현하고 <보 기>와 같이 표시한다.
(2) 배치도에서 중복된 층은 그 최상층만 표시하고, 층수 및 이격거리, 지상층 바닥면적 합계를 표기한다.
<보 기>

짝수층	(빗금)
홀수층	(빈칸)

(3) 1층 평면도에는 주차계획과 주민공동시설을 실선으로 표기하고 필로티 부분은 점선으로 표현한다.
(조경과 보도는 적절히 표현할 것)
(4) 주차대수를 표기하고 차량 진출입구를 표시한다.
(5) 투상도(Isometric)에는 최대건축가능영역을 보이는 부분만 실선으로 표현한다.
(6) 단위 : m
(7) 축척 : 배치도 및 1층 평면도 1/400, 투상도 1/500
(8) 답안작성은 반드시 흑색연필로 한다.
(9) 명시되지 않은 사항은 현행 관계법령의 범위 안에서 임의로 한다.

과목 : 대지계획　　제2과제 : 대지분석+조닝　　배점 : 40/100점　　(주)한솔아카데미 통신강좌

<대지현황도> 축척 1/400

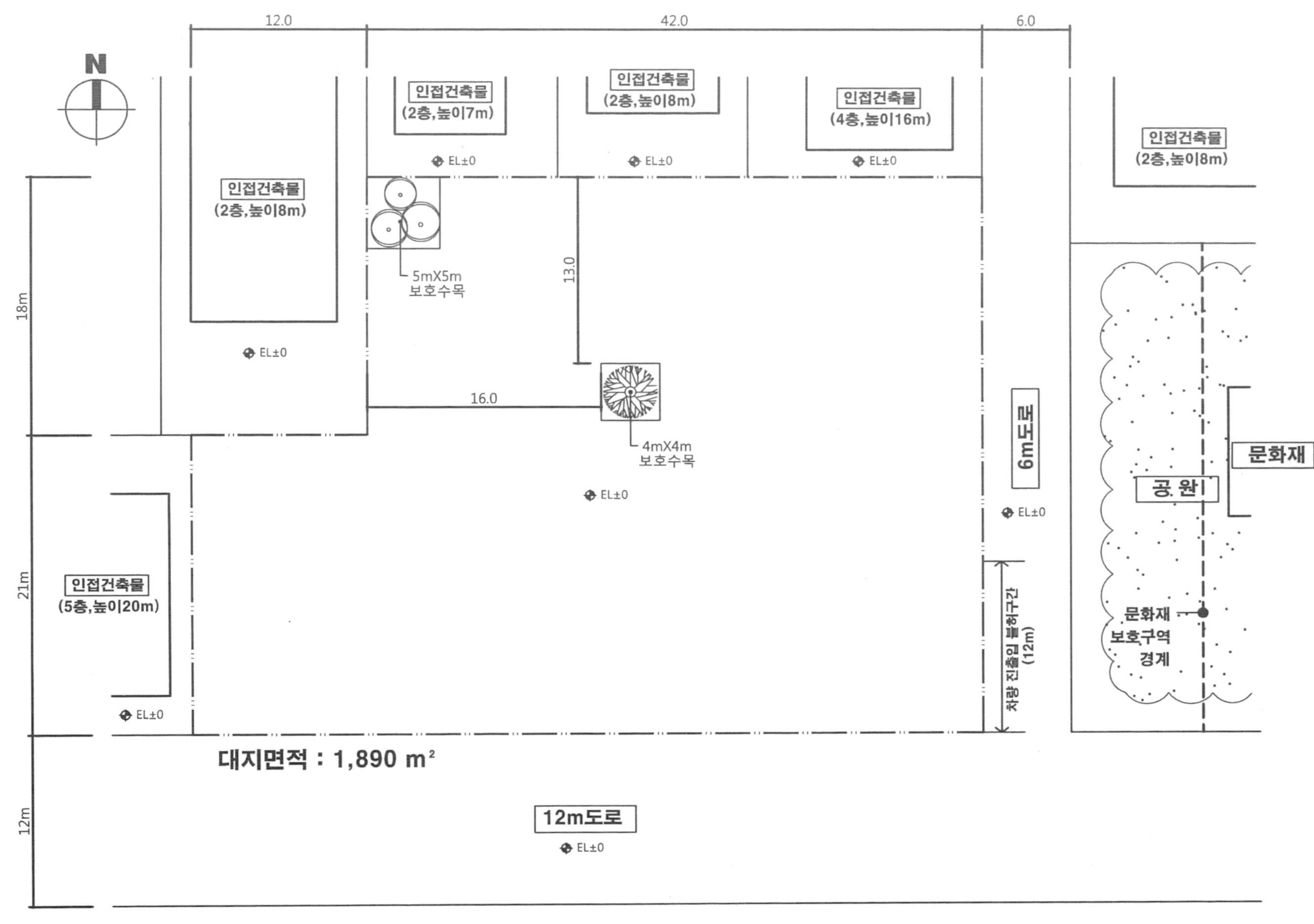

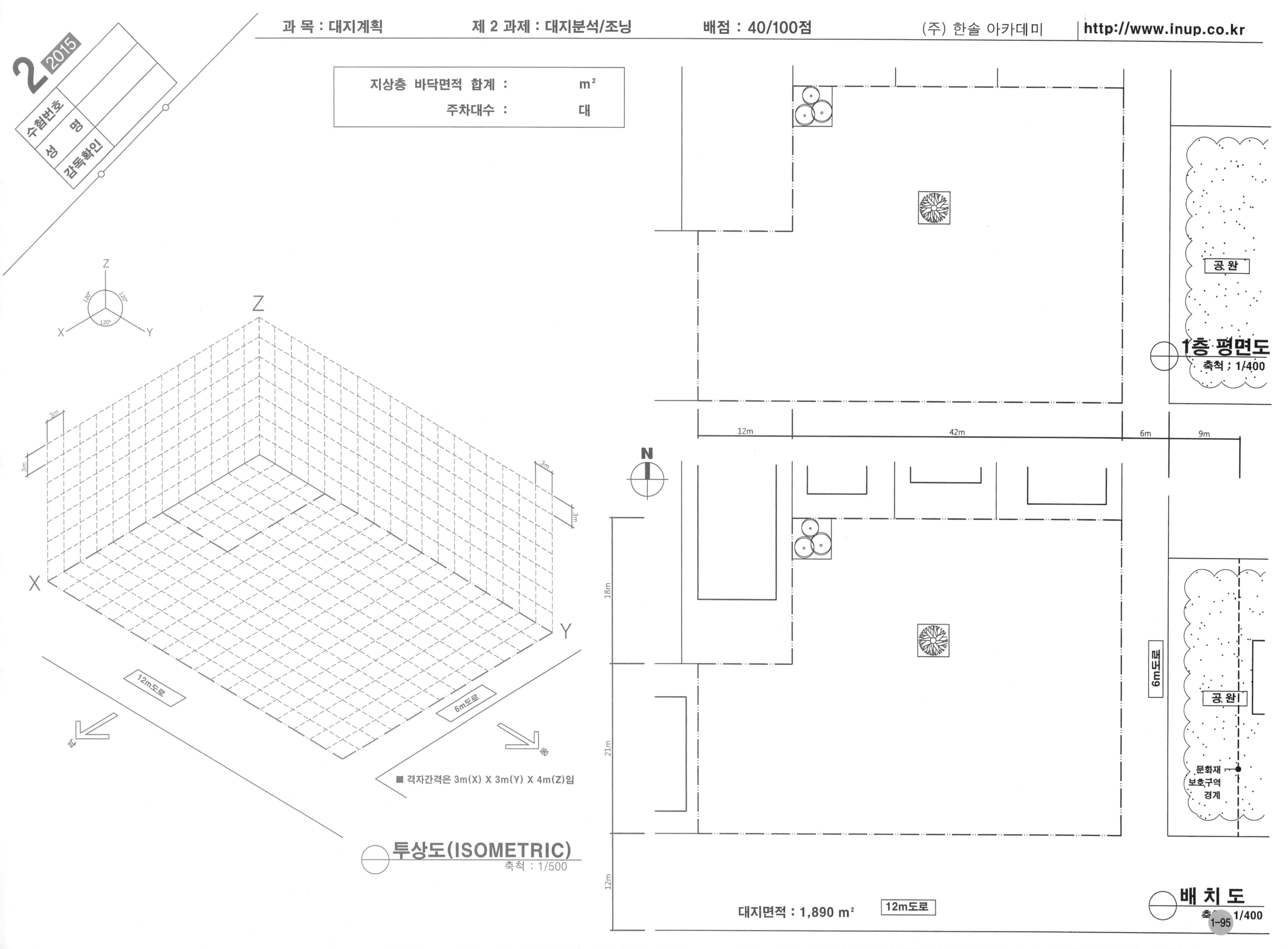
2 2015
수험번호
성 명
감독확인
지상층 바닥면적 합계 : m²
주차대수 : 대
Z
X
Y
120°
12m도로
6m도로
■ 격자간격은 3m(X) X 3m(Y) X 4m(Z)임
투상도(ISOMETRIC)
축척 : 1/500
공원
1층 평면도
축척 : 1/400
12m
42m
6m
9m
N
18m
21m
12m
6m도로
문화재 보호구역 경계
대지면적 : 1,890 m²
12m도로
배 치 도
1/400

2016년도 건축사 자격시험 문제

과 목 명
대 지 계 획

과 제 명	제1과제 : 배 치 계 획 (60점) 제2과제 : 대지분석 · 조닝 (40점)

응시자 준수사항

1. 문제지를 받더라도 시험시작 타종전까지 문제내용을 보아서는 안 됩니다.
2. 문제지를 받는 즉시 과목편철 순서, 문제누락 여부, 인쇄상태 이상 유무 등을 확인한 후 답안지에 본인의 응시번호와 성명을 기재합니다.
3. 시험이 시작되면 문제를 주의 깊게 읽은 후 답안을 작성하시기 바랍니다.
4. 시험시간종료 후 문제지와 보조용지 (깔판지, 트레이싱지)는 제출하지 않습니다.

※ 시험시간이 종료되기 전에는 어떠한 경우에도 문제지를 시험장 밖으로 가지고 갈 수 없습니다.

5. 답안지 미제출자는 부정행위자로 간주 처리됩니다.

공 지 사 항

1. 문제지 공개

- 방 법 : 국토교통부 및 대한건축사협회 인터넷 홈페이지에 게시

2. 합격예정자 발표

- 방 법 : 국토교통부 / 대한건축사협회 인터넷 홈페이지 및 각 시 · 도 건축사회 게시판

3. 점수 열람

- 방 법 : 대한건축사협회 인터넷 홈페이지 / 성적열람 메뉴

※ 합격예정자 제출서류에 대한 자세한 사항은 대한건축사협회 인터넷 원서접수 프로그램 공지사항에 게재되어 있으며, 합격예정자 발표시 별도 공고합니다.

2016년도 건축사자격시험 문제

과 목 : 대지계획 제1과제(배치계획) 배점 60 / 100

제 목 : 암벽등반 훈련원 계획

1. 과제개요

암벽등반 훈련원을 계획하고자 한다.

다음 사항을 고려하여 대지 내 시설물을 배치하고 배치도의 등고선을 조정하시오.

2. 대지조건

(1) 용도지역 : 계획관리지역

(2) 주변현황 : <대지현황도> 참조

3. 계획조건 및 고려사항

(1) 계획조건

① 도로(경사도 1/15 이하)

종 류	너 비	비 고
주 진입도로	8m	차도 6m, 보도 2m
보차 혼용도로	6m	-
보행로, 신설 산책로	2m	-

② 건축물(가로, 세로 구분 없음)

종 류	크 기	층수	층고	비 고
행정동	25m×15m	2	3m	-
강의동	30m×20m			-
기숙사	21m×9m			남, 여 각 1동
강사숙소	15m×9m			-
다목적 강당	30m×30m		5m	-

③ 외부시설(가로, 세로 구분 없음)

종 류	크 기	비 고
체력단련장	30m×50m	옥외 관람장 포함
암벽등반 대기장	200m^2	최소너비 10m
휴게마당	300m^2	-
옥외 주차장	1개소	20대 이상 (장애인전용 2대 포함)

(2) 고려사항

① 단지 주 출입구는 진입 시 암벽등반장이 잘 보이는 곳에 둔다.

② 주 진입도로로부터 각 건축물의 진입도로는 보차 혼용도로로 한다.

③ 기존 산책로와 기숙사 진입도로를 신설 산책로로 연결시킨다.

④ 행정동은 단지 주 출입구에서 접근이 용이하고 체력단련장과 인접한다.

⑤ 강의동은 암벽등반장에서 접근이 편리한 곳에 두고 보행로로 연결한다.

⑥ 강의동과 행정동은 진입도로에서 서로 다른 층으로 진입한다.

⑦ 기숙사는 기존 산책로 활용이 용이한 곳에 위치한다.

⑧ 기숙사와 강사숙소 진·출입은 동일 진입도로에서 한다.

⑨ 휴게마당은 체력단련장과 다목적강당에 인접한다(필요시 계단으로 진입).

⑩ 암벽등반 대기장은 경사가 가장 급한 암벽에 접하여 둔다.

⑪ 등고선 조정은 경사도 45° 이하로 한다 (단, 옥외 관람장 부분은 제외한다).

⑫ 우·배수 등고선 조정은 고려하지 않는다.

⑬ 각 시설물의 상호 이격거리

이격대상 (A : B)		최소 이격거리(m)
A	B	
각 시설물	20m 도로의 도로경계선	5
	각 시설물	3
	기존 암반, 보호수 외곽선(<그림> 참조)	3

<그림>

4. 도면작성 요령

(1) 건축물의 외곽선과 조정된 등고선은 굵은 실선으로 표시한다.

(2) 외부 시설물과 단지 내 도로는 실선으로 표시한다.

(3) 각 시설의 명칭과 크기를 표기한다
(옥외 주차장은 주차구획 및 대수 표기).

(4) <대지현황도>의 레벨을 기준으로 아래 시설물의 레벨을 표시한다.

① 외부시설 : 조성 대지레벨

② 건축물 : 1층 바닥레벨

(5) 각 건축물에는 주 출입구를 표시한다.

(6) 기타 표시는 <보기>를 따른다.

<보기>

단지 주 출입구	△
건축물 주 출입구	▲
레벨	⊕

(7) 단위 : m

(8) 축척 : 1/600

5. 유의사항

(1) 답안 작성은 흑색연필로 한다.

(2) 도면작성은 과제개요, 계획조건 및 고려사항, 도면작성 요령, 기타 현황도 등에 주어진 치수를 기준으로 한다.

(3) 명시되지 않은 사항은 현행 관계법령의 범위 안에서 임의로 한다.

<대지현황도> 축척 없음

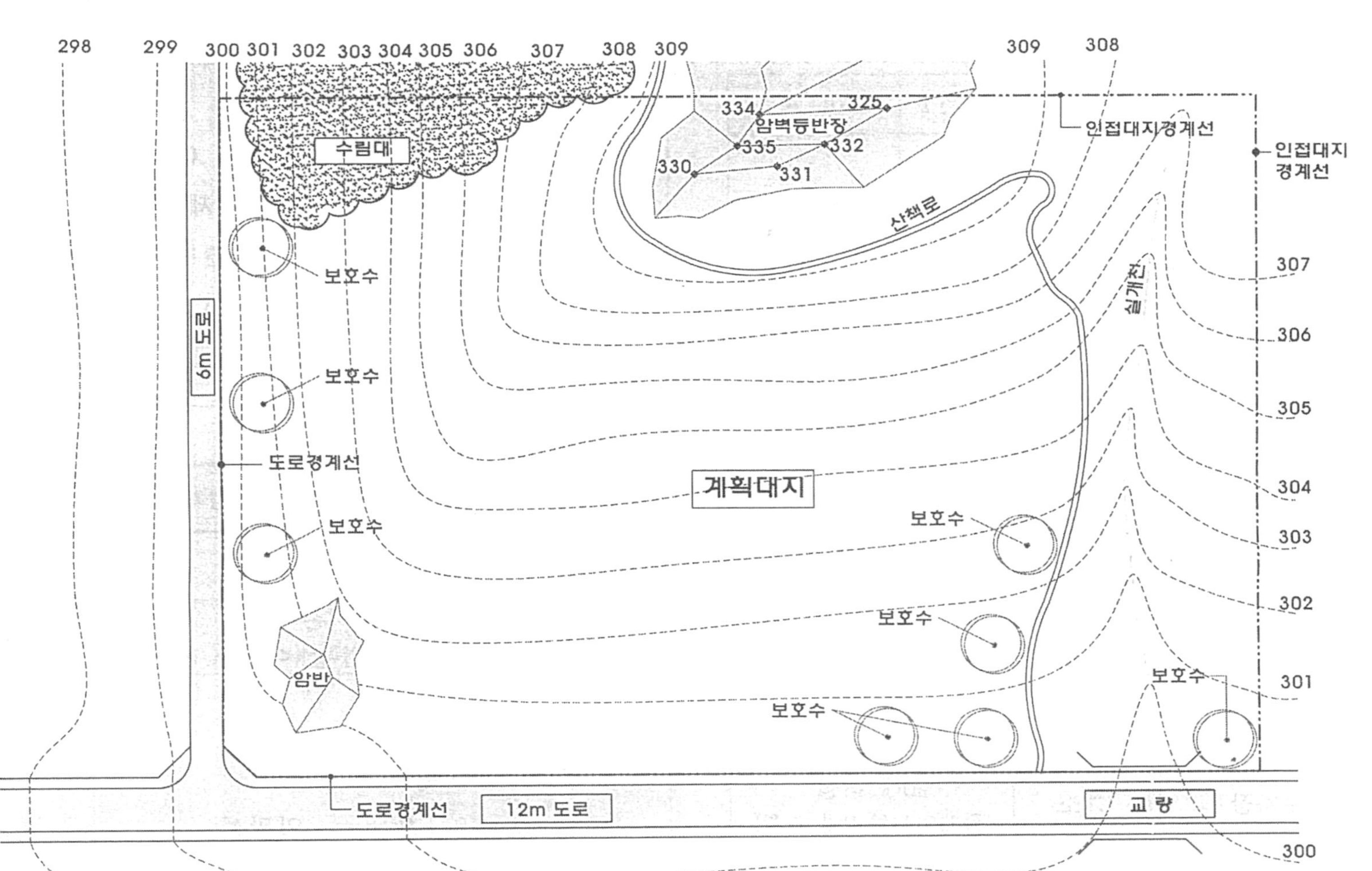

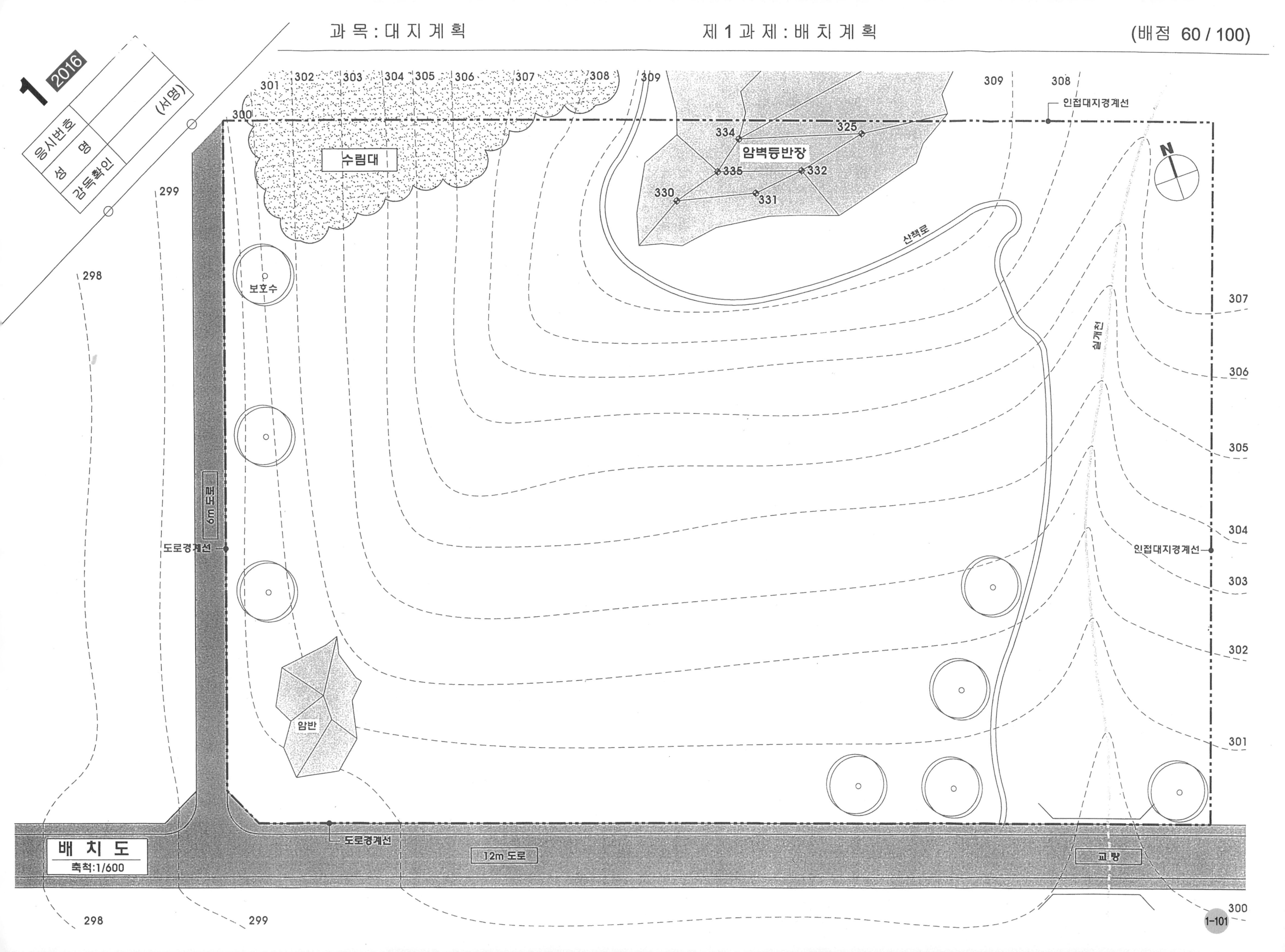
1 2016
응시번호
성 명
감독확인
(서명)
수림대
보호수
암벽등반장
산책로
실개천
암반
6m 도로
12m 도로
교량
도로경계선
인접대지경계선
배 치 도
축척:1/600

2016년도 건축사자격시험 문제

과 목 : **대지계획** **제2과제(대지분석 · 대지조닝)** **배점 40 / 100**

제 목 : 근린생활시설의 최대 건축가능 영역

1. 과제개요

주변대지와 고저차가 있고 보호수림을 포함한 계획대지에 근린생활시설 건축물을 신축하고자 한다.

다음 사항을 고려하여 최대 건축가능 영역과 각 지상층 바닥 면적 및 합계를 구하시오.

2. 설계개요

(1) 용도지역 : 제2종 일반주거지역, 지구단위계획구역

(2) 건폐율 : 60% 이하

(3) 용적률 : 고려하지 않음

(4) 대지규모(보호수림 포함) : 32m X 48m

(5) 건축물의 규모 및 용도

- 지하 1층 : 주차장 (주차계획은 고려하지 않음)
- 지상층 : 제1종 · 제2종 근린생활시설

3. 계획조건

(1) 계획대지는 <대지현황도> 참조

(2) 보호수림을 포함한 계획대지는 평탄하며, 12m 도로 레벨(±0)과 동일

(3) 지하 1층의 바닥레벨은 4m 도로의 레벨(-4m)과 동일 (대지와 도로레벨 간의 차이가 있는 부분은 옹벽으로 되어 있음)

(4) 건축물의 층고 : 4m (단, 지상 1층은 6m)

(5) 건축물의 최고 높이 : 30m 이하 (건축물 높이에 파라펫은 고려하지 않음)

(6) 돌출된 발코니

① 2층, 3층, 4층의 남측과 동측 건축물의 외벽에 수평방향으로 연속된 발코니를 설치

(너비 2m, 각 층별 발코니 면적 56m² 이하)

② 각 층마다 동일 위치에 배치

(7) 건축물의 남측과 동측 외벽은 돌출된 발코니를 제외하고 전 층에 걸쳐 돌출면 없이 동일 수직면으로 계획

(8) 각 층 바닥의 최소 너비는 10m 이상 확보

(9) 일조권 제한으로 후퇴한 바닥의 상부는 개방

(10) 바닥면적 산정은 벽체 두께는 고려하지 않고 건축물 외곽선(발코니 포함)을 기준으로 함

4. 이격거리 및 높이제한

(1) 건축물의 외벽은 다음과 같이 이격거리를 확보

구 분	이격거리
12m 도로의 도로경계선 및 보호수림 경계선	4m
8m 도로 및 4m 도로의 도로경계선	2m

(2) 일조 등의 확보를 위한 건축물의 높이제한을 위해 정북방향으로의 인접 대지경계선(도로와 접한 경우 반대편 도로경계선)으로부터 띄어야 할 거리 ;

① 높이 9m 이하인 부분 : 1.5m 이상

② 높이 9m를 초과하는 부분 : 해당 건축물 각 부분 높이의 1/2 이상

5. 도면 작성요령

(1) 배치도에는 층수, 건축한계선 및 이격거리를 표시한다.

(2) 배치도에는 지상층의 각 층별 바닥면적 및 합계를 표기한다.

(3) 배치도에는 층별 외곽선을 실선으로 작성하고 층별 건축가능 영역을 <보기>와 같이 표시한다.

<보기>

짝수층	(빗금)
홀수층	(빈칸)
돌출 발코니	(망점)

(4) 등각도(Isometric)에는 보호수림을 제외한 계획부지에 건축가능 영역의 보이는 부분만 실선으로 작성하고, 층수 및 일조권제한선을 표시한다.

(5) 단위 : m

(6) 축척 : 1/400

6. 유의사항

(1) 답안 작성은 흑색연필로 한다.

(2) 도면작성은 과제개요, 계획조건, 도면작성 요령 및 고려사항, 기타 현황도 등에 주어진 치수를 기준으로 작성한다.

(3) 도면에는 치수를 기입한다.

(4) 명시되지 않은 사항은 현행 관계법령의 범위 안에서 임의로 한다.

과 목 : 대지계획 제2과제(대지분석 · 대지조닝) 배점 40 / 100

<대지현황도> 축척 없음

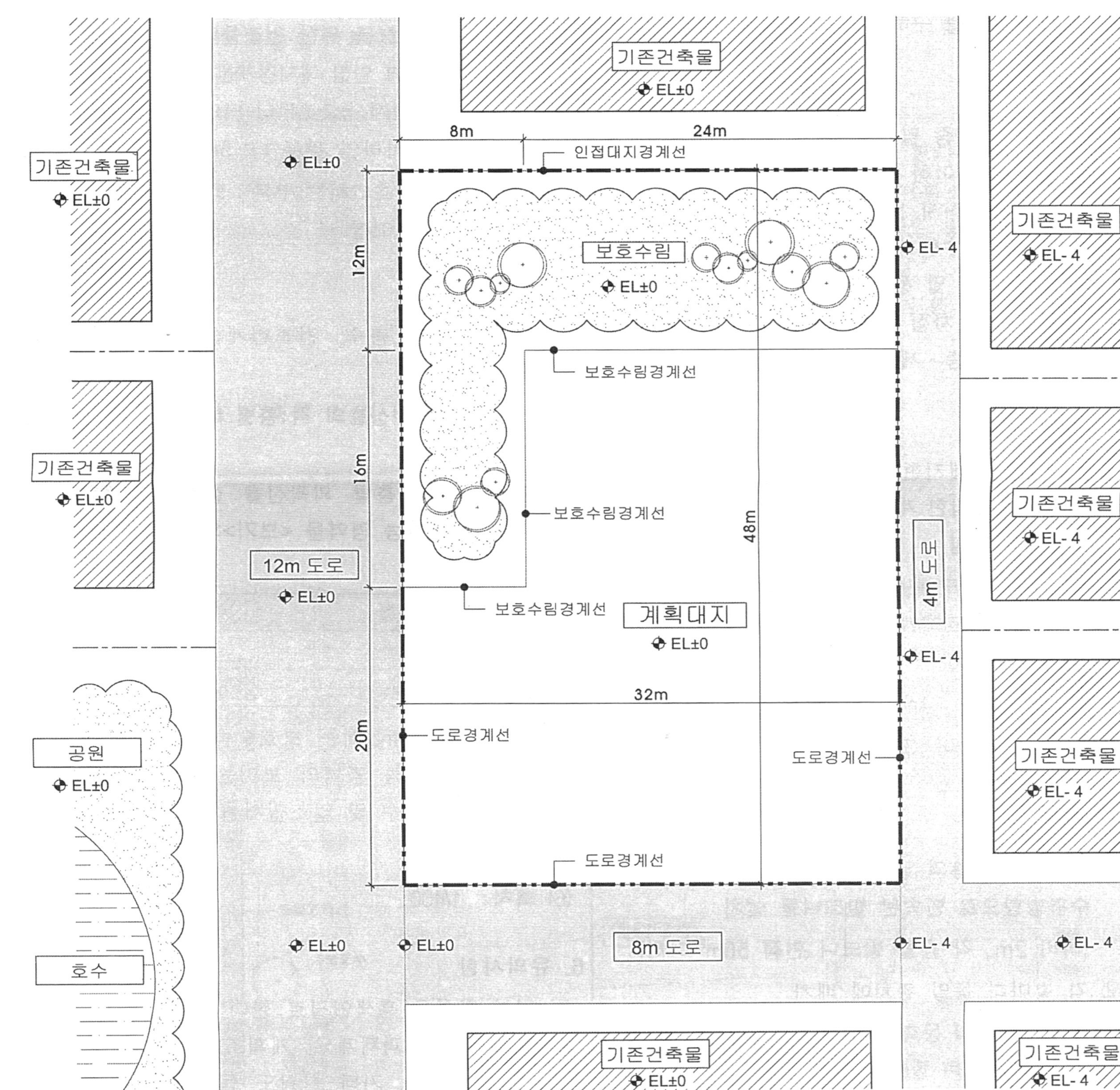

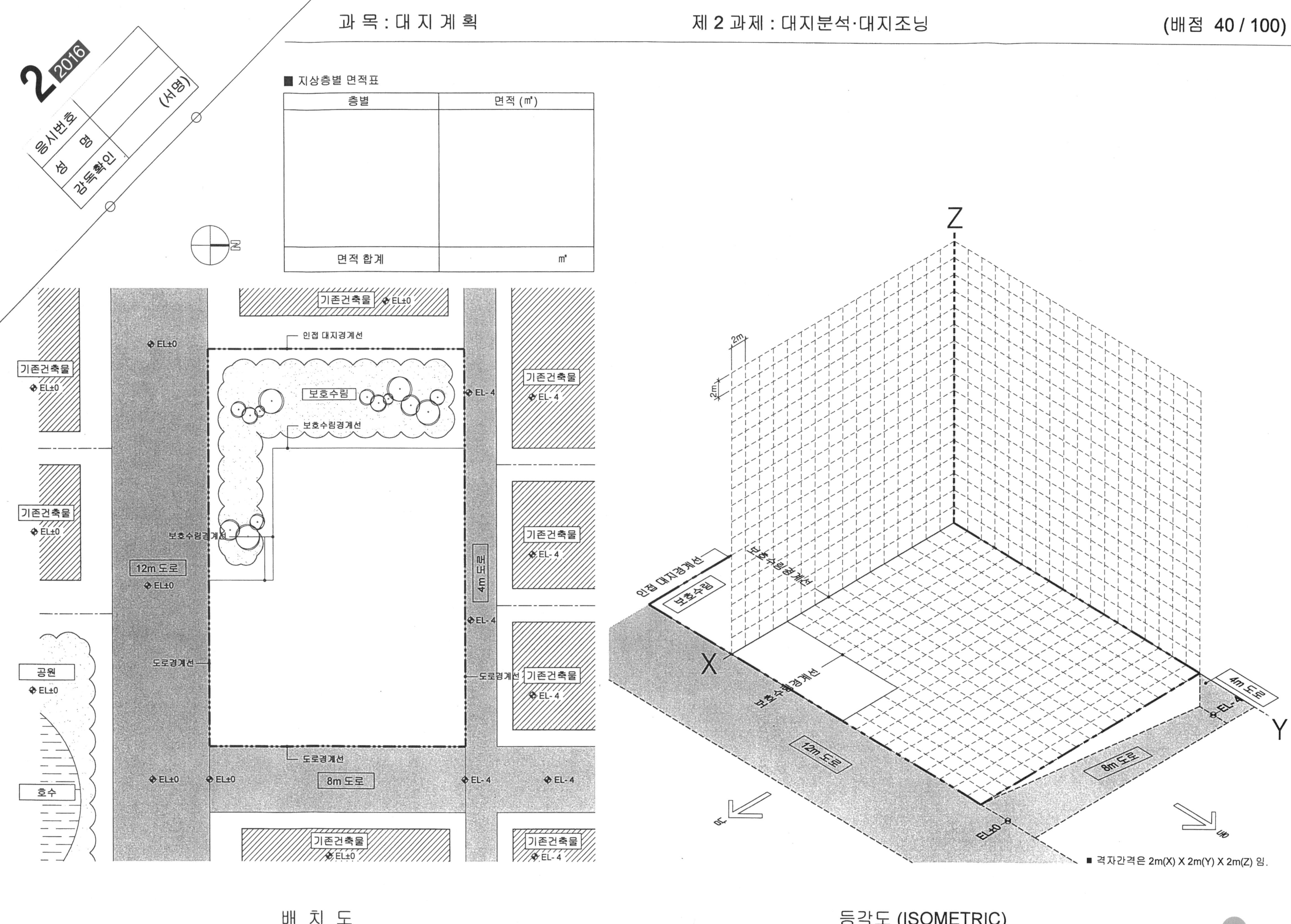

과 목 : 대 지 계 획
제 2 과제 : 대지분석·대지조닝
(배점 40 / 100)
2 2016
응시번호
성 명
감독확인
(서명)
■ 지상층별 면적표
층별
면적 (㎡)
면적 합계
㎡
기존건축물
EL±0
EL-4
인접 대지경계선
보호수림
보호수림경계선
12m 도로
4m 도로
8m 도로
도로경계선
공원
호수
Z
X
Y
2m
■ 격자간격은 2m(X) X 2m(Y) X 2m(Z) 임.
배 치 도
축척:1/400
등각도 (ISOMETRIC)
1-105

2017년도 건축사 자격시험 문제

과 목 명
대 지 계 획

과 제 명	제1과제 : 배 치 계 획 (60점) 제2과제 : 대지분석 · 조닝 · 주차 (40점)

응시자 준수사항

1. 문제지를 받더라도 시험시작 타종전까지 문제내용을 보아서는 안 됩니다.

2. 문제지를 받는 즉시 과목편철 순서, 문제누락 여부, 인쇄상태 이상 유무 등을 확인한 후 답안지에 본인의 응시번호와 성명을 기재합니다.

3. 시험이 시작되면 문제를 주의 깊게 읽은 후 답안을 작성하시기 바랍니다.

4. 시험시간종료 후 문제지와 보조용지 (깔판지, 트레이싱지)는 제출하지 않습니다.

※ 시험시간이 종료되기 전에는 어떠한 경우에도 문제지를 시험장 밖으로 가지고 갈 수 없습니다.

5. 답안지 미제출자는 부정행위자로 간주 처리됩니다.

공 지 사 항

1. 문제지 공개

– 방 법 : 국토교통부 및 대한건축사협회 인터넷 홈페이지에 게시

2. 합격예정자 발표

– 방 법 : 국토교통부 / 대한건축사협회 인터넷 홈페이지 및 각 시 · 도 건축사회 게시판

3. 점수 열람

– 방 법 : 대한건축사협회 인터넷 홈페이지 / 성적열람 메뉴

※ 합격예정자 제출서류에 대한 자세한 사항은 대한건축사협회 인터넷 원서접수 프로그램 공지사항에 게재되어 있으며, 합격예정자 발표시 별도 공고합니다.

2017년도 건축사자격시험 문제

과　목 : 대지계획　　**제1과제(배치계획)**　　**배점 60 / 100**

제　목 : 예술인 창작복합단지 배치계획

1. 과제개요

지역 예술인들의 작품 활동을 종합적으로 지원하는 예술인 창작복합단지를 계획하고자 한다. 다음 사항을 고려하여 시설을 배치하시오.

2. 대지조건

(1) 용도지역 : 준공업지역

(2) 대지면적 : 약 9,500m^2

(3) 주변현황 : <대지 현황도> 참조

3. 계획조건 및 고려사항

(1) 계획조건

① 단지 내 도로

· 보행로 : 너비 3m 이상

② 건축물(가로, 세로 구분 없음)

· 예술지원센터(5층, 24m×12m) : 지원업무 및 교육

· 전시동(2층, 34m×12m) : 작품 전시 및 판매

· 공연동(2층, 24m×14m) : 소극장

· 창작동(각 2층, 22m×9m×2개동, 28m×9m×1개동) : 예술창작 작업

· 후생동(2층, 12m×15m) : 식당 및 카페테리아

· 숙소동(각 3층, 24m×9m×2개동)

③ 옥외시설

· 창작거리(너비 8m 이상) : 공공 보행통로로서 교류 · 화합 · 소통 · 이벤트 공간

· 옥외마당

- 예술마당(500m^2) : 외부전시 및 공연공간
- 창작마당(250m^2) : 창작동의 옥외 작업공간
- 생태마당(200m^2 이상) : 수변과 연계된 자연친화공간

· 주차장

- 주차장 A : 16대(장애인 주차 2대 포함)
- 주차장 B : 18대(장애인 주차 2대, 작업 주차 2대 포함)

주) 1. 주차단위구획 2.5m×5.5m
　 2. 장애인 및 작업 주차 3.5m×5.5m

(2) 고려사항

① 창작복합단지는 창작거리를 중심축으로 하여 지원 · 복지 영역과 창작 · 예술 영역으로 구분하여 배치한다.

② 창작거리는 북측도로에서 하천까지 이어지도록 계획한다.

③ 전시동, 공연동 및 창작동은 예술마당과 연계하여 배치한다.

④ 전시동은 외부에서 가장 용이하게 접근할 수 있는 곳에 배치한다.

⑤ 각각의 창작동은 창작마당을 중심으로 배치하고 2층에 연결통로(너비 3m 이상)를 계획한다.

⑥ 창작마당은 창작거리에서 직접 접근할 수 있도록 배치한다.

⑦ 후생동은 단지 내의 건축물과 옥외시설에서 접근이 용이한 곳에 배치한다.

⑧ 각각의 숙소동은 하천조망과 남향을 고려하여 배치하고, 2층에 연결통로(너비 3m)를 계획한다.

⑨ 건축물과 옥외시설은 인접대지와 도로경계선으로부터 5m 이상의 이격거리를 확보한다.

⑩ 건축물 상호간은 9m 이상의 이격거리를 확보한다. (단, 창작동 상호간은 3m 이상의 이격거리를 확보함)

⑪ 건축물과 옥외시설(보호수림 포함), 옥외시설 상호간은 6m 이상의 이격거리를 확보한다. (단, 창작거리, 생태마당 및 창작마당은 예외로 함)

⑫ 건축물 둘레의 적절한 곳에 너비 2m 이상의 화단을 조성한다.

과 목 : 대지계획 | 제1과제(배치계획) | 배점 60 / 100

4. 도면작성요령

(1) 모든 건축물과 옥외시설에는 명칭, 층수, 외곽선 치수 및 이격거리를 반드시 표기한다.

(2) 건축물 외곽선은 굵은 실선으로 표시한다.

(3) 단지 내 보행로는 실선으로 표시한다.

(4) 각 건축물의 주/부출입구와 기타 표시는 <보기>를 따른다.

(5) 단위 : m

(6) 축척 : 1/400

<보기>

창작거리	(빗금 표시)
조경(화단 · 수목)	(점 및 원 표시)
건축물 주/부출입구	▲ / △
옥외마당	(가로줄 표시)

5. 유의사항

(1) 답안작성은 반드시 흑색 연필로 한다.

(2) 명시되지 않은 사항은 현행 관계법령의 범위 안에서 임의로 한다.

<대지 현황도> 축척 없음

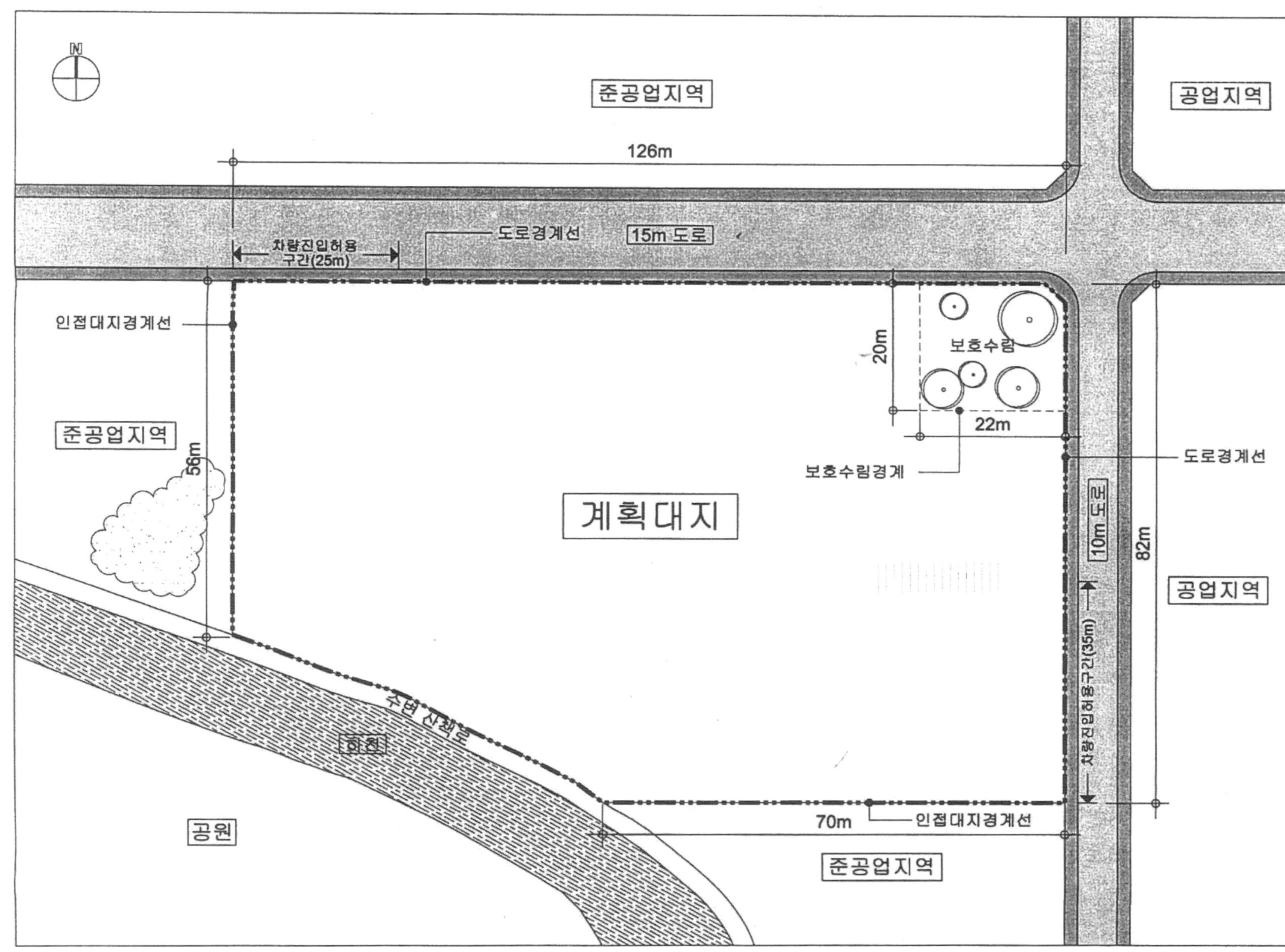

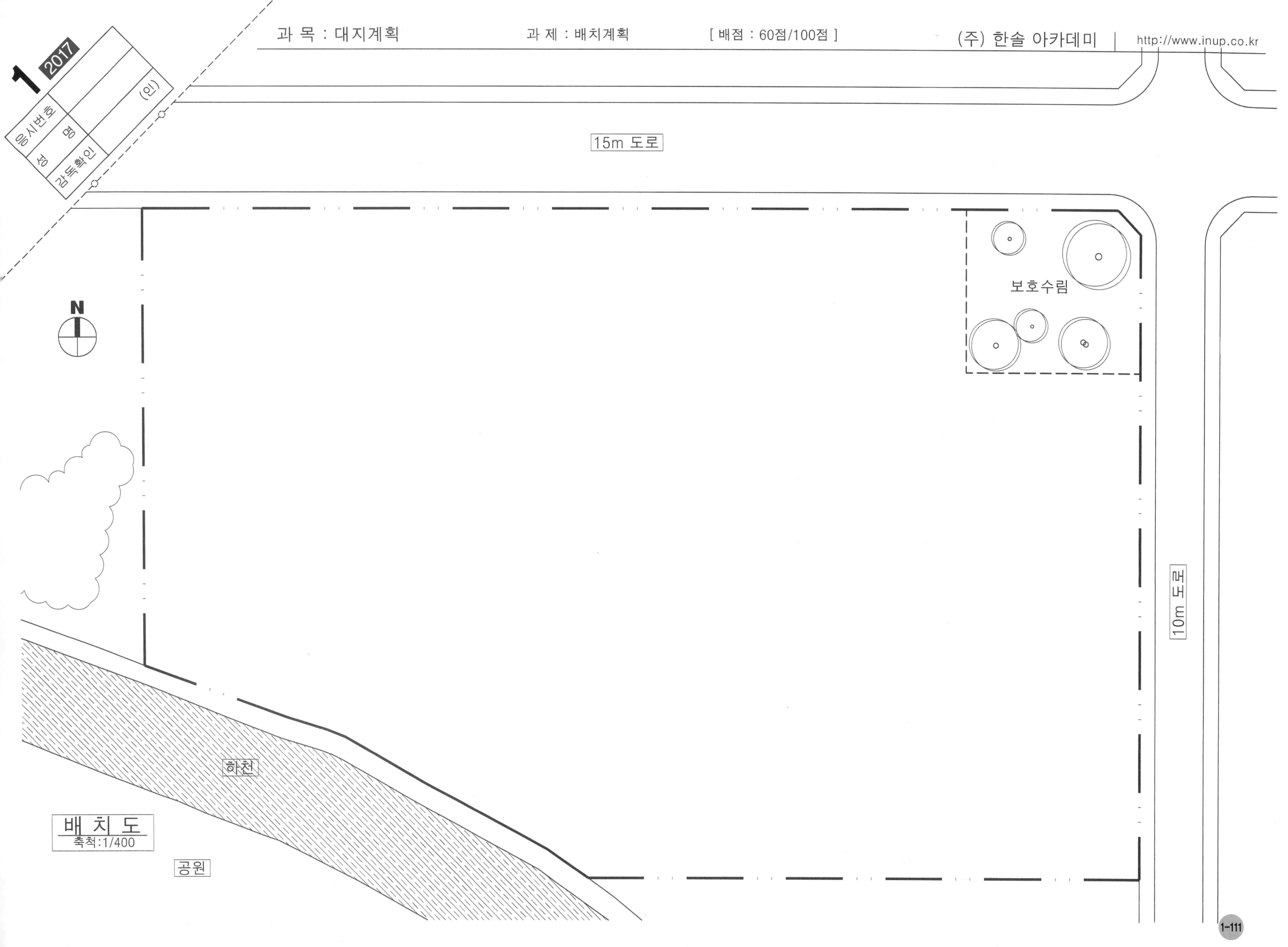
1
2017
응시번호
성 명
감독확인
(인)
15m 도로
보호수림
N
10m 도로
하천
배 치 도
축척:1/400
공원

2017년도 건축사자격시험 문제

과 목 : 대지계획　　제2과제(대지분석 · 대지조닝 · 대지주차)　　배점 40 / 100

제 목 : 근린생활시설의 최대 건축가능 규모계획

1. 과제개요

기존 근린생활시설이 있는 대지에 건축물을 증축하고자 한다. 아래 사항을 고려하여 최대 건축가능 영역을 구하고 배치도, 단면도 및 계획개요를 작성하시오.

2. 설계개요

(1) 용도지역 : 제2종 일반주거지역
(2) 최고높이 : 20m 이하
(3) 건 폐 율 : 60% 이하
(4) 용 적 률 : 250% 이하
(5) 용　　도 : 제1, 2종 근린생활시설
(6) 주변현황 : <대지 현황도> 참조

3. 계획조건

(1) 기존 건축물(지상1층)은 수직, 수평 증축이 가능한 구조이다.
(2) 각 층의 층고(기존 건축물 포함)는 4m로 한다.
(3) 바닥면적 산정 시 벽체 두께를 고려하지 않으며 일조 등의 확보를 위한 높이 제한을 적용받는 각층의 경사면은 수직벽면을 기준으로 한다.
(4) 계획대지, 인접도로 및 1층 바닥레벨은 고저차가 없는 것으로 한다.
(5) 계획대지는 보차분리가 없고 도로중앙선이 있는 8m 도로와 4m 도로에 접한다.
(6) 주차대수는 총 4대를 계획하고 주차단위구획은 2.5m×5.5m로 한다.
(7) 주차장은 건축물의 내부 또는 필로티에 설치하지 않으며 옥외에 자주식 주차로 한다.
(8) 보도와 차도의 구분이 없는 너비 12m 미만의 도로에 접하여 있는 부설 주차장은 그 도로를 차로로 하여 세로로 2대까지 접하여 배치할 수 있다.

4. 높이제한 및 이격거리

(1) 일조 등의 확보를 위한 건축물의 높이제한을 위하여 정북방향으로의 인접대지경계선으로부터 띄어야 할 거리
① 높이 9m 이하인 부분 : 1.5m 이상
② 높이 9m를 초과하는 부분 : 해당 건축물 각 부분 높이의 1/2 이상
(2) 증축되는 건축물과 도로경계선 또는 인접대지경계선으로부터의 이격거리
① 도로경계선 : 1.5m 이상
② 인접대지경계선 : 1.5m 이상
(3) 보호수림경계선으로부터의 이격거리 : 1.5m 이상
(4) 주차구획과 인접대지경계선 또는 건축물로부터의 이격거리 : 0.5m 이상
(5) 옥탑 및 파라펫 높이는 고려하지 않는다.

5. 도면작성 요령 및 유의사항

(1) 최대 건축가능영역을 배치도 및 단면도에 <보기>와 같이 표시하고 계획개요를 작성한다.
(2) 배치도를 작성할 때 중복된 층은 그 최상층만 표시한다.
(3) 모든 제한선, 이격거리, 층수 및 치수를 배치도와 단면도에 표기한다.
(4) 치수는 소수점 이하 셋째 자리에서 반올림하여 둘째 자리까지 표기한다.
(5) 단위 : m
(6) 축척 : 1/200
(7) 답안작성은 반드시 흑색 연필로 한다.
(8) 명시되지 않은 사항은 현행 관계법령의 범위 안에서 임의로 한다.

<보기>

홀수층	(빗금)
짝수층	(빗금)
기존 건축물	(교차빗금)

<대지 현황도> 축척 없음

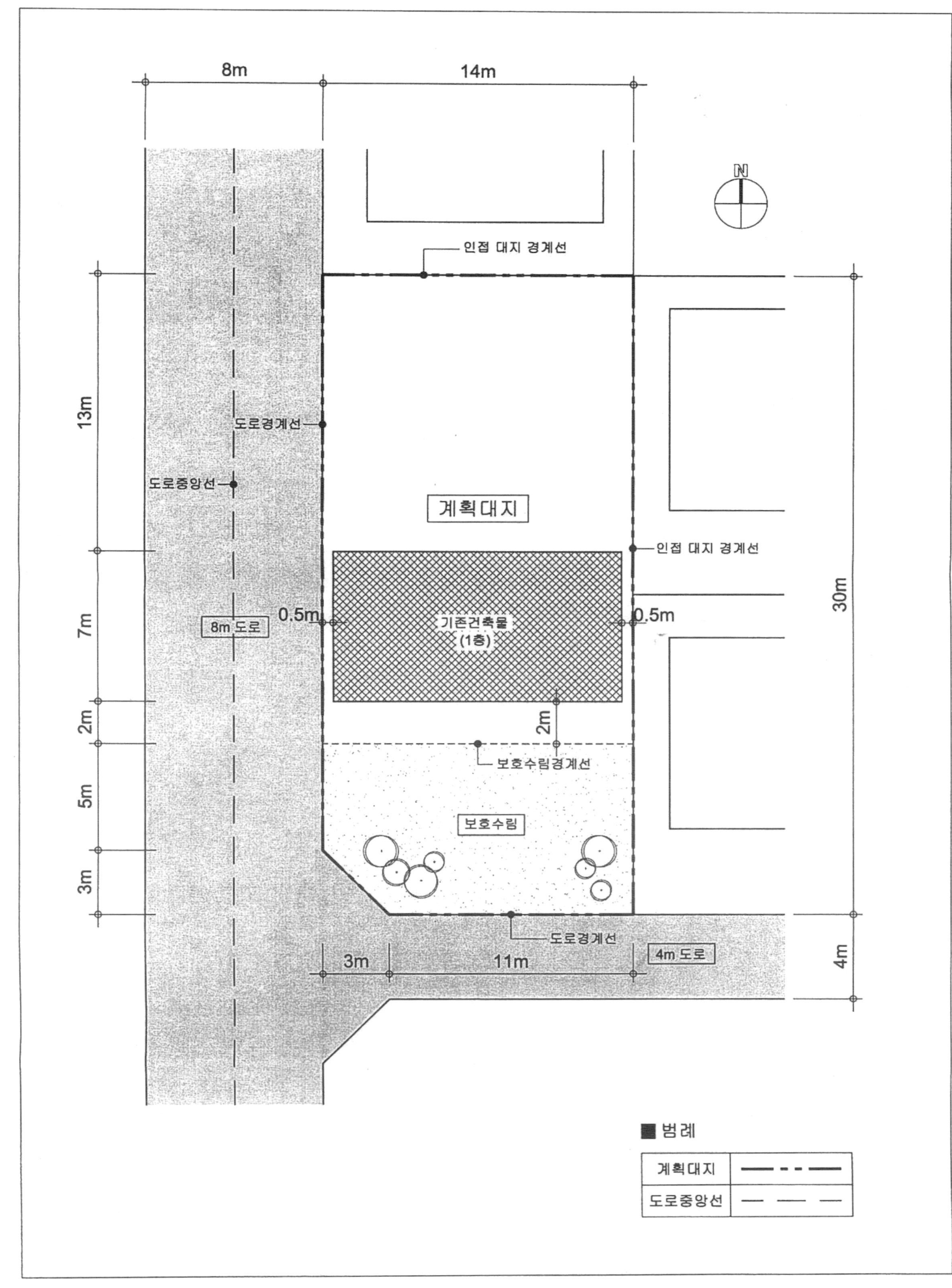
8m
14m
N
인접 대지 경계선
13m
도로경계선
도로중앙선
계획대지
인접 대지 경계선
30m
7m
8m 도로
0.5m
기존건축물
(1층)
0.5m
2m
2m
보호수림경계선
5m
보호수림
3m
도로경계선
3m
11m
4m 도로
4m
■ 범례
계획대지
도로중앙선

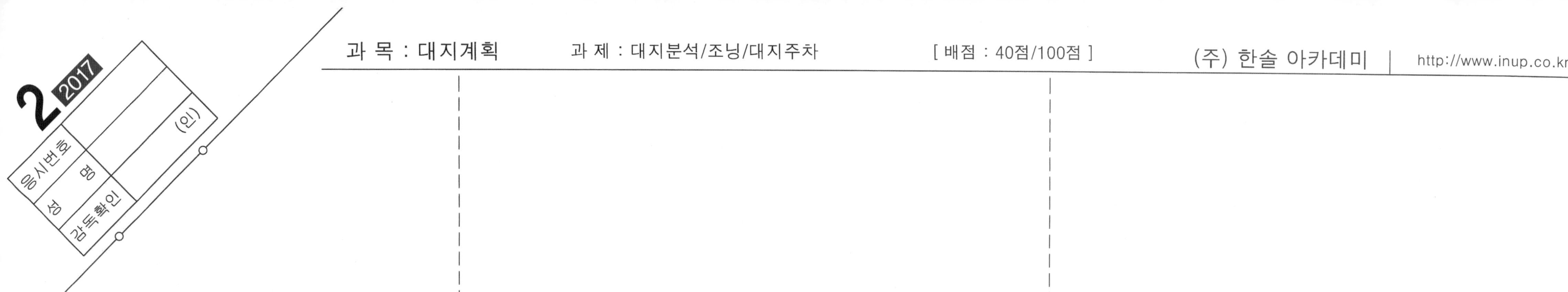

■ 계획개요

대지면적			m²
지상층별 면적표	1층	기존	m²
		증축	m²
	2층(증축)		m²
	3층(증축)		m²
	4층(증축)		m²
	5층(증축)		m²
	지상층 연면적		m²
건축면적			m²
건폐율			%
용적률			%

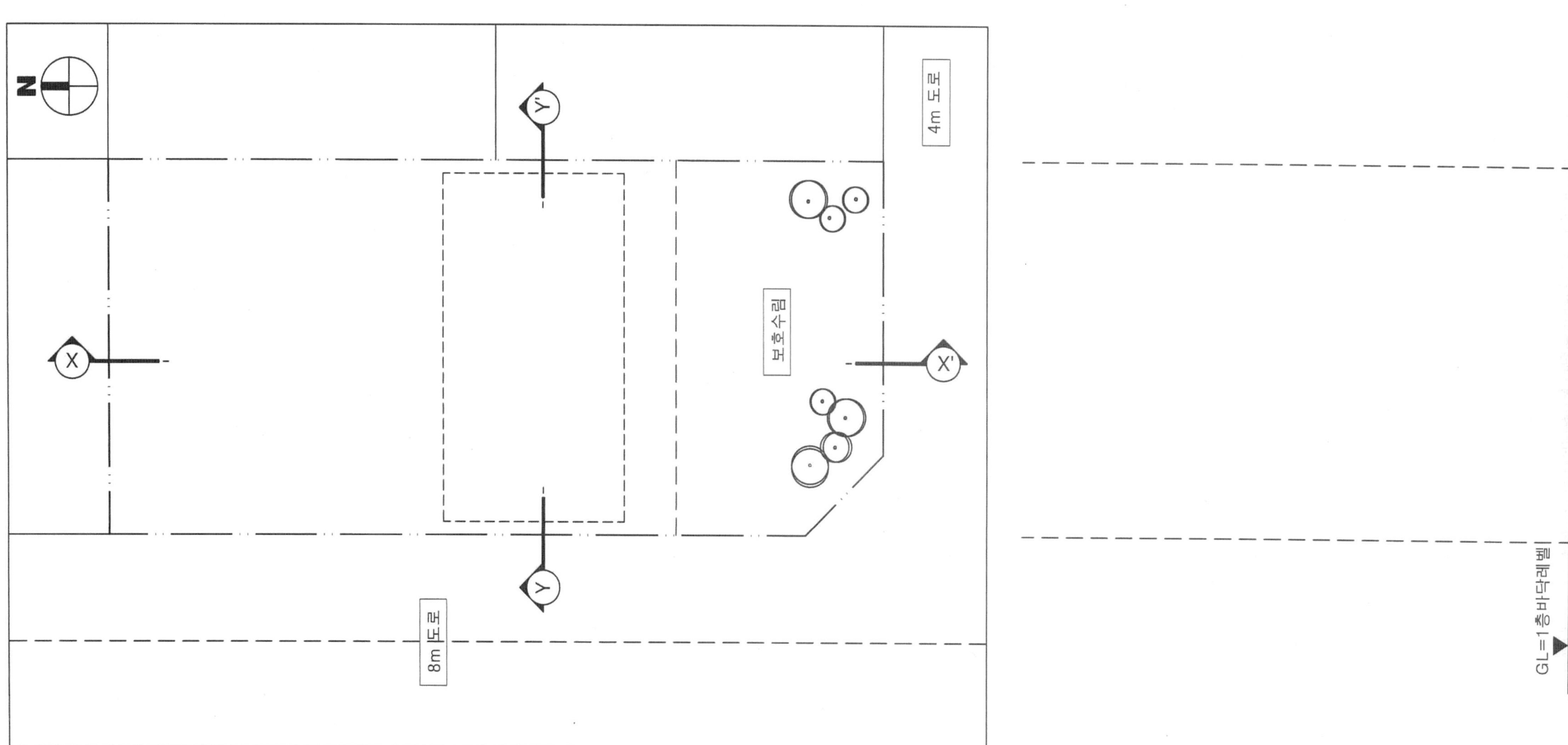

배 치 도
축척:1/200

2018년도 건축사 자격시험 문제

과 목 명
대 지 계 획

과 제 명	제1과제 : 배 치 계 획 (65점) 제2과제 : 대지분석 · 조닝 · 주차 (35점)

응시자 준수사항

1. 문제지를 받더라도 시험시작 타종전까지 문제내용을 보아서는 안 됩니다.

2. 문제지를 받는 즉시 과목편철 순서, 문제누락 여부, 인쇄상태 이상 유무 등을 확인한 후 답안지에 본인의 응시번호와 성명을 기재합니다.

3. 시험이 시작되면 문제를 주의 깊게 읽은 후 답안을 작성하시기 바랍니다.

4. 시험시간종료 후 문제지와 보조용지 (깔판지, 트레이싱지)는 제출하지 않습니다.

※ 시험시간이 종료되기 전에는 어떠한 경우에도 문제지를 시험장 밖으로 가지고 갈 수 없습니다.

5. 답안지 미제출자는 부정행위자로 간주 처리됩니다.

공 지 사 항

1. **문제지 공개**

   – 방 법 : 국토교통부 및 대한건축사협회 인터넷 홈페이지에 게시

2. **합격예정자 발표**

   – 방 법 : 국토교통부 / 대한건축사협회 인터넷 홈페이지 및 각 시 · 도 건축사회 게시판

3. **점수 열람**

   – 방 법 : 대한건축사협회 인터넷 홈페이지 / 성적열람 메뉴

※ 합격예정자 제출서류에 대한 자세한 사항은 대한건축사협회 인터넷 원서접수 프로그램 공지사항에 게재되어 있으며, 합격예정자 발표시 별도 공고합니다.

2018년도 건축사자격시험 문제

과 목 : 대지계획 | 제1과제(배치계획) | 배점 65 / 100

제 목 : 지식산업단지 시설 배치계획

1. 과제개요

공업거점도시의 노후화된 공장부지를 활용하여 지식산업단지 시설을 계획하고자 한다. 다음 사항을 고려하여 시설을 배치하시오.

2. 대지조건

(1) 용도지역 : 준공업지역

(2) 대지면적 : 약 13,870m^2

(3) 주변현황 : <대지 현황도> 참조

3. 계획조건 및 고려사항

(1) 계획조건

① 도로

도로명	너 비
공공보행통로	8m 이상
단지 내 도로	6m 이상
비상차량통로	4m 이상
보행로	3m 이상

② 건축물(가로, 세로 구분 및 지하층은 없음. 총 9개동)

시설명	크 기	규모	층고	용 도
IT센터	12m × 40m	2층	5m	제품 개발
창의제작소	12m × 28m		5m	시제품 제작
생산 공장	20m × 40m		5m	제품 생산
산단본부	15m × 38m	3층	4m	산업단지관리
연구동	14m × 30m	2층	4m	기술연구지원
전시동	20m × 20m		4m	산업단지 전시홍보
판매동	15m × 40m		4m	제품 판매
기숙사 Ⓐ동	9m × 25m	3층	3m	직원 숙소
기숙사 Ⓑ동	9m × 25m		3m	

▪ 기숙사 2층 연결통로 : 너비 3m

③ 외부시설

구 분	시설명	규 모	용 도
외부공간	운동마당	480m^2 이상	기숙사 휴게공간
	휴게마당	220m^2 이상	방문자,직원휴게공간
	쌈지공원	140m^2 이상	20m 도로변 보행자 휴식공간
주차구역	주차구역 Ⓐ	20대 이상	장애인주차 2대 포함
	주차구역 Ⓑ	35대 이상	장애인주차 4대 포함
	▪ 주차단위구획 : 2.5m × 5.0m ▪ 장애인 주차단위구획 : 3.5m × 5.0m		

④ 기타시설 (이격거리 없음)

종 류	크 기	비 고
하역공간	140m^2 이상	제품 상하차 공간
옥외엘리베이터	3m × 3m	대지의 고저차 연결
외부계단	너비 3m 이상	

(2) 고려사항

① 기존대지의 레벨과 옹벽은 최대한 유지한다.

② 공공보행통로는 단지주변 20m 도로와 공원을 연결하도록 계획하며 일부구간은 공중가로로 계획한다.

③ 공공보행통로에서 IT센터, 창의제작소, 생산 공장, 산단본부, 연구동, 전시동으로 직접 출입 가능한 연결보행로를 계획한다.

④ 주차구역 Ⓐ는 단지주변 10m 도로에서, 주차구역 Ⓑ는 단지주변 12m 도로에서 진입하도록 계획하고 공중가로 하부에도 주차 배치가능하다.

⑤ 주차구역 Ⓐ와 Ⓑ를 연결하기 위하여 비상차량통로를 계획한다.
단, 도로의 종단경사는 17% 이내로 한다.

⑥ 휴게마당은 방문자 및 직원의 이용을 고려하여 주차구역 Ⓐ와 연계하여 배치한다.

⑦ 옥외엘리베이터와 외부계단은 공공보행통로에 인접하여 배치한다.

⑧ 건축물과 외부시설은 대지 경계선에서 5m 이격하여 배치한다.

⑨ 건축물과 건축물, 외부시설과 외부시설, 건축물과 외부시설 그리고 건축물과 공공보행통로는 6m 이상 이격하여 배치한다.

⑩ IT센터, 창의제작소, 생산 공장은 4면이 단지 내 도로에 면하도록 계획하고 하역공간은 상하차가 용이한 곳에 배치한다.

⑪ 건축물 둘레의 적절한 곳에 너비 2m 이상의 화단을 조성한다.
단, IT센터, 창의제작소, 생산 공장은 화단을 조성하지 않는다.

4. 도면작성요령

(1) 도로, 건축물과 외부시설에는 시설명, 층수, 외곽선 치수, 면적, 바닥레벨 및 이격 거리, 주차구획, 주차대수를 표기한다.

(2) 건축물의 외곽선 및 옹벽은 굵은 실선으로 표시한다.

(3) 단지 내 도로와 외부시설은 실선으로 표시한다.

과 목 : 대지계획 제1과제(배치계획) 배점 65 / 100

(4) 공중가로 하부의 시설 등은 점선으로 표시한다.
(5) 도면 표기 기호는 <보기>를 따른다.
(6) 단위 : m, m^2
(7) 축척 : 1/500

<보기> 도면표기 기호

공공보행통로	⊠
보행로	▨
비상차량통로	▥
건축물 주/부출입구	▲/△
바닥레벨	⊕

5. 유의사항
(1) 답안작성은 반드시 흑색 연필로 한다.
(2) 명시되지 않은 사항은 현행 관계법령의 범위 안에서 임의로 한다.

<대지 현황도> 축척 없음

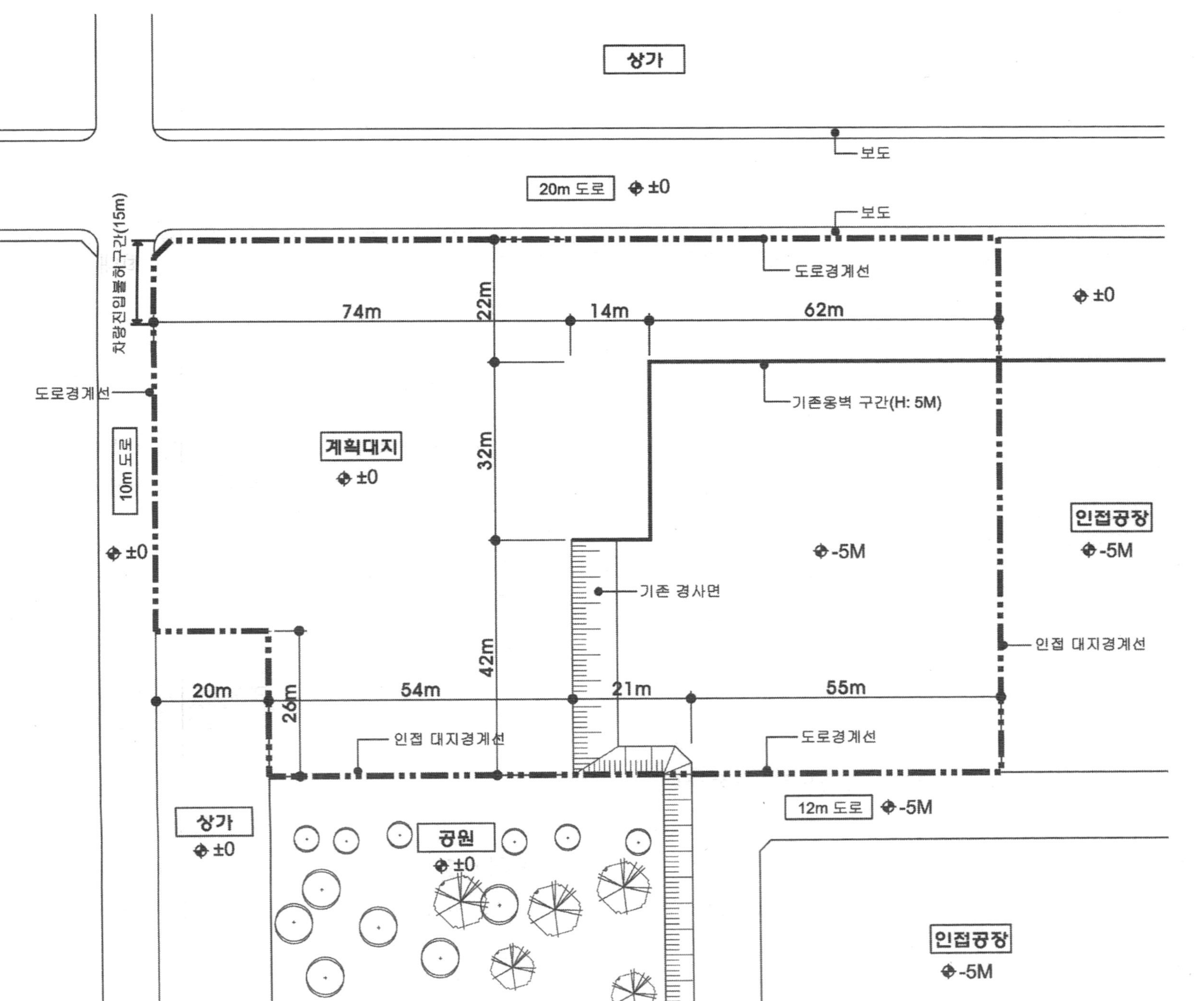

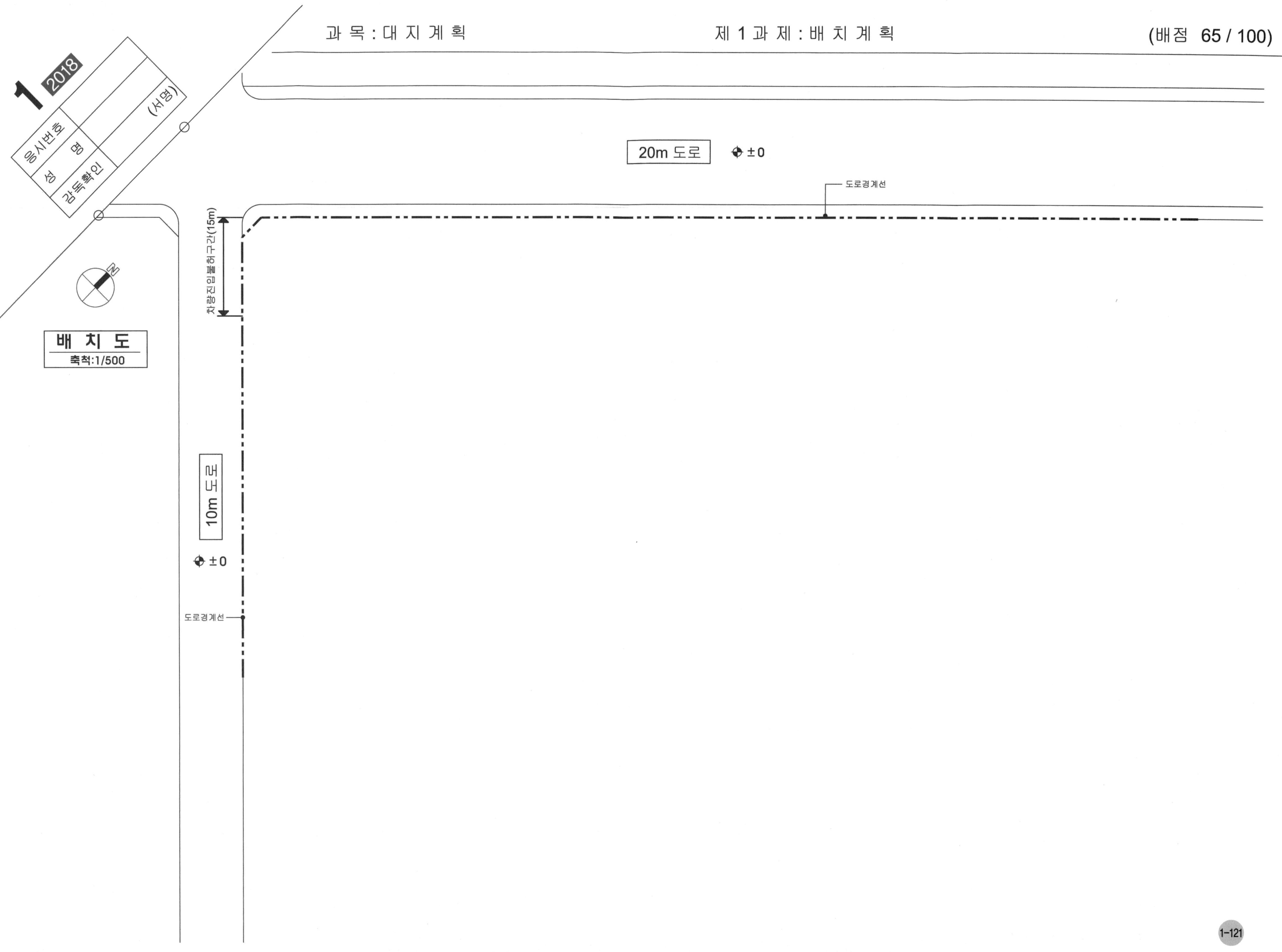
1 2018
응시번호
성 명
감독확인
(서명)
배 치 도
축척:1/500
20m 도로
±0
도로경계선
차량진입불허구간(15m)
10m 도로
±0
도로경계선

2018년도 건축사자격시험 문제

과 목 : 대지계획 　　제2과제(대지분석 · 대지조닝 · 대지주차) 　　배점 35 / 100

제 목 : 주민복지시설의 최대 건축가능 규모 및 주차계획

1. 과제개요

일반주거지역으로 둘러싸인 계획대지에 주민복지시설을 신축하고자 한다. 다음 사항을 고려하여 건축이 가능한 최대 규모와 주차계획을 하시오.

2. 대지개요

(1) 용도지역 : 제3종 일반주거지역

(2) 대지면적 : 864m^2

(3) 건 폐 율 : 50% 이하

(4) 용 적 률 : 300% 이하

(5) 건축물 최고 높이 : 25m 이하
　단, 파라펫 높이는 고려하지 않음

3. 계획조건 및 고려사항

(1) 건축물의 모든 외벽은 벽 두께를 고려하지 않고, 도로경계선 및 인접대지경계선으로부터 다음과 같이 이격 거리를 확보한다.
　① 도로경계선 : 1m 이상
　② 인접대지경계선 : 1m 이상

(2) 일조 등의 확보를 위한 건축물의 높이제한을 위하여 건축물의 각 부분을 정북방향으로의 인접대지 경계선에서 다음과 같이 이격한다.
　① 높이 9m 이하 부분 : 1.5m 이상
　② 높이 9m 초과 부분 : 해당 건축물 각 부분 높이의 1/2 이상

(3) 건축물 각 부분의 높이는 계획대지 지표면을 기준으로 산정하며, 인접대지 Ⓑ가 접하는 부분은 두 대지 높이 차이의 1/2을 기준으로 산정한다.

(4) 각 층의 층고는 4m이고, 지상 1층 바닥레벨은 대지레벨과 동일하다.

(5) 계획대지에 인접한 보호수목의 중심으로부터 9m까지는 보호수목 보존지역이며, 건축물을 건축할 수 없다.

(6) 필로티 면적은 바닥면적에 포함하지 않는다.

(7) 주차계획
　① 주차대수 : 지상 12대 이상 (장애인주차 2대 포함)
　　단, 필로티 주차 가능
　② 주차단위구획
　　▪ 일반형 주차 : 2.5m × 5.0m
　　▪ 장애인 주차 : 3.5m × 5.0m
　③ 차량 진출입로 및 차로 너비 : 6.0m 이상
　④ 차로, 주차구획의 이격거리
　　▪ 도로경계선 : 1m 이상
　　▪ 인접대지경계선 : 1m 이상
　　▪ 건축물 : 제한 없음

4. 도면작성요령

(1) 배치도에는 2층~최상층 건축영역을 <보기>와 같이 표기하고, 중복된 층은 그 최상층만 표기한다.

(2) 1층 평면 및 주차계획도에는 1층 건축영역과 주차계획을 표기한다.

(3) 단면도에는 제시된 <A-A'> 단면의 최대 건축영역을 표기한다.

(4) 각종 제한선, 이격거리, 층수 및 치수는 소수점 이하 둘째자리에서 반올림하여 첫째자리까지 표기한다.

(5) 차로, 보도, 주차구획 등은 1층 평면 및 주차계획도에 실선으로 표현하며, 상층부에 건축물이 돌출되는 경우에는 점선으로 표현한다.

(6) 단위 : m

(7) 축척 : 1/300

<보기>

홀수층	(교차 빗금)
짝수층	(빗금)

5. 유의사항

(1) 답안작성은 반드시 흑색연필로 한다.

(2) 명시되지 않은 사항은 현행 관계 법령의 범위 안에서 임의로 한다.

과 목 : 대지계획	제2과제(대지분석 · 대지조닝 · 대지주차)	배점 35 / 100

<대지 현황도> 축척 없음

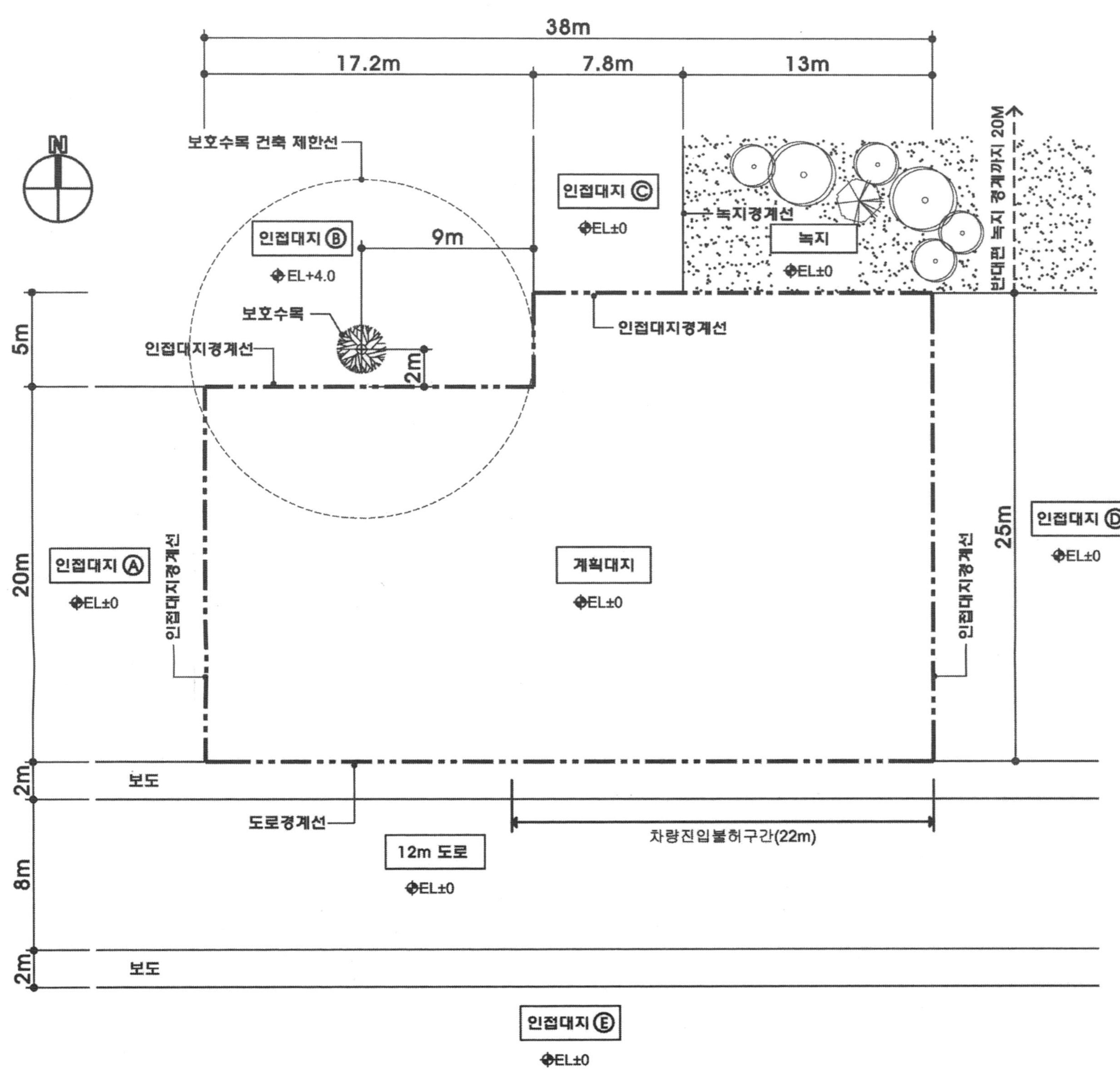

■ 계획개요

대지면적		m²
건축면적		m²
건폐율		%
용적률		%
지상층별 면적표		m²
		m²
		m²
		m²
		m²
		m²
		m²
		m²
	지상층 연면적	m²
주차대수		대

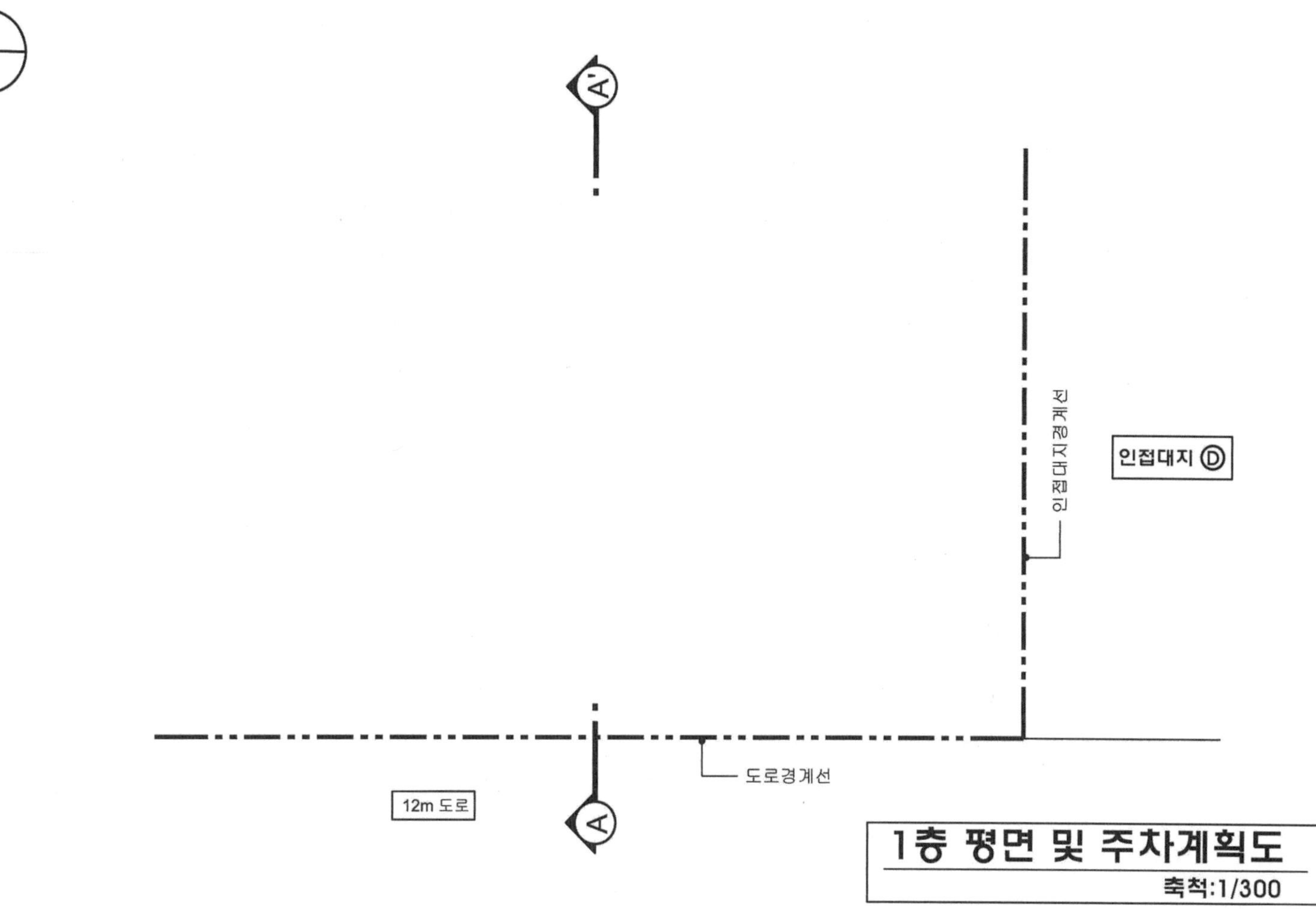

1층 평면 및 주차계획도
축척:1/300

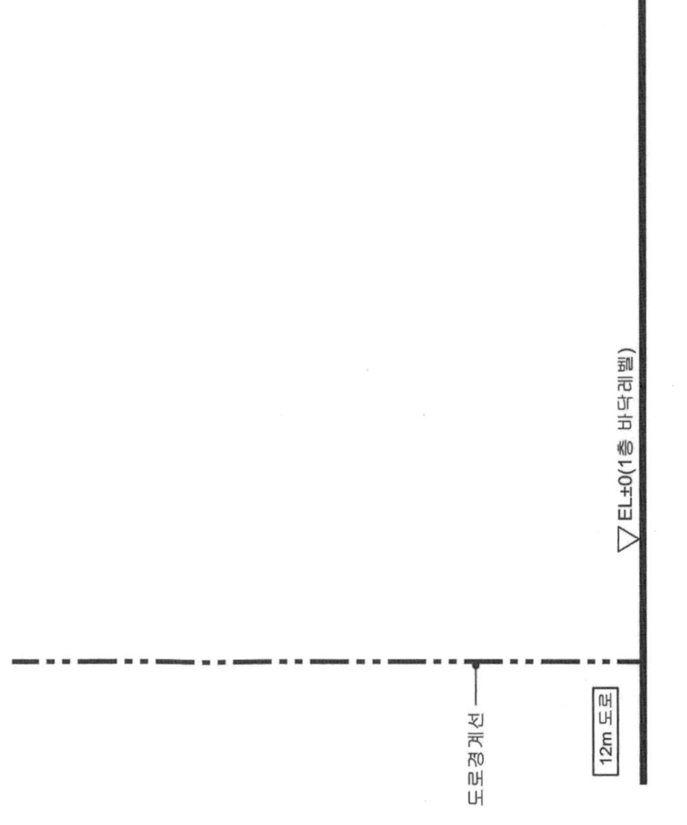

A-A'단면도
축척:1/300

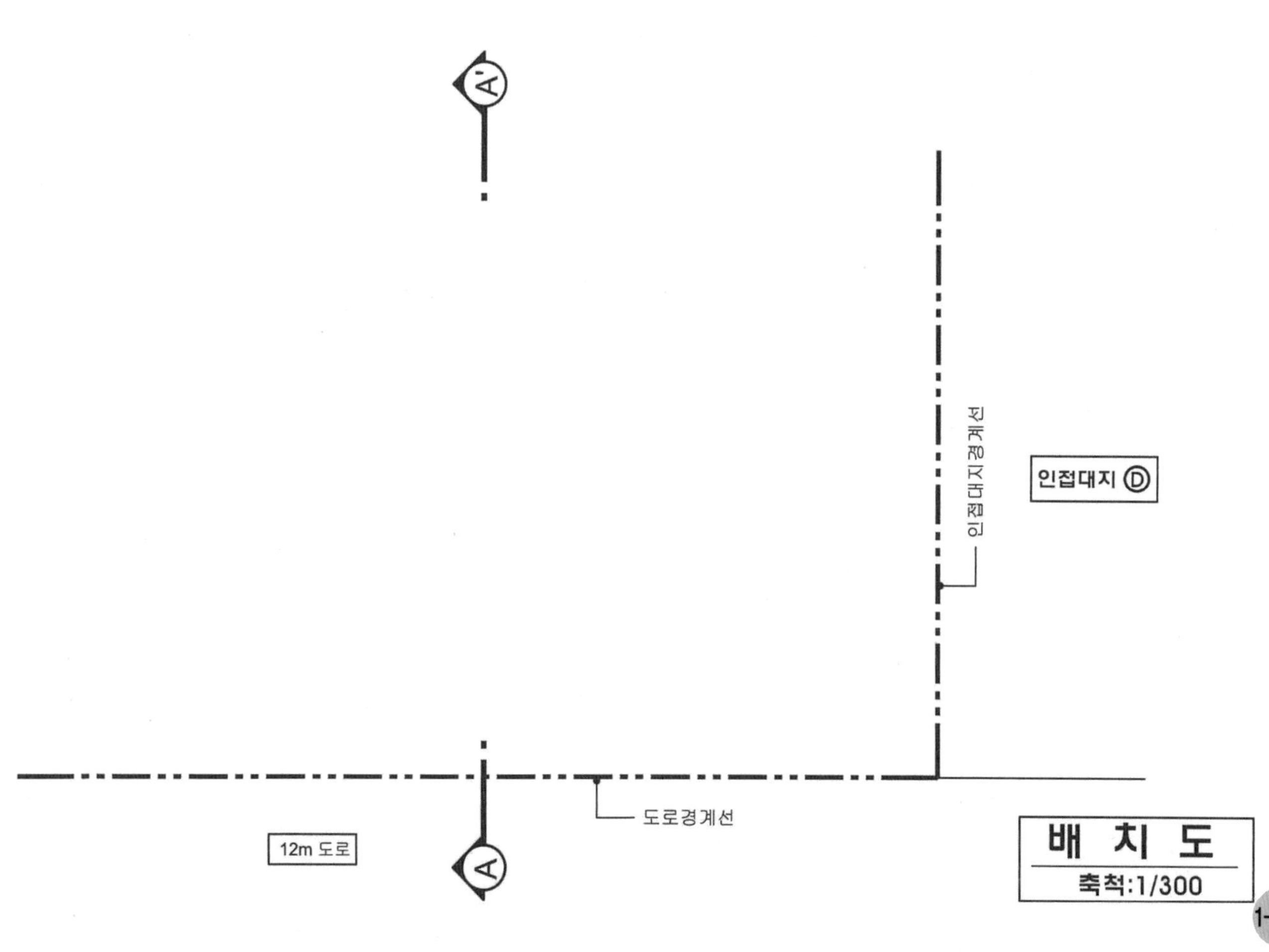

배 치 도
축척:1/300

2019년도 건축사 자격시험 문제

과 목 명
대 지 계 획

과 제 명	제1과제 : 배 치 계 획 (65점) 제2과제 : 대지분석 · 주차계획 (35점)

응시자 준수사항

1. 문제지를 받더라도 시험시작 타종전까지 문제내용을 보아서는 안 됩니다.
2. 문제지를 받는 즉시 과목편철 순서, 문제누락 여부, 인쇄상태 이상 유무 등을 확인한 후 답안지에 본인의 응시번호와 성명을 기재합니다.
3. 시험이 시작되면 문제를 주의 깊게 읽은 후 답안을 작성하시기 바랍니다.
4. 시험시간종료 후 문제지와 보조용지 (깔판지, 트레이싱지)는 제출하지 않습니다.

※ 시험시간이 종료되기 전에는 어떠한 경우에도 문제지를 시험장 밖으로 가지고 갈 수 없습니다.

5. 답안지 미제출자는 부정행위자로 간주 처리됩니다.

공 지 사 항

1. 문제지 공개

– 방 법 : 국토교통부 및 대한건축사협회 인터넷 홈페이지에 게시

2. 합격예정자 발표

– 방 법 : 국토교통부 / 대한건축사협회 인터넷 홈페이지 및 각 시 · 도 건축사회 게시판

3. 점수 열람

– 방 법 : 대한건축사협회 인터넷 홈페이지 / 성적열람 메뉴

※ 합격예정자 제출서류에 대한 자세한 사항은 대한건축사협회 인터넷 원서접수 프로그램 공지사항에 게재되어 있으며, 합격예정자 발표시 별도 공고합니다.

2019년도 건축사자격시험 문제

과목 : 대지계획 **제1과제 : 배치계획** **배점 : 65/100점** **(주)한솔아카데미 www.inup.co.kr**

제 목 : 야생화 보존센터 배치계획

1. 과제개요

토종 야생화의 보존과 보급을 위한 야생화 보존센터를 계획하고자 한다. 다음 사항을 고려하여 시설을 배치하시오.

2. 대지조건

(1) 용도지역 : 계획관리지역

(2) 주변현황 : <대지 현황도> 참조

3. 계획조건 및 고려사항

(1) 계획조건

① 단지 내 도로(경사도 1/10 이하)

도로명	너 비
차 로	6m 이상
보행로	2m 이상

② 건축물(가로, 세로 구분 및 지하층은 없음. 총 9개동)

시설명	크 기	규모	층고	비고
온실동	반지름 9m	1층	12m	야외실험장 연계, 연구용
웰컴센터	15m ×20m	2층	4m	방문자 안내, 숙소동 지원
산학연 협력동	15m ×35m	2층	4m	산학연 협력 관련 대외업무, 사무실, 구내식당
숙소동	20m ×20m (1개동 규모)	3층	3m	교육생 및 방문자 숙소, 테라스하우스 (세대규모 8mx10m), 3개동 총 18세대
연구동	15m ×20m	3층	4m	연구실, 사무실
강의동	12m ×30m	2층	4m	강의실, 카페
실험동	10m ×40m	2층	4m	교육 및 연구용 실험실습실

③ 외부시설

구 분	시설명	규 모	용 도
외부공간	야외실험장	1,100m^2 이상	야외 연구・교육
	생태마당	600m^2 이상	생태습지 포함
주차장	주차장 Ⓐ	18대 이상	웰컴센터, 숙소동 사용 장애인전용주차 1대 포함
	주차장 Ⓑ	18대 이상	연구동, 산학연협력동 사용, 장애인전용주차 1대 포함
	주차장 Ⓒ	10대 이상	실험동, 야외실험장 사용 장애인전용주차 1대 포함

(2) 고려사항

① 자연지형을 최대한 이용하고 지형과의 조화를 고려하여 배치계획을 한다.

② 단지 내 도로는 순환도로로 계획한다. 각 건축물의 주출입구는 보행로와 연결될 수 있도록 계획한다.

③ 온실동은 단지 진입 시의 상징성을 고려하여 원형 평면으로 계획하고 야외실험장과 연계하여 배치한다.

④ 숙소동은 호수 조망을 고려하여 3개 동의 테라스하우스로 계획하고, 테라스의 깊이는 6m로 배치한다. 숙소동의 서비스동선은 보행로를 활용한다.

⑤ 연구동은 야생화 관련 산학연 연구를 위해 산학연협력동, 온실동과 연계하여 배치한다.

⑥ 강의동은 교육생과 숙소 이용자의 편의를 고려하여 계획하고, 야외실험장으로의 전망이 가능하도록 배치한다.

⑦ 야외실험장은 연구와 교육기능을 고려하고, 생태습지와 연계하여 배치하며, 생태마당은 기존 생태습지를 포함하여 계획한다.

⑧ 도로 경사 1/50 이하의 구간에서는 단지 내 도로 중 차로를 주차 차로로 사용할 수 있다.

⑨ 각 건축물, 외부시설 및 단지 내 도로 상호 간에는 3m 이상 이격하여 배치한다. (단, 주차장, 차로 및 보행로 상호 간에는 이격하지 않아도 된다.)

⑩ 각 건축물과 외부시설은 10m 도로 및 호수경계선에서 5m 이상 이격하여 배치하고, 기존 수림대를 훼손하지 않도록 배치한다.

⑪ 건축물, 외부시설 및 단지 내 도로의 배치를 위해 등고선을 조정하는 경우 그 경사도는 1/2 이하로 하고 옹벽을 사용하지 않는다. (단, 테라스하우스는 예외로 한다.)

⑫ 우・배수를 위한 등고선 조정은 고려하지 않는다.

4. 도면작성요령

(1) 건축물과 외부시설에는 시설명, 외곽선 치수, 면적, 바닥레벨 및 이격 거리, 주차구획, 주차대수, 건축물 주출입구를 표기한다.

(2) 건축물의 외곽선과 조정된 등고선은 굵은 실선으로 표시한다.

(3) 단지 내 도로와 외부시설은 실선으로 표시한다.

(4) 도면 표기 기호는 <보기>를 따른다.

(5) 단위 : m, m^2

(6) 축척 : 1/500

<보기> 도면표기 기호

보행로	▨
외부공간	▦
건축물 주출입구	▲
바닥레벨	⊕
테라스	⊠

5. 유의사항

(1) 답안작성은 반드시 흑색 연필로 한다.

(2) 명시되지 않은 사항은 현행 관계법령의 범위 안에서 임의로 한다.

<대지 현황도> 축척 없음

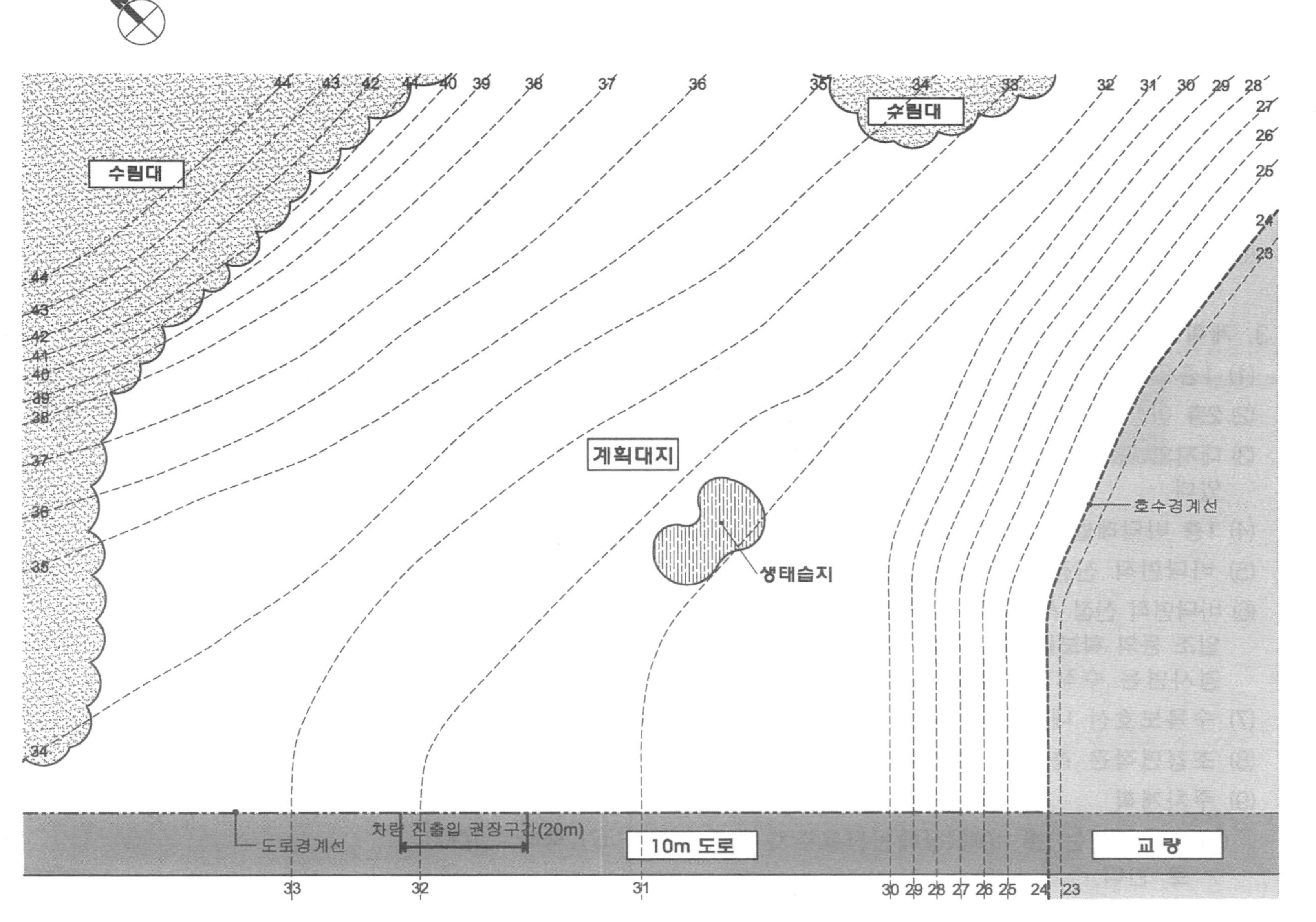

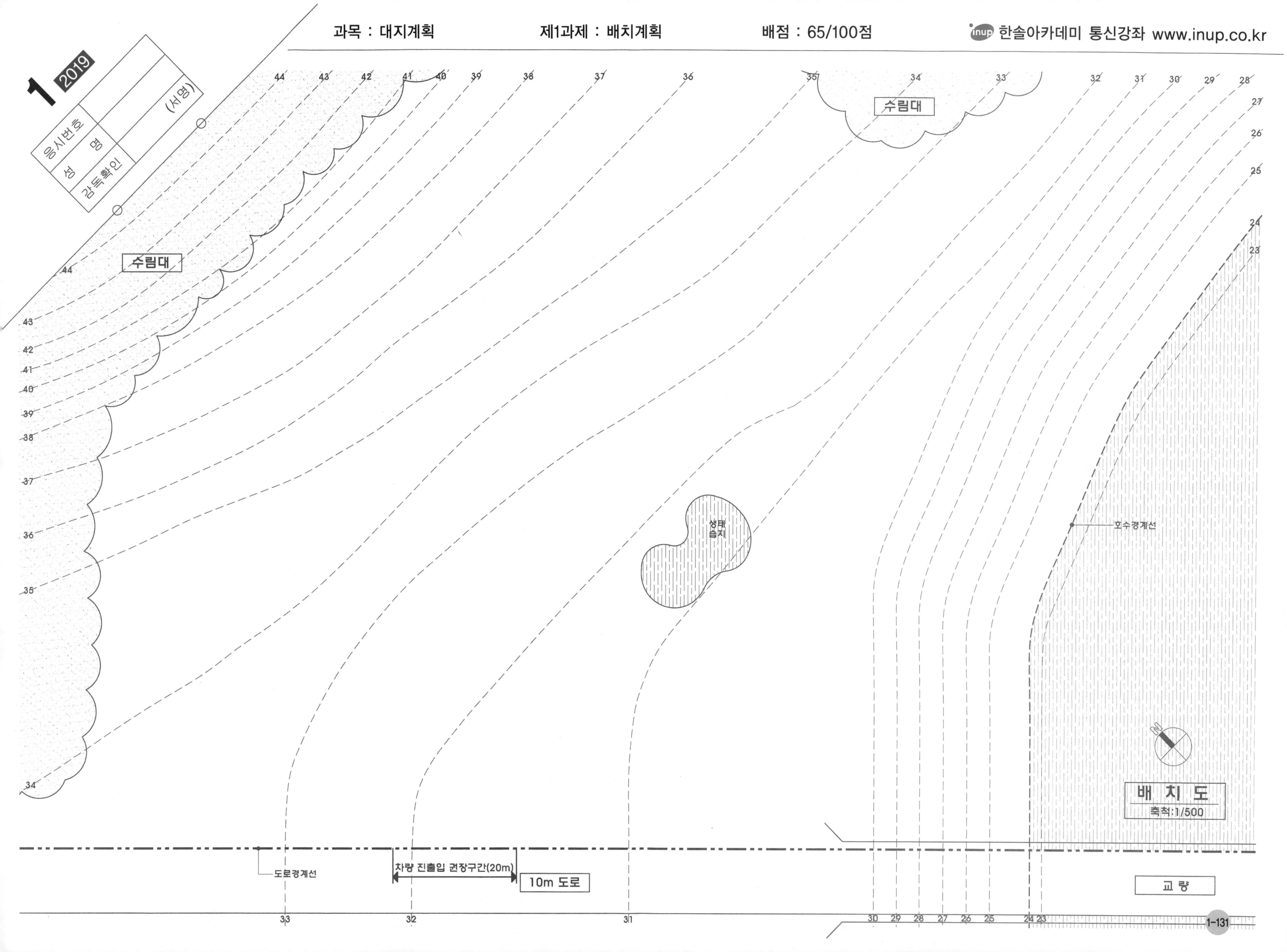
1 2019
응시번호
성 명
감독확인
(서명)
수림대
수림대
생태습지
호수경계선
도로경계선
차량 진출입 권장구간(20m)
10m 도로
교 량
배 치 도
축척:1/500

2019년도 건축사자격시험 문제

과목 : 대지계획　**제2과제 : 대지분석 및 주차계획**　**배점 : 35/100점**　**(주)한솔아카데미 www.inup.co.kr**

제　목 : 예술인 창작지원센터의 최대 건축가능영역 및 주차계획

1. 과제개요

예술인 창작지원센터를 계획하고자 한다. 다음 사항을 고려하여 최대 건축가능영역을 구하고, 배치도, 1층 평면 및 주차계획도, 단면도 및 계획개요를 작성하시오.

2. 대지조건

(1) 용도지역 : 제2종 일반주거지역
(2) 대지면적 : 902m^2
(3) 최고높이 : 25m 이하
(4) 건 폐 율 : 60% 이하
(5) 용 적 률 : 250% 이하
(6) 주변현황 : <대지 현황도> 참조

3. 계획조건

(1) 1층은 전시장으로 사용하고 층고는 5m로 한다.
(2) 2층 이상은 작업장으로 사용하고 층고는 4m로 한다.
(3) 대지의 북측에 인접한 대지는 동서방향으로 고저차가 있다.
(4) 1층 바닥레벨은 전면도로와 같으며 고저차가 없다.
(5) 바닥면적 산정 시 유효폭 1.0m 미만은 제외한다.
(6) 바닥면적 산정 시 벽체두께와 기둥은 고려하지 않으며, 일조 등의 확보를 위한 높이 제한을 적용받는 각 층의 경사면은 수직벽면을 기준으로 한다.
(7) 수목보호선 내에는 건축할 수 없다.
(8) 조경면적은 충족한 것으로 한다.
(9) 주차계획
  ① 주차대수는 총 10대(장애인전용주차 1대 포함)로 한다.
  ② 주차장은 건축물의 내부 또는 필로티 하부에 설치하지 않으며 옥외에 자주식 주차로 한다. 단, 차량진출입로와 차로는 필로티 하부에도 계획 가능하다.
  ③ 주차단위구획
    · 일반형주차 : 2.5m × 5.0m
    · 장애인전용주차 : 3.3m × 5.0m
  ④ 차량진출입로와 차로 너비는 6m 이상으로 한다.

4. 높이제한 및 이격거리

(1) 일조 등의 확보를 위한 건축물의 높이제한을 위하여 정북방향으로의 인접대지경계선으로부터 띄어야 할 거리
  ① 높이 9m 이하인 부분 : 1.5m 이상
  ② 높이 9m 초과하는 부분 : 해당 건축물 각 부분 높이의 1/2 이상
(2) 건축선 및 인접대지경계선에서 건축물과의 이격거리
  ① 건축선 : 1.5m 이상
  ② 인접대지경계선 : 1.5m 이상
(3) 인접대지경계선에서 주차구획과의 이격거리는 0.5m 이상으로 한다.
(4) 차로 및 주차구획에서 건축물과의 이격거리는 제한이 없다.
(5) 옥탑 및 파라펫 높이는 고려하지 않는다.

5. 도면작성요령

(1) 배치도에는 2층~최상층 건축영역을 <보기>와 같이 표기하고, 중복된 층은 그 최상층만 표기한다.
(2) 1층 평면 및 주차계획도에는 1층 건축영역과 주차계획을 표기한다.
(3) 단면도에는 제시된 <A-A′> 단면의 최대 건축영역을 표기한다.
(4) 모든 기준선, 제한선, 이격거리, 층수 및 치수를 다음 도면에 표기한다.
  ① 배치도
  ② 1층 평면 및 주차계획도
  ③ 단면도
(5) 치수는 소수점 이하 셋째 자리에서 반올림하여 둘째자리까지 표기한다.
(6) 단위 : m
(7) 축척 : 1/300

<보기>

홀수층	(교차 빗금)
짝수층	(사선 빗금)

6. 유의사항

(1) 답안작성은 반드시 흑색 연필로 한다.
(2) 명시되지 않은 사항은 현행 관계 법령의 범위 안에서 임의로 한다.

과목 : 대지계획　　제2과제 : 대지분석 및 주차계획　　배점 : 35/100점　　(주)한솔아카데미 www.inup.co.kr

<대지 현황도> 축척 없음

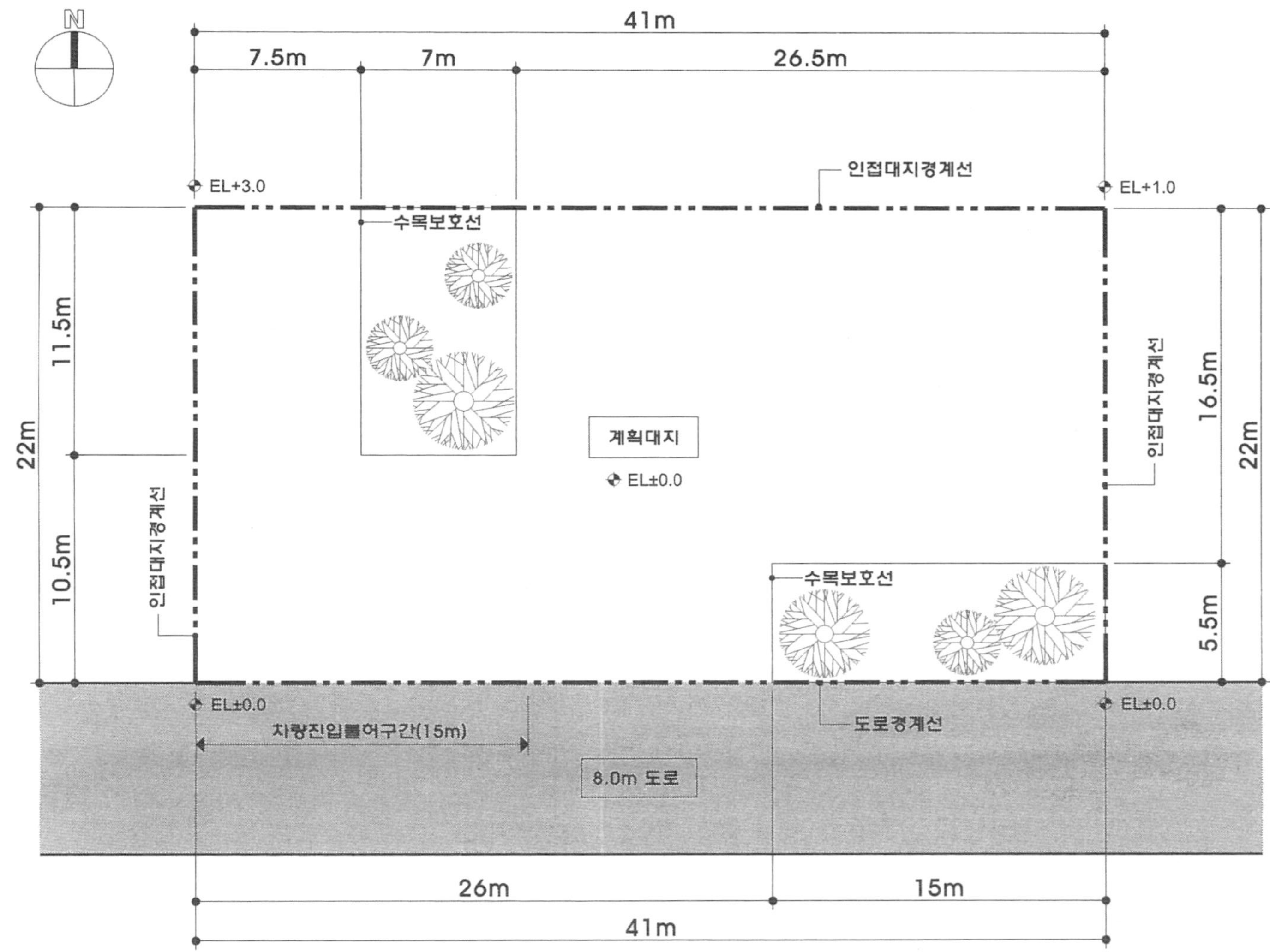

2 2019

응시번호	
성 명	
감독확인	(서명)

■ 계획개요

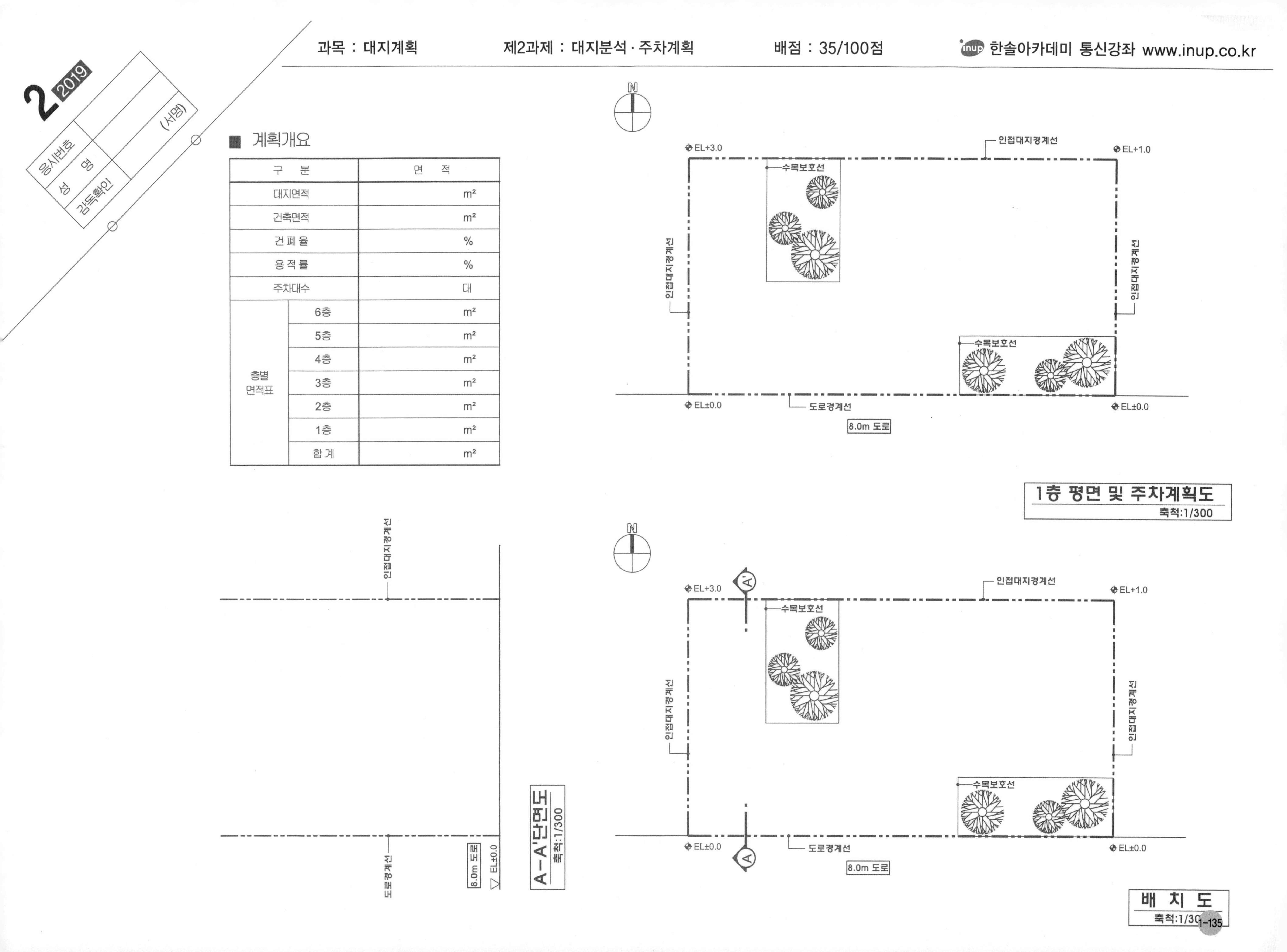

구 분		면 적
대지면적		m²
건축면적		m²
건 폐 율		%
용 적 률		%
주차대수		대
층별 면적표	6층	m²
	5층	m²
	4층	m²
	3층	m²
	2층	m²
	1층	m²
	합 계	m²

인접대지경계선
도로경계선
8.0m 도로
EL±0.0

A-A'단면도
축척:1/300

N
EL+3.0
인접대지경계선
EL+1.0
수목보호선
인접대지경계선
인접대지경계선
수목보호선
EL±0.0
도로경계선
EL±0.0
8.0m 도로

1층 평면 및 주차계획도
축척:1/300

N
A'
EL+3.0
인접대지경계선
EL+1.0
수목보호선
인접대지경계선
인접대지경계선
수목보호선
EL±0.0
A
도로경계선
EL±0.0
8.0m 도로

배 치 도
축척:1/300

2020년도 제1회 건축사 자격시험 문제

과 목 명
대 지 계 획

과 제 명	제1과제 : 배 치 계 획 (65점) 제2과제 : 대지분석 · 주차계획 (35점)

응시자 준수사항

1. 문제지를 받더라도 시험시작 타종전까지 문제내용을 보아서는 안 됩니다.

2. 문제지를 받는 즉시 과목편철 순서, 문제누락 여부, 인쇄상태 이상 유무 등을 확인한 후 답안지에 본인의 응시번호와 성명을 기재합니다.

3. 시험이 시작되면 문제를 주의 깊게 읽은 후 답안을 작성하시기 바랍니다.

4. 시험시간종료 후 문제지와 보조용지 (깔판지, 트레이싱지)는 제출하지 않습니다.

※ 시험시간이 종료되기 전에는 어떠한 경우에도 문제지를 시험장 밖으로 가지고 갈 수 없습니다.

5. 답안지 미제출자는 부정행위자로 간주 처리됩니다.

공 지 사 항

1. 문제지 공개

– 방 법 : 국토교통부 및 대한건축사협회 인터넷 홈페이지에 게시

2. 합격예정자 발표

– 방 법 : 국토교통부 / 대한건축사협회 인터넷 홈페이지 및 각 시 · 도 건축사회 게시판

3. 점수 열람

– 방 법 : 대한건축사협회 인터넷 홈페이지 / 성적열람 메뉴

※ 합격예정자 제출서류에 대한 자세한 사항은 대한건축사협회 인터넷 원서접수 프로그램 공지사항에 게재되어 있으며, 합격예정자 발표시 별도 공고합니다.

2020년도 제1회 건축사 자격시험 문제

과　목 : 대지계획　　**제1과제(배치계획)**　　**배점 65 / 100**

제　목 : 천연염색 테마 리조트 배치계획

1. 과제개요

천연염색 테마 리조트를 계획하고자 한다. 다음 사항을 고려하여 시설을 배치하고 숙박동 ㉮의 횡단면도를 작성하시오.

2. 대지조건

(1) 용도지역 : 계획관리지역(공공하수처리운영지역)

(2) 주변현황 : <대지 현황도> 참조

3. 계획조건 및 고려사항

(1) 계획조건

① 단지 내 도로(경사도 1/10 이하)

구분	너 비
차로	6m 이상
보행로	2m 이상

② 건축물(가로, 세로 구분 없음. 총 8개동)

구분	시설명	크 기	규모	층고	비고	
전시 체험 영역	염색전시관	10m × 40m	1층	4m	기존 창고 포함	
	판매동	15m × 35m	2층	4m	-	
	공방	12m × 35m	1층	4m	-	
	체험동	10m × 30m	2층	4m	-	
	안내센터	8m × 10m	2층	4m	-	
숙박 영역	숙박동 ㉮	12m × 40m	4층	3m	정동향 배치	갓복도형(폭 3m)
	숙박동 ㉯	12m × 40m	4층	3m		유닛 : 9m × 9m
	숙박동 ㉰	12m × 40m	4층	3m	정남향 배치	코어 및 출입홀 너비 : 4m

③ 외부시설

구 분	시설명	규 모	비 고
외부 공간	건조마당	600m² 이상	공방 및 체험동 염색물 건조
	체험마당	300m² 이상	하천인접배치, 체험동 연계
	허브정원	400m² 이상	염색식물자생지를 포함하여 계획
	생태데크	30m² 이상	하천생태 탐방, 데크는 -2.0m 레벨에 계획
	힐링데크	250m² 이상	보호수림대 관찰
주차장	주차장 Ⓐ	8대 이상	염색전시관, 안내센터 주차
	주차장 Ⓑ	12대 이상	판매동, 체험동, 공방 주차
	주차장 Ⓒ	34대 이상	숙박영역 주차

* 각 주차장마다 장애인전용 주차구획 1대 이상을 계획한다.

(2) 고려사항

① 기존 다리(너비 3m)를 너비 8m 이상으로 확장하여 단지 내 도로로 계획한다.

② 염색전시관은 기존 창고를 수평 증축하여 계획한다.

③ 판매동과 공방은 연계하여 배치한다.

④ 체험동과 안내센터는 하천을 조망할 수 있게 배치한다.

⑤ 숙박동 ㉮, ㉯는 자연지형을 고려하여 다단식으로 계획한다.

⑥ 각 건축물의 주출입구는 건축물 중앙부에 계획한다.

⑦ 건축물의 주출입구 및 외부공간은 보행로와 연결되도록 계획한다.

⑧ 허브정원과 생태데크를 연결하는 보행로를 계획한다.

⑨ 각 건축물과 외부시설은 10m 전면도로 및 하천 경계에서 5m 이상 이격하여 배치하고, 보호수림대 및 보호수목을 훼손하지 않도록 배치한다.

단, 생태데크는 하천에서 이격하지 않아도 된다.

⑩ 건축물과 건축물은 6m 이상 이격하고, 건축물과 외부시설, 외부시설과 외부시설 그리고 건축물과 단지 내 도로는 4m 이상 이격하여 배치한다.

⑪ 건축물, 외부시설 및 단지 내 도로의 배치를 위해 조정된 등고선은 그 경사도를 45° 이하로 하고 옹벽을 사용하지 않는다.

⑫ 우・배수를 위한 등고선 조정은 고려하지 않는다.

4. 도면작성요령

(1) 건축물과 외부시설에는 시설 명, 외곽선 치수, 면적 및 이격 거리, 바닥레벨 등을 표기하고, 주차구획(장애인전용 주차구획 포함), 주차대수, 건축물의 주출입구를 표기한다.

(2) 숙박동 ㉮의 횡단면도를 작성한다.

(3) 건축물의 외곽선과 조정된 등고선은 굵은 실선으로 표시한다.

(4) 단지 내 도로와 외부시설은 실선으로 표시한다.

(5) 도면 표기 기호는 <보기>를 따른다.

(6) 단위 : m, m^2

(7) 축척 : 1/500

과 목 : 대지계획 **제1과제(배치계획)** **배점 65/100**

<보기> 도면표기 기호

보행로	▨
외부공간	▦
건축물 주출입구	▲
바닥레벨	±
횡단면도 지반	▧

5. 유의사항

(1) 답안작성은 반드시 흑색 연필로 한다.

(2) 명시되지 않은 사항은 현행 관계법령의 범위 안에서 임의로 한다.

<대지 현황도> 축척 없음

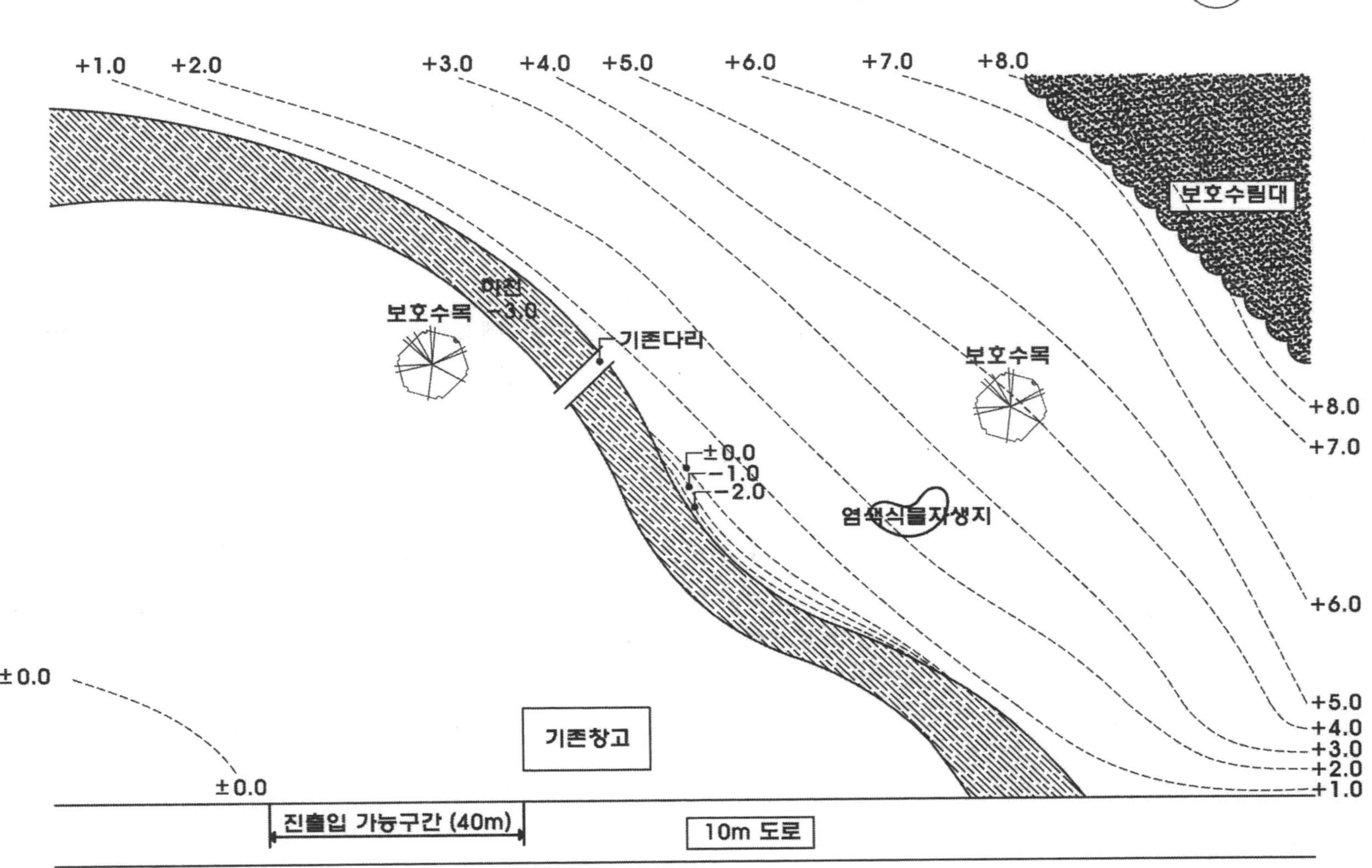

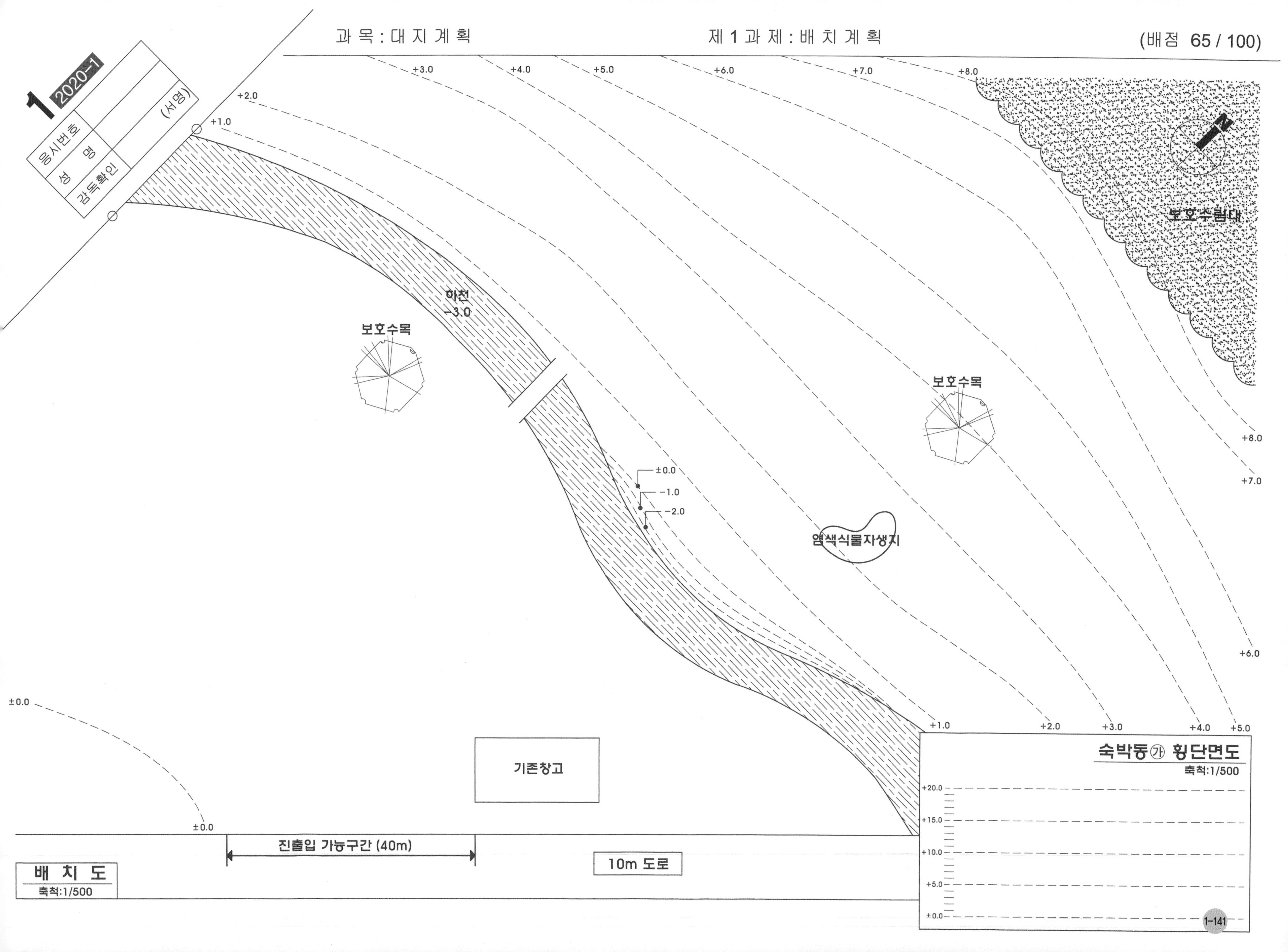
1 2020-1
응시번호
성 명
(서명)
감독확인
+1.0
+2.0
+3.0
+4.0
+5.0
+6.0
+7.0
+8.0
보호수림대
하천
-3.0
보호수목
보호수목
±0.0
-1.0
-2.0
염색식물자생지
+8.0
+7.0
+6.0
±0.0
±0.0
+1.0
+2.0
+3.0
+4.0
+5.0
기존창고
진출입 가능구간 (40m)
10m 도로
배 치 도
축척:1/500
숙박동㉮ 횡단면도
축척:1/500
+20.0
+15.0
+10.0
+5.0
±0.0

2020년도 제1회 건축사 자격시험 문제

과 목 : 대지계획 **제2과제(대지분석 및 주차계획)** **배점 35 / 100**

제 목 : 근린생활시설의 최대 건축가능영역

1. 과제개요

근린생활시설을 계획하고자 한다. 다음 사항을 고려하여 최대 건축가능영역을 구하고 배치도, 1층 평면 및 주차계획도, 단면도 및 계획개요를 작성하시오.

2. 대지조건

(1) 용도지역 : 제3종 일반주거지역
가로구역별 최고높이 제한지역

(2) 건 폐 율 : 50% 이하

(3) 용 적 률 : 200% 이하

(4) 주변현황 : <대지 현황도> 참조

3. 계획조건

(1) 건축선은 도로경계선으로부터 3m 후퇴하여 지정한다. 이 경우 건축선과 도로경계선 사이 부분은 대지면적에 산입하되 건축물과 주차장을 설치 할 수 없다.
단, 차량진출입로는 설치가능하다.

(2) 차량 진출입로는 횡단보도로부터 5m 이내에 설치하지 않는다.

(3) 각 층의 층고는 4m로 하며, 지상 1층 바닥레벨은 대지레벨과 동일한 것으로 한다.

(4) <대지 현황도>에 표기된 모든 레벨은 조정 불가하며 가중평균값이다.

(5) 벽체두께 및 기둥은 고려하지 않는다.

(6) 모든 바닥과 벽체는 수평과 수직으로 계획한다.

(7) 조경면적은 충족한 것으로 한다.

(8) 주차계획

① 주차대수는 총 4대(장애인전용 주차 1대 포함)로 한다.

② 주차단위구획

- 일반형 주차 : 2.5m × 5.0m
- 장애인전용 주차 : 3.5m × 5.0m

③ 차량진출입로와 차로 너비는 6m 이상으로 한다.

④ 모든 주차구획은 반드시 필로티 하부(건축물로 덮여 있는 외부공간)에 계획하고, 차량진출입로와 차로는 필로티 하부에 계획하지 않는다.

4. 높이제한 및 이격거리

(1) 일조 등의 확보를 위한 건축물의 높이제한을 위하여 정북방향으로의 인접대지경계선으로부터 띄어야 할 거리

① 높이 9m 이하인 부분 : 1.5m 이상

② 높이 9m 초과하는 부분 : 해당 건축물 각 부분 높이의 1/2 이상

(2) 가로구역별 최고높이는 22m로 한다.

(3) 건축물과의 이격거리

- 인접대지 경계선 : 1m 이상
- 주차구획 : 0.5m 이상

(4) 보호수목 건축제한선과의 이격거리

- 건축물 : 0.5m 이상
- 주차구획 : 0.5m 이상

(5) 옥탑 및 파라펫 높이는 고려하지 않는다.

5. 도면작성요령

(1) 배치도에는 2층~최상층 건축영역을 <보기>와 같이 표기하고, 중복된 층은 그 최상층만 표기한다.

(2) 1층 평면 및 주차계획도에는 1층 건축영역과 주차계획을 표기한다.

(3) 단면도에는 배치도에 표시된 <A-A′> 단면의 건축영역을 <보기>와 같이 표기한다.

(4) 모든 기준선, 제한선, 이격거리, 층수 및 치수를 다음 도면에 표기한다.

① 배치도

② 1층 평면 및 주차계획도

③ A-A′ 단면도

(5) 계획개요의 수치는 소수점 이하 셋째 자리에서 반올림하여 둘째 자리까지 표기한다.

(6) 단위 : m

(7) 축척 : 1/200

<보기>

홀수층	
짝수층	

과 목 : 대지계획	제2과제(대지분석 및 주차계획)	배점 35 / 100

6. 유의사항
(1) 답안작성은 반드시 흑색 연필로 한다.
(2) 명시되지 않은 사항은 현행 관계 법령의 범위 안에서 임의로 한다.
(3) 치수 표기 시 답안지의 여백이 없을 때에는 융통성 있게 표기한다.

<대지 현황도> 축척 없음

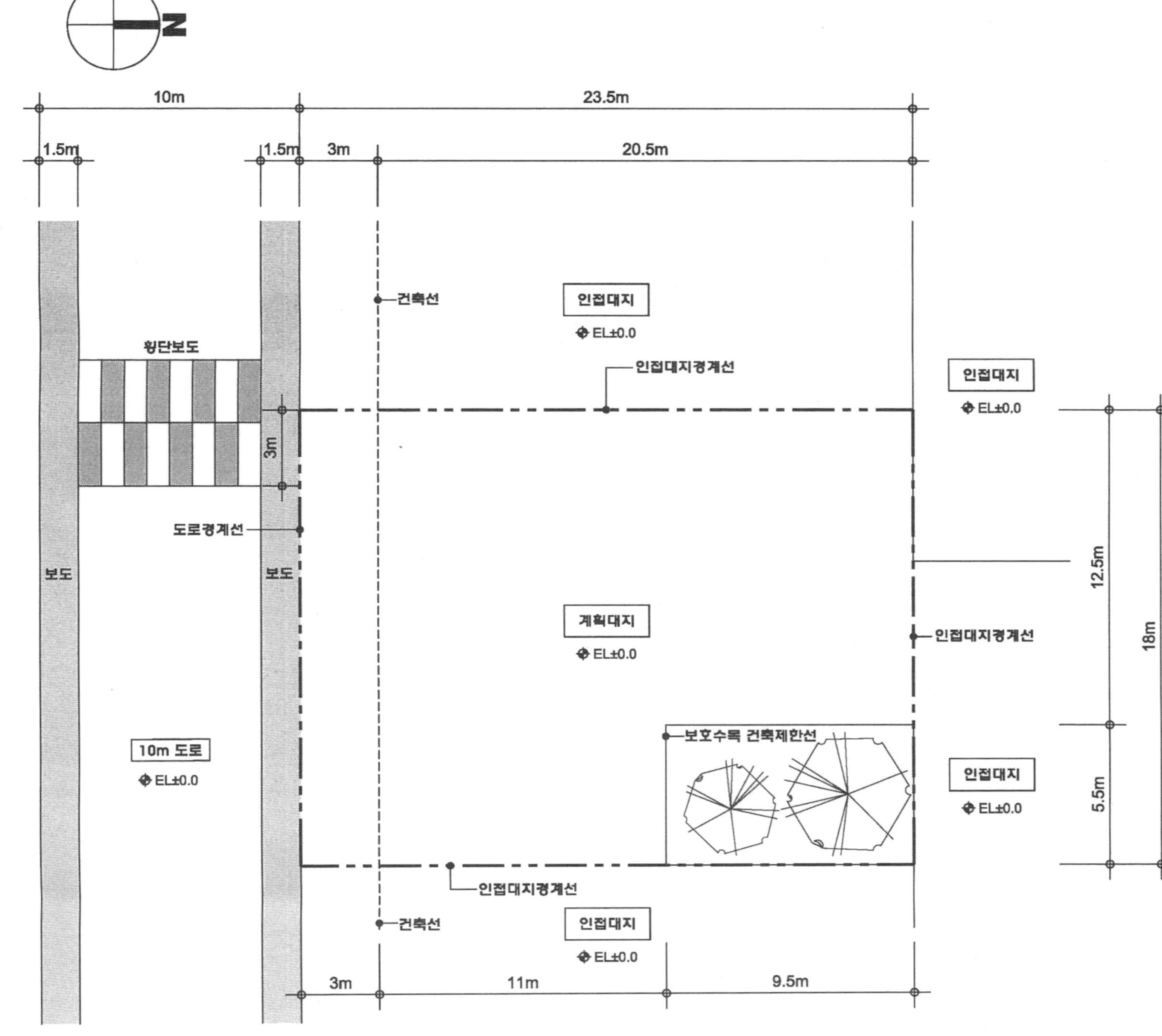

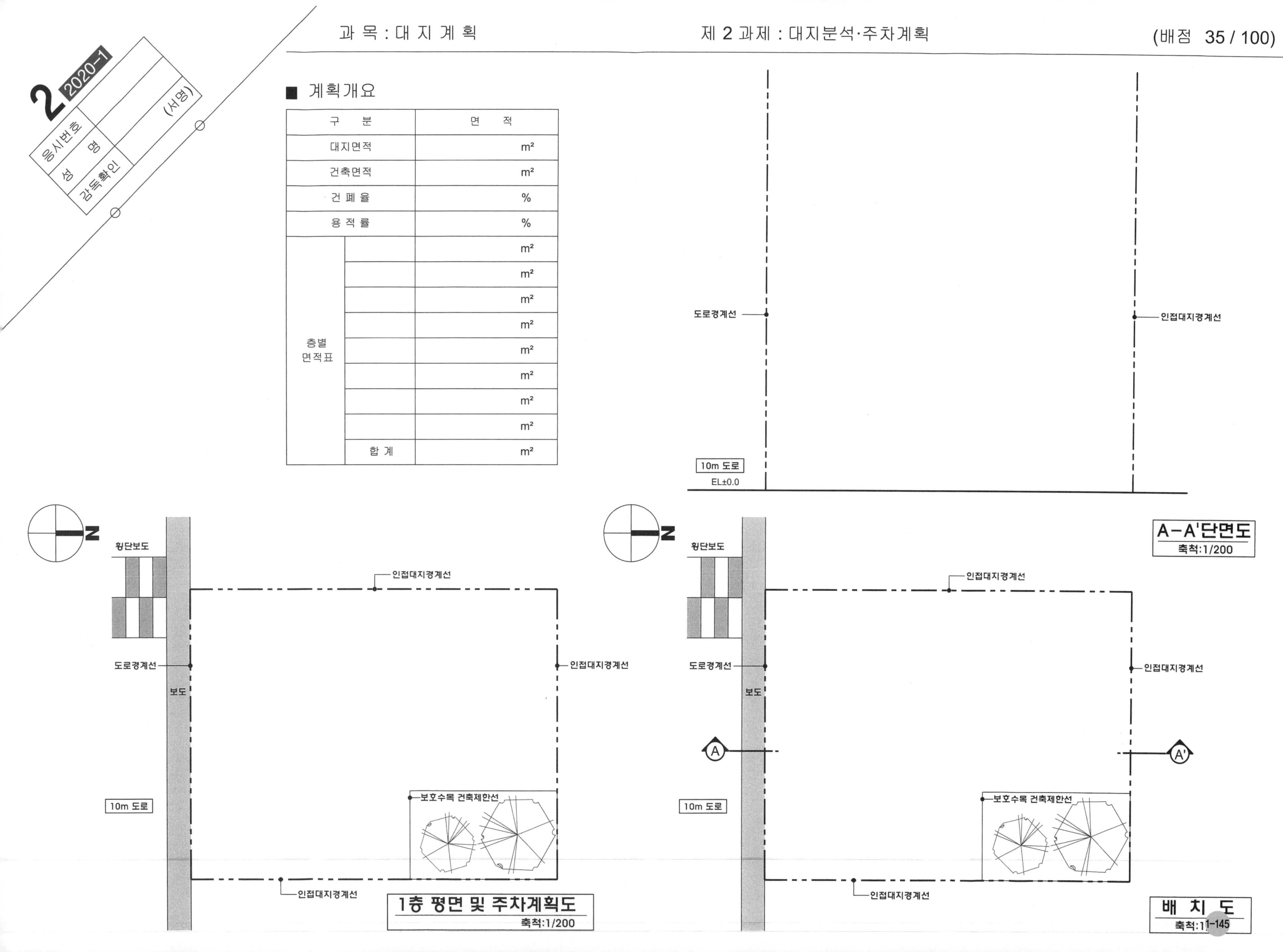

2 2020-1

응시번호
성 명
감독확인 (서명)

■ 계획개요

구 분		면 적
대지면적		m²
건축면적		m²
건 폐 율		%
용 적 률		%
층별 면적표		m²
		m²
		m²
		m²
		m²
		m²
		m²
		m²
	합 계	m²

2020년도 제2회 건축사 자격시험 문제

과 목 명
대 지 계 획

과 제 명	제1과제 : 배 치 계 획 (65점) 제2과제 : 대지분석 · 주차계획 (35점)

응시자 준수사항

1. 문제지를 받더라도 시험시작 타종전까지 문제내용을 보아서는 안 됩니다.
2. 문제지를 받는 즉시 과목편철 순서, 문제누락 여부, 인쇄상태 이상 유무 등을 확인한 후 답안지에 본인의 응시번호와 성명을 기재합니다.
3. 시험이 시작되면 문제를 주의 깊게 읽은 후 답안을 작성하시기 바랍니다.
4. 시험시간종료 후 문제지와 보조용지 (깔판지, 트레이싱지)는 제출하지 않습니다.

※ 시험시간이 종료되기 전에는 어떠한 경우에도 문제지를 시험장 밖으로 가지고 갈 수 없습니다.

5. 답안지 미제출자는 부정행위자로 간주 처리됩니다.

공 지 사 항

1. 문제지 공개
   - 방 법 : 국토교통부 및 대한건축사협회 인터넷 홈페이지에 게시
2. 합격예정자 발표
   - 방 법 : 국토교통부 / 대한건축사협회 인터넷 홈페이지 및 각 시 · 도 건축사회 게시판
3. 점수 열람
   - 방 법 : 대한건축사협회 인터넷 홈페이지 / 성적열람 메뉴

※ 합격예정자 제출서류에 대한 자세한 사항은 대한건축사협회 인터넷 원서접수 프로그램 공지사항에 게재되어 있으며, 합격예정자 발표시 별도 공고합니다.

2020년도 제2회 건축사 자격시험 문제

과 목 : 대지계획　　　　제1과제(배치계획)　　　　배점 65 / 100

제 목 : 보건의료연구센터 및 보건소 배치계획

1. 과제개요

보건의료연구센터 및 보건소를 계획하고자 한다. 다음 사항을 고려하여 시설을 배치하시오.

2. 대지조건

(1) 용도지역 : 계획관리지역(공공하수처리운영지역)
(2) 주변현황 : <대지 현황도> 참조

3. 계획조건 및 고려사항

(1) 계획조건

① 단지 내 도로

구 분	너 비	경사도
차 로	6m 이상	1/10 이하
보행로	2.5m 이상	1/20 이하

주) 1. 보행로는 수평면으로 된 참과 난간을 고려하지 않는다.

② 건축물(가로, 세로 구분 없음. 총 7개동, 층고 3m)

구분	시설명	크기	규모	비고
보건의료연구센터영역	관리동	15m × 35m	지상 2층	쌈지마당, 교육동 연계
	교육동	20m × 35m	지상 2층	관리동 연계
	연구동	20m × 55m	지상 2층 지하 1층	실험동, 휴게마당 연계
	실험동	15m × 45m	지상 2층	연구동 연계
보건소영역	보건소	30m × 50m	지상 4층	보건마당, 의료광장 연계
	기숙사 ㉮	15m × 35m	지상 4층	정남향 배치, 의료광장 연계
	기숙사 ㉯	15m × 30m	지상 4층	

③ 외부시설

구분	시설명	규모	비고
외부공간	쌈지마당	$500m^2$ 이상	보호수목 ① 포함
	보건마당	$750m^2$ 이상	보건소, 의료광장 연계
	휴게마당	$650m^2$ 이상	연구동, 기숙사 ㉮ 연계
	의료광장	$480m^2$ 이상	보건소, 기숙사 ㉮, 기숙사 ㉯ 연계
	하역공간	$200m^2$ 이상	실험동 하역공간
주차장	주차장 Ⓐ	18대 이상	관리동, 교육동 주차
	주차장 Ⓑ	15대 이상	연구동, 실험동 주차
	주차장 Ⓒ	35대 이상	보건소 주차
	주차장 Ⓓ	30대 이상	기숙사 ㉮, 기숙사 ㉯ 주차

주) 1. 각 주차장마다 장애인전용 주차구획 2대 이상을 계획한다.
2. 주차장 Ⓑ를 제외한 주차장은 지상주차장으로 계획한다.

(2) 고려사항

① 주어진 지형을 최대한 이용하고 지형과의 조화를 고려하여 계획한다.
② 보건의료관련시설임을 고려하여 건축물의 1층 주출입구 및 외부시설은 1/20 이하 경사의 보행로와 연결한다.
③ 보건의료연구센터영역은 15m 도로, 보건소영역은 8m 도로에서 차량이 진출입할 수 있도록 계획한다.
④ 연구동은 단지조망이 용이하도록 주어진 대지의 가장 높은 레벨(Level)에 배치한다.
⑤ 주차장 Ⓑ는 지형을 이용하여 연구동 지하 1층에 계획한다.
⑥ 보건소영역의 차량동선은 의료광장을 중심으로 순환하도록 계획하여 필요시 드라이브스루(Drive-through) 선별검사소로 사용할 수 있도록 한다.
⑦ 건축물과 외부시설은 15m 도로, 8m 도로, 인접대지경계선에서 5m 이상 이격하여 배치하고, 보호수목을 훼손하지 않도록 배치한다.
⑧ 건축물과 건축물은 5m 이상 이격하고, 건축물과 외부시설, 외부시설과 외부시설 그리고 건축물과 단지 내 도로는 2m 이상 이격하여 배치한다.
⑨ 건축물, 외부시설 및 단지 내 도로의 배치를 위해 등고선의 경사도를 1/2 이하로 조정하거나 3m 이하의 옹벽을 사용한다.
⑩ 우・배수를 위한 등고선 조정은 고려하지 않는다.

4. 도면작성요령

(1) 건축물의 1층 바닥레벨, 외부시설의 바닥레벨, 경사차로와 경사보행로의 시작과 끝 지점 레벨을 표기한다.
(2) 건축물과 외부시설에는 시설 명, 외곽선 치수, 면적 및 이격 거리 등을 표기하고, 주차구획(장애인전용 주차구획 포함), 주차대수, 건축물의 주출입구를 표현한다.
(3) 옹벽과 조정된 등고선은 굵은 실선으로 표시한다.
(4) 단지 내 도로와 주차장은 실선으로 표현하고 경사차로와 경사보행로를 <보기>와 같이 표기한다.
(5) 도면표기 기호는 <보기>를 따른다.
(6) 단위 : m, m^2
(7) 축척 : 1/600

과 목 : 대지계획 제1과제(배치계획) 배점 65 / 100

<보기> 도면표기 기호

경사차로 및 경사보행로	시작레벨× ▷ ×끝 레벨
건축물 주출입구	▲
바닥레벨	±
옹벽	━━━━
지하주차구획	----------

5. 유의사항

(1) 답안작성은 반드시 흑색 연필로 한다.

(2) 명시되지 않은 사항은 현행 관계법령의 범위 안에서 임의로 한다.

<대지 현황도> 축척 없음

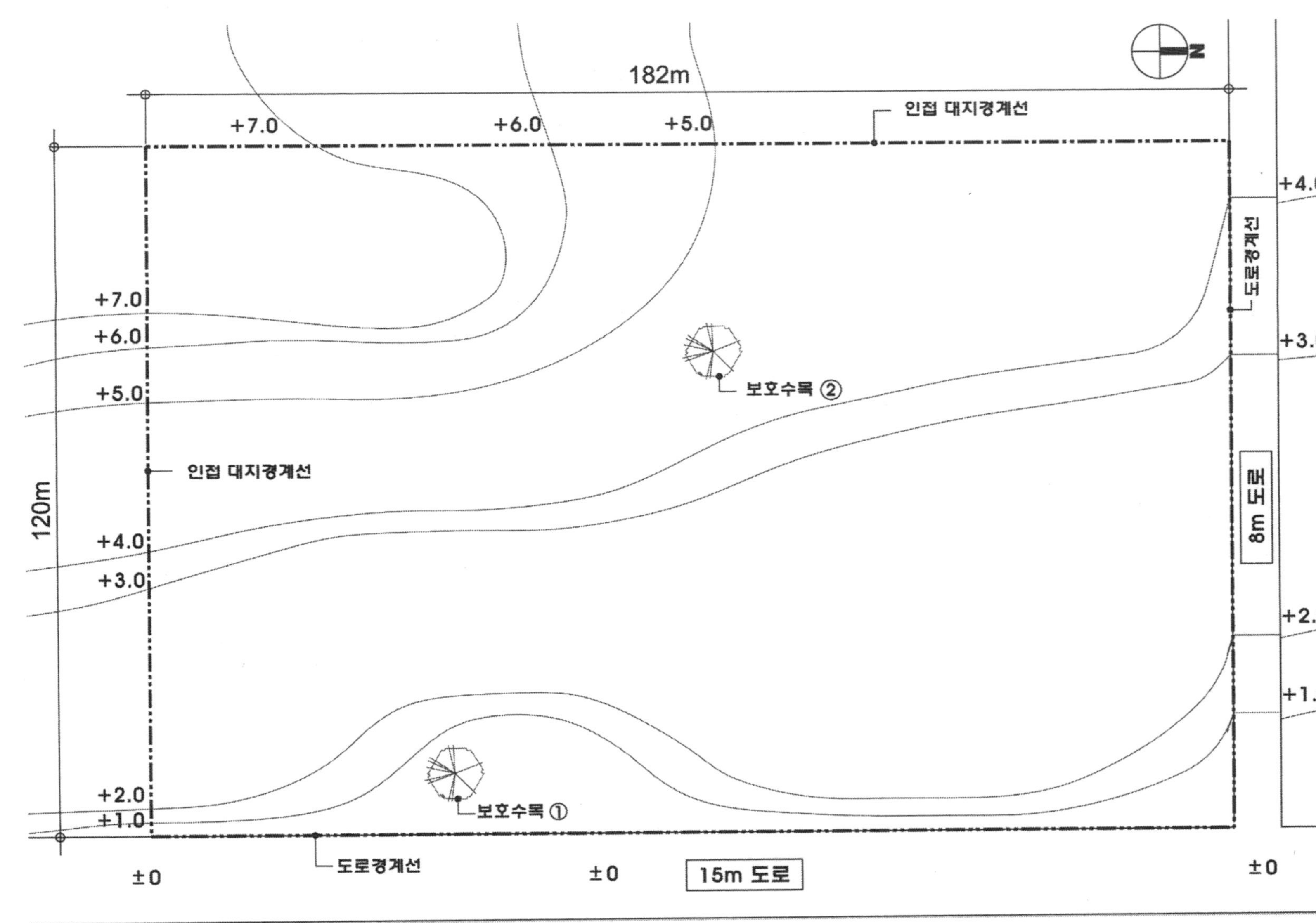

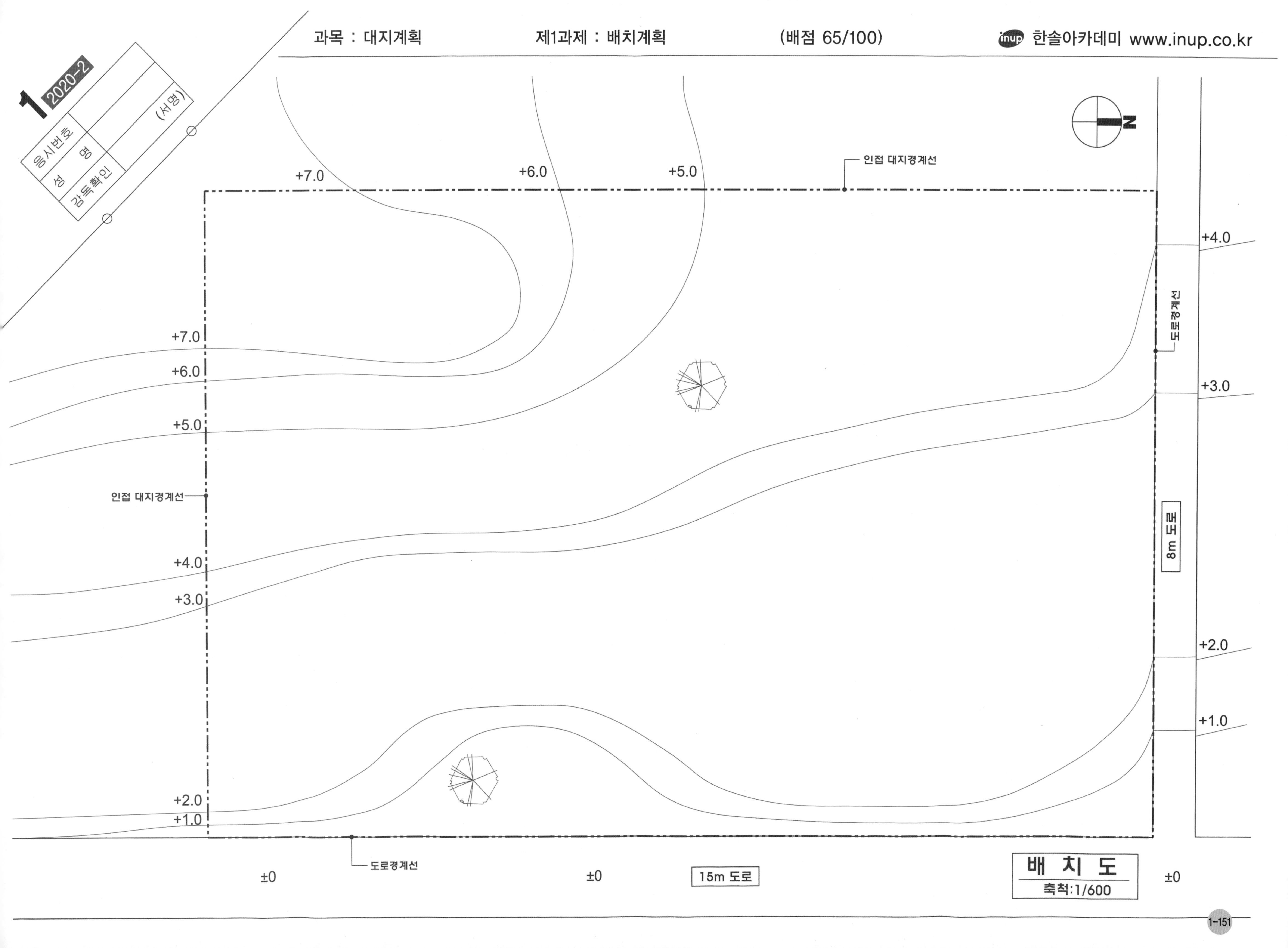
1 2020-2
응시번호
성 명
감독확인
(서명)
N
인접 대지경계선
+7.0
+6.0
+5.0
+4.0
+3.0
+2.0
+1.0
도로경계선
8m 도로
15m 도로
±0
±0
±0
배 치 도
축척:1/600

2020년도 제2회 건축사 자격시험 문제

과 목 : 대지계획 | **제2과제(대지분석 · 대지주차)** | **배점 35 / 100**

제 목 : 지체장애인협회 지역본부의 최대 건축가능 영역

1. 과제개요

근린생활시설을 포함한 지체장애인협회 지역본부를 계획하고자 한다. 다음 사항을 고려하여 최대 건축가능 영역을 구하고 배치도, 1층 평면 및 주차계획도, 단면도 및 계획개요를 작성하시오.

2. 대지조건

(1) 용도지역 : 제2종 일반주거지역, 경관지구, 가로구역별 최고높이 제한지역

(2) 건 폐 율 : 60% 이하

(3) 용 적 률 : 250% 이하

(4) 건축물의 규모 및 용도

① 지상 1층 : 근린생활시설(휴게음식점)

② 지상 2층~최상층 : 업무시설(사무소)

(5) 주변현황 : <대지 현황도> 참조

3. 계획조건 및 고려사항

(1) <대지 현황도>에 표기된 모든 인접대지들의 용도지역은 본 계획대지와 동일하다.

(2) <대지 현황도>에 표기된 모든 레벨(Level)은 조정 불가하다.

(3) 도시계획 예정도로의 레벨과 차량 진출입불허구간은 <대지 현황도>상에 표기된 12m 도로와 동일하다.

(4) 각 층의 층고는 4m로 하며, 지상 1층 바닥레벨은 대지레벨과 동일한 것으로 한다.

(5) 벽체두께 및 기둥은 고려하지 않는다.

(6) 모든 바닥과 벽체는 수평과 수직으로 계획한다.

(7) 조경면적은 고려하지 않는다.

(8) 주차계획

① 주차대수는 총 7대(장애인전용 주차 2대 포함)로 한다.

② 주차단위구획

- 일반 주차 : 2.5m × 5.0m
- 장애인전용 주차 : 3.5m × 5.0m

③ 장애인전용 주차구역과 일반 주차구역은 2.5m 이상 이격한다.

④ 장애인전용 주차구역은 필로티(상부가 건축물로 덮여 있는 외부공간) 내부에, 일반 주차구역은 외부에 계획한다.

⑤ 장애인전용 주차구역 전면과 건축물사이에 너비 1.5m의 보행안전통로를 설치한다.

(9) 높이제한

① 전용주거지역이나 일반주거지역에서 건축물을 건축하는 경우, 일조 등의 확보를 위한 건축물의 높이제한을 위하여 정북방향으로의 인접 대지 경계선으로부터 띄어야 할 거리는 아래와 같다.

- 높이 9m 이하인 부분 : 1.5m 이상
- 높이 9m 초과하는 부분 : 해당 건축물 각 부분 높이의 1/2 이상

다만, 지구단위계획구역 또는 경관지구 안의 대지 상호간에 건축하는 건축물로서 해당대지가 너비 20m 이상의 도로에 접한 경우 건축물의 높이제한을 적용하지 아니한다.

② 가로구역별 최고높이는 21m로 하고 옥탑 및 파라펫 높이는 고려하지 않는다.

(10) 이격거리

① 건축물과의 이격거리

- 도로 경계선 : 1m 이상
- 인접대지 경계선 : 1.5m 이상

② 주차구획과의 이격거리

- 도로 경계선 : 1m 이상
- 인접대지 경계선 : 0.5m 이상

4. 도면작성요령

(1) 배치도에는 1층~최상층 건축영역을 <보기>와 같이 표기하고, 중복된 층은 그 최상층만 표기한다.

(2) 1층 평면 및 주차계획도에는 1층 건축영역과 주차계획을 표기한다.

(3) 단면도에는 배치도에 표시된 <A-A'> 단면의 건축영역을 <보기>와 같이 표기한다.

(4) 가로구역별 최고높이와 그 기준레벨을 단면도에 표기한다.

(5) 모든 기준선, 제한선, 이격거리, 층수 및 치수를 다음 도면에 표기한다.

① 배치도

② 1층 평면 및 주차계획도

③ A-A' 단면도

(6) 계획개요의 수치는 소수점 이하 셋째 자리에서 반올림하여 둘째 자리까지 표기한다.

(7) 단위 : m

(8) 축척 : 1/200

과 목 : 대지계획	제2과제(대지분석 · 대지주차)	배점 35 / 100

<보기>

홀수층	(빗금)
짝수층	(빈칸)

5. 유의사항

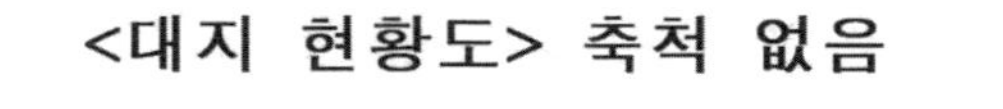

(1) 답안작성은 반드시 흑색 연필로 한다.

(2) 명시되지 않은 사항은 현행 관계 법령의 범위 안에서 임의로 한다.

(3) 치수 표기 시 답안지의 여백이 없을 때에는 융통성 있게 표기한다.

<대지 현황도> 축척 없음

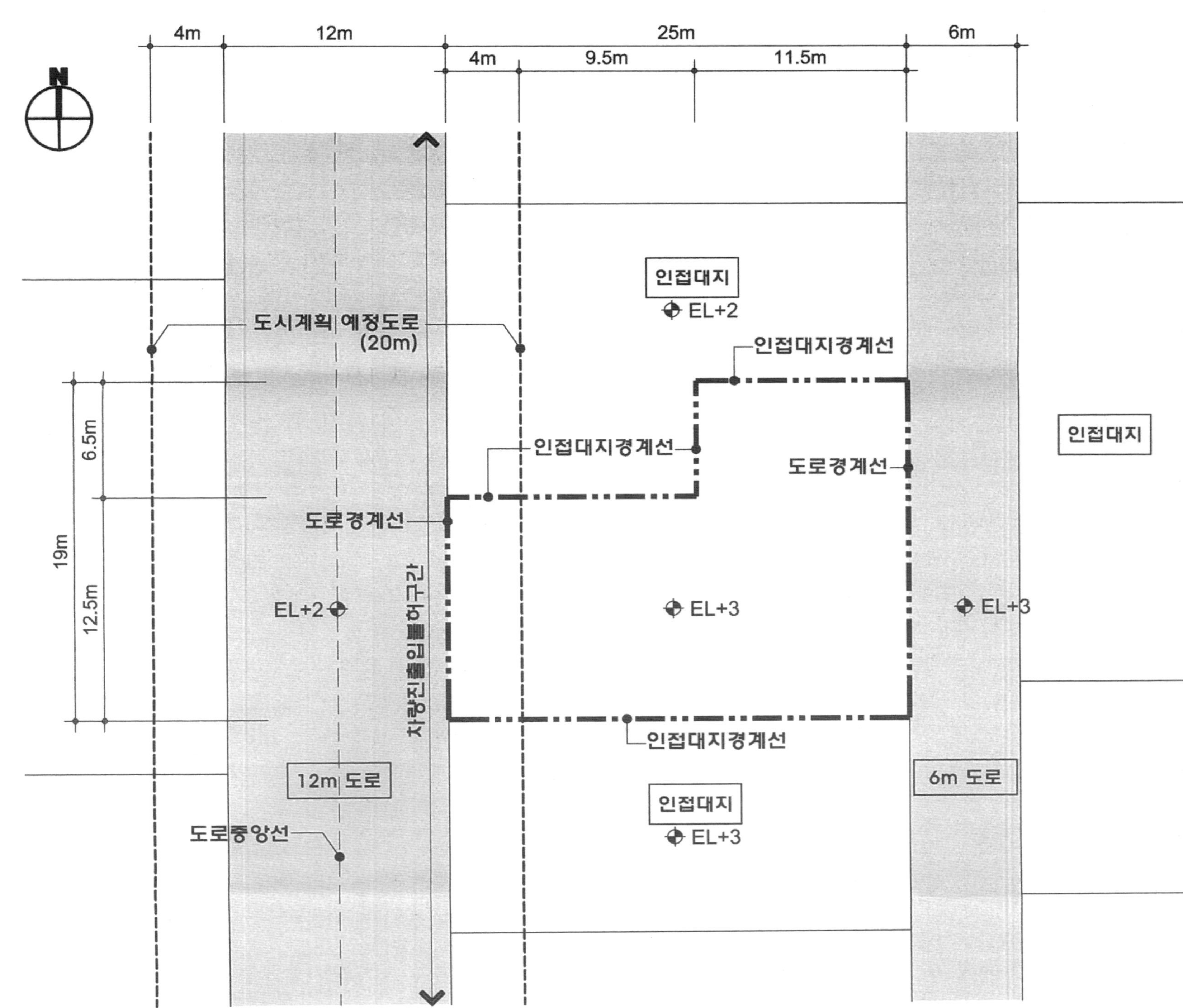

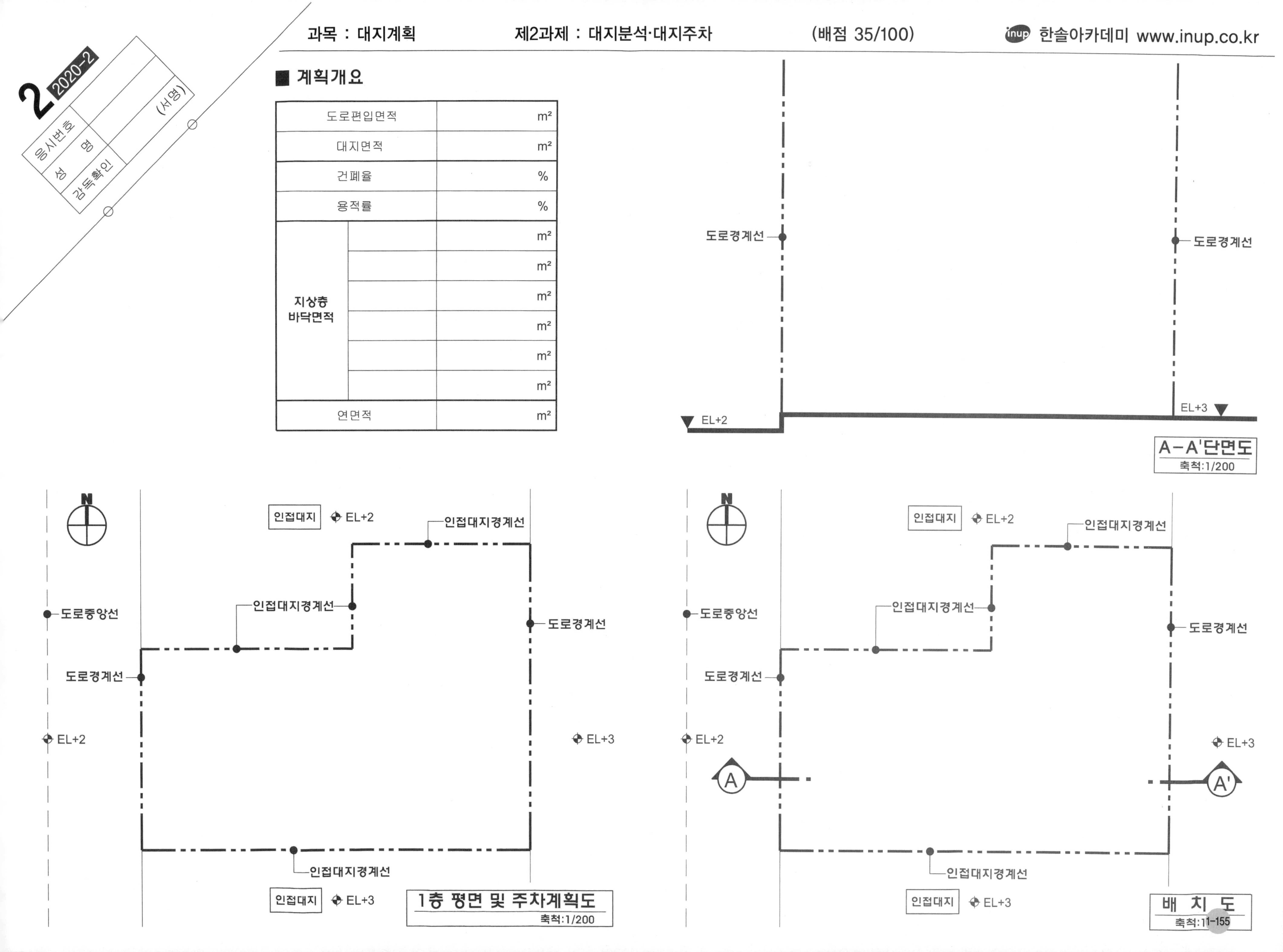

■ 계획개요

도로편입면적		m²
대지면적		m²
건폐율		%
용적률		%
지상층 바닥면적		m²
		m²
		m²
		m²
		m²
		m²
연면적		m²

2021년도 제1회 건축사 자격시험 문제

과 목 명
대 지 계 획

과 제 명	제1과제 : 배 치 계 획 (65점) 제2과제 : 대지분석 · 주차계획 (35점)

응시자 준수사항

1. 문제지를 받더라도 시험시작 타종전까지 문제내용을 보아서는 안 됩니다.
2. 문제지를 받는 즉시 과목편철 순서, 문제누락 여부, 인쇄상태 이상 유무 등을 확인한 후 답안지에 본인의 응시번호와 성명을 기재합니다.
3. 시험이 시작되면 문제를 주의 깊게 읽은 후 답안을 작성하시기 바랍니다.
4. 시험시간종료 후 문제지와 보조용지 (깔판지, 트레이싱지)는 제출하지 않습니다.

※ 시험시간이 종료되기 전에는 어떠한 경우에도 문제지를 시험장 밖으로 가지고 갈 수 없습니다.

5. 답안지 미제출자는 부정행위자로 간주 처리됩니다.

공 지 사 항

1. 문제지 공개
   - 방 법 : 국토교통부 및 대한건축사협회 인터넷 홈페이지에 게시
2. 합격예정자 발표
   - 방 법 : 국토교통부 / 대한건축사협회 인터넷 홈페이지 및 각 시 · 도 건축사회 게시판
3. 점수 열람
   - 방 법 : 대한건축사협회 인터넷 홈페이지 / 성적열람 메뉴

※ 합격예정자 제출서류에 대한 자세한 사항은 대한건축사협회 인터넷 원서접수 프로그램 공지사항에 게재되어 있으며, 합격예정자 발표시 별도 공고합니다.

2021년도 제1회 건축사 자격시험 문제

과 목 : 대지계획　　제1과제(배치계획)　　배점 65 / 100　　한솔아카데미 www.inup.co.kr

제 목 : 전염병 백신개발 연구단지 배치계획

1. 과제개요

하천과 인접한 대지에 지형을 고려한 전염병 백신 개발 연구단지를 계획한다. 다음 사항을 고려하여 배치도를 작성하시오.

2. 대지조건

(1) 용도지역 : 준공업지역

(2) 주변현황 : <대지 현황도> 참조

3. 계획조건 및 고려사항

(1) 계획조건

① 단지 내 도로

도로명	너 비	경사도
차로	6m 이상	1/10 이하
보행로	3m 이상	1/12 이하
중앙보행로	12m 이상	1/12 이하
공공보행로	8m 이상	1/12 이하

② 건축물(가로 세로 구분 없음. 총 8개동. 층고 3~5m)

구분	시설명	크기	층수	비고
연구 영역	유전연구동	<보기2>참조	5층	8m도로 연접
	백신연구동	15m × 30m	5층	소통마당 연계
	나노공학동	15m × 30m	5층	소통마당 연계
산학 영역	제약사본부동	21m × 30m	5층	진입마당 연계
	산학협력동	30m × 36m	5층	진입마당 연계
부속 영역	기숙사 ㉮	12m × 30m	3층	만남광장 연계
	기숙사 ㉯	12m × 30m	3층	만남광장 연계
	관리동	12m × 24m	3층	

주) 1. 표기된 층수는 지상부만 해당한다.

③ 외부시설

시설명	규모	비고
진입마당	900m^2 이상	20m 도로 연접
중앙마당	560m^2 이상	유전연구동 연계
소통마당	840m^2 이상	수변보행로 연계
만남광장	540m^2 이상	기숙사 ㉮, 기숙사 ㉯ 연계

주) 1. 조경 면적과 식재계획은 고려하지 않는다.

④ 주차장

	시설명	규모	비고
옥외	주차장 Ⓐ	11대 이상	방문자 주차장(제약사본부동 연계)
	주차장 Ⓑ	22대 이상	관리동 연계
옥내	주차장 Ⓒ	22대 이상	기숙사 ㉯ 연계
	주차장 Ⓓ	170대 이상	연구영역(출입구 2개소)

주) 1. 방문자 주차장을 제외한 산학영역 주차장은 고려하지 않는다.
2. 각 주차장마다 장애인전용주차구획 2대 이상을 포함한다.

(2) 고려사항

① 산학영역은 20m 도로변에 배치한다.

② 단지 내 차로는 보행로와 분리되도록 입체적으로 계획하고 차량 출입구는 2개소로 계획한다.

③ 8m 도로와 수변보행로를 연결하는 단지 내 공공보행로를 계획한다.

④ 중앙보행로는 진입마당과 만남광장을 연결하고 장애인 통행을 고려하여 계획한다.

⑤ 연구영역 3개동은 공중연결통로(너비 4m)로 연결한다.

⑥ 지류를 가로지르는 단지 내 도로는 최대 2개소로 한다.

⑦ 중앙보행로와 지류변은 옥외계단으로 연결한다.

⑧ 소통마당과 수변보행로는 옥외계단으로 연결한다.

⑨ 건축물은 인접대지경계선, 도로경계선 및 지류경계선에서 5m 이상 이격한다.

⑩ 건축물과 외부시설, 건축물과 주차장, 외부시설(보호수림 포함)과 주차장 그리고 건축물과 단지 내 도로는 2m 이상 이격한다.

⑪ 단지 내 옹벽은 3m 이하로 계획한다.

⑫ 우・배수를 위한 등고선 조정은 고려하지 않는다.

⑬ 경사보행로의 참과 난간은 고려하지 않는다.

4. 도면작성요령

(1) 표기 대상

① 단지 내 도로 : 도로명, 경사차로 및 경사보행로의 시점・종점 바닥레벨

② 건축물 : 시설명, 출입구 및 바닥레벨, 크기, 이격거리

③ 외부시설 : 시설명, 규모, 이격거리, 바닥레벨

④ 주차장 : 시설명, 주차구획(장애인전용주차구획 포함), 출입구 및 바닥레벨, 주차대수, 지하주차장(<보기 1>과 같이 영역 표시)

(2) 도면표기 기호는 <보기1>을 따른다.

(3) 단위 : m, m^2

(4) 축척 : 1/600

<보기1> 도면표기 기호

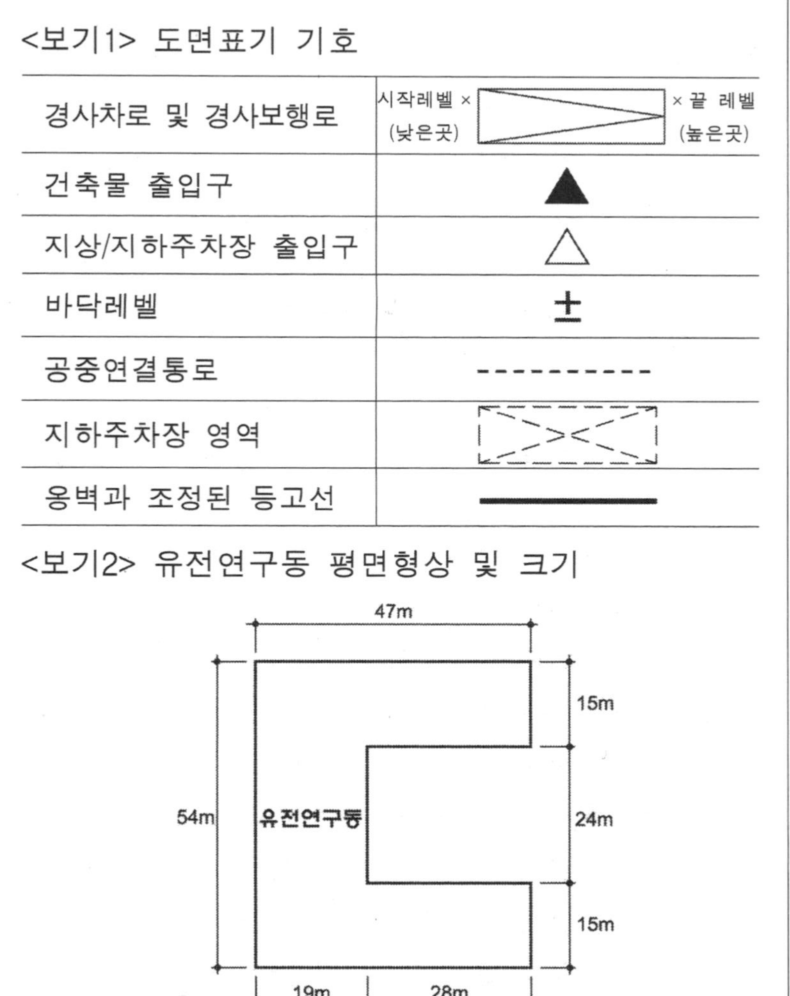

경사차로 및 경사보행로	시작레벨 × (낮은곳) × 끝 레벨 (높은곳)
건축물 출입구	▲
지상/지하주차장 출입구	△
바닥레벨	±
공중연결통로	----------
지하주차장 영역	
옹벽과 조정된 등고선	━━━

<보기2> 유전연구동 평면형상 및 크기

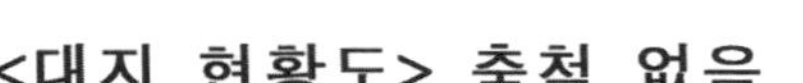

5. 유의사항

(1) 답안작성은 반드시 흑색 연필로 한다.

(2) 명시되지 않은 사항은 현행 관계 법령의 범위 안에서 임의로 한다.

<대지 현황도> 축척 없음

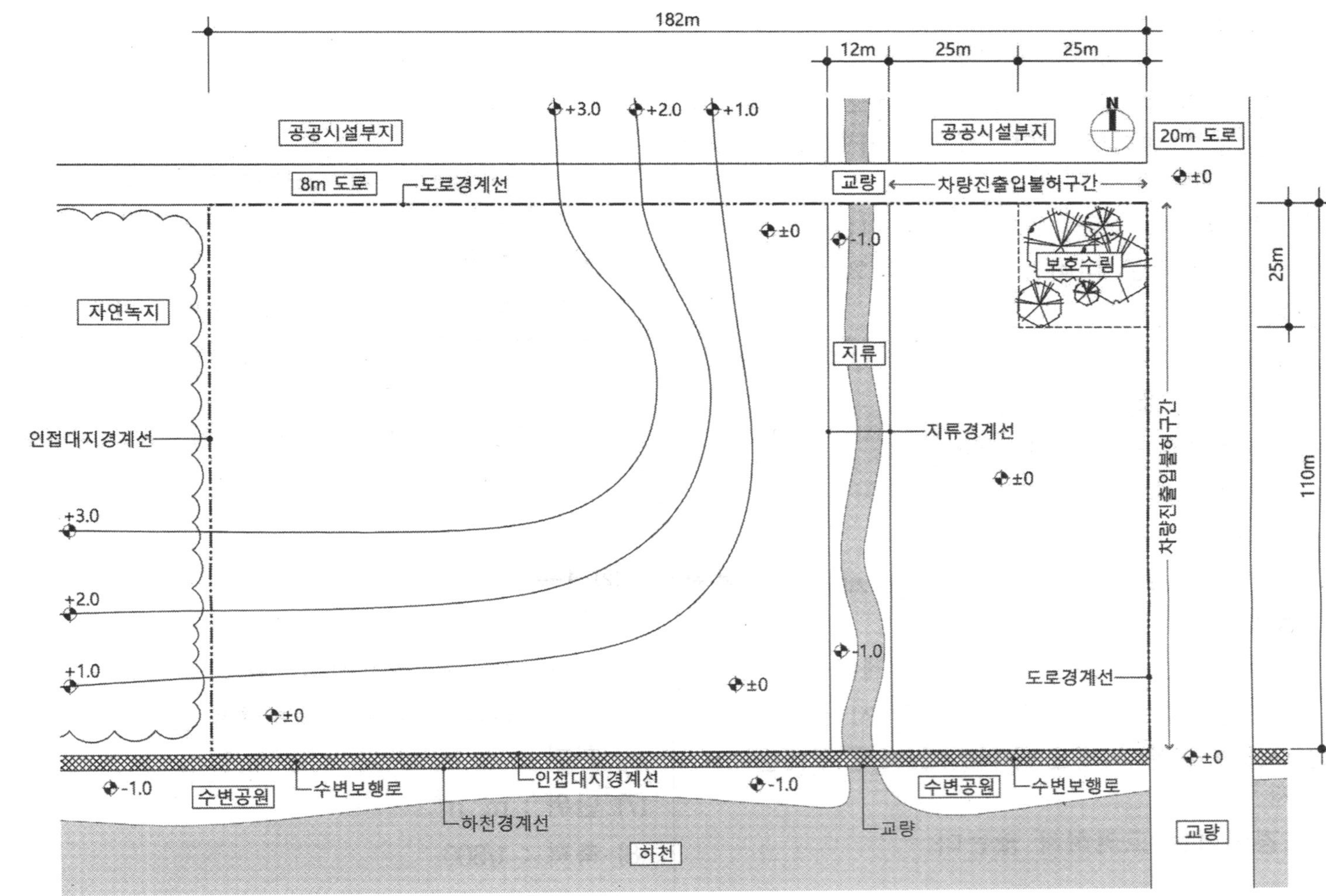

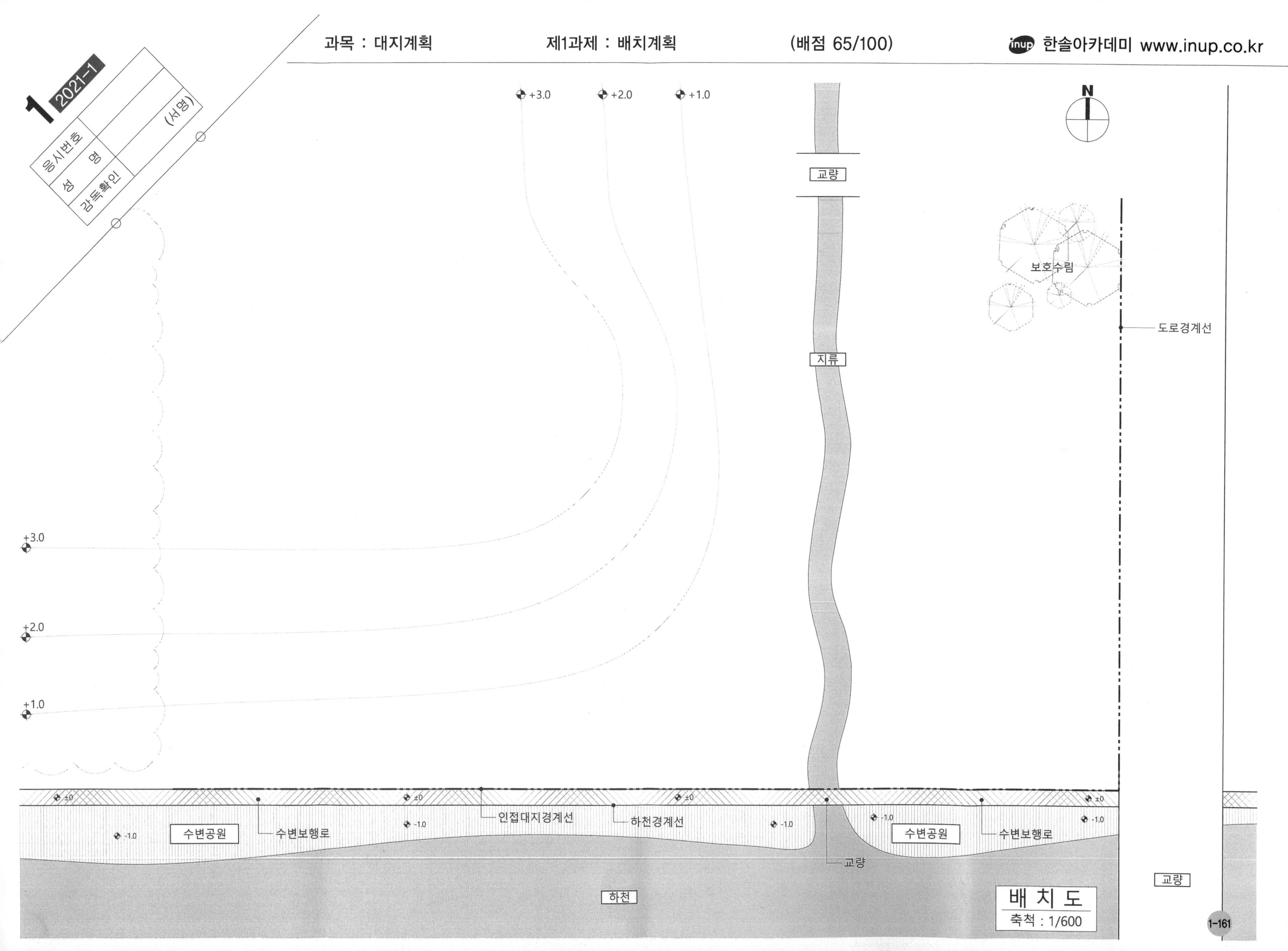
1 2021-1
응시번호
성 명
감독확인
(서명)
N
+3.0
+2.0
+1.0
교량
지류
보호수림
도로경계선
±0
-1.0
수변공원
수변보행로
인접대지경계선
하천경계선
하천
배 치 도
축척 : 1/600

2021년도 제1회 건축사 자격시험 문제

과 목 : 대지계획 제2과제(대지분석 · 대지주차) 배점 35 / 100 한솔아카데미 www.inup.co.kr

제 목 : 청소년문화의집 신축을 위한 최대 건축가능 규모 산정 및 주차계획

1. 과제개요

지역사회에 청소년수련을 위한 청소년문화의집을 신축하고자 한다. 다음 사항을 고려하여 최대 건축가능 규모를 산정하고 배치도, 1층 평면 및 주차계획도, 단면도와 계획개요를 작성하시오.

2. 대지조건

(1) 용도지역 : 제2종 일반주거지역
(2) 건 폐 율 : 60% 이하
(3) 용 적 률 : 200% 이하
(4) 건축물의 최고 층수 : 7층 이하
(5) 주변현황 : <대지현황도> 참조

3. 계획조건

(1) 건축물 각 부분의 높이는 계획대지 지표면을 기준으로 산정한다.
(2) 모든 인접대지의 레벨은 평탄한 것으로 간주한다.
(3) 계획대지의 주변도로는 통과도로이며 지상 1층과 대지의 레벨은 동일하다. 또한, 계획 대지의 모든 경계선 모퉁이 교차각은 90도이다.
(4) 1층은 전시장 및 다목적 강당 등으로 계획하고 2층 이상은 청소년 수련시설로 계획한다. 각 층의 층고는 다음과 같다.
- 1층 : 6.0m, 2층 : 4.5m, 3층 이상 : 4.0m
(5) 각 층의 건축물 너비는 5.0m 이상으로 한다.
(6) 주차계획
① 주차대수 : 총 6대(장애인전용주차 2대 포함)
② 주차단위구획
- 일반형주차 : 2.5m × 5.0m
- 장애인전용주차 : 3.5m × 5.0m
③ 자주식 직각주차
④ 주차단위구획은 필로티 내부 및 세로 연접주차 불가
(7) 휴게마당에는 건축물 및 주차장을 계획할 수 없다.
(8) 필로티 면적은 바닥면적에 포함하지 않는다.
(9) 건축물의 모든 외벽은 수직이며 벽체 두께를 고려하지 않는다.
(10) 조경면적은 고려하지 않는다.

4. 이격거리 및 높이제한

(1) 일조 등의 확보를 위한 높이제한을 위하여 정북 방향으로의 인접대지경계선에서 다음과 같이 이격한다. 다만, 근린공원에 접한 경우 일조 등의 확보를 위한 높이제한을 적용하지 않는다.
① 높이 9m 이하 부분 : 1.5m 이상
② 높이 9m 초과 부분 : 해당 건축물 각 부분 높이의 1/2 이상
(2) 건축물과의 이격거리
① 인접대지경계선 및 건축선 : 1.0m 이상
② 휴게마당경계선 : 1.0m 이상
(3) 주차구획과의 이격거리
① 인접대지경계선 및 건축선 : 1.0m 이상
② 건축물 : 0.5m 이상
③ 휴게마당경계선 : 1.0m 이상
④ 장애인전용주차구획과 일반주차구획 사이 : 1.0m 이상
(4) 옥탑 및 파라펫 높이는 고려하지 않는다.

5. 도면작성요령

(1) 모든 도면은 <보기>를 참고하여 최대 건축가능 규모를 표시한다.
(2) 배치도는 2층~최상층의 건축영역을 표기하되 중복된 층은 그 최상층만 표시한다.
(3) 1층 평면 및 주차계획도에는 1층 건축영역과 주차계획을 표시한다. 또한, 상층부에 건축물이 돌출되는 경우에는 점선으로 표시한다.
(4) 단면도에는 제시된 <A-A'> 단면의 최대 건축가능 규모를 표시한다. 또한, 기준레벨과 건축물의 최고 높이를 표기한다.
(5) 모든 기준선, 제한선, 이격거리, 층수 및 치수를 다음 도면에 표기한다.
① 배치도
② 1층 평면 및 주차계획도
③ 단면도
(6) 각종 제한선, 이격거리, 치수 및 면적은 소수점 이하 둘째자리에서 반올림하여 첫째자리까지 표기한다.
(7) 단위 : m, m^2
(8) 축척 : 1/300

<보기>

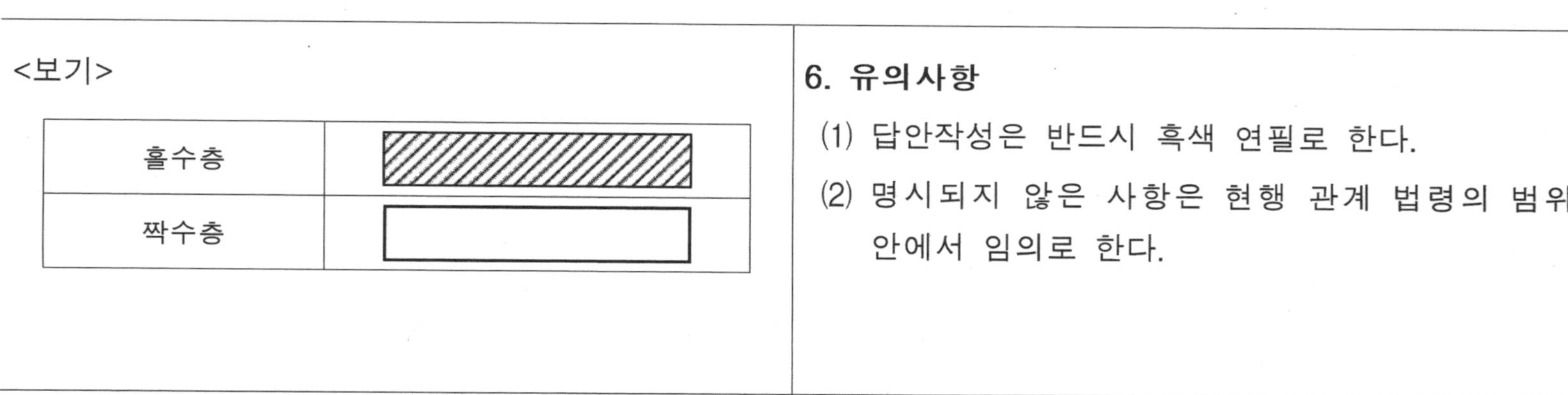

6. 유의사항

(1) 답안작성은 반드시 흑색 연필로 한다.

(2) 명시되지 않은 사항은 현행 관계 법령의 범위 안에서 임의로 한다.

<대지 현황도> 축척 없음

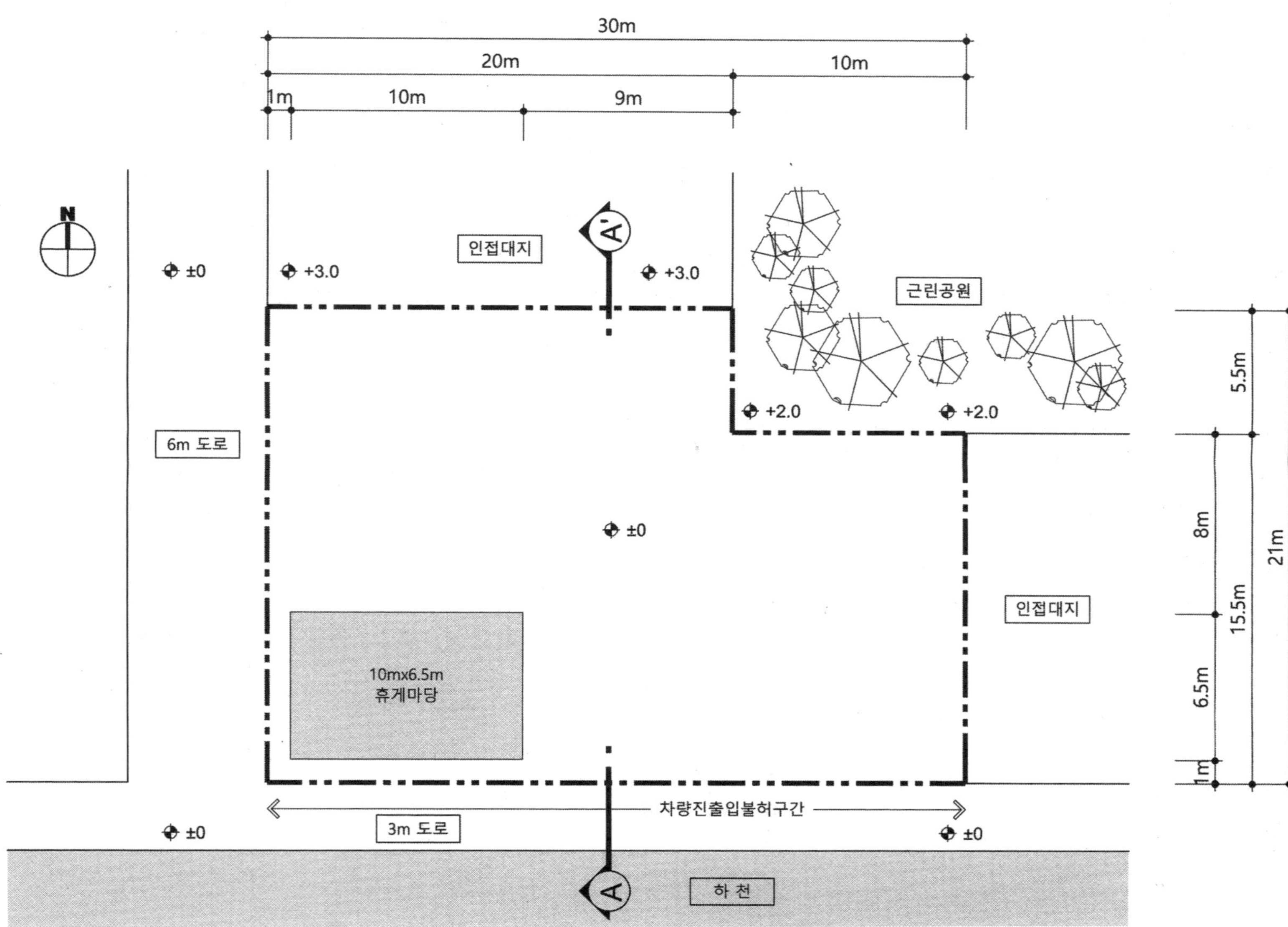

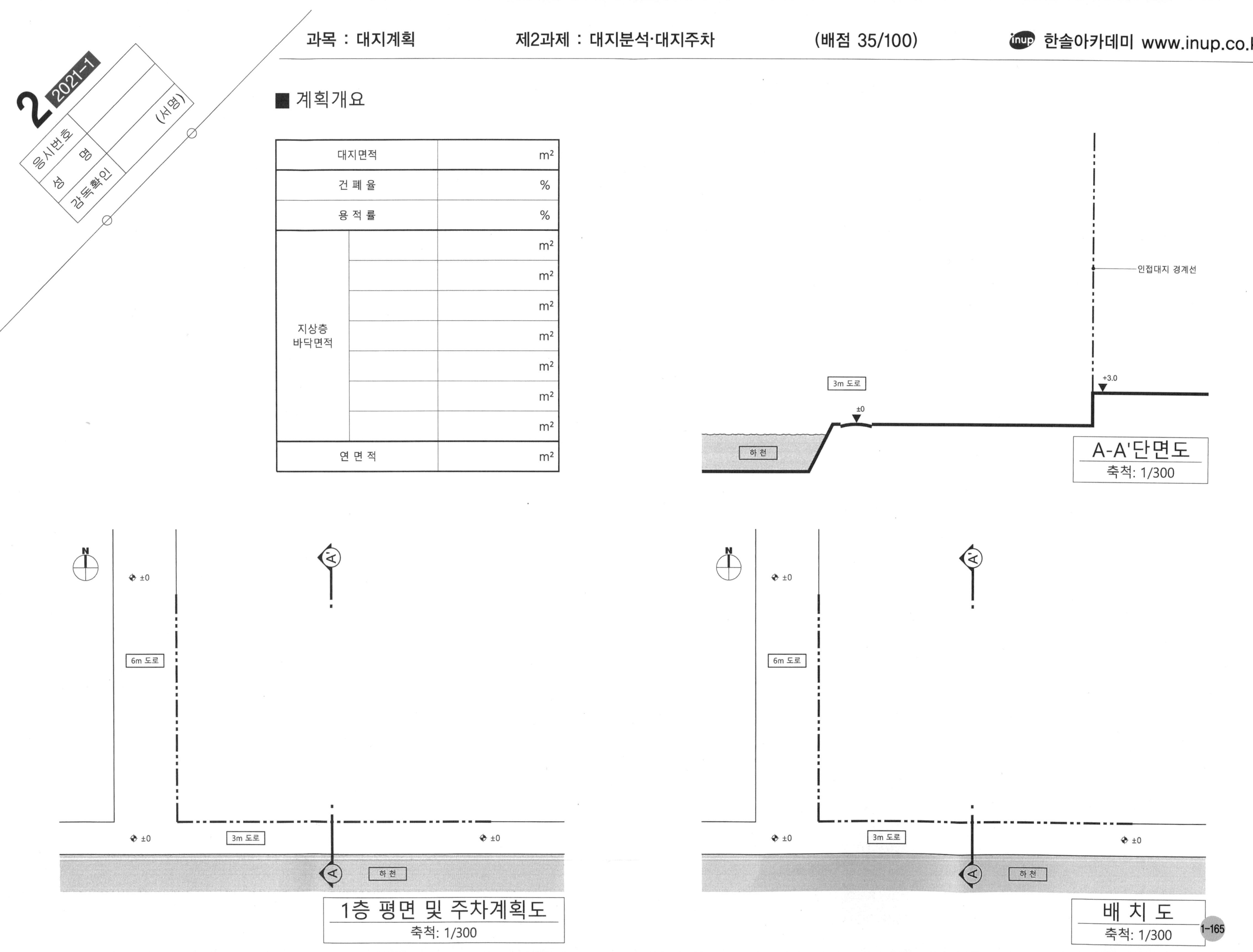

2 2021-1
응시번호
성 명
감독확인 (서명)

■ 계획개요

대지면적		m²
건 폐 율		%
용 적 률		%
지상층 바닥면적		m²
		m²
		m²
		m²
		m²
		m²
		m²
연 면 적		m²

2021년도 제2회 건축사 자격시험 문제

과 목 명
대 지 계 획

과 제 명	과제	배점
과 제 명	제1과제 : 배 치 계 획	(60점)
	제2과제 : 대지분석 · 주차계획	(40점)

응시자 준수사항

1. 문제지를 받더라도 시험시작 타종전까지 문제내용을 보아서는 안 됩니다.
2. 문제지를 받는 즉시 과목편철 순서, 문제누락 여부, 인쇄상태 이상 유무 등을 확인한 후 답안지에 본인의 응시번호와 성명을 기재합니다.
3. 시험이 시작되면 문제를 주의 깊게 읽은 후 답안을 작성하시기 바랍니다.
4. 시험시간종료 후 문제지와 보조용지 (깔판지, 트레이싱지)는 제출하지 않습니다.
   ※ 시험시간이 종료되기 전에는 어떠한 경우에도 문제지를 시험장 밖으로 가지고 갈 수 없습니다.
5. 답안지 미제출자는 부정행위자로 간주 처리됩니다.

공 지 사 항

1. 문제지 공개
   – 방 법 : 국토교통부 및 대한건축사협회 인터넷 홈페이지에 게시
2. 합격예정자 발표
   – 방 법 : 국토교통부 / 대한건축사협회 인터넷 홈페이지 및 각 시 · 도 건축사회 게시판
3. 점수 열람
   – 방 법 : 대한건축사협회 인터넷 홈페이지 / 성적열람 메뉴

※ 합격예정자 제출서류에 대한 자세한 사항은 대한건축사협회 인터넷 원서접수 프로그램 공지사항에 게재되어 있으며, 합격예정자 발표시 별도 공고합니다.

2021년도 제2회 건축사 자격시험 문제

과 목 : 대지계획 제1과제(배치계획) 배점 60/100 한솔아카데미 www.inup.co.kr

제 목 : 마을주민과 공유하는 치유시설 배치계획

1. 과제개요

주변에 마을이 있는 경사진 대지에 코로나19 이후 마을주민과 함께할 수 있는 치유시설을 계획하고자 한다. 아래 사항을 고려하여 배치도를 작성하시오.

2. 대지조건

(1) 용도지역 : 자연녹지지역

(2) 대지면적 : 약 21,600m^2

(3) 주변현황 : <대지 현황도> 참조

3. 계획조건 및 고려사항

(1) 계획조건

① 단지 내 도로

도로명	너비	비고
중앙보행로	9m 이상	
보행로	3m 이상	
	6m 이상	비상시 차량통행 가능
차로	6m 이상	

② 건축물

구분	시설명	크기	층수	비고
치유영역	치유센터	45m × 33m	3층	18m × 13m 중정
	숙소 ㉮	30m × 9m	2층	
	숙소 ㉯	30m × 9m	2층	
	명상관	18m × 21m	2층	
공유영역	공작소 ㉮	15m × 15m	1층	
	공작소 ㉯	15m × 15m	1층	
	도서관	30m × 21m	2층	
	실내체육관	36m × 24m	1층	
기타	안내동	5m × 3m	1층	

③ 외부공간

시설명	크기	비고
치유정원	42m × 30m	
작업마당	36m × 9m	공작소 전면 외부 활동공간
소통마당	16m × 30m	
운동장	76m × 47m	모서리 반경 11m, 폭 5m 트랙 포함
옥외데크	30m × 15m	숙소 전면 외부 활동공간 (2개소)
휴게데크	9m × 24m	

④ 주차장

시설명		주차대수	비고
옥외	주차장 Ⓐ	28대 이상	치유영역 방문자 주차
	주차장 Ⓑ	20대 이상	공유영역 방문자 주차

주) 1. 각 주차장마다 장애인전용주차구획 2대 이상을 포함한다.
2. 주차장Ⓐ, Ⓑ는 외부 도로에서 각각 진출입을 하도록 한다.
3. 주차장 주변은 그늘식재(폭 2m 이상)를 계획한다.

(2) 고려사항

① 전체 대지는 치유영역과 공유영역으로 구분하고 치유영역은 자연환경을 고려하여 배치한다.

② 단지의 출입구는 보행자와 차량으로 분리한다.

③ 중앙보행로는 기존 산책로와 연계되는 보행자 전용도로이며, 산책로와 만나는 주변에 휴게데크를 계획한다.

④ 버스정류장에서 소통마당과 치유정원을 지나서 산책로로 이어지는 보행로를 계획한다.

⑤ 폭 6m 보행로는 모든 건물들과 연계되고 각 차량출입구에서 계획된 차로와 연결된다. (비상시 차량 통행이 가능하며 차로와 보행로 경계에 차량진입방지용 말뚝 설치)

⑥ 치유정원은 치유영역 중심에 배치하고 치유센터와 연계한다.

⑦ 소통마당은 주차장Ⓑ, 도서관, 실내체육관, 운동장과 연계한다.

⑧ 운동장의 외측 2면에 대지경사를 고려하여 관람석 4단(단너비 1.0m)을 설치한다.

⑨ 치유센터 전면에 승하차 공간을 계획한다.

⑩ 명상관 남측에 기존 산책로와 연계되는 보행로를 계획한다.

⑪ 숙소는 자연환경을 고려하고 두 동 사이에 진입부 전실(6m × 6m)을 계획한다.

⑫ 도서관은 마을주민의 접근이 용이하고 자연환경을 고려하여 배치한다.

⑬ 공작소는 작업마당에서 진입하며 두 동 사이에 진입부 전실(6m × 6m)을 계획한다.

⑭ 안내동은 중앙보행로와 차량출입구 사이에 배치하여 관리와 안내가 용이하도록 한다.

⑮ 건축물, 외부공간, 주차장은 인접대지경계선 및 도로경계선에서 5m 이상 이격하고 도로경계선에 접한 구간은 차폐수목을 계획한다.

⑯ 건축물 상호간은 9m 이상 이격거리를 확보한다. (숙소 상호간, 공작소 상호간은 예외)

⑰ 건축물과 외부공간, 건축물과 보호수, 외부공간 상호간에 6m 이상의 이격거리를 확보한다. (작업마당, 옥외데크, 휴게데크는 예외)

⑱ 모든 건축물 둘레의 적절한 곳에 너비 3m 이상의 조경계획을 한다.

과 목 : 대지계획　　제1과제(배치계획)　　배점 60/100　　한솔아카데미 www.inup.co.kr

4. 도면작성 요령

(1) 주요 표기 대상

① 단지 내 도로 : 도로명, 경사차로의 시점과 종점 바닥레벨

② 건축물 : 시설명, 출입구, 바닥레벨, 크기, 이격거리

③ 외부공간 : 시설명, 크기, 이격거리, 바닥레벨

④ 주차장 : 시설명, 주차구획(장애인전용주차구획 포함), 바닥레벨, 주차대수

(2) 주요 도면표기 기호는 <보기>를 따른다.

(3) 단위 : m, m^2

(4) 축척 : 1/600

<보기> 주요 도면표기 기호

경사차로	시작레벨 × (낮은곳) ▷ × 끝 레벨 (높은곳)
보행로 및 중앙보행로	(사선 해치)
옥외데크 및 휴게데크	(세로선 해치)
소통마당 및 작업마당	(격자 해치)
치유정원 및 조경	(점 및 수목 표시)
건축물	(검은 채움)
건축물 출입구	▲
차량 출입구	△
바닥레벨	±
옹벽과 조정된 등고선	──

5. 유의사항

(1) 답안작성은 반드시 흑색 연필로 한다.

(2) 명시되지 않은 사항은 현행 관계 법령의 범위 안에서 임의로 한다.

<대지 현황도> 축척 없음

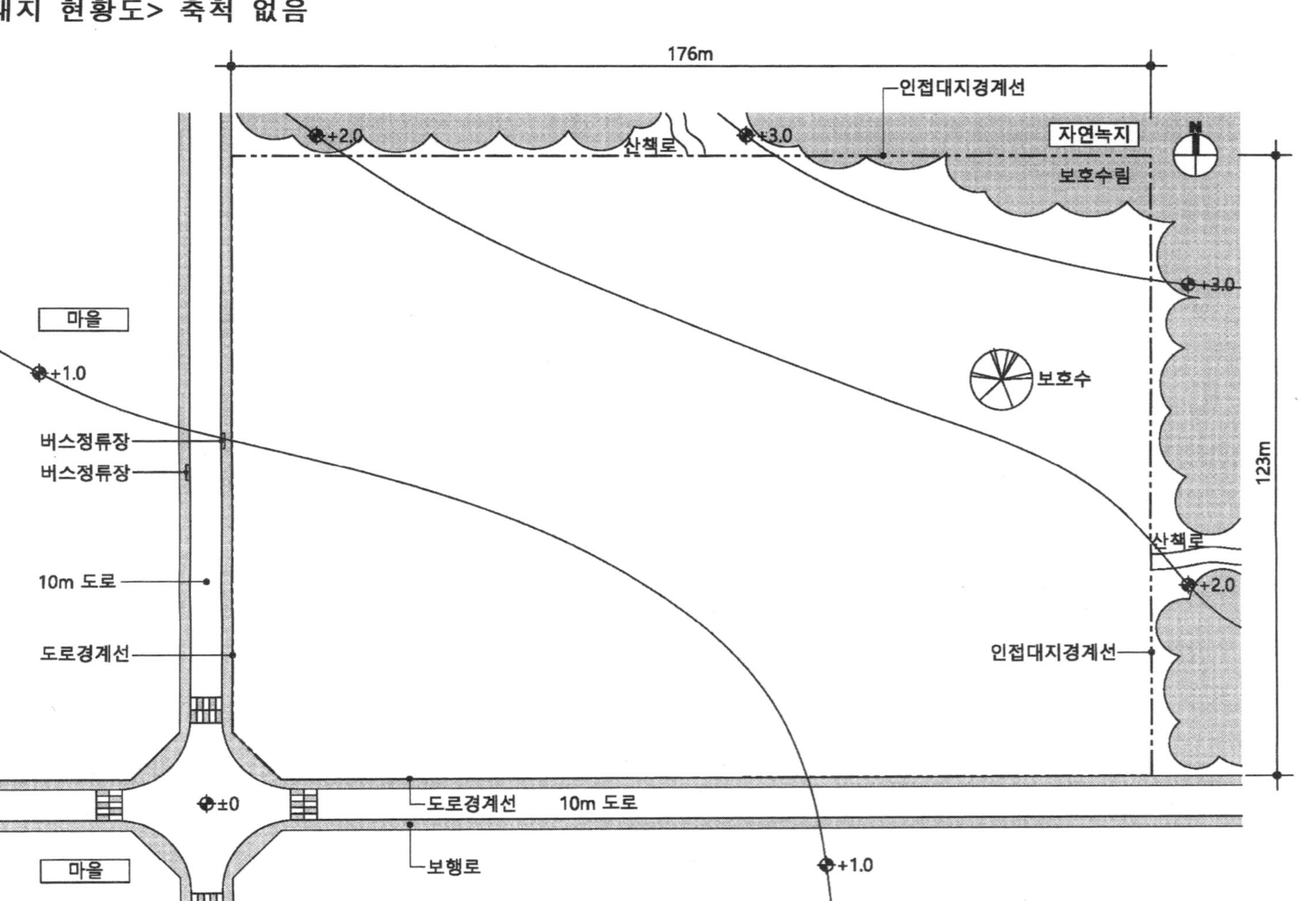

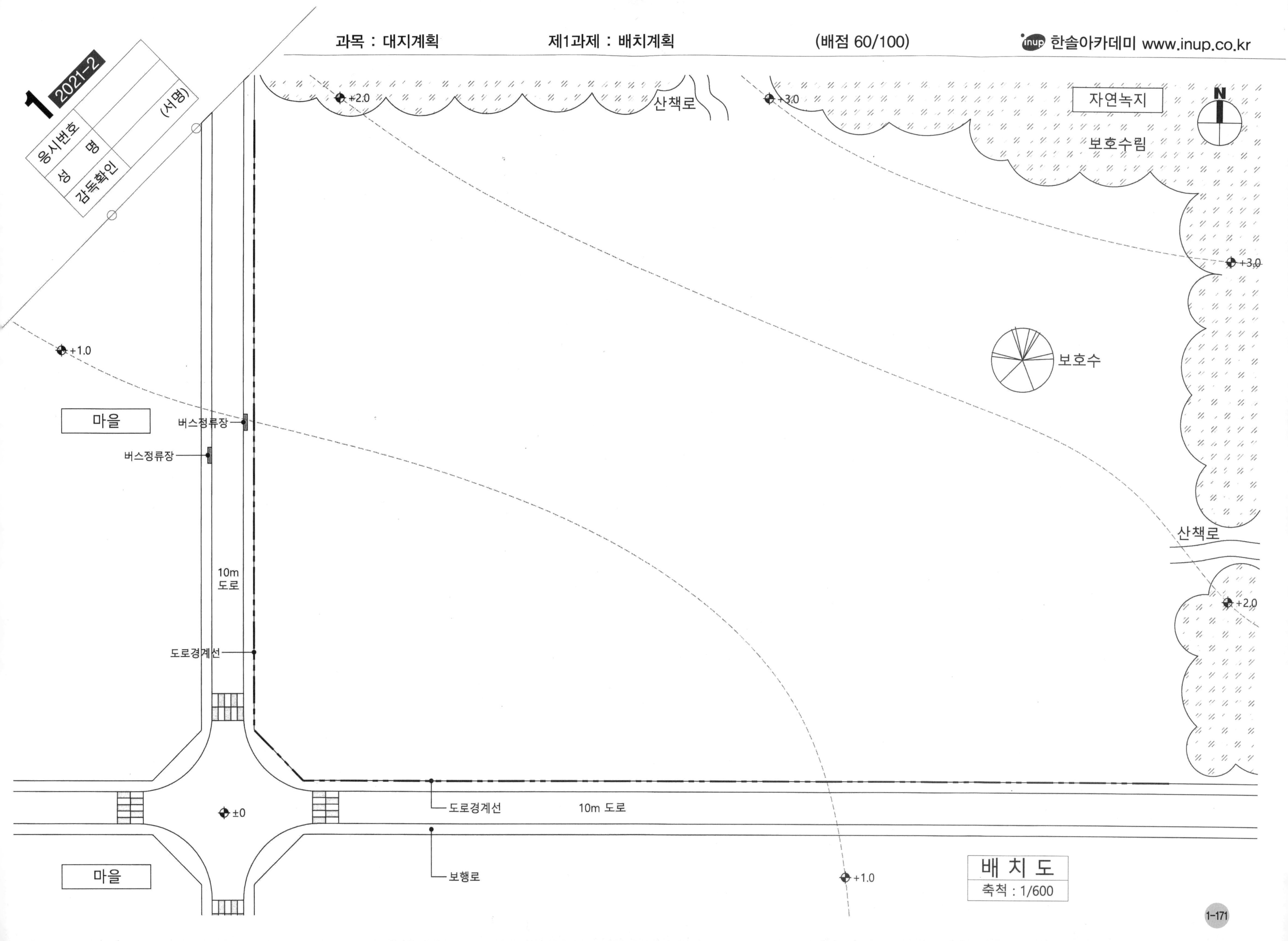
1 2021-2
응시번호
성 명
감독확인
(서명)
+2.0
산책로
+3.0
자연녹지
N
보호수림
+3.0
보호수
+1.0
마을
버스정류장
버스정류장
산책로
10m
도로
+2.0
도로경계선
±0
도로경계선
10m 도로
마을
보행로
+1.0
배 치 도
축척 : 1/600

2021년도 제2회 건축사 자격시험 문제

과 목 : 대지계획 제2과제(대지분석 · 대지주차) 배점 40 / 100 한솔아카데미 www.inup.co.kr

제 목 : 근린생활시설의 최대 건축가능규모 계획

1. 과제개요

다음 주어진 대지에 근린생활시설을 신축하고자 한다. 아래 조건을 고려하여 최대 건축가능규모를 구하고 계획개요, 배치도, 1층평면 및 주차계획도, 단면도를 작성하시오.

2. 대지조건

(1) 용도지역 : 제3종 일반주거지역
(2) 대지면적(지적도) : 288m^2
(3) 건 폐 율 : 50% 이하
(4) 용 적 률 : 250% 이하
(5) 규 모 : 5층 이하(옥탑 제외)
(6) 용 도 : 근린생활시설
(7) 주변현황 : <대지 현황도> 참조

3. 계획조건

(1) 건축물 각 부분의 높이는 대지 지표면을 기준으로 산정한다.
(2) 계획대지와 인접도로는 평탄한 것으로 한다. (북측 대지 가중평균 높이 : +1.6m)
(3) 대지의 주변도로는 통과도로이며 지상 1층과 대지의 레벨은 동일하다. 대지의 모든 경계선 모퉁이 교차각은 90°이다.
(4) 각 층의 층고는 다음과 같다.
① 1층~2층 : 4.8m
② 3층~5층 : 3.0m
(5) 주차계획
① 주차대수 : 6대
② 주차단위구획 : 일반형(2.5m × 5.0m)
③ 주차방식 : 1층 자주식(평행주차 불가)
④ 주차출입 : 1개소 이상 가능
(6) 조경은 대지면적의 5% 이상 1개소를 확보한다.
(7) 대지 내 우물은 보존하되 조경면적에 산입하지 않는다.
(8) 건축물의 모든 외벽은 수직이며 벽체 두께를 고려하지 않는다.
(9) 건축법 시행령 제31조(건축선)의 아래 규정을 준용한다.

(단위 : m)

도로의 교차각	해당도로의 너비		교차되는 도로의 너비
	6m이상 8m미만	4m이상 6m미만	
90° 미만	4	3	6m이상 8m미만
	3	2	4m이상 6m미만
90° 이상 120° 미만	3	2	6m이상 8m미만
	2	2	4m이상 6m미만

(10) 6m 도로에 평행하게 건축한계선(3m)이 지정되어 있다. (건축한계선 내 조경 및 주차계획 불가)

4. 이격거리 및 높이제한

(1) 일조 등의 확보를 위한 높이제한을 위하여 정북 방향으로의 인접대지경계선에서 다음과 같이 이격한다.
① 높이 9m 이하 부분 : 1.5m 이상
② 높이 9m 초과 부분 : 해당 건축물 각 부분 높이의 1/2 이상
(2) 건축물과의 이격거리
① 인접대지경계선, 도로경계선 : 1.0m 이상
② 우물 : 0.5m 이상
(3) 주차구획과의 이격거리
① 인접대지경계선, 도로경계선, 건축물, 조경, 우물 : 0.5m 이상
(4) 옥탑 및 파라펫 높이는 고려하지 않는다.

5. 도면작성 요령

(1) 모든 도면은 <보기>를 참고하여 작성하며 기준선, 건축한계선, 이격거리, 층수, 치수 등을 표기한다.
(2) 각종 제한선, 이격거리, 치수, 면적은 소수점 이하 둘째자리에서 반올림하여 첫째자리까지 표기한다.
(3) 배치도에는 1층~최상층의 건축영역을 표시하고 중복된 층은 그 최상층만 표시한다.
(4) 1층평면 및 주차계획도에는 1층 건축영역, 주차, 우물, 조경영역을 표시한다.
(5) 단면도에는 제시된 <A-A'> 부분의 최대 건축가능 영역, 1층 바닥레벨, 일조권 사선제한선 및 기준 레벨, 건축물의 최고높이를 표시한다.
(6) 단위 : m, m^2
(7) 축척 : 1/200

<보기>

홀수층	(빗금 채운 사각형)
짝수층	(빈 사각형)

6. 유의사항

(1) 답안작성은 반드시 흑색 연필로 한다.

(2) 명시되지 않은 사항은 현행 관계 법령의 범위 안에서 임의로 한다.

<대지 현황도> 축척 없음

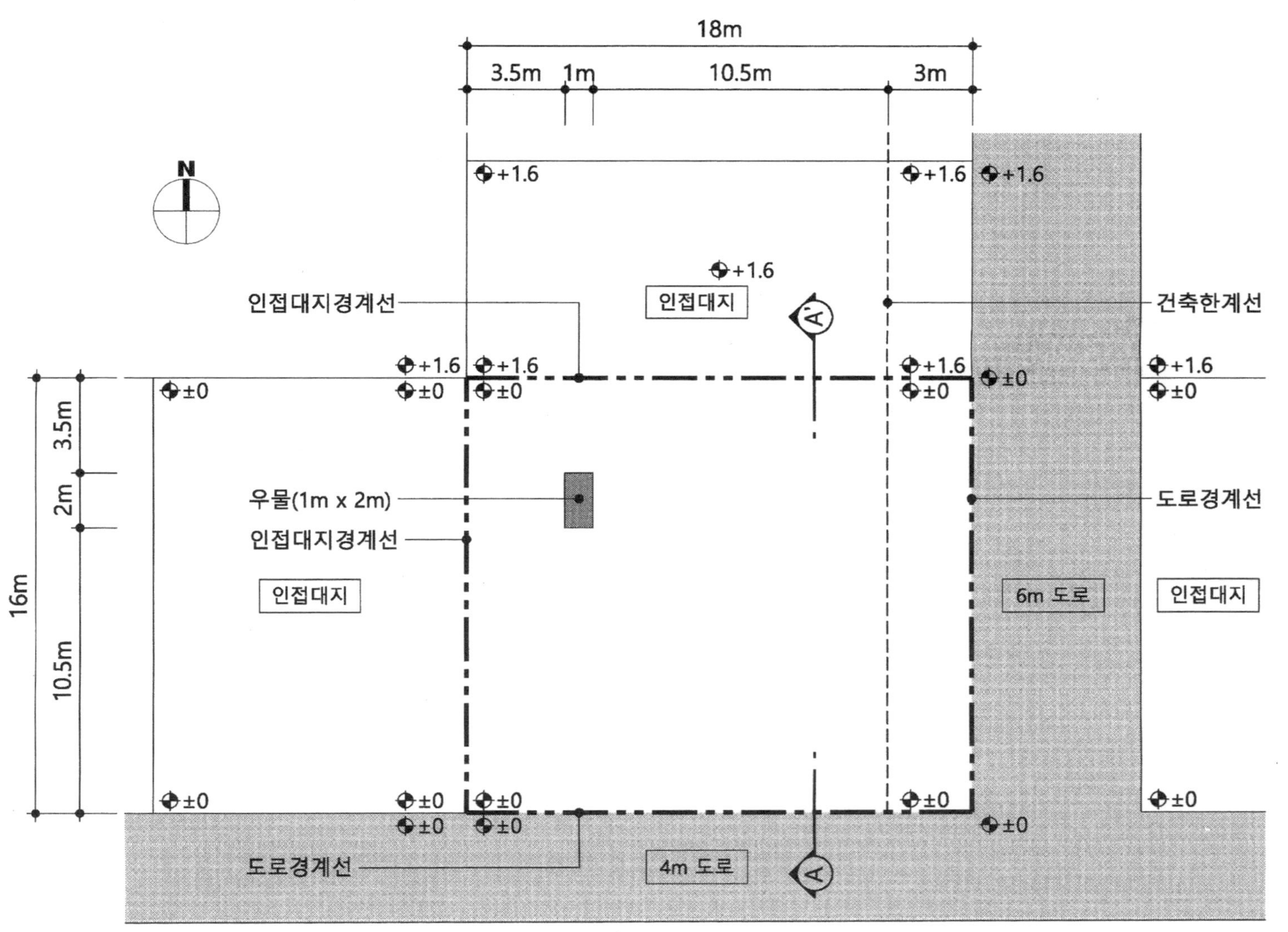

2 2021-2

응시번호	
성 명	
감독확인	(서명)

■ 계획개요

구분		
대지면적		m²
건축면적		m²
건 폐 율		%
용 적 률		%
층별면적	1층	m²
	2층	m²
	3층	m²
	4층	m²
	5층	m²
연면적		m²
조경면적		m²

N

6m 도로

4m 도로

1층평면 및 주차계획도
축척: 1/200

A-A'단면도
축척: 1/200

6m 도로

4m 도로

배 치 도
축척: 1/200

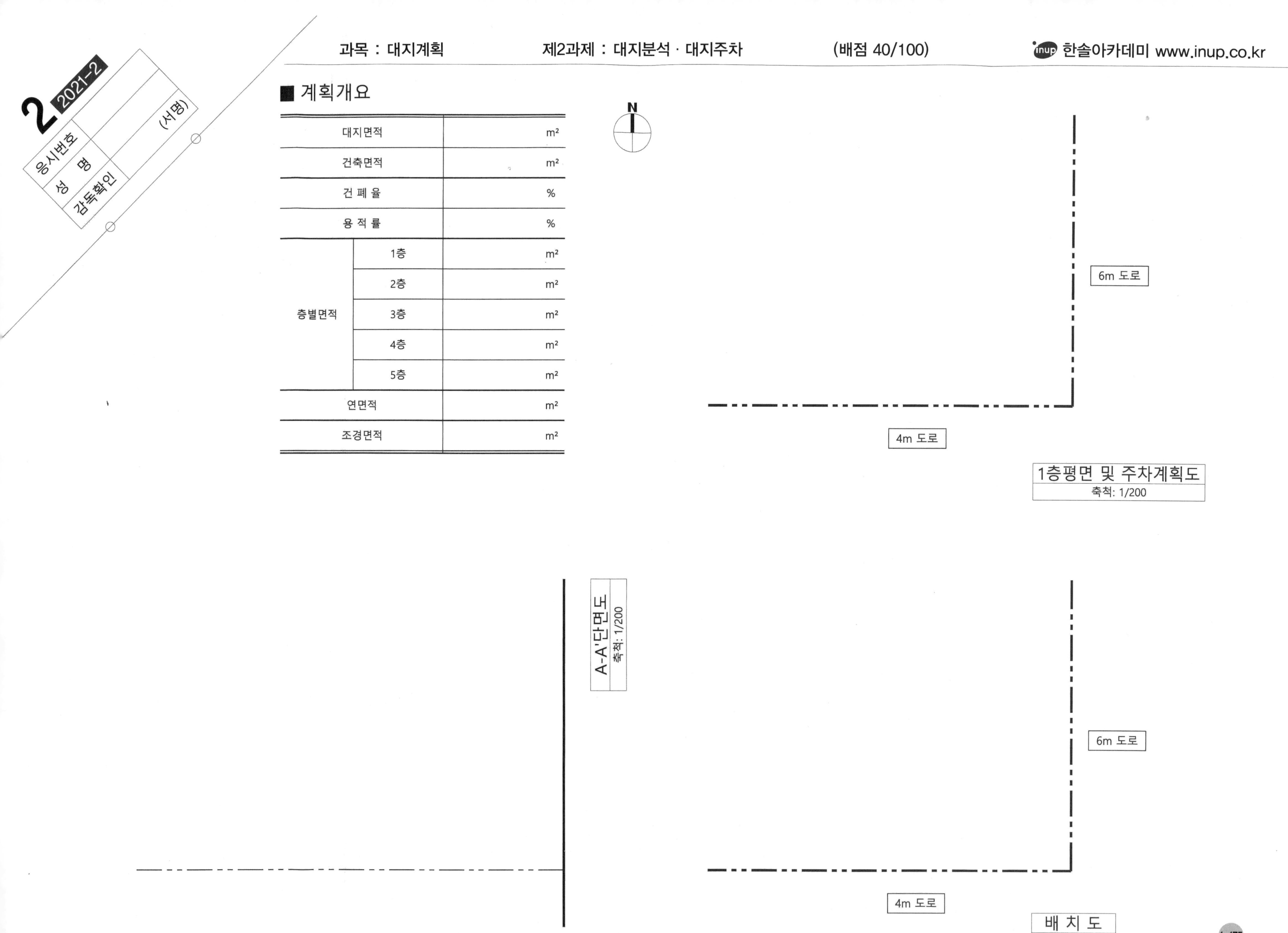

2022년도 제1회 건축사 자격시험 문제

과 목 명
대 지 계 획

과 제 명	제1과제 : 배 치 계 획 (60점) 제2과제 : 대지분석 · 주차계획 (40점)

응시자 준수사항

1. 문제지를 받더라도 시험시작 타종전까지 문제내용을 보아서는 안 됩니다.
2. 문제지를 받는 즉시 과목편철 순서, 문제누락 여부, 인쇄상태 이상 유무 등을 확인한 후 답안지에 본인의 응시번호와 성명을 기재합니다.
3. 시험이 시작되면 문제를 주의 깊게 읽은 후 답안을 작성하시기 바랍니다.
4. 시험시간종료 후 문제지와 보조용지 (깔판지, 트레이싱지)는 제출하지 않습니다.

※ 시험시간이 종료되기 전에는 어떠한 경우에도 문제지를 시험장 밖으로 가지고 갈 수 없습니다.

5. 답안지 미제출자는 부정행위자로 간주 처리됩니다.

공 지 사 항

1. 문제지 공개

– 방 법 : 국토교통부 및 대한건축사협회 인터넷 홈페이지에 게시

2. 합격예정자 발표

– 방 법 : 국토교통부 / 대한건축사협회 인터넷 홈페이지 및 각 시 · 도 건축사회 게시판

3. 점수 열람

– 방 법 : 대한건축사협회 인터넷 홈페이지 / 성적열람 메뉴

※ 합격예정자 제출서류에 대한 자세한 사항은 대한건축사협회 인터넷 원서접수 프로그램 공지사항에 게재되어 있으며, 합격예정자 발표시 별도 공고합니다.

2022년도 제1회 건축사 자격시험 문제

과 목 : 대지계획 | 제1과제(배치계획) | 배점 60 / 100 | 한솔아카데미 www.inup.co.kr

제 목 : 생활로봇 연구센터 배치계획

1. 과제개요

경사진 대지에 생활로봇 연구센터를 계획하고자 한다. **지형조정의 적합성, 주차장 계획의 합리성, 기능간의 연계성**을 고려하여 단지배치도와 대지단면도를 작성하시오.

2. 대지조건

(1) 용도지역 : 준공업지역

(2) 대지면적 : 약 10,795m^2

(3) 주변현황 : <대지현황도> 참조

3. 계획조건 및 고려사항

(1) 계획조건

① 단지 내 도로

도로명	너비
차로	6m 이상
보행로	2m 이상

② 건축물

시설명	크기	층수	비고
로봇연구동	15m × 30m	지상 3층	층고 3m
로봇실험동	18m × 32m	지상 3층	층고 4m, 1층 필로티 주차
로봇홍보동	15m × 27m	지상 3층	층고 4m
메이커스랩 (maker's Lab)	24m × 32m	지상 2층	층고 4m, 테라스형 1층 : 15m × 32m 2층 : 15m × 32m
관리업무동	15m × 35m	지상 3층	층고 4m

③ 외부시설

시설명	크기	비고
로봇경기장	850m^2 이상	200석 이상의 스탠드형 관람석 포함
다목적마당	360m^2 이상	로봇연구동 외부 다목적 활동 공간
로봇광장	1,000m^2 이상	원형회차로 포함, 원형회차로 중앙에 로봇조형물 설치

④ 주차장

시설명	주차대수	비고
주차장 Ⓐ	17대 이상	관리업무동 옥외주차
주차장 Ⓑ	15대 이상	로봇홍보동 옥외주차
주차장 Ⓒ	15대 이상	로봇실험동 필로티 주차

주) 1. 각 주차장마다 장애인전용주차구획 2대 이상을 포함한다.
2. 각 주차장의 바닥레벨은 각 건축물 1층 바닥과 같은 레벨이 되도록 계획한다.
3. 필로티 주차구역은 기둥을 고려하지 않는다.
4. 주차장 차로는 단지 내 도로를 사용할 수 없다.

(2) 고려사항

① 제시된 지형을 최대한 이용하여 계획한다.

② 단지 진출입은 8m 도로에서 하고 단지 내 도로는 로봇광장과 연결한다. 로봇광장에는 내측 반경 5m 이상의 원형회차로(cul-de-sac)를 계획한다.

③ 로봇연구동은 메이커스랩과 관리업무동 이용자들의 이동이 용이하도록 폭 2m의 연결통로를 계획한다.

④ 로봇경기장은 로봇실험동의 외부실험장으로 이용하고, 로봇홍보동 방문자들의 견학을 고려하여 배치한다.

⑤ 로봇경기장에는 지형을 활용한 200석 이상의 스탠드형 관람석을 계획한다.

⑥ 대지 북측 자연녹지와 15m 도로를 연결하는 폭 8m 이상의 조경공간으로 이루어진 녹지축을 2개 이상 계획한다.(단, 단지 내 도로에 의해 일부구간이 단절되는 것은 가능하다.)

⑦ 건축물, 외부시설, 주차장은 인접대지경계선과 도로경계선에서 5m 이상 이격한다.

⑧ 건축물과 건축물은 9m 이상 이격하고, 건축물과 외부시설, 건축물과 단지 내 도로는 2m 이상 이격한다.

⑨ 외부시설 및 주차장은 바닥레벨 변화가 없도록 평탄하게 계획한다.(단, 로봇경기장의 관람석은 제외한다.)

⑩ 등고선 조정은 경사도 45° 이하로 하고 옹벽은 설치하지 않는다.(단, 메이커스랩과 로봇경기장 관람석은 옹벽을 설치할 수 있다.)

⑪ 단지 내 도로의 경사도는 10% 이하로 하고, 주차장 진입로는 14% 이하로 계획한다.

⑫ 배수를 위한 등고선 조정은 고려하지 않는다.

4. 도면작성 요령

(1) 주요 표기 대상

① 단지 내 도로 : 도로 폭, 경사차로와 경사보행로의 시점과 종점의 바닥레벨, 원형회차로의 회전방향표시

② 건축물 : 시설명, 출입구, 크기, 지상 1층 바닥레벨, 이격거리

③ 외부시설 : 시설명, 크기, 바닥레벨

④ 주차장 : 시설명, 주차구획(장애인전용주차구획 포함), 바닥레벨, 주차대수

⑤ 조정된 등고선

⑥ 건축물 단면이 포함된 대지단면도 <A-A ′ >

(2) 주요 도면표기 기호는 <보기>를 따른다.

(3) 단위 : m, m^2

(4) 축척 : 1/400

<보기> 주요 도면표기 기호

경사차로/경사보행로	시작레벨 (낮은곳) × ──▶ × 끝 레벨 (높은곳)
건축물/옥내주차장 출입구	▲
바닥레벨	+
조정된 등고선	────
필로티주차장 주차구획선	....

5. 유의사항

(1) 답안작성은 반드시 흑색 연필로 한다.

(2) 명시되지 않은 사항은 현행 관계 법령의 범위 안에서 임의로 한다.

<대지현황도> 축척 없음

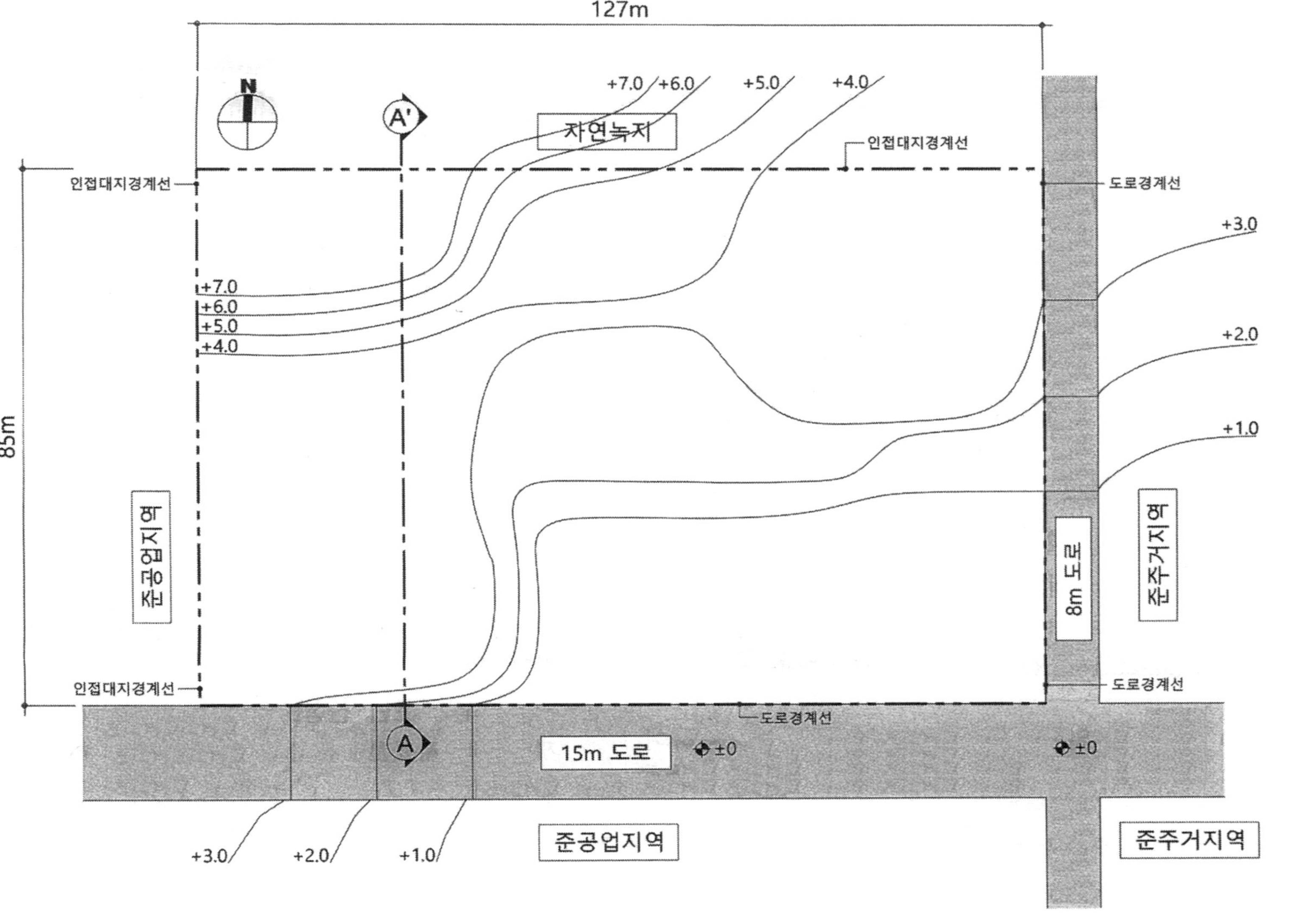

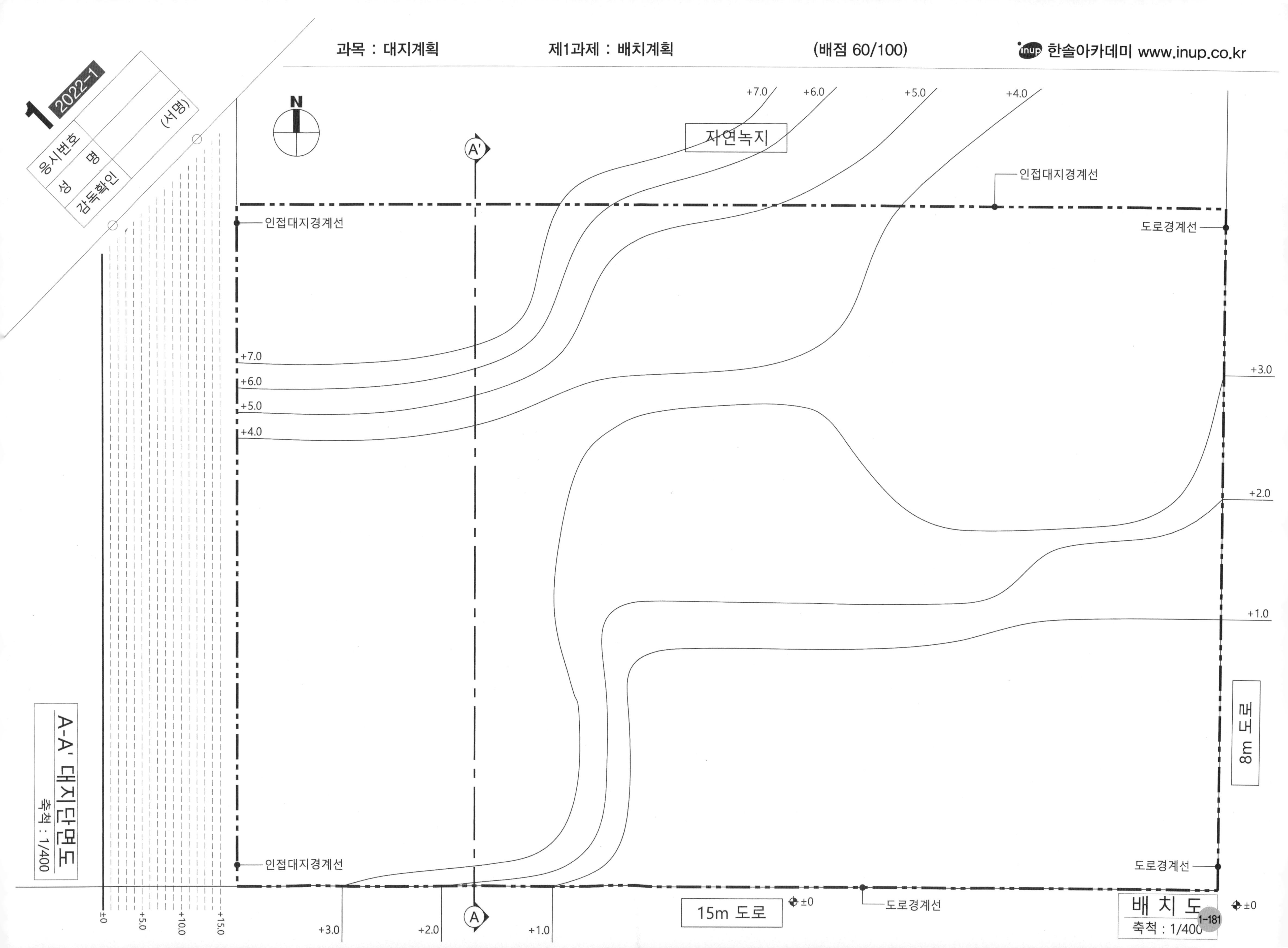
1 2022-1
응시번호
성 명
감독확인 (서명)
N
자연녹지
A'
A
인접대지경계선
도로경계선
+7.0
+6.0
+5.0
+4.0
+3.0
+2.0
+1.0
±0
8m 도로
15m 도로
A-A' 대지단면도
축척 : 1/400
±0
+5.0
+10.0
+15.0
배 치 도
축척 : 1/400

2022년도 제1회 건축사 자격시험 문제

과 목 : 대지계획 **제2과제(대지분석 · 대지주차)** **배점 40 / 100** **한솔아카데미 www.inup.co.kr**

제 목 : 복합커뮤니티센터의 최대 건축가능 규모 산정

1. 과제개요

지방자치단체에서 복합커뮤니티센터를 건립하고자 한다. **용도지역, 경사지** 및 **도로조건**을 고려하여 **최대 건축가능 규모**를 산정하고, 배치도, 단면도, 지하층의 지표면 산정도 및 계획개요를 작성하시오.

2. 대지조건

본 대지는 준주거지역과 제2종 일반주거지역에 걸쳐 있다.

구분	내용
준주거지역	건폐율 60% 이하, 용적률 300% 이하
제2종 일반주거지역	건폐율 50% 이하, 용적률 150% 이하

3. 계획조건 및 고려사항

(1) 건축물의 규모는 지상 5층 이하로 계획한다.

(2) 각 층의 층고는 3m로 하며, 지하층의 바닥레벨은 ±0 레벨로 계획한다.

(3) 기존 옹벽과 건축물 외벽을 일직선상에 계획한다.

(4) 모든 바닥과 벽체는 수직과 수평으로 계획한다.

(5) 건축물의 외부공간 조성레벨은 <대지현황도>에 표기된 레벨과 동일하다.

(6) 본 대지는 남측 인접대지 D와 동시에 사용승인을 완료하는 조건이다.

(7) 조경 하부에는 지하층을 계획할 수 있으며, 조경 상부에는 건축물을 설치하지 않는다.
(단, 제시된 조경 외에 추가적인 조경계획은 고려하지 않는다)

(8) 주차계획

① 주차대수 : 총 4대(장애인전용주차 1대 포함)

② 주차단위구획 규격

구분	내용
일반주차	2.5m × 5.0m
장애인전용주차	3.5m × 5.0m

③ 주차는 일반주거지역 영역에만 설치하며, 주차차로 및 주차구역의 상부에는 건축물을 설치하지 않는다.

④ 주차는 직각주차형식으로 계획한다.

⑤ 장애인전용주차구역의 주차차로는 반드시 대지 내에 설치한다.

(9) 이격거리

구분		내용
건축물과의 이격거리	인접대지경계선	1m 이상
	도로경계선	1m 이상
	지정건축선	1m 이상
	주차구획	1m 이상
주차구역과의 이격거리	인접대지경계선	0.5m 이상
	도로경계선	1m 이상
	지정건축선	1m 이상
조경과의 이격거리	고려하지 않음	

4. 건폐율 및 용적률 적용기준(국토계획법)

하나의 대지가 둘 이상의 용도지역에 걸치는 경우

(1) 각 용도지역에 걸치는 부분 중 가장 작은 규모가 330m² 이하인 경우에는 가중평균한 값을 적용한다.

(2) 각 용도지역에 걸치는 부분 중 가장 작은 규모가 330m² 초과인 경우에는 각각 적용한다.

5. 지하층의 지표면(건축법시행령)

지하층의 지표면은 건축물 각 층의 주위가 접하는 각 지표면 부분의 높이를 그 지표면 부분의 수평거리에 따라 가중평균한 높이의 수평면을 지표면으로 산정한다.

6. 도면작성 요령

(1) 이격거리, 치수, 레벨, 면적은 소수점 이하 셋째 자리에서 반올림하여 둘째 자리까지 표기한다.

(2) 내 · 외부 바닥, 벽, 옹벽 등의 두께는 고려하지 않는다.

(3) 배치도에 지하층의 최대 건축가능영역을 점선으로 표기한다.

(4) 단면도는 <대지현황도>에 표시된 <A-A′>단면을 <보기>와 같이 표현하여 작성한다.

(5) 지하층의 지표면 산정도 작성은 서-남-동-북 순으로 한다.

(6) 지하층의 지표면 산정도와 단면도에는 가중평균한 지하층의 지표면 레벨을 점선으로 표기하고, 레벨 값을 기입한다.

(7) 단위는 m, m² 이며, 축척은 1/200 으로 한다.

<보기>

홀수층, 지하층	(빗금 표시)
짝수층	(빈 사각형)

7. 유의사항

(1) 답안작성은 반드시 흑색 연필로 한다.

(2) 명시되지 않은 사항은 현행 관계 법령의 범위 안에서 임의로 한다.

<대지현황도> 축척 없음

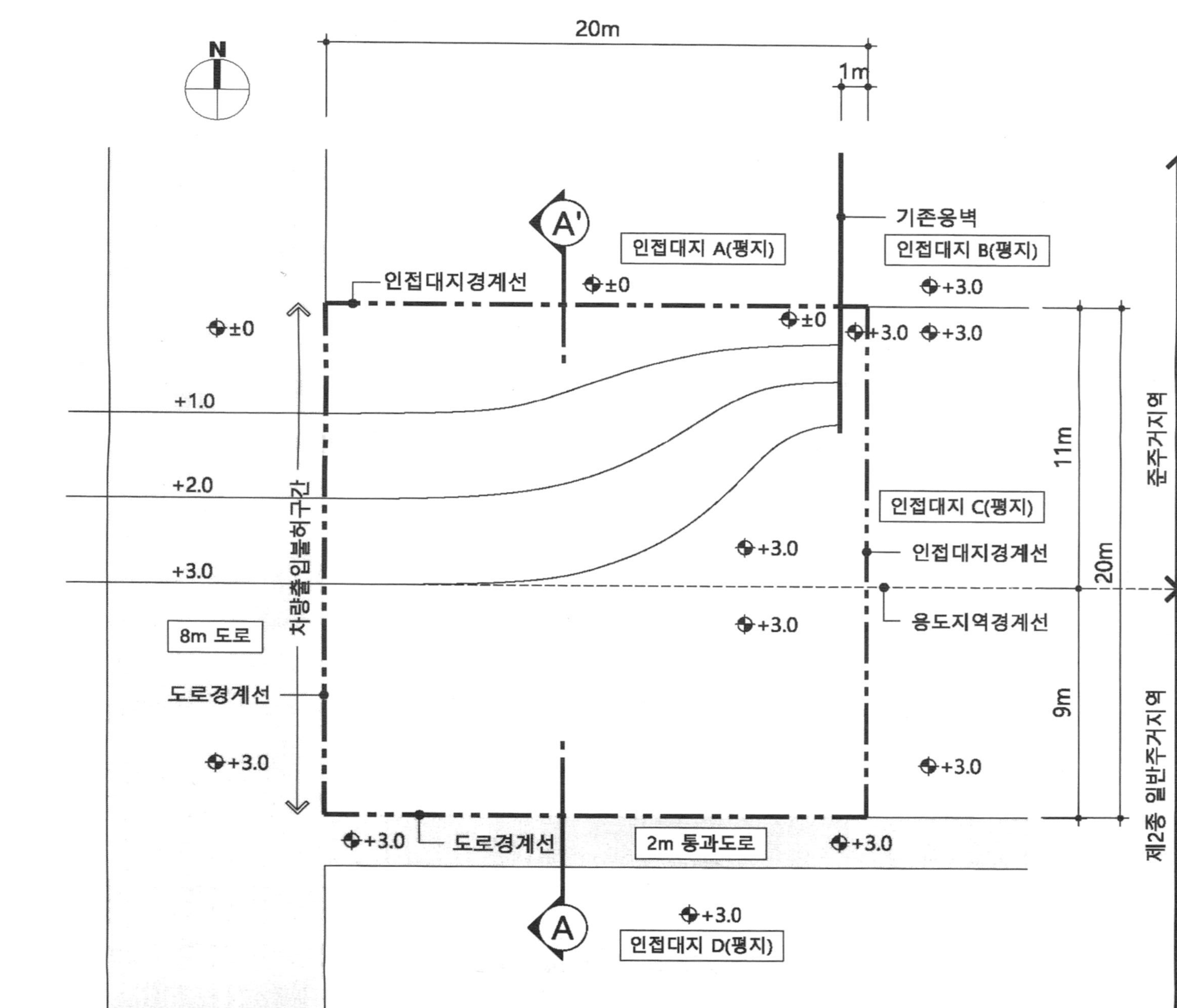

2 2022-1

응시번호	
성 명	(서명)
감독확인	

■ 계획개요

대지면적		m²
건 폐 율	법정	%
	계획	%
용 적 률	법정	%
	계획	%
층별면적	5층	m²
	4층	m²
	3층	m²
	2층	m²
	1층	m²
	지하층	m²
연면적		m²

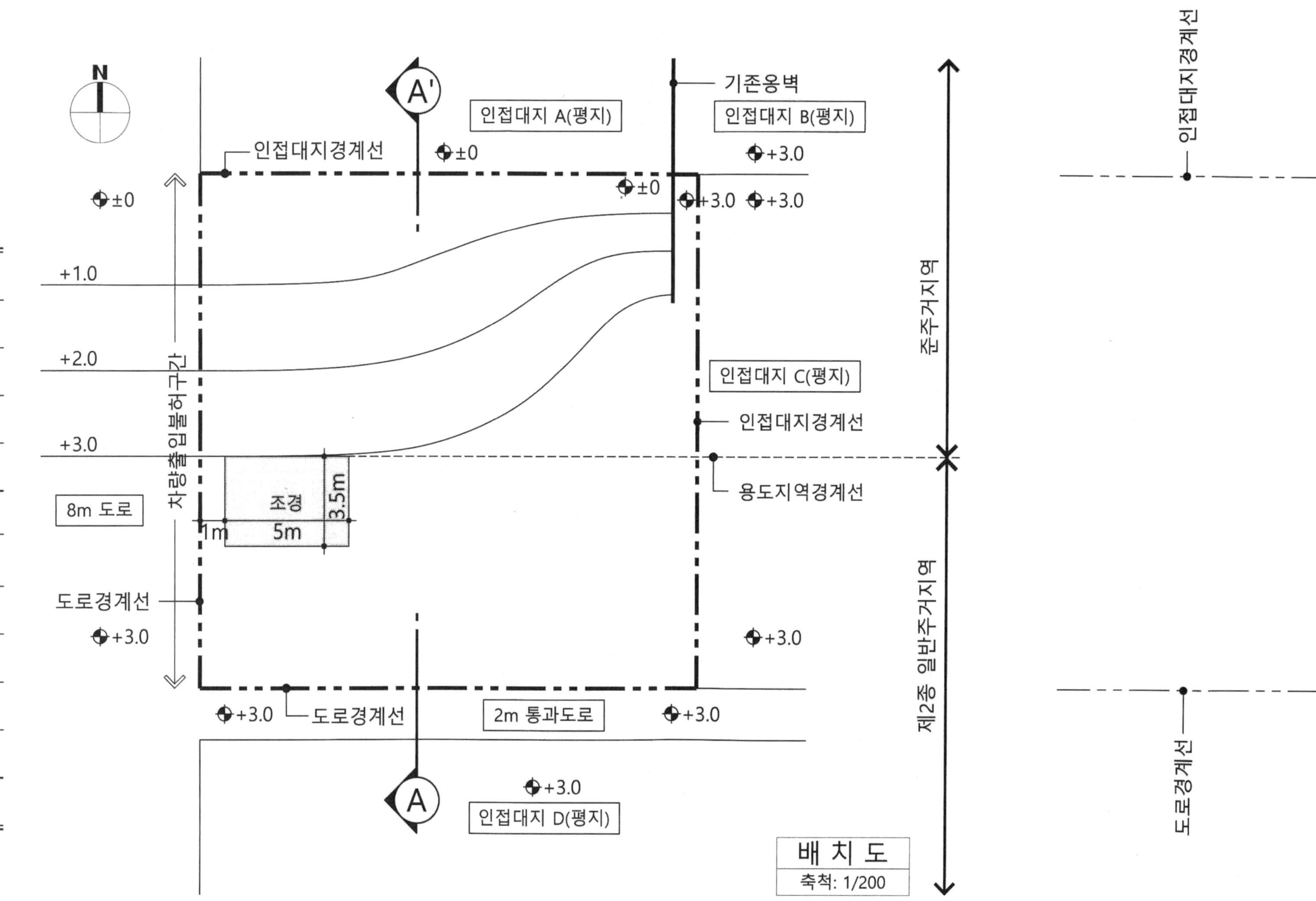

3m 1 1 1

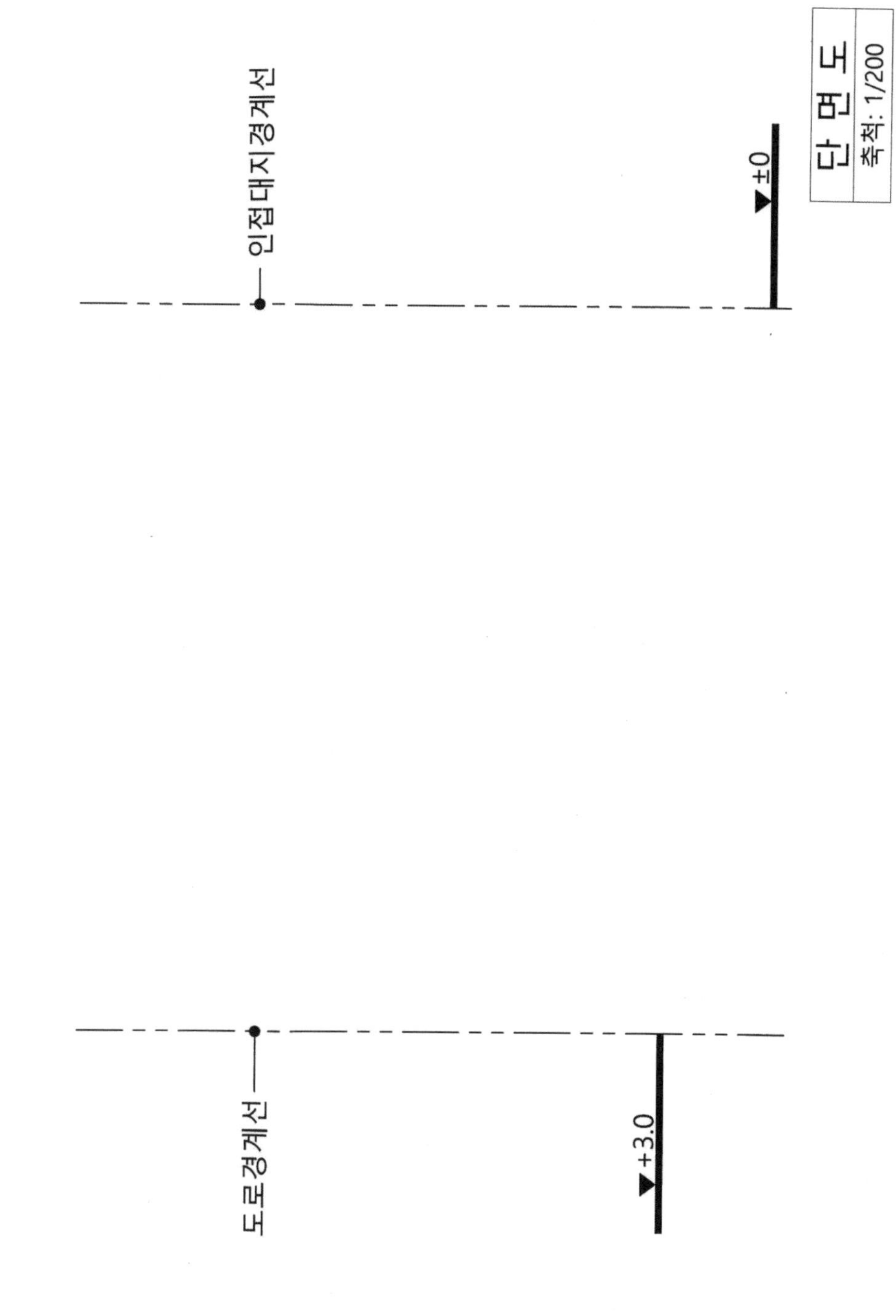

지하층의 지표면 산정도
축척: 1/200

2022년도 제2회 건축사 자격시험 문제

과 목 명
대 지 계 획

과 제 명	제1과제 : 배 치 계 획 (60점) 제2과제 : 대지분석 · 주차계획 (40점)

응시자 준수사항

1. 문제지를 받더라도 시험시작 타종전까지 문제내용을 보아서는 안 됩니다.

2. 문제지를 받는 즉시 과목편철 순서, 문제누락 여부, 인쇄상태 이상 유무 등을 확인한 후 답안지에 본인의 응시번호와 성명을 기재합니다.

3. 시험이 시작되면 문제를 주의 깊게 읽은 후 답안을 작성하시기 바랍니다.

4. 시험시간종료 후 문제지와 보조용지 (깔판지, 트레이싱지)는 제출하지 않습니다.

※ 시험시간이 종료되기 전에는 어떠한 경우에도 문제지를 시험장 밖으로 가지고 갈 수 없습니다.

5. 답안지 미제출자는 부정행위자로 간주 처리됩니다.

공 지 사 항

1. 문제지 공개

 – 방 법 : 국토교통부 및 대한건축사협회 인터넷 홈페이지에 게시

2. 합격예정자 발표

 – 방 법 : 국토교통부 / 대한건축사협회 인터넷 홈페이지 및 각 시 · 도 건축사회 게시판

3. 점수 열람

 – 방 법 : 대한건축사협회 인터넷 홈페이지 / 성적열람 메뉴

※ 합격예정자 제출서류에 대한 자세한 사항은 대한건축사협회 인터넷 원서접수 프로그램 공지사항에 게재되어 있으며, 합격예정자 발표시 별도 공고합니다.

2022년도 제2회 건축사 자격시험 문제

과목 : 대지계획 　 **제1과제(배치계획)** 　 **배점 60/100** 　 **한솔아카데미 www.inup.co.kr**

제　목 : 공동주택단지 배치계획

1. 과제개요

세대융합형 공동주택단지를 계획하고자 한다. 대지의 도시적 맥락, 주거동과 부대복리시설의 합리적인 배치 및 각 시설간의 연계성을 고려하여 배치도를 작성하시오.

2. 대지조건

(1) 용도지역 : 일반주거지역

(2) 대지면적 : 약 8,100m^2

(3) 주변현황 : <대지현황도> 참조

3. 계획조건 및 고려사항

(1) 계획조건

① 단지 내 도로

도로명	너비
차로	6m 이상
공공보행로	8m 이상
보행로	4m 이상 (비상차로 기능 포함)

② 건축물

분류	시설명		크기	층수	비고
주거동	A동		22m × 9m	지상 9층	복도형, 층고 3m
	B동		22m × 9m	지상 9층	복도형, 층고 3m
	C동		22m × 7m	지상 7층	동향 배치 계단실형, 층고 3m, 필로티(2개층)
	D동		44m × 7m	지상 9층	계단실형, 층고 3m, 필로티(2개층)
	E동		22m × 7m	지상 9층	계단실형, 층고 3m, 필로티(2개층)
	F동	고층부	13m × 17m	지상 12층	타워형, 층고 3m
		저층부	22m × 9m	지상 7층	복도형, 층고 3m
부대복리시설	근린생활시설 1		22m ×12m	지상 1층	A동 1층에 배치한다.
	근린생활시설 2		22m ×12m	지상 1층	B동 1층에 배치한다.
	근린생활시설 3		40m ×12m	지상 1층	F동 1층에 배치한다.
	유치원		8m × 12m	지상 1층	공공보행로, 놀이터에 인접한다.
	커뮤니티동		20m ×11m	지하 1층, 지상 1층	공공보행로 및 선큰마당에 인접한다.(경로당, 관리실 포함)
	경비동		3m × 4m	지상 1층	공공보행로에 인접한다.

주) 1. 주거동의 층수는 필로티와 근린생활시설을 포함한다.
2. 지하주차장의 규모 및 형태는 표현하지 않는다.

③ 외부시설

시설명	크기	비고
공공보행로	폭 8m	15m 도로에서 출입한다.
선큰마당	170m^2	지하층과 지상층을 ELEV.와 계단으로 연결하고 커뮤니티동에 인접한다.
놀이터	100m^2 이상	유치원에 연접한다.
정자마당	120m^2	공공보행로에 연접한다.
주민체육마당	150m^2	커뮤니티동에 인접한다.
텃밭	160m^2	주민체육마당과 연접한다.
만남마당	200m^2	버스정류장에 인접한다.
지하주차장 경사로 1	폭 6m 이상	서측 8m 도로에서 진입하고 근린생활시설에 인접한다.
지하주차장 경사로 2	폭 6m 이상	동측 8m 도로에서 진입하고 근린생활시설에 인접한다.
휴게마당	150m^2	E동에 인접한다.

(2) 고려사항

① 공공보행로는 15m 도로와 체육공원을 연결한다.

② 단지 차량진출입은 2개소로 계획하고 단지 내 보행로는 비상차로로 계획한다.

③ 채광을 위한 창문 등이 있는 벽면에서 직각 방향으로 인접 대지경계선까지의 수평거리는 1/2H 이상으로 하고 측벽간 이격거리는 4m 이상으로 한다.

④ 인접대지경계선과 도로경계선에서 주거동은 6m 이상, 부대복리시설은 3m 이상 이격한다.

⑤ 건축물과 외부시설, 건축물과 단지 내 도로는 2m 이상 이격한다.

⑥ 단지 내를 순환할 수 있는 산책로를 계획한다.

⑦ 건축물은 보호수목 영역으로부터 2m 이상 이격한다.

4. 도면작성 요령

(1) 주요 표현 대상

① 단지 내 도로 : 도로 폭

② 건축물 : 시설명, 출입구, 크기, 이격거리

③ 외부시설 : 시설명, 크기

④ 지하주차장 경사로의 표현은 <보기1>을 참조

과목 : 대지계획　　제1과제(배치계획)　　배점 60/100　　한솔아카데미 www.inup.co.kr

(2) 주요 도면표시 기호는 <보기1>을 따른다.
(3) 주거동의 형태는 <보기2>를 따른다.
(4) 단위 : m, m^2
(5) 축척 : 1/400

5. 유의사항

(1) 답안작성은 반드시 흑색 연필로 한다.
(2) 명시되지 않은 사항은 현행 관계법령의 범위 안에서 임의로 한다.

<보기1> 주요 도면표시 기호

지하주차장 경사로	15m, DN
건축물 출입구	▲
차량 출입구	△

<보기2> 주거동 예시

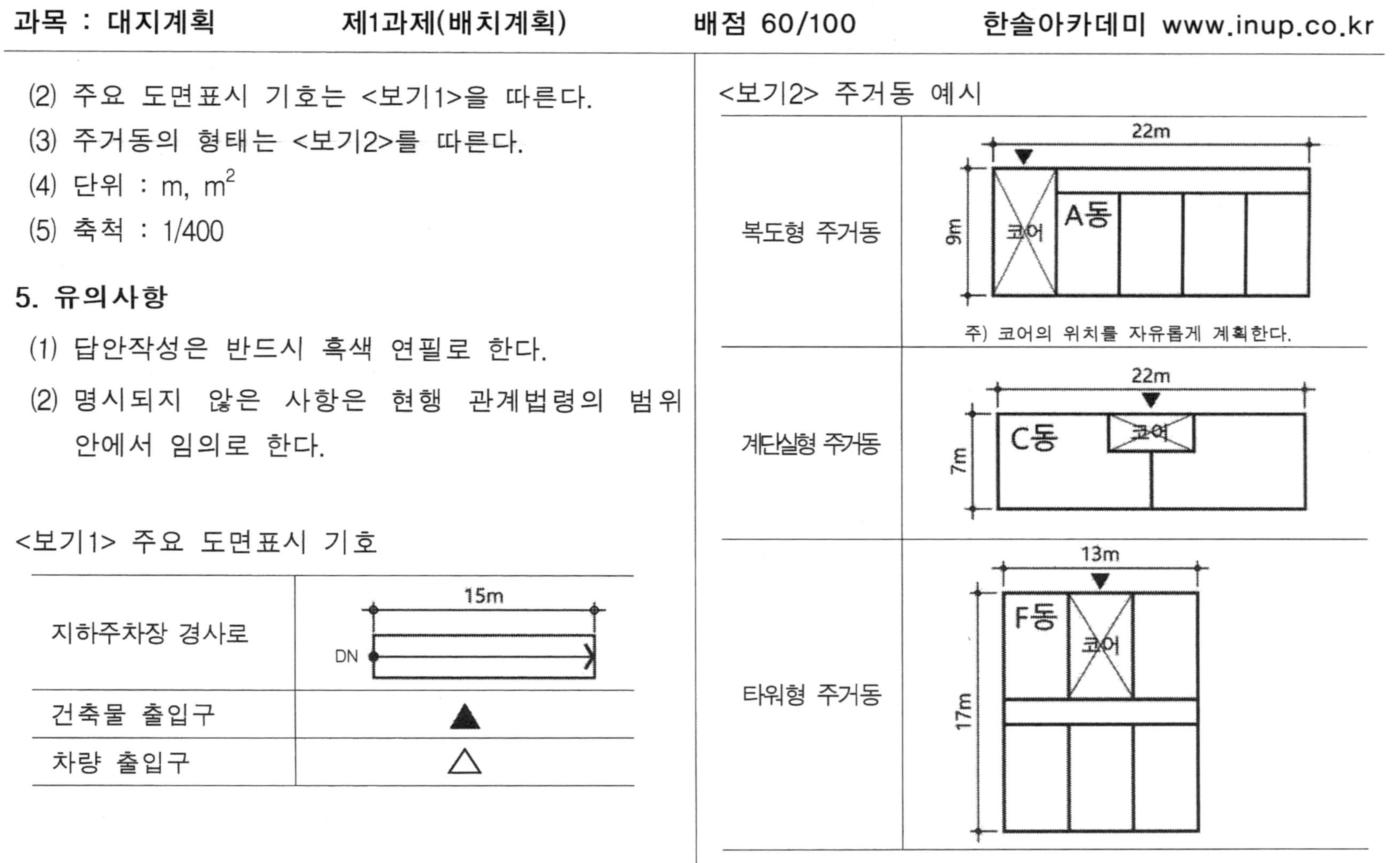

<대지현황도> 축척 없음

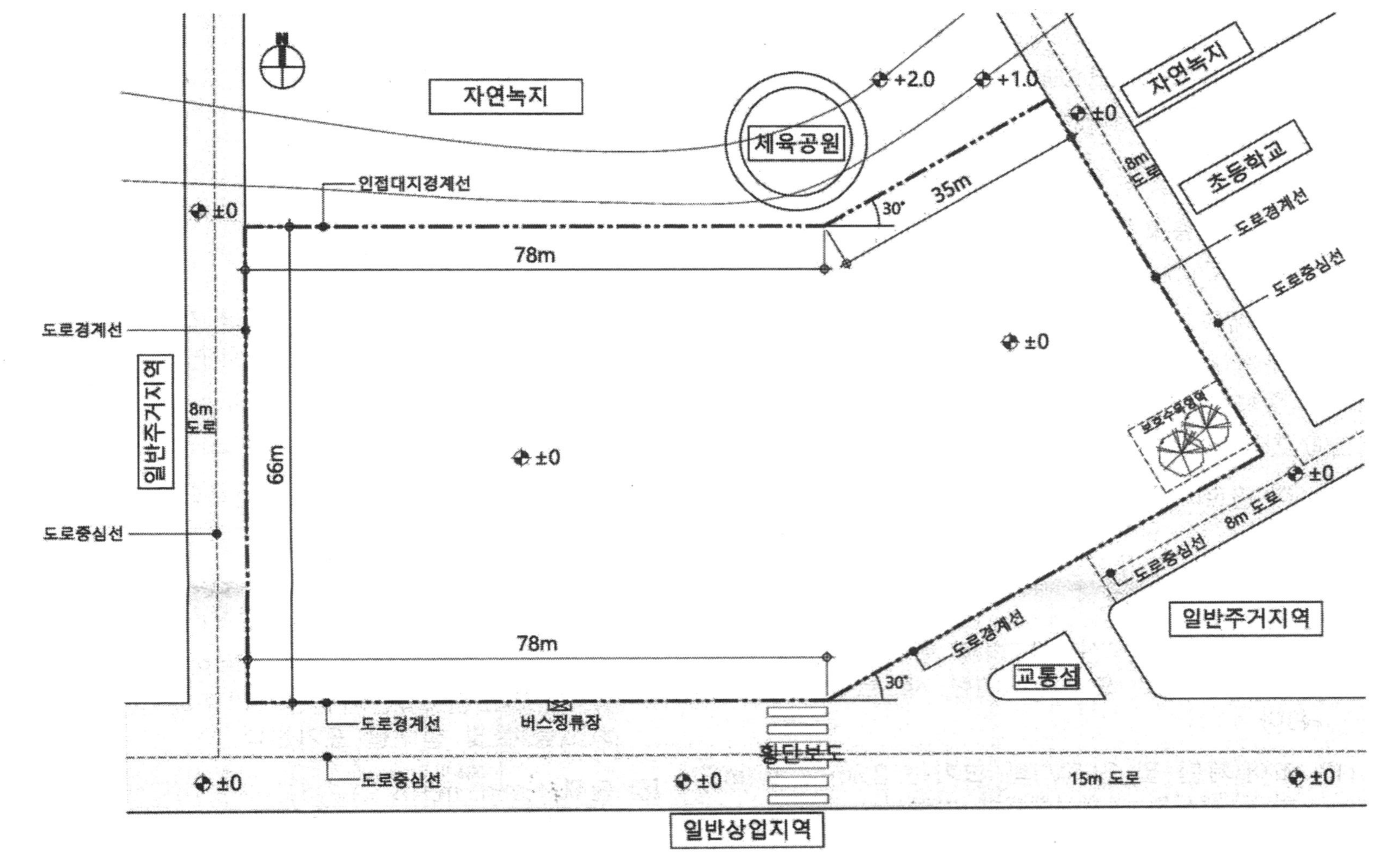

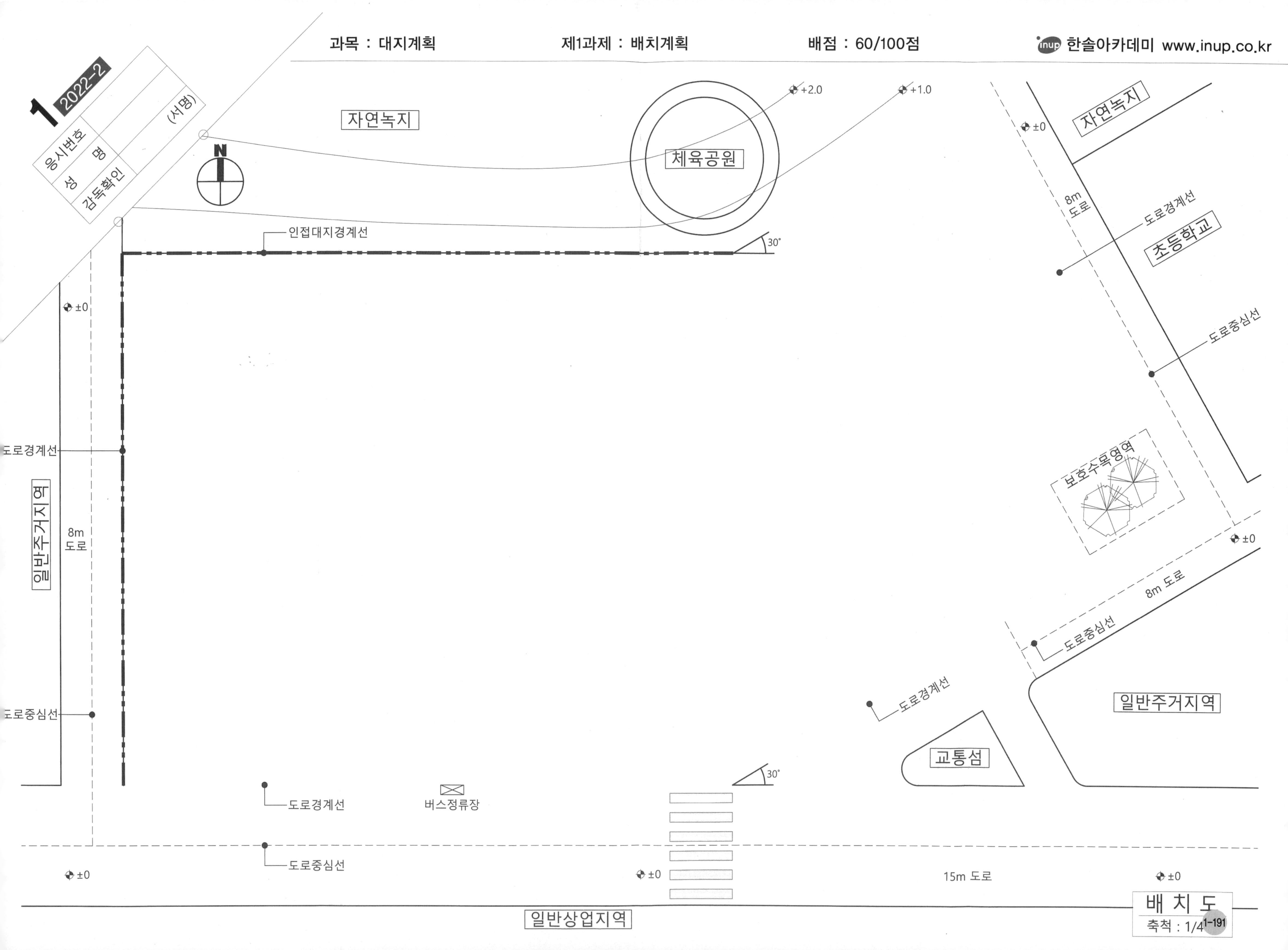
과목 : 대지계획
제1과제 : 배치계획
배점 : 60/100점
한솔아카데미 www.inup.co.kr
1 2022-2
응시번호
성 명
감독확인
(서명)
N
자연녹지
체육공원
+2.0
+1.0
±0
자연녹지
8m 도로
도로경계선
초등학교
도로중심선
인접대지경계선
30°
보호수목영역
±0
8m 도로
도로중심선
도로경계선
일반주거지역
8m 도로
도로경계선
도로중심선
교통섬
일반주거지역
도로경계선
버스정류장
도로중심선
±0
15m 도로
일반상업지역
배 치 도
축척 : 1/400

2022년도 제2회 건축사 자격시험 문제

과목 : 대지계획　　제2과제(대지분석 및 주차계획)　　배점 40/100　　한솔아카데미 www.inup.co.kr

제　목 : 주거복합시설의 최대 건축가능규모 및 주차계획

1. 과제개요

주거 및 근린생활시설을 신축하고자 한다. 아래 조건을 고려하여 최대 건축가능규모를 산정하고 계획개요, 1층 평면 및 주차계획도, 배치도 및 단면도를 작성하시오.

2. 대지조건

(1) 용도지역 : 제2종 일반주거지역

(2) 대지면적(지적도) : 369.09m^2

(3) 건 폐 율 : 60% 이하

(4) 용 적 률 : 250% 이하

(5) 주변현황 : <대지현황도> 참조

3. 계획조건

(1) 건축물의 규모 및 용도
- ① 지상 1층 : 계단 및 ELEV., 주차장
- ② 지상 2층 : 근린생활시설
- ③ 지상 3층~5층 : 공동주택(다세대주택)

(2) 건축물 각 부분의 높이는 전면도로면을 기준으로 산정한다.

(3) 계획대지와 모든 인접대지 및 공원, 인접도로의 레벨은 평탄한 것으로 계획한다.

(4) 지상 1층 바닥레벨(F.L.)은 G.L.±0으로 본다.

(5) 대지의 모든 경계선 모퉁이 교차각은 90°이다.

(6) 각 층의 층고는 다음과 같다.
1층 : 3.6m,　2층 : 5.4m,　3층~5층 : 3.0m

(7) 주차계획
- ① 주차대수 및 방식 : 9대 이상 자주식 직각주차
- ② 주차단위구획 : 일반형(2.5m × 5.0m)
- ③ 차량진출입로와 차로너비 : 6m 이상

(8) 1층 필로티부분의 기둥크기는 0.6m × 0.6m로 하고 기둥간격은 9m(구조체중심기준)이내로 한다. 캔틸레버구조인 경우에는 내민길이 3m(구조체중심기준) 이내로 계획한다.

(9) 2~5층 바닥면적산정은 벽체 두께 및 기둥크기를 고려하지 않고 모든 설비관련 샤프트 면적은 포함한다.

(10) 코어(계단 및 ELEV.)의 크기는 2.8m × 8.1m로 하고, 제시된 대지현황도에 따른다.

(11) 건축물의 모든 외벽은 벽 두께를 고려하지 않고 수직으로 한다.

(12) 장애인 ELEV. 및 장애인주차는 고려하지 않는다.

(13) 조경면적은 대지면적의 5% 이상으로 계획한다.

(14) 옥탑 및 파라펫 높이는 고려하지 않는다.

4. 이격거리 및 높이제한

(1) 일조 등의 확보를 위한 높이제한을 위하여 정북방향으로의 인접대지 경계선에서 다음과 같이 이격한다.
- ① 높이 9m 이하 부분 : 1.5m 이상
- ② 높이 9m 초과 부분 : 해당 건축물 각 부분 높이의 1/2 이상

(2) 공동주택(다세대주택)의 채광을 위한 창문 등이 있는 벽면에서 직각 방향으로 인접 대지경계선까지의 수평거리는 1.0m 이상으로 한다.

(3) 대지안의 공지는 인접대지 경계선 및 도로 경계선으로부터 1.0m 이상으로 한다.

(4) 주차구획의 이격거리는 인접대지 경계선으로부터 1.0m 이상으로 한다.

(5) 건축법 시행령 제31조(건축선)의 아래 규정을 준용한다.

(단위 : m)

도로의 교차각	해당도로의 너비		교차되는 도로의 너비
	6m이상 8m미만	4m이상 6m미만	
90° 미만	4	3	6m이상 8m미만
	3	2	4m이상 6m미만
90° 이상 120° 미만	3	2	6m이상 8m미만
	2	2	4m이상 6m미만

5. 도면작성 요령

(1) 모든 도면은 <보기>를 참고하여 작성하며 기준선, 건축한계선, 이격 거리, 층수, 치수 등을 표기한다.

(2) 1층 평면 및 주차계획도에는 계단 및 ELEV., 기둥, 주차, 조경영역을 표시한다.

(3) 배치도에는 1층~최상층의 건축영역을 표시하고 중복된 층은 그 최상층만 표시한다.

(4) 각종 제한선, 이격 거리, 치수, 면적은 소수점 이하 셋째자리에서 반올림하여 둘째자리까지 표기한다.

(5) 단면도에는 제시된 <A-A'> 부분의 최대 건축가능 영역, 일조권 사선제한선, 기준레벨, 건축물의 최고높이 및 층수를 표기한다.

(6) 단위 : mm, m, m^2

(7) 축척 : 1/200

과목 : 대지계획　　제2과제(대지분석 및 주차계획)　　배점 40/100　　한솔아카데미 www.inup.co.kr

<보기>

홀수층	(빗금)
짝수층	(빈칸)

6. 유의사항

(1) 답안작성은 반드시 흑색 연필로 한다.

(2) 명시되지 않은 사항은 현행 관계법령의 범위 안에서 임의로 한다.

<대지현황도> 축척 없음

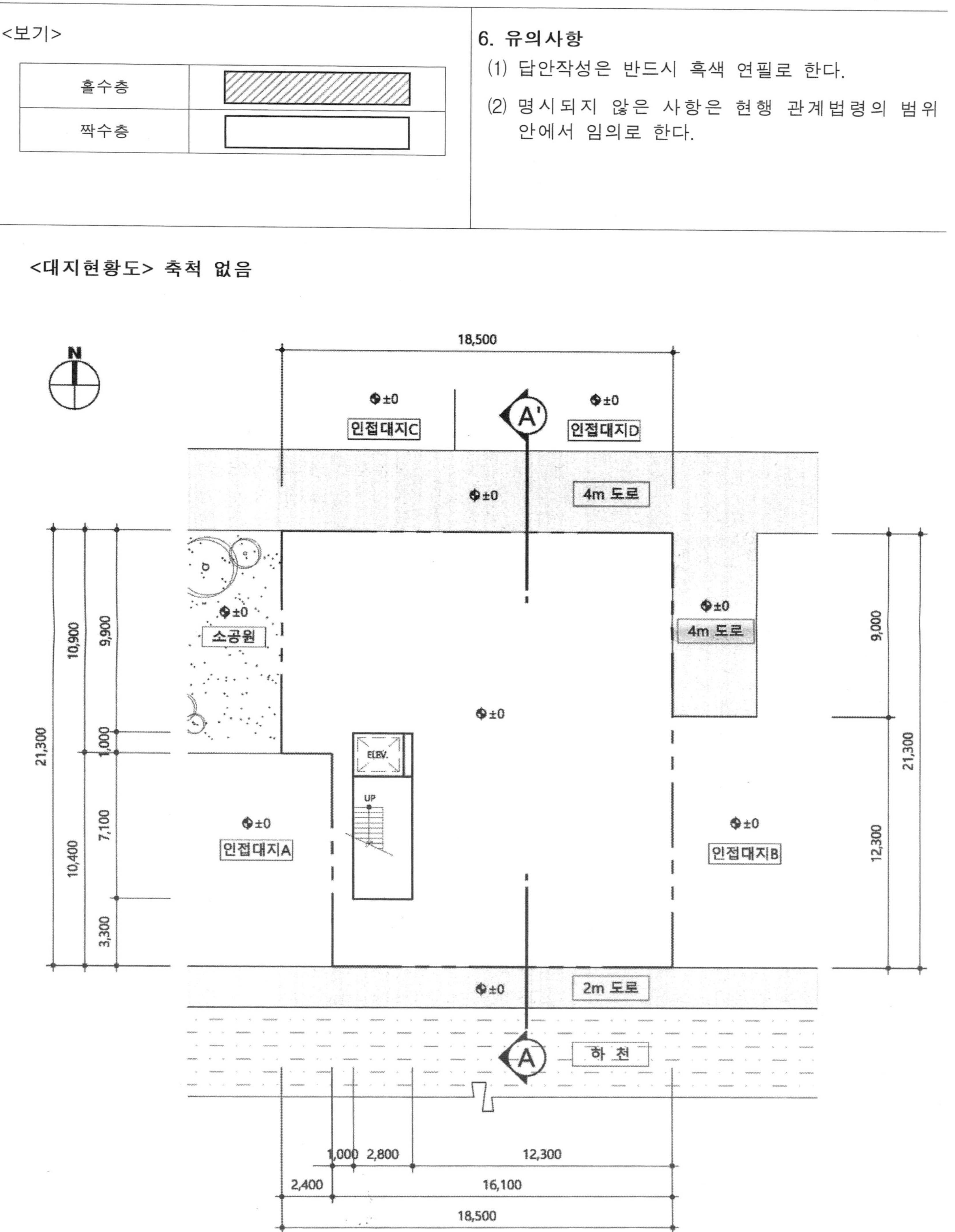

2 2022-2

응시번호	
성 명	
감독확인	(서명)

■ 계획개요

대지면적		m²
건축면적		m²
건폐율		%
용적률		%
조경면적		m²
층별면적	5층	m²
	4층	m²
	3층	m²
	2층	m²
	1층	22.68 m²
연면적		m²

1층평면 및 주차계획도
축척: 1/200

A-A'단면도
축척: 1/200

배치도
축척: 1/200

2023년도 제1회 건축사 자격시험 문제

과 목 명
대 지 계 획

과 제 명	제1과제 : 배 치 계 획 (60점) 제2과제 : 대지분석 · 주차계획 (40점)

응시자 준수사항

1. 문제지를 받더라도 시험시작 타종전까지 문제내용을 보아서는 안 됩니다.
2. 문제지를 받는 즉시 과목편철 순서, 문제누락 여부, 인쇄상태 이상 유무 등을 확인한 후 답안지에 본인의 응시번호와 성명을 기재합니다.
3. 시험이 시작되면 문제를 주의 깊게 읽은 후 답안을 작성하시기 바랍니다.
4. 시험시간종료 후 문제지와 보조용지 (깔판지, 트레이싱지)는 제출하지 않습니다.

※ 시험시간이 종료되기 전에는 어떠한 경우에도 문제지를 시험장 밖으로 가지고 갈 수 없습니다.

5. 답안지 미제출자는 부정행위자로 간주 처리됩니다.

공 지 사 항

1. 문제지 공개

– 방 법 : 국토교통부 및 대한건축사협회 인터넷 홈페이지에 게시

2. 합격예정자 발표

– 방 법 : 국토교통부 / 대한건축사협회 인터넷 홈페이지 및 각 시 · 도 건축사회 게시판

3. 점수 열람

– 방 법 : 대한건축사협회 인터넷 홈페이지 / 성적열람 메뉴

※ 합격예정자 제출서류에 대한 자세한 사항은 대한건축사협회 인터넷 원서접수 프로그램 공지사항에 게재되어 있으며, 합격예정자 발표시 별도 공고합니다.

2023년도 제1회 건축사 자격시험 문제

과목 : 대지계획 **제1과제(배치계획)** **배점 60/100** **한솔아카데미 www.inup.co.kr**

제 목: 초등학교 배치계획

1. 과제개요

지역 사회와 공유하는 초등학교를 계획하고자 한다. **계획조건, 주변현황, 시설 간 연계 및 지형**을 고려하여 배치도를 작성하시오.

2. 대지조건

(1) 용도지역: 일반주거지역

(2) 대지면적: 약 23,450m^2

(3) 주변현황: <대지현황도> 참고

3. 계획조건 및 고려사항

(1) 계획조건

① 보행로

구분	너비	계획조건
보행로A	8m 이상	주진출입구와 중앙마당 연계
보행로B	8m 이상	특별교실동, 고학년교실동, 저학년교실동, 상상놀이터 연계
기타 보행로	3m 이상	

② 건축물

구분	크기(m)	규모 (지상층)	계획조건
특별교실동	71 × 15	3층	관리 및 행정실 포함 <보기 1> 참고
고학년교실동	54 × 15	3층	
저학년교실동	54 × 15	2층	
다목적체육관	35 × 24	2층	급식실 포함
도서관	21 × 20	3층	
유치원	35 × 18	1층	

③ 외부시설

구분	크기(m)	계획조건
운동장	83 × 53	자체소음 고려
운동마당	35 × 28	고학년교실동 인접
중앙마당	54 × 18	부진출입구 인접
놀이마당	54 × 18	저학년교실동 인접
상상놀이터	35 × 18	유치원 인접
진입마당	16 × 16	유치원 전용, 주차장B 인접
휴게정원	23 × 21	다목적체육관 및 도서관 인접

④ 주차장

구분	주차대수	계획조건
주차장A	15대 이상	교사 및 직원용 장애인전용주차구획 2대 포함
주차장B	5대 이상	유치원 전용
지하주차장 출입경사로	-	지역주민 이용 도서관 인접

<보기 1> 특별교실동

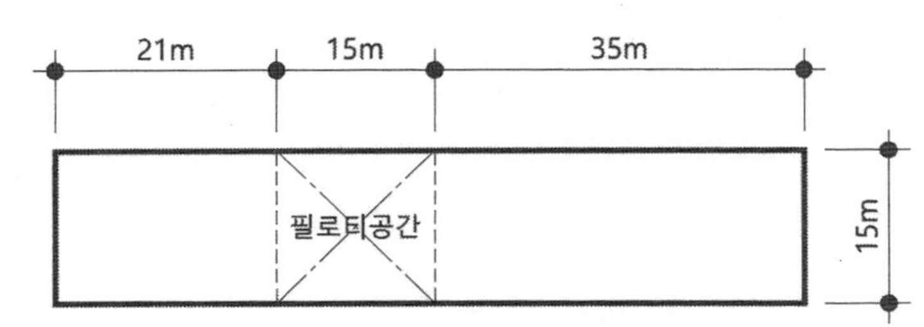

(2) 고려사항

① 주변현황과 지형을 최대한 고려하여 계획한다.

② 주진출입구(정문, 경비실 포함)와 부진출입구(후문)를 계획한다.

③ 특별교실동 일부, 다목적체육관, 도서관 및 운동장은 지역주민의 이용을 고려한다.

④ 보행로A와 보행로B는 비상시 차량동선으로 이용한다.

⑤ 공중통로(지상 2층, 너비 3m 이상)는 특별교실동, 고학년교실동, 저학년교실동, 다목적체육관 및 도서관을 연결한다.

⑥ 유치원은 노인복지시설에 인접하여 계획한다.

⑦ 다목적체육관의 주출입구에는 전면공간을 임의로 계획한다.

⑧ 지하주차장의 규모 및 형태는 표현하지 않고 차량진출입구와 출입경사로(너비 6m 이상)는 표현한다.

⑨ 건축물, 외부시설 및 주차장은 인접대지경계선과 도로경계선으로부터 5m 이상 이격한다(진입마당 제외).

⑩ 건축물 상호간에 9m 이상 이격한다. 단, 특별교실동, 고학년교실동, 저학년교실동 및 유치원은 증축을 고려하여 상호간에 25m 이상 이격한다.

⑪ 모든 시설물(건축물, 외부시설, 주차장, 보행로)은 둘레에 3m 이상의 조경공간을 확보한다(공중통로와 특별교실동 필로티공간 제외).

⑫ 외부시설과 주차장은 평탄하게 계획한다.

⑬ 보행로의 기울기는 18분의 1 이하로 계획한다.

⑭ 우배수를 위한 등고선 조정은 고려하지 않는다.

4. 도면작성 기준

(1) 주요 표기 대상

① 보행로: 너비, 경사로의 시점과 종점의 바닥 레벨

② 건축물: 시설명, 출입구, 크기, 지상 1층 바닥 레벨, 이격거리

③ 외부시설: 시설명, 크기, 바닥레벨, 이격거리

④ 주차장: 시설명, 주차구획, 바닥레벨, 주차대수, 이격거리, 진출입구, 출입경사로

⑤ 계획 등고선

(2) 주요 도면표기 기호는 <보기 2>를 따른다.

(3) 단위: m

<보기 2> 주요 도면표기 기호

구분	기호
경사로	레벨 ●──→ 레벨
학교 주진출입구 건축물 주출입구	▲
학교 부진출입구 건축물 부출입구 차량 진출입구	△
바닥레벨(예시)	+ 0.0
계획 등고선	────
공중통로	------------

5. 유의사항

명시되지 않은 사항은 현행 관계법령의 범위 안에서 임의로 한다.

<대지현황도> 축척 없음

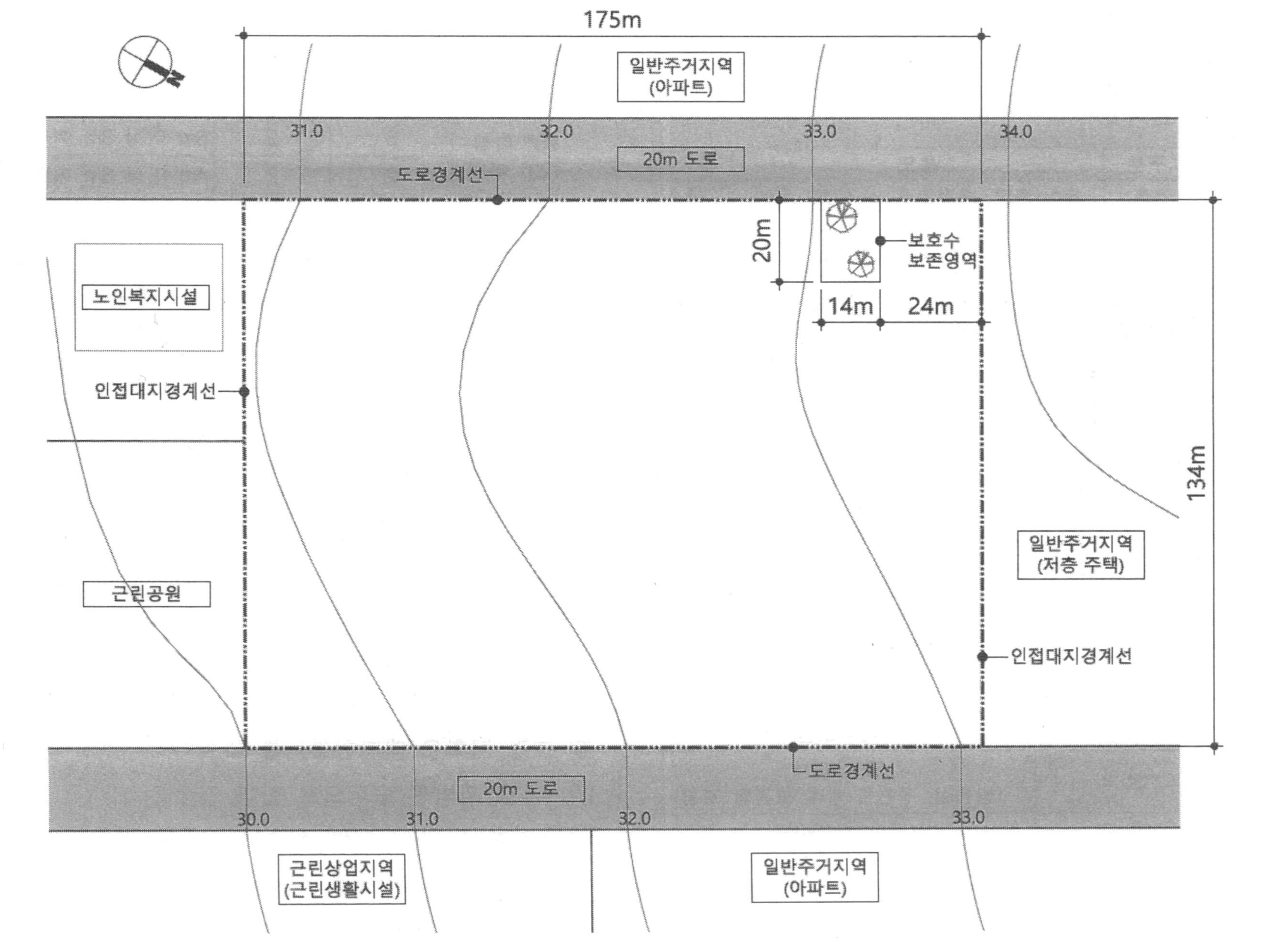

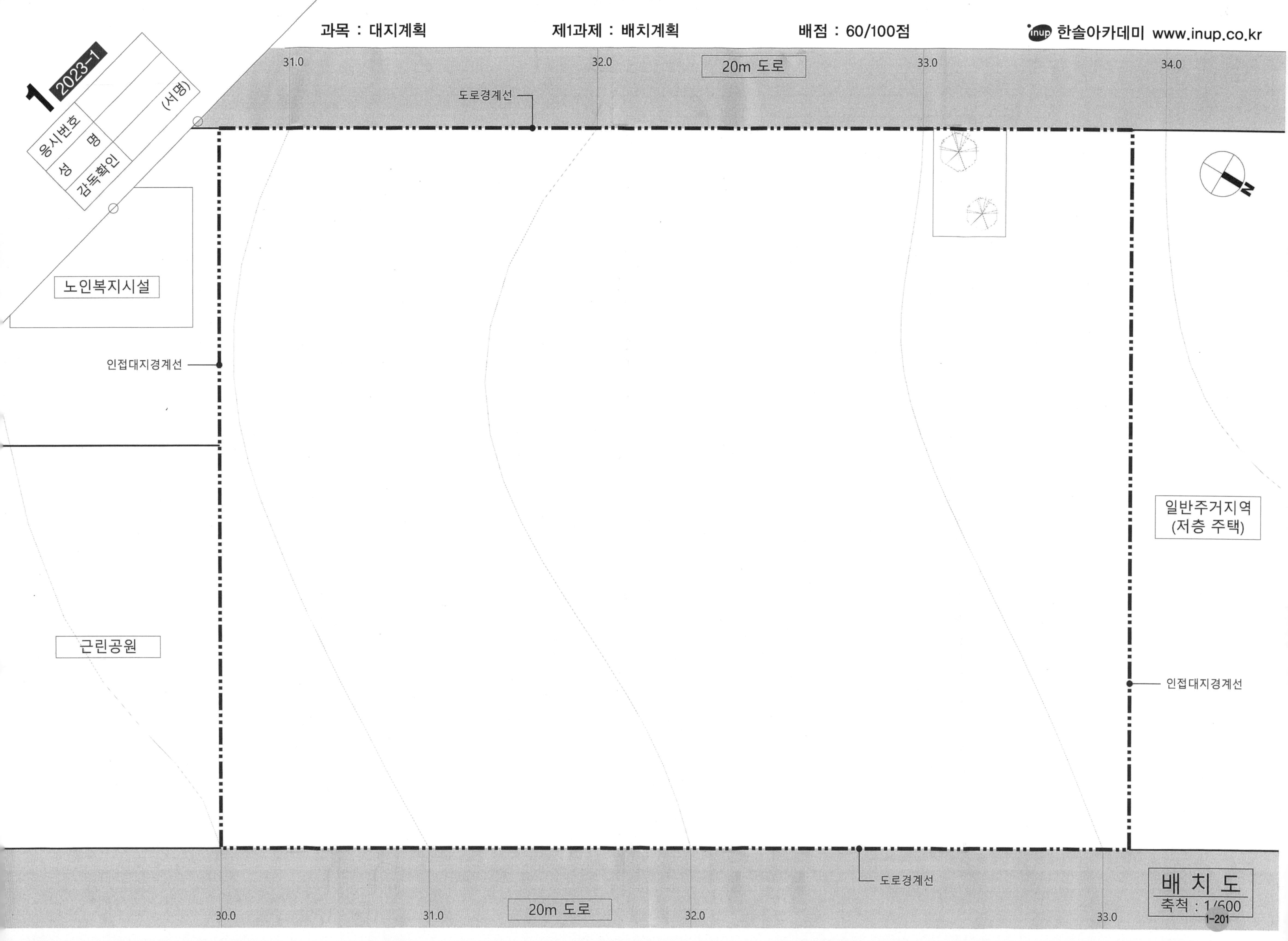

1
2023-1
응시번호
성 명
(서명)
감독확인
31.0
32.0
20m 도로
33.0
34.0
도로경계선
노인복지시설
인접대지경계선
일반주거지역
(저층 주택)
근린공원
인접대지경계선
도로경계선
20m 도로
30.0
31.0
32.0
33.0
배 치 도
축척 : 1/600

2023년도 제1회 건축사 자격시험 문제

과목 : 대지계획　　제2과제(대지분석 및 대지주차)　　배점 40/100　　한솔아카데미 www.inup.co.kr

제　목: 공동주택(다세대주택)의 최대 건축가능규모 및 주차계획

1. 과제개요

공동주택(다세대주택)을 신축하고자 한다. **대지현황과 계획조건**을 고려하여 최대 건축가능규모를 계획하고, 계획개요, 1층 평면도·주차계획도, 배치도 및 단면도를 작성하시오.

2. 대지조건

(1) 용도지역: 제2종 일반주거지역

(2) 대지면적(지적도): 378m^2

(3) 건 폐 율: 50% 이하

(4) 용 적 률: 200% 이하

(5) 주변현황: <대지현황도> 참고

3. 계획조건

(1) 건축물

구분	용도	층고(m)
1층	코어(계단, 승강기홀, 승강기), 로비	3.2
2층	공동주택(다세대주택)	2.9
3층	공동주택(다세대주택)	2.9
4층	공동주택(다세대주택)	3.0
5층	공동주택(다세대주택)	3.0

(2) 주차계획

① 주차대수 및 크기

구분	대수	크기(m)
일반주차	5	2.5 × 5.0
장애인전용주차	1	3.5 × 5.0

② 직각주차로 계획하고, 차로는 도로를 사용하지 않는다.

③ 주차단위구획은 세로 연접배치를 하지 않는다.

(3) 기타

구분	계획조건
로 비	50m^2 이내 (방풍실, 우편물·택배 보관함 포함)
코 어	5.0m × 5.0m
승강기 (장애인겸용)	2.2m × 2.4m (건축면적과 바닥면적에서 제외)
각 층	최소 폭 4.0m

4. 이격거리 및 높이제한

(1) 일조 등의 확보를 위한 높이제한은 정북방향으로의 인접대지경계선으로부터 다음과 같이 이격한다.

① 높이 9m 이하 부분: 1.5m 이상

② 높이 9m 초과 부분: 해당 건축물 각 부분 높이의 1/2 이상

(2) 대지의 도로모퉁이 부분 건축선은 아래 기준을 적용한다.

(단위: m)

도로의 교차각	해당도로의 너비		교차되는 도로의 너비
	6m 이상 8m 미만	4m 이상 6m 미만	
90° 미만	4	3	6m 이상 8m 미만
	3	2	4m 이상 6m 미만
90° 이상 120° 미만	3	2	6m 이상 8m 미만
	2	2	4m 이상 6m 미만

(3) 건축물은 도로경계선 및 인접대지경계선으로부터 1.3m 이격한다.

5. 고려사항

(1) 인접대지, 주변도로 및 지상 1층의 바닥레벨은 동일하다.

(2) 바닥면적 산정은 발코니, 벽체 두께 및 기둥 크기를 고려하지 않는다(설비관련 샤프트 면적은 포함).

(3) 막다른 도로의 길이가 10m 이상 35m 미만일 경우 도로의 너비는 3m로 적용한다.

(4) 각 도로의 교차각은 90°이다.

(5) 조경 영역 상부에는 건축물을 계획하지 않는다.

(6) 조경 계획은 대지현황도를 따른다.

(7) 각 층 외벽은 수직으로 한다.

(8) 2, 3층 각 층의 단변 폭은 동일하게 계획한다.

(9) 옥탑 및 파라펫 높이는 고려하지 않는다.

(10) 옥탑은 건축면적의 1/8 이하로 한다.

6. 도면작성 기준

(1) 모든 도면은 기준선, 이격거리, 층수, 치수 및 건축한계선 등을 표기한다.

(2) 1층 평면도·주차계획도에는 1층 건축가능 영역(코어, 로비)과 주차계획, 차량 출입구를 표시한다.

(3) 배치도는 각 층의 건축영역을 표시하고, 1층 건축영역은 점선으로 표시한다(중복된 층은 최상층만 표시).

(4) 단면도에는 제시된 A-A′ 부분의 최대 건축가능영역, 일조권 사선제한선, 기준레벨, 건축물의 최고높이 및 층수, 이격거리를 표기한다.

(5) 면적은 소수점 둘째 자리까지 표기한다.

(6) 배치도, 단면도의 층 표기는 <보기>를 참조한다.

(7) 단위: mm

<보기>

홀수층	(빗금 사각형)
짝수층	(빈 사각형)

7. 유의사항

명시되지 않은 사항은 현행 관계법령의 범위 안에서 임의로 한다.

<대지현황도> 축척 없음

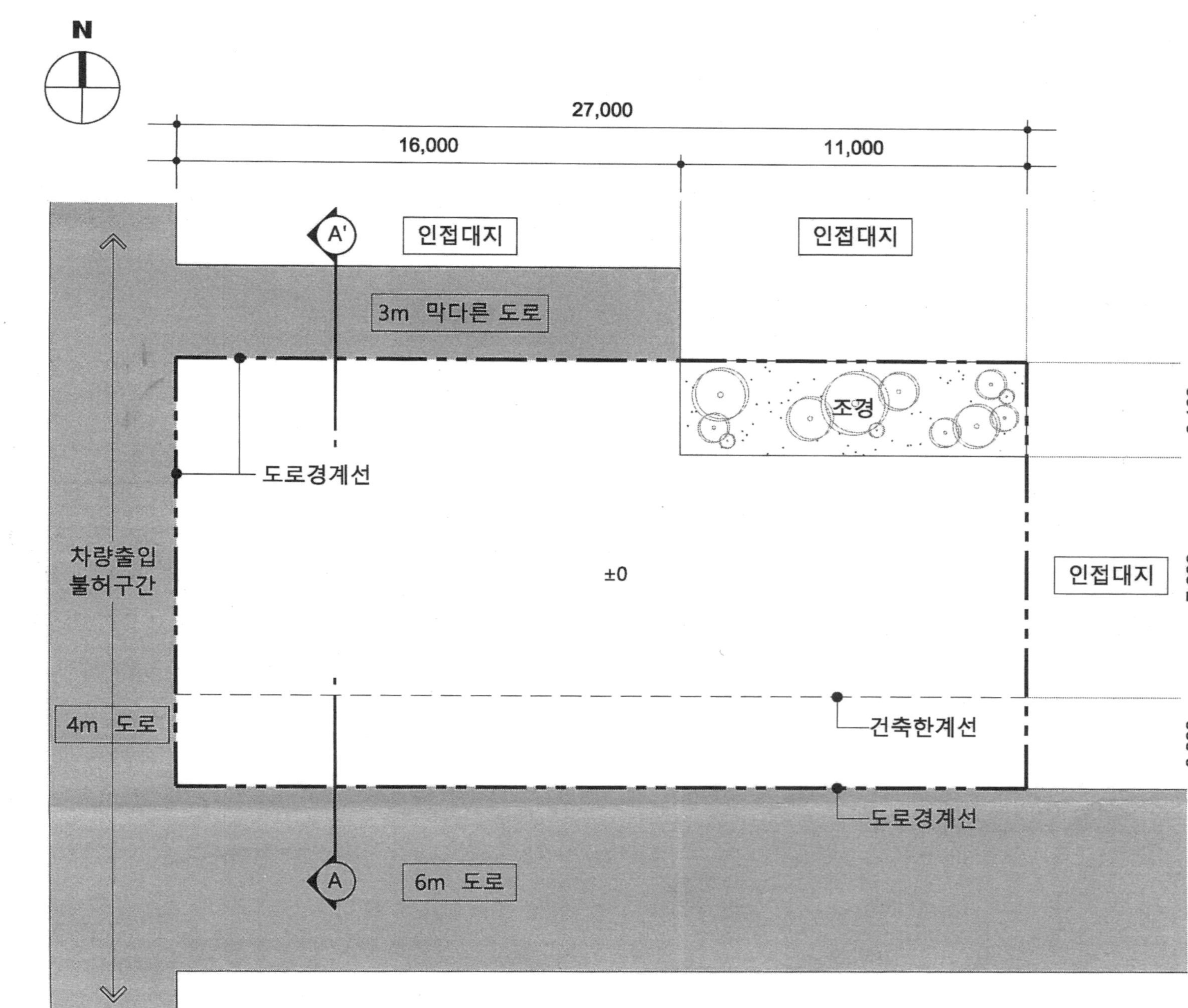

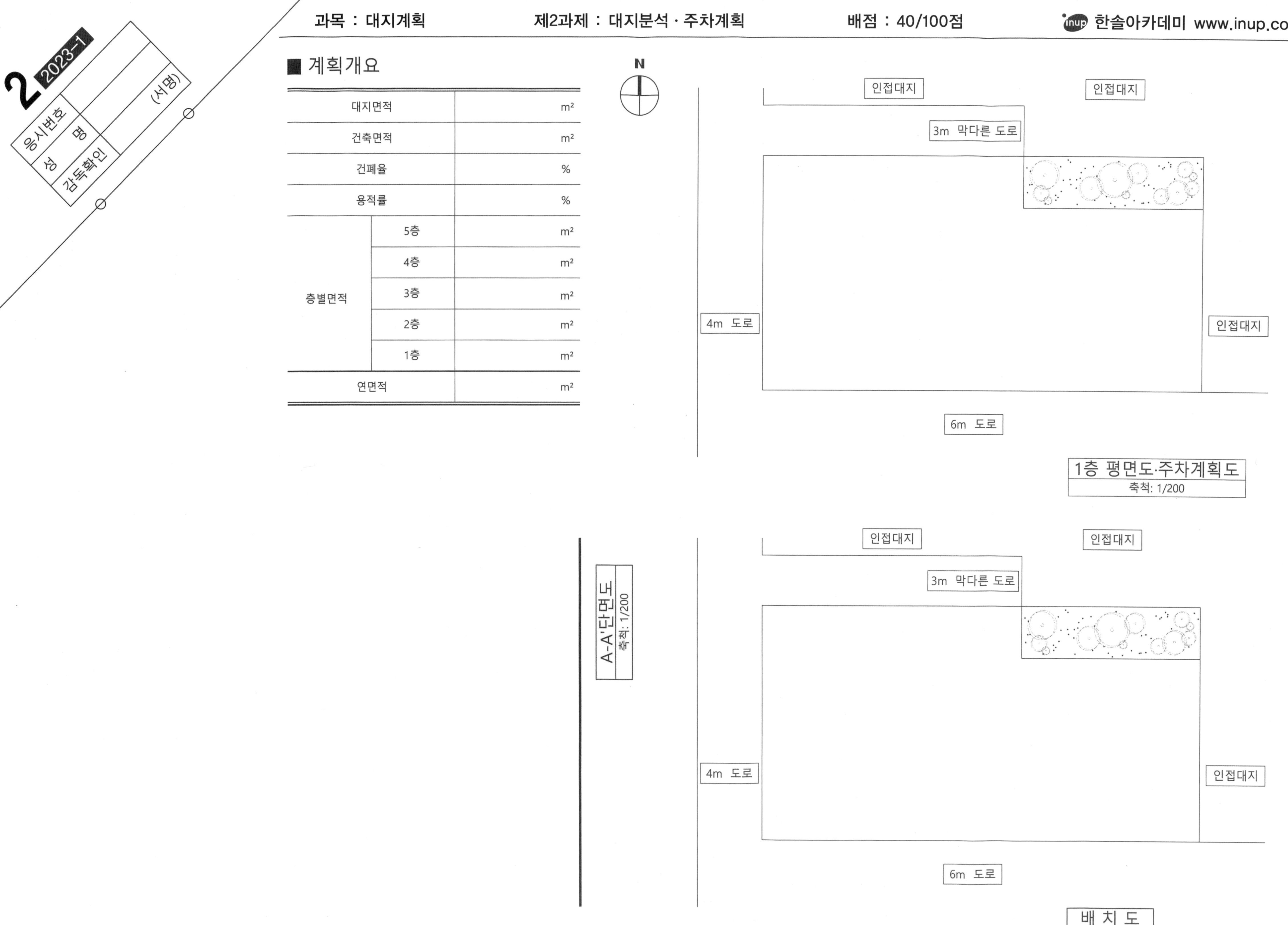
2 2023-1
응시번호
성 명
감독확인
(서명)
■ 계획개요
대지면적 m²
건축면적 m²
건폐율 %
용적률 %
층별면적
5층 m²
4층 m²
3층 m²
2층 m²
1층 m²
연면적 m²
N
인접대지
인접대지
3m 막다른 도로
4m 도로
인접대지
6m 도로
1층 평면도·주차계획도
축척: 1/200
A-A'단면도
축척: 1/200
인접대지
인접대지
3m 막다른 도로
4m 도로
인접대지
6m 도로
배 치 도
축척: 1/200

2023년도 제2회 건축사 자격시험 문제

과 목 명
대 지 계 획

과 제 명	
	제1과제 : 배 치 계 획 (65점)
	제2과제 : 대지분석 · 주차계획 (35점)

응시자 준수사항

1. 문제지를 받더라도 시험시작 타종전까지 문제내용을 보아서는 안 됩니다.

2. 문제지를 받는 즉시 과목편철 순서, 문제누락 여부, 인쇄상태 이상 유무 등을 확인한 후 답안지에 본인의 응시번호와 성명을 기재합니다.

3. 시험이 시작되면 문제를 주의 깊게 읽은 후 답안을 작성하시기 바랍니다.

4. 시험시간종료 후 문제지와 보조용지 (깔판지, 트레이싱지)는 제출하지 않습니다.

※ 시험시간이 종료되기 전에는 어떠한 경우에도 문제지를 시험장 밖으로 가지고 갈 수 없습니다.

5. 답안지 미제출자는 부정행위자로 간주 처리됩니다.

공 지 사 항

1. 문제지 공개

- 방 법 : 국토교통부 및 대한건축사협회 인터넷 홈페이지에 게시

2. 합격예정자 발표

- 방 법 : 국토교통부 / 대한건축사협회 인터넷 홈페이지 및 각 시 · 도 건축사회 게시판

3. 점수 열람

- 방 법 : 대한건축사협회 인터넷 홈페이지 / 성적열람 메뉴

※ 합격예정자 제출서류에 대한 자세한 사항은 대한건축사협회 인터넷 원서접수 프로그램 공지사항에 게재되어 있으며, 합격예정자 발표시 별도 공고합니다.

2023년도 제2회 건축사 자격시험 문제

과목 : 대지계획 　 제1과제 : 배치계획 　 배점 : 65/100점 　 (주)한솔아카데미 www.inup.co.kr

제　목: 문화산업진흥센터

1. 과제개요

문화산업진흥센터를 계획하고자 한다. 계획조건, 주변현황, 시설 간 연계를 고려하여 배치도를 작성하시오.

2. 대지조건

(1) 용도지역: 준공업지역
(2) 대지면적: 16,200m^2
(3) 주변현황: <대지현황도> 참고

3. 계획조건 및 고려사항

(1) 계획조건

① 단지 내 도로

구분	너비
차로	6m 이상
보행로	2m 이상

② 건축물 (가로 세로 구분 없음, 총 7개 동)

구분	시설명	크기	층수	비고
공연지원영역	공연동	42m × 40m	2층	다목적 행사 및 공연
	운영지원동	30m × 20m	4층	센터 운영 및 공연 지원
	숙박동	42m × 11m	3층	공연 및 행사 관계자의 숙소
문화산업진흥영역	창작동	50m × 18m	3층	예술인의 창작 작업실
	전시동	40m × 10m	2층	작품 전시 및 판매
	후생동	40m × 10m	2층	식당 및 카페테리아
	업무동	30m × 20m	4층	문화산업 관련 사무공간

③ 외부시설

구분	크기	계획조건
진입마당	10m × 50m (가로×세로)	아트 스트리트 연결
아트 스트리트	40m × 10m (가로×세로)	진입마당과 중앙광장 연결
중앙광장	1,000m^2 이상	공연동 연결
휴게마당	400m^2 이상	업무동과 운영지원동 이용자 사용
생태정원	32m × 16m (가로×세로)	숙박동과 근린공원 연계

④ 주차장

구분	주차대수	계획조건
주차장Ⓐ	35대 이상	운영지원동과 공연동 이용자 사용 장애인전용주차 2대 포함
주차장Ⓑ	6대 이상	업무동과 후생동 이용자 사용 장애인전용주차 1대 포함
주차장Ⓒ	6대 이상	창작동과 전시동 이용자 사용 장애인전용주차 1대 포함

(2) 고려사항

① 건축물 및 외부시설은 대지경계선에서 3m 이상 이격하여 배치한다.
② 차량 출입구는 10m 도로에 1개소 계획한다.
③ 건축물 상호간은 10m 이상 이격거리를 확보한다.
④ 건축물 둘레에는 너비 2m 이상의 보행로를 계획한다.
⑤ 진입마당은 전통악기거리와의 연속성을 고려하여 계획한다.
⑥ 진입마당과 중앙광장은 아트 스트리트를 통해 연결되도록 한다.
⑦ 공연동은 차량 출입구와 인접하여 배치하며, 중앙광장과 연결한다.
⑧ 업무동은 대중교통 이용이 편리한 곳에 배치한다.
⑨ 전시동과 후생동 사이에 아트 스트리트를 배치하고, 별도의 보행로를 계획하지 않는다.
⑩ 전시동과 후생동의 장변에 2m 폭의 아케이드를 건축물 내부에 각각 계획한다.
⑪ 업무동은 후생동과 인접하여 배치하고, 2층에 연결통로(너비 4m 이상)를 계획한다.
⑫ 창작동은 전시동과 인접하여 배치하고, 2층에 연결통로(너비 4m 이상)를 계획한다.
⑬ 숙박동은 향과 조망을 고려하여 배치한다.
⑭ 생태정원은 근린공원과 연결되도록 배치한다.

과목 : 대지계획　　제1과제 : 배치계획　　배점 : 65/100점　　(주)한솔아카데미 www.inup.co.kr

4. 도면작성 기준

(1) 주요 표기 대상
① 건축물: 시설명, 크기, 이격거리
② 외부시설: 시설명, 크기, 이격거리
③ 주차장: 시설명, 주차구획, 주차대수

(2) 주요 도면표기 기호는 <보기>를 따른다.

(3) 단위: m

(4) 축척: 1/500

<보기> 주요 도면표기 기호

차량 출입구	 (기호)
아트 스트리트	 (기호)
아케이드	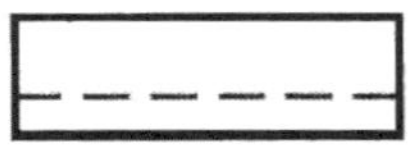 (기호)

5. 유의사항

명시되지 않은 사항은 현행 관계법령의 범위 안에서 임의로 한다.

<대지현황도> 축척 없음

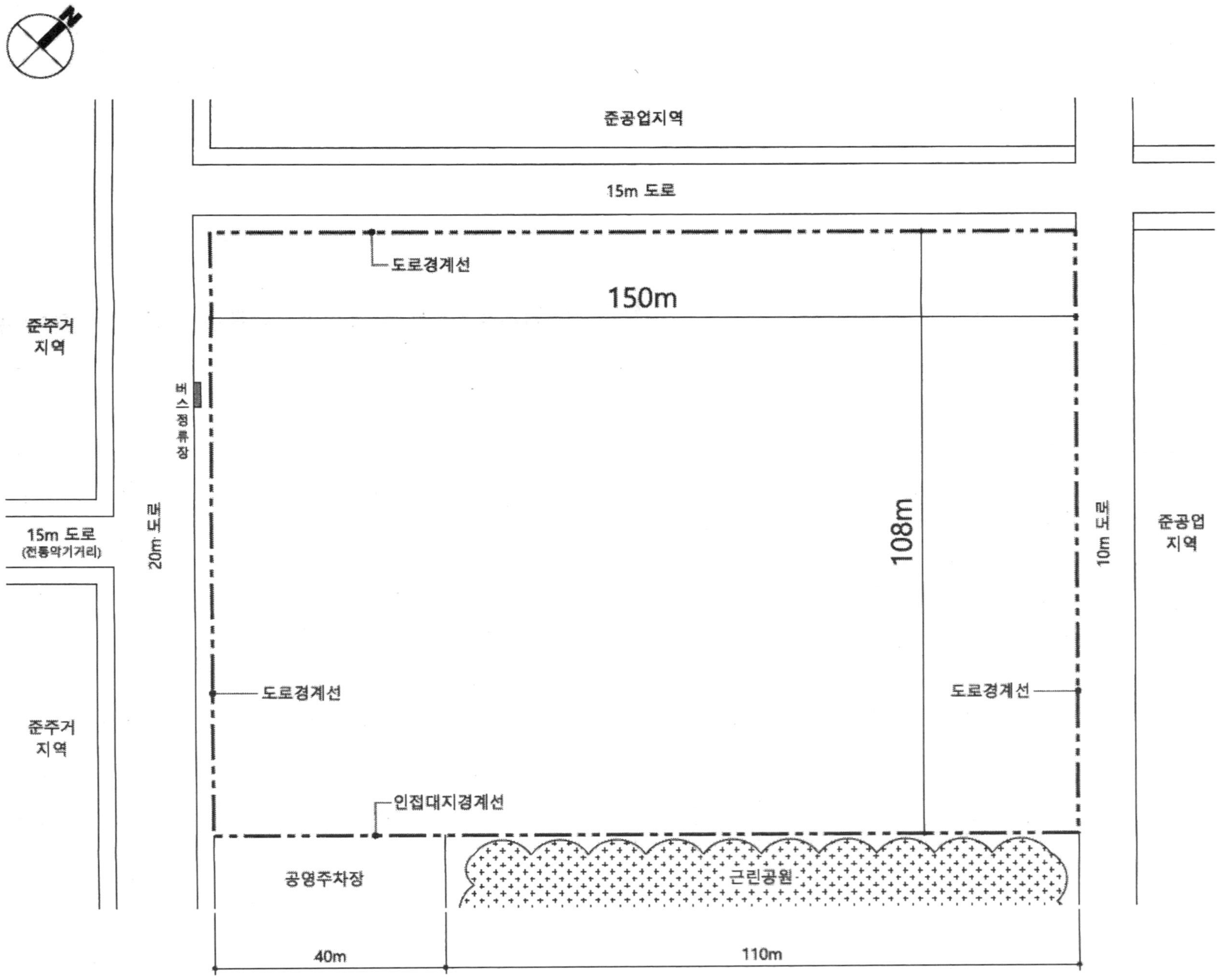

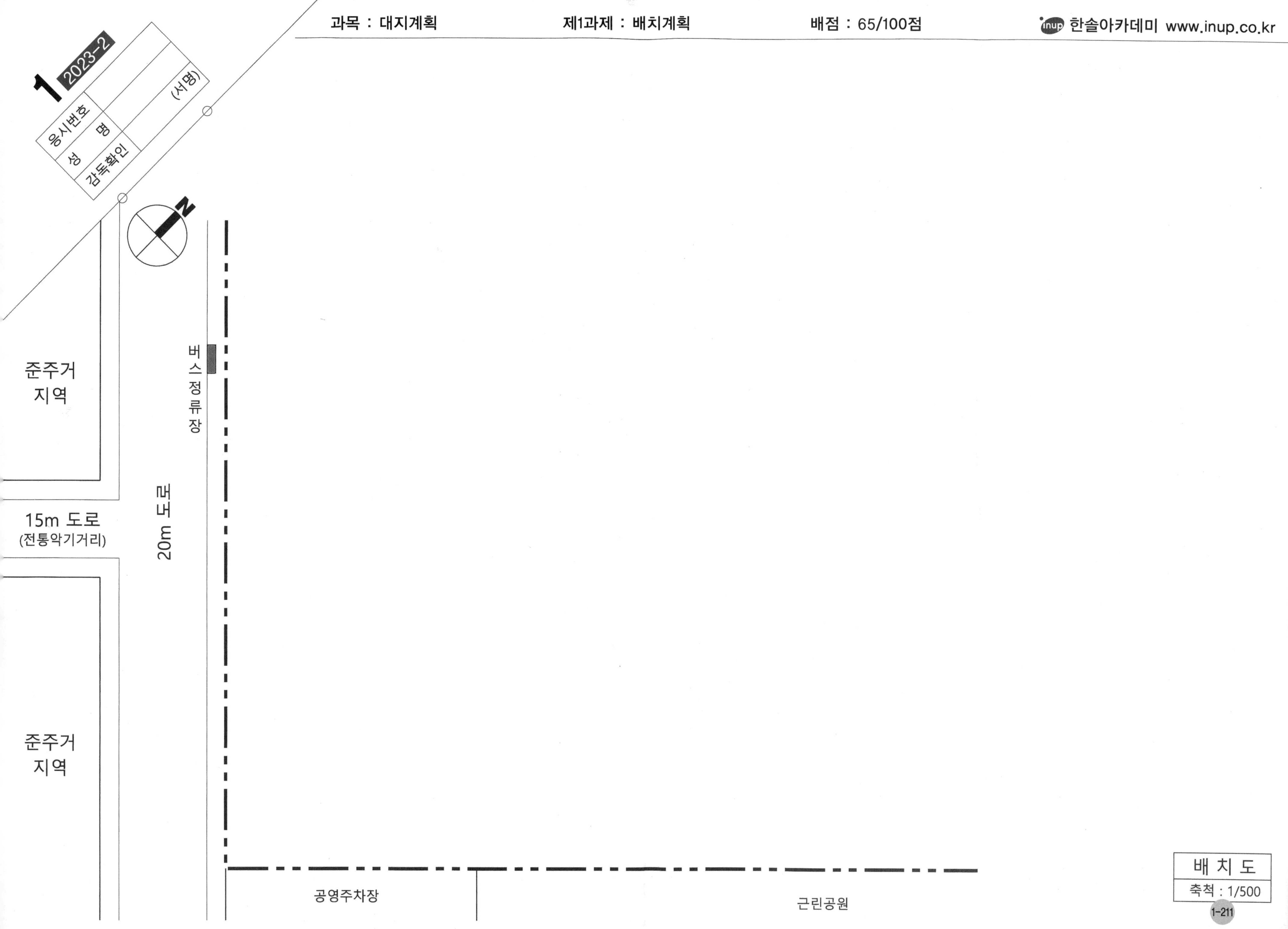
1
2023-2
응시번호
성 명
감독확인
(서명)
N
준주거 지역
15m 도로 (전통악기거리)
준주거 지역
20m 도로
버스정류장
공영주차장
근린공원
배 치 도
축척 : 1/500

2023년도 제2회 건축사 자격시험 문제

과 목 : 대지계획 **제2과제(대지분석 · 대지주차)** **배점 35 / 100** **한솔아카데미 www.inup.co.kr**

제 목: 최대 건축가능 거실면적 및 주차계획

1. 과제개요

중소기업 사옥을 신축하고자 한다. 대지현황과 계획조건을 고려하여 최대 건축가능 거실면적을 구하고, 층별 바닥면적표, 설계개요, 지상 1층 평면 및 주차계획도, 기준층 평면도를 작성하시오.

2. 대지조건

(1) 용도지역: 제2종 일반주거지역(인접대지 동일)

(2) 건 폐 율: 60% 이하

(3) 용 적 률: 250% 이하

(4) 주변현황: <대지현황도> 참고

3. 계획기준

구분	용도	크기(m)	비고
지상 2층 이상	일반업무시설		최대 거실면적 계획
	코어	6.0×11.0	장애인용승강기 포함
	발코니	1.5×벽면길이	지상 2층 이상 전층에 계획
지상 1층	근린생활시설		최대 거실면적 계획
	코어	6.0×11.0	장애인용승강기 포함
	기계식주차 승강로	7.0×7.0	<그림1> 참조
	지상주차장 (외부)	3.5×5.0	장애인전용주차 1대
		2.5×5.0	일반주차 1대
지하층	기계식주차장	18대(계획하지 않음)	

(1) 건축물

① 근린생활시설, 일반업무시설은 요철 없이 직사각형 형태(한 변의 최소폭 7m 이상)로 계획한다.

② 지상 2층 이상의 평면은 모두 동일해야 한다.

③ 코어는 로비, 계단실, 화장실, 장애인용승강기(승강로 규격 3.0m × 3.0m)를 포함하며, 대지의 북측에 장변이 접하도록 배치한다.

④ 발코니는 건축물 남측 면에 설치하고, 조경 상부에 계획 가능하다.

⑤ 지상 1층의 층고는 4.5m, 지상 2층 이상의 층고는 4.0m 이다.

(2) 주차계획

① 차량진출입은 7m 도로에 1개소 계획한다.

② 지하주차의 형식은 기계식주차(방향전환장치 내장형)이다.

③ 기계식주차 승강로의 규격과 구성은 <그림1>과 같다.

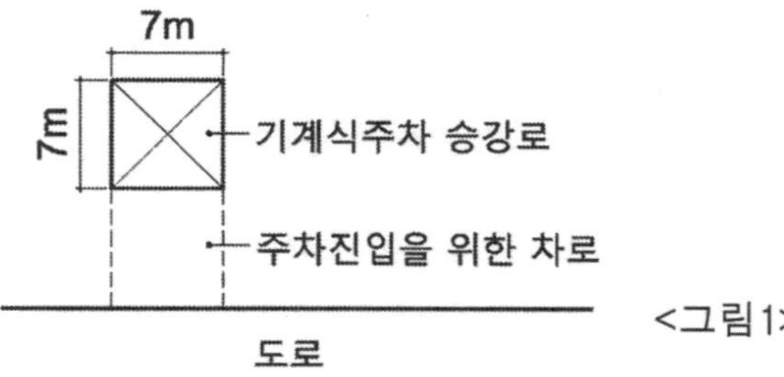

<그림1>

④ 주차구역 및 차로는 본 건축물의 주차용으로만 쓰인다.

⑤ 지상층의 주차용(해당 건축물의 부속용도)으로 쓰는 면적은 바닥면적에는 산입하고 용적률에는 산입하지 않는다.

(3) 이격거리

① 건축물의 이격거리

- 도로경계선, 인접대지경계선: 1.0m 이상
- 조경: 이격하지 않는다.

② 지상주차구역의 이격거리

- 건축물: 이격하지 않는다.
- 도로경계선: 0.5m 이상

③ 발코니의 이격거리

- 인접대지경계선: 1.0m 이상

4. 고려사항

(1) 기둥, 벽체, 옥탑, 설비샤프트, 조경 및 공개공지는 고려하지 않는다.

(2) 인접대지, 주변도로 및 지상 1층의 바닥레벨은 동일하며, 각 도로의 교차각은 90°이다.

(3) 장애인용승강기의 승강로 면적은 건축면적 및 바닥면적에 산입하지 않는다.

(4) 필로티 부분은 공중의 통행이나 차량의 통행 또는 주차에 전용되는 경우 바닥면적에 산입하지 않는다.

(5) 발코니는 전망이나 휴식 등의 목적으로 건축물 외벽에 접하여 부가적으로 설치되는 공간을 말하며, 발코니가 접한 가장 긴 외벽에 접한 길이에 1.5미터를 곱한 값을 뺀 면적을 바닥면적에 산입한다(건축면적에는 모두 산입).

(6) 대지의 도로모퉁이 부분 건축선은 아래 기준을 적용한다.

(단위: m)

도로의 교차각	해당도로의 너비		교차되는 도로의 너비
	6m 이상 8m 미만	4m 이상 6m 미만	
90° 미만	4	3	6m 이상 8m 미만
	3	2	4m 이상 6m 미만
90° 이상 120° 미만	3	2	6m 이상 8m 미만
	2	2	4m 이상 6m 미만

5. 도면작성 기준

(1) 모든 도면은 기준선, 이격거리, 치수 및 대지 경계선 등을 표기하며, 용도를 구분하여 표시한다.

(2) 지상 1층 평면 및 주차계획도에는 건축가능 영역, 코어, 주차구역 및 차량 출입구를 표시한다.

(3) 기준층 평면도에는 건축가능 영역, 코어 및 발코니를 표시한다.

(4) 코어를 표현할 때는 내부 구획 없이 직사각형 테두리(6.0m × 11.0m)로만 표현한다.

(5) 단위는 m, m^2, %이며, 면적은 소수점 이하 둘째 자리에서 반올림 하여 소수점 첫째 자리까지 표기한다.

6. 유의사항

명시되지 않은 사항은 현행 관계법령의 범위 안에서 임의로 한다.

<대지현황도> 축척 없음

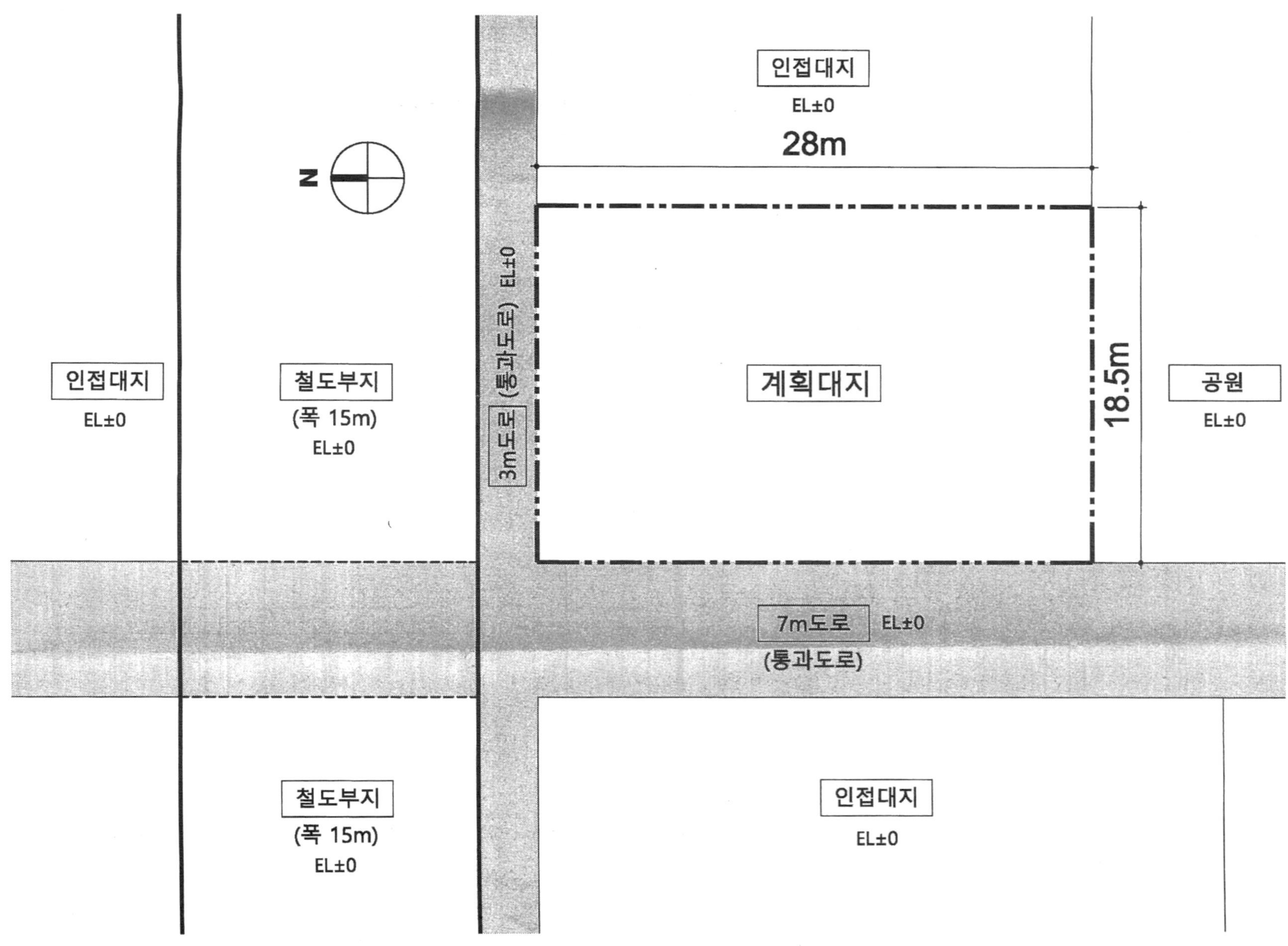

■ 층별 바닥면적표

(단위: m²)

구분	거실면적 (근린생활시설, 일반업무시설)	코어면적	기계식주차장 면적	합계
지상 1층			49.0	
지하층			164.5	164.5
합계			213.5	

주) 층수는 법정 용적률을 준수하여 산정한다.

■ 설계개요

대지면적		m²
건축면적		m²
건폐율	법정	60.0 % 이하
	계획	%
연면적	지상층	m²
	지하층	m²
	합계	m²
용적률 산정용 연면적		m²
용적률	법정	250.0 % 이하
	계획	%

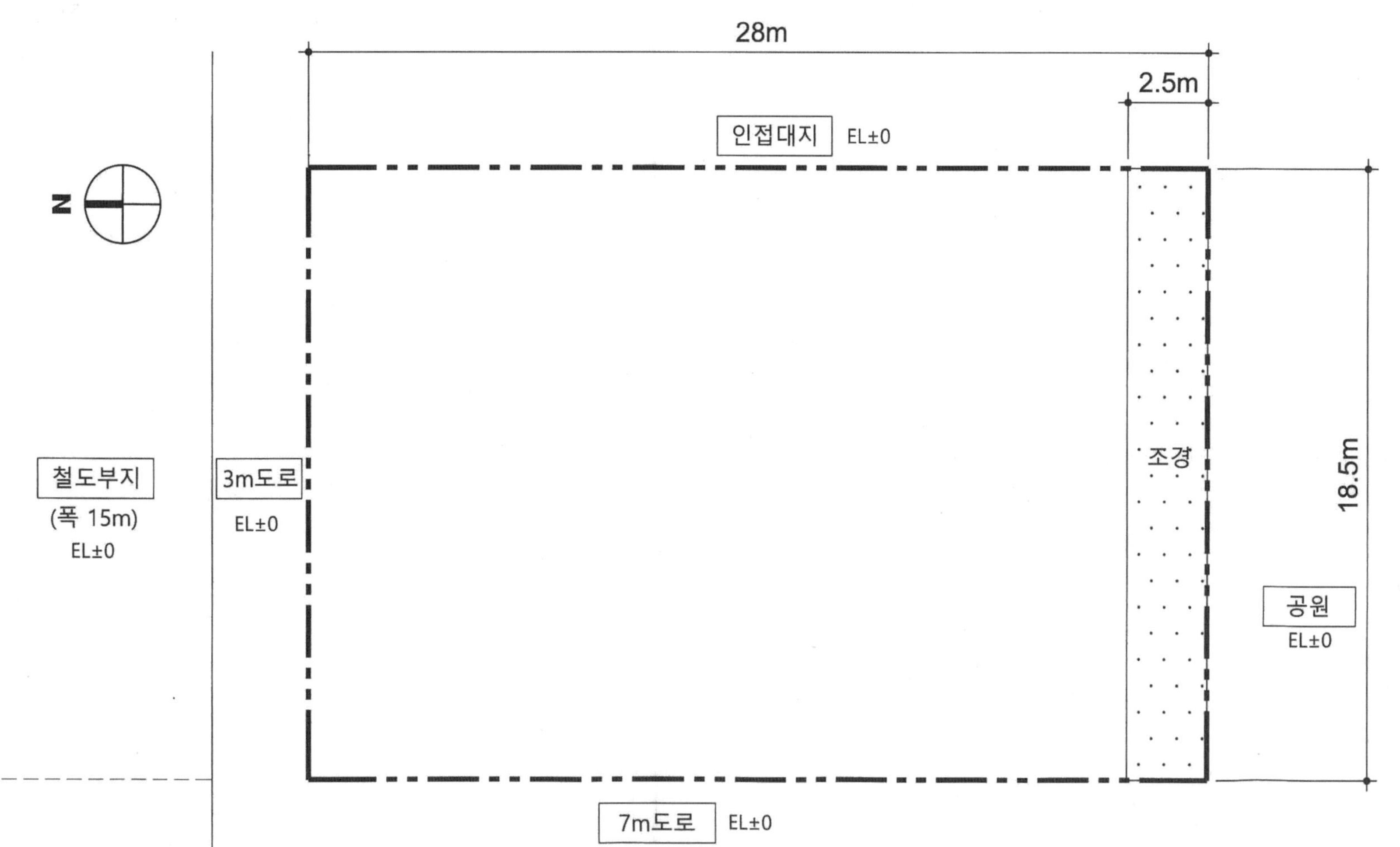

지상 1층 평면 및 주차계획도
축척: 1/200

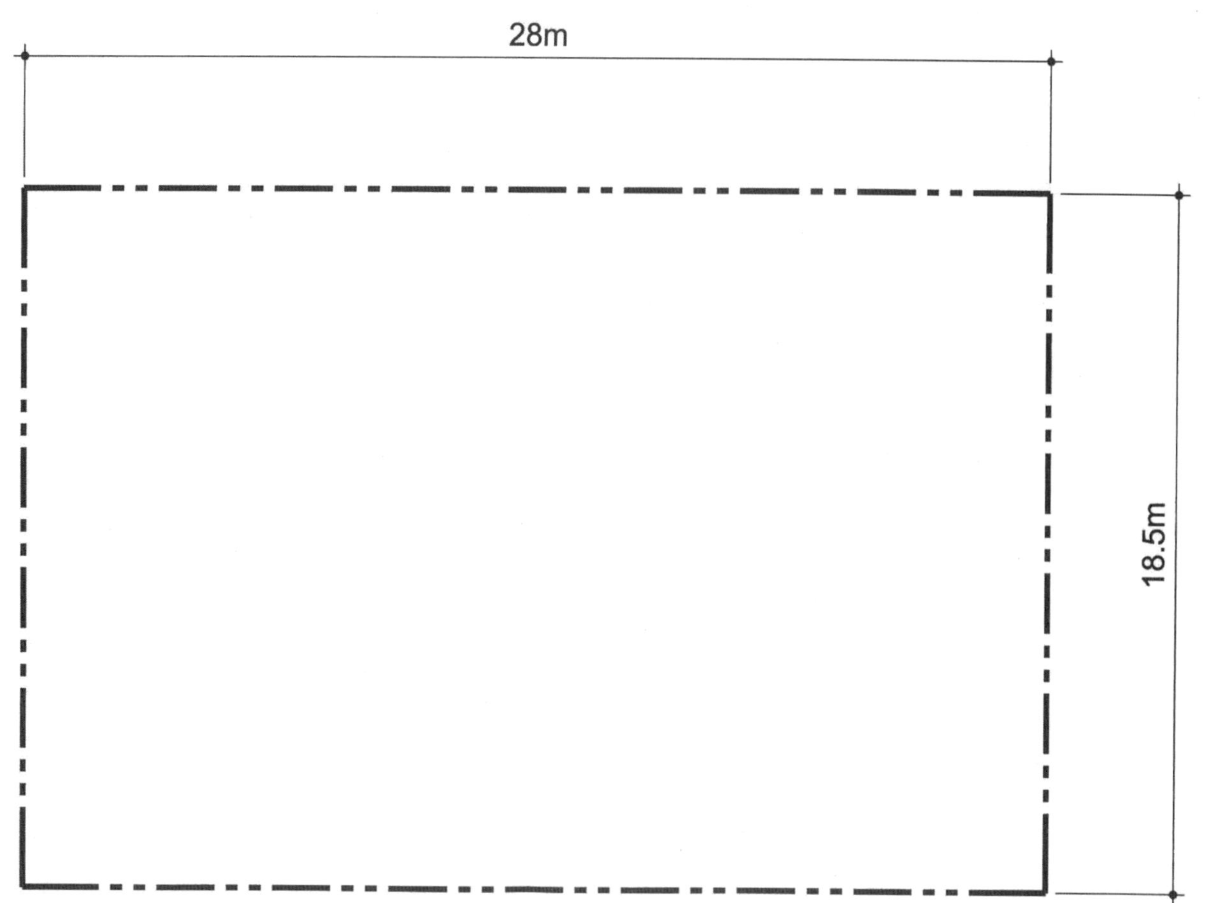

기준층 평면도
축척: 1/200

건축사자격시험 기출문제해설

1교시 대지계획 (해설+모범답안)

건축사자격시험 기출문제해설

1교시 대지계획 (해설+모범답안)

구 성	FACTOR
1. 제목 - 배치하고자 하는 시설의 제목을 제시합니다.	① 배점을 확인하여 2과제의 시간배분 기준으로 활용합니다. (배치 65점이 가장 빈도 높음) ② 용도 - 생태교육센터 (교육연구시설)
2. 과제개요 - 시설의 목적 및 취지를 언급합니다. - 전체사항에 대한 개괄적인 설명이 추가되는 경우도 있습니다.	③ 호수변 경사지에 생태교육센터를 배치 - 기존 건물 존재 - 시설물 배치 + 지형조정 ④ 용도지역 : 자연녹지지역
3. 대지개요(조건) - 대지전반에 관한 개괄적인 사항이 언급됩니다. - 용도지역, 지구 - 접도조건 - 건폐율, 용적률 적용 여부를 제시 - 대지내부 및 주변현황 (최근 계속 현황도가 별도로 제시)	⑤ 현황도 제시 - 계획조건을 읽기 전에 현황도를 이용, 1차적인 현황분석을 선행하는 것이 문제의 윤곽을 잡아가는데 훨씬 유리합니다. ⑥ 건폐율, 용적률은 고려치 않음 ⑦ 기존건물을 증축하여 관리동으로 활용
4. 계획조건 ⓐ 배치시설 - 배치시설의 종류 - 건물과 옥외시설물은 구분하여 제시되는 것이 일반적입니다 - 시설규모 - 필요시 각 시설별 요구사항이 첨부됩니다.	⑧ 건축물 및 옥외시설물의 규모제시 - Size 제시 (가로 × 세로, 층수 및 층고) - 도면이나 개념도가 추가 제시되는 경우도 있습니다. - 지형을 이용한 운동장관람석 설치 요구 - 주차장의 규모는 주차대수로 주어집니다. (이용자에 따른 분리 설치) - 호수를 이용한 탐방로 및 관찰데크 설치 요구

지 문 본 문

2007년도 건축사 자격시험 문제

과목: 대지계획 제1과제 (배치계획) 배점: 60/100점 ①

제목 : 내수면 생태교육센터 배치계획 ②

1. 과제개요

기존 건물 1동이 있는 경사진 대지에 내수면 생태교육센터를 건축하고자 한다. 아래사항을 고려하여 시설물을 배치하고 지형을 계획하시오. ③

2. 대지개요

(1) 용도지역 : 자연녹지지역④
(2) 대지현황 : 현황도 참조⑤
※ 건폐율 및 용적률은 고려하지 않음⑥

3. 계획조건

(1) 건축물 개요⑧
① ⑦관리동(기존건물증축) : 15×30m,1층, 층고 4m
※ 기존건물 : 15×15m, 1층, 층고 4m
② 교육관 : 15×25m, 2층, 각층 층고 4m
③ 생태홍보관 : 20×25m, 2층, 각층 층고 4m
④ 연구동 : 15×35m, 4층, 각층 층고 5m
⑤ 숙박동 : 15×30m, 3층, 각층 층고 3m
⑥ 후생동 : 12×25m, 1층, 층고 4m
⑦ 다목적홀 : 25×25m, 1층, 층고 5m

(2) 옥외시설물 개요⑧
① 휴게데크 : 7.5×10m
② 휴게마당 : 15×15m
③ 운 동 장 : 30×45m
④ 운동장관람석 : 각 10단씩 2면에 설치
(단높이 40cm, 단너비 1m)
⑤ 호수변탐방로 : 너비 1.5m, 길이 40m 이상, 15m 이내 간격으로 관찰데크(4m×4m) 설치
⑥ 생태체험마당 : 15m×20m
⑦ 주차장

구분	이용자	대수
주차장 A	방문자 및 직원	40대이상 (장애인용 2대 포함)
주차장 B	숙박동 전용	10대 이상 (장애인용 1대 포함)

⑧ 단지내 도로⑨
• 대지출입구에서 각 주차장까지 연결
• 구배 1/8이하, 너비 10m(차도 8m, 보도 2m)
※ 서비스 차량은 보행로를 이용

(3) 배치계획시 고려사항
① 자연지형을 최대한 이용하고, 지형과의 조화를 고려하여 설계⑩
② 모든 시설물과 건축물은 8m 도로경계선에서 15m 이상 이격⑪
③ 건축물, 옥외시설물간의 이격거리⑫
• 옥외시설물 상호간 : 5m 이상
• 옥외시설물과 건축물사이 : 5m 이상
• 건축물 상호간 : 10m 이상
※ 운동장과 운동장 관람석간은 적용제외
※ 교육관과 휴게데크간은 적용제외
④ 대지의 주출입구는 교량과 30m 이상 이격⑬
⑤ 방문객이 많은 ⑭생태홍보관은 관리동과 인접배치
⑥ ⑮숙박동은 호수의 조망이 가능하도록 하고 후생동과 인접배치
⑦ ⑯휴게데크는 교육관에 접하며 휴양림 조망을 고려
⑧ ⑰휴게마당은 다목적홀에 인접 설치
⑨ ⑱운동장관람석의 2면중 1면은 지형을 고려하여 단수 및 길이 일부 조정가능
⑩ ⑱호수변탐방로는 호수경계선에서 3m 이상 이격하여 수심 2m 이내 호수면 위에 설치
⑪ 생태체험마당에서 호수변탐방로에 연결되는 산책로 (너비 1.5m) 설치⑱
⑫ 건축물 전면에 보행로⑲(너비 3m, 구배 1/10 이하) 계획
⑬ 보호수목 중심에서 반경 5m 이내는 옥외시설물과 건축물 설치 및 등고선 조정 불가
⑭ 대지의 배수는 고려치 않으며, 등고선 조정은 경사도 45° 이하⑳(옹벽 제외)

FACTOR	구 성
⑨ 단지내 내부도로 요구 - 대지출입구와 각 주차장 연결 - 폭, 경사도 및 서비스동선 ⑩ 지형의 이용과 조화 고려 - 자연권배치의 대전제 ⑪ 도로경계선과 모든 시설물간 이격거리 제시 : 15m - 1차적인 건축가능영역 ⑫ 건축물 및 옥외시설물간 이격거리 - 5m, 10m 구분 - 적용제외 사항 반드시 숙지 ⑬ 대지주출입구 가능 범위 제시 - 교량과 30m 이격 ⑭ 인접 - 관리동 + 생태홍보관 - public space의 영역조닝 ⑮ 숙박동 - 호수조망, 후생동과 인접 ⑯ 휴게데크(휴양림조망) - 교육관 인접 ⑰ 휴게마당 + 다목적홀 ⑱ 운동장관람석 및 산책로 요구 ⑲ 건축물 전면 보행로 ⑳ 지형조정 - 배수로는 고려치 않음 - 지형조정시 경사도 45도	ⓑ 배치고려사항 - 건축가능영역 - 시설간의 관계 (근접, 인접, 연결, 연계 등) - 보행자동선 - 차량동선 및 주차장 계획 - 장애인 관련 사항 - 조경 및 포장 - 자연과 지형활용 - 옹벽등의 사용지침 - 이격거리 - 기타사항

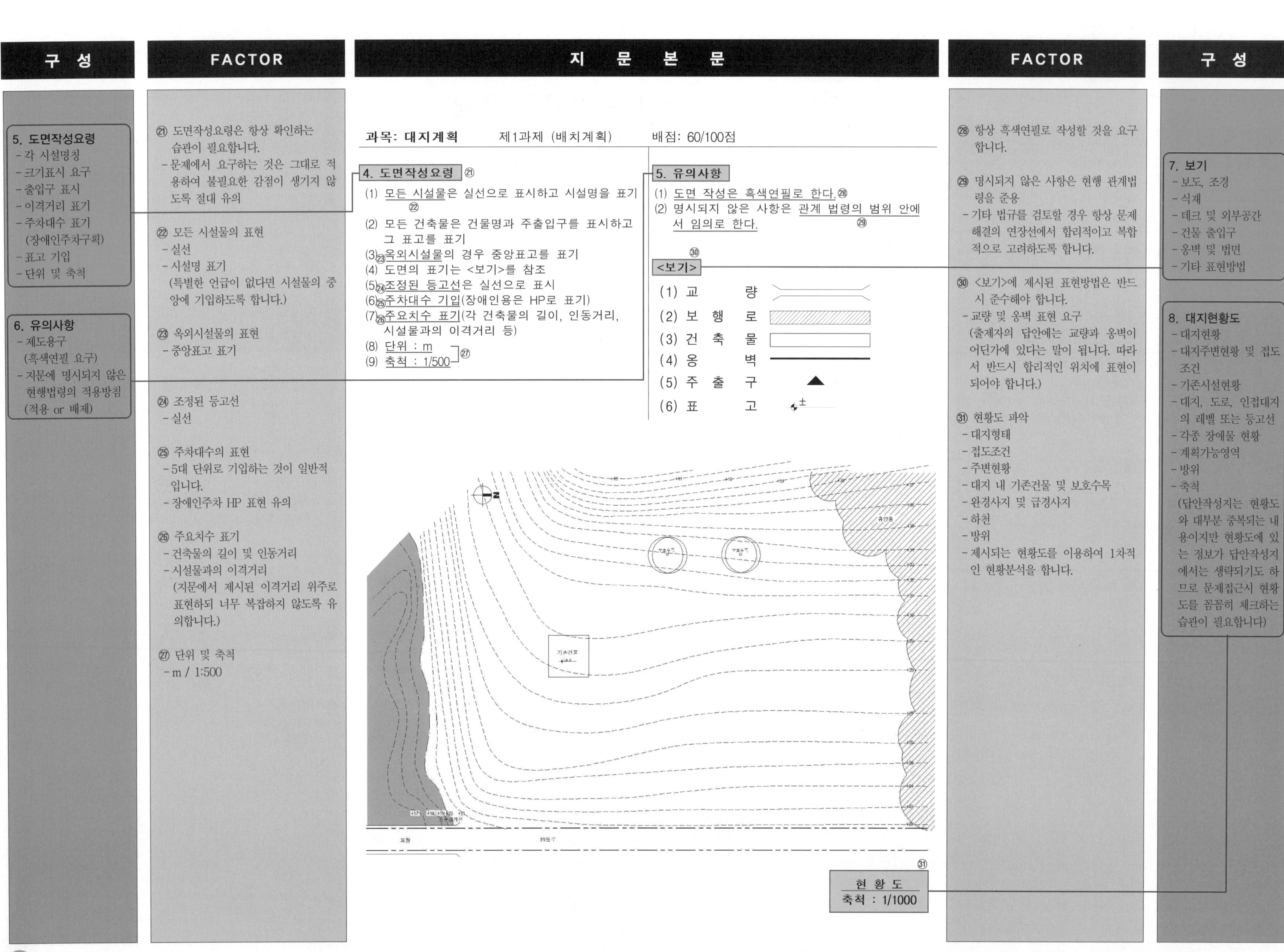

구 성	FACTOR	지 문 본 문	FACTOR	구 성

구 성

5. 도면작성요령
- 각 시설명칭
- 크기표시 요구
- 출입구 표시
- 이격거리 표기
- 주차대수 표기 (장애인주차구획)
- 표고 기입
- 단위 및 축척

6. 유의사항
- 제도용구 (흑색연필 요구)
- 지문에 명시되지 않은 현행법령의 적용방침 (적용 or 배제)

FACTOR

㉑ 도면작성요령은 항상 확인하는 습관이 필요합니다.
- 문제에서 요구하는 것은 그대로 적용하여 불필요한 감점이 생기지 않도록 절대 유의

㉒ 모든 시설물의 표현
- 실선
- 시설명 표기 (특별한 언급이 없다면 시설물의 중앙에 기입하도록 합니다.)

㉓ 옥외시설물의 표현
- 중앙표고 표기

㉔ 조정된 등고선
- 실선

㉕ 주차대수의 표현
- 5대 단위로 기입하는 것이 일반적입니다.
- 장애인주차 HP 표현 유의

㉖ 주요치수 표기
- 건축물의 길이 및 인동거리
- 시설물과의 이격거리 (지문에서 제시된 이격거리 위주로 표현하되 너무 복잡하지 않도록 유의합니다.)

㉗ 단위 및 축척
- m / 1:500

지 문 본 문

과목: 대지계획 제1과제 (배치계획) 배점: 60/100점

4. 도면작성요령 ㉑

(1) 모든 시설물은 실선으로 표시하고 시설명을 표기 ㉒
(2) 모든 건축물은 건물명과 주출입구를 표시하고 그 표고를 표기
(3) ㉓옥외시설물의 경우 중앙표고를 표기
(4) 도면의 표기는 <보기>를 참조
(5) ㉔조정된 등고선은 실선으로 표시
(6) ㉕주차대수 기입(장애인용은 HP로 표기)
(7) ㉖주요치수 표기(각 건축물의 길이, 인동거리, 시설물과의 이격거리 등)
(8) 단위 : m ㉗
(9) 축척 : 1/500

5. 유의사항

(1) 도면 작성은 흑색연필로 한다. ㉘
(2) 명시되지 않은 사항은 관계 법령의 범위 안에서 임의로 한다. ㉙

㉚ **<보기>**

(1) 교 량
(2) 보 행 로
(3) 건 축 물
(4) 옹 벽
(5) 주 출 구
(6) 표 고 ±

㉛ **현 황 도**
축척 : 1/1000

FACTOR

㉘ 항상 흑색연필로 작성할 것을 요구합니다.

㉙ 명시되지 않은 사항은 현행 관계법령을 준용
- 기타 법규를 검토할 경우 항상 문제해결의 연장선에서 합리적이고 복합적으로 고려하도록 합니다.

㉚ <보기>에 제시된 표현방법은 반드시 준수해야 합니다.
- 교량 및 옹벽 표현 요구 (출제자의 답안에는 교량과 옹벽이 어딘가에 있다는 말이 됩니다. 따라서 반드시 합리적인 위치에 표현이 되어야 합니다.)

㉛ 현황도 파악
- 대지형태
- 접도조건
- 주변현황
- 대지 내 기존건물 및 보호수목
- 완경사지 및 급경사지
- 하천
- 방위
- 제시되는 현황도를 이용하여 1자적인 현황분석을 합니다.

구 성

7. 보기
- 보도, 조경
- 식재
- 데크 및 외부공간
- 건물 출입구
- 옹벽 및 법면
- 기타 표현방법

8. 대지현황도
- 대지현황
- 대지주변현황 및 접도조건
- 기존시설현황
- 대지, 도로, 인접대지의 레벨 또는 등고선
- 각종 장애물 현황
- 계획가능영역
- 방위
- 축척 (답안작성지는 현황도와 대부분 중복되는 내용이지만 현황도에 있는 정보가 답안작성지에서는 생략되기도 하므로 문제접근시 현황도를 꼼꼼히 체크하는 습관이 필요합니다)

■ 문제풀이 Process

1 제목 및 과제 개요 check

① 배점 확인
- 60점 : 1교시 소과제 2과제 적용 후 65점이 일반적, 문제의 난이도 예상이 가능하며, 제2과제와의 시간배분에 유의해야 함

② 제목
- 내수면 생태교육센터 배치계획
- 대지내 기존건물 위치 (증축형, 자연권 배치계획)

③ 자연녹지지역

④ 현황도 제시
- 현황도를 이용하여 1차적인 현황분석 후 요구조건 분석

⑤ 건폐율, 용적률 고려치 않음
- 배치계획에서 건폐율, 용적률 적용한 사례는 없음

2 현황 분석

① 대지형상
- 비정형 경사지 (등고선 간격 1m, 경사방향 check)

② 주변현황 파악
- 호수, 휴양림, 교량 등
- 주변과의 연계조건을 지문에서 check

③ 접도조건 확인
- 동측 8m도로 : 주도로, 보행자 및 차량진출입 예상

④ 대지내 현황 파악
- 기존건물(레벨 포함), 보호수목 등

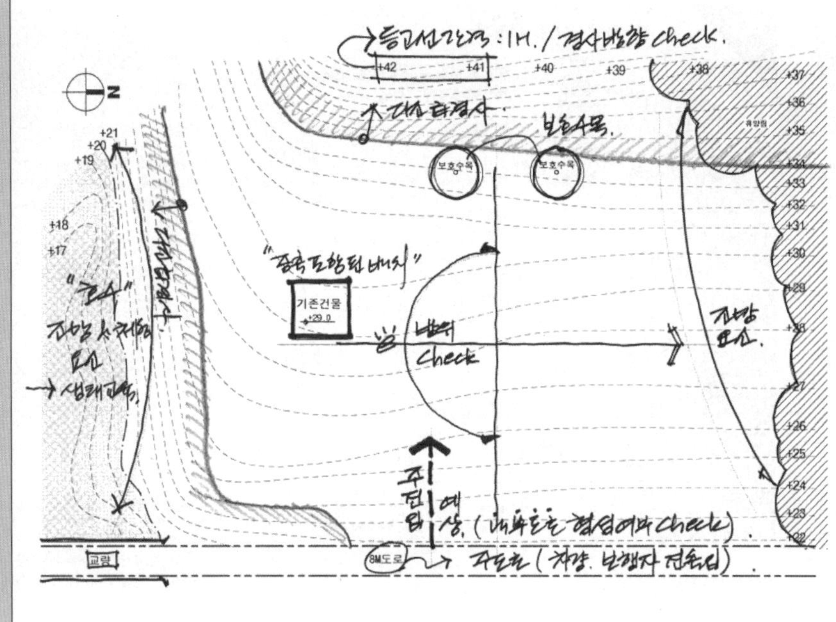

3 요구조건 분석 (diagram)

① 시설물 개요 파악
- 기존건물과 증축조건 유념 (관리동으로 활용)
- 건축물 용도별 성격 우선 파악
- 옥외시설물 파악
- 주차장 규모 및 개소 파악

② 단지내 도로
- 대지출입구에서 각 주차장을 연결
- 너비 10m (8+2) 구배 1/8이하
- 서비스 차량은 보행로 이용

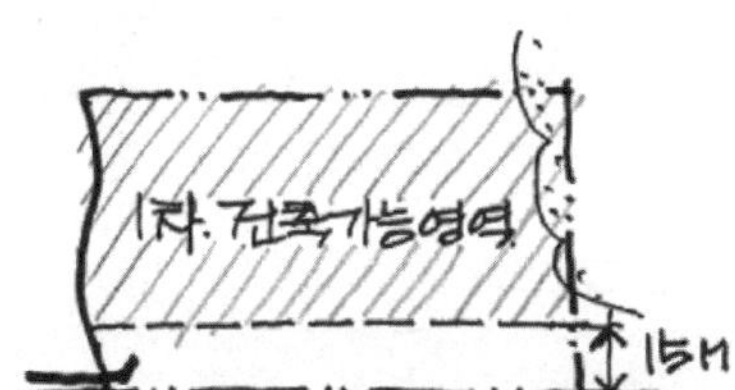

③ 1차적인 건축가능영역
- 도로경계선에서 모든 시설물(건축물 포함)은 15m 이상 이격

④ 각종 이격조건
- 옥외시설물 상호간 : 5m 이상
- 옥외시설물과 건축물 : 5m 이상
- 건축물 상호간 : 10m 이상
- 적용제외 조건 명심

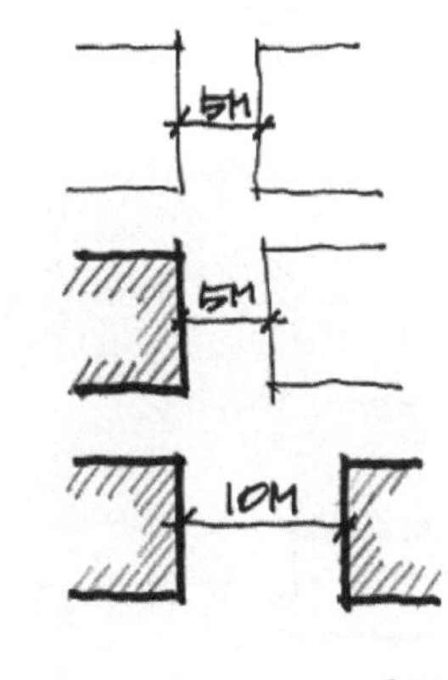

⑤ 대지로의 주출입구
- 교량과 30m 이상 이격

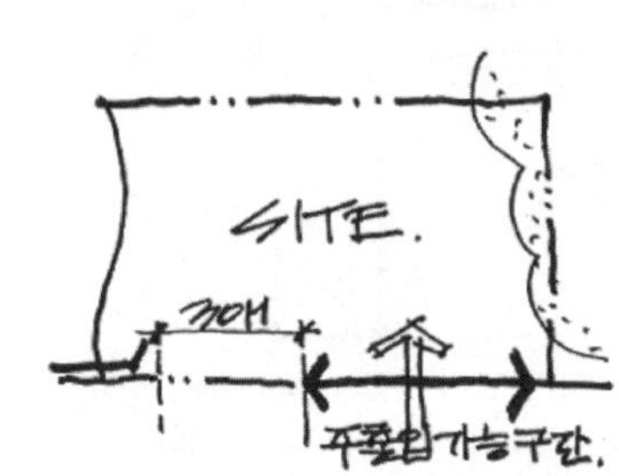

⑥ 생태홍보관
- 관리동과 인접
- 주차장 및 생태체험 마당과 근접조건 성립

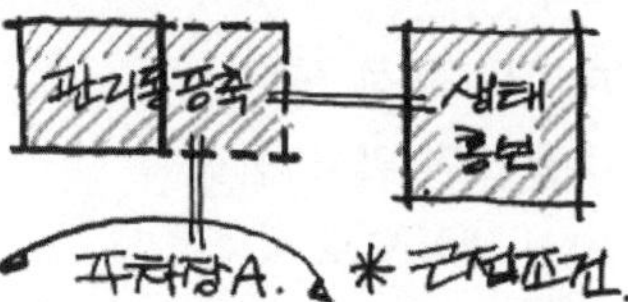

⑦ 숙박동
- 향 및 호수조망 고려
- 주차장-B 및 후생동과 인접배치

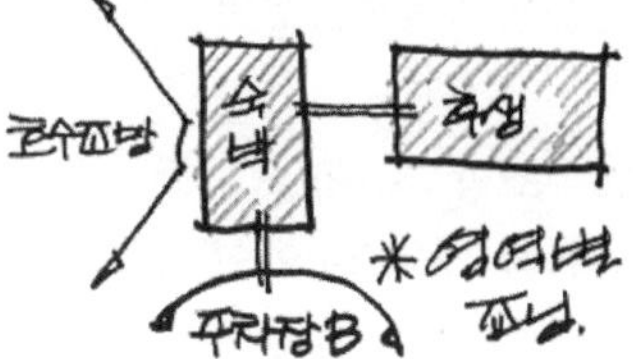

⑧ 휴게데크
- 교육관에서 사용
- 휴양림 조망 고려

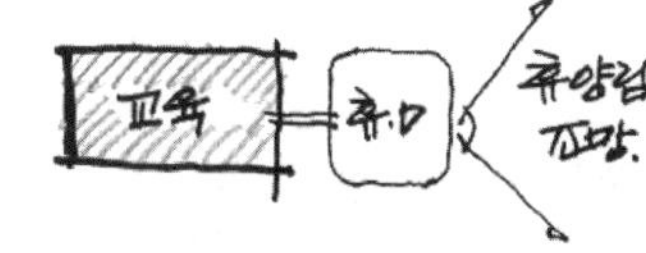

⑨ 휴게마당
- 다목적홀에 인접

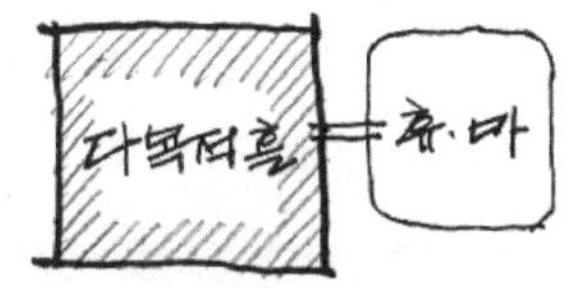

⑩ 운동장관람석
- 10단씩 2면에 설치
- 1면은 지형을 고려하여 단수, 길이 조정 가능

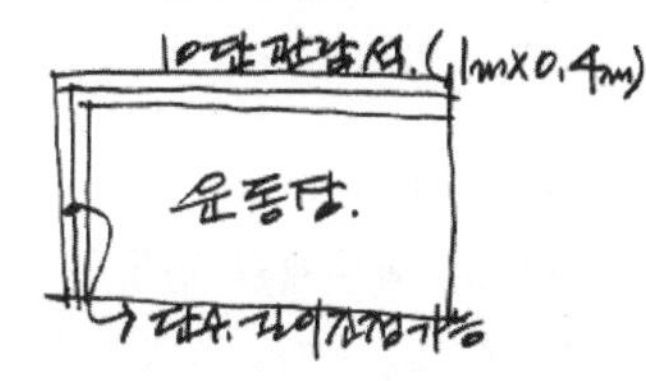

⑪ 호수변탐방로
- 수심2m 이내 호수면
- 관찰데크 설치
- 생태체험마당과 산책로 연결

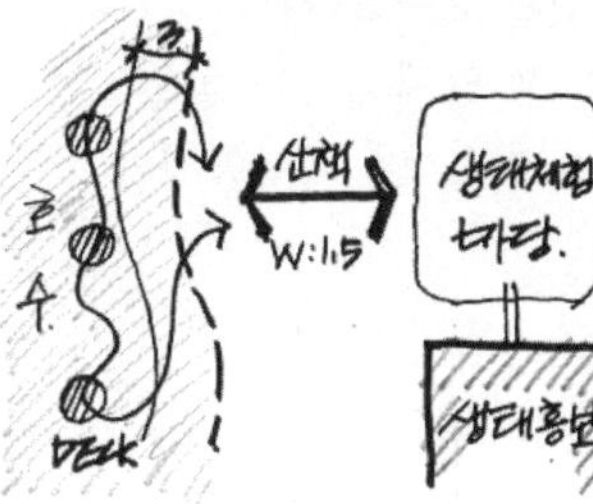

⑫ 건물전면 3m 보행로 설치

⑬ 지형조정 경사도 45도 이하 (옹벽제외)

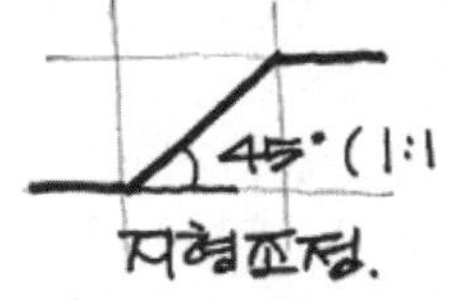

■ 문제풀이 Process

4 토지이용계획

① 대지내 동선 예상
- 주출입구 위치 선정
- 10m 내부도로

② 관리동 zone을
기준으로 주변 영역 설정

③ 호수조망 및 향을
고려한 숙박동 영역 선정

④ 프라이버시를 고려해야
하는 시설의 배치

⑤ 운동장의 위치 선정

⑥ 시험의 당락은
이 단계에서 사실상 결정됨

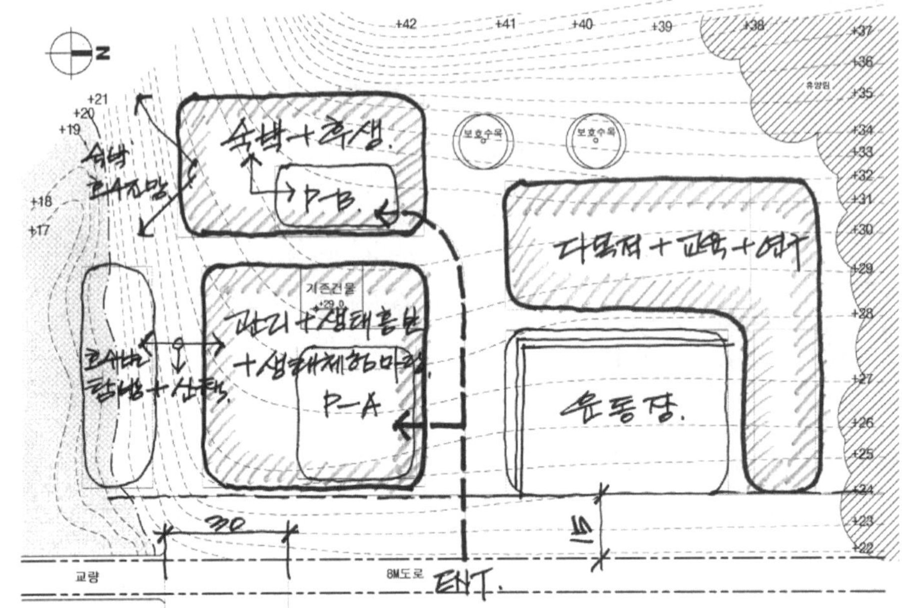

5 배치대안검토

① 토지이용계획을
바탕으로 세부계획 진행

② 조닝된 영역을 기준,
시설별 연계조건을 고려
하여 건물 및 외부공간
정리

③ 주차장 내부 동선
및 주차대수 확보 가능
여부 검토

④ 대지전체 여유치수
체크 후 계획력 어필할 수
있는 부분 강조

⑤ 명쾌한 동선 정리

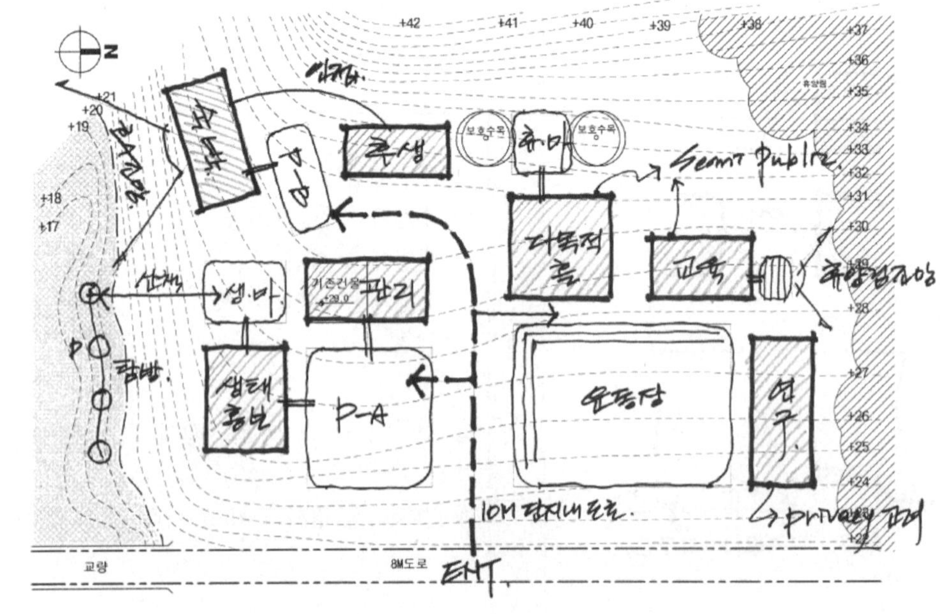

6 모범답안

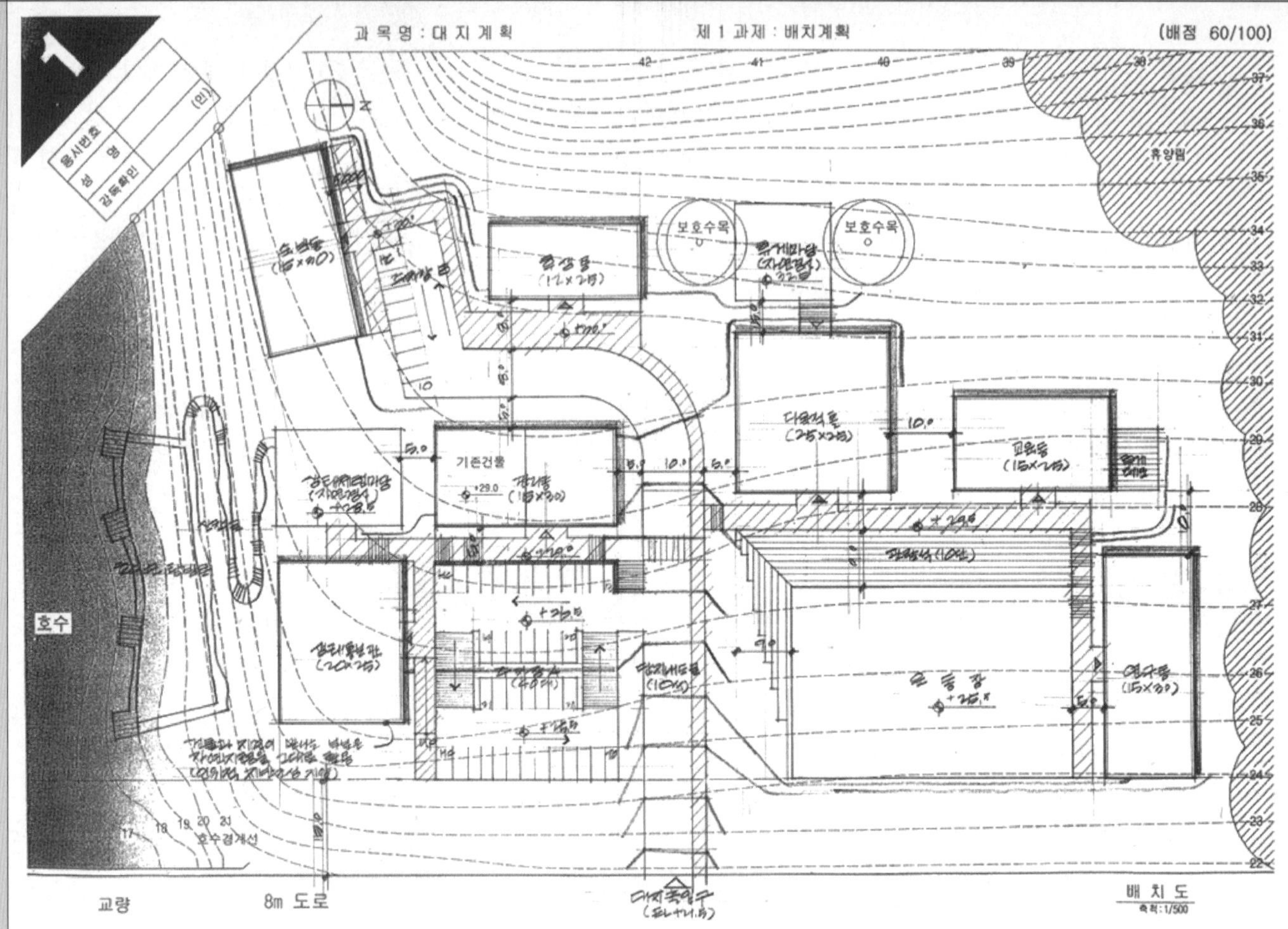

■ 주요 체크포인트

① 관리동의 합리적인 중축 및
주변 연계시설의 기능적인 그루핑
(생태홍보관, 생태체험마당, 주차장 등)
② 향과 조망 및 지형축을 고려한
숙박동 및 주차장-B의 계획
③ 성절토의 최소화와 기존 지형과의
조화를 고려한 운동장 배치
④ 기능적인 특성을 고려한
연구동 및 교육동의 배치
⑤ 호수변 탐방로 및 산책로의
계획적인 표현

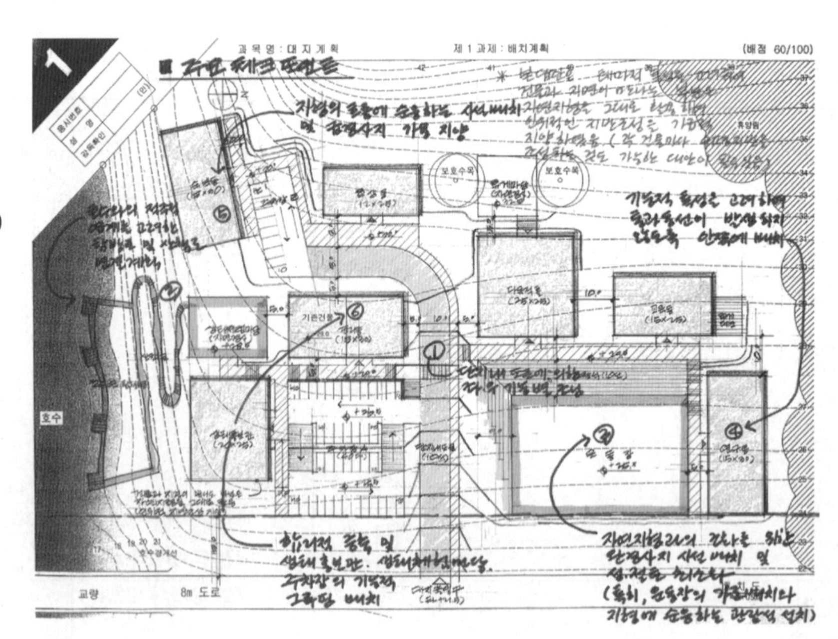

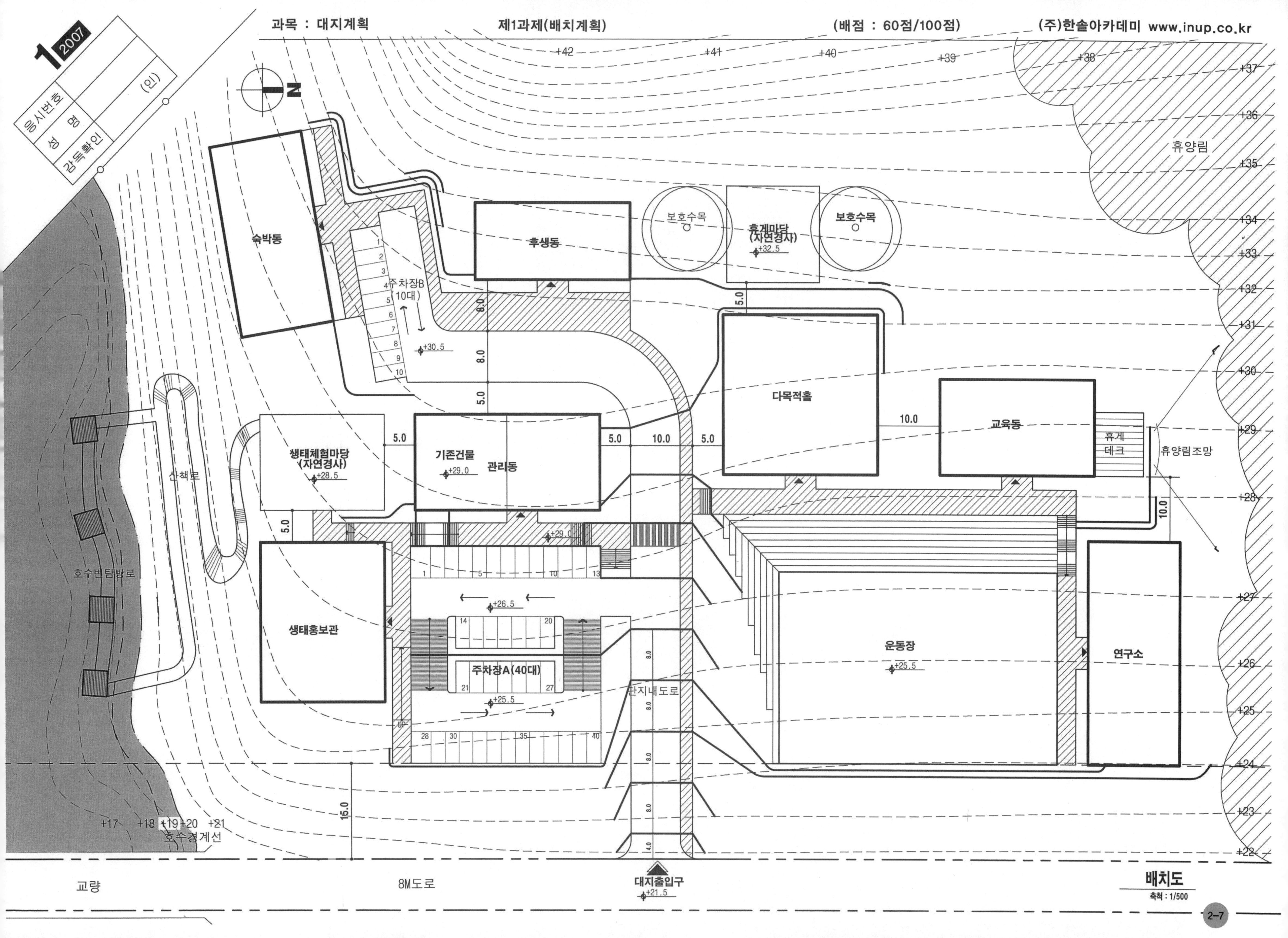
1 2007
응시번호
성 명
감독확인
(인)
N
숙박동
주차장B (10대)
+30.5
후생동
보호수목
휴게마당 (자연경사)
+32.5
휴양림
다목적홀
교육동
휴게 데크
휴양림조망
생태체험마당 (자연경사)
+28.5
기존건물
+29.0
관리동
산책로
호수변탐방로
생태홍보관
주차장A(40대)
+26.5
+25.5
+29.0
단지내도로
운동장
+25.5
연구소
호수경계선
교량
8M도로
대지출입구
+21.5
배치도
축척 : 1/500

구 성	FACTOR	지 문 본 문	FACTOR	구 성

2007년도 건축사 자격시험 문제

과목: 대지계획   제2과제 (대지분석/주차계획)   배점: 40/100점①

제목 : 주민복지시설 최대 건축가능영역 및 주차계획 ②

1. 과제개요

지구단위계획이 수립되어 있는 지역으로서 기존 문화회관이 있는 대지에 주차장을 계획하고 인접한 대지에 주민복지시설을 건축하고자 한다.
아래 사항을 고려하여 대지 A의 최대 건축가능영역을 구하고, 대지 B의 주차계획 부지내 두 시설의 공용부설주차장을 계획하시오.

2. 대지A 계획조건(최대건축가능영역) ③

(1) 용도지역 : 제2종 일반주거지역a.
(2) 건폐율 : 60% 이하 b.
(3) 용적률 : 250% 이하 b.
(4) 대지면적 : 1,131m²
(5)c.층고 : 지상 1층 4m, 2층 이상 각층 3.5m
(6)d.인접도로 : 남측 너비 8m, 북측 너비 6m
(7) 대지의 북측은 제2종 일반주거지역이며, 서측은 문화재보호구역임e.
(8) 전면도로에 의한 사선제한은 각각의 전면도로를 적용하되 건축물의 각 부분의 높이는 그 부분으로부터 전면도로의 반대쪽 경계선까지의 수평거리의 1.5배를 초과할 수 없음f.
(9)g.일조 등의 확보를 위한 건축물의 높이제한을 위하여 건축물의 각 부분을 정북방향으로의 인접대지경계선에서 띄어야 할 거리
① 높이 4m 이하 부분 : 1m 이상
② 높이 8m 이하 부분 : 2m 이상
③ 높이 8m 초과 부분 : 건축물 각 부분 높이의 1/2이상
(10) 건축한계선 h.
① 건축선 및 인접대지경계선으로부터 3m
② 문화재보호구역으로부터 5m
(11) 건축물 최고높이 i. : 20m 이하
(12) 건축물 하부에 설치되는 공개공지는 유효높이 최소6m의 피로티 구조로 설치 j.
(13)k.문화재보호구역 경계선의 지표면(±0m기준)으로부터 높이 7.5m인 곳에서 그린 사선(수평거리와 수직거리의 비가 2:1)의 범위 내에서 건축가능
(14) 외벽은 수직으로 계획 l.
(15) 지상 1층 바닥레벨은 ±0m m.

3. 대지 B 계획조건(주차계획) ④

(1)a.차량진출입 동선이 서로 교차되지 않고 6m 도로에서 일방향으로 통행될 수 있도록 계획하며, 기존 건물과신축 건물로의 접근성을 고려
(2) 차량진출입시 옥외마당에서 승하차가 가능하도록 계획 b.
(3) 주차대수c. : 19대 이상(장애인용 2대 포함)
(4) 주차방식d. : 직각주차
(5) 주차장 출입구 및 차로폭 e.
① 출입구를 1개소로 하는 경우 최소폭 6m, 2개소로 하는 경우 최소폭 4m
② 출입구를 제외한 주차장 차로 최소폭 6m
(6) 주차구획이 주차장 차로나 도로에 면한 부분은 폭2m 이상의 조경처리 f.
(7) 주차구획 g.
① 일반인용 2.5 × 5.0m
② 장애인용 3.5 × 5.0m
(8) 기존 건물과 주차장 차로, 주차구획으로부터 이격거리 : 최소 3m h.
(9) 주차계획부지내 기존 수목은 보존하며 수목 하부에 주차구획 설치 불가 i.

FACTOR (좌)

① 배점 및 과제 확인
- 분석조닝 + 주차계획 복합문제
- 40점

② 용도 체크
- 주민복지시설 (일반건축물)
- 대지A (최대 건축가능영역) + 대지B (주차계획)

③ 대지 A 계획조건
a. 제3종 일반주거지역
- 정북일조권 적용
b. 건폐율 및 용적률 적용
- 60% / 250%
c. 층고 제시
- 지상 1층 : 4m
- 2층 이상 각층 : 3.5m
d. 인접도로 조건
- 8m (주도로), 6m (부도로)
e. 인접대지 조건
- 북측 : 제2종 일반주거지역
- 서측 : 문화재 보호구역
f. 도로사선 적용 기준
- 각각의 전면도로를 적용
g. 정북일조권 적용 기준
- 4m 이하 : 1m
- 8m 이하 : 2m
- 8m 초과 : 1/2 이상 이격
h. 건축한계선
- 건축선 및 인접대지경계선: 3m
- 문화재 보호구역: 5m
I. 건축물 최고높이 제시
j. 피로티 공개공지 유효높이
- 6m
- 조례에 제시되는 사항이므로 지문에서 요구하는대로 적용하면 ok

FACTOR (우)

k. 문화재 보호 앙각 적용
- 문화재보호구역 경계선의 지표면에서 높이 7.5m 인 곳에서 2:1 (수평:수직) 사선 적용
l. 건축물의 모든 외벽은 수직
m. 지상 1층 바닥레벨 제시

④ 대지 B 계획조건
a. 주차장 동선계획
- 일방향 통행 고려
- 각 건물로의 접근성 고려
b. 승하차 조건
- 옥외마당을 승하차장으로 활용
c. 주차규모
- 19대 (장애인용 2대 포함)
d. 주차방식
- 직각주차
e. 주차장 출입구 및 차로폭 제시
- 출입구 개소 임의 계획
f. 주차장 내 조경 처리기준 제시
g. 주차구획 제시
- 일반인용 / 장애인용
- 알고 있는 일반적인 규모와 상이하더라도 지문에서 요구하는대로 계획
h. 기존건물과 주차장 이격
- 3m 이상
I. 기존수목 처리 기준
- 보호가 원칙
- 수목하부에 주차구획 설치불가 (기타 조경 등 활용 가능)

구성 (좌)

1. 제목
- 건축물의 용도 제시 (공동주택과 일반건축물 2가지로 구분)
- 최대건축가능영역의 산정이 대전제

2. 과제개요
- 과제의 목적 및 취지를 언급합니다.
- 전체사항에 대한 개괄적인 설명이 추가되는 경우도 있습니다.

3. 대지개요(조건)
- 대지에 관한 개괄적인 사항
- 용도지역지구
- 대지규모
- 건폐율, 용적률
- 대지내부 및 주변현황 (최근 계속 현황도가 별도로 제시)

4. 계획조건
- 접도현황
- 대지안의 공지
- 각종 이격거리
- 각종 법규 제한조건 (일조권, 도로사선, 가로구역별최고높이, 문화재보호앙각, 고도제한 등)
- 각종 법규 완화규정

구성 (우)

- 대지 내외부 각종 장애물에 관한 사항
- 1층 바닥레벨
- 각층 층고
- 외벽계획 지침
- 대지의 고저차와 지표면 산정기준
- 기타사항
(요구조건의 기준은 대부분 주어지지만 실무에서 보편적으로 다루어지는 제한요소의 적용에 대해서는 간략하게 제시되거나 현행법령을 기준으로 적용토록 요구할 수 있으므로 그 적용방법에 대해서는 충분한 학습을 통한 훈련이 필요합니다)

구 성	FACTOR	지 문 본 문	FACTOR	구 성

5. 도면작성요령
- 건축가능영역 표현 방법(실선, 빗금)
- 층별 영역 표현법
- 각종 제한선 표기
- 치수 표현방법
- 반올림 처리기준
- 단위 및 축척

⑤ 도면작성요령은 항상 확인하는 습관이 필요합니다.
- 문제에서 요구하는 것은 그대로 적용하여 불필요한 감점이 생기지 않도록 절대 유의

⑥ 작성해야 하는 도면
- 배치도 및 X, Y 단면도

⑦ 주요 치수 표기
- 층고
- 이격거리
(지문의 요구조건에서 요구한 이격거리를 기준으로 기입하되, 너무 복잡하지 않게 주의함)

⑧ 주차장 표현
- 차량의 진출입 및 차량진행방향을 실선과 화살표로 표현

⑨ 소수점 3자리에서 반올림

⑩ 단위 및 축척
- m / 1:300

과목: 대지계획 제2과제 (대지분석/주차계획) 배점: 40/100점 ⑤

3. 도면작성요령

(1) 최대 건축가능영역을 배치도 및 X, Y 단면도에 표현 ⑥
(2) 층고, 이격거리 등 주요 치수 표기⑦
(3) 차량의 진출입 및 주차장 내의 진행방향을 실선과 화살표로 표기 ⑧
(4) 소수점 이하 3자리는 반올림하여 2자리로 표기 ⑨
(5) 단위 : m
(6) 축척 : 1/300 ⑩

4. 유의사항

(1) 도면작성은 흑색연필로 한다. ⑪
(2) 명시되지 않은 사항은 관계 법령의 범위안에서 임의로 한다. ⑫

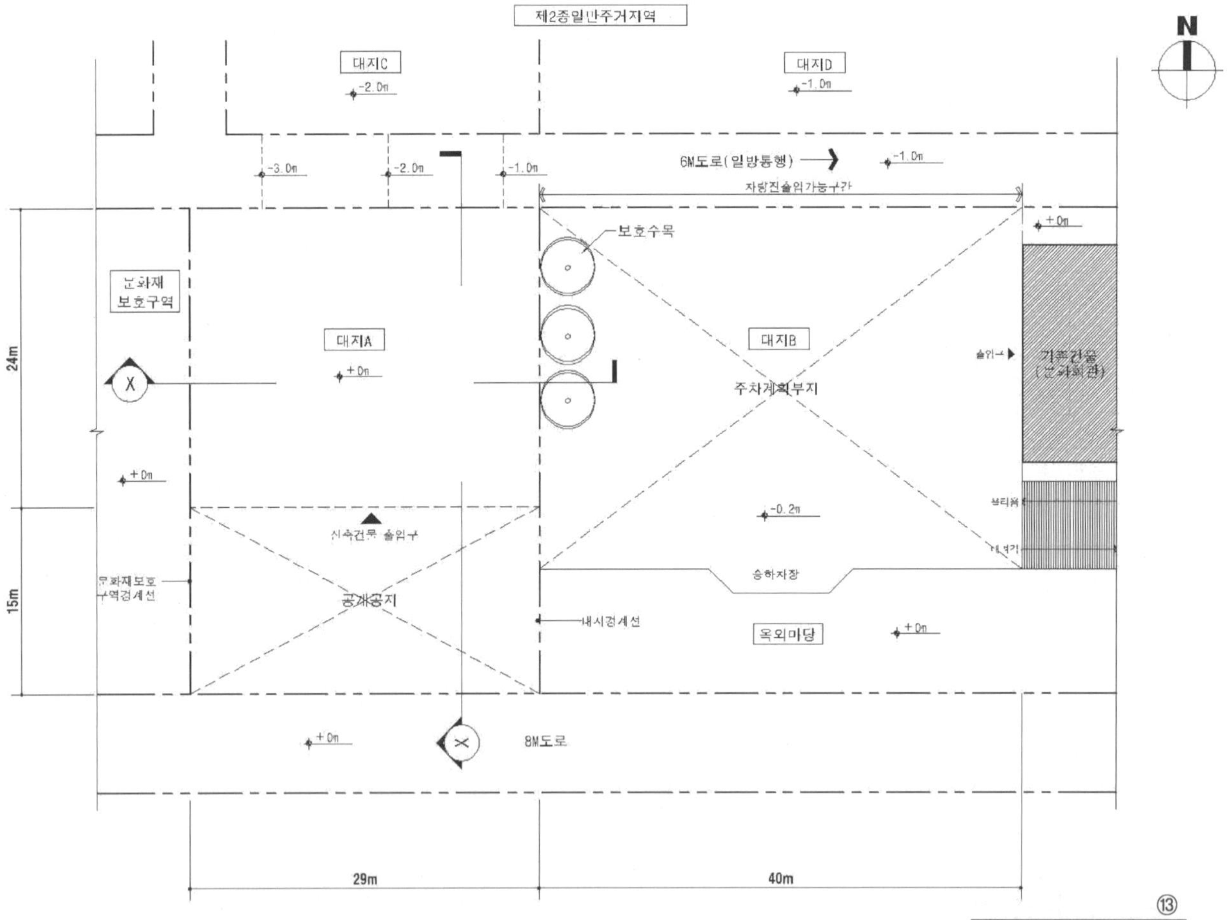

제2종일반주거지역
대지C -2.0m
대지D -1.0m
-3.0m -2.0m -1.0m
6M도로(일방통행) -1.0m
차량진출입가능구간
+0m
보호수목
문화재 보호구역
대지A +0m
대지B
주차계획부지
기존건물 (문화회관)
출입
24m
15m
+0m
-0.2m
신축건물 출입구
공개공지
문화재보호구역경계선
승하차장
대지경계선
옥외마당 +0m
+0m
8M도로
29m
40m
N

⑬
배 치 도
축척 : 1/50

⑪ 항상 흑색연필로 작성할 것을 요구합니다.

⑫ 명시되지 않은 사항은 현행 관계법령을 준용
- 기타 법규를 검토할 경우 항상 문제해결의 연장선에서 합리적이고 복합적으로 고려하도록 합니다.

⑬ 현황도 파악
- 대지현황
(보호수목, 옥외마당, 공개공지 등)
- 인접대지현황
(기존건물, 기존 지하주차장 출입구, 문화재 보호구역 등)
- 접도현황
- 대지, 도로, 인접대지 레벨 또는 등고선
- 단면절단선 위치
- 방위
- 축척
- 기타사항
- 제시되는 현황도를 이용하여 1차적인 현황분석을 합니다.

6. 유의사항
- 제도용구
(흑색연필 요구)
- 명시되지 않은 현행 법령의 적용방침
(적용 or 배제)

7. 대지현황도
- 대지현황
- 대지주변현황 및 접도조건
- 기존시설현황
- 대지, 도로, 인접대지의 레벨 또는 등고선
- 각종 장애물 현황
- 계획가능영역
- 방위
- 축척
(답안작성지는 현황도와 대부분 중복되는 내용이지만 현황도에 있는 정보가 답안작성지에서는 생략되기도 하므로 문제접근시 현황도를 꼼꼼히 체크하는 습관이 필요합니다)

■ 문제풀이 Process

1 제목, 과제 및 대지개요 확인

① 배점 확인
- 40점 : 대지분석+주차계획 복합형의 적절한 배점, 배치계획과 시간배분의 기준으로 삼는다.

② 제목
- 주민복지시설 최대건축가능영역 및 주차계획
  (A대지 : 최대건축가능영역, B대지 : 부설주차장계획)

③ A대지
- 제3종 일반주거지역
- 건폐율 60% 이하, 용적률 250% 이하
- 건폐율 및 용적률이 제시된 경우 문제의 타입은 일반적으로 2가지의 경우로 나뉜다.
  a) 층별 면적을 일일이 산출해 검토해야 하는 경우
  b) 건폐율과 층수만으로 간단히 check되는 경우
  (*건폐율, 용적률을 검토하지 않는다는 언급이 없는 한 반드시 check하는 습관이 중요!)
- 지문에 제시된 대지면적 : 1,131㎡

④ B대지
- 지구단위계획 내 주차장 계획부지

⑤ 구체적인 지문조건 분석 전 현황도를 이용하여 1차적인 현황분석을 우선 하도록 함

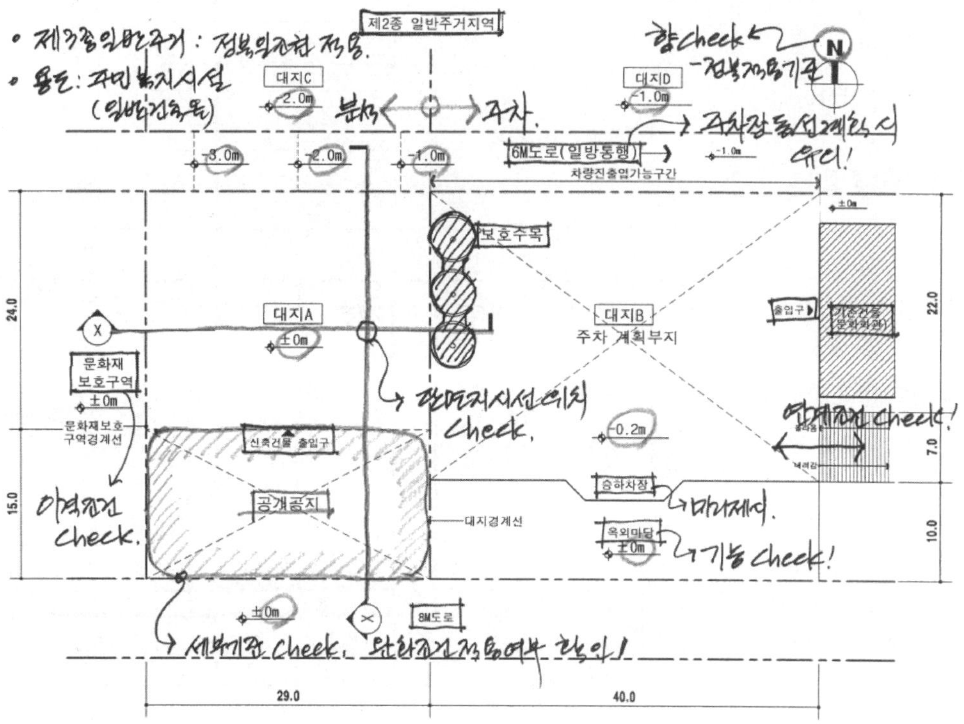

2 현황분석

① 대지형상
- 장방형의 평탄지, 대지내 공개공지, 건물 출입구, 보호수목의 존재 등 check
  (지문의 공개공지 완화조건 유무 check)

② 주변현황
- 기존시설물(문화회관, 지하주차장), 인접대지(제2종 일반주거지역), 문화재 보호구역 등

③ 접도조건 확인
- 남측 8m도로(주도로), 북측 6m도로(일부 경사도로, 일방통행, 차량진출입구 예상)
- 2면 도로 : 지문의 도로사선 적용기준 check

④ 대지 및 인접대지, 도로의 레벨 check
- 각종 높이제한의 기준이 되므로 절대 실수 없도록 함

⑤ 방위
- 정북일조권 적용 기준 확인

⑥ 단면지시선의 위치 및 개수 check
- X 방향
- Y 방향 : 공개공지 걸침

3 요구조건분석

• A대지
① 도로사선 적용기준 : 각각의 도로폭 기준
② 정북 일조권 적용기준
③ 건축한계선 제시
④ 건축물 최고높이 20m 이하
- 제시된 층고 고려 시 지상 5개층으로 제한됨
⑤ 피로티 구조 공개공지 유효높이 6m 이상 확보
⑥ 문화재보호구역 이격조건 제시 : 경계선의 지표면에서 높이 7.5m인 곳에서 가로 : 세로 = 2 : 1 적용
⑦ 외벽은 수직 / 지상1층 바닥레벨 = +0

• B대지
① 6m 도로에서 차량진출입, 기존건물과 신축건물로의 접근성 고려
② 옥외마당에 승하차장
③ 주차장출입구 개소 임의계획
④ 별도의 주차구획 제시 : 법정 size와 다르지만 지문조건 우선 적용
⑤ 기존수목은 보존, 수목하부에 주치구획 설치 불가
- 조경영역으로 활용 가능

■ 문제풀이 Process

4 수평영역 검토

① 대지평면도 상의 건축가능영역을 우선 검토
- 각종 이격거리 조건 정리

② X, Y 각각의 단면도로 평면상의 가선을 연장하여 단면상의 건축가능영역 check

③ 기존 주차장과의 연계 및 주차장 내부 일방향 순환체계를 고려한 동선 계획

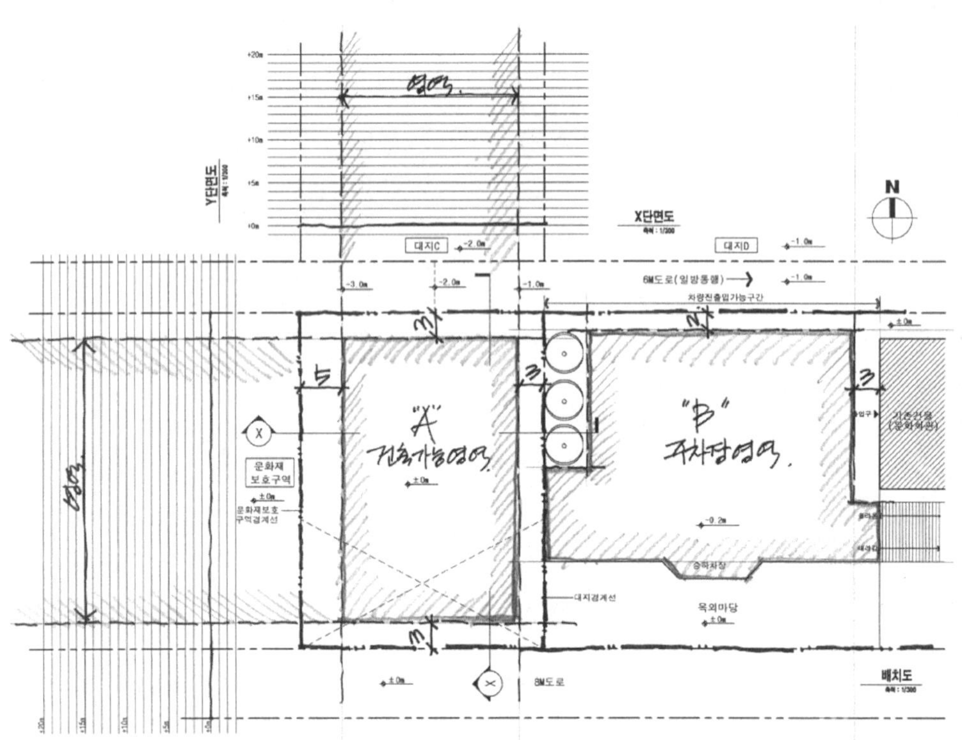

5 수직영역 검토

① 대지 지표면과 인접대지 및 인접도로의 레벨(필요시 가중평균)을 기준으로 각종 높이제한조건 (정북, 도로사선, 문화재 보호사선 등)을 표현

② 제시된 층고에 따라 가선을 정리하여, 각종 사선과 만나는 부분의 라인을 평면도로 연장

③ 주차장 세부계획을 통한 요구 주차대수 확보 가능 여부 확인

④ 건폐율, 용적률 check

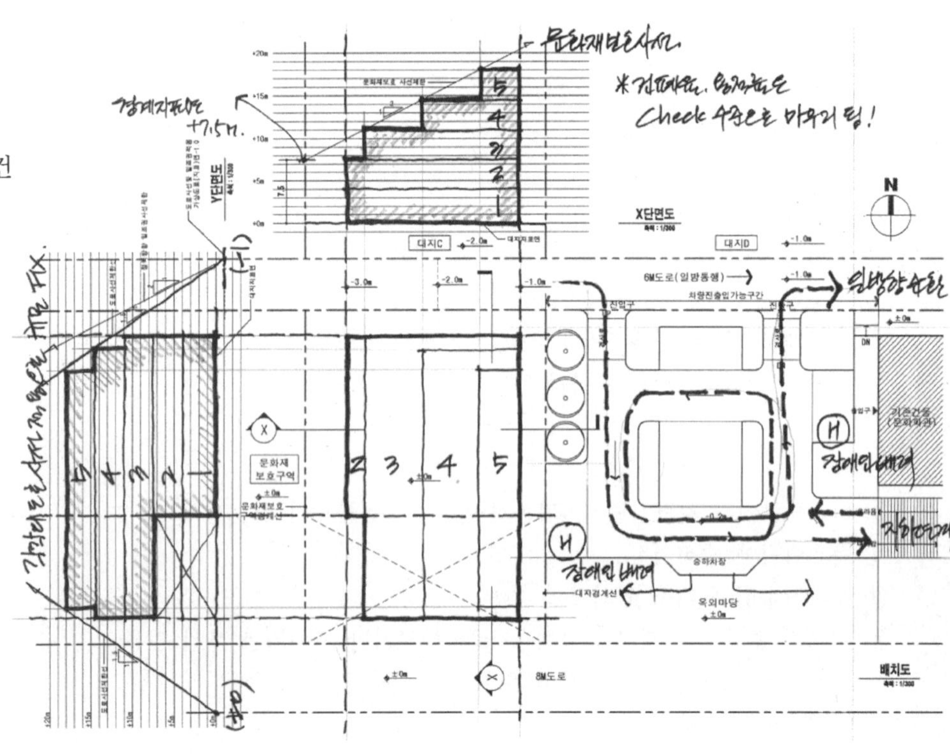

6 모범답안

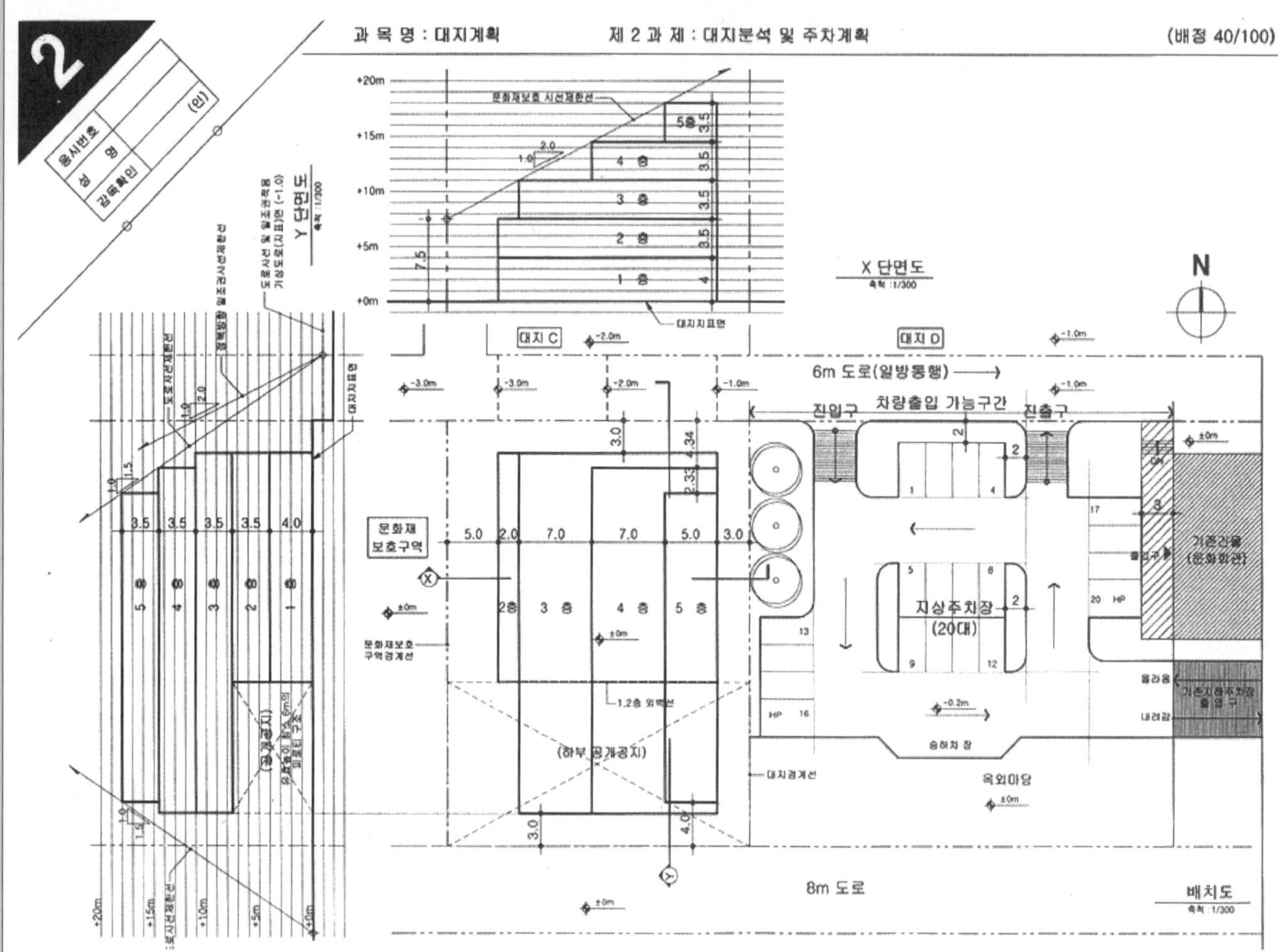

■ 주요 체크포인트

① 공개공지의 유효높이를 고려한 2개층 필로티 계획
② 합리적인 도로사선제한 적용 (각각의 도로폭 적용, 건물 접하는 구간의 도로면을 가중 평균)
③ 문화재보호사선의 정확한 적용
④ 차량의 승하차, 기존 지하주차장 경사로와의 연계, 일방향 순환체계를 고려한 동선계획
⑤ 0.8m 단차의 극복을 위한 차량 경사로 및 보행자 계단의 계획

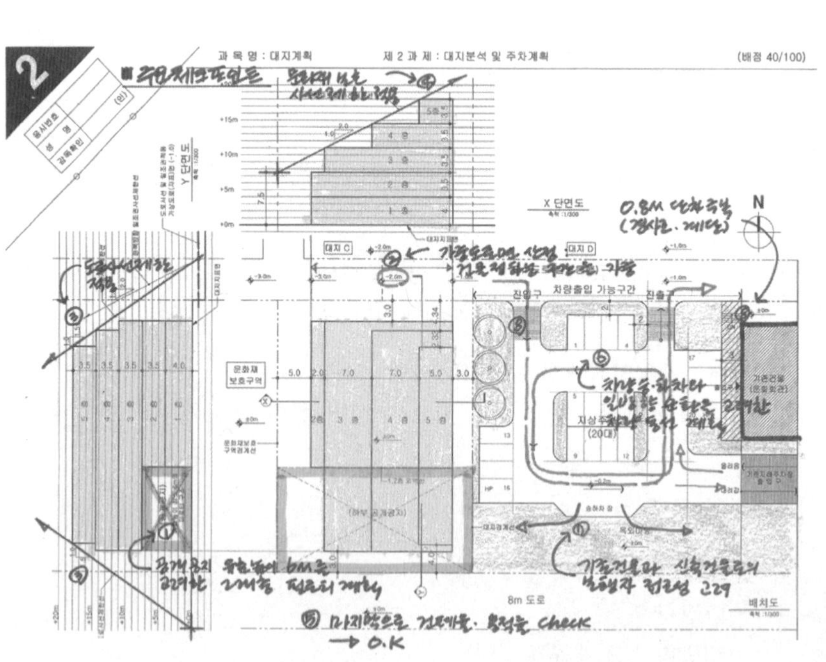

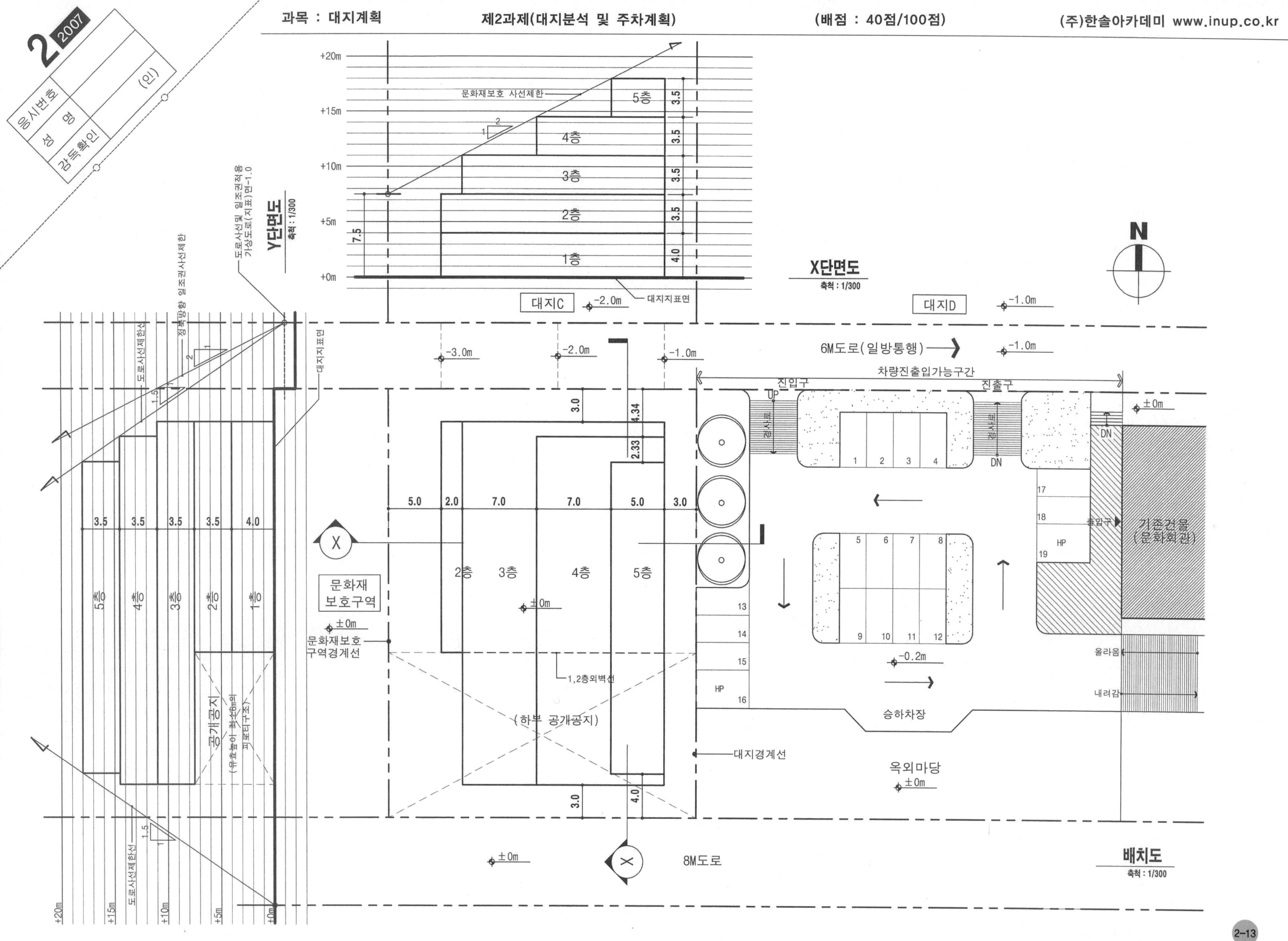
2 2007
응시번호
성 명
감독확인
(인)
X단면도
축척 : 1/300
Y단면도
축척 : 1/300
배치도
축척 : 1/300
문화재보호 사선제한
대지지표면
대지C
대지D
6M도로(일방통행)
차량진출입가능구간
진입구
진출구
8M도로
문화재
보호구역
문화재보호
구역경계선
대지경계선
1,2층외벽선
(하부 공개공지)
승하차장
옥외마당
기존건물
(문화회관)
출입구
올라옴
내려감
도로사선및 일조권적용
가상도로(지표)면-1.0
정북방향 일조권사선제한
도로사선제한선
공개공지
(유효높이 최소6m의 피로티구조)
5층
4층
3층
2층
1층

구 성	FACTOR	지 문 본 문	FACTOR	구 성

구 성

1. 제목
- 배치하고자 하는 시설의 제목을 제시합니다.

2. 과제개요
- 시설의 목적 및 취지를 언급합니다.
- 전체사항에 대한 개괄적인 설명이 추가되는 경우도 있습니다.

3. 대지개요(조건)
- 대지전반에 관한 개괄적인 사항이 언급됩니다.
- 용도지역, 지구
- 접도조건
- 건폐율, 용적률 적용 여부를 제시
- 대지내부 및 주변현황(최근 계속 현황도가 별도로 제시)

4. 계획조건
ⓐ 시설개요
- 배치시설의 종류
- 건물과 옥외시설물은 구분하여 제시되는 것이 일반적입니다.
- 시설규모
- 필요시 각 시설별 요구사항이 첨부됩니다.

FACTOR

① 배점을 확인하여 2과제의 시간배분 기준으로 활용합니다. (배치 65점이 가장 빈도 높음)

② 초등학교에 맞는 계획각론과 기본 원칙을 미리 머릿속에 그려봅니다.
- 가장 주요 시설은 교실동 (프라이버시와 향을 절대 고려)

③ 초등학교와 부설유치원을 신축
- 병렬 분산형 초등학교 배치
- 실내체육관은 지역주민의 이용을 고려

④ 용도지역 : 주거지역
- 원칙적으로는 정북일조권을 고려해야함

⑤ 현황도 제시
- 계획조건을 읽기 전에 현황도를 이용, 1차적인 현황분석을 선행하는 것이 문제의 윤곽을 잡아가는데 훨씬 유리합니다.

⑥ 건폐율, 용적률, 건축물의 층수는 고려치 않음

⑦ 건축물 및 옥외시설물의 규모제시
- Size 제시 (높이정보가 없어서 입체적인 공간계획이 어려움)
- 주차장의 규모는 주차대수로 주어집니다.
- 보도와 차로 너비 제시

⑧ 조경 위치와 폭 제시

지 문 본 문

2008년도 건축사 자격시험 문제

과목: 대지계획 제1과제 (배치계획) 배점: 65/100점①

제목 : 지역주민을 위한 체육시설이 포함된 초등학교 배치계획②

1. 과제개요

지방 신도시 주거지역 내 자연생태공원, 주민체육공원과 아파트단지 사이에 위치하는 대지에 초등학교 및 부설유치원을 신축하고자 한다.③
초등학교는 병렬분산형으로 계획하며 실내체육관은 지역주민을 위한 시설로 겸용한다. 아래사항을 고려하여 요구되는 시설의 배치계획과 주차계획을 하시오.

2. 대지개요

(1) 용도지역 : 주거지역④
(2) 대지현황 : 현황도 참조⑤
(3) 건폐율, 용적률, 건축물의 층수 및 높이는 고려하지 않음⑥

3. 계획조건

(1) 시설개요⑦

	시설	규모
①	저학년(1-2학년)교실동	: 48m×12m
②	중학년(3-4학년)교실동	: 48m×12m
③	고학년(5-6학년)교실동	: 48m×12m
④	특별교실동	: 30m×15m
⑤	본관	: 30m×15m
⑥	부설유치원	: 25m×15m
⑦	강당(급식시설 포함)	: 30m×25m
⑧	실내체육관	: 37m×25m
⑨	자전거보관소	: 20m×2m
⑩	휴게마당(중심광장)	: 30m×20m
⑪	운동장	: 100m×48m
⑫	옥외운동시설	: 25m×5m
⑬	옥외휴게시설	: 25m×5m
⑭	저학년 및 유치원 놀이마당	: 20m×15m

⑮ 주차장
- 초등학교 : 38대이상(장애인주차 2대포함)
- 유 치 원 : 3대이상(장애인주차 1대포함)

⑯ 도로
- 보도 너비 : 4m
- 차도 너비 : 6m

⑰ 조경: 너비2m이상⑧
- 도로와 건축물, 옥외시설물과 건축물, 옥외시설물과 도로 또는 인접대지경계선 사이에 반드시 설치(출입구 제외)

(2) 배치계획시 고려사항
① 대지의 주변환경과 시설현황, 각 건축물의 입지조건,소음,향,동선,프라이버시,보행 안전성 등을 고려하여 합리적으로 계획⑨
② ⑩건축물 외벽 간의 거리는8m이상 이격
③ 도로경계선 및 인접대지경계선에서 건축물 외벽까지는 6m이상 이격⑪
④ 체육시설 이용시 주민의 주차⑫는 주민체육공원 주차장을 이용
⑤ ⑬유치원은 별도의 차량출입구를 설치하고 20m 도로에서 접근이 용이하도록 배치
⑥ 저학년과 유치원생은 놀이마당을 공유⑭하도록 배치
⑦ 필요시 적절한 곳에 차폐조경 설치⑮
⑧ 건축물간의 연결통로는 고려치 않음⑯

4. 도면작성요령 ⑰

(1) ⑱모든 시설동은 굵은실선으로 표시하고, 시설명과 출입구 표기
(2) ⑲모든 옥외시설은 가는 실선으로 표기
(3) 주차장에 주차대수기입⑳(장애인용은 HP로 표기)
(4) 주요치수 표기
(5) 기타 표기는<보기>참조
(6) 단위 : m ㉑
(7) 축척 : 1/600 ㉑

FACTOR

⑨ 대지와 현황을 고려한 합리적인 배치계획 요구

⑩ 건축물 외벽간 거리 : 8m

⑪ 대지경계선에서 이격거리 : 6m

⑫ 체육시설을 이용하는 주민의 주차는 공원 주차장 이용

⑬ 유치원 조건
- 별도 차량출입구 설치
- 20m 도로에서 접근 용이

⑭ 놀이마당 조건
- 저학년교실동과 유치원이 공유

⑮ 차폐조경 임의 계획

⑯ 연결통로 고려치 않음

⑰ 도면작성요령은 항상 확인하는 습관이 필요합니다.
- 문제에서 요구하는 것은 그대로 적용하여 불필요한 감점이 생기지 않도록 절대 유의

⑱ 시설동 표현
- 굵은 실선
- 시설명 및 출입구 표기 (특별한 언급이 없다면 시설물의 중앙에 기입하도록 합니다.)

⑲ 옥외시설 표현
- 가는 실선

⑳ 주차대수의 표현
- 5대 단위로 기입하는 것이 일반적입니다.
- 장애인주차 HP 표현 유의

㉑ 단위 및 축척
- m / 1:600

구 성

ⓑ 배치고려사항
- 건축가능영역
- 시설간의 관계 (근접, 인접, 연결, 연계 등)
- 보행자동선
- 차량동선 및 주차장 계획
- 장애인 관련 사항
- 조경 및 포장
- 자연과 지형활용
- 옹벽등의 사용지침
- 이격거리
- 기타사항

5. 도면작성요령
- 각 시설명칭
- 크기표시 요구
- 출입구 표시
- 이격거리 표기
- 주차대수 표기 (장애인주차구획)
- 표고 기입
- 단위 및 축척

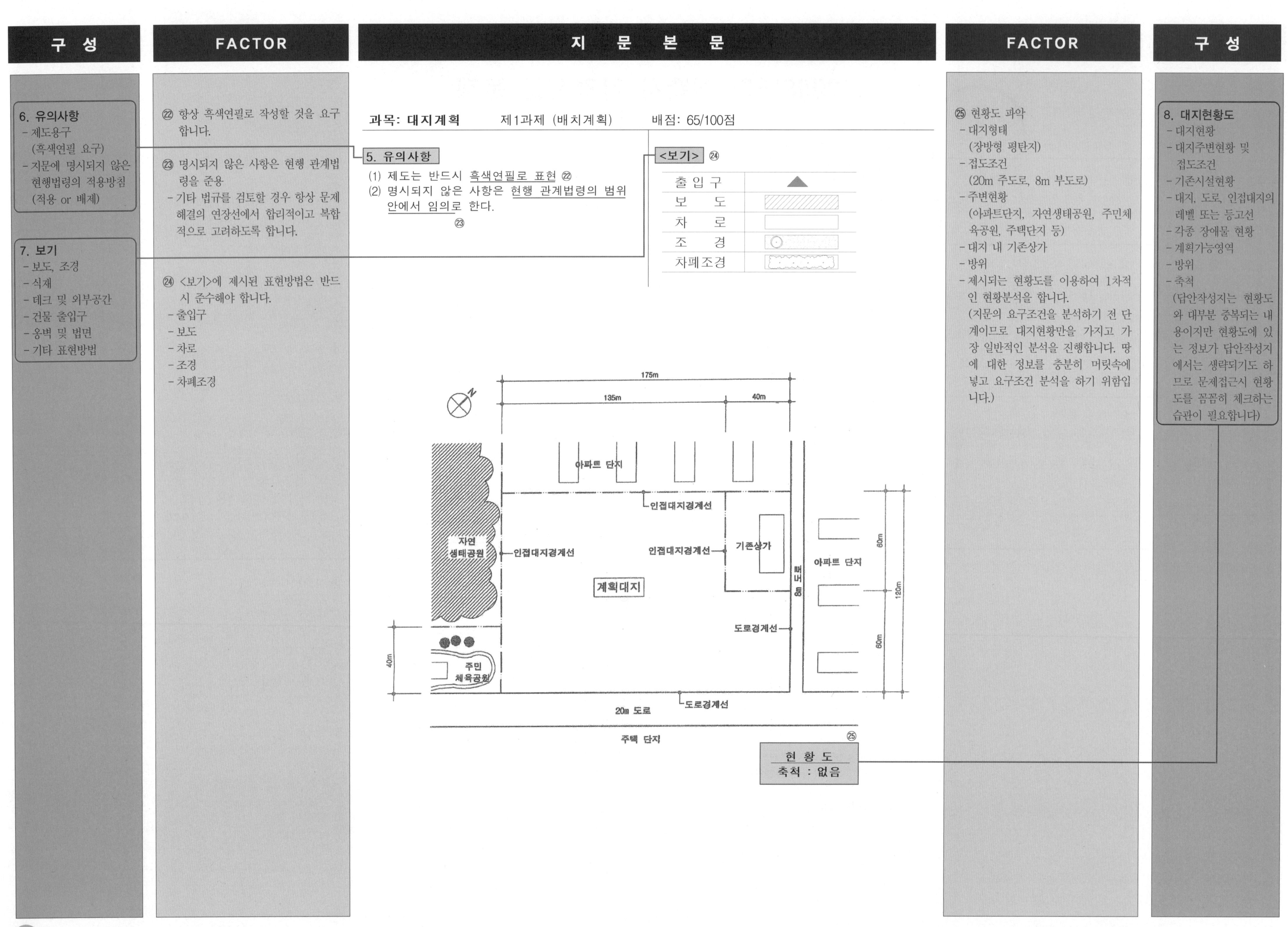

구 성	FACTOR	지 문 본 문	FACTOR	구 성

6. 유의사항
- 제도용구 (흑색연필 요구)
- 지문에 명시되지 않은 현행법령의 적용방침 (적용 or 배제)

7. 보기
- 보도, 조경
- 석재
- 데크 및 외부공간
- 건물 출입구
- 옹벽 및 법면
- 기타 표현방법

㉒ 항상 흑색연필로 작성할 것을 요구합니다.

㉓ 명시되지 않은 사항은 현행 관계법령을 준용
- 기타 법규를 검토할 경우 항상 문제해결의 연장선에서 합리적이고 복합적으로 고려하도록 합니다.

㉔ <보기>에 제시된 표현방법은 반드시 준수해야 합니다.
- 출입구
- 보도
- 차로
- 조경
- 차폐조경

과목: 대지계획 제1과제 (배치계획) 배점: 65/100점

5. 유의사항

(1) 제도는 반드시 흑색연필로 표현 ㉒
(2) 명시되지 않은 사항은 현행 관계법령의 범위 안에서 임의로 한다. ㉓

<보기> ㉔

출 입 구	▲
보 도	
차 로	
조 경	
차폐조경	

㉕
현 황 도
축척 : 없음

㉕ 현황도 파악
- 대지형태 (장방형 평탄지)
- 접도조건 (20m 주도로, 8m 부도로)
- 주변현황 (아파트단지, 자연생태공원, 주민체육공원, 주택단지 등)
- 대지 내 기존상가
- 방위
- 제시되는 현황도를 이용하여 1차적인 현황분석을 합니다.
(지문의 요구조건을 분석하기 전 단계이므로 대지현황만을 가지고 가장 일반적인 분석을 진행합니다. 땅에 대한 정보를 충분히 머릿속에 넣고 요구조건 분석을 하기 위함입니다.)

8. 대지현황도
- 대지현황
- 대지주변현황 및 접도조건
- 기존시설현황
- 대지, 도로, 인접대지의 레벨 또는 등고선
- 각종 장애물 현황
- 계획가능영역
- 방위
- 축척
(답안작성지는 현황도와 대부분 중복되는 내용이지만 현황도에 있는 정보가 답안작성지에서는 생략되기도 하므로 문제접근시 현황도를 꼼꼼히 체크하는 습관이 필요합니다)

■ 문제풀이 Process

1 제목 및 과제 개요 check

① 배점 확인
- 65점 : 가장 일반적

② 제목
- 지역주민을 위한 체육시설이 포함된 초등학교 배치계획
- 초등학교 및 부설유치원을 신축
- 비교적 용도적인 특징이 강함

③ 주거지역
- 세부용도지역이 제시되지 않음, 법규사항은 적용할 수 없음

④ 현황도 제시

⑤ 건폐율, 용적률, 층수, 높이 고려치 않음
- 일조환경이 중요한 용도인 만큼 높이정보의 생략은 아쉬움

2 현황 분석

① 대지형상
- 정리된 평탄지

② 주변현황 파악
- 아파트 단지, 자연생태공원, 주민체육공원, 상가, 주택단지 등
- 연계조건 지문에서 check

③ 접도조건 확인
- 남동측 20m도로 : 주도로, 정문 예상
- 북동측 8m도로 : 부도로, 후문 및 차량진출입 예상

④ 향 및 프라이버시(소음관련) 파악

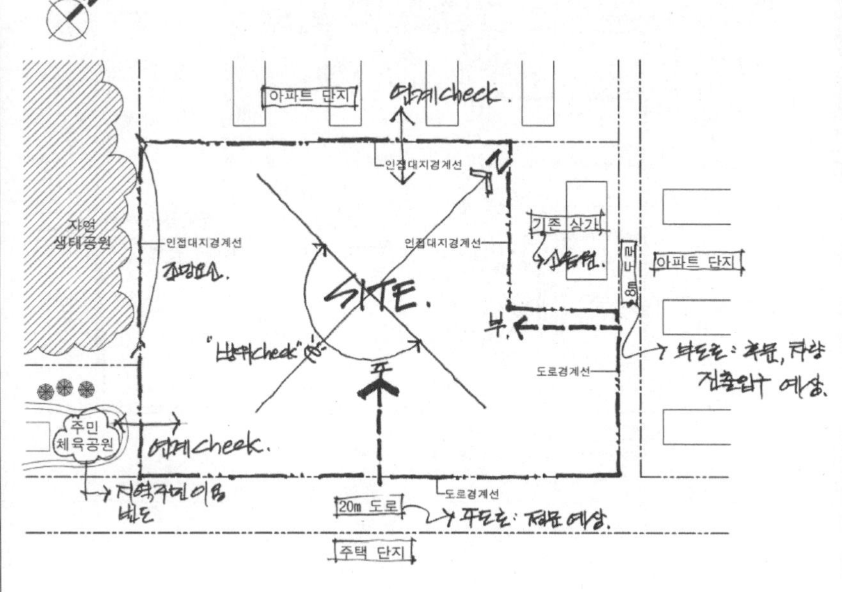

3 요구조건 분석 (diagram)

① 시설개요 파악
- 건물 및 외부공간의 크기 파악
- 주차장의 규모 및 개소 파악
- 보도 및 차로 너비 제시
- 조경 설치 기준의 구체적 제시

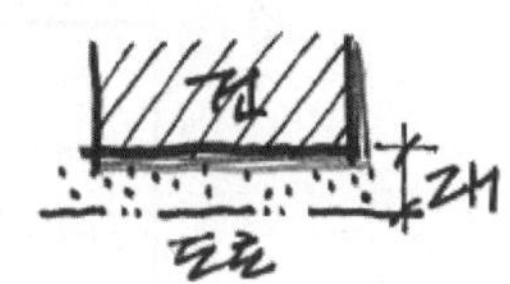
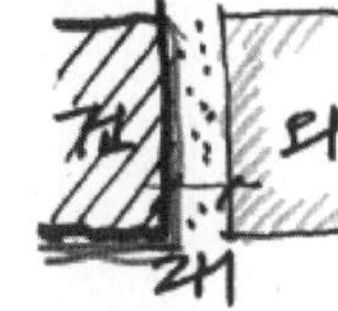
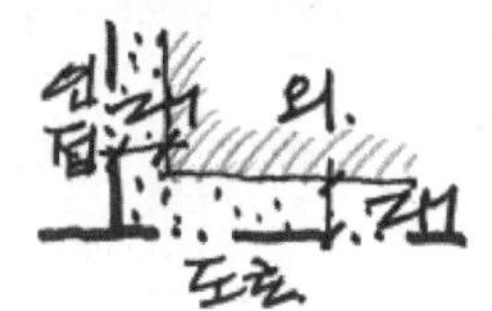

② 소음, 향, 프라이버시등을 고려
- 접도조건 및 인접대지 현황을 충분히 고려
- private vs public
- 주요 건물 : 교실동

③ 건축물 간 이격거리
- 8m 이상

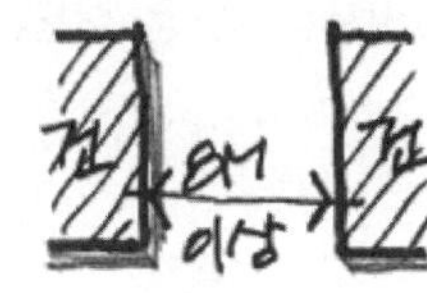

④ 1차적인 건축가능영역
- 도로경계선(건축선) 및 인접대지경계선에서 건축물 외벽까지 6m 이상 이격

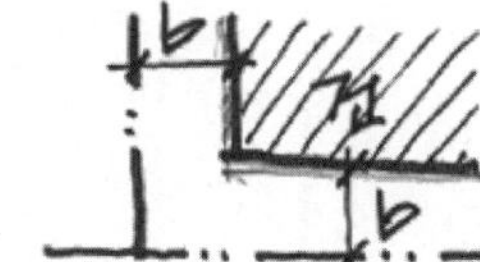

⑤ 주민체육공원과 연계
- 실내체육관의 주민이용 고려
- 주민의 주차는 체육공원 주차장을 이용

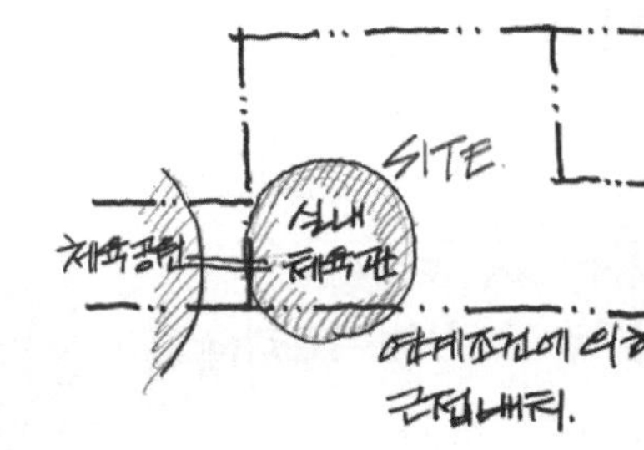

⑥ 유치원
- 주도로에서의 접근성 고려
- 별도의 차량출입구 (주도로에서 형성)

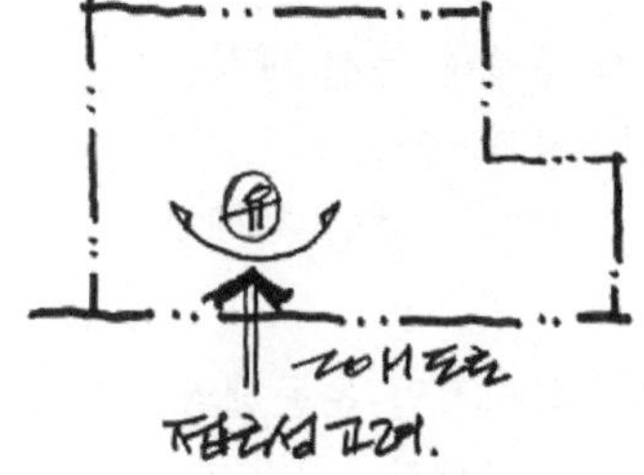

⑦ 놀이마당
- 저학년과 유치원생이 시설 이용
- 저학년 교실동과 유치원의 인접배치

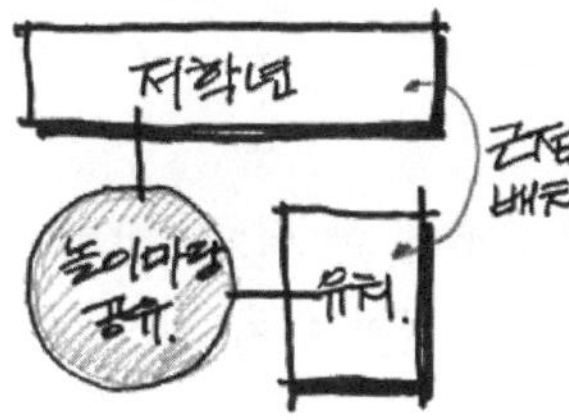

⑧ 차폐조경
- 적절한 곳에 임의 계획

⑨ 건축물간 연결통로는 고려하지 않음

■ 문제풀이 Process

4 토지이용계획

① 대지내 동선 예상
- 정문 예상
- 차량 진출입구 예상

② 합리적인 운동장의 위치선정

③ 프라이버시를 고려한 일반교실동의 배치

④ 주차장 및 연계시설의 합리적인 위치 선정

⑤ 시험의 당락은 이 단계에서 사실상 결정됨

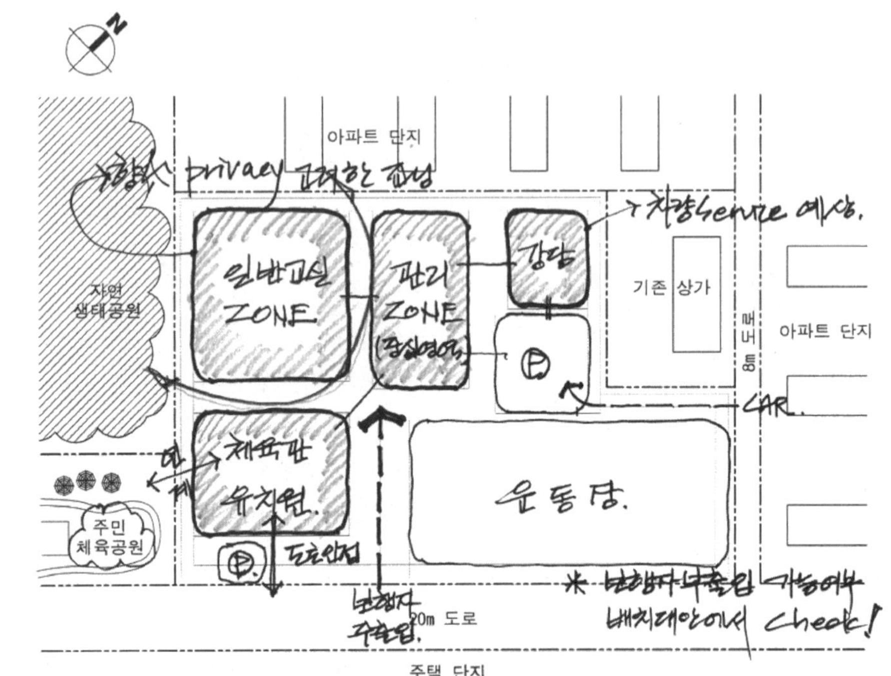

5 배치대안검토

① 토지이용계획을 바탕으로 세부계획 진행

② 조닝된 영역을 기준, 시설별 연계조건을 고려하여 건물 및 외부공간 정리

③ 주차장 내부 동선 및 진출입구, 주차대수 확보 여부 검토

④ 대지전체 여유치수 전혀 없는 전형적인 치수계획형 배치계획

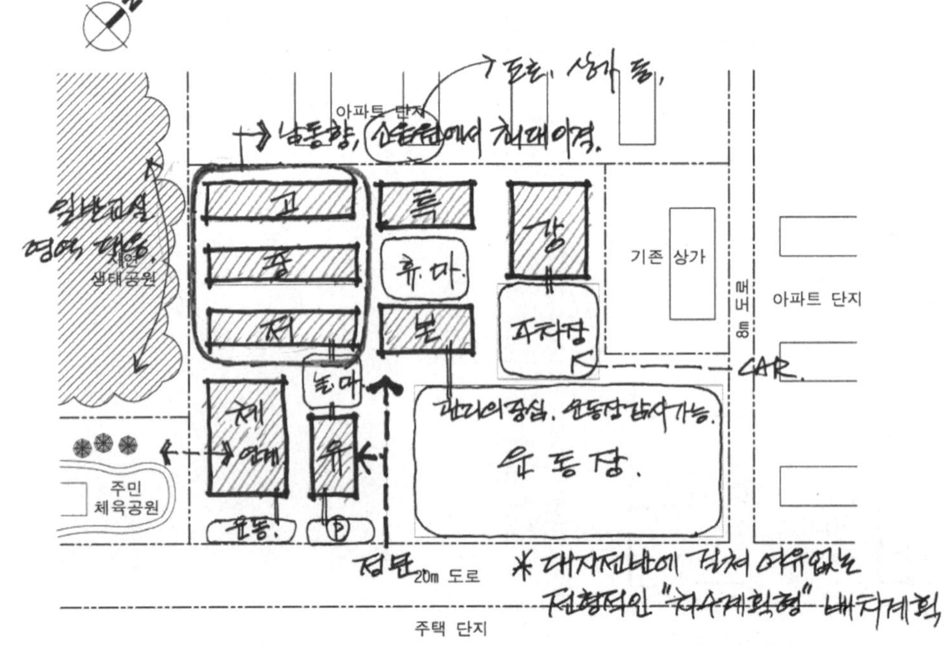

6 모범답안

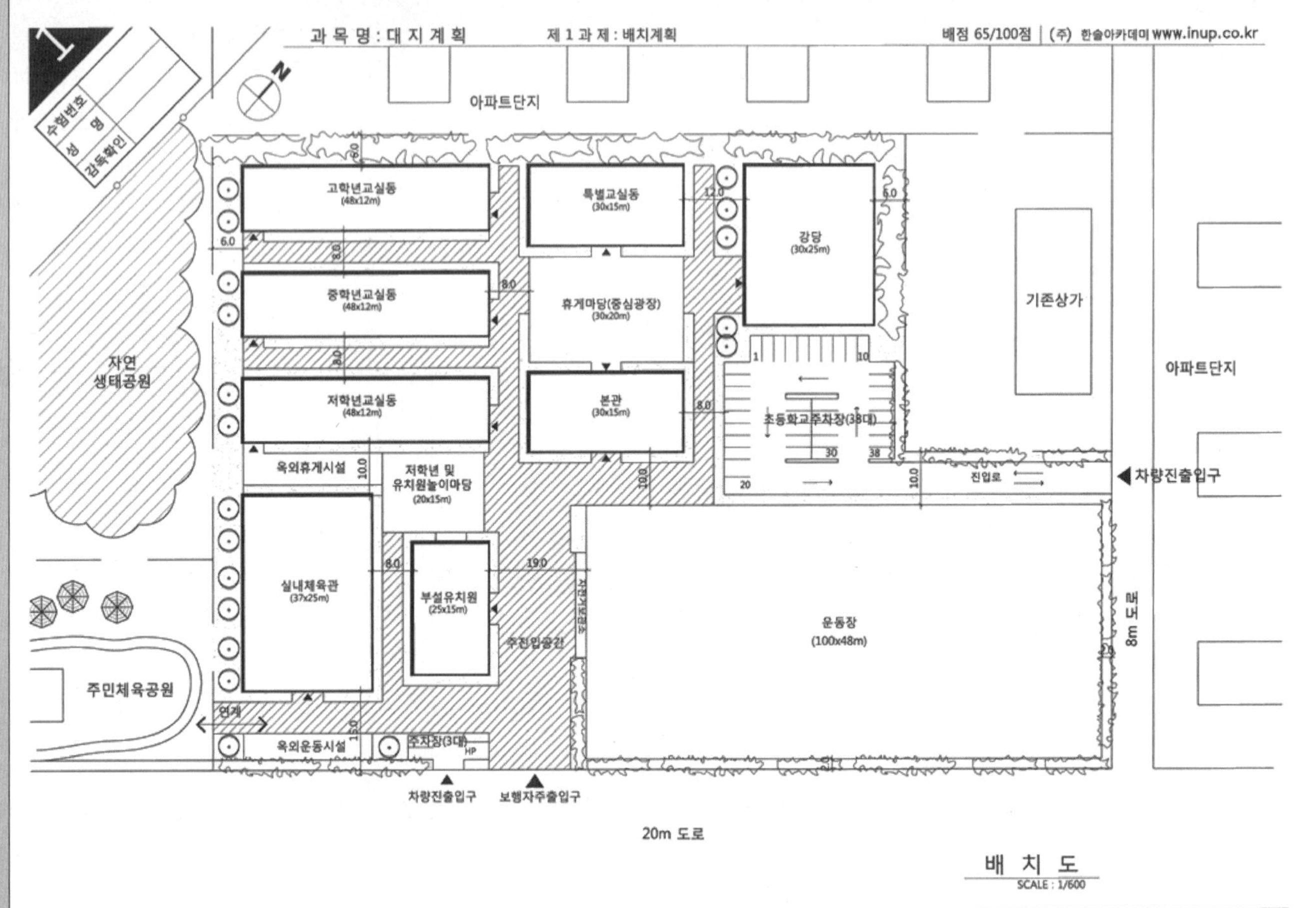

■ 주요 체크포인트

① 운동장을 기준으로 한 정문 및 차량진출입구의 위치 선정

② 향과 소음을 고려한 일반 교실동의 병렬 분산형 배치

③ 주민체육공원과 실내체육관의 적극적인 연계 도모

④ 부설유치원의 위치 선정과 저학년 교실동과의 연계

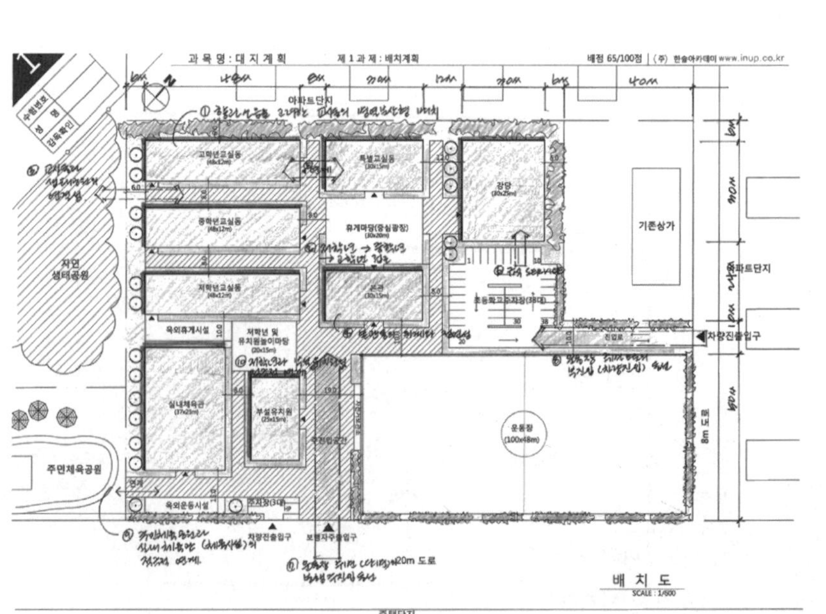

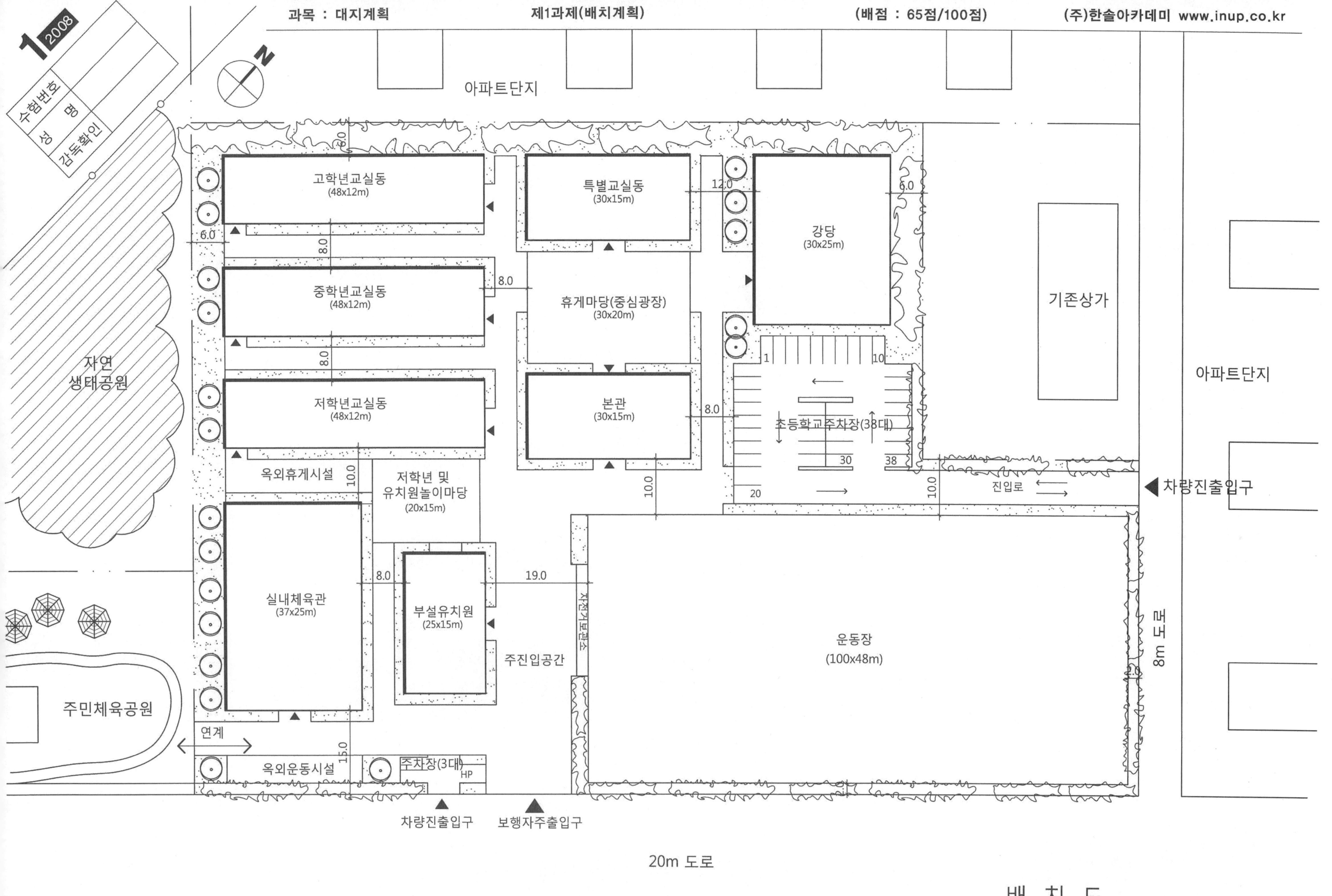
1 2008
수험번호
성 명
감독확인
아파트단지
고학년교실동 (48x12m)
중학년교실동 (48x12m)
저학년교실동 (48x12m)
특별교실동 (30x15m)
휴게마당(중심광장) (30x20m)
본관 (30x15m)
강당 (30x25m)
기존상가
아파트단지
초등학교주차장(38대)
진입로
차량진출입구
자연 생태공원
옥외휴게시설
저학년 및 유치원놀이마당 (20x15m)
실내체육관 (37x25m)
부설유치원 (25x15m)
주진입공간
자전거보관소
운동장 (100x48m)
8m 도로
주민체육공원
연계
옥외운동시설
주차장(3대)
HP
차량진출입구
보행자주출입구
20m 도로
배 치 도
SCALE : 1/600
주택단지

구 성	FACTOR	지 문 본 문	FACTOR	구 성

구 성

1. 제목
- 건축물의 용도 제시 (공동주택과 일반건축물 2가지로 구분)
- 최대건축가능영역의 산정이 대전제

2. 과제개요
- 과제의 목적 및 취지를 언급합니다.
- 전체사항에 대한 개괄적인 설명이 추가되는 경우도 있습니다.

3. 대지개요(조건)
- 대지에 관한 개괄적인 사항
- 용도지역지구
- 대지규모
- 건폐율, 용적률
- 대지내부 및 주변현황 (최근 계속 현황도가 별도로 제시)

4. 계획조건
- 접도현황
- 대지안의 공지
- 각종 이격거리
- 각종 법규 제한조건 (일조권, 도로사선, 가로구역별최고높이, 문화재보호앙각, 고도제한 등)
- 각종 법규 완화규정
- 대지 내외부 각종 장애물에 관한 사항
- 1층 바닥레벨
- 각층 층고
- 외벽계획 지침
- 대지의 고저차와 지표면 산정기준

FACTOR

① 배점을 확인합니다.
- 35점 (가장 빈도 높음)

② 용도 체크
- 의료시설 (일반건축물)
- 최대 건축가능영역

③ 제3종 일반주거지역
- 정북일조권 적용
- 인접대지 용도지역 동일

④ 건폐율 및 용적률 적용
- 50% / 250%
- 계산을 해야 하는지, 규모산정 후 확인만 하면 되는지 추후검토

⑤ 현황도 제시
- 계획조건을 읽기 전에 현황도를 이용, 1차적인 현황분석을 선행하는 것이 문제의 윤곽을 잡아가는데 훨씬 유리합니다.
- 도로확폭, 가각전제 등으로 건축선이 변경되는 부분이 있는지 가장 먼저 확인 (대지면적이 바뀌면 모든 기준이 바뀝니다.)
- 2m 통과도로 주요 체크
- 접도조건 및 주변현황 파악
- 향을 확인하여 적용해야 하는 법규를 미리 정리해봅니다.

⑥ 계획대지 및 주변대지는 각 대지내 고저차 없음
- 각 대지는 평탄지

⑦ 건축물 외벽
- 건축선(도로경계선) 및 인접대지경계선으로부터 5m 이상 이격

⑧ 층고
- 지상층 및 옥탑 : 4m
- 지하층은 고려치 않음

⑨ 외벽계획
- 각 층 외벽은 수직
- 북측 지상1-6층은 동일 수직면
- 동,서,남측 지상4-8층은 동일 수직면

⑩ 지상1층 바닥레벨은 EL+ 20

지 문 본 문

2008년도 건축사 자격시험 문제

과목: 대지계획 제2과제 (대지분석/조닝) 배점: 35/100점 ①

제목 : 의료시설 최대 건축가능영역

1. 과제개요

제3종 일반주거지역 내의 대지A에 의료시설(병원)을② 신축하고자 한다. 아래 사항을 고려하여 최대건축가능영역을 구하시오.

2. 대지개요

(1) 용도지역 : 제3종 일반주거지역③ (인접대지 모두 동일)
(2) 건폐율 : 50%이하
(3) 용적률 : 250%이하 ④
(4) 대지규모 : 대지 평면도 참조
(5) 인접도로상황 : 모든 인접도로는 통과도로임 (현황도 참조)⑤
(6) ⑥대지A 및 주변대지는 각 대지 내 고저차 없음
(7) ⑦건축물 외벽은 건축선 및 인접대지경계선으로부터 5m이상 이격
(8) 층고⑧
　① 지상층 : 4m
　② 옥 탑 : 4m
　③ 지하층 : 고려하지 않음
(9) 외벽계획⑨
　① 각 층 외벽은 수직으로 함
　② 북 측 : 지상1층~지상6층 외벽은 동일 수직면으로 계획
　③ 동·서·남측 : 지상4층~지상8층 외벽은 동일 수직면으로 계획
(10) ⑩지상1층 바닥레벨은 EL+20m로 함
(11) ⑪전면도로에 의한 높이제한 규정 적용시 전면도로의 너비는 가장 넓은도로의 너비를 적용
(12) ⑫일조 등의 확보를 위한 건축물의 높이제한을 위하여 건축물의 각 부분을 정북방향으로의 인접대지경계선에서 띄어야 할거리
　① 높이 4m이하 부분 : 1m 이상
　② 높이 8m이하 부분 : 2m 이상
　③ 높이 8m초과 부분 : 건축물 각 부분 높이의 1/2이상
(13) 지상1층 바닥면적의 1/2은 주차장임⑬
(14) ⑭옥탑(승강탑 등으로 사용되며 옥탑내 거실없음)의 완화 규정(높이 및 층수)적용
(15) 공개공지 규정은 고려치 않음⑮

3. 도면작성요령⑯

(1) 최대 건축가능영역을 대지 평면도⑰ 및 단면도에 <보기>와 같이 표현
(2) ⑱평면도에 중복된 층은 그 최상층만 표현
(3) 모든 제한선⑲ 및 치수기재⑳ (소수점 이하는 소수2자리에서 반올림)
(4) 건폐율, 용적률을 산정하여 기재㉑
(5) 단위 : m
(6) 축척 : 1/400 ㉒

4. 유의사항

(1) 제도는 반드시 흑색연필로 표현㉓(기타사용금지)
(2) 명시되지 않은 사항은 현행 관계법령의 범위 안에서 임의로 한다.㉔

<보기> ㉕

홀 수 층	(빗금)
짝 수 층	
옥 탑 층	(크로스 해칭)

FACTOR

⑪ 도로사선 적용 기준
- 이면도로 완화조건 제시

⑫ 정북일조권 적용 기준
- 4m 이하 : 1m
- 8m 이하 : 2m
- 8m 초과 : 1/2 이상 이격

⑬ 지상 주차장
- 지상 1층 바닥면적의 1/2

⑭ 옥탑 조건 제시
- 건축면적의 1/8이하인 경우
- 높이 및 층수 제외

⑮ 공개공지 규정은 고려치 않음

⑯ 도면작성요령은 항상 확인하는 습관이 필요합니다.
- 문제에서 요구하는 것은 그대로 적용하여 불필요한 감점이 생기지 않도록 절대 유의

⑰ 작성해야 하는 도면
- 대지평면도 및 단면도
- <보기> 표현 준수

⑱ 평면도에 중복된 층은 최상층만 표현

⑲ 각종 사선제한선 표현
- 도로사선, 정북일조권 등

⑳ 치수 기재
- 소수점 이하는 2자리에서 반올림

㉑ 건폐율, 용적률 산정하여 기재

㉒ 단위 및 축척
- m / 1:400

㉓ 항상 흑색연필로 작성할 것을 요구합니다.

㉔ 명시되지 않은 사항은 현행 관계법령을 준용
- 기타 법규를 검토할 경우 항상 문제해결의 연장선에서 합리적이고 복합적으로 고려하도록 합니다.

㉕ <보기> 표현 준수
- 홀수층, 짝수층, 옥탑층

구 성

- 기타사항 (요구조건의 기준은 대부분 주어지지만 실무에서 보편적으로 다루어지는 제한요소의 적용에 대해서는 간략하게 제시되거나 현행 법령을 기준으로 적용토록 요구할 수 있으므로 그 적용방법에 대해서는 충분한 학습을 통한 훈련이 필요합니다)

5. 도면작성요령
- 건축가능영역 표현방법 (실선, 빗금)
- 층별 영역 표현법
- 각종 제한선 표기
- 치수 표현방법
- 반올림 처리기준
- 단위 및 축척

6. 유의사항
- 제도용구 (흑색연필 요구)
- 명시되지 않은 현행법령의 적용방침 (적용 or 배제)

구 성	FACTOR	지 문 본 문

7. 대지현황도
- 대지현황
- 대지주변현황 및 접도조건
- 기존시설현황
- 대지, 도로, 인접대지의 레벨 또는 등고선
- 각종 장애물 현황
- 계획가능영역
- 방위
- 축척

(답안작성지는 현황도와 대부분 중복되는 내용이지만 현황도에 있는 정보가 답안작성지에서는 생략되기도 하므로 문제접근시 현황도를 꼼꼼히 체크하는 습관이 필요합니다)

㉖ 현황도 파악
- 대지현황
- 인접대지현황 (대지 B, C, D, E)
- 접도현황 (3면도로, 소요폭미달도로 체크)
- 대지, 도로, 인접대지 레벨
- 단면절단선 위치
- 대지내 장애물
- 방위
- 축척
- 기타사항
- 제시되는 현황도를 이용하여 1차적인 현황분석을 합니다.

과목: **대지계획** 제2과제 (대지분석/조닝) 배점: 35/100점

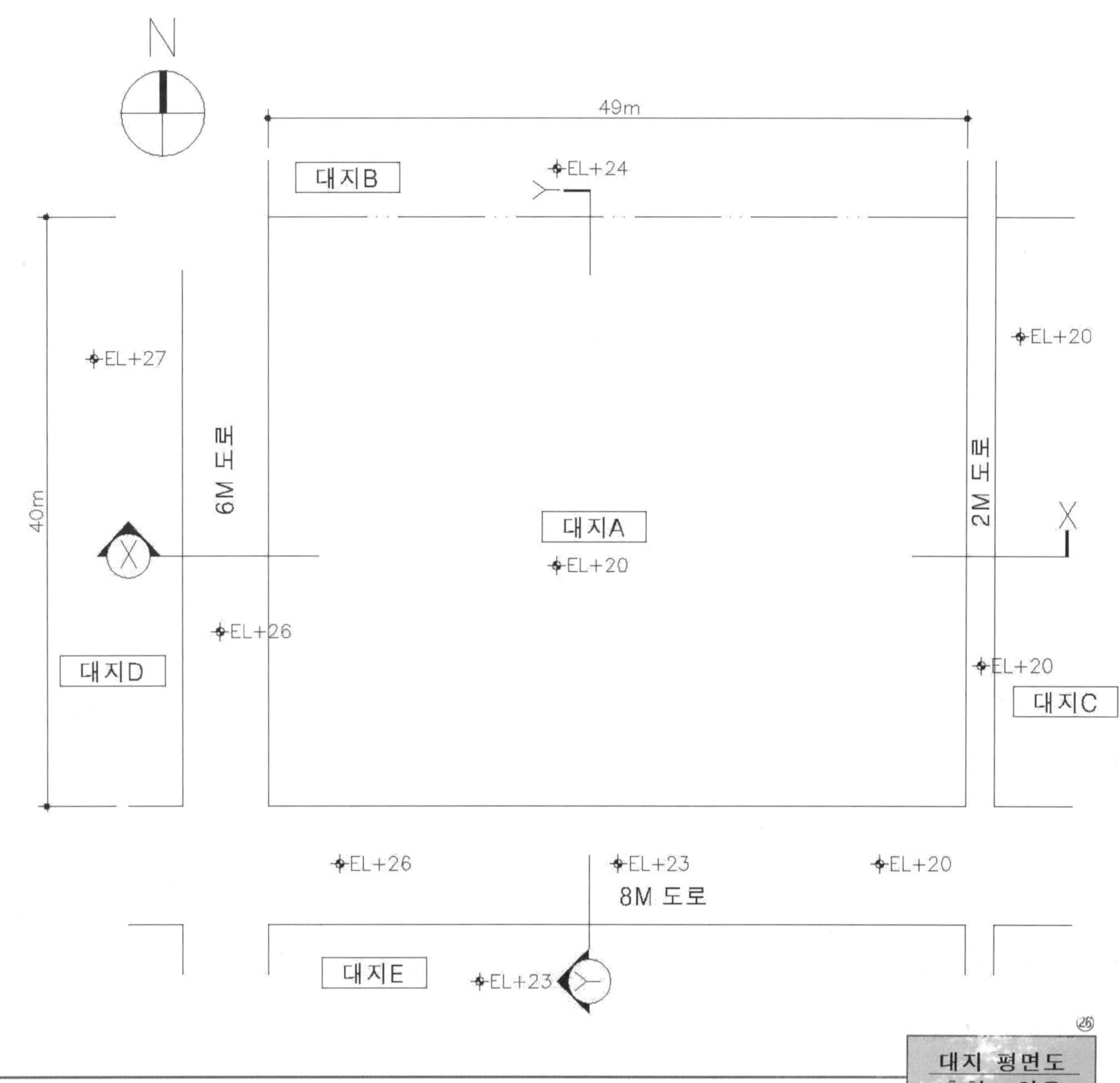

■ 문제풀이 Process

1 제목, 과제 및 대지개요 확인

① 배점 확인
- 35점 : 일반적 배점, 배치계획과의 시간배분 기준

② 제목
- 의료시설 최대건축가능영역
  (분석조닝 과제에서 건축물의 용도는 공동주택과 일반건축물 2가지로 나누어 생각하도록 한다)

③ 제3종 일반주거지역
- 인접대지도 모두 동일한 용도지역
- 정북일조권 법규 조건 check

④ 건폐율 및 용적률 기준 제시
- 건폐율 50% 이하
- 용적률 250% 이하
- 건폐율 및 용적률이 제시된 경우 문제의 타입은 일반적으로 2가지의 경우로 나뉜다
  a) 층별 면적을 일일이 산출해 검토해야 하는 경우
  b) 건폐율과 층수만으로 간단히 check되는 경우
  (*건폐율, 용적률을 검토하지 않는다는 언급이 없는 한 반드시 check하는 습관이 중요!)

⑤ 구체적인 지문조건 분석 전 현황도를 이용하여 1차적인 현황분석을 우선 하도록 함
- 가장 우선 check되어야 하는 사항은 건축선 변경 여부임을 항상 명심

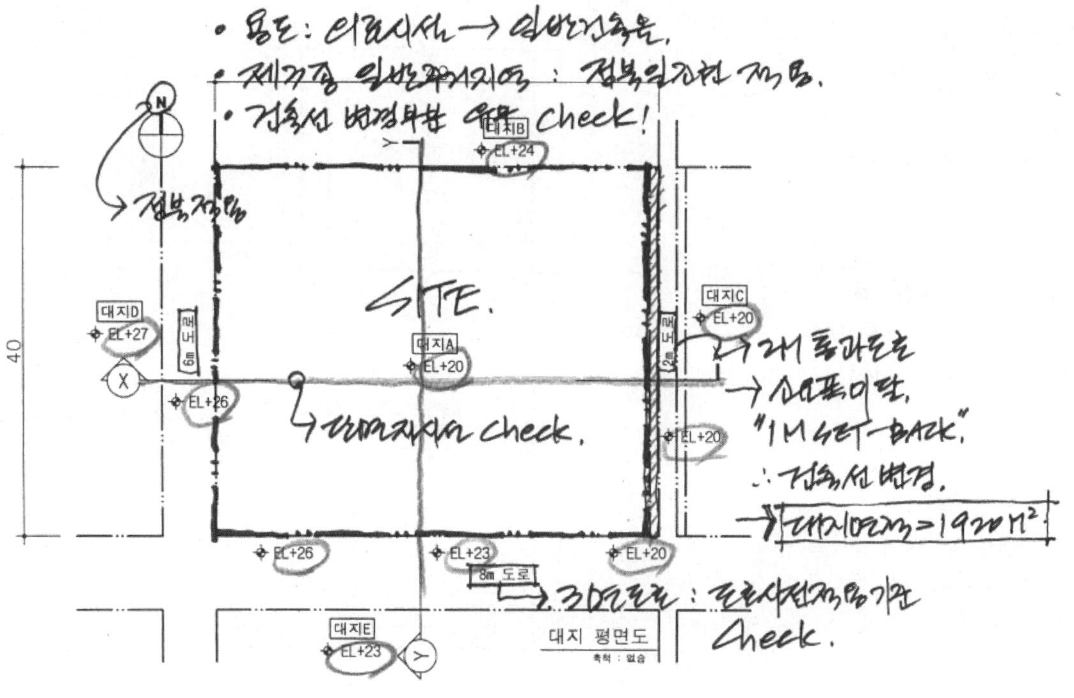

2 현황분석

① 대지형상
- 장방형의 평탄지

② 주변현황
- 인접대지(제3종 일반주거지역)

③ 접도조건 확인
- 남측 8m도로, 서측 6m도로, 동측 2m도로
- 통과도로 소요폭 미달(2m도로) 해당 : 도로중심 기준 양측 대지로 1m 씩 set-back
  (대지면적 변경됨 : 1,960㎡ → 1,920㎡, 건폐율 및 용적률 적용 기준 변경)
- 3면 도로 : 지문의 도로사선 적용기준 check

④ 대지 및 인접대지, 도로의 레벨 check
- 각종 높이제한의 기준이 되므로 절대 실수 없도록 함

⑤ 방위
- 정북일조권 적용 기준 확인

⑥ 단면지시선의 위치 및 개수 check
- X 방향, Y 방향 2개소

3 요구조건분석

① 계획대지 및 주변대지 내 고저차 없음
② 건축선 및 인접대지경계선으로부터 5m 이상 이격조건
③ 각층 층고 제시
④ 외벽계획 구체적 제시
- 각층 외벽은 수직
- 북측 1~6층 외벽, 동·서·남측 4~8층 외벽은 동일 수직면으로 계획

⑤ 지상1층 바닥레벨 = +20
⑥ 도로사선 적용기준
- 가장 넓은 도로의 너비를 적용 (이면도로 완화 조건)

⑦ 일조권 적용기준
- 건축물의 높이 4m, 8m 이하 기준 제시
- 정북일조 : 1/2 (8m 초과 부분)

⑧ 지상1층 바닥면적의 1/2는 주차장
- 1층 바닥면적 산정 시 1/2만 적용

⑨ 옥탑 완화규정 적용
- 건축면적의 1/8이하인 경우, 높이 및 층수 제외

⑩공개공지 규정 적용치 않음

■ 문제풀이 Process

4 수평영역 검토

① 대지평면도 상의 건축가능영역을 우선 검토
– 각종 이격거리 조건 정리

② X, Y 각각의 단면도로 평면상의 가선을 연장하여 단면상의 건축가능영역 check

③ 단면지시선상의 대지레벨도 이 단계에서 다시 check 하도록 한다.

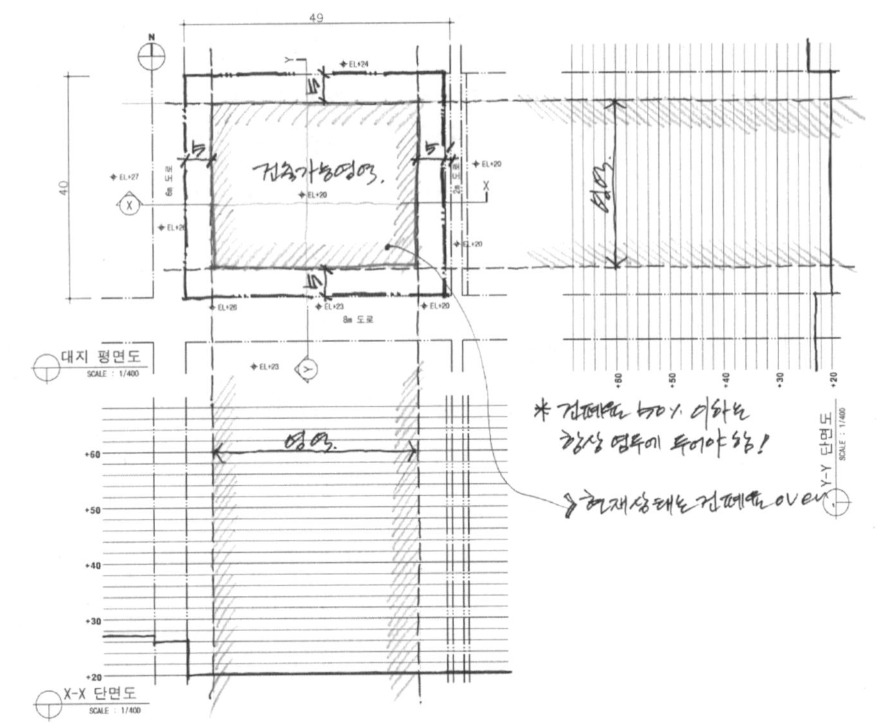

5 수직영역 검토

① 대지 지표면과 인접대지 및 인접도로의 레벨(필요시 가중평균)을 기준으로 각종 높이제한조건(정북, 도로사선 등)을 표현

② 제시된 층고에 따라 가선을 정리하여, 각종 사선과 만나는 부분의 라인을 평면도로 연장

③ 구체적인 외벽계획을 적용하여 라인을 정리해 나간다.

④ 바닥면적을 빠르게 계산하여 건폐율 및 용적률을 check

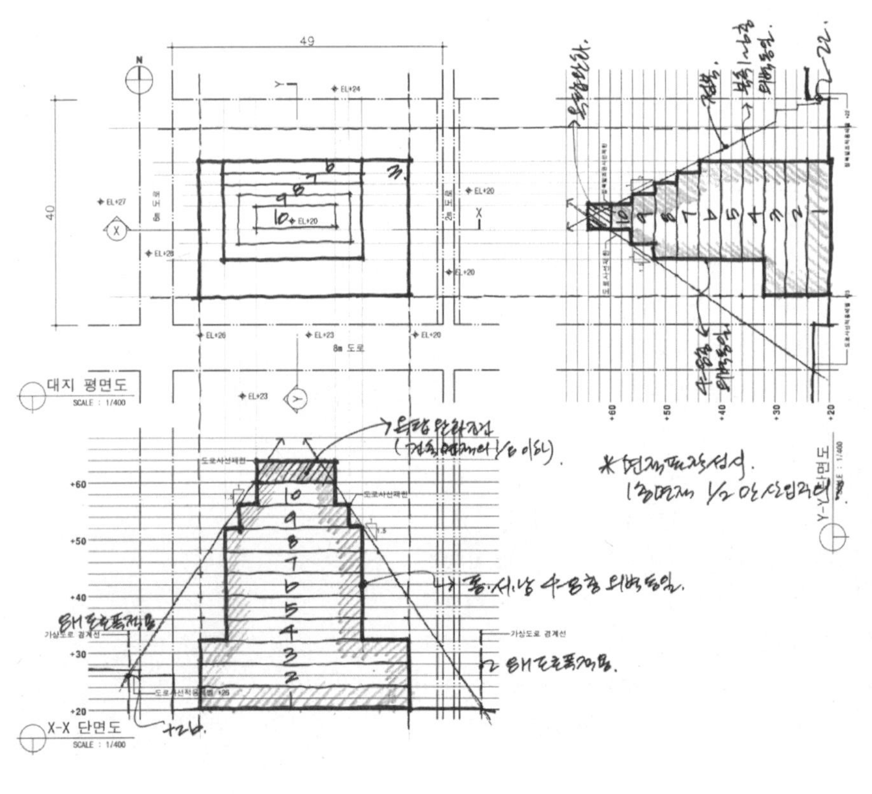

6 모범답안

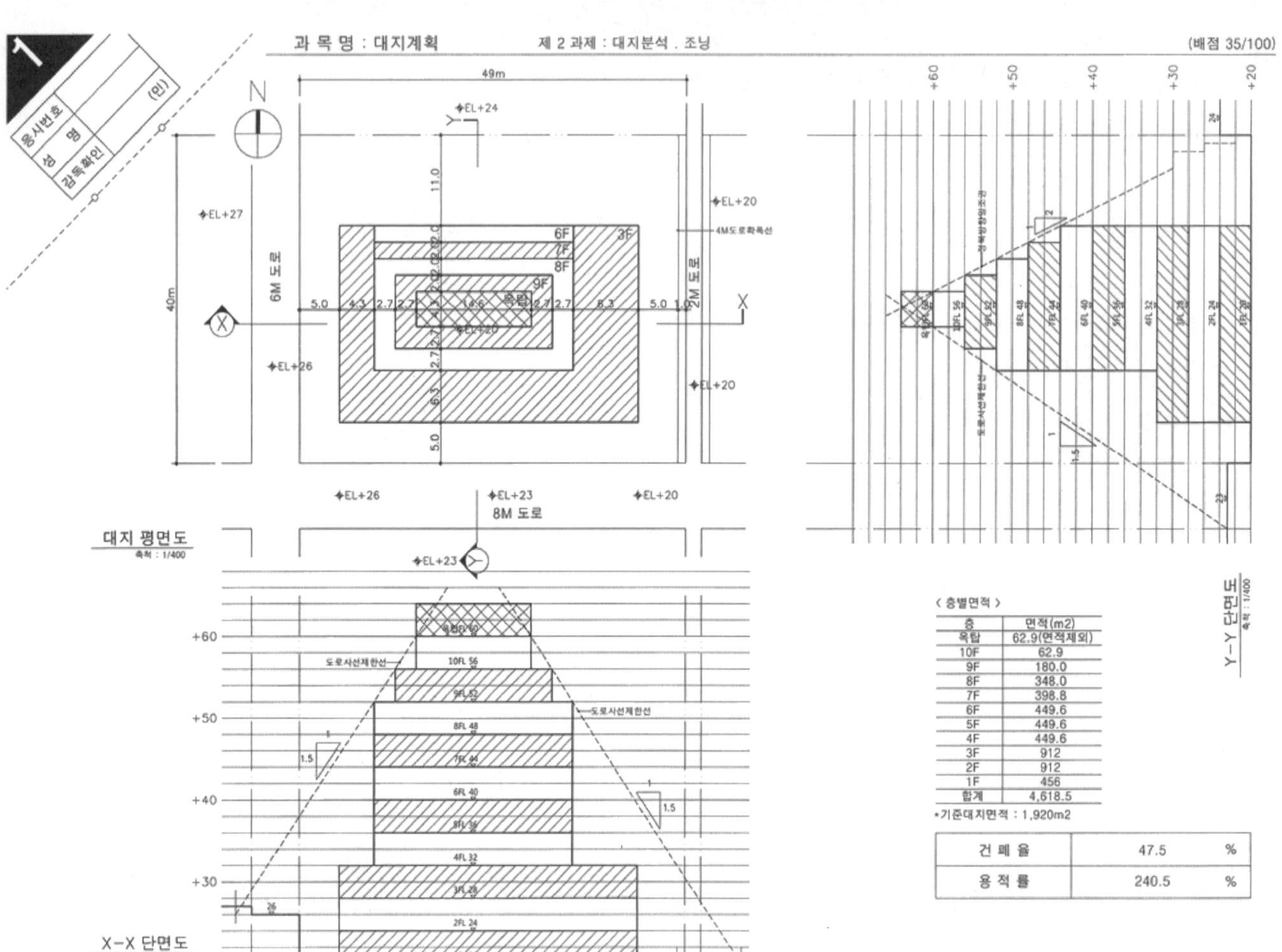

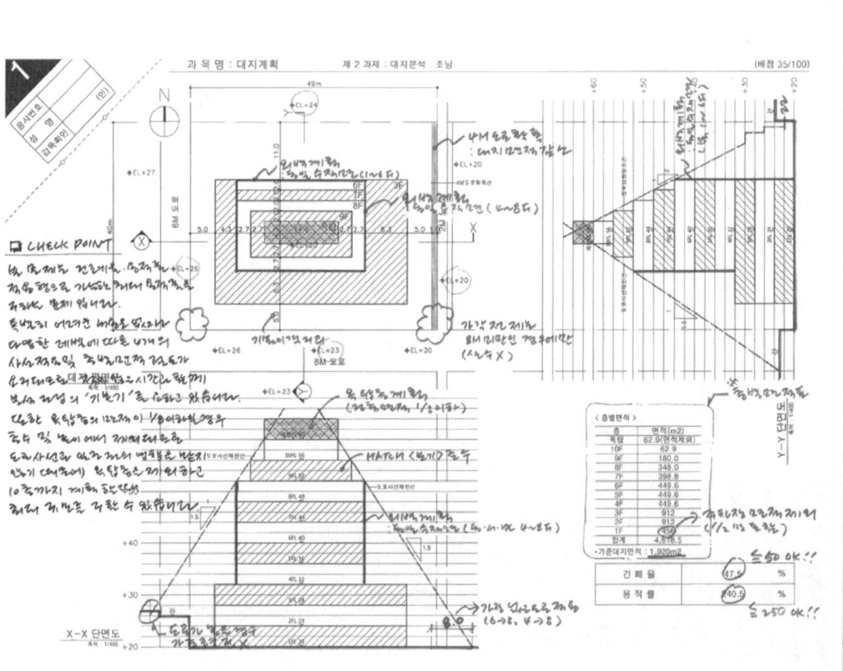

■ 주요 체크포인트

① 각종 높이제한 조건들의 합리적이고 정확한 적용 여부 (도로사선제한, 정북일조권제한)
② 구체적인 외벽계획조건의 정확한 반영 여부
③ 도로사선 적용시 가장 넓은 도로폭 적용 여부
④ 변경되는 대지면적을 기준으로 건폐율 및 용적률 적용
⑤ 옥탑완화규정(층수 및 높이)의 적용 여부

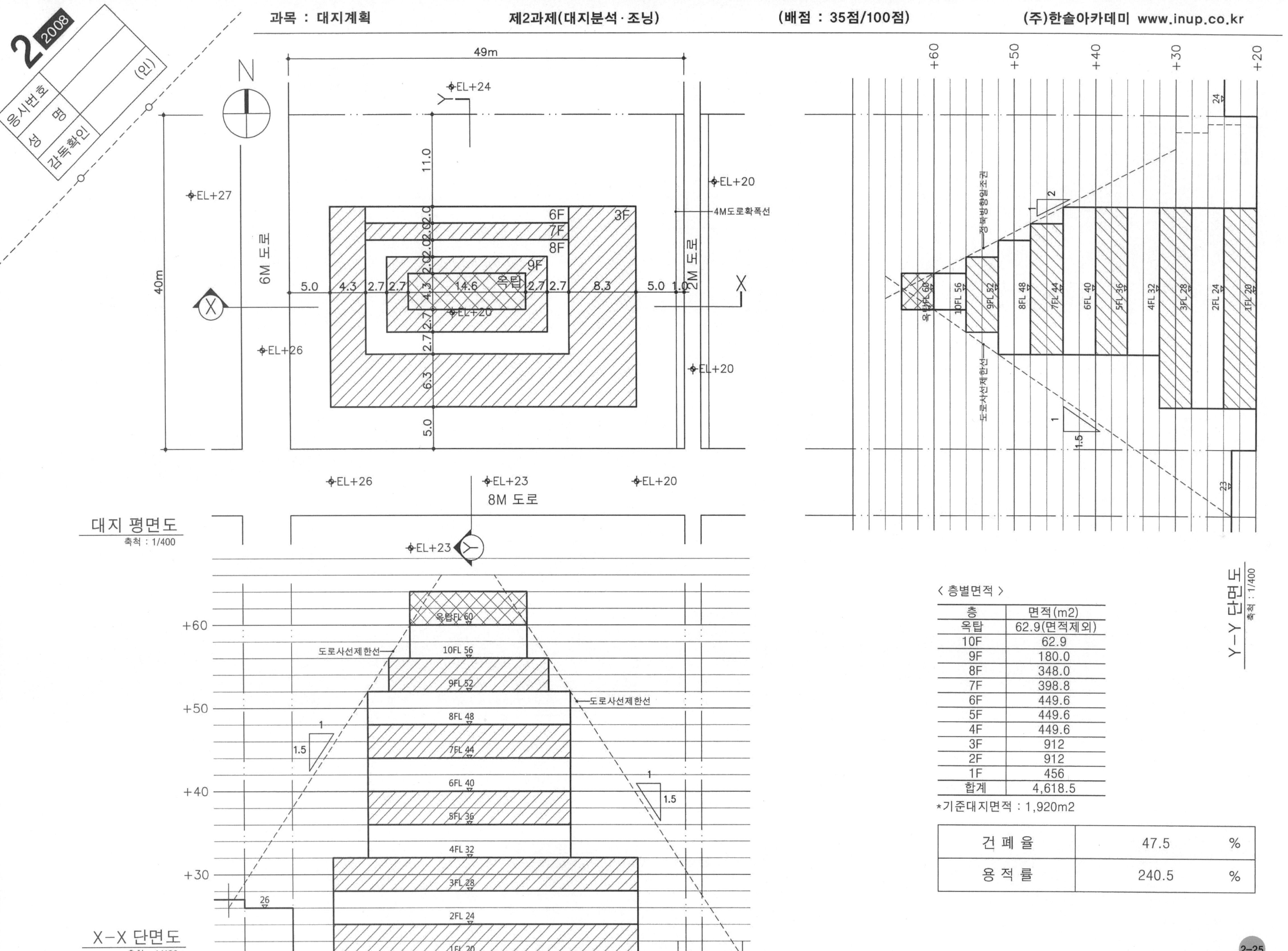

〈 층별면적 〉

층	면적(m2)
옥탑	62.9(면적제외)
10F	62.9
9F	180.0
8F	348.0
7F	398.8
6F	449.6
5F	449.6
4F	449.6
3F	912
2F	912
1F	456
합계	4,618.5

*기준대지면적 : 1,920m2

건 폐 율	47.5	%
용 적 률	240.5	%

구 성	FACTOR
1. 제목 - 배치하고자 하는 시설의 제목을 제시합니다.	① 배점을 확인하여 2과제의 시간배분 기준으로 활용합니다. (배치 65점이 가장 빈도 높음)
2. 과제개요 - 시설의 목적 및 취지를 언급합니다. - 전체사항에 대한 개괄적인 설명이 추가되는 경우도 있습니다.	② 용도(교육연구 및 복지시설)에 맞는 계획각론과 기본원칙을 미리 머릿속에 그려봅니다. ③ 기존 대학교 내의 일정 부지를 확보하여 기숙사 및 관련시설을 배치 - 일종의 증축 개념으로 접근 - 기존 대학교의 질서 파악하여 배치되는 시설과의 조화를 고려
3. 대지조건(개요) - 대지전반에 관한 개괄적인 사항이 언급됩니다. - 용도지역, 지구 - 접도조건 - 건폐율, 용적률 적용 여부를 제시 - 대지내부 및 주변현황(최근 계속 현황도가 별도로 제시)	④ 용도지역 : 준주거지역 ⑤ 대지 현황도 제시 - 계획조건을 읽기 전에 현황도를 이용, 1차적인 현황분석을 선행하는 것이 문제의 윤곽을 잡아가는데 훨씬 유리합니다.
4. 계획조건 ⓐ 배치시설 요구사항 - 배치시설의 종류 - 건물과 옥외시설물은 구분하여 제시되는 것이 일반적입니다. - 시설규모 - 필요시 각 시설별 요구사항이 첨부됩니다.	⑥ 대지 내 차량도로 조건 제시 ⑦ 건축물 및 옥외시설물의 규모제시 - Size 및 높이 제시 (층고가 제시된 건물의 경우 경사지 배치가능성 염두) - 도면이나 개념도가 추가 제시되는 경우도 있습니다. - 주차장의 규모는 주차대수로 주어집니다. ⑧ 경사지인 만큼 지형 활용에 대한 언급이 중요하게 대두됨

지 문 본 문

2009년도 건축사 자격시험 문제

과목: 대지계획 제1과제 (배치계획) 배점: 65/100점①

제목 : OO대학교 기숙사 및 관련시설 배치계획 ②

1. 과제개요

연구단지에 접하고 있는 ③OO대학교에서 학생 기숙사동과 교수, 연구원을 위한 게스트하우스 및 산학협동관을 캠퍼스 내에 건립하고자 한다. 아래 조건에 만족하는 배치계획을 작성하시오.

2. 대지개요

(1) 용도지역 : 준주거지역④
(2) 대지조건 및 주변현황 : 대지 현황도 참조⑤

3. 계획조건

(1) 배치시설 요구사항

① 대지내 차량도로⑥ : 너비 10m

② 학생기숙사동 시설⑦
- 남자기숙사동(1동) : 15m × 15m 건물높이 24m
- 여자기숙사동(1동) : 15m × 15m 건물높이 24m
- 진입광장 : 25m × 30m
- 공용부분(식당등 학생편의시설) : 55m × 30m, 층고4m
- 지하주차장 : 25m × 45m, 층고4m
- 옥외주차장 : 45대(장애인용 3대포함)이상

③ 게스트하우스 시설⑦
- 게스트 하우스(1동) : 12m × 30m 건물높이 16m
- 옥외휴게공간 : 15m × 30m

④ 산학협동관 시설⑦
- 산학협동관(1동) : 30m × 20m 건물높이 8m
- 옥외휴게공간 : 30m × 15m

⑤ 기타시설⑦
- 공용주차장(게스트하우스, 산학협동관 공용) : 30대(장애인용 3대포함)이상
- 테니스코트(1면) : 25m × 45m
- 미니농구장(1면) : 25m × 24m
- 후문경비실(1동) : 3.5m × 5m 건물높이 4m

(2) 배치계획시 고려사항

① 자연지형을 최대한 이용하고,⑧ 지형과의 조화를 고려하여 계획
② ⑨대지내 차량도로는 기존 차량접근로에서 후문이 설치되는 대지의 남서측 너비 18m도로 까지 연결
③ ⑩학생기숙사동 시설의 진입광장은 기존 보행자 접근로와 연계
④ ⑪학생기숙사동 시설 중 진입광장과 남자·여자기숙사는 공용부분 상부층에 배치
⑤ ⑫학생기숙사동 시설의 지하주차장은 공용부분 하부층에 배치
⑥ 학생기숙사동 시설의 남자기숙사와 여자기숙사의 ⑬외벽간 거리는 20m이상 이격
⑦ 게스트 하우스, 산학협동관은 각각 별도의 보행자 진입공간을 확보⑭
⑧ 기타 시설중 테니스코트와 미니농구장은 진입광장과 연계⑮
⑨ 장애인을 고려하여 배치⑯
⑩ 친환경 측면에서 포장면적을 최소화⑰
⑪ ⑱옥외주차장은 그늘식재를 도입
⑫ ⑲자전거 보관소를 적절한 장소에 설치

FACTOR	구 성
⑨ 차량도로 조건 - 기존 차량접근로와 18m 도로 연계 ⑩ 진입광장 조건 - 학생기숙사동에서 사용 - 기존 보행자 접근로와 연계 ⑪ 기숙사동 단면조건 - 기숙사와 진입광장은 공용부분의 상부층에 배치 ⑫ 지하주차장 조건 - 공용부분의 하부층에 배치 ⑬ 기숙사 간 이격조건 - 남자기숙사와 여자기숙사 외벽간 20m 이격(프라이버시 고려) ⑭ 진입공간 - 게스트하우스와 산학협동관은 별도의 진입공간 확보 - 별도 size 없이 임의 계획 ⑮ 외부공간 연계조건 - 진입광장, 테니스코트, 농구장 ⑯ 장애인 고려 - 필요시 경사로 설치 ⑰ 포장면적 최소화 - 가급적 밀도 있는 배치로 자연지반 면적 충분히 확보 ⑱ 옥외주차장 그늘식재 고려 ⑲ 자전거 보관소 임의 계획	ⓑ 배치고려사항 - 건축가능영역 - 시설간의 관계 (근접, 인접, 연결, 연계 등) - 보행자동선 - 차량동선 및 주차장 계획 - 장애인 관련 사항 - 조경 및 포장 - 자연과 지형활용 - 옹벽등의 사용지침 - 이격거리 - 기타사항

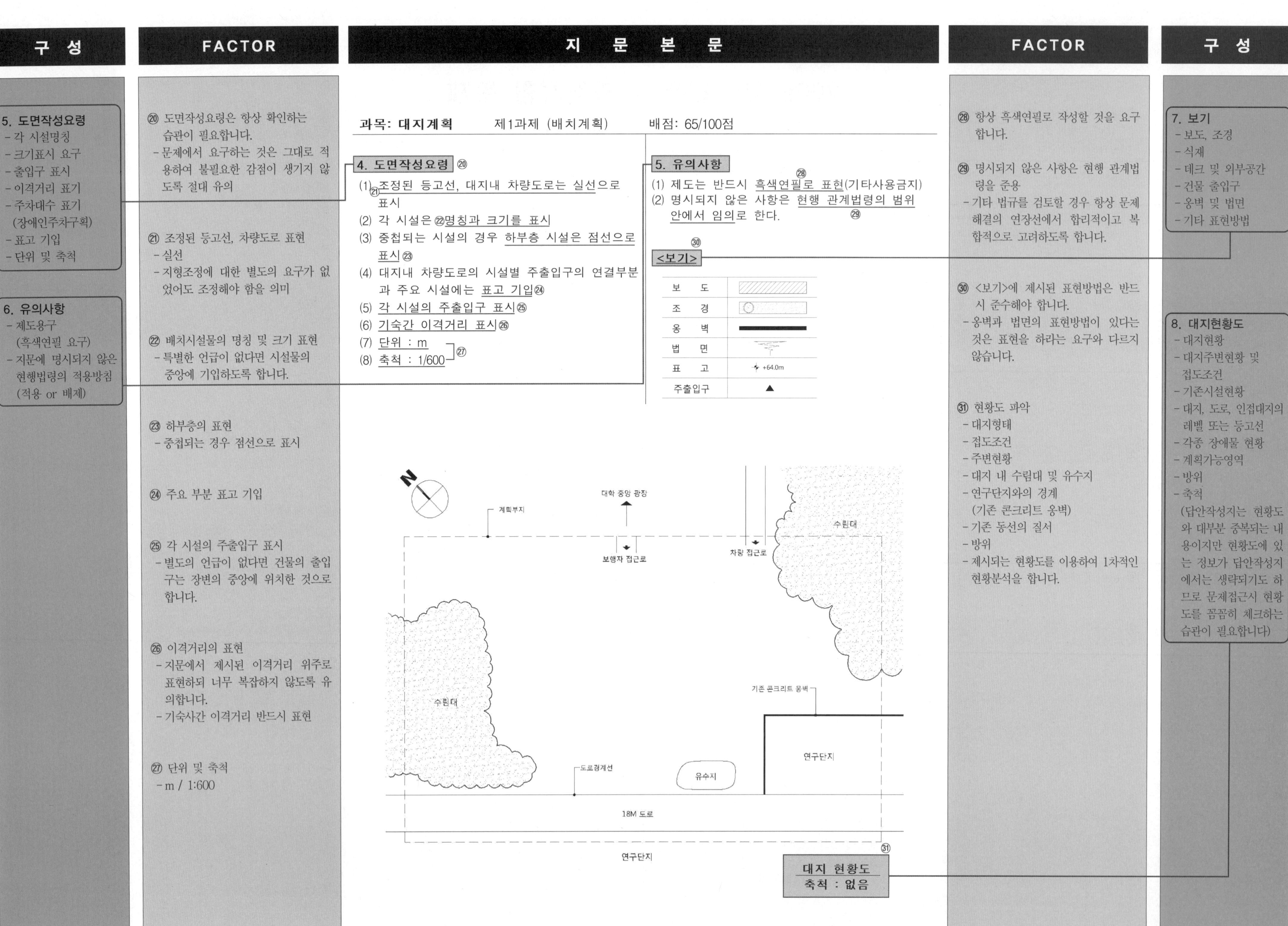

구 성	FACTOR	지 문 본 문	FACTOR	구 성

구 성

5. 도면작성요령
- 각 시설명칭
- 크기표시 요구
- 출입구 표시
- 이격거리 표기
- 주차대수 표기 (장애인주차구획)
- 표고 기입
- 단위 및 축척

6. 유의사항
- 제도용구 (흑색연필 요구)
- 지문에 명시되지 않은 현행법령의 적용방침 (적용 or 배제)

FACTOR

⑳ 도면작성요령은 항상 확인하는 습관이 필요합니다.
- 문제에서 요구하는 것은 그대로 적용하여 불필요한 감점이 생기지 않도록 절대 유의

㉑ 조정된 등고선, 차량도로 표현
- 실선
- 지형조정에 대한 별도의 요구가 없었어도 조정해야 함을 의미

㉒ 배치시설물의 명칭 및 크기 표현
- 특별한 언급이 없다면 시설물의 중앙에 기입하도록 합니다.

㉓ 하부층의 표현
- 중첩되는 경우 점선으로 표시

㉔ 주요 부분 표고 기입

㉕ 각 시설의 주출입구 표시
- 별도의 언급이 없다면 건물의 출입구는 장변의 중앙에 위치한 것으로 합니다.

㉖ 이격거리의 표현
- 지문에서 제시된 이격거리 위주로 표현하되 너무 복잡하지 않도록 유의합니다.
- 기숙사간 이격거리 반드시 표현

㉗ 단위 및 축척
- m / 1:600

지 문 본 문

과목: 대지계획 제1과제 (배치계획) 배점: 65/100점

4. 도면작성요령 ⑳
(1) ㉑조정된 등고선, 대지내 차량도로는 실선으로 표시
(2) 각 시설은 ㉒명칭과 크기를 표시
(3) 중첩되는 시설의 경우 하부층 시설은 점선으로 표시㉓
(4) 대지내 차량도로의 시설별 주출입구의 연결부분과 주요 시설에는 표고 기입㉔
(5) 각 시설의 주출입구 표시㉕
(6) 기숙간 이격거리 표시㉖
(7) 단위 : m ㉗
(8) 축척 : 1/600

5. 유의사항
(1) 제도는 반드시 흑색연필로 표현㉘(기타사용금지)
(2) 명시되지 않은 사항은 현행 관계법령의 범위 안에서 임의로 한다.㉙

<보기> ㉚

보도	
조경	
옹벽	
법면	
표고	+64.0m
주출입구	▲

대지 현황도
축척 : 없음 ㉛

FACTOR

㉘ 항상 흑색연필로 작성할 것을 요구합니다.

㉙ 명시되지 않은 사항은 현행 관계법령을 준용
- 기타 법규를 검토할 경우 항상 문제해결의 연장선에서 합리적이고 복합적으로 고려하도록 합니다.

㉚ <보기>에 제시된 표현방법은 반드시 준수해야 합니다.
- 옹벽과 법면의 표현방법이 있다는 것은 표현을 하라는 요구와 다르지 않습니다.

㉛ 현황도 파악
- 대지형태
- 접도조건
- 주변현황
- 대지 내 수림대 및 유수지
- 연구단지와의 경계 (기존 콘크리트 옹벽)
- 기존 동선의 질서
- 방위
- 제시되는 현황도를 이용하여 1차적인 현황분석을 합니다.

구 성

7. 보기
- 보도, 조경
- 식재
- 데크 및 외부공간
- 건물 출입구
- 옹벽 및 법면
- 기타 표현방법

8. 대지현황도
- 대지현황
- 대지주변현황 및 접도조건
- 기존시설현황
- 대지, 도로, 인접대지의 레벨 또는 등고선
- 각종 장애물 현황
- 계획가능영역
- 방위
- 축척
(답안작성지는 현황도와 대부분 중복되는 내용이지만 현황도에 있는 정보가 답안작성지에서는 생략되기도 하므로 문제접근시 현황도를 꼼꼼히 체크하는 습관이 필요합니다)

■ 문제풀이 Process

1 제목 및 과제 개요 check

① 배점 확인
- 65점 : 가장 일반적

② 제목
- 00대학교 기숙사 및 관련시설 배치계획
  : 기존 캠퍼스의 일부 부지에 학생기숙사동과 교수, 연구원을 위한 게스트하우스 및 산학협동관을 배치
  (마스터플랜형, 증축형이라 볼 수 있음)

③ 준주거지역

④ 대지조건 및 주변현황
- 대지 현황도 참조
- 현황도를 이용하여 1차적인 현황분석

2 현황 분석

① 대지형상
- 비정형의 경사지 (등고선 2m 간격, 경사방향 check)

② 주변현황 파악
- 연구단지 옹벽, 수림대 등

③ 접도조건 확인
- 남서측 18m도로 : 일면도로, 차량 및 보행자 주출입구 형성

④ 기존시설의 질서
- 보행자 및 차량 접근로 제시

⑤ 향 및 유수지 파악

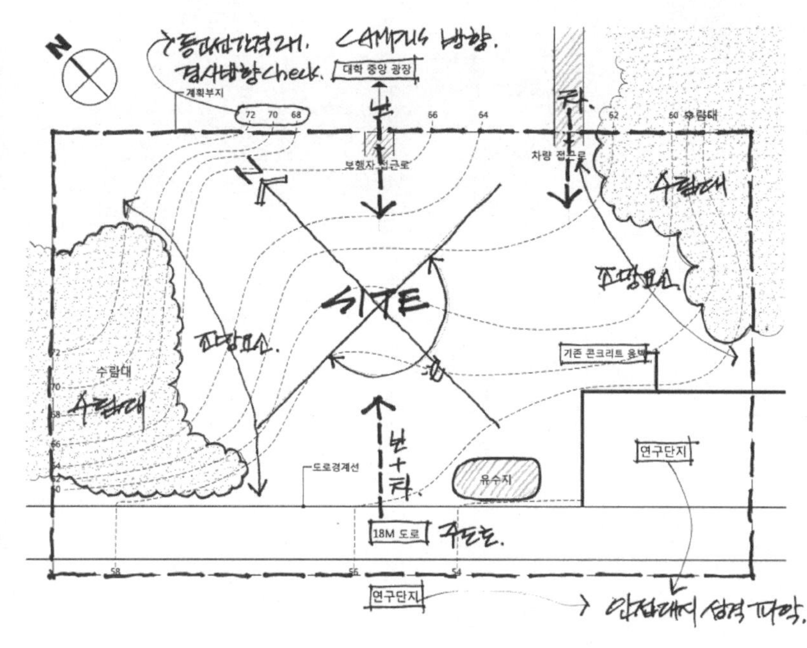

3 요구조건 분석 (diagram)

① 지형의 이용과 조화
- 자연지형을 최대한 이용, 지형과의 조화를 고려하여 계획
- 지형축 존중, 완경사지 활용, 성절토량의 균형을 고려

② 대지내 차량동선
- 너비 10m
- 기존 차량접근로에서 남서측 전면도로까지 연결

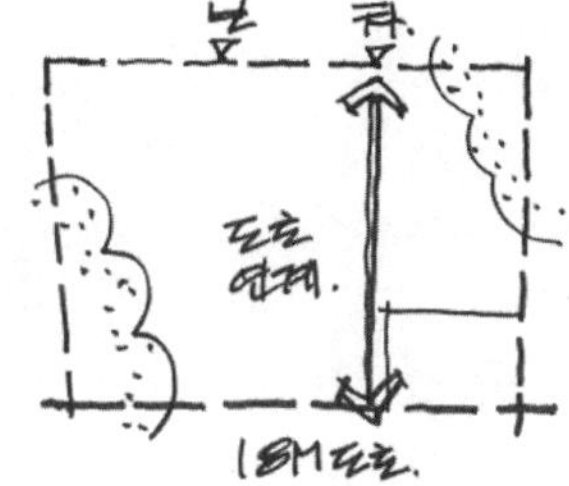

③ 진입광장
- 학생기숙사동의 중심 외부공간
- 기존 보행자 접근로와 연계

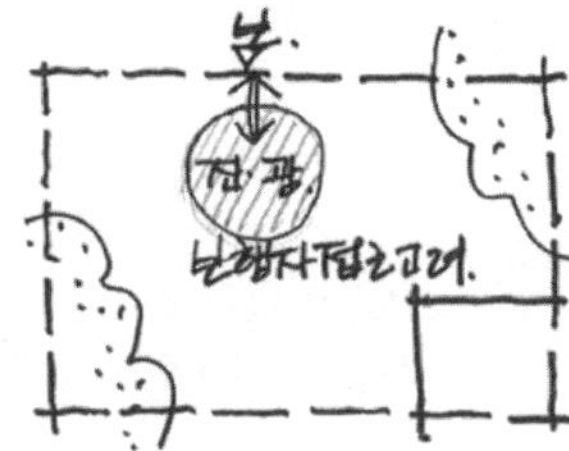

④ 기숙사동의 지상 구성
- 남자기숙사+여자기숙사 +진입광장
- 공용부분(55m × 30m)의 상부층에 배치

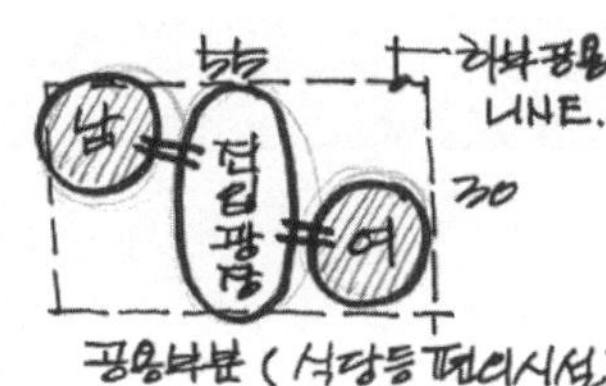

⑤ 지하주차장
- 층고 : 4m
- 학생기숙사동 사용
- 공용부분의 하부층에 형성

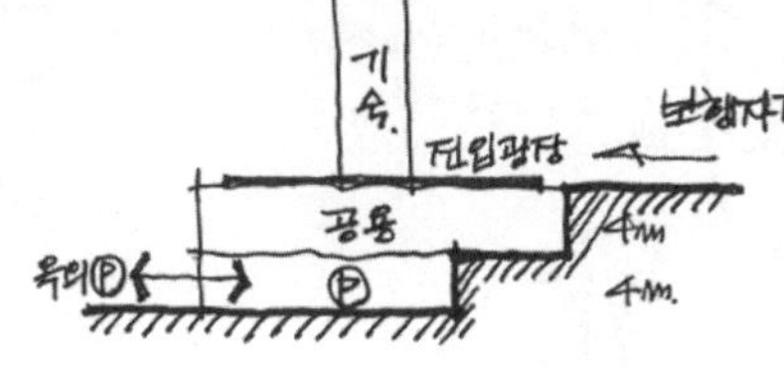

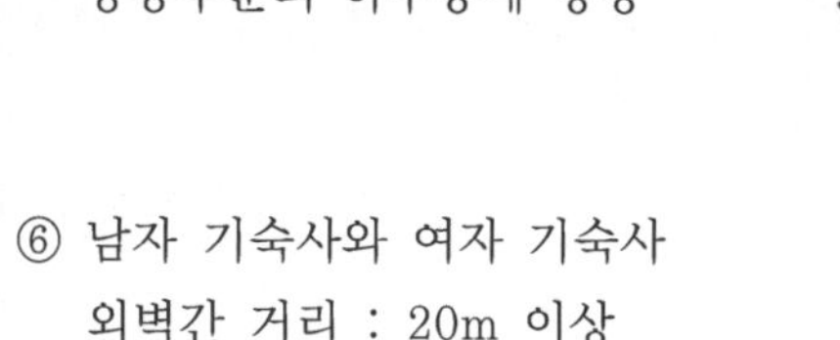

⑥ 남자 기숙사와 여자 기숙사 외벽간 거리 : 20m 이상
- 프라이버시 및 향을 고려한 배치계획 요구

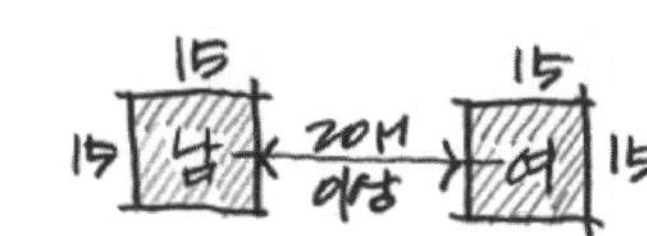

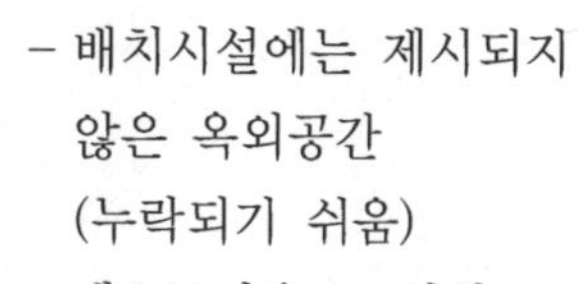

⑦ 보행자 진입공간
- 배치시설에는 제시되지 않은 옥외공간 (누락되기 쉬움)
- 게스트하우스, 산학 협동관 전면에 임의 계획

⑧ 테니스장, 미니농구장
- 진입광장과 연계 (근접배치, 동선연계)
- 기숙사동에서 주로 사용

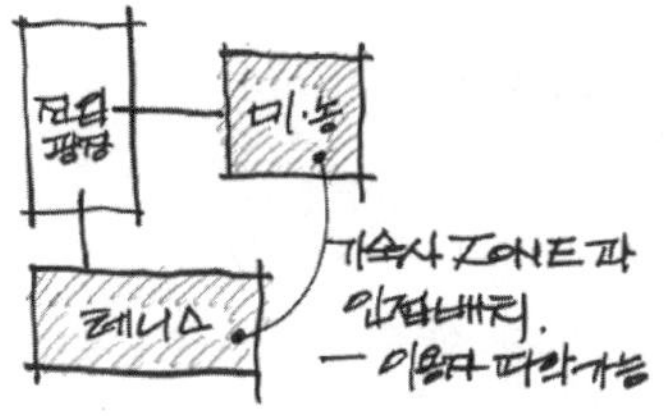

⑨ 장애인 고려한 배치계획
- 무단차 계획
- 경사로 설치 시 구배 고려한 계획 필요

⑩ 포장면적을 최소화
- 친환경적 계획 필요
- 다소 대지의 여유가 있는 문제이지만 가급적 밀도 있게 배치하여 인공지반을 최소화 하도록 유도
- 용도 및 기능별로 조닝되는 것이 유리함

⑪ 옥외주차장 그늘식재 계획

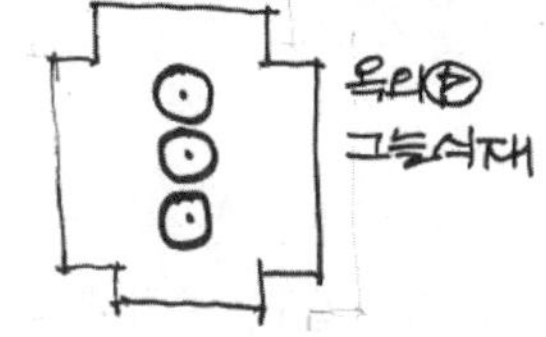

⑫ 자전거 보관소 임의계획

■ 문제풀이 Process

4 토지이용계획

① 내부동선 예상
- 보행자와 차량접근로
- 후문 예상

② 동선에 의한 명확한 시설조닝

③ 시설간 연계조건을 고려한 수직조닝

④ 적절한 주차장의 위치 선정

⑤ 시험의 당락은 이 단계에서 사실상 결정됨

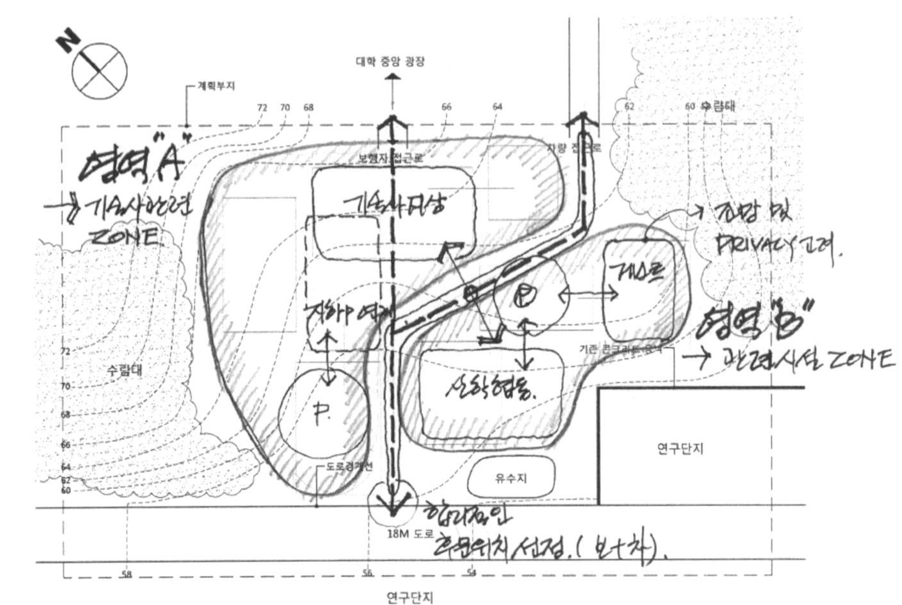

5 배치대안검토

① 토지이용계획을 바탕으로 세부계획 진행

② 조닝된 영역을 기준, 시설별 연계조건을 고려하여 건물 및 외부공간 정리

③ 주차장 내부 동선 및 진출입구, 주차대수 확보 여부 검토

④ 대지전체에 걸쳐 여유공간을 확보하여 계획적인 factor를 추가 고려

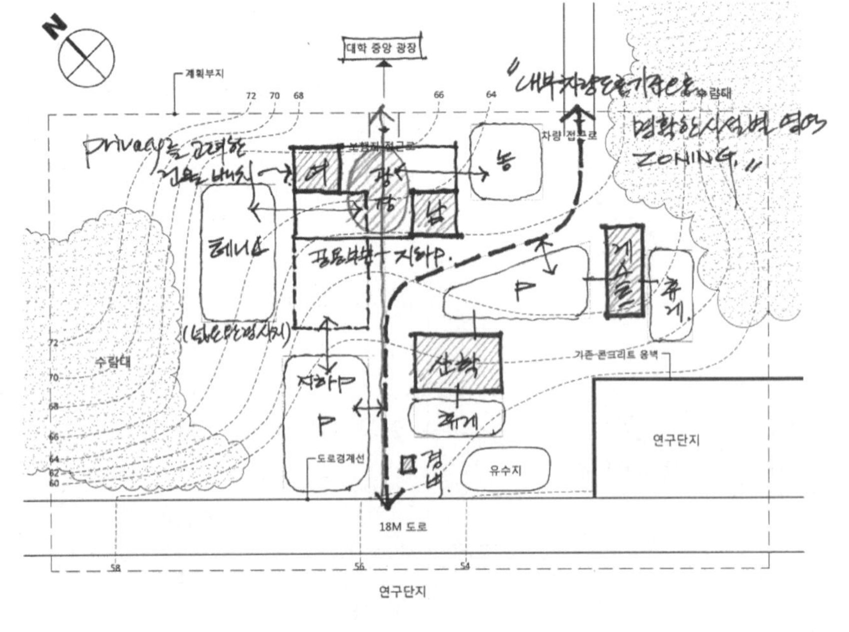

6 모범답안

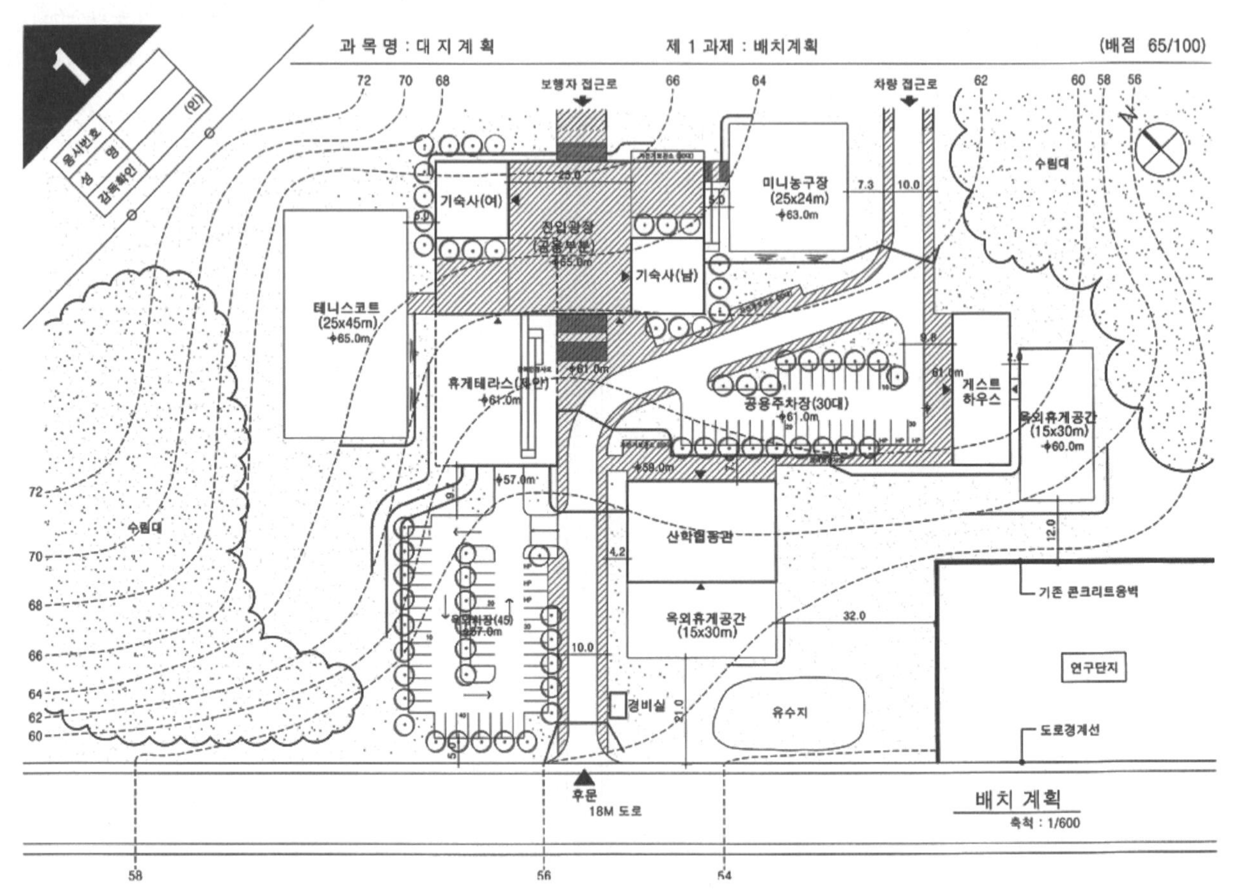

■ 주요 체크포인트

① 내부 동선계획에 따른 시설 조닝계획 (기숙사zone/관련시설zone)

② 보행축을 고려한 후문의 위치 선정

③ 중앙광장에서 연계되는 기숙사동의 합리적이고 입체적인 시설 조합

④ 프라이버시를 고려한 남, 여 기숙사동 타워의 배치

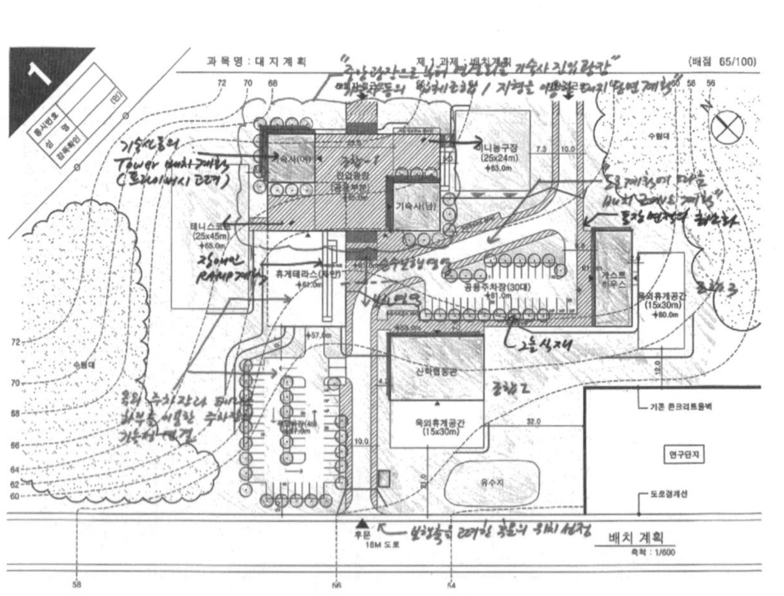

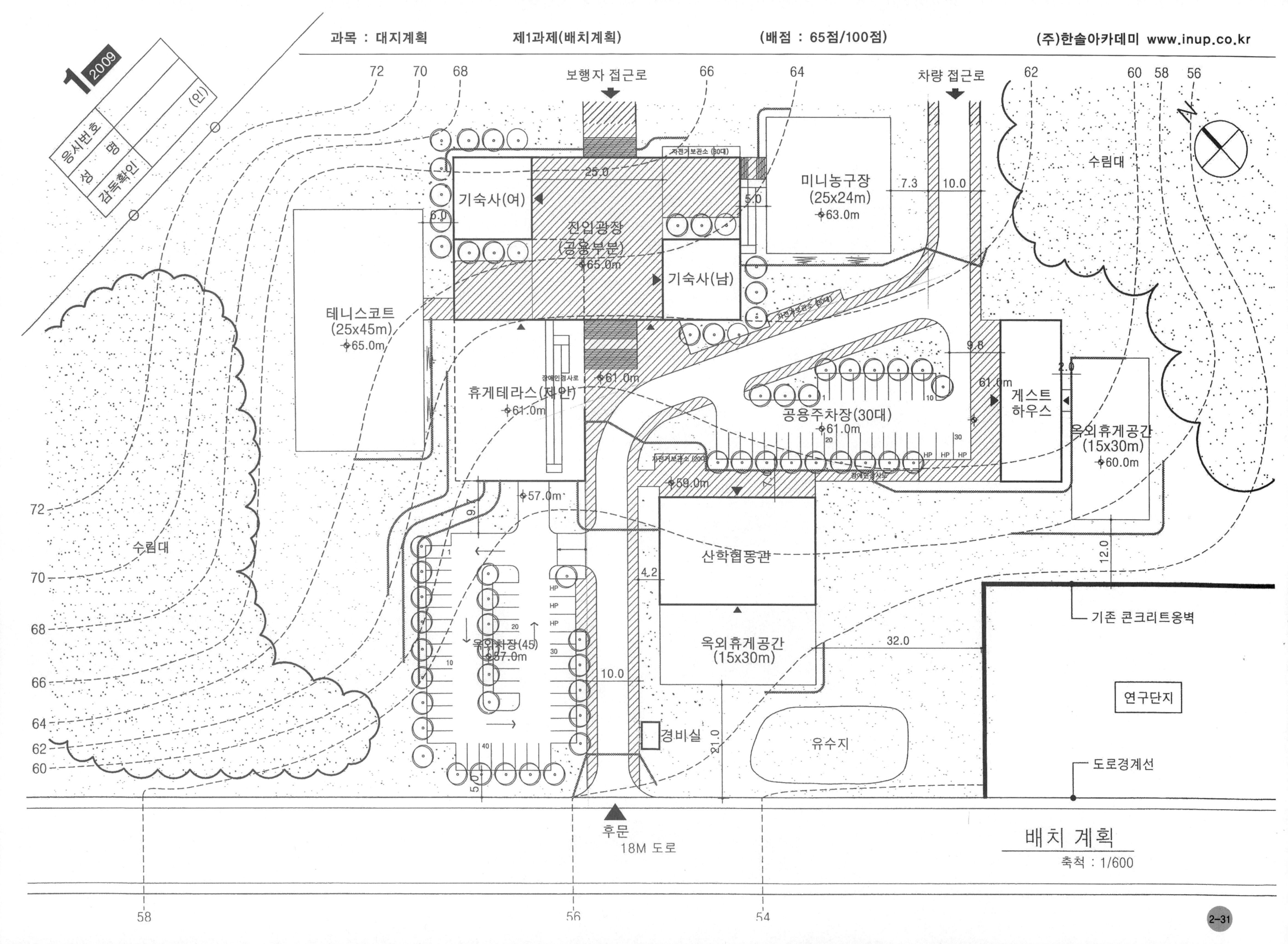
1 2009
응시번호
성 명
감독확인
(인)
보행자 접근로
차량 접근로
기숙사(여)
진입광장
(공용부분)
65.0m
기숙사(남)
미니농구장
(25x24m)
63.0m
수림대
테니스코트
(25x45m)
65.0m
휴게테라스(제안)
61.0m
공용주차장(30대)
61.0m
게스트
하우스
옥외휴게공간
(15x30m)
60.0m
59.0m
57.0m
산학협동관
옥외주차장(45)
57.0m
옥외휴게공간
(15x30m)
경비실
유수지
기존 콘크리트옹벽
연구단지
도로경계선
후문
18M 도로
배치 계획
축척 : 1/600

구 성	FACTOR	지 문 본 문	FACTOR	구 성

구 성

1. 제목
- 건축물의 용도 제시 (공동주택과 일반건축물 2가지로 구분)
- 최대건축가능영역의 산정이 대전제

2. 과제개요
- 과제의 목적 및 취지를 언급합니다.
- 전체사항에 대한 개괄적인 설명이 추가되는 경우도 있습니다.

3. 대지개요(조건)
- 대지에 관한 개괄적인 사항
- 용도지역지구
- 대지규모
- 건폐율, 용적률
- 대지내부 및 주변현황 (최근 계속 현황도가 별도로 제시)

4. 계획조건
- 접도현황
- 대지안의 공지
- 각종 이격거리
- 각종 법규 제한조건 (일조권, 도로사선, 가로구역별최고높이, 문화재보호앙각, 고도제한 등)
- 각종 법규 완화규정

FACTOR

① 배점을 확인합니다.
- 35점 (가장 빈도 높음)

② 용도 체크
- 종교시설 (일반건축물로 검토)
- 최대 건축가능영역

③ 제3종 일반주거지역
- 정북일조권 적용
- 인접대지도 동일 지역지구

④ 현황도 제시
- 계획조건을 읽기 전에 현황도를 이용, 1차적인 현황분석을 선행하는 것이 문제의 윤곽을 잡아가는데 훨씬 유리합니다.
- 도로확폭, 가각전제 등으로 건축선이 변경되는 부분이 있는지 가장 먼저 확인
(대지면적이 바뀌면 모든 기준이 바뀝니다.)
- 접도조건 및 주변현황 파악
- 향을 확인하여 적용해야 하는 법규를 미리 정리해봅니다.

⑤ 건폐율 및 용적률
- 60% / 250%
- 계산을 해야 하는지, 규모산정 후 확인만 하면 되는지 추후검토

⑥ 도로사선 적용 기준
- 1:1.5
- 각각의 전면도로 적용

⑦ 정북 일조권 적용 기준
- 4m 이하 : 1m
- 8m 이하 : 2m
- 8m 초과 : 1/2

⑧ 문화재 보호 앙각 적용
- 문화재보호구역 경계선의 지표면에서 높이 7.5m 인 곳에서 2:1 (수평:수직) 사선 적용

⑨ 건축물의 모든 외벽은 수직

⑩ 대지경계선에서의 이격거리
- 8m 및 6m 도로에서 5m 이상
- 4m 도로에서 3m 이상
- 인접대지경계선에서 1.5m 이상

지 문 본 문

2009년도 건축사 자격시험 문제

과목: 대지계획 제2과제 (대지분석/조닝) 배점: 35/100점 ①

제목 : 종교시설 신축대지 최대 건축가능영역 ②

1. 과제개요

대지현황도에 제시된 대지A내에 종교시설을 신축하고자 한다. ② 아래 사항을 고려하여 최대건축가능영역을 구하시오.

2. 대지개요

(1) 용도지역 : 제3종 일반주거지역 ③
(인접대지도 모두 동일한 용도지역)
(2) ④ 대지규모 : 대지 현황도 참조(대지A영역)
(3) 건폐율 : 60%이하 ⑤
(4) 용적률 : 250%이하 ⑤

3. 계획조건

(1) 전면도로에 의한 건축물 높이제한은 ⑥ 전면도로의 반대쪽 경계선까지의 수평거리의 1.5배 이하로 한다. 단, 건축물 높이제한 산정을 위한 전면도로의 너비 기준은 각각 전면도로의 너비를 적용한다.
(2) 일조 등의 확보를 위한 건축물의 높이제한을 ⑦ 위하여 건축물의 각 부분을 정북방향으로의 인접대지경계선으로부터 띄어야 할 거리:
① 높이 4m이하 부분 : 1m 이상
② 높이 8m이하 부분 : 2m 이상
③ 높이 8m초과 부분 : 해당 건축물 각 부분 높이의 1/2 이상
(3) 대지의 남동쪽에는 문화재보호구역 ⑧ 이 있고, 문화재보호구역 경계선의 지표면(EL+18기준)으로부터 높이7.5m인 곳에서 그은 사선(수평거리와 수직거리의 비가 2:1)의 범위내에서 건축가능
(4) ⑨ 건축물의 모든 외벽은 수직으로 하되 도로경계선 및 인접대지경계선으로부터 아래와 같이 이격거리를 확보토록 한다. ⑩
① 8m 및 6m 도로 : 5m 이상
② 4m 도로 : 3m 이상
③ 인접대지경계선 : 1.5m 이상
(5) 계획대지내 보호수목은 대지현황도에 표시된 바와 같이 ⑪ 직사각형(20m×5m)의 보호수목 경계선을 설정, 건축한계선으로 하여 보호한다.
(6) 대지현황도에 표시된 부분에 설치된 공개공지에 따라 다음조건에 의한 규정을 완화 적용한다.
① 용적률 : 해당 용적률의 1.2배 이하 ⑫
② 전면도로에 의한 건축물 높이제한: 해당 높이 기준의 1.2배 이하
(7) 계획대지는 절토 또는 성토를 하지 아니하며 ⑬ 지상1층 바닥레벨은 EL+15m로 한다.
(8) ⑭ 지상의 각층 층고는 4m로 한다.
(9) 대지안의 공지규정은 별도로 적용하지 않는 것으로 한다. ⑮
(10) 별도의 옥탑층은 고려하지 않는다. ⑯

4. 도면작성요령 ⑰

(1) 최대 건축가능영역을 대지평면도 ⑱ 및 단면도에 작성하고 그 표현은 아래 <보기>와 같이 한다. (다만, 대지평면도에 중복된 층은 그 최상층만 표현)
(2) 모든 제한선 ⑲, 이격거리 ⑳ 및 치수를 대지평면도와 단면도에 기재하되 소수점이하는 소수3자리에서 반올림하여 2자리로 표기)
(3) 단위: m ㉑
(4) 축척: 1/300 ㉑

<보기> ㉒

홀 수 층	(빗금)
짝 수 층	(실선)

5. 유의사항

(1) 제도는 반드시 흑색연필로 표현 ㉓ (기타사용금지)
(2) 명시되지 않은 사항은 현행 관계법령의 범위안에서 임의로 한다. ㉔

FACTOR

⑪ 보호수목 경계선
- 현황도에 표시된 직사각형을 건축한계선으로 하여 수목 보호

⑫ 공개공지 완화기준 적용
- 용적률
- 전면도로에 의한 높이제한

⑬ 지상1층 바닥레벨 제시
- 대지는 성·절토 하지 않음
- EL+15m

⑭ 지상 각층 층고 제시
- 4m

⑮ 대지안의 공지규정은 별도 적용하지 않음

⑯ 옥탑층은 고려하지 않음

⑰ 도면작성요령은 항상 확인하는 습관이 필요합니다.
- 문제에서 요구하는 것은 그대로 적용하여 불필요한 감점이 생기지 않도록 절대 유의

⑱ 작성해야 하는 도면
- 대지평면도 및 단면도
- 표현은 <보기>와 같이 함
- 대지평면도에 중복된 층은 최상층만 표현

⑲ 모든 제한선 표현
- 도로사선 제한선
- 정북일조 제한선
- 문화재 보호앙각 사선 제한선

⑳ 이격거리 및 치수 기재
- 대지평면도와 단면도에 기재
- 소수점 3자리에서 반올림

㉑ 단위 및 축척
- m / 1:300

㉒ <보기> 표현 준수
- 홀수층 / 짝수층

㉓ 항상 흑색연필로 작성할 것을 요구합니다.

㉔ 명시되지 않은 사항은 현행 관계법령을 준용
- 기타 법규를 검토할 경우 항상 문제해결의 연장선에서 합리적이고 복합적으로 고려하도록 합니다.

구 성

- 대지 내외부 각종 장애물에 관한 사항
- 1층 바닥레벨
- 각층 층고
- 외벽계획 지침
- 대지의 고저차와 지표면 산정기준
- 기타사항
(요구조건의 기준은 대부분 주어지지만 실무에서 보편적으로 다루어지는 제한요소의 적용에 대해서는 간략하게 제시되거나 현행 법령을 기준으로 적용토록 요구할 수 있으므로 그 적용방법에 대해서는 충분한 학습을 통한 훈련이 필요합니다)

5. 도면작성요령
- 건축가능영역 표현방법(실선, 빗금)
- 층별 영역 표현법
- 각종 제한선 표기
- 치수 표현방법
- 반올림 처리기준
- 단위 및 축척

6. 유의사항
- 제도용구 (흑색연필 요구)
- 명시되지 않은 현행 법령의 적용방침 (적용 or 배제)

구 성	FACTOR	지 문 본 문

7. 대지현황도
- 대지현황
- 대지주변현황 및 접도조건
- 기존시설현황
- 대지, 도로, 인접대지의 레벨 또는 등고선
- 각종 장애물 현황
- 계획가능영역
- 방위
- 축척

(답안작성지는 현황도와 대부분 중복되는 내용이지만 현황도에 있는 정보가 답안작성지에서는 생략되기도 하므로 문제접근시 현황도를 꼼꼼히 체크하는 습관이 필요합니다)

㉕ 현황도 파악
- 대지현황 (배치도 / 단면도)
- 인접대지현황 (보호수목 경계선, 공개공지, 문화재 보호구역 등)
- 접도현황
- 대지, 도로, 인접대지 레벨 또는 등고선
- 단면절단선 위치
- 기울어진 방위
- 축척
- 기타사항
- 제시되는 현황도를 이용하여 1차적인 현황분석을 합니다.

과목: 대지계획 제2과제 (대지분석/조닝) 배점: 35/100점

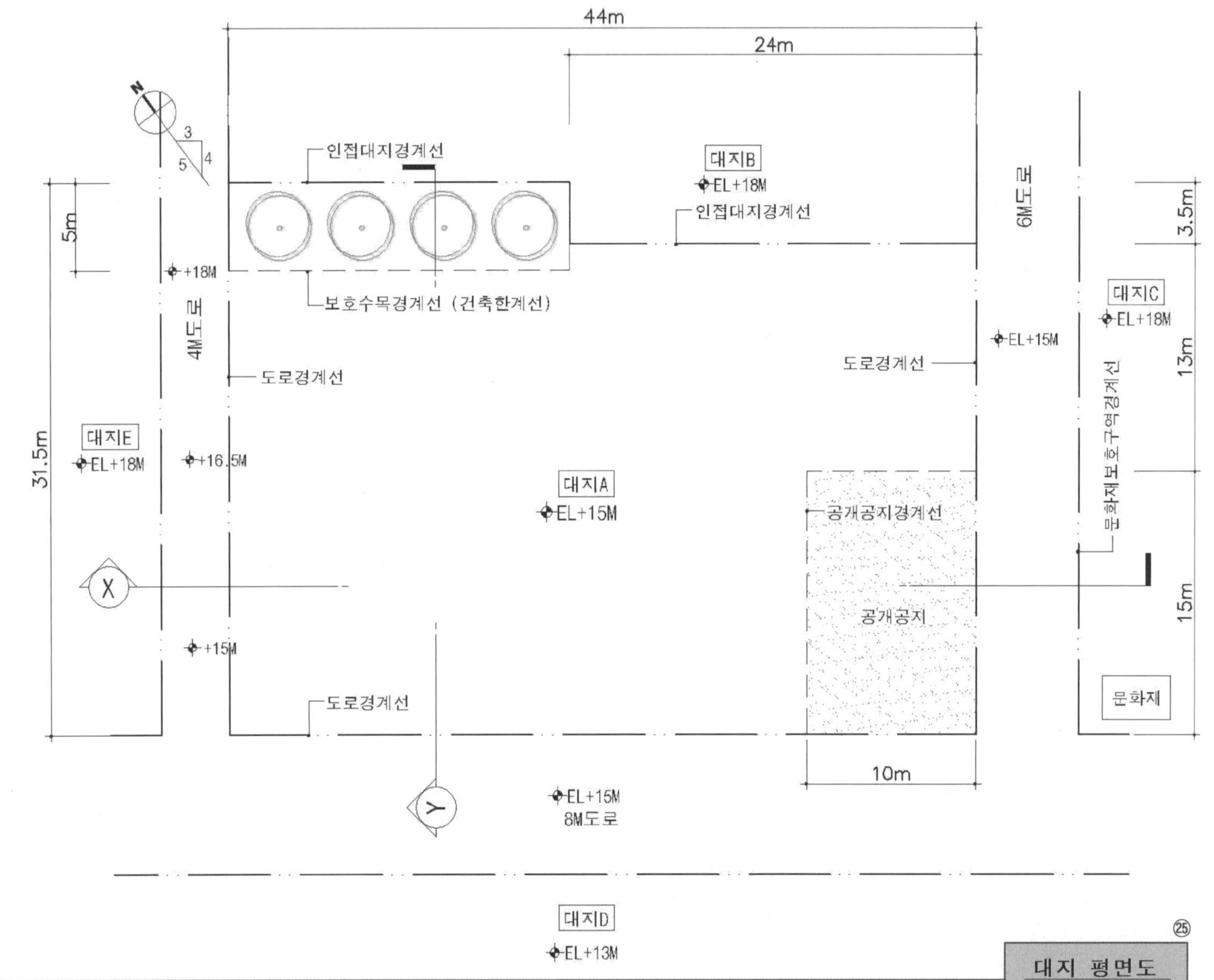

■ 문제풀이 Process

1 제목, 과제 및 대지개요 확인

① 배점 확인
- 35점 : 일반적 배점, 배치계획과의 시간배분 기준

② 제목
- 종교시설 신축대지의 최대건축가능영역
  (분석조닝 과제에서 건축물의 용도는 공동주택과 일반건축물 2가지로 나누어 생각하도록 한다)

③ 제3종 일반주거지역
- 인접대지도 모두 동일한 용도지역
- 정북일조권 법규 조건 check

④ 건폐율 및 용적률 기준 제시
- 건폐율 60% 이하
- 용적률 250% 이하
- 건폐율 및 용적률이 제시된 경우 문제의 타입은 일반적으로 2가지의 경우로 나뉜다.
  a) 층별 면적을 일일이 산출해 검토해야 하는 경우
  b) 건폐율과 층수만으로 간단히 check되는 경우
  (*건폐율, 용적률을 검토하지 않는다는 언급이 없는 한 반드시 check하는 습관이 중요!)

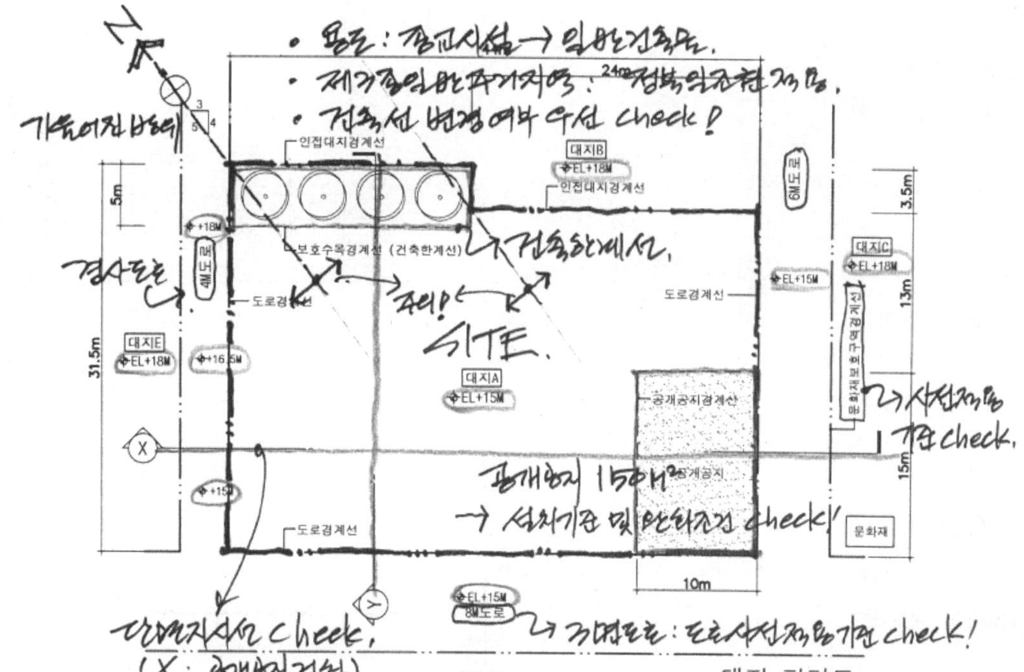

대지 평면도

축척 : 없음

2 현황분석

① 대지형상
- 정리된 형태의 평탄지, 대지내 공개공지, 보호수목의 존재 확인
  (지문의 공개공지 완화조건 유무 check)

② 주변현황
- 인접대지(제3종 일반주거지역), 문화재 보호구역의 존재 등

③ 접도조건 확인
- 남서측 8m도로, 남동측 6m도로, 북서측 4m도로
- 도로확폭 및 가각전제 해당 없음 (대지면적 불변-가장 먼저 check)
- 3면 도로 : 지문의 도로사선 적용기준 check

④ 대지 및 인접대지, 도로의 레벨 check
- 각종 높이제한의 기준이 되므로 절대 실수 없도록 함

⑤ 방위
- 정북일조권 적용 기준 확인
  (기울어진 정북 제시된 기출문제의 경우 지금까지 모두 5:4:3으로 제시)

⑥ 단면지시선의 위치 및 개수 check
- X 방향 : 공개공지 걸침
- Y 방향 : 보호수목 걸침

3 요구조건분석

① 도로사선 적용기준
- 1/1.5, 각각의 도로 폭을 기준 (이면도로 완화기준 배제)

② 일조권 적용기준
- 건축물의 높이 4m, 8m 이하 기준 제시
- 정북일조 : 1/2 (8m 초과 부분)

③ 문화재보호구역 이격조건 제시
- 경계선의 지표면에서 높이 7.5m인 곳에서 가로 : 세로 = 2 : 1 적용

④ 각종 이격거리 적용기준

⑤ 보호수목 경계선을 건축한계선으로 함
- 20m × 5m

⑥ 공개공지 완화조건 적용
- 용적률 및 도로사선 적용시 1.2배 이하의 범위에서 적용
- 법정 공개공지 면적이 제시되어야 성립되는 조건이나 문제의 출제개념을 이해하고자 하는 자세로 접근하여 용적률 및 도로사선을 완화적용해야 함

⑦ 지상1층 레벨 = 대지레벨 = +15

⑧ 별도의 옥탑층은 고려치 않음

■ 문제풀이 Process

4 수평영역 검토

① 대지평면도 상의 건축가능영역을 우선 검토
- 각종 이격거리 조건 정리

② X, Y 각각의 단면도로 평면상의 가선을 연장하여 단면상의 건축가능영역 check

③ 단면지시선상의 대지레벨도 이 단계에서 다시 check 하도록 한다.

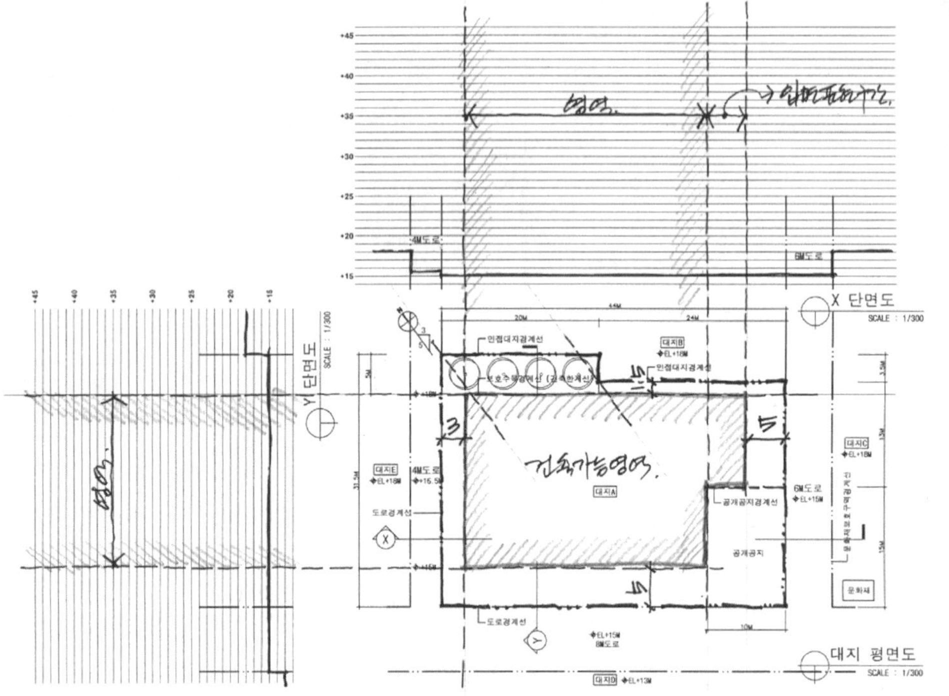

5 수직영역 검토

① 대지 지표면과 인접대지 및 인접도로의 레벨(필요시 가중평균)을 기준으로 각종 높이제한조건(정북, 도로사선, 문화재 보호사선 등)을 표현

② 제시된 층고에 따라 가선을 정리하여, 각종 사선과 만나는 부분의 라인을 평면도로 연장

③ 기울어진 정북으로 계획대지의 각 부분에 따라 적용되는 사선의 기울기가 달라짐

④ 요구되지 않은 단면 검토

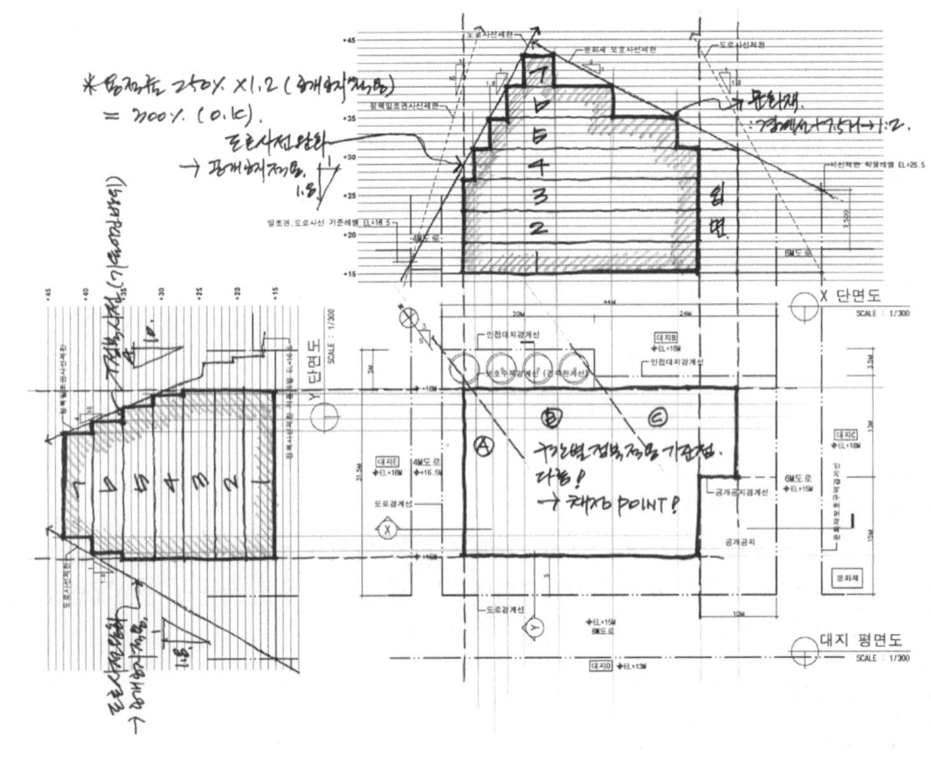

6 모범답안

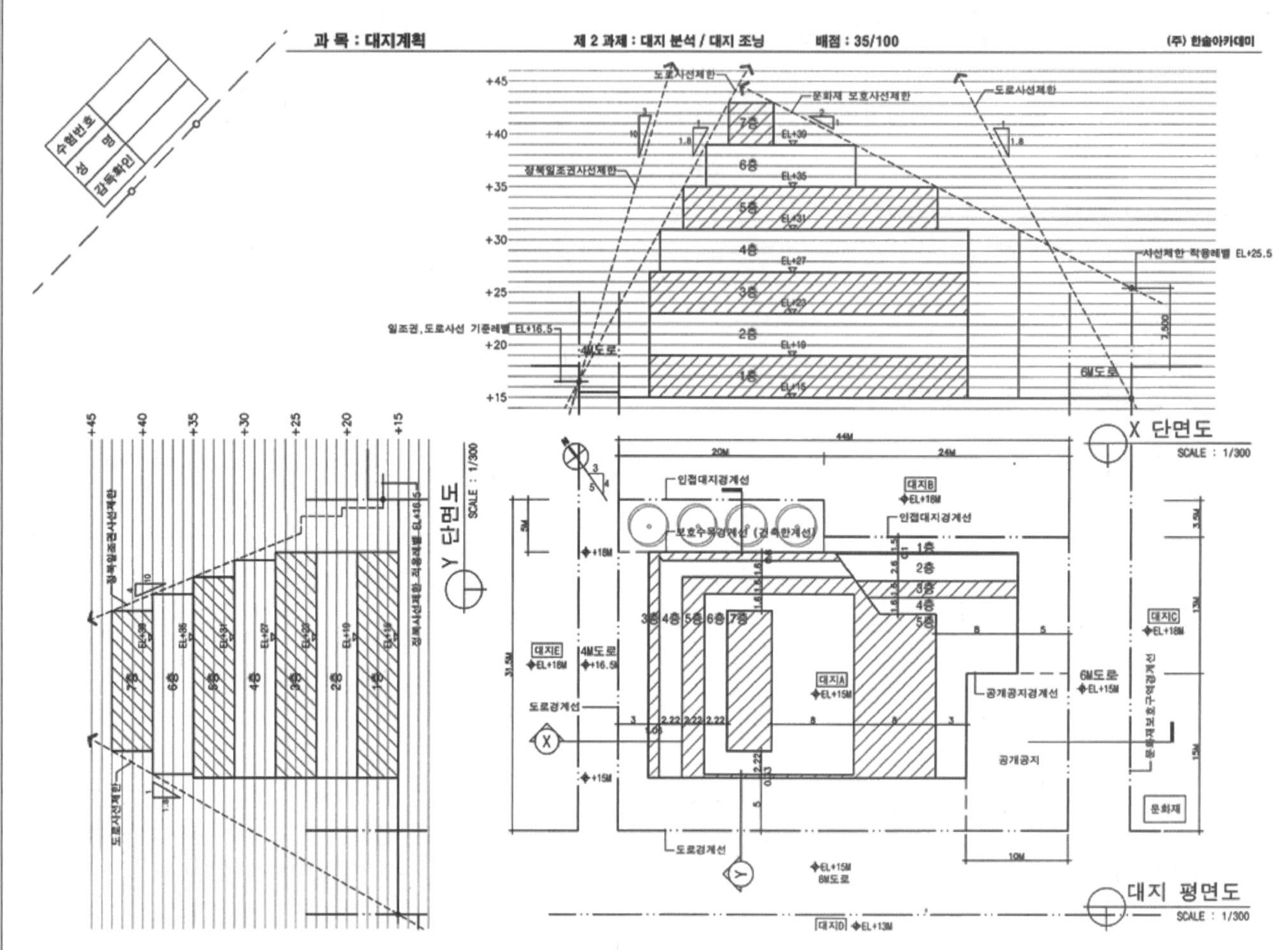

■ 주요 체크포인트

① 공개공지의 완화조건에 따른 용적률 및 도로사선 완화 적용 여부 (용적률 300% 이하, 도로사선 1.8:1=세로:가로 적용)
② 기울어진 정북에 의한 각 부분의 합리적인 기울기 적용 여부
③ 도로사선 적용시 각각의 도로 너비 적용 여부
④ 대지평면도에 미세하게 발생하는 꼭지점의 처리 여부
⑤ 요구되지 않은 단면의 검토 및 검토사항의 평면도 반영 여부

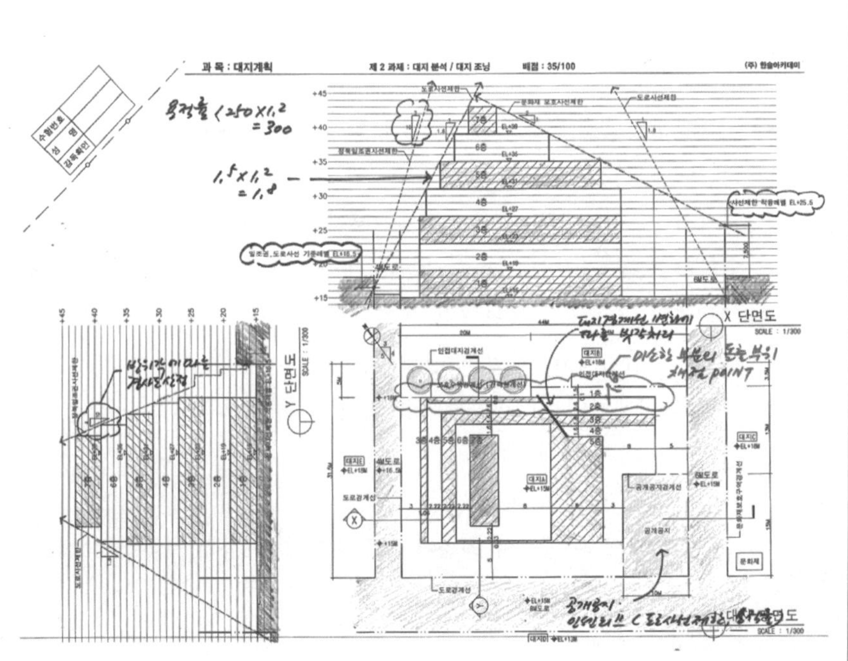

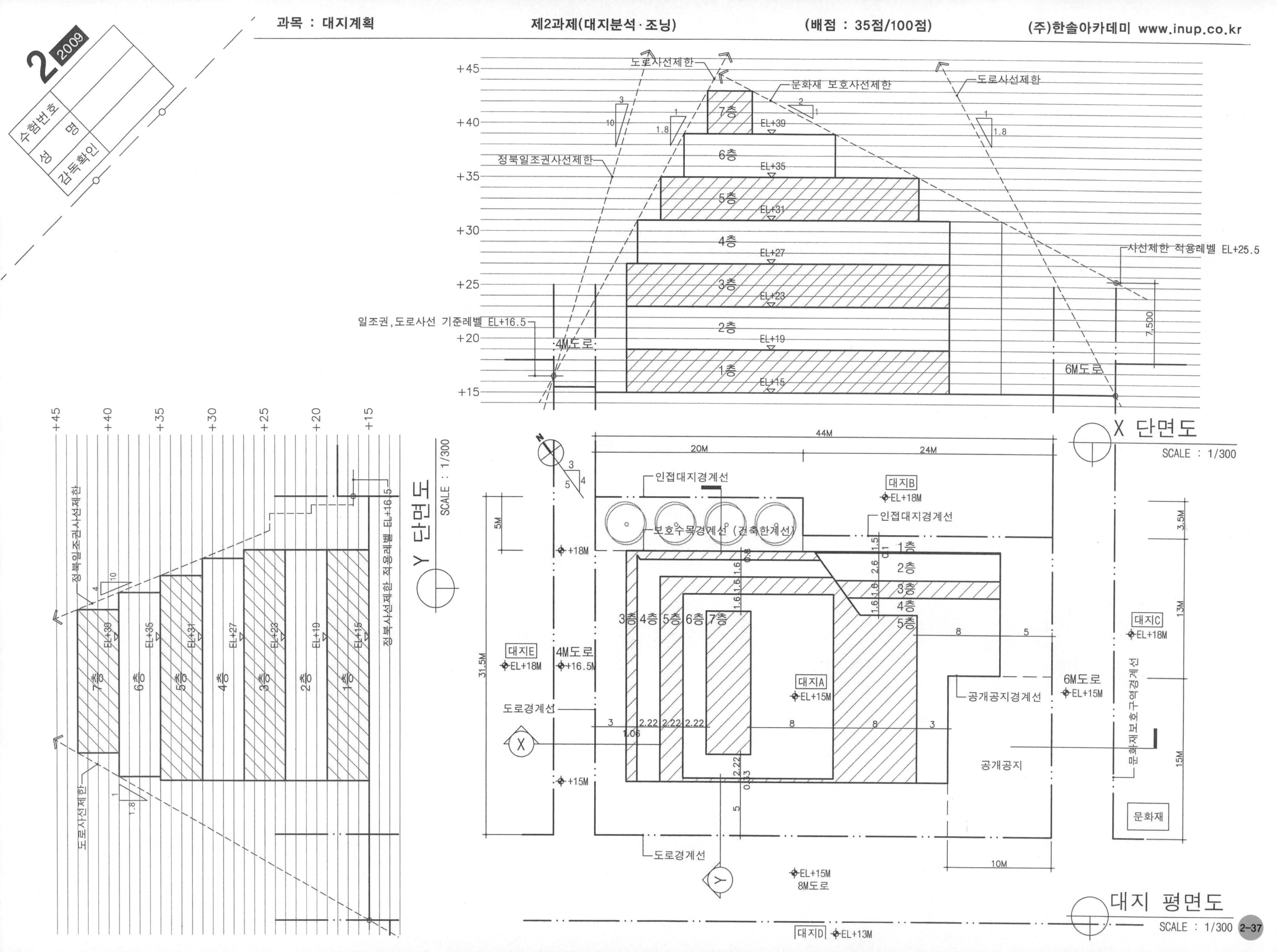
2 2009
수험번호
성 명
감독확인
도로사선제한
문화재 보호사선제한
도로사선제한
정북일조권사선제한
사선제한 적용레벨 EL+25.5
일조권,도로사선 기준레벨 EL+16.5
4M도로
6M도로
7층
6층
5층
4층
3층
2층
1층
X 단면도
SCALE : 1/300
Y 단면도
SCALE : 1/300
정북일조권사선제한
정북사선제한 적용레벨 EL+16.5
도로사선제한
인접대지경계선
보호수목경계선 (건축한계선)
대지B
EL+18M
대지C
EL+18M
대지E
EL+18M
4M도로
+16.5M
대지A
EL+15M
6M도로
EL+15M
공개공지경계선
공개공지
문화재보호구역경계선
문화재
도로경계선
EL+15M
8M도로
대지D
EL+13M
대지 평면도
SCALE : 1/300

구 성	FACTOR	지 문 본 문	FACTOR	구 성

2010년도 건축사 자격시험 문제

과목: 대지계획 제1과제 (배치계획) 배점: 60/100점 ①

제목 : 어린이 지구환경 학습센터 ②

1. 과제개요

③어린이 테마공원 안에 어린이 지구환경 학습센터를 건립하고자 한다. 아래 사항을 고려하여 배치도를 작성하시오.

2. 대지개요

(1) 용도지역 : 자연녹지지역④
(2) 대지조건과 주변환경 : <대지현황도>⑤참조
(3) 건폐율, 용적률은 고려하지 않음 ⑥

3. 계획조건

(1) 배치시설 요구사항

① ⑦도로
- 대지내 도로 : 길이 160m이상, 너비 12m (도로의 양측에 각각 너비 3m 보도 포함)
- 대지내 보행자 전용도로 : 너비 12m (도로의 양측에 각각 너비 3m 식재 포함)

② ⑧건축물 (가로와 세로의 표기 구분은 없음)
- 극한환경 체험관 : 30m x 23m
- 극한환경 학습관 : 27m x 21m
- 자연생태 실습관 : 21m x 19m
- 자연생태 학습관 : 38m x 24m
- 자연재활용 학습관 : 40m x 28m
- 종합교육관 : 25m x 24m
- 지구환경 전시관 : 33m x 24m

③ ⑧옥외 시설물
- 건축물 연결데크 : 17m x 13m
- 놀이마당 : 41m x 36m
- 띠조경 : 너비 3m
- 자연생태 야외학습장 : 23m x 18m
- 주차장 : 1개소, 총 주차대수 65대 이상 (일반 60대, 장애인전용 5대) 단, 경형과 확장형 차량, 기계식과 지하 주차장은 고려하지 않음
- 휴게데크 : 24m x 10m

④기타시설물
- 탐방로 : 길이 50m 이상, 너비 1.5m, 10m 이내간격으로 관찰데크(3mx3m) 설치

(2) 고려사항

① 대지 주변환경과 시설현황, 보행의 안전과 쾌적함등을 고려하여 합리적으로 계획한다.
② 인접 도로경계선과 접하는 계획대지에는 띠조경을 설치한다.
③ ⑨대지의 주출입구는 너비 16m 도로에 설치한다.
④ ⑩주차장은 대지의 주출입구에 가깝게 배치하고, 입구와 출구는 대지내 도로에 면하여 10m 이상 이격한다.
⑤ 대지내 도로의 끝에는 지름 24m의 ⑪쿨데삭(cul-de-sac)을 설치하고, 보도는 자연생태하천에 인접한 기존 산책로와 연결한다.
⑥ 대지내 도로에는 관리와 비상시에만 차량의 통행이 허용되도록 이동식 볼라드(bollard)를 적절한 장소에 설치한다.
⑦ ⑫대지내 보행자 전용도로는 지구환경연구소와 어린이 테마공원을 연결한다.
⑧ ⑬차를 타고 도착한 어린이가 먼저 안내와 교육을 받을 수 있도록 종합교육관을 배치하고, 휴식시간에 보호수목을 자세히 관찰할 수 있도록 옥외 시설물을 배치한다.
⑨ 학습과 체험을 마친 후 종합교육관 옆 보호수목이 있는 놀이마당으로 다시 모두 모이는 특성을 고려한다. ⑭
⑩ 건축물 연결데크는 기능을 고려하여 필요한 건축물 사이에 적절히 배치한다. ⑮
⑪ 극한환경 학습관과 자원재활용 학습관은 지구환경 연구소에 근접 배치한다. ⑯
⑫ ⑰탐방로는 보호수림등을 이용하여 자연생태 야외학습장과 기존 산책로를 연결한다.
⑬ 필요한 경우 ⑰적절한 곳에 조경을 설치한다.
⑭ ⑱각 시설의 경계선간 이격거리는 아래와 같다.

이격거리(A:B) A	이격거리(A:B) B	이격거리
• 도로 • 인접대지 • 띠조경 • 보호수림	• 건축물	6m 이상
	• 옥외 시설물	2m 이상
• 대지내도로	• 보호수림	2m 이상
• 건축물	• 건축물	6m 이상
	• 놀이마당 • 자연생태 야외학습장 • 주차장	2m 이상
• 기존 연못	• 도로 • 건축물 • 옥외 시설물	2m 이상
• 휴게데크 • 건축물 연결데크 • 보호수목	• 건축물 • 옥외 시설물 • 보호수림	없음

FACTOR (좌)

① 배점을 확인하여 2과제의 시간배분 기준으로 활용합니다. (배치 65점이 가장 빈도 높음)

② 용도(교육연구 및 복지시설)에 맞는 계획각론과 기본원칙을 미리 머릿속에 그려봅니다.

③ 기존 어린이 테마공원 내의 일정 부지를 확보하여 어린이 지구환경 학습센터를 배치
- 일종의 증축 개념으로 접근
- 기존공원의 질서 파악하여 배치되는 시설과의 조화를 고려

④ 용도지역 : 자연녹지지역

⑤ 현황도 제시
- 계획조건을 읽기 전에 현황도를 이용, 1차적인 현황분석을 선행하는 것이 문제의 윤곽을 잡아가는데 훨씬 유리합니다.

⑥ 건폐율, 용적률은 고려치 않음

⑦ 내부도로의 조건 제시

⑧ 건축물 및 옥외시설물의 규모제시
- Size 제시 (높이정보는 없으나 제시되는 것이 합리적이라고 보여집니다.)
- 도면이나 개념도가 추가 제시되는 경우도 있습니다.
- 주차장의 규모는 주차대수로 주어집니다.

⑨ 대지로의 진입방법 제시

FACTOR (우)

⑩ 주차장의 위치 및 진출입구
- 시설조닝의 시작

⑪ 쿨데삭
- 정확한 의미를 몰라도 개념적으로 이해하여 배치 가능 하도록 유도

⑫ 기존의 보행자 동선과 대지내 신설되는 보행자 동선의 연계
- 기존의 질서 존중하는 계획

⑬ 어린이 지구환경 학습센터에 도착한 이용자들의 내부동선의 흐름
- 차량동선과의 근접 조건 제시

⑭ 대지 내부동선의 종착
- 시설배치의 힌트로 작용

⑮ 건물의 기능을 고려하여 외부공간의 적절한 임의배치 요구

⑯ 근접
- 영역별 조닝 가능

⑰ 탐방로 및 조경의 적절한 설치
- 탐방로의 위치 및 연계조건

⑱ 시설 간 이격거리 제시

구성 (좌)

1. 제목
- 배치하고자 하는 시설의 제목을 제시합니다.

2. 과제개요
- 시설의 목적 및 취지를 언급합니다.
- 전체사항에 대한 개괄적인 설명이 추가되는 경우도 있습니다.

3. 대지조건(개요)
- 대지전반에 관한 개괄적인 사항이 언급됩니다.
- 용도지역, 지구
- 접도조건
- 건폐율, 용적률 적용 여부를 제시
- 대지내부 및 주변현황 (최근 계속 현황도가 별도로 제시)

4. 계획조건
ⓐ 배치시설
- 배치시설의 종류
- 건물과 옥외시설물은 구분하여 제시되는 것이 일반적입니다.
- 시설규모
- 필요시 각 시설별 요구사항이 첨부됩니다.

구성 (우)

ⓑ 배치고려사항
- 건축가능영역
- 시설간의 관계 (근접, 인접, 연결, 연계 등)
- 보행자동선
- 차량동선 및 주차장 계획
- 장애인 관련 사항
- 조경 및 포장
- 자연과 지형활용
- 옹벽등의 사용지침
- 이격거리
- 기타사항

구 성	FACTOR	지 문 본 문	FACTOR	구 성

5. 도면작성요령
- 각 시설명칭
- 크기표시 요구
- 출입구 표시
- 이격거리 표기
- 주차대수 표기 (장애인주차구획)
- 표고 기입
- 단위 및 축척

6. 유의사항
- 제도용구 (흑색연필 요구)
- 지문에 명시되지 않은 현행법령의 적용방침 (적용 or 배제)

⑲ 도면작성요령은 항상 확인하는 습관이 필요합니다.
- 문제에서 요구하는 것은 그대로 적용하여 불필요한 감점이 생기지 않도록 절대 유의

⑳ 건축물의 표현
- 굵은 실선

㉑ 옥외시설물의 표현
- 가는 실선

㉒ 배치시설물의 명칭 및 크기 표현
- 특별한 언급이 없다면 시설물의 중앙에 기입하도록 합니다.

㉓ 대지로의 주출입구 표현
- 보행자와 차량주출입구

㉔ 건물로의 출입구 표현
- 별도의 언급이 없다면 건물의 출입구는 장변의 중앙에 위치한 것으로 합니다.

㉕ 이격거리의 표현
- 지문에서 제시된 이격거리 위주로 표현하되 너무 복잡하지 않도록 유의합니다

㉖ 주차대수의 표현
- 5대 단위로 기입하는 것이 일반적입니다.
- 장애인주차 HP 표현 유의

㉗ 단위 및 축척
- m / 1:600

과목: **대지계획** 제1과제 (배치계획) 배점: 60/100점

4. 도면작성요령 ⑲

(1) ⑳건축물은 굵은 실선으로 표기한다.
(2) ㉑옥외 시설물은 가는 실선으로 표기한다.
(3) 건축물과 옥외 시설물에는 명칭과 크기를 표기㉒한다.
(4) ㉓대지의 주출입구와 각 건축물의 출입구를 표기㉔한다.
(5) ㉕요구한 이격거리를 표기한다.
(6) 주차장에 ㉖주차대수를 표기한다. (장애인전용은 HP로 표기)
(7) 기타 표기는 <보기>에 따른다.
(8) 단위 : m ㉗
(9) 축척 : 1/600

5. 유의사항

(1) 제도는 반드시 ㉘흑색연필심으로 한다.
(2) 명시되지 않은 사항은 현행 관계법령을 준용한다.㉙

㉚ <보기>

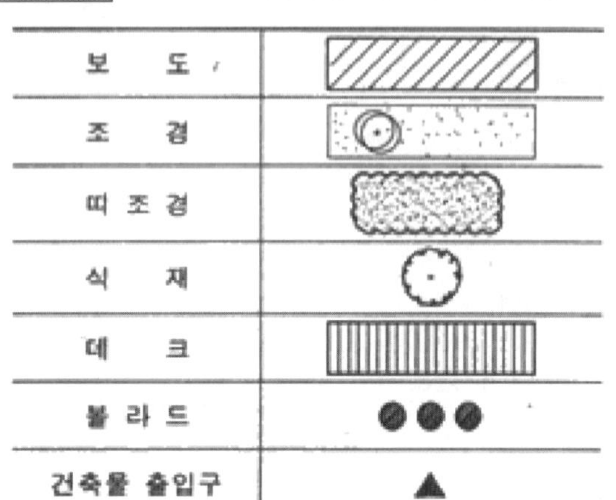

구분	표기
보 도	
조 경	
띠 조 경	
식 재	
데 크	
볼 라 드	
건축물 출입구	▲
대지의 주출입구	

㉛ <대지현황도>

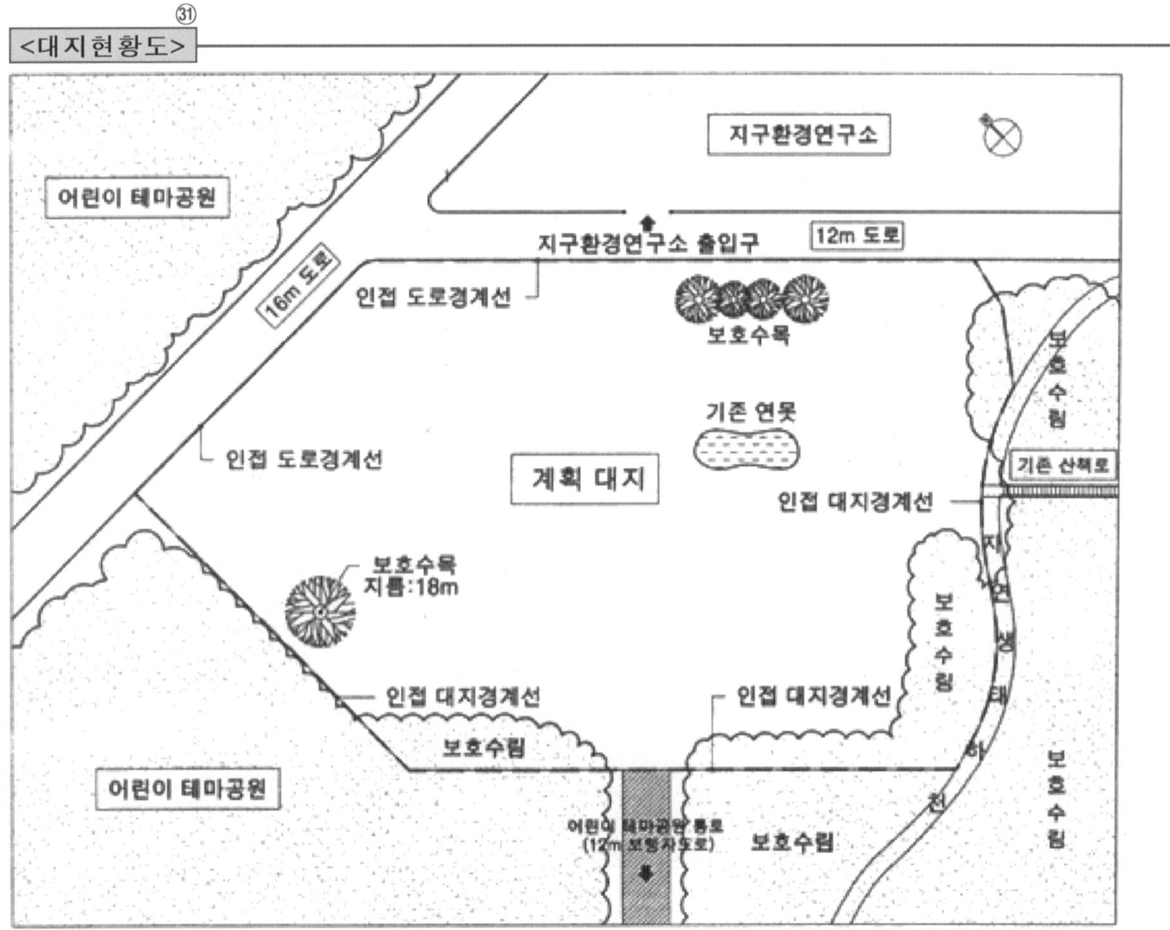

㉘ 항상 흑색연필로 작성할 것을 요구합니다.

㉙ 명시되지 않은 사항은 현행 관계법령을 준용
- 기타 법규를 검토할 경우 항상 문제해결의 연장선에서 합리적이고 복합적으로 고려하도록 합니다.

㉚ <보기>에 제시된 표현방법은 반드시 준수해야 합니다.

㉛ 현황도 파악
- 대지형태
- 접도조건
- 주변현황
- 대지 내 수목 및 연못
- 기존 동선의 질서
- 방위
- 제시되는 현황도를 이용하여 1차적인 현황분석을 합니다.

7. 보기
- 보도, 조경
- 식재
- 데크 및 외부공간
- 건물 출입구
- 옹벽 및 법면
- 기타 표현방법

8. 대지현황도
- 대지현황
- 대지주변현황 및 접도조건
- 기존시설현황
- 대지, 도로, 인접대지의 레벨 또는 등고선
- 각종 장애물 현황
- 계획가능영역
- 방위
- 축척 (답안작성지는 현황도와 대부분 중복되는 내용이지만 현황도에 있는 정보가 답안작성지에서는 생략되기도 하므로 문제접근시 현황도를 꼼꼼히 체크하는 습관이 필요합니다)

■ 문제풀이 Process

1 제목 및 과제 개요 check

① 배점 확인
- 60점 : 1교시 소과제 2과제 적용 후 65점이 일반적, 문제의 난이도 예상이 가능하며, 제2과제와의 시간배분에 유의해야 함

② 제목
- 어린이 지구환경 학습센터 : 어린이 테마공원 내의 일부 부지를 확보하여 시설을 확충하는 개념의 교육시설 배치계획

③ 자연녹지지역
- 대지의 성격을 파악

④ 건폐율과 용적률은 고려하지 않음
- 배치계획 기출문제 중 고려되었던 경우는 없음

2 현황 분석

① 대지형상
- 비정형의 평탄지

② 주변현황 파악
- 어린이 테마공원, 지구환경 연구소, 보호수림 등

③ 접도조건 확인
- 북측 16m도로 : 주도로 (보행자 주출입 예상)
- 북동측 12m도로 : 부도로 (차량 진출입 예상)

④ 기존시설의 질서
- 보행자전용도로 및 기존 산책로 check

⑤ 대지 내 보호수목 및 연못 파악
- 보호 및 활용 조건을 지문에서 check

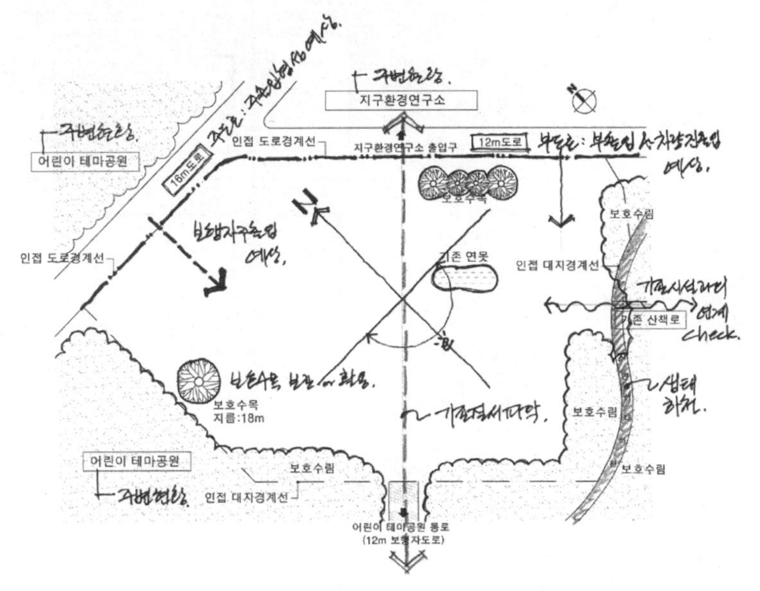

3 요구조건 분석 (diagram)

① 내부도로
- 대지진입 시 내부도로 형성
  (보차혼용, 3+6+3, 160m 이상)
- 보행자 전용도로
  (3+6+3, 기존 12m 전용도로의 질서 고려)

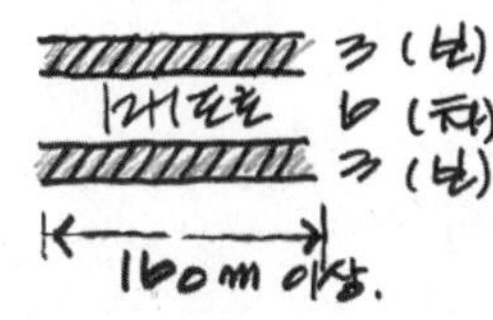

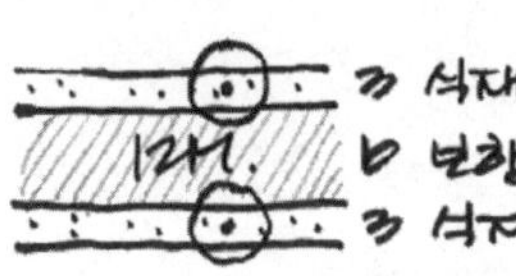

② 건축물 성격 파악
- 전시관 / 교육관 / 학습관 / 체험관 / 실습관 등
- 높이 정보 포함되지 않음

③ 옥외시설물 성격 파악
- 연결데크, 놀이마당, 야외학습장, 휴게데크 등 시설명에서 보이는 공간의 뉘앙스 유의

④ 주차장 규모 파악
- 1개소, 65대 이상 (장애인 5대 포함)
- 경형, 확장형 주차구획 없음

⑤ 탐방로
- 별도 제시 : 채점표 상 별도의 배점이 있을 가능성 높음
- 관찰데크 계획

⑥ 도로경계선 띠조경
- 인접 도로경계선(건축선)과 접하는 계획대지에 너비 3m의 띠조경 설치
  (16m, 12m 도로변이 해당)

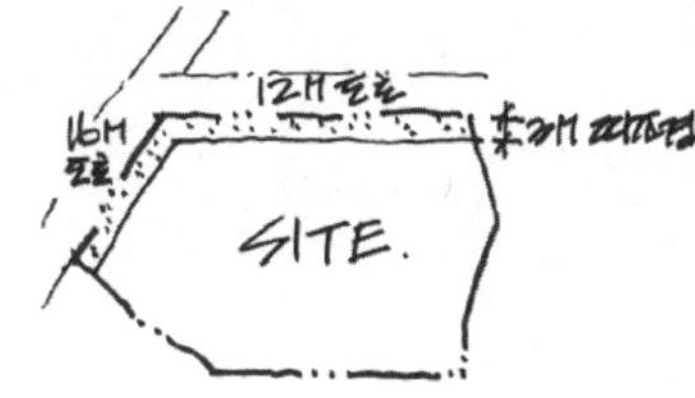

⑦ 대지의 주출입구
- 16m 도로 (주도로)에서 형성
  (보차혼용 12m 내부도로)
- 중앙부에서 형성되는 것으로 우선 고려

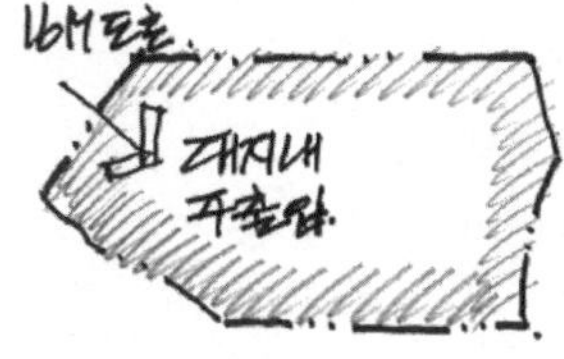

⑧ 주차장
- 주출입구 인접 배치
  (원활한 진출입 고려)
- 입구와 출구는 10m 이상 이격
  (진출입구는 내부도로에 면하고 별도 분리 설치)

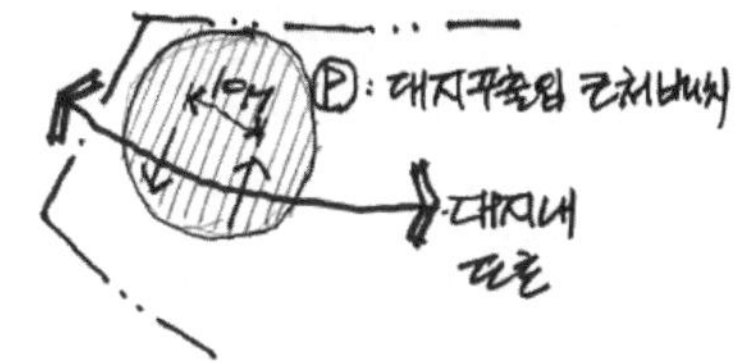

⑨ 쿨데삭
- 내부도로의 끝단, 지름 24m
- 막다른 도로의 회차공간
- 보도는 기존 산책로와 연계

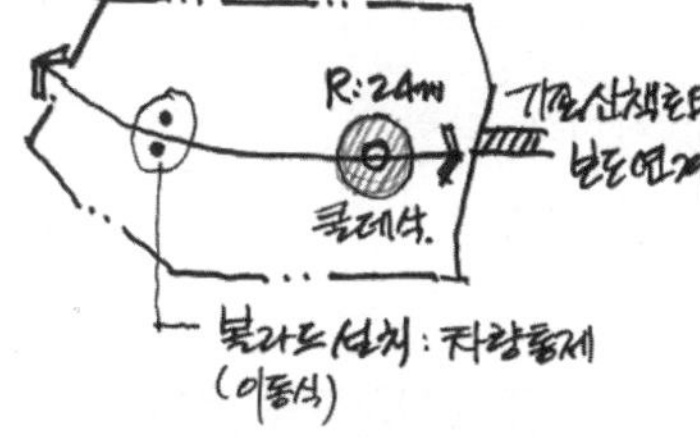

⑩ 보행자 주동선
- 도착 후 종합교육관 우선 방문
- 보호수목에 인접해 옥외시설물 배치
- 내부동선의 종착지는 종합교육관 옆 보호수목이 있는 놀이마당

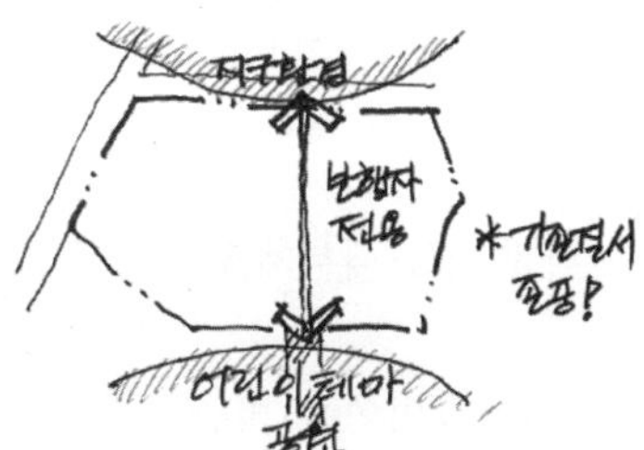

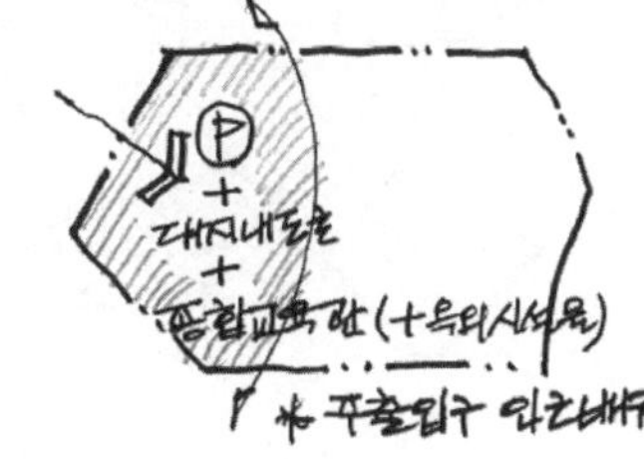

⑪ 영역별 근접 배치
- 극한 환경 학습관, 자원재활용 학습관은 지구환경 연구소에 근접 배치
- 영역 조닝

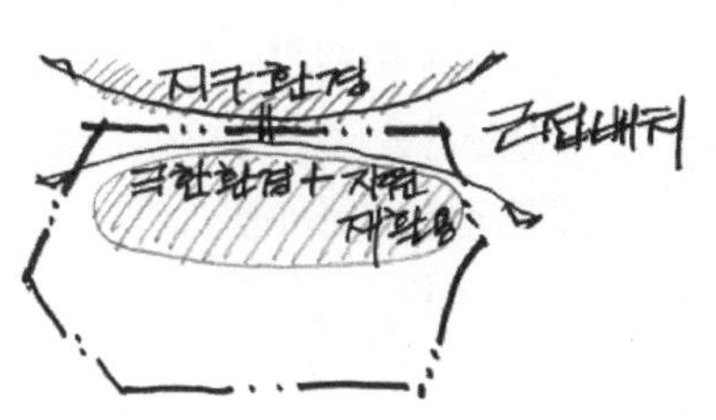

■ 문제풀이 Process

4 토지이용계획

① 내부동선 예상
- 대지내 도로
- 보행자 전용도로

② 주변시설 및 동선에 의한 명확한 시설조닝

③ 시설 이용 동선을 고려한 시설배치

④ 주차장 동선 계획

⑤ 볼라드 위치 선정 및 쿨데삭 계획

⑥ 시험의 당락은 이 단계에서 사실상 결정됨

5 배치대안검토

① 토지이용계획을 바탕으로 세부계획 진행

② 조닝된 영역을 기준, 시설별 연계조건을 고려하여 건물 및 외부공간 정리

③ 주차장 내부 동선 및 진출입구, 주차대수 확보 여부 검토

④ 대지전체에 걸쳐 여유공간을 확보하여 계획적인 factor를 추가 고려

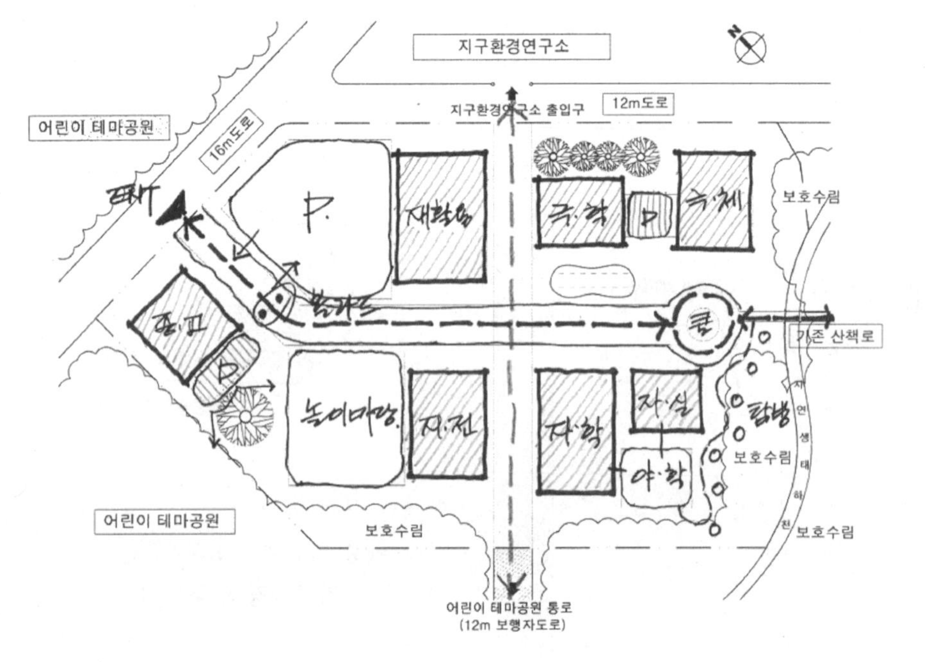

6 모범답안

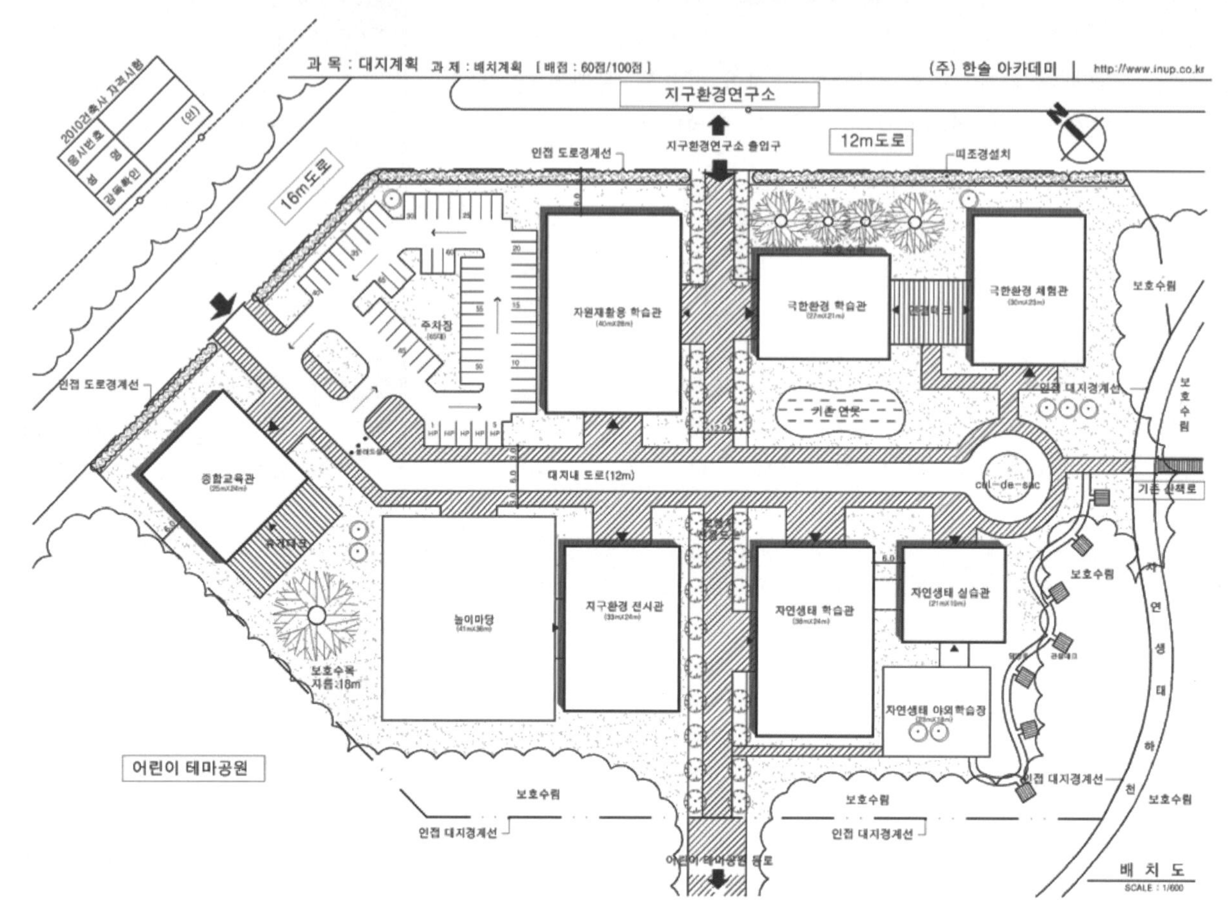

■ 주요 체크포인트

① 주변 시설과 연계된 내부도로에 따라 분할된 분명하고 명료한 시설조닝

② 입,퇴 동선을 고려한 종합교육관, 주차장, 놀이마당 및 볼라드의 위치선정

③ 대지형상을 고려한 동선축과 주차장 계획

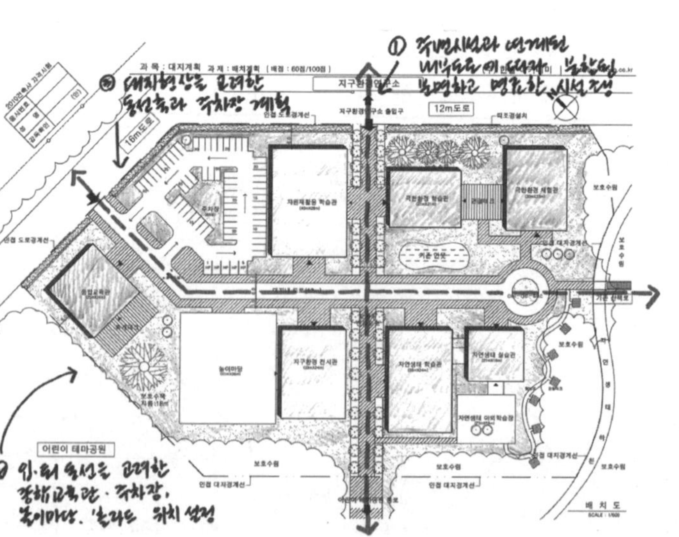

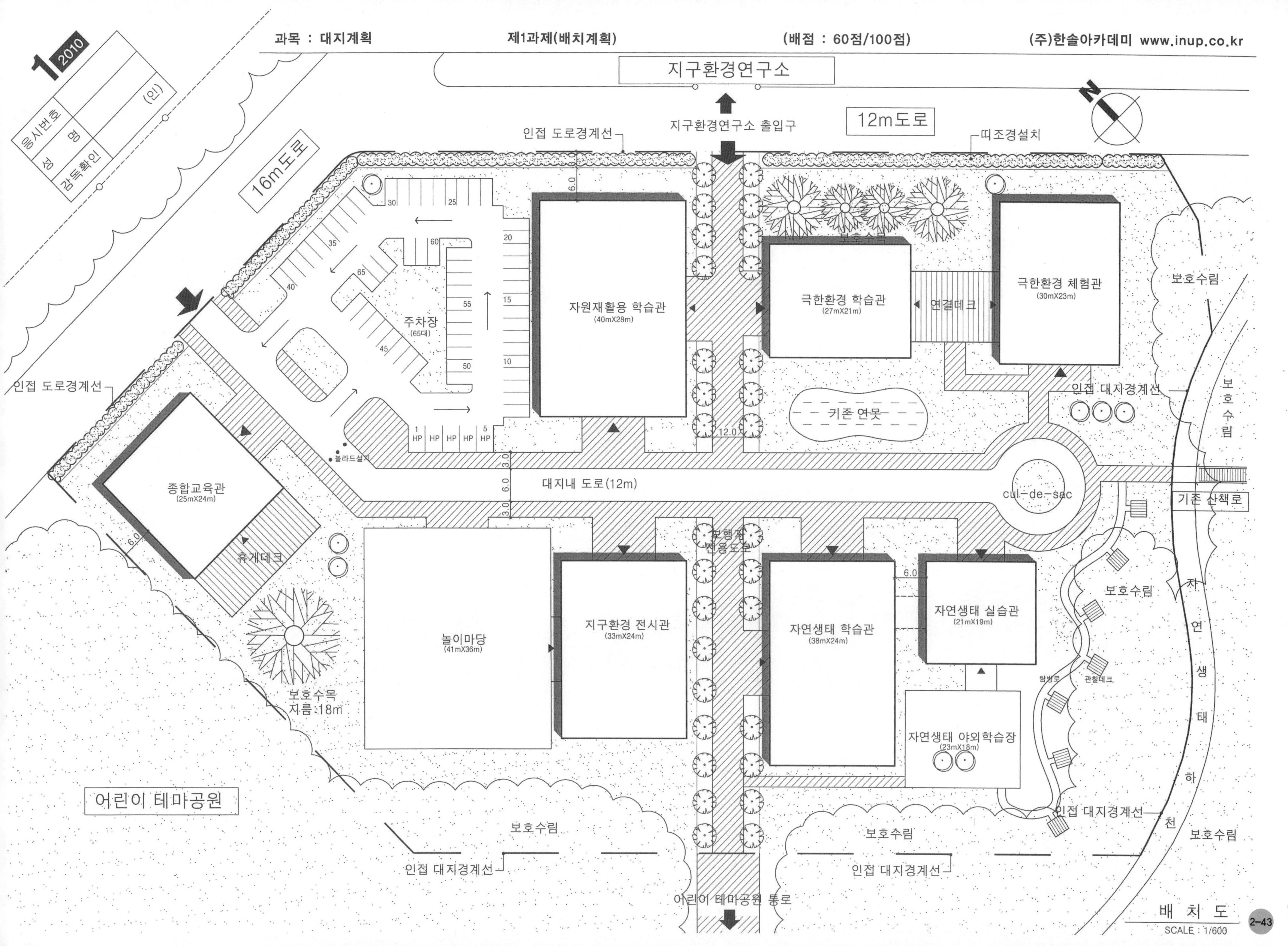
1 2010
응시번호
성 명
(인)
감독확인
16m도로
지구환경연구소
지구환경연구소 출입구
12m도로
인접 도로경계선
띠조경설치
주차장
(65대)
자원재활용 학습관
(40mX28m)
극한환경 학습관
(27mX21m)
연결데크
극한환경 체험관
(30mX23m)
보호수목
보호수림
기존 연못
인접 대지경계선
대지내 도로(12m)
cul-de-sac
기존 산책로
종합교육관
(25mX24m)
휴게데크
볼라드설치
보행자 전용도로
놀이마당
(41mX36m)
지구환경 전시관
(33mX24m)
자연생태 학습관
(38mX24m)
자연생태 실습관
(21mX19m)
자연생태 야외학습장
(23mX18m)
탐방로
관찰데크
보호수목
지름 18m
자연생태하천
어린이 테마공원
어린이 테마공원 통로
배 치 도
SCALE : 1/600

구 성	FACTOR	지 문 본 문	FACTOR	구 성

2010년도 건축사 자격시험 문제

과목: 대지계획 제2과제 (대지조닝 · 대지분석) 배점: 40/100점①

제목 : 공동주택의 최대 건립 세대수

1. 과제개요

"대지A"에 공동주택(아파트)을 신축하고자 한다. 아래사항을 고려하여 최대 건립 세대수를 구하시오.②

2. 대지개요

(1) 용도지역
① "대지A"와 인접대지 : 제3종 일반주거지역③
② 공원 : 자연녹지지역
(2) 건폐율 : 50% 이하④
(3) 용적률 : 300% 이하⑤
(4) 대지규모 : 90m x 75m = 6,750㎡
(5) 주변현황 : <대지현황도>에 따름⑥

3. 계획조건

(1) 전면도로에 따른 건축물의 높이제한⑦은 전면 도로 반대쪽 경계선까지 수평거리의 1.5배 이하로 한다. 다만, 건축물 높이제한 산정을 위한 전면도로의 너비 기준은 각각 전면도로 의 너비를 적용한다.

(2) 건축물의 각 부분을 정북방향⑧, 인접 대지 경계선으로부터 띄어야 할 거리 중 높이 8m를 초과하는 부분은 해당 건축물 각 부분 높이의 1/2 이상을 띄어야 한다.

(3)⑨건축물의 각 부분의 높이는 그 부분으로부터 채광을 위한 창문등이 있는 벽면에서 직각 방향으로 인접대지경계선까지의 수평거리의 2배 이하로 한다. 다만, "대지A"에 접한 공원쪽의 인접 대지경계선에서는 적용하지 않는다.

(4)⑩같은 대지에서 두 동 이상의 건축물이 서로 마주보고 있는 경우에 건축물 각 부분 사이의 거리는 다음 각 항의 거리 이상을 띄어 건축한다.
① 채광을 위한 창문등이 있는 벽면으로부터 직각방향으로 건축물 각 부분 높이의 0.6배 이상
② ①항에도 불구하고 서로 마주 보는 건축물 중 남쪽 방향의 건축물 높이가 낮고 주된 개구부의 방향이 남쪽을 향하는 경우에는 높은 건축물 각 부분 높이의 0.5배 이상, 낮은 건축물 각 부분 높이의 0.6배 이상

(5) 건축물의 외벽은 수직으로 하며, 도로경계선과⑪ 인접대지경계선으로부터 이격거리를 다음과 같이 확보한다.
① 15m 도로 : 10m 이상
② 10m 도로 : 5m 이상
③ 인접 대지경계선 : 5m 이상

(6) 건축물과 건축물 사이의 거리는 5m 이상으로 한다.⑫

(7) 단위세대⑬
① 크기 : 5m x 10m (계단, 엘리베이터, 복도 등 공용면적을 포함한 것임)
② 개구부 : 5m 부분을 개구부로 하며, 10m 부분에는 개구부를 설치할 수 없다.
③ 평면형식 : 편복도
④ 층고 : 3m

(8) 주동⑭
① 주동의 수는 3개동 이상으로 한다.
② 주동의 기준층은 4세대 이상 10세대 이하로 한다.
③ 하나의 동에서는 층수의 변화를 줄 수 없다.
④ 다음 조건의 필로티를 지상 1층에 설치한다.
가. 개소 : 3개 동
나. 크기 : 설치하는 동마다 높이3m x 너비 10m x 길이 20m
⑤ 단위세대를 제외한 별도의 공용면적과 옥탑층은 고려하지 않는다.

(9)⑮대지와 도로의 높이 차이는 없다.

(10)⑯지상 1층의 바닥레벨은 대지레벨과 동일하다.

(11)⑰주택법에 의한 부대 · 복리시설은 고려하지 않는다.

구성 (좌측)

1. 제목
- 건축물의 용도 제시 (공동주택과 일반건축물 2가지로 구분)
- 최대건축가능영역의 산정이 대전제

2. 과제개요
- 과제의 목적 및 취지를 언급합니다.
- 전체사항에 대한 개괄적인 설명이 추가되는 경우도 있습니다.

3. 대지개요(조건)
- 대지에 관한 개괄적인 사항
- 용도지역지구
- 대지규모
- 건폐율, 용적률
- 대지내부 및 주변현황 (최근 계속 현황도가 별도로 제시)

4. 계획조건
- 접도현황
- 대지안의 공지
- 각종 이격거리
- 각종 법규 제한조건 (일조권, 도로사선, 가로구역별최고높이, 문화재보호앙각, 고도제한 등)
- 각종 법규 완화규정

FACTOR (좌측)

① 배점을 확인합니다
- 40점 (분석조닝 35점이 가장 빈도 높음, 다소 높은 난이도 예상)

② 용도(공동주택)에 의해 적용해야 하는 법규를 체크합니다.
- 채광방향 일조권 적용
- 최대 세대수 산정이 목표

③ 제3종 일반주거지역
- 정북일조권 적용
- 건축 불가능한 공지(공원)의 각종 법규 완화조건 파악

④ 건폐율 50%
- 6,750 × 0.5 = 3,375

⑤ 용적률 300%
- 6,750 × 3 = 20,250

⑥ 현황도 제시
- 계획조건을 읽기 전에 현황도를 이용, 1차적인 현황분석을 선행하는 것이 문제의 윤곽을 잡아가는데 훨씬 유리합니다.
- 도로확폭, 가각전제 등으로 건축선이 변경되는 부분이 있는지 가장 먼저 확인 (대지면적이 바뀌면 모든 기준이 바뀝니다.)
- 접도조건 및 주변현황 파악
- 향을 확인하여 적용해야 하는 법규를 미리 정리해봅니다.

⑦ 도로사선 적용 기준
- 각각의 전면도로 적용

FACTOR (우측)

⑧ 정북 일조권 적용 기준
- 간략하게 요점만 제시

⑨ 채광방향 일조권 적용 기준
- 인접대지 채광 일조권
- 공원 완화 조건 제시

⑩ 채광방향 일조권 적용 기준
- 인동거리 기준 (0.6H)
- 남북배치 시 완화조건 제시 (0.5H or 0.6h 중 max 적용)

⑪ 건축선 및 인접대지 경계선으로부터의 이격거리
- 건축물의 외벽은 수직
- 건축선: 10m, 5m 이상 이격
- 인접대지 경계선: 5m 이상 이격

⑫ 건축물 간 이격거리 제시

⑬ 단위세대 관련 정보 제시
- 크기, 개구부, 평면형식, 층고

⑭ 주동 관련 정보 제시
- 3개동 이상
- 기준층 세대수 범위
- 동 내 층수변화 금지
- 필로티 조건 제시

⑮ 대지와 도로의 단차 없음

⑯ 1층바닥레벨 = 대지레벨

⑰ 부대복리시설 고려치 않음

구성 (우측)

- 대지 내외부 각종 장애물에 관한 사항
- 1층 바닥레벨
- 각종 층고
- 외벽계획 지침
- 대지의 고저차와 지표면 산정기준
- 기타사항 (요구조건의 기준은 대부분 주어지지만 실무에서 보편적으로 다루어지는 제한요소의 적용에 대해서는 간략하게 제시되거나 현행 법령을 기준으로 적용토록 요구할 수 있으므로 그 적용방법에 대해서는 충분한 학습을 통한 훈련이 필요합니다)

구 성	FACTOR	지 문 본 문	FACTOR	구 성

5. 도면작성요령
- 건축가능영역 표현 방법(실선, 빗금)
- 층별 영역 표현법
- 각종 제한선 표기
- 치수 표현방법
- 반올림 처리기준
- 단위 및 축척

⑱ 도면작성요령은 항상 확인하는 습관이 필요합니다.
- 문제에서 요구하는 것은 그대로 적용하여 불필요한 감점이 생기지 않도록 절대 유의

⑲ 작성해야 하는 도면
- 대지평면도
- 횡단면도 및 종단면도
(단면지시선 직접 표현 : 지시선 제시되지 않은 유일한 기출문제)

⑳ 동이름 및 층수 표현
- A, B, C...

㉑ 각종 사선제한선 표현
- 도로사선, 정북 및 채광일조권

㉒ 필로티 위치 표현

㉓ 이격거리의 표현
- 지문에서 제시된 이격거리 위주로 표현하되 너무 복잡하지 않도록 유의합니다.

㉔ 답안지 표 작성 요구
- 동이름, 세대수, 층수, 기준층 세대수, 필로티 설치여부, 최대 건립 세대수

㉕ 소수점 이하 3자리에서 반올림
- 면적 및 거리

㉖ 단위 및 축척
- m / 1:600

과목: 대지계획 제2과제 (대지분석/조닝) 배점: 35/100점

3. 도면작성요령 ⑱

(1)⑲대지평면도, 횡단면도 및 종단면도에⑳동 이름(A,B,C …), 층수, ㉑사선 제한선, ㉒필로티 위치, 단면지시선 및 ㉓이격거리 등을 표기한다.
(2) 동 이름, 세대수, 층수, 기준층 세대수, 필로티 설치여부 및 최대 건립 세대수를 ㉔답안지의 주어진 표에 표기한다.
(3)㉕소수점 이하는 수 3자리에서 반올림하여 2자리로 표기한다.
(4) 단위 : m ㉖
(5) 축척 : 1/600

4. 유의사항

(1)㉗제도는 반드시 흑색연필심으로 한다.
(2)㉘명시되지 않은 사항은 현행 관계법령을 준용한다.

㉙ <대지현황도>

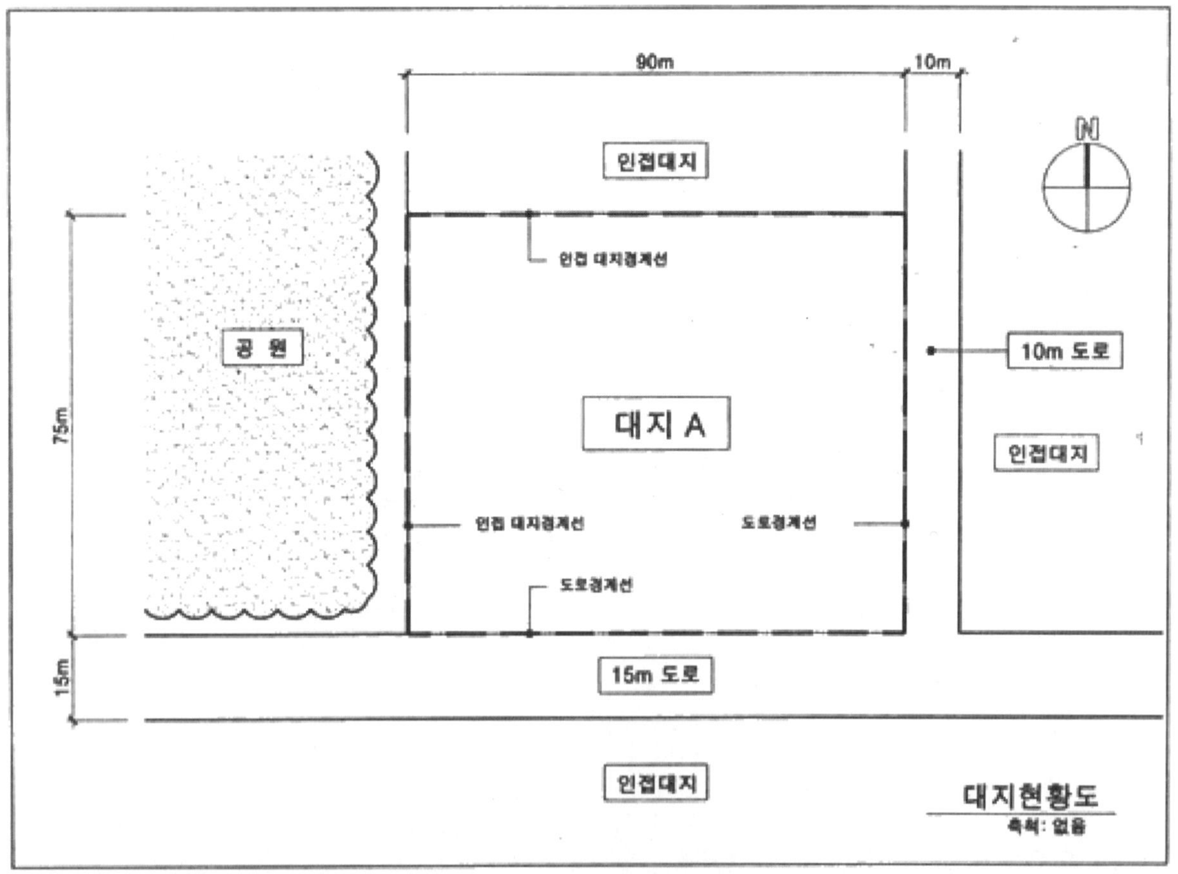

㉗ 항상 흑색연필로 작성할 것을 요구합니다.

㉘ 명시되지 않은 사항은 현행 관계법령을 준용
- 기타 법규를 검토할 경우 항상 문제해결의 연장선에서 합리적이고 복합적으로 고려하도록 합니다.

㉙ 현황도 파악
- 대지현황
(배치도 / 단면도)
- 인접대지현황
(공지, 장애물, 문화재 등)
- 접도현황
- 대지, 도로, 인접대지 레벨 또는 등고선
- 단면절단선 위치
(제시되지 않음)
- 대지내 장애물
- 방위
- 축척
- 기타사항
- 제시되는 현황도를 이용하여 1차적인 현황분석을 합니다.

6. 유의사항
- 제도용구
(흑색연필 요구)
- 명시되지 않은 현행 법령의 적용방침
(적용 or 배제)

7. 대지현황도
- 대지현황
- 대지주변현황 및 접도조건
- 기존시설현황
- 대지, 도로, 인접대지의 레벨 또는 등고선
- 각종 장애물 현황
- 계획가능영역
- 방위
- 축척
(답안작성지는 현황도와 대부분 중복되는 내용이지만 현황도에 있는 정보가 답안작성지에서는 생략되기도 하므로 문제접근시 현황도를 꼼꼼히 체크하는 습관이 필요합니다)

■ 문제풀이 Process

1 제목, 과제 및 대지개요 확인

① 배점 확인
- 40점 : 1교시 소과제 2과제 적용 후 35점이 일반적, 문제의 난이도 예상이 가능하며, 제1과제와의 시간배분에 유의해야 함

② 제목
- 공동주택의 최대 건립 세대수 : 채광일조권 적용 체크
  (분석조닝 과제에서 건축물의 용도는 공동주택과 일반건축물 2가지로 나누어 생각하도록 한다)

③ 제3종 일반주거지역 및 자연녹지지역(공원)
- 대지의 성격을 파악
- 정북일조권 및 공원의 법규완화조건 체크

④ 대지면적 : 6,750㎡
- 현황분석을 통해 대지면적의 변동 여부를 가장 먼저 확인해야한다.

⑤ 건폐율 50%
- 6,750 × 0.5 = 3,375㎡

⑥ 용적률 300%
- 6,750 × 3 = 20,250㎡

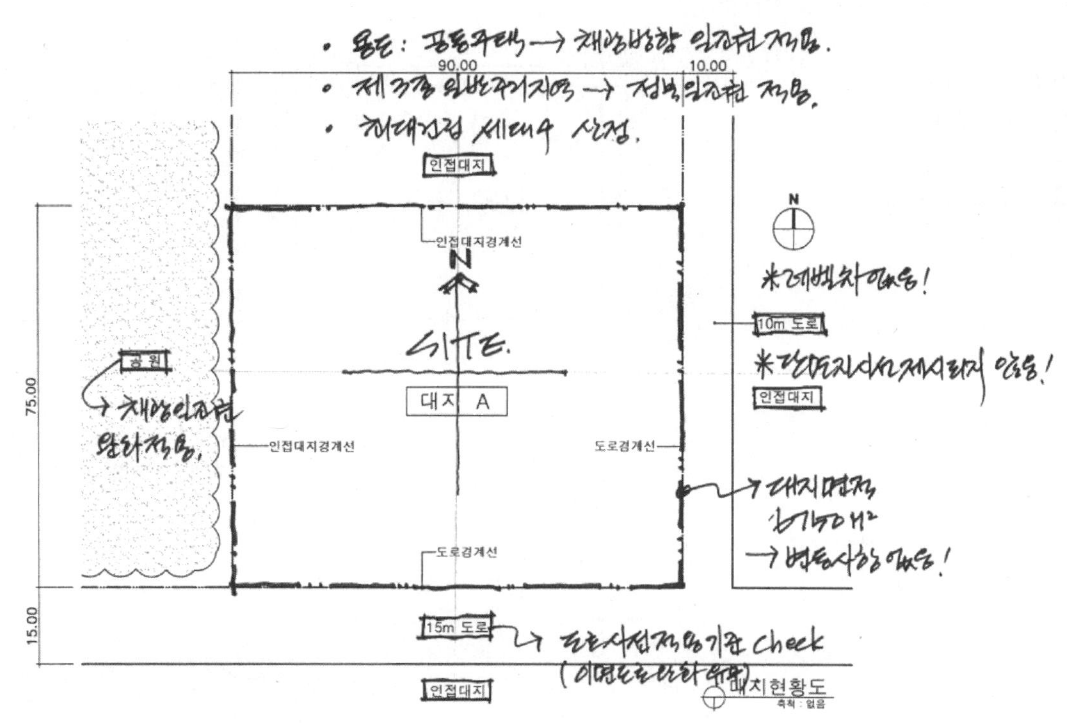

2 현황분석

① 대지형상
- 정방형의 평탄지

② 주변현황
- 인접대지(제3종 일반주거지역), 공원 등

③ 접도조건 확인
- 남측 15m도로 : 주도로
- 동측 10m도로 : 부도로
- 도로확폭 및 가각전제 해당 없음 (대지면적 불변)

④ 단면절단선 없음
- 임의 위치 선정
  (출제자가 생각하는 답안은 종,횡단면의 기준 선정에 별 고민이 없는 대안임을 예상할 수 있음.)

⑤ 방위
- 정북일조권 적용 기준 확인

⑥ 계획대지와 인접도로 및 대지의 레벨 확인
- 단차 없는 평탄지

3 요구조건분석

① 도로사선 적용기준
- 1/1.5, 각각의 도로 폭을 기준 (이면도로 완화기준 배제)

② 일조권 적용기준
- 정북일조 : 1/2 (8m 초과 부분)
- 채광일조 : 인접대지 1/2
  인동거리 0.6배 / 남북배치완화 0.5H or 0.6h 적용

③ 각종 이격거리 적용기준

④ 건축물 사이의 거리 : 5m

⑤ 단위세대
- 공용포함 5m X 10m, 개구부는 5m 방향
- 편복도 형식, 층고 : 3m

⑥ 주동
- 3개동 이상 배치, 기준층은 4세대~10세대
- 동 내 층수변화 불가, 필로티 3개동 적용 (size 제시)

⑦ 지상1층 레벨 = 대지레벨

⑧ 주택법에 의한 부대시설 고려치 않음

■ 문제풀이 Process

4 수평영역 검토

① 대지평면도 상의 건축가능영역을 우선 검토
- 각종 이격거리 조건 정리

② 단면도로 가선을 연장하여 단면상의 건축가능영역 check

③ 아파트는 주택으로 쓰는 층수가 5층 이상이므로 실제 평면상의 건축가능 영역은 조금 달라짐

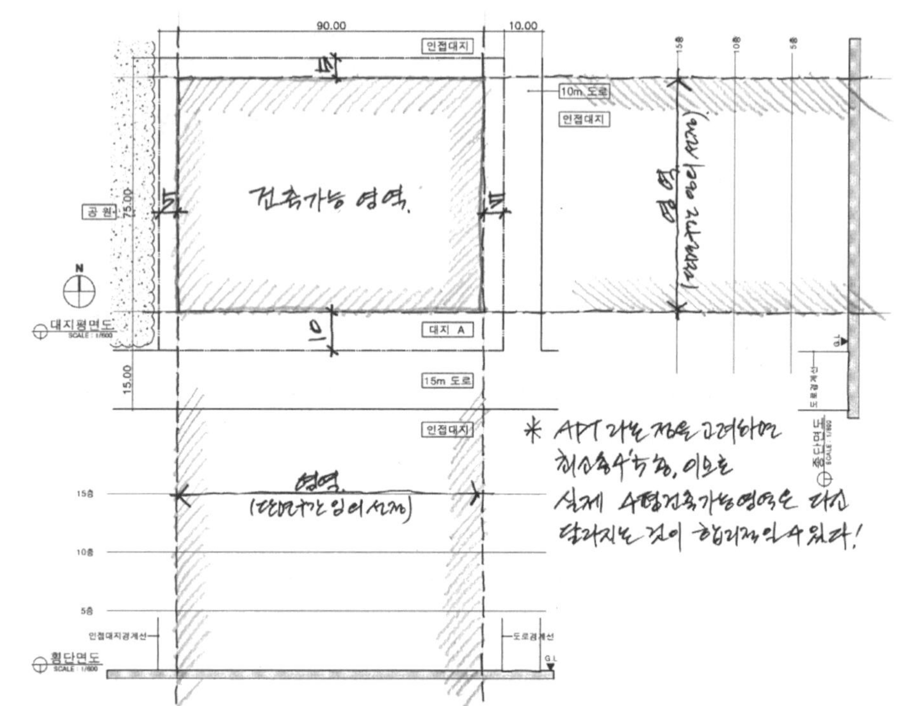

5 수직영역 검토

① 대지 지표면과 인접대지 및 인접도로의 레벨(필요시 가중평균)을 기준으로 각종 높이제한조건 (정북, 채광, 도로사선 등) 을 표현

② 층고 및 인동거리를 고려하여 규모를 정리

③ 주동배치에 대한 세부조건이 미흡하여 너무 많은 대안이 검토되는 상황이 발생

④ 4~6동, 350세대 이상의 규모에 법규적용이 정확한 대안은 어느 정도 점수 획득함

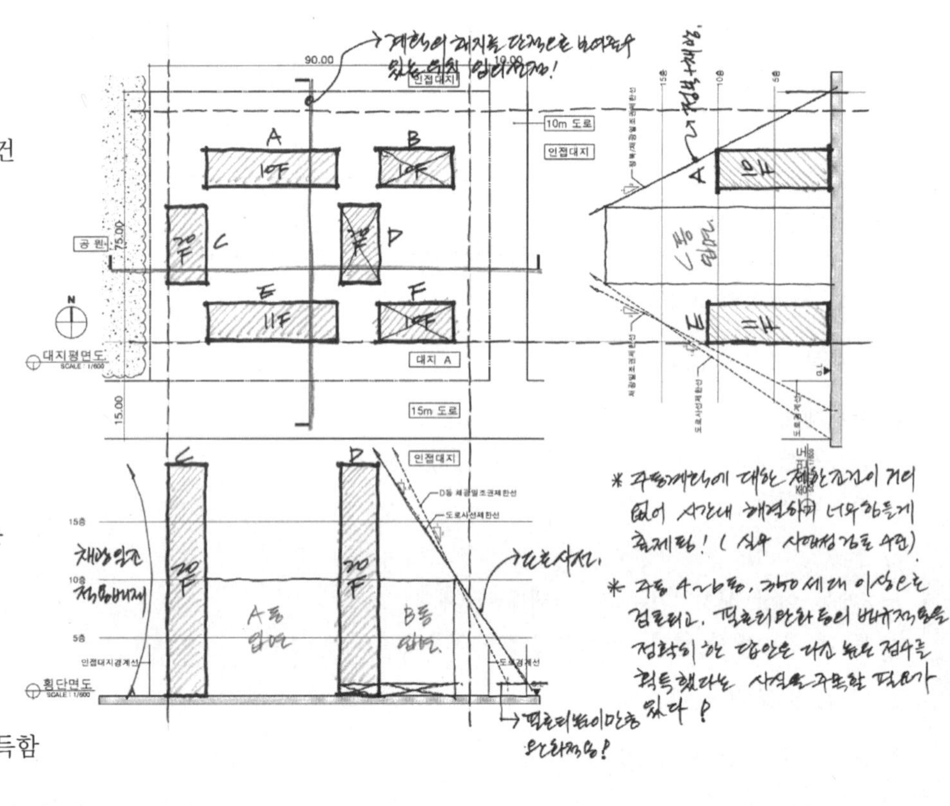

6 모범답안

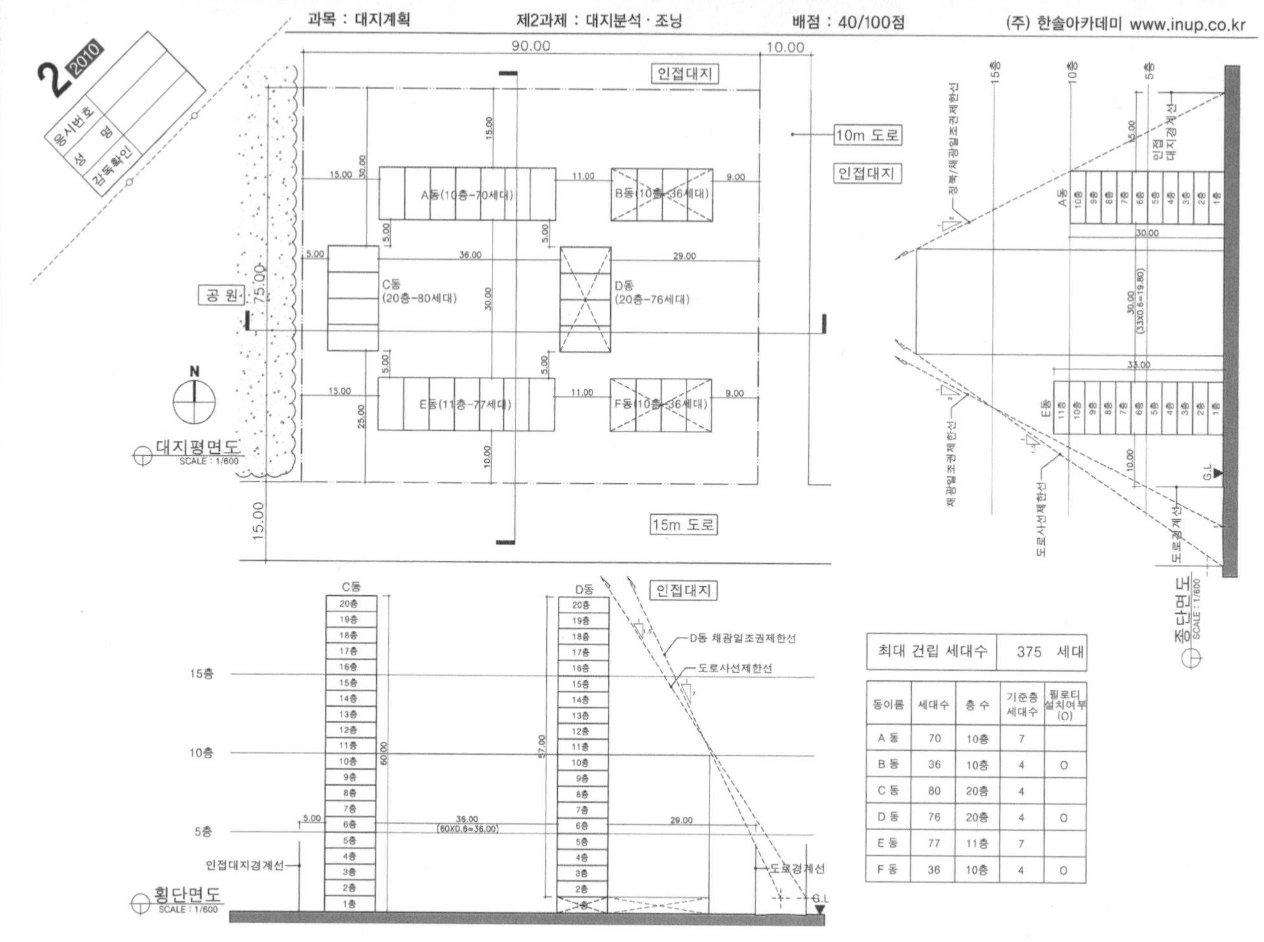

최대 건립 세대수	375 세대			
동이름	세대수	층수	기준층 세대수	필로티 설치여부 (O)
A 동	70	10층	7	
B 동	36	10층	4	O
C 동	80	20층	4	
D 동	76	20층	4	O
E 동	77	11층	7	
F 동	36	10층	4	O

■ 주요 체크포인트

① 대지규모와 공원, 도로의 특성을 고려한 6개동의 배치

② 최대규모를 위한 동별 세대의 조합 : 7호 / 4호

③ 채광일조권, 도로사선제한에 의한 규모 제한 (필로티 고려)

④ 필로티 적용 대상의 선정

⑤ 남북배치의 이점보다 동배치 치수계획이 더 중요하게 작용하여 결과적으로 북쪽이 더 낮게 계획됨

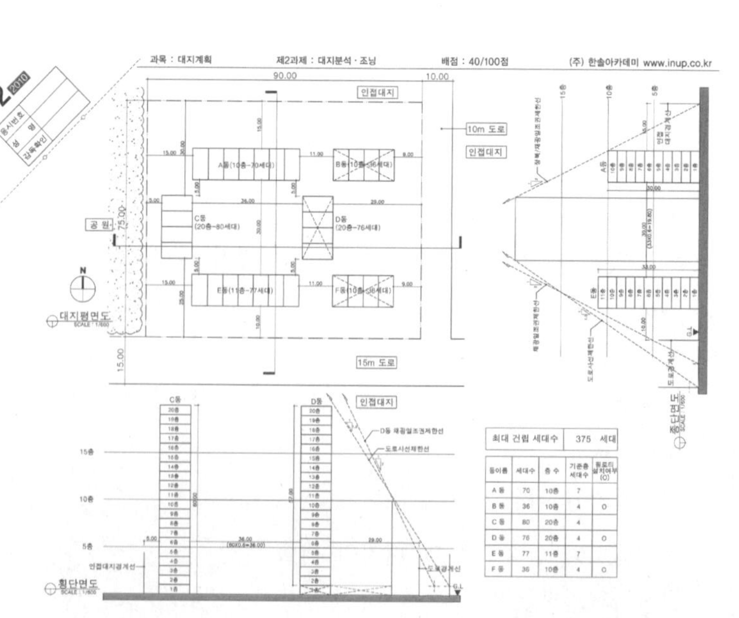

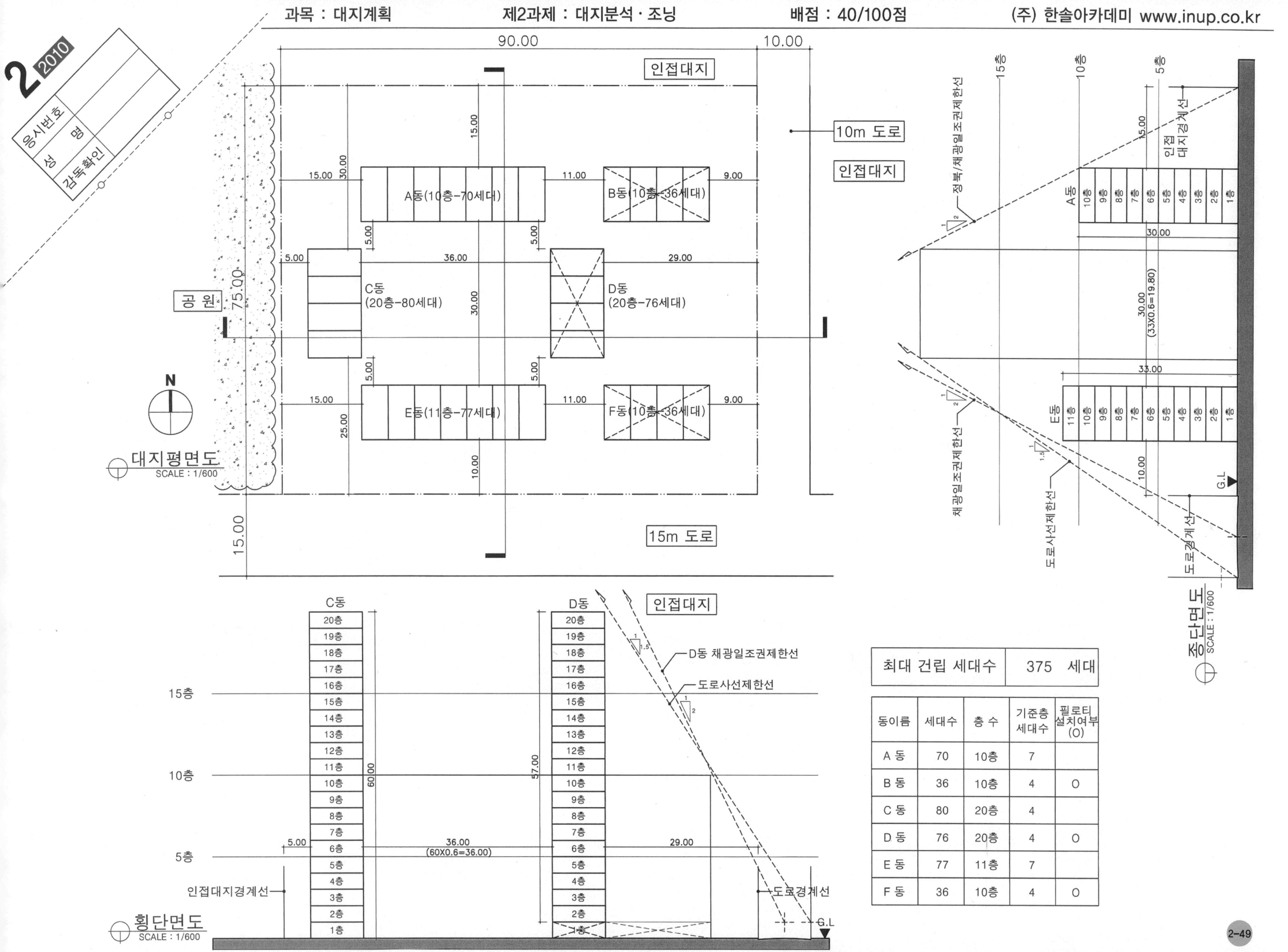

최대 건립 세대수	375 세대

동이름	세대수	층 수	기준층 세대수	필로티 설치여부 (O)
A 동	70	10층	7	
B 동	36	10층	4	O
C 동	80	20층	4	
D 동	76	20층	4	O
E 동	77	11층	7	
F 동	36	10층	4	O

구 성	FACTOR	지 문 본 문	FACTOR	구 성

구 성

1. 제목
- 배치하고자 하는 시설의 제목을 제시합니다.

2. 과제개요
- 시설의 목적 및 취지를 언급합니다.
- 전체사항에 대한 개괄적인 설명이 추가되는 경우도 있습니다.

3. 대지조건(개요)
- 대지전반에 관한 개괄적인 사항이 언급됩니다.
- 용도지역, 지구
- 접도조건
- 건폐율, 용적률 적용 여부를 제시
- 대지내부 및 주변현황 (최근 계속 현황도가 별도로 제시)

4. 계획조건

ⓐ 배치시설
- 배치시설의 종류
- 건물과 옥외시설물은 구분하여 제시되는 것이 일반적입니다.
- 시설규모
- 필요시 각 시설별 요구사항이 첨부됩니다.

FACTOR

① 배점을 확인하여 2과제의 시간배분 기준으로 활용합니다. (60 or 65점이 가장 빈도 높음)

② 용도(문화체험시설)에 맞는 계획각론과 기본원칙을 미리 머릿속에 그려봅니다.

③ 기존 건물(폐교)를 증축, 리노베이션하는 개념의 계획입니다.
- 해변이라는 지리적 특성 감안
- 대지내 기존질서 파악, 배치되는 시설과 조화를 고려해야 함

④ 용도지역 : 계획관리지역

⑤ 현황도 제시
- 계획조건을 읽기 전에 현황도를 이용, 1차적인 현황분석을 선행하는 것이 문제의 윤곽을 잡아가는데 훨씬 유리합니다.

⑥ 내부도로(차로, 보행로)조건 제시

⑦ 건축물 및 옥외시설물의 규모제시
- Size 제시 (높이정보는 없으나 제시되는 것이 합리적이라고 보여집니다.)
- 도면이나 개념도가 추가 제시되는 경우도 있습니다.
- 주차장의 규모는 주차대수로 주어집니다.

⑧ 내부 평면 변경을 통해 1층 레벨에 정리하는 것으로 이해

⑨ 관리실+아뜰리에+전시장이 하나의 건물(기존 교사동)로 정리

지 문 본 문

2011년도 건축사 자격시험 문제

과목: **대지계획** 제1과제 (배치계획) 배점: 60/100점①

제목 : 폐교를 이용한 문화체험시설 배치계획②

1. 과제개요

서해안 바닷가에 위치한③폐교를 증축하여 문화를 체험 할 수 있는 시설로 리노베이션(Renovation)하고자 한다. 다음 사항을 고려하여 시설을 배치하시오.

2. 대지조건

(1) 용도지역 : 계획관리지역④
(2) 주변현황 : 대지현황도 참조⑤

3. 계획조건

(1) 배치시설 요구사항

① 도로⑥
- 단지내 도 로 : 너비 6m(경사도 1/10 이하)
- 단지내 보행로 : 너비 1.5m ~ 6m

② 건축물 (가로, 세로 구분 없음)⑦
- 다목적강당 : 36m × 24m
- 체 험 동
  - 관 리 실 : 12m × 9m
  - 전 시 장 : 30m × 18m
  - 아뜰리에(Atelier) : 540m² (1실당 7.5m × 4.5m, 10개실 및 공용면적 포함)
- 숙 소 동 : 21m × 9m (2개동, 각각 3개층)

③ 외부시설⑦
- 잔디마당 : 50m × 40m
- 야외 공연장 : 30m × 20m
- 야외 조각정원 : 1,000m² × 1,100m² (최소폭 10m)
- 휴게데크 : 400m² ~ 500m² (최소폭 10m)
- 진입마당 : 300m² ~ 400m²
- 주차장 (기계식 주차장은 고려하지 않음)
  - 일반주차장 : 24대 이상(장애인용 2대 포함)
  - 숙소동주차장 (숙소동 하부층 이용) : 10대 이상(장애인용 1대 포함)

(2) 고려사항

① 관리실과 아뜰리에는 기존 교사동을 리노베이션하여 배치한다.⑧
② 전시장은⑨기존 교사동에 수직 및 수평으로 증축하여 2개층으로 계획하되, 바닥면적의 합계는 810m²로 한다.
③⑩다목적 강당은 지역 주민의 접근성을 고려하여 배치하고 잔디마당과 인접하도록 한다.
④⑪숙소동은 저녁 노을을 바라보기 좋은 곳에 배치하고 기존 산책로와 연결시킨다.
⑤ 차량(서비스 동선 포함)과 보행동선은 최대한 분리한다.⑫
⑥⑬휴게데크는 갯벌관찰이 편리한 곳에 배치하고 해변(갯벌)으로 접근이 용이하게 한다.
⑦⑭야외 조각정원은 전시장에 인접하고, 잔디마당과 야외 공연장에 연계되도록 배치한다.
⑧ 등고선을 조정할 경우, 그 경사도는 1/2 이하로 한다.⑮
⑨ 단지내 도로와 건축물 사이는 너비 3m이상 조경 등으로 이격한다.⑯ (단, 주차 진입로는 제외)
⑩ 기존 시설(주차장 제외)은 최대한 활용한다.⑰

FACTOR

⑩ 도로에 인접하여 시설 배치
- 잔디마당과 함께 그루핑 가능함

⑪ 숙소동
- 기본적으로 프라이버시를 고려
- 서향 계획 유도

⑫ 보차분리 강조
- 적극적 분리를 요구하는 뉘앙스
- 별도 언급이 없어도 동선계획의 가장 기본이 되는 사항임

⑬ 휴게데크 해변 인접조건 제시

⑭ 야외 조각정원
- 전시장과 인접
- 잔디마당, 야외 공연장과 연계

⑮ 지형 조정시 최소 경사도 제시
- 1/2 = 수직 / 수평으로 이해

⑯ 내부 도로와 건축물 사이의 완충조경의 최소폭 제시

⑰ 문제의 주제가 증축 및 리노베이션임을 감안, 기존 시설의 활용정도를 평가하겠다는 의지 표현
- 주차장 영역 일부 변경 가능

구 성

ⓑ 배치고려사항
- 건축가능영역
- 시설간의 관계 (근접, 인접, 연결, 연계 등)
- 보행자동선
- 차량동선 및 주차장 계획
- 장애인 관련 사항
- 조경 및 포장
- 자연과 지형활용
- 옹벽등의 사용지침
- 이격거리
- 기타사항

구 성	FACTOR	지 문 본 문	FACTOR	구 성

5. 도면작성요령
- 각 시설명칭
- 크기표시 요구
- 출입구 표시
- 이격거리 표기
- 주차대수 표기 (장애인주차구획)
- 표고 기입
- 단위 및 축척

6. 유의사항
- 제도용구 (흑색연필 요구)
- 지문에 명시되지 않은 현행법령의 적용방침 (적용 or 배제)

⑱ 도면작성요령은 항상 확인하는 습관이 필요합니다.
- 문제에서 요구하는 것은 그대로 적용하여 불필요한 감점이 생기지 않도록 절대 유의

⑲ 건축물의 표현
- 굵은 실선

⑳ 등고선, 도로 등의 표현
- 실선

㉑ 배치 상 중첩되는 하부층은 점선으로 표현

㉒ 크기 표현이 별도 요구된 경우 반드시 시설의 중앙에 명칭과 함께 표기합니다

㉓ 자연권배치의 경우 시설물 레벨 표기는 습관이 되도록 합니다.

㉔ 건물로의 출입구 표현
- 별도의 언급이 없다면 건물의 출입구는 장변의 중앙에 위치한 것으로 합니다.

㉕ <보기>에 제시된 표현방법은 반드시 준수해야 합니다.

㉖ 단위 및 축척
- m / 1 : 600

과목: 대지계획 제1과제 (배치계획) 배점: 60/100점

4. 도면작성요령 ⑱

(1) 건축물 외곽선은 굵은 실선으로 표시한다.
(2) 조정된 등고선,⑲ 단지내 차량도로는 실선으로 표시한다. ⑳
(3) 중첩되는 시설의 경우 하부층 시설(숙소동 하부층 주차장 포함)은㉑ 점선으로 표시한다.
(4) 각 시설은 명칭과 크기를 표기한다.㉒
(5) 현황도의 레벨을 기준으로 각 시설의 계획 레벨(건축물은 1층 바닥높이)을 표시한다. ㉓
(6) 각 건축물에는 주출입구를 표시한다. ㉔
(7) 기타 표시는 <보기>를 따른다. ㉕
(8) 단위 : m
(9) 축척 : 1 / 600 ㉖

5. 유의사항

(1) 답안작성은 반드시 흑색연필로㉗ 한다.
(2) 명시되지 않은 사항은 현행 관계법령의 범위 안에서 임의로 한다. ㉘

<보기>

구분	표현
보 행 로	
조 경	
수 목	
데 크	
건축물 주출입구	▲
단지의 주출입구	🡅
필 로 티	

<대지현황도> 축척 없음 ㉙

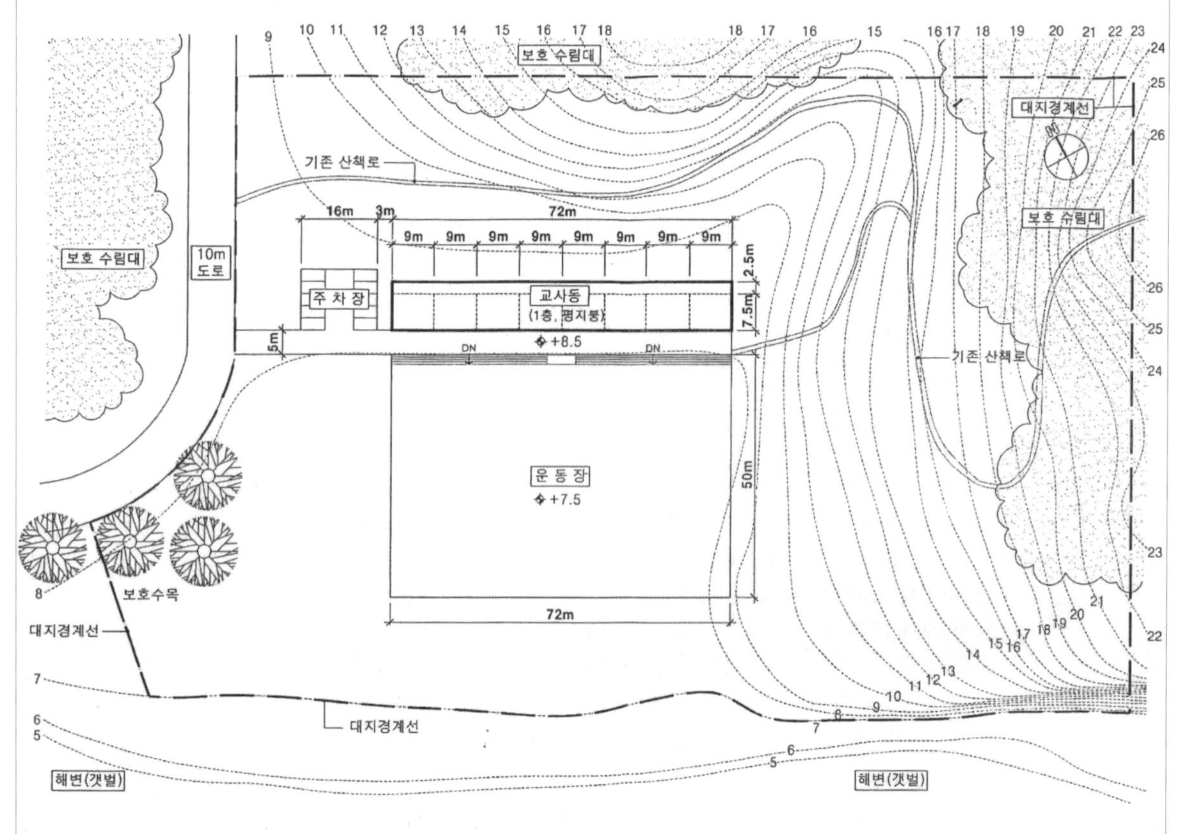

㉗ 항상 흑색연필로 작성할 것을 요구합니다.

㉘ 명시되지 않은 사항은 현행 관계법령을 준용
- 기타 법규를 검토할 경우 항상 문제해결의 연장선에서 합리적이고 복합적으로 고려하도록 합니다.

㉙ 현황도 파악
- 대지형태
- 접도조건
- 주변현황 (보호수림대, 해변)
- 완경사지 및 급경사지, 레벨
- 대지 내 기존건물 및 보호수목
- 기존 산책로
- 방위
- 제시되는 현황도를 이용하여 1차적인 현황분석을 합니다.

7. 보기
- 보도, 조경
- 석재
- 데크 및 외부공간
- 건물 출입구
- 옹벽 및 법면
- 기타 표현방법

8. 대지현황도
- 대지현황
- 대지주변현황 및 접도조건
- 기존시설현황
- 대지, 도로, 인접대지의 레벨 또는 등고선
- 각종 장애물 현황
- 계획가능영역
- 방위
- 축척 (답안작성지는 현황도와 대부분 중복되는 내용이지만 현황도에 있는 정보가 답안작성지에서는 생략되기도 하므로 문제접근 시 현황도를 꼼꼼히 체크하는 습관이 필요합니다)

■ 문제풀이 Process

1 제목 및 과제 개요 check

① 배점 확인
- 60점 : 1교시 소과제 2과제 적용 후 60~65점이 일반적, 문제의 난이도 예상이 가능하며, 제2과제와의 시간배분에 유의해야 함

② 제목
- 폐교를 이용한 문화체험시설 배치계획 : 서해 바닷가 폐교를 증축하여 문화체험시설로 리노베이션, 증축형 자연권 배치계획

③ 계획관리지역
- 대지의 성격을 파악

④ 건폐율과 용적률은 고려하지 않음
- 배치계획 기출문제 중 고려되었던 경우는 없음

2 현황 분석

① 대지형상
- 다소 정돈된 형태의 경사지(등고선 방향 및 간격 확인)

② 주변현황 파악
- 해변(갯벌, 강력한 조망 및 체험 요소), 보호수림대 등

③ 접도조건 확인 : 북서측 10m도로, 보행자 및 차량의 주출입 예상

④ 기존시설의 질서
- 평면 정보가 포함된 교사동과 주차장, 운동장 주변의 평지 영역
- 경사지에 위치한 기존의 산책로(보호 수림대로 확장됨)

⑤ 대지 내 보호수목 파악
- 도로에 인접하여 분포, 대지로의 진입가능영역을 제한하고 있음

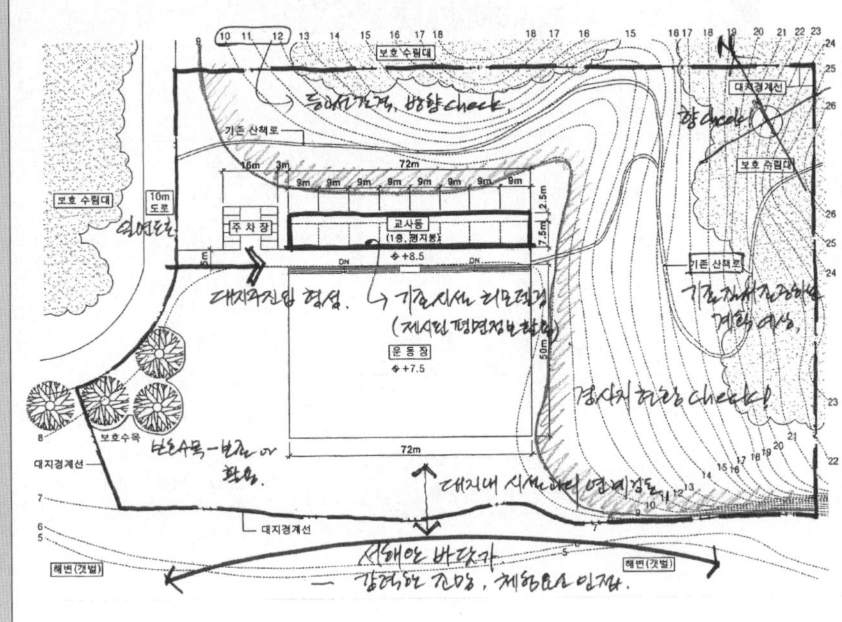

3 요구조건 분석 (diagram)

① 도로 조건
- 도로와 보행로를 구분하여 제시(도로는 차로를 의미함)
- 도로 : 너비 6m, 경사도 1/10 이하
- 보행로 : 너비 1.5~6m
  (계획되는 보행로의 위계에 따라 적절히 임의 계획하도록 요구됨)

② 건축물 성격 파악
- 다목적강당 / 체험동 / 숙소동-1, -2
- 체험동은 관리실, 전시장, 아뜰리에로 구성되며 기존 교사동을 증·개축하여 계획함

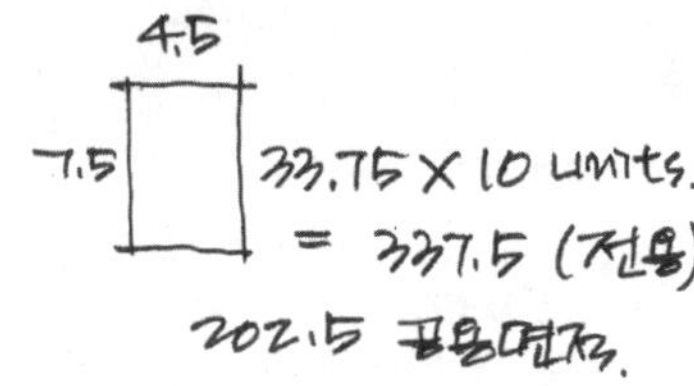

③ 옥외시설물 성격 파악
- 잔디마당, 야외공연장, 야외조각정원, 휴게데크, 진입마당
- 시설명에서 보이는 공간의 성격을 파악하여 매개공간(완충공간), 전용공간으로 나누어 접근하도록 함
- 일부는 면적 범위와 최소폭으로 주어진 것에 유의

④ 주차장 규모 파악
- 2개소, 34대 이상 (장애인 3대)
- 숙소동주차장은 숙소동 하부층
  (하부층 해석에 따라 대안 검토)

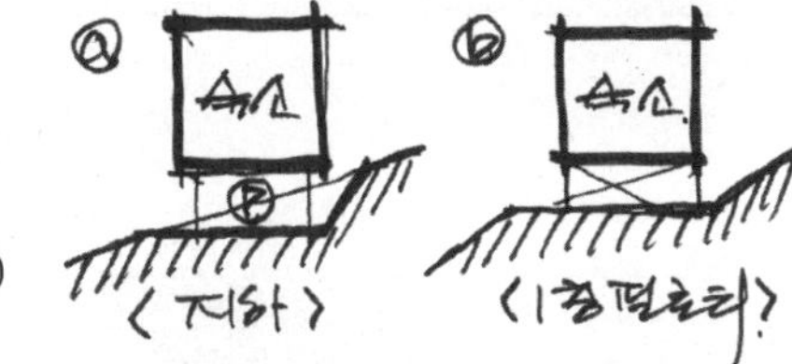

⑤ 관리실과 아뜰리에
- 기존 교사동을 리노베이션
- 제시된 평면정보에 유의하여 가능 영역 확인

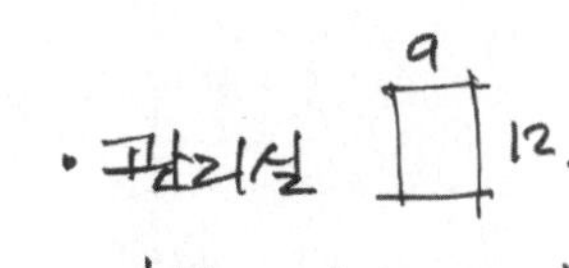

⑥ 전시장
- 기존 교사동을 수평, 수직 증축
- 2개층, 바닥면적 합계 제시
  (16m, 12m 도로변이 해당)

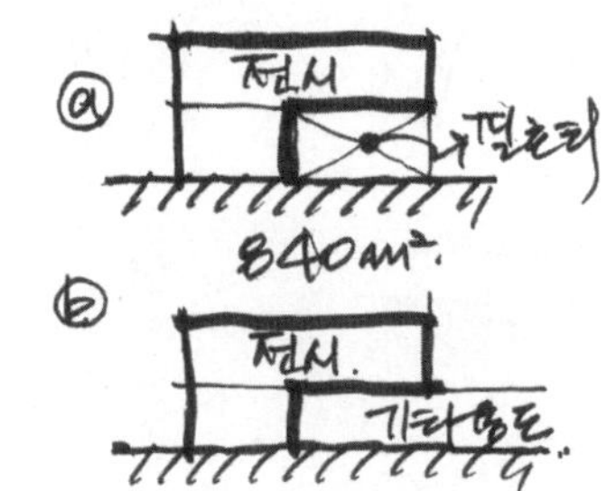

⑦ 다목적 강당
- 지역주민 접근성 고려
  (대지 주출입구 근접 배치)
- 잔디마당과 인접
  (잔디마당의 성격 예상)

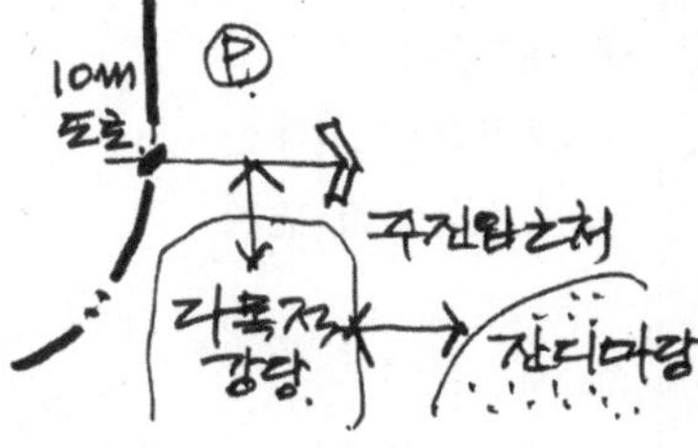

⑧ 숙소동
- 저녁 노을 조망 (서향 배치)
- 기존 산책로와 연결
  (산책로 근접한 경사지 영역)

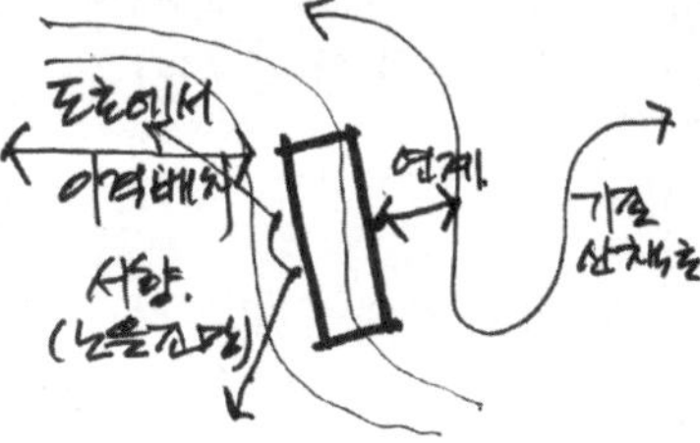

⑨ 보차분리 최대 고려(ⓐ안이 타당)
- 가급적 간섭되지 않도록 함
- 시설의 성격(문화체험)과 주변 현황(해변)을 충분히 고려
- 서비스 동선에 대한 언급도 있었음을 명심

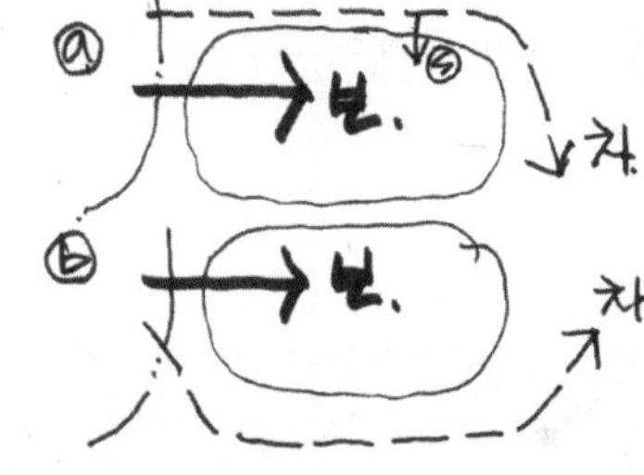

⑩ 휴게데크
- 갯벌의 관찰 및 접근성 고려
- 면적과 최소폭으로 제시
- 가급적 해변과 넓은면으로 연접

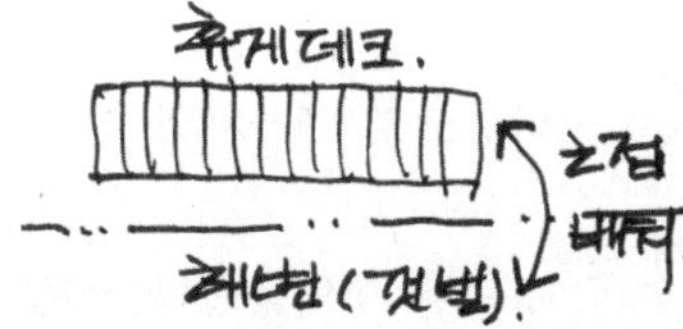

⑪ 야외조각정원
- 전시장에 인접
- 잔디마당과 야외공연장과 연계

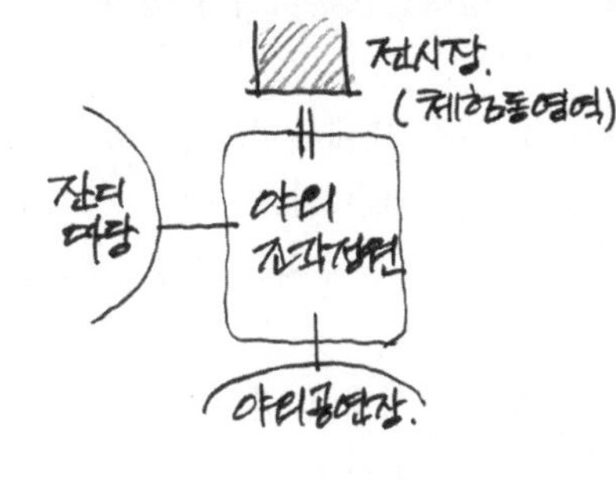

⑫ 기존 시설 최대한 활용
- 주차장 제외
  (기존의 동선 및 주차장의 형태를 변경해야 하는 필요성이 있다는 힌트로 보여짐)

■ 문제풀이 Process

4 토지이용계획

① 내부동선 예상
- 보차분리 최대한 고려
- 숙소동까지 연계

② 시설조닝
- 체험동 영역(기존 교사동)
- 다목적 강당(주출입 부근)
- 숙소동 영역(경사지)
- 외부공간(평지 영역)

③ 기존 산책로 및
해변으로의 연계조건 고려

④ 시험의 당락은
이 단계에서 사실상 결정됨

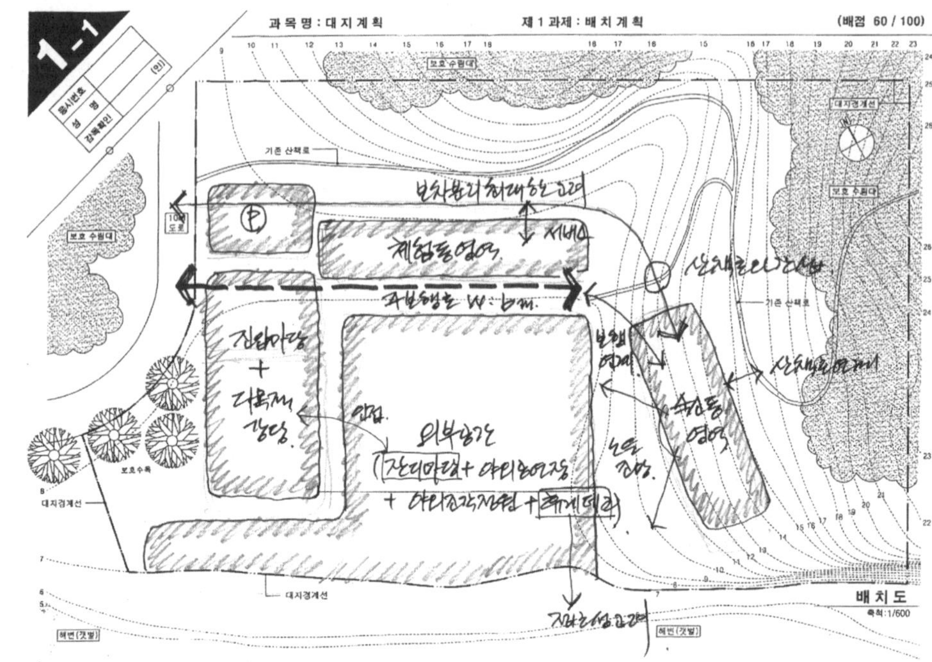

5 배치대안검토

① 토지이용계획을
바탕으로 세부계획 진행

② 조닝된 영역을 기본으로
시설별 연계조건을 고려
하여 시설물 위치 선정

③ 주차장 내부 동선,
주차대수 확보 여부
(숙소동 주차장 레벨 검토)

④ 대지전체에 걸쳐
여유공간을 check하여
계획적인 factor를
추가 고려

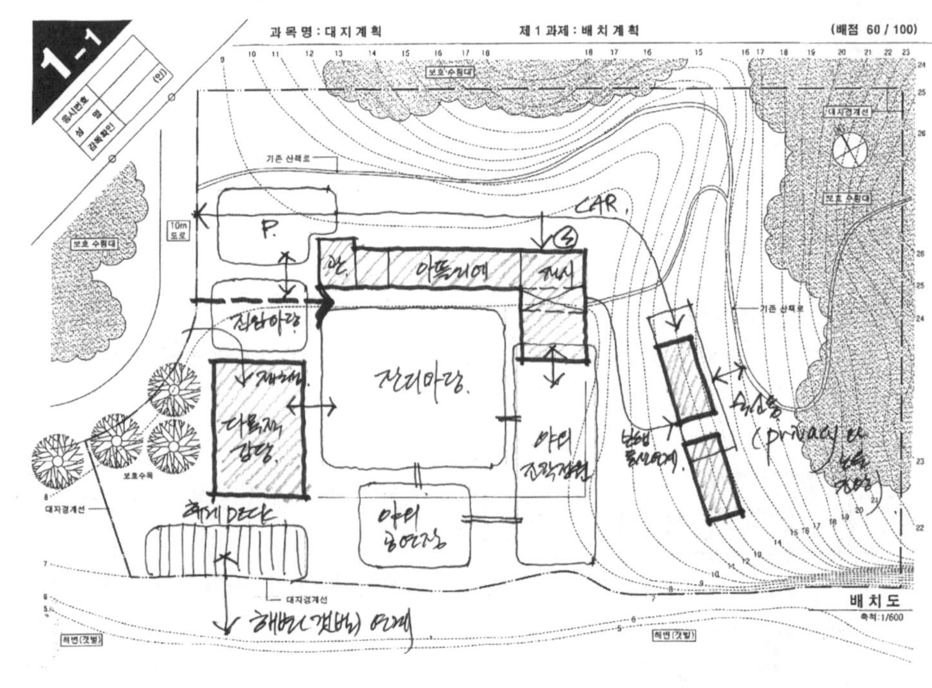

6 모범답안

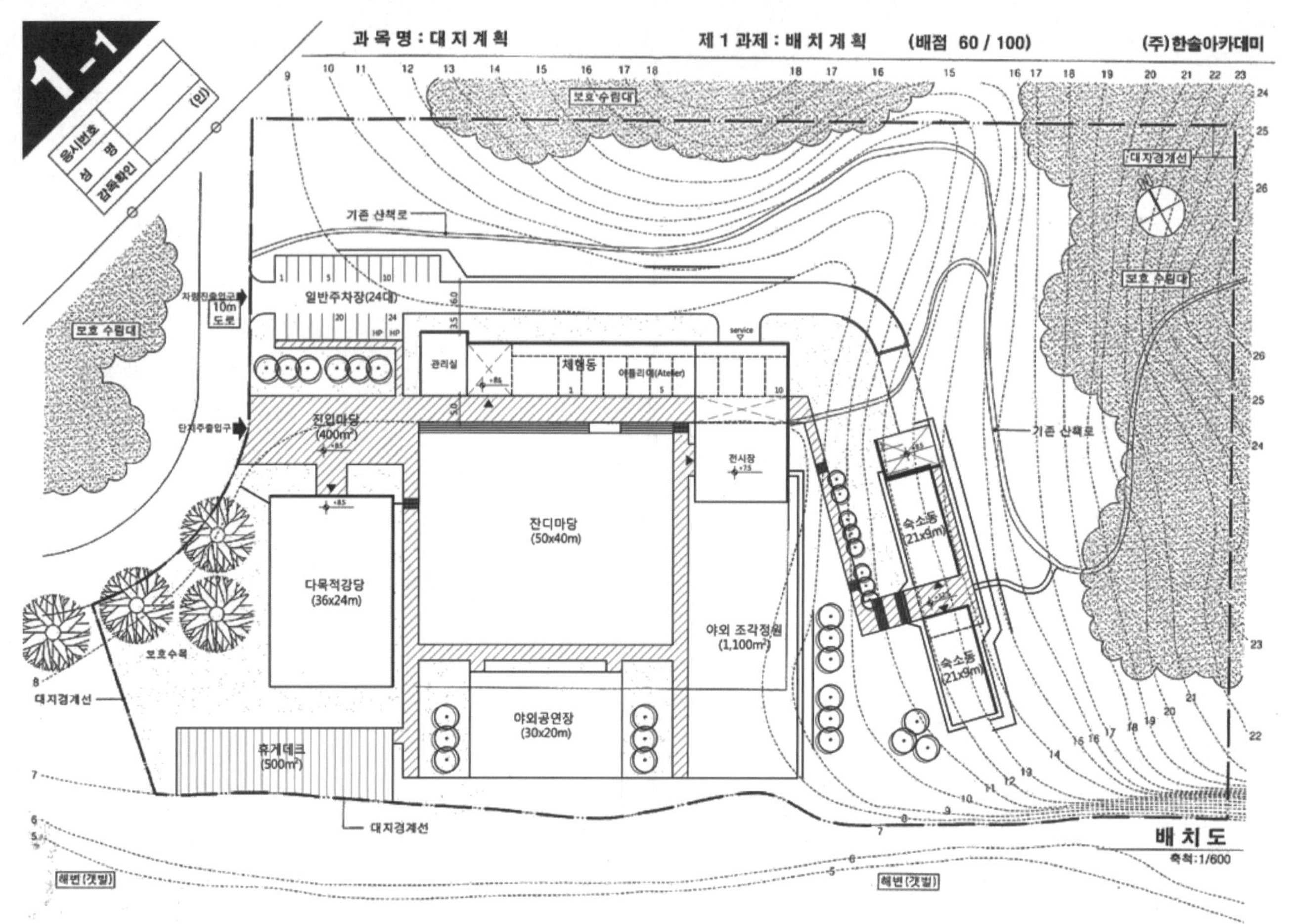

■ 주요 체크포인트

① 기존 교사동의 합리적 리노베이션
(전시장의 합리적 수평/수직 증축)

② 보차분리를 적극적으로 고려한 내부도로

③ 지형을 고려한 숙소동 배치와 하부
주차장 계획

④ 연계조건을 고려한 합리적인
외부공간 배치

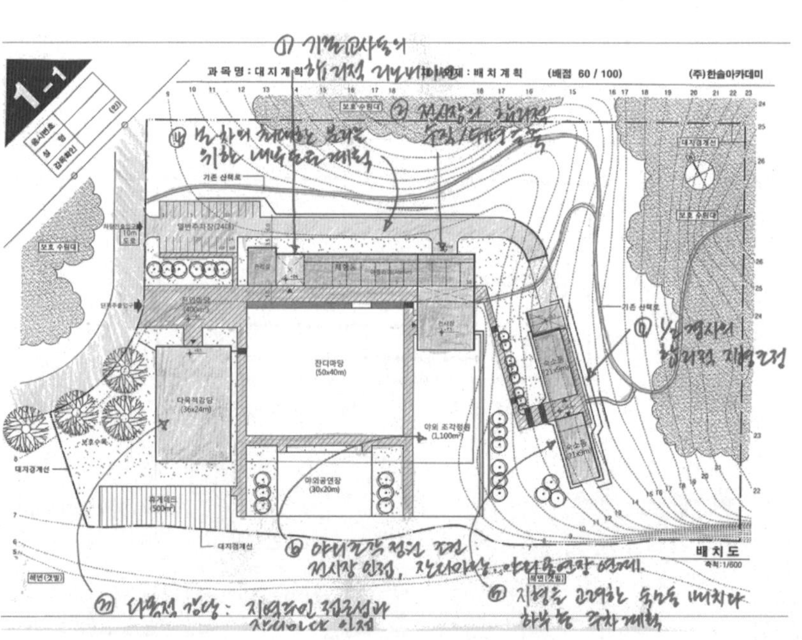

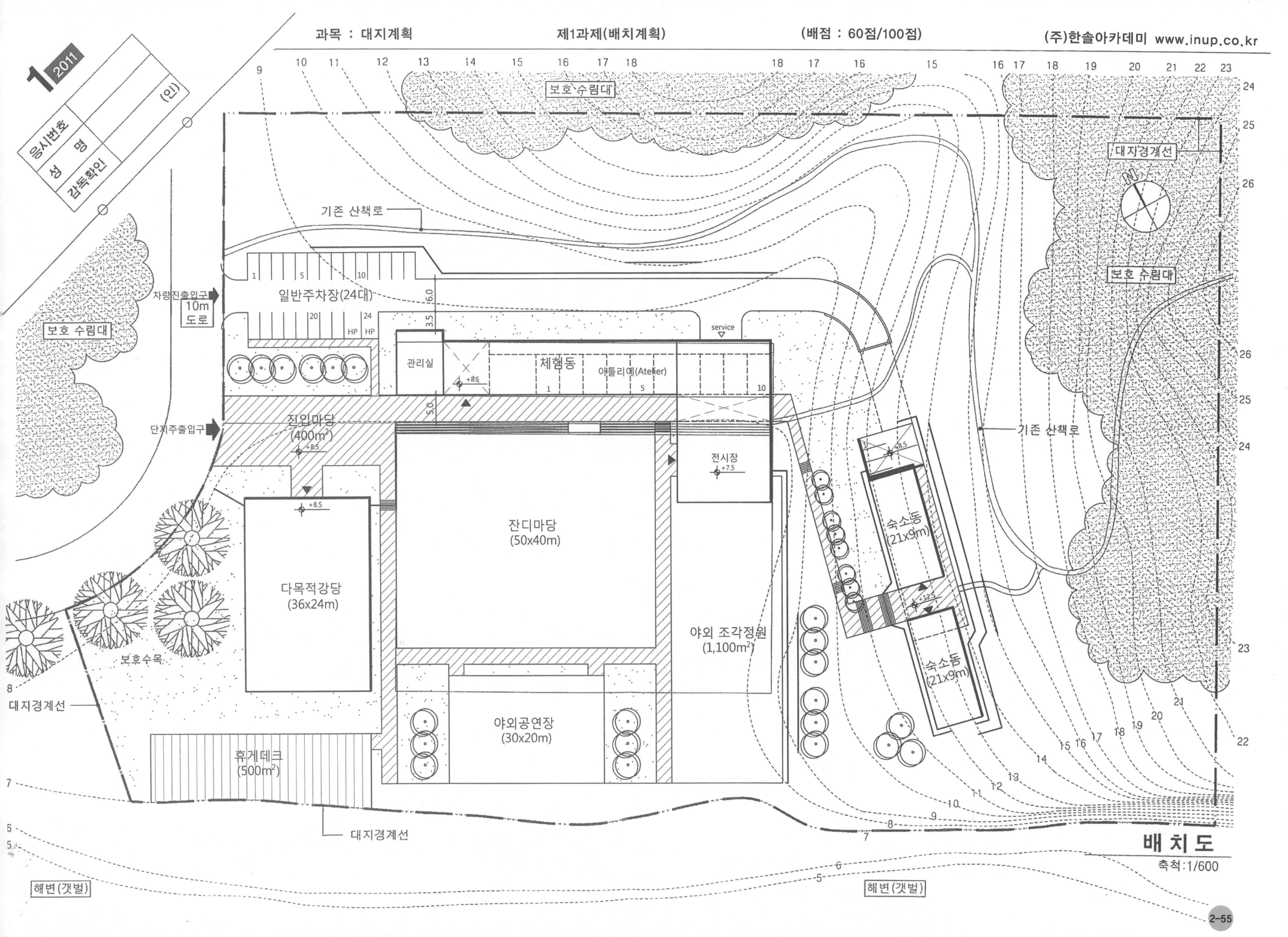
1 2011
응시번호
성 명
감독확인
(인)
보호 수림대
대지경계선
기존 산책로
일반주차장(24대)
차량진출입구
10m 도로
단지주출입구
보호 수림대
관리실
체험동
아틀리에(Atelier)
service
진입마당 (400m²)
전시장
잔디마당 (50x40m)
다목적강당 (36x24m)
숙소동 (21x9m)
숙소동 (21x9m)
야외 조각정원 (1,100m²)
보호수목
대지경계선
휴게데크 (500m²)
야외공연장 (30x20m)
대지경계선
해변(갯벌)
해변(갯벌)
배 치 도
축척:1/600

구 성

1. 제목
- 건축물의 용도 제시 (공동주택과 일반건축물 2가지로 구분)
- 최대건축가능영역의 산정이 대전제

2. 과제개요
- 과제의 목적 및 취지를 언급합니다.
- 전체사항에 대한 개괄적인 설명이 추가되는 경우도 있습니다.

3. 대지개요(조건)
- 대지에 관한 개괄적인 사항
- 용도지역지구
- 대지규모
- 건폐율, 용적률
- 대지내부 및 주변현황 (최근 계속 현황도가 별도로 제시)

4. 계획조건
- 접도현황
- 대지안의 공지
- 각종 이격거리
- 각종 법규 제한조건 (일조권, 도로사선, 가로구역별최고높이, 문화재보호앙각, 고도제한 등)
- 각종 법규 완화규정

FACTOR

① 배점을 확인합니다
- 40점 (다소 높은 난이도 예상)

② 용도 체크
- 근린생활시설 (일반건축물 검토)
- 최대 건축가능영역

③ 제3종 일반주거지역
- 정북일조권 적용
- 인접대지도 동일 지역지구

④ 현황도 제시
- 계획조건을 읽기 전에 현황도를 이용, 1차적인 현황분석을 선행하는 것이 문제의 윤곽을 잡아가는데 훨씬 유리합니다
- 도로확폭, 가각전제 등으로 건축선이 변경되는 부분이 있는지 가장 먼저 확인 (대지면적이 바뀌면 모든 기준이 바뀝니다.)
- 접도조건 및 주변현황 파악
- 향을 확인하여 적용해야 하는 법규를 미리 정리해봅니다.

⑤ 건폐율 및 용적률
- 50% / 240%
- 계산을 해야 하는지, 규모산정 후 확인만 하면 되는지 추후검토

⑥ 도로사선 적용 기준
- 각각의 전면도로 적용
- 하천에 대한 공지완화 적용

⑦ 정북 일조권 적용 기준

⑧ 막다른 도로의 길이에 따른 확폭 기준 제시
- 암기하고 있어야 함

지 문 본 문

2011년도 건축사 자격시험 문제

과목: 대지계획 제2과제 (대지조닝 · 대지분석) 배점: 40/100점①

제목 : 근린생활시설의 최대 건축가능영역 ②

1. 과제개요

대지현황도에 제시된 계획대지에 근린생활시설을 신축하고자 한다. 다음 사항을 고려하여 최대건축가능영역을 구하시오.

2. 대지개요

(1) 용도지역 : 제3종 일반주거지역③
(인접대지도 모두 동일한 용도지역임)
(2) 대지규모 : 대지현황도 참조
(3) 건폐율 : 50% 이하 ④
(4) 용적률 : 240% 이하 ⑤

3. 계획조건

(1) 전면도로에 따른 건축물의 높이제한⑥
① 전면도로의 반대쪽 경계선까지 수평거리의 1.5배 이하로 한다. 단, 건축물 높이제한 산정을 위한 전면도로의 너비 기준은 각각 전면도로 의 너비를 적용한다.
② 도로의 반대쪽에 '하천'을 접하고 있는 도로는 그 하천을 전면도로의 너비에 포함하여 적용한다.

(2) 일조 등의 확보를 위한 건축물의 높이제한을⑦ 위하여 건축물의 각 부분을 정북방향의 인접대지 경계선으로부터 다음과 같이 띄운다.
① 높이 4m 이하 부분 : 1m 이상
② 높이 8m 이하 부분 : 2m 이상
③ 높이 8m 초과 부분 : 해당 건축물 각 부분 높이의 1/2 이상

(3) 막다른 도로는 아래 <표>에서 정한 도로의 너비 이상으로 한다.⑧

<표>

막다른 도로의 길이	도로의 너비
10m 미만	2m
10m 이상 35m 미만	3m
35m 이상	6m (도시지역이 아닌 읍 · 면 지역은 4m)

(4) 해당지역은 최고고도지구로서 건축물 높이 최고한도는 EL + 53m 이다.⑨

(5) 건축물의 모든 외벽은 벽 두께를 고려하지 않고 수직으로 하며, 도로 경계선 및 인접대지 경계선으로부터 다음과 같이 이격거리를 확보하도록 한다.⑩
① 6m 및 8m 도로 : 4m 이상
② 막다른 2m 도로 : 소요너비 확보 후 3m 이상
③ 인접 대지경계선 : 2m 이상

(6) 지상층의 층고는 1층 5m, 2층 이상은 4m로 한다.⑪

(7) 옥탑층은 고려하지 않는다.⑫

(8) 계획대지내 보호수목은 대지현황도에 표시된 바와 같이 보호수목 경계선을 설정, 건축한계선으로 하여 보호한다.⑬

(9) 계획대지는 평탄하고 절토 또는 성토를 하지 아니하며,⑭ 지상1층 바닥레벨은 EL +21m로 한다. (단, 소요도로 너비 미달부위 확보부분은 절토 가능)

(10) 주변대지는 내부의 고저차가 없는 것으로 한다.

(11) 계획대지내 제시된 지상주차장 및 옥외 휴게공간, EL +20m 이하에는 별도의 건축물 배치 및 공간계획은 고려하지 않는다.⑮

(12) 대지의 안전을 위하여 설치하는 옹벽은 콘크리트 구조로 가정한다.⑯

FACTOR

⑨ 건축물의 최고높이 제한

⑩ 대지경계선에서의 이격거리
- 6m 및 8m 도로에서 4m 이상
- 막다른 도로에서 3m 이상
- 인접대지경계선에서 2m 이상

⑪ 층고 제시 (지하층 없음)
- 1층 : 5m / 2층 이상 : 4m

⑫ 옥탑층 고려치 않음

⑬ 보호수목 경계선은 건축한계선으로 인식하여 보호

⑭ 지상1층 바닥레벨 제시
- EL+21m
- 대지는 성,절토 하지 않음

⑮ 지상주차장 및 옥외 휴게공간, 계획대지 레벨 이하는 건축가능영역에서 제외

⑯ 막다른 도로의 확폭에 따른 도로경계의 처리를 의미하는 것으로 이해

구 성

- 대지 내외부 각종 장애물에 관한 사항
- 1층 바닥레벨
- 각층 층고
- 외벽계획 지침
- 대지의 고저차와 지표면 산정기준
- 기타사항 (요구조건의 기준은 대부분 주어지지만 실무에서 보편적으로 다루어지는 제한요소의 적용에 대해서는 간략하게 제시되거나 현행 법령을 기준으로 적용토록 요구할 수 있으므로 그 적용방법에 대해서는 충분한 학습을 통한 훈련이 필요합니다)

구 성	FACTOR	지 문 본 문	FACTOR	구 성

5. 도면작성요령
- 건축가능영역 표현 방법(실선, 빗금)
- 층별 영역 표현법
- 각종 제한선 표기
- 치수 표현방법
- 반올림 처리기준
- 단위 및 축척

⑰ 도면작성요령은 항상 확인하는 습관이 필요합니다.
- 문제에서 요구하는 것은 그대로 적용하여 불필요한 감점이 생기지 않도록 절대 유의

⑱ 작성해야 하는 도면
- 대지평면도 (중복된 층은 최상층만 표현)
- X, Y 단면도
- <보기>의 표현은 반드시 준수

⑲ 각종 사선제한선 표현
- 도로사선, 정북일조권

⑳ 이격거리의 표현
- 지문에서 제시된 이격거리 위주로 표현하되 너무 복잡하지 않도록 유의합니다.

㉑ 소수점 이하 3자리에서 반올림
- 이격거리 및 치수

㉒ 단위 및 축척
- m / 1 : 300

과목: 대지계획 제2과제 (대지분석/조닝) 배점: 40/100점

4. 도면작성요령 ⑰

(1) 최대 건축가능영역을 대지평면도 및 단면도에⑱ 작성하고 그 표현은 아래 <보기>와 같이 한다. (다만, 대지평면도에 중복된 층은 그 최상층만 표현)

<보기>

홀 수 층	(빗금)
짝 수 층	(빈칸)

(2)⑲ 모든 제한선⑳ 이격거리 및 치수를 대지평면도와 단면도에 기재하되 소수점 이하 3자리에서 반올림하여 2자리로 표기한다.㉑

(3) 단위 : m

(4) 축척 : 1/300 ㉒

5. 유의사항

(1) 답안작성은 반드시 흑색연필로㉓ 한다.

(2) 명시되지 않은 사항은 현행 관계법령의 범위 안에서 임의로 한다. ㉔

<대지현황도> 축척 없음 ㉕

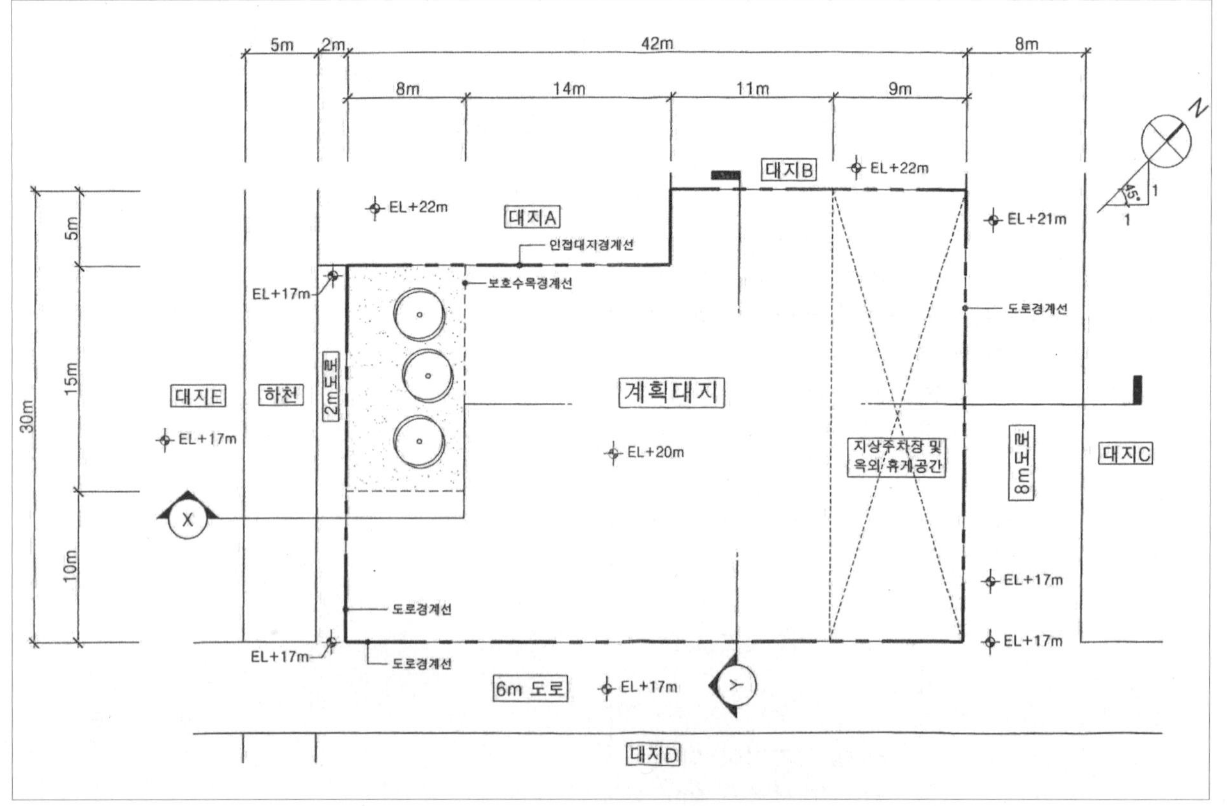

㉓ 항상 흑색연필로 작성할 것을 요구합니다.

㉔ 명시되지 않은 사항은 현행 관계법령을 준용
- 기타 법규를 검토할 경우 항상 문제해결의 연장선에서 합리적이고 복합적으로 고려하도록 합니다.

㉕ 현황도 파악
- 대지현황 (보호수목경계선, 지상주차장 및 옥외휴게공간 등)
- 인접대지현황 (하천 등)
- 접도현황
- 대지, 도로, 인접대지 레벨 또는 등고선
- 단면절단선 위치
- 기울어진 방위
- 축척
- 기타사항
- 제시되는 현황도를 이용하여 1차적인 현황분석을 합니다.

6. 유의사항
- 제도용구 (흑색연필 요구)
- 명시되지 않은 현행 법령의 적용방침 (적용 or 배제)

7. 대지현황도
- 대지현황
- 대지주변현황 및 접도조건
- 기존시설현황
- 대지, 도로, 인접대지의 레벨 또는 등고선
- 각종 장애물 현황
- 계획가능영역
- 방위
- 축척 (답안작성지는 현황도와 대부분 중복되는 내용이지만 현황도에 있는 정보가 답안작성지에서는 생략되기도 하므로 문제접근시 현황도를 꼼꼼히 체크하는 습관이 필요합니다)

■ 문제풀이 Process

1 제목, 과제 및 대지개요 확인

① 배점 확인
- 40점 : 1교시 소과제 2과제 적용 후 30~40점이 일반적, 문제의 난이도 예상이 가능하며, 제1과제와의 시간배분에 유의해야 함.

② 제목
- 근린생활시설의 최대 건축가능영역 : 일반건축물
  (분석조닝 과제에서 건축물의 용도는 공동주택과 일반건축물 2가지로 나누어 생각하도록 한다.)

③ 제3종 일반주거지역
- 인접대지도 모두 동일한 용도지역
- 정북일조권 법규 조건 Check

④ 건폐율 및 용적률 기준 제시
- 건폐율 50% 이하
- 용적률 240% 이하
- 건폐율 및 용적률이 제시된 경우 문제의 타입은 일반적으로 2가지의 경우로 나뉜다.
  a) 층별 면적을 일일이 산출해 검토해야 하는 경우
  b) 건폐율과 층수만으로 간단히 Check되는 경우
  (*건폐율, 용적률을 검토하지 않는다는 언급이 없는 한 반드시 Check하는 습관이 중요!)

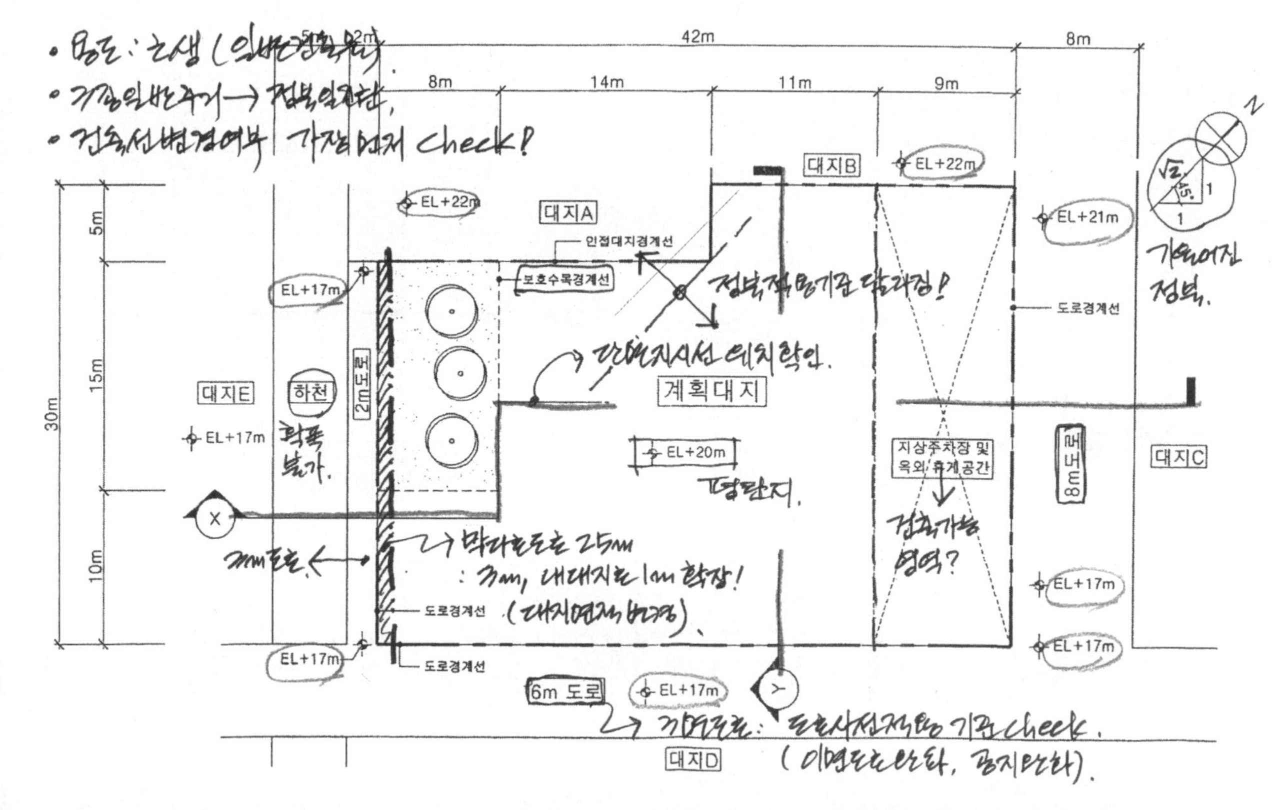

2 현황분석

① 대지형상
- 정리된 형태의 평탄지, 대지내 지상주차장 및 옥외휴게공간, 보호수목 경계 확인
  (제시된 외부공간의 건축가능 여부 Check)

② 주변현황
- 인접대지(제3종 일반주거지역), 하천 등

③ 접도조건 확인
- 북동측 8m도로, 남동측 6m도로, 남서측 2m 막다른도로
- 막다른 도로의 확폭 (대지면적 변경됨-가장 먼저 Check)
- 3면 도로 : 지문의 도로사선 적용기준 Check

④ 대지 및 인접대지, 도로의 레벨 Check
- 각종 높이제한의 기준이 되므로 절대 실수 없도록 함

⑤ 방위
- 정북일조권 적용 기준 확인
  (기울어진 정북으로 제시되는 경우 항상 계산 가능함)

⑥ 단면지시선의 위치 및 개수 Check
- X 방향 : 지상주차장 및 옥외휴게공간 걸침
- Y 방향 : 요구되지 않은 단면 추가 검토해야 함

3 요구조건분석

① 도로사선 적용기준
- 1/1.5, 각각의 도로 폭을 기준
- 이면도로 완화 배제, 공지 완화 적용

② 정북일조권 적용
- 일반적인 기준으로 제시됨

③ 막다른 도로의 길이에 따른 소요폭 제시
- 제시되지 않는 경우 많으므로 숙지할 필요 있음

④ 최고고도지구 E.L+52m

⑤ 인접대지경계선 및 도로경계선으로부터의 이격거리 제시

⑥ 층고 제시 : 1층 5m, 2층 이상 4m

⑦ 옥탑층은 고려하지 않음

⑧ 보호수목 보호

⑨ 지상1층 바닥레벨 제시 : E.L+21m

⑩ 지상주차장 및 옥외휴게공간, E.L+20m 이하에는 별도의 건축물 배치 및 공간계획은 고려치 않음
- Text의 해석에 따라 다소 오해를 불러일으킬 소지가 있었음.
- 문제해결과정에서 피드백이 가능했지만 보다 정확한 의도의 지문이 아쉬웠다.

⑪ 소요폭 확보시 옹벽을 사용하며 콘크리트 구조로 가정

■ 문제풀이 Process

4 수평영역 검토

① 대지평면도 상의 건축가능영역을 우선 검토
– 각종 이격거리 조건 정리

② 단면도로 가선을 연장하여 단면상의 건축가능영역 Check

③ 검토된 평면적인 건축가능영역의 면적을 산정하여 건폐율 만족 여부를 파악하도록 함

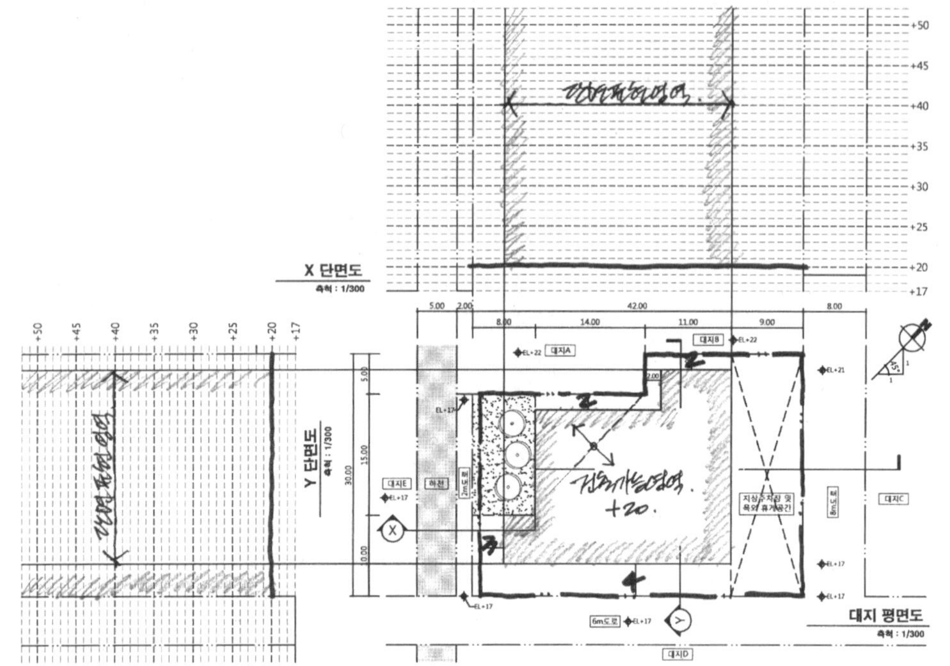

5 수직영역 검토

① 대지 지표면과 인접대지 및 인접도로의 레벨(필요시 가중평균)을 기준으로 각종 높이제한조건(정북, 도로사선 등)을 표현

② 제시된 층고에 따라 가선을 정리하여, 각종 사선과 만나는 부분의 라인을 평면도로 연장

③ 기울어진 정북을 고려한 합리적인 기울기 산정

④ 요구되지 않은 단면 검토

⑤ 용적률 검토

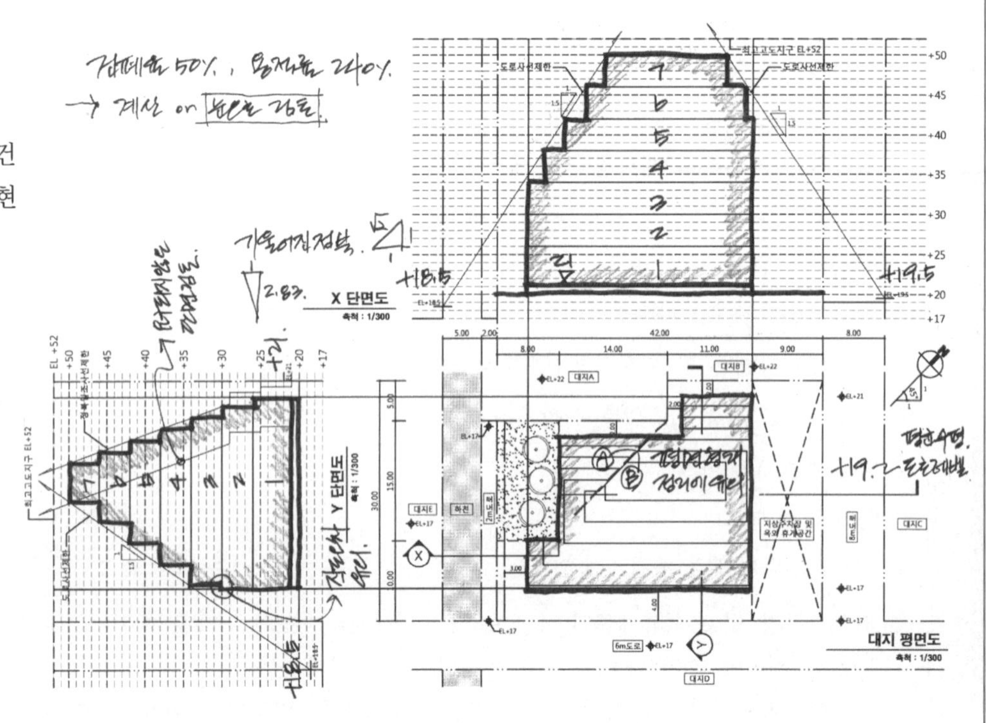

6 모범답안

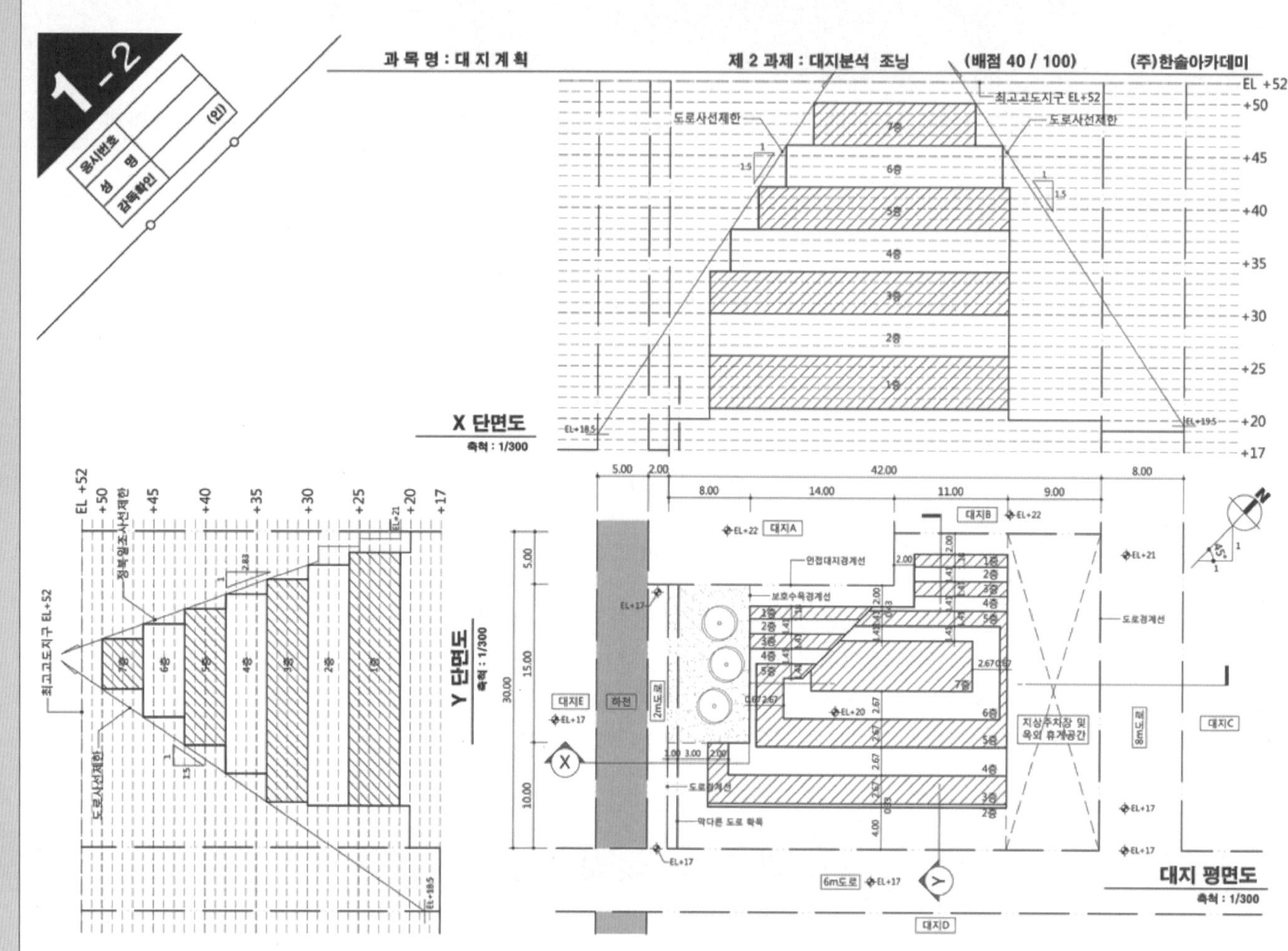

■ 주요 체크포인트

① 막다른 도로 확폭
② 꺾인 대지의 정북일조권 적용
(합리적인 경사도 산정)
③ 지상주차장 및 옥외휴게공간 상부 건축 불가
④ 도로사선 공지 완화 적용
(이면도로 완화 배제)
⑤ 최고고도제한 적용
⑥ 경사진 도로의 평균수평레벨 산정
(건축물이 접한 구간을 기준)

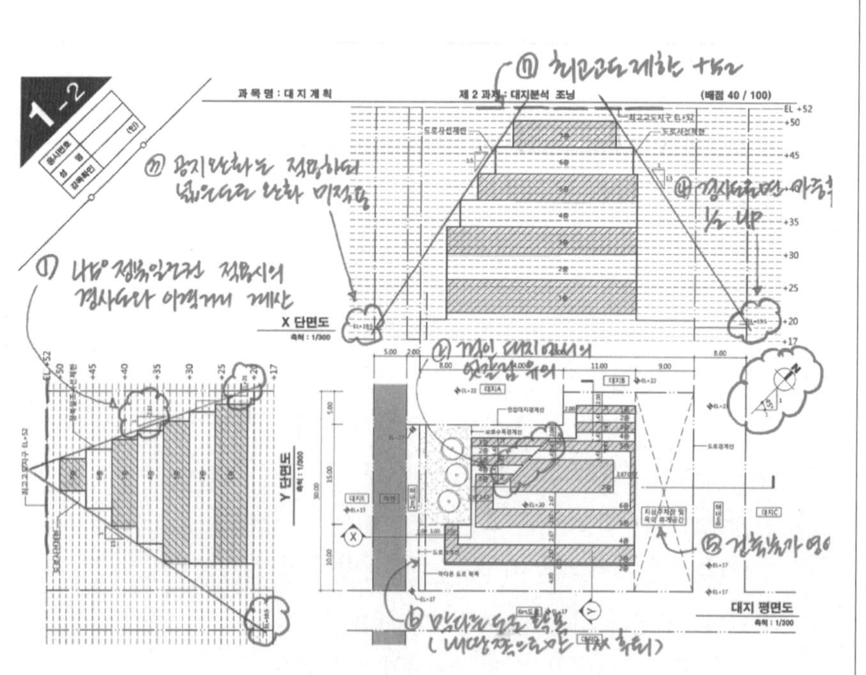

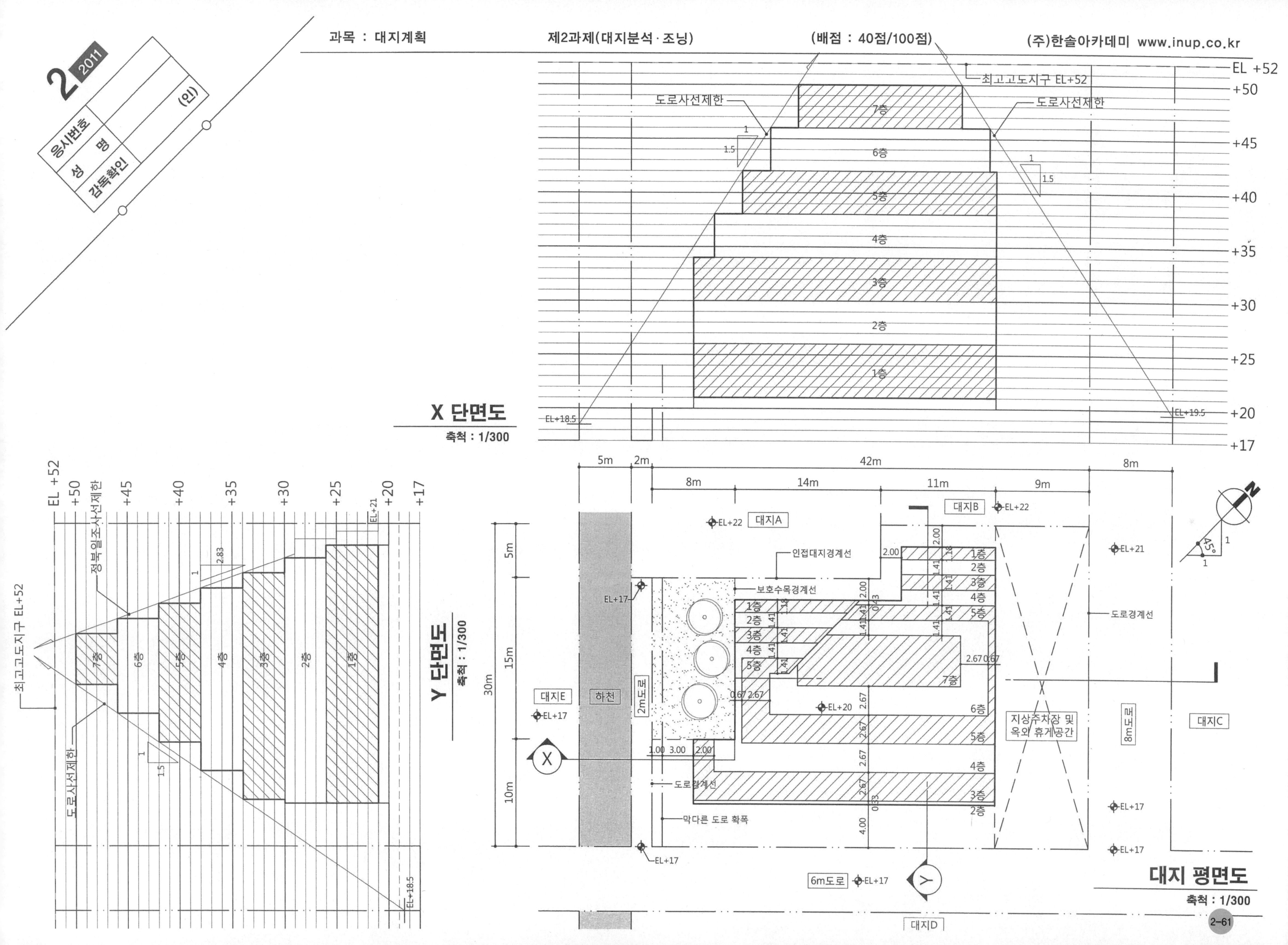
2 2011
응시번호
성 명
(인)
감독확인
최고고도지구 EL+52
도로사선제한
7층
6층
5층
4층
3층
2층
1층
EL+18.5
EL+19.5
X 단면도
축척 : 1/300
정북일조사선제한
Y 단면도
축척 : 1/300
대지A
대지B
대지C
대지D
대지E
하천
2m도로
6m도로
8m도로
인접대지경계선
보호수목경계선
도로경계선
막다른 도로 확폭
지상주차장 및 옥외 휴게공간
대지 평면도
축척 : 1/300

구 성	FACTOR	지 문 본 문	FACTOR	구 성

2012년도 건축사 자격시험 문제

과목: 대지계획 제1과제 (배치계획) 배점: 60/100점①

제목 : ○○비엔날레 전시관 배치계획 ②

1. 과제개요

○○도시에 비엔날레를 개최하게 되어 전시관을 신축하려고 한다. 대지 내 기존 건축물 및 승강탑과 폐철도를 이용하여 시설을 배치하시오. ③

2. 대지조건

(1) 대지면적 : 15,750m²
(2) 용도지역 : 준주거지역④
(3) 주변현황 : 대지현황도 참조⑤

3. 계획조건

(1) 배치시설 요구사항

① 도로⑥
- 단지 내 도로 : 너비 6m(경사도 1/8 이하)
- 단지 내 보행로 : 너비 3m 이상

② 건축물 (가로, 세로 구분 없음)⑦
- 전 시 관 A : 12m × 30m × 9m(H)
- 전 시 관 B : 12m × 30m × 9m(H)
- 다목적강당 : 25m × 40m × 15m(H)
- 교 육 관 : 15m × 30m × 15m(H)
- 관리동(기존건축물) : 12m × 25m × 9m(H) (지상1,2층-층고 각 4.5m, 지하층-층고 3m)
- 경 비 실 : 3m × 5m × 3m(H)

③ 외부시설 (가로, 세로 구분 없음)⑦
- 옥외전시장 : 20m × 50m
- 폐철도 상부 옥외전시장 : 10m × 50m
- 옥외공연장 : 20m × 20m(무대 최소 폭 5m)
- 옥외휴게공간 : 1,000m² 이상(최소 폭 15m)
- 진입마당 : 2개소(각 300m²~350m², 최소 폭 10m)
- 상징탑 공간 : 10m × 15m
- 주차장 (기계식 주차장은 고려하지 않음)
  - 옥외주차장 : 2개소로 분리 (합계 50대 이상, 장애인용 5대 포함)
  - 옥내주차장 : 관리동 지하층

(2) 배치 시 고려사항⑧

① 기존시설을 최대한 활용한다.
② 모든 건축물은 도로 경계선과 인접 대지경계선으로부터⑨ 5m 이상 이격한다.
③ 기존 시설물과 계획 건축물 사이는⑩ 최소 3m 이격한다.
④ 절토된 지형은 건축물 외벽과 최소 2m 이격한다.⑪
⑤ 전시관 A, B는⑫ 기존 교각을 이용하여 배치하고 폐철도 상부 옥외전시장과 기존 승강탑으로 동선을 연결한다.
⑥ 옥외공연장은⑬ 기존 지형을 이용하고 그 경사도는 1/3 이하로 한다.
⑦ 옥외공연장에 인접한 전시관의 옥상은⑭ 야외카페로 활용한다.
⑧ 관리동은 기존 건축물을 면적증감 없이 재활용 한다.
⑨ 전시관 옥상의 야외 카페는 관리동 1층 바닥과 다리로 수평 연결한다.
⑩ 다목적강당과 옥외공연장은 옥외휴게공간에⑮ 인접하게 한다.
⑪ 교육관은⑯ 단지의 주출입구에서 접근이 용이하게 하고 옥외전시장과 인접하게 한다.
⑫ 진입마당은⑰ 다목적강당에 1개소와 전시관 A, B에 1개소를 둔다.
⑬ 차량과 보행동선은 분리한다.⑱
⑭ 옹벽⑲ 높이는 최대 4m로 한다.
⑮ 상징탑 공간은⑳ 단지의 주출입구 부근에 둔다.

FACTOR (좌측)

① 배점을 확인하여 2과제의 시간배분 기준으로 활용 합니다. (60 or 65점이 가장 빈도 높음)

② 용도(전시관)에 맞는 계획각론과 유사 사례에 대한 이미지를 그려 봅니다.

③ 기존 시설(건축물, 승강탑, 폐철도)을 이용한 시설 배치 요구
- 제시된 현황 충분히 파악
- 기존 시설과의 관계를 고려하여 접근해야 합니다.

④ 용도지역 : 준주거지역

⑤ 현황도 제시
- 계획조건을 파악하기 전에 현황도를 이용, 1차적인 현황분석을 선행하는 것이 문제의 윤곽을 잡아가는 데 훨씬 유리합니다.

⑥ 내부도로(차로, 보행로)조건 제시

⑦ 건축물 및 옥외시설물의 규모제시
- Size, 높이 제시 (기존건축물은 관리동으로 활용)
- 도면이나 개념도가 추가 제시되는 경우도 있습니다.
- 주차장의 규모는 주차대수로 주어집니다. (기존건축물 지하주차장 활용)

⑧ 기존 시설과의 조화를 충분히 고려한 계획이 되도록 합니다.

⑨ 대지경계선으로부터 건축물 최소 이격거리 제시

FACTOR (우측)

⑩ 기존 시설과의 이격거리 제시

⑪ 지형조정
- 지형을 절토할 경우 건축물 주변 2m 이상의 공간 확보
- 건축물 외벽을 옹벽으로 이용하는 것은 배제하라는 취지

⑫ 전시관 A,B
- 건물 배치는 교각을 이용
- 기존 승강탑과 동선 연결을 고려하여 폐철도 상부 옥외전시장 이용하도록 계획

⑬ 옥외공연장
- 기존 지형(경사지) 활용
- 경사도는 1/3 이하

⑭ 야외카페
- 전시관 1개동 옥상에 설치
- 옥외공연장과 인접 조건 제시
- 관리동 1층 바닥(+59)과 다리로 수평 연결

⑮ 옥외휴게공간
- 다목적강당, 옥외공연장과 인접

⑯ 교육관
- 주출입구 및 옥외전시장과 인접

⑰ 진입마당
- 다목적강당 1개소
- 전시관 영역 1개소

⑱ 보차분리 강조

⑲ 옹벽 사용시 최대 높이 제한

⑳ 상징탑 공간

구성 (좌측)

1. 제목
- 배치하고자 하는 시설의 제목을 제시합니다.

2. 과제개요
- 시설의 목적 및 취지를 언급합니다.
- 전체사항에 대한 개괄적인 설명이 추가되는 경우도 있습니다.

3. 대지조건(개요)
- 대지전반에 관한 개괄적인 사항이 언급됩니다.
- 용도지역, 지구
- 접도조건
- 건폐율, 용적률 적용 여부를 제시
- 대지내부 및 주변현황 (최근 계속 현황도가 별도로 제시)

4. 계획조건
ⓐ 배치시설
- 배치시설의 종류
- 건물과 옥외시설물은 구분하여 제시되는 것이 일반적입니다.
- 시설규모
- 필요시 각 시설별 요구사항이 첨부됩니다.

구성 (우측)

ⓑ 배치고려사항
- 건축가능영역
- 시설간의 관계 (근접, 인접, 연결, 연계 등)
- 보행자동선
- 차량동선 및 주차장 계획
- 장애인 관련 사항
- 조경 및 포장
- 자연과 지형활용
- 옹벽등의 사용지침
- 이격거리
- 기타사항

구 성	FACTOR	지 문 본 문	FACTOR	구 성

구 성

5. 도면작성요령
- 각 시설명칭
- 크기표시 요구
- 출입구 표시
- 이격거리 표기
- 주차대수 표기 (장애인주차구획)
- 표고 기입
- 단위 및 축척

6. 유의사항
- 제도용구 (흑색연필 요구)
- 지문에 명시되지 않은 현행법령의 적용방침 (적용 or 배제)

FACTOR

㉑ 도면작성요령은 항상 확인하는 습관이 필요 합니다
- 문제에서 요구하는 것은 그대로 적용하여 불필요한 감점이 생기지 않도록 절대 유의

㉒ 건축물의 표현
- 굵은 실선
- 단면도 표현을 요구하고 있음 (단면지시선의 방향, 위치 등을 파악하는데 절대 실수하지 않도록 유의 합니다)

㉓ 등고선, 도로 등의 표현
- 실선

㉔ 주차대수 표현

㉕ 크기 표현이 별도 요구된 경우 반드시 시설의 중앙에 명칭과 함께 표기 합니다

㉖ 자연권배치의 경우 시설물의 계획 레벨 표기는 습관처럼 기입하는 것이 원칙입니다

㉗ 건물로의 출입구 표현
- 별도의 언급이 없다면 건물의 출입구는 장변의 중앙에 위치한 것으로 합니다

㉘ <보기>에 제시된 표현방법은 반드시 준수해야 합니다

㉙ 단위 및 축척
- m / 1:600

지 문 본 문

과목: 대지계획 제1과제 (배치계획) 배점: 60/100점

4. 도면작성요령 ㉑

(1) 건축물 외곽선은 굵은 실선으로 배치도와 단면도에 표시한다. ㉒
(2) 조정된 등고선, 단지내 도로는 실선으로 표시한다. ㉓
(3) 옥외 주차대수 ㉔ 및 각 시설의 명칭과 크기를 표기한다. ㉕
(4) 현황도의 레벨을 기준으로 계획 레벨을 표시한다. ㉖
① 외부시설 : 조성 레벨
② 건 축 물 : 1층 바닥 레벨
(5) 각 건축물에는 주출입구를 표시한다.
(6) 기타 표시는 <보기>를 따른다. ㉗ ㉘
(7) 단위 : m
(8) 축척 : 1/600 ㉙

5. 유의사항

(1) 답안작성은 반드시 흑색연필로 한다. ㉚
(2) 명시되지 않은 사항은 현행 관계법령의 범위 안에서 임의로 한다. ㉛

<보기>

보 행 로	(빗금 해치)
조경 · 수목	(수목 표시)
건축물 주출입구	▲
단지의 주출입구	🡅

<대지현황도> 축척 없음 ㉜

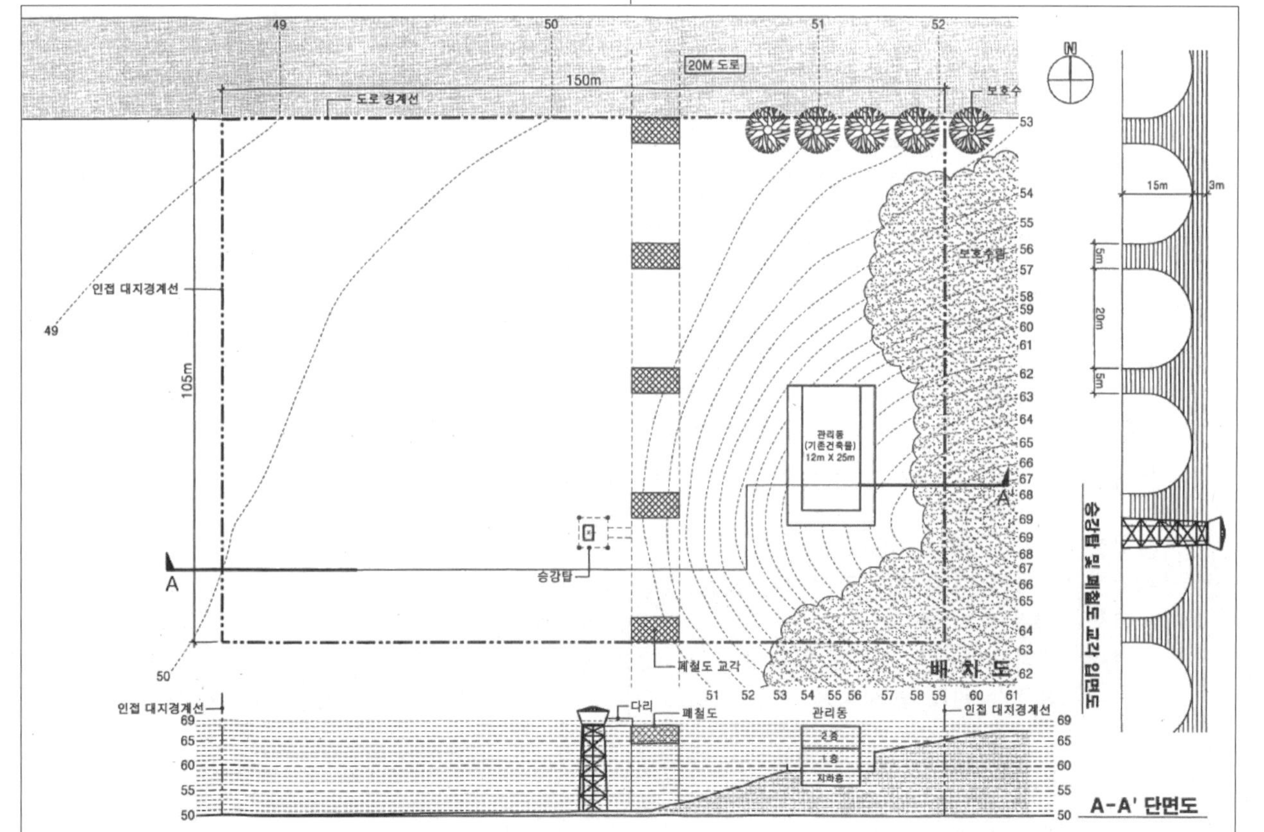

FACTOR

㉚ 항상 흑색연필로 작성할 것을 요구합니다

㉛ 명시되지 않은 사항은 현행 관계법령을 준용
- 기타 법규를 검토할 경우 항상 문제해결의 연장선에서 합리적이고 복합적으로 고려하도록 합니다.

㉜ 현황도 파악
- 대지형태
- 접도조건
- 주변현황 (보호수림 등)
- 완경사지 및 급경사지, 레벨
- 대지 내 기존시설 및 보호수목
- 방위
- 제시되는 현황도를 이용하여 1차적인 현황을 분석 합니다
(개성이 강한 대지인 경우, 시간을 조금 더 투자하여 제시된 조건을 충분히 파악하는 것이 매우 중요합니다.)

구 성

7. 보기
- 보도, 조경
- 식재
- 데크 및 외부공간
- 건물 출입구
- 옹벽 및 법면
- 기타 표현방법

8. 대지현황도
- 대지현황
- 대지주변현황 및 접도조건
- 기존시설현황
- 대지, 도로, 인접대지의 레벨 또는 등고선
- 각종 장애물 현황
- 계획가능영역
- 방위
- 축척
(답안작성지는 현황도와 대부분 중복되는 내용이지만 현황도에 있는 정보가 답안작성지에서는 생략되기도 하므로 문제접근 시 현황도를 꼼꼼히 체크하는 습관이 필요합니다)

■ 문제풀이 Process

1 제목 및 과제 개요 check

① 배점 확인
- 60점 : 1교시 소과제 2과제 적용 후 60~65점이 일반적, 문제의 난이도 예상이 가능하며, 제2과제와의 시간배분에 유의해야 함

② 제목
- OO 비엔날레 전시관 배치계획 : 대지 내 기존 건축물 및 승강탑과 폐철도를 이용하여 전시관 관련 시설을 계획하는 증·개축형 자연권 배치계획

③ 준주거지역
- 대지의 성격을 파악

④ 건폐율과 용적률은 고려하지 않음
- 배치계획 기출문제 중 고려되었던 경우는 없음

2 현황 분석

① 대지형상
- 장방형의 경사지(등고선 방향 및 간격 확인)

② 주변현황 파악

③ 접도조건 확인 : 북측 20m도로 (보행자 및 차량 주출입 예상)

④ 기존시설의 질서
- 대지를 가로지르는 폐철도(교각) 및 승강탑
- 경사지에 위치한 기존 건축물(관리동으로 활용)
- 단면도 작성 요구

⑤ 대지 내 보호수목 파악
- 도로에 인접하여 분포, 대지로의 진입 예상 영역을 제한함

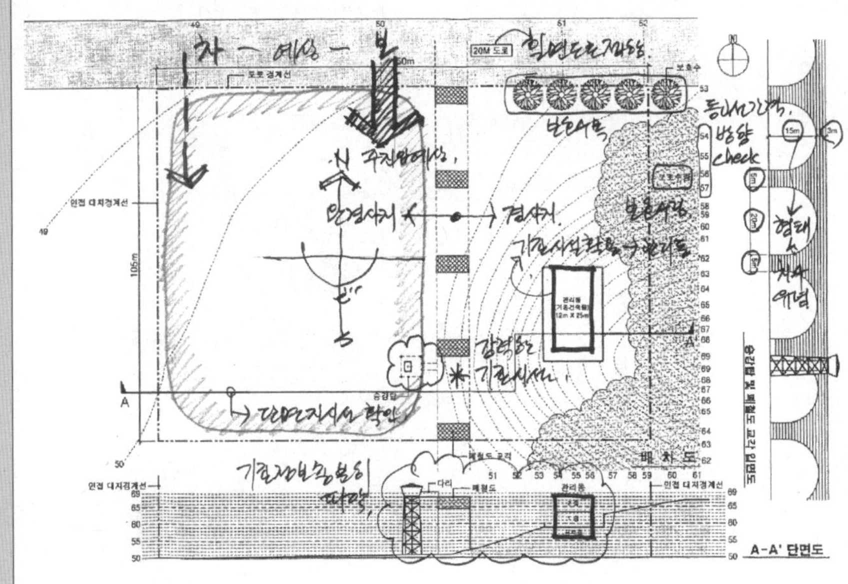

3 요구조건 분석 (diagram)

① 도로 조건
- 도로와 보행로를 구분하여 제시(도로는 차로를 의미함)
- 도로 : 너비 6m, 경사도 1/8 이하
- 보행로 : 너비 3m 이상
  (보행로의 위계에 따라 임의 계획하도록 유도, 최소폭 제한)

② 건축물 성격 파악
- 전시관 A,B / 다목적강당 / 교육관 / 관리동 / 경비실
- 관리동은 기존 건축물을 활용
  (층별 층고를 제시하여 레벨계획 유도)

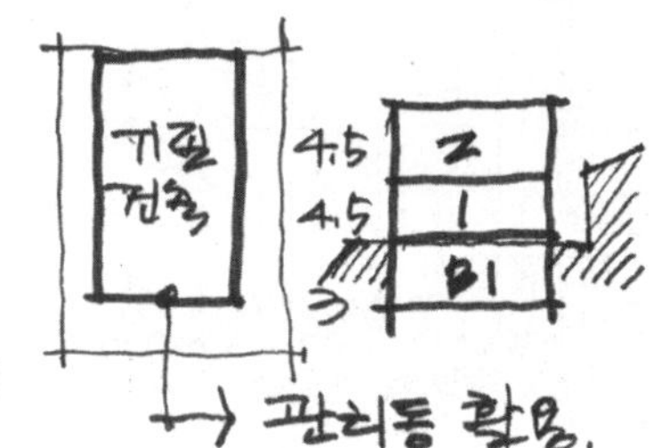

③ 옥외시설물 성격 파악
- 옥외전시장, 옥외공연장, 옥외휴게공간, 진입마당, 상징탑 공간
- 공간의 성격을 파악하여 매개(완충) vs 전용공간으로 나누어 접근
- 일부는 면적과 최소 폭으로 주어진 것에 유의

④ 주차장 규모 파악
- 옥외주차장, 옥내주차장으로 구분
- 옥외주차장은 2개소로 분리, 합계 50대 이상 (장애인 5대)
- 옥내주차장은 관리동 지하층

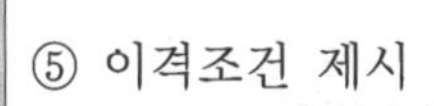

⑤ 이격조건 제시
- 대지경계선으로부터의 기준
- 기존 시설물로부터의 기준

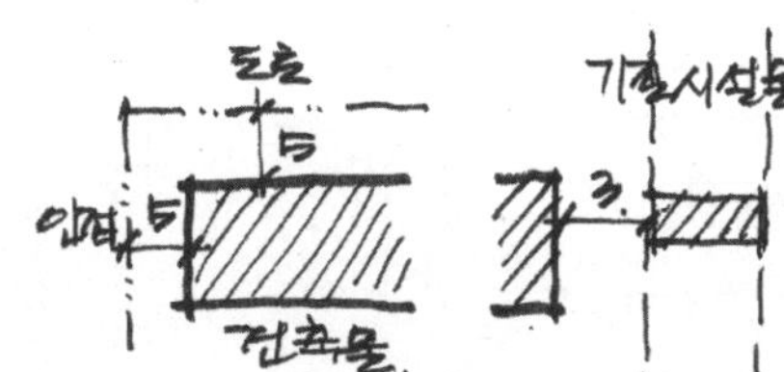

⑥ 지형계획
- 지형의 절토 조건을 별도 제시
  (경사지 건축물 계획 시 건축물 주변 지반의 최소 범위 요구)

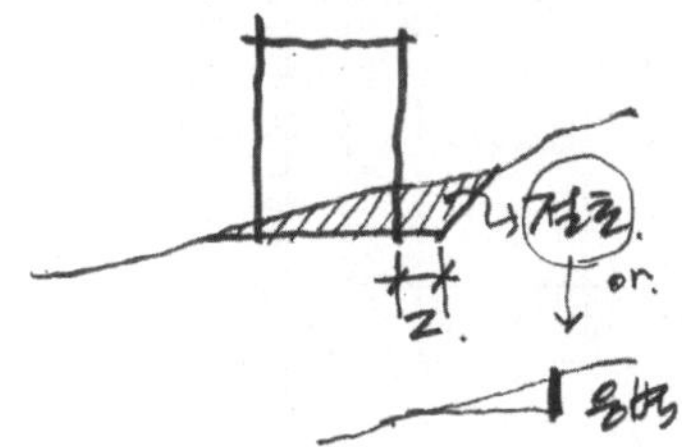
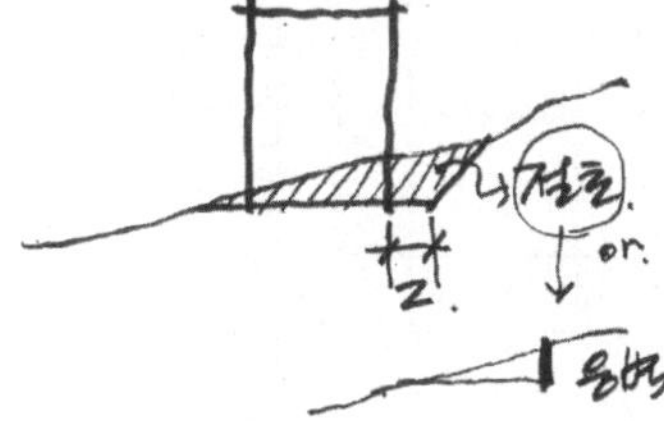

⑦ 전시관 A,B
- 기존 교각을 이용한 배치 고려
  (교각 형태와 전시관 규모를 감안)
- 기존 승강탑과 동선 연결 요구
  (폐철도 상부 옥외전시장 이용 고려)

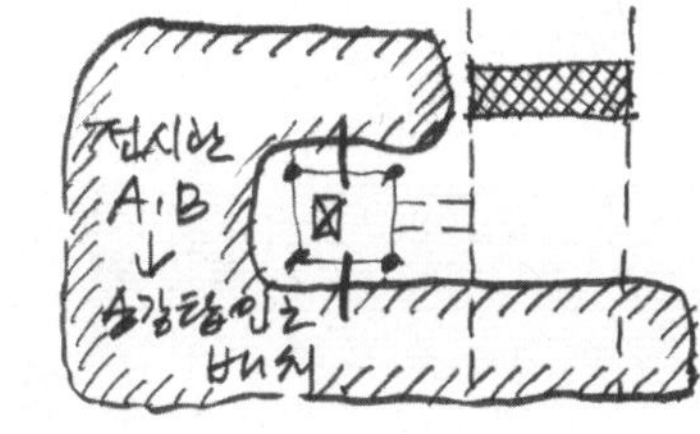

⑧ 옥외전시장
- 기존 경사지 활용
- 경사도는 1/3 이하
  (무대 최소 폭 고려하여 위치 선정)

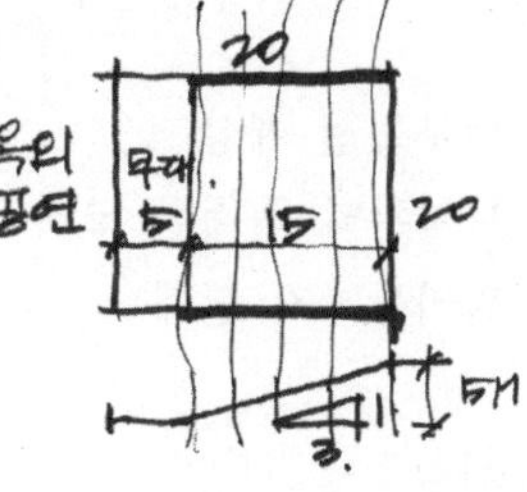

⑨ 야외카페
- 전시관 옥상을 활용
- 옥외공연장 인접한 전시관 1개동의 옥상으로 파악하는 것이 합리적
- 관리동 1층 바닥(+59)과 다리로 수평 연결

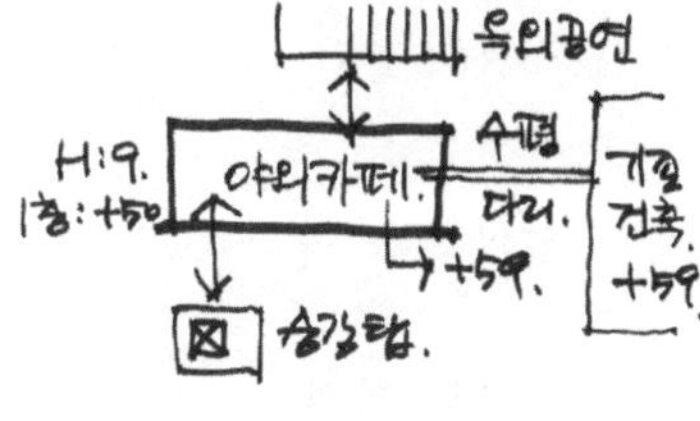

⑩ 옥외휴게공간
- 다목적 강당 및 옥외공연장 인접
- 면적과 최소 폭으로 제시
- 가장 넓은 외부공간임에 유의

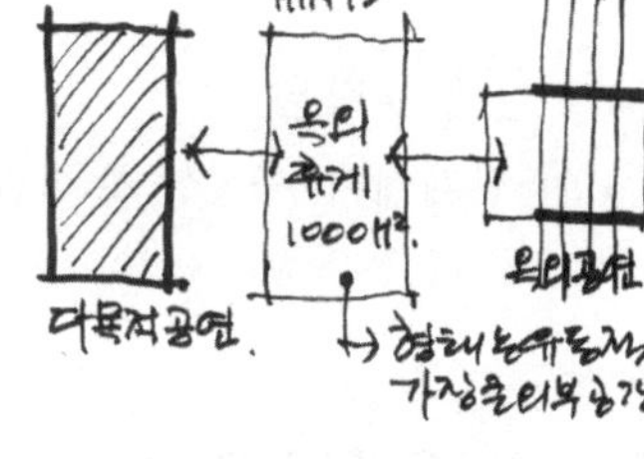

⑪ 교육관
- 주출입구에서의 접근성 고려
- 옥외전시장과 인접

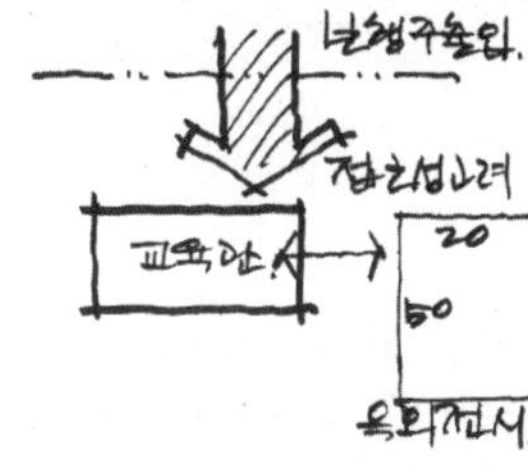

⑫ 진입마당
- 다목적강당 전면에 1개소
- 전시관 영역에 1개소

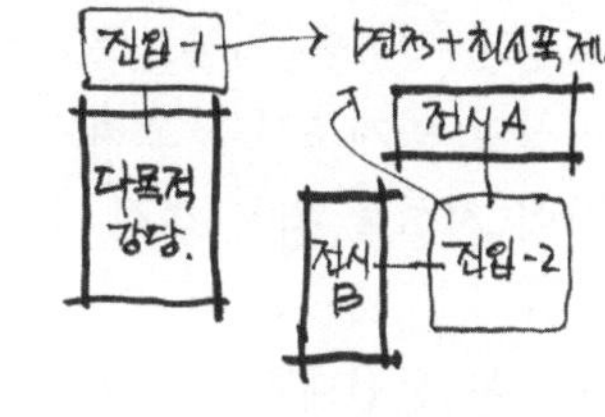

⑬ 보차분리 강조
- 크게 2개의 동선 대안으로 파악

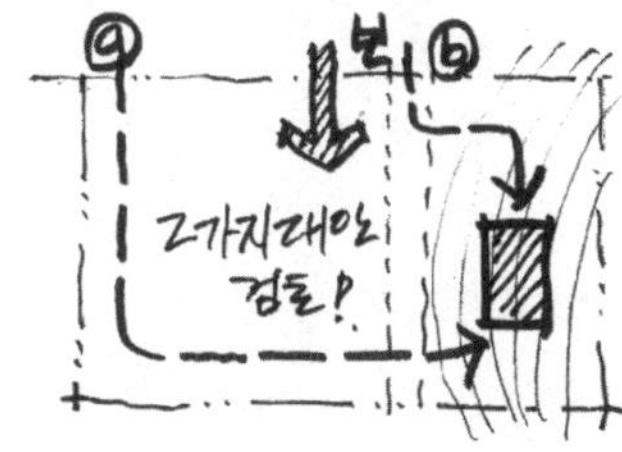

⑭ 옹벽 사용 시 최대 높이는 4m

⑮ 상징탑 공간은 주출입구 인근에 계획

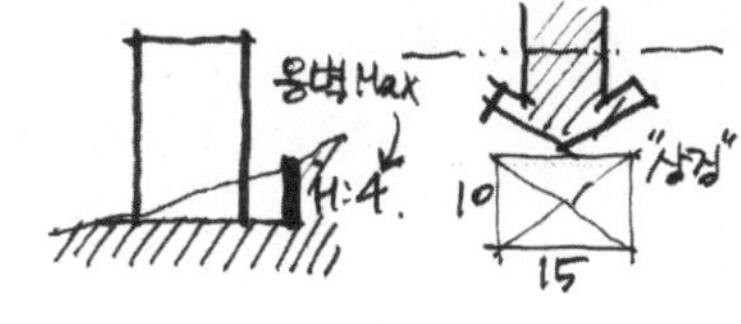

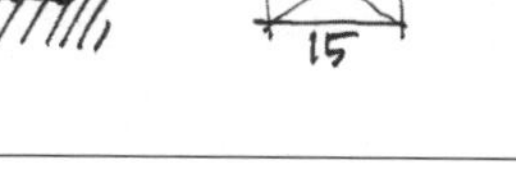

■ 문제풀이 Process

4 토지이용계획

① 내부동선 예상
- 보차분리 최대한 고려
- 관리동까지 연계

② 시설조닝
- 전시관 영역(승강탑 연계)
- 교육관(주출입 부근)
- 다목적강당
- 기타시설

③ 기존 시설과의
- 연계조건 충분히 고려

④ 시험의 당락은
- 이 단계에서 사실상 결정됨

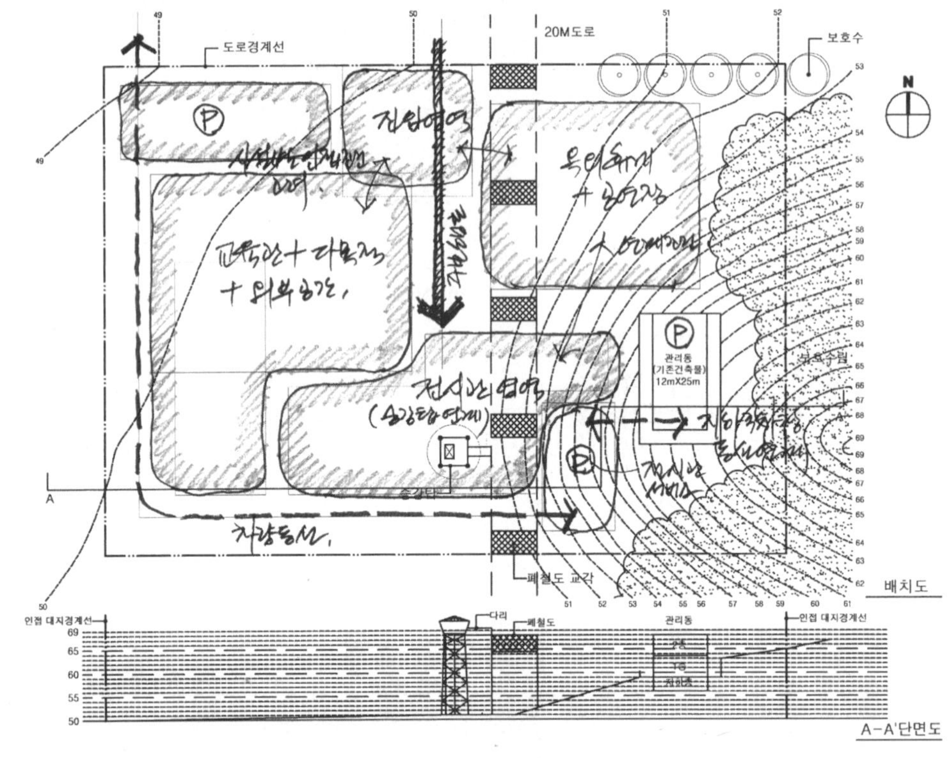

5 배치대안검토

① 토지이용계획을
- 바탕으로 세부계획 진행

② 조닝된 영역을 기본으로 시설별 연계조건을 고려하여 시설물 위치 선정

③ 명쾌한 동선계획
- 보차분리
- 요구된 주차대수 확보

④ 대지전체에 걸쳐 여유공간을 check하여 계획적인 factor를 추가 고려

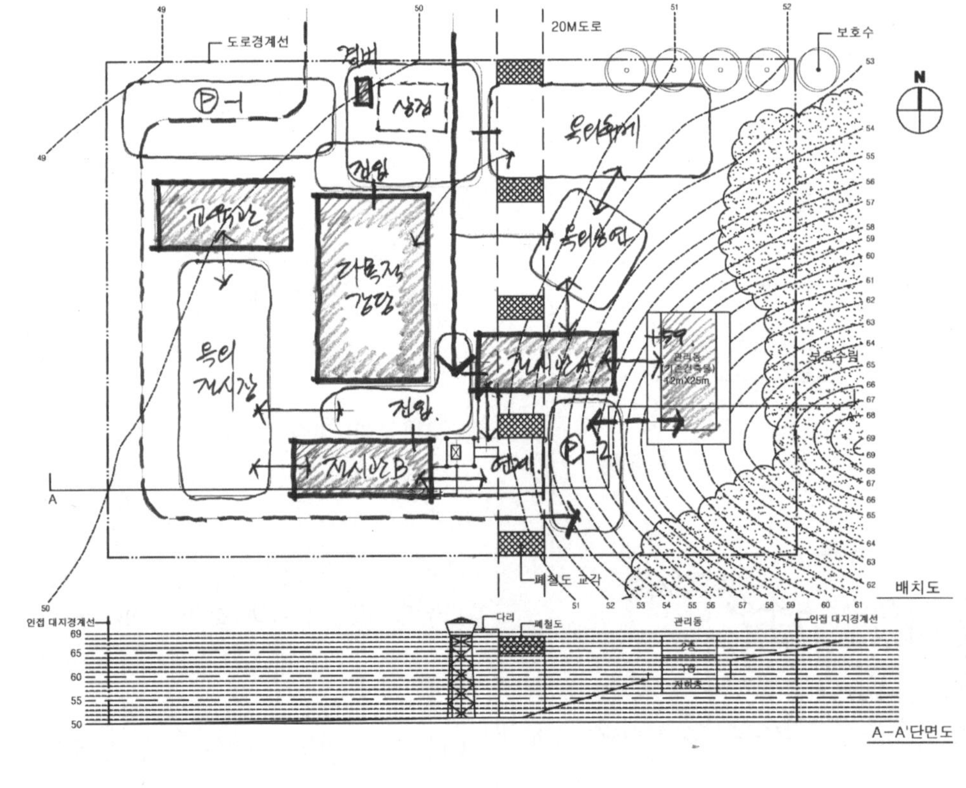

6 모범답안

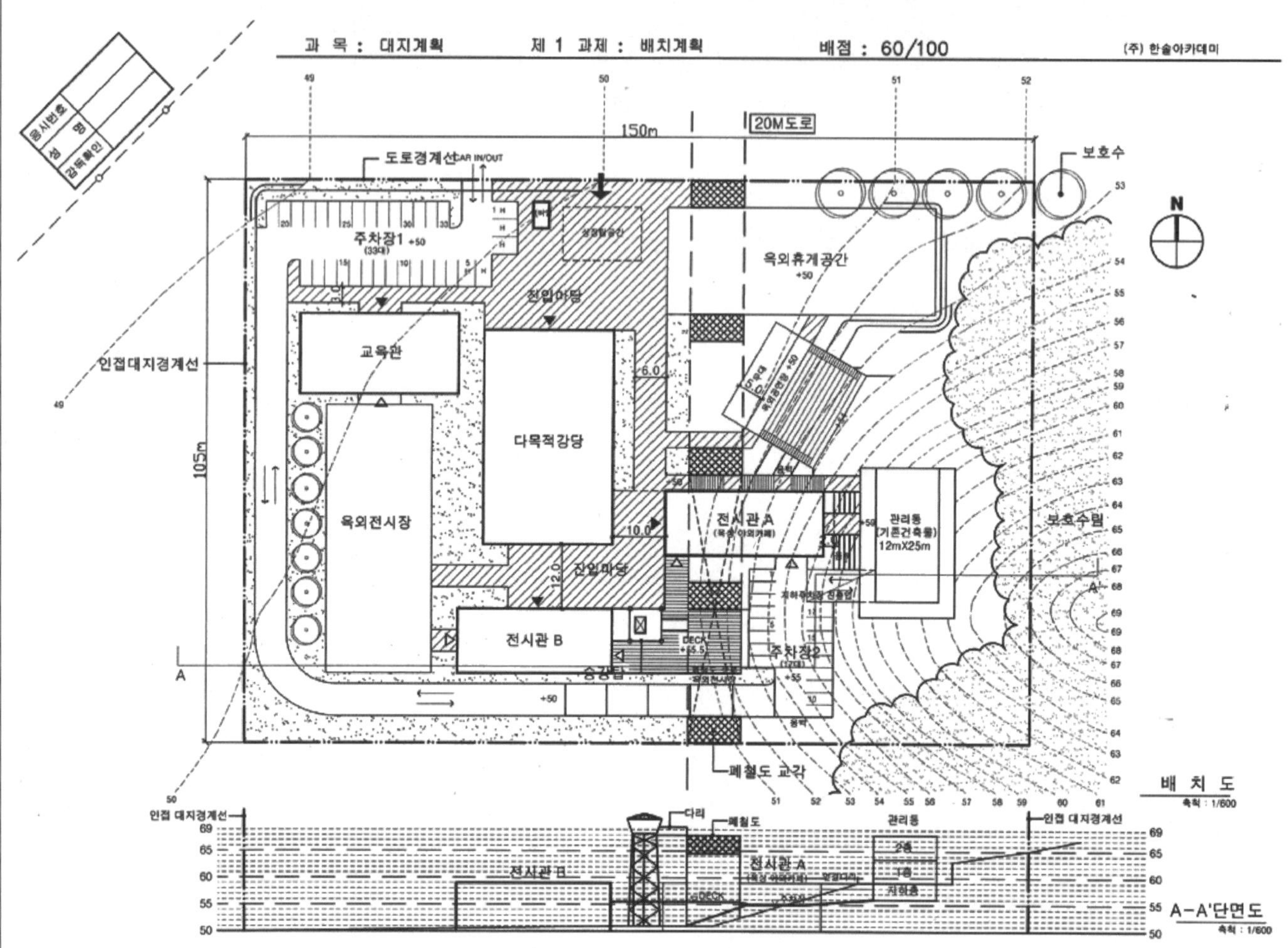

■ 주요 체크포인트

① 폐철도, 승강탑과 전시관의 입체적 연계 및 활용을 고려한 계획

② 보차분리를 적극적으로 고려한 내부도로

③ 경사지와 배치시설의 관계
(도로경사 1/8, 옥외공연장 1/3, 옹벽 4m)

④ 주차장 분리 계획, 관리동 지하주차장과 관계 설정

⑤ 연계조건을 고려한 합리적인 외부공간 배치

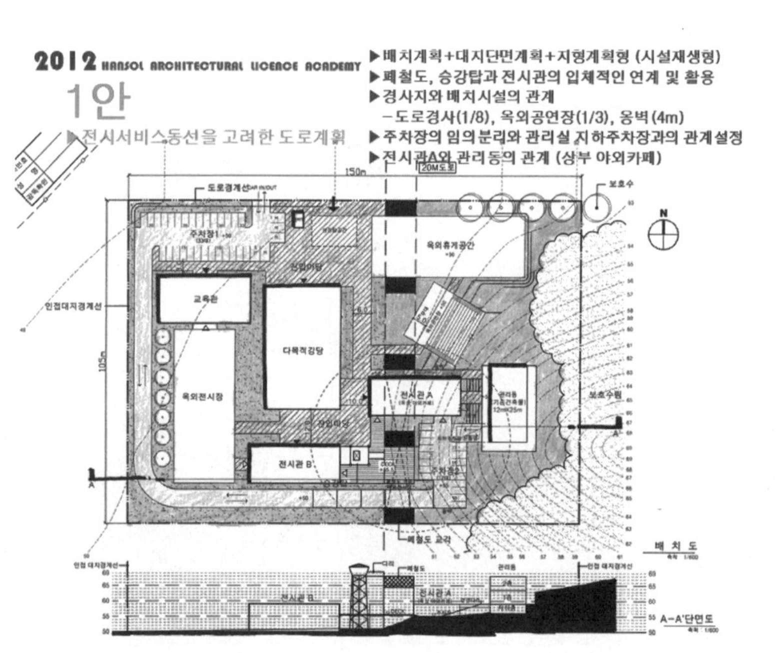

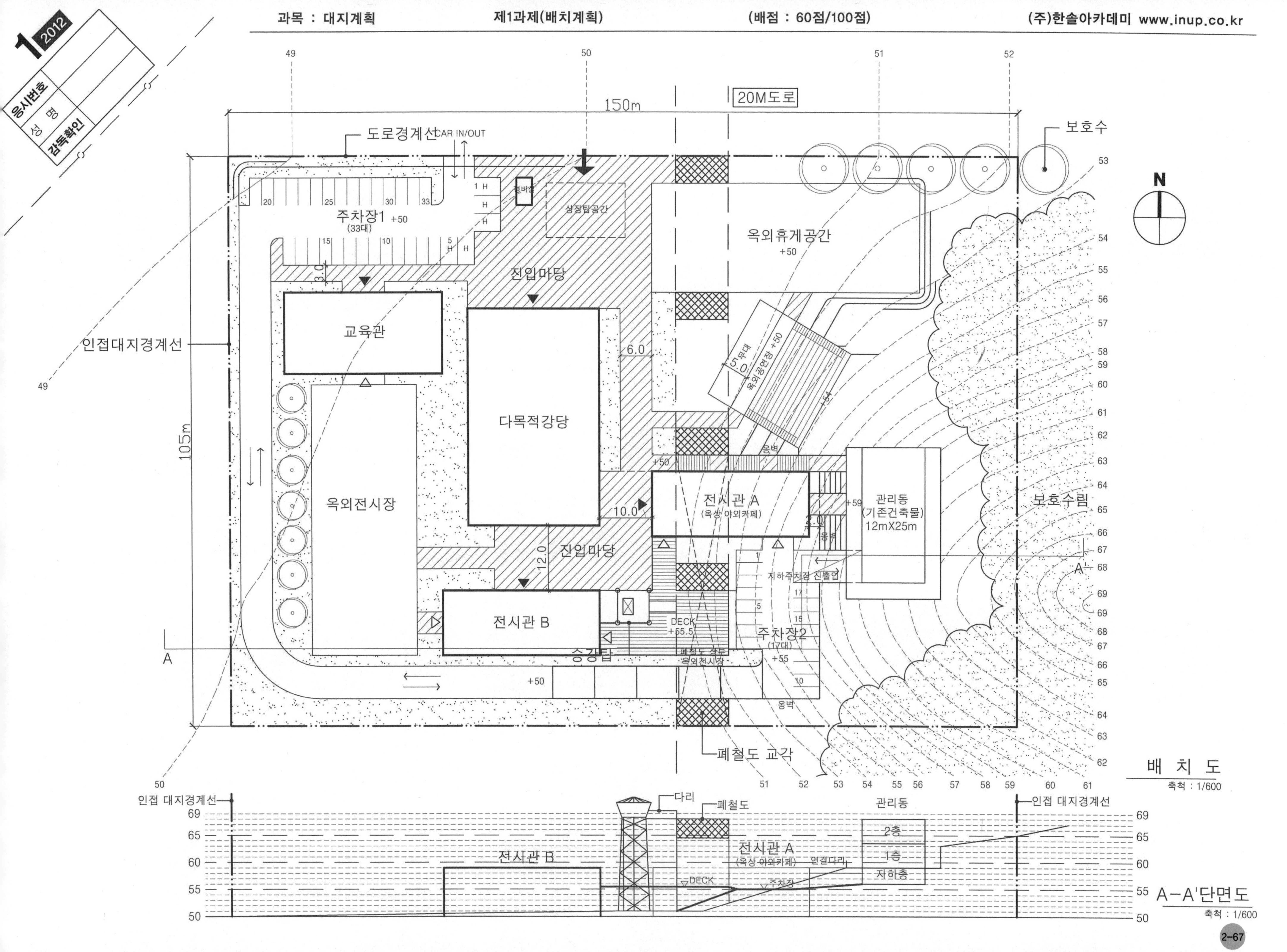

과목 : 대지계획
제1과제(배치계획)
(배점 : 60점/100점)
(주)한솔아카데미 www.inup.co.kr
2012
응시번호
성 명
감독확인
20M도로
150m
105m
도로경계선
CAR IN/OUT
보호수
인접대지경계선
주차장1 +50
(33대)
상징탑공간
진입마당
교육관
다목적강당
옥외전시장
옥외휴게공간
+50
무대
옥외공연장 +50
옹벽
전시관 A
(옥상 야외카페)
관리동
(기존건축물)
12mX25m
+59
지하주차장 진출입
보호수림
전시관 B
DECK
+55.5
승강탑
폐철도 상부 옥외전시장
주차장2
(17대)
+55
폐철도 교각
6.0
10.0
12.0
3.0
5.0
2.0
A
A'
배 치 도
축척 : 1/600
인접 대지경계선
다리
폐철도
2층
1층
지하층
연결다리
주차장
A-A'단면도
축척 : 1/600

구 성	FACTOR	지 문 본 문	FACTOR	구 성

2012년도 건축사 자격시험 문제

과목: 대지계획 제2과제 (대지조닝 · 대지분석) 배점: 40/100점①

제목 : 대학 캠퍼스 교사동의 최대 건축가능영역 ②

1. 과제개요

대학 캠퍼스 내에 2개의 교사동을 증축하려고 한다. 다음 사항을 고려하여 대지현황도의 증축 가능 구획선 내에 최대 건축가능영역을 구하시오.③

2. 대지개요

(1) 용도지역 : 제3종 일반주거지역④
(2) 건폐율, 용적률 : 고려하지 않음⑤

3. 계획조건

(1) 증축 건축물은 2개의 교사동이다.⑥
(2) 증축 교사동의 규모⑦
① 모든 층의 층고는 5m(파라펫 높이는 고려하지 않음)
② 지상 6층 이하
③ 각 동 모든 층의 건축물 폭은 15m 이상
④ 각 동의 층별 바닥면적은 800m^2 이상
⑤ 각 동의 동별 연면적은 4,500m^2 이상
(3)⑧ 일조 및 개방감 확보를 위하여 증축 교사동의 각 부분은 다음과 같이 이격한다.
① 증축 교사동과 정북방향의 기존 건축물 사이의 거리는 정남방향의 증축 교사동 각 부분의 높이 이상으로 한다.
② 증축 교사 2개동 사이의 거리는 최소 15m로 하고, 정남방향의 증축 교사동 각 부분의 높이 이상으로 한다.
③ 증축 교사동 각 부분과 정남방향의 기존 건축물 사이의 거리는 기존 건축물 높이 이상으로 한다.
④ 보행통로를 확보하기 위하여 보호수목 및 녹지 경계선으로부터 5m, 도로 경계선으로부터는 10m 이상 이격한다.
⑤ 증축 교사동 1층 외벽은 도로 경계선으로부터 15m 이상 이격한다.
(4) 각 층의 외벽은 수직으로 한다.⑨
(5) 옥외 휴식공간⑩
① 증축 교사 2개동 사이에 배치
② 규모는 600㎡ 이상(보행통로는 포함하지 않는다.)
③ 최소 폭 20m
④ 옥외 휴게공간에는 건축물 설치 불가
(6) 지하층은 고려하지 않는다.⑪
(7) 대지는 평탄하다.⑫
(8) 지상 1층의 바닥레벨은 대지레벨과 동일하게 한다.⑬

구성 (좌)

1. 제목
- 건축물의 용도 제시 (공동주택과 일반건축물 2가지로 구분)
- 최대건축가능영역의 산정이 대전제

2. 과제개요
- 과제의 목적 및 취지를 언급합니다.
- 전체사항에 대한 개괄적인 설명이 추가되는 경우도 있습니다.

3. 대지개요(조건)
- 대지에 관한 개괄적인 사항
- 용도지역지구
- 대지규모
- 건폐율, 용적률
- 대지내부 및 주변현황 (최근 계속 현황도가 별도로 제시)

4. 계획조건
- 접도현황
- 대지안의 공지
- 각종 이격거리
- 각종 법규 제한조건 (일조권, 도로사선, 가로구역별최고높이, 문화재보호앙각, 고도제한 등)
- 각종 법규 완화규정

FACTOR (좌)

① 배점을 확인합니다
- 40점 (다소 높은 난이도 예상)

② 용도 체크
- 교사동 (일반건축물로 검토)
- 최대 건축가능영역

③ 현황도 제시
- 계획조건을 읽기 전에 현황도를 이용, 1차적인 현황분석을 선행하는 것이 문제의 윤곽을 잡아가는데 훨씬 유리합니다
- 도로확폭, 가각전제 등으로 건축선이 변경되는 부분이 있는지 가장 먼저 확인 (대지면적이 바뀌면 모든 기준이 바뀝니다.)
- 접도조건 및 주변현황 파악
- 향을 확인하여 적용해야 하는 법규를 미리 정리해봅니다.

④ 제3종 일반주거지역
- 정북일조권 적용
- 캠퍼스 내 일부 영역으로 파악

⑤ 건폐율 및 용적률-고려하지 않음

⑥ 검토 건축물
- 교사동

⑦ 교사동의 규모
- 층고, 규모 제시
- 건물 최소폭, 바닥면적, 연면적 등 계획적 factor 제시 (건물의 적정성)

FACTOR (우)

⑧ 일조 및 개방감 확보를 위한 계획적 조건
- 교사동 vs 정북 기존건축물
- 교사동 vs 교사동
- 교사동 vs 정남 기존건축물
- 보행통로를 위한 이격조건
- 증축 교사동 1층 외벽 이격조건

⑨ 각 층의 외벽은 수직

⑩ 옥외 휴식공간
- 증축 교사 2개동 사이
- 600 ㎡ 이상
- 최소 폭 20m
- 건축물 설치 불가

⑪ 지하층 고려하지 않음

⑫ 대지는 평탄하다

⑬ 1층 바닥레벨 = 대지레벨

구성 (우)

- 대지 내외부 각종 장애물에 관한 사항
- 1층 바닥레벨
- 각층 층고
- 외벽계획 지침
- 대지의 고저차와 지표면 산정기준
- 기타사항 (요구조건의 기준은 대부분 주어지지만 실무에서 보편적으로 다루어지는 제한요소의 적용에 대해서는 간략하게 제시되거나 현행 법령을 기준으로 적용토록 요구할 수 있으므로 그 적용방법에 대해서는 충분한 학습을 통한 훈련이 필요합니다.)

구 성	FACTOR	지 문 본 문	FACTOR	구 성

5. 도면작성요령
- 건축가능영역 표현방법 (실선, 빗금)
- 층별 영역 표현법
- 각종 제한선 표기
- 치수 표현방법
- 반올림 처리기준
- 단위 및 축척

⑭ 도면작성요령은 항상 확인하는 습관이 필요합니다.
- 문제에서 요구하는 것은 그대로 적용하여 불필요한 감점이 생기지 않도록 절대 유의

⑮ 배치도
- 건축가능영역
- 이격거리
- 필로티는 점선 표현
- 각 교사동 연면적 표현

⑯ 단면도
- X, Y 단면도
- 건축가능영역, 층수 등을 표현

⑰ 단위 및 축척
- m / 1:600

과목: 대지계획　　제2과제 (대지분석/조닝)　　배점: 40/100점

4. 도면작성요령 ⑭

(1) 배치도⑮에는 건축가능영역, 이격거리, 필로티 위치(점선으로 표기), 각 교사동의 연면적 등을 표현한다.
(2) X, Y 단면도⑯에 건축가능영역, 층수 등을 표현한다.
(3) 단위 : m ⑰
(4) 축척 : 1/600

5. 유의사항

(1) 답안작성은 반드시 흑색연필⑱로 한다.
(2) 명시되지 않은 사항은⑲ 현행 관계법령의 범위 안에서 임의로 한다.

<대지현황도> 축척 없음 ⑳

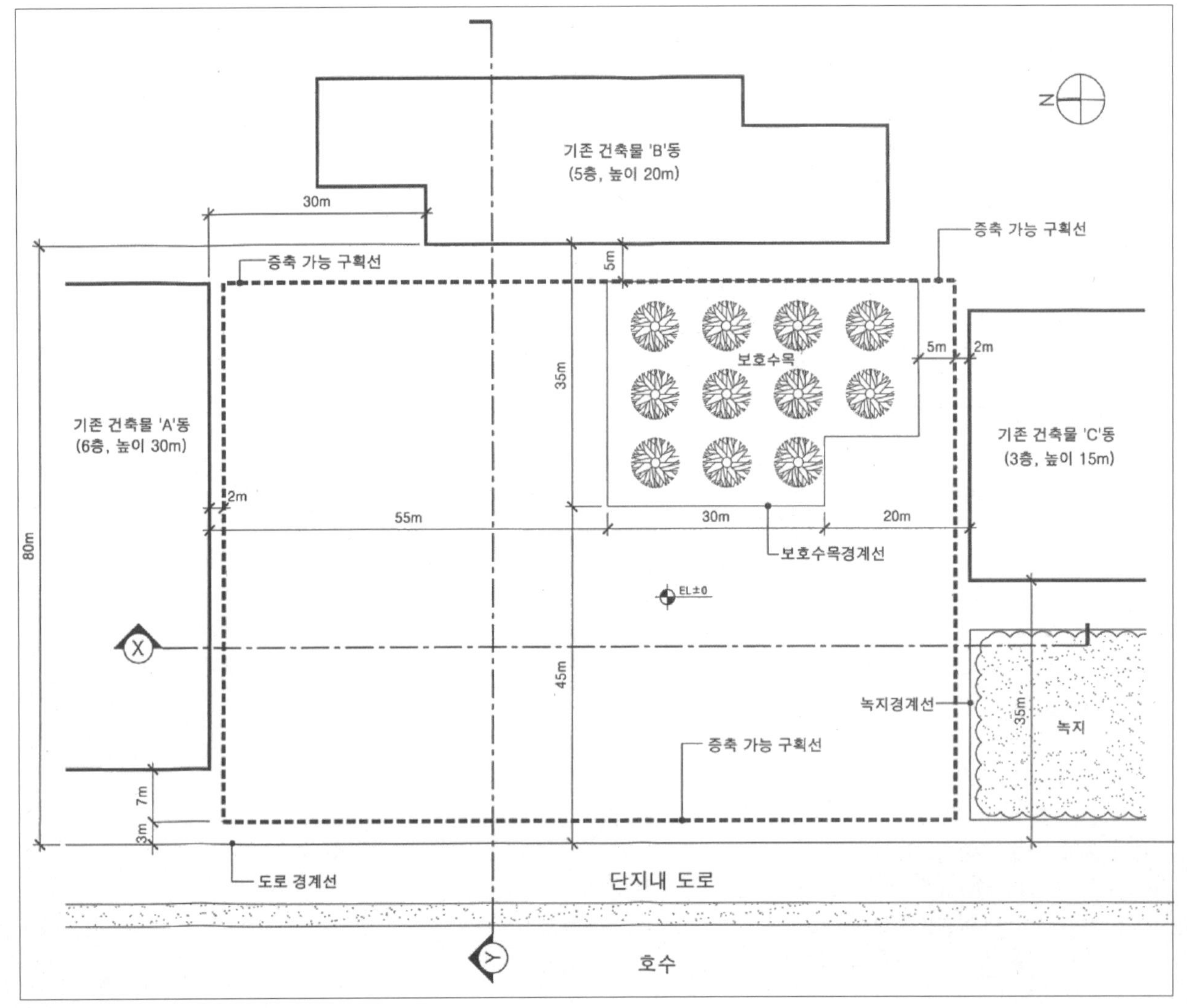

⑱ 항상 흑색연필로 작성할 것을 요구합니다.

⑲ 명시되지 않은 사항은 현행 관계법령을 준용
- 기타 법규를 검토할 경우 항상 문제해결의 연장선에서 합리적이고 복합적으로 고려하도록 합니다.

⑳ 현황도 파악
- 대지현황 (증축 가능 구획선, 보호수목경계선, 기존건축물, 녹지 등)
- 접도현황
- 대지, 도로, 인접대지 레벨 또는 등고선
- 단면절단선 위치
- 방위
- 축척
- 기타사항
- 제시되는 현황도를 이용하여 1차적인 현황분석을 합니다

6. 유의사항
- 제도용구 (흑색연필 요구)
- 명시되지 않은 현행 법령의 적용방침 (적용 or 배제)

7. 대지현황도
- 대지현황
- 대지주변현황 및 접도조건
- 기존시설현황
- 대지, 도로, 인접대지의 레벨 또는 등고선
- 각종 장애물 현황
- 계획가능영역
- 방위
- 축척 (답안작성지는 현황도와 대부분 중복되는 내용이지만 현황도에 있는 정보가 답안작성지에서는 생략되기도 하므로 문제접근시 현황도를 꼼꼼히 체크하는 습관이 필요합니다.)

■ 문제풀이 Process

1 제목, 과제 및 대지개요 확인

① 배점 확인
- 40점 : 1교시 소과제 2과제 적용 후 30~40점이 일반적, 문제의 난이도 예상이 가능하며, 제1과제와의 시간배분에 유의해야 함

② 제목
- 대학 캠퍼스 교사동의 최대 건축 가능영역 : 일반건축물
(분석조닝 과제에서 건축물의 용도는 공동주택과 일반건축물 2가지로 나누어 구분하도록 한다)

③ 제3종 일반주거지역
- 캠퍼스 내의 계획영역
- 하나의 대지(캠퍼스)이므로 정북일조권 관계없음

④ 건폐율 및 용적률은 고려하지 않음
- 층수 제시, 각종 최고높이 제한, 최상층 최소 바닥면적 제시 등으로 건물 규모 제한

⑥ 구체적인 지문조건 분석 전 현황도를 이용하여 1차적인 현황분석을 우선 하도록 함
- 가장 먼저 확인해야 하는 사항은 건축선 변경 여부임을 항상 명심

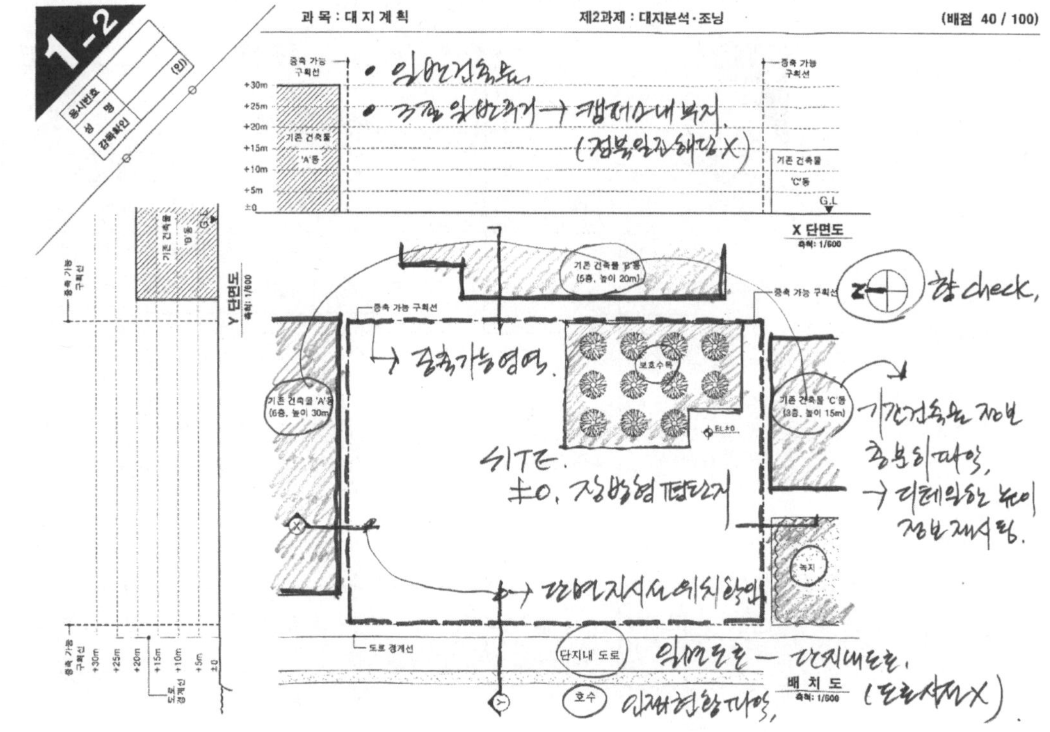

2 현황분석

① 대지형상
- 장방형의 평탄지, 증축 가능 영역이 제시됨
- 영역 내부의 보호수목경계 확인

② 주변현황
- 기존 건축물 3개동의 규모와 높이 제시
- 녹지, 호수 등 확인

③ 접도조건 확인
- 서측 단지내 도로에 접함

④ 대지 및 인접대지, 도로의 레벨 check

⑤ 방위
- 하나의 대지로 파악되므로 정북일조권 해당 없음

⑥ 단면지시선의 위치 및 개수 check
- X 방향, Y 방향 2개소
- 요구되지 않은 단면 검토가 필요한지 추후 확인

3 요구조건분석

① 증축 교사동(2개동)의 규모
- 모든 층의 층고는 5m (파라펫은 고려하지 않음)
- 6층 이하
- 최소 폭 15m, 층별 바닥면적은 800㎡ 이상, 동별 연면적은 4,500㎡ 이상

② 일조 및 개방감 확보를 위한 건축물 간 이격거리
- 증축 교사동과 정북 기존 건축물 : 정남 방향 증축 교사동 각 부분의 높이 이상
- 증축 교사 2개동 : 최소 15m, 정남 방향 증축 교사동 각 부분의 높이 이상
- 증축 교사동과 정남 기존 건축물 : 기존 건축물의 높이 이상
- 보행통로 확보를 위한 이격거리 : 보호수목 및 녹지경계선에서 5m, 도로 경계선에서 10m 이상
- 증축 교사동 1층 외벽 : 도로 경계선에서 15m 이상

③ 옥외 휴식공간
- 증축 교사 2개동 사이에 계획
- 규모는 600㎡ 이상 (보행통로 제외)
- 최소 폭 20m
- 건축물 설치 불가

④ 지하층 없음

⑤ 대지는 평탄

⑥ 지상 1층 바닥레벨 = 대지레벨

■ 문제풀이 Process

4 수평영역 검토

① 대지평면도 상의 건축가능영역을 우선 검토
- 각종 이격거리 조건 정리

② 단면도로 가선을 연장하여 단면상의 건축가능영역 check

③ 검토된 평면적인 건축가능영역을 토대로 2개동 건축 가능 대안을 예상하도록 한다.

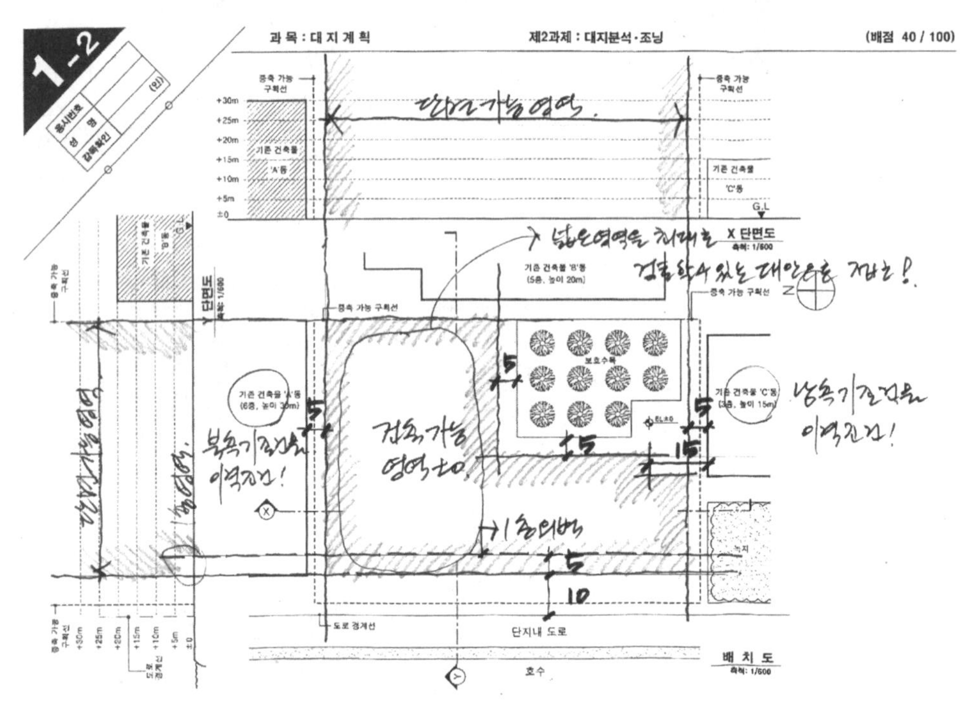

5 수직영역 검토

① 법적 factor는 없음

② 일조 및 개방감 확보를 위한 각종 이격조건을 기준으로 작도 가능한 사선을 미리 작도

③ 평면상의 이격거리와 건물 최소 폭 기준 등을 고려한 1차 건축가능 영역 예상

④ 가선을 정리하여, 각종 사선과 만나는 부분의 라인을 평면도로 연장

⑤ 최대 건축 가능영역을 만족시키는 대안을 추가 검토

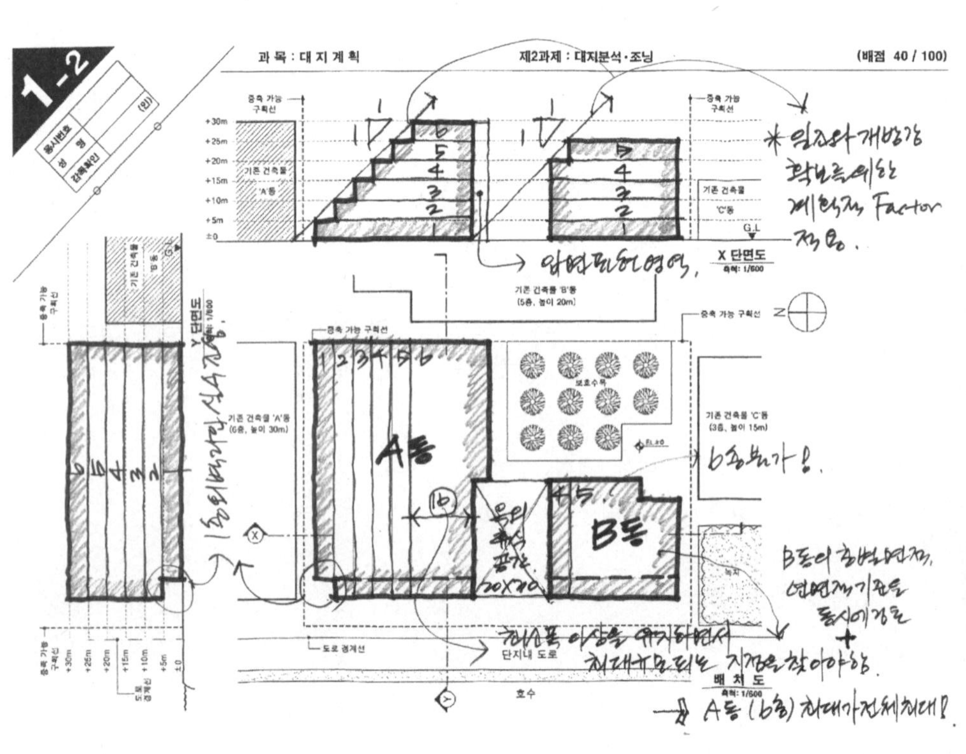

6 모범답안

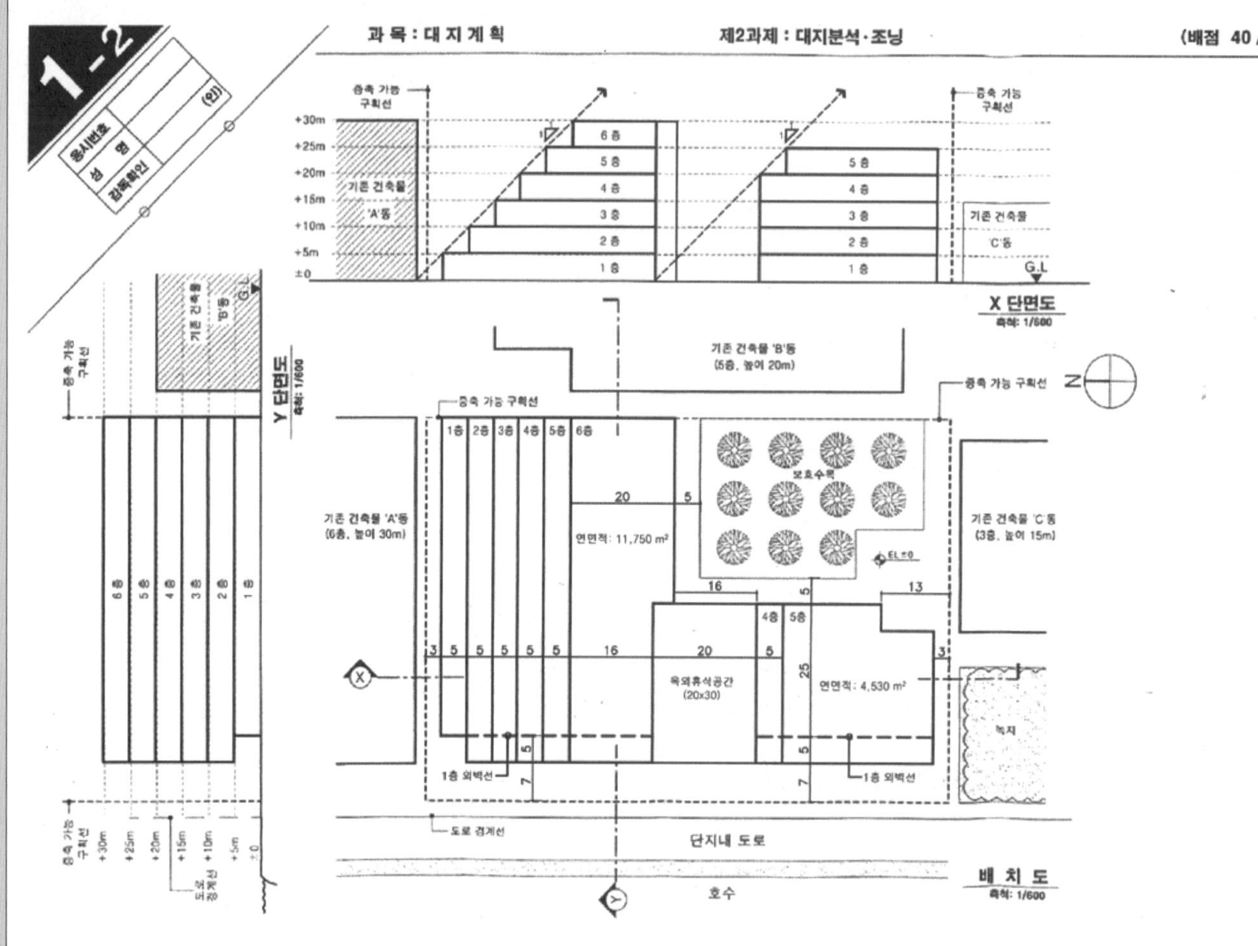

■ 주요 체크포인트

① 계획형 규모검토 (건축법규 배제)

② 일조와 개방감 확보를 위한 계획적 사선제한 검토
- 계획 건축물 상호간
- 계획 건축물과 기존 건축물 간

③ 건물 최소 폭, 바닥면적, 연면적 기준 만족

④ 동간 이격거리를 이용하여 옥외휴식공간을 확보하되 2개동 합계가 최대가 될 수 있는 위치 찾기가 관건

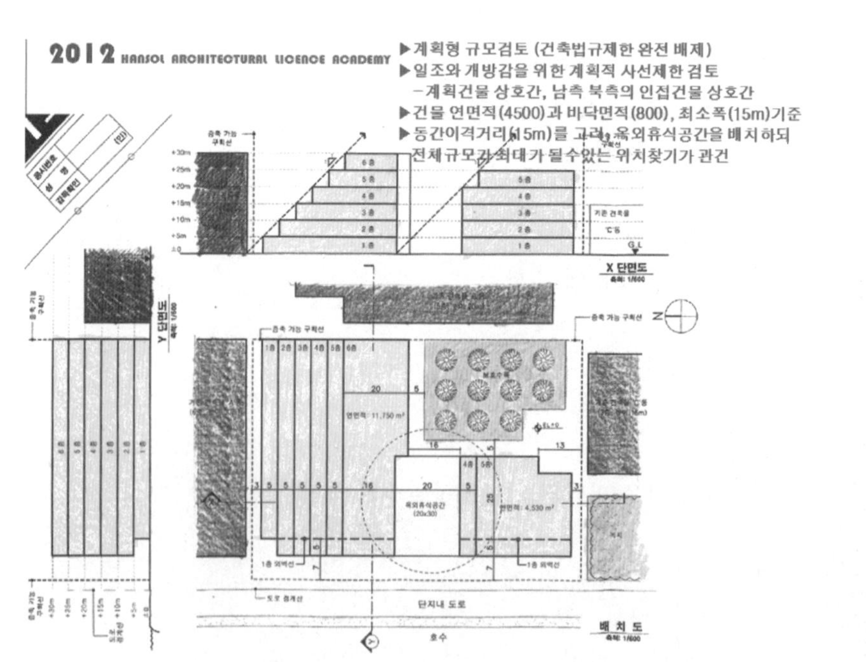

2 2012
응시번호
성 명
감독확인 (인)

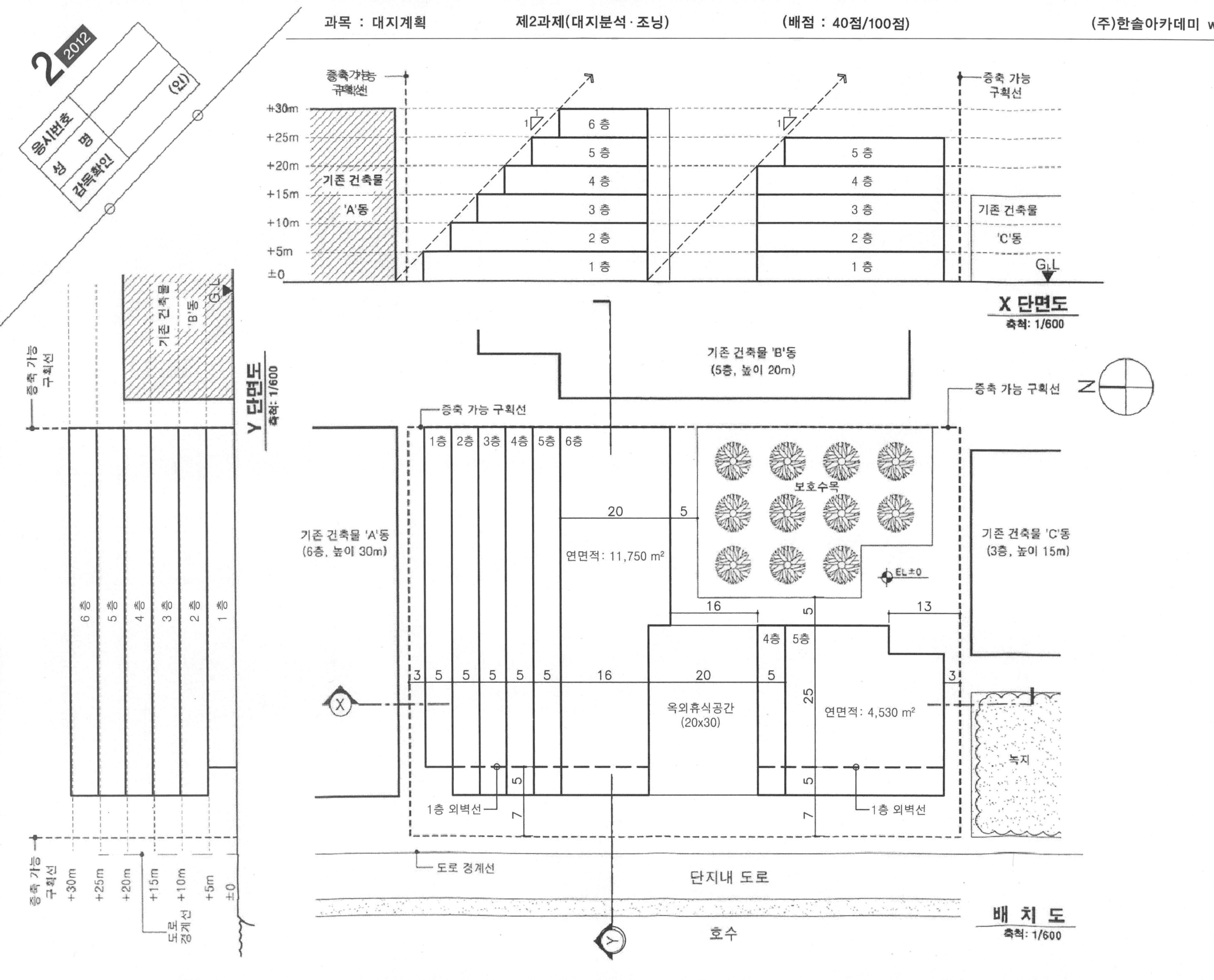

증축 가능 구획선
+30m
+25m
+20m
+15m
+10m
+5m
±0
기존 건축물 'A'동
6 층
5 층
4 층
3 층
2 층
1 층
기존 건축물 'C'동
G.L
X 단면도
축척: 1/600
기존 건축물 'B'동
Y 단면도
축척: 1/600
기존 건축물 'B'동 (5층, 높이 20m)
기존 건축물 'A'동 (6층, 높이 30m)
기존 건축물 'C'동 (3층, 높이 15m)
1층 2층 3층 4층 5층 6층
보호수목
연면적: 11,750 m²
연면적: 4,530 m²
EL±0
옥외휴식공간 (20x30)
4층 5층
1층 외벽선
녹지
도로 경계선
단지내 도로
호수
배 치 도
축척: 1/600
도로 경계선

구 성	FACTOR
1. 제목 - 배치하고자 하는 시설의 제목을 제시합니다.	① 배점을 확인하여 2과제의 시간배분 기준으로 활용 합니다. ② 용도(향토문화홍보센터)에 맞는 계획각론과 유사사례에 대한 이미지를 그려 봅니다.
2. 과제개요 - 시설의 목적 및 취지를 언급합니다. - 전체사항에 대한 개괄적인 설명이 추가되는 경우도 있습니다.	③ 지역지구 : 자연녹지지역 ④ 건폐율, 용적률 및 조경면적 - 처음 제시된 조건 - 대안에 따라 달라지는 결과수치
3. 대지조건(개요) - 대지전반에 관한 개괄적인 사항이 언급됩니다. - 용도지역, 지구 - 접도조건 - 건폐율, 용적률 적용여부를 제시 -대지내부 및 주변현황(최근 계속 현황도가 별도로 제시)	⑤ 최고높이 제한 - 동별 규모(층수)와 높이를 수험생이 임의 계획하도록 요구 ⑥ 현황도 제시 - 계획(지문)조건을 파악하기에 앞서 현황도를 이용, 1차적인 현황분석을 충분히 선행하는 것이 문제 윤곽을 잡아가는데 훨씬 유리합니다. ⑦ 내부도로(차로, 보행로)조건 제시
4. 계획조건 ⓐ 배치시설 - 배치시설의 종류 - 건물과 옥외시설물은 구분하여 제시되는 것이 일반적입니다. - 시설규모 - 필요시 각 시설별 요구사항이 첨부됩니다.	⑧ 건축물 규모 - 지상층 바닥면적 합계로 제시 - 제시된 최고높이 이하로 층별 바닥면적 임의 계획 ⑨ 외부시설 규모 - 최소 면적으로 제시 - 용도 면적별 주차장 계획 요구(실무적인 factor가 포함된 구체적인 요구조건이 제시되어 주차장의 규모를 직접 산정하도록 함) - 장애인 주차장은 전체주차대수의 3% 이상으로 요구

2013년도 건축사자격시험 문제

과목: 대지계획 제1과제 (배치계획) ① 배점: 65/100점

제목 : 중소도시 향토문화 홍보센터 배치계획 ②

1. 과제개요

중소도시에 향토문화 홍보센터를 신축하고자 한다. 계획대지 주변에는 예술고등학교와 아파트 단지 등이 있다. 다음 사항을 고려하여 시설을 배치하시오.

2. 대지조건

(1) 지역지구 : 도시지역, 자연녹지지역 ③
(2) 대지면적 : 9,900m²
(3) 건폐율 : 20% 이하 ④
(4) 용적률 : 50% 이하
(5) 조경면적 : 대지면적의 30% 이상
(6) 최고높이 : 3층 이하, 15m 이하 ⑤
(7) 주변현황 : 대지 현황도 참조 ⑥

3. 계획조건 및 고려사항

(1) 계획조건

① 도로 (경사도 1/15 이하) ⑦
- 단지내 도로(차도) : 너비 6m
- 단지내 보행로 : 너비 3m 이상

② 건축물 (지상층 바닥면적 합계) ⑧
- 전통문화공연장 1동 : 1,500m²
  - 객석(350석)과 무대의 층고는 9m 이상
- 지역홍보전시관 1동 : 2,100m²
- 향토문화교육관 1동 : 1,200m²

③ 외부시설 ⑨
- 진입마당 : 600m² 이상 (경사도 1/15 이하)
- 문화행사마당 : 700m² 이상 (경사도 1/15 이하)
- 민속놀이마당 : 700m² 이상
- 주차장
  - 문화 및 집회시설은 시설면적 150m²당 1대
  - 교육연구시설은 시설면적 300m²당 1대
  - 장애인전용주차는 전체 주차대수의 3% 이상
  - 일반형 주차 규격은 1대당 2.3m x 5m
  - 지하주차장은 고려하지 아니하며, 민속놀이마당 관람석은 주차대수 산정할 때 고려하지 아니함

(2) 고려사항

① 건축물의 평면형태는 사각형으로 하고, 외부시설의 형태는 임의로 한다. ⑩
② 전통문화공연장 1층 일부를 너비 6m 이상의 필로티로 하고, 그 부분은 바닥면적에 산입하지 아니한다. ⑪
③ 필로티는 보호수림대를 향하여 열리도록 한다.
④ 향토문화교육관은 주민들의 접근이 용이하고 전면이 넓게 개방되도록 배치한다. ⑫
⑤ 문화행사마당은 주민들이 도로에서 쉽게 접근할 수 있도록 배치한다. ⑬
⑥ 민속놀이마당은 경사지형을 활용하며, 주변 소음과 오후 공연관람에 적합한 향을 고려하여 배치한다. ⑭
⑦ 건축물 간의 이격거리는 9m 이상으로 한다. ⑮
⑧ 건축물 및 외부시설은 인접 대지경계선에서 5m 이상, 건축선에서 6m 이상 이격한다. ⑮
⑨ 조경의 너비는 3m 이상으로 한다. ⑯
⑩ 진입마당과 문화행사마당 및 옥상조경은 조경면적에 산입되지 아니한다.
⑪ 차량과 보행동선은 최대한 분리하며, 모든 차량서비스 동선에 접하게 한다. ⑰
⑫ 계획된 지형의 경사도는 1/2 이하로 하며 옹벽은 설치하지 아니한다.
⑬ 각 건축물이 접하는 대지의 지표면의 고저차는 1m를 넘지 않도록 계획한다.
⑭ 등고선을 조절할 때 우수처리에 대한 표현은 생략한다.

⑱

FACTOR	구 성
⑩ 건축물의 형태 - 지상층 바닥면적의 합계와 최고높이를 기준으로 임의 계획 ⑪ 전통문화공연장 필로티 - 바닥면적 산입 제외 - 보호수림대 향해 열리도록 고려(건물의 기능을 고려하여 공간적, 개념적 이해로 접근하는 것이 합리적) ⑫ 향토문화교육관 - 주민 접근성을 고려한 위치선정 - 전면 개방감이 확보되도록 고려 ⑬ 문화행사마당의 접근성 고려 ⑭ 민속놀이마당 - 기존 지형(경사지) 활용 - 주변 소음과 향을 고려한 배치 ⑮ 이격거리 제시 - 건축물간 9m - 인접대지경계선에서 5m - 건축선에서 6m ⑯ 조경 기준 - 너비는 3m 이상 - 외부공간과 옥상조경은 조경면적 산입에서 배제 ⑰ 차량동선계획 - 최대한 보차분리 - 모든 건축물의 서비스접근 고려 ⑱ 지형계획 - 지형계획 1/2 이하, 옹벽 배제 - 건축물 주변 고저차 1m 이하 - 우수계획 생략	ⓑ 배치고려사항 - 건축가능영역 - 시설간의 관계(근접, 인접, 연결, 연계 등) - 보행자동선 - 차량동선 및 주차장 계획 - 장애인 관련 사항 - 조경 및 포장 - 자연과 지형활용 - 옹벽 등의 사용지침 - 이격거리 - 기타사항

구 성	FACTOR	지 문 본 문	FACTOR	구 성

구 성

5. 도면작성요령
- 각 시설명칭
- 크기표시 요구
- 출입구 표시
- 이격거리 표기
- 주차대수 표기 (장애인주차구획)
- 표고 기입
- 단위 및 축척

FACTOR

⑲ 도면작성요령은 항상 확인하는 습관이 필요 합니다.
- 문제에서 요구하는 것은 그대로 적용하여 불필요한 감점이 생기지 않도록 절대 유의

⑳ 건축물의 표현
- 굵은 실선

㉑ 등고선, 도로 등의 표현
- 실선

㉒ 각 시설 명칭과 면적 표기
- 시설 중앙에 표현
- 면적은 층별 표현

㉓ 시설의 계획레벨 표현
- 경사지 배치계획인 경우 별도 요구가 없더라도 표현해야 함

㉔ 건폐율 및 용적률은 계획된 내용을 기준으로 산정하여 표기해야 함

㉕ <보기>에 제시된 표현방법은 반드시 준수해야 합니다.
- 건물의 주출입구는 장변 중앙에 표현하는 것이 원칙(건물의 용도를 고려한 위치선정도 가능)

㉖ 치수는 지문에서 요구한 이격거리를 위주로 표현
- 건축물과 외부공간을 가로지르는 치수계획은 지양하도록 함

㉗ 단위 및 축척
- m / 1:400

지 문 본 문

과목: 대지계획 제1과제 (배치계획) 배점: 65/100점

4. 도면작성요령 ⑲

(1) 건축물 외곽선은⑳ 굵은 실선으로 표시한다.
(2) 조정된 등고선과 단지내 도로는㉑ 실선으로 표시한다.
(3) 각 시설에는 명칭과 면적을 표기한다.㉒
(4) 대지현황도의 레벨을 기준으로 각 시설의 ㉓ 계획레벨을 표기하며, 건축물은 1층 바닥높이를 표기한다.
(5) 건폐율과 용적률을 표기한다.㉔
(6) 기타 표시는 <보기>를㉕ 따른다.
(7) 주요 치수를 표기한다.㉖
(8) 단위: m, 축척: 1/400㉗

5. 유의사항

(1) 답안작성은 반드시 흑색 연필로㉘ 한다.
(2) 명시되지 않은 사항은 현행 관계법령의 범위 안에서 임의로 한다.㉙

<보기>

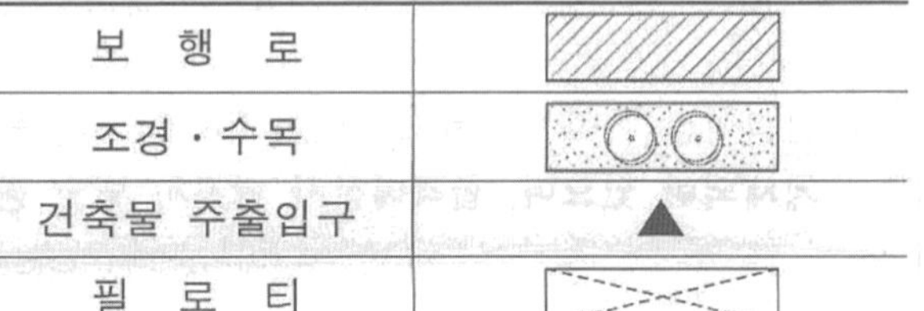

보 행 로	
조경 · 수목	
건축물 주출입구	▲
필 로 티	

<대지현황도> 축척 없음 ㉚

FACTOR

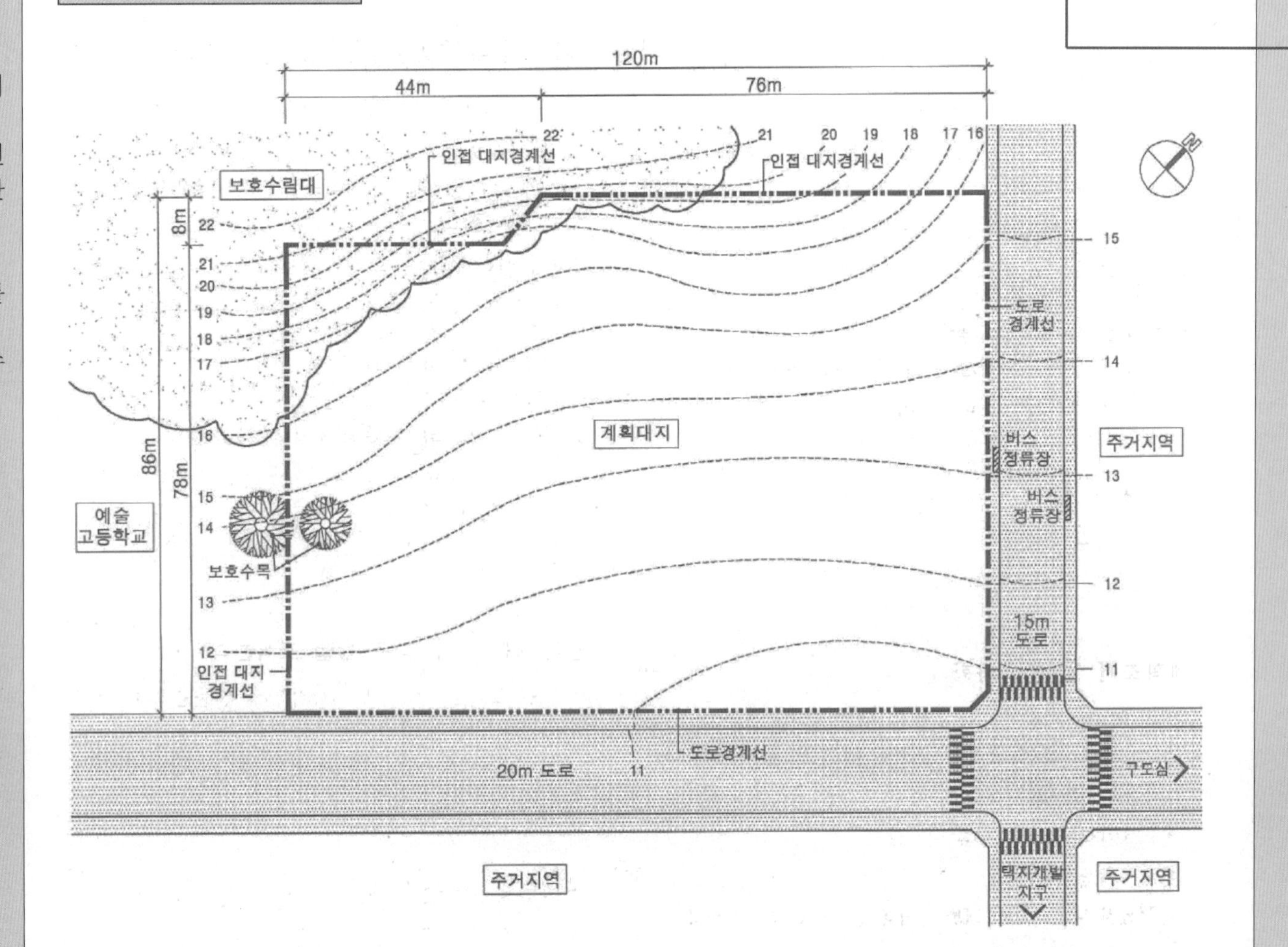

㉘ 항상 흑색연필로 작성할 것을 요구합니다

㉙ 명시되지 않은 사항은 현행 관계법령을 준용
- 기타 법규를 검토할 경우 항상 문제해결의 연장선에서 합리적이고 복합적으로 고려하도록 합니다.

㉚ 현황도 파악
- 대지형태
- 접도조건
- 주변현황 (예술고등학교, 주거지역, 버스정류장, 보호수림 등)
- 완경사지 및 급경사지, 레벨
- 대지 내 보호수목
- 방위, 지형축
- 제시되는 현황도를 이용하여 1차적인 현황을 분석 합니다.(개성이 강한 대지인 경우, 시간을 조금 더 투자하여 제시된 조건을 충분히 파악하는 것이 매우 중요합니다)

구 성

6. 유의사항
- 제도용구 (흑색연필 요구)
- 지문에 명시되지 않은 현행법령의 적용 방침(적용 or 배제)

7. 보기
- 보도, 조경
- 식재
- 데크 및 외부공간
- 건물 출입구
- 옹벽 및 법면
- 기타 표현방법

8. 대지현황도
- 대지현황
- 대지주변현황 및 접도조건
- 기존시설현황
- 대지, 도로, 인접대지의 레벨 또는 등고선
- 각종 장애물 현황
- 계획가능영역
- 방위
- 축척(답안작성지는 현황도와 대부분 중복되는 내용이지만 현황도에 있는 정보가 답안작성지에서는 생략되기도 하므로 문제접근시 현황도를 꼼꼼히 체크하는 습관이 필요합니다)

■ 문제풀이 Process

1 제목 및 과제 개요 check

① 배점 : 난이도 예상, 제2과제와의 시간배분에 유의해야 함

② 제목 : 중소도시 향토문화 홍보센터

③ 자연녹지지역 : 도시계획 차원의 기본적인 대지 성격을 파악

④ 건폐율과 용적률 제시
- 기출문제 중 처음으로 건폐율과 용적률 기준을 제시

⑤ 조경면적 : 대지면적의 30% 이상, 실무적 factor

⑥ 최고높이 제시
- 3층 이하, 15m 이하
- 건폐율, 용적률과 맞물려 건축물 규모를 수험생이 임의 계획하도록 유도함 (많은 대안이 가능하도록 구성됨)

2 현황 분석

① 대지형상
- 장방형의 경사지(등고선 방향 및 간격 확인)

② 주변현황 파악
- 예술고등학교, 주거지(아파트), 버스정류장, 횡단보도 등

③ 접도조건 확인
- 남동측 20m 도로 (보행자 주출입 예상)
- 북동측 15m 도로 (보행자 부출입, 차량 진출입 예상)

④ 대지내 보호수림대, 수목 파악
- 건축가능영역 일부를 제한, 양호한 자연환경 제공

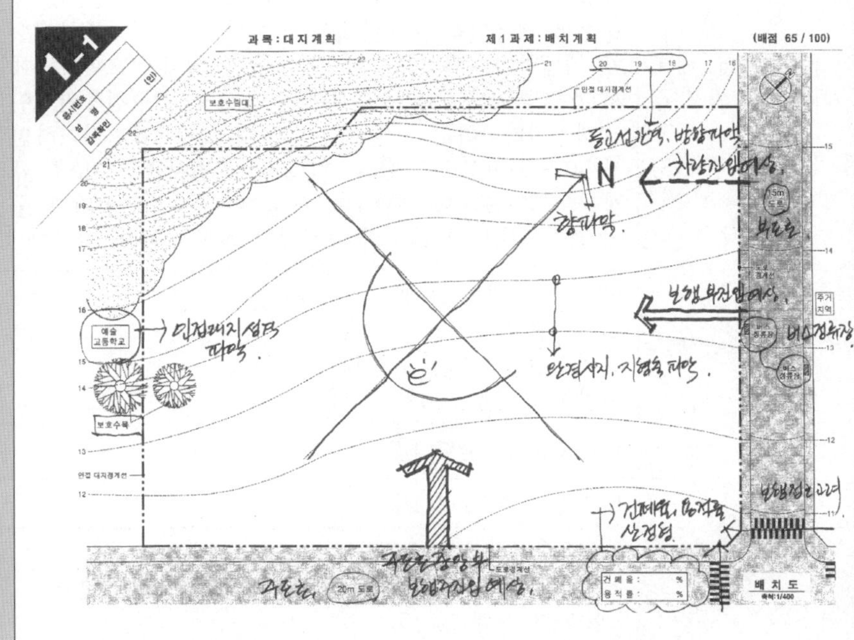

3 요구조건 분석 (diagram)

① 도로 조건
- 도로와 보행로를 구분하여 제시(도로는 차로를 의미함)
- 도 로 : 너비 6m, 경사도 1/15 이하
- 보행로 : 너비 3m, 경사도 1/15 이하
  (보행로의 위계에 따라 임의 계획하도록 유도, 최소폭 제한)

② 건축물 조건 및 성격 파악
- 지상층 바닥면적의 합계로 규모 제시
  (계획자에 따라 건축물 각동의 건폐율 및 전체 용적률에 차이가 발생함)
- 지역홍보전시관을 주건물로 파악하는 것이 합리적

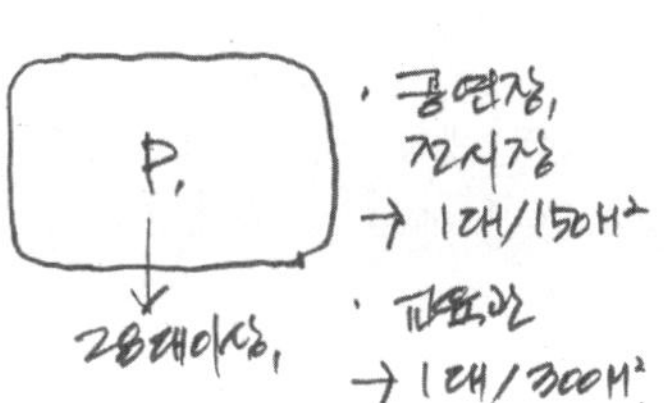

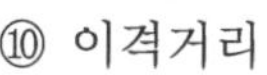

③ 외부시설 성격 파악
- 진입마당, 문화행사마당, 민속놀이마당
- 공간의 성격을 파악하여 매개(완충) vs 전용공간으로 구분

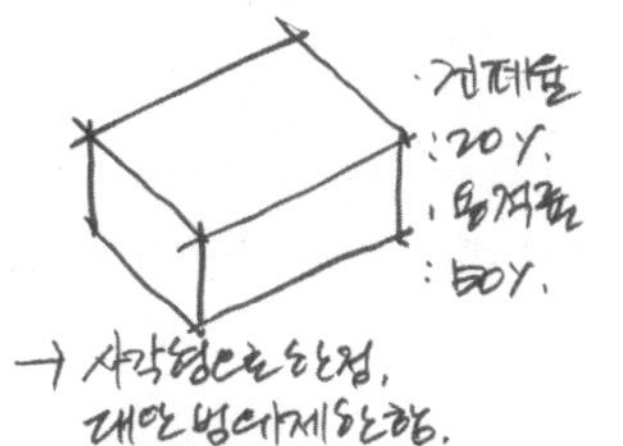

④ 주차장 파악
- 시설 용도에 따른 면적별 대수로 제시
- 장애인주차는 전체의 3%로 제시

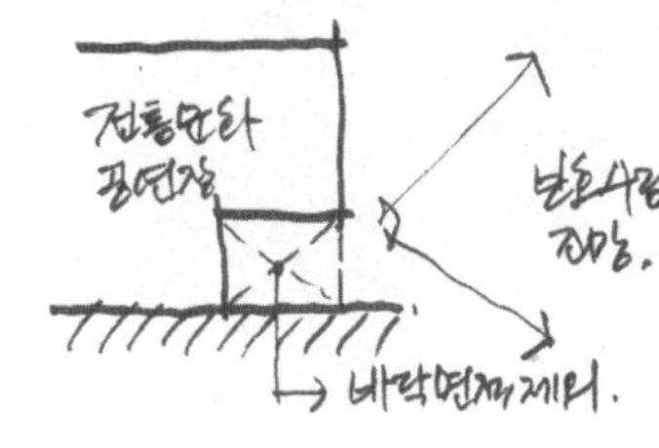

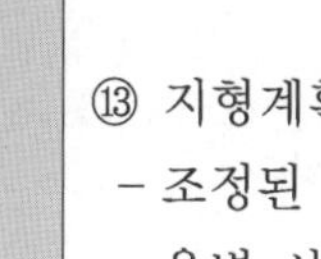

⑤ 건축물 형태
- 사각형으로 한정
- 계획자에 따라 건물 크기 달라짐
  (건폐율vs바닥면적vs최고높이)

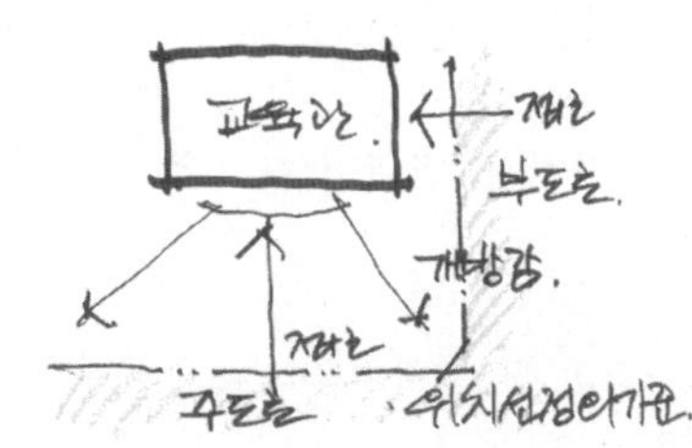

⑥ 전통문화공연장
- 1층 일부를 필로티로 계획
- 바닥면적 산입 제외
- 보호수림대를 향해 열리도록 계획
  (시각적, 공간적 개방감을 확보)

⑦ 향토문화교육관
- 주민 접근성 고려한 위치선정
- 전면 개방감이 확보되도록 고려

⑧ 문화행사마당
- 도로에서의 접근성 고려한 위치선정
- 보행로 결절점, 횡단보도 위치 고려

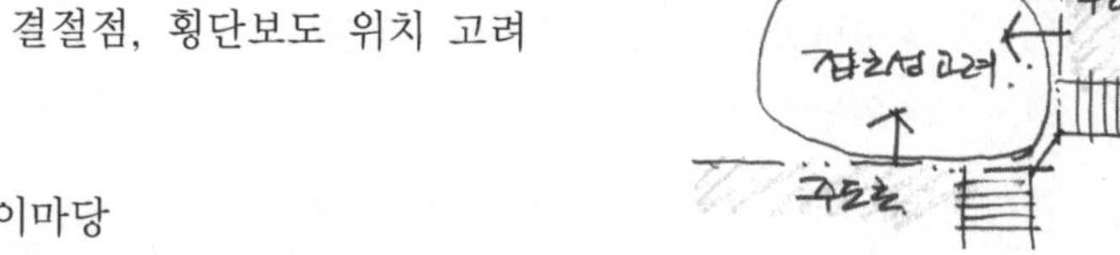

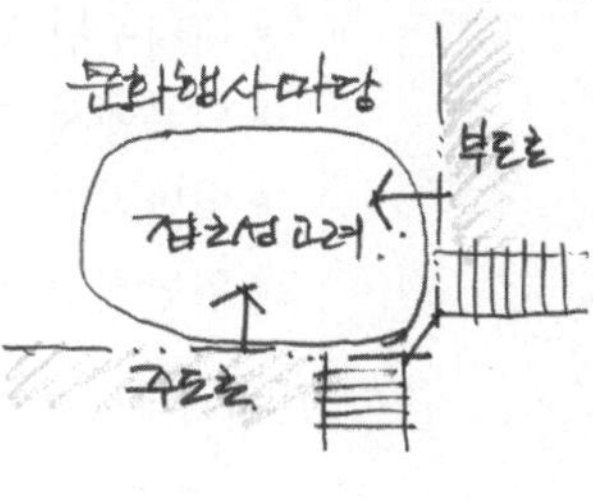

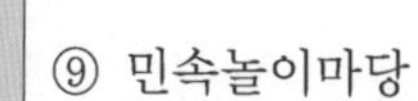

⑨ 민속놀이마당
- 경사지형 활용
- 전통문화공연장과 연계 고려
- 주변소음 고려한 위치선정
- 오후 관람을 고려한 방향선정

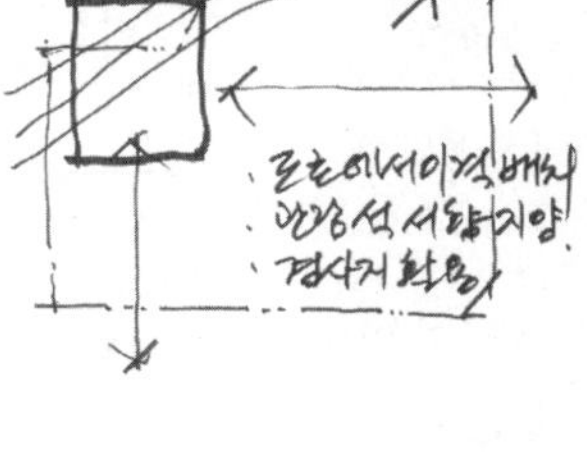

⑩ 이격거리
- 건축물 간 9m 이상 이격
- 인접대지경계선에서 5m 이상 이격
- 건축선에서 6m 이상 이격

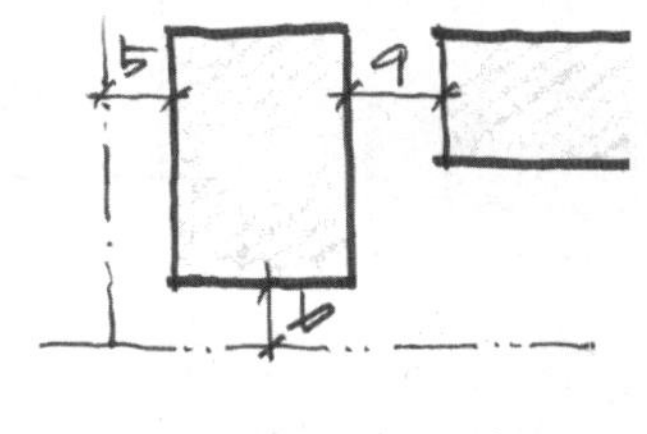

⑪ 조경계획 조건
- 띠조경 너비는 3m 이상
- 진입마당, 문화행사마당, 옥상조경은
- 조경면적 산입되지 않음

⑫ 동선계획
- 최대한 보차분리 고려
- 모든 건축물은 차량 서비스를 고려
  (차량동선 계획의 대전제)

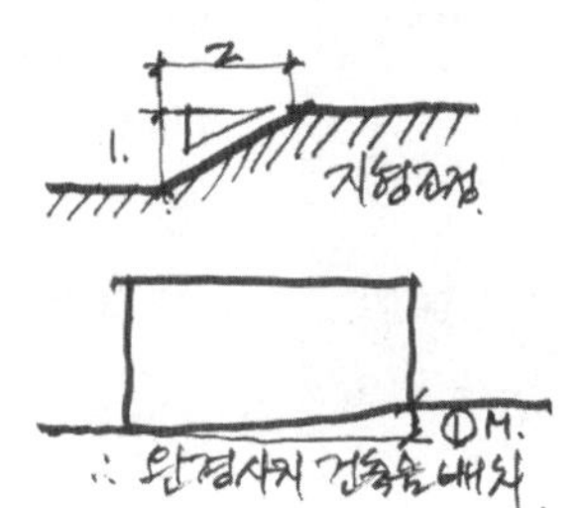

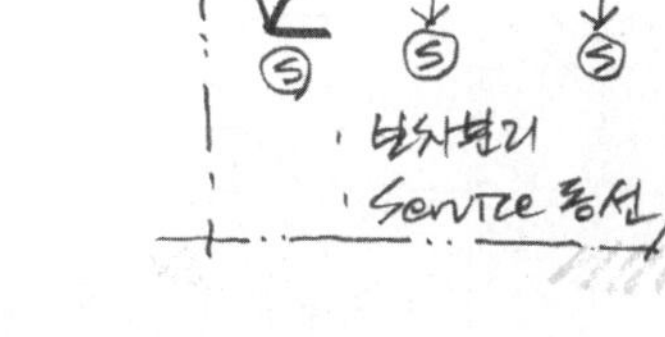

⑬ 지형계획
- 조정된 지형의 경사도는 1/2 이하
- 옹벽 사용은 배제함
- 등고선 조정시 우수처리 생략
- 건축물이 접하는 대지의 고저차는 1m를 넘지 않도록 고려

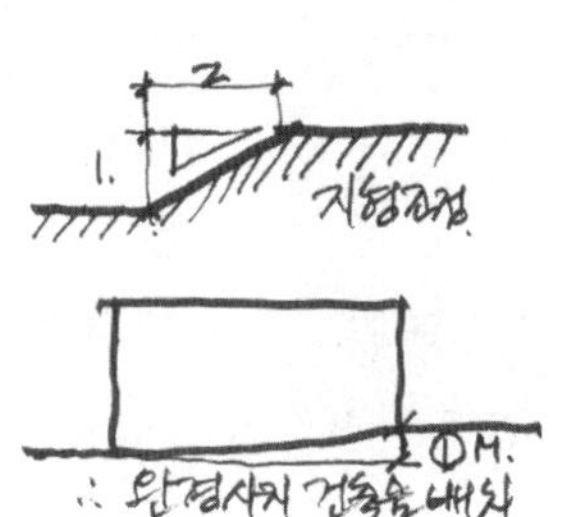

⑭ 도면작성요령
- 각 시설에 명칭과 면적(층별면적)을 표기
- 계획 후 건폐율과 용적률 산정하여 답안지에 기입

■ 문제풀이 Process

배치계획 문제풀이를 위한 핵심이론 요약

1. 대지로의 접근성

- ▸대지주변 현황을 고려하여 접근지점 검토
- ▸외부에서 대지로의 접근성을 고려 → 대지 내 동선의 축 설정 → 내부동선 체계의 시작
- ▸일반적인 보행자 주 접근 동선 – 주도로(넓은 도로)
- ▸일반적인 차량 및 보행자 부 접근 동선 – 부도로(좁은 도로)

가. 대지가 일면도로에 접한 경우

- 대지중앙으로 보행자 주출입 예상
- 대지 좌우측으로 차량 출입 예상
- 주차장 영역 검토 : 초행자를 위해서는 대지를 확인 후 진입 가능한 A 영역이 유리

나. 대지가 이면도로에 접한 경우–1

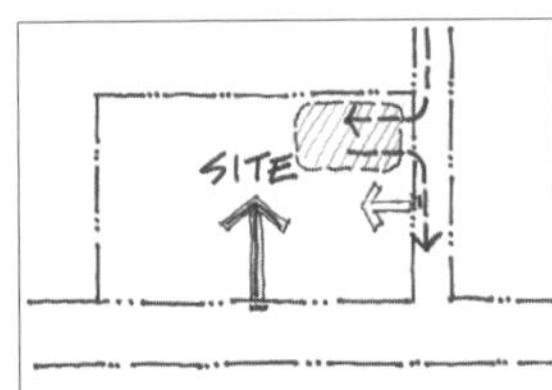

- 주도로에서 보행자 주출입 예상
- 부도로에서 차량 출입 예상 : 주차장 영역 예상
- 요구조건에 따라 부도로에서 보행자 부출입 예상

다. 대지가 이면도로에 접한 경우–2

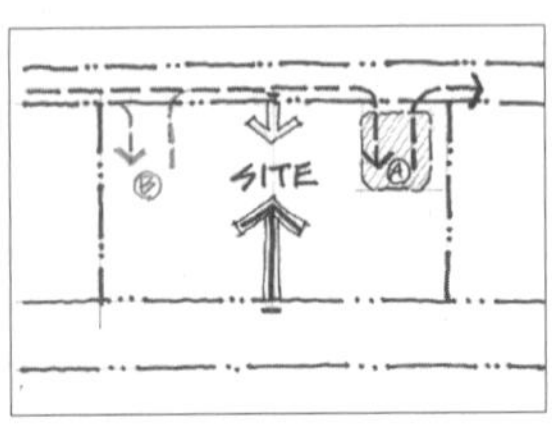

- 주도로에서 보행자 주출입 예상
- 부도로에서 차량 출입 예상 : 주차장 영역 예상→A 영역 우선 검토
- 부도로에서 보행자 부출입 예상

2. 외부공간 성격 파악

▸외부공간을 계획할 경우 공간의 쓰임새와 성격을 분명하게 규정해야 한다.

▸전용공간
① 전용공간은 특정목적을 지니는 하나의 단일공간
② 타 공간으로부터의 간섭을 최소화해야 함
③ 중앙을 관통하는 통과동선이 형성되는 것을 피해야 한다.
④ 휴게공간, 전시공간, 운동공간

▸매개공간
① 매개공간은 완충적인 공간으로서 광장, 건물 전면공간 등 공간과 공간을 연결하는 고리역할을 하며 중간적 성격을 갖는다.
② 공간의 성격상 여러 통과동선이 형성될 수 있다.

3. 시설의 용도에 따른 단위 면적당 주차장

주차장 설치의 기준은 아래의 기준에 따라 일반적으로 지자체 조례로 정리된다.

[주차장법 시행령 제6조(부설주차장의 설치기준)
① 법 제19조제3항에 따라 부설주차장을 설치하여야 할 시설물의 종류와 부설주차장의 설치기준은 별표 1과 같다. 다만, 다음 각 호의 경우에는 특별시·광역시·특별자치도·시 또는 군(광역시의 군은 제외한다. 이하 이 조에서 같다)의 조례로 시설물의 종류를 세분하거나 부설주차장의 설치기준을 따로 정할 수 있다.]

- 시험에서 조례로 지정되는 내용은 지문에 반드시 주어지므로 지문 조건에 따라야 한다.
- 서울시 사례 〈서울특별시 주차장 설치 및 관리조례 中 별표 2〉

시설물	설치기준
1. 위락시설	시설면적 67㎡당 1대
2. 문화 및 집회시설(관람장을 제외한다), 종교시설, 판매시설, 운수시설, 의료시설(정신병원·요양병원 및 격리병원을 제외한다), 운동시설(골프장·골프연습장 및 옥외수영장을 제외한다), 업무시설(외국공관 및 오피스텔을 제외한다), 방송통신시설중 방송국, 장례식장	시설면적 100㎡당 1대
2–1. 업무시설(외국공관 및 오피스텔을 제외한다)	일반업무시설 : 시설면적 100㎡당 1대 공공업무시설 : 시설면적 200㎡당 1대
3. 제1종 근린생활시설 (제3호 바목 및 사목을 제외한다), 제2종 근린생활시설, 숙박시설	시설면적 134㎡당 1대
4. 단독주택(다가구주택을 제외한다)	시설면적 50㎡ 초과 150㎡ 이하 : 1대, 시설면적 150㎡ 초과 : 1대에 150㎡를 초과하는 100㎡당 1대를 더한 대수 [1+{(시설면적–150㎡)/100㎡}]
5. 다가구주택, 공동주택(외국공관안의 주택 등의 시설물 및 기숙사를 제외한다) 및 업무시설 중 오피스텔	「주택건설기준 등에 관한 규정」제27조제1항에 따라 산정된 주차대수(다가구주택, 오피스텔의 전용면적은 공동주택 전용면적 산정방법을 따른다)로 하되, 주차대수가 세대당 1대에 미달되는 경우에는 세대당(오피스텔에서 호실별로 구분되는 경우에는 호실당) 1대(전용면적이 30제곱미터이하인 경우에는 0.5대, 60제곱미터이하인 경우0.8대)이상으로 한다. 다만, 주택법시행령 제3조 규정에 의한 도시형 생활주택 원룸형은 「주택건설기준 등에 관한 규정」제27조의 규정에서 정하는 바에 따른다.
6. 골프장, 골프연습장, 옥외수영장, 관람장	골프장 : 1홀당 10대 골프연습장 : 1타석당 1대 옥외수영장 : 정원 15인당 1대 관람장 : 정원 100인당 1대
7. 수련시설, 공장(아파트형제외), 발전시설	시설면적 233㎡당 1대
8. 창고시설	시설면적 267㎡당 1대
9. 그 밖의 건축물	· 대학생기숙사 : 시설면적 400㎡당 1대 · 대학생기숙사를 제외한 그 밖의 건축물 : 시설면적 200㎡당 1대

■ 문제풀이 Process

배치계획 문제풀이를 위한 핵심이론 요약

4. 필로티의 면적

▸필로티 면적은 원칙적으로 바닥면적에 산입되지만 다음과 같은 경우는 면적 제외
① 공중의 통행에 이용되는 경우
② 차량의 통행 또는 주차에 전용되는 경우
③ 공동주택의 필로티

▸2013 기출의 경우 전통문화공연장 필로티의 용도는 언급되지 않았지만 이 역시 지문조건이 우선되므로 바닥면적에 산입하지 아니한다.

5. 정면성

▸정면은 FACADE를 의미
▸건물의 정면성을 부각시키기 위해서는 정면이 건물의 넓은 면이 되도록 한다.
▸2개 이상의 도로가 주어진다면 일반적인 경우 정면은 주도로 방향으로 판단

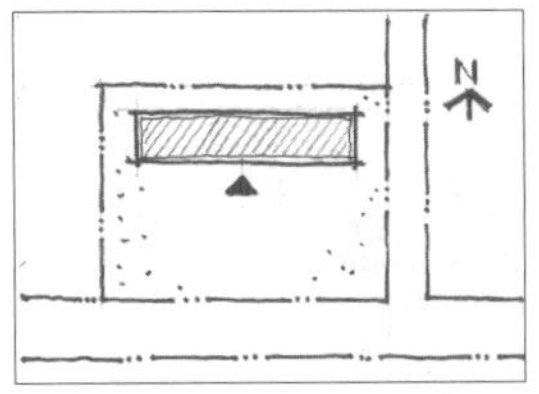

정면성과 향을 모두 확보 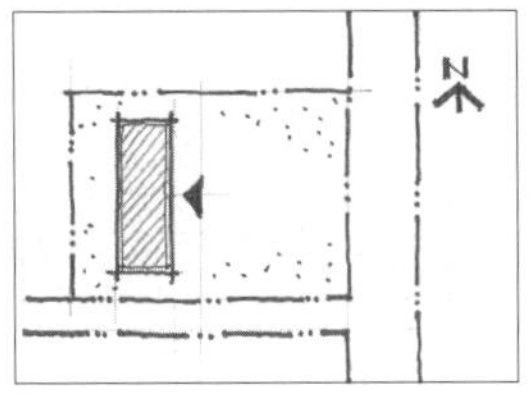 / 정면성은 좋으나 향은 불리

▸수험생들이 자주 하는 실수 중 하나는 정면성 확보 요구가 있는 경우 해당 건물이 무조건 주도로측에 인접해 있어야 한다는 생각으로 문제를 해결하려 하는 것이다.
▸정면성의 경우 주도로에서 다소 이격되더라도 주요건물(로서의 규모)이고 도로 측으로 개방된 외부공간을 가지고 있어, 그 FACADE를 충분히 인식 할 수 있다면 조건을 만족했다 할 수 있다. (보다 유연한 사고가 필요)
▸향토문화교육관은 지역주민의 접근성과 전면의 넓은 개방감을 요구 : 위치선정의 제약 조건으로 활용

6. 소음고려

▸프라이버시 대책 (소음과 시선 처리)
① 건물을 이격배치 하거나 배치 향을 조절 : 적극적인 해결방안, 항상 우선검토
② 다른 건물을 이용하여 차폐
③ 차폐 식재하여 시선과 소리 차단 (상엽수를 밀실하게 열식)
④ FENCE, 담장 등 구조물을 이용

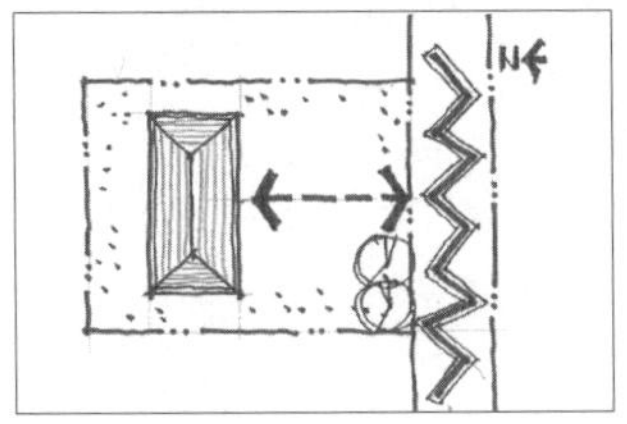

- 소음원(도로)으로부터 이격배치
- 향 및 프라이버시 동시 고려
- 도로변 차폐수목 식재하여 시선 및 소리 차단

▸민속놀이마당은 주변소음을 고려하여 배치 : 2개 인접도로로부터 가장 이격되어 배치될 수 있도록 고려

7. 보차분리

▸보행자주출입구 : 대지 전면의 중심 위치에서 한쪽으로 너무 치우치지 않는 곳에 배치
▸주보행동선 : 모든 시설에서 접근성이 좋도록 시설의 중심에 계획
▸보·차분리를 동선계획의 기본 원칙으로 하되 내부도로가 형성되는 경우 등에는 부분적으로 보·차 교행 구간이 발생하며 이 경우 횡단보도 또는 보행자 험프를 설치
▸보도 폭을 임의로 계획하는 경우 동선의 빈도와 위계를 고려하여 보도 폭의 위계를 조절
▸지문 : 차량과 보행동선은 최대한 분리하며, 모든 건축물은 차량서비스 동선에 접하게 한다.

8. 경사도

▸대지의 경사기울기를 의미
- 비율, 퍼센트, 각도로 제시
▸제시된 등고선 간격(수평투영거리)과 높이차의 관계
▸G=H : V 또는 G=V/H
▸G=V/H×100
▸경사도에 따른 효율성 비교

비율 경사도	% 경사도	시각적 느낌	용도	공사의 난이도
1/25 이하	4% 이하	평탄함	활발한 활동	별도의 성토, 절토 작업 없이 건물과 도로 배치 가능
1/25~1/10	4~10%	완만함	일상적인 행위와 활동	
1/10~1/5	10~20%	가파름	언덕을 이용한 운동과 놀이에 적극이용	약간의 절토작업으로 건물과 도로를 전통적인 방법으로 배치가능, 편익시설의 배치 곤란
1/5~1/2	20%~50%	매우 가파름	테라스 하우스	새로운 형태의 건물과 도로의 배치 기법이 요구됨

▸지문 : 계획된 지형의 경사도는 1/2 이하로 하여 옹벽은 설치하지 아니한다.

9. 성토와 절토

▸지형계획의 가장 기본 : 성토와 절토의 균형, 자연훼손의 최소화
▸절토 : 높은 고도방향으로 이동된 등고선으로 표현
▸성토 : 낮은 고도방향으로 이동된 등고선으로 표현
▸성토와 절토의 균형을 맞추는 일반적인 방법
① 등고선 간격이 일정한 경우 : 지반의 중심을 해당 레벨에 위치
② 등고선 간격이 불규칙한 경우 : 지반의 중심을 완만한쪽으로 이동

■ 문제풀이 Process

4 토지이용계획

① 내부동선 예상
-보차분리 최대한 고려
-모든 건축물 서비스 접근

② 시설조닝
-지역홍보전시관
-향토문화교육관
-전통문화공연장
-기타시설

③ 주변현황을 충분히 고려한 보행 동선계획

④ 시험의 당락은 이 단계에서 사실상 결정됨

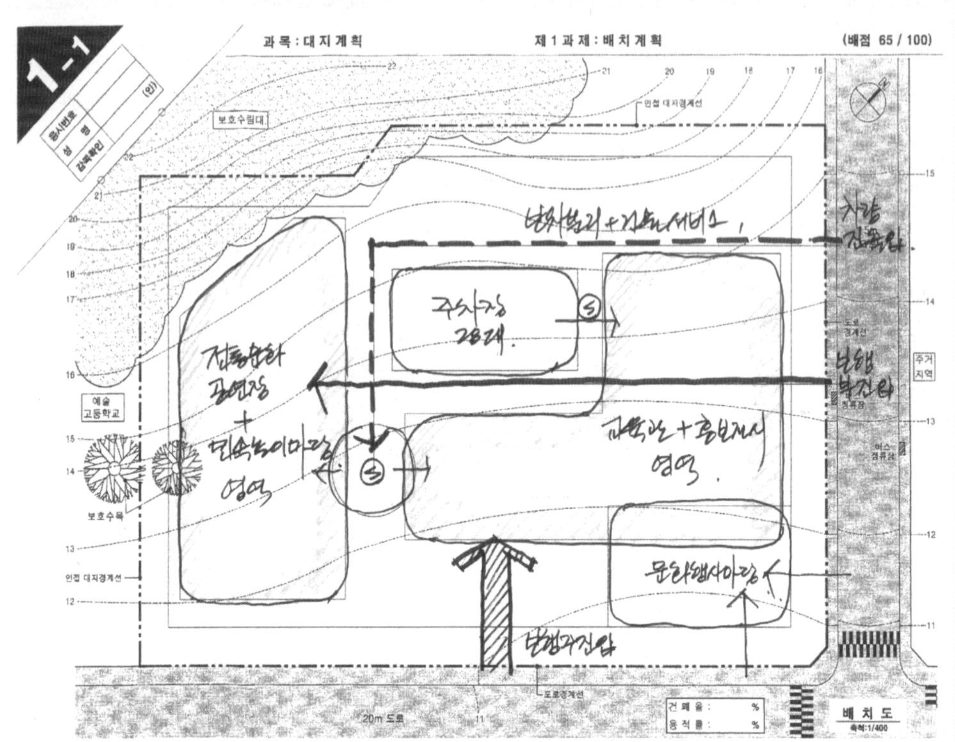

5 배치대안검토

① 토지이용계획을 바탕으로 세부계획 진행

② 조닝된 영역을 기본으로 시설별 연계조건을 고려하여 시설물 위치 선정

③ 명쾌한 동선계획
- 보차분리
- 요구된 주차대수 확보

④ 대지전체에 걸쳐 여유공간을 check하여 계획적인 factor를 추가 고려

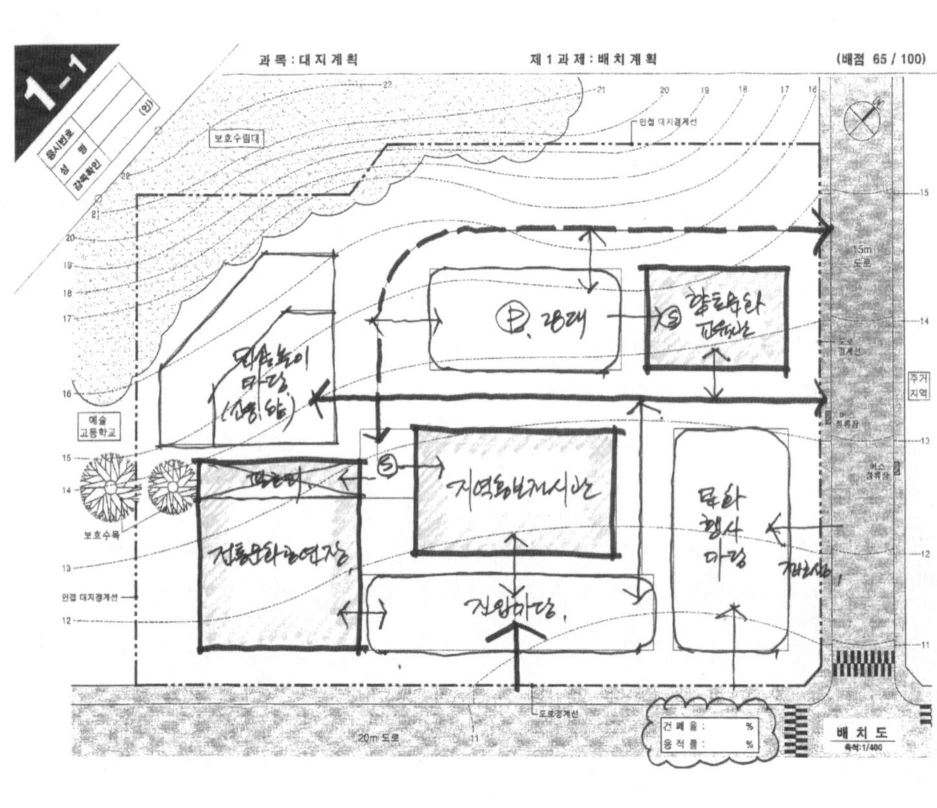

6 모범답안

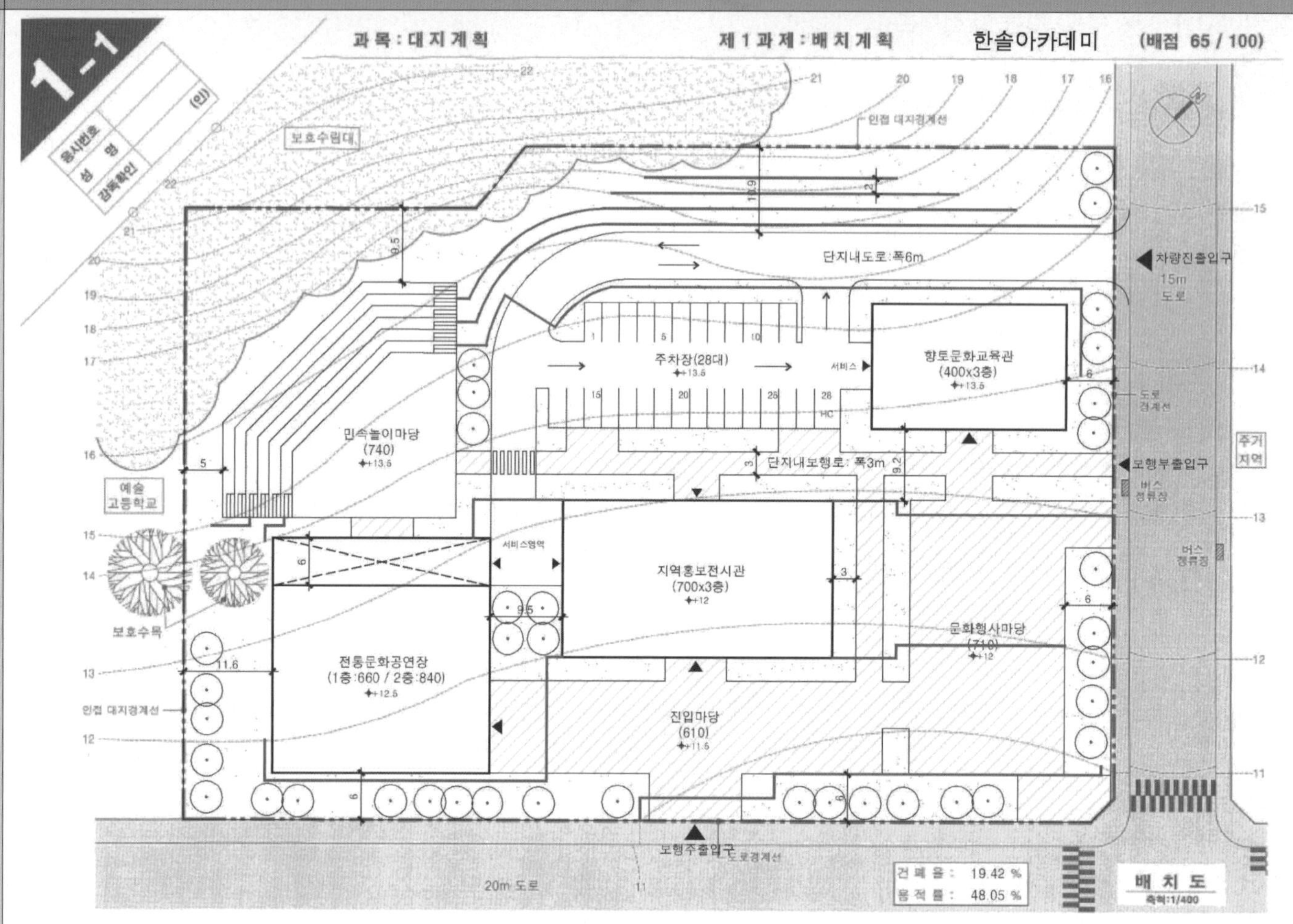

■ 주요 체크포인트

① 기존 지형을 충분히 고려한 조닝 계획
- 주요 기능을 고려한 지역홍보전시관 위치 선정
- 전통문화공연장과 민속놀이마당의 합리적 관계 설정

② 합리적 동선계획
- 최대한 보차분리를 고려
- 현황을 고려한 차량진출입구 위치
- 모든 건물로의 서비스를 고려한 차량동선

③ 용도별 바닥면적에 따른 주차장 계획

④ 건폐율, 용적률+최고높이+지상층 바닥면적을 고려한 건축물 규모 계획

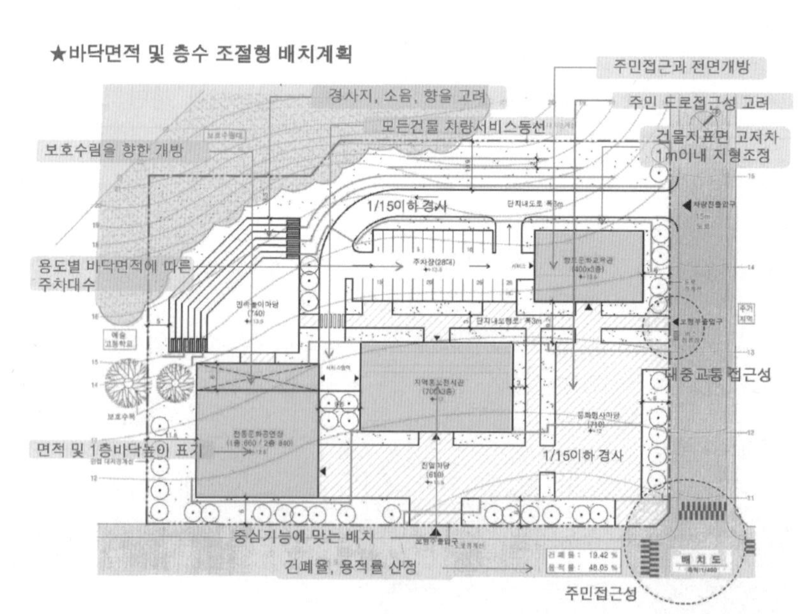

■ 문제풀이 Process

배치계획 주요 체크포인트

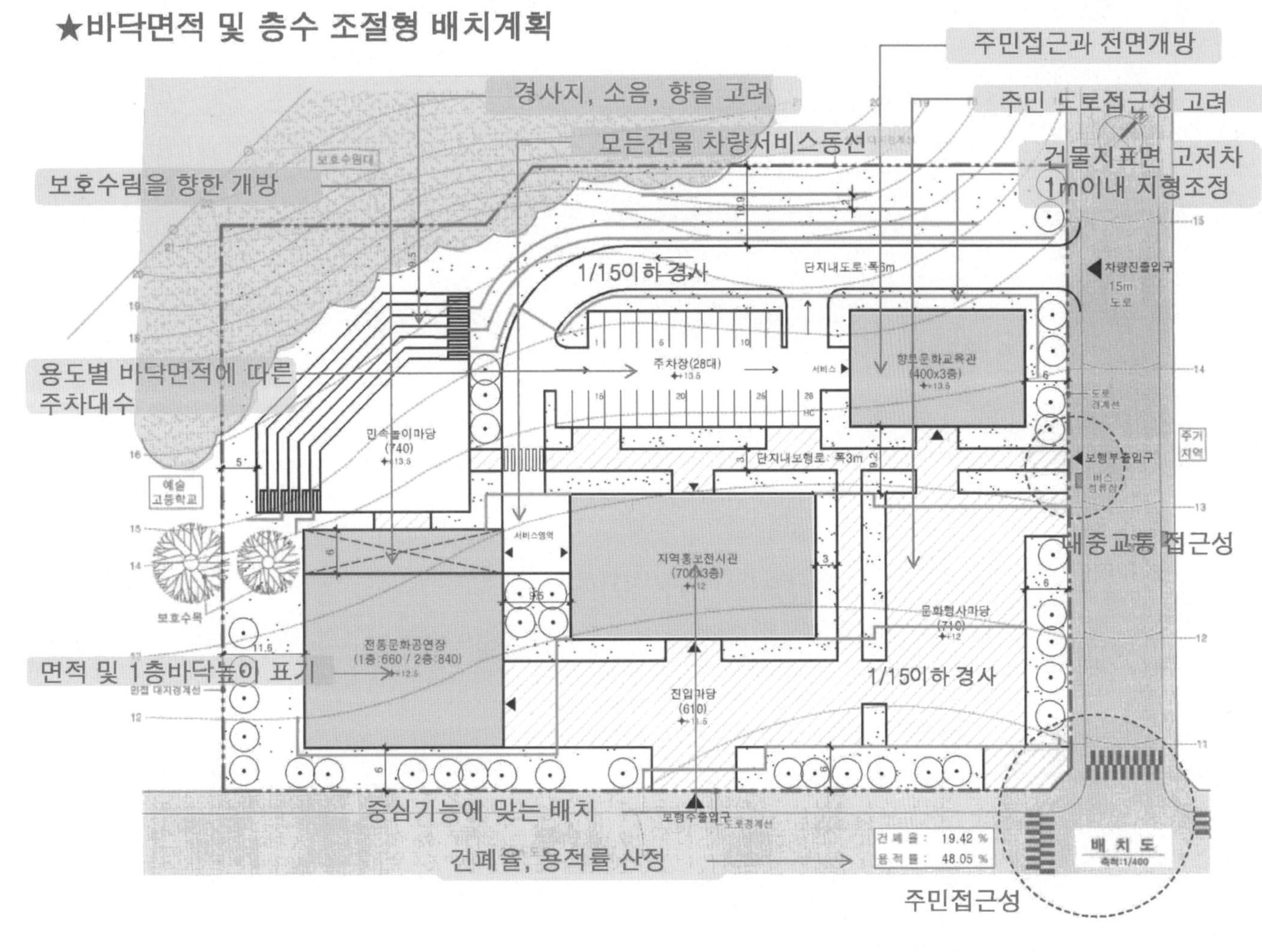

▸ 모든 건축물로의 차량서비스 고려

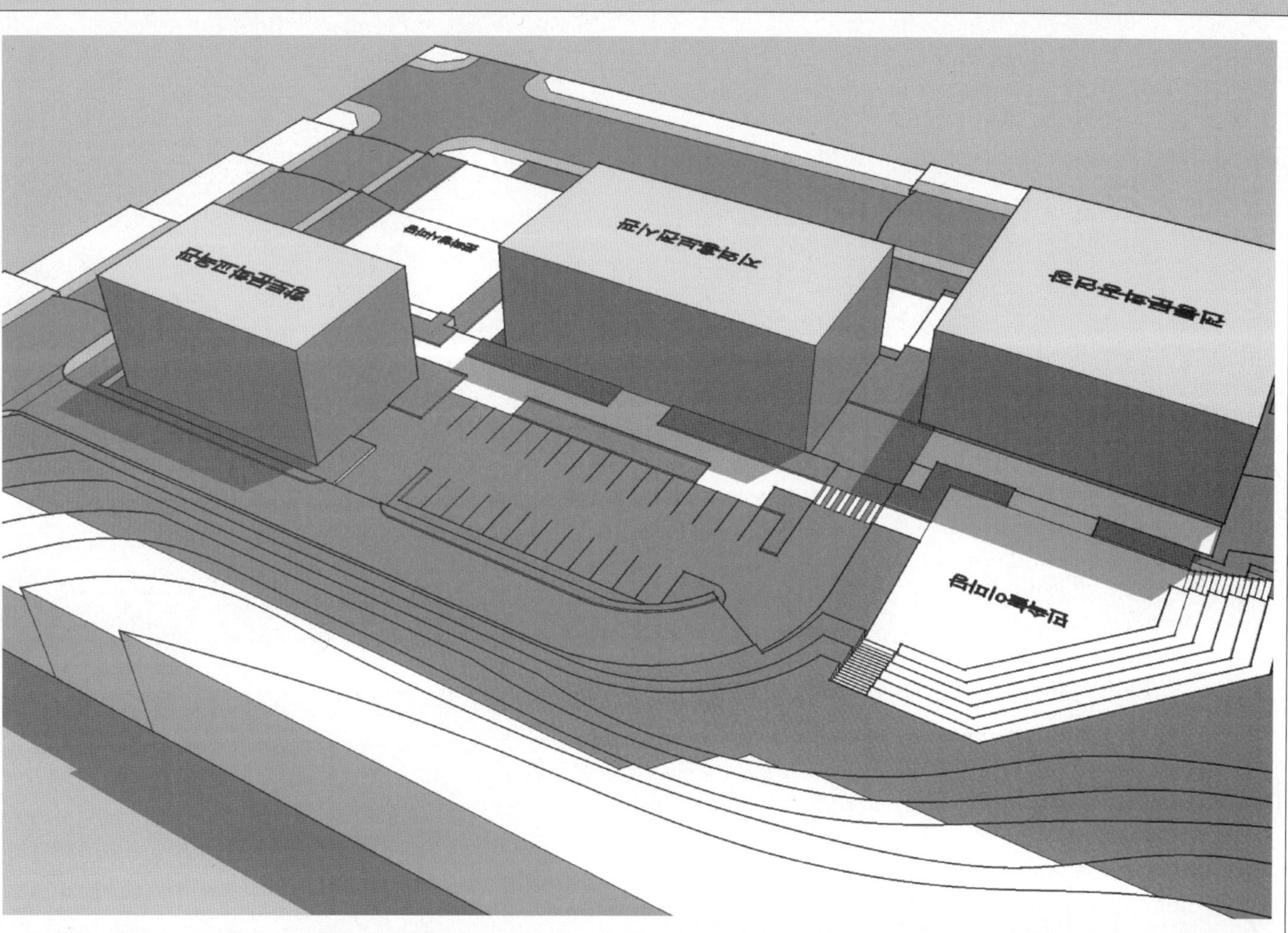

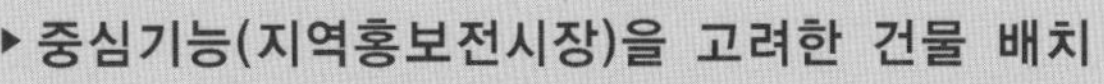

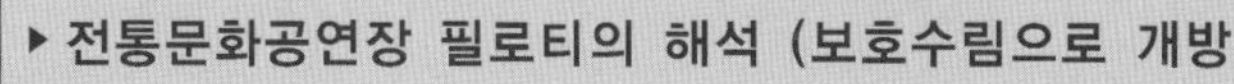

▸ 기존 자연지형에 순응하는 시설배치

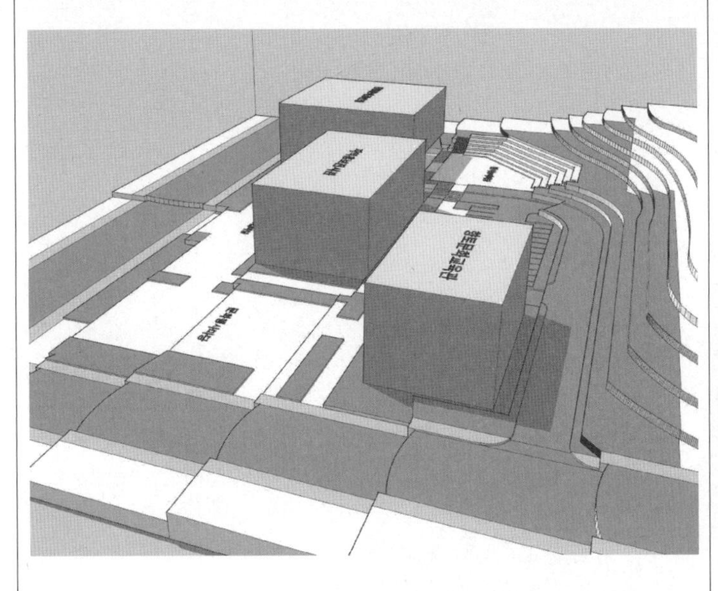

▸ 중심기능(지역홍보전시장)을 고려한 건물 배치

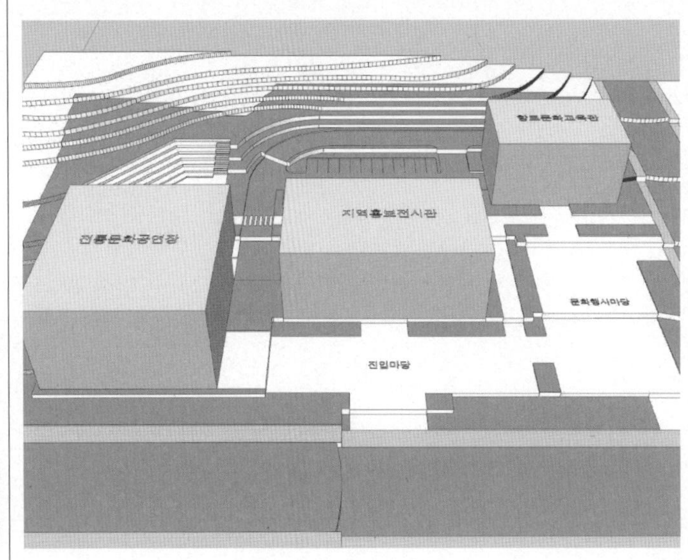

▸ 전통문화공연장 필로티의 해석 (보호수림으로 개방)

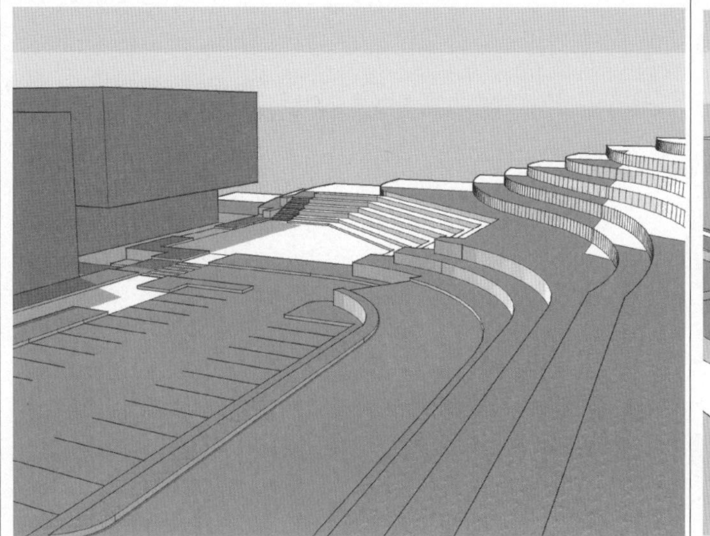

▸ 건물지표면 고저차 1m 이내 계획 (완경사지 활용)

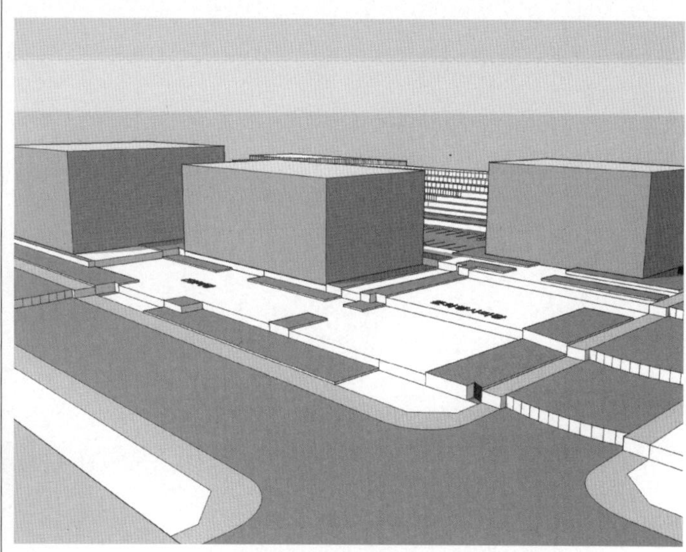

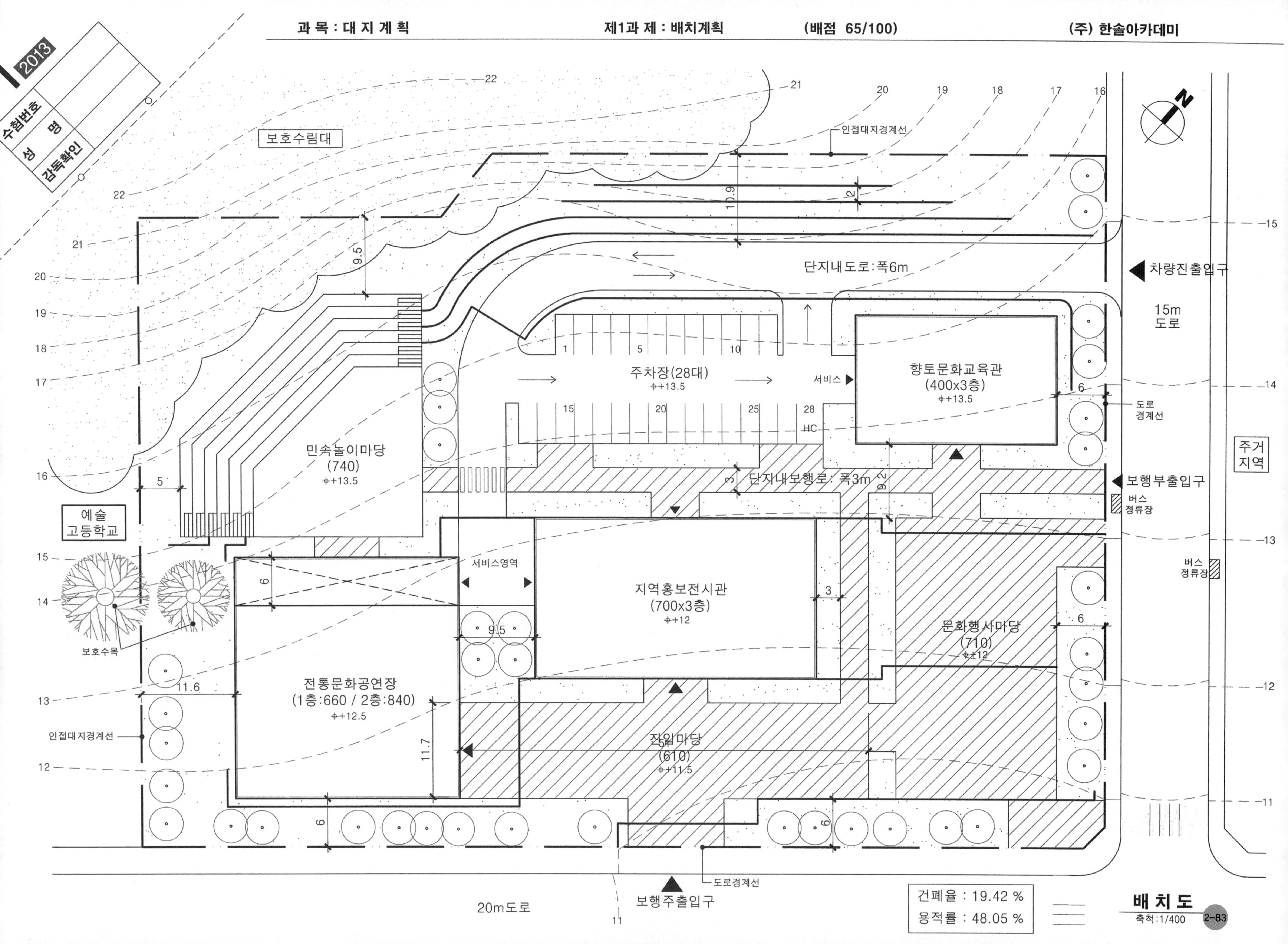
2013
수험번호
성 명
감독확인
보호수림대
인접대지경계선
단지내도로:폭6m
차량진출입구
15m
도로
주차장(28대)
+13.5
서비스
향토문화교육관
(400x3층)
+13.5
도로
경계선
민속놀이마당
(740)
+13.5
단지내보행로: 폭3m
보행부출입구
버스
정류장
주거
지역
예술
고등학교
서비스영역
지역홍보전시관
(700x3층)
+12
문화행사마당
(710)
+12
보호수목
전통문화공연장
(1층:660 / 2층:840)
+12.5
진입마당
(610)
+11.5
인접대지경계선
도로경계선
20m도로
보행주출입구
건폐율 : 19.42 %
용적률 : 48.05 %
배 치 도
축척:1/400

구 성	FACTOR	지 문 본 문	FACTOR	구 성

구 성

1. 제목
- 건축물의 용도 제시 (공동주택과 일반건축물 2가지로 구분)
- 최대건축가능영역의 산정이 대전제

2. 과제개요
- 과제의 목적 및 취지를 언급합니다.
- 전제사항에 대한 개괄적인 설명이 추가되는 경우도 있습니다.

3. 대지개요(조건)
- 대지에 관한 개괄적인 사항
- 용도지역지구
- 대지규모
- 건폐율, 용적률
- 대지내부 및 주변현황(최근 계속 현황도가 별도로 제시)

4. 계획조건
- 접도현황
- 대지안의 공지
- 각종 이격거리
- 각종 법규 제한조건 (일조권, 도로사선, 가로구역별최고높이, 문화재보호앙각, 고도제한 등)
- 각종 법규 완화규정
- 대지 내외부 각종 장애물에 관한 사항
- 1층 바닥레벨
- 각층 층고
- 외벽계획 지침
- 대지의 고저차와 지표면 산정기준

FACTOR

① 배점을 확인합니다.
- 35점 (과제별 시간 배분 기준)

② 용도 체크
- 교육연구시설 (일반건축물 검토)
- 최대 건축가능영역

③ 현황도 제시
- 계획조건을 읽기 전에 현황도를 이용, 1차적인 현황분석을 선행하는 것이 문제의 윤곽을 잡아가는데 훨씬 유리합니다.
- 도로확폭, 가각전제 등으로 건축선이 변경되는 부분이 있는지 가장 먼저 확인 (대지면적이 바뀌면 모든 기준이 바뀝니다.)
- 접도조건 및 주변현황 파악
- 향을 확인하여 적용해야 하는 법규를 미리 정리해봅니다.

④ 제2종 일반주거지역
- 정북일조권 적용

⑤ 건폐율 및 용적률 미적용형

⑥ 도로사선제한
- 1 : 1.5
- 각각의 도로폭을 기준으로 적용

⑦ 정북일조권 적용

⑧ 건축물 최고높이
- 가로구역별 최고높이 아님
- 대지레벨을 기준으로 +25m

⑨ 문화재보호사선 적용
- 보호구역 경계 지표면+7.5m에서 2 : 1 사선 적용

2013년도 건축사자격시험 문제

과목: 대지계획 　　 제2과제 (대지분석 · 조닝) 　　 ①배점: 35/100점

제목 : 교육연구시설의 최대 건축가능영역 ②

1. 과제개요

대지현황도③에 제시된 계획대지에 교육연구시설을 신축하고자 한다. 다음 사항을 고려하여 최대 건축가능영역을 구하시오.

2. 대지개요

(1) 용도지역 : 제2종 일반주거지역 ④
(주변 대지는 모두 동일한 용도지역이며, 도로 건너편 대지는 최대 건축가능영역 산정에 영향을 미치지 아니함)

(2) 대지규모 : 대지현황도 참조

(3) 건폐율, 용적률 : 고려하지 않음 ⑤

(4) 인접도로 현황 : 대지현황도 참조

3. 계획조건 및 고려사항

(1) 건축물 높이는 전면도로의 반대쪽 경계선까지의 수평거리의 1.5배 이하로 한다.⑥ 단, 건축물 높이제한 산정을 위한 전면도로의 너비 기준은 당해 전면도로의 너비를 적용한다.

(2) 일조 등의 확보를 위하여 정북방향의 인접 대지경계선으로부터 띄어야 할 거리는 다음과 같다. ⑦
① 높이 9m 이하인 부분 : 1.5m 이상
② 높이 9m를 초과하는 부분 : 해당 건축물 각 부분 높이의 1/2 이상

(3) 건축물의 최고높이는 25m 이하로 한다. ⑧

(4) 계획대지의 북쪽에 있는 ⑨문화재보호구역 경계선의 지표면(EL±0m 기준)에서 높이 7.5m인 지점으로부터 그은 사선(수평거리와 수직거리의 비는 2 : 1)의 범위 내에서 건축이 가능하다.

(5) 건축물의 외벽은 수직으로 하며, 건축선 및 인접 대지경계선으로부터 ⑩이격하는 거리는 다음과 같다.
① 6m 도로 : 1m 이상
② 8m 도로 : 2m 이상
③ 인접 대지경계선 : 1m 이상

(6) 보호수목 경계선(8m x 8m)으로부터 2m를 이격하여 건축한계선으로 한다. ⑩

(7) 계획대지 및 건축물 지상 1층 바닥레벨은 EL±0m로 ⑪ 하며 절토 또는 성토를 하지 아니한다. (도로에 접한 대지경계는 콘크리트 옹벽으로 되어 있음)

(8) 지상의 각층 층고는 4m로 ⑫ 하며, 지하층은 고려하지 아니한다.

(9) 승강기탑, 계단탑, 옥탑, 옥상난간벽 및 대지안의 공지 기준 등은 별도로 고려하지 아니한다. ⑬

4. 도면작성요령 ⑭

(1) 최대 건축가능영역을 대지배치도 및 단면도에 작성하고 <보기>와 같이 표시한다.

(2) 대지배치도를⑮ 작성할 때 중복된 층은 그 최상층만 표시한다.

(3) 대지배치도, X 단면도 및 Y 단면도에⑯는 건축가능영역, 이격거리, 층수 등을 표시한다.

(4) 치수는 소수점 이하 셋째자리에서 반올림하여 둘째자리까지 표기한다.

(5) 단위 : m
(6) 축척 : 1/300 ⑰

<보기>

홀 수 층	(빗금)
짝 수 층	(빈칸)

5. 유의사항

(1) 제도는 반드시 흑색 연필로⑱ 한다.

(2) 명시되지 않은 사항은 현행 관계법령의 범위 안에서 임의로 한다.⑲

FACTOR

⑩ 이격거리
- 건축물의 외벽은 수직
- 6m 도로 및 인접대지경계선에서 1m 이상 이격
- 8m 도로에서 2m 이상 이격
- 보호수목 경계선으로부터 2m 이상 이격

⑪ 1층 바닥레벨=GL
- 대지 성토, 절토 배제
- 도로 경계는 콘크리트 옹벽

⑫ 지상 각층 층고는 4m

⑬ 기타 조건
- 승강기탑, 계단탑, 옥탑, 파라펫, 대지안의 공지 등 배제

⑭ 도면작성요령은 항상 확인하는 습관이 필요합니다.
- 문제에서 요구하는 것은 그대로 적용하여 불필요한 감점이 생기지 않도록 절대 유의

⑮ 배치도
- 중복된 층은 최상층만 표시
- 이격거리는 배치도에 표현하는 것을 원칙으로 함

⑯ 단면도
- X, Y 단면도
- 건축가능영역, 층수 등을 표현

⑰ 단위 및 축척
- m, 1/300

구 성

- 기타사항
(요구조건의 기준은 대부분 주어지지만 실무에서 보편적으로 다루어지는 제한요소의 적용에 대해서는 간략하게 제시되거나 현행법령을 기준으로 적용토록 요구할 수 있으므로 그 적용방법에 대해서는 충분한 학습을 통한 훈련이 필요합니다.)

5. 도면작성요령
- 건축가능영역 표현방법(실선, 빗금)
- 층별 영역 표현법
- 각종 제한선 표기
- 치수 표현방법
- 반올림 처리기준
- 단위 및 축척

6. 유의사항
- 제도용구 (흑색연필 요구)
- 명시되지 않은 현행 법령의 적용방침 (적용 or 배제)

구 성	FACTOR	지 문 본 문	FACTOR	구 성

⑱ 항상 흑색연필로 작성할 것을 요구합니다.

⑲ 명시되지 않은 사항은 현행 관계법령을 준용
- 기타 법규를 검토할 경우 항상 문제해결의 연장선에서 합리적이고 복합적으로 고려하도록 합니다.

⑳ 현황도 파악
- 대지현황(레벨, 보호수목경계선, 문화재, 등)
- 접도현황(개소, 너비, 레벨 등)
- 단면절단선 위치
- 방위
- 축척
- 기타사항
- 제시되는 현황도를 이용하여 1차적인 현황분석을 합니다. (대지경계선이 변경되는 부분이 있는지 가장 면적 확인)

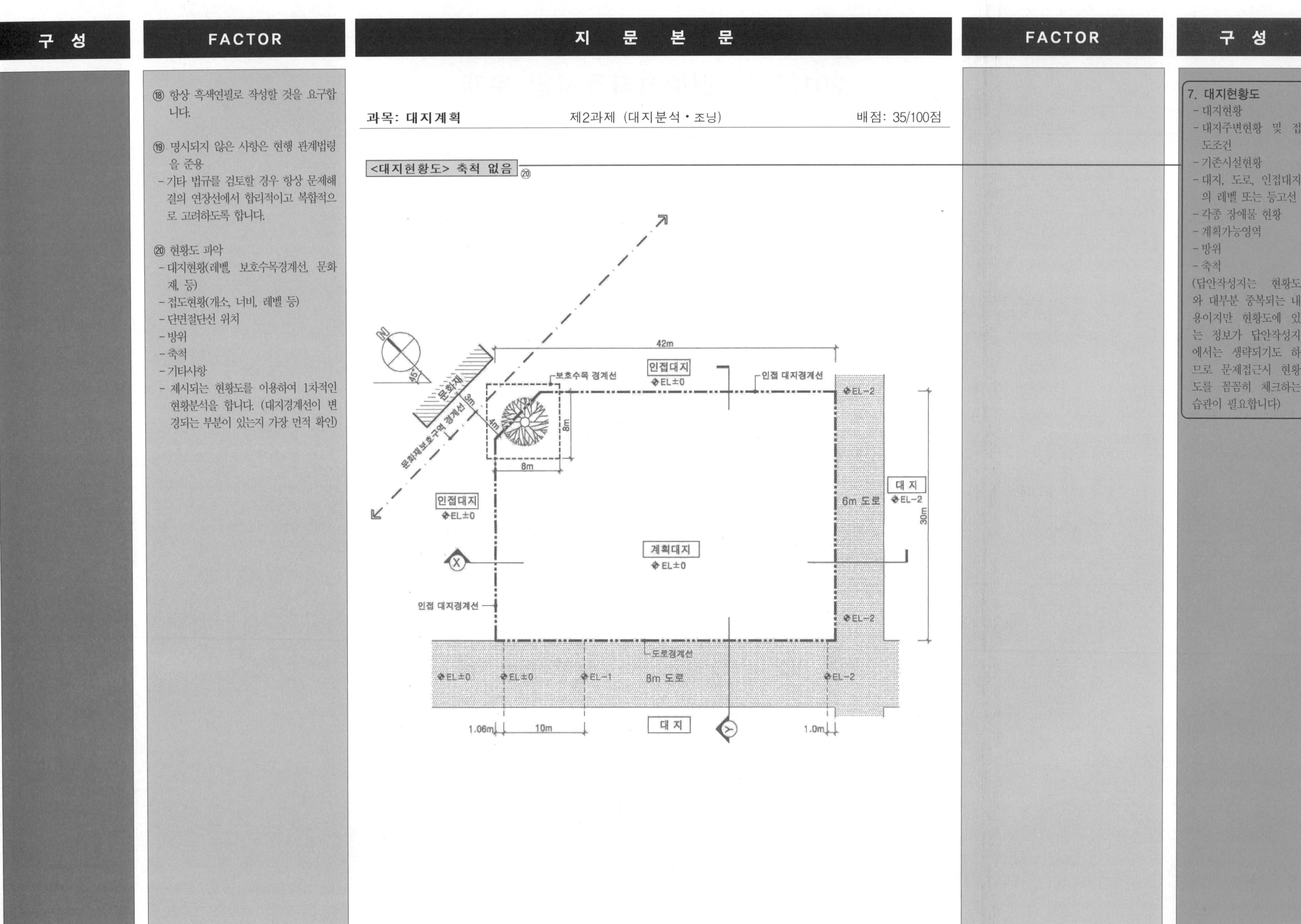

7. 대지현황도
- 대지현황
- 대지주변현황 및 접도조건
- 기존시설현황
- 대지, 도로, 인접대지의 레벨 또는 등고선
- 각종 장애물 현황
- 계획가능영역
- 방위
- 축척

(답안작성지는 현황도와 대부분 중복되는 내용이지만 현황도에 있는 정보가 답안작성지에서는 생략되기도 하므로 문제접근시 현황도를 꼼꼼히 체크하는 습관이 필요합니다)

■ 문제풀이 Process

1 제목, 과제 및 대지개요 확인

① 배점 확인 : 35점
- 1교시 소과제 2과제 적용 후 30~40점이 일반적, 문제의 난이도 예상이 가능하며, 제1과제와의 시간배분에 유의해야 함

② 제목 : 교육연구시설의 최대 건축가능영역
- 일반건축물
- 분석조닝 과제에서 건축물의 용도는 공동주택과 일반건축물 2가지로 나누어 구분

③ 제2종 일반주거지역
- 주변 대지는 모두 동일 용도지역
- 도로 건너편 대지는 규모검토에 영향을 미치지 않음

④ 건폐율 및 용적률은 고려하지 않음
- 층수 제시, 각종 최고높이 제한, 최상층 최소 바닥면적 제시 등으로 건물 규모 제한

⑥ 구체적인 지문조건 분석 전 현황도를 이용하여 1차적인 현황분석을 우선하도록 함
- 가장 먼저 확인해야 하는 사항은 건축선 변경 여부임을 항상 명심

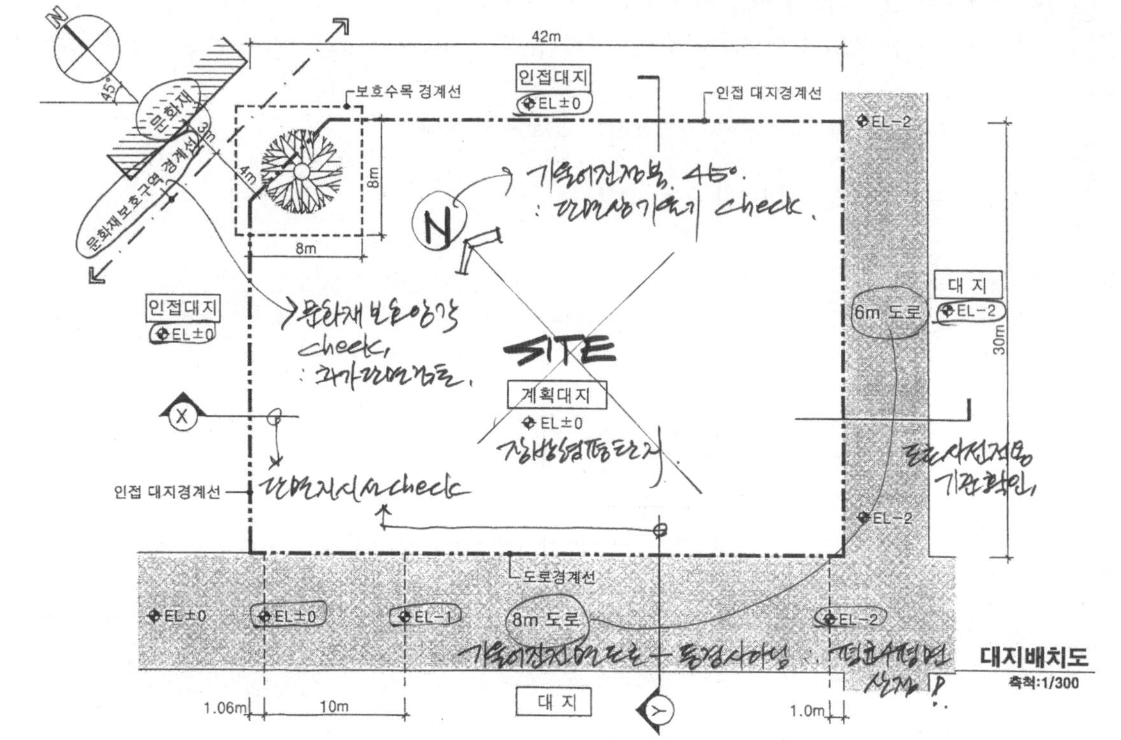

2 현황분석

① 대지형상
- 장방형의 평탄지
- 영역 내부의 보호수목경계 확인

② 주변현황
- 인접대지(제2종 일반주거지역), 문화재보호구역 경계 등

③ 접도조건 확인
- 남서측 8m도로, 남동측 6m도로
- 2면 도로 : 지문의 도로사선 적용기준 check

④ 대지 및 인접대지, 도로의 레벨 check
- 각종 높이제한의 기준이 되므로 절대 실수없도록 함

⑤ 방위
- 정북일조권 적용 기준 확인(기울어진 정북으로 제시되는 경우 항상 계산 가능함)

⑥ 단면지시선의 위치 및 개수 check
- X 방향, Y방향 제시
- 문화재보호구역으로부터의 사선을 검토하기 위해선 또다른 단면에 대한 검토가 필요

3 요구조건분석

① 도로사선 적용기준
- 1/1.5, 각각의 도로 폭을 기준

② 정북일조권 적용
- 개정된 기준(9m 이하, 초과)으로 제시됨

③ 건축물의 최고높이 25m 이하
- 가로구역별 최고높이와 혼동하지 않도록 함

④ 문화재보호사선 적용
- 문화재보호구역 경계선에서 높이 7.5m인 지점에서 수평 : 수직 = 2 : 1 기준으로 적용
- 45도 기울어져 있으므로 별도의 단면 검토가 필요

⑤ 인접대지경계선 및 도로경계선, 보호수목 경계로부터의 이격거리 제시

⑥ 1층 바닥 = 계획대지 G.L = ±0

⑦ 대지는 절토 및 성토를 하지 아니함 (도로에 접한 대지 경계는 콘크리트 옹벽)

⑧ 지상층 각층 층고 : 4m

⑨ 승강기탑, 계단탑, 옥탑, 옥상난간벽, 대지안의 공지 기준 등은 고려하지 아니함

■ 문제풀이 Process

대지분석 · 조닝 문제풀이를 위한 핵심이론 요약

1. 도로사선 제한

- 도로사선제한 : 가로구역별 최고높이가 정해지지 않을 경우 1 : 1.5로 적용
- 도로사선제한 완화 : 이면도로 완화, 공지 완화 → 조례사항이므로 지문에 별도 요구 없다면 절대 적용하지 않음
- 가로구역별 최고높이 지정된 지역에서는 도로사선 배제
- 지표면과 도로면이 높이차가 있는 경우

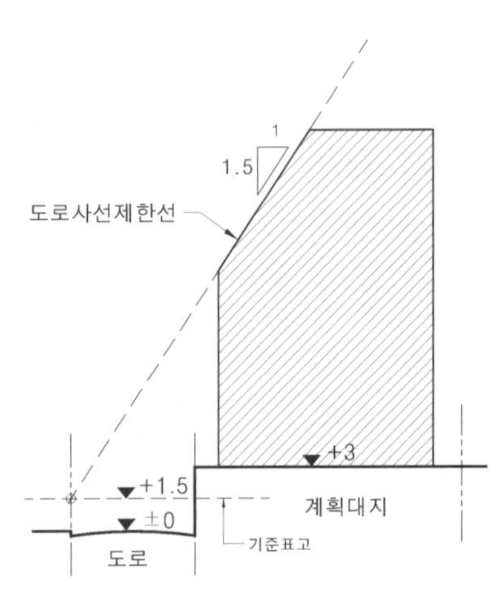

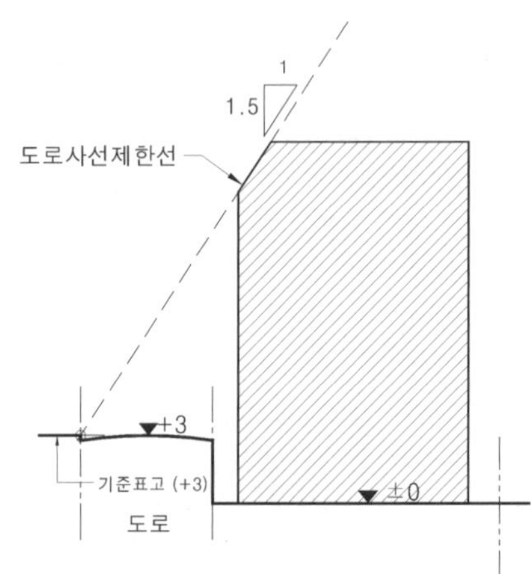

- 전면도로 고저차가 있는 경우

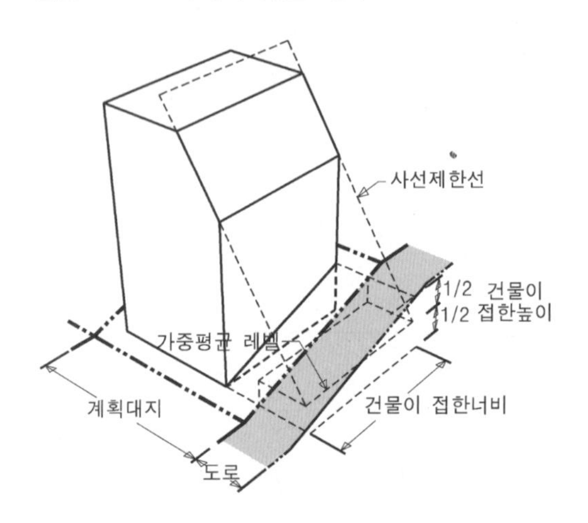

① 건물이 접한 부분의 도로를 가중 평균하여 도로 레벨 산정 : 평균수평면 (대표성을 갖는 도로 레벨)

② 도로의 높이차가 3m 초과되는 경우라도 전체구간을 한번에 가중(지표면 산정과의 차이)

- 기출문제의 8m 도로 평균수평면 산정

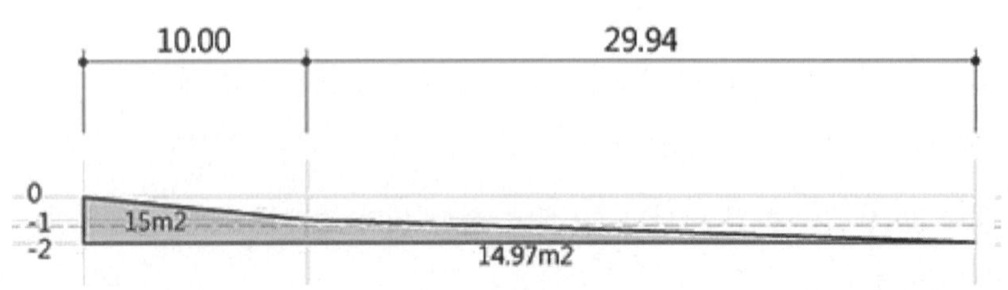

① (15+14.97) / (10+29.94) = 0.75

② -2레벨에서 +0.75 높이에 도로평균수평면이 존재: -2+0.75 = -1.25 레벨

2. 정북일조

- 지역일조권 : 전용주거지역, 일반주거지역 모든 건축물에 해당
- 인접대지와 고저차 있는 경우 : 평균 지표면 레벨이 기준
- 인접대지경계선으로부터의 이격거리
  - 높이 9m 이하 : 1.5m 이상
  - 높이 9m 초과 : 건축물 각 부분의 1/2 이상
- 계획대지와 인접대지 간 고저차 있는 경우

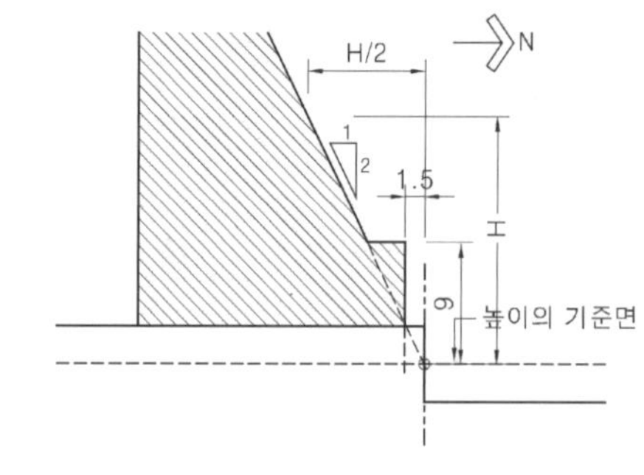

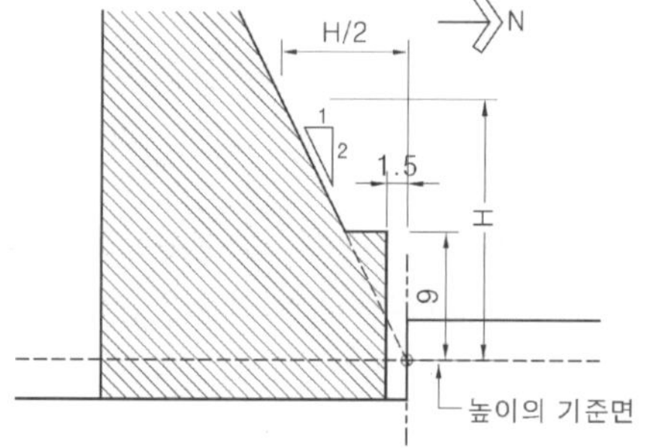

- 완화조건
  - 공지완화 : 계획대지와 다른 대지 사이에 공원, 도로, 철도, 하천, 광장, 공공공지, 녹지, 유수지, 자동차 전용 도로, 유원지, 그 밖에 건축이 허용되지 아니하는 공지가 있는 경우에는 그 반대편의 대지경계선(공동주택은 인접대지경계선과 그 반대편 대지경계선의 중심선)을 인접 대지경계선으로 한다.

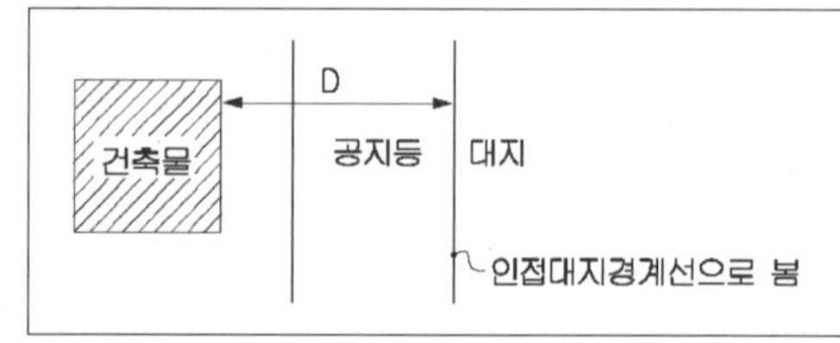

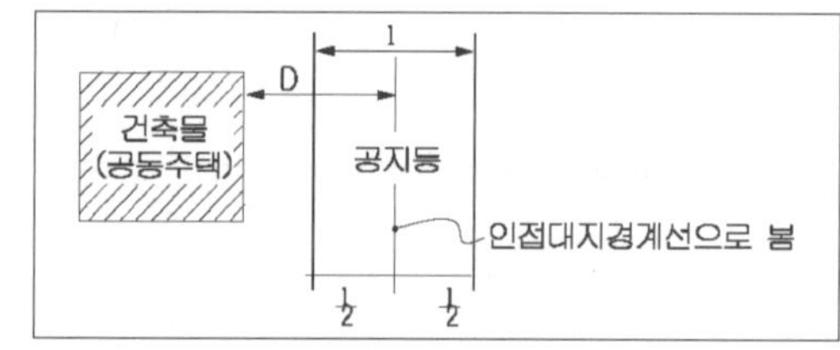

  - 건축물의 미관 향상을 위하여 너비 20미터 이상의 도로(자동차 전용도로를 포함)로서 건축조례로 정하는 도로에 접한 대지(도로와 대지 사이에 도시계획시설인 완충녹지가 있는 경우 그 대지를 포함한다) 상호간에 건축하는 건축물의 경우에는 정북일조권사선제한을 적용하지 않는다.

  : 도로폭은 조례에서 정하는 내용이므로 이 완화조건을 적용하기 위해서는 반드시 지문에 구체적 명기가 되어 있어야 한다.

■ 문제풀이 Process

대지분석 · 조닝 문제풀이를 위한 핵심이론 요약

3. 문화재 보호앙각

- 문화재보호앙각제한 : 문화재 또는 문화재보호구역으로부터 일정높이(7.5M)에서 일정각(27°, 시험에서는 2 : 1로 제시되는 경향)으로 앙각사선제한 적용
- 문화재로부터 이격 : 모퉁이쪽은 1/4원으로 처리
- 기준표고는 문화재보호구역경계의 현황레벨을 기준함
- 문화재에 의한 건축제한은 이격거리 제한 및 앙각제한으로 제시

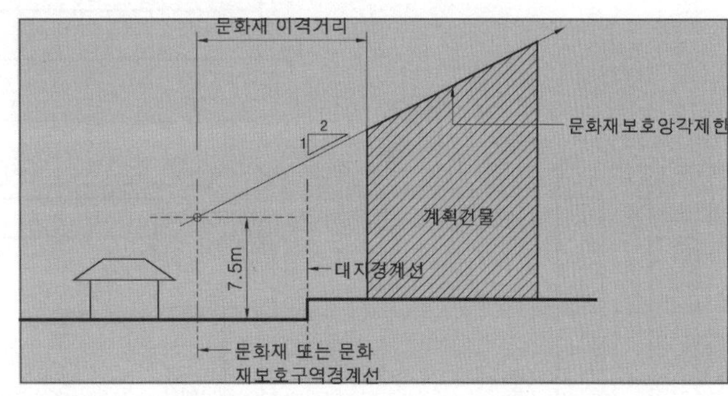

- 건축법상 높이기준과는 무관하므로 지문조건에 따라 적용
- 지문

  계획대지의 북쪽에 있는 문화재 보호구역 경계선의 지표면(EL±0m 기준)에서 높이 7.5m인 지점으로부터 그은 사선(수평거리와 수직거리의 비는 2 : 1)의 범위 내에서 건축이 가능하다.

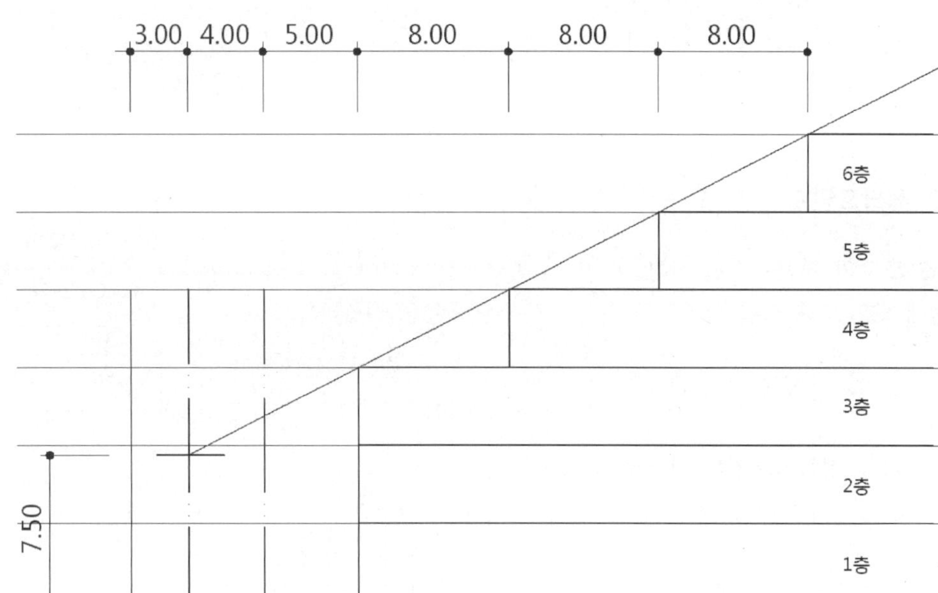

- 주의사항

  : 검토되는 단면 방향과 다른 각도로 작용하기 때문에 요구된 2개의 단면도 이외에 별도의 단면을 추가 검토해야 함

나만의 핵심정리 노트

■ 문제풀이 Process

4 수평영역 검토

① 대지평면도 상의 건축가능영역을 우선 검토
- 각종 이격거리 조건 정리

② 단면도로 가선을 연장하여 단면상의 건축가능영역 check

③ 검토된 평면상 건축가능영역을 토대로 도로사선 적용 레벨 산정 가능
- 8m 도로는 가중 평균하여 평균도로 수평면을 직접 계산해야 함

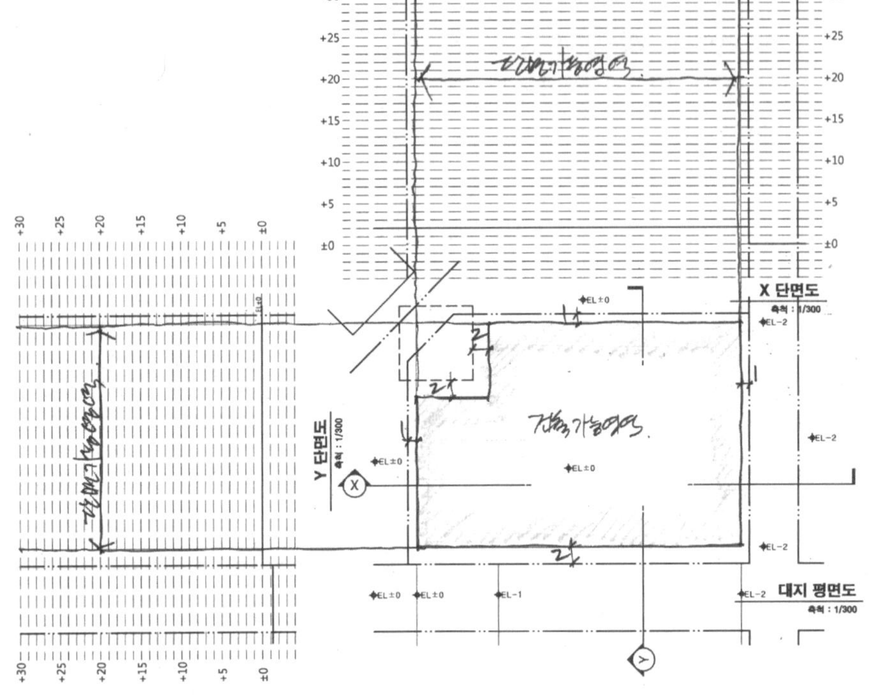

5 수직영역 검토

① 대지 지표면과 인접대지 및 인접도로의 레벨(필요시 가중평균)을 기준으로 각종 높이제한조건(정북, 도로사선 등)을 표현

② 제시된 층고에 따라 가선을 정리하여, 각종 사선과 만나는 부분의 라인을 평면도로 연장

③ 기울어진 정북을 고려한 합리적인 기울기 산정

④ 요구되지 않은 단면 검토
- 문화재보호구역으로부터 사선 검토

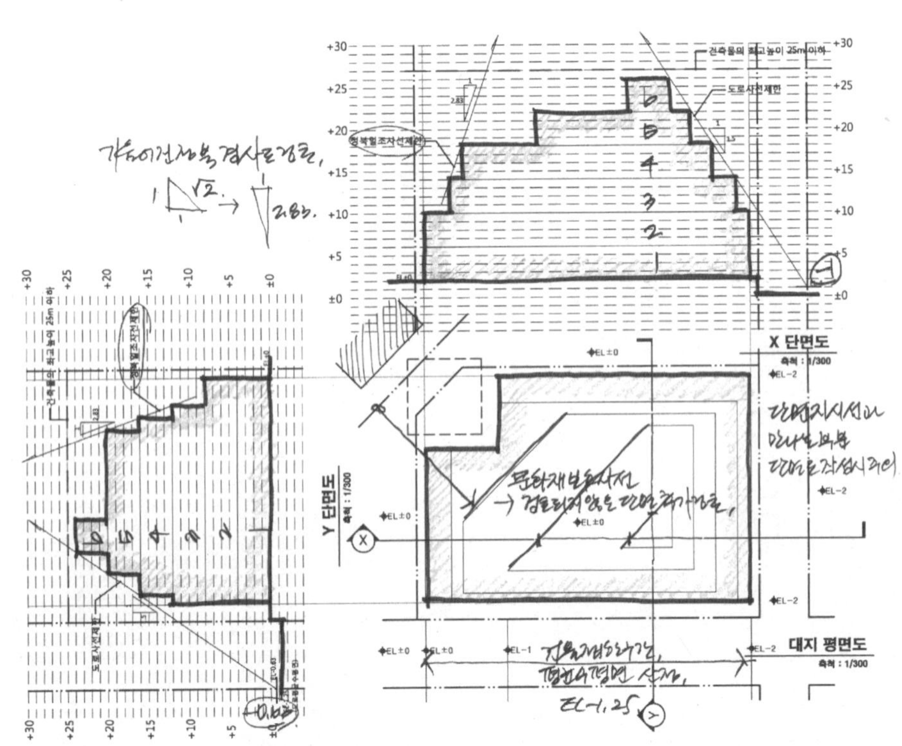

6 모범답안

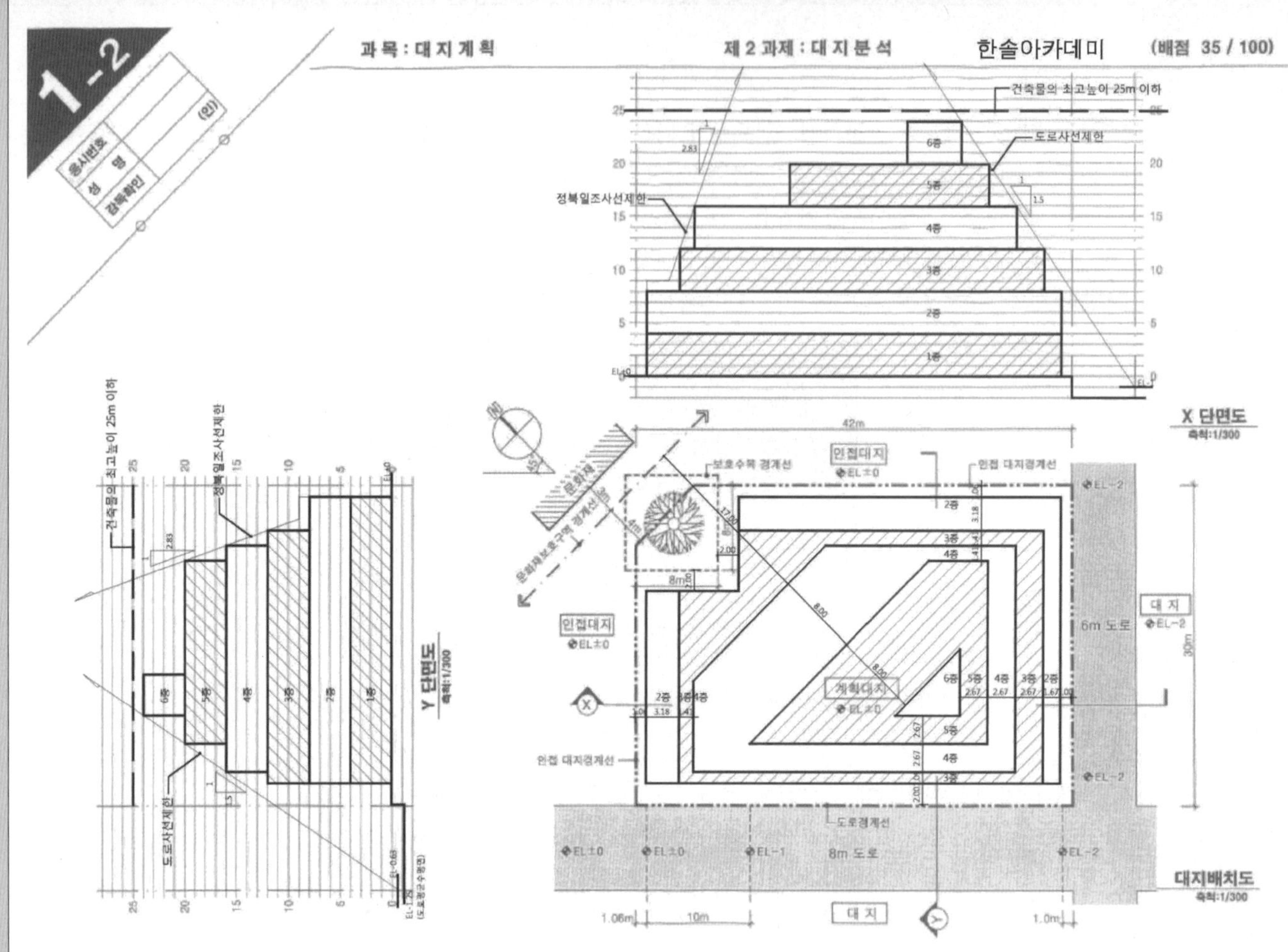

■ 주요 체크포인트

① 8m 도로의 평균수평면 산정
- 전개도를 그려 직접 가중평균

② 도로사선제한의 합리적 적용

③ 기울어진 정북일조권의 합리적 적용

④ 요구되지 않은 단면의 정확한 검토
- 문화재보호구역으로부터의 사선

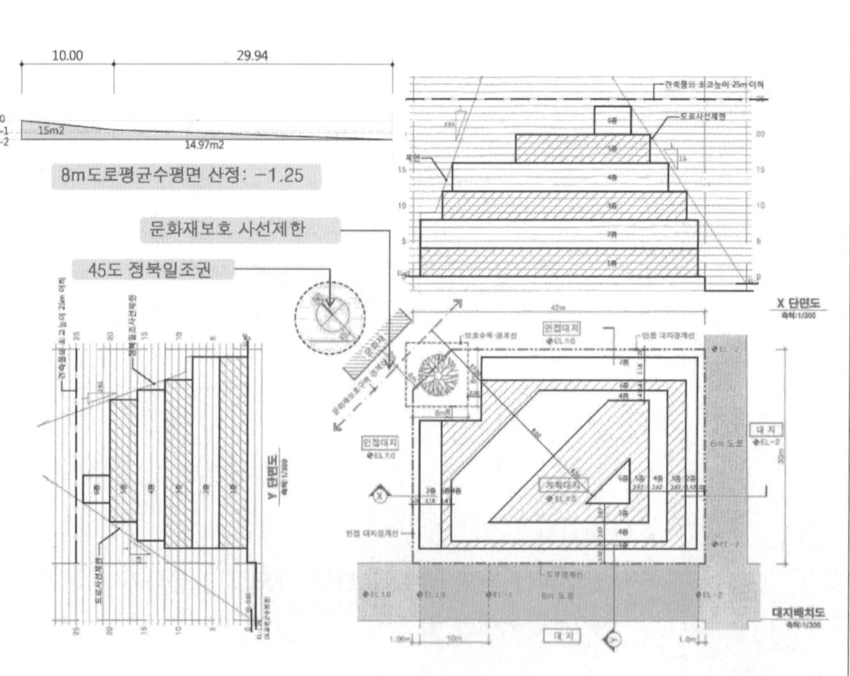

■ 문제풀이 Process

대지분석 · 조닝 주요 체크포인트

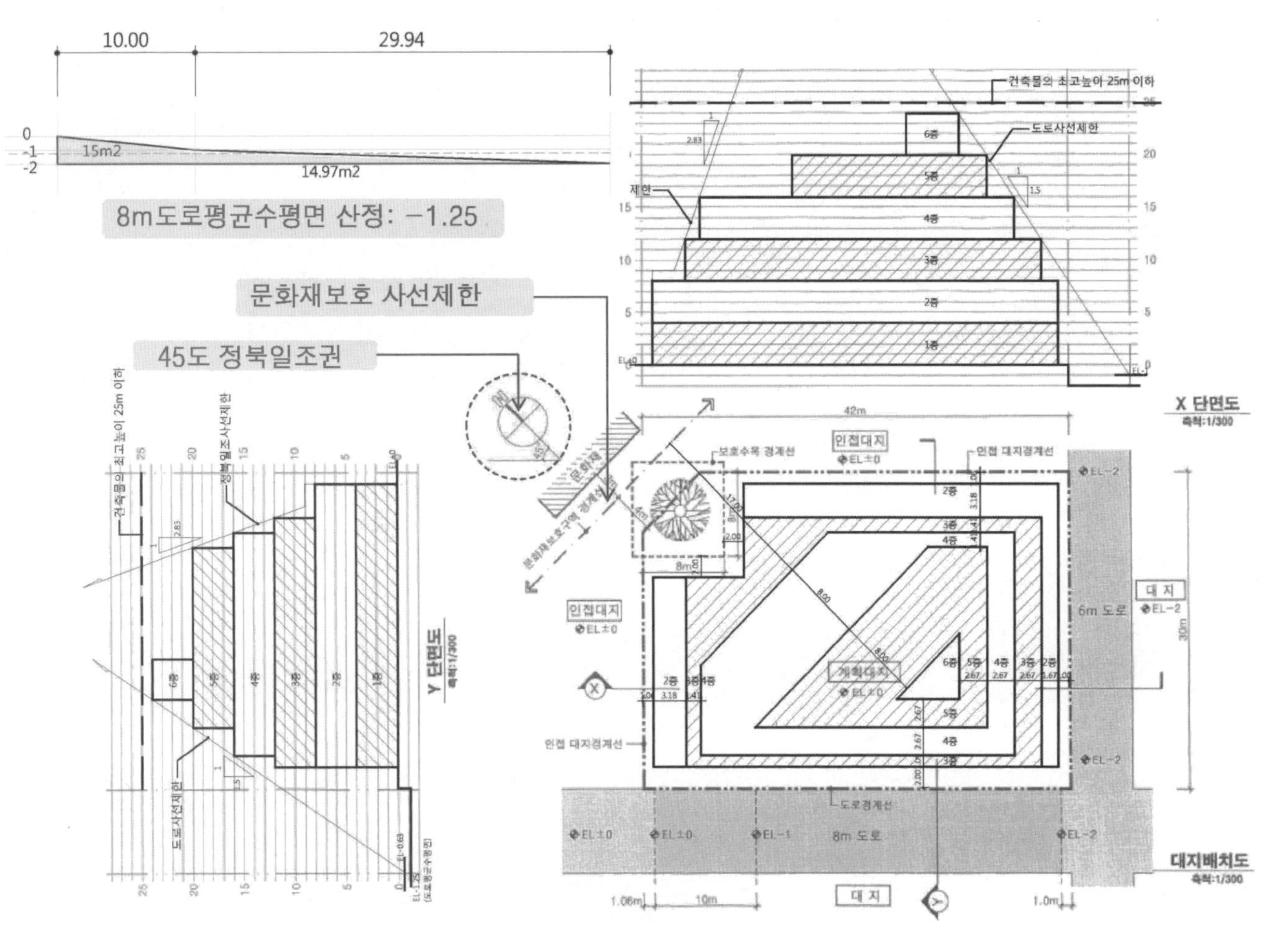

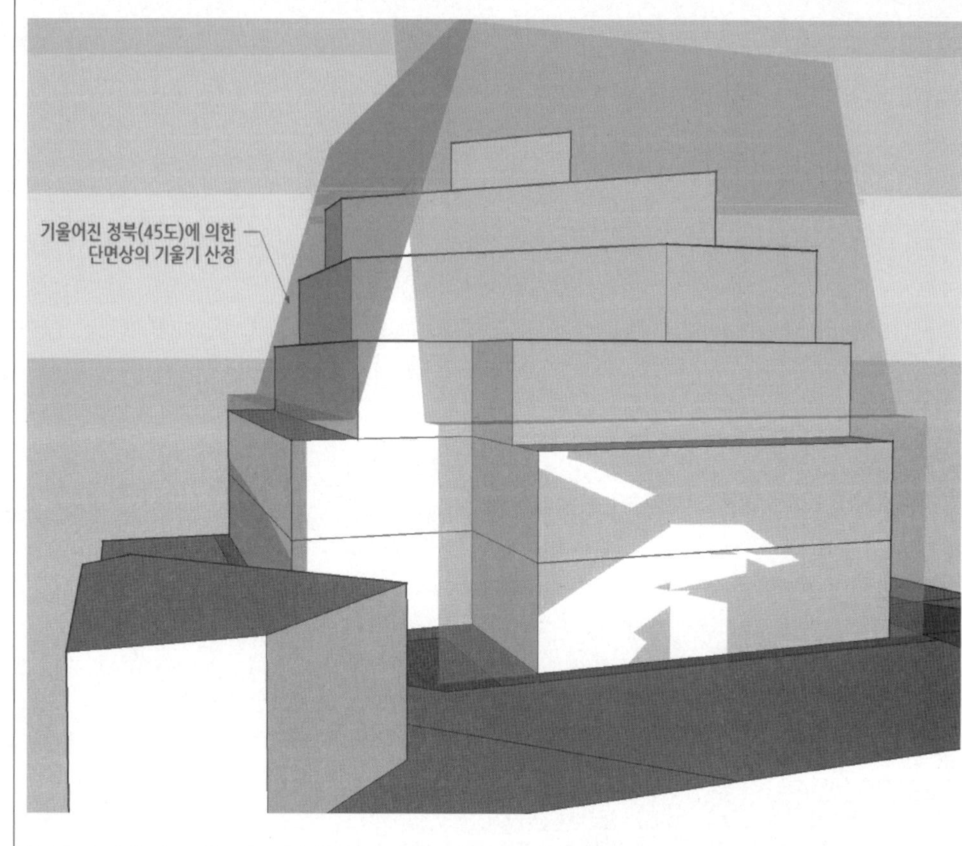

▸정북일조권 적용

① 기울어진 정북(45도)에 의한 단면상의 기울기 산정

② 인접대지레벨과 계획대지레벨의 단차 검토

: 동일레벨이므로 ±0 적용

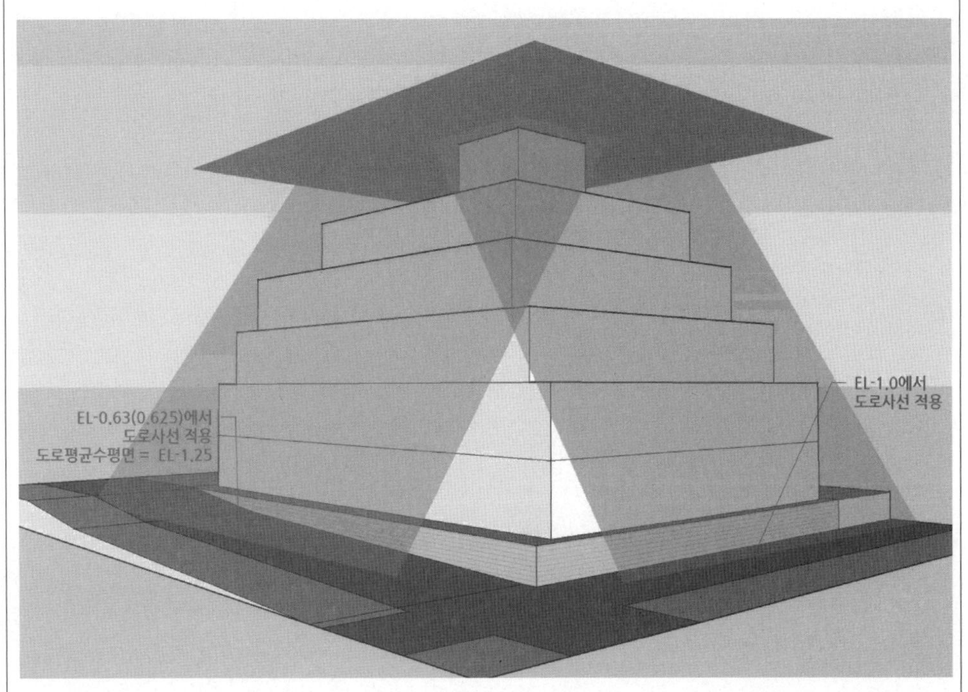

▸8m 도로의 도로사선 적용을 위한 평균수평면 산정

① (15+14.97) / (10+29.94) = 0.75

② −2레벨에서 +0.75 높이에 도로평균수평면이 존재

: −2+0.75 = −1.25

③ 대지레벨(±0)과 8m 도로레벨(−1.25)를 따져 도로사선 레벨 산정 (차이의 1/2 up)

: −0.625 = −0.63

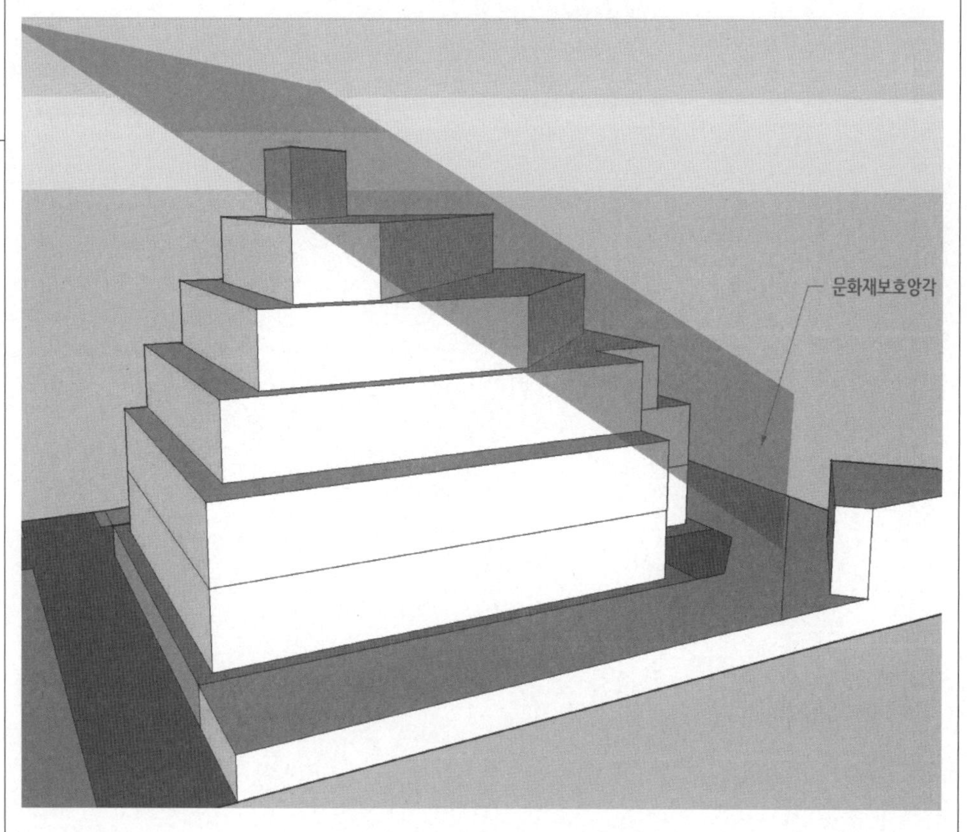

▸문화재보호앙각 적용

① 계획대지의 북쪽에 있는 문화재보호구역 경계선의 지표면(±0m)에서 높이 7.5m인 지점으로부터 그은 사선(수평거리와 수직거리의 비는 2:1) 검토

② 단면도의 방향과 다르므로 별도의 단면 검토가 필요함 : 단면검토 후 산정된 층별 이격거리를 기준으로 평면도작성

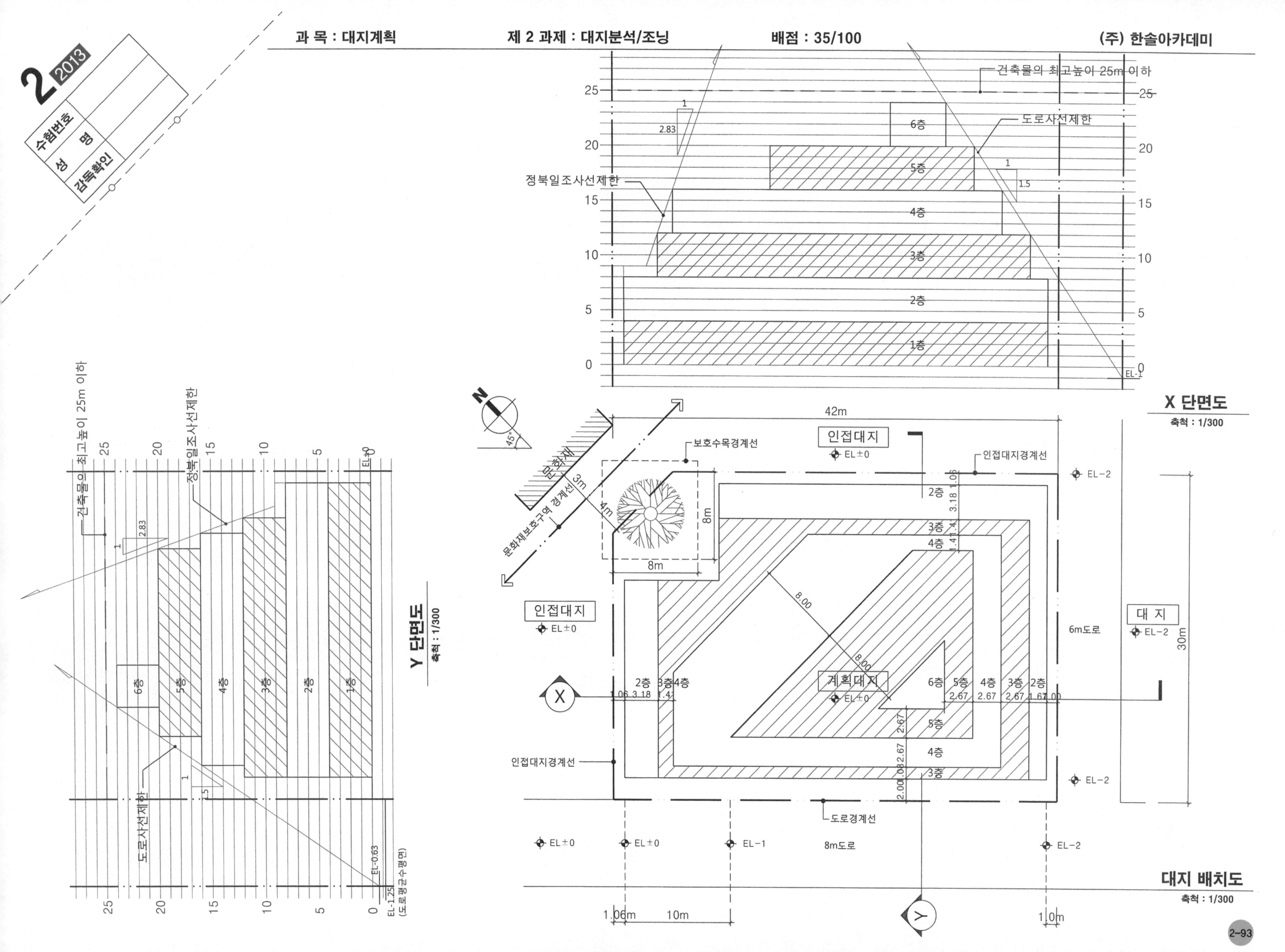
2 2013
수험번호
성 명
감독확인
건축물의 최고높이 25m 이하
도로사선제한
정북일조사선제한
6층
5층
4층
3층
2층
1층
X 단면도
축척 : 1/300
Y 단면도
축척 : 1/300
42m
인접대지
EL±0
보호수목경계선
인접대지경계선
문화재
문화재보호구역 경계선
EL-2
6m도로
대 지
30m
계획대지
도로경계선
8m도로
EL-1
대지 배치도
축척 : 1/300

구 성	FACTOR
1. 제목 - 배치하고자 하는 시설의 제목을 제시합니다.	① 배점을 확인하여 2과제의 시간배분 기준으로 활용 합니다. ② 용도(평생교육센터)에 맞는 계획각론과 유사사례에 대한 이미지를 그려 봅니다.
2. 과제개요 - 시설의 목적 및 취지를 언급합니다. - 전체사항에 대한 개괄적인 설명이 추가되는 경우도 있습니다.	③ 기존시설이 제시되는 만큼 해당시설의 질서를 존중하는 계획이 될 것입니다.
3. 대지조건(개요) - 대지전반에 관한 개괄적인 사항이 언급됩니다. - 용도지역, 지구 - 접도조건 - 건폐율, 용적률 적용 여부를 제시 - 대지내부 및 주변현황(최근 계속 현황도가 별도로 제시)	④ 지역지구 : 자연녹지지역 ⑤ 현황도 제시 - 계획(지문)조건을 파악하기에 앞서 현황도를 이용, 1차적인 현황분석을 충분히 선행하는 것이 문제 윤곽을 잡아가는데 훨씬 유리합니다.
4. 계획조건 ⓐ 배치시설 - 배치시설의 종류 - 건물과 옥외시설물은 구분하여 제시되는 것이 일반적입니다 - 시설규모 - 필요시 각 시설별 요구사항이 첨부됩니다.	⑥ 내부도로(차로, 보행로)조건 제시 ⑦ 건축물 규모 - 지상층 바닥면적 합계 및 가로×세로 크기로 제시 -제시된 최고높이 이하로 층별 바닥면적 임의 계획 가능 ⑧ 외부시설 규모 - 크게 2개의 영역으로 구분 - 최소 면적 및 크기로 제시 ⑨ 용도별 주차장 계획 요구 - 기존대지 영역 : 주차장A - 매입대지 영역 : 주차장B - 지하주차장 및 대형주차 고려치 않음

2014년도 건축사자격시험 문제

과목: 대지계획　　　　제1과제 (배치계획)　　　　① 배점: 60/100점

제목 : 평생교육센터 배치계획 ②

1. 과제개요

중소도시에 있는 기존 교육시설을 재생하고,③ 인근 대지를 추가 매입하여 지역주민을 위한 평생교육센터를 계획하고자 한다. 다음 사항을 고려하여 시설을 배치하시오.

2. 대지조건

(1) 용도지역 : 도시지역, 자연녹지지역④
(2) 대지면적 : 30,000m²
(3) 주변현황 : 대지 현황도 참조⑤

3. 계획조건 및 고려사항

(1) 계획조건

① 단지 내 도로 (경사도 1/15 이하)⑥
- 도 로 : 폭 7m 이상(보도 1.5m 이상 포함)
- 보행로 : 너비 3m~6m 이상 (비상 및 서비스차량 동선 겸용)

② 건축물⑦
- 정보도서관(1동, 3층) : 3,000m² (지상층 바닥면적 합계)
  - 폭 25m×길이(임의)
- 교육관(1동, 3층) : 1,500m² (지상층 바닥면적 합계)
  - 기존 건축물 증축(폭 10m 유지)
  - 1층(420m²)은 관리사무소로 활용
- 대강당(1동, 2층) : 25m × 30m
- 스포츠센터(1동, 3층) : 36m × 42m
- 생활관(1동, 3층) : 10m × 36m

③ 옥외시설
- 옥외마당
  - 진입마당 : 900m² 이상
  - 문화행사마당 : 700m² 이상
  - 교육마당 : 400m² 이상
  - 야외공연마당 : 600m² 이상
- 옥외체육시설(경기장 포함 부지규모) ⑧
  - 축구장(1면) : 45m × 60m
  - 테니스장(1면) : 18m × 36m
  - 배드민턴장(2면) : 9m × 15m / 1면
  - 게이트볼장(1면) : 17m × 22m

- 주차장⑨
  - 주차장 A(기존대지) : 30대(장애인3대포함)
  - 주차장 B(매입대지) : 20대(장애인2대포함)
  - 지하주차장 및 대형주차는 고려하지 않음

(2) 고려사항

① 건축물의 평면 형태는 사각형으로 하고, 옥외시설의 평면 형태는 임의로 한다.⑩
② 정보도서관은⑪ 진입마당에 인접하여 배치한다.
③ 대강당은⑫ 교육관과 근접하여 배치하고, 2층에 상호 연결되는 통로(너비 3m)를 계획한다.
④ 스포츠센터와 옥외체육시설은⑬ 매입대지에 배치(축구장은 제외)하되, 시설 간 이격거리는 6m 이상을 확보한다.
⑤ 진입마당은⑭ 기존 대중교통을 이용하여 쉽게 접근 할 수 있도록 배치한다.
⑥ 문화행사마당은⑮ 전면도로 및 측면도로에서 접근이 용이하도록 배치한다.
⑦ 교육마당은⑯ 정보도서관, 교육관 및 생활관에 인접 배치한다.
⑧ 야외공연마당은⑰ 경사지형을 활용하며, 소음 영향을 고려하여 배치한다.
⑨ 축구장⑱ 한 변에 본부석(12m x 6m)과 관람석 4단(단 너비 1.5m, 단 높이 0.5m)을 배치한다.
⑩ 건축물 주위에 폭 3m의 화단을 조성한다.
⑪ 기존 및 매입대지의 주차장 출입구는 <대지현황도>에 제시된 10m 측면도로에 계획하며, 대지 내 보행자의 안전한 통행을 고려한다.⑲
⑫ 건축물 간의 이격거리는 12m 이상으로 한다.
⑬ 건축물과 옥외시설은 인접 대지경계선 및 보호수림대에서 5m 이상, 건축선에서 6m 이상 이격한다.

FACTOR	구 성
⑩ 시설물의 형태 - 건축물 : 사각형 - 옥외시설 : 임의 ⑪ 정보도서관 - 진입마당에 인접 - 주도로변에 가까이 위치할 것으로 예상 가능 ⑫ 대강당 - 교육관과 근접 배치 - 교육관 2층과 연결되는 연결통로 계획 ⑬ 스포츠센터 영역 - 스포츠센터와 축구장을 제외한 옥외체육시설은 매입대지에 설치 - 시설간 이격거리 제시 ⑭ 진입마당 - 대지로의 보행자 주진입 영역 - 버스 정류장에서의 접근성 고려 ⑮ 문화행사마당 - 전면, 측면도로에서의 접근성 고려 ⑯ 교육마당 - 정보도서관, 교육관, 생활관 인접 ⑰ 야외공연마당 - 경사지형 활용 - 소음영향 고려 ⑱ 축구장 - 본부석 및 관람석 계획 ⑲ 보차분리 - 주차장 출입구는 측면도로에 설치, 보행자의 안전 고려	ⓑ 배치고려사항 - 건축가능영역 - 시설간의 관계 (근접, 인접, 연결, 연계 등) - 보행자동선 - 차량동선 및 주차장계획 - 장애인 관련 사항 - 조경 및 포장 - 자연과 지형활용 - 옹벽 등의 사용지침 - 이격거리 - 기타사항

구 성	FACTOR

5. 도면작성요령
- 각 시설명칭
- 크기표시 요구
- 출입구 표시
- 이격거리 표기
- 주차대수 표기 (장애인주차구획)
- 표고 기입
- 단위 및 축척

⑳ 도면작성요령은 항상 확인하는 습관이 필요 합니다.
- 문제에서 요구하는 것은 그대로 적용하여 불필요한 감점이 생기지 않도록 절대 유의

㉑ 건축물의 표현
- 굵은 실선

㉒ 등고선, 도로 등의 표현
- 실선

㉓ 각 시설 명칭과 외곽치수 표기
- 시설 중앙에 표현

㉔ 치수는 지문에서 요구한 이격거리를 위주로 표현
- 건축물과 외부공간을 가로지르는 치수계획은 지양하도록 함

㉕ 시설의 계획레벨 표현
- 경사지 배치계획인 경우 별도 요구가 없더라도 표현해야 함

㉖ 건축물은 1층 바닥높이를 기준으로 레벨 표기

㉗ <보기>에 제시된 표현방법은 반드시 준수해야 합니다.
- 건물의 주출입구는 장변 중앙에 표현하는 것이 원칙(건물의 용도를 고려한 위치선정도 가능)

㉘ 단위 및 축척
- m / 1 : 600

지 문 본 문

과목: 대지계획 제1과제 (배치계획) 배점: 65/100점

4. 도면작성요령 ⑳

(1) 건축물 외곽선은 굵은 실선으로 표시한다. ㉑
(2) 조정 등고선과 단지내 도로는 실선으로 표시한다. ㉒
(3) 건축물과 옥외시설은 명칭과 외곽선 치수 및 이격거리를 표기한다. ㉓ ㉔
(4) 대지현황도의 레벨을 기준으로 각 시설의 계획레벨을 표기하며, 건축물은 1층 바닥높이를 표기한다. ㉕ ㉖
(5) 기타 표시는 <보기>를 따른다. ㉗
(6) 단위: m, 축척: 1/600 ㉘

<보기>

보 행 로	
조경 · 수목	
건축물 주출입구	▲
필 로 티	
옥외마당	

5. 유의사항

(1) 답안작성은 반드시 흑색연필로 한다. ㉙
(2) 명시되지 않은 사항은 현행 관계법령의 범위 안에서 임의로 한다. ㉚

<대지현황도> 축척 없음 ㉛

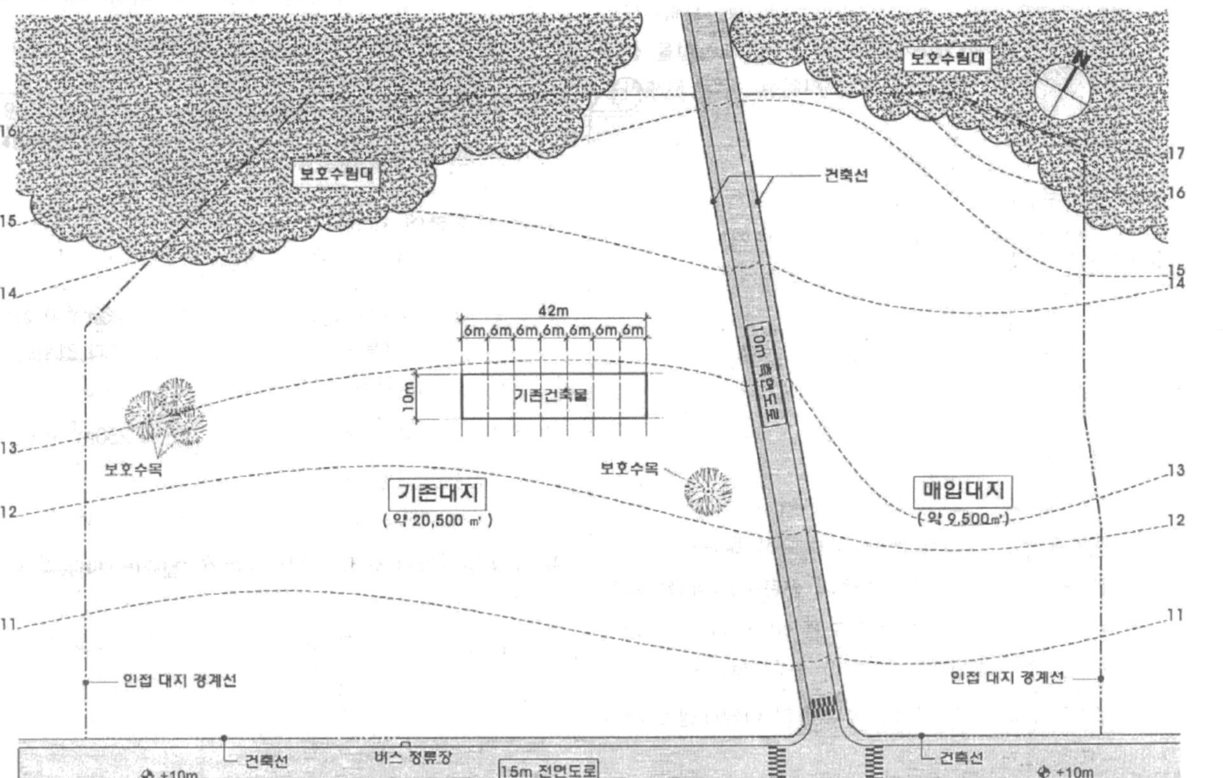

FACTOR	구 성

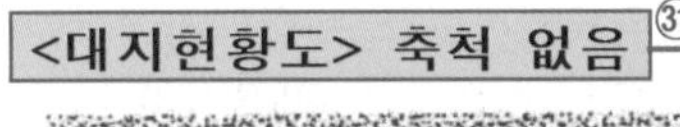

㉙ 항상 흑색연필로 작성할 것을 요구합니다.

㉚ 명시되지 않은 사항은 현행 관계법령을 준용
- 기타 법규를 검토할 경우 항상 문제해결의 연장선에서 합리적이고 복합적으로 고려하도록 합니다.

㉛ 현황도 파악
- 대지형태
- 기존건축물
- 접도조건
- 주변현황 (버스정류장, 보호수림대, 횡단보도 등)
- 완경사지 및 급경사지, 레벨
- 대지 내 보호수목
- 방위, 지형축
- 제시되는 현황도를 이용하여 1차적인 현황을 분석 합니다. (개성이 강한 대지인 경우, 시간을 조금 더 투자하여 제시된 조건을 충분히 파악하는 것이 매우 중요합니다.)

6. 유의사항
- 제도용구(흑색연필 요구)
- 지문에 명시되지 않은 현행법령의 적용 방침 (적용 or 배제)

7. 보기
- 보도, 조경
- 식재
- 데크 및 외부공간
- 건물 출입구
- 옹벽 및 법면
- 기타 표현방법

8. 대지현황도
- 대지현황
- 대지주변현황 및 접도조건
- 기존시설현황
- 대지, 도로, 인접대지의 레벨 또는 등고선
- 각종 장애물 현황
- 계획가능영역
- 방위
- 축척 (답안작성지는 현황도와 대부분 중복되는 내용이지만 현황도에 있는 정보가 답안작성지에서는 생략되기도 하므로 문제접근시 현황도를 꼼꼼히 체크하는 습관이 필요합니다.)

■ 문제풀이 Process

1 제목 및 과제 개요 check

① 배점 : 60점 / 난이도 예상, 제2과제와의 시간배분에 유의해야 함

② 제목 : 평생교육센터 배치계획
(기존 교육시설을 재생하고 대지를 추가 매입 시설물 계획)

③ 자연녹지지역 : 도시계획 차원의 기본적인 대지 성격을 파악

④ 대지면적 : 약 30,000m^2

⑤ 주변현황 : 대지현황도 참조

2 현황 분석

① 대지형상
- 2개의 분리된 경사지 : 기존대지 & 매입대지
- 등고선 방향 및 간격 확인 : 1m / 남사향 대지

② 기존 건축물
- 42(6m×7)m×10m / 기존 질서 존중 및 활용방안 고려

③ 주변현황 파악
- 보호수림대를 제외하면 인접대지에 대한 정보는 특별히 없음

④ 접도조건 확인
- 남측 15m 도로 (보행자 주출입 예상)
- 계획영역 중앙 10m 도로 (보행자 부출입, 차량 진출입 예상)

⑤ 대지내 보호수림대, 수목 파악
- 건축가능영역 일부를 제한, 양호한 자연환경 제공

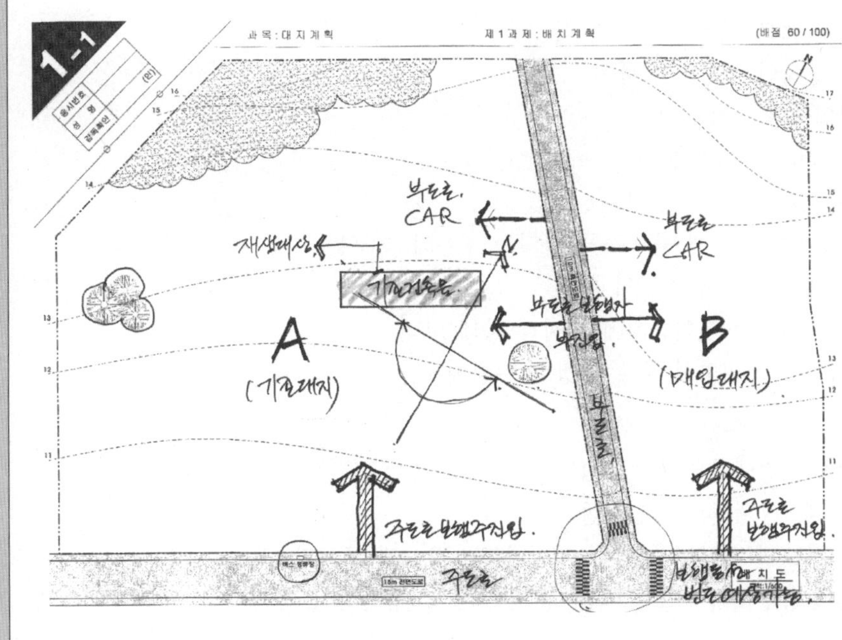

3 요구조건 분석(diagram)

① 도로 조건
- 도로와 보행로를 구분하여 제시(경사도 1/15 이하)
- 도 로 : 너비 7m(보도1.5m 포함) 이상
- 보행로 : 너비 3~6m, 비상 및 서비스차량 동선 겸용
  (보행로의 위계에 따라 임의 계획하도록 유도)

② 건축물 조건 및 성격 파악
- 정보도서관, 교육관 : 지상층 바닥면적의 합계로 규모 제시
  (계획자에 따라 건축물의 건축면적 및 형태에 미세한 차이가 발생)
- 대강당, 스포츠센터, 생활관 : Om×Om, 규모로 제시

③ 외부시설 성격 파악
- 기존대지의 옥외마당 영역과 매입대지의 체육시설 영역(축구장 제외)으로 구분하여 제시됨
- 공간의 성격을 파악하여 매개(완충) vs 전용공간으로 구분

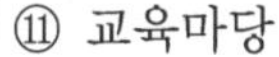

④ 주차장 파악
- 주차장A(기존대지) : 30대 (장애인3)
- 주차장B(매입대지) : 20대 (장애인2)

⑤ 건축물 형태
- 사각형으로 한정
- 계획자에 따라 건물 크기 달라짐 (건폐율 vs 바닥면적)

⑥ 정보도서관
- 진입마당에 인접

⑦ 대강당
- 교육관과 근접하여 배치
- 교육관과 상부 동선연계(2층)

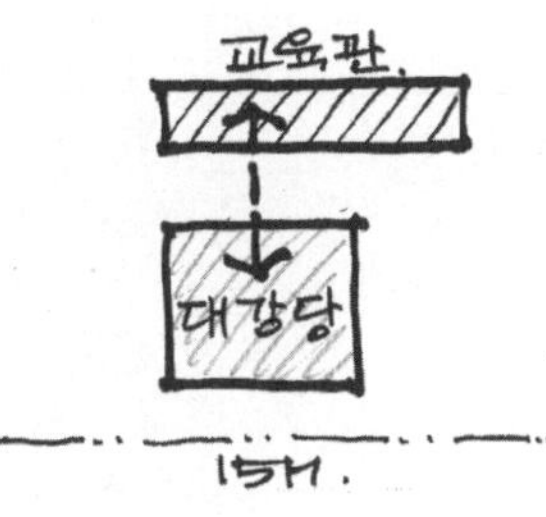

⑧ 스포츠센터 영역
- 스포츠센터와 옥외체육시설은 매입대지에 계획(축구장 제외)
- 시설간 이격거리 6m

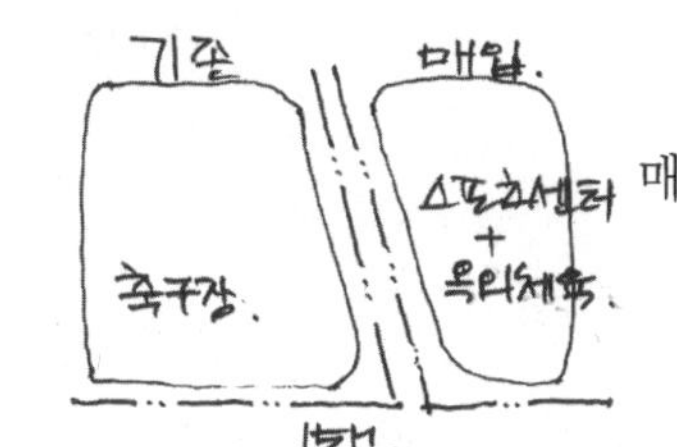

⑨ 진입마당
- 기존 대중교통의 이용을 고려
- 15m 주도로변 버스정류장과의 연계
- 기존대지로의 보행자 주진입 영역

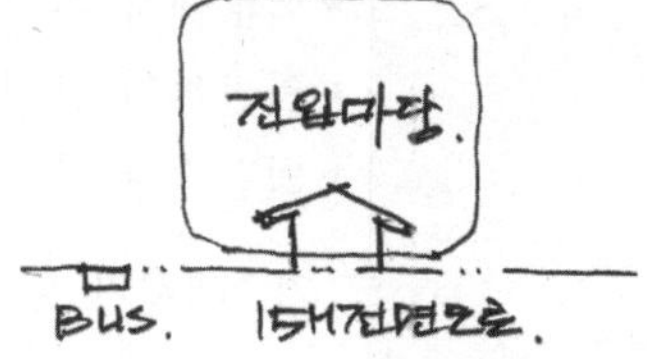

⑩ 문화행사마당
- 전면도로 및 측면도로에서의 접근 고려
- 보행자 동선량이 많은 도로 교차부
  (횡단보도 제시됨)

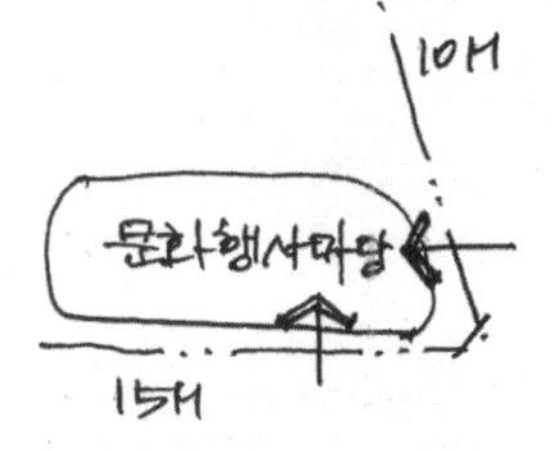

⑪ 교육마당
- 정보도서관, 교육관 및 생활관에 인접
- 기존 건물 주변에 위치하게 됨

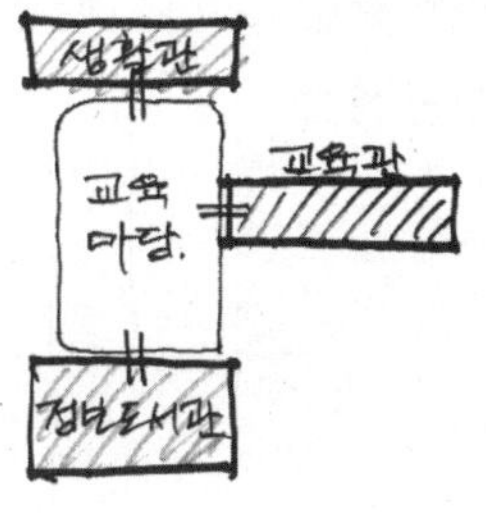

⑫ 야외공연마당
- 경사지형을 활용
- 소음영향을 고려하여 배치

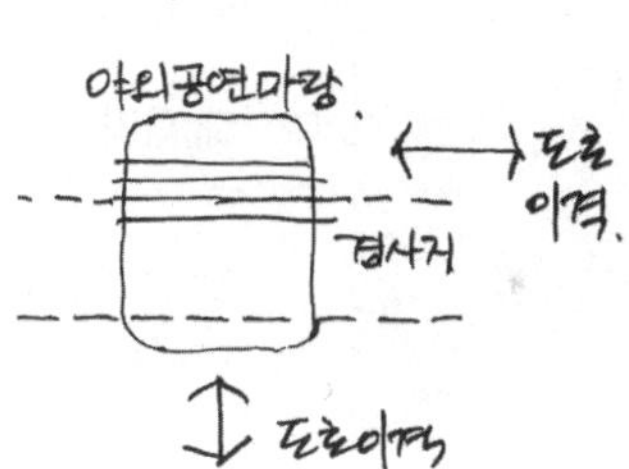

⑬ 축구장
- 기존대지에 계획
- 본부석 및 관람석 계획

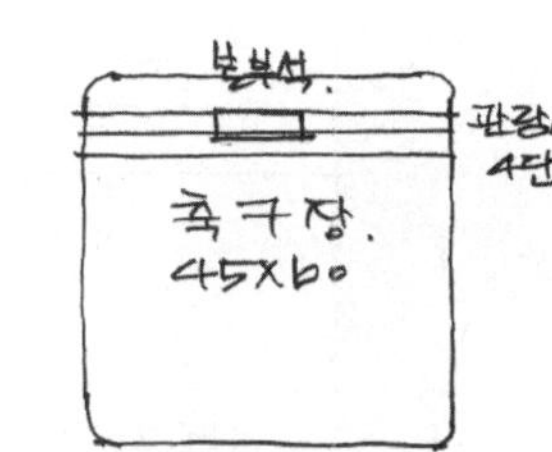

⑭ 차량진출입구
- 측면도로에서 고려
- 대지내 보행자의 안전한 통행 고려

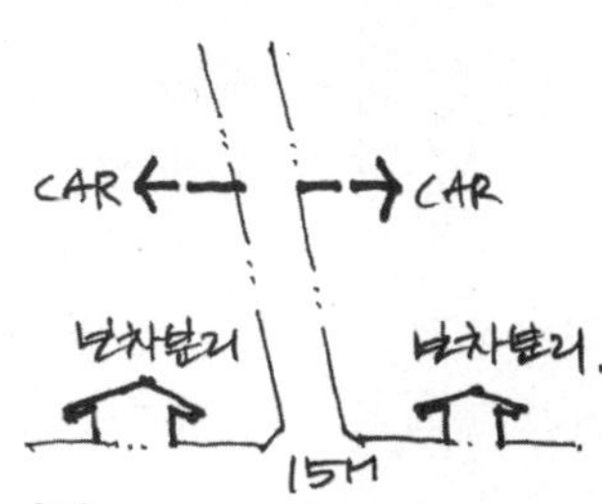
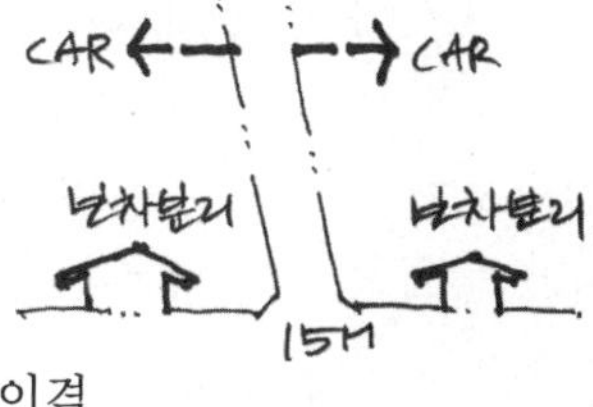

⑮ 이격거리
- 건축물 간 이격거리 12m 이상
- 모든 시설물은 건축선에서 6m 이상, 인접대지경계선 및 보호수림대에서 5m 이상 이격

■ 문제풀이 Process

배치계획 문제풀이를 위한 핵심이론 요약

1. 대지로의 접근성

- ▸ 대지주변 현황을 고려하여 접근지점 검토
- ▸ 외부에서 대지로의 접근성을 고려 → 대지 내 동선의 축 설정 → 내부동선 체계의 시작
- ▸ 일반적인 보행자 주 접근 동선 – 주도로(넓은 도로)
- ▸ 일반적인 차량 및 보행자 부 접근 동선 – 부도로(좁은 도로)

가. 대지가 일면도로에 접한 경우

- 대지중앙으로 보행자 주출입 예상
- 대지 좌우측으로 차량 출입 예상
- 주차장 영역 검토 : 초행자를 위해서는 대지를 확인 후 진입 가능한 A 영역이 유리

나. 대지가 이면도로에 접한 경우 – 1

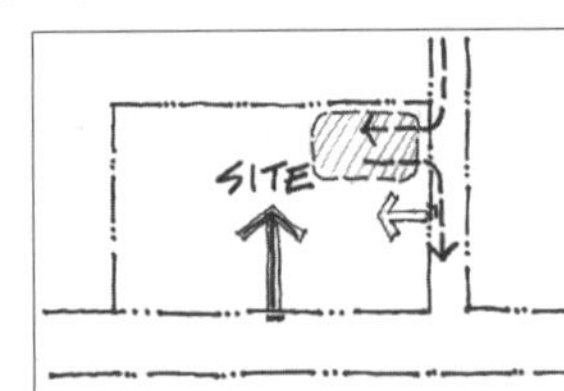

- 주도로에서 보행자 주출입 예상
- 부도로에서 차량 출입 예상 : 주차장 영역 예상
- 요구조건에 따라 부도로에서 보행자 부출입 예상

다. 대지가 이면도로에 접한 경우 – 2

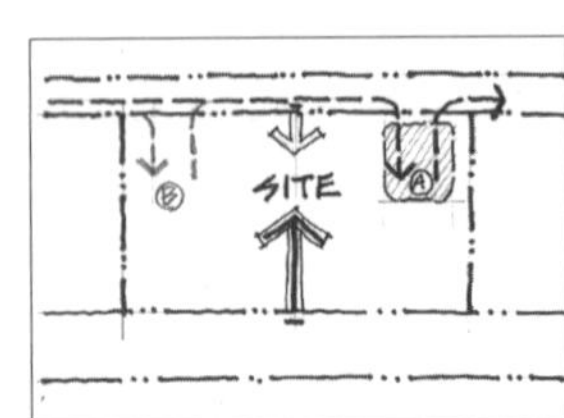

- 주도로에서 보행자 주출입 예상
- 부도로에서 차량 출입 예상 : 주차장 영역 예상 → A 영역 우선 검토
- 부도로에서 보행자 부출입 예상

2. 외부공간 성격 파악

▸ 외부공간을 계획할 경우 공간의 쓰임새와 성격을 분명하게 규정해야 한다.

▸ 전용공간

① 전용공간은 특정목적을 지니는 하나의 단일공간
② 타 공간으로부터의 간섭을 최소화해야 함
③ 중앙을 관통하는 통과동선이 형성되는 것을 피해야 한다.
④ 휴게공간, 전시공간, 운동공간

▸ 매개공간

① 매개공간은 완충적인 공간으로서 광장, 건물 전면공간 등 공간과 공간을 연결하는 고리역할을 하며 중간적 성격을 갖는다.
② 공간의 성격상 여러 통과동선이 형성될 수 있다.

3. 대지내 제한요소

- ▸ 장애물 : 자연적요소, 인위적요소
- ▸ 건축선, 이격거리
- ▸ 경사도(급경사지)
- ▸ 일반적으로 제시되는 장애물의 형태

① 수목(보호수)
② 수림대(휴양림)
③ 연못, 호수, 실개천
④ 암반
⑤ 공동구 등 지하매설물
⑥ 기존건물
⑦ 기타

휴양림 건축제한
(산책로는 가능)
실개천주변 건축제한
연못주변 건축제한
보호수로부터의 건축제한
진출입구 제한:
교량으로부터의 이격

▸ 대지 내 기존건축물에 대한 정보가 구체적으로 제시되었고 교육관으로 재생하도록 요구
- 건물 폭 10m 는 그대로 유지
- 증축 건축물(교육관)의 바닥면적 합계를 제시하여 대안마다 건축면적이 다를 수 있는 가능성을 열어둠

4. 성격이 다른 주차장

▸ 영역별 조닝계획
- 건물의 기능에 맞는 성격별 주차장의 합리적인 연계

▸ 성격이 다른 주차장의 일반적인 구분

① 일반 주차장
② 직원 주차장
③ 서비스 주차장 (하역공간 포함)

▸ 성격이 다른 주차장의 특성

① 일반주차장 : 건물의 주출입구 근처에 위치
주보행로 및 보도 연계가 용이한 곳
승하차장, 장애인 주차구획 배치
주차장 진입구와 가까운 곳
일방통행 + 순환동선 체계
② 직원주차장 : 건물의 부출입구 근처에 위치
제시되는 평면에 기능별 출입구 언급되는 경우가 대부분
③ 서비스주차 : 일반이용자의 영역에서 가급적 이격
주출입구 및 건물의 전면공지에서 시각 차폐 고려
토지이용효율을 고려하여 주로 양방향 순환체계 적용

▸ 지문

① 주차장 A(기존대지) : 30대 (장애인용 3대 포함)
② 주차장 B(매입대지) : 20대 (장애인용 2대 포함)
- 기존대지와 매입대지의 용도별 영역이 분명한 배치계획 : 용도별 주차장 계획
- 규모를 고려한 주차장 내 동선계획 : A-일방향 순환동선, B-양방향 동선

■ 문제풀이 Process

배치계획 문제풀이를 위한 핵심이론 요약

5. 접근성과 인지성

▸ '인지'란 존재를 알아채는 것을 의미
- 건물 존재의 부각

▸ 건물의 인지성을 확보 위해서는 도로측에 인접하여 배치하거나 부분적으로 Mass를 돌출하도록 하여 건물의 존재를 인식하도록 하는 것이 중요

▸ 건물은 이용자의 원활한 유입을 위해 건물의 존재가 부각되도록 할 필요가 있다.
- 접근성에 대한 요구를 직접 지문에 언급하기도 함
- 보통 인접도로나 대지 주출입구로부터의 접근성을 요구하는 것이 일반적이므로 요구된 시설은 많은 경우 도로변에 배치되게 된다.

▸ 지문

: a. 정보도서관은 진입마당에 인접하여 배치
b. 대강당은 교육관과 근접하여 배치
c. 진입마당은 기존 대중교통을 이용하여 쉽게 접근 할 수 있도록 배치
d. 문화행사마당은 전면도로 및 측면도로에서 접근이 용이하도록 배치
e. 교육마당은 정보도서관, 교육관 및 생활관에 인접 배치

- 계획적인 능력을 평가하고자 하는 최근 몇 년간의 출제 경향과는 다소 다르게 구체적이고 직접적인 조건이 많이 제시되었다.

6. 소음고려

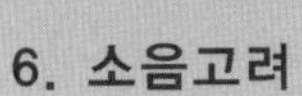

▸ 프라이버시 대책 (소음과 시선 처리)
① 건물을 이격배치 하거나 배치 향을 조절 : 적극적인 해결방안, 항상 우선 검토
② 다른 건물을 이용하여 차폐
③ 차폐 식재하여 시선과 소리 차단 (상엽수를 밀실하게 열식)
④ Fence, 담장 등 구조물을 이용

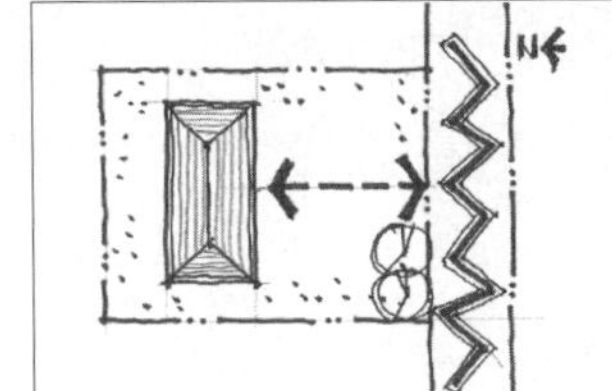

- 소음원(도로)으로부터 이격배치
- 향 및 프라이버시 동시 고려
- 도로변 차폐수목 식재하여 시선 및 소리 차단

▸ 지문

: 야외공연장은 경사지형을 활용하며, 소음 영향을 고려하여 배치
- 가장 대표적인 소음원인 두 인접도로에서 가급적 이격 배치하는 것으로 이해하는 것이 합리적

7. 보차분리

▸ 보행자주출입구 : 대지 전면의 중심 위치에서 한쪽으로 너무 치우치지 않는 곳에 배치
▸ 주보행동선 : 모든 시설에서 접근성이 좋도록 시설의 중심에 계획
▸ 보·차분리를 동선계획의 기본 원칙으로 하되 내부도로가 형성되는 경우 등에는 부분적으로 보·차 교행구간이 발생하며 이 경우 횡단보도 또는 보행자 험프를 설치
▸ 보도 폭을 임의로 계획하는 경우 동선의 빈도와 위계를 고려하여 보도 폭의 위계를 조절

▸ 지문

: 기존 및 매입대지의 주차장 출입구는 〈대지 현황도〉에 제시된 10m 측면도로에 계획하며, 대지 내 보행자의 안전한 통행을 고려한다.

8. 성토와 절토

▸ 지형계획의 가장 기본 : 성토와 절토의 균형, 자연훼손의 최소화
▸ 절토 : 높은 고도방향으로 이동된 등고선으로 표현
▸ 성토 : 낮은 고도방향으로 이동된 등고선으로 표현

▸ 성토와 절토의 균형을 맞추는 일반적인 방법
① 등고선 간격이 일정한 경우
: 지반의 중심을 해당 레벨에 위치
② 등고선 간격이 불규칙한 경우
: 지반의 중심을 완만한 쪽으로 이동

9. 경사도

▸ 대지의 경사기울기를 의미
- 비율, 퍼센트, 각도로 제시

▸ 제시된 등고선 간격(수평투영거리)과 높이차의 관계
▸ G=H : V 또는 G=V/H
▸ G=V/H×100

■ 문제풀이 Process

4 토지이용계획

① 내부동선 예상
- 보차분리 최대한 고려
- 영역별(기존 / 매입) 보행자
- 주·부진입 고려

② 시설조닝
- 기존대지 영역 (교육)
- 매입대지 영역 (스포츠)

③ 주변현황(도로조건, 횡단보도, 버스정류장 등)을 충분히 고려한 보행 동선 계획

④ 시험의 당락은 이 단계에서 사실상 결정됨

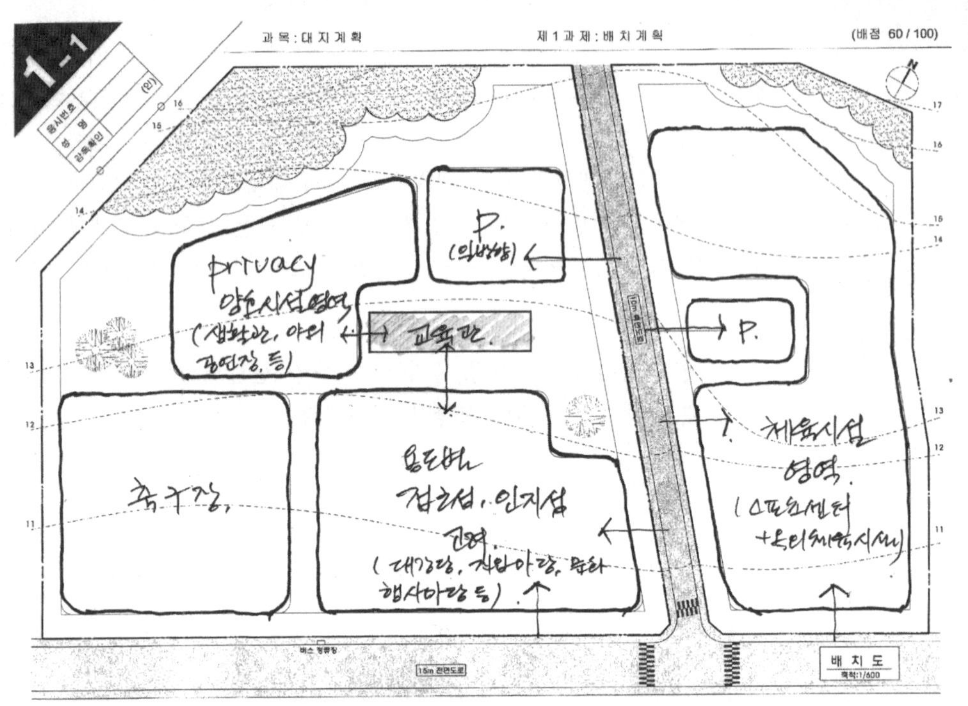

5 배치대안검토

① 토지이용계획을 바탕으로 세부계획 진행

② 조닝된 영역을 기본으로 시설별 연계조건을 고려하여 시설물 위치 선정

③ 명쾌한 동선계획
- 보차분리
- 요구된 주차대수 확보

④ 대지전체에 걸쳐 여유공간을 check하여 계획적인 factor를 추가 고려

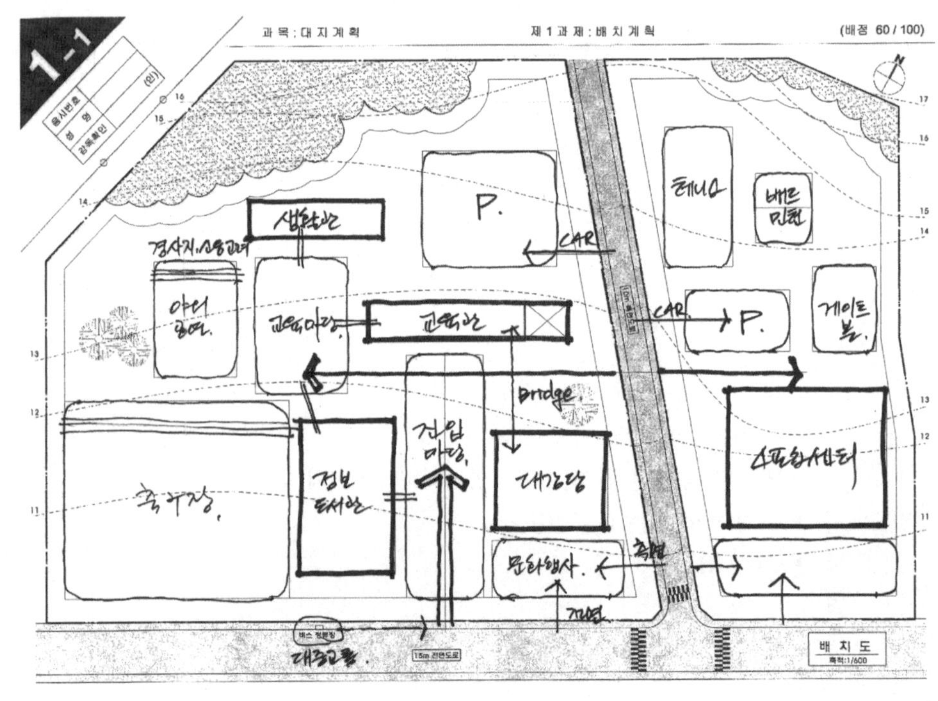

6 모범답안

★2014년 : 평생교육센터 배치계획 모범답안

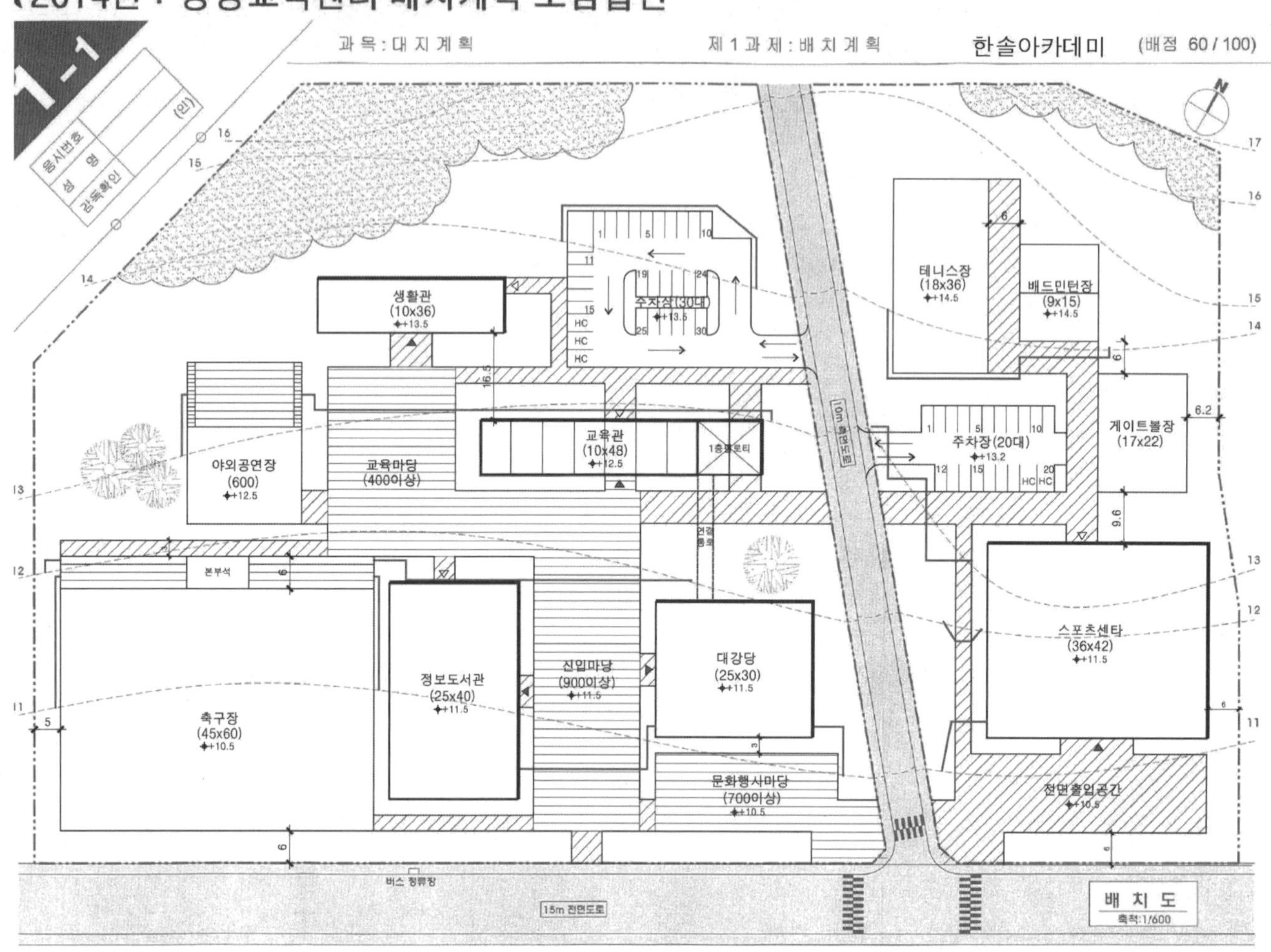

■ 주요 체크포인트

① 영역별 합리적 조닝
- 기존대지 : 평생교육센터
- 매입대지 : 체육시설

② 기존 건축물 리노베이션
- 교육관 증축의 적정성
- 교육마당을 중심으로 영역정리 (정보도서관, 교육관, 생활관 등)

③ 합리적 동선계획
- 최대한 보차분리를 고려
- 현황을 고려한 차량진출입구 위치

④ 지형을 고려한 시설물 배치

★ 2개필지 증축형 배치계획

- 완만한 경사가 있는 도심지 자연녹지지역

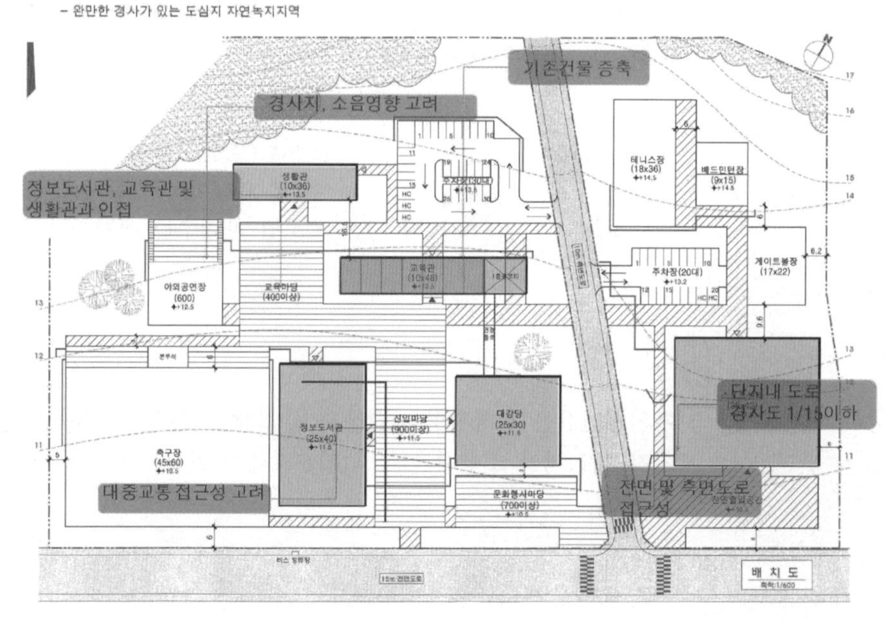

■ 문제풀이 Process

배치계획 주요 체크포인트

★ 2개필지 증축형 배치계획

- 완만한 경사가 있는 도심지 자연녹지지역

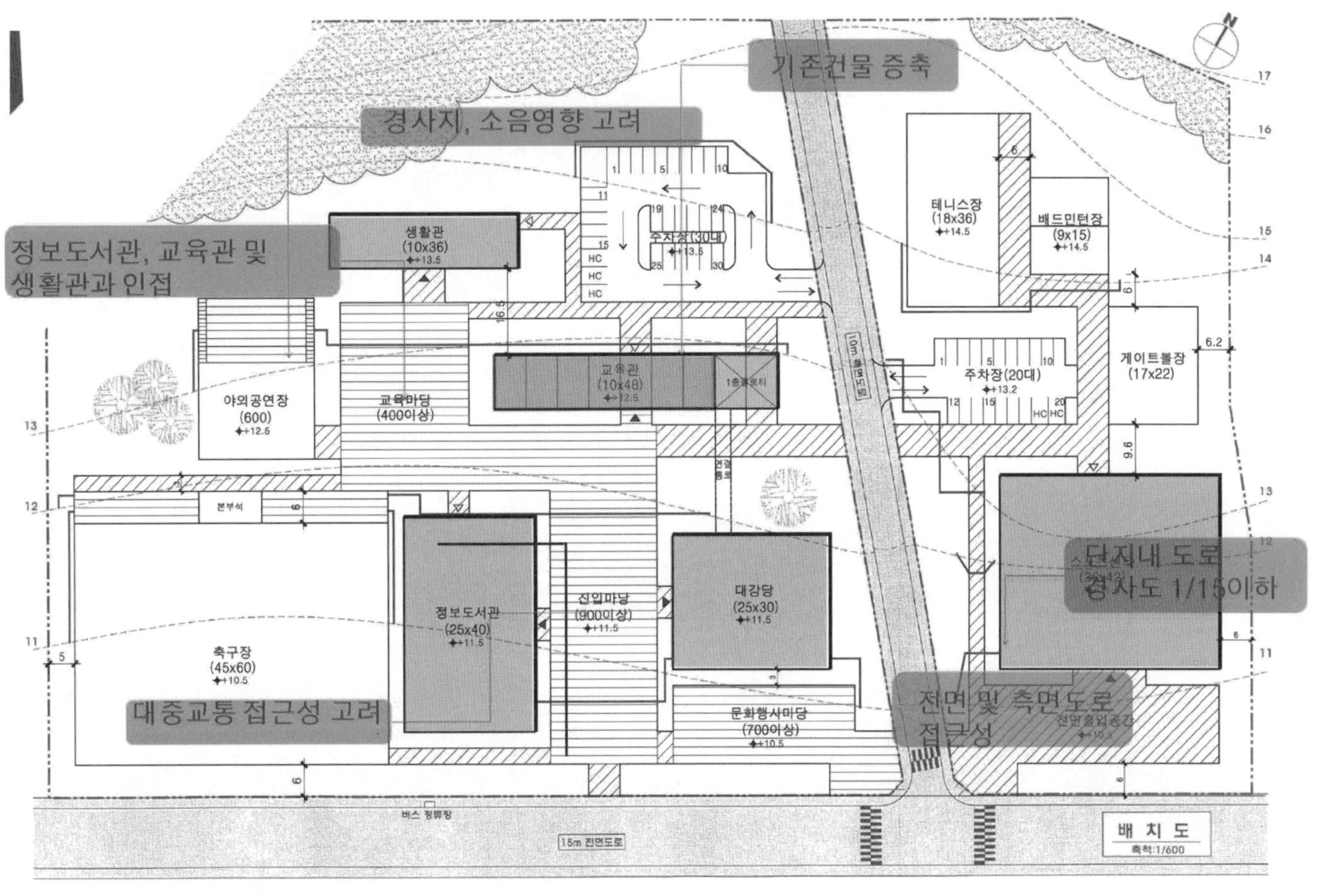

▸ 기존대지와 매입대지의 기능별 영역 분리

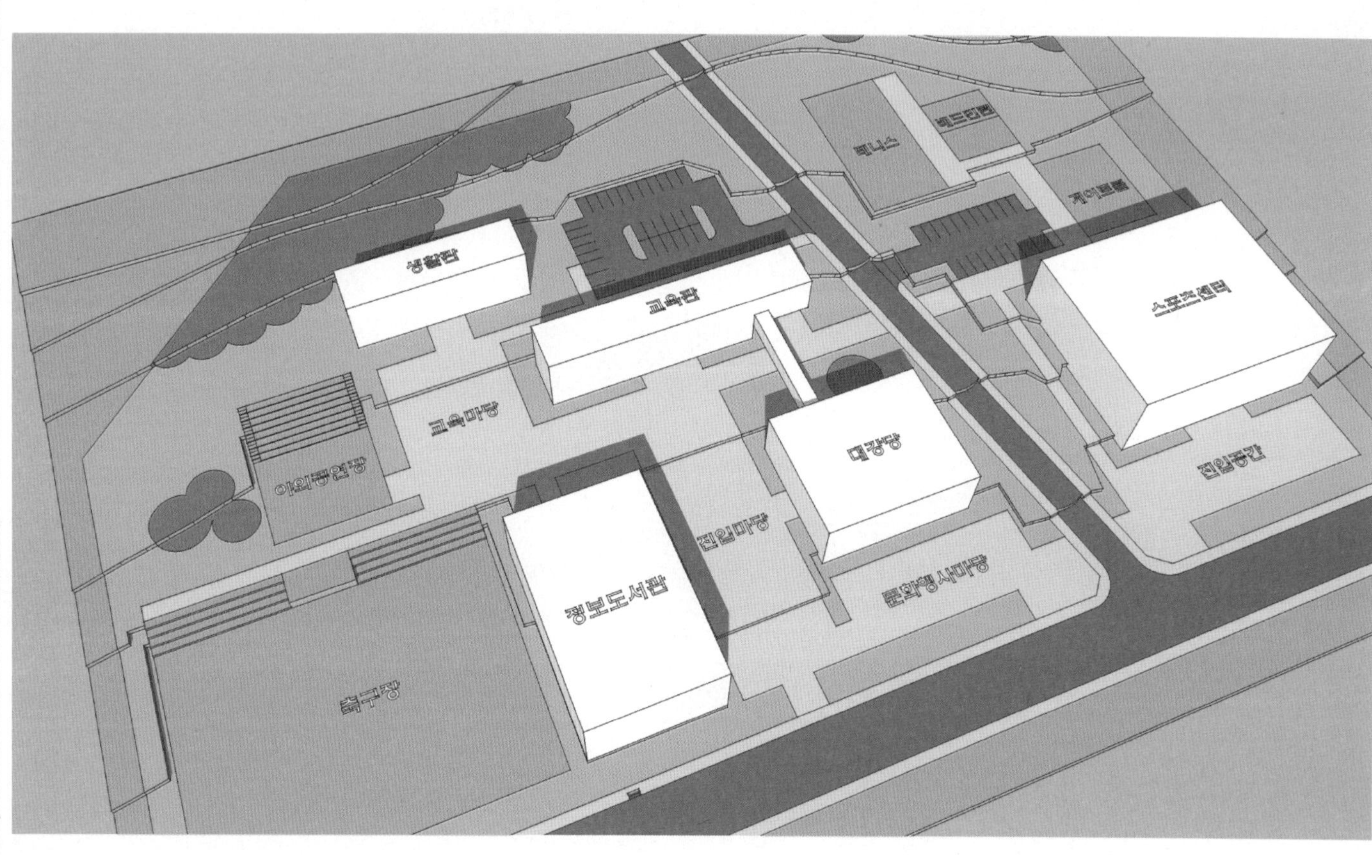

▸ 교육관의 합리적 증축

▸ 축구장 및 야외공연마당의 위치선정

▸ 차량진출입구 선정 및 적절한 주차장 동선 계획

▸ 체육시설영역(매입대지)의 합리적 조닝 계획

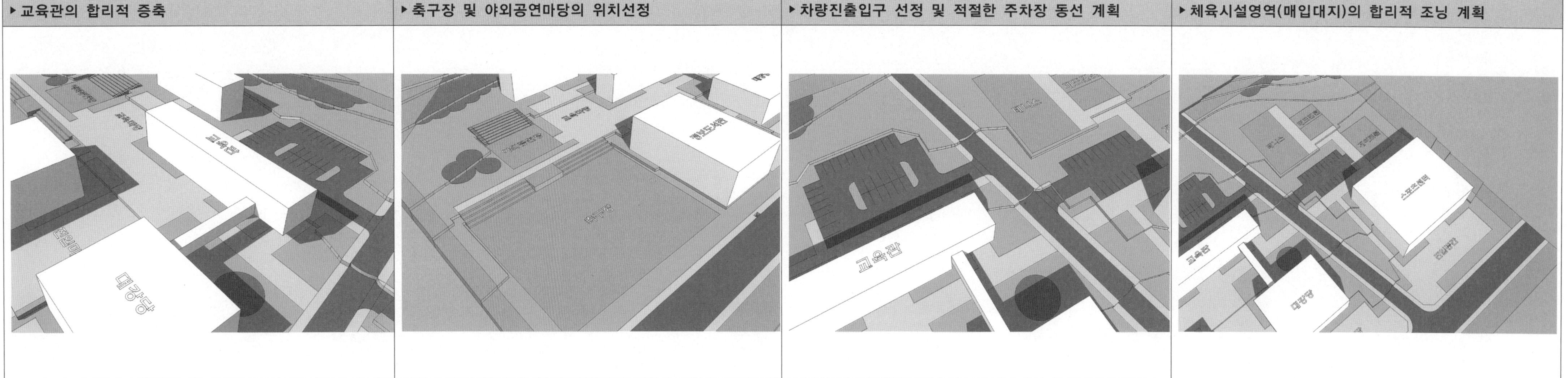

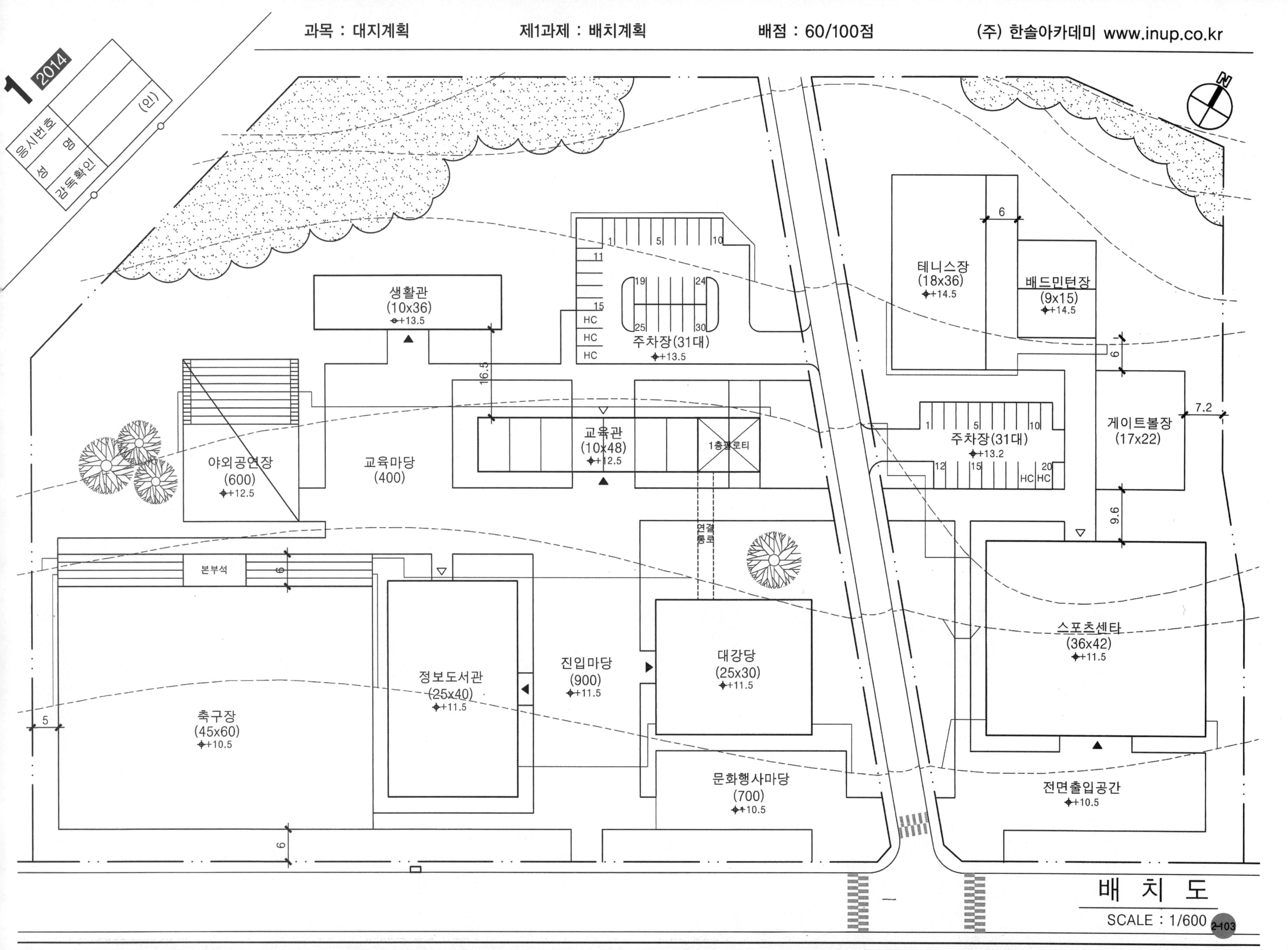
1 2014
응시번호
성 명
감독확인
(인)
생활관
(10x36)
+13.5
주차장(31대)
+13.5
HC
HC
HC
16.5
야외공연장
(600)
+12.5
교육마당
(400)
교육관
(10x48)
+12.5
1층필로티
연결통로
테니스장
(18x36)
+14.5
배드민턴장
(9x15)
+14.5
6
6.1
게이트볼장
(17x22)
7.2
주차장(31대)
+13.2
9.6
본부석
6
정보도서관
(25x40)
+11.5
진입마당
(900)
+11.5
대강당
(25x30)
+11.5
스포츠센타
(36x42)
+11.5
축구장
(45x60)
+10.5
5
문화행사마당
(700)
+10.5
전면출입공간
+10.5
6
배 치 도
SCALE : 1/600

구 성	FACTOR	지 문 본 문	FACTOR	구 성

2014년도 건축사자격시험 문제

과목: 대지계획 제2과제 (대지분석・조닝) ① 배점: 40/100점

제목 : 주거복합시설의 최대 건축가능영역②

1. 과제개요

대지 현황도에③ 제시된 증축가능대지에 지역 자치센터 및 공동주택(기숙사) 용도의 주거복합시설을 증축하고자 한다. 다음 사항을 고려하여 최대 건축가능영역을 구하시오.

2. 설계개요

(1) 용도지역 : ④제3종 일반주거지역, 택지개발지구
(2) 건폐율과 용적률은 고려하지 않음⑤
(3) 증축 건축물 용도⑥
- 지하1층～지상2층 : 제1종 근린생활시설
- 지상3층～지상9층 : 공동주택(기숙사)

3. 계획조건

(1) 가로구역별 최고 높이제한⑦ : 36m 이하 (건축물 높이에 파라펫은 고려하지 않음)
(2) 대지안의 공지⑧ : 증축건축물과 썬큰(sunken)은 인접대지경계선 및 건축선으로부터 4m 이상 이격한다.
(3) 대지는 주변대지와 고저차가 없이 평탄하다.
(4) 각 층의 층고는 4m이며, 지상 1층의 바닥레벨은 대지레벨과 동일한 것으로 한다.⑨
(5) 필로티 면적은⑩ 바닥면적에서 제외한다.
(6) 건축주의 요구사항⑪
① 상층부 2개층(8층, 9층) 4면의 외벽은 경사면으로 계획(경사도 1/2)
② 3층～6층까지의 남측외벽은 동일 수직면으로 계획

4. 이격거리 및 높이제한

(1) 일조 등의 확보를 위한 건축물의 높이제한을⑫ 위하여 정남방향으로의 인접 대지경계선(도로와 접한 경우 도로중심선)으로부터 띄어야 할 거리는 다음과 같다.
① 높이 9m 이하인 부분 : 1.5m 이상
② 높이 9m를 초과하는 부분 : 해당 건축물 각 부분 높이의 1/2 이상
(2) 채광방향에 의한 높이제한은 고려하지 않는다.⑬

(3) 증축건축물의⑭ 모든 외벽은 벽 두께를 고려하지 않으며, 다음과 같이 이격거리를 확보한다.
① 북측부분은 기존건축물 높이만큼 각각 기존 건축물로부터 이격하여 계획한다.
② 공원과 접하는 부분은 인접대지경계선으로부터 8m 이격하여 계획한다.
(4) 증축건축물 및 썬큰은 단지내통로 경계선과 보호수목 경계선으로부터 4m 이격하여 계획한다.⑮

5. 증축건축물에 대한 요구사항⑯

(1) 각 층 바닥 : 최소 폭 12m 확보
(2) 필로티(남측부분에 설치) : 높이 8m, 면적 360m² 이상 확보(윗 층 수평투영면적으로 산정하되 썬큰과 겹치는 부분은 제외한다.)
(3) 썬큰 : 깊이 4m, 폭 8m 이상, 면적 250m² 이상
① 지상1층 레벨 오픈부분만 산정
② 2개소 이내로 가능한 공원과 연계하여 배치
(4) 테라스(지붕이 없는 형태) : 7층에 최소 폭 4m, 면적 240m² 이상 확보
(5) 진입통로 : 최소 폭 4m (8m 도로 및 공원과 각각 연계한다.)

6. 도면작성요령 및 유의사항⑰

(1) 배치도에는 건축가능영역과 경사지붕을 실선으로 표현하고, 필로티 위치는 점선으로 표현한다.
(2) 증축건축물의 지상층 바닥면적 합계 및 이격거리를 표기한다.
(3) 투상도(Isometric)는 지하층 썬큰부분을 포함하여 보이는 부분만 실선으로 표현한다.
(4) 단위 : m
(5) 축척 : 1/400

<보기>

7층 테라스 및 지붕층	(빗금)
썬 큰	(X 표시)

(6) 제도는 반드시 흑색 연필로⑱ 한다.
(7) 명시되지 않은 사항은 현행 관계법령의 범위 안에서 임의로 한다.⑲

좌측 구성

1. 제목
- 건축물의 용도 제시 (공동주택과 일반건축물 2가지로 구분)
- 최대건축가능영역의 산정이 대전제

2. 과제개요
- 과제의 목적 및 취지를 언급합니다.
- 전체사항에 대한 개괄적인 설명이 추가되는 경우도 있습니다.

3. 설계개요(조건)
- 대지에 관한 개괄적인 사항
- 용도지역지구
- 대지규모
- 건폐율, 용적률
- 대지내부 및 주변현황 (현황도 제시)

4. 계획조건
- 접도현황
- 대지안의 공지
- 각종 이격거리
- 각종 법규 제한조건 (일조권, 도로사선, 가로구역별최고높이, 문화재보호앙각, 고도제한 등)
- 각종 법규 완화규정

좌측 FACTOR

① 배점을 확인합니다.
- 40점 (과제별 시간 배분 기준)

② 용도 체크
- 주거복합시설(일반+공동주택)
- 최대 건축가능영역
- 채광일조 적용기준 확인

③ 현황도 제시
- 계획조건을 읽기 전에 현황도를 이용, 1차적인 현황분석을 선행하는 것이 문제의 윤곽을 잡아가는데 훨씬 유리합니다.
- 도로확폭, 가각전제 등으로 건축선이 변경되는 부분이 있는지 가장 먼저 확인 (대지면적이 바뀌면 모든 기준이 바뀝니다.)
- 접도조건 및 주변현황 파악
- 향을 확인하여 적용해야 하는 법규를 미리 정리해봅니다.

④ 제3종 일반주거지역
- 정북일조권 적용

⑤ 건폐율 및 용적률 미적용형

⑥ 건축물 용도
- 저층부 근생+고층부 기숙사

⑦ 가로구역별 최고높이 36m
- 도로사선 배제

⑧ 대지안의 공지
- 단순 이격거리가 아닌 법규사항
- 공지완화 적용 여부 확인

⑨ 건물조건
- 층고, 1층바닥레벨 확인

우측 FACTOR

⑩ 필로티 면적은 바닥면적 제외

⑪ 계획적 factor(건축주 요구)
- 문제에 따라 가장 큰 제한조건으로 작용하는 경우가 많습니다.

⑫ 정남일조 적용

⑬ 채광일조 고려치 않음

⑭ 증축건물 조건
- 북측 기존건물과의 이격조건
- 공원에서의 이격조건

⑮ 단지내 통로와 보호수목으로부터의 이격거리(건물+썬큰)

⑯ 증축건물 요구사항
- 건물의 형태와 외부공간에 직접적인 영향을 미치는 주요 사항이므로 철저히 분석되어야 합니다.
- 층별 최소폭 제시
- 필로티 제반사항 제시
- 썬큰 요구조건 제시
- 테라스 및 진입통로 요구조건 제시

⑰ 도면작성요령은 항상 확인하는 습관이 필요합니다.
- 문제에서 요구하는 것은 그대로 적용하여 불필요한 감점이 생기지 않도록 절대 유의
- 건축가능영역과 경사지붕 표현
- 필로티 점선 표현
- 이격거리는 배치도에 표현
- 지상층 바닥면적 합계 기입
- 보이는 부분을 투상도로 표현
- 단위 및 축척 : m, 1/300

우측 구성

- 대지 내외부 각종 장애물에 관한 사항
- 1층 바닥레벨
- 각층 층고
- 외벽계획 지침
- 대지의 고저차와 지표면 산정기준
- 기타사항 (요구조건의 기준은 대부분 주어지지만 실무에서 보편적으로 다루어지는 제한요소의 적용에 대해서는 간략하게 제시되거나 현행법령을 기준으로 적용토록 요구할 수 있으므로 그 적용방법에 대해서는 충분한 학습을 통한 훈련이 필요합니다)

5. 도면작성요령
- 건축가능영역 표현방법(실선, 빗금)
- 층별 영역 표현법
- 각종 제한선 표기
- 치수 표현방법
- 반올림 처리기준
- 단위 및 축척

구 성	FACTOR	지 문 본 문	FACTOR	구 성

6. 유의사항
- 제도용구 (흑색연필 요구)
- 명시되지 않은 현행법령의 적용방침 (적용 or 배제)

⑱ 항상 흑색연필로 작성할 것을 요구합니다.

⑲ 명시되지 않은 사항은 현행 관계법령을 준용
- 기타 법규를 검토할 경우 항상 문제해결의 연장선에서 합리적이고 복합적으로 고려하도록 합니다.

⑳ 현황도 파악
- 대지현황(레벨, 보호수목경계선, 문화재, 등)
- 접도현황(개소, 너비, 레벨 등)
- 단면절단선 위치
- 방위
- 축척
- 기타사항
- 제시되는 현황도를 이용하여 1차적인 현황분석을 합니다. (대지경계선이 변경되는 부분이 있는지 가장 면적 확인)

과목: 대지계획 제2과제 (대지분석 · 조닝) 배점: 40/100점

<대지현황도> 축척 없음 ⑳

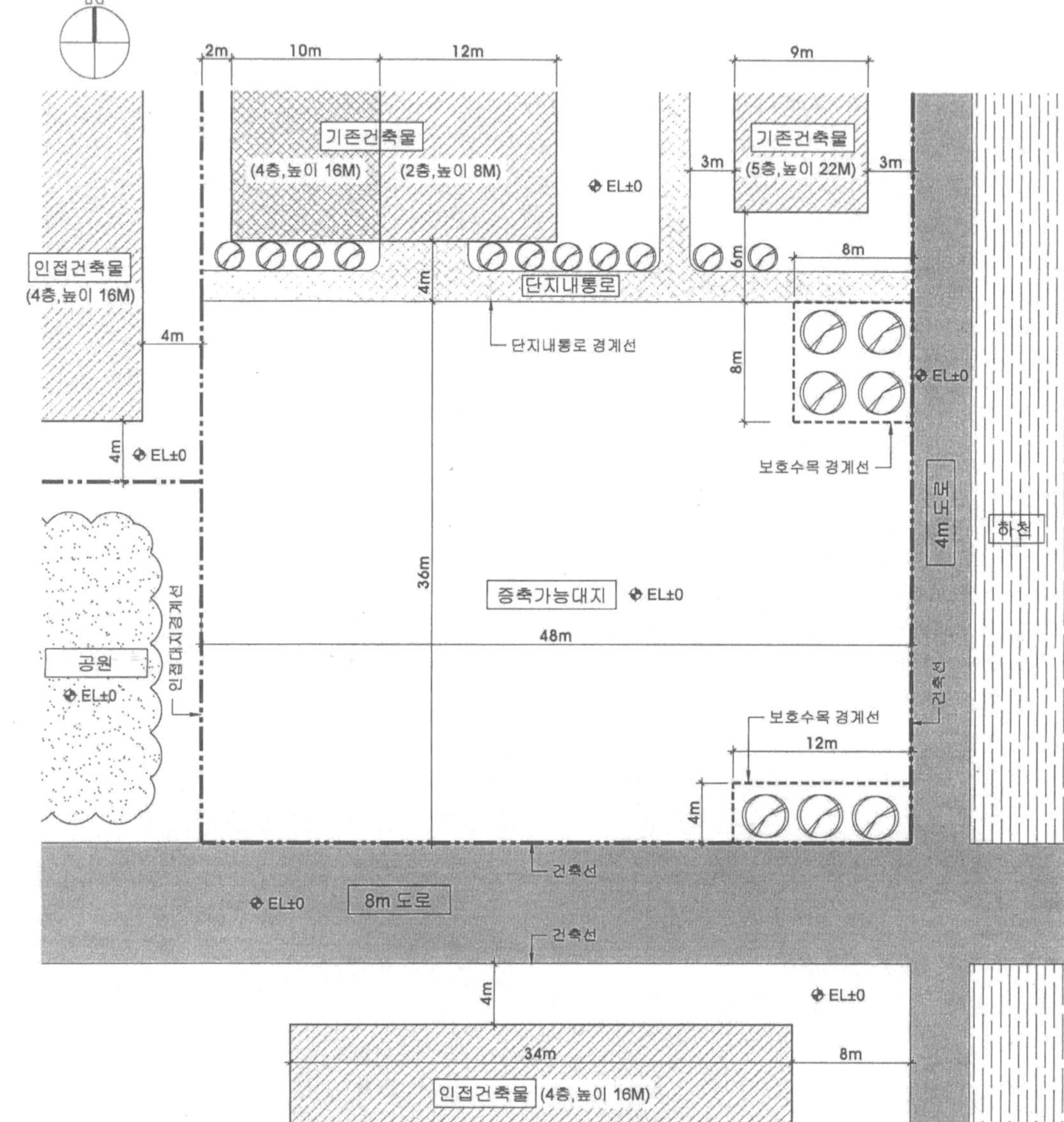

< 경사면(8,9층) 바닥면적 산정 기준 >
- 본 과제에서 바닥면적산정은 아래의 예시도에 따름.

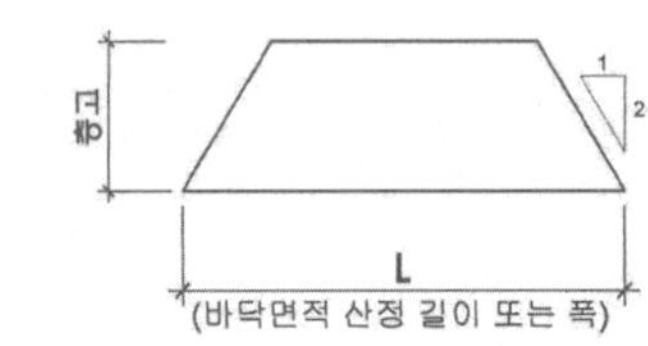

7. 대지현황도
- 대지현황
- 대지주변현황 및 접도조건
- 기존시설현황
- 대지, 도로, 인접대지의 레벨 또는 등고선
- 각종 장애물 현황
- 계획가능영역
- 방위
- 축척
(답안작성지는 현황도와 대부분 중복되는 내용이지만 현황도에 있는 정보가 답안작성지에서는 생략되기도 하므로 문제접근시 현황도를 꼼꼼히 체크하는 습관이 필요합니다.)

■ 문제풀이 Process

1 제목, 과제 및 대지개요 확인

① 배점 확인 : 40점
- 1교시 소과제 2과제 적용 후 30~40점이 일반적
- 문제의 난이도 예상이 가능하며 제1과제와의 시간배분에 유의해야 함

② 제목 : 주거복합시설의 최대건축가능영역
- 지하1층~지상2층 : 제1종 근린생활시설
- 지상3층~지상9층 : 공동주택(기숙사)
- 공동주택의 경우 채광일조 관련 조건을 지문에서 반드시 확인해야 함

③ 제3종 일반주거지역, 택지개발지구
- 주변 대지는 모두 동일 용도지역

④ 건폐율 및 용적률은 고려하지 않음
- 층수 제시, 각종 최고높이 제한, 최상층 최소 바닥면적 제시 등으로 건물 규모 제한

⑥ 구체적인 지문조건 분석 전 현황도를 이용하여 1차적인 현황분석을 우선하도록 함
- 가장 먼저 확인해야 하는 사항은 건축선 변경 여부임을 항상 명심

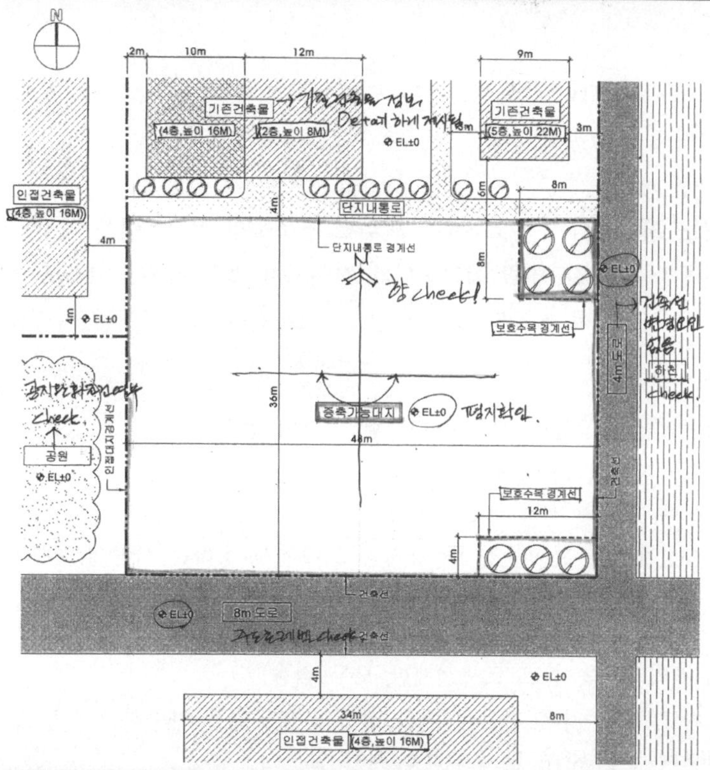

2 현황분석

① 대지조건
- 장방형의 평탄지
- 기존건축물 2개동 : 층수, 높이 등 구체적인 정보 제시
- 단지내 통로, 증축가능영역 내 보호수목경계(2개소) 확인

② 주변현황
- 인접대지 : 제3종 일반주거지역, 인접건축물 정보도 자세히 제시됨
- 공원 및 하천(하천 폭 등 구체적 정보 없음)

③ 접도조건 확인
- 남측 8m도로, 동측 4m도로
- 건축물의 높이제한 조건 지문 확인

④ 대지 및 인접대지, 도로의 레벨 check

⑤ 방위 확인
- 일조 등의 확보를 위한 높이제한 적용 기준 확인

⑥ 단면지시선은 없으나 평면 및 투상도 작도를 위해서는 단면 검토가 이루어져야 함

3 요구조건분석

① 가로구역별 최고높이제한 : 36m 이하

② 대지안의 공지 : 인접대지경계선 및 건축선으로부터 4m 이상

③ 층고 4m, 1층 바닥레벨 = 대지레벨

④ 필로티 면적은 바닥면적에서 제외한다.

⑤ 건축주 요구사항
- 상층부 2개층(8,9층) 4면의 외벽면은 경사면(범례 참조)
- 3~6층까지의 남측 외벽면은 동일 수직면

⑥ 정남일조권 적용
- 정북일조권과 같고 방향만 반대

⑦ 채광일조권은 고려하지 않음

⑧ 이격거리 제시
- 북측부분은 기존건축물 높이만큼 각각 기존건축물로부터 이격
- 공원과 접하는 부분은 인접대지경계선으로부터 8m 이격
- 건물 및 썬큰은 단지내통로 경계선과 보호수목으로부터 4m 이격

⑨ 각 층 바닥 최소폭 12m

⑩ 필로티는 남측부분에 설치 : 높이 8m, 면적 360㎡ 이상

⑪ 썬큰, 테라스 및 진입통로 기준 제시

■ 문제풀이 Process

대지분석 · 조닝 문제풀이를 위한 핵심이론 요약

1. 가로구역별 최고높이

▸건축물의 높이제한(건축법 제 60조)
- 가로구역별 최고높이
- 도로사선 제한

▸가로구역별 최고높이 : 가로구역을 단위로 건축물의 최고높이를 지정

▸도로사선제한 : 가로구역별 최고높이가 정해지지 않을 경우 1:1.5로 적용

▸가로구역별 최고높이 지정된 지역에서는 도로사선 배제

▸유의사항

① 가로구역별 최고높이 적용시 특별한 지문이 없는 한 주도로(넓은 도로)를 기준으로 높이 산정

② 지문 상 건축물 최고높이 규정 등이 "가로구역별 최고높이" 라고 명시되지 않는 한 동일시해서는 안됨

③ 도로사선제한의 완화규정 두 가지는 조례에서 정하는 사항이므로 필히 적용조건을 지문대로 해야함

④ 1층 전층 필로티인 경우 용도와 무관하게 높이에서 제외 (가로구역최고높이, 도로사선제한 모두 적용)

⑤ 도로가 경사진 경우 건물이 면한 구간의 도로면을 가중하고 이렇게 산정한 가중도로면이 대지보다 낮은 경우 다시 1/2 up해야 함

▸지표면과 도로면이 높이차가 있는 경우 (가로구역별 최고높이, 도로사선제한 동일)

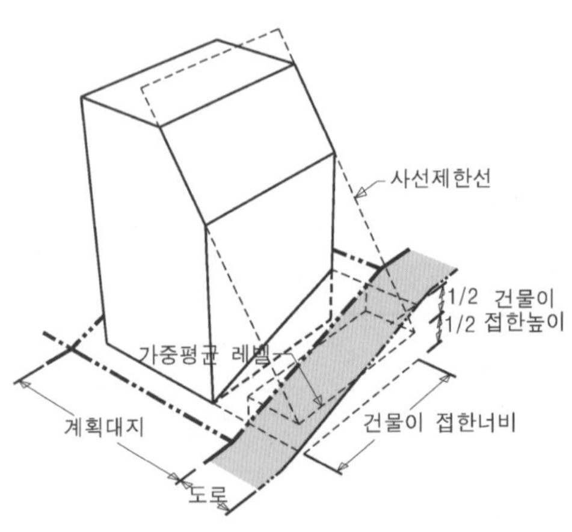

① 건물이 접한 부분의 도로를 가중 평균하여 도로레벨 산정
: 평균수평면 (대표성을 갖는 도로 레벨)

② 도로의 높이차가 3m 초과되는 경우라도 전체구간을 한번에 가중 (지표면 산정과의 차이)

▸ 도로사선과 가로구역별 최고높이의 기준표고 산정방법은 동일

▸문제의 경우 대지가 서로 다른 폭의 도로(8m, 4m)에 접하고 있으므로 가로구역별 최고높이를 적용하는 기준은 8m 도로의 레벨이 되지만, 층수가 주어졌고 대지와 주변이 모두 평지이기 때문에 건물 규모를 결정하는 변별력으로는 작용하지 않았음

2. 정남일조

▸정남일조권
- 정북일조권에 의해 연쇄적으로 대지의 북측에 외부공간이 형성되는 오류를 수정하고자 적용되는 높이제한
- 다음의 경우 지자체장이 고시하는 경우에 한해 적용 가능

① 「택지개발촉진법」 제3조에 따른 택지개발지구인 경우

② 「주택법」 제16조에 따른 대지조성사업지구인 경우

③ 「지역 개발 및 지원에 관한 법률」 제11조에 따른 지역개발사업구역인 경우

④ 「산업입지 및 개발에 관한 법률」 제6조, 제7조, 제7조의2 및 제8조에 따른 국가산업단지, 일반산업단지, 도시첨단산업단지 및 농공단지인 경우

⑤ 「도시개발법」 제2조제1항제1호에 따른 도시개발구역인 경우

⑥ 「도시 및 주거환경정비법」 제4조에 따른 정비구역인 경우

⑦ 정북방향으로 도로, 공원, 하천 등 건축이 금지된 공지에 접하는 대지인 경우

⑧ 정북방향으로 접하고 있는 대지의 소유자와 합의한 경우나 그 밖에 대통령령으로 정하는 경우

- 지자체 고시는 정북일조와 내용은 같고 방향만 반대인 경우가 가장 일반적이다.

정북일조권 일반사항

▸지역일조권 : 전용주거지역, 일반주거지역 모든 건축물에 해당

▸인접대지와 고저차 있는 경우 : 평균 지표면 레벨이 기준

▸인접대지경계선으로부터의 이격거리
- 높이 9m 이하 : 1.5m 이상
- 높이 9m 초과 : 건축물 각 부분의 1/2 이상

▸계획대지와 인접대지 간 고저차 있는 경우

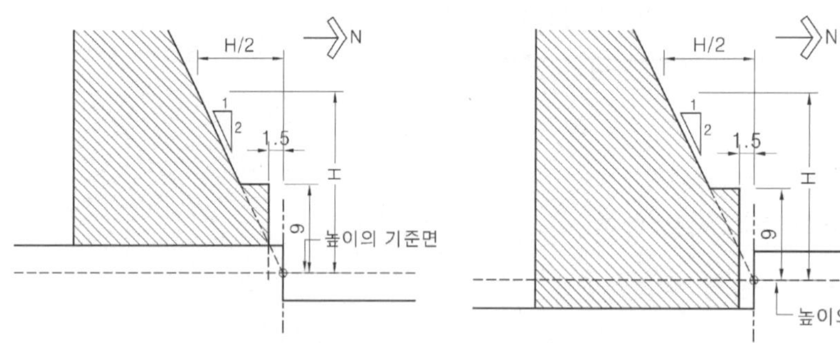

▸지문

: 일조 등의 확보를 위한 건축물의 높이제한을 위하여 정남방향으로의 인접 대지경계선 (도로와 접한 경우 도로중심선)으로부터 띄어야 할 거리는 다음과 같다.

① 높이 9m 이하인 부분 : 1.5m 이상

② 높이 9m를 초과하는 부분 : 해당 건축물 각 부분 높이의 1/2 이상

■ 문제풀이 Process

대지분석 · 조닝 문제풀이를 위한 핵심이론 요약

3. 대지안의 공지

▸〈건축법 제58조〉 대지안의 공지 내용

- 건축물을 건축하는 경우에는 「국토의 계획 및 이용에 관한 법률」에 따른 용도지역·용도지구, 건축물의 용도 및 규모 등에 따라 건축선 및 인접 대지경계선으로부터 6미터 이내의 범위에서 대통령령으로 정하는 바에 따라 해당 지방자치단체의 조례로 정하는 거리 이상을 띄워야 함

▸〈건축법시행령 제80조의2〉 대지안의 공지 내용

- 건축선 및 인접 대지경계선(대지와 대지 사이에 공원, 철도, 하천, 광장, 공공공지, 녹지, 그 밖에 건축이 허용되지 아니하는 공지가 있는 경우에는 그 반대편의 경계선을 말한다)
  으로부터 건축물의 각 부분까지 띄어야 하는 거리의 기준을 별표에서 정하고 있음

▸지문에서 '이격거리'로 제시되는 내용과 '대지안의 공지'로 제시되는 경우는 명확히 구분되어 적용되어야 한다.

- 이격거리 : 제시되는 사항 그대로 1:1 대응
- 대지안의 공지 : 제시되는 사항을 반영하되 공지완화를 적용하는 부분 반드시 확인

▸지문

(2) 대지안의 공지 : 증축건축물과 썬큰(sunken)은 인접대지경계선 및 건축선으로부터 4m 이상 이격한다.

- 대지 서측에 공원이 있어 건축물과 썬큰은 공지완화를 적용할 수 있는 상황이지만 건축물은 공원과 8m 이격하라는 별도 요구가 있고 썬큰은 공원과의 사이에 폭 4m의 진입통로가 계획되는 상황이라 실제 문제에서 변별력으로 작용하지는 않았음

나만의 핵심정리 노트

■ 문제풀이 Process

4 수평영역 검토

① 대지평면도 상의 건축가능영역(이격거리 위주)을 우선 검토

– 각종 이격거리 조건 정리

② 단면도(요구되지 않음)로 가선을 연장하여 단면상의 건축가능영역 check
(계획지에서 단면 검토)

③ 검토된 평면상 건축가능영역을 토대로 계획적 factor를 반영하여 대안 검토

배 치 도
축척:1/400

지상층 바닥면적 합계 :

5 수직영역 검토

① 지표면과 인접대지 및 인접도로의 레벨(평지)을 기준으로 각종 높이제한조건 (정남일조, 가로구역별 최고높이 등)을 검토

② 제시된 층고에 따라 가선을 정리하여, 각종 사선과 만나는 부분의 라인을 평면도로 연장

③ 건축주의 요구사항(계획적 factor) 반영

④ 요구되지 않은 단면 검토

– 작도하진 않지만 규모검토를 위해선 단면 검토되어야 함

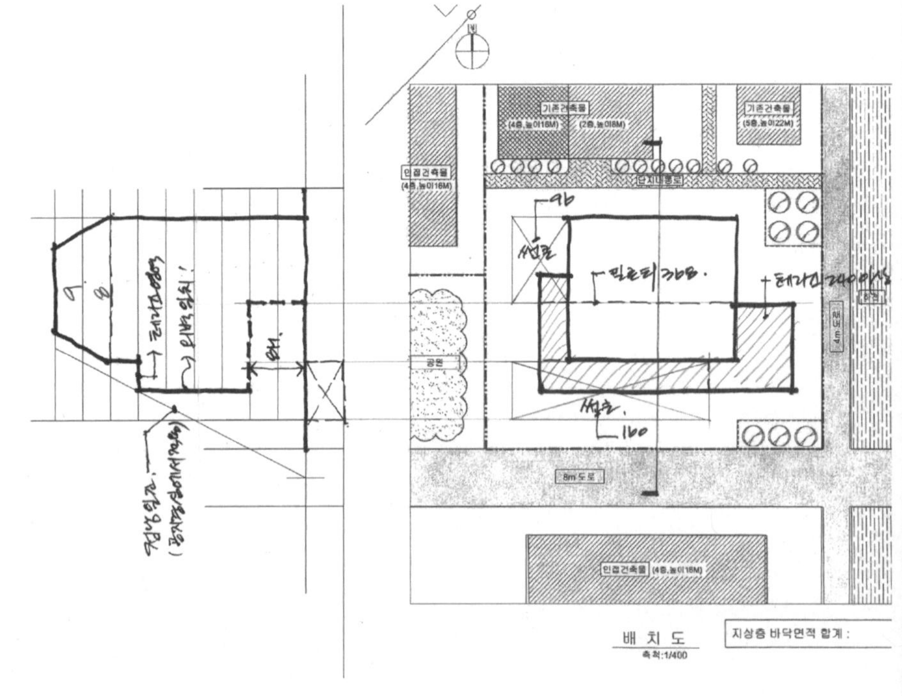

6 모범답안

★2014년 : 주거복합시설의 최대건축가능영역 모범답안

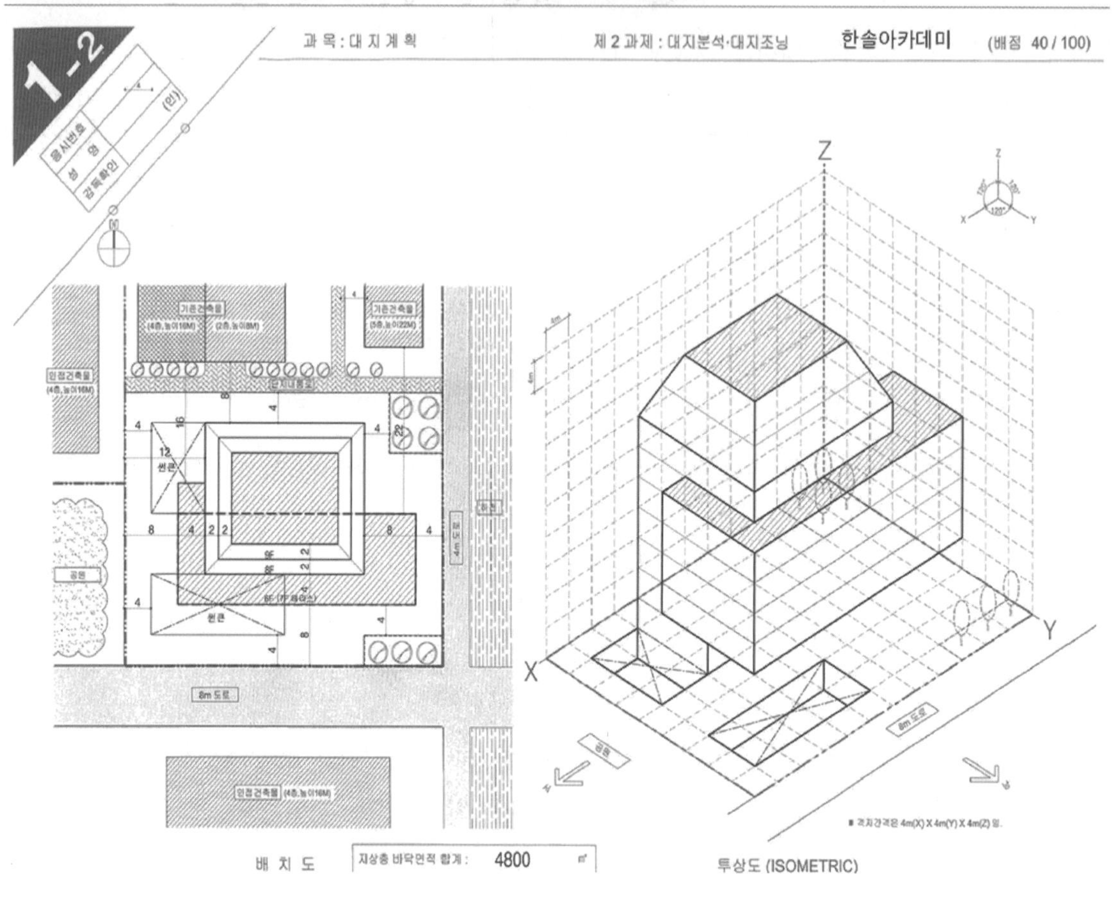

■ 주요 체크포인트

① 기존 건축물로부터의 적정 이격

– 가장 직접적인 수평건축가능영역 제한요소

② 정남일조권의 합리적 적용

③ 썬큰 및 테라스 계획의 적정성

④ 아이소메트릭(등각투상도) 표현

★ MASS계획형 분석/조닝

– 등각투상도 작도를 통한 계획MASS형태의 입체적 이해

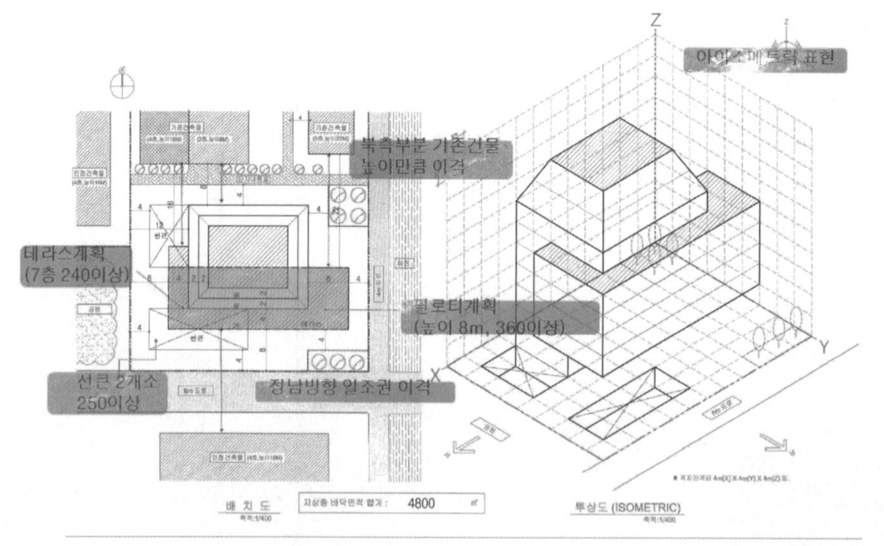

■ 문제풀이 Process

대지분석 · 조닝 주요 체크포인트

★ MASS계획형 분석/조닝

– 등각투상도 작도를 통한 계획MASS형태의 입체적 이해

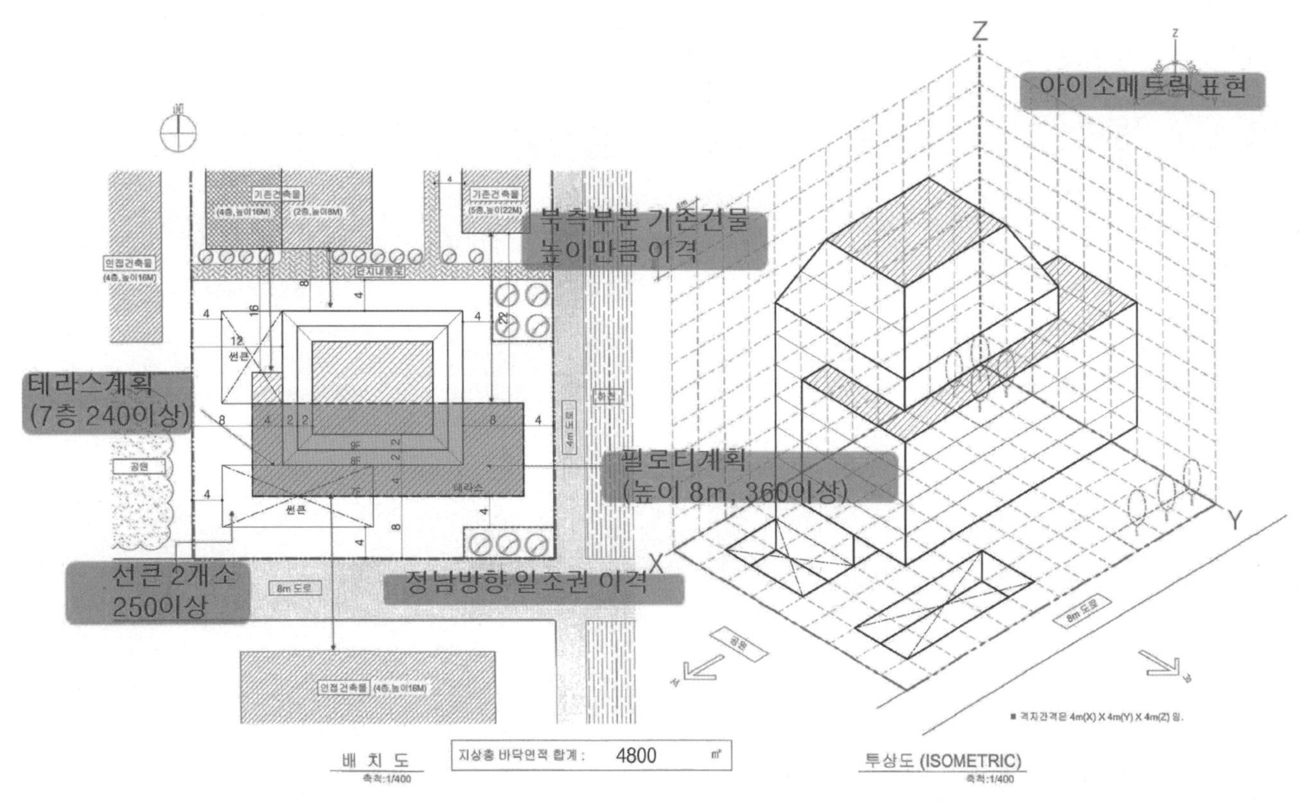

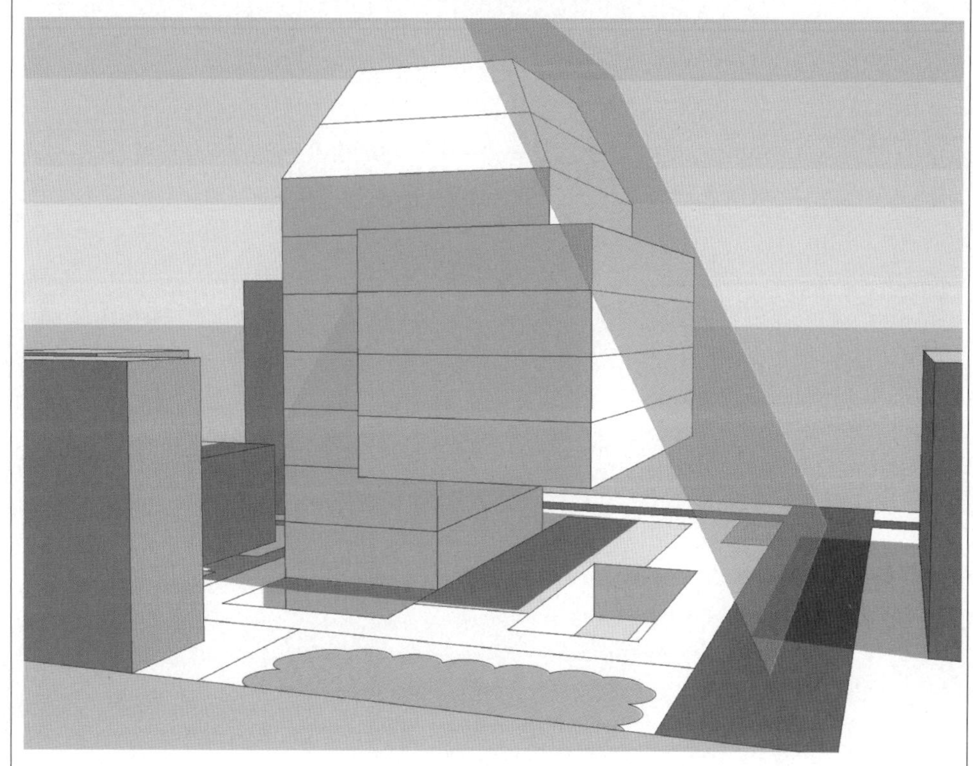

▸정남일조권 적용

① 정북일조권과 방향만 반대로 적용

② 남측인접대지레벨과 계획대지 레벨의 단차 검토

: 동일레벨이므로 ±0 적용

③ 8m도로의 중심에서 적용

④ 지상3층~6층까지의 남측 외벽을 동일 외벽으로 정리

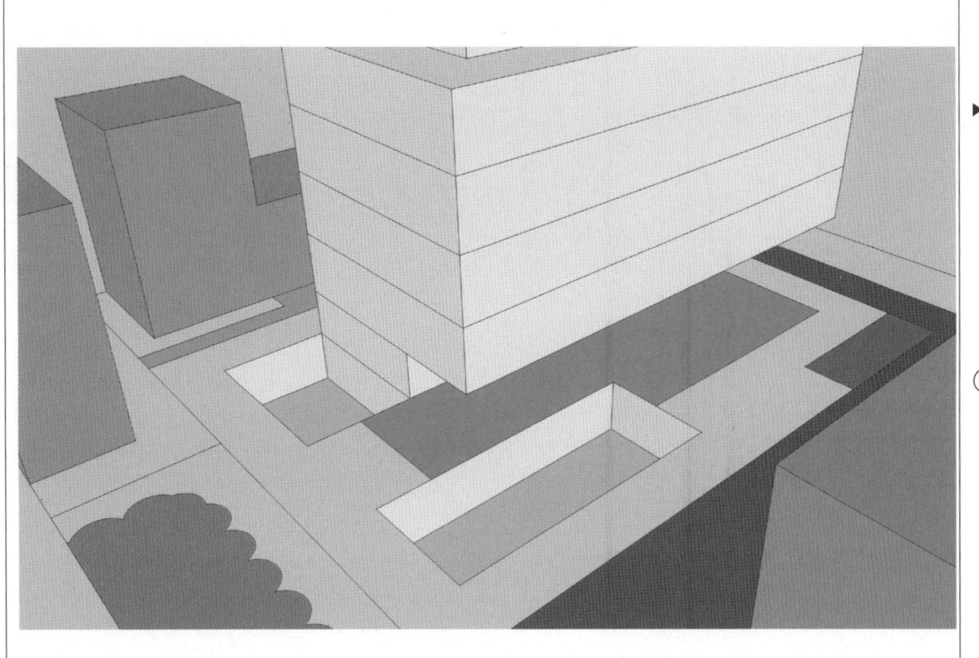

▸썬큰 및 필로티 계획

① 썬큰

: 단지내통로 경계선과 보호수목 경계선으로부터 4m 이격

: 폭 8m, 면적 250㎡ 이상

: 2개소 이내 공원과 연계

② 필로티

: 남측부분에 설치

: 높이 8m, 면적 360㎡ 이상

: 윗 층 수평투영면적으로 산정하되 썬큰과 겹치는 부분은 제외

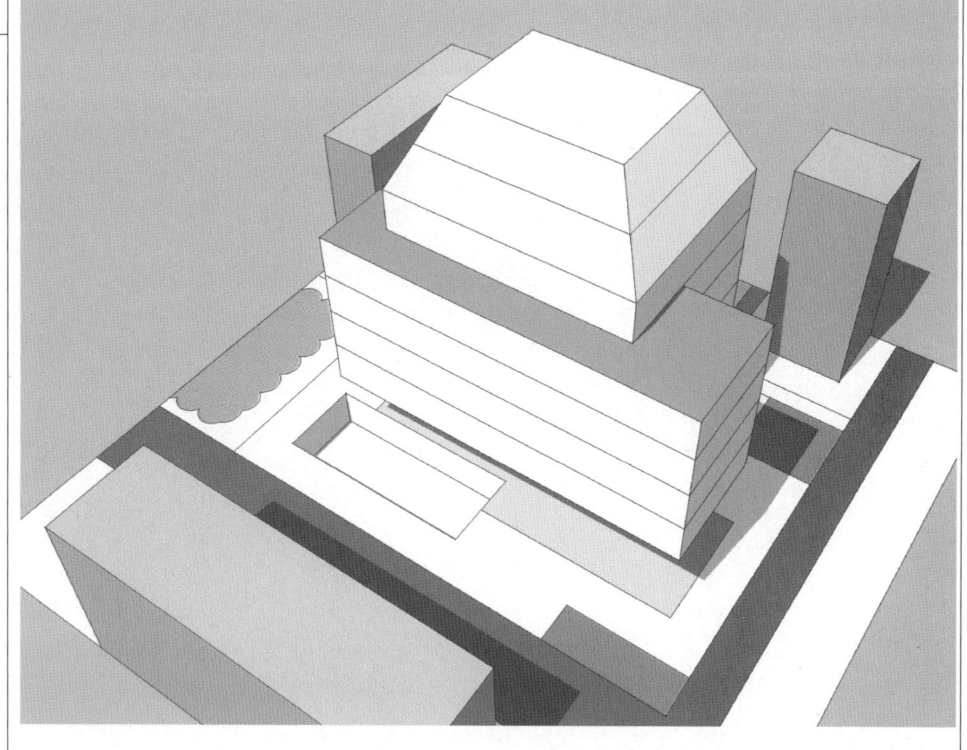

▸합리적 건축물 형태

① 테라스

: 지붕이 없는 형태

: 7층에 최소폭 4m, 면적 240㎡ 이상

② 상층부 2개층

: 4면의 외벽은 경사면으로 계획 (경사도 1/2, 범례)

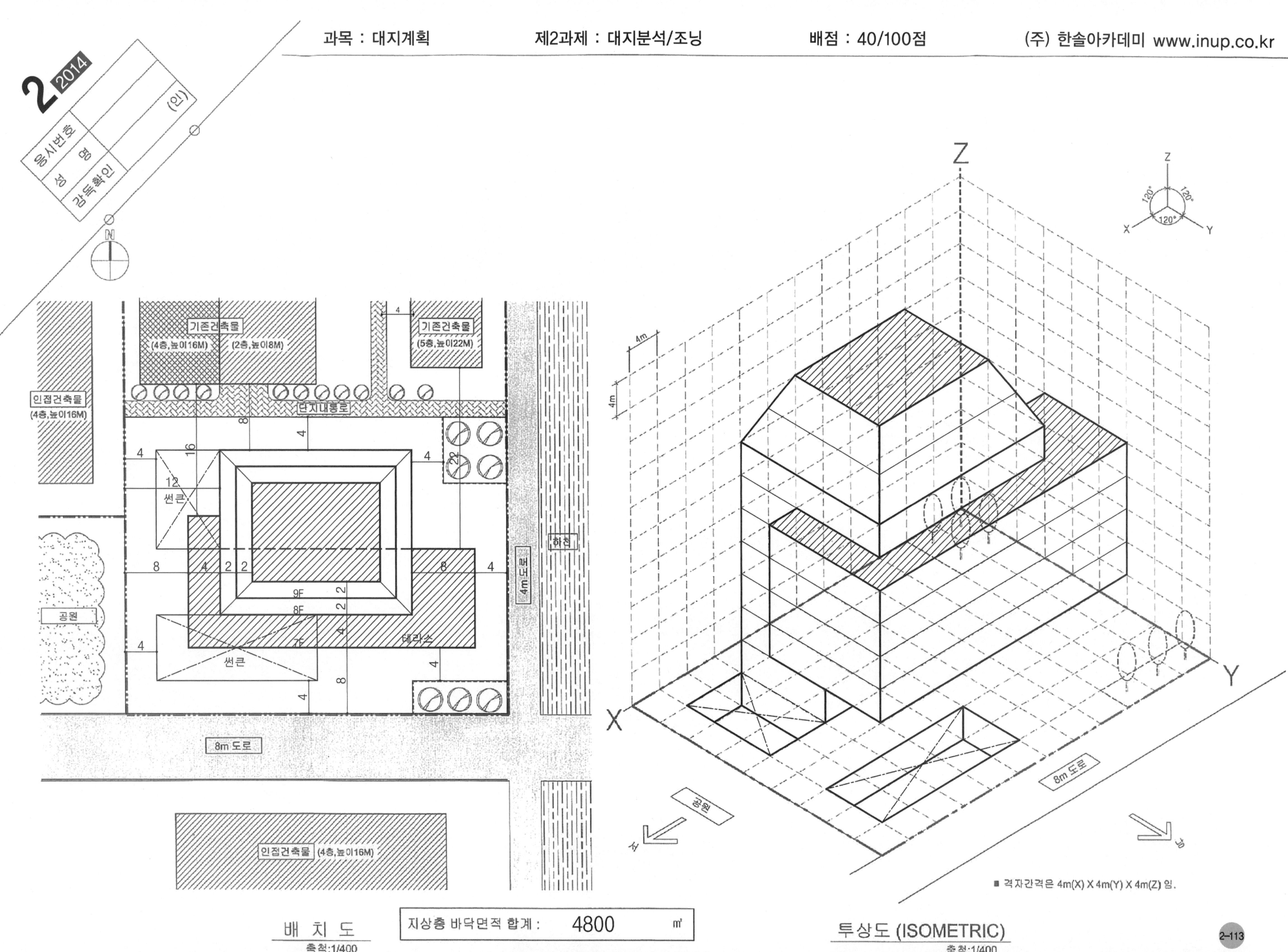
2 2014
응시번호
성 명
감독확인
(인)
기존건축물
(4층,높이16M)
(2층,높이8M)
기존건축물
(5층,높이22M)
인접건축물
(4층,높이16M)
단지내통로
썬큰
9F
8F
7F
테라스
공원
하천
4m도로
8m 도로
인접건축물 (4층,높이16M)
Z
X
Y
4m
8m 도로
공원
■ 격자간격은 4m(X) X 4m(Y) X 4m(Z) 임.
배 치 도
축척:1/400
지상층 바닥면적 합계 : 4800 ㎡
투상도 (ISOMETRIC)
축척:1/400

구 성	FACTOR

1. 제목
- 배치하고자 하는 시설의 제목을 제시합니다.

2. 과제개요
- 시설의 목적 및 취지를 언급합니다.
- 전체사항에 대한 개괄적인 설명이 추가되는 경우도 있습니다.

3. 대지조건(개요)
- 대지전반에 관한 개괄적인 사항이 언급됩니다.
- 용도지역, 지구
- 접도조건
- 건폐율, 용적률 적용여부를 제시
- 대지내부 및 주변현황(최근 계속 현황도가 별도로 제시)

4. 계획조건
ⓐ 배치시설
- 배치시설의 종류
- 건물과 옥외시설물은 구분하여 제시되는 것이 일반적입니다.
- 시설규모
- 필요시 각 시설별 요구사항이 첨부됩니다.

FACTOR

① 배점을 확인하여 2과제의 시간배분 기준으로 활용합니다.
- 50점 최초 (난이도 예상)

② 용도(노유자종합복지센터)에 맞는 계획 각론과 유사사례에 대한 이미지를 그려 봅니다.

③ 노인병원/스포츠센터/유치원이 기본적으로 영역별로 조닝되어야 하는 상황입니다.

④ 지역지구 : 계획관리지역

⑤ 대지현황도 제시
- 계획(지문)조건을 파악하기에 앞서 현황도를 이용, 1차적인 현황분석을 충분히 선행하는 것이 문제 윤곽을 잡아가는데 훨씬 유리합니다.

⑥ 내부도로(차로, 보행로)조건 제시

⑦ 건축물
- 규모 : 가로×세로 크기로 제시
- 용도별 성격을 파악해야 하며 프라이버시를 기본으로 확보해야 하는 노인주거동 check

⑧ 외부시설
- 규모 : 가로×세로 크기로 제시
- 모든 시설이 크기로 제시된 만큼 퍼즐식 치수계획형 문제가 될 가능성이 보여짐.

⑨ 용도별 주차장 계획 요구
- 용도별 주차대수가 제시
- 주차장을 수험생 임의로 통합, 분산배치할 수 있도록 요구

지 문 본 문

2015년도 건축사자격시험 문제

과목: 대지계획 제1과제 (배치계획) ① 배점: 50/100점

제목 : 노유자종합복지센터 배치계획 ②

1. 과제개요

노유자를 위한 노인병원, 스포츠센터, 유치원 등이 있는 노유자종합복지센터를 계획하고자 한다.③ 다음 사항을 고려하여 시설을 배치하시오.

2. 대지조건

(1) 용도지역 : 계획관리지역 ④
(2) 주변현황 : <대지현황도> 참조 ⑤

3. 계획조건 및 고려사항

(1) 계획조건

① 단지 내 도로 ⑥
- 보행로 : 너비 6m 이상
- 차 로 : 너비 8m 이상

② 건축물(가로, 세로 구분 없음) ⑦
- 노인병원(3층) : 46m × 38m
- 요 양 원(3층) : 46m × 12m
- 노인주거동(3층, 2개동) : 각 34m × 14m
- 스포츠센터(2층) : 46m × 22m
- 유 치 원(1층) : 24m × 16m

③ 옥외시설(가로, 세로 구분 없음) ⑧
- 잔디마당 : 34m × 30m
- 휴게광장 : 54m × 18m
- 진입마당 2개소 : 38m × 8m(스포츠센터), 16m × 8m(유치원)
- 승하차장(drop zone) : 20m × 20m(노인병원)
- 텃 밭 : 28m × 24m
- 체육시설 : 48m × 32m
  - 배드민턴장 3면(코트규격 13.4m × 6.1m)
  - 게이트볼장 1면(코트규격 27m × 22m)
- 유치원 놀이터 : 24m × 12m
- 주 차 장 ⑨ : 노인병원 및 요양원 28면, 스포츠센터 34면, 유치원 6면, 노인주거동 18면 (필요한 경우 2개소까지 통합 가능)

(2) 고려사항

① 차량출입구는 18m 도로와 10m 도로에 각각 1개소 설치한다. ⑩
② 보행로출입구는 18m 도로와 10m 도로에 각각 1개소 설치한다. ⑪
③ 단지 내 도로는 보행로 위주로 계획한다. (보행로는 비상시 차로로 사용 가능) ⑫
④ 주차장에 진입하는 차로는 보행로와 분리하며 교차하지 않도록 계획한다. ⑬
⑤ 보행로는 공원 및 자연휴양림(산책로)과 연결되도록 계획한다.
⑥ 노인병원은 18m 도로에서 진입하도록 배치한다. ⑭
⑦ 노인병원은 중정(18m × 12m)을 두고, 요양원과 연결하는 통로(너비 6m)를 설치한다.
⑧ 요양원은 ⑮ 노인병원을 통하여 접근하고 자연휴양림의 조망이 용이하도록 배치한다.
⑨ 텃밭은 ⑯ 노인주거동 사이에 배치한다.
⑩ 유치원은 환경이 양호한 공원과 인접하게 ⑰ 배치하고 진입마당을 둔다.
⑪ 유치원의 놀이터는 안전을 고려하여 외부도로에 면하지 않도록 배치한다.
⑫ 스포츠센터와 체육시설은 지역주민의 접근이 용이하도록 배치한다. ⑱
⑬ 잔디마당은 ⑲ 노인병원의 환자와 직원들이 이용하기 용이한 위치에 배치한다.
⑭ 휴게광장은 ⑳ 기존 수목을 포함하여 배치한다.
⑮ 건축물 및 옥외시설은 인접대지 경계선과 도로 경계선으로부터 최소 3m 이격한다.
⑯ 건축물, 옥외시설, 단지 내 도로 등은 상호간에 최소 2m 이격한다.
⑰ 모든 이격공간에는 필요에 따라 조경을 한다. ㉑

FACTOR	구 성

FACTOR

⑩ 차량진출입구
- 주도로, 부도로에 각 1개소 설치
- 주차장 통합(2개소)과 함께 고려

⑪ 보행로출입구
- 주도로, 부도로에 각 1개소 설치

⑫ 보행로 위주 계획
- 비상시 차로로 이용 가능

⑬ 보차분리 강조
- 보행로 위주의 계획을 요구하면서 보차분리 다시 강조

⑭ 노인병원
- 주도로에서의 접근성 확보
- 중정 갖는 mass 형태 이해
- 요양원과 하나의 영역으로 구성

⑮ 요양원
- 별도 출입구 불필요

⑯ 텃밭
- 노인주거동 이용 시설로 이해

⑰ 유치원
- 공원과 인접하여 환경 고려
- 놀이터는 프라이버시 확보

⑱ 스포츠센터 및 체육시설
- 주도로/부도로의 결절부에 위치하는 것이 주민 접근성 확보에 유리

⑲ 잔디마당
- 노인병원 영역과 함께 조닝

⑳ 휴게광장
- 기존 수목을 포함한 배치

㉑ 이격조건 및 조경설치
- 필요와 기능에 따른 조경계획

구 성

ⓑ 배치고려사항
- 건축가능영역
- 시설간의 관계 (근접, 인접, 연결, 연계 등)
- 보행자동선
- 차량동선 및 주차장계획
- 장애인 관련 사항
- 조경 및 포장
- 자연과 지형활용
- 옹벽 등의 사용지침
- 이격거리
- 기타사항

구 성

5. 도면작성요령
- 각 시설명칭
- 크기표시 요구
- 출입구 표시
- 이격거리 표기
- 주차대수 표기 (장애인주차구획)
- 표고 기입
- 단위 및 축척

FACTOR

㉒ 도면작성요령은 항상 확인하는 습관이 필요합니다.
- 문제에서 요구하는 것은 그대로 적용하여 불필요한 감점이 생기지 않도록 절대 유의

㉓ 건축물의 표현
- 굵은 실선

㉔ 단지 내 도로의 표현
- 실선

㉕ 각 시설 명칭과 치수 표기
- 시설 중앙에 표현

㉖ 치수는 지문에서 요구한 이격거리를 위주로 표현
- 건축물과 외부공간을 가로지르는 치수계획은 지양하도록 함.

㉗ <보기>에 제시된 표현방법은 반드시 준수해야 합니다.
- 건물의 주출입구는 장변 중앙에 표현하는 것이 원칙(건물의 용도를 고려한 위치선정도 가능)

㉘ 단위 및 축척
- m / 1:600

지 문 본 문

과목: **대지계획** 제1과제 (배치계획) 배점: 50/100점

4. 도면작성요령 ㉒

(1) 건축물 외곽선은 굵은 실선으로 표시한다. ㉓
(2) 단지 내 도로는 실선으로 표시한다. ㉔
(3) 건축물과 옥외시설은 명칭과 치수 및 이격거리를 표기한다. ㉕ ㉖
(4) 기타 표시는 <보기>를 따른다. ㉗
(5) 단위: m, 축척: 1/600 ㉘

5. 유의사항

(1) 답안작성은 반드시 흑색연필로 한다. ㉙
(2) 명시되지 않은 사항은 현행 관계법령의 범위 안에서 임의로 한다. ㉚

<보기>

보 행 로	(빗금)
기존 수목	(수목)
건축물 주출입구	▲
보행로 출입구	↑
휴게광장, 승하차장, 잔디마당, 놀이터, 진입마당, 텃밭	(가로선)
차량 출입구	⇆

<대지현황도> 축척 없음 ㉛

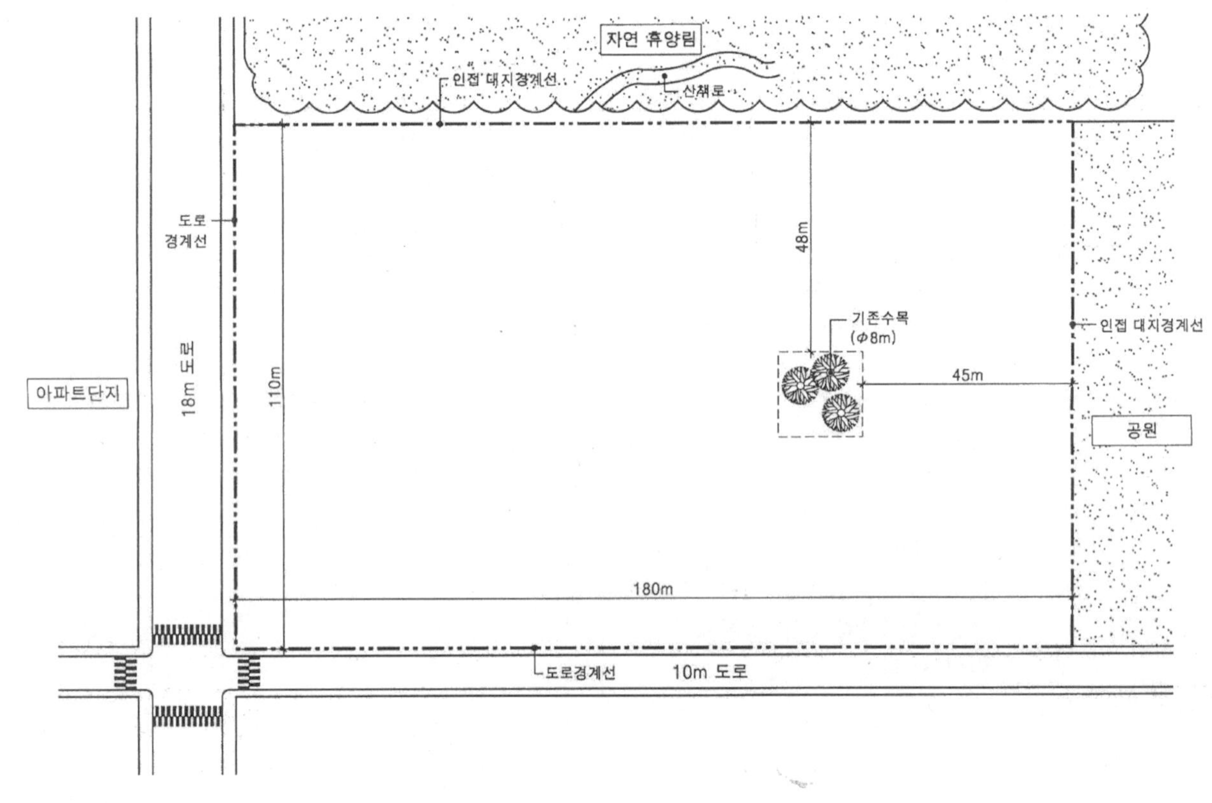

FACTOR

㉙ 항상 흑색연필로 작성할 것을 요구 합니다.

㉚ 명시되지 않은 사항은 현행 관계법령을 준용
- 기타 법규를 검토할 경우 항상 문제해결의 연장선에서 합리적이고 복합적으로 고려하도록 합니다.

㉛ 현황도 파악
- 대지형태
- 접도조건
- 주변현황 (자연휴양림 및 산책로, 공원, 아파트단지, 횡단보도 등)
- 가로, 세로 치수 확인
- 대지 내 보호수목
- 방위
- 제시되는 현황도를 이용하여 1차적인 현황을 분석합니다. (현황도에 제시된 모든 정보는 그 이유가 분명한 만큼 북서측 자연휴양림 내부의 산책로 라인은 그 이유가 분명할 것이고 존중되어야 할 것입니다.)

구 성

6. 유의사항
- 제도용구 (흑색연필 요구)
- 지문에 명시되지 않은 현행법령의 적용방침 (적용 or 배제)

7. 보기
- 보도, 조경
- 식재
- 데크 및 외부공간
- 건물 출입구
- 옹벽 및 법면
- 기타 표현방법

8. 대지현황도
- 대지현황
- 대지주변현황 및 접도조건
- 기존시설현황
- 대지, 도로, 인접대지의 레벨 또는 등고선
- 각종 장애물 현황
- 계획가능영역
- 방위
- 축척 (답안작성지는 현황도와 대부분 중복되는 내용이지만 현황도에 있는 정보가 답안작성지에서는 생략되기도 하므로 문제접근시 현황도를 꼼꼼히 체크하는 습관이 필요합니다.)

■ 문제풀이 Process

1 제목 및 과제 개요 check

① 배점 : 50점 / 난이도 예상, 처음 출제된 배점인 만큼 분석조닝(제2과제)에 조금 더 많은 시간을 배분하는 전략이 필요

② 제목 : 노유자종합복지센터 배치계획
(노인병원, 스포츠센터, 유치원 등을 포함하는 복합계획)

③ 계획관리지역 : 도시계획 차원의 기본적인 대지 성격을 파악

④ 대지면적 : 약 19,800m²

⑤ 주변현황 : 대지현황도 참조

2 현황 분석

① 대지형상 : 장방형의 평탄대지

② 대지 내 현황파악 : 기존수목 3그루

③ 주변조건
- 남서측 18m 도로(주도로)
  : 보행자 주출입 예상
- 남동측 10m 도로(부도로)
  : 보행자 부출입 및 차량 진출입구 예상
- 북서측 자연 휴양림 및 산책로
  : 양호한 환경, 기존 산책로를 존중한 계획이 필요할 것으로 예상
- 북동측 공원
  : 공원과의 연계조건 지문 확인 필요
- 주도로와 부도로의 결절부에 횡단보도 확인
  : 지역주민의 주요 접근로에 대한 예상

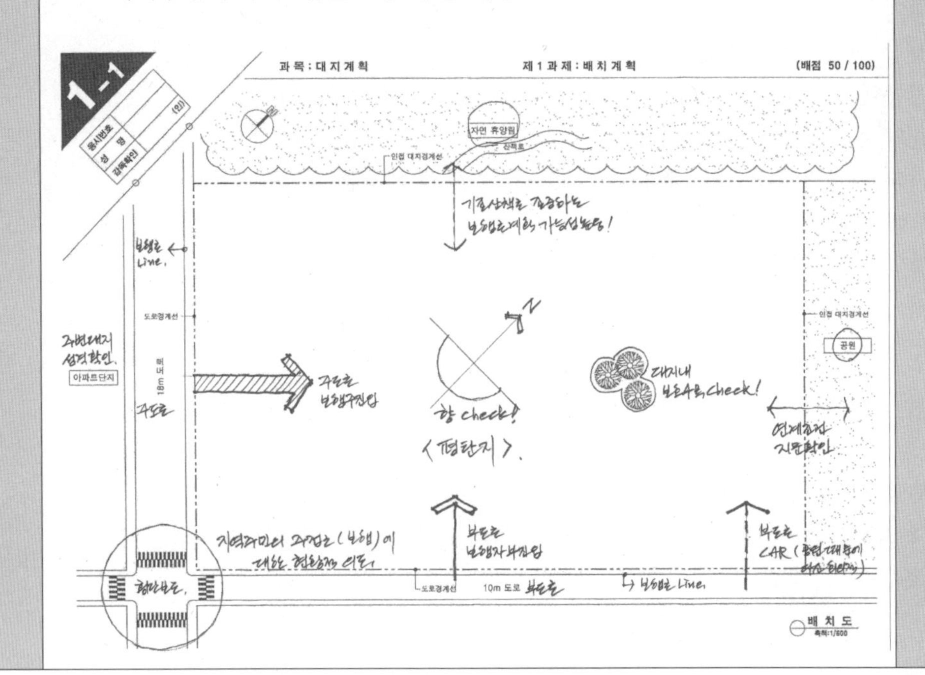

3 요구조건 분석(diagram)

① 도로 조건
- 도로와 보행로를 구분하여 제시
- 보행로 : 너비 6m 이상
- 차　로 : 너비 8m 이상(주차를 위한 차로를 포함한 개념인지에 대한 수험생의 판단이 필요한 부분)

② 건축물 조건 및 성격 파악
- 기본 규모는 Om × Om 로 제시됨
- 노인병원+요양원+노인주거동 / 스포츠센터 / 유치원 영역으로 이해
- 노인주거동의 프라이버시 고려

③ 외부시설 성격 파악
- 공간의 성격을 파악하여 매개(완충) vs 전용공간으로 구분

④ 주차장 파악
- 노인병원 및 요양원 : 28대 / 스포츠센터 : 34대 / 유치원 : 6대 / 노인주거동 : 18대
- 필요한 경우 2개소까지 통합 가능(시설의 조닝에 따라 주차장 통합 설치의 대안이 여러 가지의 형태로 가능해짐)

⑤ 차량출입구
- 18m 도로와 10m 도로에 각각 1개소 설치(주도로에서의 차량 진출입이 별도로 요구됨)
- 주차장 영역이 크게 2개소로 분산될 것이라고 이해 가능

⑥ 보행로출입구
- 18m 도로와 10m 도로에 각각 1개소 설치

⑦ 보행로 계획
- 단지 내 도로는 보행로 위주 계획
- 비상시 차로로 사용 가능

⑧ 보차 분리
- 주차장 진입차로와 보행로 절대 교차 금지

⑨ 보행로
- 공원 및 자연휴양림의 산책로와 연결되도록 계획
- 산책로의 기존 질서를 고려한 보행축

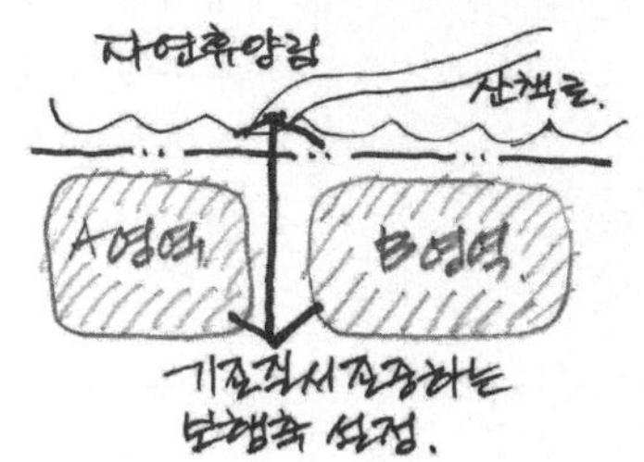

⑩ 노인병원
- 18m 도로에서 진입
- 중정을 갖는 형태의 mass 계획
- 요양원과 연결하는 통로 설치

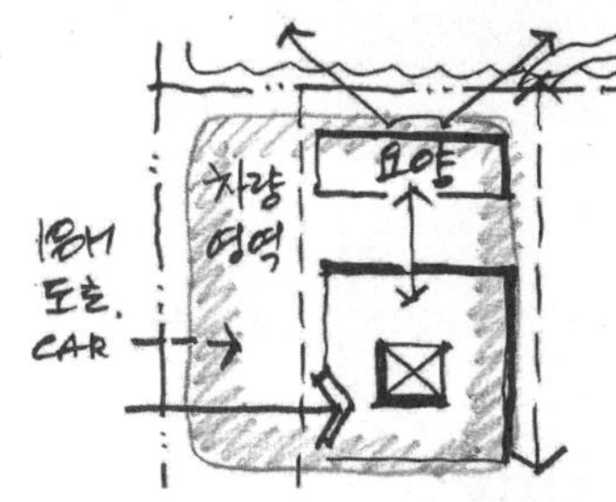

⑪ 요양원
- 노인병원을 통하여 접근
(별도의 출입구 불필요)
- 자연휴양림의 조망이 용이하도록 배치

⑫ 텃밭
- 노인주거동 사이에 배치
- 노인주거동과 조닝되는 만큼 프라이버시를 고려한 위치 선정

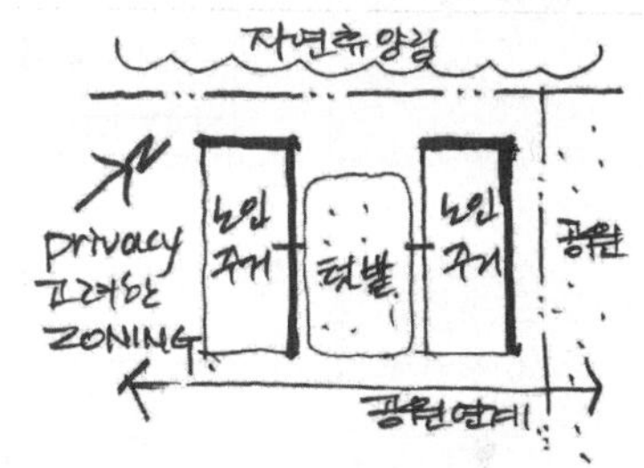

⑬ 유치원
- 공원과 인접하여 배치
- 진입마당 계획
- 별도 조닝이 가능한 독립시설
- 놀이터는 외부도로에서 이격 배치

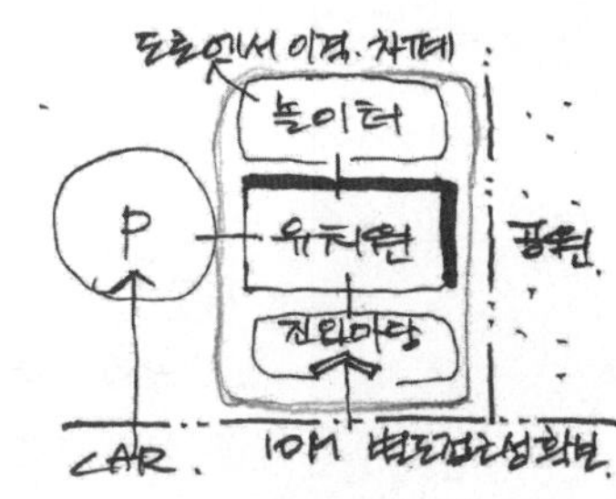

⑭ 스포츠센터와 체육시설
- 지역주민의 접근성 고려
- 도로의 결절부, 횡단보도를 고려한 위치선정

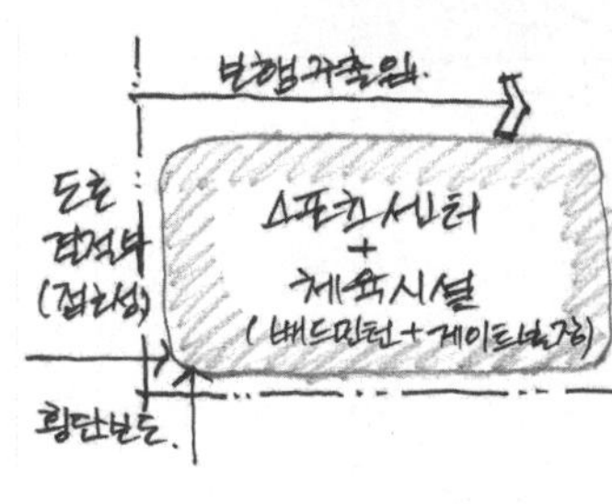

⑮ 잔디마당
- 노인병원 영역과 함께 조닝

⑯ 휴게광장
- 기존 수목을 포함하여 배치
- 개략 위치 선정 가능

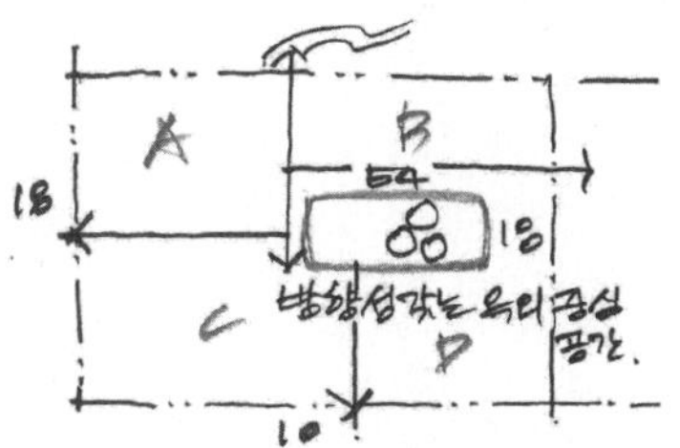

■ 문제풀이 Process

배치계획 문제풀이를 위한 핵심이론 요약

1. 대지로의 접근성

▸ 대지주변 현황을 고려하여 접근지점 검토
▸ 외부에서 대지로의 접근성을 고려 → 대지 내 동선의 축 설정 → 내부동선 체계의 시작
▸ 일반적인 보행자 주 접근 동선 – 주도로(넓은 도로)
▸ 일반적인 차량 및 보행자 부 접근 동선 – 부도로(좁은 도로)

가. 대지가 일면도로에 접한 경우

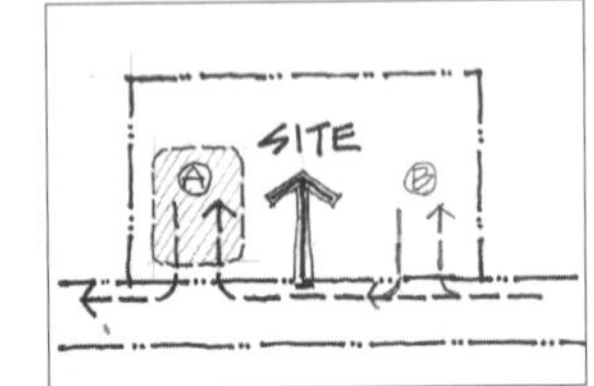

- 대지중앙으로 보행자 주출입 예상
- 대지 좌우측으로 차량 출입 예상
- 주차장 영역 검토 : 초행자를 위해서는 대지를 확인 후 진입 가능한 A 영역이 유리

나. 대지가 이면도로에 접한 경우-1

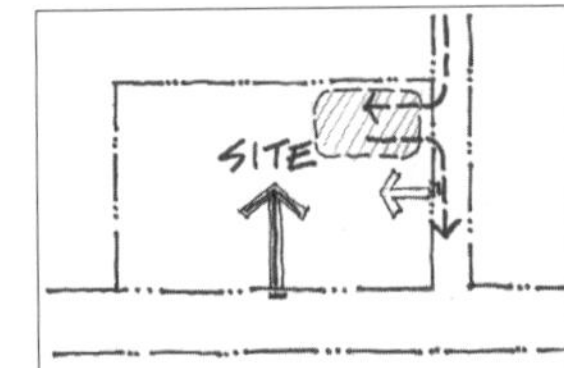

- 주도로에서 보행자 주출입 예상
- 부도로에서 차량 출입 예상 : 주차장 영역 예상
- 요구조건에 따라 부도로에서 보행자 부출입 예상

다. 대지가 이면도로에 접한 경우-2

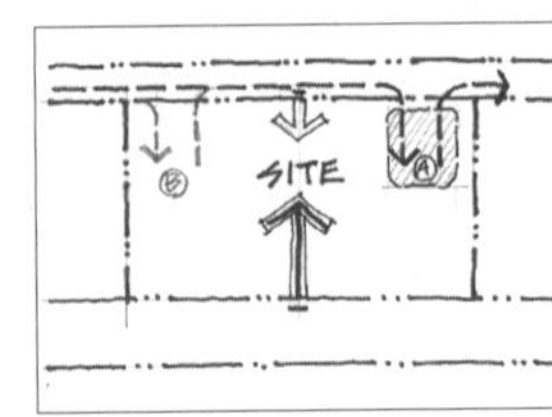

- 주도로에서 보행자 주출입 예상
- 부도로에서 차량 출입 예상 : 주차장 영역 예상 → A 영역 우선 검토
- 부도로에서 보행자 부출입 예상

▸ 지문
① 차량진출입구는 18m 도로와 10m 도로에 각각 1개소 설치한다.
② 보행로출입구는 18m 도로와 10m 도로에 각각 1개소 설치한다.
– 차량진출입구를 각 도로별 1개소씩 요구 : 주도로(18m)에서의 차량 진출입구 별도 요구됨

2. 외부공간 성격 파악

▸ 외부공간을 계획할 경우 공간의 쓰임새와 성격을 분명하게 규정해야 한다.

▸ 전용공간
① 전용공간은 특정목적을 지니는 하나의 단일공간
② 타 공간으로부터의 간섭을 최소화해야 함
③ 중앙을 관통하는 통과동선이 형성되는 것을 피해야 한다.
④ 휴게공간, 전시공간, 운동공간

▸ 매개공간
① 매개공간은 완충적인 공간으로서 광장, 건물 전면공간 등 공간과 공간을 연결하는 고리역할을 하며 중간적 성격을 갖는다.
② 공간의 성격상 여러 통과동선이 형성될 수 있다.

3. 보차분리

▸ 보행자주출입구 : 대지 전면의 중심 위치에서 한쪽으로 너무 치우치지 않는 곳에 배치
▸ 주보행동선 : 모든 시설에서 접근성이 좋도록 시설의 중심에 계획
▸ 보·차분리를 동선계획의 기본 원칙으로 하되 내부도로가 형성되는 경우 등에는 부분적으로 보·차 교행구간이 발생하며 이 경우 횡단보도 또는 보행자 험프를 설치
▸ 보도 폭을 임의로 계획하는 경우 동선의 빈도와 위계를 고려하여 보도 폭의 위계를 조절

▸ 지문
① 단지 내 도로는 보행로 위주로 계획한다.(보행로는 비상시 차로로 사용 가능)
② 주차장에 진입하는 차로는 보행로와 분리하며 교차하지 않도록 계획한다.
– 사실상 배치계획에서 기본 원칙에 해당하는 보차분리에 대한 요구를 지문의 고려사항에 공간을 할애하여 거듭 강조한 것을 눈여겨 보아야 함.
– 북서측 자연휴양림의 산책로와 북동측 공원으로의 보행동선 연계 고려 시 차량 동선과의 간섭이 일어나지 않도록 고려

4. 성격이 다른 주차장

▸ 영역별 조닝계획
– 건물의 기능에 맞는 성격별 주차장의 합리적인 연계

▸ 성격이 다른 주차장의 일반적인 구분
① 일반 주차장
② 직원 주차장
③ 서비스 주차장 (하역공간 포함)

▸ 성격이 다른 주차장의 특성
① 일반주차장 : 건물의 주출입구 근처에 위치
주보행로 및 보도 연계가 용이한 곳
승하차장, 장애인 주차구획 배치
주차장 진입구와 가까운 곳
일방통행 + 순환동선 체계
② 직원주차장 : 건물의 부출입구 근처에 위치
제시되는 평면에 기능별 출입구 언급되는 경우가 대부분
③ 서비스주차 : 일반이용자의 영역에서 가급적 이격
주출입구 및 건물의 전면공지에서 시각 차폐 고려
토지이용효율을 고려하여 주로 양방향 순환체계 적용

▸ 지문
① 노인병원 및 요양원 : 28면 / 스포츠센터 : 34면 / 유치원 : 6면 / 노인주거동 : 18면
(필요한 경우 2개소까지 통합 가능)
– 용도별 용도가 분명한 주차장 요구
– 차량진출입구가 2개소로 요구되었으므로 크게 2개 영역의 주차장 계획이라고 이해하는 것이 합리적이라 보여짐.

■ 문제풀이 Process

배치계획 문제풀이를 위한 핵심이론 요약

5. 승하차장 (drop zone)

▸ 승하차장은 보행영역과 차량영역을 연결하는 중간지점
- 주보행로, 건물의 주출입구 인근에 배치

▸ 승하차장 Type

〈회차공간을 활용한 전용 승하차장〉

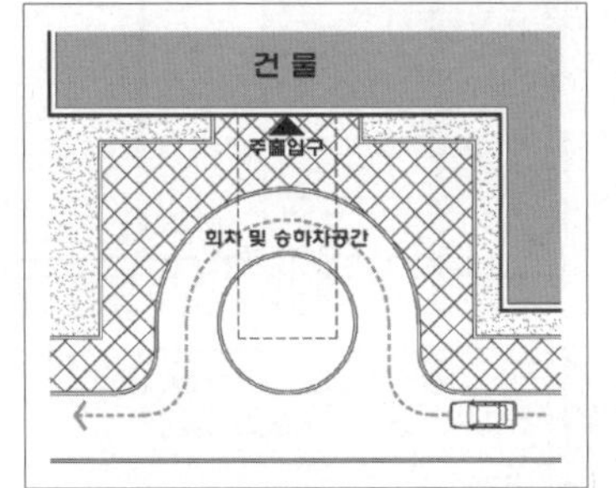

- 주차장과 별도의 공간 확보
- 호텔, 콘도, 병원 등의 용도

〈차로변에 설치하는 승하차장〉

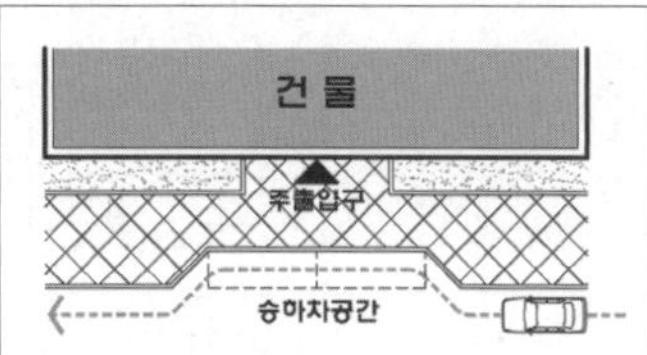

- 주차로와는 별도의 폭 확보
- 평행주차의 형태가 일반적

▸ 승하차장 규격에 대한 별도의 규정은 없음
- 원활한 승하차를 위하여 평행주차 2대 규모(12m×2m)로 배려

▸ 지문

① 승하차장(drop zone) : 20m×20m (노인병원)
- 18m 도로에서의 접근성을 고려, 승하차장을 이용한 이후 노인병원 주차장으로 진입이 가능한 동선 체계로 이해하는 것이 합리적

6. Privacy

▸ 공적공간 – 교류영역 / 개방적 / 접근성 / 동적
▸ 사적공간 – 특정이용자 / 폐쇄적 / 은폐 / 정적
▸ 건물의 기능과 용도에 따라 프라이버시를 요하는 시설 – 주거, 숙박, 교육, 연구 등
▸ 사적인 공간은 외부인의 시선으로부터 보호되어야 하며, 내부의 소리가 외부로 새나가지 않도록 하여야 한다. 즉 시선과 소리를 동시에 고려하여 건물을 배치하여야 한다.

▸ 프라이버시 대책

① 건물을 이격배치 하거나 배치 향을 조절 : 적극적인 해결방안, 우선 검토되는 것이 바람직
② 다른 건물을 이용하여 차폐
③ 차폐 식재하여 시선과 소리 차단 (상엽수를 밀실하게 열식)
④ FENCE, 담장 등 구조물을 이용

▸ 지문

① 노인주거동(3층, 2개동) : 각 34m × 14m
- 노인의 상시 거주가 가능한 용도의 건축물
- 특별한 언급이 없어도 프라이버시를 확보해야 하는 시설로 이해
- 도로(소음원)에서 충분히 이격된 위치에 우선 검토

7. 접근성

▸ 접근성을 고려하기 위해서는 물리적으로 가까이 배치하는 것이 필요
▸ 대지 외부로부터의 접근성 확보를 위해서는 도로변으로 인접 배치시켜야 함
▸ 건물은 이용자의 원활한 유입을 위해 건물의 존재가 부각되도록 할 필요가 있다.
- 접근성에 대한 요구를 직접 지문에 언급하기도 함
- 보통 인접도로나 대지 주출입구로부터의 접근성을 요구하는 것이 일반적이므로 요구된 시설은 많은 경우 도로변에 배치되게 된다.

▸ 지문

① 요양원은 노인병원을 통하여 접근하고 자연휴양림의 조망이 용이하도록 배치한다.
② 스포츠센터와 체육시설은 지역주민의 접근이 용이하도록 배치한다.
③ 텃밭은 노인주거동 사이에 배치한다.
④ 잔디마당은 노인병원의 환자와 직원들이 이용하기 용이한 위치에 배치한다.
- 계획적인 능력을 평가하고자 하는 최근 몇 년간의 출제 경향과는 다소 다르게 구체적이고 직접적인 조건이 많이 제시되었다.

8. 각종 제한요소

▸ 장애물 : 자연적요소, 인위적요소
▸ 건축선, 이격거리
▸ 경사도(급경사지)
▸ 일반적으로 제시되는 장애물의 형태

① 수목(보호수)
② 수림대(휴양림)
③ 연못, 호수, 실개천
④ 암반
⑤ 공동구 등 지하매설물
⑥ 기존건물
⑦ 기타

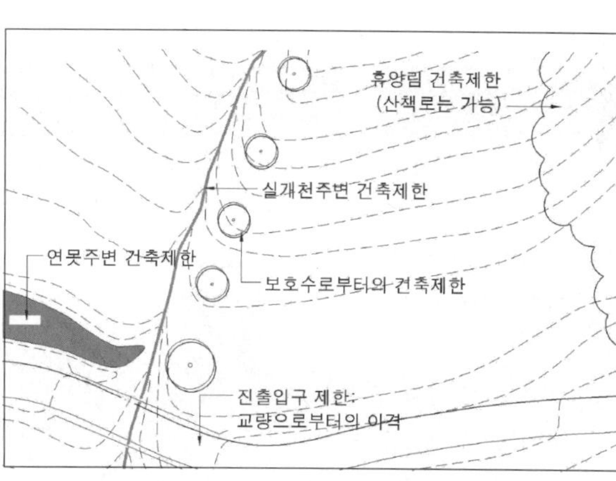

▸ 지문

① 〈대지현황도〉 대지 내부 기존수목 3그루
② 보행로는 공원 및 자연휴양림(산책로)과 연결되도록 계획한다.
③ 휴게광장은 기존 수목을 포함하여 배치한다.
- 단순한 장애물이 아닌 기존 수목을 활용한 외부공간 계획을 유도
④ 건축물 및 옥외시설은 인접대지 경계선과 도로 경계선으로부터 최소 3m 이격
⑤ 건축물, 옥외시설, 단지 내 도로 등은 상호간에 최소 2m 이격한다.
⑥ 모든 이격공간에는 필요에 따라 조경을 한다.
- 단순한 형태의 요구조건이지만 치수계획형의 배치계획의 경우, 매우 큰 장애물로 작용하므로 계획 진행 시 수시로 체크해야 함

■ 문제풀이 Process

4 토지이용계획

① 내부동선 예상
- 보차분리 최대한 고려
- 차량진출입구 2개소
- 기존 시설과의 연계 고려

② 시설조닝
- 노인병원 : 18m 도로측
- 스포츠센터 : 주민 접근성
- 노인주거동 : 프라이버시
- 유치원 : 공원 근접

③ 주변현황(도로, 횡단보도, 자연휴양림, 공원 등)을 합리적으로 고려한 동선

④ 시험의 당락은 이 단계에서 사실상 결정됨

5 배치대안검토

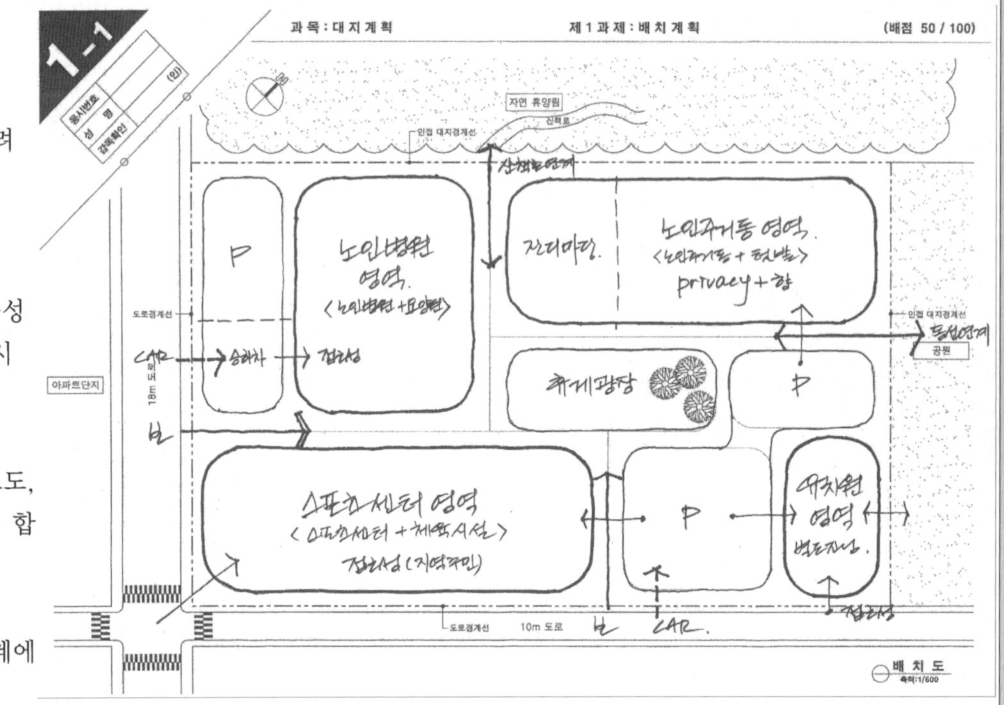

① 토지이용계획을 바탕으로 세부계획 진행

② 조닝된 영역을 기본으로 시설별 연계조건을 고려하여 시설물 위치 선정

③ 명쾌한 동선계획
- 보차분리
- 기존시설과의 연계 고려
- 주차장 분산 통합

④ 대지전체에 걸쳐 여유공간을 check하여 계획적인 factor를 추가 고려

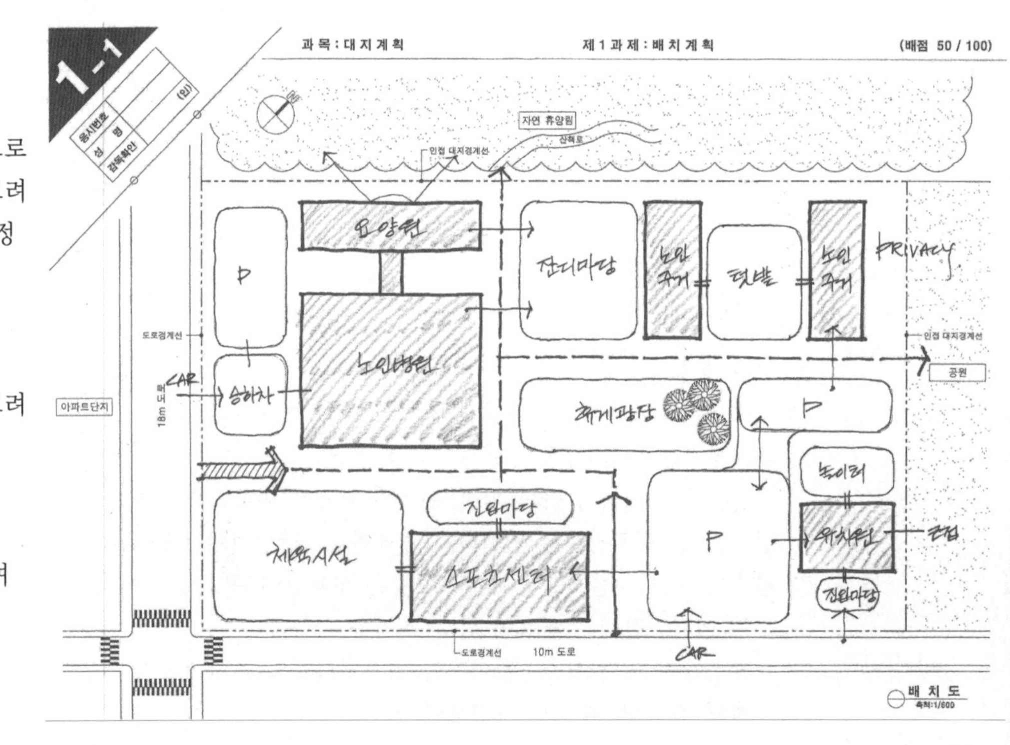

6 모범답안

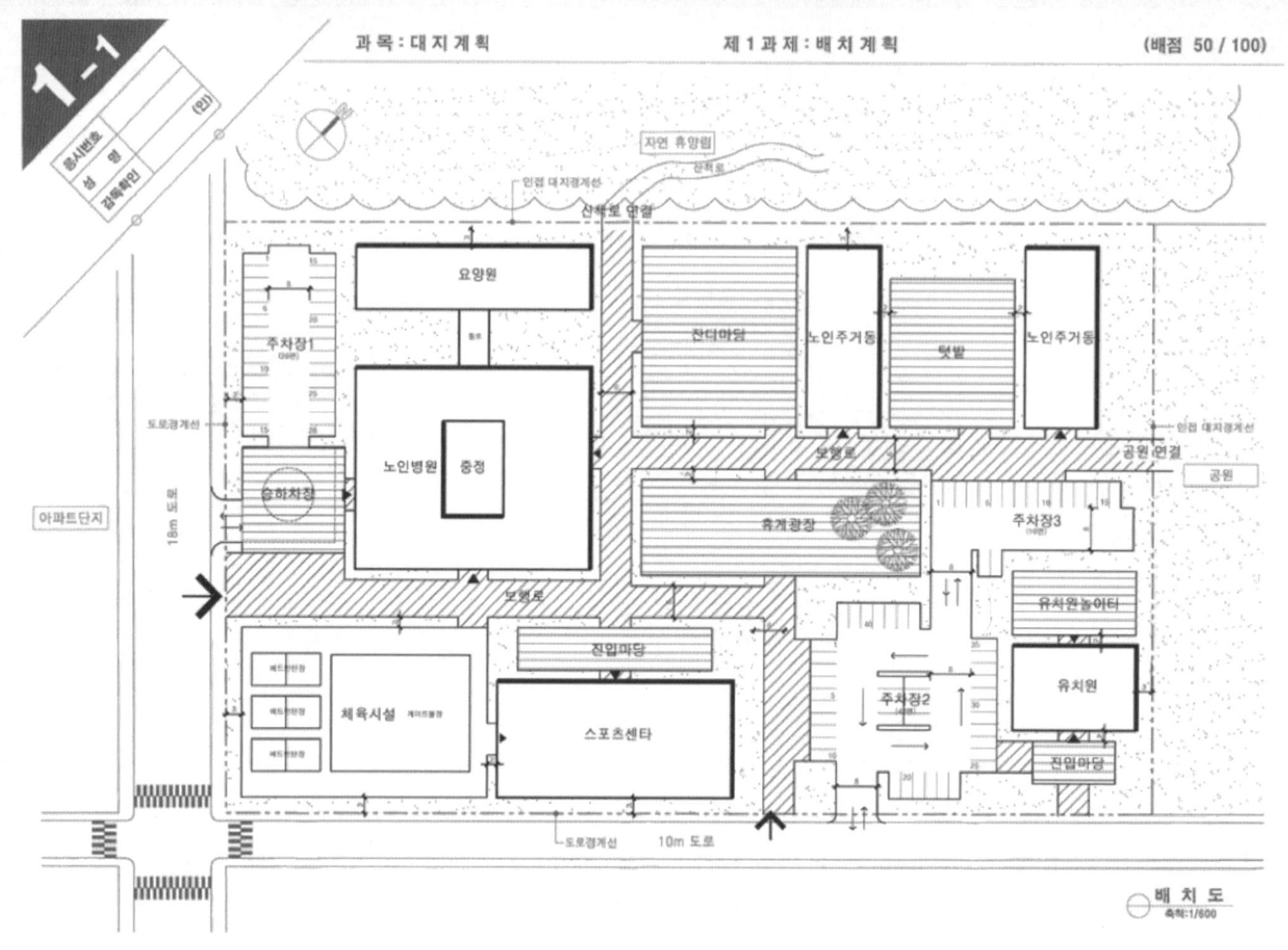

■ 주요 체크포인트

① 영역별 합리적 조닝
- 노인병원
- 스포츠센터+체육시설
- 노인주거동 / 유치원

② 보행로 위주 동선계획
- 각 도로에서 보행출입구 계획
- 자연휴양림 산책로 보행축 고려

③ 차량동선 계획
- 최대한 보차분리를 고려
- 현황을 고려한 차량진출입구 위치
- 주차장의 합리적인 분산 / 통합

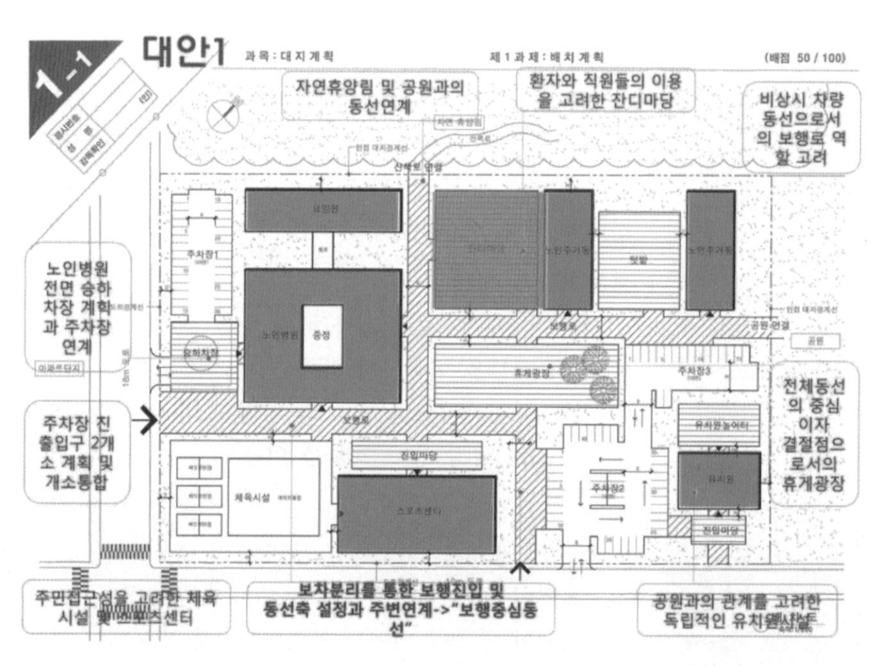

■ 문제풀이 Process

배치계획 주요 체크포인트

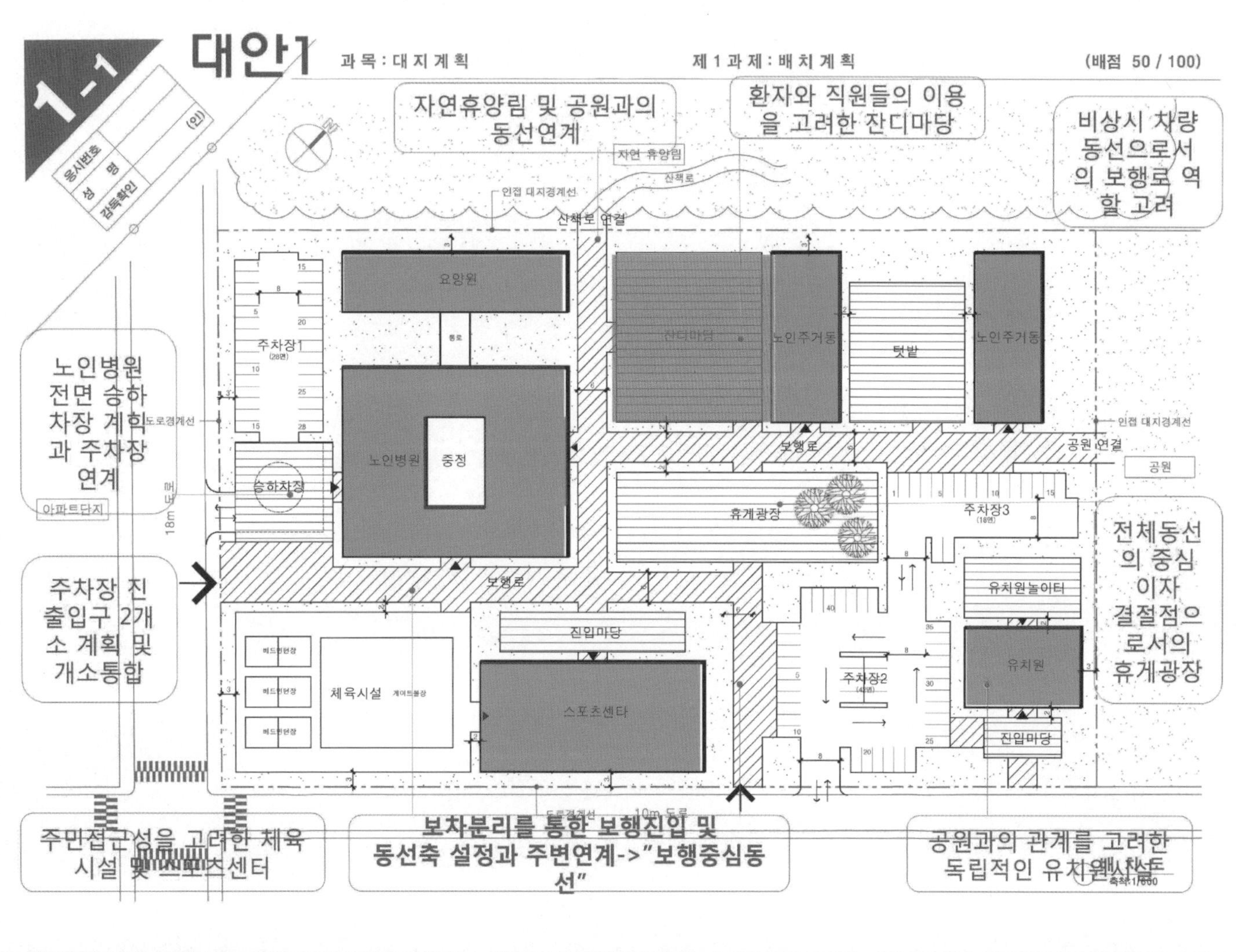

▸ 용도별 합리적인 영역 분리

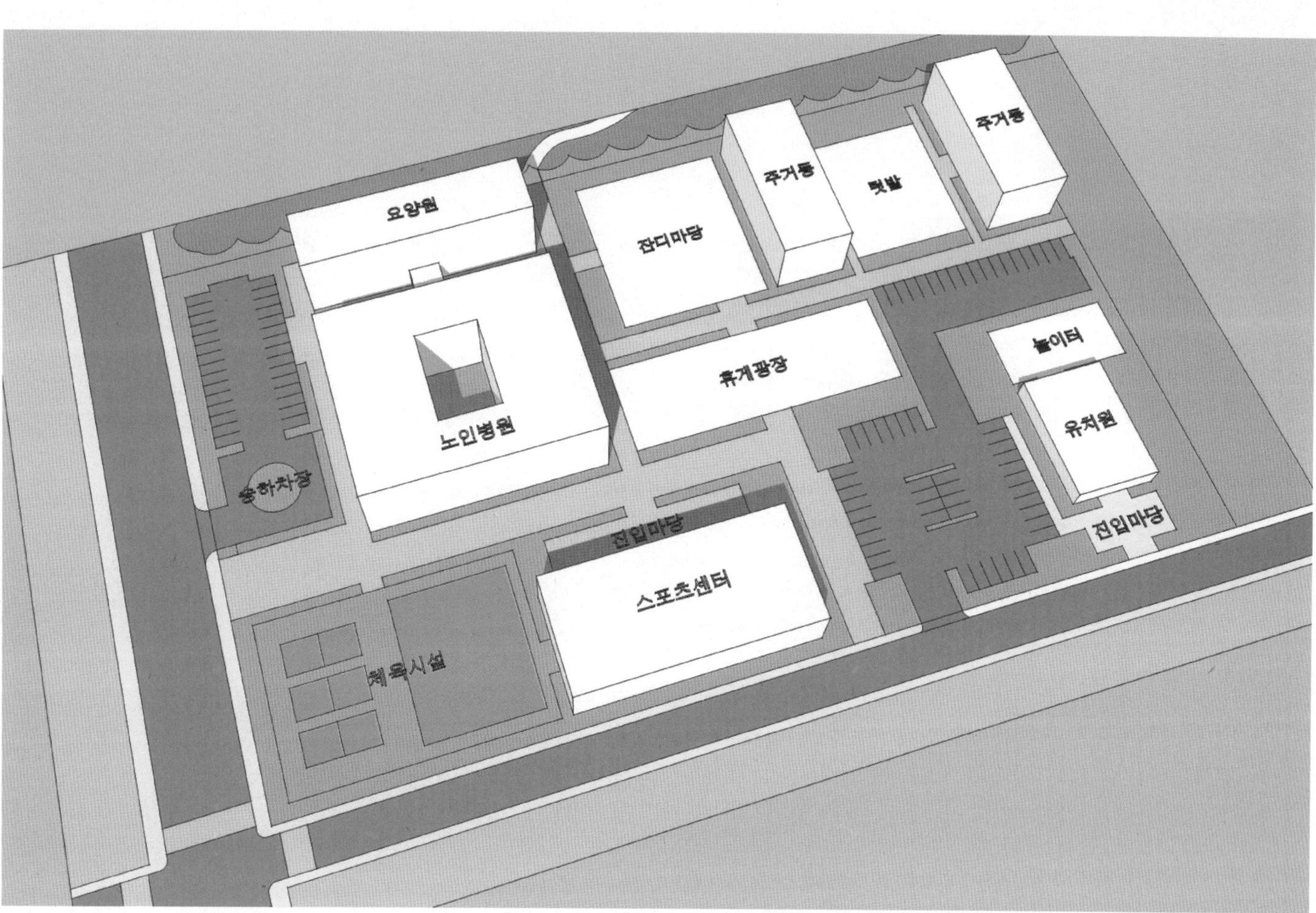

▸ 18m 도로에서의 접근성 고려한 노인병원

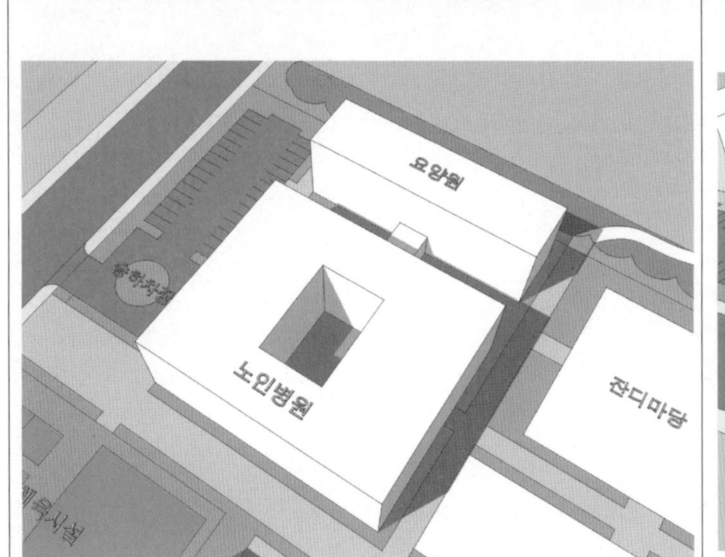

▸ 주민 접근성을 고려한 스포츠센터 영역 조닝

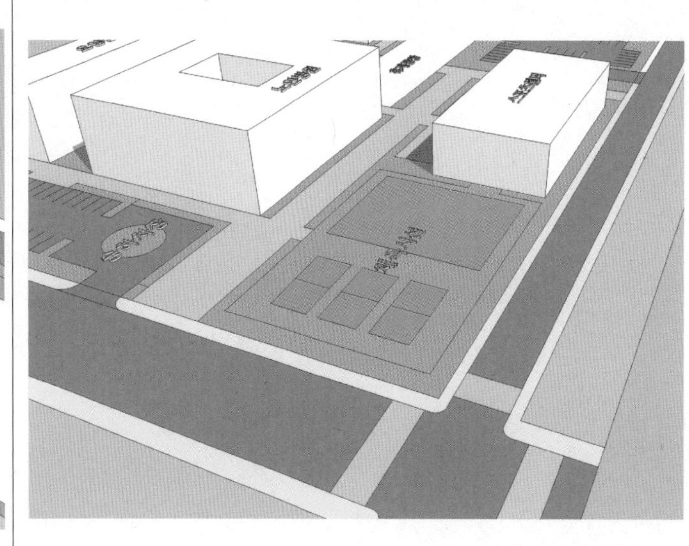

▸ 프라이버시 및 향을 고려한 노인주거동

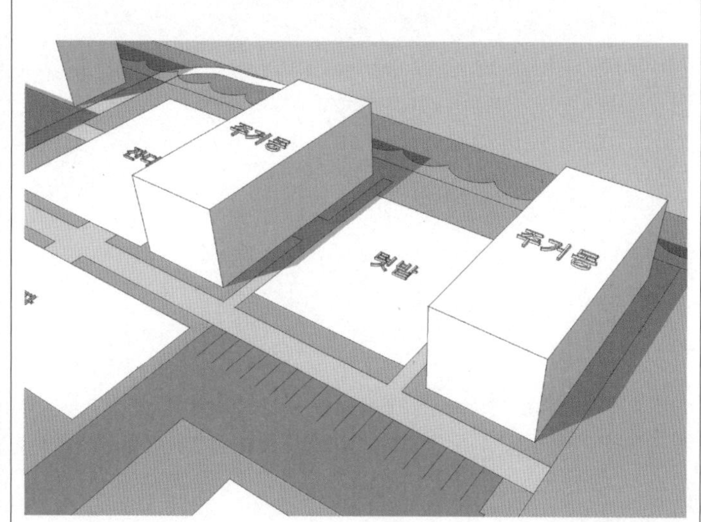

▸ 유치원 조닝과 용도별 주차장 통합설치

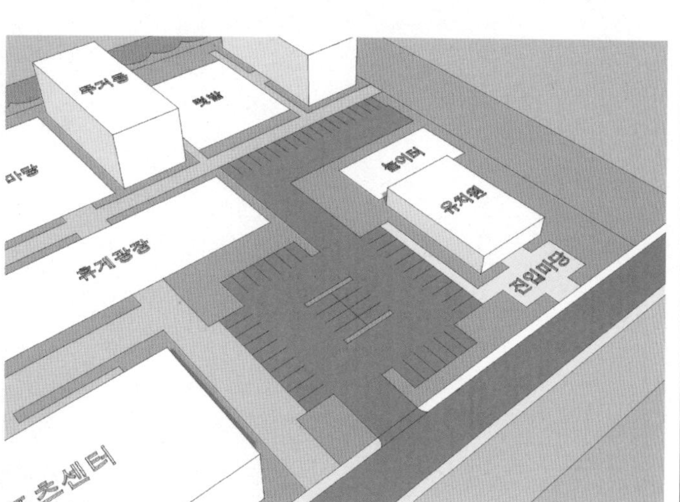

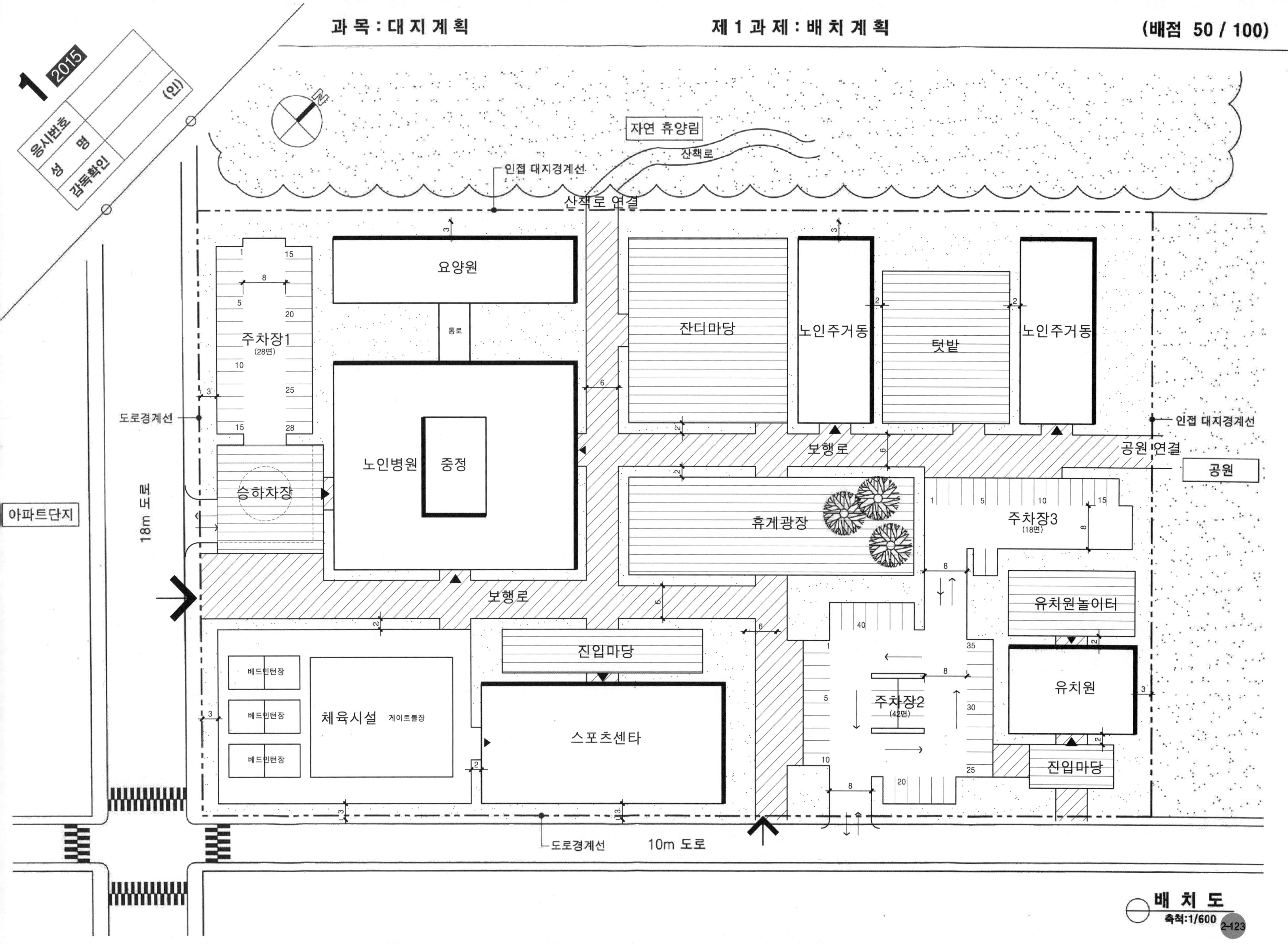
1 2015
응시번호
성 명
감독확인
(인)
N
자연 휴양림
산책로
인접 대지경계선
산책로 연결
요양원
통로
주차장1
(28면)
도로경계선
노인병원
중정
승하차장
아파트단지
18m 도로
잔디마당
노인주거동
텃밭
노인주거동
보행로
인접 대지경계선
공원 연결
공원
휴게광장
주차장3
(18면)
보행로
유치원놀이터
베드민턴장
베드민턴장
베드민턴장
체육시설
게이트볼장
진입마당
스포츠센타
주차장2
(42면)
유치원
진입마당
도로경계선
10m 도로
배 치 도
축척:1/600

구 성	FACTOR	지 문 본 문	FACTOR	구 성

2015년도 건축사자격시험 문제

과목: 대지계획 제2과제 (대지분석·주차) ①배점: 50/100점

제목 : 공동주택의 최대건축가능영역과 주차계획 ②

1. 과제개요

노후화된 단독주택 밀집지역 내의 합필한 대지에 공동주택을 건축하고자 한다. 다음 사항을 고려하여 최대건축가능영역을 구하고 주차계획을 하시오.

2. 대지조건

(1) 용도지역 : 제3종 일반주거지역 ③
(2) 건폐율 50% 이하, 용적률은 고려하지 않음 ④
(3) 건축물 최고 높이제한 : 23m 이하 ⑤

3. 계획조건

(1) 각 층의 층고는 3m이며, 지상 1층의 바닥레벨은 대지레벨과 동일한 것으로 한다. ⑥
(2) 각 층의 바닥 폭은 10m 이상 15m 이하 ⑦
(3) 각 세대는 2면 이상 채광을 위한 창문을 설치하는 것으로 한다. ⑧
(4) 모든 외벽은 벽 두께를 고려하지 않는다.
(5) 주민공동시설 ⑨
① 지상 1층에 설치, 공원을 조망할 수 있게 한다.
② 바닥면적 450m²(최소폭 15m) 이상 설치
(6) 차량 진출입구 ⑩
① 6m 도로변에 설치하고 도로교차부 모서리에서 최소 12m 이상 이격
② 최소폭 6m, 필로티 부분 이용가능
(7) 주차장 ⑪
① 옥외주차장 : 주차대수 33대 이상
② 필로티 부분 주차 가능
③ 기둥과 벽체, 코어 등은 고려하지 않는다.
④ 주차형식은 직각주차로 계획(주차통로 6m, 모든 주차면은 2.5m × 5m)
(8) 필로티 면적은 바닥면적에서 제외한다. ⑫

4. 이격거리 및 높이제한

(1) 일조 등의 확보를 위한 건축물의 높이제한을 ⑬ 위하여 정북방향으로의 인접 대지경계선으로부터 띄어야 할 거리
① 높이 9m 이하인 부분 : 1.5m 이상
② 높이 9m를 초과하는 부분 : 해당 건축물 각 부분 높이의 1/2 이상
(2) ⑭ 건축물 각 부분의 높이는 그 부분으로부터 채광을 위한 창문이 있는 벽면에서 직각방향으로 인접대지경계선까지의 수평거리의 2배 이하 (단, 도로에 면하는 경우 도로중심선을 인접대지경계선으로 봄)
(3) 대지 동쪽 공원에 있는 ⑮ 문화재보호구역 경계선의 지표면에서 높이 7.5m인 지점으로부터 그은 사선(수평거리와 수직거리의 비는 2:1)의 범위 내 건축 가능
(4) 건축물의 모든 외벽은 수직으로 하며, 건축선 및 인접대지경계선으로부터 이격하는 거리는 다음과 같다. ⑯
① 건축선 : 3m 이상
② 인접대지경계선 : 3m 이상
(5) 보호수목 경계로부터 건축외벽선까지 최소 4m 이격 ⑰
(6) 주차면과의 이격거리 ⑱
① 건축선 및 건축외벽선 : 3m 이상 (필로티 부분 제외)
② 인접대지경계선 : 2m 이상

5. 도면작성요령 및 유의사항 ⑲

(1) 배치도에는 최대건축가능영역을 실선으로 표현하고 <보기>와 같이 표시한다.
(2) 배치도에서 중복된 층은 그 최상층만 표시하고, 층수 및 이격거리, 지상층 바닥면적 합계를 표기한다.

<보기>

짝수층	(빗금)
홀수층	(빈칸)

(3) 1층 평면도에는 주차계획과 주민공동시설을 실선으로 표기하고 필로티 부분은 점선으로 표현한다. (조경과 보도는 적절히 표현할 것)
(4) 주차대수를 표기하고 차량 진출입구를 표시한다.
(5) 투상도(Isometric)에는 최대건축가능영역을 보이는 부분만 실선으로 표현한다.
(6) 단위 : m
(7) 축척 : 배치도, 1층평면도 1/400, 투상도 1/500
(8) 도면작성은 반드시 흑색연필로 한다. ⑳
(9) 명시되지 않은 사항은 현행 관계법령의 범위 안에서 임의로 한다. ㉑

FACTOR (좌)

① 배점을 확인합니다.
- 50점 (과제별 시간 배분 기준)

② 용도 체크
- 공동주택 : 채광일조 확인
- 최대건축가능영역+지상주차장

③ 제3종 일반주거지역
- 정북일조권 적용

④ 건폐율 50% 이하
- 계획 시 건축면적 확인 필요

⑤ 최고 높이제한

⑥ 층고 및 1층레벨
- 층고 3m / 1층바닥=대지레벨
- max : 지상 7층

⑦ 층별 규모 제한
- 각 층 바닥 폭 10m~15m
- 계획적인 factor로 이해

⑧ 채광창 설치
- 세대별 2면 이상 채광창을 설치
- 수험생의 계획 방향에 따라 채광일조 기준이 다양해짐

⑨ 주민공동시설
- 개략적 위치 선정 기준을 제시
- 최소폭, 최소면적을 제시하여 지상주차장과 연동시켜 계획하도록 유도

⑩ 차량진출입구
- 최소폭 6m, 필로티 이용 가능
- 개략적인 위치 선정을 유도

FACTOR (우)

⑪ 주차장
- 33대, 필로티 주차 가능
- 직각주차

⑫ 필로티 면적은 바닥면적 제외

⑬ 정북일조 고려

⑭ 채광일조 고려
- 도로에 면하는 경우의 적용방법 별도 언급

⑮ 문화재보호사선 고려

⑯ 건축선 및 인접대지경계선으로부터 이격거리 제시

⑰ 보호수목 경계로부터 이격거리

⑱ 주차면과의 이격거리

⑲ 도면작성요령은 항상 확인하는 습관이 필요합니다.
- 문제에서 요구하는 것은 그대로 적용하여 불필요한 감점이 생기지 않도록 절대 유의
- 배치도 : 최상층만 표시, 층수 및 이격거리 표기
- 1층 평면도 : 주차계획과 주민공동시설 표기, 필로티 표현, 주차대수 표기, 진출입구 표시
- 지상층 바닥면적 합계 기입
- 보이는 부분을 투상도로 표현
- 단위 : m
- 1층 평면도 : 1/400
- 투상도 : 1/500

구성 (좌)

1. 제목
- 건축물의 용도 제시 (공동주택과 일반건축물 2가지로 구분)
- 최대건축가능영역의 산정이 대전제

2. 과제개요
- 과제의 목적 및 취지를 언급합니다.
- 전제사항에 대한 개괄적인 설명이 추가되는 경우도 있습니다.

3. 설계개요(조건)
- 대지에 관한 개괄적인 사항
- 용도지역지구
- 대지규모
- 건폐율, 용적률
- 대지내부 및 주변현황 (현황도 제시)

4. 계획조건
- 접도현황
- 대지안의 공지
- 각종 이격거리
- 각종 법규 제한조건 (일조권, 도로사선, 가로구역별최고높이, 문화재보호앙각, 고도제한 등)
- 각종 법규 완화규정

구성 (우)

- 대지 내외부 각종 장애물에 관한 사항
- 1층 바닥레벨
- 각종 층고
- 외벽계획 지침
- 대지의 고저차와 지표면 산정기준
- 기타사항 (요구조건의 기준은 대부분 주어지지만 실무에서 보편적으로 다루어지는 제한요소의 적용에 대해서는 간략하게 제시되거나 현행법령을 기준으로 적용토록 요구할 수 있으므로 그 적용방법에 대해서는 충분한 학습을 통한 훈련이 필요합니다)

5. 도면작성요령
- 건축가능영역 표현방법(실선, 빗금)
- 층별 영역 표현법
- 각종 제한선 표기
- 치수 표현방법
- 반올림 처리기준
- 단위 및 축척

구 성	FACTOR
6. 유의사항 - 제도용구 (흑색연필 요구) - 명시되지 않은 현행법령의 적용방침 (적용 or 배제)	⑳ 항상 흑색연필로 작성할 것을 요구합니다. ㉑ 명시되지 않은 사항은 현행 관계법령을 준용 - 기타 법규를 검토할 경우 항상 문제해결의 연장선에서 합리적이고 복합적으로 고려하도록 합니다. ㉒ 현황도 파악 - 대지현황(레벨, 보호수목경계선, 문화재, 공원 등) - 접도현황(개소, 너비, 레벨 등) - 단면절단선 위치 - 방위 - 축척 - 기타사항 - 제시되는 현황도를 이용하여 1차적인 현황분석을 합니다. (대지경계선이 변경되는 부분이 있는지 가장 먼저 확인)

지 문 본 문

과목: **대지계획** 제2과제 (대지분석・주차) 배점: 50/100점

<대지현황도> 축척 없음 ㉒

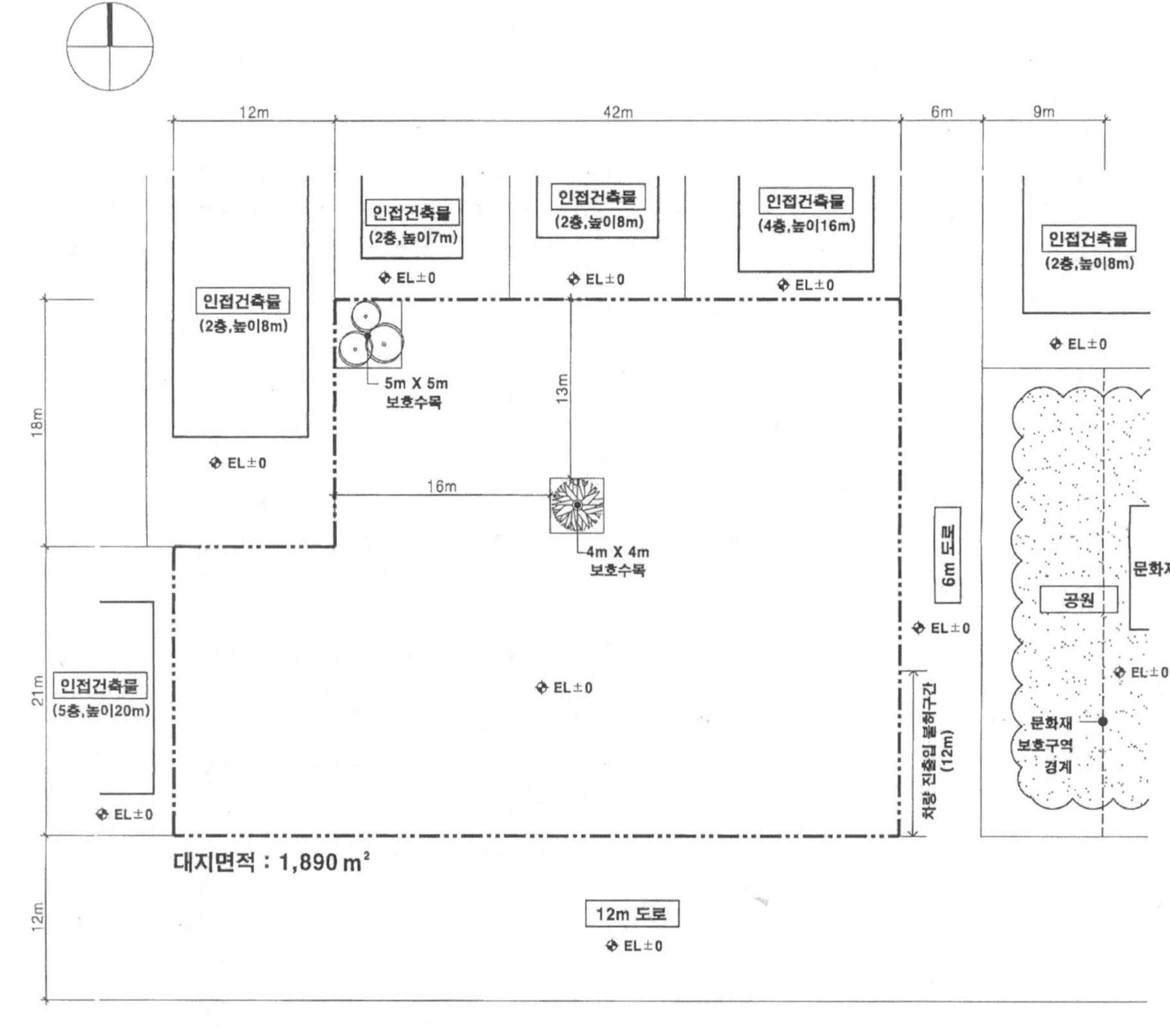

FACTOR	구 성
	7. 대지현황도 - 대지현황 - 대지주변현황 및 접도조건 - 기존시설현황 - 대지, 도로, 인접대지의 레벨 또는 등고선 - 각종 장애물 현황 - 계획가능영역 - 방위 - 축척 (답안작성지는 현황도와 대부분 중복되는 내용이지만 현황도에 있는 정보가 답안작성지에서는 생략되기도 하므로 문제접근시 현황도를 꼼꼼히 체크하는 습관이 필요합니다.)

■ 문제풀이 Process

1 제목, 과제 및 대지개요 확인

① 배점 확인 : 50점
- 최대 배점 : 문제의 난이도가 매우 높을 것으로 예상
- 제1과제(배치계획)와의 시간배분에 있어 융통성 있게 대처해야 할 필요가 있음

② 제목 : 공동주택의 최대건축가능영역과 주차계획
- 단독주택 밀집지역의 합필한 대지 : 합필 이후의 대지로 간략하게 제시됨
- 용도 : 공동주택 (채광일조 조건 확인)
- 지상주차장 계획 및 표현 요구

③ 제3종 일반주거지역
- 정북일조 고려
- 주변 대지의 성격은 별도 언급되지 않음

④ 건폐율 50%, 용적률은 고려하지 않음
- 계획 진행 시 건축면적에 대한 검토가 반드시 필요
- 건축물의 높이는 용적률이 아닌 다른 조건으로 한정됨을 의미

⑤ 건축물 최고 높이제한 : 23m 이하

⑥ 구체적인 지문조건 분석 전 현황도를 이용하여 1차적인 현황분석을 우선하도록 함
- 가장 먼저 확인해야 하는 사항은 건축선 변경 여부임을 항상 명심

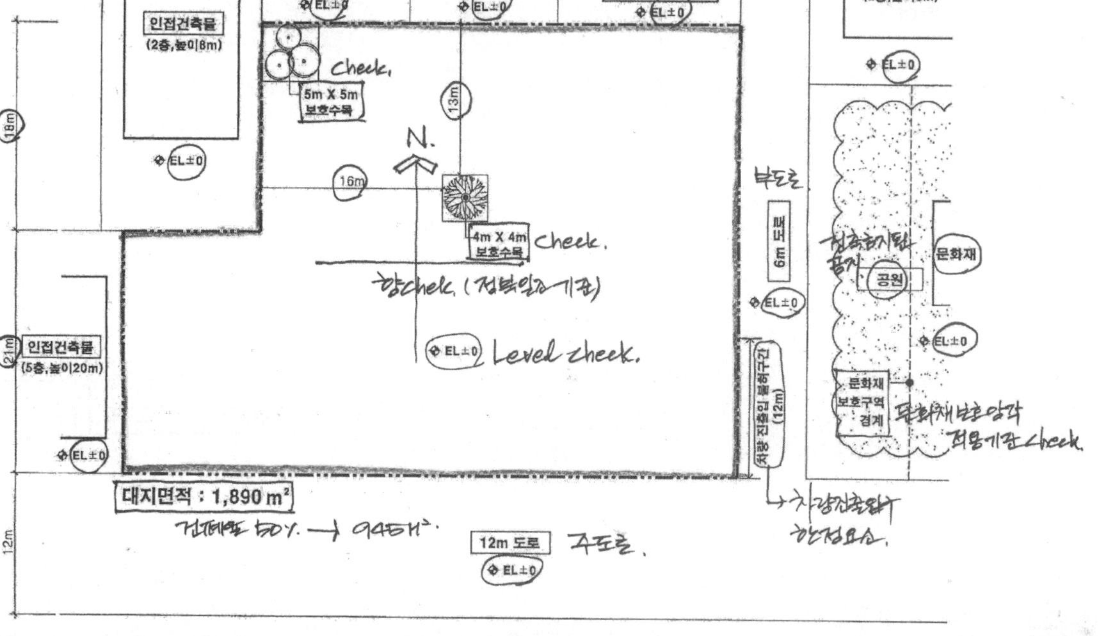

2 현황분석

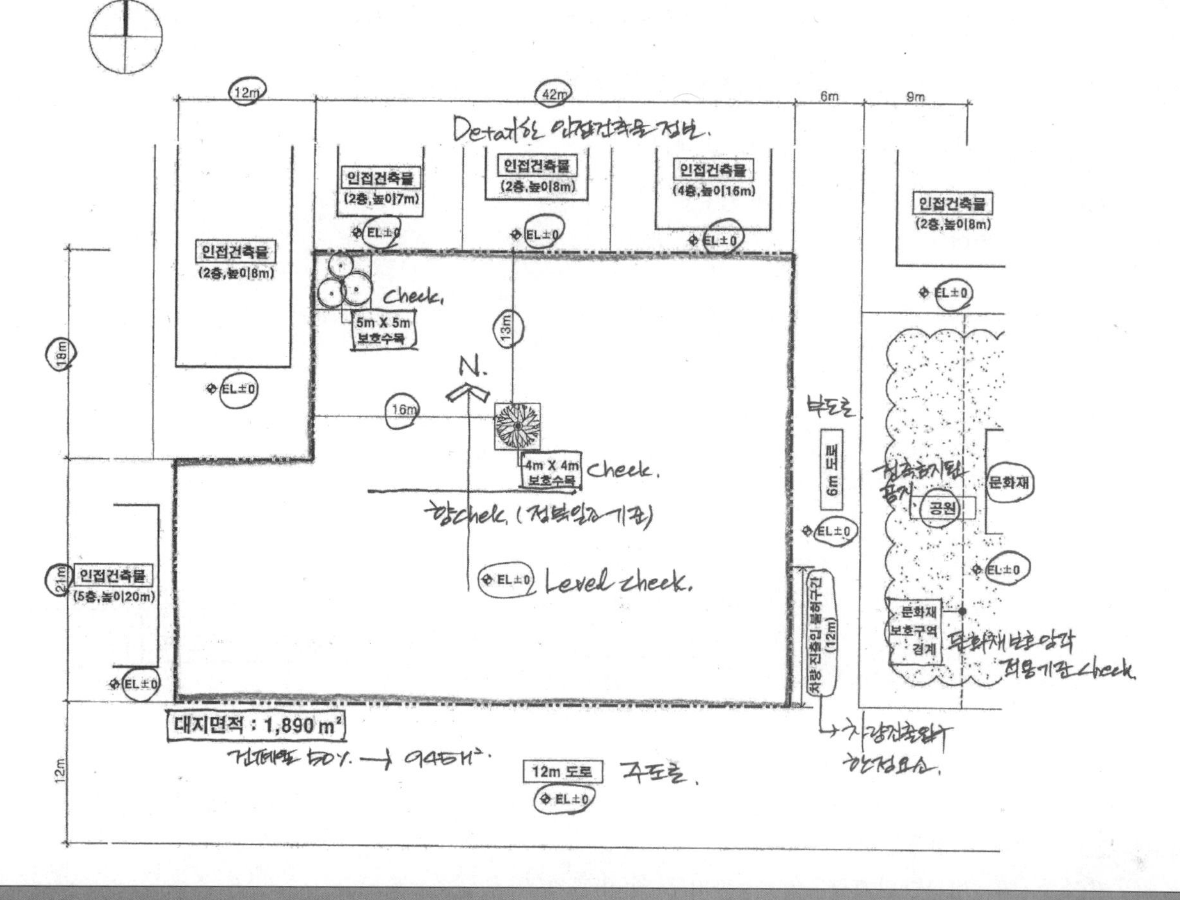

① 대지조건
- 이형의 평탄지
- 대지면적 : 1,890m²
- 대지 중앙, 북서측 보호수목 경계 영역 확인

② 주변현황
- 인접건축물 : 층수, 높이 등 구체적인 정보 제시
- 공원 및 문화재 보호구역 경계 확인

③ 접도조건 확인
- 남측 12m도로, 동측 6m도로
- 6m 도로 측 차량 진출입 불허구간 확인

④ 대지 및 인접대지, 도로의 레벨 check
- 모두 ±0

⑤ 방위 확인
- 일조 등의 확보를 위한 높이제한 적용 기준 확인

⑥ 단면지시선은 없으나 평면 및 투상도 작도를 위해서는 단면 검토가 이루어져야 함

3 요구조건분석

① 층고 3m, 지상 1층 바닥레벨 = 대지레벨

② 각 층 바닥 폭은 10m 이상 15m 이하 : 건물 규모를 제한하는 계획적 factor로 이해

③ 각 세대는 2면 이상 채광창 설치 : 층별 세대 구성에 대한 개념을 계획자가 임의로 산정하도록 유도

④ 주민공동시설
- 1층, 공원 조망이 가능하도록 고려
- 바닥면적 450m² (최소폭 15m) 이상 설치

⑤ 차량 진출입구
- 6m 도로변 설치, 차량 진출입 불허구간 확인
- 최소폭 6m, 필로티 부분 이용가능

⑥ 주차장
- 옥외주차장, 필로티 주차 가능, 직각주차로 계획(주차통로 6m, 주차면은 2.5m × 5m)

⑦ 필로티 면적은 바닥면적에서 제외

⑧ 정북일조 적용

⑨ 채광일조 적용 : 도로에 면하는 경우 도로중심선을 인접 대지경계선으로 봄

⑩ 문화재 보호 사선 적용

⑪ 이격거리 제시

■ 문제풀이 Process

대지분석 · 조닝 문제풀이를 위한 핵심이론 요약

1. 정북일조

▸ 지역일조권 : 전용주거지역, 일반주거지역 모든 건축물에 해당

▸ 인접대지와 고저차 있는 경우 : 평균 지표면 레벨이 기준

▸ 인접대지경계선으로부터의 이격거리
- 높이 9m 이하 : 1.5m 이상
- 높이 9m 초과 : 건축물 각 부분의 1/2 이상

▸ 계획대지와 인접대지 간 고저차 있는 경우

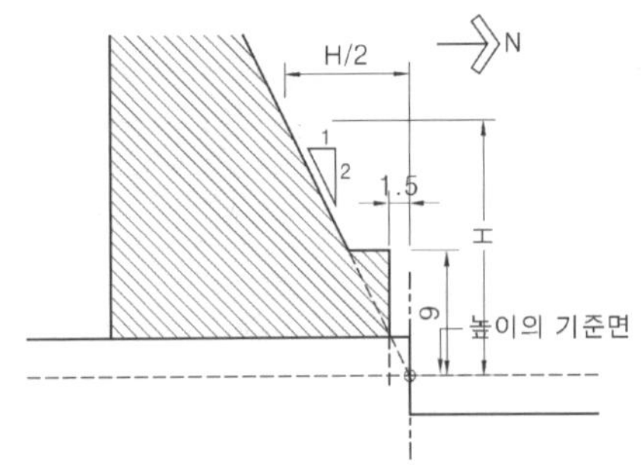

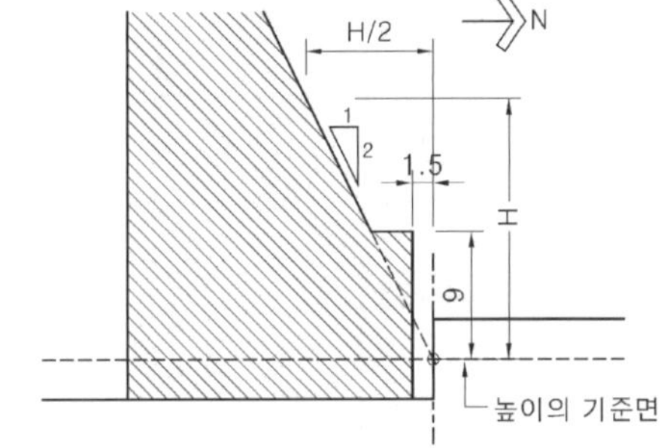

▸정북 일조를 적용하지 않는 경우
- 다음 각 목의 어느 하나에 해당하는 구역 안의 너비 20미터 이상의 도로에 접한 대지 상호간에 건축하는 건축물의 경우
  가. 지구단위계획구역, 경관지구 및 미관지구
  나. 중점경관관리구역
  다. 특별가로구역
  라. 도시미관 향상을 위하여 허가권자가 지정 · 공고하는 구역
- 건축협정구역 안에서 대지 상호간에 건축하는 건축물(법 제77조의4제1항에 따른 건축협정에 일정 거리 이상을 띄어 건축하는 내용이 포함된 경우만 해당한다)의 경우
- 건축물의 정북 방향의 인접 대지가 전용주거지역이나 일반주거지역이 아닌 용도지역에 해당하는 경우

▸정북 일조 완화 적용
- 건축물을 건축하려는 대지와 다른 대지 사이에 다음 각 호의 시설 또는 부지가 있는 경우에는 그 반대편의 대지경계선(공동주택은 인접 대지경계선과 그 반대편 대지경계선의 중심선)을 인접 대지경계선으로 한다.
  1. 공원, 도로, 철도, 하천, 광장, 공공공지, 녹지, 유수지, 유원지 등
  2. 다음 각 목에 해당하는 대지
     가. 너비(대지경계선에서 가장 가까운 거리를 말한다)가 2미터 이하인 대지
     나. 면적이 제80조 각 호에 따른 분할제한 기준 이하인 대지
  3. 1,2호 외에 건축이 허용되지 않는 공지

2. 채광일조

▸ 용도일조권 : 중심상업, 일반상업지역을 제외한 지역의 공동주택에 적용

▸ 채광일조권 분류
- 인접대지 사선제한
- 인동거리
- 부위별 이격거리

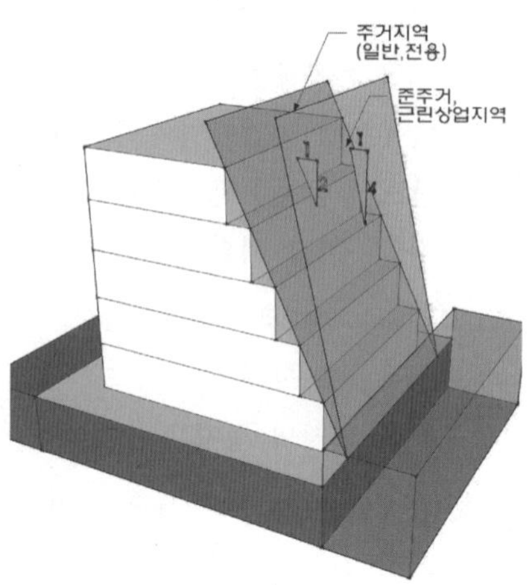

▸ 인접대지 간 고저차 있는 경우 : 평균지표면 적용
- 계획대지가 낮은 경우 계획대지 지표면 레벨 적용

▸ 인접대지 사선제한

① 건축물(기숙사 제외) 각 부분의 높이는 그 부분으로부터 채광을 위한 창문 등이 있는 벽면에서 직각 방향으로 인접 대지경계선까지의 수평거리의 2배(근린상업지역 또는 준주거지역의 건축물은 4배) 이하

② 다세대주택 배제는 원칙적으로는 조례 사항 (채광을 위한 창문 등이 있는 벽면에서 직각 방향으로 인접 대지경계선까지의 수평거리가 1미터 이상으로서 건축조례로 정하는 거리 이상인 경우 인접대지 사선제한을 적용하지 아니함)

▸ 인동거리

① 같은 대지에서 두 동 이상의 건축물이 서로 마주보고 있는 경우 건축물 각 부분 사이의 거리는 채광을 위한 창문 등이 있는 벽면으로부터 직각방향으로 건축물 각 부분 높이의 0.5배 (도시형 생활주택의 경우에는 0.25배) 이상의 범위에서 건축조례로 정하는 거리 이상

② 남북배치 시 인동거리 완화 (3가지 조건 만족)
- 남북배치 : 마주보는 두 동의 축이 남동에서 남서 방향(90° 구간)인 경우
- 주채광창이 남측
- 북측건물이 높은 경우
- · 북쪽건물 높이의 0.4배(도시형 생활주택의 경우에는 0.2배), 남쪽건물의 0.5배(도시형 생활주택의 경우에는 0.25배) 중 큰 값 만큼 이격

▸ 부위별 이격거리

① 채광창(창넓이가 0.5제곱미터 이상인 창)이 없는 벽면과 측벽이 마주보는 경우 : 8미터 이상

② 측벽과 측벽이 마주보는 경우 : 4미터 이상

▸ 주상복합 건물에서의 채광일조권 적용

① 일반주거, 전용주거지역 : 1/2 (전체 높이 적용)

② 근린상업, 준주거지역 : 공동주택의 최하단 부분을 가상지표면으로 보아 1/4

■ 문제풀이 Process

대지분석 · 조닝 문제풀이를 위한 핵심이론 요약

3. 문화재 보호앙각

- 문화재보호앙각제한 : 문화재 또는 문화재보호구역으로부터 일정높이(7.5m)에서 일정각(27°, 시험에서는 2 : 1 로 제시되는 경향)으로 앙각사선제한 적용
- 문화재로부터 이격 : 모퉁이쪽은 1/4원으로 처리
- 기준표고는 문화재보호구역경계의 현황레벨을 기준함
- 문화재에 의한 건축제한은 이격거리 제한 및 앙각제한으로 제시

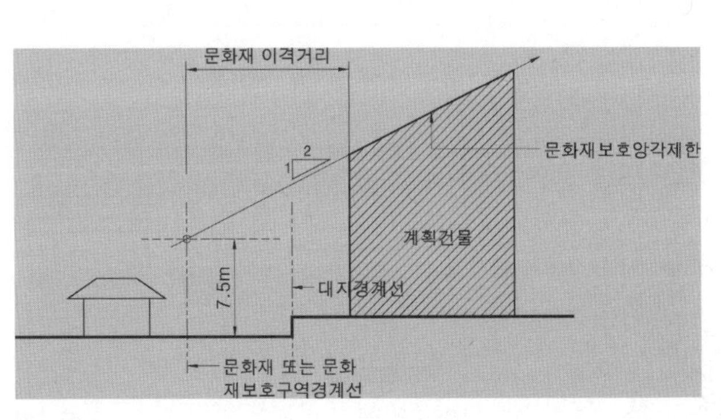

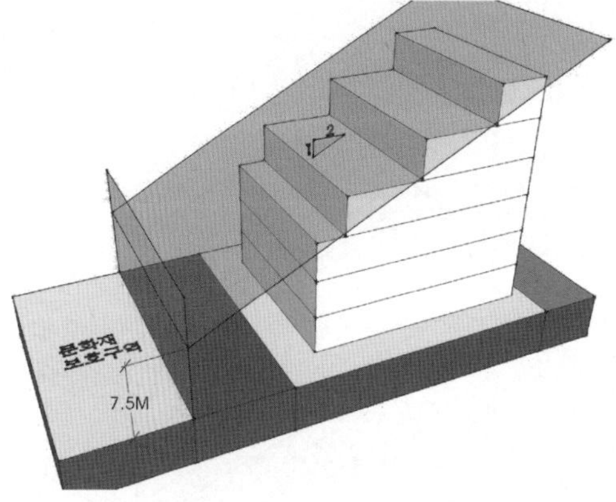

- 건축법상 높이기준과는 무관하므로 지문조건에 따라 적용

- 지문

  : 대지의 동쪽 공원에 있는 문화재보호구역 경계선의 지표면에서 높이 7.5m인 지점으로부터 그은 사선(수평거리와 수직거리의 비는 2 : 1)의 범위 내 건축 가능

- 주의사항

  : 기출문제의 문화재보호앙각의 경우 모두 위의 지문과 같이 출제되었으나 이는 건축법상 규제가 아니므로 해당 지문의 요구를 기준으로 반영되어야 함

■ 문제풀이 Process

4 수평영역 검토

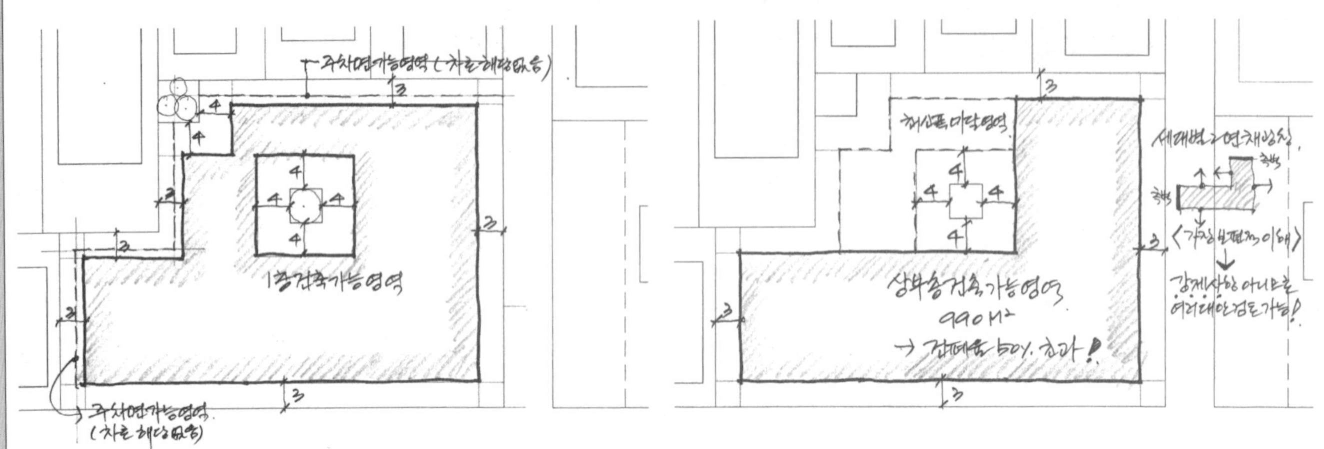

① 대지평면도 상의 건축가능영역(이격거리 위주)을 우선 검토

– 각종 이격거리 조건 정리 (1층 / 배치영역 별도 검토가 필요)

② 단면도(요구되지 않음)로 가선을 연장하여 단면상의 건축가능영역 check (계획지에서 단면 검토)

③ 검토된 평면상 건축가능영역을 토대로 계획적 factor를 반영하여 대안 검토

5 수직영역 검토

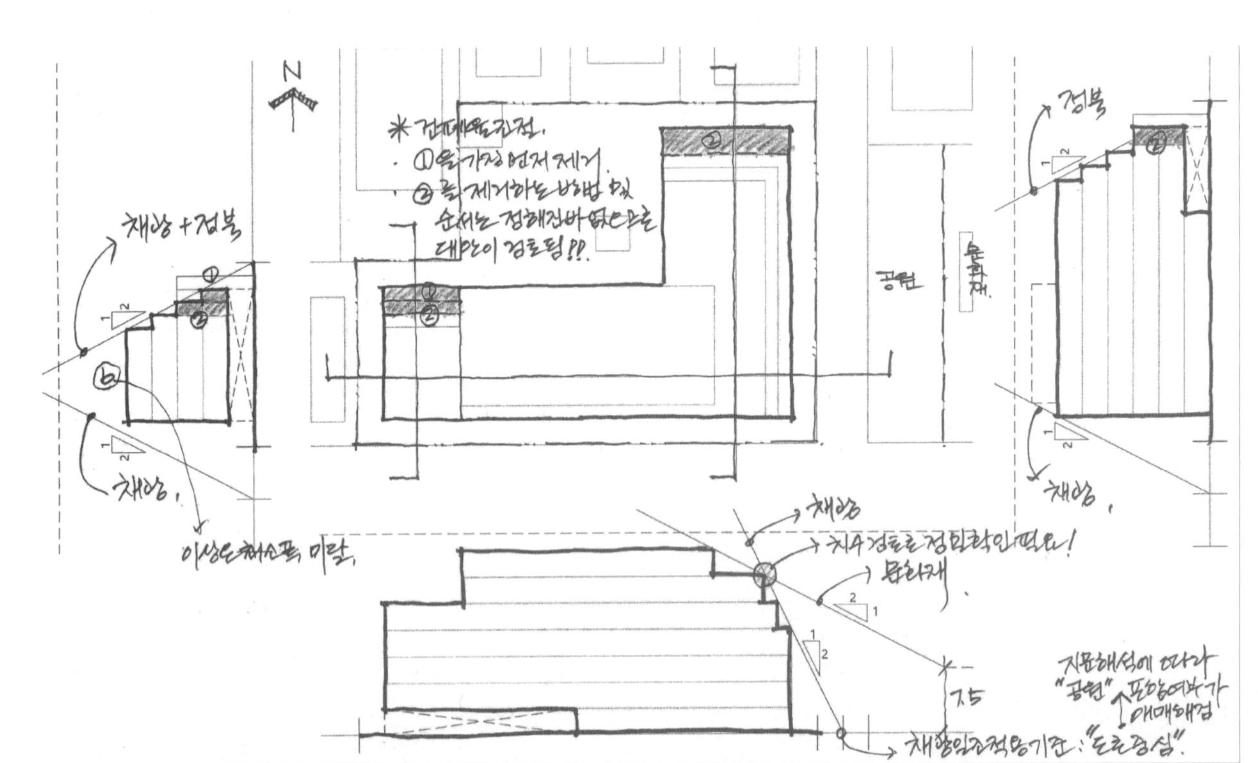

① 각종 높이제한조건(정북일조, 채광일조, 문화재보호사선)을 검토

② 건폐율을 초과하는 부분에 대한 선별적 건축면적 정리 : 가장 적게 겹친 부분에 대한 우선 정리, 2개층이 겹친 부분에 대한 정리에 따라 or 채광창을 어느 면으로 산정할 것이냐에 따라 대안 가능한 부분임

6 모범답안

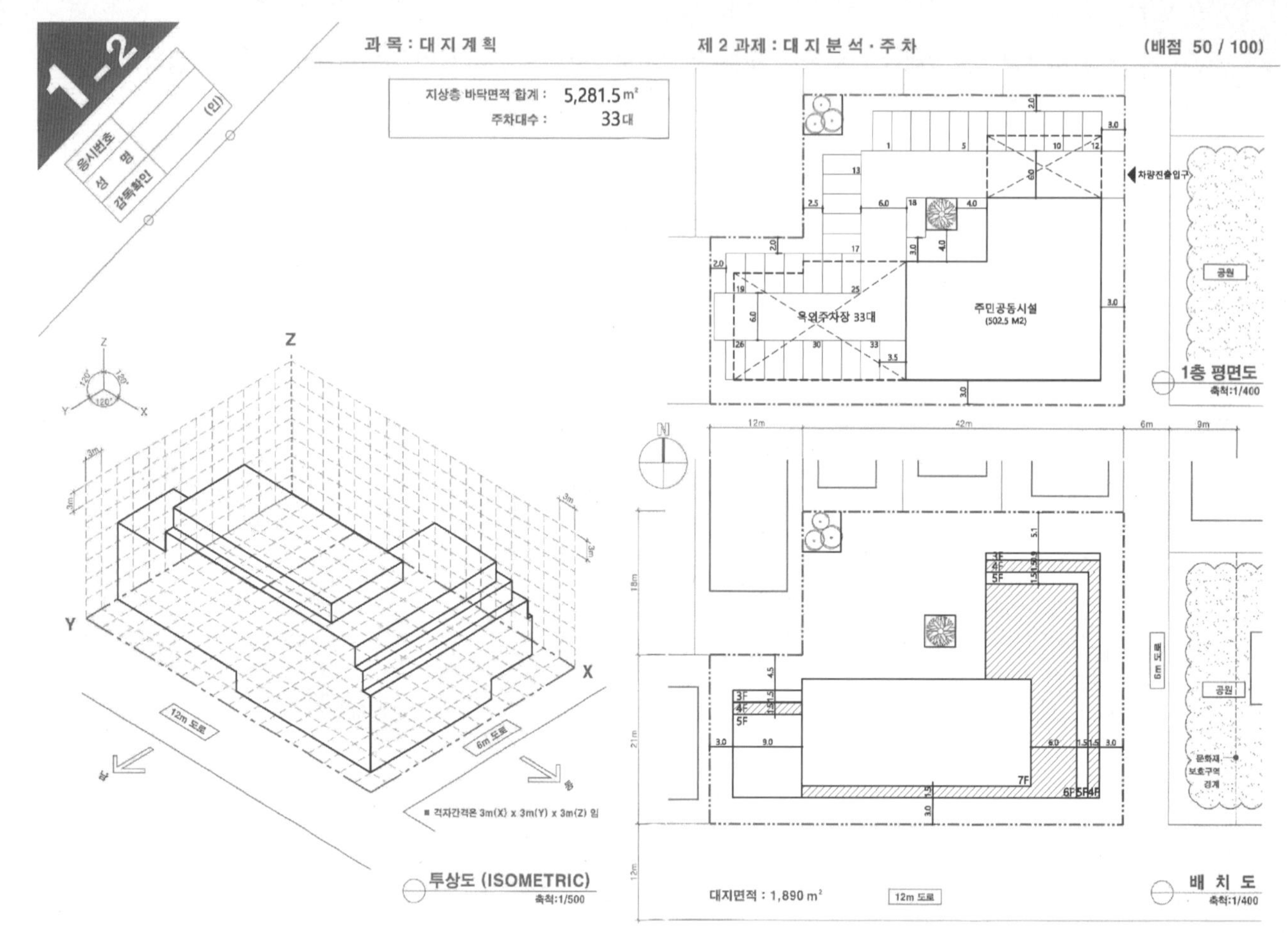

■ 주요 체크포인트

① 법규적 factor의 정확한 적용

– 정북일조, 채광일조, 문화재보호사선

– 채광 적용기준(도로중심) 지문 언급

② 주민공동시설과 지상주차장 계획

–1층 면적 최대 확보가 변별력

③ 건축면적 초과영역에 대한 보편적이고 합리적인 정리

– 채광창이 있는 벽면과 측벽의 합리적 산정(강제조항 아니므로 대안 가능)

–3층 영역을 잘라내는 상황에 따라 대안 가능

④ 아이소메트릭(등각투상도) 표현

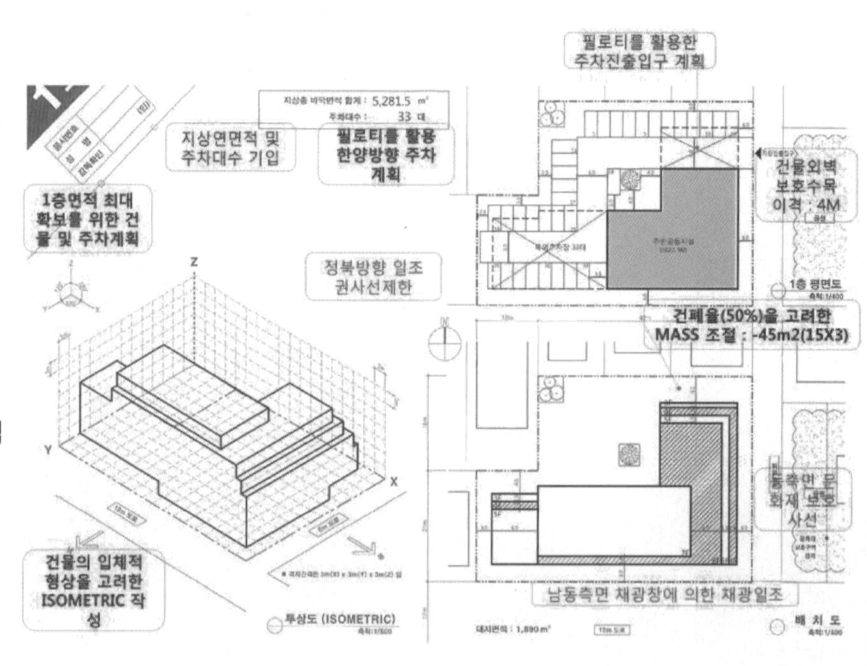

■ 문제풀이 Process

대지분석 · 조닝 주요 체크포인트

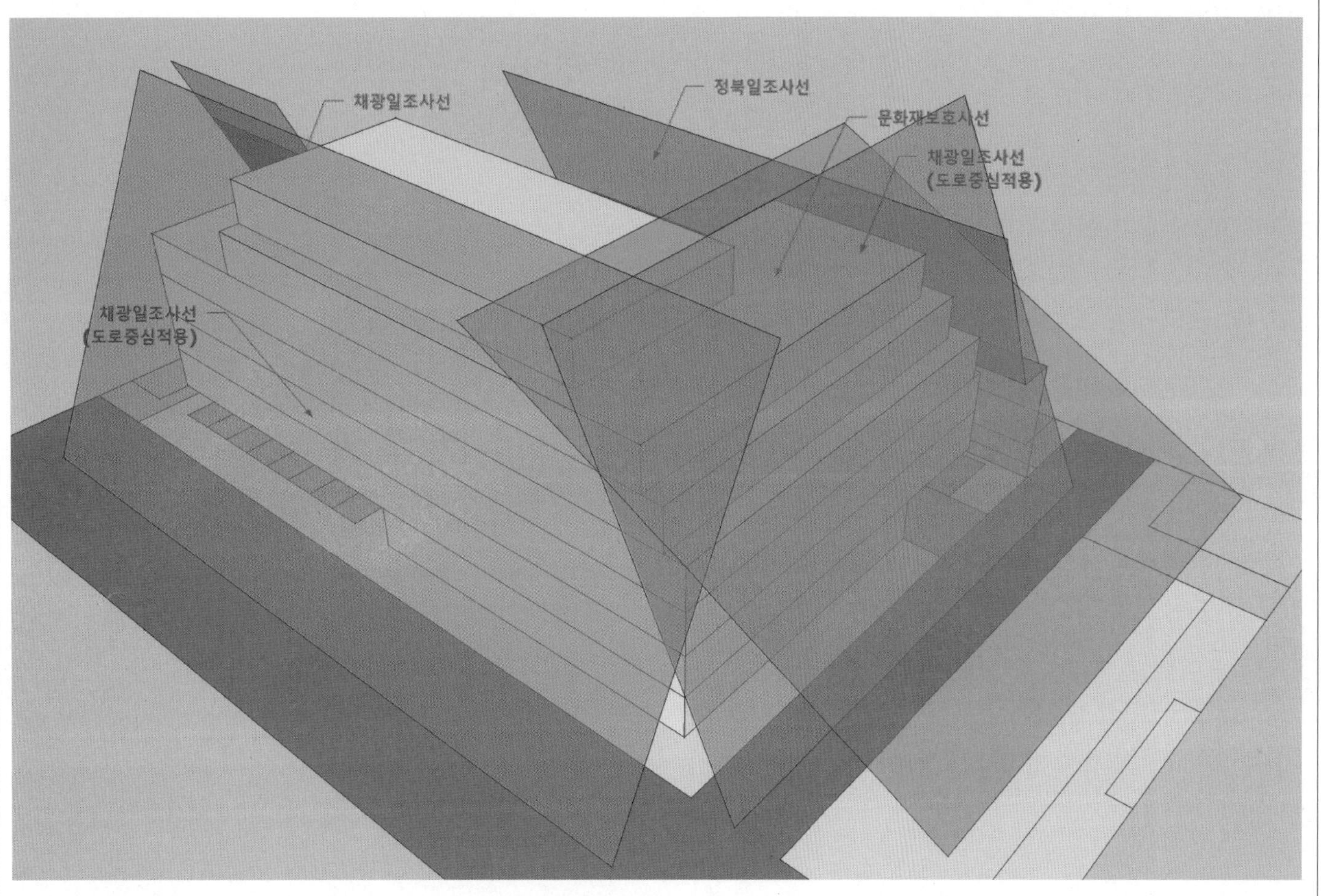

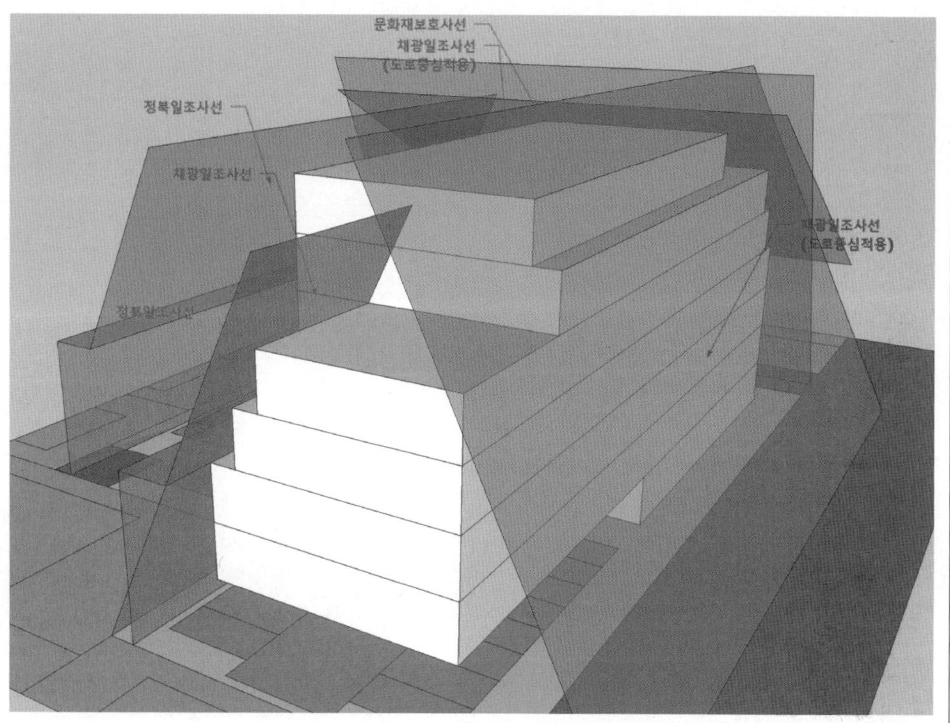

- 정북일조 적용

① 북측인접대지레벨과 계획대지 레벨의 단차 검토
: 동일레벨이므로 ±0 적용

- 채광일조 적용

① 세대별 2면 이상 채광창을 설치하는 것으로 제시됨
: 층별 세대수, 채광창 방향 등이 강제되지 않았으므로 계획 방향에 따라 대안 가능

② 도로측 채광일조 적용에 대한 지문 제시됨
: 도로 중심
: 6m 도로측 공원에 대한 완화 적용 여부에 대한 해석이 나뉠 여지가 없지 않음

- 문화재보호사선 적용

① 동측 공원 내 문화재보호구역 경계선의 지표면에서 높이 7.5m인 지점에서 사선(수평:수직=2:1) 적용

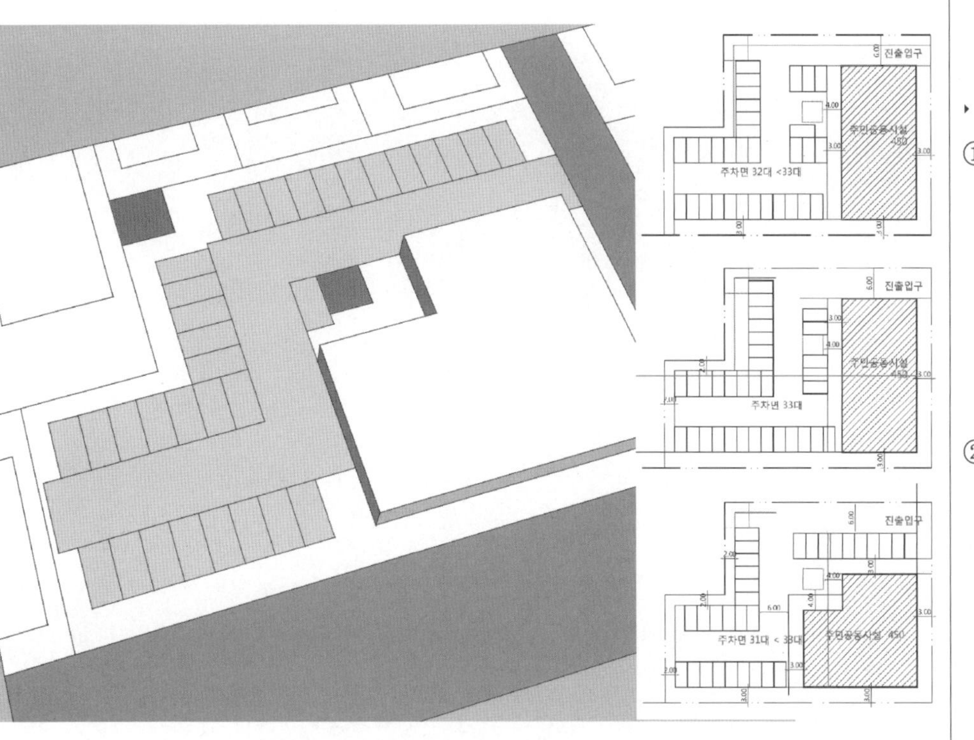

- 지상 주차장 계획

① 차량진출입구
: 주민공동시설 및 차량진출입 구간을 고려한 위치선정
: 폭 6m, 필로티 이용 가능
: 별도 이격조건 제시되지 않음
: 양면주차 형식이 불가피

② 주민공동시설
: 공원 조망 위치
: 면적 450m² 이상(최소폭 15m 이상)
: 검토되는 대안 중 최대면적으로 산정하는 것이 변별력

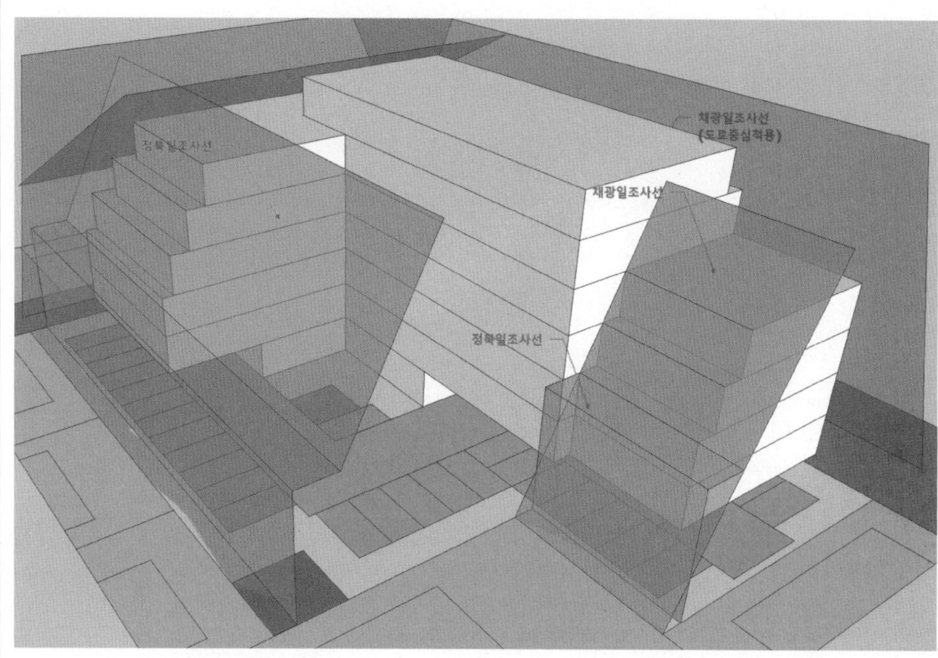

- 건폐율을 적용한 mass 정리

① 건폐율 50% 이하
: 건축면적 945m² 이하
: 수평건축가능영역 990m²
→ 45m²를 잘라내야 함

② 2층 우선 제거
: 13.5m²

③ 3층 추가 제거
: 31.5m²를 추가적으로 제거하는 과정에서 우선 순위에 대한 강제사항이 없으므로 여러 대안이 가능한 상황

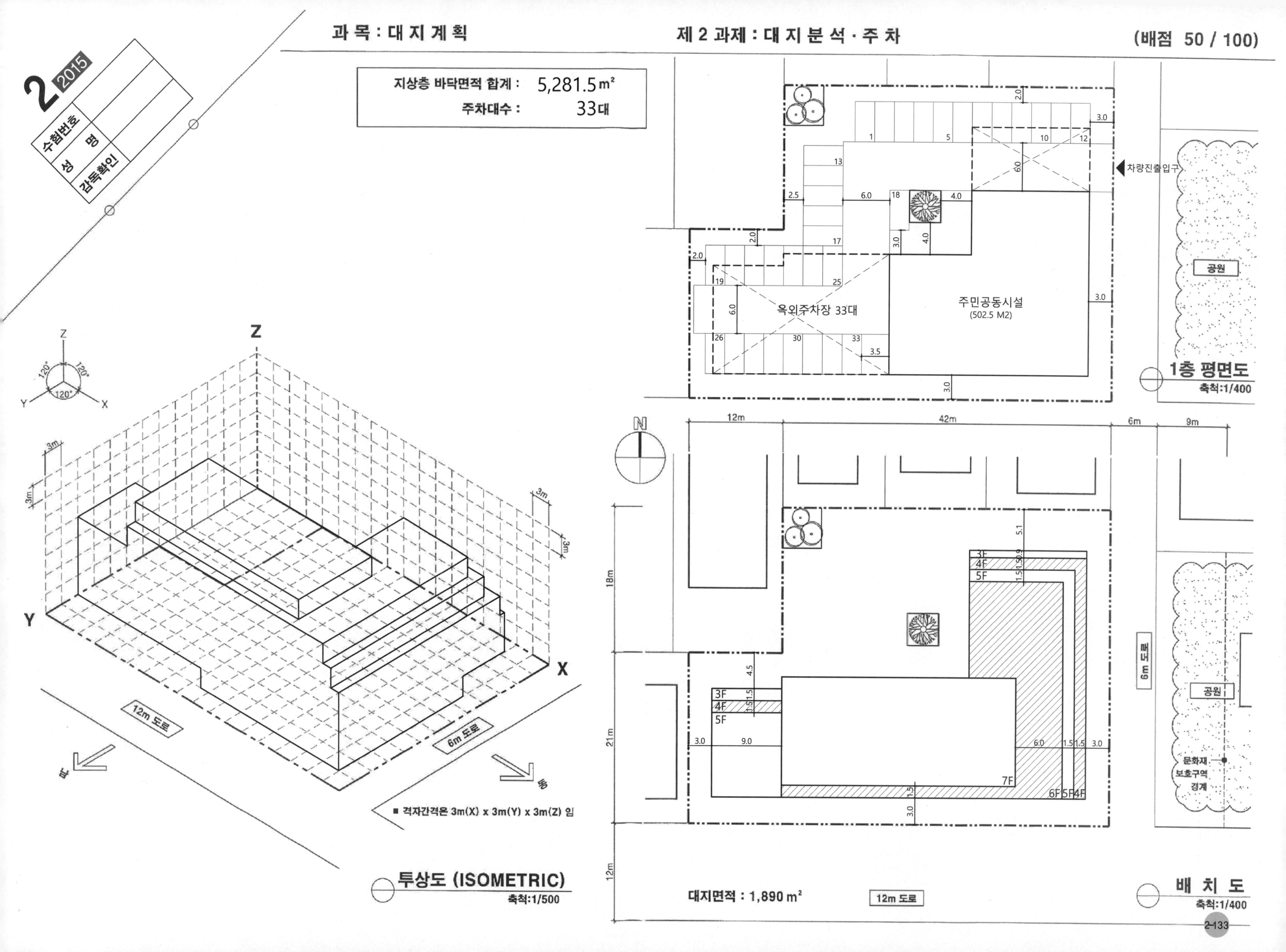
2 2015
수험번호
성 명
감독확인
과 목 : 대 지 계 획
제 2 과제 : 대 지 분 석 · 주 차
(배점 50 / 100)
지상층 바닥면적 합계 : 5,281.5 m²
주차대수 : 33대
차량진출입구
옥외주차장 33대
주민공동시설
(502.5 M2)
공원
1층 평면도
축척:1/400
12m
42m
6m
9m
18m
21m
12m
3F
4F
5F
7F
6F 5F 4F
6m 도로
문화재 보호구역 경계
대지면적 : 1,890 m²
12m 도로
배 치 도
축척:1/400
Z
Y
X
120°
3m
12m 도로
6m 도로
북
동
■ 격자간격은 3m(X) x 3m(Y) x 3m(Z) 임
투상도 (ISOMETRIC)
축척:1/500
2-133

구 성	FACTOR	지 문 본 문	FACTOR	구 성

구 성

1. 제목
- 배치하고자 하는 시설의 제목을 제시합니다.

2. 과제개요
- 시설의 목적 및 취지를 언급합니다.
- 전체사항에 대한 개괄적인 설명이 추가되는 경우도 있습니다.

3. 대지조건(개요)
- 대지전반에 관한 개괄적인 사항이 언급됩니다.
- 용도지역, 지구
- 접도조건
- 건폐율, 용적률 적용여부를 제시
- 대지내부 및 주변현황(최근 계속 현황도가 별도로 제시)

4. 계획조건
ⓐ 배치시설
- 배치시설의 종류
- 건물과 옥외시설물은 구분하여 제시되는 것이 일반적입니다.
- 시설규모
- 필요시 각 시설별 요구사항이 첨부됩니다.

FACTOR

① 배점을 확인하여 2과제의 시간배분 기준으로 활용합니다.
- 60점 (난이도 예상)

② 용도(암벽등반 훈련원)가 생소하지만 스포츠/교육/연수 시설로 이해하여 접근하도록 합니다.

③ 지역지구 : 계획관리지역

④ 대지현황도 제시
- 계획조건을 파악하기에 앞서 현황도를 활용한 1차 현황분석을 선행하는 것이 문제의 전체 윤곽을 잡아가는데 훨씬 유리합니다.

⑤ 계획조건 표 제시

⑥ 도로(차로, 보행로)조건 제시
- 모든 도로에 경사도 1/15가 적용되어야 함에 유의

⑦ 건축물
- 규모: 가로×세로 크기로 제시
- 용도별 성격을 파악
- 기숙사(2개동), 강사숙소는 프라이버시 확보가 필요한 시설

⑧ 외부시설
- 규모 : 크기 및 면적으로 제시
- 면적 제시 : 적절한 세장비 고려
- 규모에 적합한 주차장 형태(양방향동선) 예상

⑨ 주 출입구
- 암벽등반장을 기준으로 동선축설정

⑩ 건축물로의 진입도로
- 보차혼용
- 주 진입도로에서 분기되어 형성

2016년도 건축사자격시험 문제

과목: 대지계획　　제1과제 (배치계획)　　① 배점: 60/100점

제목 : 암벽등반 훈련원 계획 ②

1. 과제개요

암벽등반 훈련원을 계획하고자 한다.
다음 사항을 고려하여 대지 내 시설물을 배치하고 배치도의 등고선을 조정하시오.

2. 대지조건

(1) 용도지역: 계획관리지역 ③
(2) 주변현황: <대지현황도> 참조 ④

3. 계획조건 및 고려사항

(1) 계획조건 ⑤

① 도로(경사도 1/15 이하) ⑥

종 류	너 비	비 고
주 진입도로	8m	차도6m, 보도2m
보차 혼용도로	6m	-
보행로, 신설 산책로	2m	-

② 건축물(가로, 세로 구분 없음) ⑦

종 류	크 기	층수	층고	비 고
행정동	25mx15m	2	3m	-
강의동	30mx20m			-
기숙사	21mx9m			남,여 각1동
강사숙소	15mx9m			-
다목적 강당	30mx30m		5m	-

③ 옥외시설(가로, 세로 구분 없음) ⑧

종 류	크 기	비 고
체력단련장	30mx50m	옥외관람장 포함
암벽등반 대기장	200m²	최소너비 10m
휴게마당	300m²	-
옥외 주차장	1개소	20대 이상 (장애인전용 2대 포함)

(2) 고려사항

① 단지 주 출입구⑨는 진입 시 암벽등반장이 잘 보이는 곳에 둔다.
② 주 진입도로로부터 각 건축물의 진입도로는⑩ 보차 혼용도로로 한다.
③ 기존 산책로와 기숙사 진입도로를 신설 산책로⑪로 연결시킨다.
④ 행정동은⑫ 단지 주 출입구에서 접근이 용이하고 체력단련장과 인접한다.
⑤ 강의동은⑬ 암벽등반장에서 접근이 편리한 곳에 두고 보행로로 연결한다.
⑥ 강의동과 행정동은 진입도로에서 서로 다른 층으로 진입한다.⑭
⑦ 기숙사는⑮ 기존 산책로 활용이 용이한 곳에 위치한다.
⑧ 기숙사와 강사숙소 진·출입은 동일 진입도로에서 한다.⑯
⑨ 휴게마당은⑰ 체력단련장과 다목적강당에 인접한다. (필요시 계단으로 진입)
⑩ 암벽등반 대기장은⑱ 경사가 가장 급한 암벽에 접하여 둔다.
⑪ 등고선 조정은 경사도 45° 이하로⑲ 한다. (단, 옥외 관람장 부분은 제외한다.)
⑫⑳ 우·배수 등고선 조정은 고려하지 않는다.
⑬ 각 시설물의 상호 이격거리 ㉑

이격대상 (A:B)		최소
A	B	이격거리(m)
각 시설물	20m 도로의 도로경계선	5
	각 시설물	3
	기존 암반, 보호수 외곽선(<그림> 참조)	3

<그림>

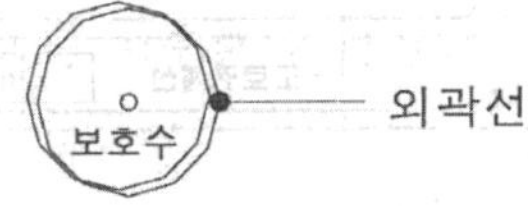

FACTOR

⑪ 신설 산책로
- 기숙사 진입도로와 기존 산책로 를 새로운 산책로로 연결
- 기숙사 위치 예상

⑫ 행정동
- 주출입구 및 체력단련장과 인접

⑬ 강의동
- 암벽등반장 인접 배치
- 암벽등반장과 보행로로 연결

⑭ 강의동, 행정동
- 진입도로 레벨을 기준으로 두 건물의 서로 다른 층으로 진입

⑮ 기숙사
- 기존 산책로 활용 다시 강조

⑯ 기숙사, 강사숙소
- 동일 진입도로 사용
- 유사 용도 건축물의 조닝

⑰ 휴게마당
- 체력단련장 및 다목적강당과 인접
- 유일하게 계단 사용이 언급됨

⑱ 암벽등반 대기장
- 제시된 암벽의 레벨을 고려하여 위치 선정
- 주 동선축과 상호 호응

⑲ 지형조정 경사도
- 45° = 1/1(수직/수평)

⑳ 배수를 위한 등고선 조정 배제

㉑ 시설물 상호 이격거리
- 6m도로에서의 이격거리는 제시되지 않음
- 보호수는 낙수선 기준

구 성

ⓑ 배치고려사항
- 건축가능영역
- 시설간의 관계 (근접, 인접, 연결, 연계 등)
- 보행자동선
- 차량동선 및 주차장계획
- 장애인 관련 사항
- 조경 및 포장
- 자연과 지형활용
- 옹벽 등의 사용지침
- 이격거리
- 기타사항

구 성	FACTOR	지 문 본 문	FACTOR	구 성

5. 도면작성요령
- 각 시설명칭
- 크기표시 요구
- 출입구 표시
- 이격거리 표기
- 주차대수 표기 (장애인주차구획)
- 표고 기입
- 단위 및 축척

㉒ 도면작성요령은 항상 확인
- 도면작성요령에 언급된 내용은 출제자가 반드시 평가하는 항목
- 요구하는 것을 빠짐없이 적용하여 불필요한 감점이 생기지 않도록 유의

㉓ 건축물 외곽선/조정된 등고선
- 굵은 실선
- 조정된 등고선은 굵은 실선으로 작도하되 너무 강하게 눌러 그리면 건축물 외곽선과 동시에 읽히므로 힘을 빼고 작도함

㉔ 외부 시설물/단지 내 도로
- 실선

㉕ 각 시설 명칭과 크기 표기
- 시설 중앙에 표현
- 주차장은 구획과 대수 표기

㉖ 시설물 레벨 표시

㉗ 건축물 주 출입구 표시
- 장변의 중심을 주 출입구로 고려하여 계획

㉘ <보기> 준수
- 건물의 주출입구는 장변 중앙에 표현하는 것이 원칙(건물의 용도를 고려한 위치선정도 가능)

㉙ 단위 및 축척
- m / 1:600

과목: **대지계획** 제1과제 (배치계획) 배점: 60/100점

4. 도면작성요령 ㉒

(1) 건축물 외곽선과 조정된 등고선은 굵은 실선으로 표시한다. ㉓
(2) 외부 시설물과 단지 내 도로는 실선으로 표시한다. ㉔
(3) 각 시설의 명칭과 크기를 표기한다. ㉕
(옥외 주차장은 주차구획 및 대수 표기)
(4) <대지현황도>의 레벨을 기준으로 아래 시설물의 레벨을 표시한다. ㉖
① 외부시설 : 조성 대지레벨
② 건축물 : 1층 바닥레벨
(5) 각 건축물에는 주 출입구를 표시한다. ㉗
(6) 기타 표시는 <보기>를 따른다.

<보기> ㉘

단지 주 출입구	△
건축물 주 출입구	▲
레벨	◐

(7) 단위 : m ㉙
(8) 축척 : 1/600

5. 유의사항

(1) 답안작성은 흑색연필로 한다. ㉚
(2) 도면작성은 과제개요, 계획조건 및 고려사항, 도면작성 요령, 기타 현황도 등에 주어진 치수를 기준으로 한다. ㉛
(3) 명시되지 않은 사항은 현행 관계법령의 범위 안에서 임의로 한다. ㉜

<대지현황도> 축척 없음 ㉝

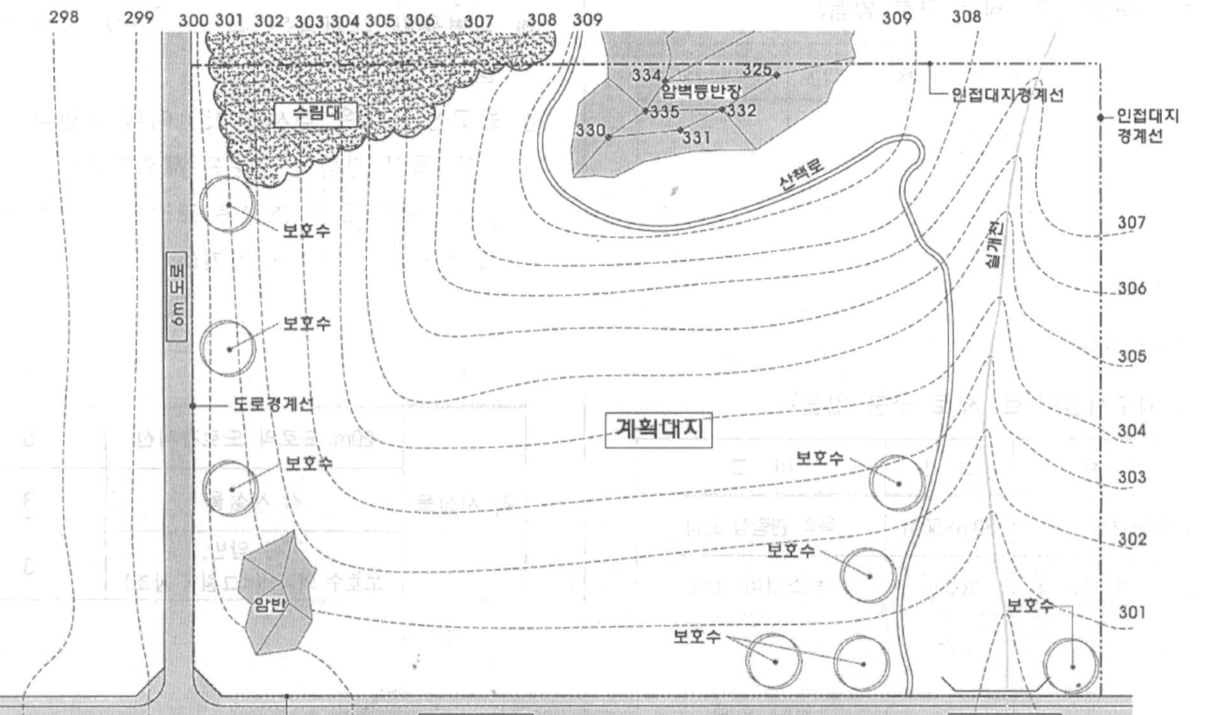

㉚ 항상 흑색연필로 작성할 것을 요구합니다.

㉛ 처음 제시된 유의사항
- 2015년 답안 작성 용지 오류로 인한 영향으로 파악됩니다.

㉜ 명시되지 않은 사항은 현행 관계법령을 준용
- 기타 법규를 검토할 경우 항상 문제해결의 연장선에서 합리적이고 복합적으로 고려하도록 합니다.

㉝ 현황도 파악
- 대지형태
- 등고선 방향 및 단위
- 접도조건
- 주변현황 (수림대, 인접대지, 교량 등)
- 가로, 세로 치수 확인
- 대지 내 보호수, 실개천, 산책로 암벽등반장 등
- 방위
- 제시되는 현황도를 이용하여 1차적인 현황을 분석합니다.
(현황도에 제시된 모든 정보는 그 이유가 반드시 있습니다. 대지의 속성과 기존 질서를 존중한 계획이 될 수 있도록 합니다.)

6. 유의사항
- 제도용구 (흑색연필 요구)
- 지문에 명시되지 않은 현행법령의 적용방침 (적용 or 배제)

7. 보기
- 보도, 조경
- 식재
- 데크 및 외부공간
- 건물 출입구
- 옹벽 및 법면
- 기타 표현방법

8. 대지현황도
- 대지현황
- 대지주변현황 및 접도조건
- 기존시설현황
- 대지, 도로, 인접대지의 레벨 또는 등고선
- 각종 장애물 현황
- 계획가능영역
- 방위
- 축척 (답안작성지는 현황도와 대부분 중복되는 내용이지만 현황도에 있는 정보가 답안작성지에서는 생략되기도 하므로 문제접근시 현황도를 꼼꼼히 체크하는 습관이 필요합니다.)

■ 문제풀이 Process

1 제목 및 과제 개요 check

① 배점 : 60점 / 가장 빈도가 높은 배점(출제 난이도 예상)
소과제별 문제풀이 시간을 배분하는 기준

② 제목 : 암벽등반 훈련원 계획
(암벽등반 관련 교육 및 연수시설로 이해)

③ 계획관리지역 : 도시계획 차원의 기본적인 대지 성격을 파악

④ 주변현황 : 대지현황도 참조

2 현황 분석

① 대지형상 : 장방형의 경사대지

② 대지 내 현황 : 암벽등반장, 수림대, 산책로, 실개천, 보호수 등

③ 주변조건

- 남측 12m 도로(주도로)
  : 주 출입구(내부도로) 예상
- 서측 6m 도로(부도로)
  : 보행자 부출입 및 차량 진출입구 예상
- 북측 암벽등반장, 수림대, 산책로
  : 기존 시설 존중
- 기타 인접대지
  : 추가적인 정보가 없으므로 별도 고려대상은 아님

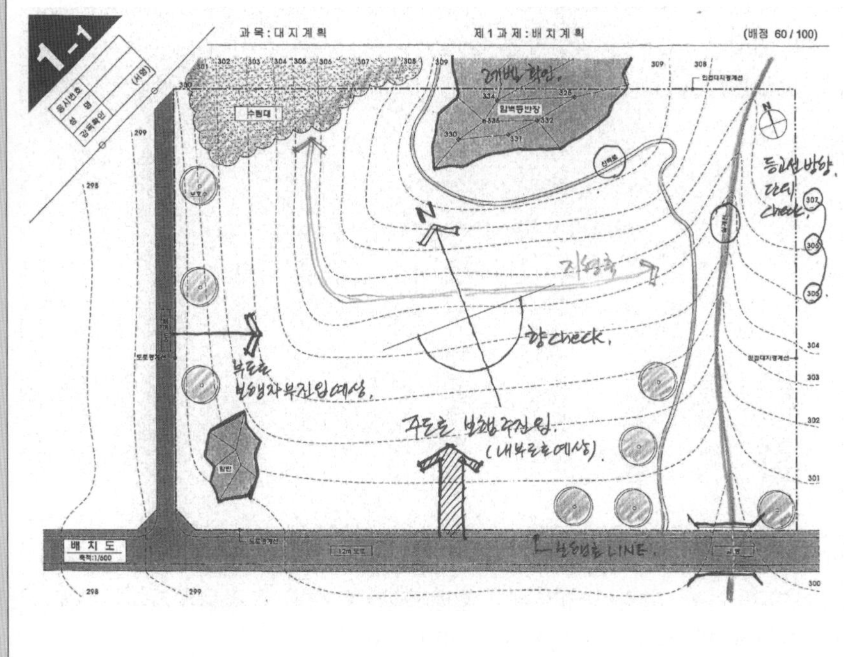

3 요구조건 분석(diagram)

① 도로 조건

- 주 진입도로(8m), 보차 혼용도로(6m), 보행로/신설산책로(2m)
- 모든 도로가 1/15이하로 계획되어야 함
- 주 진입도로 = 차도6m + 보도2m

② 건축물 조건 및 성격 파악

- 기본 규모는 Om × Om 로 제시됨
- 행정동+(강의동+다목적강당) / 기숙사+강사숙소 영역으로 이해
- 기숙사(2개동)와 강사숙소는 프라이버시 고려

③ 외부시설 성격 파악

- 매개(완충) vs 전용공간으로 파악
- 체력단련장, 암벽등반 대기장, 휴게마당은 전용공간으로 이해

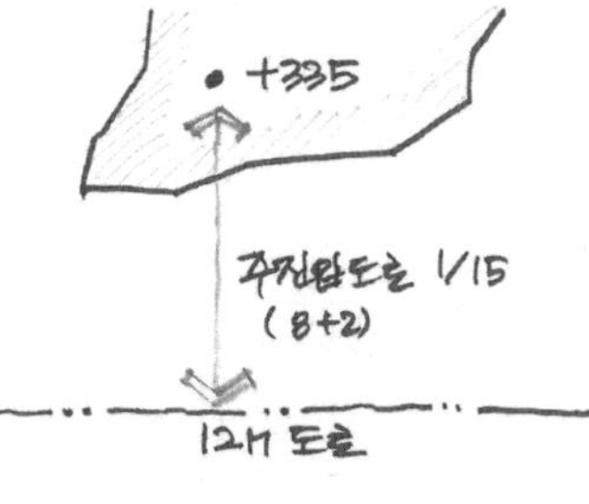

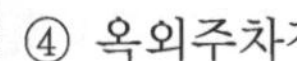

④ 옥외주차장

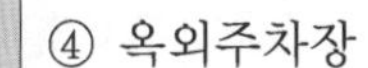

- 1개소/20대 이상 : 규모에 적합한 주차장 형식 검토(양방향 동선)

⑤ 단지 주 출입구

- 진입 시 암벽등반장과 시각적 축(axis)을 형성하도록 요구
- 암벽등반장에 제시된 레벨을 고려하면 개략 위치선정 가능

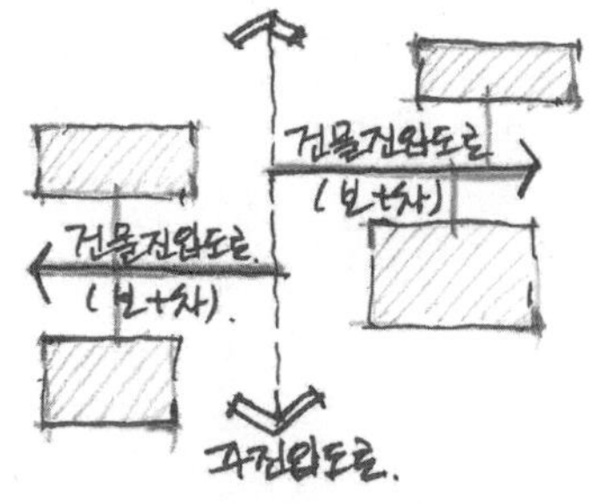

⑥ 각 건축물 진입도로

- 주 진입도로에서 분기된 형태
- 보차 혼용도로로 계획

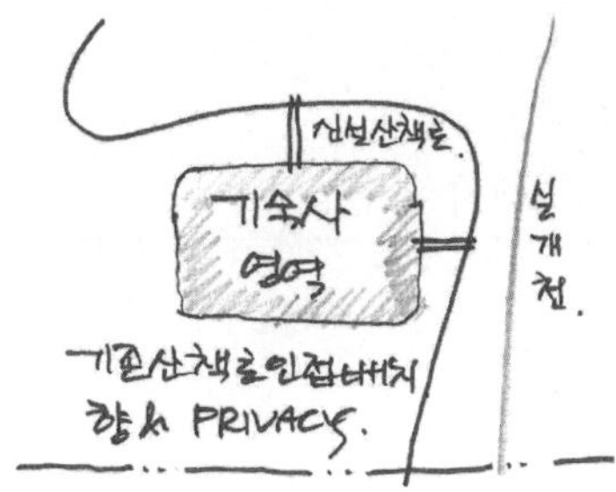

⑦ 신설 산책로

- 기숙사 진입도로와 기존 산책로 연계하는 신설 산책로 계획
- 기숙사 영역은 기존 산책로에 인접하여 검토하는 것이 합리적

⑧ 행정동

- 단지 주 출입구에서 접근이 용이
- 체력단련장과 인접

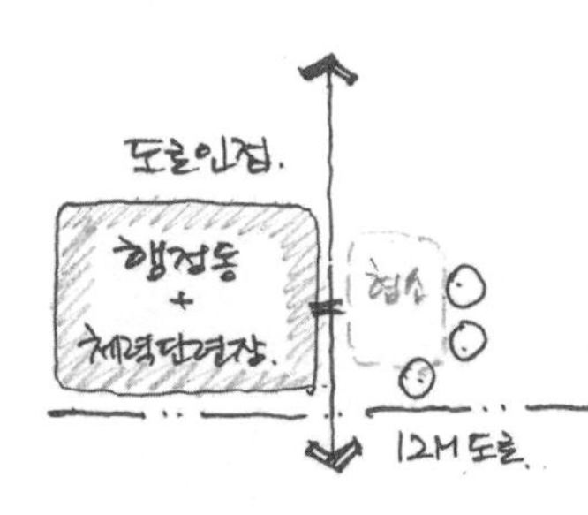

⑨ 강의동

- 암벽등반장에서 접근이 편리한 곳에 배치하고 보행로로 연계
- 강의동의 개략적인 위치 파악

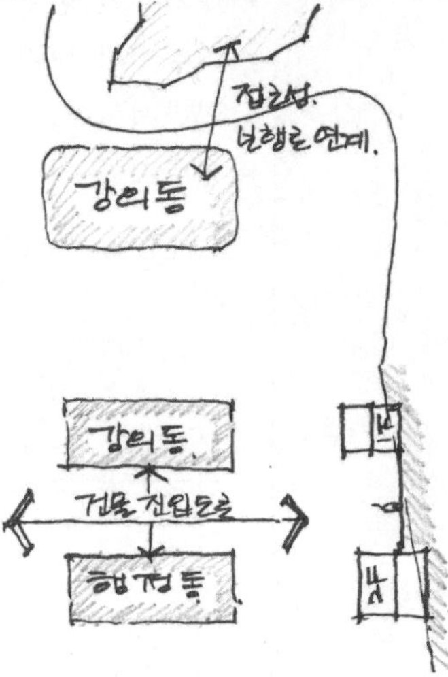

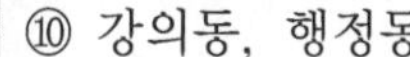

⑩ 강의동, 행정동

- 건축물 진입도로에서 서로 다른 층으로 진입
- 진입도로를 공유하며 행정동이 낮은레벨, 강의동이 높은레벨에 위치하는 형태

⑪ 기숙사

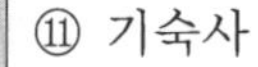

- 기존 산책로 활용이 가능한 위치
- 출제자가 기숙사의 조닝에 대해 다시 한번 강조하는 항목

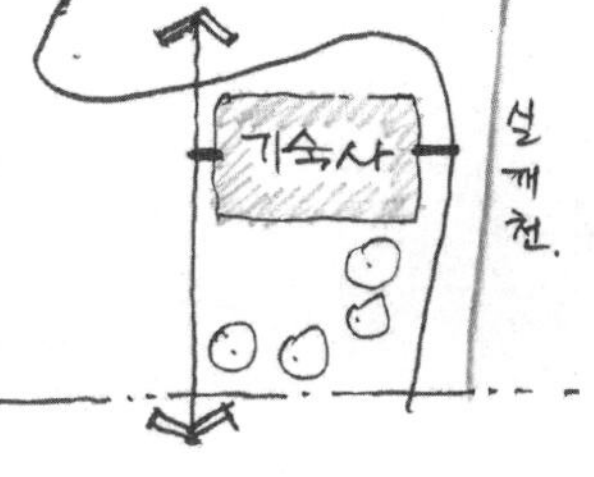

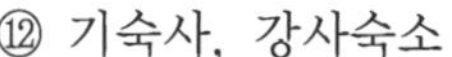

⑫ 기숙사, 강사숙소

- 동일 진입도로에서 진출입
- 유사 성격의 건물 조닝
- 프라이버시를 고려

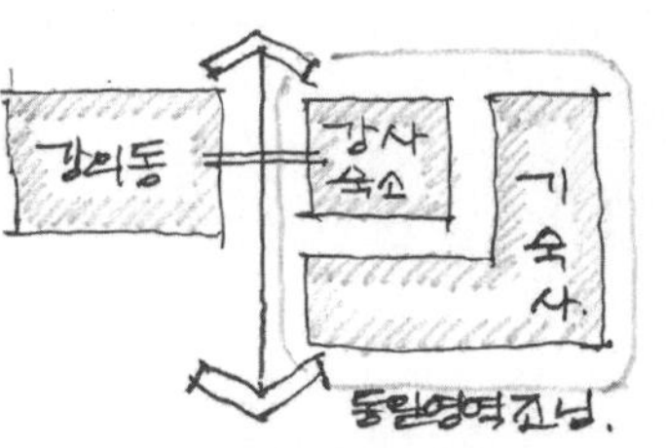

⑬ 휴게마당

- 체력단련장과 다목적강당에 인접
- 계단을 이용한 진입이 가능한 유일한 시설로 파악됨

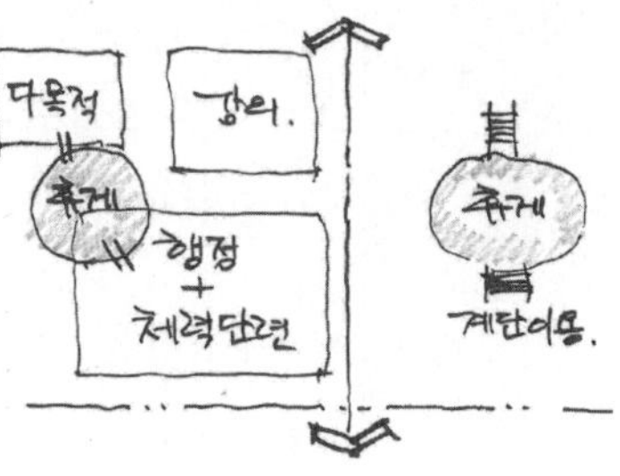

⑭ 암벽등반 대기장

- 경사가 가장 급한 암벽에 인접
- 암벽등반장을 입체적으로 이해

⑮ 등고선 조정 경사도

- 옥외 관람장은 스탠드 형태이거나 보다 완만한 경사로 이해

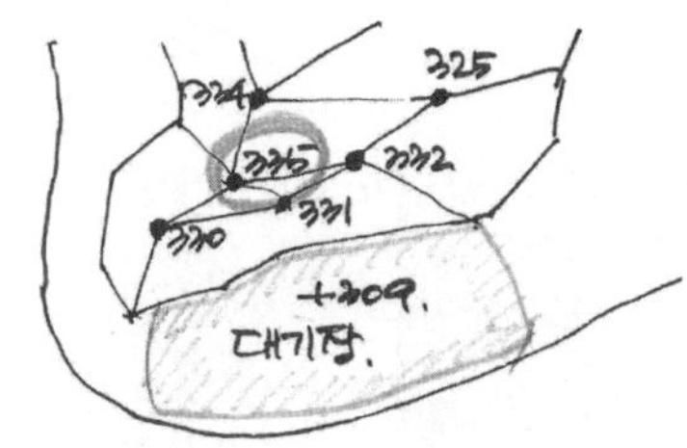

⑯ 시설물 상호 이격거리

- 보호수 낙수선 범례 제시

■ 문제풀이 Process

배치계획 문제풀이를 위한 핵심이론 요약

1. 대지로의 접근성

- 대지주변 현황을 고려하여 접근지점 검토
- 외부에서 대지로의 접근성을 고려 → 대지 내 동선의 축 설정 → 내부동선 체계의 시작
- 일반적인 보행자 주 접근 동선 – 주도로(넓은 도로)
- 일반적인 차량 및 보행자 부 접근 동선 – 부도로(좁은 도로)

가. 대지가 일면도로에 접한 경우

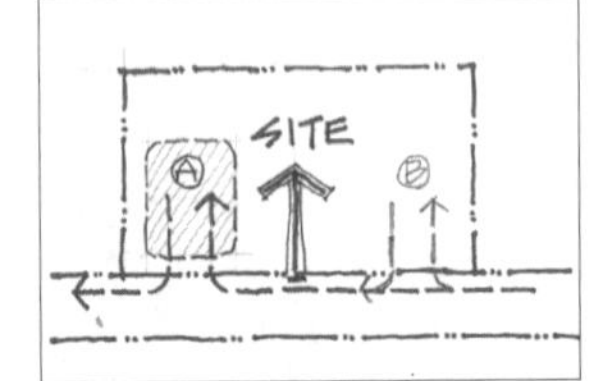

- 대지중앙으로 보행자 주출입 예상
- 대지 좌우측으로 차량 출입 예상
- 주차장 영역 검토 : 초행자를 위해서는 대지를 확인 후 진입 가능한 A 영역이 유리

나. 대지가 이면도로에 접한 경우-1

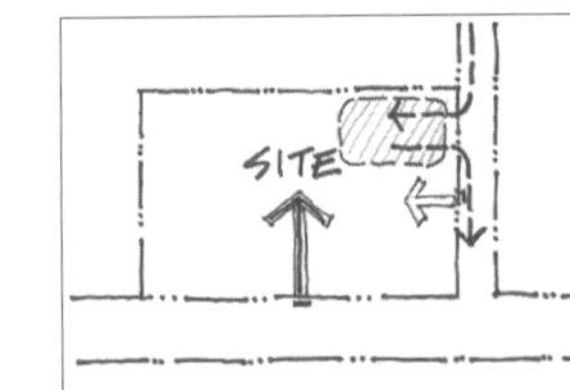

- 주도로에서 보행자 주출입 예상
- 부도로에서 차량 출입 예상 : 주차장 영역 예상
- 요구조건에 따라 부도로에서 보행자 부출입 예상

다. 대지가 이면도로에 접한 경우-2

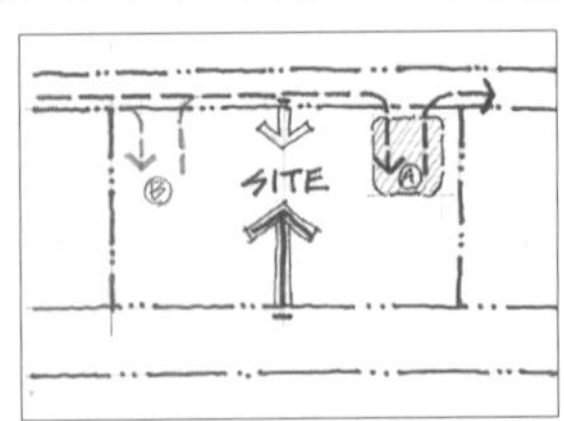

- 주도로에서 보행자 주출입 예상
- 부도로에서 차량 출입 예상 : 주차장 영역 예상→A 영역 우선 검토
- 부도로에서 보행자 부출입 예상

▸ 지문

① 주 진입도로 : 너비 8m (차도 6m, 보도 2m), 경사도 1/15 이하

② 단지 주 출입구는 진입 시 암벽등반장이 잘 보이는 곳에 둔다.

- 주 진입도로의 형태로 내부도로가 계획되는 형태
- 1/15 이하의 경사도가 요구되어 부도로에서의 도로 조성이 어려운 대지 조건

2. 외부공간 성격 파악

- 외부공간을 계획할 경우 공간의 쓰임새와 성격을 분명하게 규정해야 한다.

▸ 전용공간

① 전용공간은 특정목적을 지니는 하나의 단일공간

② 타 공간으로부터의 간섭을 최소화해야 함

③ 중앙을 관통하는 통과동선이 형성되는 것을 피해야 한다.

④ 휴게공간, 전시공간, 운동공간

▸ 매개공간

① 매개공간은 완충적인 공간으로서 광장, 건물 전면공간 등 공간과 공간을 연결하는 고리역할을 하며 중간적 성격을 갖는다.

② 공간의 성격상 여러 통과동선이 형성될 수 있다.

3. 보차분리

- 보행자주출입구 : 대지 전면의 중심 위치에서 한쪽으로 너무 치우치지 않는 곳에 배치
- 주보행동선 : 모든 시설에서 접근성이 좋도록 시설의 중심에 계획
- 보·차분리를 동선계획의 기본 원칙으로 하되 내부도로가 형성되는 경우 등에는 부분적으로 보·차 교행구간이 발생하며 이 경우 횡단보도 또는 보행자 험프를 설치
- 보도 폭을 임의로 계획하는 경우 동선의 빈도와 위계를 고려하여 보도 폭의 위계를 조절

▸ 지문

① 주 진입도로 : 차도 6m, 보도 2m (보차 혼용 내부도로)

② 주 진입도로로부터 각 건축물의 진입도로는 보차 혼용도로로 한다.

- 원칙적인 보차 분리가 불가능한 보차혼용 도로의 형태로 지문이 제시됨
- 명쾌한 내부동선 계획 + 보행로, 신설 산책로 등 보행영역의 계획적인 표현

4. Privacy

- 공적공간 – 교류영역 / 개방적 / 접근성 / 동적
- 사적공간 – 특정이용자 / 폐쇄적 / 은폐 / 정적
- 건물의 기능과 용도에 따라 프라이버시를 요하는 시설 – 주거, 숙박, 교육, 연구 등
- 사적인 공간은 외부인의 시선으로부터 보호되어야 하며, 내부의 소리가 외부로 새나가지 않도록 하여야 한다. 즉 시선과 소리를 동시에 고려하여 건물을 배치하여야 한다.

▸ 프라이버시 대책

① 건물을 이격배치 하거나 배치 향을 조절 : 적극적인 해결방안, 우선검토 되는 것이 바람직

② 다른 건물을 이용하여 차폐

③ 차폐 식재하여 시선과 소리 차단 (상엽수를 밀실하게 열식)

④ FENCE, 담장 등 구조물을 이용

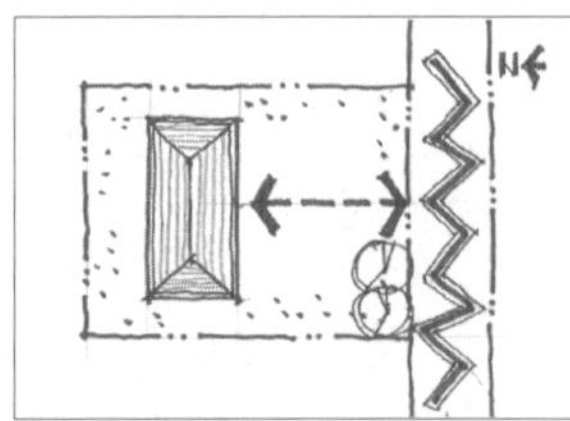

- 소음원(도로)으로부터 이격배치
- 향 및 프라이버시 동시 고려
- 도로변 차폐수목 식재하여 시선 및 소리 차단

▸ 지문

① 기숙사 (2층 / 남,여 각1개동) : 21m × 9m

② 강사숙소 (2층) : 15m × 9m

- 프라이버시를 확보해야 하는 숙박시설
- 도로(소음원)에서 충분히 이격, 주변 환경이 양호하고 향을 고려한 위치에 검토
- 기존 산책로와 연계되고 보호수 및 실개천이 위치한 영역이 합리적

■ 문제풀이 Process

배치계획 문제풀이를 위한 핵심이론 요약

5. 접근성

- ▸접근성을 고려하기 위해서는 물리적으로 가까이 배치하는 것이 필요
- ▸대지 외부로부터의 접근성 확보를 위해서는 도로변으로 인접 배치시켜야 함
- ▸건물은 이용자의 원활한 유입을 위해 건물의 존재가 부각되도록 할 필요가 있다.
  - 접근성에 대한 요구를 직접 지문에 언급하기도 함
  - 보통 인접도로나 대지 주출입구로부터의 접근성을 요구하는 것이 일반적이므로 요구된 시설은 많은 경우 도로변에 배치되게 된다.

▸지문

① 행정동은 단지 주 출입구에서 접근이 용이하고 체력단련장과 인접한다.
 - 주도로에서의 접근성을 고려하여 가급적 도로변 인접 배치하는 방향으로 접근

② 강의동은 암벽등반장에서 접근이 편리한 곳에 두고 보행로로 연결한다.
 - 대지의 상부 영역에서 암벽등반장과 인접 배치하는 것이 합리적

③ 기숙사는 기존 산책로 활용이 용이한 곳에 위치한다.
 - 기존 산책로가 형성된 인근 영역 중 프라이버시와 향, 주변 자연환경을 복합적으로 고려한다.

④ 휴게마당은 체력단련장과 다목적강당에 인접한다.

⑤ 암벽등반 대기장은 경사가 가장 급한 암벽에 접하여 둔다.
 - 제시된 현황도의 레벨 조건을 파악하여 암벽의 경사도를 확인한다.

• 구체적이고 직접적인 조건이 많이 제시되었고 조건을 만족하지 못한 대안에 대한 감점의 폭이 예년에 비해 다소 큰 편이었다.

6. 각종 제한요소

- ▸장애물 : 자연적요소, 인위적요소
- ▸건축선, 이격거리
- ▸경사도(급경사지)
- ▸일반적으로 제시되는 장애물의 형태
  - ① 수목(보호수)
  - ② 수림대(휴양림)
  - ③ 연못, 호수, 실개천
  - ④ 암반
  - ⑤ 공동구 등 지하매설물
  - ⑥ 기존건물
  - ⑦ 기타

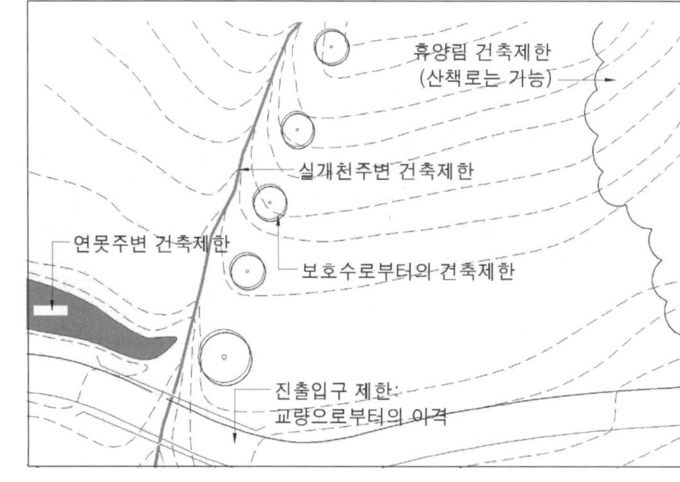

▸지문

① 〈대지현황도〉 대지 내부 보호수 및 암반, 수림대, 실개천, 기존 산책로 등

② 각 시설물은 기존 암반, 보호수 외곽선으로부터 3m 이상 이격

③ 기존 산책로와 기숙사 진입도로를 신설 산책로로 연결시킨다.

④ 단지 주 출입구는 진입 시 암벽등반장이 잘 보이는 곳에 둔다.

⑤ 20m 도로경계선으로부터 각 시설물은 5m 이상 이격

7. 경사도

- ▸대지의 경사기울기를 의미
  - 비율, 퍼센트, 각도로 제시
- ▸제시된 등고선 간격(수평투영거리)과 높이차의 관계
- ▸G=H : V 또는 G=V/H
- ▸G=V/H×100
- ▸경사도에 따른 효율성 비교

비율 경사도	% 경사도	시각적 느낌	용도	공사의 난이도
1/25 이하	4% 이하	평탄함	활발한 활동	별도의 성토, 절토 작업 없이 건물과 도로 배치 가능
1/25 ~1/10	4~10%	완만함	일상적인 행위와 활동	
1/10 ~1/5	10~20%	가파름	언덕을 이용한 운동과 놀이에 적극이용	약간의 절토작업으로 건물과 도로를 전통적인 방법으로 배치가능, 편익시설의 배치 곤란
1/5 ~1/2	20%~50%	매우 가파름	테라스 하우스	새로운 형태의 건물과 도로의 배치 기법이 요구됨

▸지문

① 등고선 조정은 경사도 45° 이하로 한다.
 (단, 옥외 관람장 부분은 제외한다.)
 - 45° = 1/1 (수직/수평)
 - 옥외관람장은 스탠드 형태 or 45° 보다 완만한 경사로 이해하는 것이 합리적

8. 성토와 절토

- ▸지형계획의 가장 기본 : 성토와 절토의 균형, 자연훼손의 최소화
- ▸절토 : 높은 고도방향으로 이동된 등고선으로 표현
- ▸성토 : 낮은 고도방향으로 이동된 등고선으로 표현
- ▸성토와 절토의 균형을 맞추는 일반적인 방법
  - ① 등고선 간격이 일정한 경우
    : 지반의 중심을 해당 레벨에 위치
  - ② 등고선 간격이 불규칙한 경우
    : 지반의 중심을 완만한 쪽으로 이동

▪ 문제풀이 Process

4 토지이용계획

① 내부동선
- 암벽등반장과 시각적 축을 고려한 주 진입도로
- 주 진입도로와 건축물 진입도로, 보행로 성격 이해
- 각 도로의 경사도(1/15이하)를 고려한 대안 선택

② 시설조닝
- 행정동영역: 주도로 인접
- 기숙사영역: 프라이버시
- 강의동영역: 등반장 인접
- 다목적강당: 휴게마당(행정동영역) 인접

③ 시험의 당락을 결정짓는 큰 그림에 해당

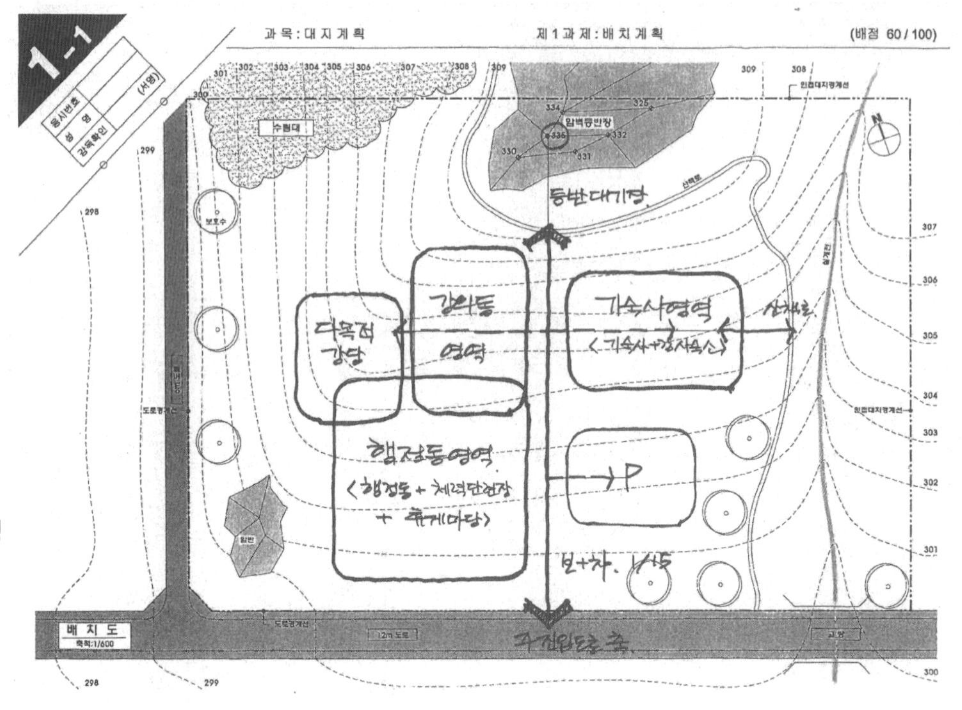

5 배치대안검토

① 토지이용계획을 바탕으로 세부계획 진행

② 조닝된 영역을 기본으로 시설별 연계조건을 고려하여 시설물 위치 선정

③ 영역 내부의 시설물 배치는 합리적인 수준에서 정리되면 O.K
- 정답을 찾으려 하지 말자

④ 대지전체에 걸쳐 여유공간을 check하여 계획적인 factor를 추가 고려

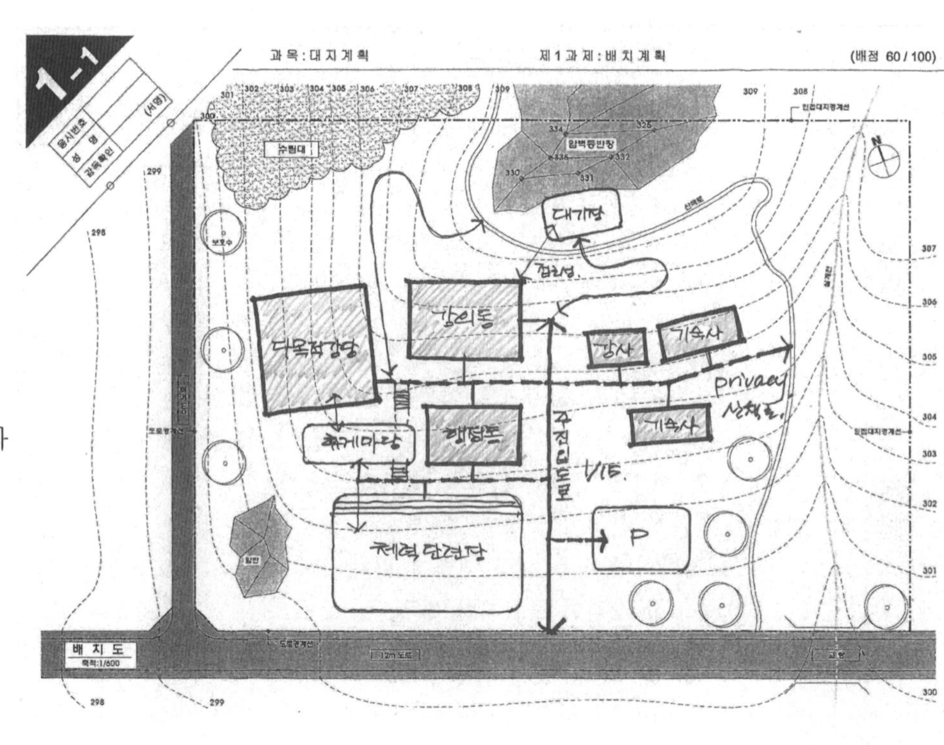

6 모범답안

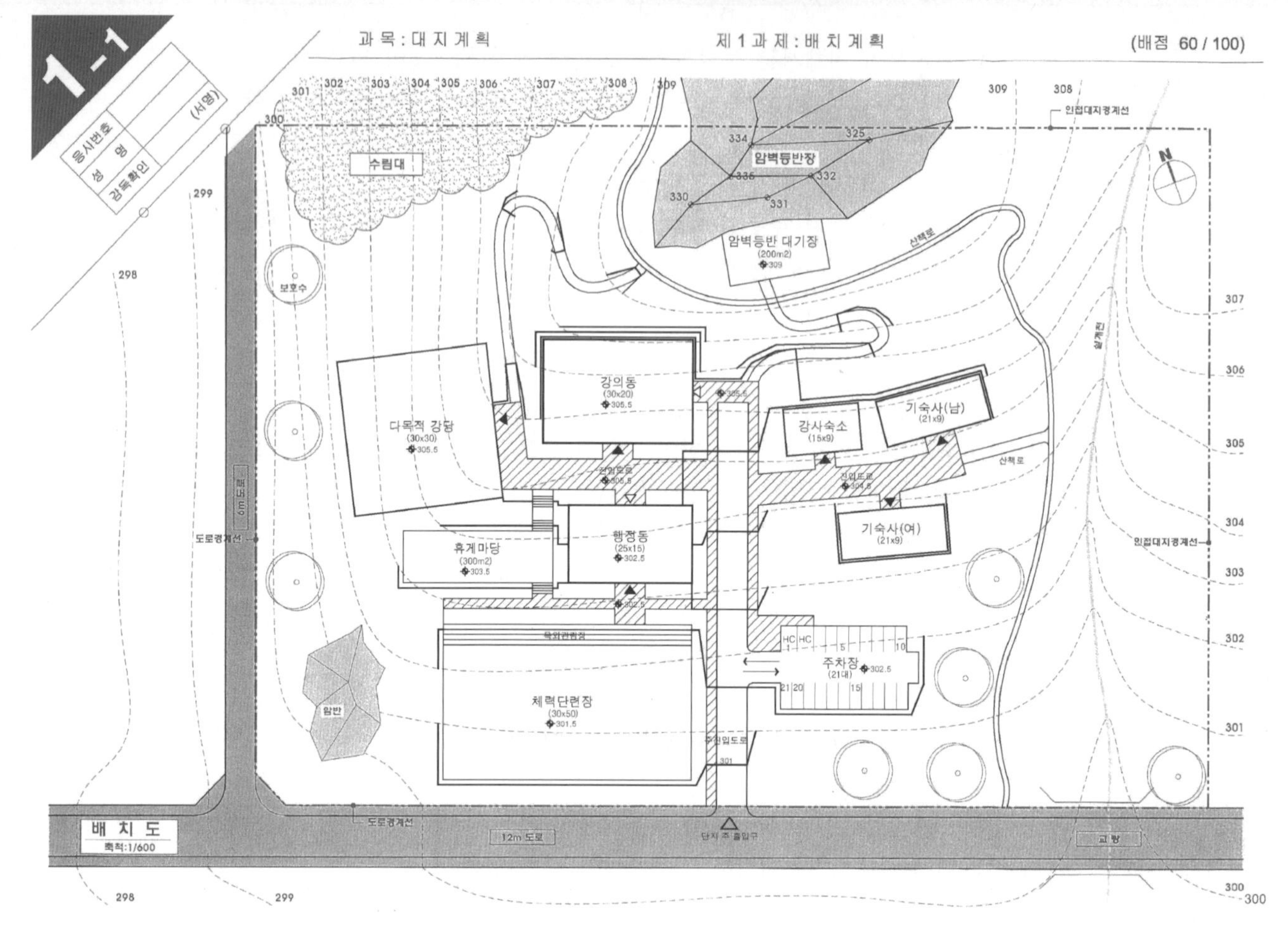

▪ 주요 체크포인트

① 영역별 합리적 조닝
- 행정동 영역
- 기숙사 영역
- 강의동 / 다목적 강당 영역

② 동선계획
- 주 진입도로의 축 및 경사도
- 건물진입도로 및 보행로 조건의 합리적 반영

③ 기타 사항
- 암벽등반장, 산책로, 실개천 등 기존 질서를 존중하는 계획

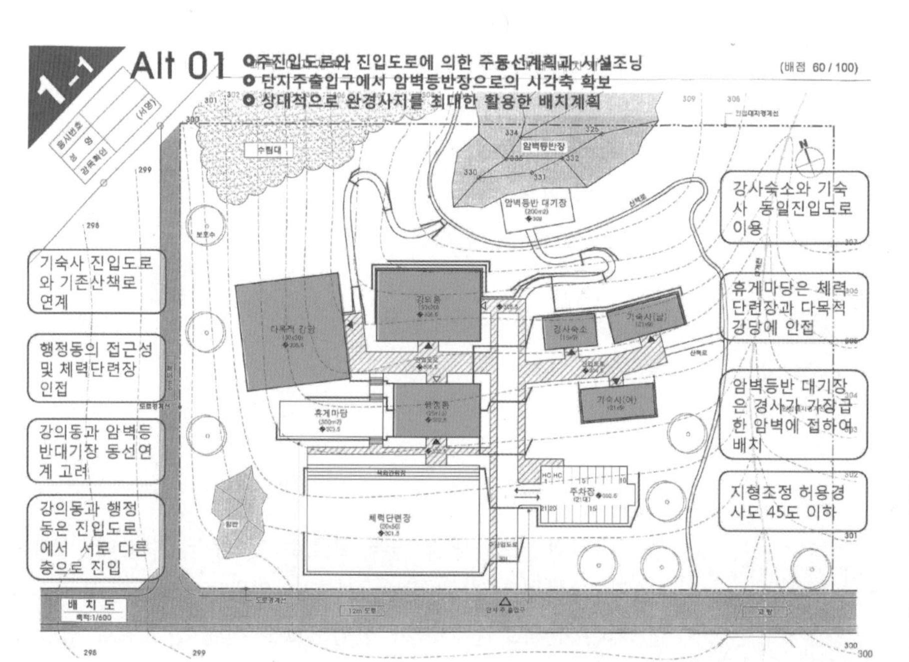

배치계획 주요 체크포인트

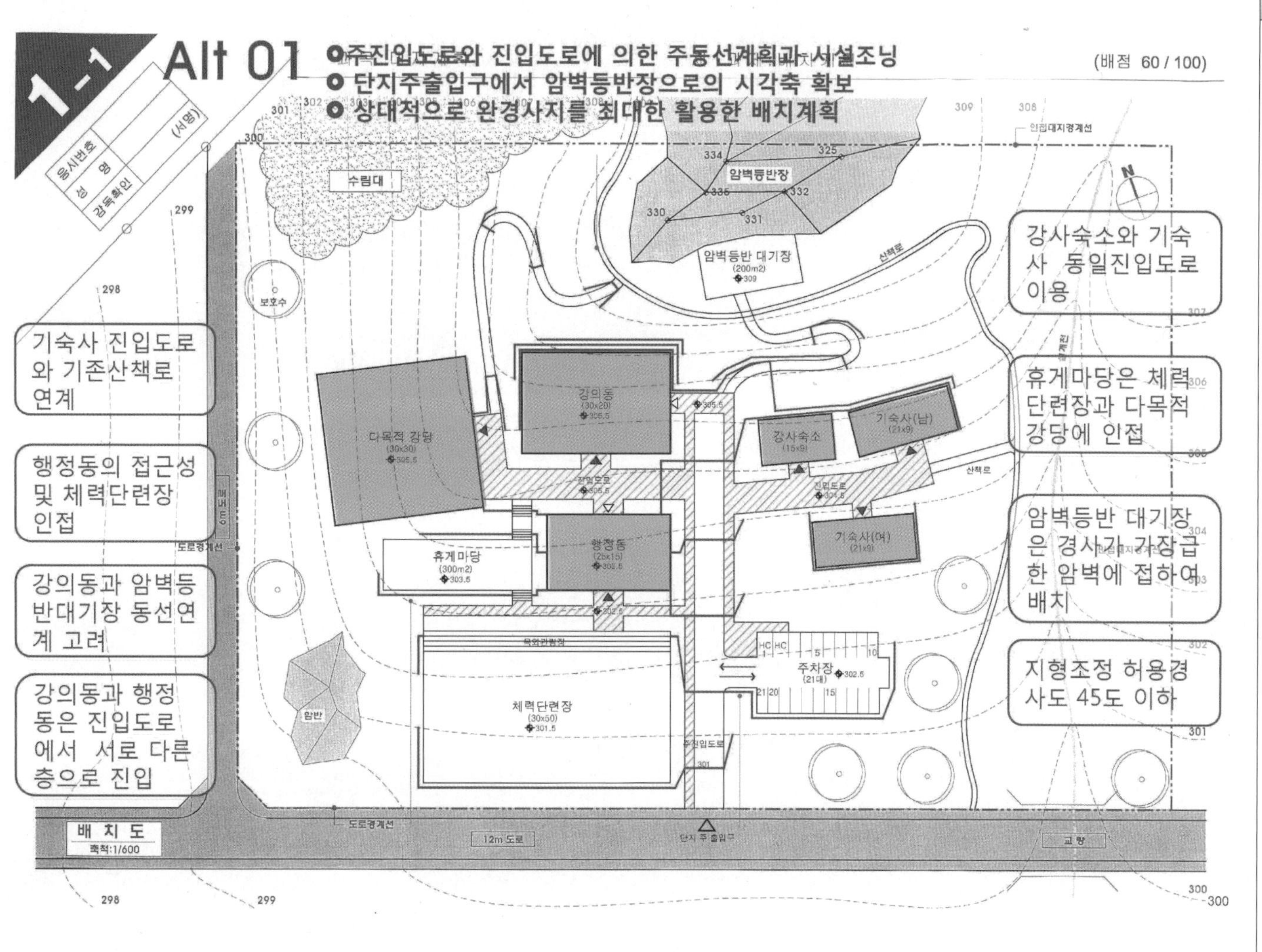

▸ 용도별 합리적인 영역 분리

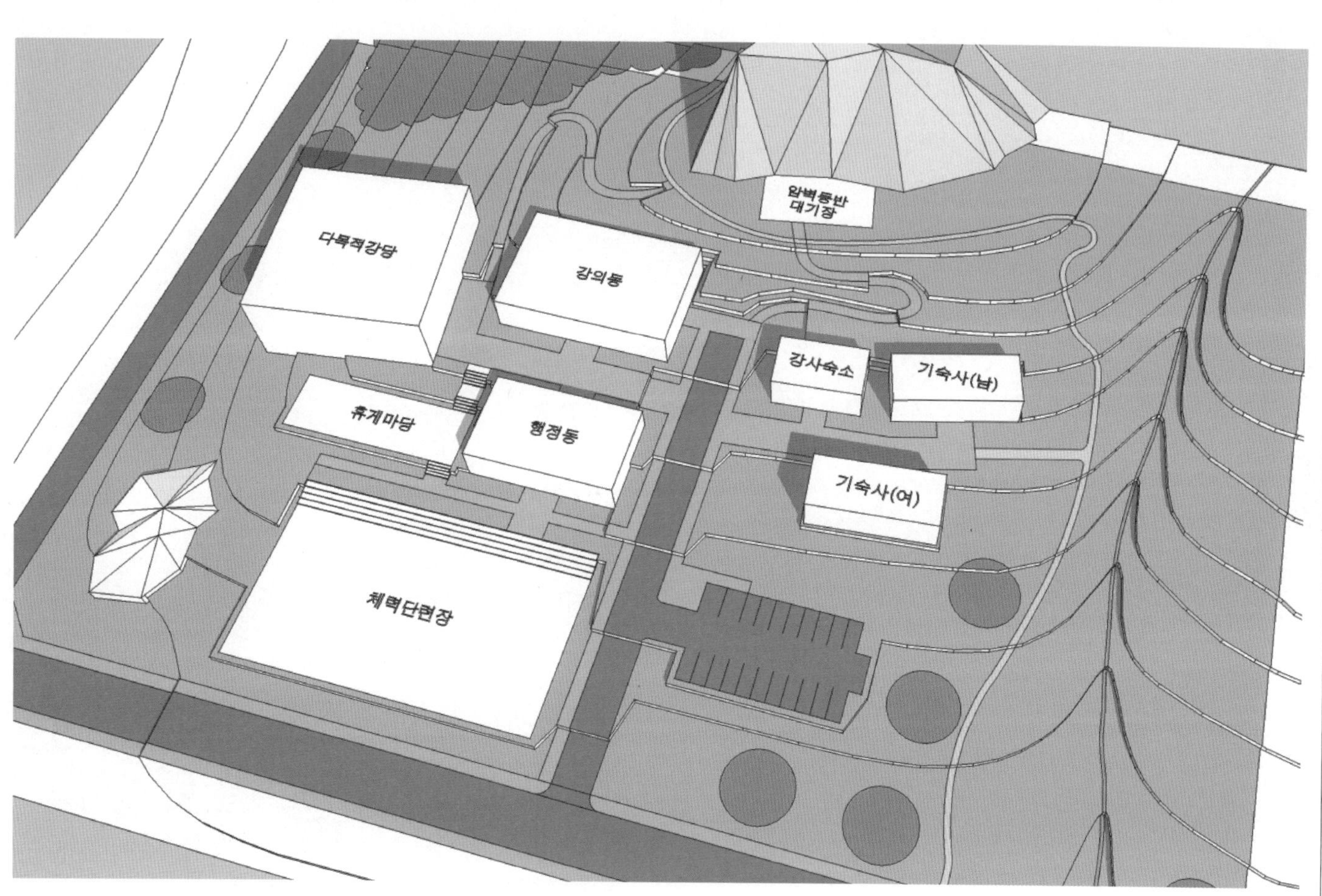

▸ 암벽등반장과 시각적 연계를 고려한 주 진입도로

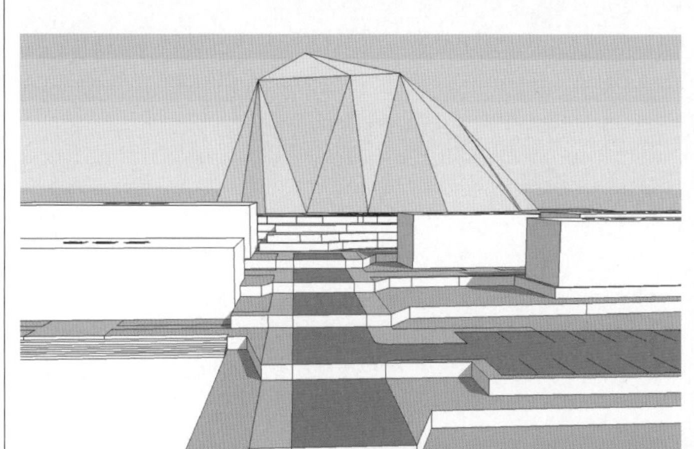

▸ 프라이버시, 향, 자연환경을 고려한 기숙사 영역

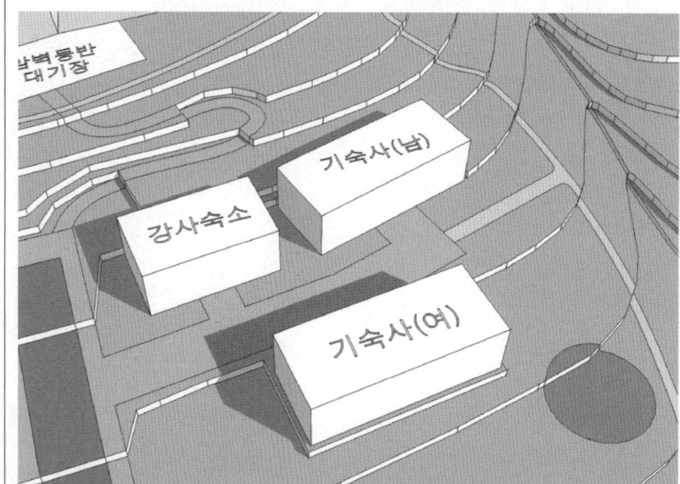

▸ 행정동 주변 영역의 합리적 위치선정

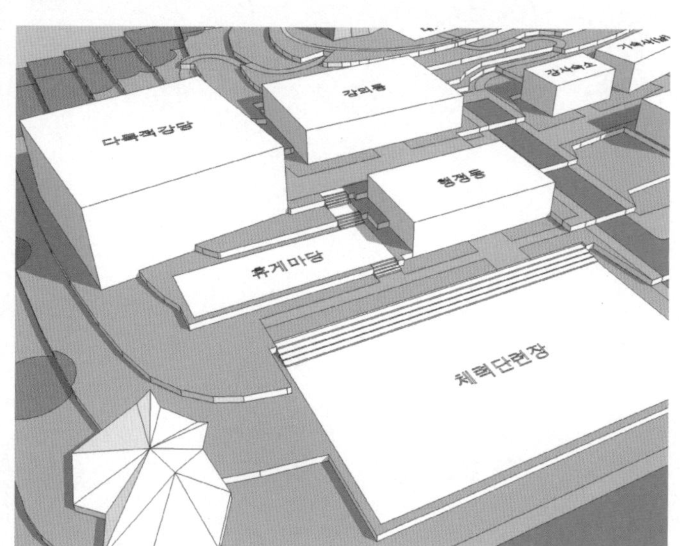

▸ 지형축을 고려한 시설배치와 지형조정

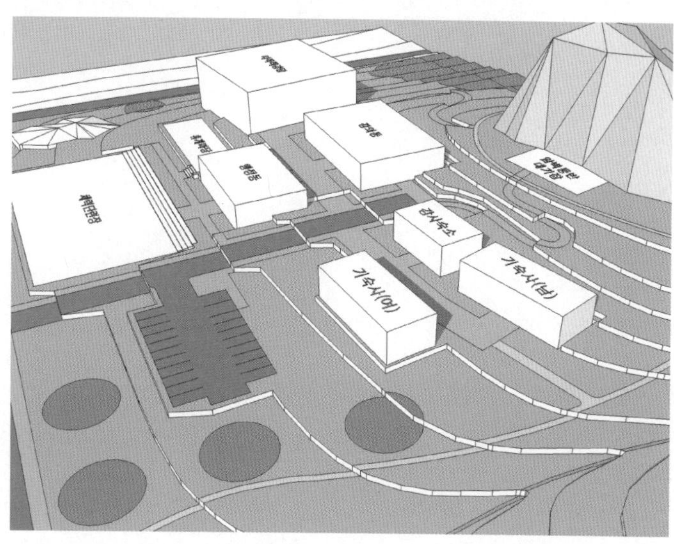

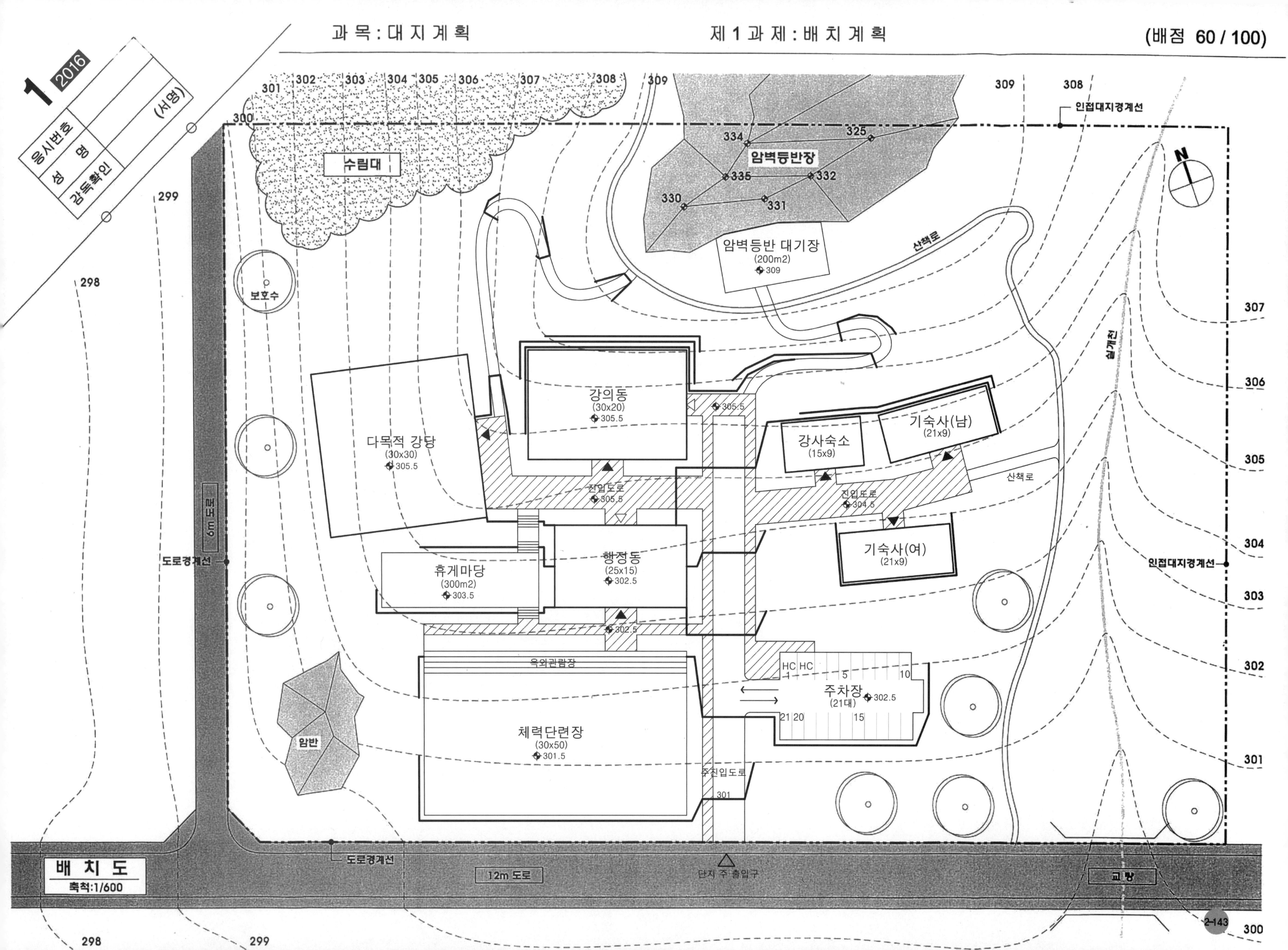
1 2016
응시번호
성 명
(서명)
감독확인
수림대
암벽등반장
암벽등반 대기장
(200m2)
309
산책로
보호수
다목적 강당
(30x30)
305.5
강의동
(30x20)
305.5
진입도로
305.5
강사숙소
(15x9)
기숙사(남)
(21x9)
진입도로
304.5
기숙사(여)
(21x9)
휴게마당
(300m2)
303.5
행정동
(25x15)
302.5
옥외관람장
체력단련장
(30x50)
301.5
주차장
(21대)
302.5
HC HC
주진입도로
암반
6m 도로
도로경계선
인접대지경계선
실개천
12m 도로
단지 주 출입구
교량
배 치 도
축척:1/600

구 성	FACTOR	지 문 본 문	FACTOR	구 성

2016년도 건축사자격시험 문제

과목: 대지계획　　제2과제 (대지분석・조닝)　　① 배점: 40/100점

제목 : 근린생활시설의 최대 건축가능 영역 ②

1. 과제개요

주변대지와 고저차가 있고 보호수림을 포함한 계획대지에 근린생활시설 건축물을 신축하고자 한다. 다음 사항을 고려하여 최대 건축가능 영역과 각 지상층 바닥 면적 및 합계를 구하시오.

2. 설계개요

(1) 용도지역 : 제2종 일반주거지역, ③ 지구단위계획구역 ④

(2) 건폐율 : 60% 이하⑤

(3) 용적률 : 고려하지 않음

(4) 대지규모(보호수림 포함) : 32m x 48m

(5) 건축물의 규모 및 용도⑥

- 지하 1층 : 주차장(주차계획은 고려하지 않음)
- 지상층 : 제1종·제2종 근린생활시설

3. 계획조건

(1) 계획대지는 <대지현황도> 참조

(2) 보호수림을 포함한 계획대지는 평탄하며, 12m 도로레벨(±0)과 동일

(3) 지하 1층의 바닥레벨은 4m 도로의 레벨(-4m)⑦과 동일 (대지와 도로레벨 간의 차이가 있는 부분은 옹벽으로 되어 있음)

(4)⑧건축물의 층고 : 4m (단, 지상 1층은 6m)

(5) 건축물의 최고높이 : 30m 이하 (건축물 높이⑨에 파라펫은 고려하지 않음)

(6) 돌출된 발코니⑩

① 2층, 3층, 4층의 남측과 동측 건축물의 외벽에 수평방향으로 연속된 발코니를 설치 (너비 2m, 각 층별 발코니 면적 56m² 이하)

② 각 층마다 동일 위치에 배치

(7) 건축물의 남측과 동측 외벽은 돌출된 발코니를 제외하고 전 층에 걸쳐 돌출면 없이 동일 수직면으로 계획 ⑪

(8) 각 층 바닥의 최소 너비는⑫ 10m 이상 확보

(9) 일조권⑬제한으로 후퇴한 바닥의 상부는 개방

(10) 바닥면적 산정은⑭ 벽체 두께는 고려하지 않고 건축물 외곽선(발코니 포함)을 기준으로 함

4. 이격거리 및 높이제한

(1) 건축물의 외벽은 다음과 같이 ⑮이격거리를 확보

구 분	이격거리
12m 도로의 도로경계선 및 보호수림 경계선	4m
8m 도로 및 4m 도로의 도로경계선	2m

(2) 일조 등의 확보를 위한 건축물의 높이제한을⑯ 위해 정북방향으로의 인접 대지경계선(도로와 접한 경우 반대편 도로경계선)으로부터 띄어야 할 거리 :

① 높이 9m 이하인 부분 : 1.5m 이상

② 높이 9m를 초과하는 부분 : 해당 건축물 각 부분 높이의 1/2 이상

5. 도면작성요령 ⑰

(1) 배치도에는 층수, 건축한계선⑱ 및 이격거리를 표시한다.

(2) 배치도에는 지상층의 각 층별 바닥면적 및⑲ 합계를 표기한다.

(3) 배치도에는 층별 외곽선을 실선으로 작성하고 층별 건축가능영역을 <보기>와 같이 표시한다.

<보기>

짝수층	(빗금)
홀수층	(빈칸)
돌출 발코니	(망점)

(4) 등각도(Isometric)에는 보호수림을 제외한 계획부지에 건축가능⑳영역의 보이는 부분만 실선으로 작성하고, 층수 및 일조권제한을 표시한다.

(5) 단위 : m ㉑

(6) 축척 : 1/400

6. 유의사항

(1) 답안 작성은 반드시 흑색 연필㉒로 한다.

(2) 도면작성은 과제개요, 계획조건, 도면작성 요령 및 고려사항, 기타 현황도 등에 주어진 치수를 기준으로 작성한다.

(3) 도면에는 치수를㉓ 기입한다.

(4) 명시되지 않은 사항은 현행 관계법령의 범위 안에서 임의로 한다.㉔

구 성 (좌)

1. 제목
- 건축물의 용도 제시 (공동주택과 일반건축물 2가지로 구분)
- 최대건축가능영역의 산정이 대전제

2. 과제개요
- 과제의 목적 및 취지를 언급합니다.
- 전체사항에 대한 개괄적인 설명이 추가되는 경우도 있습니다.

3. 설계개요(조건)
- 대지에 관한 개괄적인 사항
- 용도지역지구
- 대지규모
- 건폐율, 용적률
- 대지내부 및 주변현황 (현황도 제시)

4. 계획조건
- 접도현황
- 대지안의 공지
- 각종 이격거리
- 각종 법규 제한조건 (정북일조, 채광일조, 가로구역별최고높이, 문화재보호앙각, 고도제한 등)
- 각종 법규 완화규정

FACTOR (좌)

① 배점을 확인합니다.
- 40점 (과제별 시간 배분 기준)

② 용도 체크
- 근린생활시설: 일반건축물
- 최대건축가능영역
- 바닥면적 산정형

③ 제2종 일반주거지역
- 정북일조권 적용

④ 지구단위계획구역
- 처음 적용되는 factor
- 지구단위계획의 측면에서 문제접근이 필요

⑤ 건폐율 60% 이하
- 계획 시 건축면적 확인 필요

⑥ 규모 및 용도
- 지하주차장은 계획 제외

⑦ 지하 1층 바닥레벨
- 4m도로 레벨과 동일

⑧ 층고 제시

⑨ 건축물의 최고높이 제시
- 지구단위계획구역 내에서의 건축물 최고높이로 이해하는 것이 합리적(지표면~건축물 최상단)

⑩ 돌출된 발코니
- 2,3,4층 남측과 동측에 설치
- 너비와 최대면적 제시
- 층마다 동일 위치에 배치

⑪ 외벽일치
- 남측과 동측 외벽 전층 동일 수직면(돌출된 발코니 제외)

FACTOR (우)

⑫ 각 층 바닥 최소너비 10m
- 미달되는 영역은 잘라내고 정리

⑬ 정북일조
- 후퇴되는 영역 지붕설치 금지

⑭ 바닥면적 산정 기준
- 벽체 두께 고려하지 않고 건축물 외곽선으로 하되 발코니 면적을 바닥면적에 산입

⑮ 건축물 외벽 이격거리
- 4m, 2m
- 계획대지 주변의 모든 건축물이 동일한 이격거리 기준으로 정리되어 있음(현황도)

⑯ 정북일조 기준 제시

⑰ 도면작성요령은 항상 확인

⑱ 건축한계선
- 지구단위계획 수립지침에 의해 건축선을 그 목적에 따라 건축지정선, 건축한계선, 벽면지정선, 벽면한계선으로 세분
- 건축한계선의 표시를 요구
: 제시된 이격거리를 건축한계선으로 파악하는 것이 합리적

⑲ 층별 바닥면적 및 합계 표기

⑳ 등각도에 층수 및 일조권 표기

㉑ 단위 : m
축척 : 1/400

구 성 (우)

- 대지 내외부 각종 장애물에 관한 사항
- 1층 바닥레벨
- 각층 층고
- 외벽계획 지침
- 대지의 고저차와 지표면 산정기준
- 기타사항 (요구조건의 기준은 대부분 주어지지만 실무에서 보편적으로 다루어지는 제한요소의 적용에 대해서는 간략하게 제시되거나 현행법령을 기준으로 적용토록 요구할 수 있으므로 그 적용방법에 대해서는 충분한 학습을 통한 훈련이 필요합니다)

5. 도면작성요령
- 건축가능영역 표현방법(실선, 빗금)
- 층별 영역 표현법
- 각종 제한선 표기
- 치수 표현방법
- 반올림 처리기준
- 단위 및 축척

구 성	FACTOR	지 문 본 문	FACTOR	구 성

6. 유의사항
- 제도용구 (흑색연필 요구)
- 명시되지 않은 현행법령의 적용방침 (적용 or 배제)

㉒ 흑색연필로 작성

㉓ 치수는 평면도(배치도)에 기입하는 것을 원칙으로 합니다.

㉔ 명시되지 않은 사항은 현행 관계법령을 준용
- 기타 법규를 검토할 경우 항상 문제해결의 연장선에서 합리적이고 복합적으로 고려하도록 합니다.

㉕ 현황도 파악
- 대지현황(레벨, 보호수림경계선, 공원, 호수, 등)
- 접도현황(개소, 너비, 레벨 등)
- 기존건축물의 질서 파악 (지구단위계획 구역)
- 방위
- 축척 없음
- 기타사항
- 제시되는 현황도를 이용하여 1차적인 현황분석을 합니다. (대지경계선이 변경되는 부분이 있는지 가장 먼저 확인)

과목: 대지계획 제2과제 (대지분석 · 조닝) 배점: 40/100점

<대지현황도> 축척 없음 ㉕

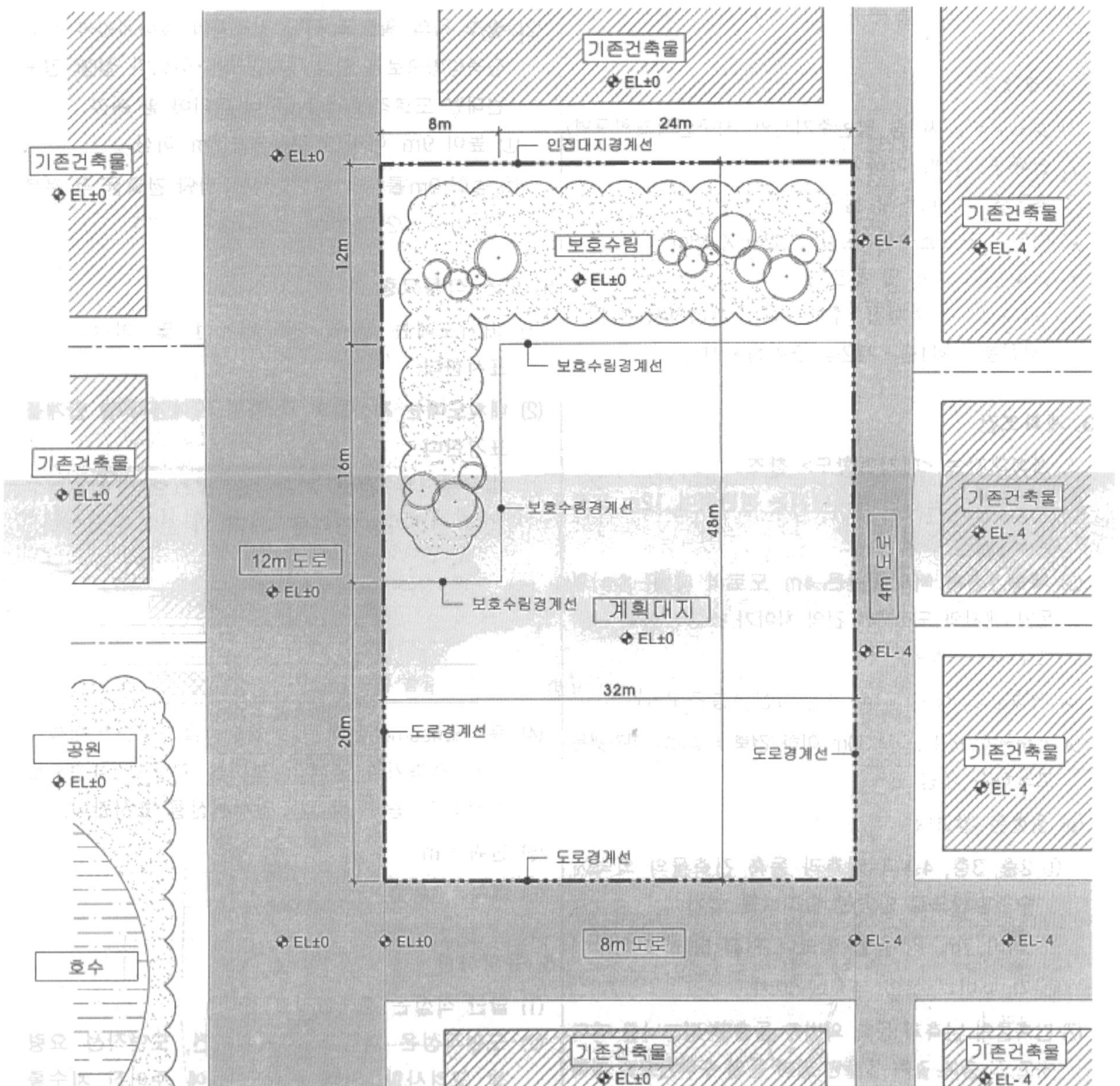

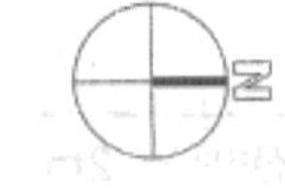

7. 대지현황도
- 대지현황
- 대지주변현황 및 접도조건
- 기존시설현황
- 대지, 도로, 인접대지의 레벨 또는 등고선
- 각종 장애물 현황
- 계획가능영역
- 방위
- 축척 (답안작성지는 현황도와 대부분 중복되는 내용이지만 현황도에 있는 정보가 답안작성지에서는 생략되기도 하므로 문제접근시 현황도를 꼼꼼히 체크하는 습관이 필요합니다.)

■ 문제풀이 Process

1 제목, 과제 및 대지개요 확인

① 배점 확인 : 40점
- 일반적인 제2과제 배점 : 문제 난이도 예상
- 제1과제(배치계획)와 시간배분의 기준으로 유연하게 대처

② 제목 : 근린생활시설의 최대 건축가능 영역
- 보호수림을 포함한 평탄지로 제시됨
- 용도 : 근린생활시설 (일반건축물)
- 각 지상층의 층별 바닥면적과 합계를 산정하고 기입하도록 요구

③ 제2종 일반주거지역, 지구단위계획구역
- 정북일조 고려
- 해당 지구단위계획 구역의 일정한 질서와 규칙을 현황도를 통해 파악해야 함

④ 건폐율 60%, 용적률은 고려하지 않음
- 계획 진행 시 건축면적에 대한 검토가 반드시 필요
- 건축물의 높이는 용적률이 아닌 다른 조건으로 한정됨을 의미

⑤ 건축물 규모 및 용도
- 지하1층(주차장/계획범위 아님), 지상 최대층

⑥ 구체적인 지문조건 분석 전 현황도를 이용하여 1차적인 현황분석을 우선하도록 함
- 가장 먼저 확인해야 하는 사항은 건축선 변경 여부임을 항상 명심

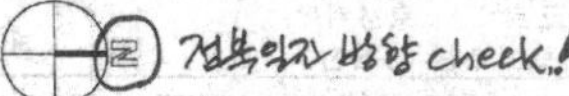
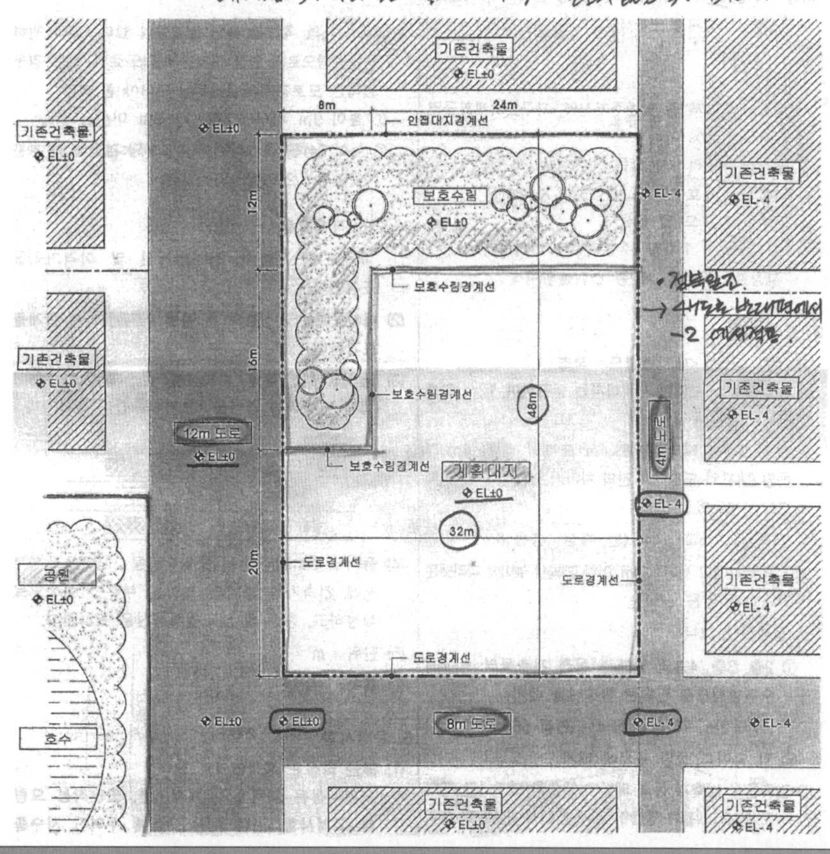

2 현황분석

① 대지조건
- 장방형의 평탄지
- 대지면적 : 1,536 ㎡
- 대지 남서측 보호수림 경계 영역 확인(계획대지에 포함되어 있어 건폐율 여유 있을 것으로 파악)

② 주변현황
- 인접대지 기존 건축물 정보 제시
  (높이 정보 없이 수평투영면적으로 판단되는 영역이 제시됨/지구단위계획구역의 일관된 질서 파악 가능)
- 남동측 공원 및 호수 경계 확인

③ 접도조건 확인
- 남측 12m도로, 동측 8m도로, 북측 4m도로

④ 대지 및 인접대지, 도로의 레벨 check
- 대지와 12m도로 ±0, 8m도로는 등경사(±0~-4.0), 4m도로는 -4.0

⑤ 방위 확인
- 일조 등의 확보를 위한 높이제한 적용 기준 확인(-2.0 레벨에서 적용)

⑥ 단면지시선은 없으나 평면 및 투상도 작도를 위해서는 단면 검토가 이루어져야 함

3 요구조건분석

① 층고 4m(지상 1층: 6m) / 지하1층 바닥레벨 = 4m 도로레벨(-4.0)

② 건축물의 최고 높이 : 30m 이하(지표면에서 건물 상단까지의 높이로 이해 / 파라펫 없음)

③ 돌출된 발코니
- 외벽에서 돌출된 형태로 이해
- 2,3,4층 남측과 동측에 수평으로 연속된 형태로 계획 / 각 층마다 동일 위치에 계획
- 너비 2m 로 지정, 발코니 면적 56m² 이하

④ 외벽 일치 조건
- 남측과 동측 외벽은 돌출된 발코니 제외하고 전 층 돌출면 없이 동일 수직면으로 계획

⑤ 각 층 바닥 최소 너비는 10m 이상 : 건물 규모를 제한하는 계획적 factor

⑥ 일조권 제한으로 후퇴한 바닥의 상부는 개방

⑦ 바닥면적 산정
- 건축물 외곽선을 기준으로 하되 발코니 면적을 바닥면적에 포함하여 산정

⑧ 건물 외벽의 이격거리 제시
- 현황도에서 파악된 기존 건축물의 배치 질서와 동일하게 제시됨(지구단위계획구역)

⑪ 정북일조 적용

⑫ 배치도에 건축한계선을 표현하도록 요구
- 이격거리를 건축한계선으로 파악하여 건축물 영역이 건축한계선을 침범하지 않도록 계획안 정리

대지분석 · 조닝 문제풀이를 위한 핵심이론 요약

1. 정북일조

▸ 지역일조권 : 전용주거지역, 일반주거지역 모든 건축물에 해당

▸ 인접대지와 고저차 있는 경우 : 평균 지표면 레벨이 기준

▸ 인접대지경계선으로부터의 이격거리

- 높이 9m 이하 : 1.5m 이상
- 높이 9m 초과 : 건축물 각 부분의 1/2 이상

▸ 계획대지와 인접대지 간 고저차 있는 경우

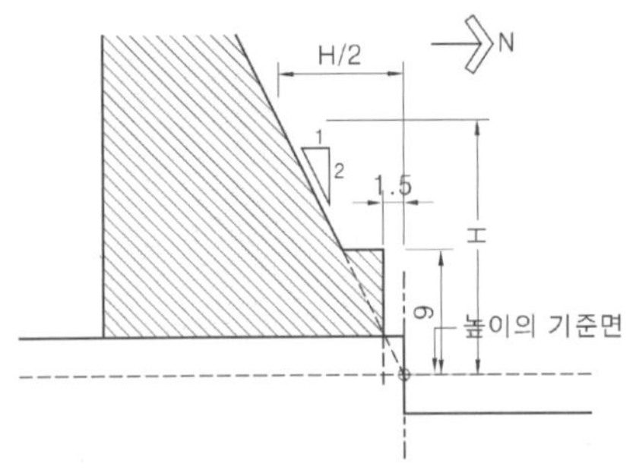

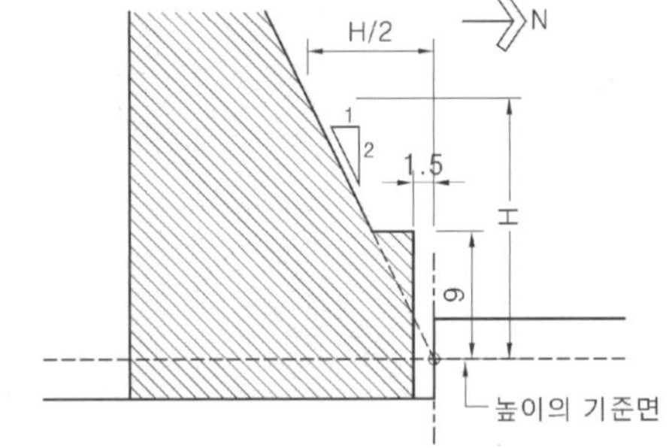

▸ 정북 일조를 적용하지 않는 경우

- 다음 각 목의 어느 하나에 해당하는 구역 안의 너비 20미터 이상의 도로에 접한 대지 상호간에 건축하는 건축물의 경우
  가. 지구단위계획구역, 경관지구 및 미관지구
  나. 중점경관관리구역
  다. 특별가로구역
  라. 도시미관 향상을 위하여 허가권자가 지정 · 공고하는 구역
- 건축협정구역 안에서 대지 상호간에 건축하는 건축물(법 제77조의4제1항에 따른 건축협정에 일정 거리 이상을 띄어 건축하는 내용이 포함된 경우만 해당한다)의 경우
- 건축물의 정북 방향의 인접 대지가 전용주거지역이나 일반주거지역이 아닌 용도지역에 해당하는 경우

▸ 정북 일조 완화 적용

- 건축물을 건축하려는 대지와 다른 대지 사이에 다음 각 호의 시설 또는 부지가 있는 경우에는 그 반대편의 대지경계선(공동주택은 인접 대지경계선과 그 반대편 대지경계선의 중심선)을 인접 대지경계선으로 한다.
  1. 공원, 도로, 철도, 하천, 광장, 공공공지, 녹지, 유수지, 유원지 등
  2. 다음 각 목에 해당하는 대지
     가. 너비(대지경계선에서 가장 가까운 거리를 말한다)가 2미터 이하인 대지
     나. 면적이 제80조 각 호에 따른 분할제한 기준 이하인 대지
  3. 1,2호 외에 건축이 허용되지 않는 공지

2. 지구단위계획

▸ 지구단위계획

- 당해 지구단위계획구역의 토지이용을 합리화하고 그 기능을 증진시키며, 경관 · 미관을 개선하고 양호한 환경을 확보하며, 체계적 · 계획적으로 개발 · 관리하기 위하여 건축물, 그 밖의 시설의 용도 · 종류 및 규모 등에 대한 제한을 완화하거나 건폐율 또는 용적률을 완화하여 수립하는 계획

- 토지이용계획과 건축물계획이 서로 환류 되도록 하는 중간단계의 계획으로서 평면적 토지이용계획과 입체적 시설계획이 서로 조화를 이루도록 수립해야 함

- 지구단위계획을 통한 구역의 정비 및 기능의 재정립 등의 개선효과가 지구단위계획구역 인근까지 미치므로 향후 10년 내외에 걸쳐 나타날 시 · 군의 성장 · 발전 등의 여건변화와 미래모습까지 고려하여 적극적으로 수립해야 함

- 일반적으로 지구단위계획은 도시지역의 기존시가지내 용도지구 및 도시개발구역, 정비구역, 택지개발예정지구, 대지조성사업지구 등 양호한 환경의 확보 및 기능 · 미관의 증진을 위하여 필요한 지역에 대하여 지구단위계획구역의 지정 후 계획을 수립

- 지구단위계획은 광역도시계획 및 도시기본계획 등의 상위계획의 내용과 취지를 반영하도록 하며 독립적으로 수립하거나 「도시개발법」, 「택지개발촉진법」 등 개별사업법으로 지정된 사업구역에 대한 개발계획 또는 실시계획과 함께 수립하여 당해사업구역의 계획적 관리를 도모

▸ 지구단위계획의 일반원칙

- 주민들의 재산권 행사를 제한할 수 있는 항목에 대해서는 공공의 필요성에 대한 분명한 원칙과 기준을 제시하여 계획수립에 적용되는 기준이 과도하거나 무리하게 수립되는 것을 지양

- 용도지역 상향 등이 이루어질 경우에는 기반시설부담계획을 반드시 제출하도록 하여 공공성을 확보하도록 하며, 구체적인 용도계획 작성이 필요한 지역을 명시함으로써 용도계획이 갖고 있는 공공성을 제고

- 지역이 갖는 특수한 상황에 대응하는 인센티브 항목을 개발 · 적용함으로써 지구단위계획의 실효성을 강화하고 지구단위계획구역 현황 및 특성에 따라 조정 가능할 수 있도록 유연성 있게 수립

- 대규모 개발지역에 대한 지구단위계획 작성 시에는 주변지역의 도시공간구조와 경관 등을 고려하여 주변지역과의 조화로운 계획이 될 수 있도록 계획원칙과 방법 제시하여야 하며, 민간영역뿐만 아니라 공공영역에 대한 계획적 틀도 마련하도록 함

3. 건축 한계선

▸건축선의 세분 (지구단위계획 수립지침)

– 다음의 경우에는 인접가로의 폭, 특성과 관련하여 건폐율 · 용적률 · 개발규모 등을 종합적으로 검토하여 건축선을 세분하여 지정, 활용할 수 있다.

① 가로경관이 연속적으로 형성되지 않거나 벽면선이 일정하지 않을 것이 예상되는 경우
② 건축물 전면에 생기는 공지(空地)가 일정하지 않아 외부공간이 효율적으로 이용되지 못할 것이 예상되는 경우
③ 가로경관에 일정한 특성을 부여할 필요가 있는 경우 등

구 분	목 적	건 축 제 한
건축지정선	• 가로경관의 연속적인 형태를 유지 • 중요가로변의 건축물 정돈	건축물의 외벽면이 계획에서 정한 지정선의 수직면에 일정비율 이상 접해야 함
건축한계선	• 가로경관이 연속적인 형태를 유지하거나 고밀도의 기성 시가지 내의 공공공간 확보 • 도로에서의 개방감 확보	부대시설을 포함한 건축물 지상부의 외벽면이 계획에서 정한 선의 수직면을 넘어 돌출하여 건축할 수 없음
벽면지정선	• 상점가의 1층 벽면을 가지런히 하거나 고층부의 벽면의 위치를 지정하는 등 특정 층의 벽면의 위치를 규제	건축물 특정 층의 외벽면이 계획에서 정한 선의 수직면에 일정비율 이상 접해야 함
벽면한계선	• 특정한 층에서 보행공간 (공공보행통로등) 등을 확보	건축물 특정 층이 계획에서 정한 선의 수직면을 넘어 돌출하여 건축할 수 없음

나만의 핵심정리 노트

■ 문제풀이 Process

4 수평영역 검토

① 대지평면도 상의 건축가능영역
(이격거리 위주)을 우선 검토
- 각종 이격거리 조건 정리
- 대지면적과 건축가능영역을 비교하여 건폐율 확인
- 제시된 기존건축물의 이격거리를 파악하여
지구단위계획구역의 질서 확인

② 단면도(요구되지 않음)로 가선을
연장하여 단면상의 건축가능영역 check
- 계획지에서 별도 스케치로 단면 검토

③검토된 평면상 건축가능영역을 토대로 계획적 factor를
반영하여 대안 검토

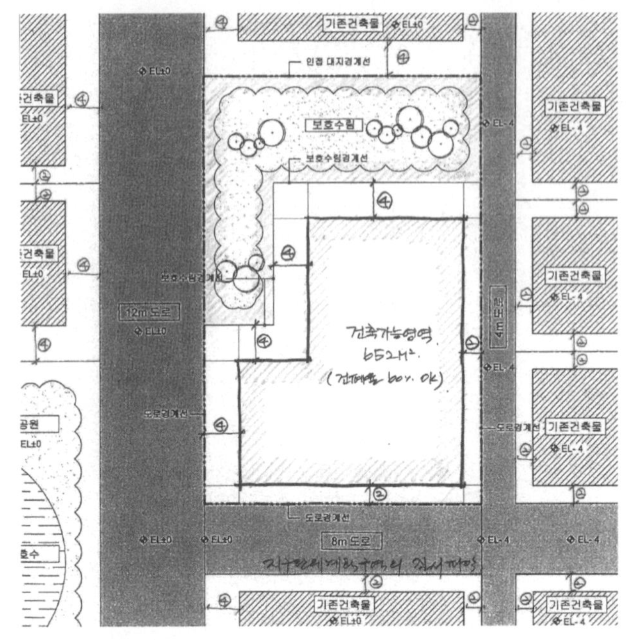

5 수직영역 검토

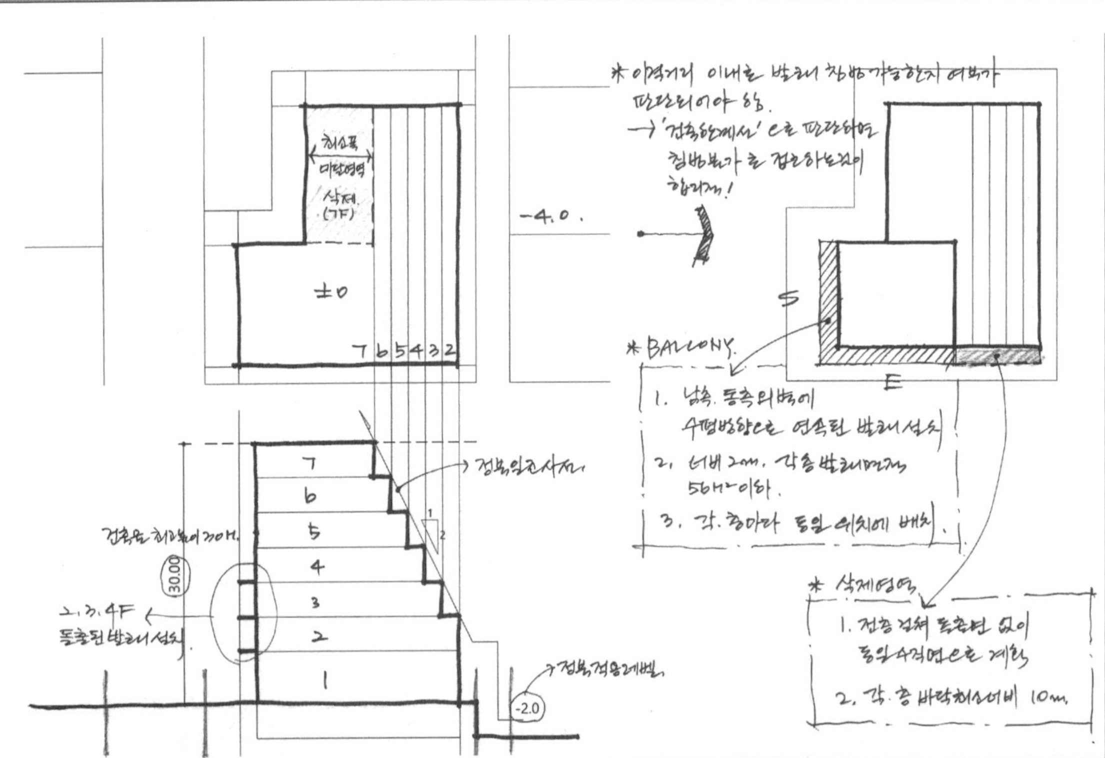

① 정북일조 검토 / 건축물의 최고높이
② 발코니가 이격거리를 침범할 수 있는지 판단해야 함: 도면작성요령에서 언급된 건축한계선을 바탕으로 이격거리를 건축한계선으로 보아 지구단위계획구역의 질서를 반영하는 답안으로 정리

6 모범답안

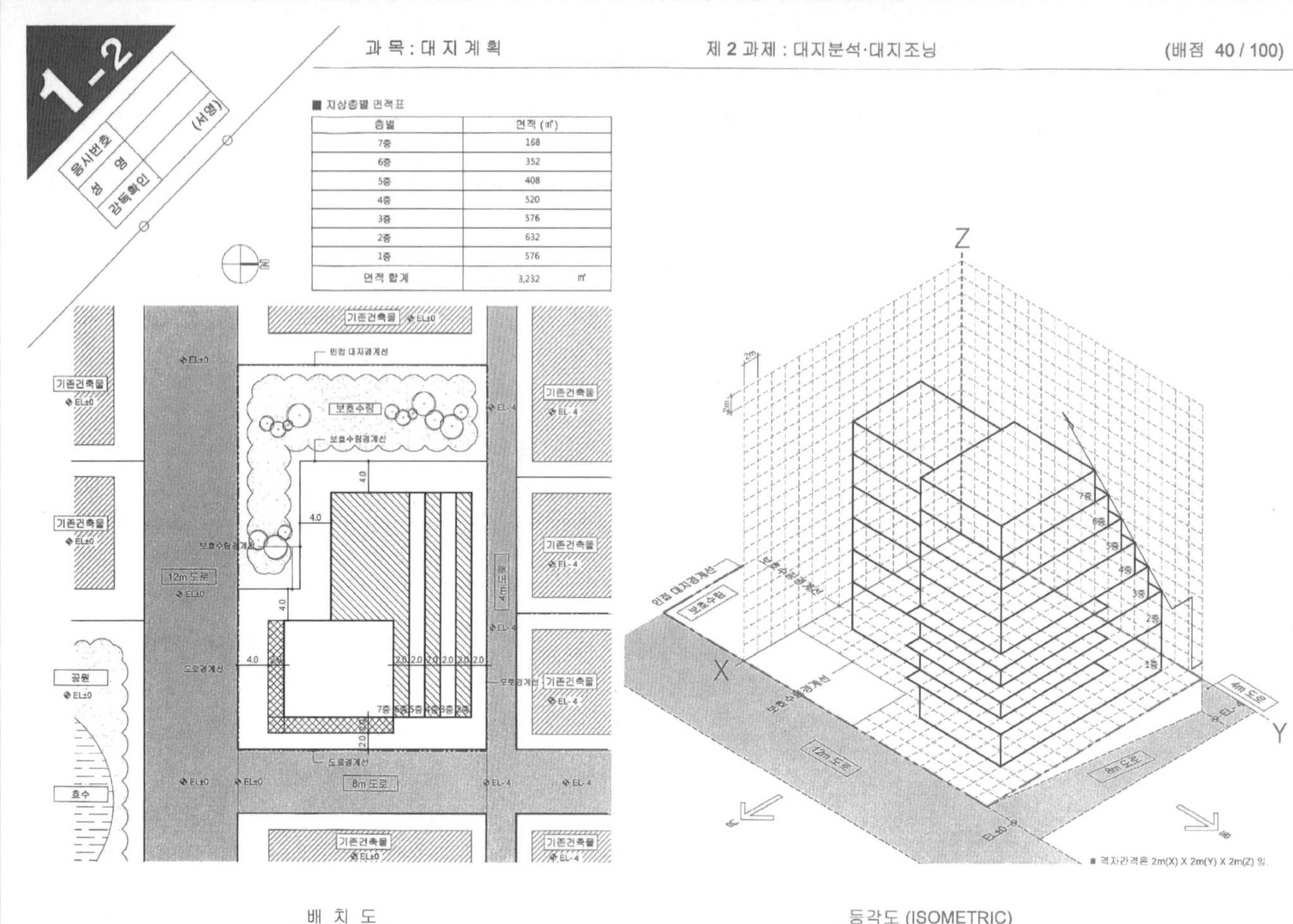

■ 지상층별 면적표

층별	면적 (㎡)
7층	168
6층	352
5층	408
4층	520
3층	576
2층	632
1층	576
면적 합계	3,232 ㎡

배 치 도
축척:1/400

등각도 (ISOMETRIC)

■ 주요 체크포인트

① 법규적 factor의 정확한 적용

② 계획적 factor의 합리적 해석
- 발코니 조건의 적절한 반영
(위치선정 및 형태)
- 층별 최소폭에 의한 7층 영역 정리
- 외벽일치 조건

③ 돌출된 발코니
- 폭과 면적을 만족하는 발코니의
형태적 대안 검토
- 건축한계선을 침범하지 않도록 고려

④ 아이소메트릭(등각투상도) 표현

⑤ 층별면적 및 연면적 산정

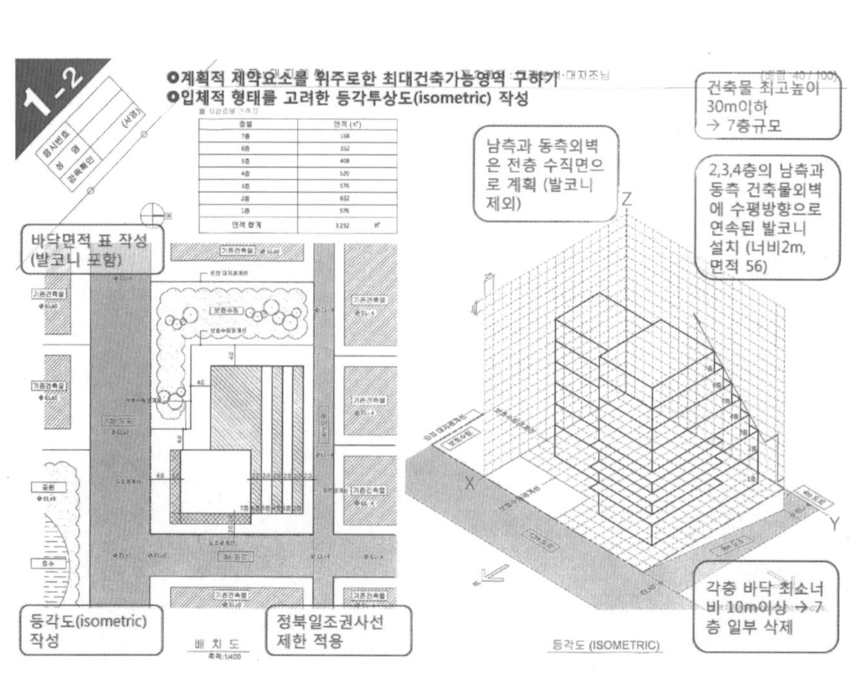

■ 문제풀이 Process

대지분석 · 조닝 주요 체크포인트

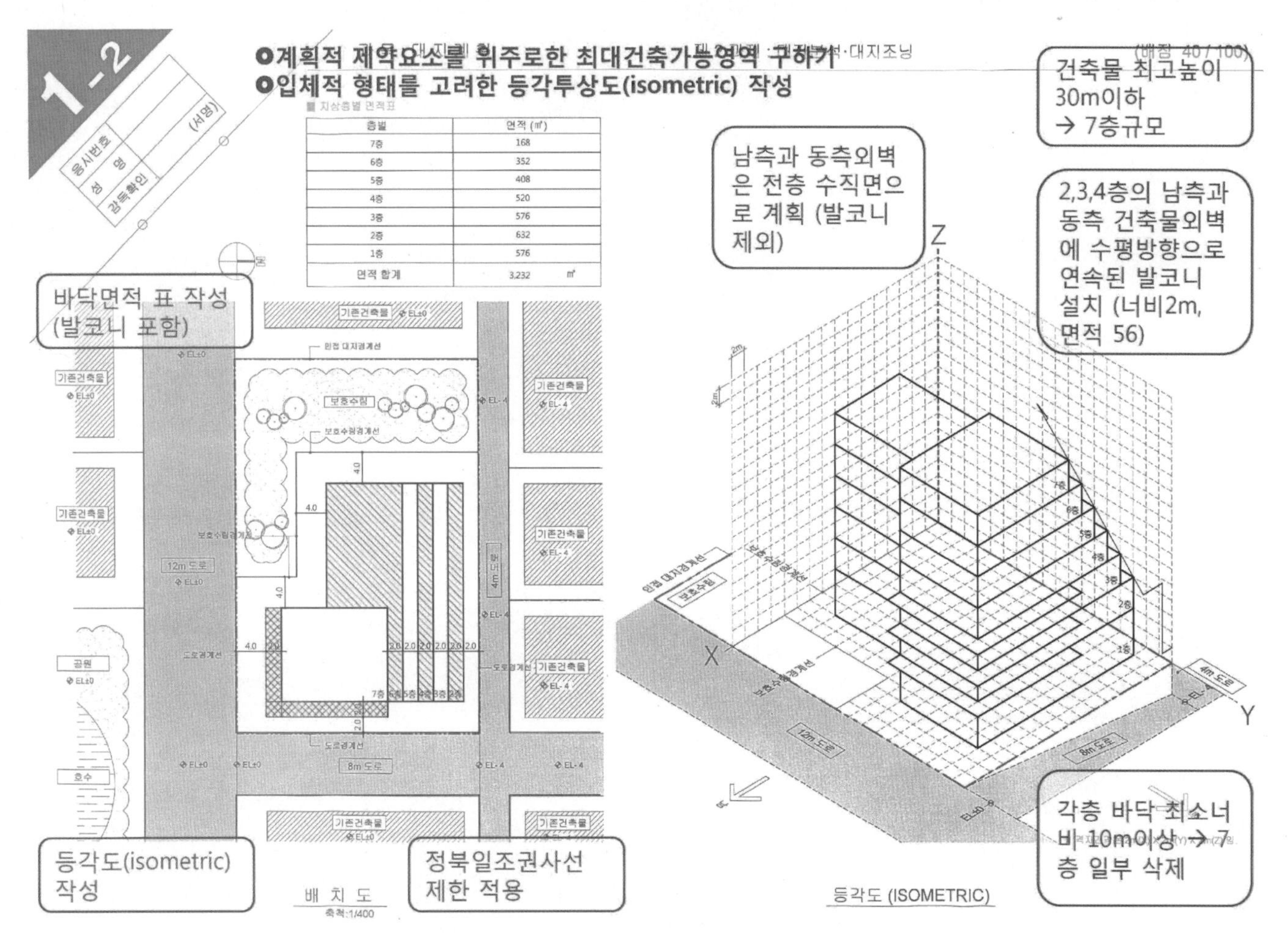

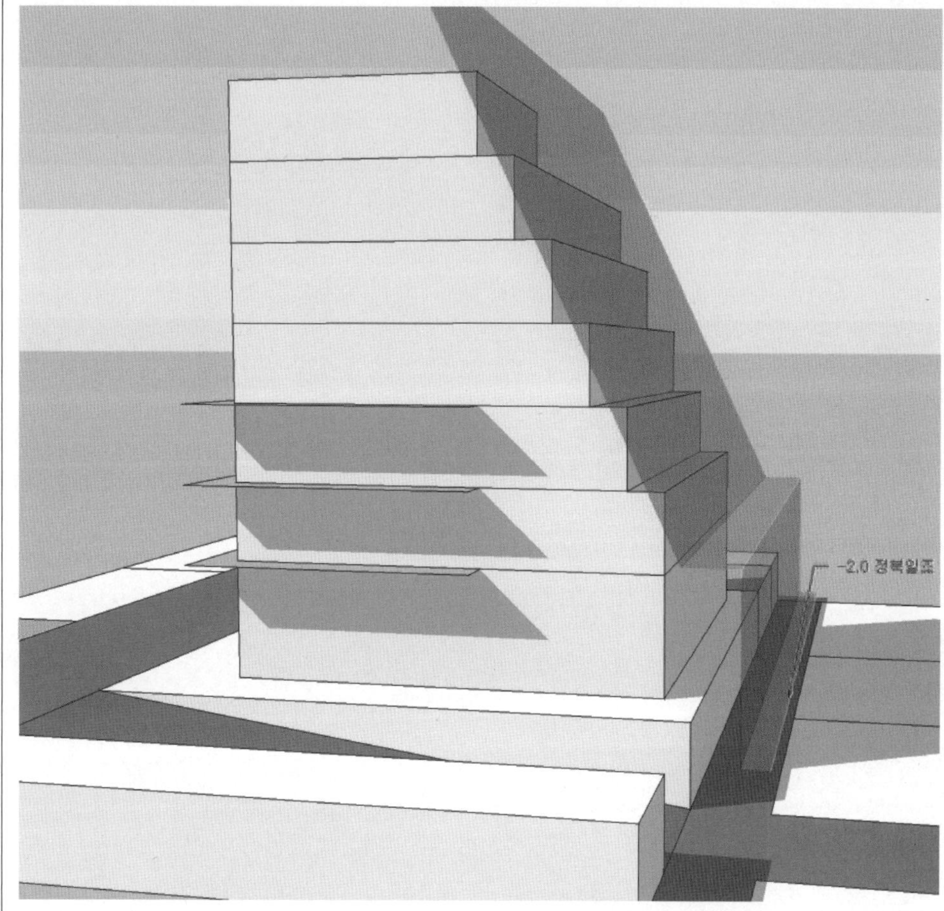

‧ 정북일조 적용

① 북측인접대지레벨과 계획대지 레벨의 단차 검토

계획대지 : ±0

북측인접대지 : -4.0

∴ 적용레벨 = -2.0

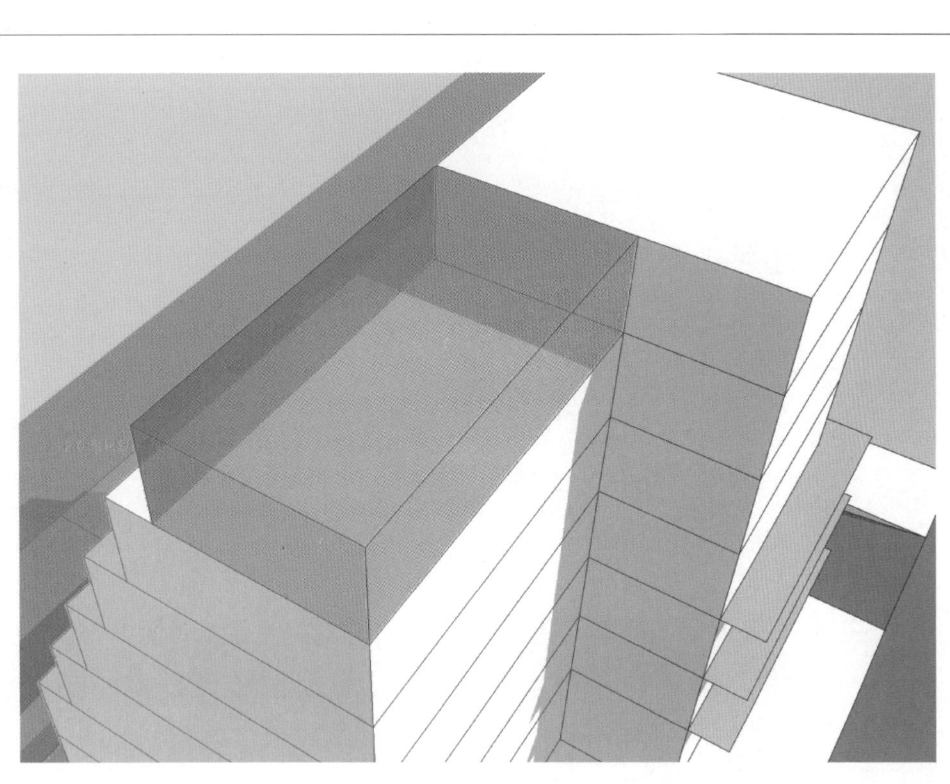

‧ 층별 최소폭 적용

① 7층 일부 영역

: 폭 8m인 영역을 잘라내고 직사각형으로 정리

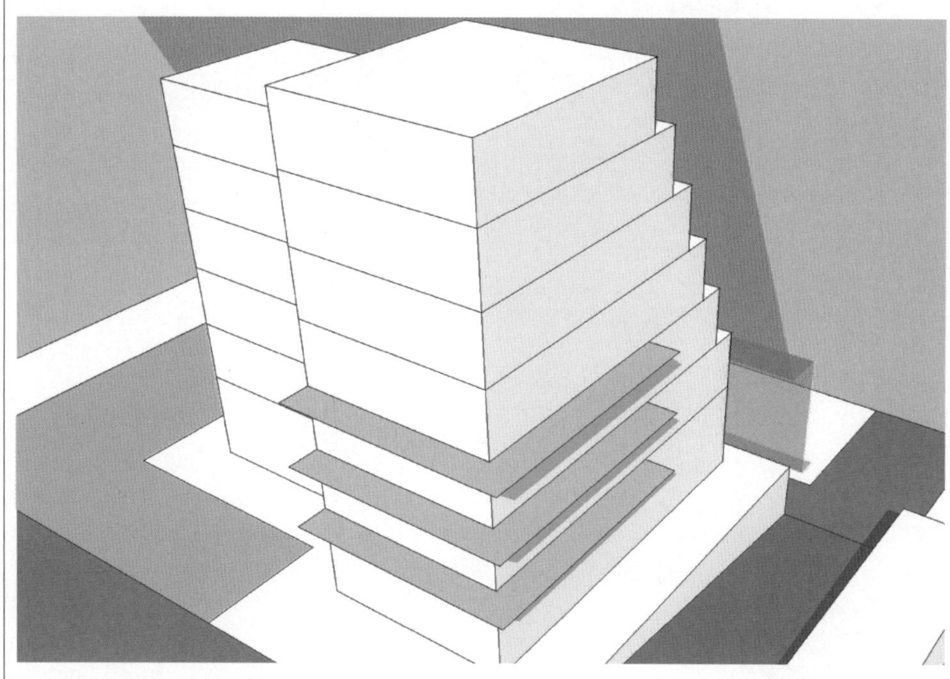

‧ 계획적 factor

① 외벽일치

: 남측과 동측 외벽은 돌출된 발코니를 제외하고 전층에 걸쳐 돌출면 없이 계획

② 돌출된 발코니

: 2,3,4층의 남측과 동측에 수평방향으로 연속된 발코니 설치

: 너비2m, 층별 56㎡ 이하, 층마다 동일위치에 설치

: 제시된 답안의 형태는 출제자의 의도를 예상한 것일 뿐 발코니의 형태는 너비와 면적 조건을 만족시키는 여러 대안이 존재한다.

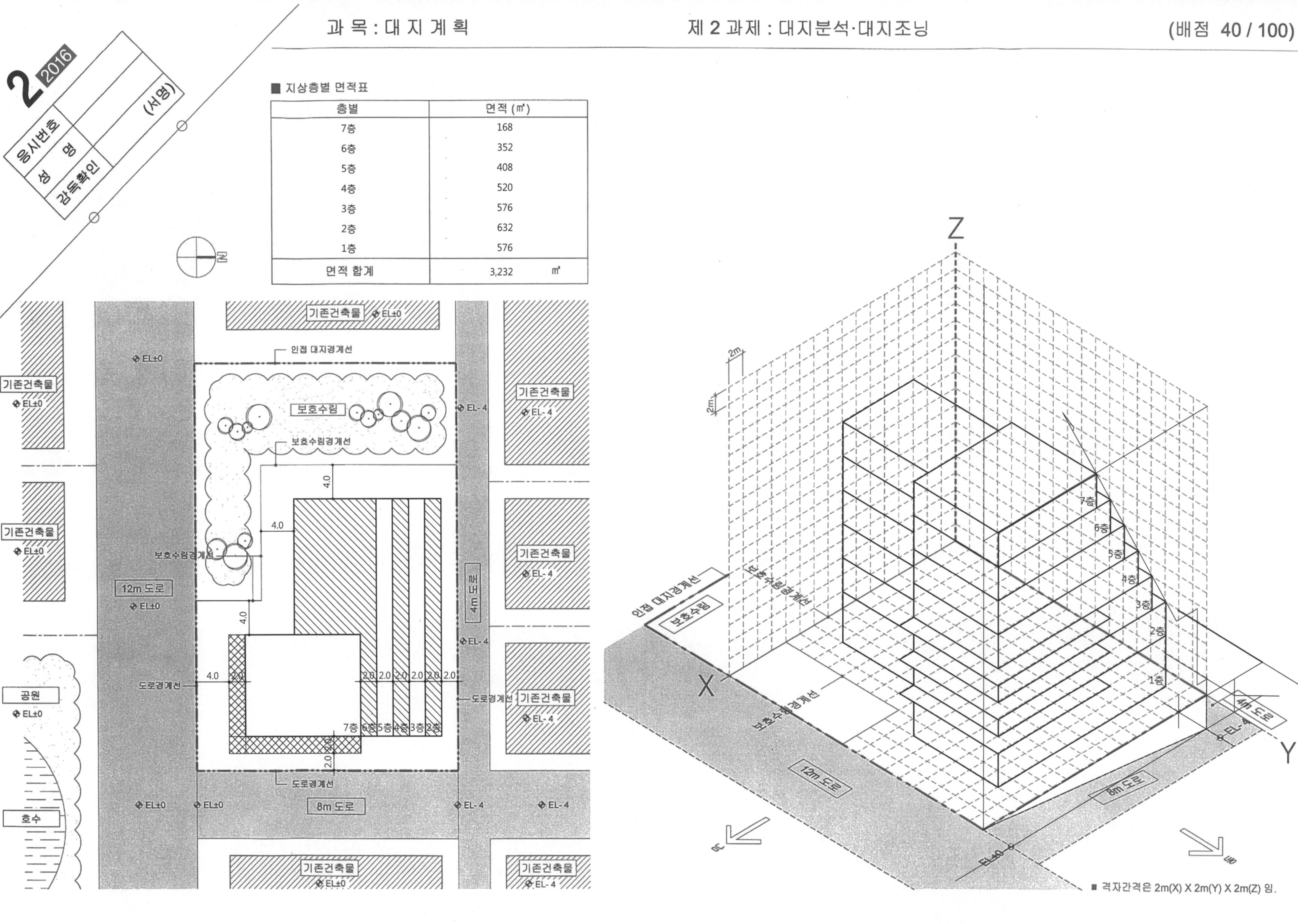

■ 지상층별 면적표

층별	면적 (㎡)
7층	168
6층	352
5층	408
4층	520
3층	576
2층	632
1층	576
면적 합계	3,232 ㎡

배 치 도
축척:1/400

등각도 (ISOMETRIC)

구 성	FACTOR	지 문 본 문	FACTOR	구 성

구 성

1. 제목
- 배치하고자 하는 시설의 제목을 제시합니다.

2. 과제개요
- 시설의 목적 및 취지를 언급합니다.
- 전체사항에 대한 개괄적인 설명이 추가되는 경우도 있습니다.

3. 대지조건(개요)
- 대지전반에 관한 개괄적인 사항이 언급됩니다.
- 용도지역, 지구
- 접도조건
- 건폐율, 용적률 적용여부를 제시
- 대지내부 및 주변현황(최근 계속 현황도가 별도로 제시)

4. 계획조건
ⓐ 배치시설
- 배치시설의 종류
- 건물과 옥외시설물은 구분하여 제시되는 것이 일반적입니다.
- 시설규모
- 필요시 각 시설별 요구사항이 첨부됩니다.

FACTOR

① 배점을 확인하여 2과제의 시간배분 기준으로 활용합니다.
- 60점 (난이도 예상)

② 지역 예술인들을 위한 창장복합단지 계획(예술 활동영역+예술 지원영역)

③ 지역지구 : 준공업지역

④ 대지현황도 제시
- 계획조건을 파악하기에 앞서 현황도를 이용한 1차 현황분석을 선행하는 것이 문제의 전체 윤곽을 잡아가는데 훨씬 유리합니다.

⑤ 단지 내 도로
- 보행로 조건만 제시됨
- 내부도로 없는 도시권 배치

⑥ 건축물
- 규모: 가로x세로 크기로 제시
- 용도별 성격 파악
- 숙소동(2개동)은 프라이버시 확보가 필요한 시설

⑦ 옥외시설
- 창작거리 너비 제시
- 옥외마당 면적 제시
- 주차장 2개소 규모 제시

⑧ 주차구획 크기 별도 제시

⑨ 창작복합단지 조닝
- 창작거리를 중심으로 조닝
- 지원·복지영역과 창작·예술영역

⑩ 창작거리
- 북측도로에서 하천까지 관통

2017년도 건축사자격시험 문제

과목: 대지계획 제1과제 (배치계획) ① 배점: 60/100점

제목 : 예술인 창작복합단지 배치계획 ②

1. 과제개요

지역 예술인들의 작품 활동들을 종합적으로 지원하는 예술인 창작복합단지를 계획하고자 한다. 다음 사항을 고려하여 시설을 배치하시오.

2. 대지조건

(1) 용도지역: 준공업지역③

(2) 대지면적: 약 9,500m²

(3) 주변현황: <대지현황도> 참조 ④

3. 계획조건 및 고려사항

(1) 계획조건

① 단지 내 도로⑤
- 보행로 : 너비 3m 이상

② 건축물(가로, 세로 구분 없음)⑥
- 예술지원센터(5층, 24m×12m) : 지원업무 및 교육
- 전시동(2층, 34m×12m) : 작품 전시 및 판매
- 공연동(2층, 24m×14m) : 소극장
- 창작동(각 2층, 22m×9m×2개동, 28m×9m×1개동) : 예술창작 작업
- 후생동(2층, 12m×15m) : 식당 및 카페테리아
- 숙소동(각 3층, 24m×9m×2개동)

③ 옥외시설⑦
- 창작거리(너비 8m 이상) : 공공 보행통로로서 교류·화합·소통·이벤트 공간
- 옥외마당
  - 예술마당(500m²) : 외부전시 및 공연공간
  - 창작마당(250m²) : 창작동의 옥외 작업공간
  - 생태마당(200m² 이상) : 수변과 연계된 자연 친화공간
- 주차장
  - 주차장 A : 16대(장애인 주차 2대 포함)
  - 주차장 B : 18대(장애인 주차 2대, 작업 주차 2대 포함)

주) 1. 주차단위구획 2.5m×5.5m
2. 장애인 및 작업주차 3.5m×5.5m ⑧

(2) 고려사항

① 창작복합단지는 창작거리를 중심축으로 하여 지원·복지 영역과 창작·예술 영역으로 구분하여 배치한다. ⑨

② 창작거리는⑩ 북측도로에서 하천까지 이어지도록 계획한다.

③ 전시동, 공연동 및 창작동은 예술마당⑪과 연계하여 배치한다.

④ 전시동은⑫ 외부에서 가장 용이하게 접근할 수 있는 곳에 배치한다.

⑤ 각각의 창작동은⑬ 창작마당을 중심으로 배치하고 2층에 연결통로(너비 3m 이상)를 계획한다.

⑥ 창작마당은⑭ 창작거리에서 직접 접근할 수 있도록 배치한다.

⑦ 후생동은⑮ 단지 내의 건축물과 옥외시설에서 접근이 용이한 곳에 배치한다.

⑧ 각각의 숙소동은⑯ 하천조망과 남향을 고려하여 배치하고, 2층에 연결통로(너비 3m)를 계획한다.

⑨ 건축물과 옥외시설은 인접대지와 도로경계선으로부터 5m 이상의 이격거리를⑰ 확보한다.

⑩ 건축물 상호간은 9m 이상의 이격거리를⑱ 확보한다. (단, 창작동 상호간은 3m 이상의 이격거리를 확보함)

⑪ 건축물과 옥외시설(보호수림 포함), 옥외시설 상호간은 6m 이상의 이격거리를⑲ 확보한다. (단, 창작거리, 생태마당 및 창작마당은 예외로 함)

⑫ 건축물 둘레의 적절한 곳에 너비 2m 이상의 화단을 조성한다.⑳

FACTOR

⑪ 예술마당
- 전시동, 공연동, 창작동과 연계
- 창작·예술영역의 중심 외부공간

⑫ 전시동
- 도로에서의 접근성 고려

⑬ 창작동
- 연결통로를 이용한 건물 조합
- 창작마당을 공유하는 형태 고려

⑭ 창작마당
- 창작거리에서 직접 진입

⑮ 후생동
- 단지 내 기타 시설에서의 접근성을 고려한 위치에 계획

⑯ 숙소동
- 프라이버시 확보를 고려
- 하천조망과 남향배치 고려
- 2층에 연결통로 계획

⑰ 대지경계선으로부터의 이격
- 건축물과 옥외시설 모두 해당
- 5m 이상 이격거리 확보

⑱ 건축물 상호간 이격
- 9m 이상 이격거리 확보
- 창작동 상호간은 3m

⑲ 옥외시설 이격
- 건축물과 옥외시설, 옥외시설 상호간 6m 이상 이격
- 창작거리, 생태마당, 창작마당은 예외

⑳ 건축물 주변 화단 계획

구 성

ⓑ 배치고려사항
- 건축가능영역
- 시설간의 관계 (근접, 인접, 연결, 연계 등)
- 보행자동선
- 차량동선 및 주차장계획
- 장애인 관련 사항
- 조경 및 포장
- 자연과 지형활용
- 옹벽 등의 사용지침
- 이격거리
- 기타사항

구 성	FACTOR	지 문 본 문	FACTOR	구 성

5. 도면작성요령
- 각 시설명칭
- 크기표시 요구
- 출입구 표시
- 이격거리 표기
- 주차대수 표기 (장애인주차구획)
- 표고 기입
- 단위 및 축척

① 도면작성요령은 항상 확인
- 도면작성요령에 언급된 내용은 출제자가 반드시 평가하는 항목
- 요구하는 것을 빠짐없이 적용하여 불필요한 감점이 생기지 않도록 유의 합니다.

② 건축물과 옥외시설
- 명칭, 층수, 외곽선 치수 표기
- 모든 시설별 이격거리 표기

③ 건축물 외곽선
- 굵은 실선

④ 보행로
- 실선

⑤ <보기> 준수
- 건물의 주출입구는 장변 중앙에 표현하는 것이 원칙(건물의 용도를 고려한 위치선정도 가능)

⑥ 단위 및 축척
- m / 1:400

⑦ <보기>
- 옥외공간 해치 형태 유의

과목: 대지계획 제1과제 (배치계획) 배점: 60/100점

4. 도면작성요령 ①

(1) 모든 건축물과 옥외시설에는 명칭, 층수, 외곽선 치수 및 이격거리를 반드시 표기한다. ②
(2) 건축물 외곽선은 굵은 실선으로 표시한다. ③
(3) 단지 내 보행로는 실선으로 표시한다. ④
(4) 각 건축물의 주/부출입구와 기타 표시는 <보기>를 따른다. ⑤
(5) 단위 : m ⑥
(6) 축척 : 1/400

<보기> ⑦

창작거리	(해치)
조경(화단 · 수목)	(해치)
건축물 주/부출입구	▲ / △
옥외마당	(해치)

5. 유의사항

(1) 답안작성은 반드시 흑색 연필로 한다. ⑧
(2) 명시되지 않은 사항은 현행 관계법령의 범위 안에서 임의로 한다. ⑨

<대지현황도> 축척 없음 ⑩

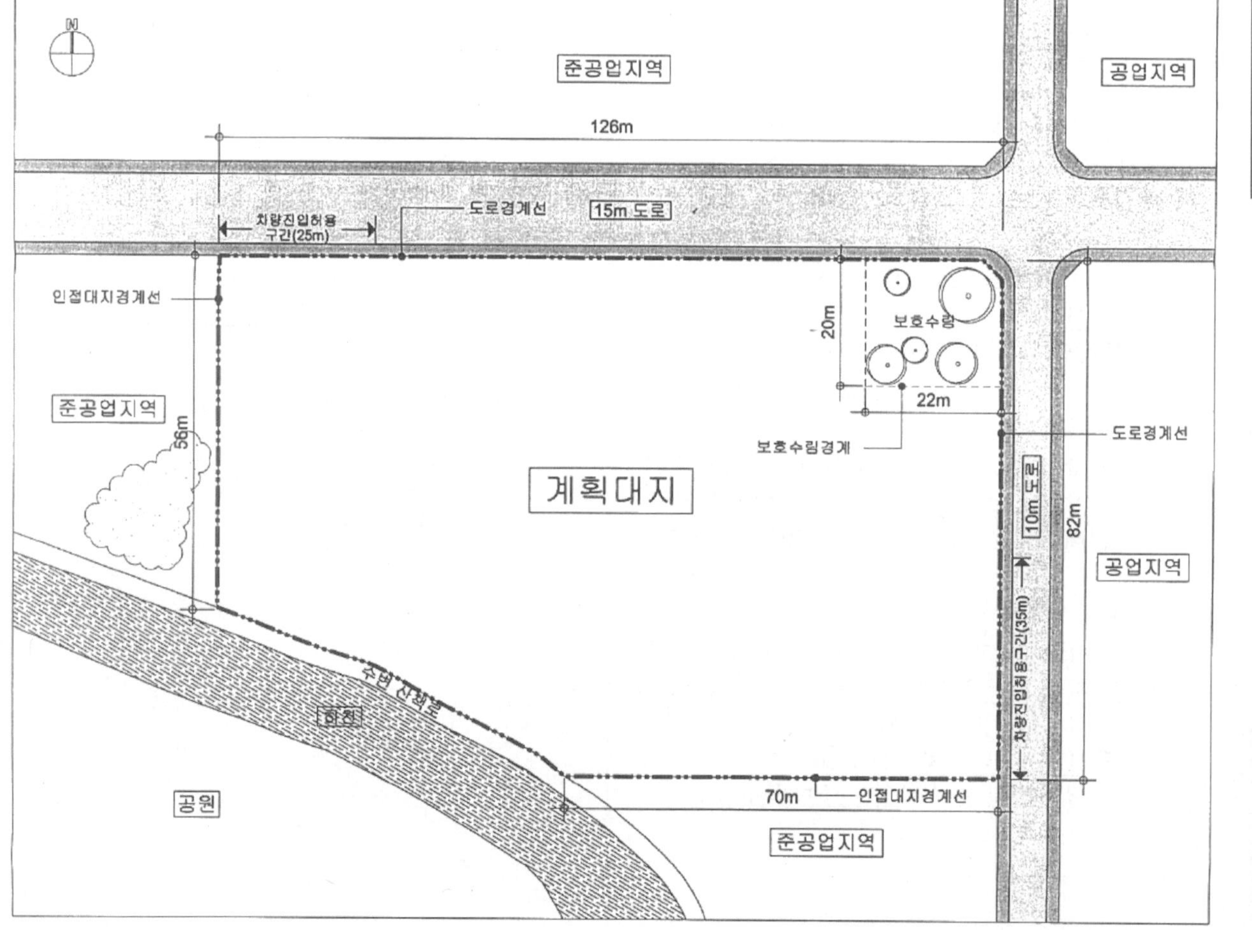

⑧ 항상 흑색연필로 작성할 것을 요구 합니다.

⑨ 명시되지 않은 사항은 현행 관계법령을 준용
- 기타 법규를 검토할 경우 항상 문제해결의 연장선에서 합리적이고 복합적으로 고려하도록 합니다.

⑩ 현황도 파악
- 대지형태
- 평지
- 접도조건
- 차량진입허용구간 확인
- 주변현황(준공업지역, 공업지역, 하천, 수변산책로, 공원 등)
- 가로, 세로 치수 확인
- 대지 내 보호수림과 그 경계
- 방위
- 제시되는 현황도를 이용하여 1차적인 현황을 분석 합니다 (현황도에 제시된 모든 정보는 그 이유가 반드시 있습니다. 대지의 속성과 기존 질서를 존중한 계획이 될 수 있도록 합니다.)

6. 유의사항
- 제도용구 (흑색연필 요구)
- 지문에 명시되지 않은 현행법령의 적용방침 (적용 or 배제)

7. 보기
- 보도, 조경
- 식재
- 데크 및 외부공간
- 건물 출입구
- 옹벽 및 법면
- 기타 표현방법

8. 대지현황도
- 대지현황
- 대지주변현황 및 접도조건
- 기존시설현황
- 대지, 도로, 인접대지의 레벨 또는 등고선
- 각종 장애물 현황
- 계획가능영역
- 방위
- 축척 (답안작성지는 현황도와 대부분 중복되는 내용이지만 현황도에 있는 정보가 답안작성지에서는 생략되기도 하므로 문제접근시 현황도를 꼼꼼히 체크하는 습관이 필요합니다.)

■ 문제풀이 Process

1 제목 및 과제 개요 check

①배점 : 60점 / 가장 빈도가 높은 배점(출제 난이도 예상)
소과제별 문제풀이 시간을 배분하는 기준
②제목 : 예술인 창작복합단지 배치계획
③준공업지역 : 도시계획 차원의 기본적인 대지 성격을 파악
④주변현황 : 대지현황도 참조

2 현황 분석

① 대지형상 : 장방형의 평지

② 대지 내 현황 : 차량진입허용구간 2개소, 보호수림 등

③ 주변조건
- 북측 15m 도로(주도로)
  : 보행자 주출입구 및 차량 진출입구 예상
- 동측 10m 도로(부도로)
  : 보행자 부출입구 및 차량 진출입구 예상
- 남측 하천
  : 수변 산책로와 동선 연계 및 하천 및 공원 조망조건 예상
- 기타 인접대지
  : 준공업지역 및 공업지역, 계획대지와 유사 성격으로 파악

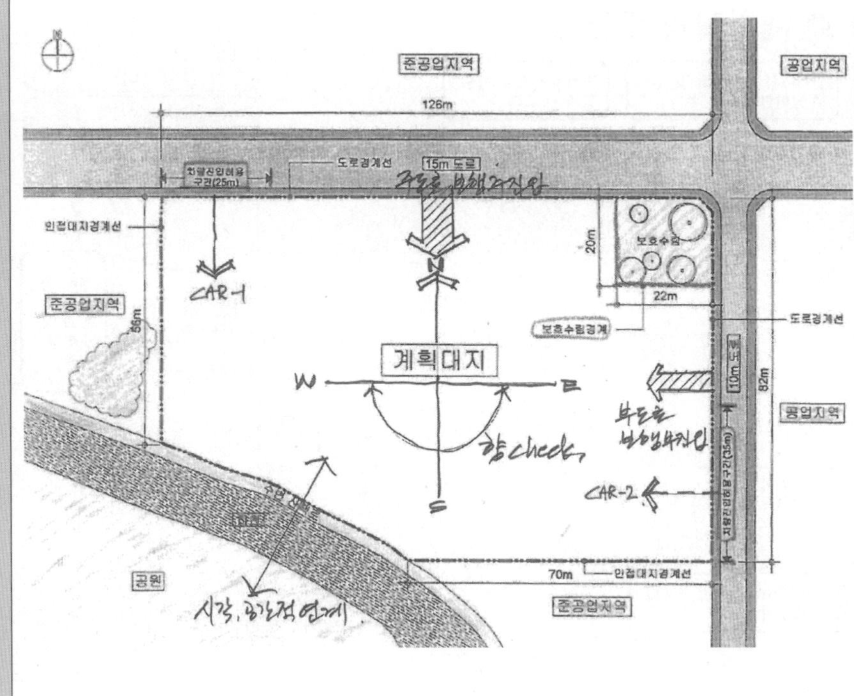

3 요구조건 분석 (diagram)

① 도로 조건
- 보행로 : 너비 3m 이상
- 차로 조건 없음

② 건축물 조건 및 성격 파악
- 규모는 O층, Om x Om 로 제시
- 지원 · 복지 영역 / 창작 · 예술 영역으로 이해
- 숙소동(2개동)은 프라이버시 고려

③ 옥외시설 성격 파악
- 매개(완충) vs 전용공간으로 파악
- 예술마당, 생태마당은 전용공간으로 이해하고 접근
- 생태마당은 하천과 연계

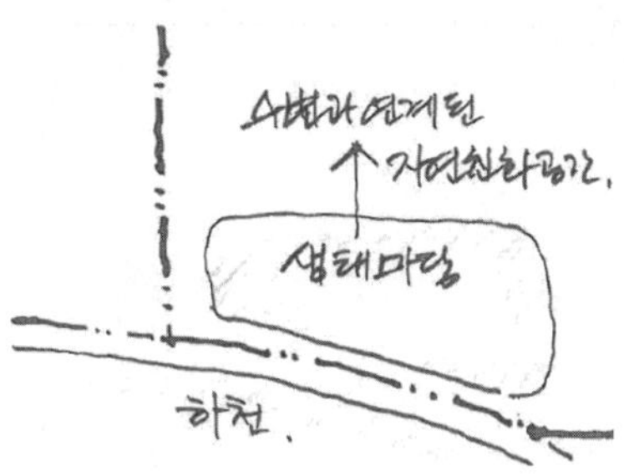

④ 주차장
- 주차장A(16대), 주차장B(18대)
- 규모에 적합한 형식(양방향 동선)
- 창작에 필요한 작업주차 파악
- 주차구획 크기 별도 제시

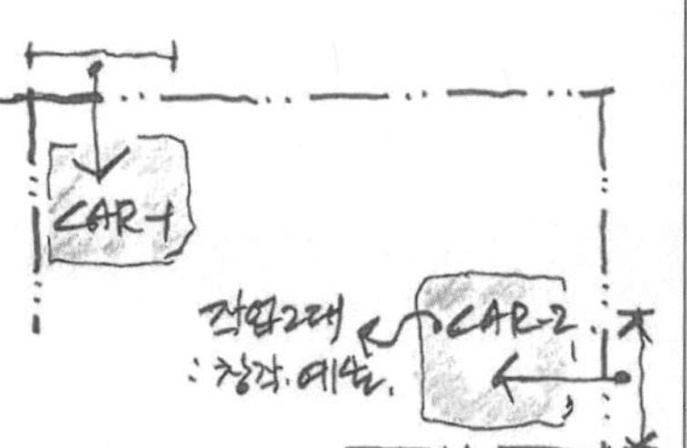

⑤ 용도별 조닝
- 창작거리를 중심축으로 설정
- 지원 · 복지영역과 창작 · 예술영역으로 영역별 조닝

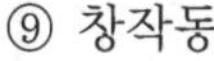

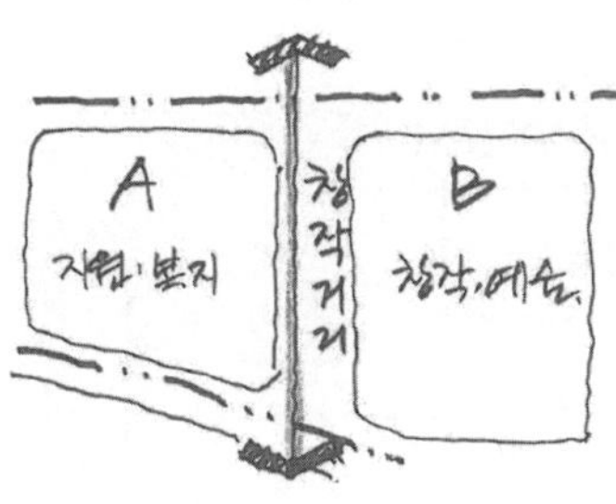

⑥ 창작거리
- 너비 8m 이상
- 공공보행통로로 각종 이벤트 공간
- 주도로와 하천 연계

⑦ 예술마당
- 창작 · 예술영역의 주 외부공간
- 외부전시 및 공연 공간
- 전시동, 공연동 및 창작동에서의 접근성 고려
- 전용공간, 주변 보행로 별도 계획

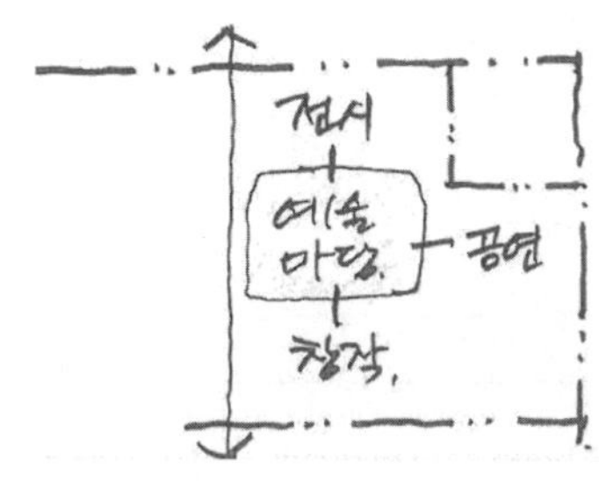

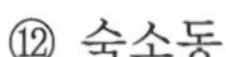

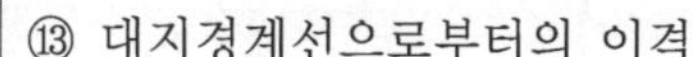

⑧ 전시동
- 외부에서 가장 용이하게 접근
- 도로에서의 접근성과 인지성

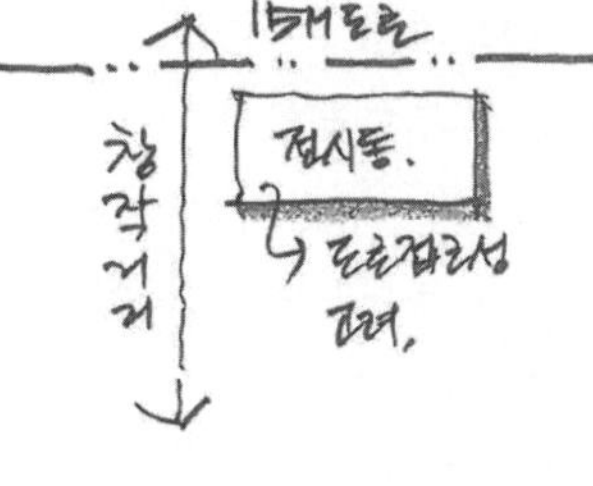

⑨ 창작동
- 창작마당을 중심으로 배치
- 2층의 연결통로로 각각의 창작동을 잇는 하나의 건물로 계획

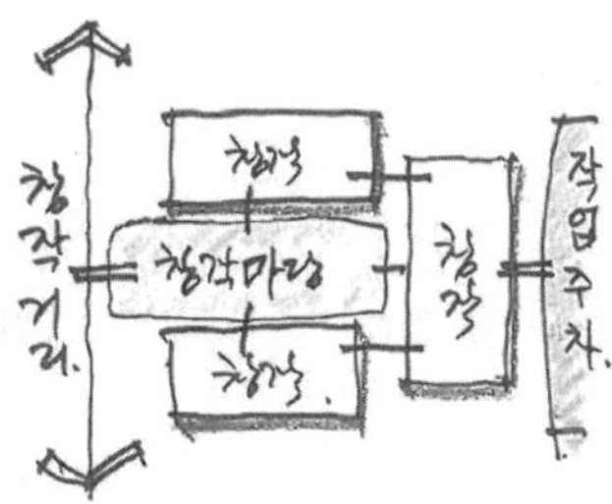

⑩ 창작마당
- 창작동의 옥외 작업공간
- 창작거리에서 직접 접근
- 진입공간 역할도 함께 수행

⑪ 후생동
- 단지 내 건축물과 옥외시설에서 접근이 용이한 곳에 배치
- 대지 중앙부에 위치 선정

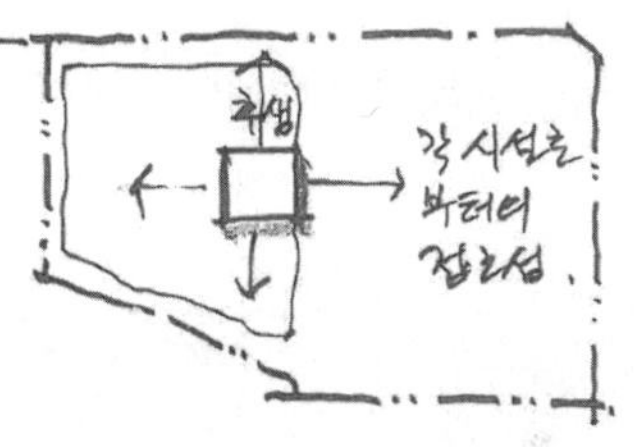

⑫ 숙소동
- 하천조망과 남향, 프라이버시
- 2층에 연결통로를 계획하여 상부 동선 연계

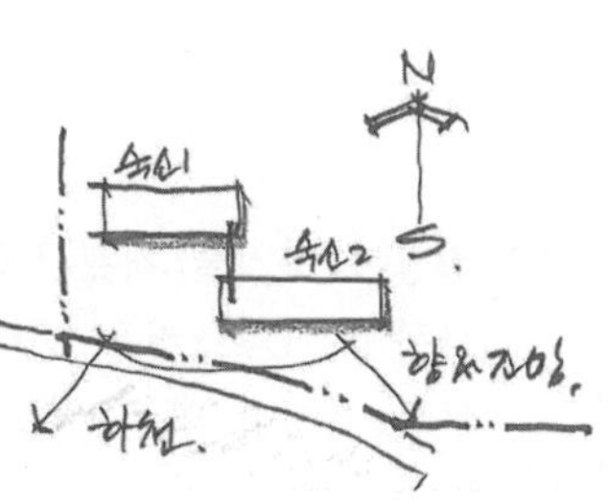

⑬ 대지경계선으로부터의 이격
- 건축물과 옥외시설 모두 해당
- 5m 이상의 이격거리 확보

⑭ 기타 이격거리
- 건물 상호간 9m 이상 이격
  (창작동 상호간은 3m)
- 건축물과 옥외시설은 6m 이상, 옥외시설 상호간 6m 이상 이격
  (창작거리, 생태마당, 창작마당은 예외로 함)

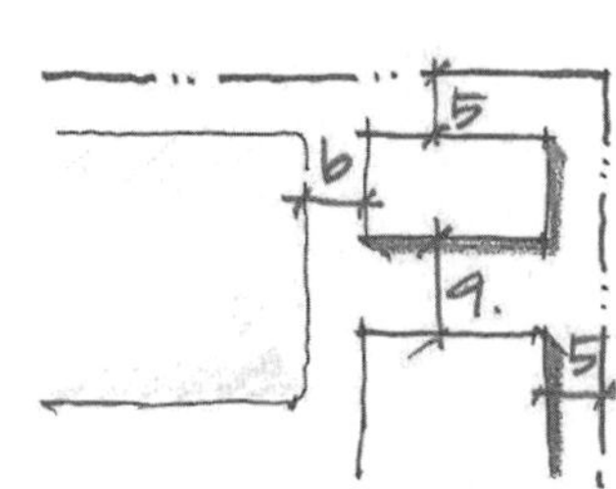

■ 문제풀이 Process

4 토지이용계획

① 내부동선
- 북측 주도로와 남측 하천을 잇는 창작거리 계획
- 동측 부도로에서 보행자 부동선 계획
- 차량진출입구 2개소 (차량진입허용구간)

② 시설조닝
- 지원 · 복지 영역
- 창작 · 예술 영역
- 숙소동: 프라이버시, 남향 및 하천조망을 고려
- 예술마당 및 후생동 조닝

③ 시험의 당락을 결정짓는 큰 그림에 해당

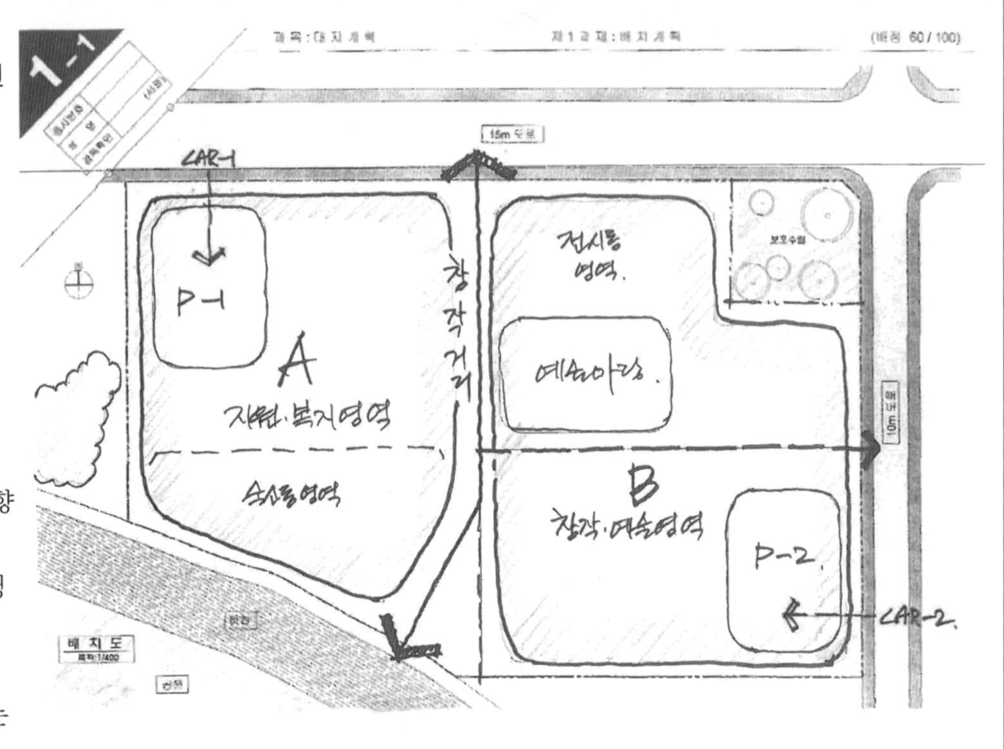

5 배치대안검토

① 토지이용계획을 바탕으로 세부계획 진행

② 조닝된 영역을 기본으로 시설별 연계조건을 고려하여 시설물 위치 선정

③ 영역 내부의 시설물 배치는 합리적인 수준에서 정리되면 O.K
- 정답을 찾으려 하지 말자

④ 대지전체에 걸쳐 여유공간을 check하여 계획적인 factor를 추가 고려

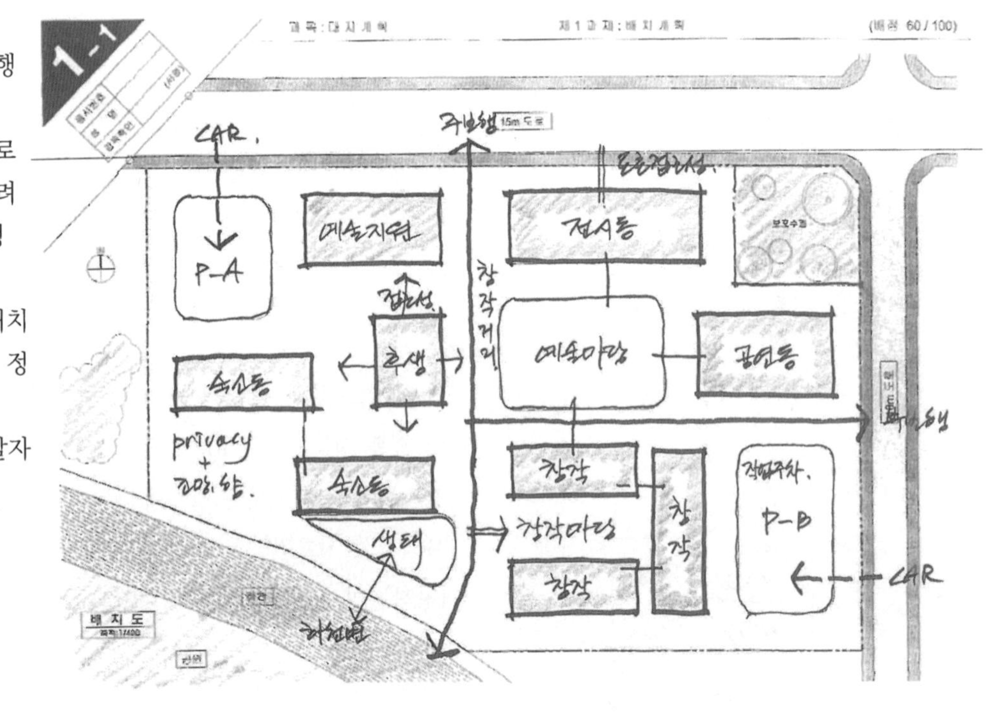

6 모범답안

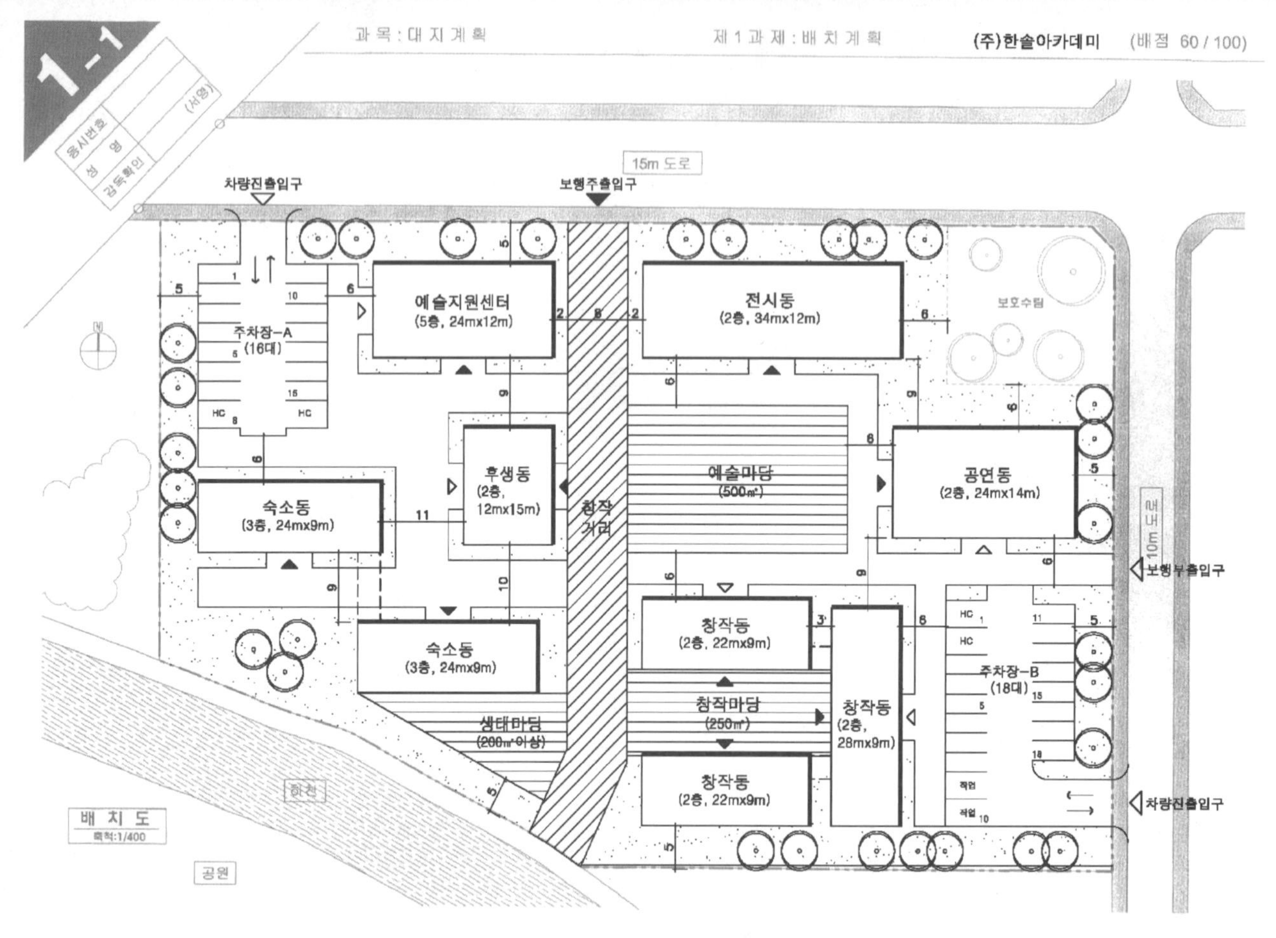

■ 주요 체크포인트

① 창작거리의 합리적 계획
- 북측도로와 하천 연결
- 창작거리에 의한 시설조닝 (지원 · 복지/창작 · 예술)

② 동선계획
- 보행로 계획의 적정성
- 주차장 형태와 위치선정

③ 기타 사항
- 후생동 및 예술마당 위치선정
- 숙소동 영역의 합리적 계획
- 창작동 조합의 적정성
- 이격조건 준수

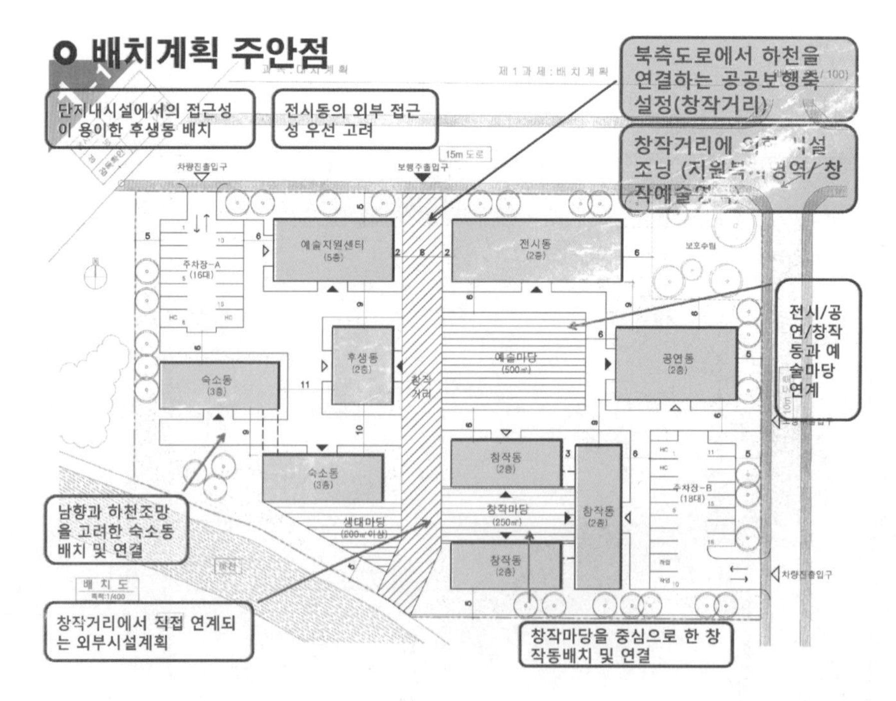

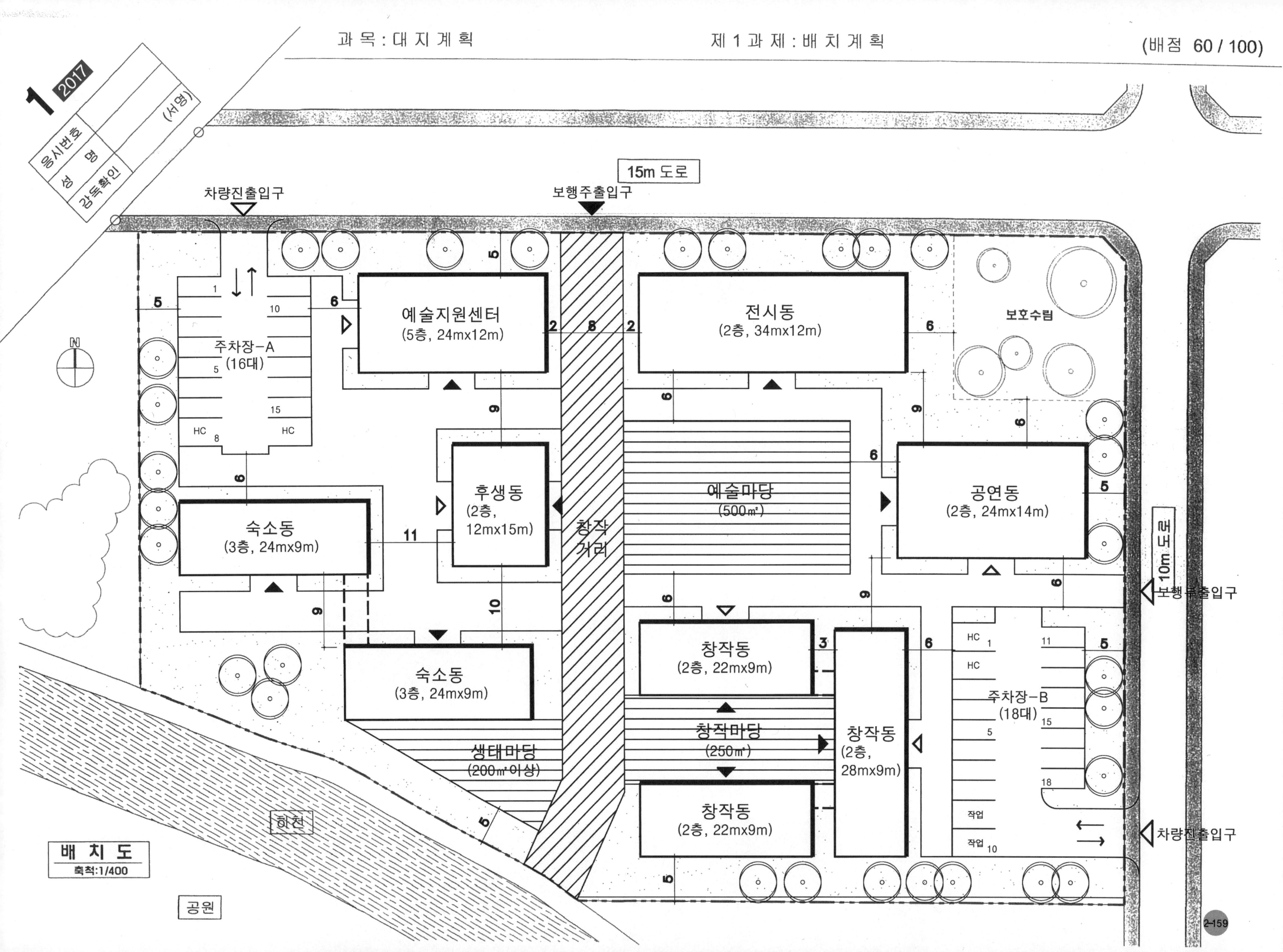
1 2017
응시번호
성 명
감독확인
(서명)
15m 도로
차량진출입구
보행주출입구
주차장-A
(16대)
예술지원센터
(5층, 24mx12m)
전시동
(2층, 34mx12m)
보호수림
후생동
(2층,
12mx15m)
예술마당
(500㎡)
공연동
(2층, 24mx14m)
숙소동
(3층, 24mx9m)
창작
거리
10m 도로
보행부출입구
숙소동
(3층, 24mx9m)
창작동
(2층, 22mx9m)
주차장-B
(18대)
창작마당
(250㎡)
창작동
(2층,
28mx9m)
생태마당
(200㎡ 이상)
하천
창작동
(2층, 22mx9m)
차량진출입구
배 치 도
축척:1/400
공원

구 성

1. 제목
- 건축물의 용도 제시 (공동주택과 일반건축물 2가지로 구분)
- 최대건축가능영역의 산정이 대전제

2. 과제개요
- 과제의 목적 및 취지를 언급합니다.
- 전체사항에 대한 개괄적인 설명이 추가되는 경우도 있습니다.

3. 설계개요(조건)
- 대지에 관한 개괄적인 사항
- 용도지역지구
- 대지규모
- 건폐율, 용적률
- 대지내부 및 주변현황 (현황도 제시)

4. 계획조건
- 접도현황
- 대지안의 공지
- 각종 이격거리
- 각종 법규 제한조건 (정북일조, 채광일조, 가로구역별최고높이, 문화재보호앙각, 고도제한 등)
- 각종 법규 완화규정

FACTOR

① 배점을 확인합니다.
- 40점 (과제별 시간 배분 기준)

② 용도 체크
- 근린생활시설: 일반건축물
- 최대건축가능영역
- 바닥면적 산정형

③ 제2종 일반주거지역
- 정북일조건 적용

④ 최고높이 20m 이하
- 가로구역별 최고높이 아님
- 계획적 factor로 이해

⑤ 건폐율 60% 이하
- 계획 시 건축면적 확인 필요

⑥ 용적률 250% 이하
- 계획 시 연면적 확인 필요

⑦ 기존 건축물
- 지상1층, 현황도 및 답안작성지에 제시됨(수직,수평 증축 가능)

⑧ 층고 제시

⑨ 바닥면적 산정 방법
- 벽체 두께 고려치 않음
- 정북일조가 적용되는 각층의 경사면은 수직벽면을 기준으로 함 (층고가 제시되었으므로 수직벽체로 이해)

⑩ 레벨
- 계획대지, 인접도로, 1층 바닥레벨은 고저차 없음

⑪ 인접도로
- 8m 도로(보차분리 없고 중앙선 있음)와 4m 도로에 접함

지 문 본 문

2017년도 건축사자격시험 문제

과목: 대지계획 제2과제 (대지분석 • 조닝 • 대지주차) ①배점: 40/100점

제목 : 근린생활시설의 최대 건축가능 영역 ②

1. 과제개요

기존 근린생활시설이 있는 대지에 건축물을 증축하고자 한다. 아래 사항을 고려하여 최대 건축가능 영역을 구하고 배치도, 단면도 및 계획개요를 작성하시오.

2. 설계개요

(1) 용도지역 : 제2종 일반주거지역 ③
(2) 최고높이 : 20m 이하 ④
(3) 건폐율 : 60% 이하 ⑤
(4) 용적률 : 250% 이하 ⑥
(5) 용 도 : 제1, 2종 근린생활시설
(6) 주변현황 : <대지 현황도> 참조

3. 계획조건

(1) 기존 건축물(지상1층)은 수직, 수평 증축이 가능한 구조이다. ⑦
(2) 각 층의 층고(기존 건축물 포함)는 4m로 한다. ⑧
(3) 바닥면적 산정 시 벽체 두께를 고려하지 않으며 일조 등의 확보를 위한 높이 제한을 적용받는 각층의 경사면은 수직벽면을 기준으로 한다. ⑨
(4) 계획대지, 인접도로 및 1층 바닥레벨은 고저차가 없는 것으로 한다. ⑩
(5) 계획대지는 보차분리가 없고 도로중앙선이 있는 8m 도로와 4m 도로에 접한다. ⑪
(6) 주차대수는 총 4대를 계획하고 주차단위구획은 2.5mx5.5m로 한다. ⑫
(7) 주차장은 건축물의 내부 또는 필로티에 설치하지 않으며 옥외에 자주식 주차로 한다. ⑬
(8) 보도와 차도의 구분이 없는 너비 12m 미만의 도로에 접하여 있는 부설 주차장은 그 도로를 차로로 하여 세로로 2대까지 접하여 배치할 수 있다. ⑭

4. 이격거리 및 높이제한

(1) 일조 등의 확보를 위한 건축물의 높이제한을 위하여 정북방향으로의 인접대지경계선으로부터 띄어야 할 거리 ⑮
① 높이 9m 이하인 부분 : 1.5m 이상
② 높이 9m를 초과하는 부분 : 해당 건축물 각 부분 높이의 1/2 이상
(2) 증축되는 건축물과 도로경계선 또는 인접대지경계선으로부터의 이격거리 ⑯
① 도로경계선 : 1.5m 이상
② 인접대지경계선 : 1.5m 이상
(3) 보호수림경계선으로부터의 이격거리 : 1.5m 이상
(4) 주차구획과 인접대지경계선 또는 건축물로부터의 이격거리 : 0.5m 이상 ⑰
(5) 옥탑 및 파라펫 높이는 고려하지 않는다. ⑱

5. 도면작성요령 ⑲

(1) 최대 건축가능영역을 배치도 및 단면도에 <보기>와 같이 표시하고 계획개요를 작성한다. ⑳
(2) 배치도를 작성할 때 중복된 층은 그 최상층만 표시한다.
(3) 모든 제한선, 이격거리, 층수 및 치수를 배치도와 단면도에 표기한다.
(4) 치수는 소수점 이하 셋째 자리에서 반올림하여 둘째 자리까지 표기한다. ㉑
(5) 단위 : m ㉒
(6) 축척 : 1/200
(7) 답안작성은 반드시 흑색 연필로 한다. ㉓
(8) 명시되지 않은 사항은 현행 관계법령의 범위 안에서 임의로 한다. ㉔

<보기>

홀수층	
짝수층	
기존 건축물	

FACTOR

⑫ 주차장 규모
- 4대(주차구획 2.5m x 5.5m)

⑬ 주차장 형식
- 옥외 / 자주식 주차장
- 상부 건축물 금지

⑭ 소규모주차장 완화 조건
- 8m 도로를 차로로 하여 주차장 계획(중앙선을 기준으로 함)
- 세로로 2대까지 연접 가능

⑮ 정북일조 기준 제시

⑯ 증축 건물 이격조건
- 도로경계선으로부터 1.5m
- 인접대지경계선으로부터 1.5m
- 보호수림으로부터 1.5m

⑰ 주차구획 이격조건
- 인접대지경계선과 건축물로부터 0.5m

⑱ 옥탑 및 파라펫 고려하지 않음

⑲ 도면작성요령은 항상 확인

⑳ 도면 작성 및 계획개요 작성

㉑ 치수표현
- 소수점 둘째 자리까지 표기

㉒ 단위 및 축척
- m, 1/200

㉓ 흑색 연필로 작성

구 성

- 대지 내외부 각종 장애물에 관한 사항
- 1층 바닥레벨
- 각층 층고
- 외벽계획 지침
- 대지의 고저차와 지표면 산정기준
- 기타사항 (요구조건의 기준은 대부분 주어지지만 실무에서 보편적으로 다루어지는 제한요소의 적용에 대해서는 간략하게 제시되거나 현행법령을 기준으로 적용토록 요구할 수 있으므로 그 적용방법에 대해서는 충분한 학습을 통한 훈련이 필요합니다)

5. 도면작성요령
- 건축가능영역 표현방법(실선, 빗금)
- 층별 영역 표현법
- 각종 제한선 표기
- 치수 표현방법
- 반올림 처리기준
- 단위 및 축척

구 성	FACTOR
6. 유의사항 - 제도용구 (흑색연필 요구) - 명시되지 않은 현행법령의 적용방침 (적용 or 배제)	㉔ 명시되지 않은 사항은 현행 관계법령을 준용 - 기타 법규를 검토할 경우 항상 문제해결의 연장선에서 합리적이고 복합적으로 고려하도록 합니다. ㉕ 현황도 파악 - 대지현황(레벨, 보호수림경계선, 공원, 호수, 등) - 접도현황(개소, 너비, 레벨 등) - 기존건축물의 질서 파악 (지구단위계획 구역) - 방위 - 축척 없음 - 기타사항 - 제시되는 현황도를 이용하여 1차적인 현황분석을 합니다. (대지경계선이 변경되는 부분이 있는지 가장 먼저 확인)

지 문 본 문

과목: 대지계획 제2과제 (대지분석 • 조닝 • 대지주차) 배점: 40/100점

<대지현황도> 축척 없음 ㉕

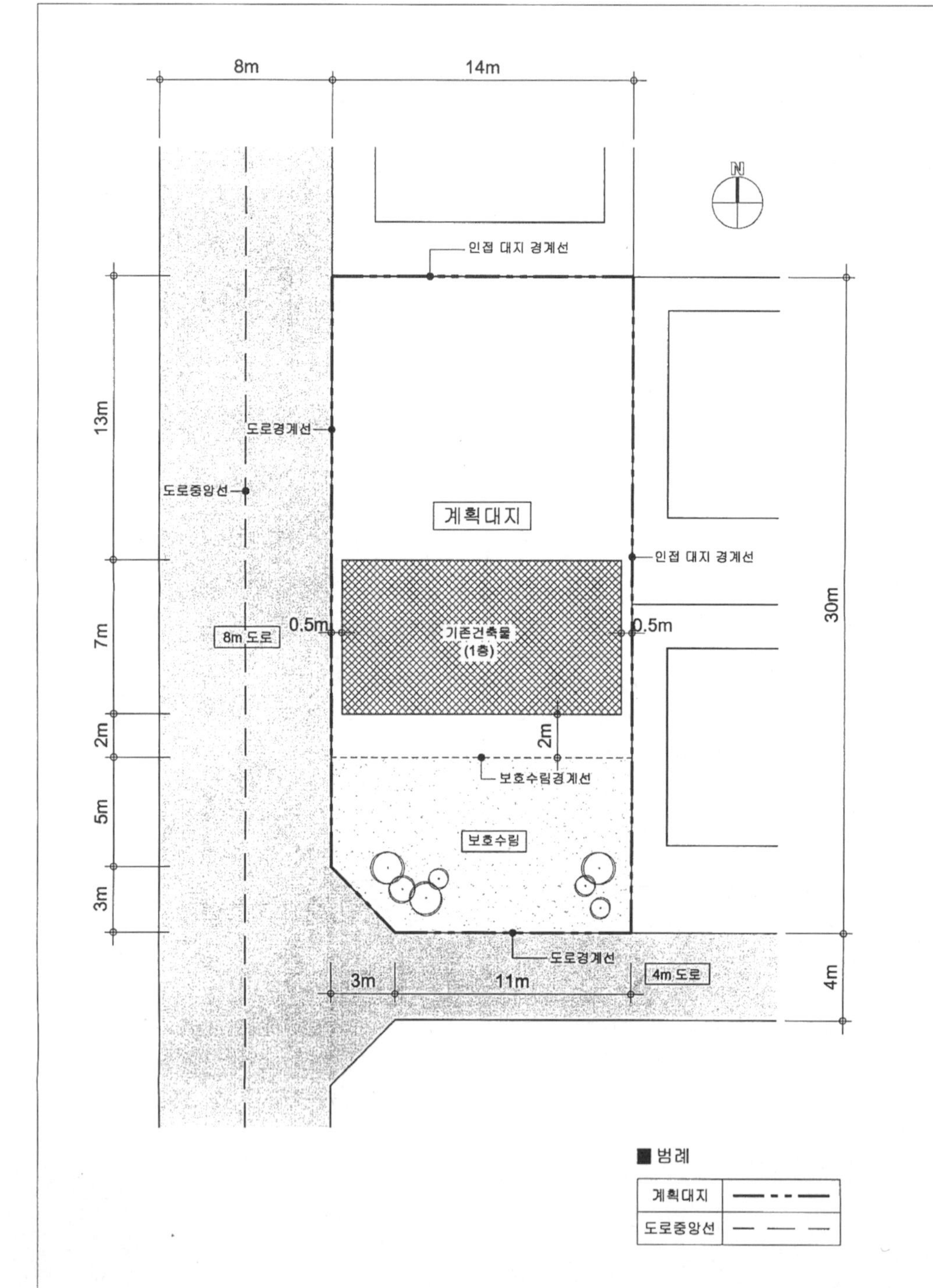

FACTOR	구 성
	7. 대지현황도 - 대지현황 - 대지주변현황 및 접도조건 - 기존시설현황 - 대지, 도로, 인접대지의 레벨 또는 등고선 - 각종 장애물 현황 - 계획가능영역 - 방위 - 축척 (답안작성지는 현황도와 대부분 중복되는 내용이지만 현황도에 있는 정보가 답안작성지에서는 생략되기도 하므로 문제접근시 현황도를 꼼꼼히 체크하는 습관이 필요합니다.)

■ 문제풀이 Process

1 제목, 과제 및 대지개요 확인

① 배점 확인 : 40점
- 일반적인 제2과제 배점 : 문제 난이도 예상
- 제1과제(배치계획)와 시간배분의 기준으로 유연하게 대처

② 제목 : 근린생활시설의 최대 건축가능 규모계획
- 보호수림을 포함한 평탄지로 제시됨
- 용도 : 근린생활시설 (일반건축물)
- 주차계획을 포함한 규모계획을 하고 계획개요를 작성하도록 요구

③ 제2종 일반주거지역
- 정북일조 고려

④ 건폐율 60%, 용적률 250%
- 계획 진행 시 건축면적 및 연면적에 대한 검토가 반드시 필요
- 최고높이가 제시되어 단면적인 규모를 제한함

⑤ 건축물 규모 및 용도
- 지하층 없음, 지상 최대층 / 제1,2종 근린생활시설

⑥ 구체적인 지문조건 분석 전 현황도를 이용하여 1차적인 현황분석을 우선 하도록 함
- 가장 먼저 확인해야 하는 사항은 건축선 변경 여부임을 항상 명심

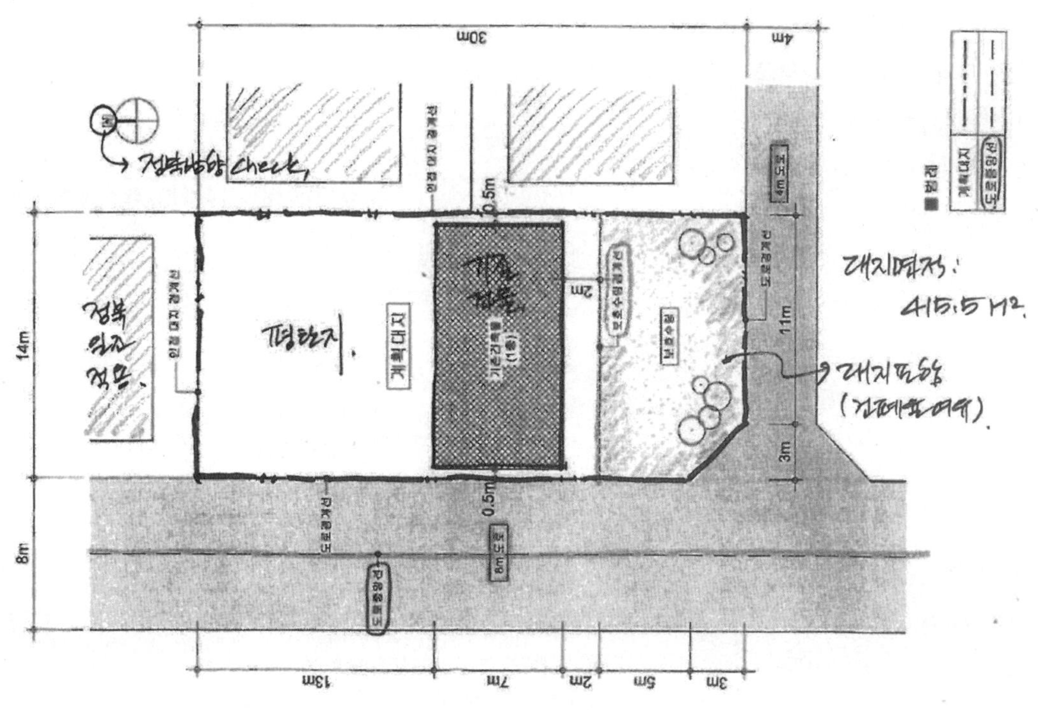

2 현황분석

① 대지조건
- 장방형의 평탄지
- 대지면적 : 415.5 ㎡
- 대지 남측 보호수림 경계 확인(계획대지에 포함되어 있어 건폐율 여유 있음)
- 13m×7m의 기존건축물(1층)

② 주변현황
- 인접대지(평지)

③ 접도조건 확인
- 서측 8m도로, 남측 4m도로
- 8m 도로에 중앙선 제시

④ 대지 및 인접대지, 도로 레벨 check
- 평지

⑤ 방위 확인
- 일조 등의 확보를 위한 높이제한 적용 기준 확인(정북일조)

⑥ 단면지시선 위치 확인

3 요구조건분석

① 층고 4m(기존 및 증축 건축물 동일)
② 건축물의 최고 높이 : 20m 이하(지표면에서 건물 상단까지의 높이로 이해 / 파라펫 없음)
③ 돌출된 발코니
- 벽체 두께 고려하지 않음
- 정북일조 적용받는 경사면은 수직벽면을 기준으로 산정
④ 대지레벨 : 계획대지, 인접도로 및 1층 바닥레벨은 고저차 없음
⑤ 주차장 계획
- -8m 도로에서 진출입
- 옥외 자주식 주차(주차구획 2.5m × 5.5m)
- 주차대수 4대, 전면도로를 차로로 이용하여 주차구획 배치(세로로 2대까지 연접배치 가능)
- 8m 도로의 중앙선까지 차로로 이용 가능
- 주차장 상부 건축물 검토 금지
⑥ 정북일조 적용
⑦ 증축건물과 대지경계선, 증축건물과 보호수림경계선의 이격거리 : 1.5m 이상
⑧ 주차구획과 인접대지경계선 또는 건축물로부터의 이격거리 : 0.5m 이상
⑨ 옥탑 및 파라펫 높이는 고려하지 않음

■ 문제풀이 Process

4 수평영역 검토

① 대지평면도 상의 건축가능영역 (이격거리 위주)을 우선 검토
- 각종 이격거리 조건 정리
- 대지면적과 건축가능영역을 비교하여 건폐율 확인
- 기존건물과 증축건물의 이격조건 정확하게 적용

② 단면도로 가선을 연장하여 단면상의 건축가능영역 check

③ 검토된 평면상 건축가능영역을 토대로 계획적 factor를 반영하여 대안 검토

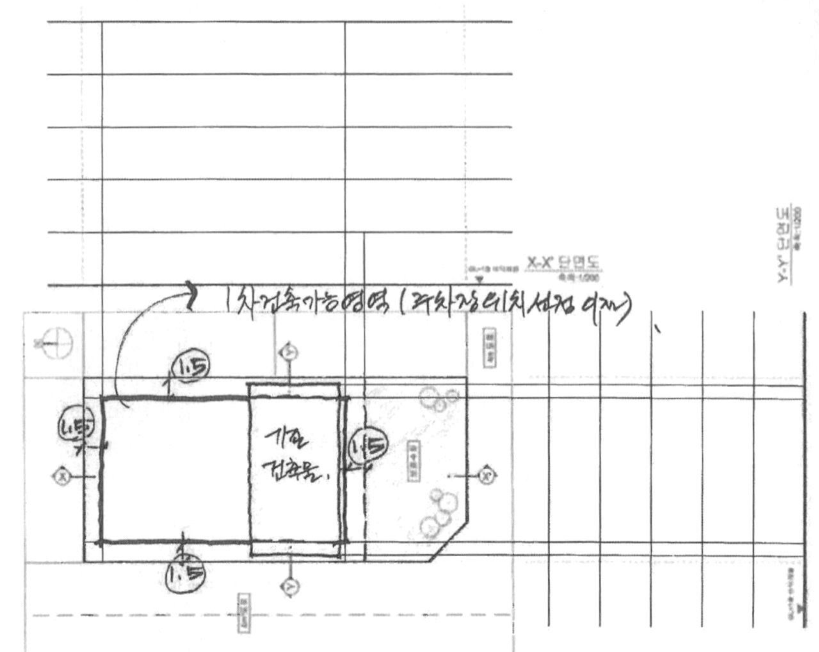

5 수직영역 검토

① 정북일조 적용+층별 가선

② 건물 최고높이 20m
- 5층으로 규모 결정됨

③ 연면적 최대를 고려한 주차장 위치 선정
- 대지 북측 주차장 계획
- 8m 도로의 중앙선까지 주차장 차로로 이용하고 2대씩 연접배치 함

④ 주차장 상부 건축물 금지

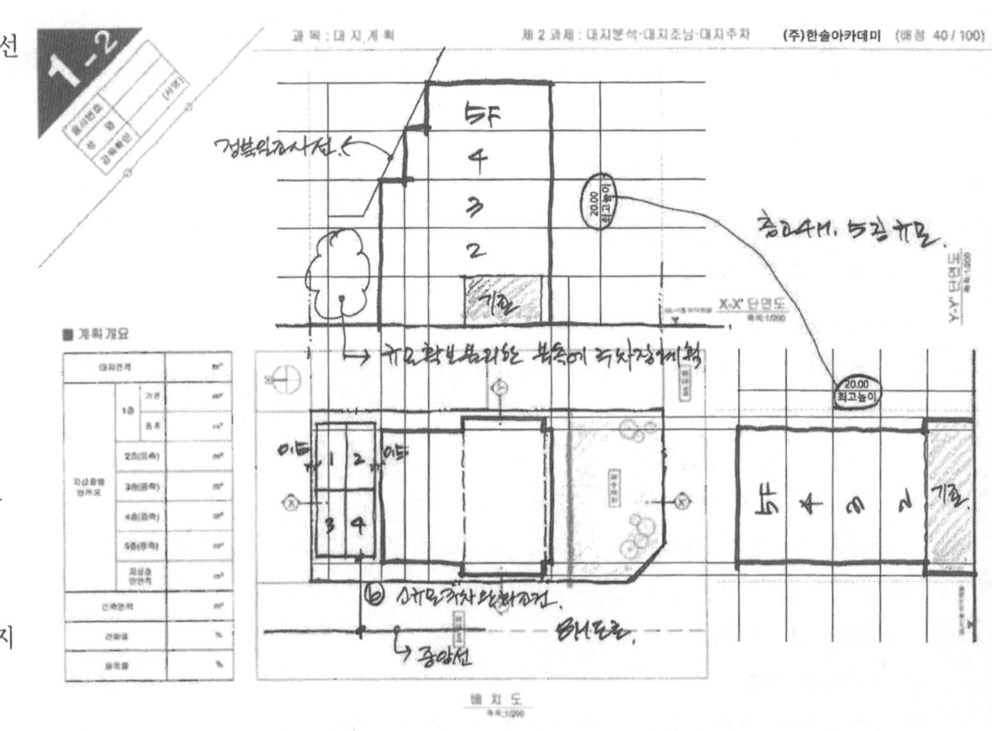

6 모범답안

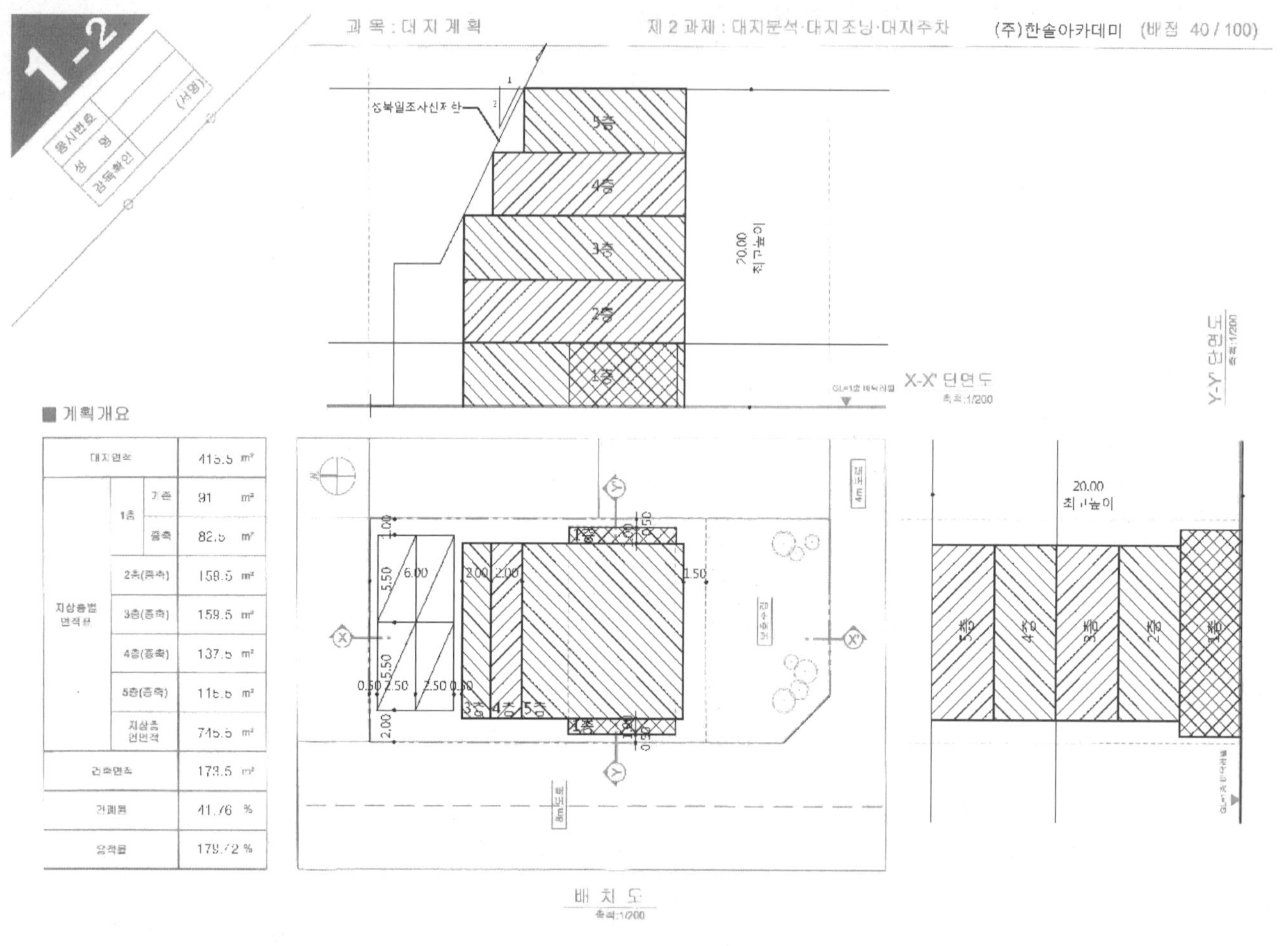

■ 주요 체크포인트

① 기존건물을 이용한 수평/수직 최대 영역 산정

② 정북일조권 적용

③ 최고높이 20m에 의한 층수 제한
- 층고 4m : 5층

④ 최대 규모를 고려한 합리적인 주차장 위치 선정

⑤ 8m 도로 중앙선을 기준으로 한 4대 연접 주차계획

⑥ 정확한 계획개요 작성

분석조닝 주안점

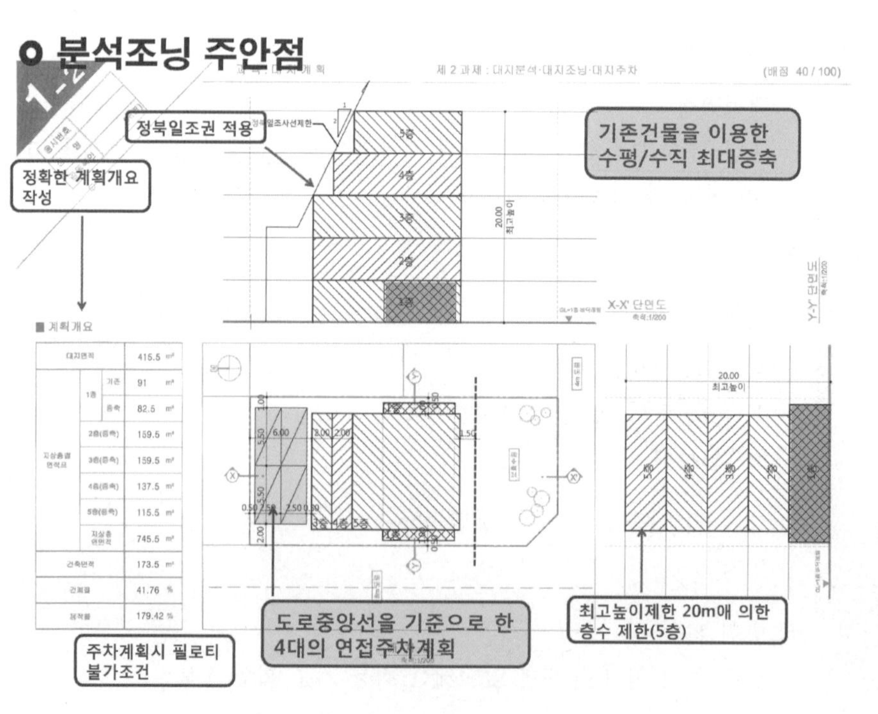

■ 문제풀이 Process

배치계획 문제풀이를 위한 핵심이론 요약

1. 대지로의 접근성

▸대지주변 현황을 고려하여 보행자 및 차량 접근성 검토
▸외부에서 대지로의 접근성을 고려 → 대지 내 동선의 축 설정 → 내부동선 체계의 시작
▸일반적인 보행자 주 접근 동선 – 주도로(넓은 도로)
▸일반적인 차량 및 보행자 부 접근 동선 – 부도로(좁은 도로)

가. 대지가 일면도로에 접한 경우

- 대지중앙으로 보행자 주출입 예상
- 대지 좌우측으로 차량 출입 예상
- 주차장 영역 검토 : 초행자를 위해서는 대지를 확인 후 진입 가능한 A 영역이 유리

나. 대지가 이면도로에 접한 경우-1

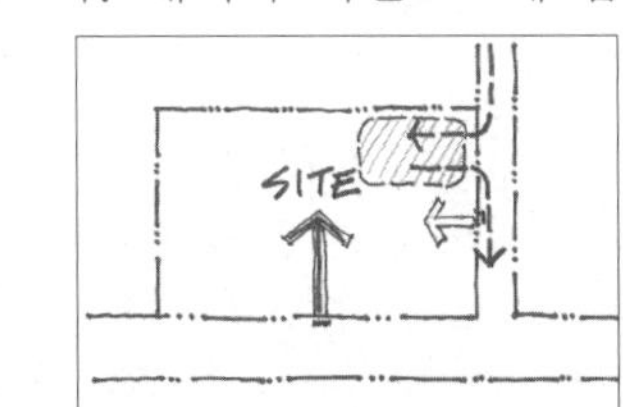

- 주도로에서 보행자 주출입 예상
- 부도로에서 차량 출입 예상 : 주차장 영역 예상
- 요구조건에 따라 부도로에서 보행자 부출입 예상

다. 대지가 이면도로에 접한 경우-2

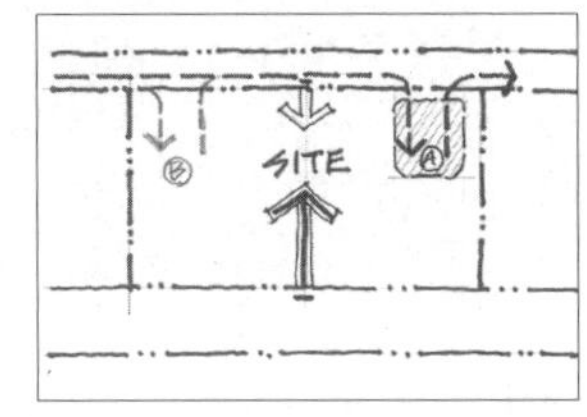

- 주도로에서 보행자 주출입 예상
- 부도로에서 차량 출입 예상 : 주차장 영역 예상 → A 영역 우선 검토
- 부도로에서 보행자 부출입 예상

▸지문
① 창작거리(너비 8m 이상) : 공공 보행통로로서 교류 · 화합 · 소통 · 이벤트 공간
② 차량진입허용구간 : 현황도 제시
- 보행동선 : 주보행로의 기능을 포함하는 창작거리 / 부도로에서의 부 보행출입 동선 고려
- 차량동선 : 주도로, 부도로에서 각각의 차량 진출입구 계획

2. 외부공간 성격 파악

▸외부공간을 계획할 경우 공간의 쓰임새와 성격을 분명하게 규정해야 한다.
▸전용공간
① 전용공간은 특정목적을 지니는 하나의 단일공간
② 타 공간으로부터의 간섭을 최소화해야 함
③ 중앙을 관통하는 통과동선이 형성되는 것을 피해야 한다.
④ 휴게공간, 전시공간, 운동공간

▸매개공간
① 매개공간은 완충적인 공간으로서 광장, 건물 전면공간 등 공간과 공간을 연결하는 고리역할을 하며 중간적 성격을 갖는다.
② 공간의 성격상 여러 통과동선이 형성될 수 있다.

▸지문
① 창작거리(너비 8m 이상) : 공공 보행통로
② 예술마당, 창작마당, 생태마당
- 창작거리는 주 보행동선의 기능을 포함하는 매개공간
- 옥외마당은 전용공간
(창작마당은 창작동의 매개공간 기능을 포함하는 것으로 이해)

3. 보차분리

▸보행자주출입구 : 대지 전면의 중심 위치에서 한쪽으로 너무 치우치지 않는 곳에 배치
▸주보행동선 : 모든 시설에서 접근성이 좋도록 시설의 중심에 계획
▸보·차분리를 동선계획의 기본 원칙으로 하되 내부도로가 형성되는 경우 등에는 부분적으로 보·차 교행구간이 발생하며 이 경우 횡단보도 또는 보행자 험프를 설치
▸보도 폭을 임의로 계획하는 경우 동선의 빈도와 위계를 고려하여 보도 폭의 위계를 조절
▸지문(대지현황)
① 보행자 주진입 : 북측 15m 도로
② 보행자 부진입 : 동측 10m 도로
③ 차량 진출입 : 북측 및 동측의 차량진입허용구간
- 도시권 배치계획인 만큼 원칙적인 보 · 차 분리가 가능하도록 내부동선 계획

4. Privacy

▸공적공간 – 교류영역 / 개방적 / 접근성 / 동적
▸사적공간 – 특정이용자 / 폐쇄적 / 은폐 / 정적
▸건물의 기능과 용도에 따라 프라이버시를 요하는 시설 – 주거, 숙박, 교육, 연구 등
▸사적인 공간은 외부인의 시선으로부터 보호되어야 하며, 내부의 소리가 외부로 새나가지 않도록 하여야 한다. 즉 시선과 소리를 동시에 고려하여 건물을 배치하여야 한다.
▸프라이버시 대책
① 건물을 이격배치 하거나 배치 향을 조절 : 적극적인 해결방안, 우선검토 되는 것이 바람직
② 다른 건물을 이용하여 차폐
③ 차폐 식재하여 시선과 소리 차단 (상엽수를 밀실하게 열식)
④ FENCE, 담장 등 구조물을 이용
▸지문
① 숙소동 (각 3층 / 2개동) : 24m x 9m
② 각각의 숙소동은 하천조망과 남향을 고려하여 배치하고, 2층에 연결통로(너비3m)를 계획한다.
- 프라이버시를 확보해야 하는 숙박시설
- 도로(소음원)에서 충분히 이격, 주변 환경이 양호하고 향을 고려한 위치에 검토
- 하천에 인접하고 향을 확보할 수 있는 영역이 합리적

■ 문제풀이 Process

배치계획 문제풀이를 위한 핵심이론 요약

5. 성격이 다른 주차장

▸ 영역별 조닝계획
- 건물의 기능에 맞는 성격별 주차장의 합리적인 연계

▸ 성격이 다른 주차장의 일반적인 구분
① 일반 주차장
② 직원 주차장
③ 서비스 주차장 (하역공간 포함)

▸ 성격이 다른 주차장의 특성
① 일반주차장 : 건물의 주출입구 근처에 위치
주보행로 및 보도 연계가 용이한 곳
승하차장, 장애인 주차구획 배치
주차장 진입구와 가까운 곳
일방통행 + 순환동선 체계
② 직원주차장 : 건물의 부출입구 근처에 위치
제시되는 평면에 기능별 출입구 언급되는 경우가 대부분
③ 서비스주차 : 일반이용자의 영역에서 가급적 이격
주출입구 및 건물의 전면공지에서 시각 차폐 고려
토지이용효율을 고려하여 주로 양방향 순환체계 적용

▸ 지문
① 주차장A : 16대 (장애인 주차 2대 포함)
② 주차장B : 18대 (장애인 주차 2대, 작업 주차 2대 포함)
③ 주차단위구획 2.5m x 5.5m, 장애인 및 작업주차 3.5m x 5.5m
- 차량진입허가구간에 의한 용도(조닝)별 주차장 분산 배치
- 주차장B에 작업 주차가 포함되어 있으므로 창작 · 예술 영역의 주차장이라고 판단하는 것이 합리적

6. 접근성

▸ 접근성을 고려하기 위해서는 물리적으로 가까이 배치하는 것이 필요
▸ 대지 외부로부터의 접근성 확보를 위해서는 도로변으로 인접 배치시켜야 함
▸ 이용자의 원활한 유입을 위해 존재를 부각시켜야 할 필요가 있는 건축물이 있음
- 접근성에 대한 요구를 직접 지문에 언급하기도 함
- 보통 인접도로나 대지 주출입구로부터의 접근성을 요구하는 것이 일반적이므로 대부분의 경우 도로변에 배치되게 된다.

▸ 지문
① 전시동은 외부에서 가장 용이하게 접근할 수 있는 곳에 배치한다.
② 후생동은 단지 내의 건축물과 옥외시설에서 접근이 용이한 곳에 배치한다.
- 전시동은 도로변에 인접하여 배치
- 후생동은 대지의 중앙에 위치하여 기타 시설로부터의 접근성을 고려

7. 위요감

▸ 외부공간에서 강하고 분명하게 위치 및 경계에 대한 감각을 느끼게 하는 요소
- 위요감이 없는 외부공간은 장소성, 안정감, 일체감 등이 결여

▸ 심리적 안도감 및 소속감, 프라이버시 등을 제공하는 효과
▸ 사람의 키보다 높은 장애물이 전면에 있을 때 느끼는 심리적 작용
▸ 위요의 방법
- 건물에 의한 위요
- 수목에 의한 위요
- 펜스, 담장, 옹벽 등의 구조물에 의한 위요
- 조합형

▸ 지문
① 전시동, 공연동 및 창작동은 예술마당과 연계하여 배치한다.
- 예술마당은 창작 · 예술 영역의 중심 공간
- 세 건물로의 접근성을 고려한 배치, 건물에 의한 위요감을 갖게 되는 것이 일반적

8. 각종 제한요소

▸ 장애물 : 자연적요소, 인위적요소
▸ 건축선, 이격거리
▸ 경사도(급경사지)
▸ 일반적으로 제시되는 장애물의 형태
① 수목(보호수)
② 수림대(휴양림)
③ 연못, 호수, 실개천
④ 암반
⑤ 공동구 등 지하매설물
⑥ 기존건물
⑦ 기타

▸ 지문(대지현황)
① 대지 내 보호수림
② 건축물과 옥외시설(보호수림 포함), 옥외시설 상호간은 6m 이상의 이격거리를 확보한다.
(단, 창작거리, 생태마당 및 창작마당은 예외로 함)
③ 건축물과 옥외시설은 인접대지와 도로경계선으로부터 5m 이상의 이격거리를 확보한다.
- 도시권 배치계획으로 치수 계획형에 가까운 만큼 이격거리가 정확하게 지켜지지 못한 경우 감점의 폭이 클 수 있으므로 주의해야 함

▪ 문제풀이 Process

배치계획 주요 체크포인트

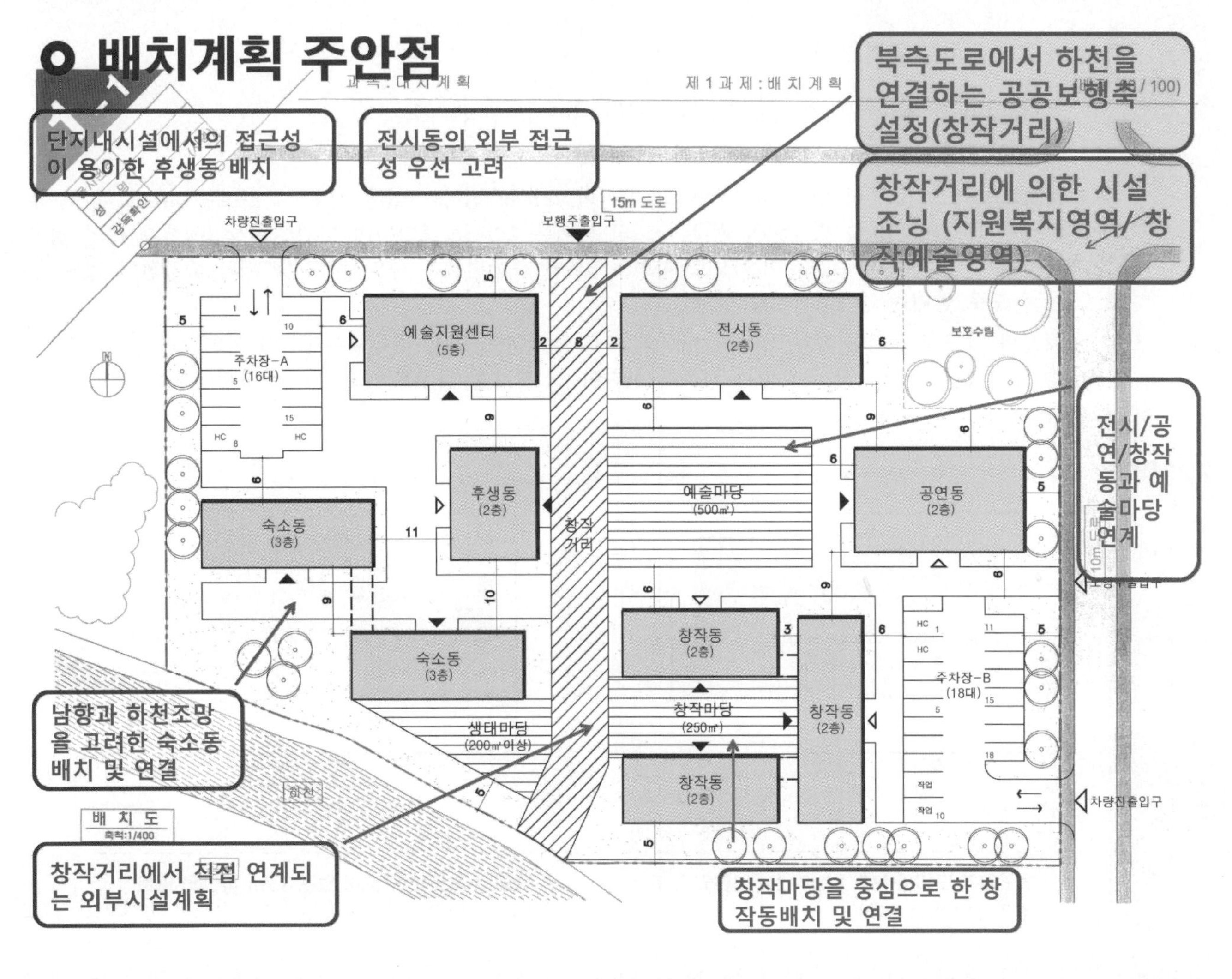

▸ 합리적인 영역 분리(지원 · 복지 영역 / 창작 · 예술 영역)

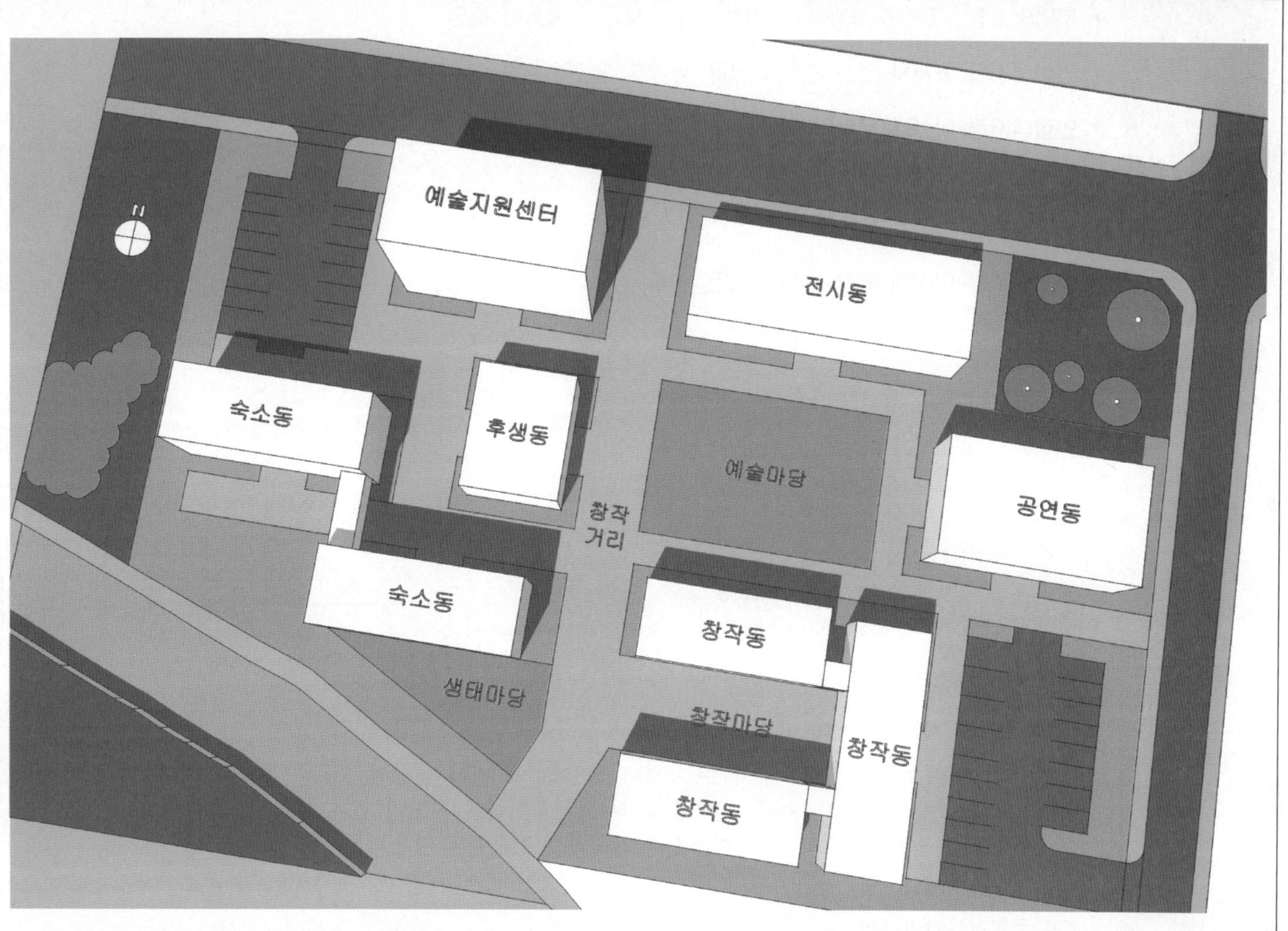

▸ 예술마당을 중심으로 한 창작 · 예술 영역 배치

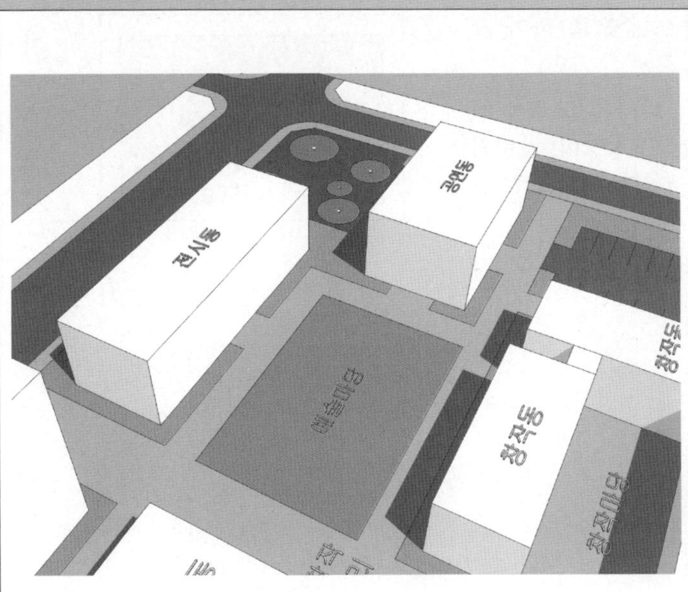

▸ 프라이버시, 향, 하천조망을 고려한 숙소동 영역

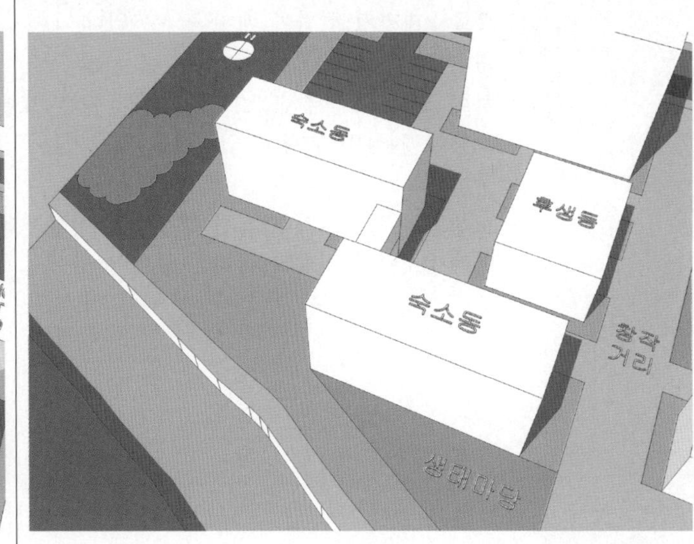

▸ 창작마당을 중심으로 한 창작동 조합

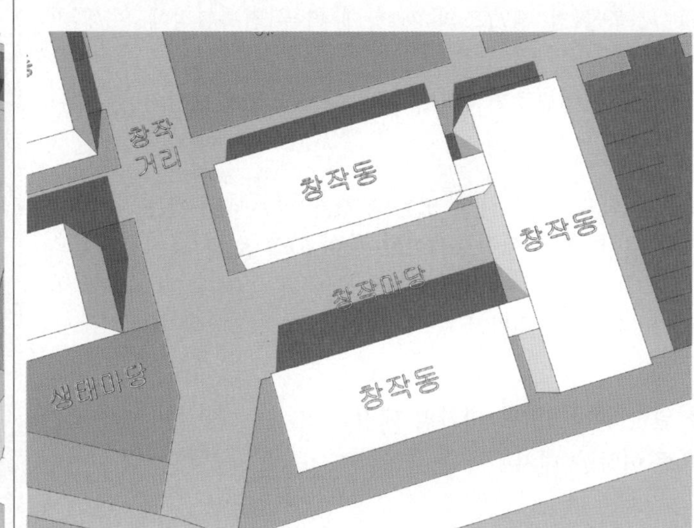

▸ 주보행로, 공공보행통로로서의 창작거리

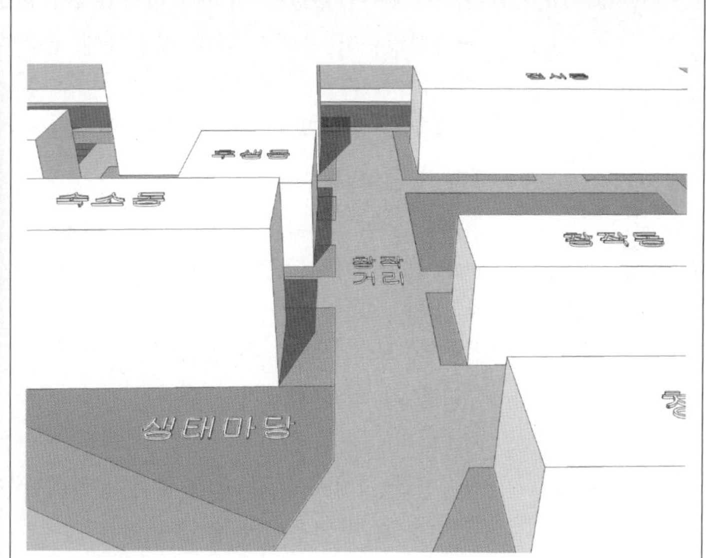

■ 문제풀이 Process

대지분석 · 조닝 문제풀이를 위한 핵심이론 요약

1. 정북일조

▸ 지역일조권 : 전용주거지역, 일반주거지역 모든 건축물에 해당

▸ 인접대지와 고저차 있는 경우 : 평균 지표면 레벨이 기준

▸ 인접대지경계선으로부터의 이격거리
- 높이 9m 이하 : 1.5m 이상
- 높이 9m 초과 : 건축물 각 부분의 1/2 이상

▸ 계획대지와 인접대지 간 고저차 있는 경우

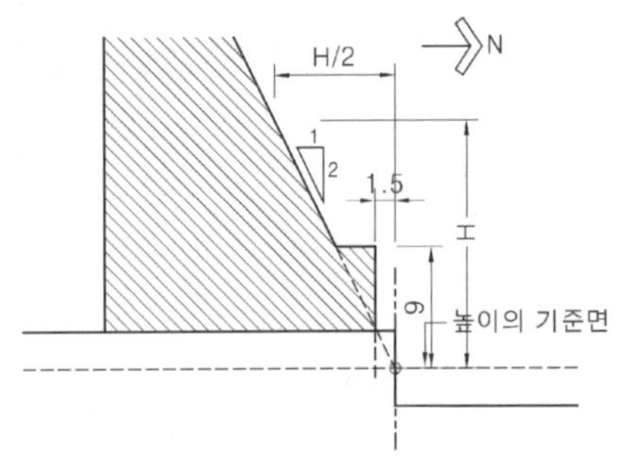

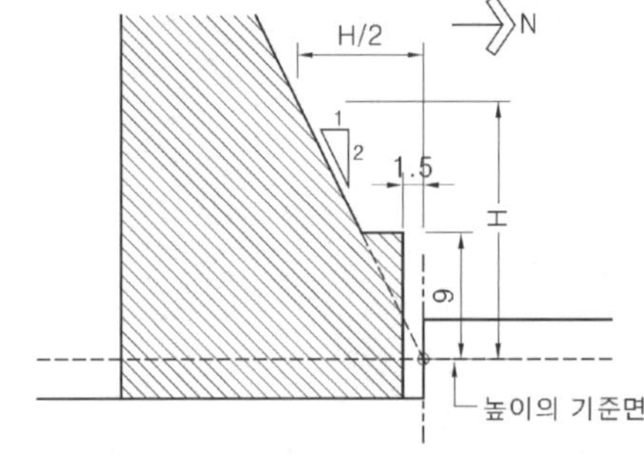

▸ 정북 일조를 적용하지 않는 경우
- 다음 각 목의 어느 하나에 해당하는 구역 안의 너비 20미터 이상의 도로(자동차 · 보행자 · 자전거 전용도로, 도로에 공공공지, 녹지, 광장, 그 밖에 건축미관에 지장이 없는 도시 · 군계획시설이 접한 경우 해당 시설 포함)에 접한 대지 상호간에 건축하는 건축물의 경우
  가. 지구단위계획구역, 경관지구
  나. 중점경관관리구역
  다. 특별가로구역
  라. 도시미관 향상을 위하여 허가권자가 지정 · 공고하는 구역
- 건축협정구역 안에서 대지 상호간에 건축하는 건축물(법 제77조의4제1항에 따른 건축협정에 일정 거리 이상을 띄어 건축하는 내용이 포함된 경우만 해당한다)의 경우
- 건축물의 정북 방향의 인접 대지가 전용주거지역이나 일반주거지역이 아닌 용도지역에 해당하는 경우

▸ 정북 일조 완화 적용
- 건축물을 건축하려는 대지와 다른 대지 사이에 다음 각 호의 시설 또는 부지가 있는 경우에는 그 반대편의 대지경계선(공동주택은 인접 대지경계선과 그 반대편 대지경계선의 중심선)을 인접 대지경계선으로 한다.
  1. 공원, 도로, 철도, 하천, 광장, 공공공지, 녹지, 유수지, 유원지 등
  2. 다음 각 목에 해당하는 대지
     가. 너비(대지경계선에서 가장 가까운 거리를 말한다)가 2미터 이하인 대지
     나. 면적이 제80조 각 호에 따른 분할제한 기준 이하인 대지
  3. 1,2호 외에 건축이 허용되지 않는 공지

2. 소규모 주차장

▸ 소규모 주차장 관련 법규
- 부설주차장의 총 주차대수 규모가 8대 이하인 자주식주차장
- 차로의 너비는 2.5m
- 보도와 차도의 구분이 없는 너비 12미터 미만의 도로에 접하여 있는 경우 그 도로를 차로로 하여 주차단위구획을 배치할 수 있다. 이 경우 차로의 너비는 도로를 포함하여 6미터 이상 (평행주차 인 경우에는 도로를 포함하여 4미터 이상)으로 하며, 도로의 포함범위는 중앙선까지로 하되 중앙선이 없는 경우에는 도로 반대측 경계선까지로 한다.
- 보도와 차도의 구분이 있는 12미터 이상의 도로에 접하여 있고 주차대수가 5대 이하인 부설주차장은 당해 주차장의 이용에 지장이 없는 경우에 한하여 그 도로를 차로로 하여 직각주차형식으로 주차단위구획을 배치할 수 있다.

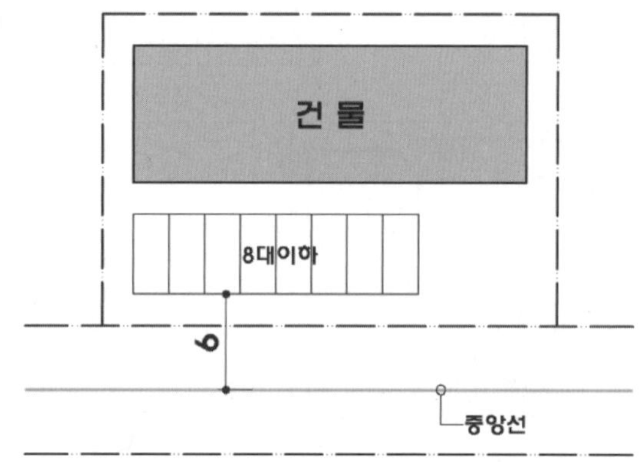

보도와 차도의 구분이 없는 12m 미만의 도로
(중앙선이 있는 경우)

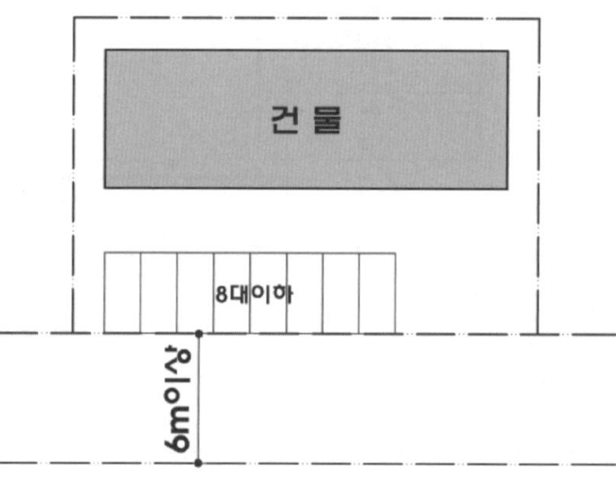

보도와 차도의 구분이 없는 12m 미만의 도로
(중앙선이 없는 경우)

- 주차대수 5대 이하의 주차단위구획은 차로를 기준으로 하여 세로로 2대까지 접하여 배치 할 수 있다.
- 출입구의 너비는 3미터 이상으로 한다. 다만, 막다른 도로에 접하여 있는 부설주차장으로서 시장·군수 또는 구청장이 차량의 소통에 지장이 없다고 인정하는 경우에는 2.5미터 이상으로 할 수 있다.
- 보행인의 통행로가 필요한 경우에는 시설물과 주차단위 구획 사이에 0.5미터 이상의 거리를 두어야 한다.

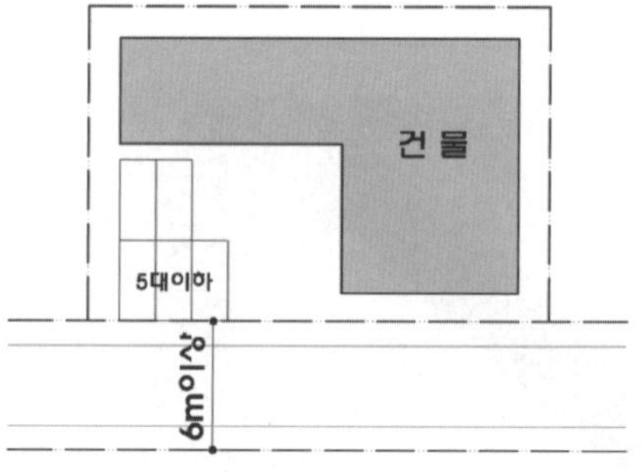

■ 문제풀이 Process

대지분석 · 조닝 주요 체크포인트

○ 분석조닝 주안점

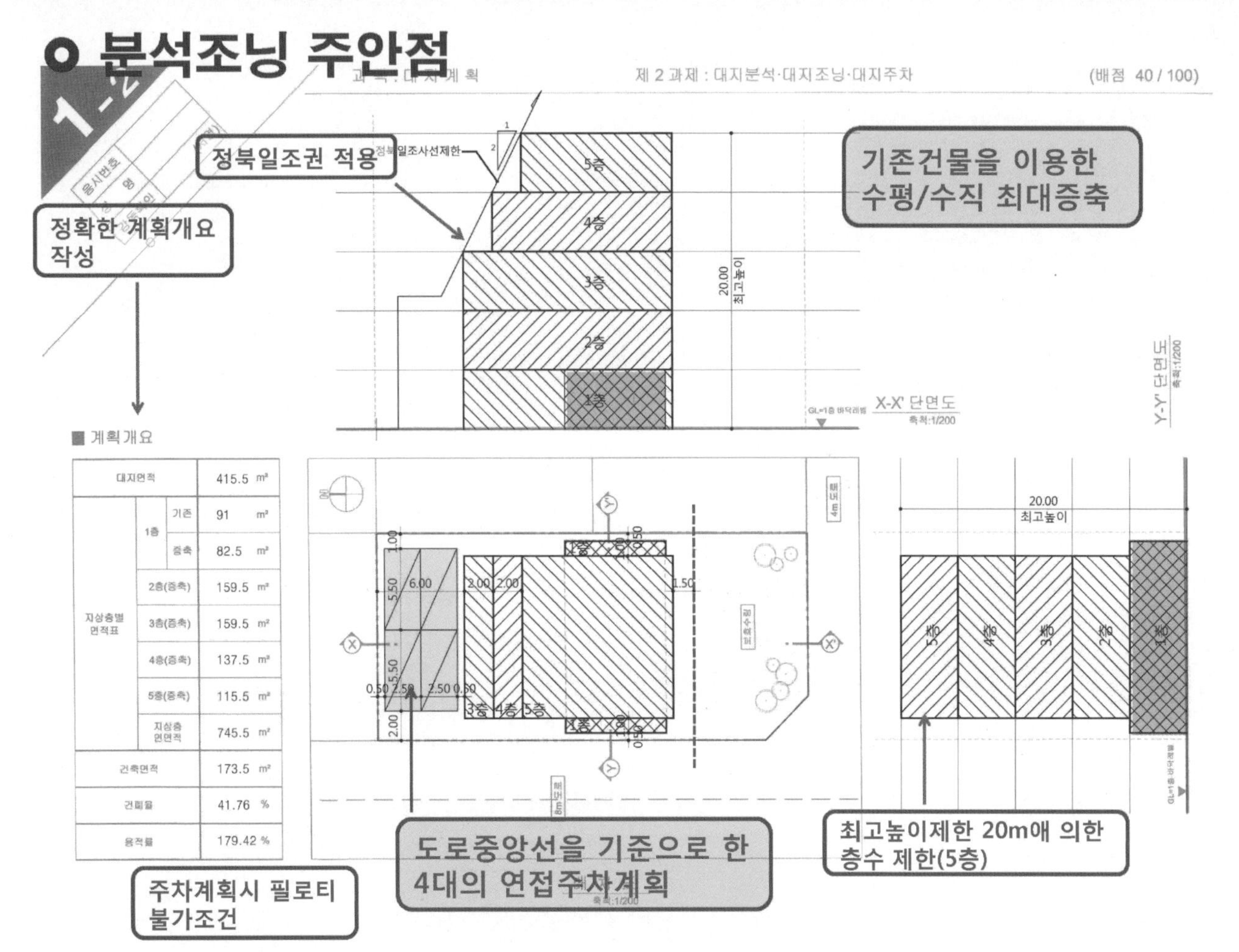

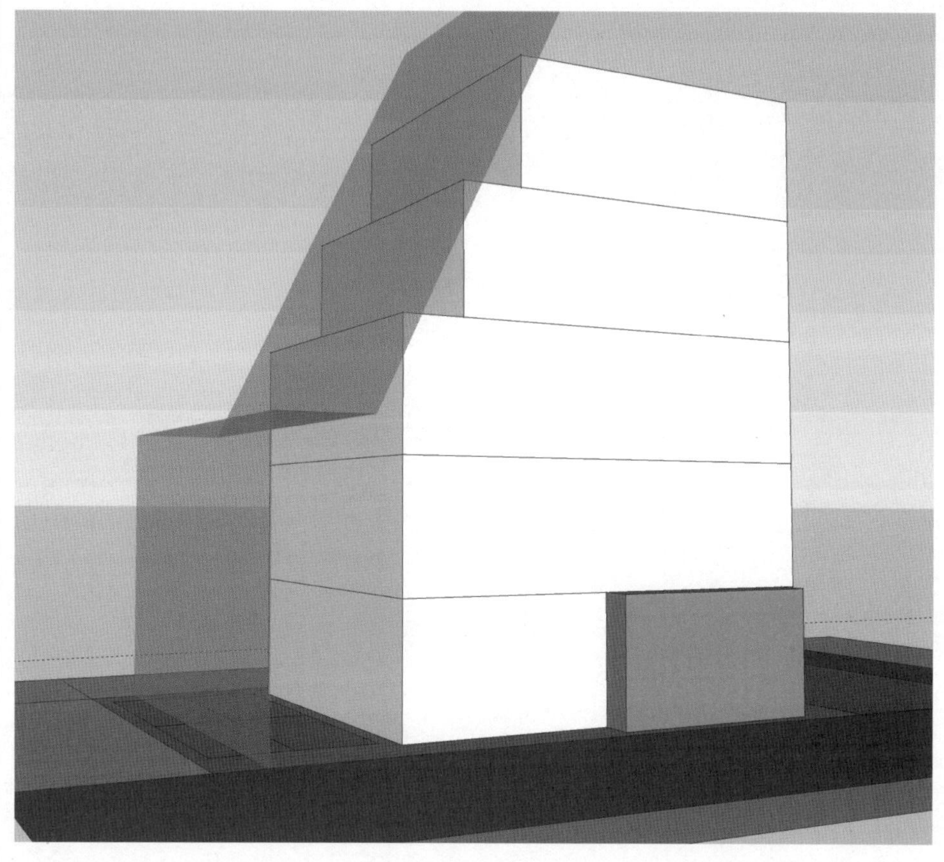

▸ 정북일조 적용

① 북측인접대지레벨과 계획대지 레벨 동일

∴ 적용레벨 = G.L

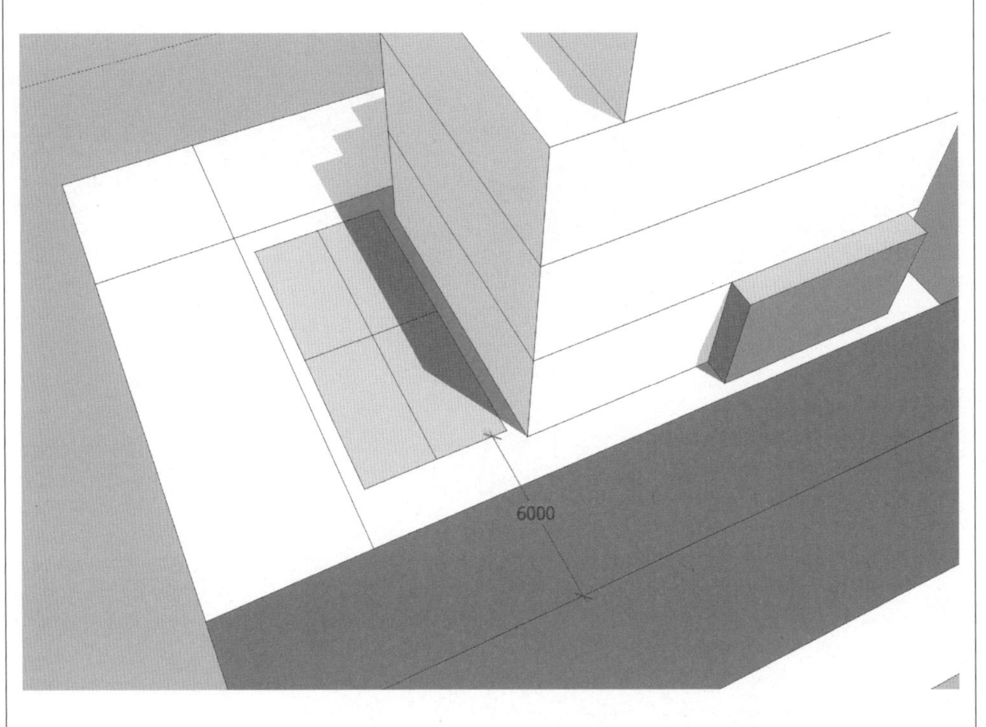

▸ 합리적인 주차장 계획

① 소규모 주차장 완화

: 8m 도로를 차로로 이용한 직각주차 연접 배치

: 도로 중앙선이 있으므로 중앙선으로부터 6m 확보

② 합리적 위치 선정

: 최대규모를 위한 북측 배치

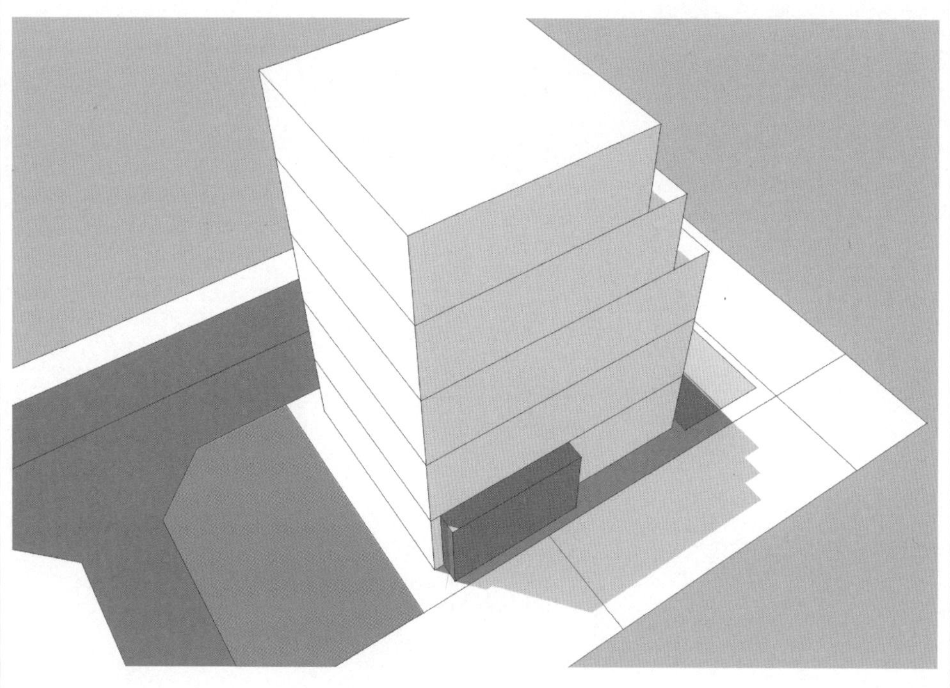

▸ 이격조건 준수

① 증축되는 건축물과 도로경계선 또는 인접대지경계선으로부터 1.5m 이상

② 보호수림경계선으로부터 1.5m 이상

③ 주차구획과 인접대지경계선 또는 건축물로부터 0.5m 이상

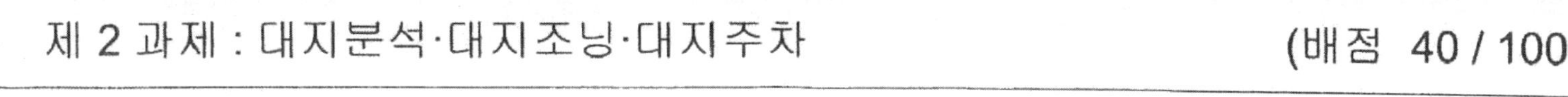

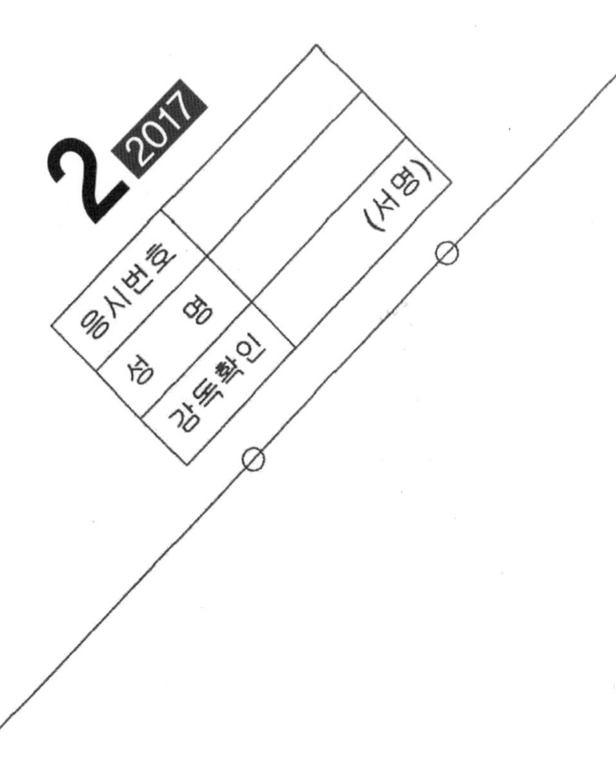

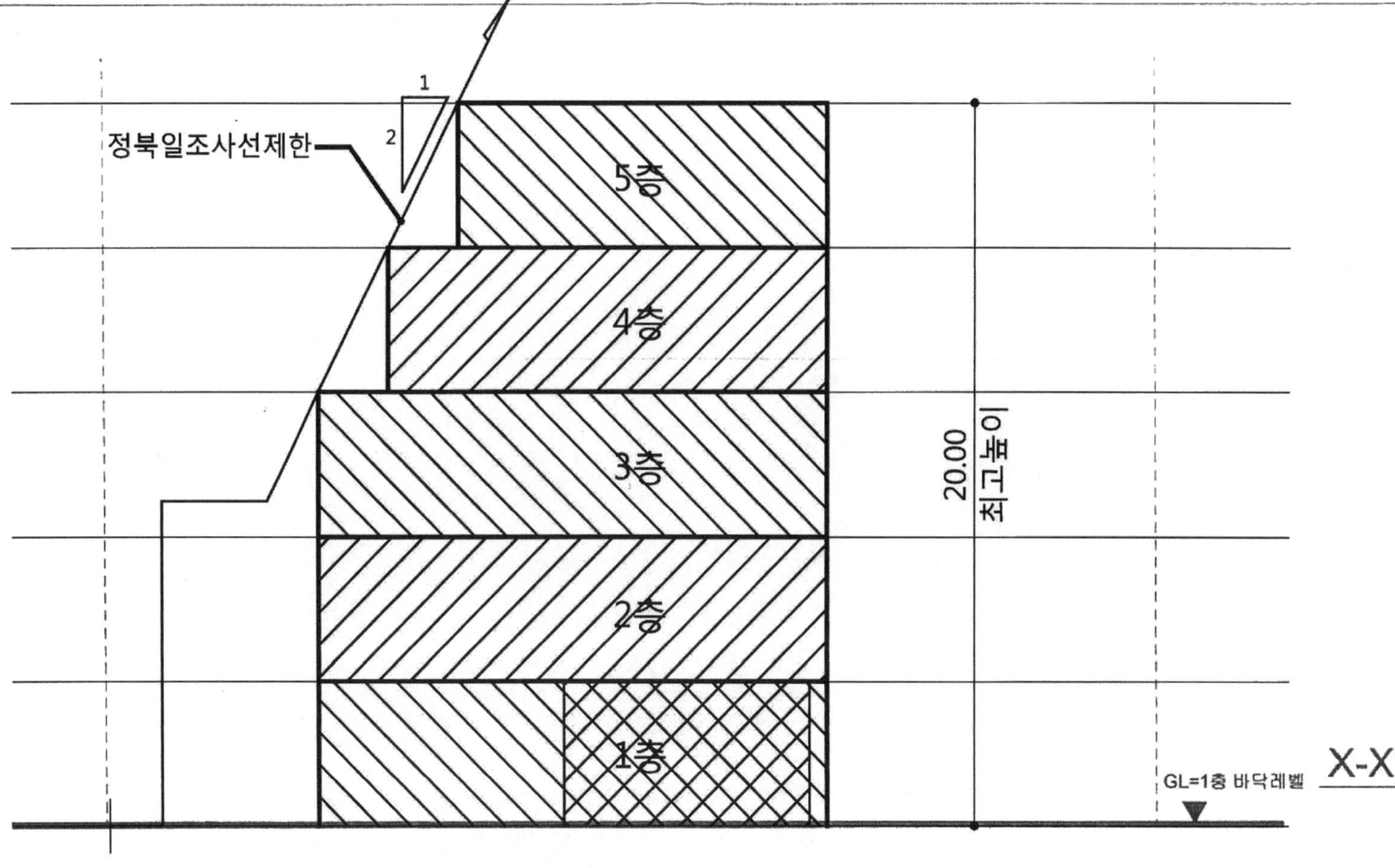

X-X' 단면도
축척:1/200

■ 계획개요

대지면적			415.5 m²
지상층별 면적표	1층	기존	91 m²
		증축	82.5 m²
	2층(증축)		159.5 m²
	3층(증축)		159.5 m²
	4층(증축)		137.5 m²
	5층(증축)		115.5 m²
	지상층 연면적		745.5 m²
건축면적			173.5 m²
건폐율			41.76 %
용적률			179.42 %

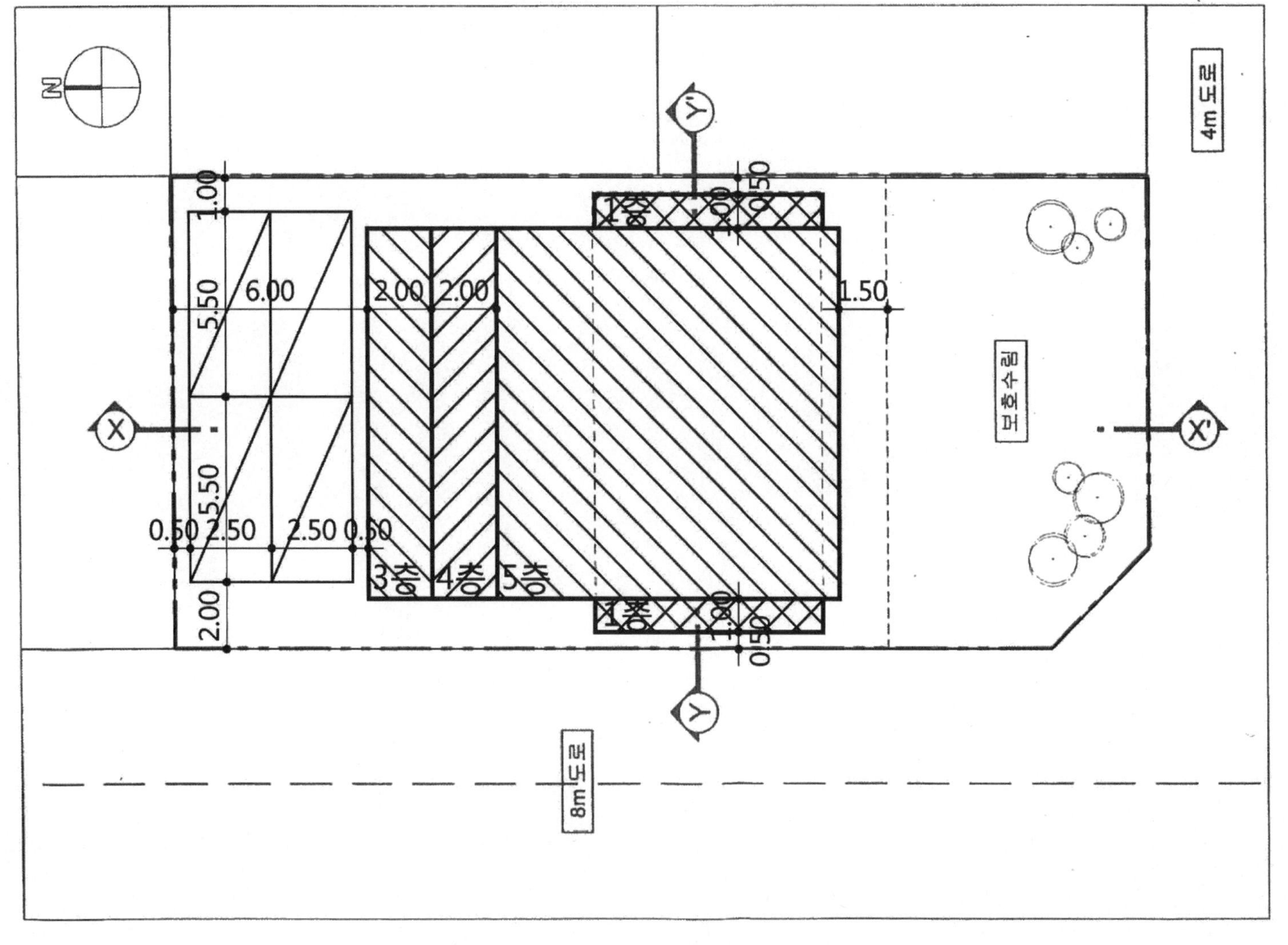

배 치 도
축척:1/200

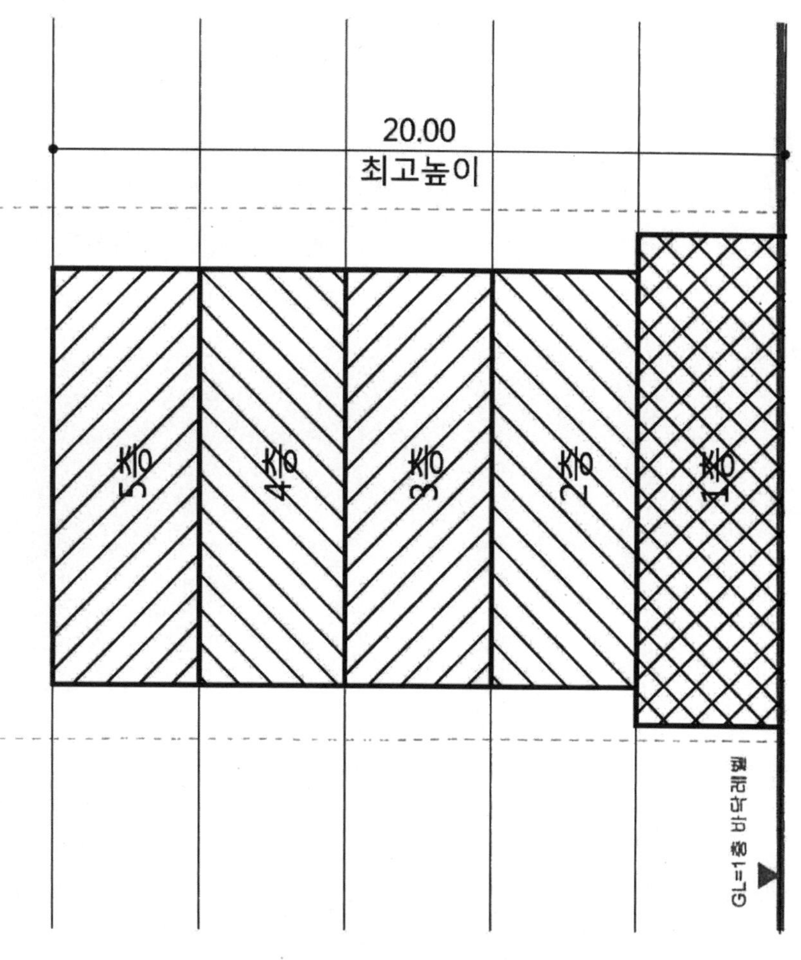

Y-Y' 단면도
축척:1/200

구 성	FACTOR	지 문 본 문	FACTOR	구 성

구 성

1. 제목
- 배치하고자 하는 시설의 제목을 제시합니다.

2. 과제개요
- 시설의 목적 및 취지를 언급합니다.
- 전체사항에 대한 개괄적인 설명이 추가되는 경우도 있습니다.

3. 대지조건(개요)
- 대지전반에 관한 개괄적인 사항이 언급됩니다.
- 용도지역, 지구
- 접도조건
- 건폐율, 용적률 적용 여부를 제시
- 대지내부 및 주변현황 (최근 계속 현황도가 별도로 제시)

4. 계획조건
ⓐ 배치시설
- 배치시설의 종류
- 건물과 옥외시설물은 구분하여 제시되는 것이 일반적입니다.
- 시설규모
- 필요시 각 시설별 요구사항이 첨부됩니다.

FACTOR

① 배점을 확인하여 2과제의 시간배분 기준으로 활용 합니다.
- 65점 (난이도 예상)

② 노후화된 공장부지를 활용하여 지식산업단지 시설 계획(생산+판매+연구+전시 등이 포함된 복합시설)

③ 지역지구 : 준공업지역

④ 대지현황도 제시
- 계획조건을 파악하기에 앞서 현황도를 이용한 1차 현황분석을 선행하는 것이 문제의 전체 윤곽을 잡아가는데 훨씬 유리합니다.

⑤ 단지 내 도로
- 공공보행통로 파악
- 도로 성격별 구체적 조건 제시
- 시설 성격(지식산업단지)을 고려한 차량 동선 성격 파악

⑥ 건축물
- 규모: 가로x세로 크기로 제시
- 용도별 성격 파악 (개발,제작,생산,연구,전시,판매,관리,기숙사)
- 기숙사(2개동)은 프라이버시 확보가 필요한 시설(상부 연결통로)
- 전시(홍보) 및 판매동은 인지성 및 접근성 확보 필요한 시설(도로변 배치가 합리적)

⑦ 옥외시설
- 최소 면적 및 용도 제시
- 주차장 2개소
- 주차단위구획

⑧ 하역공간과 관련된 건물 확인
- 제품 개발, 제작, 생산시설

2018년도 건축사자격시험 문제

과목: 대지계획 제1과제 (배치계획) ① 배점: 65/100점

제 목 : 지식산업단지 시설 배치계획

1. 과제개요 ②

공업거점도시의 노후화된 공장부지를 활용하여 지식산업단지 시설을 계획하고자 한다.
다음 사항을 고려하여 시설물을 배치하시오.

2. 대지조건

(1) 용도지역: 준공업지역③
(2) 대지면적: 약 13,870㎡
(3) 주변현황: <대지 현황도> 참조④

3. 계획조건 및 고려사항

(1) 계획조건

① 도로⑤

도로명	너비
공공보행통로	8m 이상
단지 내 도로	6m 이상
비상차량통로	4m 이상
보행로	3m 이상

② 건축물(가로, 세로 구분 및 지하층은 없음, 총 9개동)⑥

시설명	크기	규모	층고	용도
IT센터	12mx40m	2층	5m	제품 개발
창의제작소	12mx28m		5m	시제품 제작
생산공장	20mx40m		5m	제품 생산
산단본부	15mx38m	3층	4m	산업단지관리
연구동	14mx30m	2층	4m	기술연구지원
전시동	20mx20m		4m	산업단지 전시홍보
판매동	15mx40m		4m	제품 판매
기숙사Ⓐ동	9mx25m	3층	3m	직원 숙소
기숙사Ⓑ동	9mx25m		3m	

• 기숙사 2층 연결통로 : 너비 3m

③ 옥외시설⑦

구 분	시설명	규 모	용 도
외부공간	운동마당	480㎡ 이상	기숙사 휴게공간
	휴게마당	220㎡ 이상	방문자,직원휴게공간
	쌈지공원	140㎡ 이상	20m 도로변 보행자 휴식공간
주차구역	주차구역Ⓐ	20대 이상	장애인주차 2대포함
	주차구역Ⓑ	35대 이상	장애인주차 4대포함
	• 주차단위구획 : 2.5m x 5.0m • 장애인 주차단위구획 : 3.5m x 5.0m		

④ 기타시설 (이격거리 없음)

종 류	크 기	비 고
하역공간⑧	140㎡ 이상	제품 상하차 공간
옥외엘리베이터	3m x 3m	대지의 고저차 연결⑨
외부계단	너비 3m 이상	

(2) 고려사항

① 기존대지의 레벨과 옹벽은 최대한 유지한다.⑩
② 공공보행통로는⑪ 단지주변 20m 도로와 공원을 연결하도록 계획하며 일부구간은 공중가로로 계획한다.
③ 공공보행통로에서 IT센터, 창의제작소, 생산공장, 산단본부, 연구동, 전시동으로 직접 출입 가능한 연결보행로를 계획⑫한다.
④ 주차구역Ⓐ는 단지주변 10m 도로에서, ⑬주차구역Ⓑ는 단지주변 12m 도로에서 진입하도록 계획하고 공중가로 하부에도 주차 배치가능하다.
⑤ 주차구역Ⓐ와 Ⓑ를 연결하기 위하여 비상차량⑭통로를 계획한다. 단, 도로의 종단경사는 17% 이내로 한다.
⑥ 휴게마당⑮은 방문자 및 직원의 이용을 고려하여 주차구역Ⓐ와 연계하여 배치한다.
⑦ 옥외엘리베이터와 외부계단은⑯ 공공보행통로에 인접하여 배치한다.
⑧ 건축물과 외부시설은 대지 경계선에서 5m 이격하여 계획한다.⑰
⑨ 건축물과 건축물, 외부시설과 외부시설, 건축물과 외부시설 그리고 건축물과 공공보행통로는 6m 이상 이격하여 배치한다.⑱
⑩ IT센터, 창의제작소, 생산 공장은⑲ 4면이 단지 내 도로에 면하도록 계획하고 하역공간은 상하차가 용이한 곳에 배치한다.
⑪ 건축물 둘레의 적절한 곳에 너비 2m 이상의 화단을 조성한다.
단, IT센터, 창의제작소, 생산 공장은 화단을 조성하지 않는다.⑳

FACTOR

⑨ 대지 고저차(5m) 연결
- 옥외엘리베이터 및 외부계단

⑩ 기존 대지의 질서 존중
- 단차와 옹벽은 최대한 유지

⑪ 공공보행통로
- 주도로와 공원 연결
- 공중가로: 개략 위치 파악 가능

⑫ 건축물 연결보행로
- 공공보행통로에서 6개 건축물 직접 진입: 대지 중앙 주동선

⑬ 주차구역
- 주차구역A: 10m도로 진입
- 주차구역B: 12m도로 진입, 공중가로 하부 필로티 주차 가능

⑭ 비상차량통로
- 주차구역A,B 연계동선(4m)
- 5m 단차 극복: 약 30m 길이 필요

⑮ 휴게마당
- 방문자 및 직원이용 동시 고려
- 주차구역A 인접(10m 도로측)

⑯ 옥외엘리베이터/외부계단
- 공공보행통로 인접

⑰ 대지경계선 이격
- 모든 시설은 5m 이상 이격

⑱ 시설별 이격 배치
- 건물vs건물, 외부시설vs외부시설, 건물vs외부시설, 건물vs공공보행통로는 6m 이상 이격

⑲ IT센터, 창의제작소, 생산공장
- 제품 개발, 제작, 생산시설
- 건물주변 도로계획, 하역공간

⑳ 화단 계획 및 제외시설

구 성

ⓑ 배치고려사항
- 건축가능영역
- 시설간의 관계 (근접, 인접, 연결, 연계 등)
- 보행자동선
- 차량동선 및 주차장계획
- 장애인 관련 사항
- 조경 및 포장
- 자연과 지형활용
- 옹벽 등의 사용지침
- 이격거리
- 기타사항

구 성	FACTOR	지 문 본 문	FACTOR	구 성

5. 도면작성요령
- 각 시설명칭
- 크기표시 요구
- 출입구 표시
- 이격거리 표기
- 주차대수 표기 (장애인주차구획)
- 표고 기입
- 단위 및 축척

6. 유의사항
- 제도용구 (흑색연필 요구)
- 지문에 명시되지 않은 현행법령의 적용방침 (적용 or 배제)

① 도면작성요령은 항상 확인
- 도면작성요령에 언급된 내용은 출제자가 반드시 평가하는 항목
- 요구하는 것을 빠짐없이 적용하여 불필요한 감점이 생기지 않도록 유의합니다.

② 건축물과 옥외시설
- 명칭, 층수, 외곽선 치수, 면적, 바닥레벨, 이격거리, 주차구획, 주차대수 표기

③ 건축물 외곽선 및 옹벽
- 굵은 실선

④ 단지 내 도로, 외부시설
- 실선

⑤ 공중가로 하부의 시설
- 점선

⑥ <보기> 준수
- 건물의 주출입구는 장변 중앙에 표현하는 것이 원칙(건물의 용도를 고려한 위치선정도 가능)

⑦ 단위 및 축척
- m, ㎡ / 1:500

⑧ <보기>
- 옥외공간 해치 형태 유의

과목: 대지계획 제1과제 (배치계획) 배점: 65/100점

4. 도면작성요령 ①

(1) 도로, 건축물과 외부시설에는 시설명, 층수, ②외곽선 치수, 면적, 바닥레벨 및 이격거리, 주차구획, 주차대수를 표기한다.

(2) 건축물 외곽선 및 옹벽은 굵은 실선으로 표시③한다.

(3) 단지 내 도로와 외부시설은 실선으로 표시한다.

(4) 공중가로 하부의 시설 등은④ 점선으로⑤ 표시한다.

(5) 도면 표기 기호는 <보기>를 따른다.⑥

(6) 단위 : m, ㎡

(7) 축척 : 1/500⑦

<보기> 도면표기 기호 ⑧

공공보행통로	⊠
보행로	▨
비상차량통로	▥
건축물 주/부출입구	▲/△
바닥레벨	⯐

5. 유의사항

(1) 답안작성은 반드시⑨ 흑색 연필로 한다.

(2) 명시되지 않은 사항은 현행 관계법령의 범위 안에서 임의로 한다. ⑩

<대지현황도> 축척 없음 ⑪

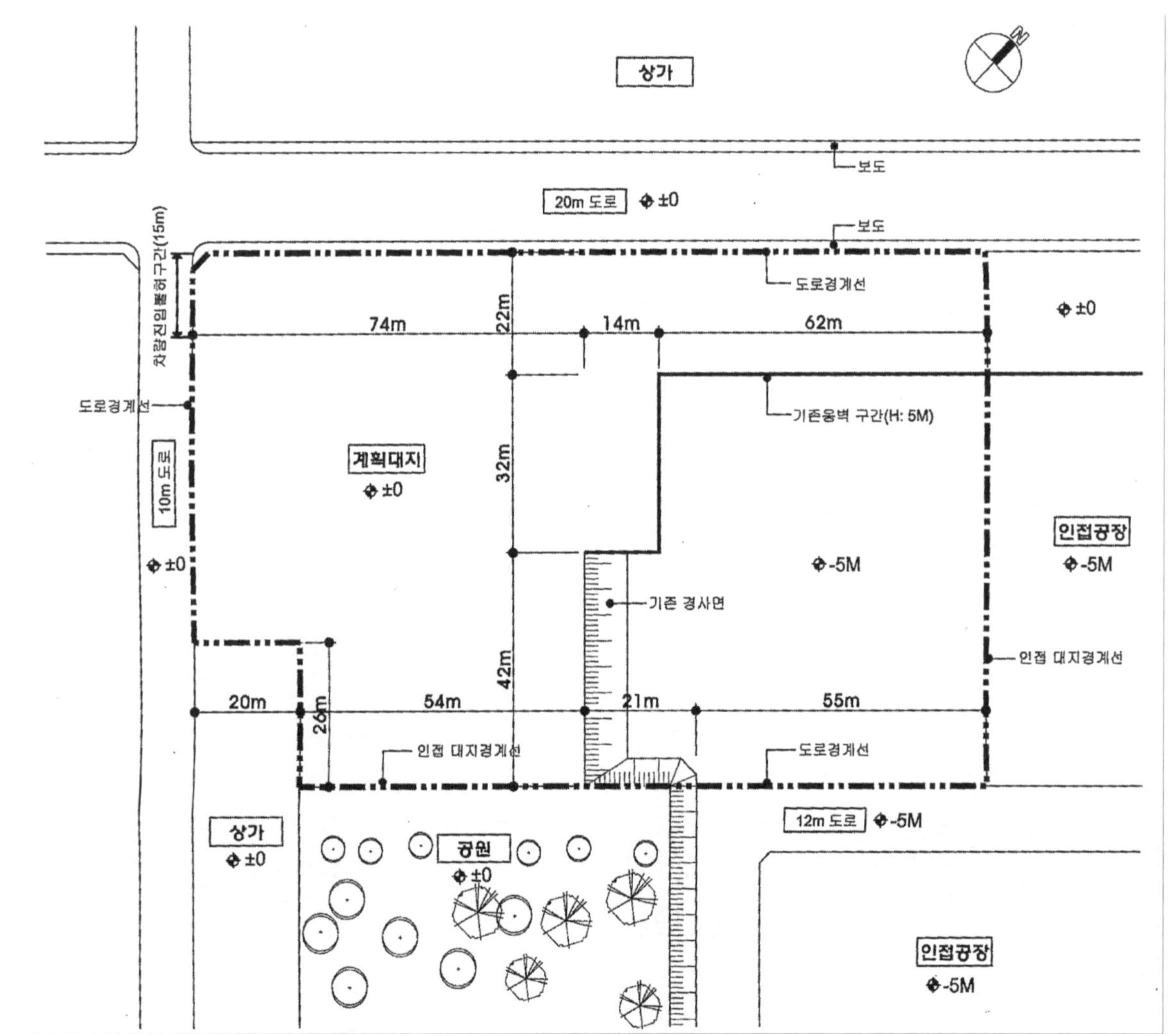

⑨ 항상 흑색연필로 작성할 것을 요구합니다.

⑩ 명시되지 않은 사항은 현행 관계법령을 준용
- 기타 법규를 검토할 경우 항상 문제 해결의 연장선에서 합리적이고 복합적으로 고려하도록 합니다.

⑪ 현황도 파악
- 대지형태
- 평지/대지 단차(5m)
- 접도조건
- 차량진입불허구간 확인
- 주변현황(인접공장, 상가, 공원 등)
- 가로, 세로 치수 확인
- 방위
- 제시되는 현황도를 이용하여 1차적인 현황을 분석 합니다 (현황도에 제시된 모든 정보는 그 이유가 반드시 있습니다. 대지의 속성과 기존 질서를 존중한 계획이 될 수 있도록 합니다.)

7. 보기
- 보도, 조경
- 식재
- 데크 및 외부공간
- 건물 출입구
- 옹벽 및 법면
- 기타 표현방법

8. 대지현황도
- 대지현황
- 대지주변현황 및 접도조건
- 기존시설현황
- 대지, 도로, 인접대지의 레벨 또는 등고선
- 각종 장애물 현황
- 계획가능영역
- 방위
- 축척 (답안작성지는 현황도와 대부분 중복되는 내용이지만 현황도에 있는 정보가 답안작성지에서는 생략되기도 하므로 문제 접근시 현황도를 꼼꼼히 체크하는 습관이 필요합니다.)

■ 문제풀이 Process

1 제목 및 과제 개요 check

① 배점 : 65점 / 출제 난이도 예상
소과제별 문제풀이 시간을 배분하는 기준
② 제목 : 지식산업단지 배치계획
③ 준공업지역 : 도시계획 차원의 기본적인 대지 성격을 파악
④ 주변현황 : 대지현황도 참조

2 현황 분석

① 대지형상 : 장방형의 단차 대지
② 대지현황 : 옹벽 및 경사면, 차량진입불허구간, 방위 등
③ 주변조건
- 북서측 20m 도로(주도로)
  : 보행자 주출입구 예상
- 남동측 12m 도로(부도로-1)
  : 보행자 부출입구 및 차량 진출입구 예상
- 남서측 10m 도로(부도로-2)
  : 보행자 부출입구 및 차량 진출입구 예상
- 기타 인접대지
  : 계획대지와 유사한 성격(준공업지역)의 인접공장, 상가 등
  : 공원 동선 연계 및 조망 조건 예상

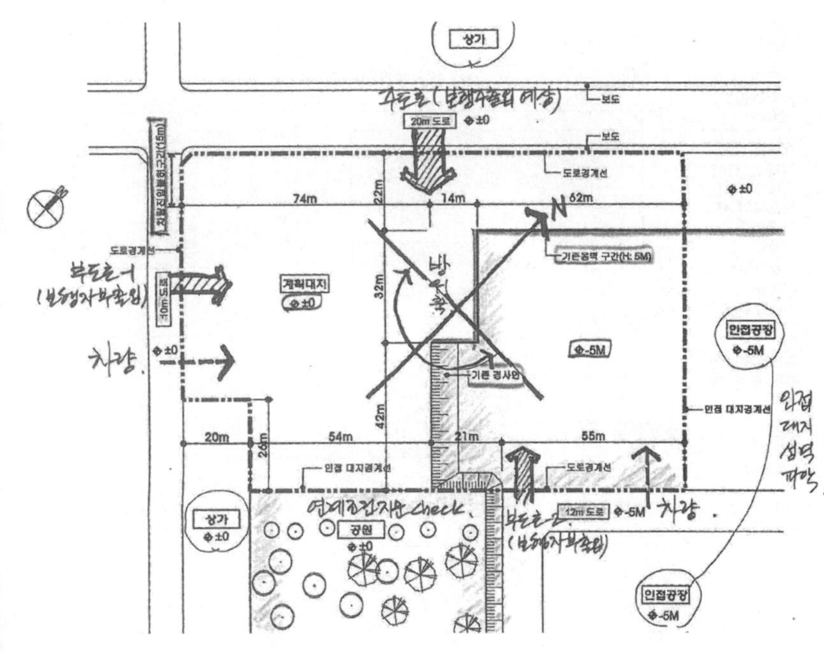

3 요구조건 분석 (diagram)

① 도로
- 공공보행통로(8), 단지 내 도로(6), 비상차량통로(4), 보행로(3)
- 차량동선 중요 시설(지식산업단지)로 이해하고 접근

② 건축물 조건 및 성격 파악
- 규모는 O층, Om x Om 로 제시
- 제품개발 · 생산 영역 / 전시 · 판매 / 지원 · 연구 영역으로 이해
- 기숙사동(A,B)은 프라이버시 고려

③ 옥외시설 성격 파악
- 매개(완충) vs 전용공간으로 파악
- 휴게마당, 운동마당은 전용공간으로 이해하고 접근
- 쌈지공원은 주도로변 공개공지 성격

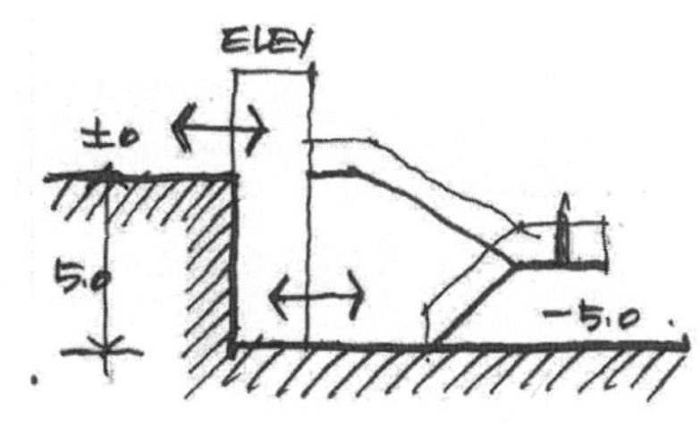

④ 주차장
- 주차구역A(20대), 주차구역B(35대)
- 규모에 적합한 형식(양방향 동선)
- 장애인 주차 포함
- 주차구획 크기 별도 제시

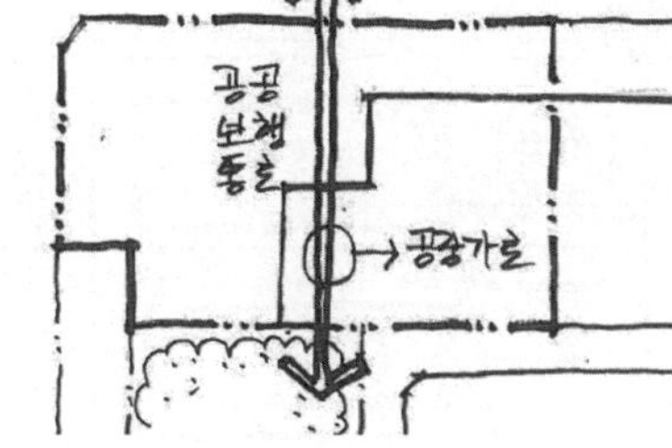

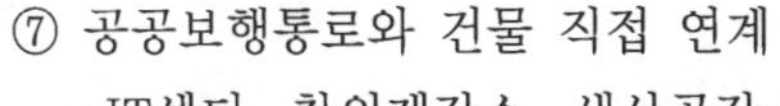

⑤ 옥외엘리베이터, 외부계단
- 대지 고저차 연결하는 수직동선

⑥ 공공보행통로
- 폭 8m 이상
- 불특정 다수가 상시 이용 가능
- 20m도로와 공원을 연결
  (일부 공중가로 형태)

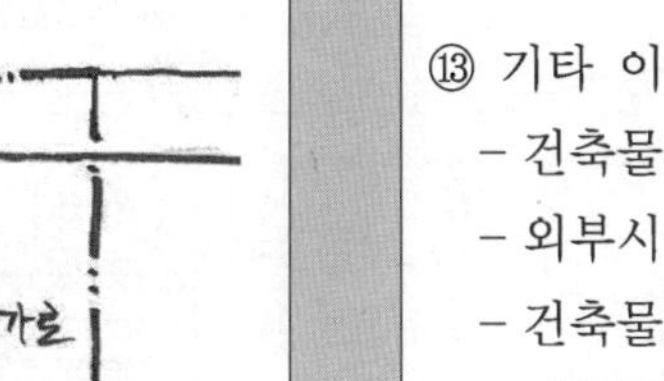

⑦ 공공보행통로와 건물 직접 연계
- IT센터, 창의제작소, 생산공장
  (개발, 제작, 생산시설)
- 산단본부, 연구동, 전시동
  (지원, 홍보시설)
- 대지 중앙의 중심 외부시설로서의 공공보행통로 고려

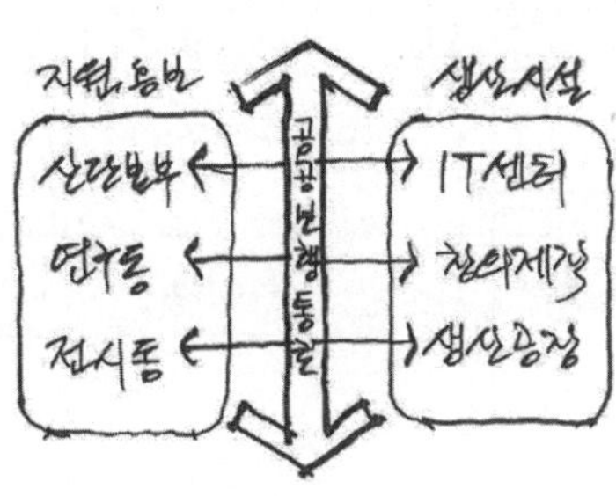

⑧ 주차구역
- 주차구역A: 10m도로 진입
- 주차구역B: 12m도로 진입
  (공중가로 하부 필로티 주차 가능)

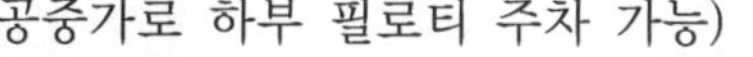

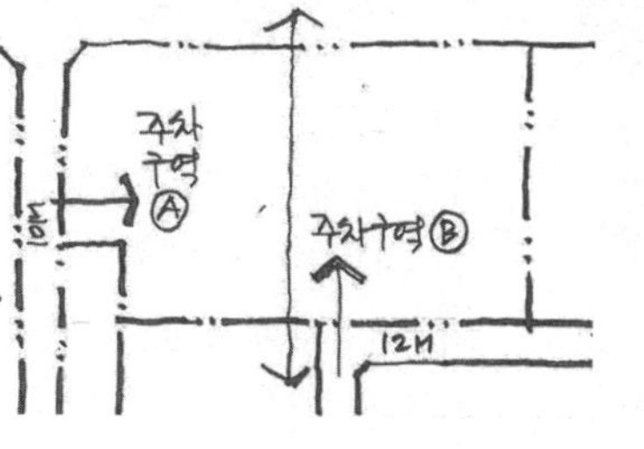

⑨ 비상차량통로
- 주차구역A와 주차구역B 연계차로
- 종단경사 17% 이내
  (5m단차 극복을 위해 비상차량통로 길이 약 30m 정도 확보)

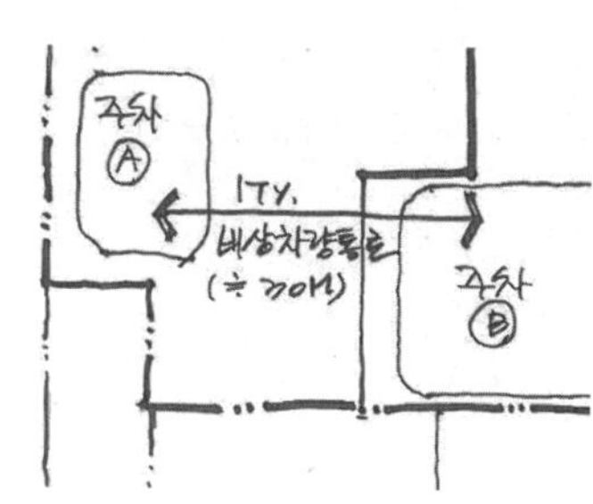

⑩ 휴게마당
- 방문자, 직원 휴게공간
- 주차구역A와 연계 배치
- 전용공간으로 계획

⑪ 기타시설
- 옥외엘리베이터 및 외부계단
- 대지 내부 단차 극복 수직코어
- 공공보행통로에 인접 배치

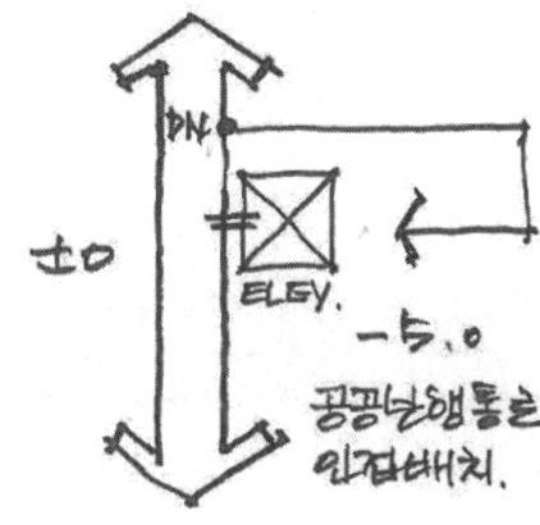

⑫ 대지경계선으로부터의 이격거리
- 건축물과 외부시설 모두 해당
- 5m 이상의 이격거리 확보

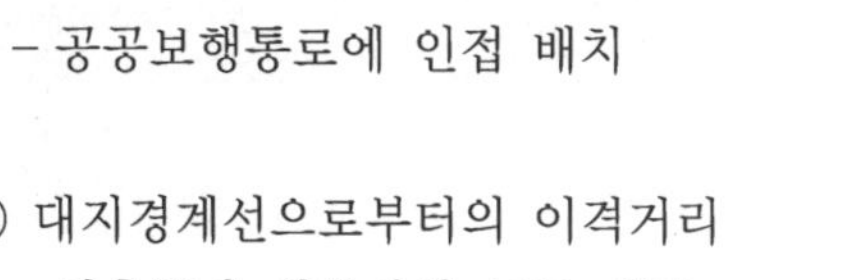

⑬ 기타 이격거리
- 건축물과 건축물: 6m
- 외부시설과 외부시설: 6m
- 건축물과 외부시설: 6m
- 건축물과 공공보행통로: 6m

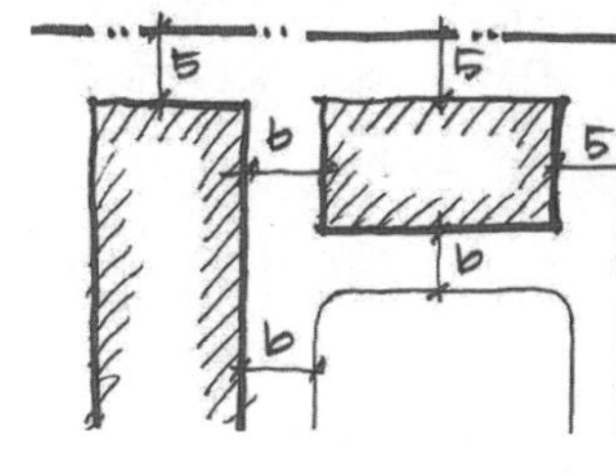

⑭ 건물 주변 내부도로 계획
- IT센터, 창의제작소, 생산공장은 4면이 단지 내 도로에 면하도록 계획
- 적절한 곳에 하역공간 배치

⑮ 화단 계획
- 건물 주변 적절한 곳에 2m 이상
- IT센터, 창의제작소, 생산공장은 제외

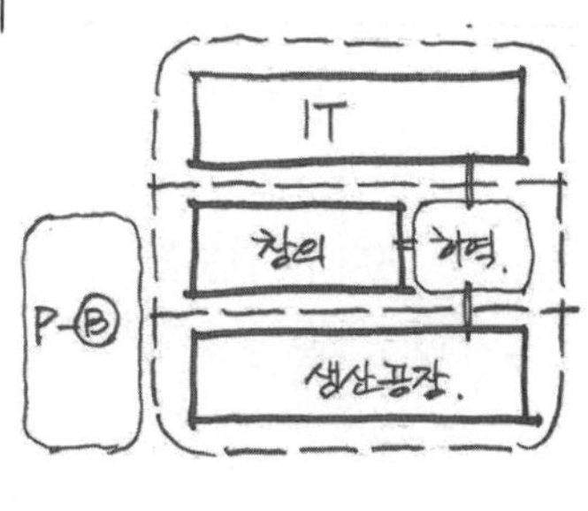

■ 문제풀이 Process

4 토지이용계획

① 내부동선
- 주도로와 공원을 잇는 공공보행통로 계획
- 각 부도로에서 보행자 부동선 계획
- 차량진출입구 2개소 차량진입불허구간)

② 시설조닝
- 지원 · 연구 영역
- 홍보 · 판매 영역
- 개발 · 생산 영역
- 기숙사: 프라이버시, 향 및 공원 조망

③ 시험의 당락을 결정짓는 큰 그림에 해당

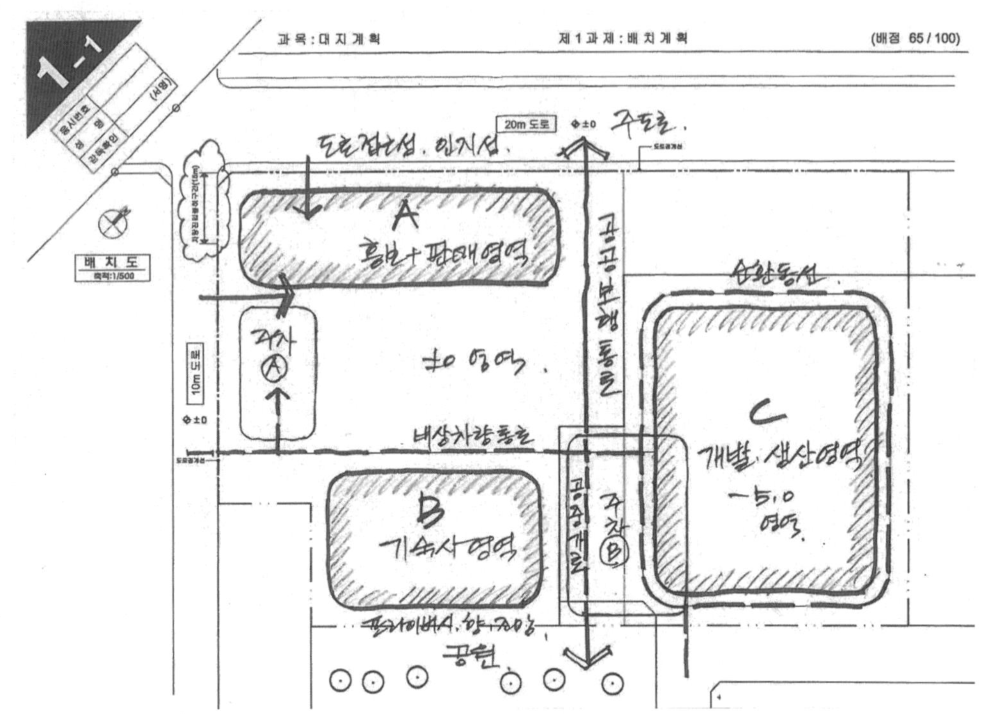

5 배치대안검토

① 토지이용계획을 바탕으로 세부계획 진행

② 조닝된 영역을 기본으로 시설별 연계조건을 고려하여 시설 위치 선정

③ 영역 내부의 시설물 배치는 합리적인 수준에서 정리되면 O.K
- 정답을 찾으려 하지 말자

④ 대지전체의 여유공간을 확인하여 계획적인 factor를 고려하되, 설계주안점이 적절히 반영되었는지 최종 확인 후 작도한다.

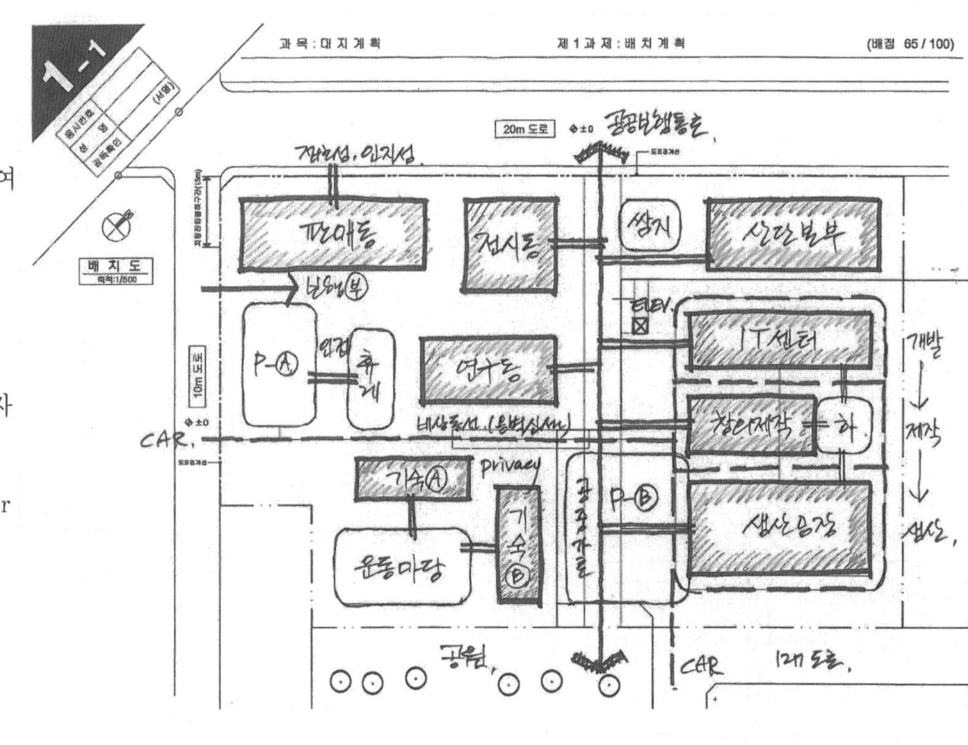

6 모범답안

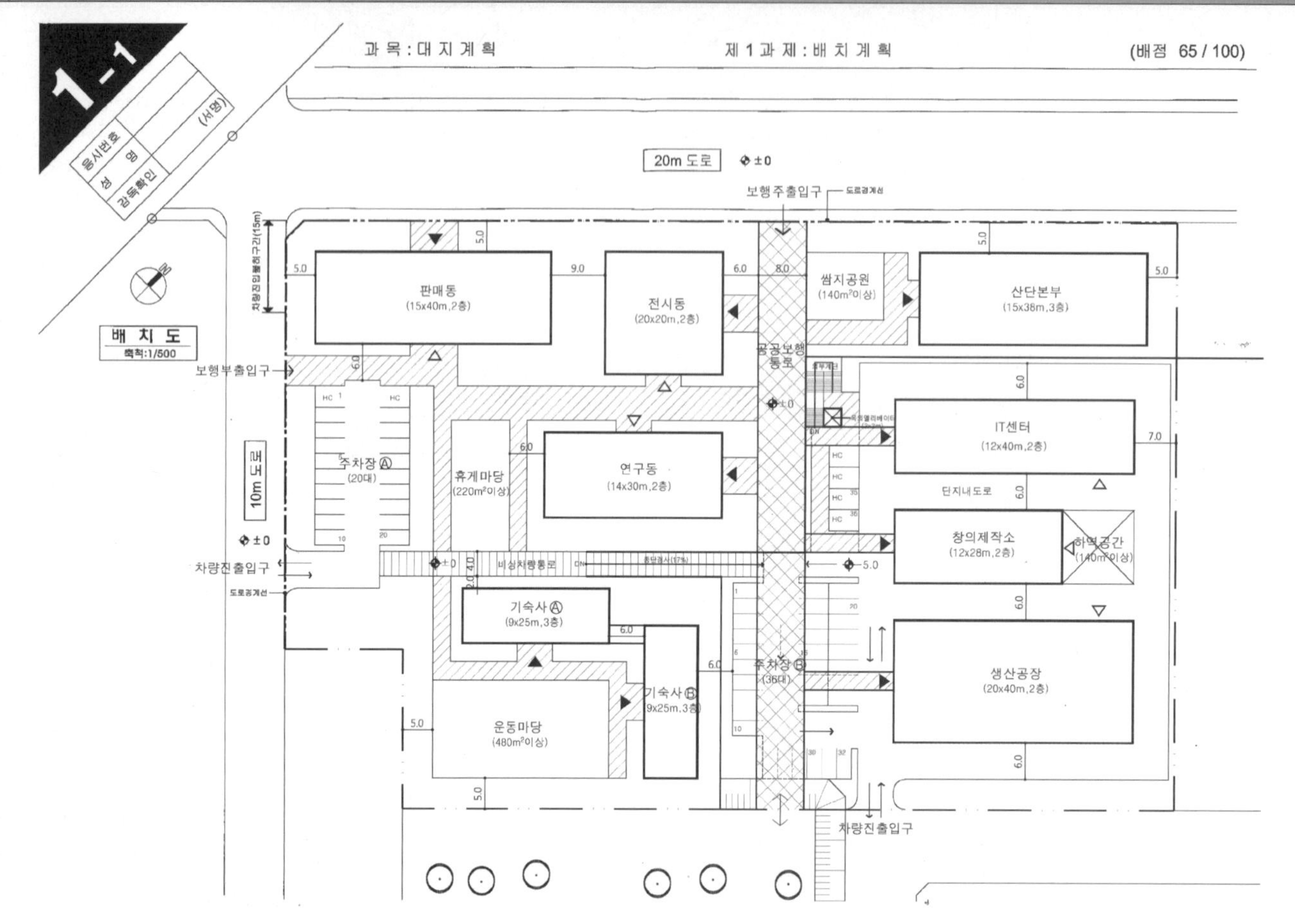

■ 주요 체크포인트

① 공공보행통로 계획
- 정20m도로와 공원 연결
- 정기본적인 시설조닝의 기준

② 동선계획
- 정보행로 계획의 적정성
- 정주차장 형태와 위치선정 (비상차량통로의 합리적 계획)
- 생산시설 주변 순환동선 계획

③ 기타 사항
- 판매동 및 전시동 위치선정
- 기숙사 영역의 합리적 계획
- 이격조건 준수(치수계획형)

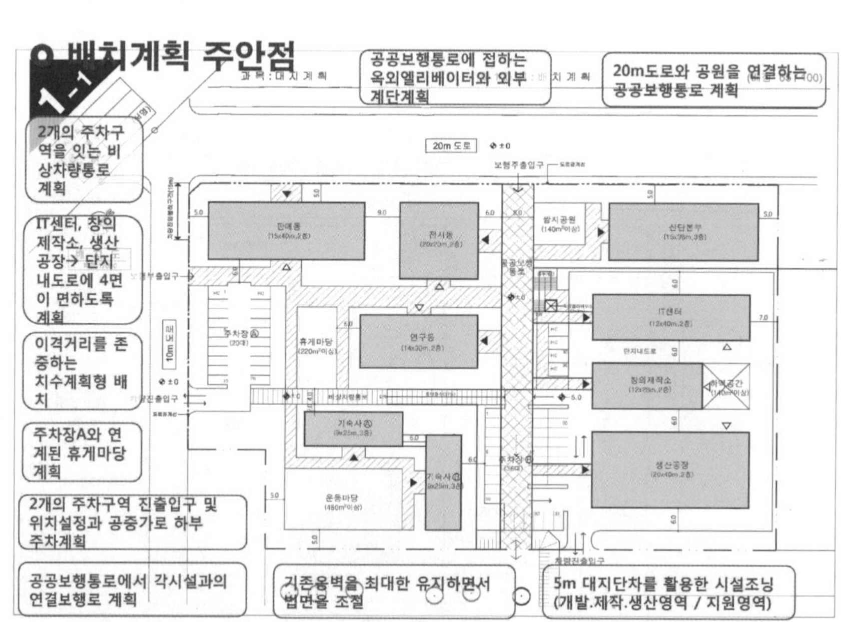

■ 문제풀이 Process

배치계획 문제풀이를 위한 핵심이론 요약

1. 대지로의 접근성

- 대지주변 현황을 고려하여 보행자 및 차량 접근성 검토
- 외부에서 대지로의 접근성을 고려 → 대지 내 동선의 축 설정 → 내부동선 체계의 시작
- 일반적인 보행자 주 접근 동선 – 주도로(넓은 도로)
- 일반적인 차량 및 보행자 부 접근 동선 – 부도로(좁은 도로)

가. 대지가 일면도로에 접한 경우

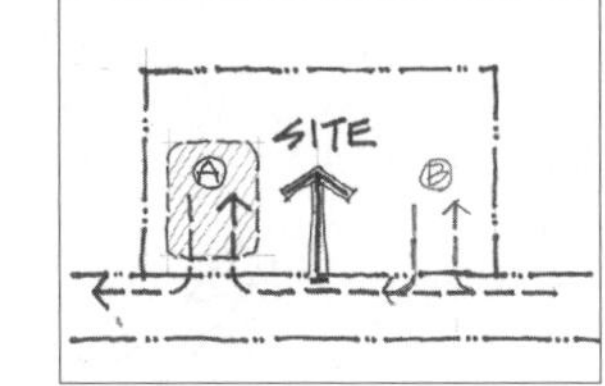

- 대지중앙으로 보행자 주출입 예상
- 대지 좌우측으로 차량 출입 예상
- 주차장 영역 검토 : 초행자를 위해서는 대지를 확인 후 진입 가능한 A 영역이 유리

나. 대지가 이면도로에 접한 경우-1

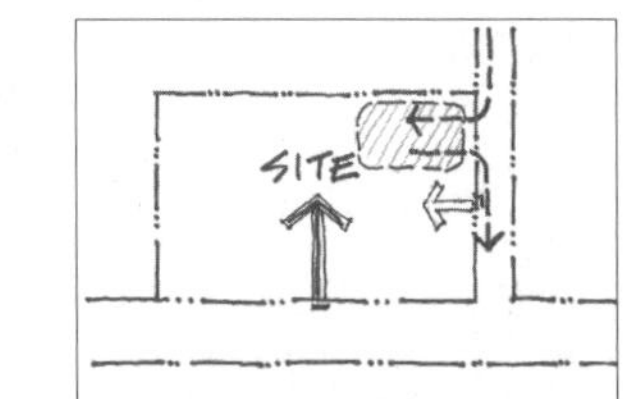

- 주도로에서 보행자 주출입 예상
- 부도로에서 차량 출입 예상 : 주차장 영역 예상
- 요구조건에 따라 부도로에서 보행자 부출입 예상

다. 대지가 이면도로에 접한 경우-2

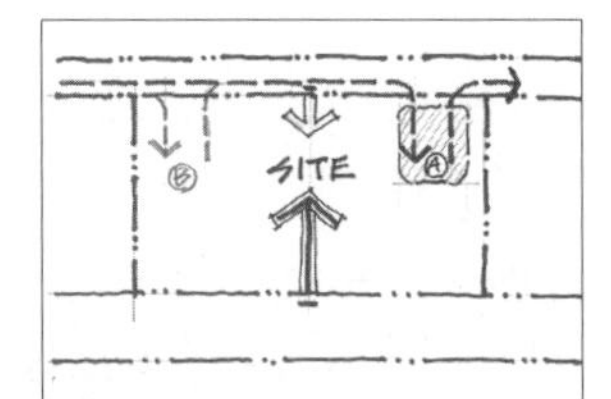

- 주도로에서 보행자 주출입 예상
- 부도로에서 차량 출입 예상 : 주차장 영역 예상 → A 영역 우선 검토
- 부도로에서 보행자 부출입 예상

▸ 지문

① 공공보행통로는 단지주변 20m 도로와 공원을 연결하도록 계획

② 주차구역A는 단지주변 10m 도로에서, 주차구역B는 단지주변 12m 도로에서 진입

- 보행동선 : 주보행로의 기능을 포함하는 공공보행통로 / 부도로에서의 부 보행출입 동선 고려
- 차량동선 : 부도로-1, -2에서 각각의 차량 진출입구 계획(차량진입불허구간 고려)

2. 외부공간 성격 파악

- 외부공간을 계획할 경우 공간의 쓰임새와 성격을 분명하게 규정해야 한다.
- 전용공간

① 전용공간은 특정목적을 지니는 하나의 단일공간

② 타 공간으로부터의 간섭을 최소화해야 함

③ 중앙을 관통하는 통과동선이 형성되는 것을 피해야 한다.

④ 휴게공간, 전시공간, 운동공간

- 매개공간

① 매개공간은 완충적인 공간으로서 광장, 건물 전면공간 등 공간과 공간을 연결하는 고리역할을 하며 중간적 성격을 갖는다.

② 공간의 성격상 여러 통과동선이 형성될 수 있다.

▸ 지문

① 운동마당 : 기숙사 휴게공간

② 휴게마당 : 방문자, 직원 휴게공간

③ 쌈지공원 : 20m 도로변 보행자 휴식공간

- 공공보행통로는 주 보행동선의 기능을 포함하는 매개공간
- 운동마당, 휴게마당은 전용공간
- 쌈지공원은 공개공지 기능을 포함하는 만큼 전용공간으로 해석하는 것이 합리적

3. 보차분리

- 보행자주출입구 : 대지 전면의 중심 위치에서 한쪽으로 너무 치우치지 않는 곳에 배치
- 주보행동선 : 모든 시설에서 접근성이 좋도록 시설의 중심에 계획
- 보·차분리를 동선계획의 기본 원칙으로 하되 내부도로가 형성되는 경우 등에는 부분적으로 보·차 교행구간이 발생하며 이 경우 횡단보도 또는 보행자 험프를 설치
- 보도 폭을 임의로 계획하는 경우 동선의 빈도와 위계를 고려하여 보도 폭의 위계를 조절

▸ 지문(대지현황)

① 보행자 주진입 : 북서측 15m 도로(공공보행통로)

② 보행자 부진입 : 부도로에서 임의 계획

③ 차량 진출입 : 부도로 2개소에서 각각 계획

- 도시권 배치계획인 만큼 가급적 보 · 차 분리가 가능하도록 내부동선을 계획하는 것이 중요하지만 차량동선이 중요한 시설(지식산업단지)인 만큼 차량동선의 원활한 시설 접근 또한 중요하다.
  (특히 IT센터, 창의제작소, 생산공장 주변 및 주차장 사이 비상차량통로)

4. Privacy

- 공적공간 – 교류영역 / 개방적 / 접근성 / 동적
- 사적공간 – 특정이용자 / 폐쇄적 / 은폐 / 정적
- 건물의 기능과 용도에 따라 프라이버시를 요하는 시설 – 주거, 숙박, 교육, 연구 등
- 사적인 공간은 외부인의 시선으로부터 보호되어야 하며, 내부의 소리가 외부로 새나가지 않도록 하여야 한다. 즉 시선과 소리를 동시에 고려하여 건물을 배치하여야 한다.
- 프라이버시 대책

① 건물을 이격배치 하거나 배치 향을 조절 : 적극적인 해결방안, 우선검토 되는 것이 바람직

② 다른 건물을 이용하여 차폐

③ 차폐 식재하여 시선과 소리 차단 (상엽수를 밀실하게 열식)

④ FENCE, 담장 등 구조물을 이용

▸ 지문

① 기숙사Ⓐ, Ⓑ동 (각 3층 / 2개동) : 9m x 25m

- 프라이버시를 확보해야 하는 기숙사시설
- 도로(소음원)에서 충분히 이격, 주변 환경이 양호하고 향을 고려한 위치에 검토
- 공원에 인접하고 향을 확보할 수 있는 영역이 합리적

■ 문제풀이 Process

배치계획 문제풀이를 위한 핵심이론 요약

5. 성격이 다른 주차장

▸ 영역별 조닝계획
- 건물의 기능에 맞는 성격별 주차장의 합리적인 연계

▸ 성격이 다른 주차장의 일반적인 구분
① 일반 주차장
② 직원 주차장
③ 서비스 주차장 (하역공간 포함)

▸ 성격이 다른 주차장의 특성
① 일반주차장 : 건물의 주출입구 근처에 위치
주보행로 및 보도 연계가 용이한 곳
승하차장, 장애인 주차구획 배치
주차장 진입구와 가까운 곳
일방통행 + 순환동선 체계
② 직원주차장 : 건물의 부출입구 근처에 위치
제시되는 평면에 기능별 출입구 언급되는 경우가 대부분
③ 서비스주차 : 일반이용자의 영역에서 가급적 이격
주출입구 및 건물의 전면공지에서 시각 차폐 고려
토지이용효율을 고려하여 주로 양방향 순환체계 적용

▸ 지문
① 주차구역Ⓐ : 20대 (장애인 주차 2대 포함)
② 주차구역Ⓑ : 35대 (장애인 주차 4대 포함)
③ 주차단위구획 2.5m×5.0m, 장애인 및 작업주차 3.5m×5.0m
-차량진입불허구간 고려한 용도(조닝)별 주차장 분산 배치
-주차구역Ⓑ를 계획함에 있어 주차구역Ⓐ와의 비상차량통로 연계 뿐 아니라 IT센터, 창의제작소, 생산공장 주변 내부도로 및 하역공간과의 유기적 연계도 고려하여야 함

6. 접근성

▸ 접근성을 고려하기 위해서는 물리적으로 가까이 배치하는 것이 필요
▸ 대지 외부로부터의 접근성 확보를 위해서는 도로변으로 인접 배치시켜야 함
▸ 이용자의 원활한 유입을 위해 존재를 부각시켜야 할 필요가 있는 건축물이 있음
- 접근성에 대한 요구를 직접 지문에 언급하기도 함
- 보통 인접도로나 대지 주출입구로부터의 접근성을 요구하는 것이 일반적이므로 대부분의 경우 도로변에 배치되게 된다.

▸ 지문
① 전시동 : 산업단지 전시홍보
② 판매동 : 제품 판매
- 전시동은 홍보 기능을 수행해야 하므로 접근성 및 인지성 확보가 필요 : 도로변 인접 배치
- 판매동은 외부 접근이 적극적으로 고려되어야 함 : 도로변 인접 배치

7. 옹벽

▸ 필요한 곳에 최소한 사용을 원칙으로 함
▸ 등고선 측면에서 보면 여러 개의 레벨을 갖는 등고선이 겹쳐져 있는 형태
▸ 계단의 측면, 건물의 측벽도 옹벽의 역할 가능
▸ 옹벽의 유형

ⓐ ㄷ-자 옹벽　ⓑ ㄴ-자 옹벽　ⓒ 일자 옹벽

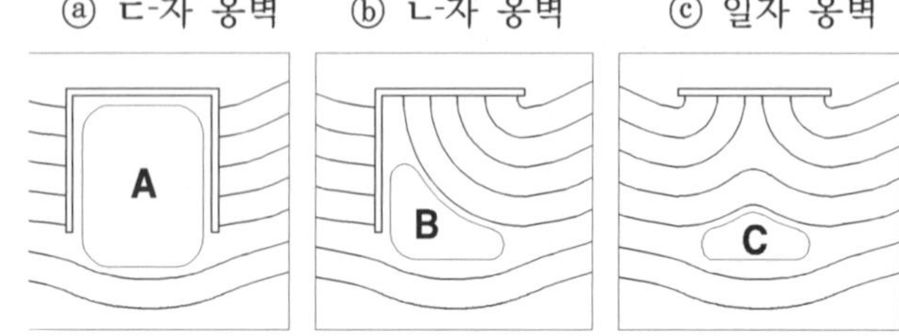

* 옹벽에 의한 가용면적 ⓐ>ⓑ>ⓒ

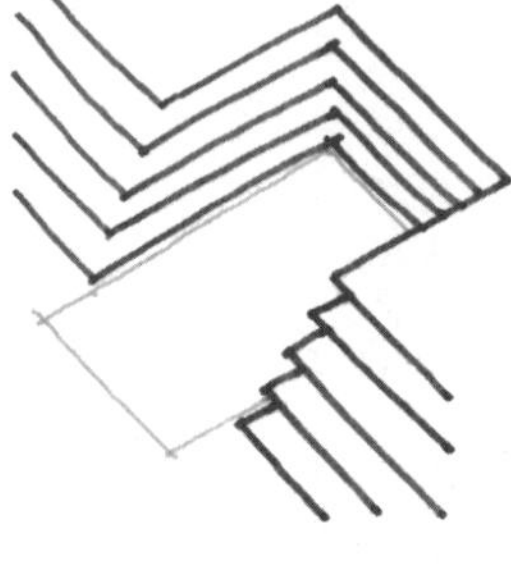

▸ 옹벽을 지나는 등고선의 해석
- 평면상 옹벽에 의해 잘려나간 등고선은 옹벽의 한쪽 끝에서 사라졌다가 반대쪽에서 다시 나타난다.

▸ 지문(대지현황)
① 현황도에 기존옹벽 구간(H:5m)과 기존 경사면 제시
(기존대지의 레벨과 옹벽은 최대한 유지)
② 비상차량통로 및 기숙사 영역 계획 시 일부 옹벽 신설 : 옹벽은 굵은 실선으로 표현

8. 각종 제한요소

▸ 장애물 : 자연적요소, 인위적요소
▸ 건축선, 이격거리
▸ 경사도(급경사지)
▸ 일반적으로 제시되는 장애물의 형태
① 수목(보호수)
② 수림대(휴양림)
③ 연못, 호수, 실개천
④ 암반
⑤ 공동구 등 지하매설물
⑥ 기존건물
⑦ 기타

휴양림 건축제한 (산책로는 가능)
실개천주변 건축제한
연못주변 건축제한
보호수로부터의 건축제한
진출입구 제한: 교량으로부터의 이격

▸ 지문(대지현황)
① 대지 내 옹벽 및 경사면
② 건축물과 외부시설은 대지 경계선에서 5m 이격하여 배치한다.
③ 건축물과 건축물, 외부시설과 외부시설, 건축물과 외부시설, 건축물과 공공보행통로는 6m 이상 이격하여 배치한다.
- 도시권 배치계획으로 치수 계획형에 가까운 만큼 이격거리가 정확하게 지켜지지 못한 경우 감점의 폭이 클 수 있으므로 주의해야 함

■ 문제풀이 Process

배치계획 주요 체크포인트

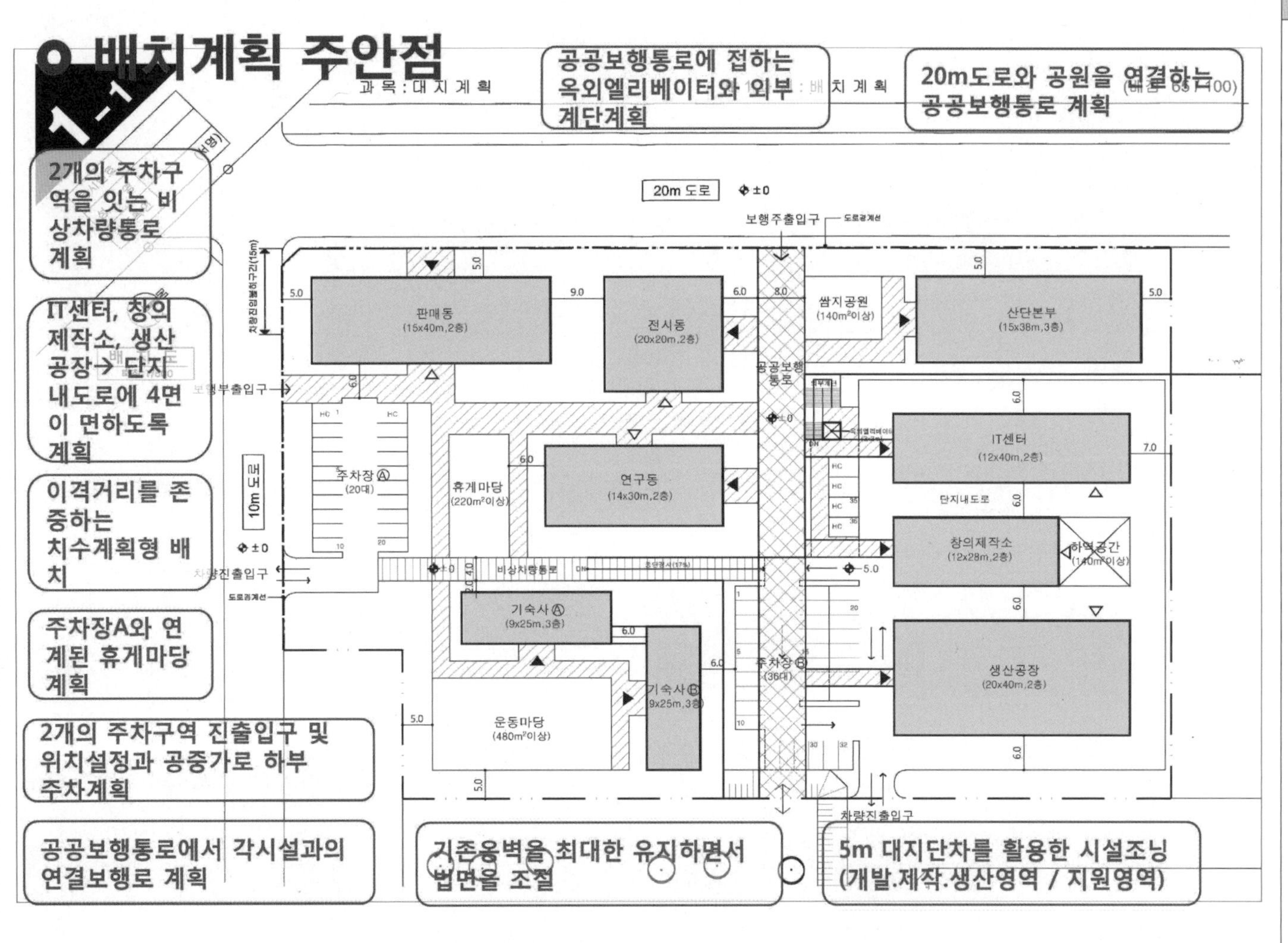

▸ 합리적인 영역 분리(개발 · 생산 영역 / 홍보 · 판매 영역 / 기타 지원 영역)

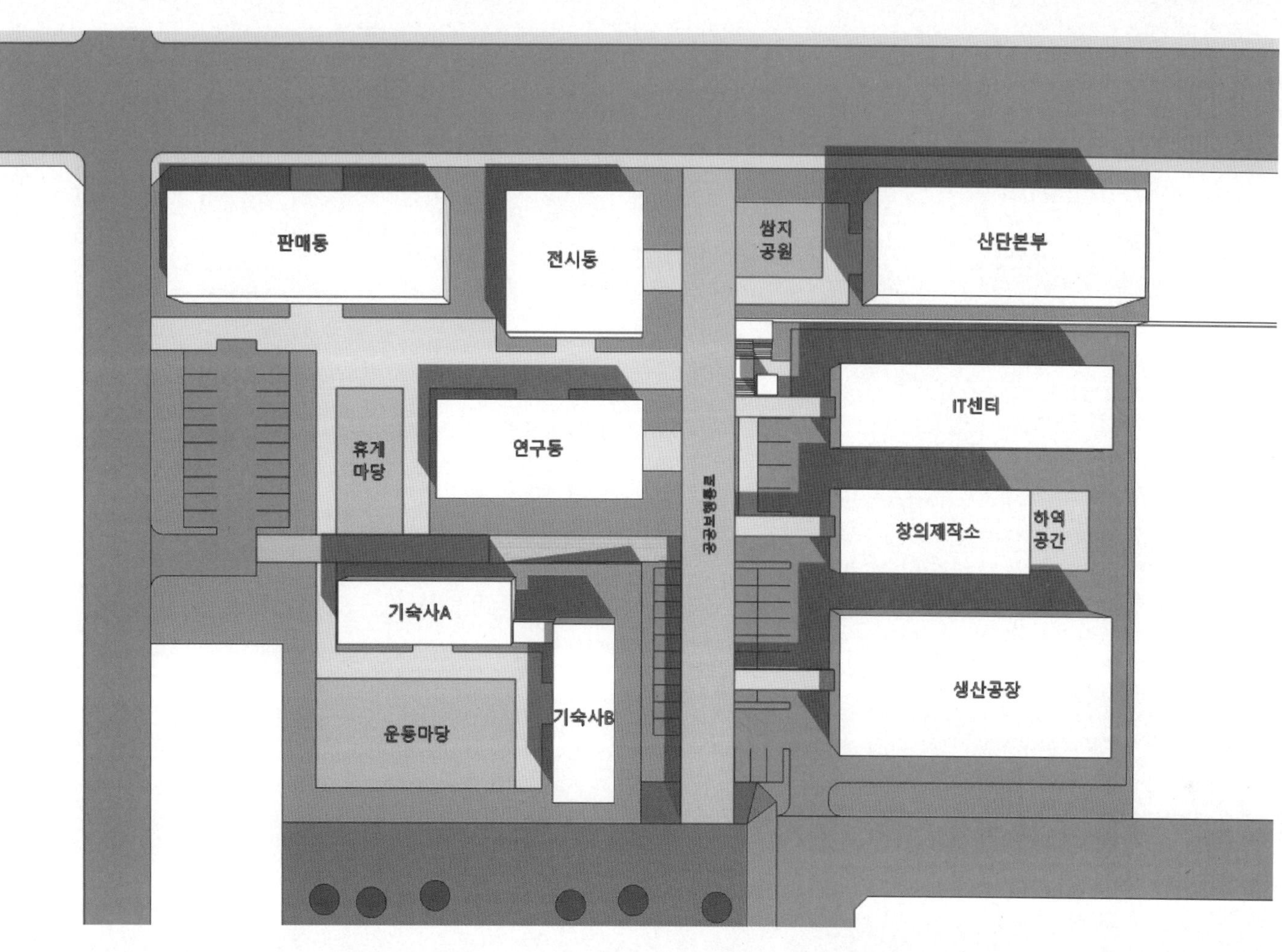

▸ 공공보행통로를 중심으로 한 건축물 배치

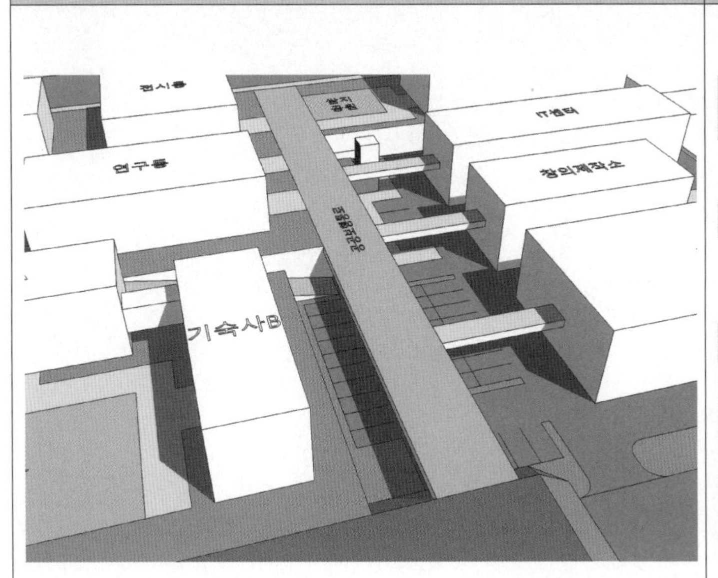

▸ 프라이버시, 향, 공원 연계를 고려한 기숙사동 영역

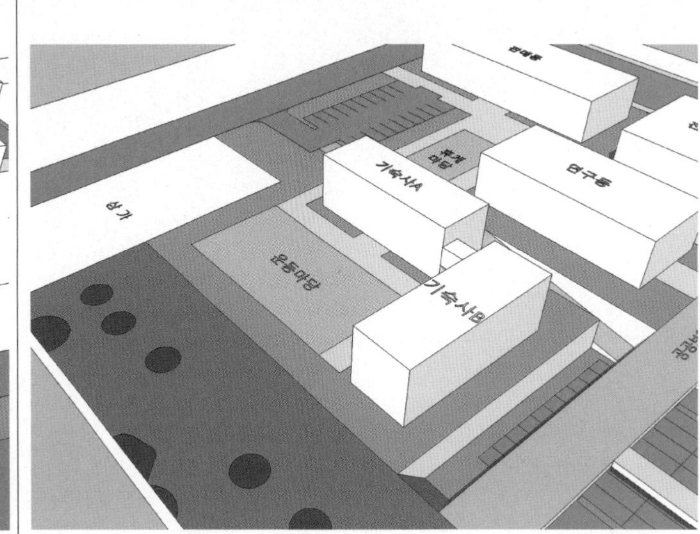

▸ 제품개발, 시제품제작, 제품생산 영역

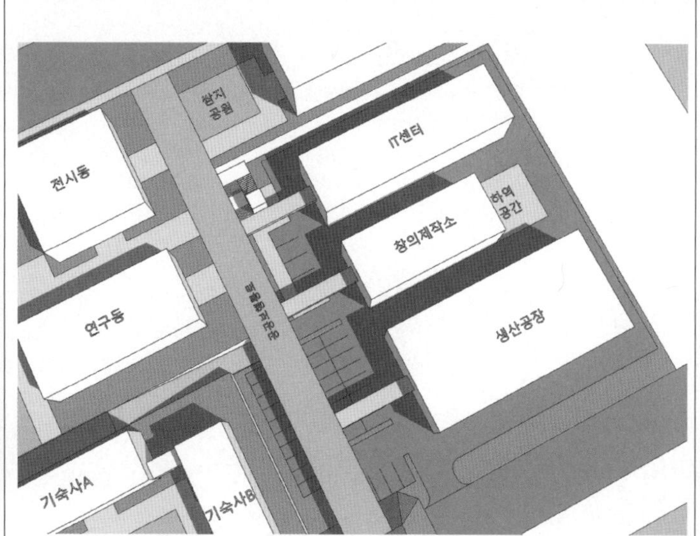

▸ 기존 질서 존중, 합리적인 단차 연계 동선

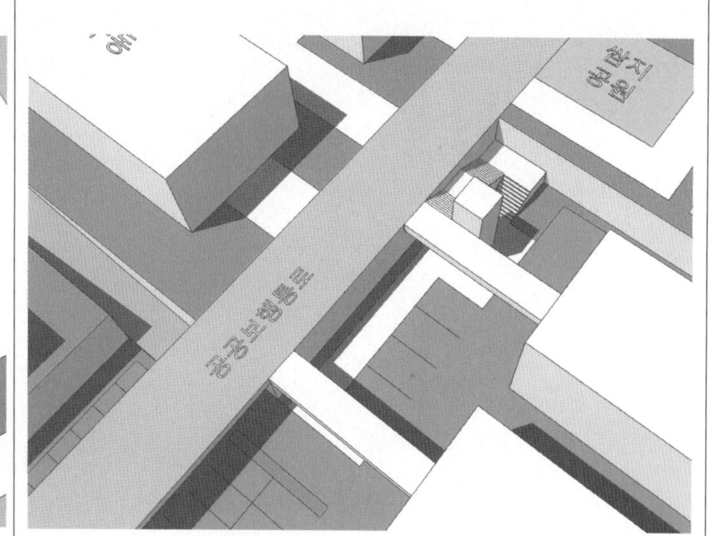

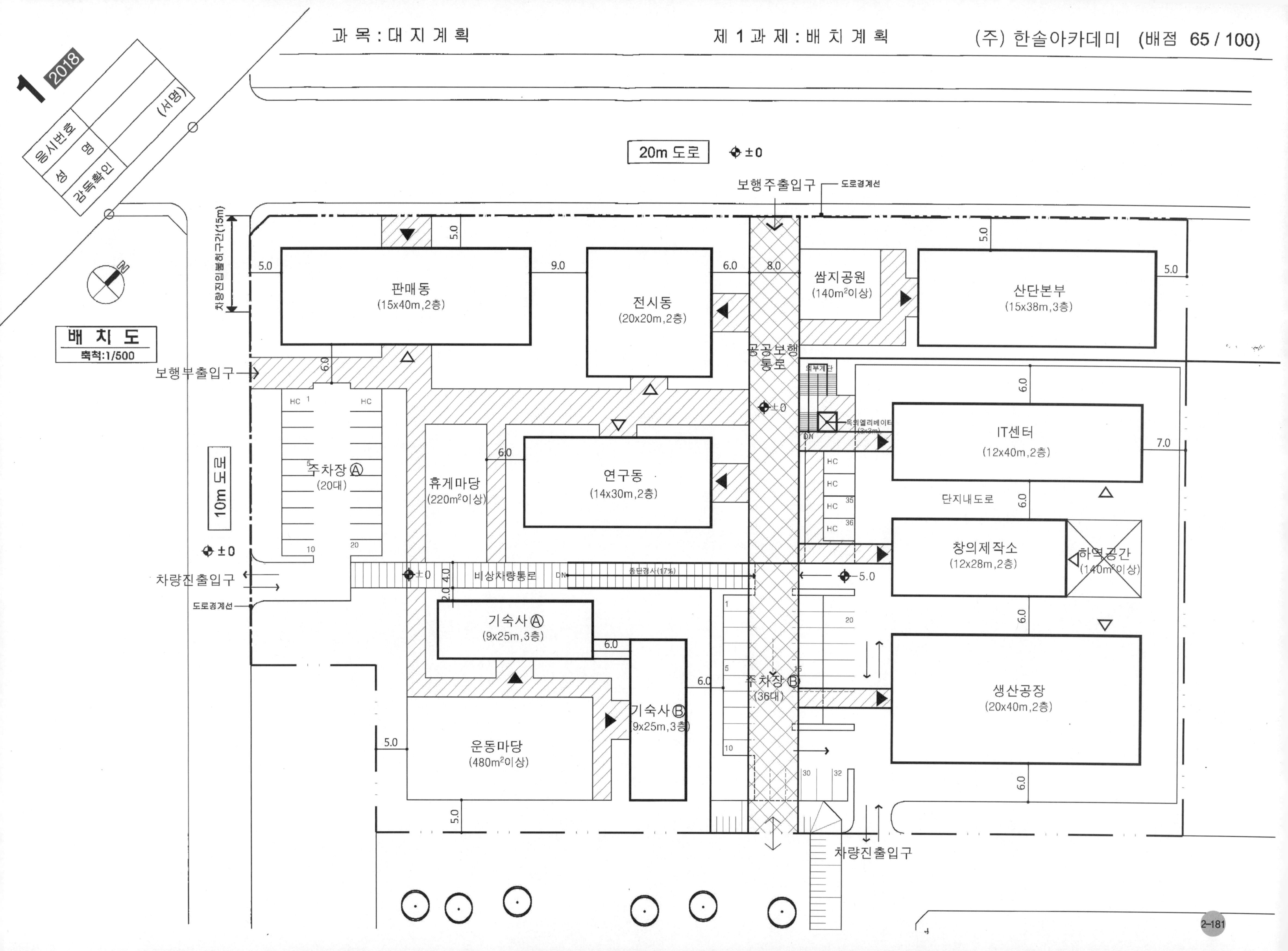
1 2018
응시번호
성 명
감독확인
(서명)
배 치 도
축척:1/500
20m 도로
±0
보행주출입구
도로경계선
차량진입불허구간(15m)
판매동
(15x40m,2층)
전시동
(20x20m,2층)
쌈지공원
(140m²이상)
산단본부
(15x38m,3층)
공공보행통로
보행부출입구
주차장 Ⓐ
(20대)
휴게마당
(220m²이상)
연구동
(14x30m,2층)
IT센터
(12x40m,2층)
단지내도로
창의제작소
(12x28m,2층)
하역공간
(140m²이상)
10m 도로
차량진출입구
도로경계선
비상차량통로
종단경사(17%)
기숙사Ⓐ
(9x25m,3층)
기숙사Ⓑ
(9x25m,3층)
주차장 Ⓑ
(36대)
생산공장
(20x40m,2층)
운동마당
(480m²이상)
차량진출입구
-5.0

구 성	FACTOR	지 문 본 문	FACTOR	구 성

구 성

1. 제목
- 건축물의 용도 제시 (공동주택과 일반건축물 2가지로 구분)
- 최대건축가능영역의 산정이 대전제

2. 과제개요
- 과제의 목적 및 취지를 언급합니다.
- 전체사항에 대한 개괄적인 설명이 추가되는 경우도 있습니다.

3. 설계(대지)개요
- 대지에 관한 개괄적인 사항
- 용도지역지구
- 대지규모
- 건폐율, 용적률
- 대지내부 및 주변현황 (현황도 제시)

4. 계획조건
- 접도현황
- 대지안의 공지
- 각종 이격거리
- 각종 법규 제한조건 (정북일조, 채광일조, 가로구역별최고높이, 문화재보호앙각, 고도제한 등)
- 각종 법규 완화규정

FACTOR

① 배점을 확인합니다
- 35점 (과제별 시간 배분 기준)

② 용도 체크
- 근린생활시설: 일반건축물
- 최대건축가능영역
- 계획개요(면적표) 작성

③ 제3종 일반주거지역
- 정북일조권 적용

④ 건폐율 50% 이하
- 계획 시 건축면적 확인 필요

⑤ 용적률 300% 이하
- 계획 시 연면적 확인 필요

⑥ 최고높이 25m 이하
- 가로구역별 최고높이 아님
- 계획적 factor로 이해

⑦ 건축물 이격조건
- 도로경계선으로부터 1m
- 인접대지경계선으로부터 1m

⑧ 정북일조 기준 제시

⑨ 정북일조 적용 방법
- 인접대지Ⓑ와 접하는 부분은 두 대지 높이 차이의 1/2을 기준으로 적용

⑩ 층고 및 1층 바닥레벨
- 층고 4m
- 1층 바닥레벨=대지레벨

⑪ 보호수목
- 보호수목 중심으로부터 9m까지 건축물 계획 금지

⑫ 필로티 바닥면적 제외

지 문 본 문

2018년도 건축사자격시험 문제

과목: 대지계획 제2과제 (대지분석・조닝・대지주차) ①배점: 35/100점

제목 : 주민복지시설의 최대 건축가능 규모 및 주차계획

1. 과제개요 ②

일반주거지역으로 둘러싸인 계획대지에 주민복지시설을 신축하고자 한다. 다음 사항을 고려하여 건축이 가능한 최대 규모와 주차계획을 하시오.

2. 대지개요

(1) 용도지역 : 제3종 일반주거지역 ③
(2) 대지면적 : 864㎡
(3) 건 폐 율 : 50% 이하 ④
(4) 용 적 률 : 300% 이하 ⑤
(5) 건축물 최고 높이 : 25m 이하 ⑥
단, 파라펫 높이는 고려하지 않음

3. 계획조건 및 고려사항

(1) 건축물의 모든 외벽은 벽 두께를 고려하지 않고, 도로경계선 및 인접대지경계선으로부터 다음과 같이 이격 거리를 확보한다. ⑦
① 도로경계선 : 1m 이상
② 인접대지경계선 : 1m 이상
(2) 일조 등의 확보를 위한 건축물의 높이제한을 위하여 건축물의 각 부분을 정북방향으로의 인접대지경계선에서 다음과 같이 이격한다. ⑧
① 높이 9m 이하 부분 : 1.5m 이상
② 높이 9m 초과 부분 : 해당 건축물 각 부분 높이의 1/2 이상
(3) 건축물 각 부분의 높이는 계획대지 지표면을 기준으로 산정하며, 인접대지 Ⓑ가 접하는 부분은 두 대지 높이 차이의 1/2을 기준으로 산정한다. ⑨
(4) 각 층의 층고는 4m이고, 지상 1층 바닥레벨은 대지레벨과 동일하다. ⑩
(5) 계획대지에 인접한 보호수목의 중심으로부터 9m까지는 보호수목 보존지역이며, ⑪ 건축물을 건축 할 수 없다.
(6) 필로티 면적은 바닥면적에 포함하지 않는다. ⑫

(7) 주차계획
① 주차대수 : 지상 12대 이상 (장애인주차 2대 포함) 단, 필로티 주차 가능 ⑬
② 주차단위구획 ⑭
• 일반형 주차 : 2.5m x 5.0m
• 장애인 주차 : 3.5m x 5.0m
③ 차량 진출입로 및 차로 너비 : 6.0m 이상 ⑮
④ 차로, 주차구획의 이격거리 ⑯
• 도로경계선 : 1m 이상
• 인접대지경계선 : 1m 이상
• 건축물 : 제한 없음

4. 도면작성요령 ⑰

(1) 배치도 ⑱ 에는 2층~최상층 건축영역을 <보기>와 같이 표기하고, 중복된 층은 그 최상층만 표기한다.
(2) 1층 평면 및 주차계획도 ⑲ 에는 1층 건축영역과 주차계획을 표기한다.
(3) 단면도에는 제시된 <A-A'> 단면의 최대 건축영역을 표기한다.
(4) 각종 제한선, 이격거리, 층수 및 치수는 소수점 이하 둘째자리에서 반올림하여 첫째자리까지 표기한다. ⑳
(5) 차로, 보도, 주차구획 등은 1층 평면 및 주차계획도에 실선으로 표현하며, 상층부에 건축물이 돌출되는 경우에는 점선으로 표현한다. ㉑
(6) 단위 : m
(7) ㉒ 축척 : 1/300

<보기>

홀수층	(격자 해치)
짝수층	(사선 해치)

5. 유의사항

(1) 답안작성은 반드시 흑색 연필로 ㉓ 한다.
(2) 명시되지 않은 사항은 ㉔ 현행 관계법령의 범위 안에서 임의로 한다.

FACTOR

⑬ 주차대수
- 지상주차장 12대(장애인 2대)
- 필로티 주차 가능

⑭ 주차단위구획
- 일반형 2.5m x 5.0m
- 장애인 3.5m x 5.0m

⑮ 차량진출입로 및 차로 조건

⑯ 차로, 주차구획 이격조건
- 도로경계선으로부터 1m
- 인접대지경계선으로부터 1m
- 건축물로부터 이격조건 없음

⑰ 도면작성요령은 항상 확인

⑱ 배치도 표현
- 2층~최상층 영역 표기
- <보기>와 같이 표기

⑲ 1층 평면 및 주차계획도
- 1층 건축영역+주차계획

⑳ 치수표현
- 소수점 이하 둘째자리에서 반올림하여 첫째자리까지 표기

㉑ 기타 표현
- 차로, 보도, 주차구획등 표현
- 상부 건축물은 점선 표현

㉒ 단위 및 축척
- m, 1/300

㉓ 흑색 연필로 작성

㉔ 명시되지 않은 사항
- 기타 법규를 검토할 경우 항상 문제해결의 연장선에서 합리적이고 복합적으로 고려

구 성

- 대지 내외부 각종 장애물에 관한 사항
- 1층 바닥레벨
- 각층 층고
- 외벽계획 지침
- 대지의 고저차와 지표면 산정기준
- 기타사항 (요구조건의 기준은 대부분 주어지지만 실무에서 보편적으로 다루어지는 제한요소의 적용에 대해서는 간략하게 제시되거나 현행법령을 기준으로 적용토록 요구할 수 있으므로 그 적용방법에 대해서는 충분한 학습을 통한 훈련이 필요합니다)

5. 도면작성요령
- 건축가능영역 표현방법(실선, 빗금)
- 층별 영역 표현법
- 각종 제한선 표기
- 치수 표현방법
- 반올림 처리기준
- 단위 및 축척

6. 유의사항
- 제도용구 (흑색연필 요구)
- 명시되지 않은 현행법령의 적용방침 (적용 or 배제)

구 성	FACTOR	지 문 본 문	FACTOR	구 성

7. 대지현황도
- 대지현황
- 대지주변현황 및 접도 조건
- 기존시설현황
- 대지, 도로, 인접대지의 레벨 또는 등고선
- 각종 장애물 현황
- 계획가능영역
- 방위
- 축척

(답안작성지는 현황도와 대부분 중복되는 내용이지만 현황도에 있는 정보가 답안작성지에서는 생략되기도 하므로 문제 접근시 현황도를 꼼꼼히 체크하는 습관이 필요합니다.)

㉕ 현황도 파악
- 대지경계선 확인
- 대지현황(평지)
- 접도현황(개소, 너비, 레벨 등)
- 주변현황 파악 (보호수목, 녹지, 주변대지 레벨, 차량진입불허구간 등)
- 방위
- 축척 없음
- 기타사항
- 제시되는 현황도를 이용하여 1차적인 현황분석을 합니다. (대지경계선이 변경되는 부분이 있는지 가장 먼저 확인)

과목: **대지계획** 제2과제 (대지분석 • 대지조닝 • 대지주차) 배점: 35/100점

<대지현황도> 축척 없음 ㉕

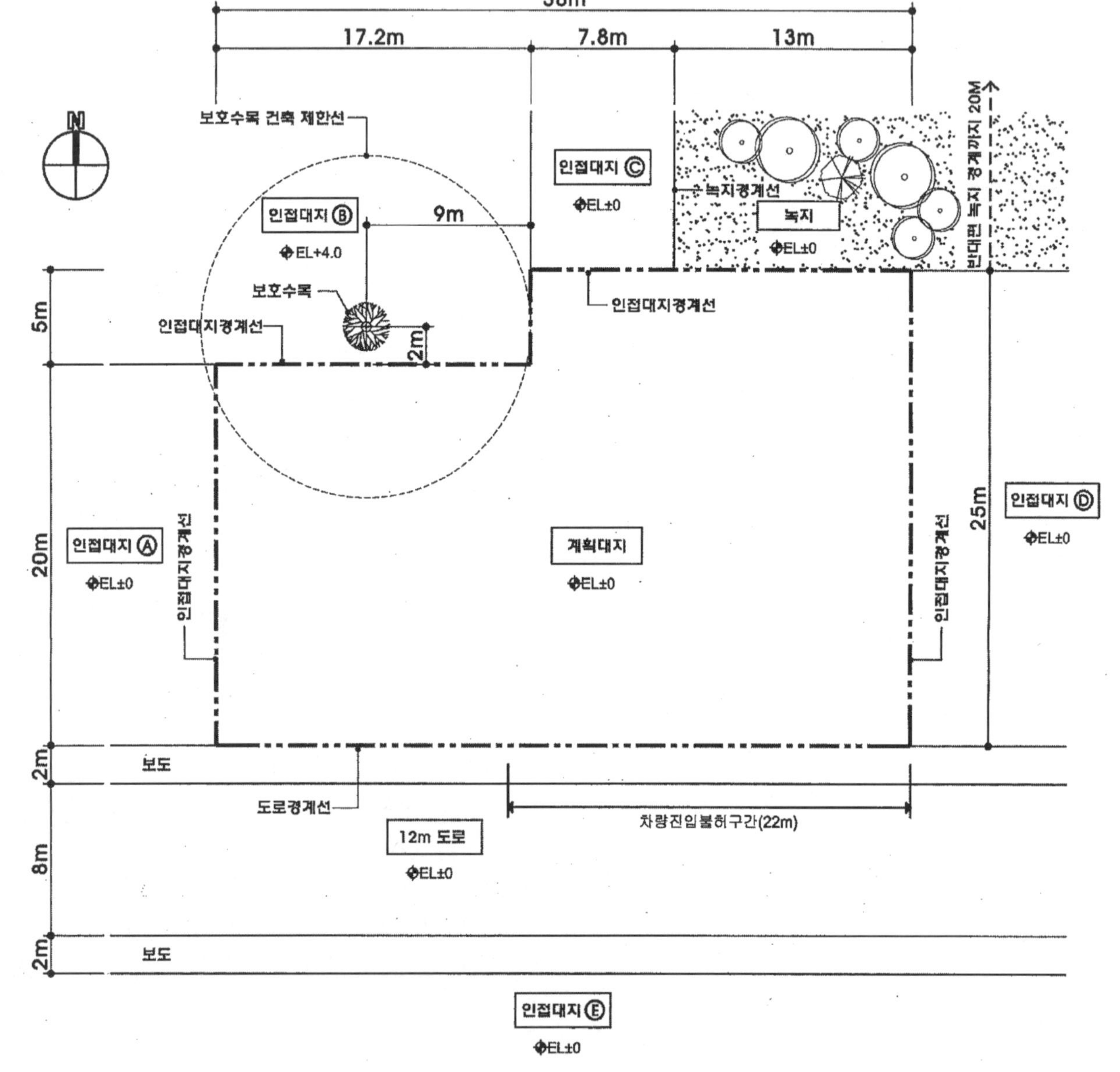

■ 문제풀이 Process

1 제목, 과제 및 대지개요 확인

① 배점 확인 : 35점
- 문제 난이도 예상
- 제1과제(배치계획)와 시간배분의 기준으로 유연하게 대처

② 제목 : 주민복지시설의 최대 건축가능 규모 및 주차계획
- 용도 : 주민복지시설 (일반건축물)
- 주차계획을 포함한 규모계획을 하고 계획개요를 작성하도록 요구

③ 제3종 일반주거지역
- 정북일조 고려

④ 건폐율 50%, 용적률 300%
- 계획 진행 시 건축면적 및 연면적에 대한 검토가 반드시 필요
- 건축물 최고높이가 제시되어 단면적인 건축 규모를 제한

⑤ 건축물 규모
- 지하층 없음, 지상 최대층 / 파라펫 높이 고려하지 않음

⑥ 구체적인 지문조건 분석 전 현황도를 이용하여 1차적인 현황분석을 우선 하도록 함
- 가장 먼저 확인해야 하는 사항은 건축선 변경 여부임을 항상 명심

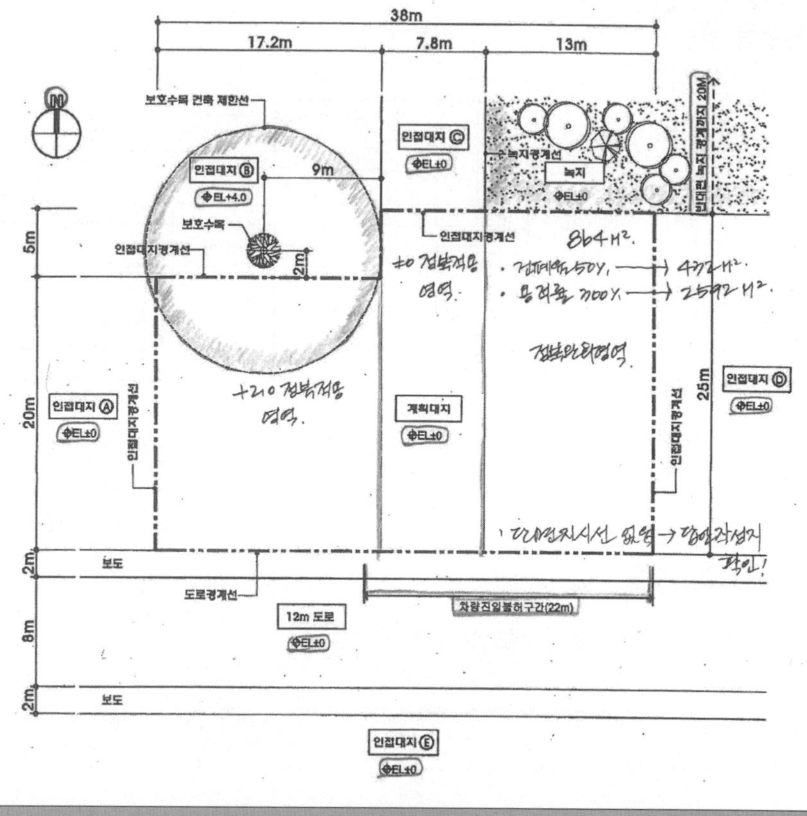

2 현황분석

① 대지조건
- 장방형의 평탄지
- 대지면적 : 864 ㎡
- 대지 북측 보호수목 및 반경 9m의 보호수목 건축 제한선 확인
- 북측 인접대지 레벨 및 녹지(폭 20m) 확인 : 정북일조 적용 기준이 달라지는 지점

② 주변현황
- 인접대지(평지) 및 녹지

③ 접도조건 확인
- 남측 12m(양측 2m 보도)
- 대지와 접한 일부 영역이 차량진입불허구간(폭 22m)으로 지정되어 있음

④ 대지 및 인접대지, 도로 레벨 check
- 평지, 인접대지B 단차 확인

⑤ 방위 확인
- 일조 등의 확보를 위한 높이제한 적용 기준 확인(정북일조)

⑥ 단면지시선 위치 확인
- 현황도가 아닌 답안작성지에 제시됨

3 요구조건분석

① 층고 4m

② 최고 높이 : 25m 이하(지표면에서 건물 상단까지의 높이로 이해 / 파라펫 없음 / 최대층수 6층)

③ 바닥면적 산정
- 벽체 두께 고려하지 않음
- 필로티 면적은 바닥면적에 포함되지 않음

④ 대지레벨 : 계획대지, 인접도로 및 1층 바닥레벨은 고저차 없음(±0)

⑤ 주차장 계획
- 차량진입불허구간 고려, 대지 좌측 영역에 차량진출입구 형성
- 옥외 자주식 주차(주차구획 2.5m×5.0m / 3.5m×5.0m)
- 2층 이상의 영역에서는 건축면적과 용적률 최대를 고려한 건축물 형태 대안이 가능한 상황이다 보니 1층 바닥면적 최대를 고려한 주차장 계획이 요구됨
- 일부 필로티 주차장 가능

⑥ 정북일조 적용(인접대지B가 접하는 부분은 두 대지 높이차의 1/2을 기준으로 산정)

⑦ 대지경계선으로부터의 건축물 이격거리 : 1m 이상

⑧ 차로 및 주차구획이 인접대지경계선부터 이격해야 하는 거리 : 1m 이상(건축물과 이격조건 없음)

⑨ 옥탑 및 파라펫 높이는 고려하지 않음

■ 문제풀이 Process

4 수평영역 검토

① 최대 건축가능영역 검토
(건폐율, 용적률 적용 이전)
- 각종 이격거리 조건 정리
- 정북일조 적용

② 건축면적 검토
- 대지면적 : 864㎡
- 건축면적(건폐율50%):432㎡
- 연면적(용적률300%):2,592㎡
- 6층 영역 : 499.2㎡

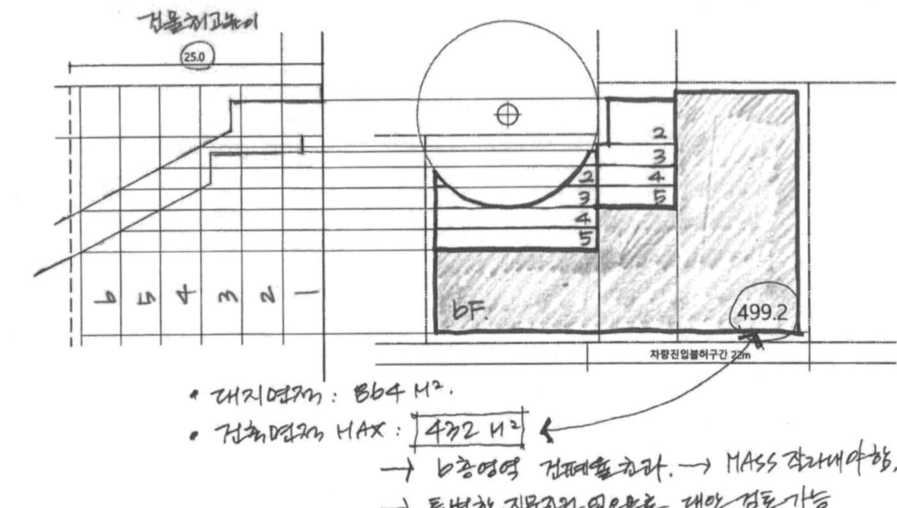

③ 6층 영역의 바닥면적이 건폐율을 초과하므로 1,2층을 고려하여 Mass 정리
- 1층 바닥면적에 따라 연면적이 달라지는 상황이 발생

5 1층 바닥면적 및 주차장 검토

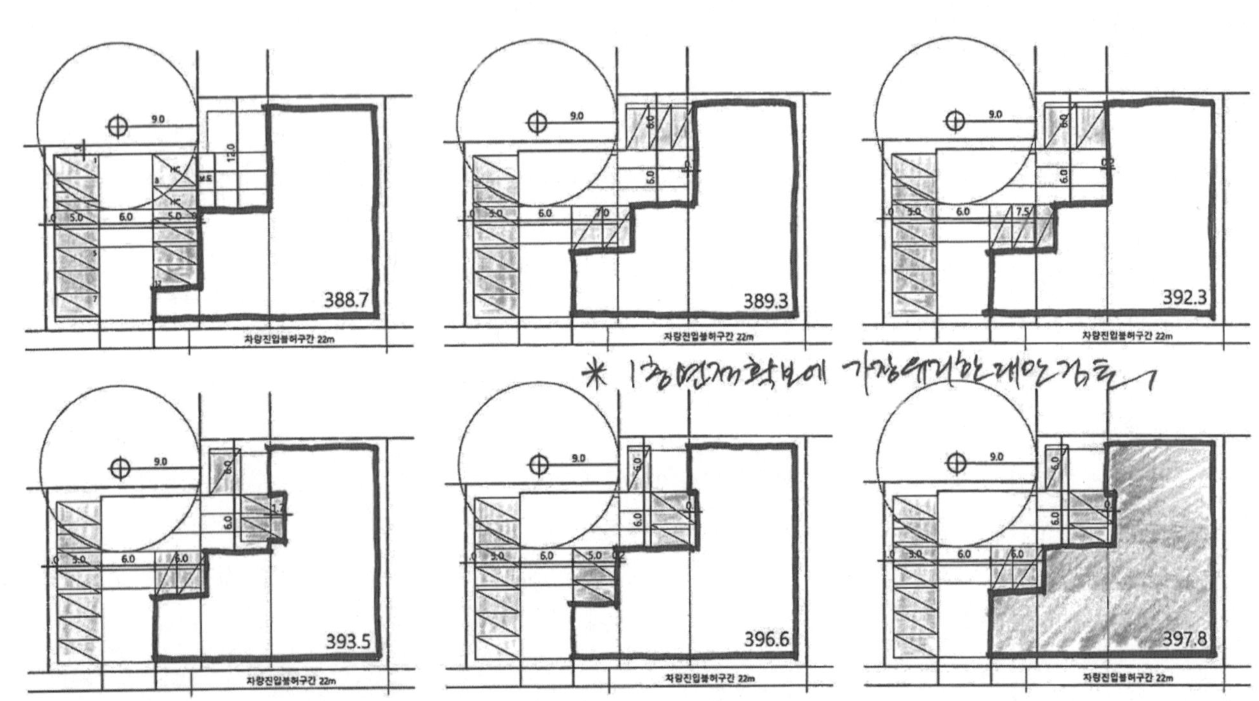

※ 주차대수 12대를 수용하는 다양한 주차장 계획 검토
- 상부에서 최대 면적을 확보하는 방법은 다양하게 존재하므로 1층 바닥면적을 최대한 확보하는 것이 관건
- 미세한 면적 차이를 파악해야 하는 상황이므로 몇 번의 피드백이 필요하게 됨

6 모범답안

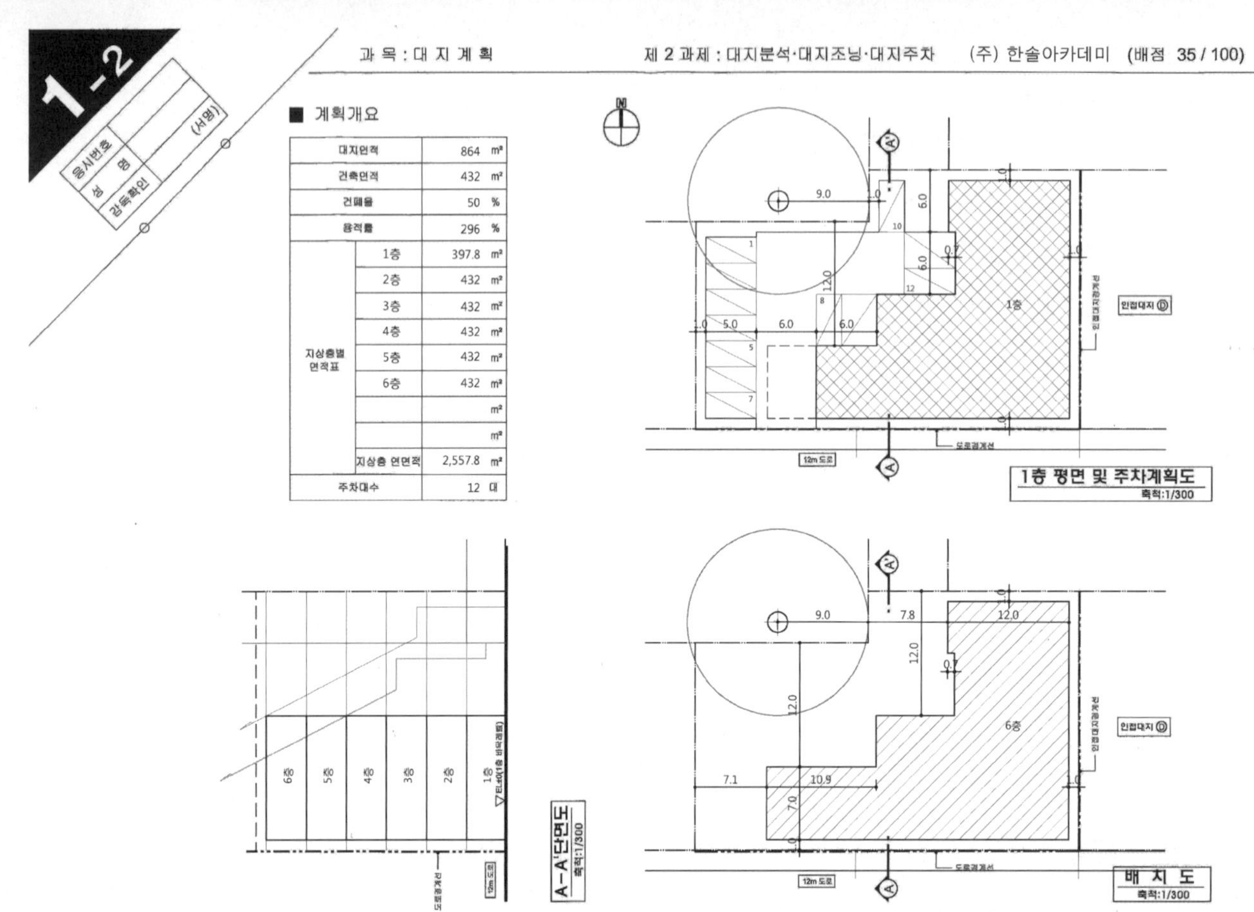

■ 주요 체크포인트

① 건폐율/용적률 적용형

② 정북일조권 적용

③ 최고높이 25m에 의한 층수 제한
- 층고 4m : 6층

④ 옥외주차장 계획
- 1층 최대면적을 고려(필로티주차가능)
- 건축면적 최대조건을 교차 검토

⑤ 인접대지 보호수목에 따른 건축가능 영역 제한

⑥ 정확한 계획개요 작성

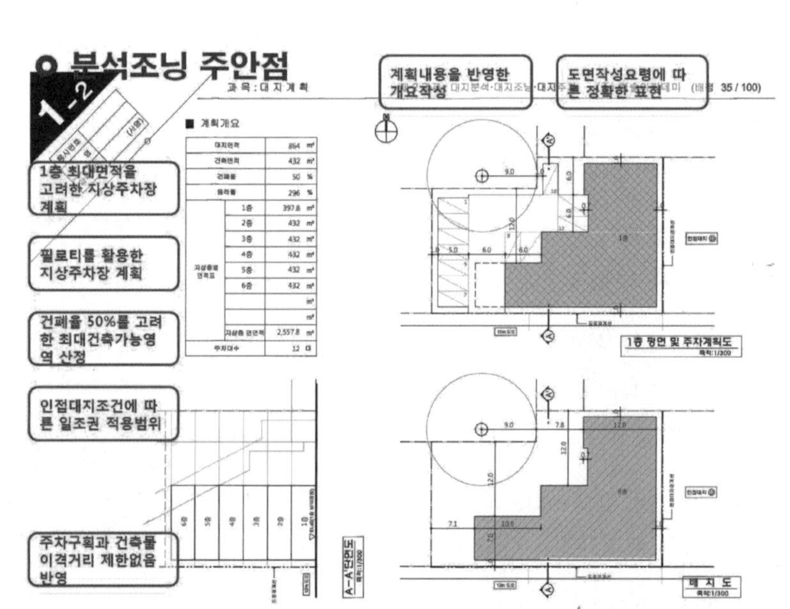

■ 문제풀이 Process

대지분석 · 조닝 문제풀이를 위한 핵심이론 요약

<table>
<tr><td>1. 정북일조</td><td>

▸ 지역일조권 : 전용주거지역, 일반주거지역 모든 건축물에 해당

▸ 인접대지와 고저차 있는 경우 : 평균 지표면 레벨이 기준

▸ 인접대지경계선으로부터의 이격거리
- 높이 9m 이하 : 1.5m 이상
- 높이 9m 초과 : 건축물 각 부분의 1/2 이상

▸ 계획대지와 인접대지 간 고저차 있는 경우

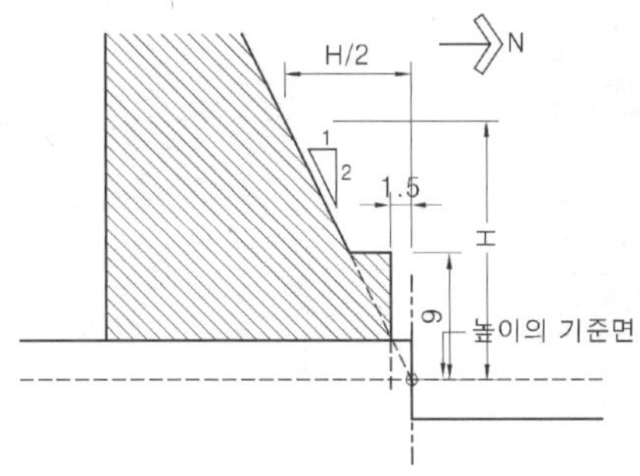

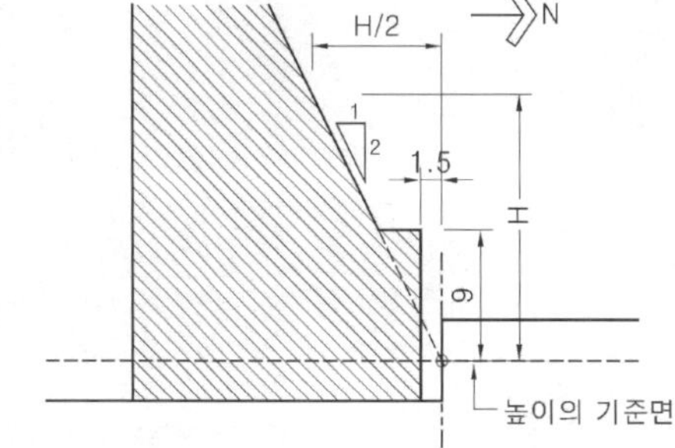

▸ 정북 일조를 적용하지 않는 경우
- 다음 각 목의 어느 하나에 해당하는 구역 안의 너비 20미터 이상의 도로(자동차 · 보행자 · 자전거 전용도로, 도로에 공공공지, 녹지, 광장, 그 밖에 건축미관에 지장이 없는 도시 · 군계획시설이 접한 경우 해당 시설 포함)에 접한 대지 상호간에 건축하는 건축물의 경우
  가. 지구단위계획구역, 경관지구
  나. 중점경관관리구역
  다. 특별가로구역
  라. 도시미관 향상을 위하여 허가권자가 지정 · 공고하는 구역
- 건축협정구역 안에서 대지 상호간에 건축하는 건축물(법 제77조의4제1항에 따른 건축협정에 일정 거리 이상을 띄어 건축하는 내용이 포함된 경우만 해당한다)의 경우
- 정북 방향의 인접 대지가 전용주거지역이나 일반주거지역이 아닌 용도지역인 경우

▸ 정북 일조 완화 적용
- 건축물을 건축하려는 대지와 다른 대지 사이에 다음 각 호의 시설 또는 부지가 있는 경우에는 그 반대편의 대지경계선(공동주택은 인접 대지경계선과 그 반대편 대지경계선의 중심선)을 인접대지경계선으로 한다.
  1. 공원(도시공원 중 지방건축위원회의 심의를 거쳐 허가권자가 공원의 일조 등을 확보할 필요가 있다고 인정하는 공원은 제외), 도로, 철도, 하천, 광장, 공공공지, 녹지, 유수지, 자동차 전용도로, 유원지 등
  2. 다음 각 목에 해당하는 대지
     가. 너비(대지경계선에서 가장 가까운 거리를 말한다)가 2미터 이하인 대지
     나. 면적이 제80조 각 호에 따른 분할제한 기준 이하인 대지
  3. 1,2호 외에 건축이 허용되지 않는 공지

</td><td>2. 건축면적/
바닥면적</td><td>

▸ 건축면적
- 건축물의 외벽(외벽이 없는 경우에는 외곽 부분의 기둥을 말한다.)의 중심선으로 둘러싸인 부분의 수평투영면적으로 한다.

▸ 건축면적에서 제외되는 항목
① 지표면으로부터 1미터 이하에 있는 부분
② 창고 중 물품을 입출고하기 위하여 차량을 접안시키는 부분: 지표면으로부터 1.5미터 이하
③ 기존의 다중이용업소 (2004년 5월 29일 이전의 것)의 비상구에 연결하여 설치하는 폭 2미터 이하의 옥외 피난계단(기존 건축물에 옥외 피난 계단을 설치함으로써 건폐율의 기준에 적합하지 아니하게 된 경우만 해당)
④ 건축물 지상층에 일반인이나 차량이 통행할 수 있도록 설치한 보행통로나 차량통로
⑤ 지하주차장의 경사로
⑥ 지하층의 출입구 상부(출입구 너비에 상당 하는 규모의 부분)
⑦ 생활폐기물 보관함
⑧ 어린이집 비상구에 연결하여 설치하는 폭 2미터 이하의 영유아용 대피용 미끄럼대 또는 비상계단
⑨ 장애인용 승강기, 장애인용 에스컬레이터, 휠체어리프트 또는 경사로
⑩ 현지보존 및 이전보존을 위하여 매장문화재 보호 및 전시에 전용되는 부분
⑪ 기타 가축사육 관련 시설

▸ 바닥면적 산정 시 제외면적
① 벽, 기둥의 구획이 없는 건축물은 그 지붕 끝부분으로부터 수평거리 1m를 제외
② 발코니 등 노대 : 최대길이(L) × 1.5m 제외
③ 필로티 중 다음의 경우 면적 제외 (원칙적으로 필로티는 바닥면적 산입)
- 공중의 통행/ 차량의 통행 또는 주차에 전용/ 공동주택
④ 승강기탑(옥상 출입용 승강장 포함),계단탑, 장식탑 등
⑤ 다락(평지붕 : 층고 1.5m 이하/ 경사지붕 : 층고 1.8m 이하)
⑥ 건축물의 외부 또는 내부에 설치하는 굴뚝, 더스트슈트, 설비덕트 등과 옥상·옥외 또는 지하에 설치하는 물탱크, 기름탱크, 냉각탑, 정화조, 도시가스 정압기 등을 설치하기 위한 구조물
⑦ 공동주택으로서 지상층에 설치한 기계실, 전기실, 어린이놀이터, 조경시설 및 생활폐기물 보관함
⑧ 기존의 다중이용업소의 비상구에 연결하여 설치하는 폭 1.5미터 이하의 옥외 피난계단 (용적률에 적합하지 아니하게 된 경우만 해당)은 바닥면적에서 제외
⑩ 건축물을 리모델링하는 경우로서 미관 향상, 열의 손실 방지 등을 위하여 외벽에 부가하여 마감재 등을 설치하는 부분은 바닥면적에 산입하지 아니한다.
⑪ 외단열 건축물의 경우 단열재가 설치된 외벽 중 내측 내력벽의 중심선을 기준으로 산정한 면적을 바닥면적으로 한다.
⑫ 어린이집 비상구에 연결하여 설치하는 폭 2미터 이하의 영유아용 대피용 미끄럼대 또는 비상계단
⑬ 장애인용 승강기, 장애인용 에스컬레이터, 휠체어리프트 또는 경사로
⑭ 현지보존 및 이전보존을 위하여 매장문화재 보호 및 전시에 전용되는 부분

</td></tr>
</table>

대지분석 · 조닝 주요 체크포인트

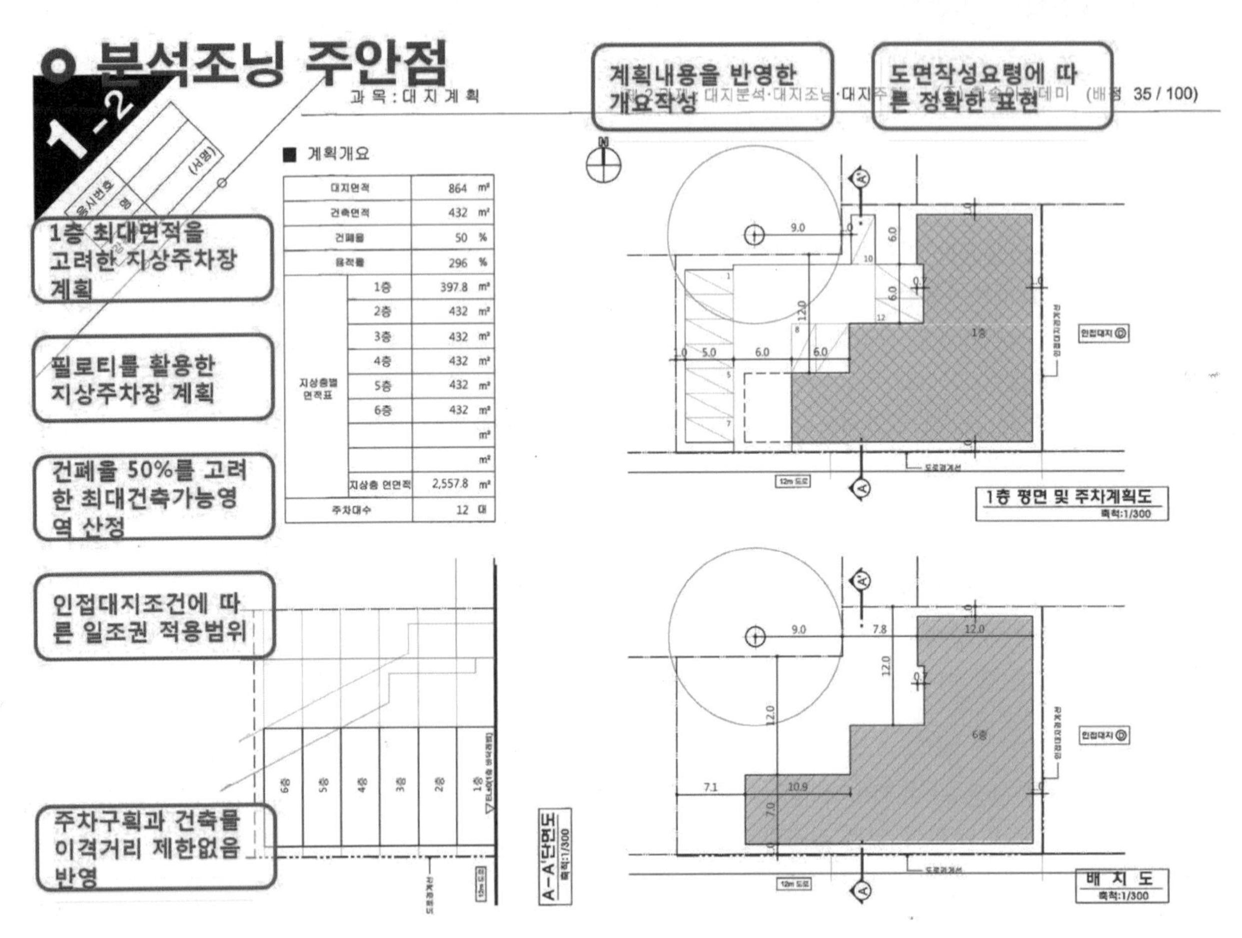

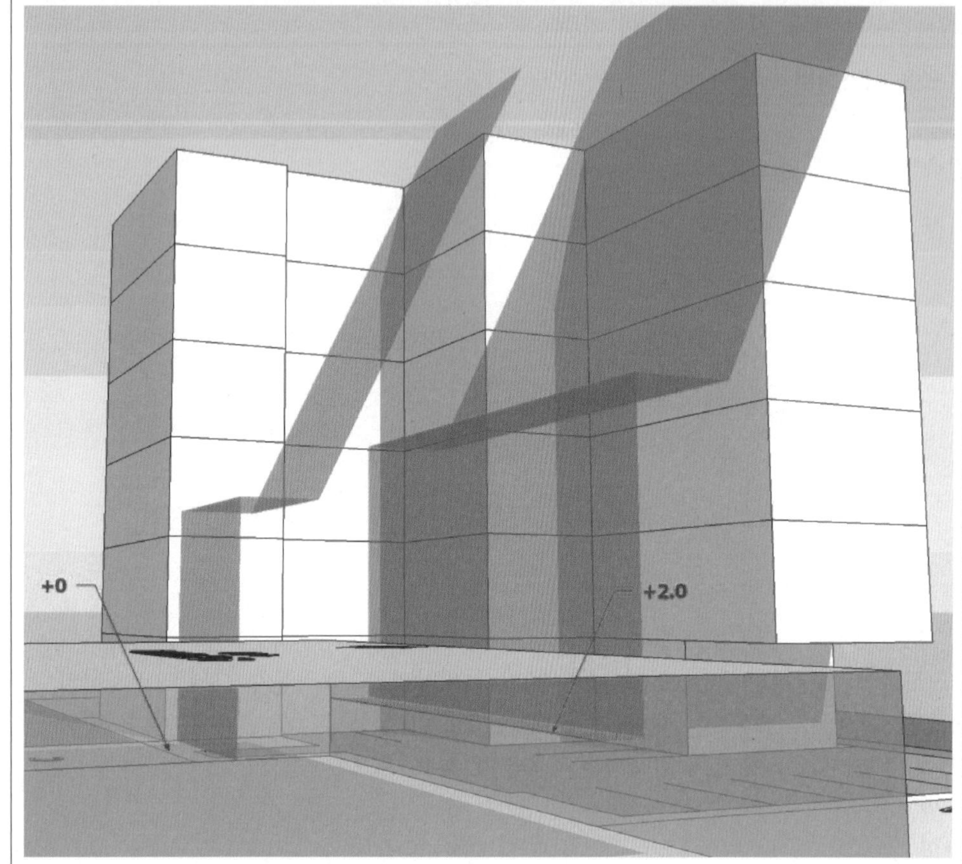

▸정북일조 적용

① 북측인접대지 조건에 따른 합리적 일조권 적용
- 인접대지Ⓑ : 적용레벨 +2.0
- 인접대지Ⓒ : 적용레벨 ±0
- 녹지 : 영향 없음(공지완화)

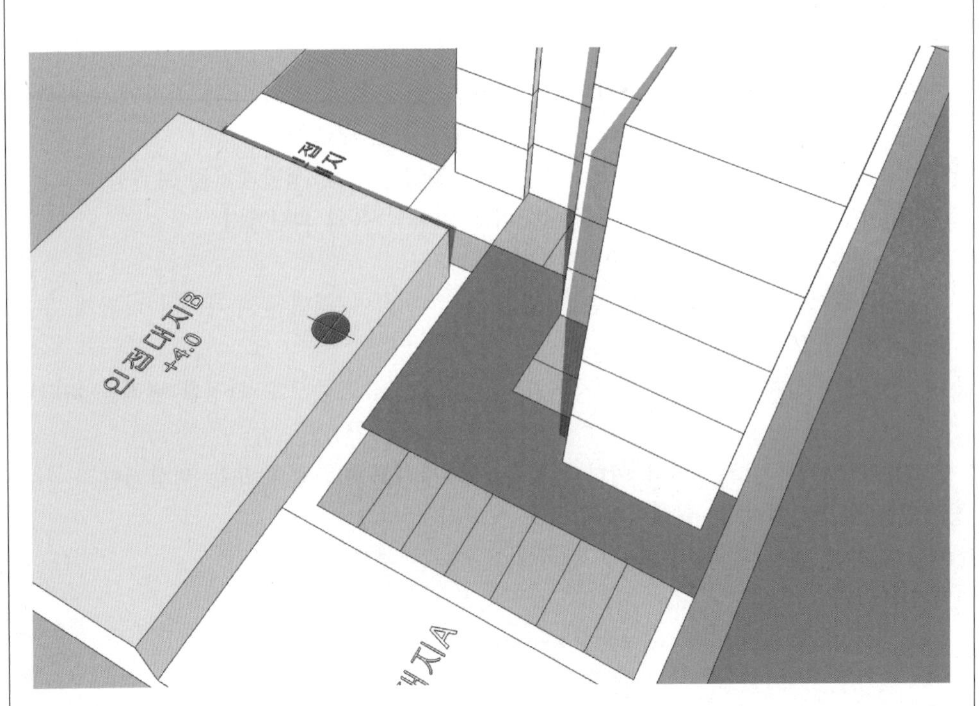

▸지상 주차장 계획

① 차량진입불허구간을 고려한 주차장 출입구 선정

② 1층 바닥면적 최대를 고려한 지상 주차장 계획

③ 필로티 활용

④ 주차장과 건축물 이격조건 없음

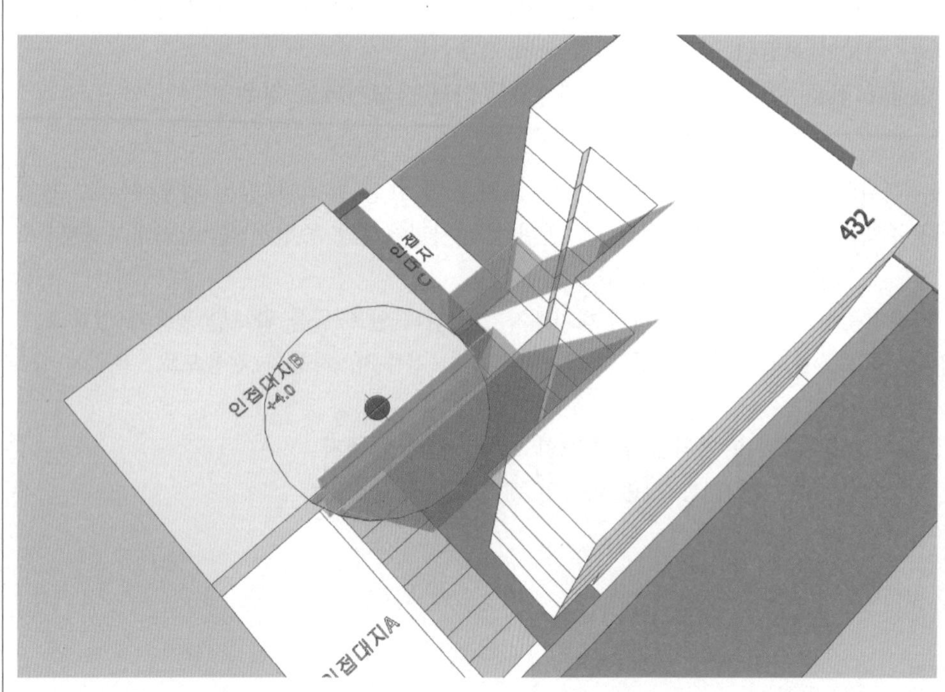

▸건폐율, 용적률 적용

① 최대 건폐율, 용적률을 만족하는 대안 가능

② 건폐율 초과하는 경우 어디를 먼저 잘라내기 시작할 것인가에 대한 문제

▸이격거리 준수

① 건축물은 대지경계선으로부터 1m 이상

② 보호수목 중심으로부터 9m 이상

③ 차로, 주차구획은 인접대지경계선으로부터 1m 이상

■ 계획개요

대지면적		864 m²
건축면적		432 m²
건폐율		50 %
용적률		296 %
지상층별 면적표	1층	397.8 m²
	2층	432 m²
	3층	432 m²
	4층	432 m²
	5층	432 m²
	6층	432 m²
		m²
		m²
	지상층 연면적	2,557.8 m²
주차대수		12 대

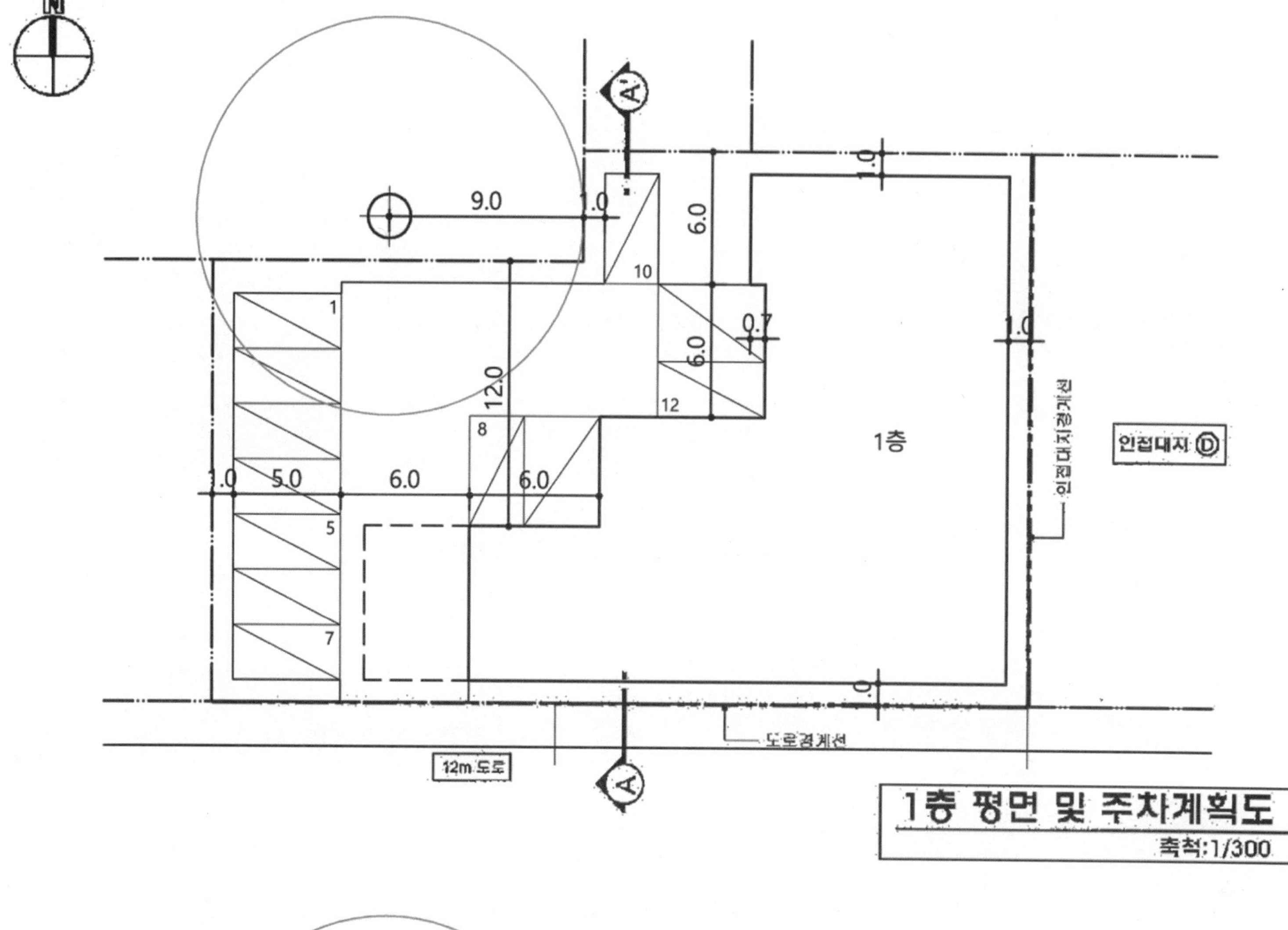

1층 평면 및 주차계획도
축척:1/300

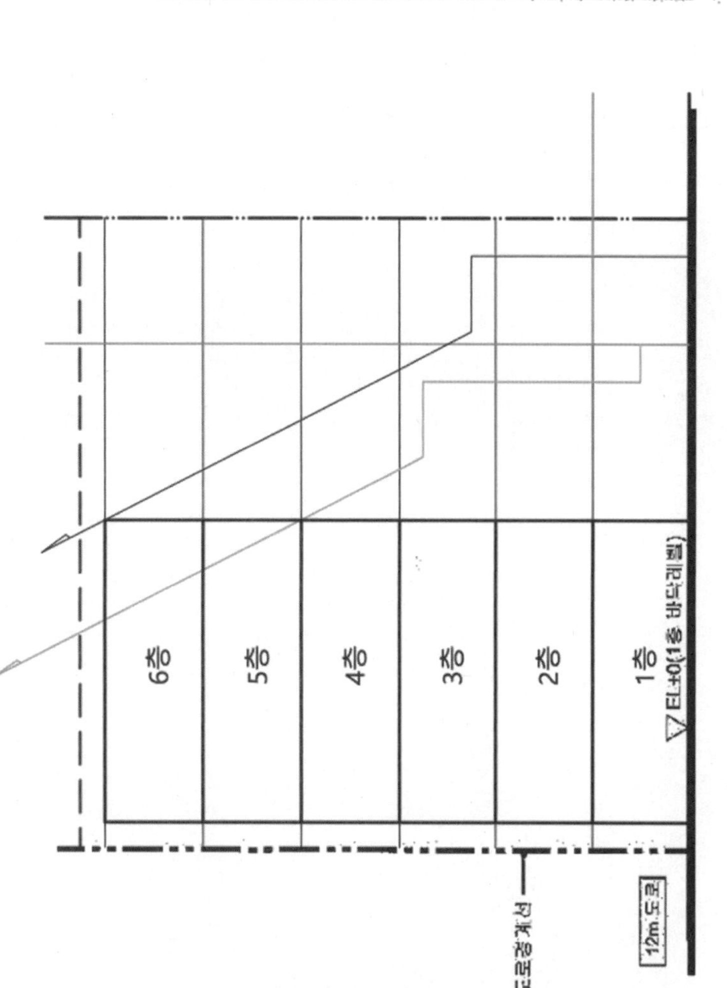

A－A'단면도
축척:1/300

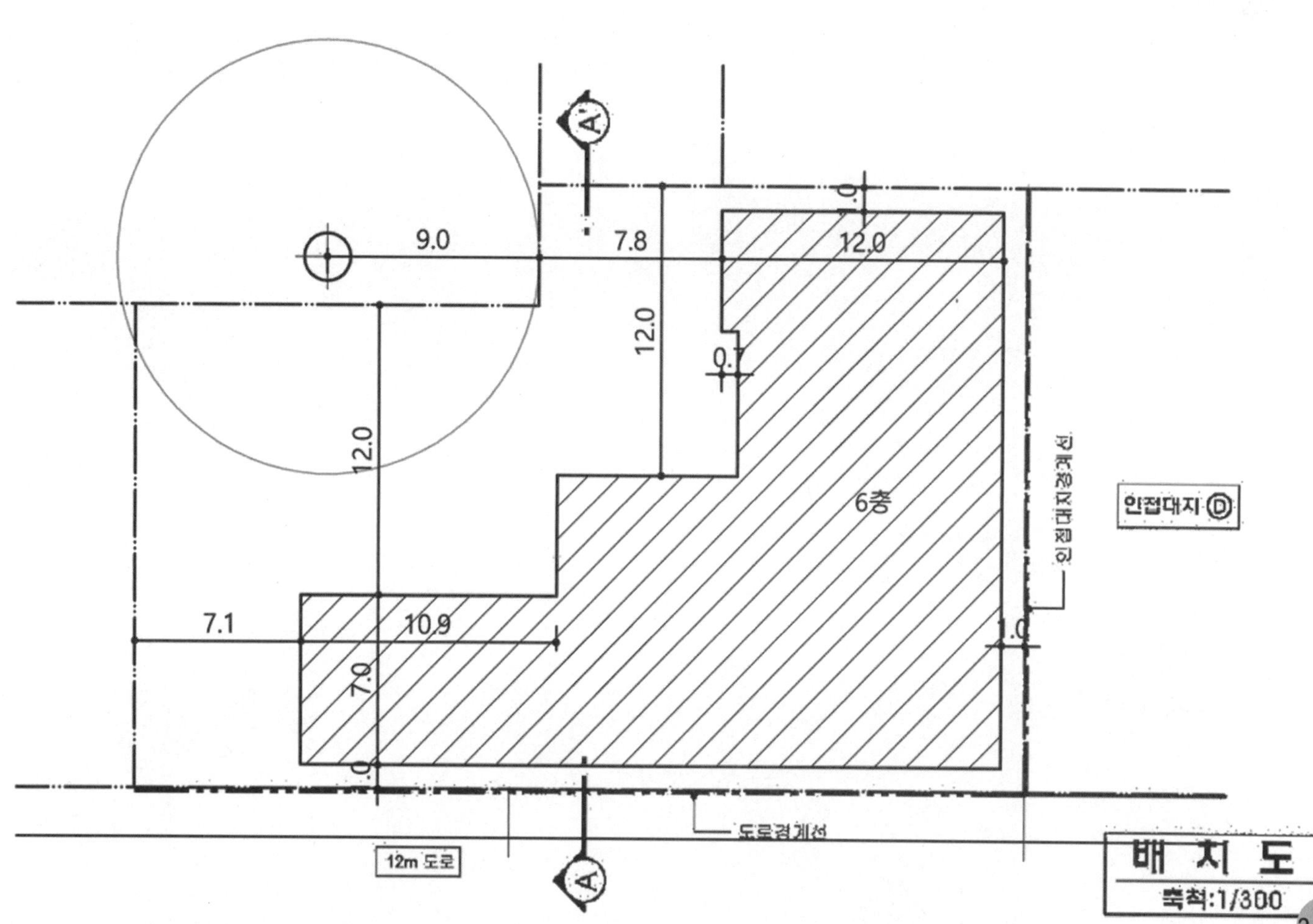

배 치 도
축척:1/300

구 성	FACTOR	지 문 본 문	FACTOR	구 성

구 성

제목
- 배치하고자 하는 시설의 제목을 제시합니다.

1. 과제개요
- 시설의 목적 및 취지를 언급합니다.
- 전체사항에 대한 개괄적인 설명이 추가되는 경우도 있습니다.

2. 대지조건(개요)
- 대지전반에 관한 개괄적인 사항이 언급됩니다.
- 용도지역, 지구
- 접도조건
- 건폐율, 용적률 적용 여부를 제시
- 대지내부 및 주변현황 (최근 계속 현황도가 별도로 제시)

3. 계획조건
ⓐ 배치시설
- 배치시설의 종류
- 건물과 옥외시설물은 구분하여 제시되는 것이 일반적입니다.
- 시설규모
- 필요시 각 시설별 요구사항이 첨부됩니다.

FACTOR

① 배점을 확인하여 2과제의 시간배분 기준으로 활용 합니다.
- 65점 (난이도 예상)

② 토종 야생화의 보존, 보급을 위한 보존센터
- 시설 성격(친환경) 파악

③ 지역지구 : 계획관리지역

④ 대지현황도 제시
- 계획조건을 파악하기에 앞서 현황도를 이용한 1차 현황분석을 선행하는 것이 문제의 전체 윤곽을 잡아가는데 훨씬 유리합니다.

⑤ 단지 내 도로
- 차로와 보행로로 구분하여 제시
- 경사도 1/10이하

⑥ 건축물
- 규모: 가로x세로 크기로 제시
- 용도별 성격 파악 (온실,웰컴센터,산학연협력,숙소,연구,강의,실험)
- 숙소동(3개동)은 향, 조망, 프라이버시 확보가 필요한 시설로 이해
- 웰컴센터는 방문자를 위한 관리기능 포함 시설로 이해)

⑦ 외부시설
- 최소 면적 및 용도 제시
  생태마당은 생태습지를 포함
- 용도별 주차장 3개소
- 주차단위구획은 제시되지 않음

⑧ 기존 지형 존중
- 자연지형 최대한 이용하고 지형과의 조화를 고려하여 배치
  (지형축 존중하는 시설 배치 필요)

지 문 본 문

2019년도 건축사자격시험 문제

과목: 대지계획 제1과제 (배치계획) ① 배점: 65/100점

제 목 : 야생화 보존센터 배치계획

1. 과제개요 ②

토종 야생화의 보존과 보급을 위한 야생화 보존센터를 계획하고자 한다.
다음 사항을 고려하여 시설을 배치하시오.

2. 대지조건

(1) 용도지역: 계획관리지역 ③
(2) 주변현황: <대지 현황도> 참조 ④

3. 계획조건 및 고려사항

(1) 계획조건

① 단지 내 도로⑤(경사도 1/10 이하)

도로명	너비
차 로	6m 이상
보행로	2m 이상

② 건축물⑥(가로, 세로 구분 및 지하층은 없음. 총 9개동)

시설명	크기	규모	층고	비고
온실동	반지름 9m	1층	12m	야외실험장 연계, 연구용
웰컴센터	15m x20m	2층	4m	방문자 안내, 숙소동 지원
산학연 협력동	15m x35m	2층	4m	산학연 협력 관련 대외업무, 사무실, 구내식당
숙소동	20m x20m (1개동 규모)	3층	3m	교육생 및 방문자 숙소, 테라스하우스(세대규모 8mx10m), 3개동 총 18세대
연구동	15m x20m	3층	4m	연구실, 사무실
강의동	12m x30m	2층	4m	강의실, 카페
실험동	10m x40m	2층	4m	교육 및 연구용 실험실습실

③ 외부시설⑦

구 분	시설명	규모	용도
외부공간	야외실험장	1,100㎡이상	야외 연구·교육
	생태마당	600㎡이상	생태습지 포함
주차장	주차구역Ⓐ	18대 이상	웰컴센터, 숙소동 사용 장애인전용주차1대포함
	주차구역Ⓑ	18대 이상	연구동, 산학연협력동 사용, 장애인전용주차1대포함
	주차구역Ⓒ	10대 이상	실험동, 야외실험장 사용, 장애인전용주차1대 포함

(2) 고려사항

① 자연지형을 최대한 이용하고 지형과의 조화를 고려하여 배치계획을 한다.⑧

② 단지 내 도로⑨는 순환도로로 계획한다. 각 건축물의 주출입구는 보행로와 연결될 수 있도록 계획한다.

③ 온실동⑩은 단지 진입 시의 상징성을 고려하여 원형 평면으로 계획하고 야외실험장과 연계하여 배치한다.

④ 숙소동⑪은 호수 조망을 고려하여 3개 동의 테라스하우스로 계획하고, 테라스의 깊이는 6m로 배치한다. 숙소동의 서비스동선은 보행로를 활용한다.

⑤ 연구동⑫은 야생화 관련 산학연 연구를 위해 산학연협력동, 온실동과 연계하여 배치한다.

⑥ 강의동⑬은 교육생과 숙소 이용자의 편의를 고려하여 계획하고, 야외실험장으로의 전망이 가능하도록 배치한다.

⑦ 야외실험장⑭은 연구와 교육기능을 고려하고, 생태습지와 연계하여 배치하며, 생태마당은 기존 생태습지를 포함하여 계획한다.

⑧ 도로 경사 1/50 이하의 구간⑮에서는 단지 내 도로 중 차로를 주차 차로로 사용할 수 있다.

⑨ 각 건축물, 외부시설 및 단지 내 도로 상호간에는 3m 이상 이격하여 배치한다.⑯ (단, 주차장, 차로 및 보행로 상호 간에는 이격하지 않아도 된다.)

⑩ 각 건축물과 외부시설은 10m 도로 및 호수경계선에서 5m 이상 이격하여 배치하고,⑰ 기존 수림대를 훼손하지 않도록 배치한다.

⑪ 건축물, 외부시설 및 단지 내 도로의 배치를 위해 등고선을 조정하는 경우 그 경사도는 1/2 이하로 하고 옹벽을 사용하지 않는다.⑱ (단, 테라스하우스는 예외로 한다.)

⑫ 우·배수를 위한 등고선 조정은 고려하지 않는다.⑲

FACTOR

⑨ 단지 내 도로
- 차량진출입 권장 구간 제시
- 대지를 돌아 나오는 순환도로
- 건물 주출입구와 연계 고려

⑩ 온실동
- 단지 진입 시 상징성 고려
- 원형평면 / 야외실험장과 연계

⑪ 숙소동
- 호수조망 고려, 향, 프라이버시
- 테라스 깊이 6m
- 서비스동선은 보행로 활용

⑫ 연구동
- 산학연협력동, 온실동과 연계

⑬ 강의동
- 교육생과 숙소동 접근성 고려
- 야외실험장으로의 전망 고려

⑭ 야외실험장
- 생태습지와 연계 배치
- 생태마당은 기존 생태습지 포함

⑮ 경사지 주차
- 경사 1/50 이하의 구간에서 단지 내 도로 차로를 주차 차로로 이용 가능

⑯ 시설별 이격거리
- 건축물, 외부시설 및 단지 내 도로 상호간 3m 이상 이격

⑰ 대지경계선 이격
- 건축물, 외부시설은 도로 및 호수경계선에서 5m 이상 이격

⑱ 경사도
- 지형 조정 시 1/2이하
- 옹벽 금지(테라스하우스 예외)

⑲ 배수 고려하지 않는다.

구 성

ⓑ 배치고려사항
- 건축가능영역
- 시설간의 관계 (근접, 인접, 연결, 연계 등)
- 보행자동선
- 차량동선 및 주차장계획
- 장애인 관련 사항
- 조경 및 포장
- 자연과 지형활용
- 옹벽 등의 사용지침
- 이격거리
- 기타사항

구 성	FACTOR	지 문 본 문	FACTOR	구 성

4. 도면작성요령
- 각 시설명칭
- 크기표시 요구
- 출입구 표시
- 이격거리 표기
- 주차대수 표기 (장애인주차구획)
- 표고 기입
- 단위 및 축척

5. 유의사항
- 제도용구 (흑색연필 요구)
- 지문에 명시되지 않은 현행법령의 적용방침 (적용 or 배제)

① 도면작성요령은 항상 확인
- 도면작성요령에 언급된 내용은 출제자가 반드시 평가하는 항목
- 요구하는 것을 빠짐없이 적용하여 불필요한 감점이 생기지 않도록 유의합니다.

② 건축물과 외부 시설
- 명칭, 층수, 외곽선 치수, 면적, 바닥레벨, 이격거리, 주차구획, 주차대수 표기

③ 건축물 외곽선 및 조정된 금고선
- 굵은 실선

④ 단지 내 도로, 외부시설
- 실선

⑤ <보기> 준수
- 건물의 주출입구는 장변 중앙에 표현하는 것이 원칙(건물의 용도를 고려한 위치선정도 가능)

⑥ 단위 및 축척
- m, ㎡ / 1:500

과목: 대지계획 제1과제 (배치계획) 배점: 65/100점

4. 도면작성요령 ①

(1) 건축물과 외부시설에는 시설명, 외곽선 치수, ② 면적, 바닥레벨 및 이격 거리, 주차구획 주차대수, 건축물 주출입구를 표기한다.

(2) 건축물 외곽선과 조정된 등고선은 굵은 실선으로 표시한다. ③

(3) 단지 내 도로와 외부시설은 실선으로 표시한다.

(4) ④ 도면 표기 기호는 <보기>를 따른다. ⑤

(5) 단위 : m, ㎡

(6) 축척 : 1/500 ⑥

<보기> ⑦ 도면표기 기호

보행로	▨
외부공간	▦
건축물 주출입구	▲
바닥레벨	⊕
테라스	⊠

5. 유의사항

(1) 답안작성은 반드시 ⑧ 흑색 연필로 한다.

(2) 명시되지 않은 사항은 현행 관계법령의 범위 ⑨ 안에서 임의로 한다.

<대지현황도> 축척 없음 ⑩

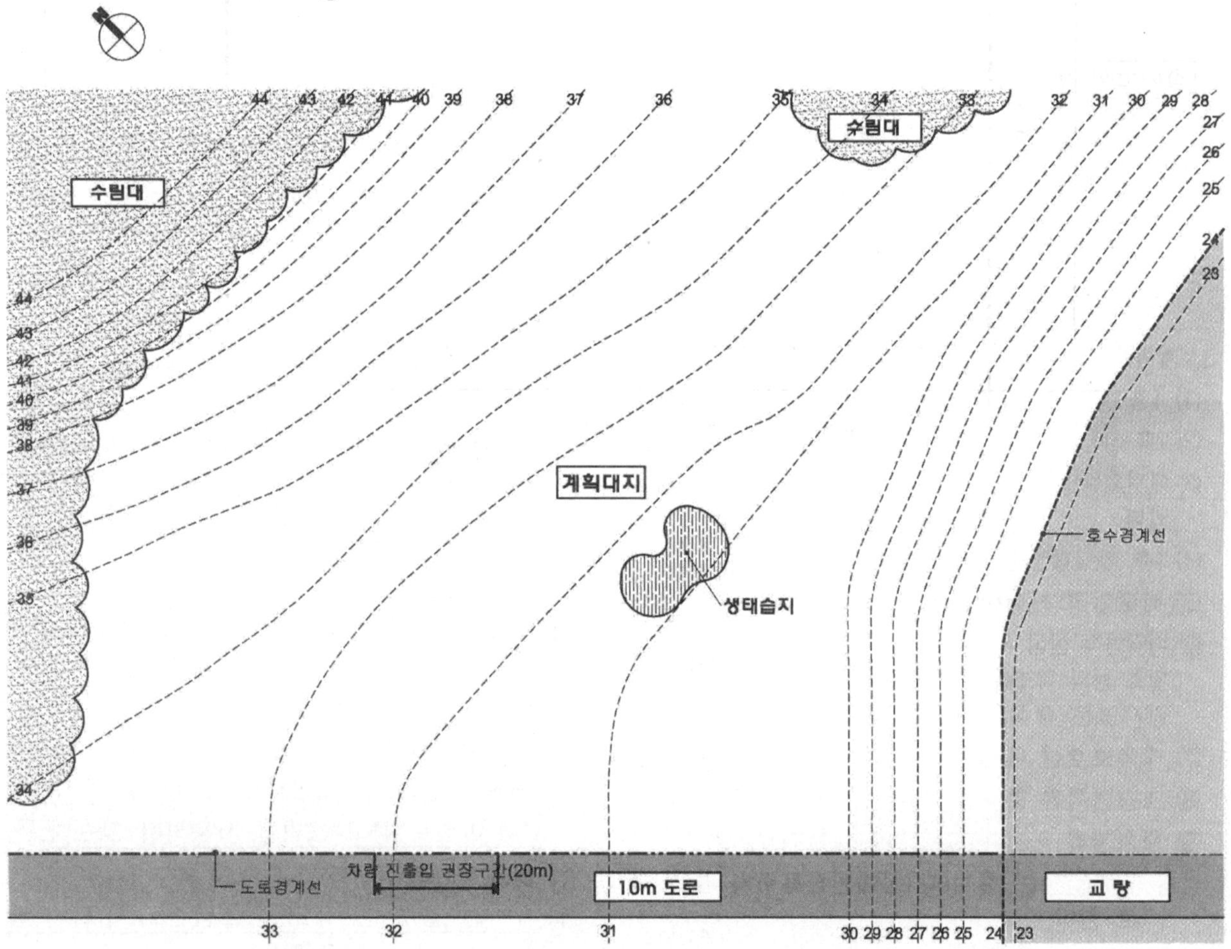

⑦ <보기>
- 외부공간 해치 형태 유의

⑧ 항상 흑색연필로 작성할 것을 요구합니다.

⑨ 명시되지 않은 사항은 현행 관계법령을 준용
- 기타 법규를 검토할 경우 항상 문제해결의 연장선에서 합리적이고 복합적으로 고려하도록 합니다.

⑩ 현황도 파악
- 대지형태
- 경사지/등고선 간격 및 방향
- 접도조건
- 차량진입 권장구간 확인
- 주변현황(호수, 수림대 등)
- 생태습지 확인
- 가로, 세로 치수 확인
- 방위
- 제시되는 현황도를 이용하여 1차적인 현황을 분석 합니다 (현황도에 제시된 모든 정보는 그 이유가 반드시 있습니다. 대지의 속성과 기존 질서를 존중한 계획이 될 수 있도록 합니다.)

6. 보기
- 보도, 조경
- 식재
- 데크 및 외부공간
- 건물 출입구
- 옹벽 및 법면
- 기타 표현방법

7. 대지현황도
- 대지현황
- 대지주변현황 및 접도조건
- 기존시설현황
- 대지, 도로, 인접대지의 레벨 또는 등고선
- 각종 장애물 현황
- 계획가능영역
- 방위
- 축척 (답안작성지는 현황도와 대부분 중복되는 내용이지만 현황도에 있는 정보가 답안작성지에서는 생략되기도 하므로 문제 접근시 현황도를 꼼꼼히 체크하는 습관이 필요합니다.)

■ 문제풀이 Process

1 제목 및 과제 개요 check

① 배점 : 65점 / 출제 난이도 예상
　　소과제별 문제풀이 시간을 배분하는 기준
② 제목 : 야생화 보존센터 배치계획
　　(토종 야생화의 보존과 보급을 위한 시설)
③ 계획관리지역 : 도시계획 차원의 기본적인 대지 성격을 파악
④ 주변현황 : 대지현황도 참조

2 현황 분석

① 대지형상 : 부정형의 경사대지
② 대지현황 : 호수(강한 조망요소), 수림대, 생태습지, 방위 등
- 남사향 경사지+호수변 급경사지(테라스 하우스)
- 생태습지를 활용한 외부공간 계획 여부 확인(배치시설 성격 고려)

③ 주변조건
- 남서측 10m 도로(일면도로) / 교량
  : 보행자 및 차량 주출입구(내부도로 형태) 예상
- 차량 진출입 권장구간(폭 20m)
  : 대지 내부동선의 시작 범위 제시
  : 지형축을 고려한 시설 및 동선 축 설정 가능
- 기타 인접대지
  : 추가적인 정보가 없으므로 특별한 고려 대상 아님

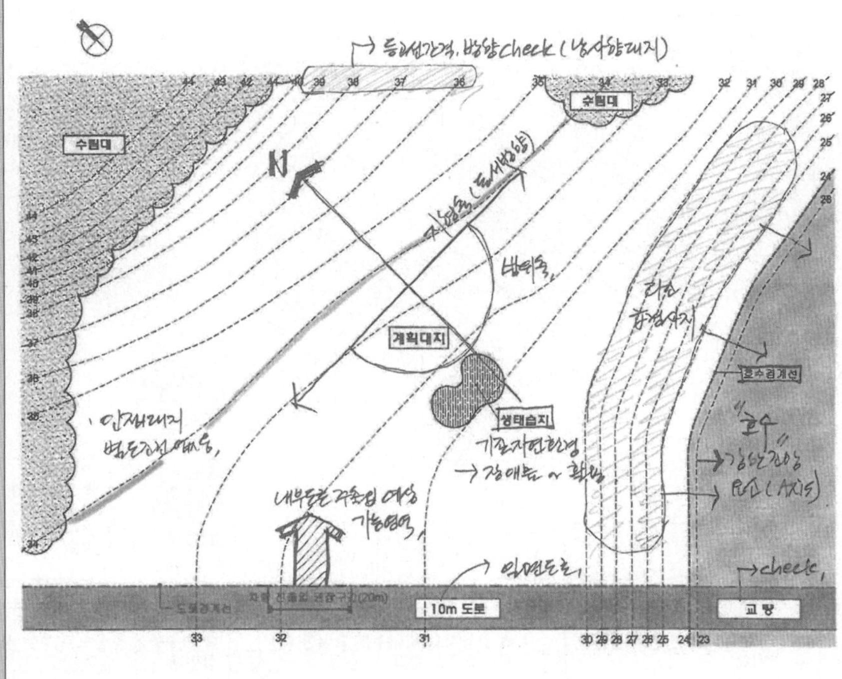

3 요구조건 분석(diagram)

① 도로
- 차로(6m이상), 보행로(2m이상)으로 간단하게 제시
- 단지 내 도로(경사도 1/10이하)의 개념을 분명하게 숙지해야 함

② 건축물 조건 및 성격 파악
- 규모는 O층, Om x Om, 층고Om로 제시
- 연구 · 실험 · 강의/숙소동 · 웰컴센터
- 숙소동(3개동)은 테라스하우스

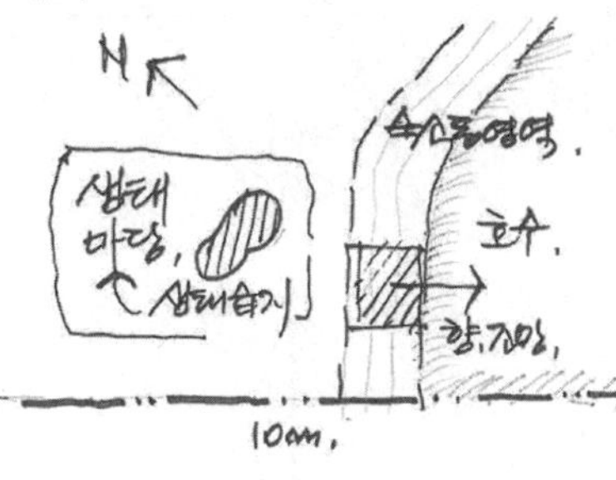

③ 옥외시설 성격 파악
- 매개(완충) vs 전용공간으로 파악
- 야외실험장, 생태마당 2곳 모두
  전용공간으로 파악한 후 접근
- 생태마당은 생태습지 포함

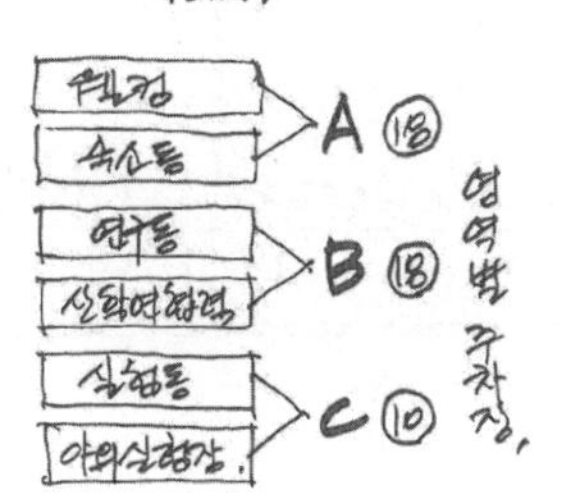

④ 주차장
- 주차장A(18대), 주차장B(35대)
  주차장C(10대)
- 주차장별 이용시설 제시
- 장애인 주차 포함

⑤ 지형
- 자연지형을 최대한 이용
- 지형과의 조화를 고려한 배치

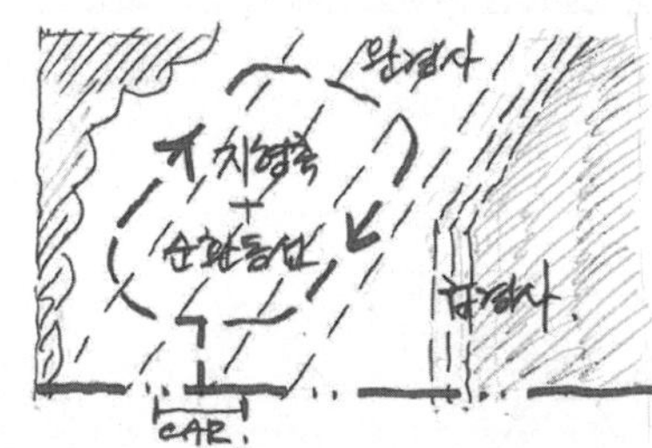

⑥ 단지 내 도로
- 순환도로로 계획
- 각 건물주출입구는 보행로와 연결

⑦ 온실동
- 단지 진입 시 상징성 고려
- 원형 평면으로 계획(반지름 9m)
- 야외실험장과 연계하여 배치

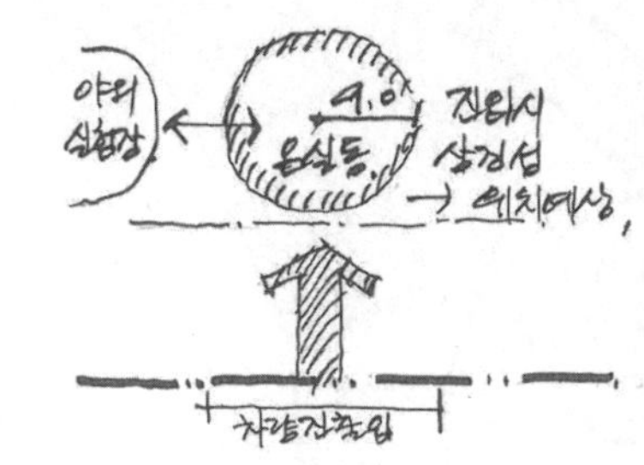

⑧ 숙소동
- 3개동의 테라스하우스
  (테라스 깊이 6m)
- 호수 조망을 고려
- 서비스 동선은 보행로를 활용

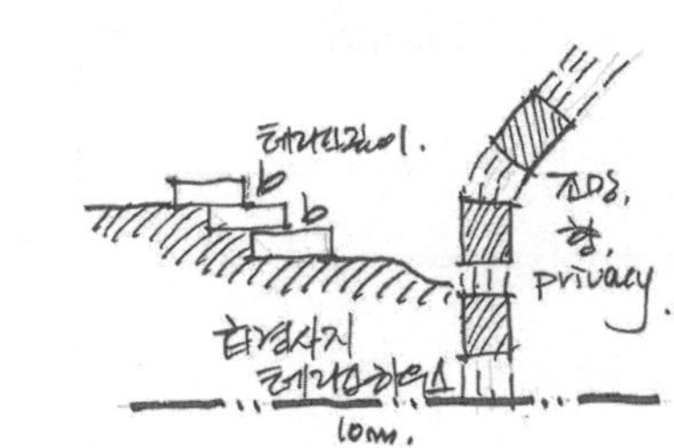

⑨ 연구동
- 야생화 관련 산학연 연구
- 산학연협력동, 온실동과 연계 배치

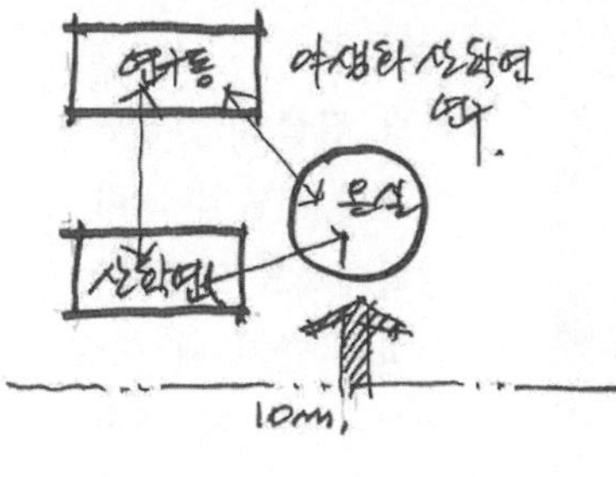

⑩ 강의동
- 교육생, 숙소 이용자의 편의 고려
- 야외실험장으로의 전망이
  가능하도록 배치

⑪ 야외실험장
- 연구와 교육기능을 고려
- 생태습지와 연계하여 배치
- 생태마당은 기존 습지 포함하여 계획

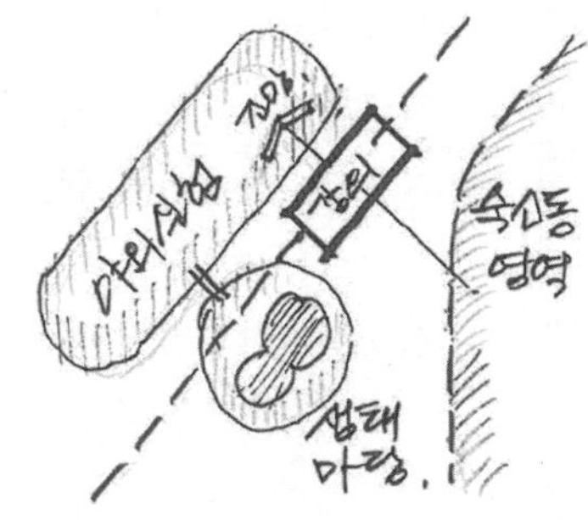

⑫ 주차계획 고려사항
- 도로경사 1/50이하 구간에서는
  단지 내 도로 중 차로를 주차 차로로
  이용 가능
- 완경사지 도로 활용한 주차계획

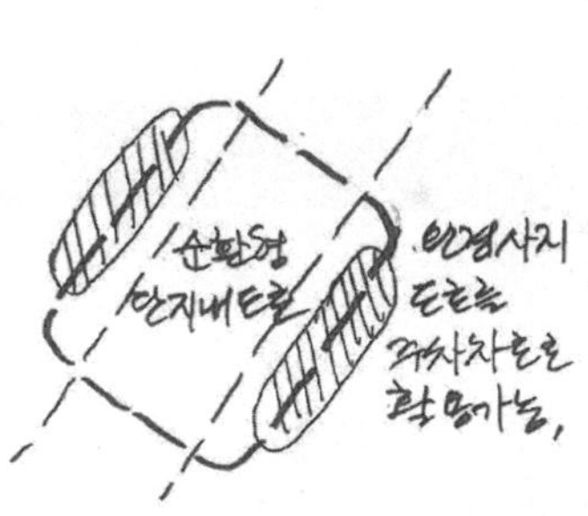

⑬ 시설간 이격거리
- 각 건축물, 외부시설 및 단지 내
  도로 상호간 3m 이상 이격
- 주차장, 차로 및 보행로 상호간
  이격조건 제외

⑭ 이격거리
- 건축물과 외부시설은 도로 및
  호수경계선에서 5m 이상 이격
- 기존 수림대 훼손 금지

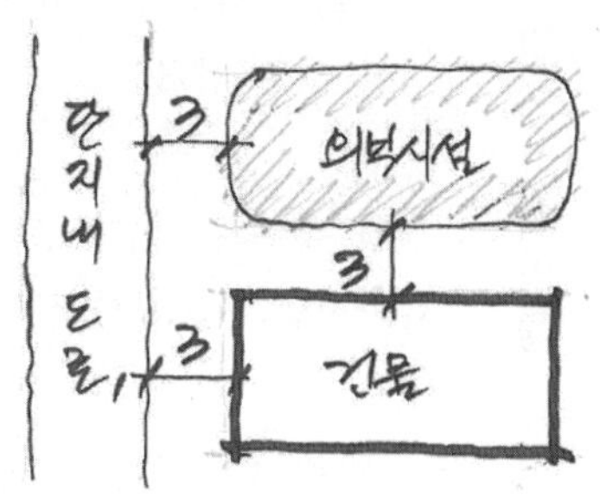

⑮ 지형조정
- 등고선을 조정 경사도 1/2 이하
- 옹벽 사용 금지
  (테라스하우스 예외)
- 우수, 배수를 위한 등고선 조정은 생략

■ 문제풀이 Process

4 토지이용계획

① 내부동선
- 차량 진출입 권장구간에서의 진출입 고려
- 계획대지를 아우르는 순환형 단지 내 도로
- 영역별 주차장 계획 및 기타 보행로 계획

② 시설조닝
- 웰컴센터 · 숙소동 영역
- 연구동 · 산학연협력동 · 온실동 영역
- 실험동 · 야외실험장 · 생태습지 · 강의동 영역

③ 시험의 당락을 결정짓는 큰 그림에 해당

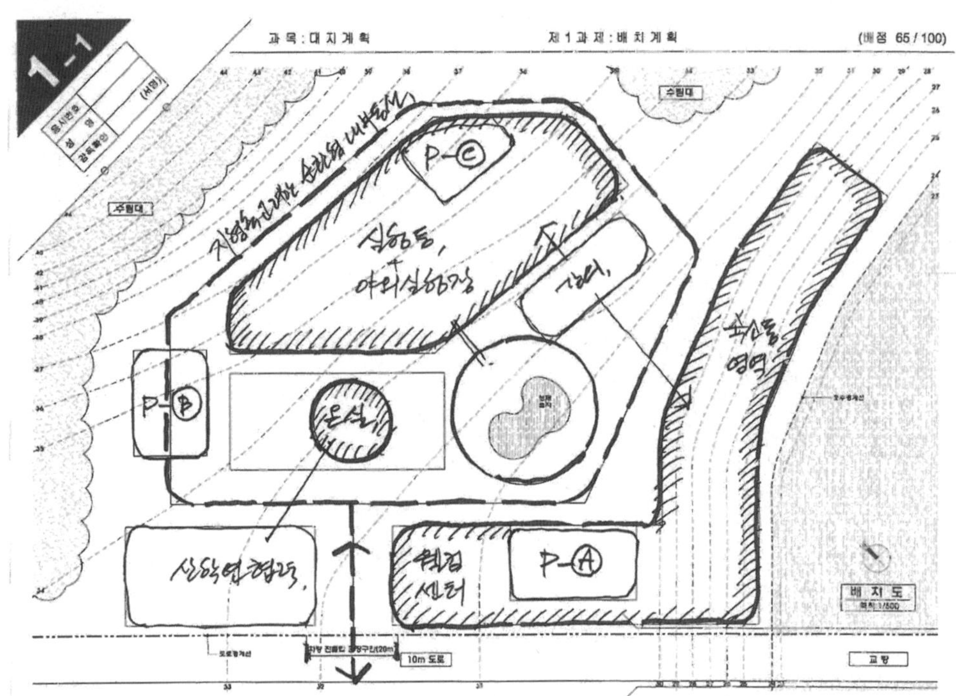

5 배치대안검토

① 토지이용계획을 바탕으로 세부계획 진행

② 조닝된 영역을 기본으로 시설별 연계조건을 고려하여 시설 위치 선정

③ 영역 내부의 시설물 배치는 합리적인 수준에서 정리되면 O.K
- 정답을 찾으려 하지 말자

④ 단지 내 도로 계획에 있어 산학연협력동까지 하나의 영역으로 아우르는 동선 계획 역시 대안으로 제안 가능 (연계조건 고려)

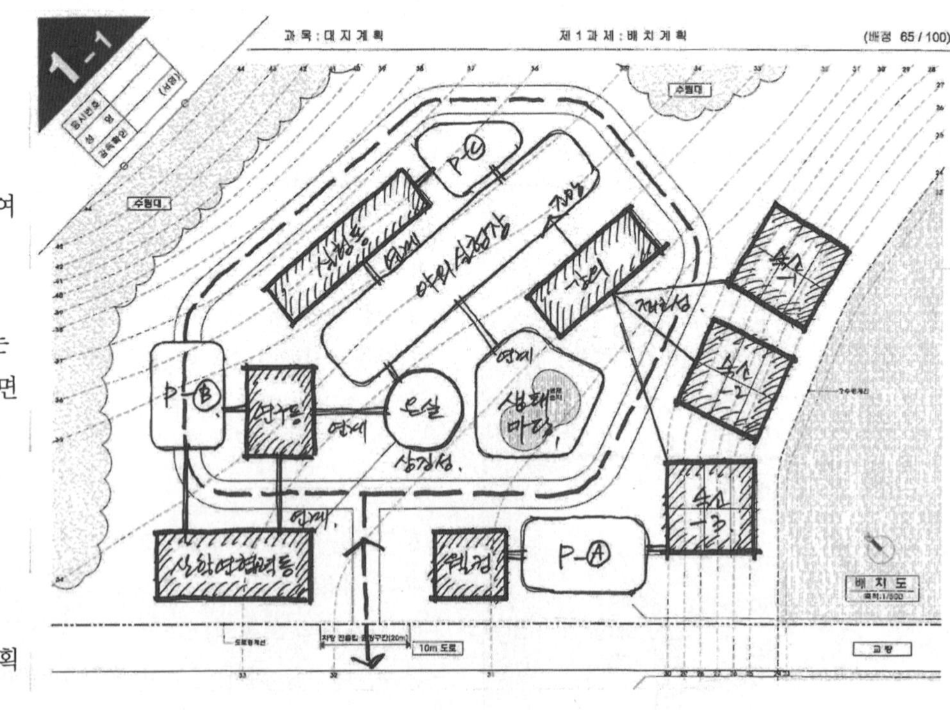

6 모범답안

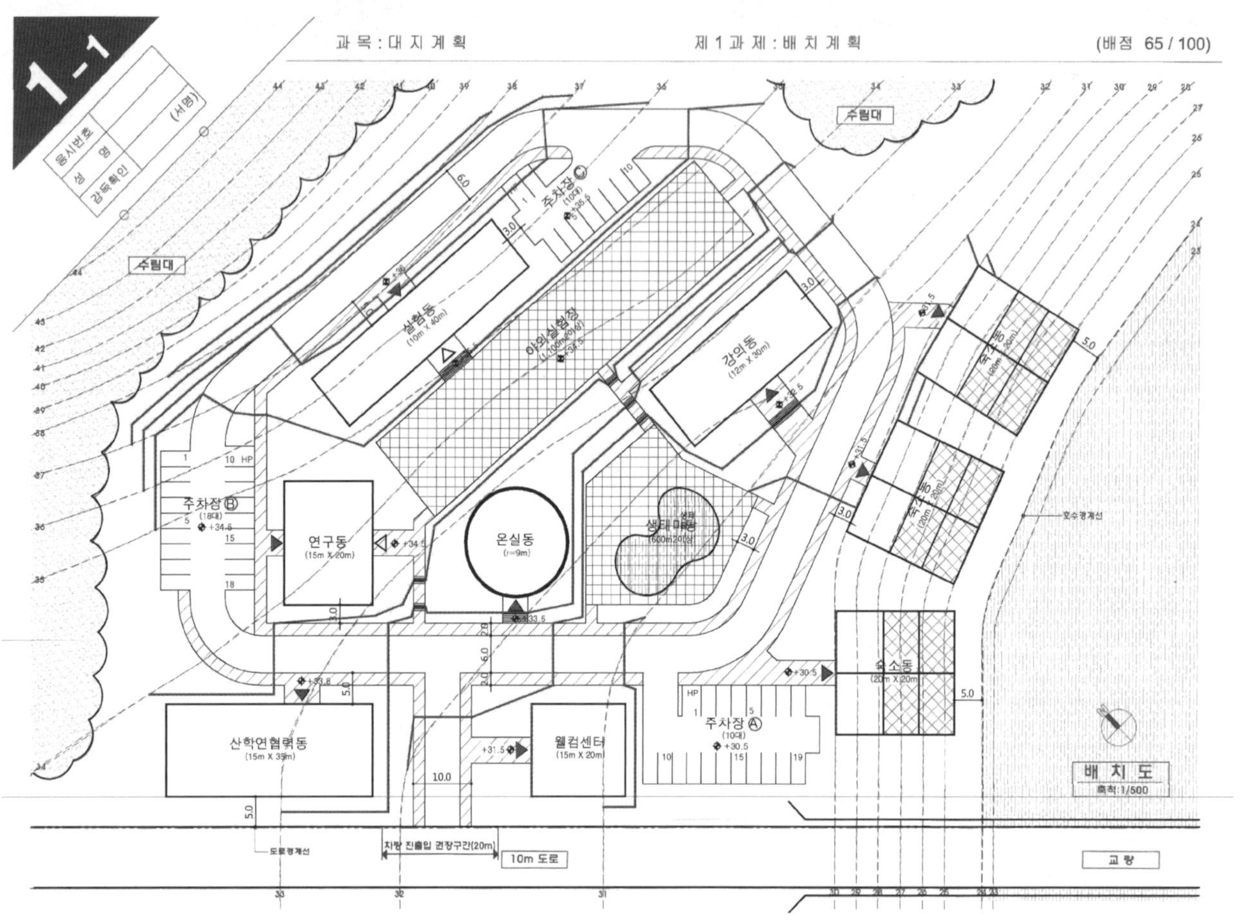

■ 주요 체크포인트

① 자연지형의 활용과 조화

② 동선계획
- 순환도로 계획의 적정성 (단지 내 도로)
- 주차장 형태와 위치선정

③ 영역별 조닝계획
- 연구동을 중심으로 하는 연계
- 야외실험장을 중심으로 하는 시설 연계
- 경사지와 향, 조망, 프라이버시를 고려한 숙소동 배치
- 이격조건 준수

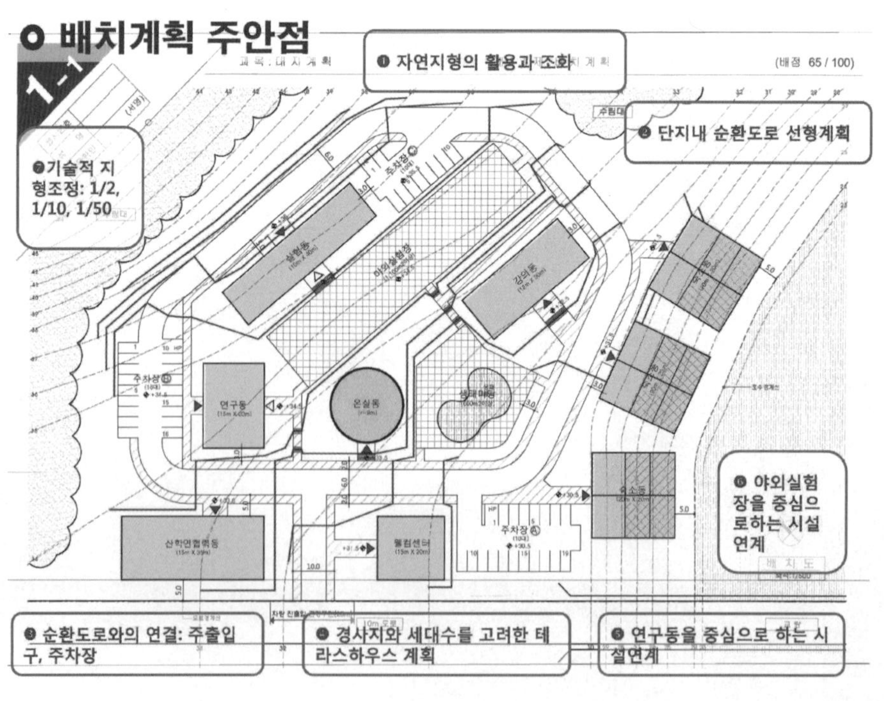

■ 문제풀이 Process

배치계획 문제풀이를 위한 핵심이론 요약

1. 대지로의 접근성

- ▸ 대지주변 현황을 고려하여 보행자 및 차량 접근성 검토
- ▸ 외부에서 대지로의 접근성을 고려 → 대지 내 동선의 축 설정 → 내부동선 체계의 시작
- ▸ 일반적인 보행자 주 접근 동선 – 주도로(넓은 도로)
- ▸ 일반적인 차량 및 보행자 부 접근 동선 – 부도로(좁은 도로)

가. 대지가 일면도로에 접한 경우

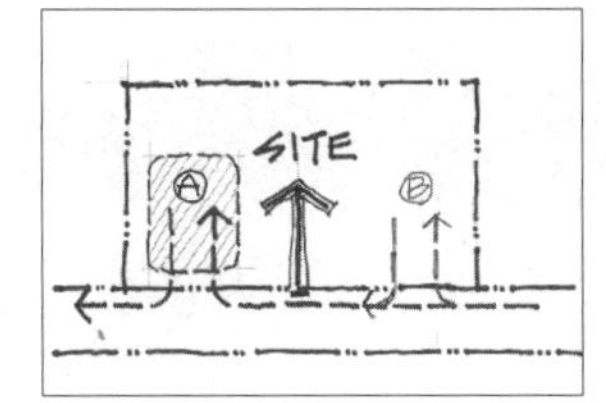

- 대지중앙으로 보행자 주출입 예상
- 대지 좌우측으로 차량 출입 예상
- 주차장 영역 검토 : 초행자를 위해서는 대지를 확인 후 진입 가능한 A 영역이 유리

나. 대지가 이면도로에 접한 경우-1

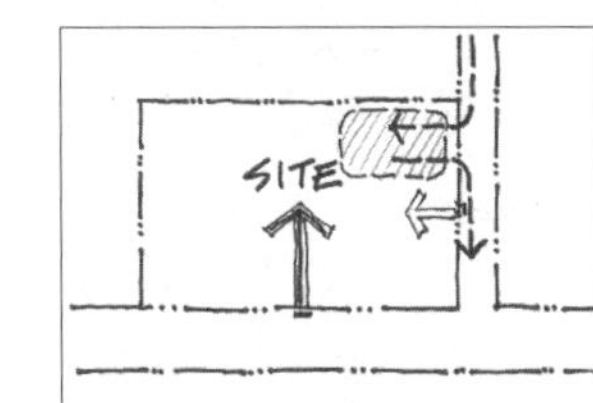

- 주도로에서 보행자 주출입 예상
- 부도로에서 차량 출입 예상 : 주차장 영역 예상
- 요구조건에 따라 부도로에서 보행자 부출입 예상

다. 대지가 이면도로에 접한 경우-2

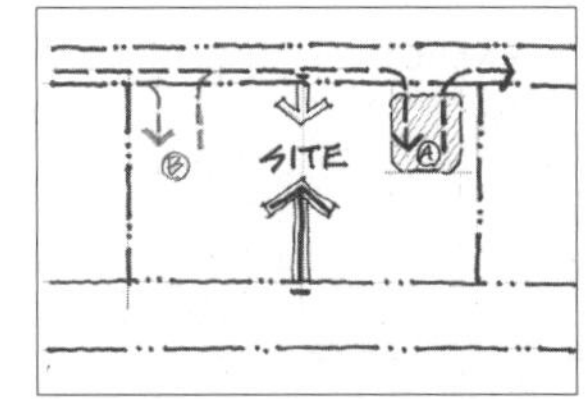

- 주도로에서 보행자 주출입 예상
- 부도로에서 차량 출입 예상 : 주차장 영역 예상 → A 영역 우선 검토
- 부도로에서 보행자 부출입 예상

▸ 지문

① 현황도에 차량 진출입 권장구간(폭 20m) 제시
② 보행로와 차로가 일체화 된 단지 내 도로
③ 단지 내 도로는 순환도로로 계획한다.
– 차량 진출입 권장구간에서 진출입구 계획, 대지를 순환하여 돌아나오는 동선계획

2. 외부공간 성격 파악

▸ 외부공간을 계획할 경우 공간의 쓰임새와 성격을 분명하게 규정해야 한다.

▸ 전용공간

① 전용공간은 특정목적을 지니는 하나의 단일공간
② 타 공간으로부터의 간섭을 최소화해야 함
③ 중앙을 관통하는 통과동선이 형성되는 것을 피해야 한다.
④ 휴게공간, 전시공간, 운동공간

▸ 매개공간

① 매개공간은 완충적인 공간으로서 광장, 건물 전면공간 등 공간과 공간을 연결하는 고리역할을 하며 중간적 성격을 갖는다.
② 공간의 성격상 여러 통과동선이 형성될 수 있다.

▸ 지문

① 야외실험장 : 야외 연구, 교육
② 생태마당 : 생태습지 포함
③ 야외실험장은 연구와 교육기능을 고려하고, 생태습지와 연계하여 배치하며 생태마당은 기존 생태습지를 포함하여 계획한다.
– 야외실험장 및 생태마당은 독립된 기능을 수행하는 전용공간으로 해석하는 것이 합리적

3. 보차분리

- ▸ 보행자주출입구 : 대지 전면의 중심 위치에서 한쪽으로 너무 치우치지 않는 곳에 배치
- ▸ 주보행동선 : 모든 시설에서 접근성이 좋도록 시설의 중심에 계획
- ▸ 보·차분리를 동선계획의 기본 원칙으로 하되 내부도로가 형성되는 경우 등에는 부분적으로 보·차 교행구간이 발생하며 이 경우 횡단보도 또는 보행자 험프를 설치
- ▸ 보도 폭을 임의로 계획하는 경우 동선의 빈도와 위계를 고려하여 보도 폭의 위계를 조절

▸ 지문(대지현황)

① 단지 내 도로 : 차로 6m, 보행로 2m (보차 혼용 내부도로)
② 각 건물의 주출입구는 보행로와 연결될 수 있도록 계획
③ 숙소동의 서비스동선은 보행로를 활용한다.
– 원칙적인 보차 분리가 불가능한 보차혼용 도로의 형태로 지문이 제시됨
– 명쾌한 순환형 내부동선 계획 + 기타 보행로 등의 계획적인 표현 필요

4. Privacy

- ▸ 공적공간 – 교류영역 / 개방적 / 접근성 / 동적
- ▸ 사적공간 – 특정이용자 / 폐쇄적 / 은폐 / 정적
- ▸ 건물의 기능과 용도에 따라 프라이버시를 요하는 시설 – 주거, 숙박, 교육, 연구 등
- ▸ 사적인 공간은 외부인의 시선으로부터 보호되어야 하며, 내부의 소리가 외부로 새나가지 않도록 하여야 한다. 즉 시선과 소리를 동시에 고려하여 건물을 배치하여야 한다.
- ▸ 프라이버시 대책

① 건물을 이격배치 하거나 배치 향을 조절 : 적극적인 해결방안, 우선검토 되는 것이 바람직
② 다른 건물을 이용하여 차폐
③ 차폐 식재하여 시선과 소리 차단 (상엽수를 밀실하게 열식)
④ FENCE, 담장 등 구조물을 이용

▸ 지문

① 숙소동 : 20m x 20m(1개동 규모), 교육생 및 방문자 숙소, 세대규모 8m x 10m, 3개동 총 18세대
② 숙소동은 호수 조망을 고려한다.
– 프라이버시를 확보해야 하는 기숙사시설
– 도로(소음원)에서 충분히 이격 or 가급적 이격 + 측벽 대응
– 주변 환경이 양호하고 지형과 향 및 조망을 고려한 위치에 검토

■ 문제풀이 Process

배치계획 문제풀이를 위한 핵심이론 요약

5. 성격이 다른 주차장

▸ 영역별 조닝계획
- 건물의 기능에 맞는 성격별 주차장의 합리적인 연계

▸ 성격이 다른 주차장의 일반적인 구분
① 일반 주차장
② 직원 주차장
③ 서비스 주차장 (하역공간 포함)

▸ 성격이 다른 주차장의 특성
① 일반주차장 : 건물의 주출입구 근처에 위치
주보행로 및 보도 연계가 용이한 곳
승하차장, 장애인 주차구획 배치
주차장 진입구와 가까운 곳
일방통행 + 순환동선 체계
② 직원주차장 : 건물의 부출입구 근처에 위치
제시되는 평면에 기능별 출입구 언급되는 경우가 대부분
③ 서비스주차 : 일반이용자의 영역에서 가급적 이격
주출입구 및 건물의 전면공지에서 시각 차폐 고려
토지이용효율을 고려하여 주로 양방향 순환체계 적용

▸ 지문
① 주차구역Ⓐ : 18대 이상(장애인전용주차 1대 포함)/ 웰컴센터, 숙소동 사용
② 주차구역Ⓑ : 18대 이상(장애인전용주차 1대 포함)/ 연구동, 산학연협력동 사용
③ 주차구역Ⓒ : 10대 이상(장애인전용주차 1대 포함)/ 실험동, 야외실험장 사용
④ 도로 경사 1/50 이하의 구간에서는 단지 내 도로 중 차로를 주차 차로로 사용 가능
- 지형 고려한 고려한 용도(조닝)별 주차장 분산 배치

7. 경사도

▸ 대지의 경사기울기를 의미 - 비율, 퍼센트, 각도로 제시
▸ 제시된 등고선 간격(수평투영거리)과 높이차의 관계
▸ G=H : V 또는 G=V/H
▸ G=V/H×100
▸ 경사도에 따른 효율성 비교

비율 경사도	% 경사도	시각적 느낌	용도	공사의 난이도
1/25 이하	4% 이하	평탄함	활발한 활동	별도의 성토, 절토 작업 없이 건물과 도로 배치 가능
1/25 ~1/10	4~10%	완만함	일상적인 행위와 활동	
1/10 ~1/5	10~20%	가파름	언덕을 이용한 운동과 놀이에 적극이용	약간의 절토작업으로 건물과 도로를 전통적인 방법으로 배치가능, 편익시설의 배치 곤란
1/5 ~1/2	20%~50%	매우 가파름	테라스 하우스	새로운 형태의 건물과 도로의 배치 기법이 요구됨

▸ 지문
① 단지 내 도로 경사도 1/10 이하
② 등고선을 조정하는 경우 그 경사도는 1/2 이하로 하고 옹벽을 사용하지 않는다.

6. 각종 제한요소

▸ 장애물 : 자연적요소, 인위적요소
▸ 건축선, 이격거리
▸ 경사도(급경사지)
▸ 일반적으로 제시되는 장애물의 형태
① 수목(보호수)
② 수림대(휴양림)
③ 연못, 호수, 실개천
④ 암반
⑤ 공동구 등 지하매설물
⑥ 기존건물
⑦ 기타

휴양림 건축제한 (산책로는 가능)
실개천주변 건축제한
연못주변 건축제한
보호수로부터의 건축제한
진출입구 제한: 교량으로부터의 이격

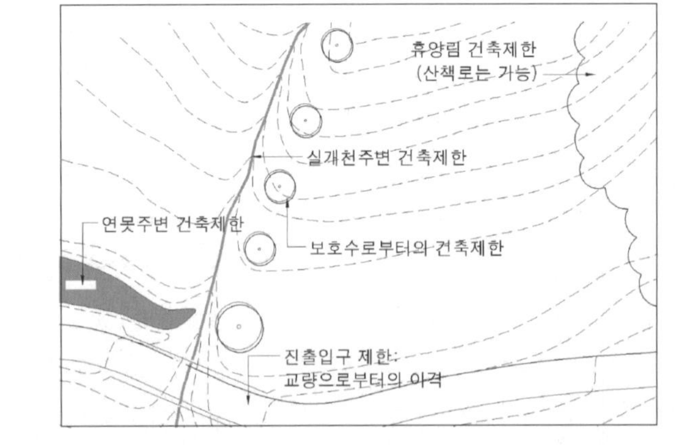

▸ 지문
① 건물 및 외부시설은 호수경계선에서 5m 이상 이격, 기존 수림대 훼손 금지

8. 성토와 절토

▸ 지형계획의 가장 기본 : 성토와 절토의 균형, 자연훼손의 최소화
▸ 절토 : 높은 고도방향으로 이동된 등고선으로 표현
▸ 성토 : 낮은 고도방향으로 이동된 등고선으로 표현
▸ 성토와 절토의 균형을 맞추는 일반적인 방법
① 등고선 간격이 일정한 경우
: 지반의 중심을 해당 레벨에 위치
② 등고선 간격이 불규칙한 경우
: 지반의 중심을 완만한쪽으로 이동

■ 문제풀이 Process

배치계획 주요 체크포인트

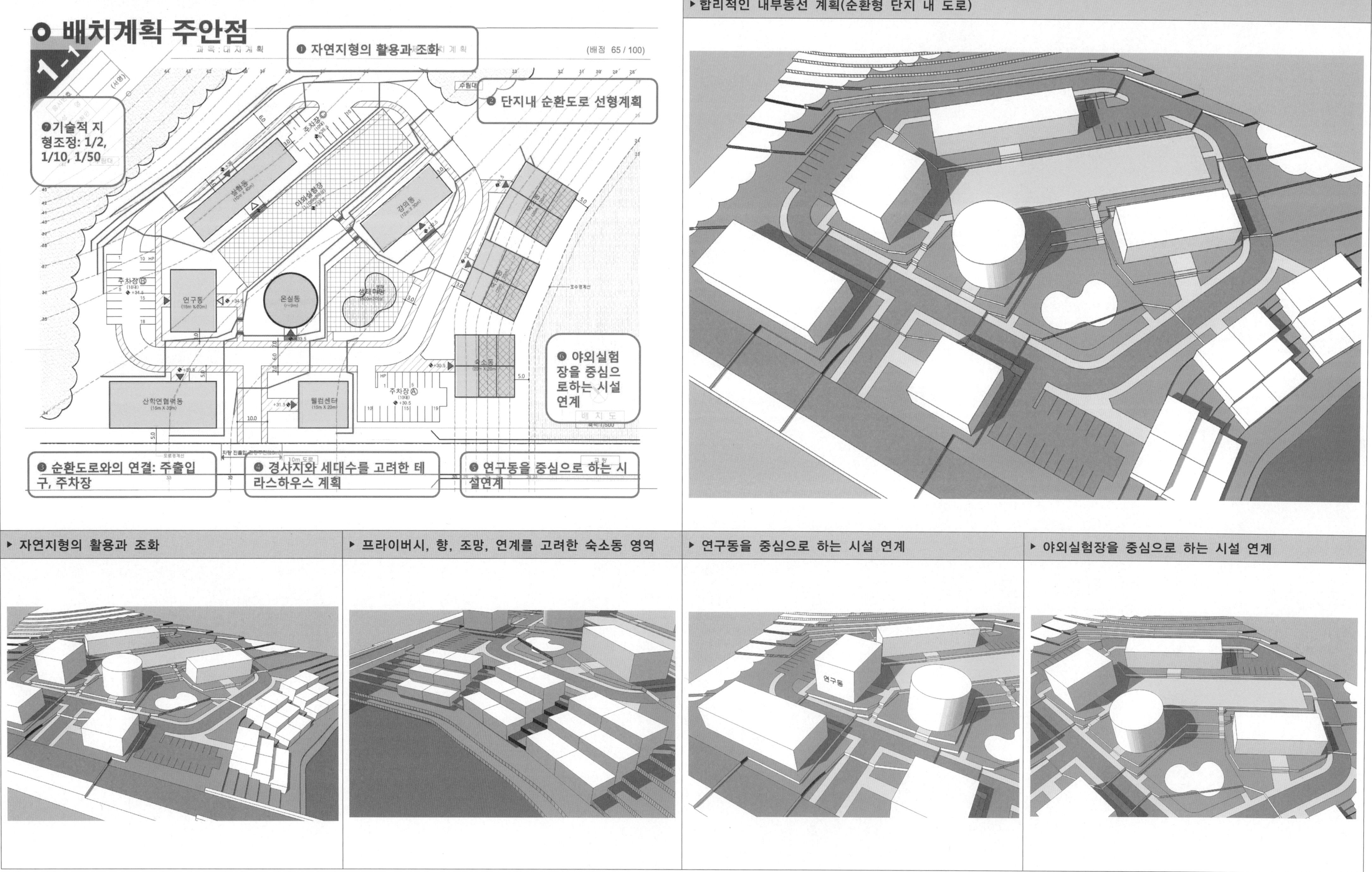

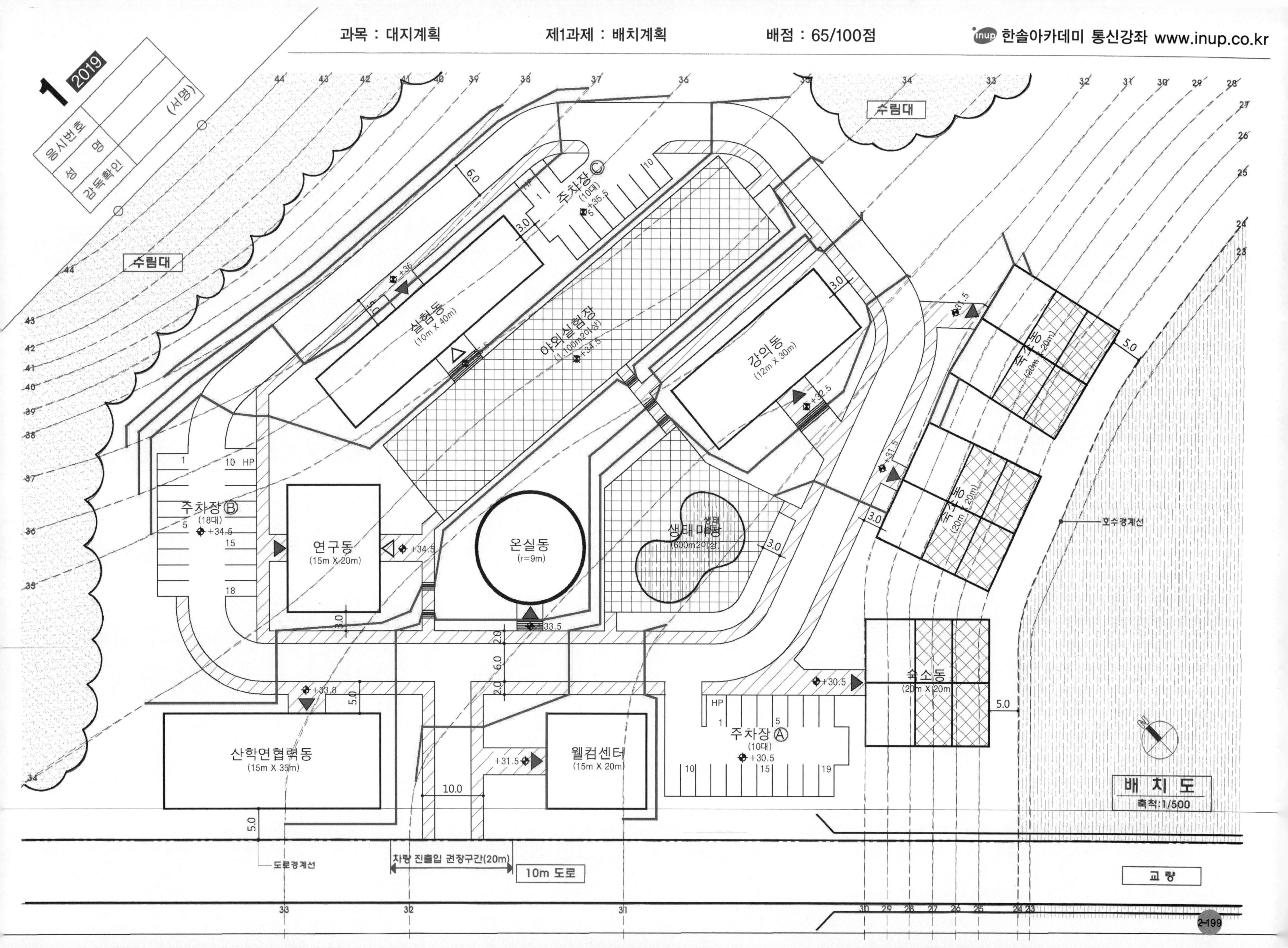

1 2019
응시번호
성 명
감독확인
(서명)
수림대
주차장 Ⓒ
(10대)
실험동
(10m X 40m)
야외실험장
(1,100m2이상)
강의동
(12m X 30m)
숙소동
(20m X 20m)
주차장 Ⓑ
(18대)
연구동
(15m X 20m)
온실동
(r=9m)
생태마당
(600m2이상)
호수경계선
휴소동
(20m X 20m)
산학연협력동
(15m X 35m)
웰컴센터
(15m X 20m)
주차장 Ⓐ
(10대)
배 치 도
축척:1/500
도로경계선
차량 진출입 권장구간(20m)
10m 도로
교 량

구 성	FACTOR	지 문 본 문	FACTOR	구 성

구 성

1. 제목
- 건축물의 용도 제시 (공동주택과 일반건축물 2가지로 구분)
- 최대건축가능영역의 산정이 대전제

2. 과제개요
- 과제의 목적 및 취지를 언급합니다.
- 전체사항에 대한 개괄적인 설명이 추가되는 경우도 있습니다.

3. 설계(대지)개요
- 대지에 관한 개괄적인 사항
- 용도지역지구
- 대지규모
- 건폐율, 용적률
- 대지내부 및 주변현황 (현황도 제시)

4. 계획조건
- 접도현황
- 대지안의 공지
- 각종 이격거리
- 각종 법규 제한조건 (정북일조, 채광일조, 가로구역별최고높이, 문화재보호앙각, 고도제한 등)
- 각종 법규 완화규정

FACTOR

① 배점을 확인합니다
- 35점 (과제별 시간 배분 기준)

② 용도 체크
- 창작지원센터: 일반건축물
- 최대건축가능영역
- 계획개요(면적표) 작성

③ 제2종 일반주거지역
- 정북일조권 적용

④ 최고높이 25m 이하
- 가로구역별 최고높이 아님
- 계획적 factor로 이해

⑤ 건폐율 60% 이하
- 계획 시 건축면적 확인 필요

⑥ 용적률 250% 이하
- 계획 시 연면적 확인 필요

⑦ 층고
- 1층 전시장 5m
- 2층 이상 작업장 4m

⑧ 북측인접대지 조건
- 동서방향 고저차(+3~+1)
- 평균레벨 +2를 기준

⑨ 1층 바닥레벨
- 전면도로와 동일 ±0

⑩ 유효폭
- 면적 산정 시 폭 1m 미만 제외

⑪ 면적산정 기준
- 벽체두께, 기둥 고려하지 않고 일조 적용받는 경사면은 수직벽면을 기준

⑫ 수목보호선 건축 금지

지 문 본 문

2019년도 건축사자격시험 문제

과목: 대지계획 제2과제 (대지분석 및 주차계획) ① **배점: 35/100점**

제목 : 예술인 창작지원센터의 최대 건축가능영역 및 주차계획 ②

1. 과제개요

예술인 창작지원센터를 계획하고자 한다. 다음 사항을 고려하여 최대 건축가능영역을 구하고, 배치도, 1층 평면 및 주차계획도, 단면도 및 계획개요를 작성하시오.

2. 대지개요

(1) 용도지역 : 제2종 일반주거지역③
(2) 대지면적 : 902m²
(3) 최고높이 : 25m 이하④
(4) 건 폐 율 : 60% 이하⑤
(5) 용 적 률 : 250% 이하⑥
(6) 주변현황 : <대지 현황도> 참조

3. 계획조건

(1) 1층은 전시장으로 사용하고 층고는 5m로 한다.
(2) 2층 이상은 작업장으로 사용하고 층고는 4m로 한다.⑦
(3) 대지의 북측에 인접한 대지는 동서방향으로 고저차가 있다.⑧
(4) 1층 바닥레벨은 전면도로와 같으며 고저차가 없다.⑨
(5) 바닥면적 산정 시 유효폭 1.0m 미만은 제외한다.⑩
(6) 바닥면적 산정 시 벽체두께와 기둥은 고려하지 않으며, 일조 등의 확보를 위한 높이 제한을 적용받는 각 층의 경사면은 수직벽면을 기준으로 한다.⑪
(7) 수목보호선 내에는 건축할 수 없다.⑫
(8) 조경면적은 충족한 것으로 한다.
(9) 주차계획⑬
① 주차대수는 총 10대(장애인전용주차 1대 포함)로 한다.
② 주차장은 건축물의 내부 또는 필로티 하부에 설치하지 않으며 옥외에 자주식 주차로 한다. 단, 차량진출입로와 차로는 필로티 하부에도 계획 가능하다.
③ 주차단위구획
• 일반형주차 : 2.5m x 5.0m
• 장애인전용주차 : 3.3m x 5.0m
④ 차량진출입로와 차로 너비는 6m 이상으로 한다.

4. 높이제한 및 이격거리

(1) 일조 등의 확보를 위한 건축물의 높이제한을 위하여 정북방향으로의 인접대지경계선으로부터 띄어야 할 거리⑭
① 높이 9m 이하인 부분 : 1.5m 이상
② 높이 9m 초과하는 부분 : 해당 건축물 각 부분 높이의 1/2 이상
(2) 건축선 및 인접대지경계선에서 건축물과의 이격거리⑮
① 건축선 : 1.5m 이상
② 인접대지경계선 : 1.5m 이상
(3) 인접대지경계선에서 주차구획과의 이격거리는 0.5m 이상으로 한다.⑯
(4) 차로 및 주차구획에서 건축물과의 이격거리는 제한이 없다.⑯
(5) 옥탑 및 파라펫 높이는 고려하지 않는다.

5. 도면작성요령 ⑰

(1) 배치도에는 2층~최상층 건축영역을 <보기>와 같이 표기하고, 중복된 층은 그 최상층만 표기한다.⑱
(2) 1층 평면 및 주차계획도에는 1층 건축영역과 주차계획을 표기한다.
(3) 단면도에는 제시된 <A-A'> 단면의 최대 건축영역을 표기한다.
(4) 모든 기준선, 제한선, 이격거리, 층수 및 치수를 다음 도면에 표기한다.⑲
① 배치도
② 1층 평면 및 주차계획도
③ 단면도
(5) 치수는 소수점 이하 셋째자리에서 반올림하여 둘째자리까지 표기한다.⑳
(6) 단위 : m㉑
(7) 축척 : 1/300

<보기>㉒

홀수층	(크로스 해칭)
짝수층	(사선 해칭)

6. 유의사항

(1) 답안작성은 반드시 흑색 연필로 한다.㉓
(2) 명시되지 않은 사항은 현행 관계법령의 범위 안에서 임의로 한다.㉔

FACTOR

⑬ 주차계획
- 주차대수 10대(장애인 1대)
- 옥외자주식(차량진출입로와 차로는 필로티 하부 계획 가능)
- 주차구획 상부 건축물 금지
- 일반형 2.5m x 5.0m
- 장애인 3.3m x 5.0m
- 차량진출입로와 차로 폭 6m

⑭ 정북일조 적용 조건
- 현행법과 동일

⑮ 건축물 이격거리
- 건축선으로부터 1.5m 이상
- 인접대지경계선으로부터 1.5m 이상

⑯ 주차구획 이격거리
- 인접대지경계선으로부터 0.5m 이상
- 차로 및 주차구획과 건축물 이격조건 없음

⑰ 도면작성요령은 항상 확인

⑱ 배치도 표현
- 2층~최상층 영역 표기
- <보기>와 같이 표기

⑲ 도면표기 기준 제시

⑳ 치수표현
- 소수점 이하 셋째자리에서 반올림하여 둘째자리까지 표기

㉑ 단위 및 축척
- m, 1/300

㉒ <보기> 확인

㉓ 흑색 연필로 작성

㉔ 명시되지 않은 사항
- 기타 법규를 검토할 경우 항상 문제해결의 연장선에서 합리적이고 복합적으로 고려

구 성

- 대지 내외부 각종 장애물에 관한 사항
- 1층 바닥레벨
- 각층 층고
- 외벽계획 지침
- 대지의 고저차와 지표면 산정기준
- 기타사항 (요구조건의 기준은 대부분 주어지지만 실무에서 보편적으로 다루어지는 제한요소의 적용에 대해서는 간략하게 제시되거나 현행법령을 기준으로 적용토록 요구할 수 있으므로 그 적용방법에 대해서는 충분한 학습을 통한 훈련이 필요합니다)

5. 도면작성요령
- 건축가능영역 표현방법(실선, 빗금)
- 층별 영역 표현법
- 각종 제한선 표기
- 치수 표현방법
- 반올림 처리기준
- 단위 및 축척

6. 유의사항
- 제도용구 (흑색연필 요구)
- 명시되지 않은 현행법령의 적용방침 (적용 or 배제)

구 성	FACTOR	지 문 본 문	FACTOR	구 성

7. 대지현황도
- 대지현황
- 대지주변현황 및 접도 조건
- 기존시설현황
- 대지, 도로, 인접대지의 레벨 또는 등고선
- 각종 장애물 현황
- 계획가능영역
- 방위
- 축척

(답안작성지는 현황도와 대부분 중복되는 내용이지만 현황도에 있는 정보가 답안작성지에서는 생략되기도 하므로 문제 접근시 현황도를 꼼꼼히 체크하는 습관이 필요합니다.)

㉕ 현황도 파악
- 대지경계선 확인
- 대지현황(평지)
- 접도현황(개소, 너비, 레벨 등)
- 현황 파악 (수목보호선, 주변대지 레벨, 북측대지 레벨조건, 차량진입불허구간 등)
- 방위
- 축척 없음
- 기타사항
- 제시되는 현황도를 이용하여 1차적인 현황분석을 합니다. (대지경계선이 변경되는 부분이 있는지 가장 먼저 확인)

과목: 대지계획 제2과제 (대지분석・대지조닝・대지주차) 배점: 35/100점

<대지현황도> 축척 없음 ㉕

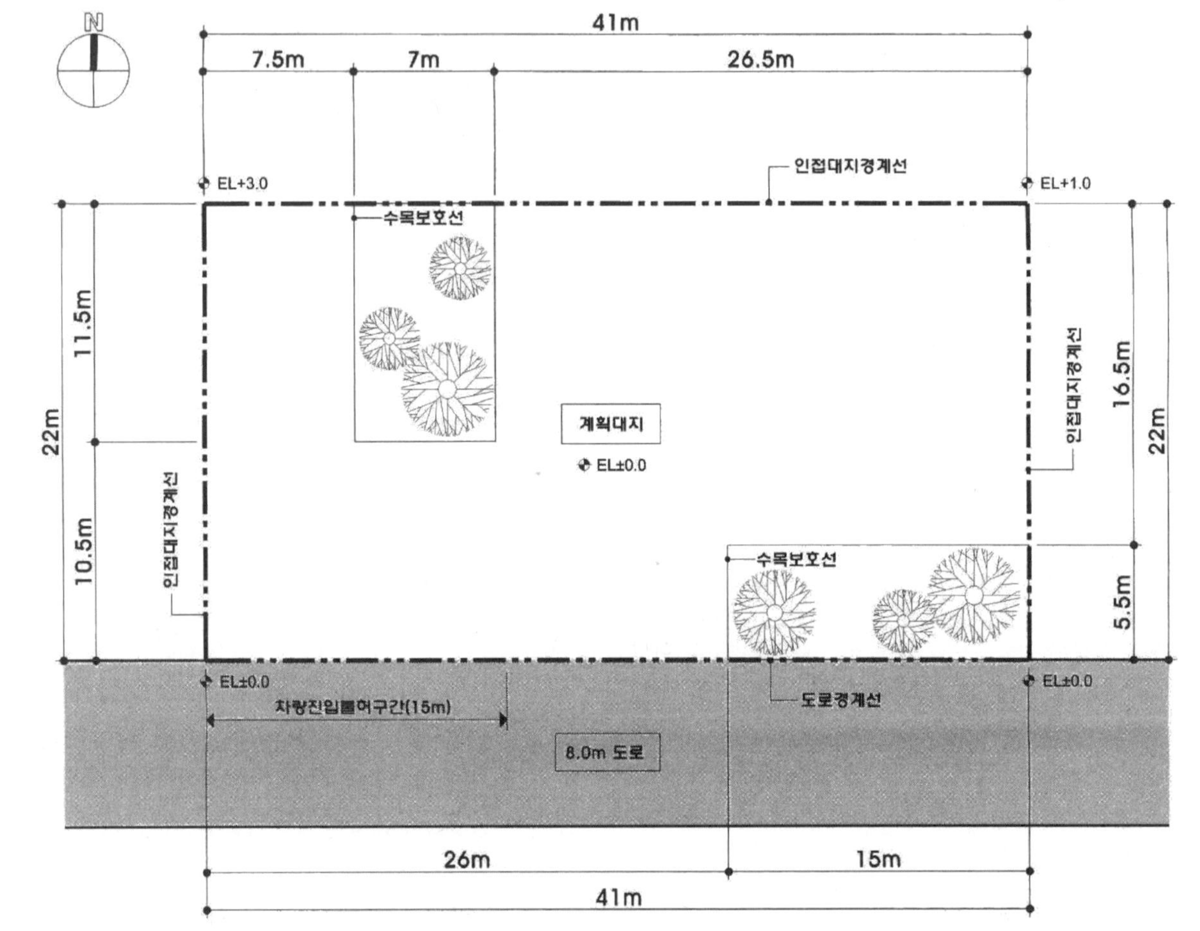

■ 문제풀이 Process

1 제목, 과제 및 대지개요 확인

① 배점 확인 : 35점
- 문제 난이도 예상
- 제1과제(배치계획)와 시간배분의 기준으로 유연하게 대처

② 제목 : 예술인 창작지원센터의 최대 건축가능영역 및 주차계획
- 용도 : 예술인 창작지원센터 (일반건축물)
- 주차계획을 포함한 규모계획을 하고 계획개요를 작성하도록 요구

③ 제2종 일반주거지역
- 정북일조 고려

④ 대지면적 : 902㎡

⑤ 최고높이 : 25m 이하

⑥ 건폐율 60% 이하 : 건축면적 541.2㎡ 이하

⑦ 용적률 250% 이하 : 지상층 연면적 2,255㎡ 이하

⑧ 구체적인 지문조건 분석 전 현황도를 이용하여 1차적인 현황분석을 우선 하도록 함
- 가장 먼저 확인해야 하는 사항은 건축선 변경 여부임을 항상 명심

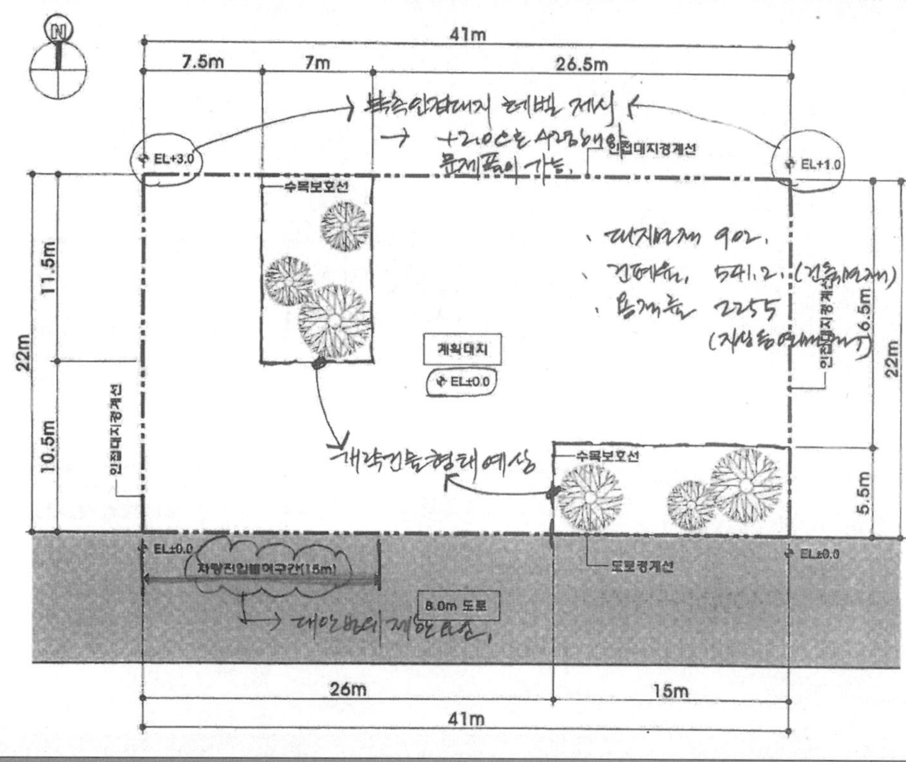

2 현황분석

① 대지조건
- 장방형의 평탄지
- 대지면적 : 902㎡ (건축선, 대지면적 변경 요인 없음)
  건폐율, 용적률에 따른 최대 건축가능영역의 범위 check
- 대지 내부 보호수목 2개소

② 주변현황
- 인접대지 모두 제2종 일반주거지역으로 파악

③ 접도조건 확인
- 남측 8m 도로(평탄한 도로 ±0)
- 일부 영역이 차량진입불허구간(폭 15m)으로 지정되어 있음

④ 대지 및 인접대지, 도로 레벨 check
- 북측 인접대지와 계획대지가 접한 영역 지점 레벨 제시
  (정북일조 적용을 위해 북측 인접대지 지표면 레벨을 산정하는 기준으로 활용)

⑤ 방위 확인
- 일조 등의 확보를 위한 높이제한 적용 기준 확인(정북일조)

⑥ 단면지시선 위치 확인
- 현황도가 아닌 답안작성지에 제시됨

3 요구조건분석

① 층고 : 1층 5m(전시장), 2층 이상 4m(작업장)

② 최고 높이 : 25m 이하(지표면에서 건물 상단까지의 높이로 이해 / 파라펫 없음 / 최대층수 6층)

③ 북측 인접대지 동서방향 고저차 : 평균레벨 +2.0을 북측 인접대지 지표면으로 산정

④ 대지레벨 : 계획대지, 인접도로 및 1층 바닥레벨은 고저차 없음(±0)

⑤ 바닥면적 산정 시 유효폭 1.0m 미만은 제외

⑥ 수목보호선 내 건축 금지, 조경면적 충족한 것으로 함

⑦ 주차계획
- 주차대수 10대(장애인전용주차 1대 포함)
- 건축물 내부, 필로티하부에 설치하지 않으며 옥외 자주식으로 계획
  (차로와 차량진출입로는 필로티 하부에 계획 가능)
- 일반형 : 2.5m x 5.0m, 장애인전용 : 3.3m x 5.0m
- 차량진출입로와 차로 너비는 6m 이상

⑧ 정북일조 적용

⑨ 건축선 및 인접대지경계선으로부터 건축물은 1.5m 이상 이격

⑩ 인접대지경계선으로부터 주차구획은 0.5m 이상 이격

⑪ 차로 및 주차구획과 건축물은 이격거리 제한 없음

⑫ 옥탑 및 파라펫 높이는 고려하지 않음

■ 문제풀이 Process

4 수평영역 검토

① 최대 건축가능영역 검토
(건폐율, 용적률 적용 이전)
- 각종 이격거리 조건 정리
- 정북일조 적용
(북측 대지레벨 +2.0)

② 건축면적 검토
- 대지면적 : 902㎡
- 건축면적(건폐율60%) : 541.2㎡
- 연면적(용적률250%) : 2,255㎡

③ 최대건축가능영역을 고려한
Mass 정리

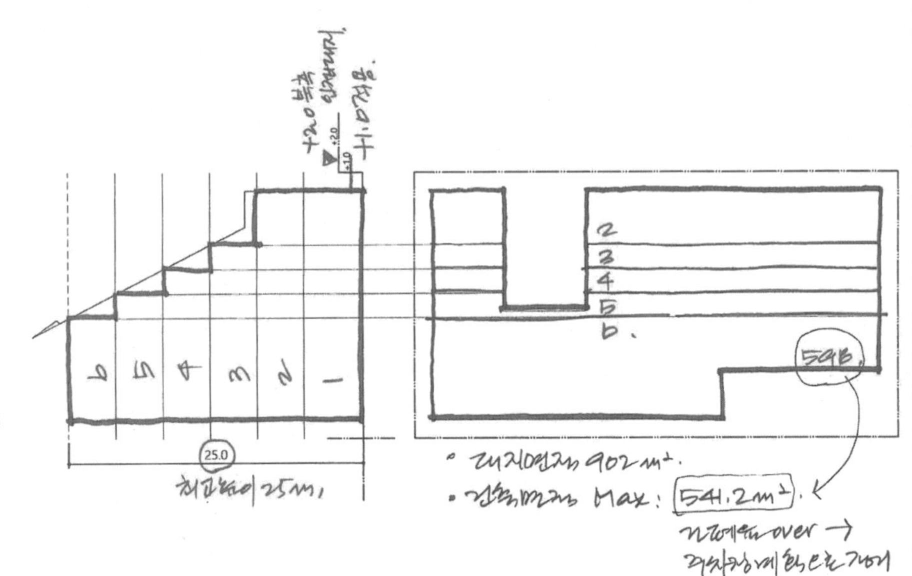

5 1층 바닥면적 및 주차장 검토

① 전체 연면적 최대를 고려한
주차장 계획의 방향성
- 주차구획 상부는 건축 금지
- 차로, 차량진출입구는 필로티 계획 가능
- 정북일조에 의해 규모 검토에 불리한 영역에 주차구획을 배치하는 것이 건물의 최대 연면적 확보에 유리

② 차량진출입로의 위치 및 주차구획 배치에는 다소의 대안이 가능하지만 최대 연면적은 동일

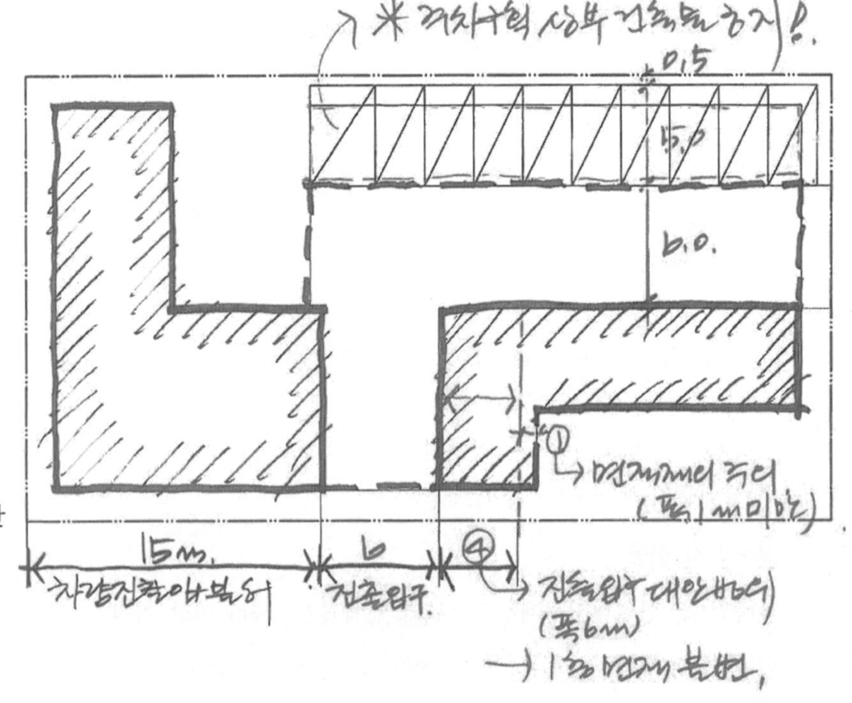

6 모범답안

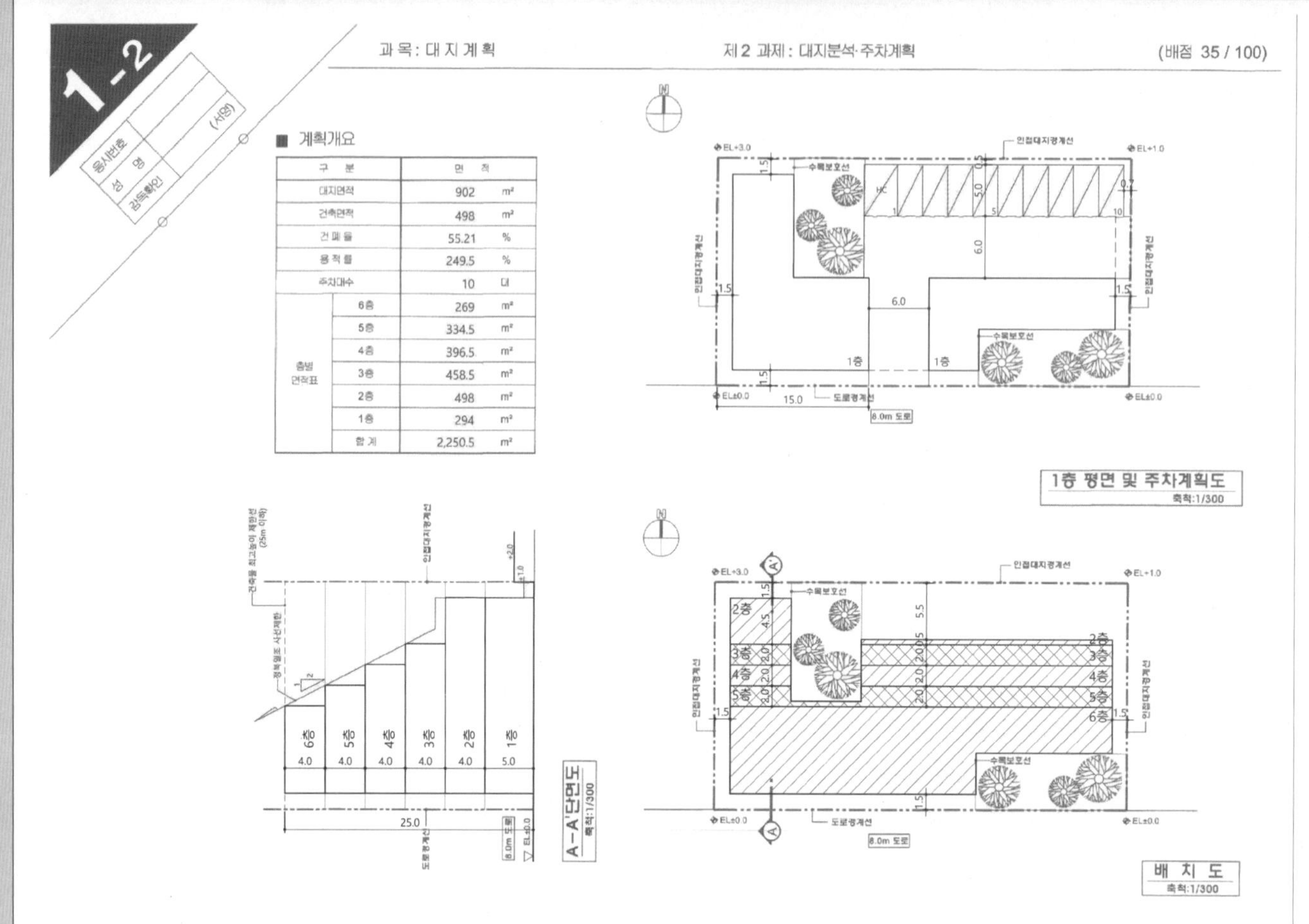

구 분		면 적	
대지면적		902	㎡
건축면적		498	㎡
건 폐 율		55.21	%
용 적 률		249.5	%
주차대수		10	대
층별 면적표	6층	269	㎡
	5층	334.5	㎡
	4층	396.5	㎡
	3층	458.5	㎡
	2층	498	㎡
	1층	294	㎡
	합 계	2,250.5	㎡

■ 주요 체크포인트

① 건폐율/용적률 적용형

② 정북일조권 - 북측 대지레벨 산정

③ 최고높이 25m에 의한 층수 제한
- 층고 5m(1층) / 4m(2층 이상): 6층

④ 최대 연면적을 고려한 주차구획 위치 선정 및 주차장 계획
- 주차구획 상부 건축물 금지
- 차로, 차량진출입로 필로티 가능

⑤ 수목보호선에 의한 건축 영역 제한

⑥ 정확한 계획개요 작성

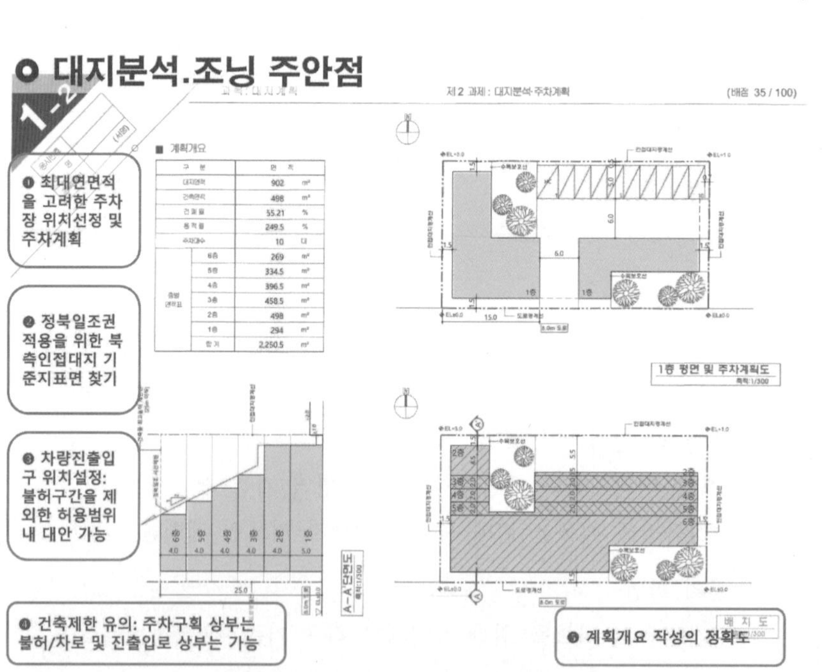

■ 문제풀이 Process

대지분석 · 조닝/대지주차 문제풀이를 위한 핵심이론 요약

1. 정북일조

▸ 지역일조권 : 전용주거지역, 일반주거지역 모든 건축물에 해당

▸ 인접대지와 고저차 있는 경우 : 평균 지표면 레벨이 기준

▸ 인접대지경계선으로부터의 이격거리
- 높이 9m 이하 : 1.5m 이상
- 높이 9m 초과 : 건축물 각 부분의 1/2 이상

▸ 계획대지와 인접대지 간 고저차 있는 경우

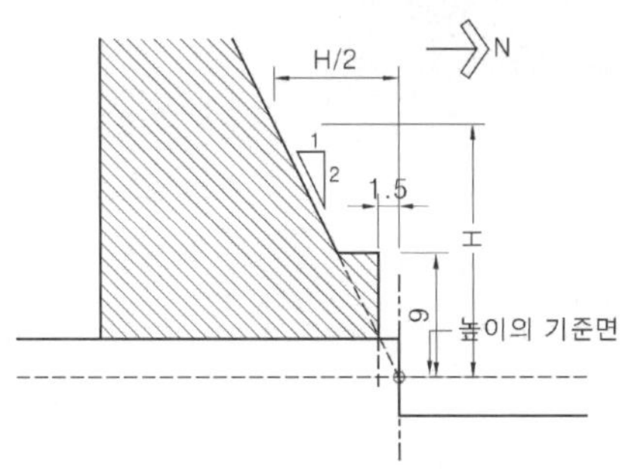

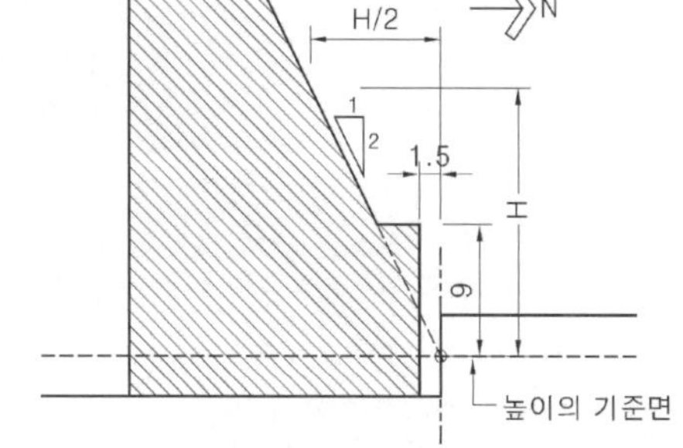

▸ 정북 일조를 적용하지 않는 경우
- 다음 각 목의 어느 하나에 해당하는 구역 안의 너비 20미터 이상의 도로(자동차 · 보행자 · 자전거 전용도로, 도로에 공공공지, 녹지, 광장, 그 밖에 건축미관에 지장이 없는 도시 · 군계획시설이 접한 경우 해당 시설 포함)에 접한 대지 상호간에 건축하는 건축물의 경우
  가. 지구단위계획구역, 경관지구
  나. 중점경관관리구역
  다. 특별가로구역
  라. 도시미관 향상을 위하여 허가권자가 지정 · 공고하는 구역
- 건축협정구역 안에서 대지 상호간에 건축하는 건축물(법 제77조의4제1항에 따른 건축협정에 일정 거리 이상을 띄어 건축하는 내용이 포함된 경우만 해당한다)의 경우
- 정북 방향의 인접 대지가 전용주거지역이나 일반주거지역이 아닌 용도지역인 경우

▸ 정북 일조 완화 적용
- 건축물을 건축하려는 대지와 다른 대지 사이에 다음 각 호의 시설 또는 부지가 있는 경우에는 그 반대편의 대지경계선(공동주택은 인접 대지경계선과 그 반대편 대지경계선의 중심선)을 인접대지경계선으로 한다.
  1. 공원(도시공원 중 지방건축위원회의 심의를 거쳐 허가권자가 공원의 일조 등을 확보할 필요가 있다고 인정하는 공원은 제외), 도로, 철도, 하천, 광장, 공공공지, 녹지, 유수지, 자동차 전용도로, 유원지 등
  2. 다음 각 목에 해당하는 대지
     가. 너비(대지경계선에서 가장 가까운 거리를 말한다)가 2미터 이하인 대지
     나. 면적이 제80조 각 호에 따른 분할제한 기준 이하인 대지
  3. 1,2호 외에 건축이 허용되지 않는 공지

2. 건축면적/바닥면적

▸ 건축면적
- 건축물의 외벽(외벽이 없는 경우에는 외곽 부분의 기둥을 말한다.)의 중심선으로 둘러싸인 부분의 수평투영면적으로 한다.

▸ 건축면적에서 제외되는 항목

① 지표면으로부터 1미터 이하에 있는 부분
② 창고 중 물품을 입출고하기 위하여 차량을 접안시키는 부분: 지표면으로부터 1.5미터 이하
③ 기존의 다중이용업소 (2004년 5월 29일 이전의 것)의 비상구에 연결하여 설치하는 폭 2미터 이하의 옥외 피난계단(기존 건축물에 옥외 피난 계단을 설치함으로써 건폐율의 기준에 적합하지 아니하게 된 경우만 해당)
④ 건축물 지상층에 일반인이나 차량이 통행할 수 있도록 설치한 보행통로나 차량통로
⑤ 지하주차장의 경사로
⑥ 지하층의 출입구 상부(출입구 너비에 상당 하는 규모의 부분)
⑦ 생활폐기물 보관함
⑧ 어린이집 비상구에 연결하여 설치하는 폭 2미터 이하의 영유아용 대피용 미끄럼대 또는 비상계단
⑨ 장애인용 승강기, 장애인용 에스컬레이터, 휠체어리프트 또는 경사로
⑩ 현지보존 및 이전보존을 위하여 매장문화재 보호 및 전시에 전용되는 부분
⑪ 기타 가축사육 관련 시설

▸ 바닥면적 산정 시 제외면적

① 벽, 기둥의 구획이 없는 건축물은 그 지붕 끝부분으로부터 수평거리 1m를 제외
② 발코니 등 노대 : 최대길이(L) × 1.5m 제외
③ 필로티 중 다음의 경우 면적 제외 (원칙적으로 필로티는 바닥면적 산입)
 - 공중의 통행/ 차량의 통행 또는 주차에 전용/ 공동주택
④ 승강기탑(옥상 출입용 승강장 포함),계단탑, 장식탑 등
⑤ 다락(평지붕 : 층고 1.5m 이하/ 경사지붕 : 층고 1.8m 이하)
⑥ 건축물의 외부 또는 내부에 설치하는 굴뚝, 더스트슈트, 설비덕트 등과 옥상·옥외 또는 지하에 설치하는 물탱크, 기름탱크, 냉각탑, 정화조, 도시가스 정압기 등을 설치하기 위한 구조물
⑦ 공동주택으로서 지상층에 설치한 기계실, 전기실, 어린이놀이터, 조경시설 및 생활폐기물 보관함
⑧ 기존의 다중이용업소의 비상구에 연결하여 설치하는 폭 1.5미터 이하의 옥외 피난계단 (용적률에 적합하지 아니하게 된 경우만 해당)은 바닥면적에서 제외
⑩ 건축물을 리모델링하는 경우로서 미관 향상, 열의 손실 방지 등을 위하여 외벽에 부가하여 마감재 등을 설치하는 부분은 바닥면적에 산입하지 아니한다.
⑪ 외단열 건축물의 경우 단열재가 설치된 외벽 중 내측 내력벽의 중심선을 기준으로 산정한 면적을 바닥면적으로 한다.
⑫ 어린이집 비상구에 연결하여 설치하는 폭 2미터 이하의 영유아용 대피용 미끄럼대 또는 비상계단
⑬ 장애인용 승강기, 장애인용 에스컬레이터, 휠체어리프트 또는 경사로
⑭ 현지보존 및 이전보존을 위하여 매장문화재 보호 및 전시에 전용되는 부분

대지분석 · 조닝 주요 체크포인트

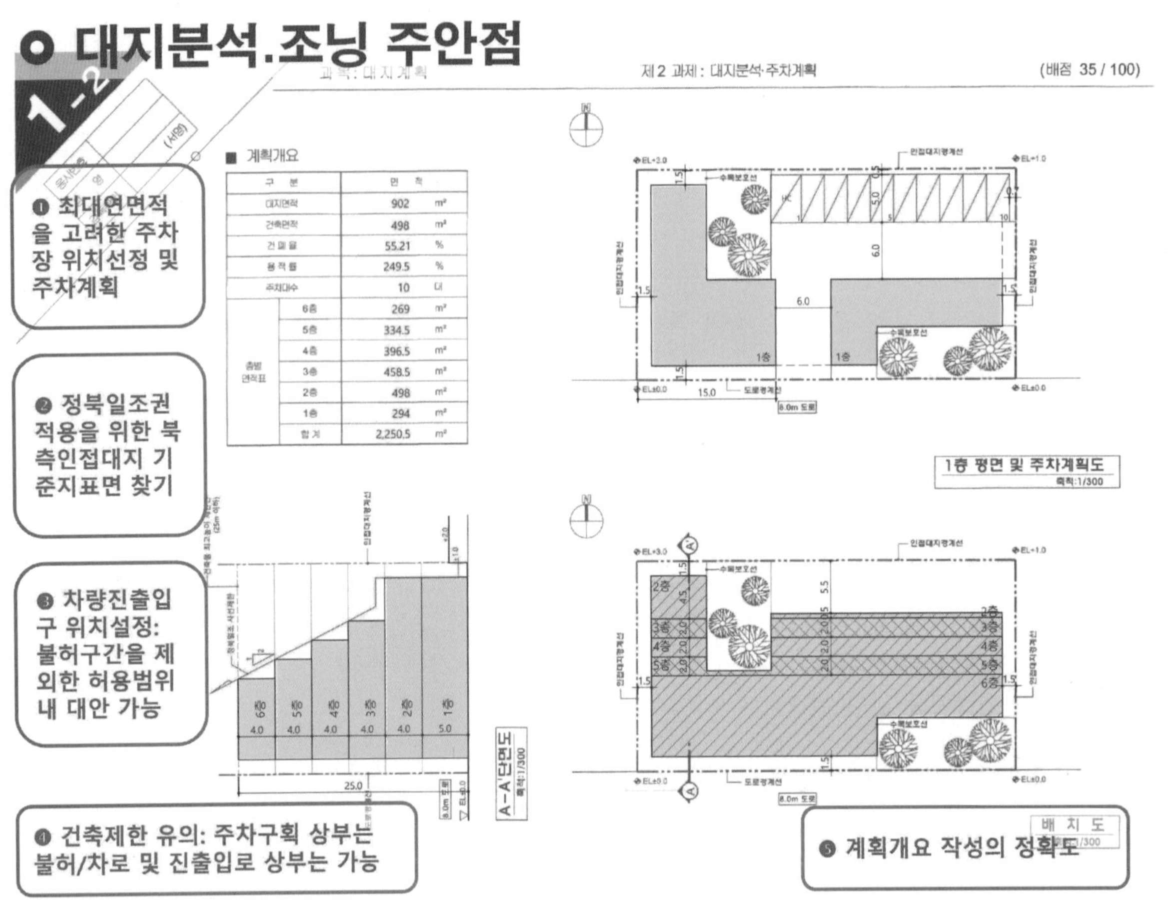

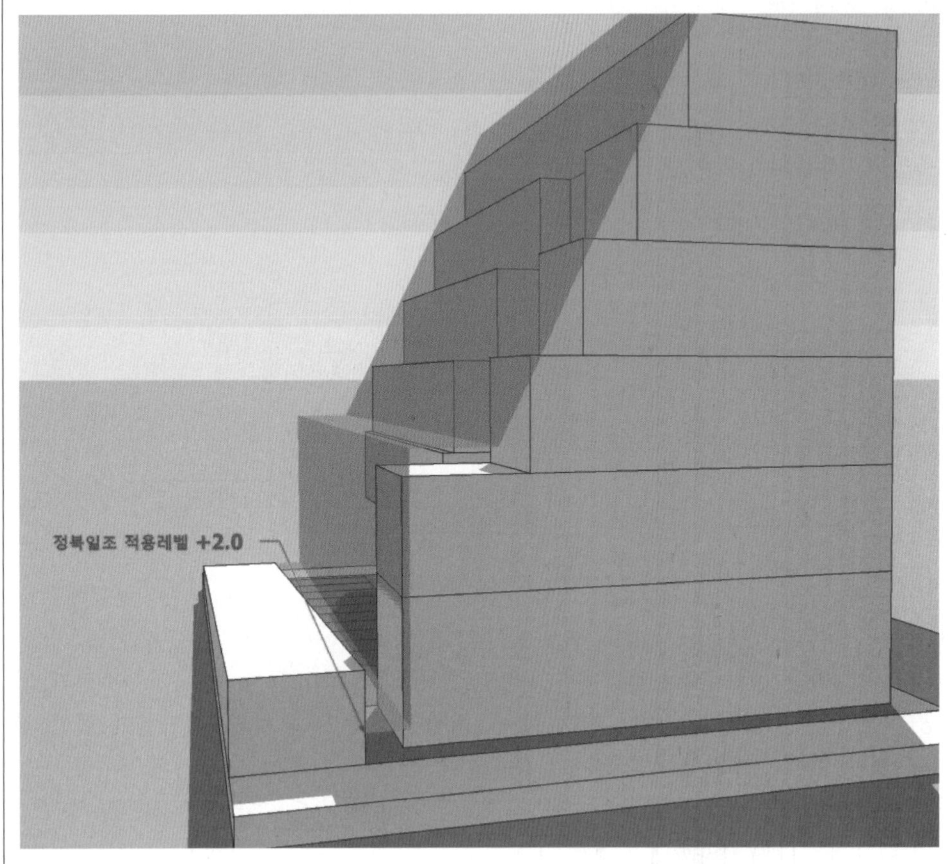

▸ 정북일조 적용
① 북측인접대지 조건에 따른 합리적 일조권 적용
- 북측인접대지 동서 방향 경사지
- +3.0과 +1.0의 평균레벨
: 적용레벨 +2

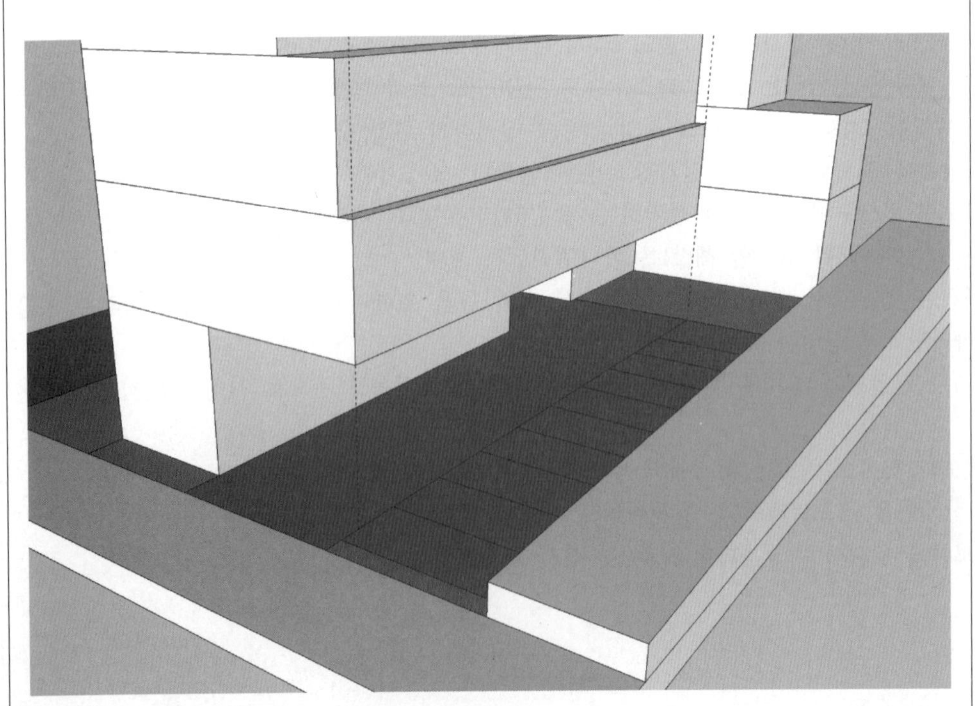

▸ 지상 주차장 계획
① 차량진입불허구간을 고려한 주차장 출입구 선정
② 최대 연면적을 고려한 주차구획 위치 선정
③ 필로티 활용한 차량진출입로, 주차장 차로 계획
④ 주차장과 건축물 이격조건 없음

▸ 건폐율, 용적률 적용
① 최대 건폐율, 용적률을 만족하는 규모 검토
② 정확한 면적 산정 및 건축개요 작성

▸ 이격거리 준수
① 건축물은 대지경계선으로부터 1.5m 이상
② 수목보호선 침범 불가
③ 주차구획은 인접대지경계선으로부터 0.5m 이상

2 2019

응시번호	
성 명	(서명)
감독확인	

■ 계획개요

구 분		면 적
대지면적		902 m²
건축면적		498 m²
건 폐 율		55.21 %
용 적 률		249.5 %
주차대수		10 대
층별 면적표	6층	269 m²
	5층	334.5 m²
	4층	396.5 m²
	3층	458.5 m²
	2층	498 m²
	1층	294 m²
	합 계	2,250.5 m²

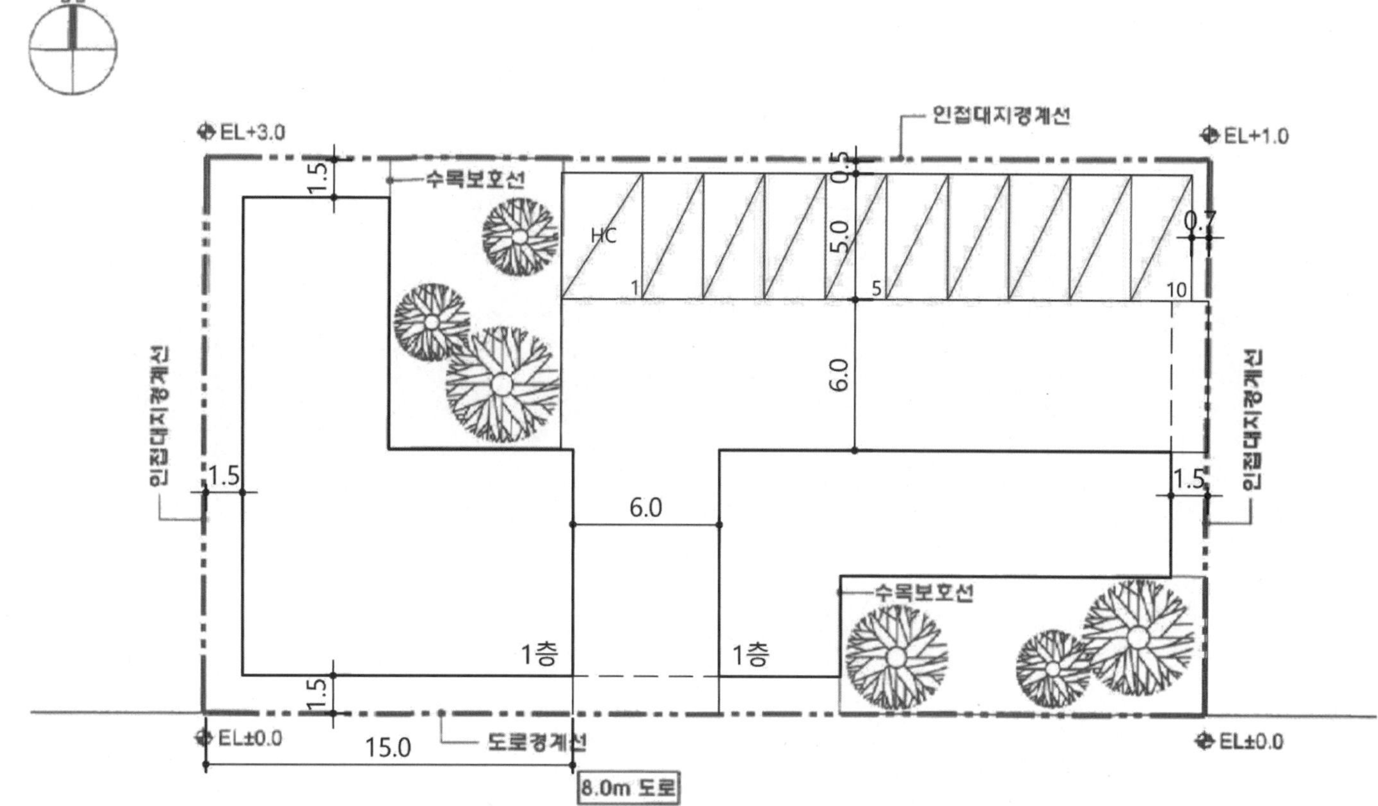

1층 평면 및 주차계획도
축척:1/300

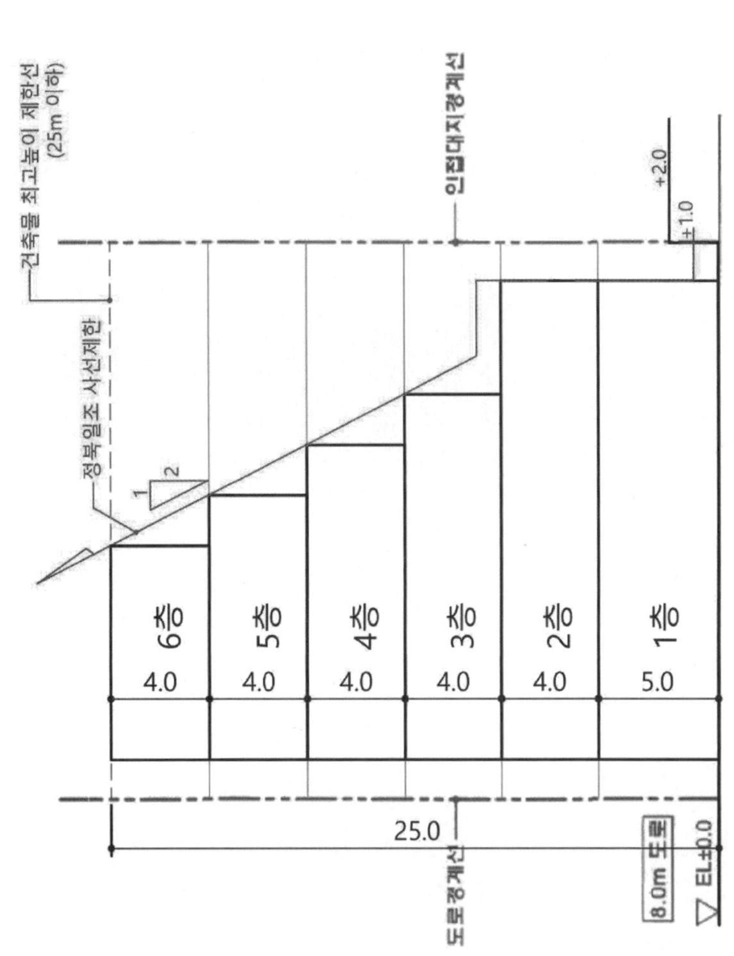

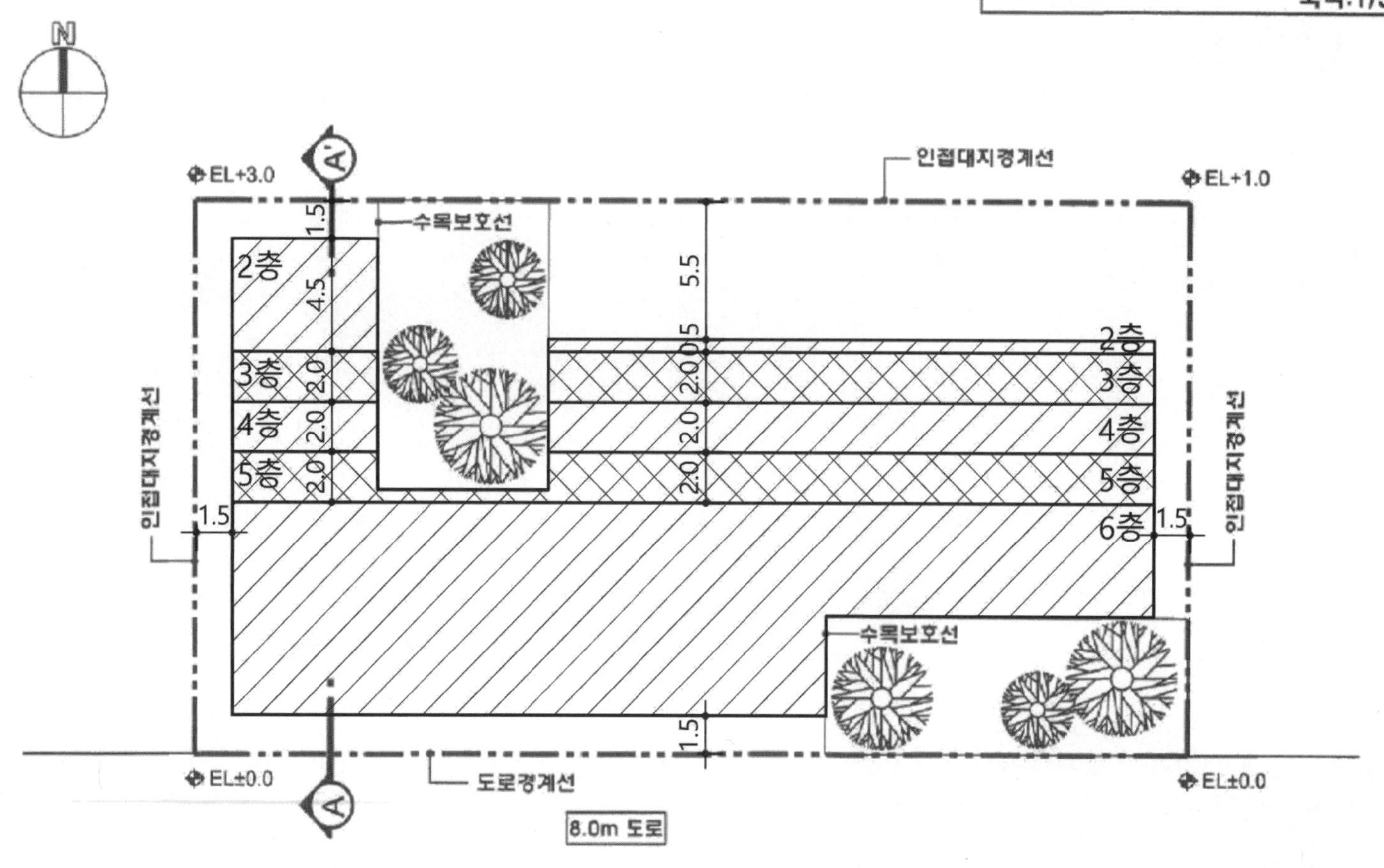

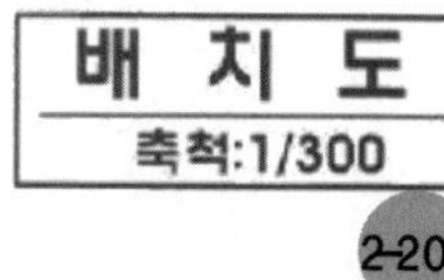

구 성

제목
- 배치하고자 하는 시설의 제목을 제시합니다.

1. 과제개요
- 시설의 목적 및 취지를 언급합니다.
- 전체사항에 대한 개괄적인 설명이 추가되는 경우도 있습니다.

2. 대지조건(개요)
- 대지전반에 관한 개괄적인 사항이 언급됩니다.
- 용도지역, 지구
- 접도조건
- 건폐율, 용적률 적용 여부를 제시
- 대지내부 및 주변현황 (최근 계속 현황도가 별도로 제시)

3. 계획조건
ⓐ 배치시설
- 배치시설의 종류
- 건물과 옥외시설물은 구분하여 제시되는 것이 일반적입니다.
- 시설규모
- 필요시 각 시설별 요구사항이 첨부됩니다.

FACTOR

① 배점을 확인하여 2과제의 시간배분 기준으로 활용합니다.
- 65점 (난이도 예상)

② 천연염색 테마 리조트
- 시설 성격(친환경) 파악
- 숙박동 횡단면도 요구됨

③ 지역지구 : 계획관리지역

④ 대지현황도 제시
- 계획조건을 파악하기에 앞서 현황도를 이용한 1차 현황분석을 선행하는 것이 문제의 전체 윤곽을 잡아가는 데 유리합니다.

⑤ 단지 내 도로
- 차로와 보행로로 구분하여 제시
- 경사도 1/10이하

⑥ 건축물
- 규모: 가로x세로 크기로 제시
- 용도별 성격 파악 (염색전시, 판매, 공방, 체험, 안내센터, 숙박동)
- 숙박동(3개동)은 향, 조망, 프라이버시 확보 검토
- 염색전시관은 기존 창고 증축

⑦ 외부시설
- 최소 면적 제시
- 연계되는 시설 구체적 제시
- 허브정원은 염색식물 자생지를 포함
- 용도별 주차장 3개소 (주차장Ⓒ는 일방향 순환 검토)

⑧ 주차구획
- 주차구획 크기 제시되지 않음
- 주차장 마다 장애인전용 주차구획 1대 이상 고려

지 문 본 문

2020년도 제1회 건축사자격시험 문제

과목: 대지계획 제1과제 (배치계획) ① 배점: 65/100점

제 목 : 천연염색 테마 리조트 배치계획 ②

1. 과제개요

천연염색 테마 리조트를 계획하고자 한다. 다음 사항을 고려하여 시설을 배치하고 숙박동㉮의 횡단면도를 작성하시오.

2. 대지조건

(1) 용도지역: 계획관리지역(공공하수처리운영지역) ③
(2) 주변현황: <대지 현황도> 참조 ④

3. 계획조건 및 고려사항

(1) 계획조건

① 단지 내 도로(경사도 1/10 이하) ⑤

도로명	너비
차로	6m 이상
보행로	2m 이상

② 건축물(가로, 세로 구분 없음. 총 8개동) ⑥

구분	시설명	크기	규모	층고	비고	
전시 체험 영역	염색 전시관	10mx40m	1층	4m	기존 창고 포함	
	판매동	15mx35m	2층	4m	-	
	공방	12mx35m	1층	4m	-	
	체험동	10mx30m	2층	4m	-	
	안내센터	8mx10m	2층	4m	-	
숙박 영역	숙박동㉮	12mx40m	4층	3m	정동향 배치	갓복도형(폭3m) 유닛:9mx9m 코어 및 출입홀 너비:4m
	숙박동㉯	12mx40m	4층	3m		
	숙박동㉰	12mx40m	4층	3m	정남향 배치	

③ 외부시설 ⑦

구 분	시설명	규모	용도
외부 공간	건조마당	600㎡이상	공방 및 체험동 염색물 건조
	체험마당	300㎡이상	하천인접배치, 체험동 연계
	허브정원	400㎡이상	염색식물 자생지를 포함하여 계획
	생태데크	30㎡이상	하천생태 탐방 데크는 -2.0m 레벨에 계획
	힐링데크	250㎡이상	보호수림대 관찰
주차장	주차장Ⓐ	8대 이상	염색전시관, 안내센터 주차
	주차장Ⓑ	12대 이상	판매동, 체험동, 공방 주차
	주차장Ⓒ	34대 이상	숙박영역 주차

⑧ *각 주차장마다 장애인전용 주차구획 1대 이상을 계획한다.

(2) 고려사항

① 기존 다리(너비 3m)를 너비 8m 이상으로 확장하여 단지 내 도로로 계획한다. ⑨
② 염색전시관은 기존 창고를 수평 증축하여 계획한다. ⑩
③ 판매동과 공방은 연계하여 배치한다. ⑪
④ 체험동과 안내센터는 하천을 조망할 수 있게 배치한다. ⑫
⑤ 숙박동㉮, ㉯는 자연지형을 고려하여 다단식으로 계획한다. ⑬
⑥ 각 건축물의 주출입구는 건축물 중앙부에 계획한다. ⑭
⑦ 건축물의 주출입구 및 외부공간은 보행로와 연결되도록 계획한다.
⑧ 허브정원과 생태데크를 연결하는 보행로를 계획한다. ⑮
⑨ 각 건축물과 외부시설은 10m 전면도로 및 하천 경계에서 5m 이상 이격하여 배치하고, 보호수림대 및 보호수목을 훼손하지 않도록 배치한다. 단, 생태데크는 하천에서 이격하지 않아도 된다. ⑯
⑩ 건축물과 건축물은 6m 이상 이격하고, 건축물과 외부시설, 외부시설과 외부시설 그리고 건축물과 단지 내 도로는 4m 이상 이격하여 배치한다. ⑰
⑪ 건축물, 외부시설 및 단지 내 도로의 배치를 위해 조정된 등고선은 그 경사도를 45° 이하로 하고 옹벽을 사용하지 않는다. ⑱
⑫ 우·배수를 위한 등고선 조정은 고려하지 않는다.

FACTOR

⑨ 단지 내 도로
- 차량진출입 가능 구간 제시
- 기존다리를 지나는 동선계획 (보+차 혼용 폭 8m)

⑩ 염색전시관
- 기존 창고 수평 증축
- 위치 및 레벨 고정됨

⑪ 판매동
- 공방, 주차장Ⓑ와 연계
- 기능을 고려해 도로 인접 고려

⑫ 하천 조망
- 체험동, 안내센터 하천변 배치

⑬ 숙박동 ㉮, ㉯
- 지형축을 거스르는 계획
- 2단 이상의 단면 mass 계획

⑭ 건물 주출입구
- 건물 장변 중앙에 주출입 고려
- 부출입구는 임의 계획

⑮ 허브정원
- 염색식물자생지 포함
- 생태데크(-2.0)와 보행로 (경사도 1/10) 연계

⑯ 건축물, 외부시설 이격거리
- 전면도로, 하천 경계에서 5m 이상 이격(생태데크 제외)
- 보호수림대, 수목 훼손 금지

⑰ 시설간 이격거리
- 건축물과 건축물, 건축물과 외부시설, 외부시설과 외부시설, 건축물과 단지 내 도로 관계 설정

⑱ 경사도
- 지형 조정 시 45° 이하
- 옹벽 금지, 배수 배제

구 성

ⓑ 배치고려사항
- 건축가능영역
- 시설간의 관계 (근접, 인접, 연결, 연계 등)
- 보행자동선
- 차량동선 및 주차장계획
- 장애인 관련 사항
- 조경 및 포장
- 자연과 지형활용
- 옹벽 등의 사용지침
- 이격거리
- 기타사항

구 성	FACTOR	지 문 본 문	FACTOR	구 성

5. 도면작성요령
- 각 시설명칭
- 크기표시 요구
- 출입구 표시
- 이격거리 표기
- 주차대수 표기 (장애인주차구획)
- 표고 기입
- 단위 및 축척

6. 유의사항
- 제도용구 (흑색연필 요구)
- 지문에 명시되지 않은 현행법령의 적용방침 (적용 or 배제)

① 도면작성요령은 항상 확인
- 도면작성요령에 언급된 내용은 출제자가 반드시 평가하는 항목
- 요구하는 것을 빠짐없이 적용하여 불필요한 감점이 생기지 않도록 유의합니다.

② 건축물과 외부 시설
- 시설명, 외곽선 치수, 면적, 바닥레벨 및 이격거리, 주차구획, 주차대수, 주출입구 표기

③ 숙박동 ㉮의 횡단면도 작성

④ 건축물 외곽선 및 조정된 등고선
- 굵은 실선

⑤ 단지 내 도로, 외부시설
- 실선

⑥ <보기> 준수
- 횡단면도 지반 표현 주의

⑦ 단위 및 축척
- m, m² / 1:500

과목: **대지계획** 제1과제 (배치계획) 배점: 65/100점

4. 도면작성요령 ①

(1) 건축물과 외부시설에는 시설 명, 외곽선 치수, 면적 및 이격 거리②, 바닥레벨 등을 표기하고, 주차구획(장애인전용 주차구획 포함), 주차대수, 건축물의 주출입구를 표기한다.
(2) 숙박동 ㉮의 횡단면도를③ 작성한다.
(3) 건축물의 외곽선과 조정된 등고선은 굵은 실④선으로 표시한다.
(4) 단지 내 도로와 외부시설은⑤ 실선으로 표시한다.
(5) 도면 표기 기호는 <보기>⑥를 따른다.
(6) 단위 : m, m²
(7) 축척 : 1/500 ⑦

<보기> 도면표기 기호 ⑧

보행로	▨
외부공간	▦
건축물 주출입구	▲
바닥레벨	⊕
테라스	⊠

5. 유의사항

(1) 답안작성은 반드시 흑색 연필⑨로 한다.
(2) 명시되지 않은 사항은⑩ 현행 관계법령의 범위 안에서 임의로 한다.

<대지현황도> 축척 없음 ⑪

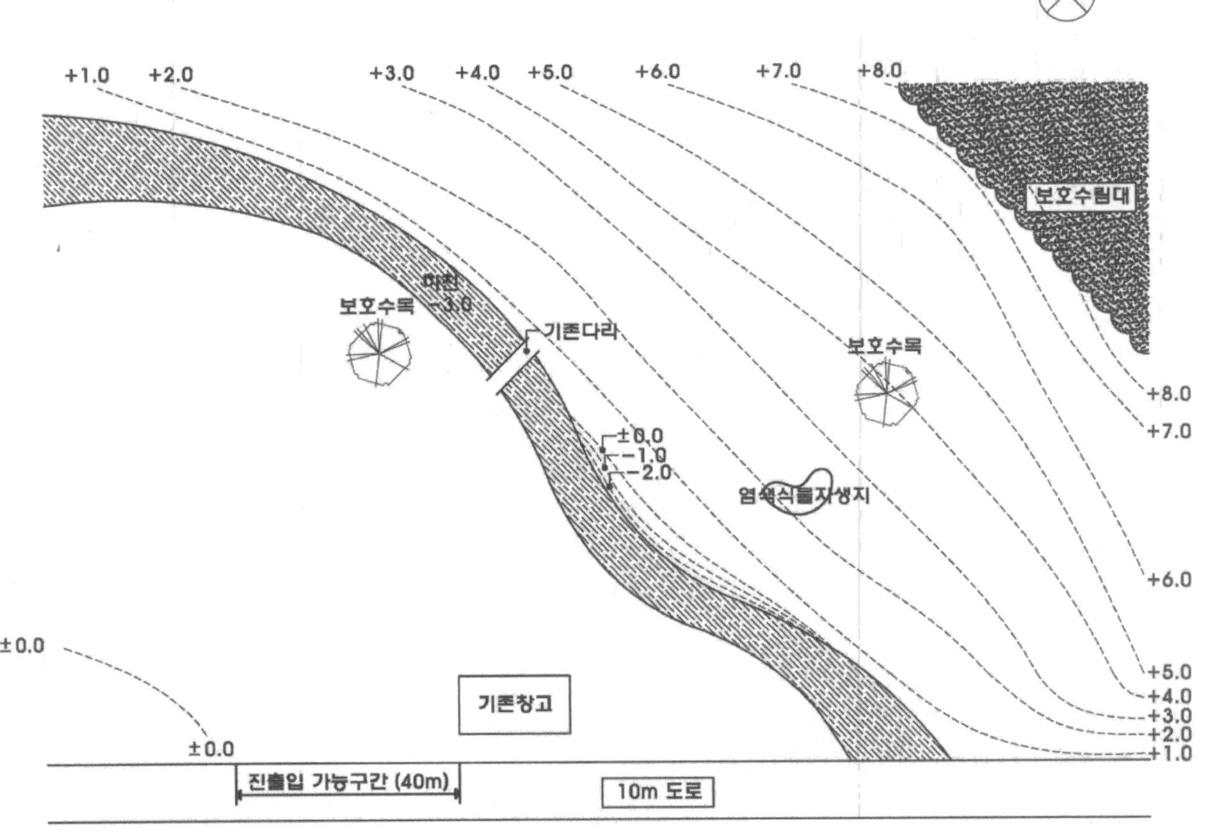

⑧ <보기>
- 외부공간 해치 형태 유의

⑨ 항상 흑색연필로 작성할 것을 요구합니다.

⑩ 명시되지 않은 사항은 현행 관계법령을 준용
- 기타 법규를 검토할 경우 항상 문제 해결의 연장선에서 합리적이고 복합적으로 고려하도록 합니다.

⑪ 현황도 파악
- 대지형태
- 경사지/등고선 간격 및 방향
- 접도조건
- 기존창고
- 차량진입 가능구간 확인
- 주변현황(보호수림대 등)
- 하천, 보호수목, 기존다리
- 가로, 세로 치수 확인
- 방위
- 제시되는 현황도를 이용하여 1차적인 현황을 분석합니다. (현황도에 제시된 모든 정보는 그 이유가 반드시 있습니다. 대지의 속성과 기존 질서를 존중한 계획이 될 수 있도록 합니다.)

7. 보기
- 보도, 조경
- 식재
- 데크 및 외부공간
- 건물 출입구
- 옹벽 및 법면
- 기타 표현방법

8. 대지현황도
- 대지현황
- 대지주변현황 및 접도조건
- 기존시설현황
- 대지, 도로, 인접대지의 레벨 또는 등고선
- 각종 장애물 현황
- 계획가능영역
- 방위
- 축척 (답안작성지는 현황도와 대부분 중복되는 내용이지만 현황도에 있는 정보가 답안작성지에서는 생략되기도 하므로 문제 접근시 현황도를 꼼꼼히 체크하는 습관이 필요합니다.)

■ 문제풀이 Process

1 제목 및 과제 개요 check

① 배점 : 65점 / 출제 난이도 예상
소과제별 문제풀이 시간을 배분하는 기준
② 제목 : 천연염색 테마 리조트 배치계획
(숙박동 ㉮ 횡단면도 별도 요구)
③ 계획관리지역 : 도시계획 차원의 기본적인 대지 성격을 파악
④ 주변현황 : 대지현황도 참조

2 현황 분석

① 대지형상 : 평지+경사대지(대지경계선 제시되지 않음)
② 대지현황 : 하천(기존다리), 보호수림대, 염색식물 자생지, 방위 등
- 도로변 평지 + 남향 경사지(하천에 의한 물리적 1차 조닝)
- 염색식물자생지를 활용한 외부공간 계획 여부 확인

③ 주변조건
- 남동측 10m 도로(일면도로)
  : 보행자 및 차량 주출입구(내부도로 형태) 예상
- 진출입 가능구간(폭 40m)
  : 대지 내부동선의 시작 범위 제시
  : 기존다리, 지형축, 방위축을 고려한 내부동선 예상 가능
- 기타 인접대지
  : 추가적인 정보가 없으므로 특별한 고려 대상 아님

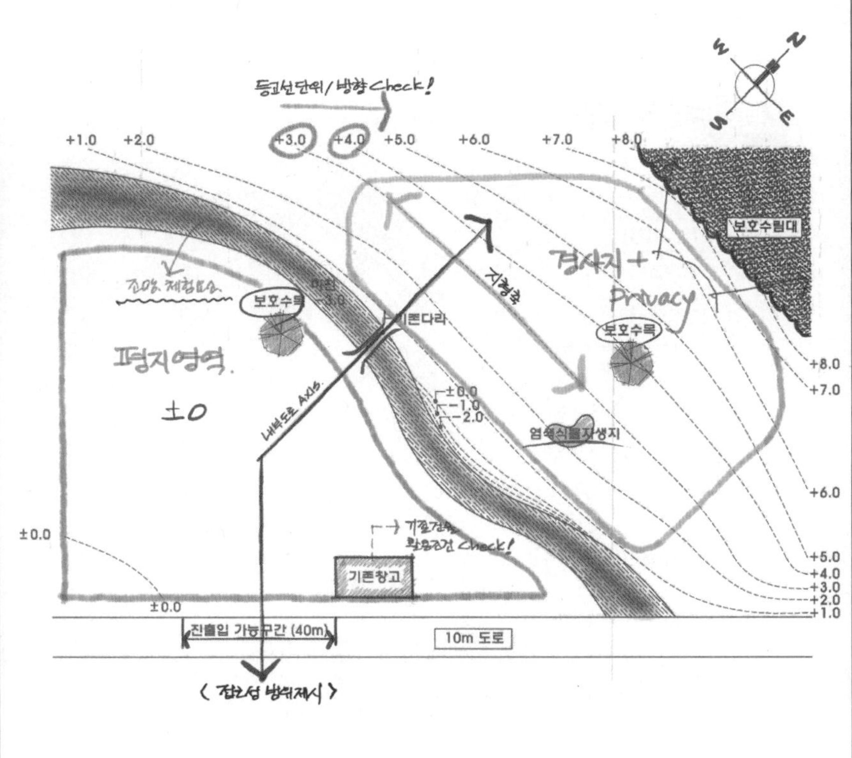

3 요구조건 분석 (diagram)

① 도로
- 차로(6m이상), 보행로(2m이상) 제시
- 단지 내 도로(경사도 1/10이하)의 개념을 분명하게 숙지해야 함

② 건축물 조건 및 성격 파악
- 규모는 O층, Om x Om, 층고Om 제시
- 전시체험영역 / 숙박영역(용도별 조닝)
- 숙박동(3개동) 평면 형태 파악 가능
- 염색전시관: 기존 창고 포함
- 숙박동 정동향 2개동, 정남향 1개동

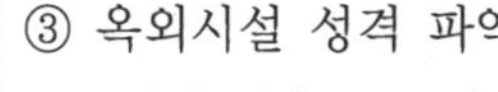
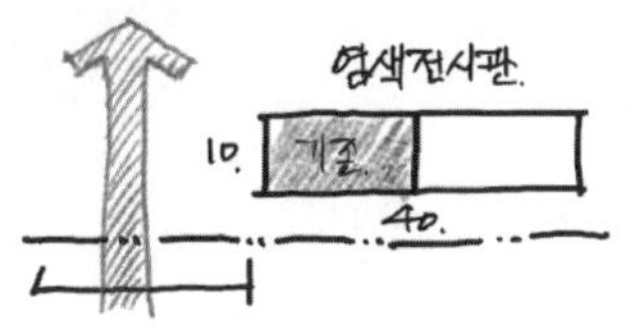

③ 옥외시설 성격 파악
- 매개(완충) vs 전용공간으로 파악
- 기능에 따라 건축물과의 연계 조건을 구체적으로 제시
- 허브정원은 염색식물자생지를 포함하여 계획(개략 위치 고정)
- 생태데크 : 하천변 -2.0 레벨

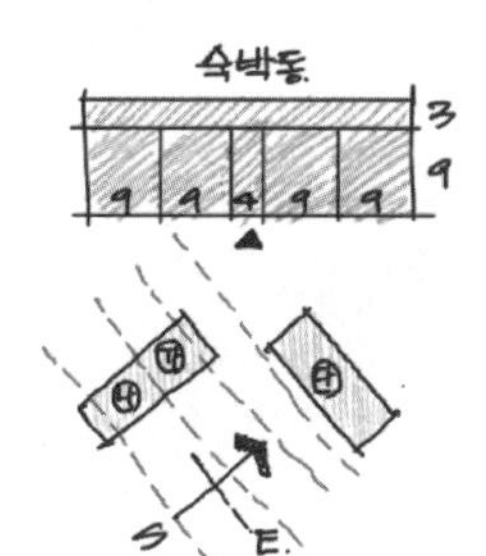

④ 주차장
- 주차장별 이용시설 제시
- 주차장Ⓒ는 일방향 순환 고려
- 각 주차장별 장애인 1대 이상 계획(주차구획 크기 미제시)

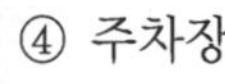
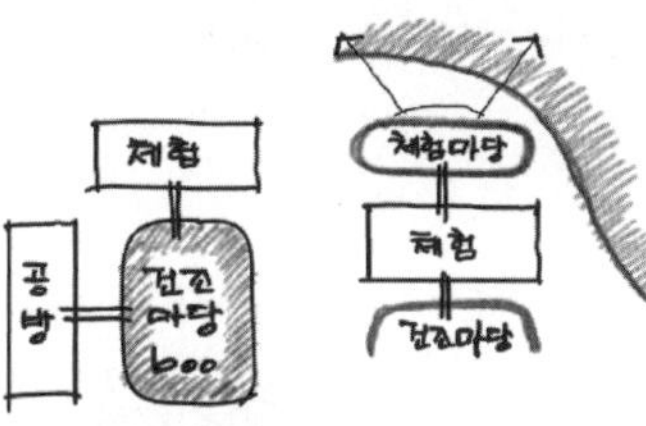

⑤ 단지 내 도로
- 너비 8m(보2+차6)
- 진출입 가능구간~기존 다리를 잇는 동선축 파악 가능

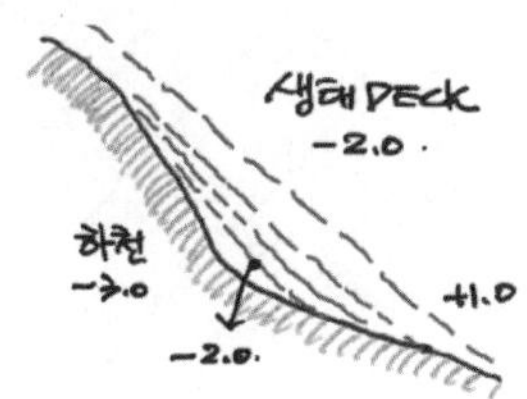

⑥ 염색전시관
- 기존 창고를 수평 증축
- 위치 및 방향 고정

⑦ 판매동
- 공방과 연계 배치
- 공방, 체험동, 건조마당과 함께 조닝
- 용도 고려하여 도로변 배치 고려

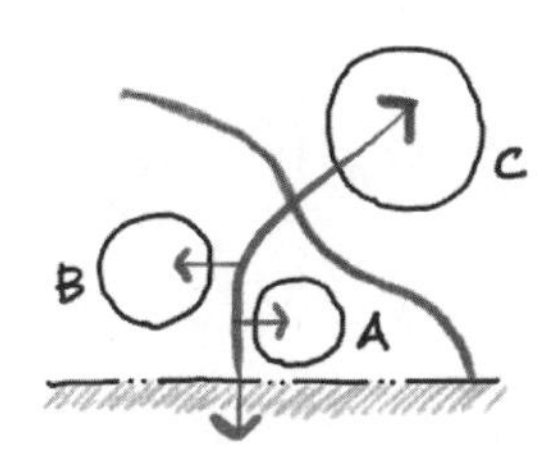

⑧ 하천 조망
- 체험동, 안내센터 하천변 배치

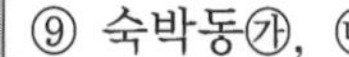
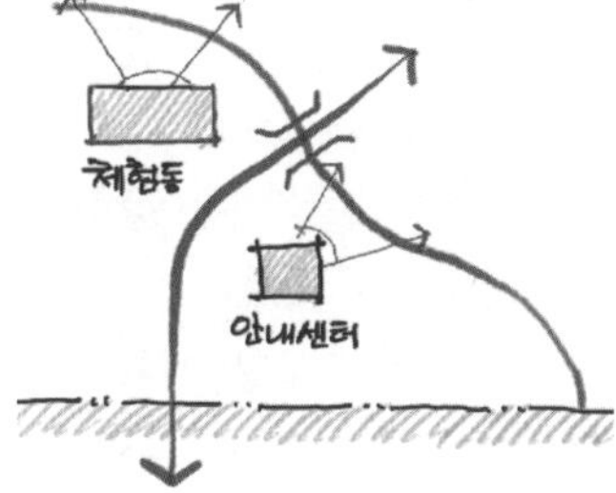

⑨ 숙박동㉮, ㉯
- 정동향 배치
- 지형축과 직각 배치(2 이상의 레벨을 고려한 단면 계획)

⑩ 주출입구
- 건물 중앙에 주출입구 계획
- 일반적인 계획 각론으로 이해
- 숙박동 장변 중앙 출입 고려

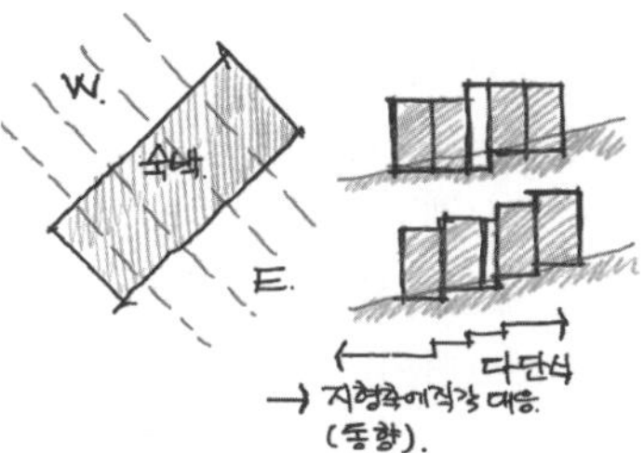

⑪ 허브정원
- 염색식물자생지 포함하여 계획
- 하천변 생태데크(-2.0)를 잇는 보행로 계획(구배 1/10 고려)

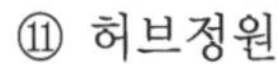
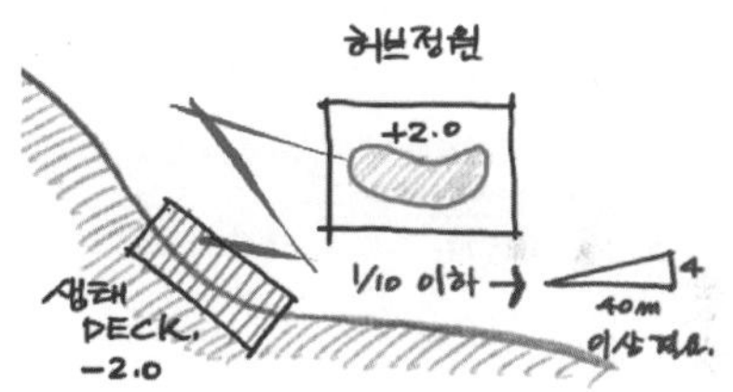

⑫ 건축물과 외부시설 이격거리
- 10m 전면도로 및 하천 경계선으로부터 5m 이상 이격
- 보호수림대, 수목 훼손 금지
- 생태데크는 하천 침범 가능

⑬ 이격거리
- 건축물 vs 건축물: 6m
- 건축물 vs 외부시설: 4m
- 외부시설 vs 외부시설: 4m
- 건축물 vs 단지 내 도로: 4m

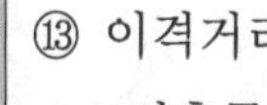
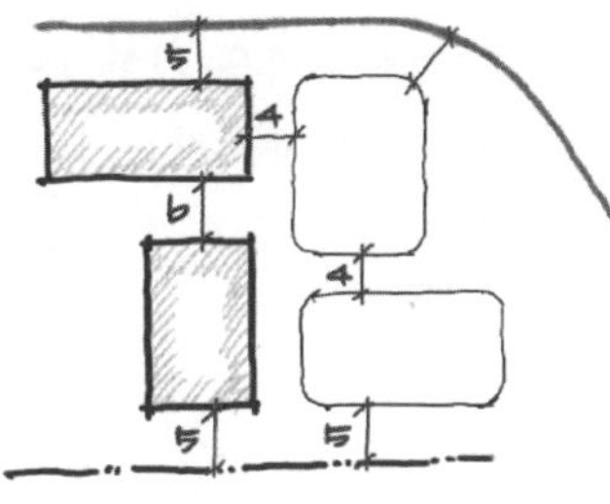

⑭ 지형조정
- 등고선 조정 경사도 45° 이하
- 옹벽 사용 금지
- 우수, 배수를 위한 등고선 조정은 생략

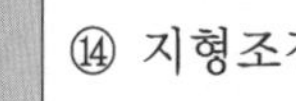
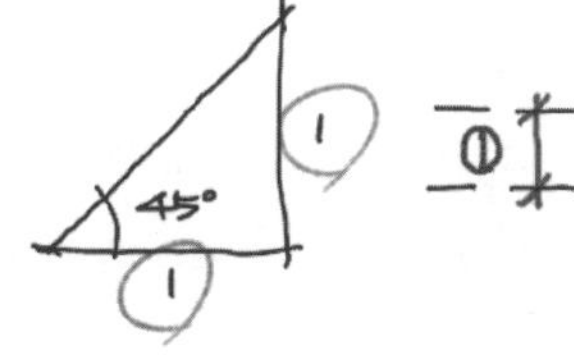

■ 문제풀이 Process

4 토지이용계획

① 내부동선
- 진출입 가능구간 준수 (단지 내 도로)
- 기존다리를 잇는 동선 축(axis) 고려
- 영역별 주차장 계획 및 기타 보행로 계획

② 시설조닝
- 전시체험영역①
(판매, 체험, 공방)
- 전시체험영역②
(염색전시, 안내센터)
- 숙박영역

③ 시험의 당락을 결정 짓는 큰 그림

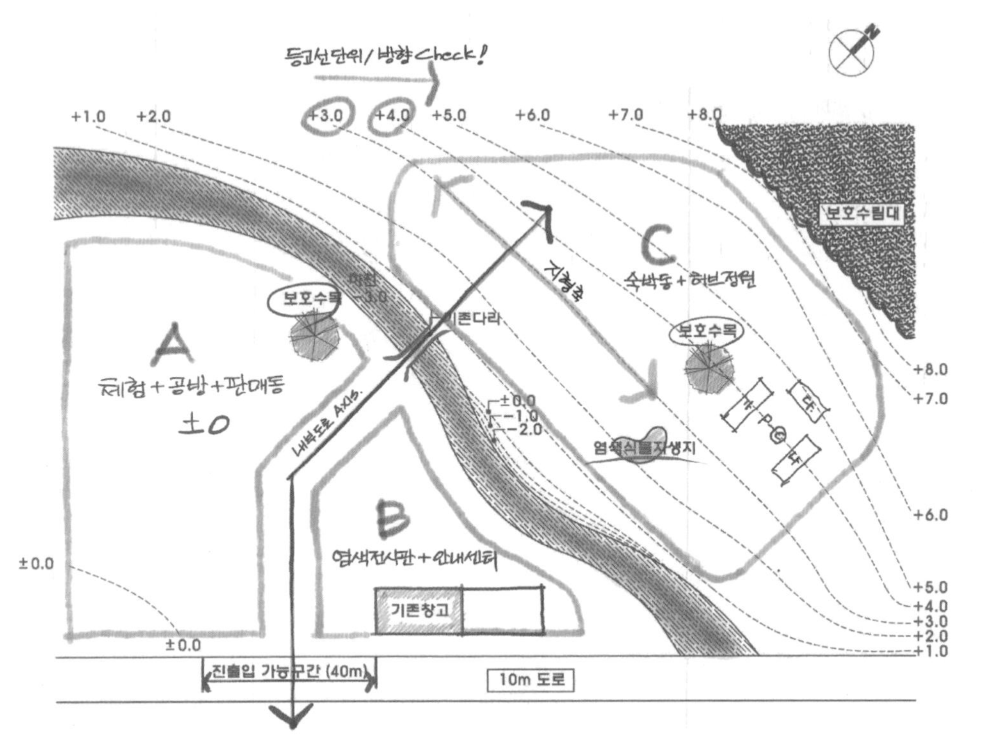

5 배치대안검토

① 토지이용계획을 바탕으로 세부 치수 계획

② 조닝된 영역을 기본으로 시설별 연계조건을 고려하여 시설 위치 선정

③ 영역 내부 시설물 배치는 합리적인 수준에서 정리되면 O.K
-정답을 찾으려 하지 말자

④ 설계주안점 반영 여부 체크 후 작도 시작

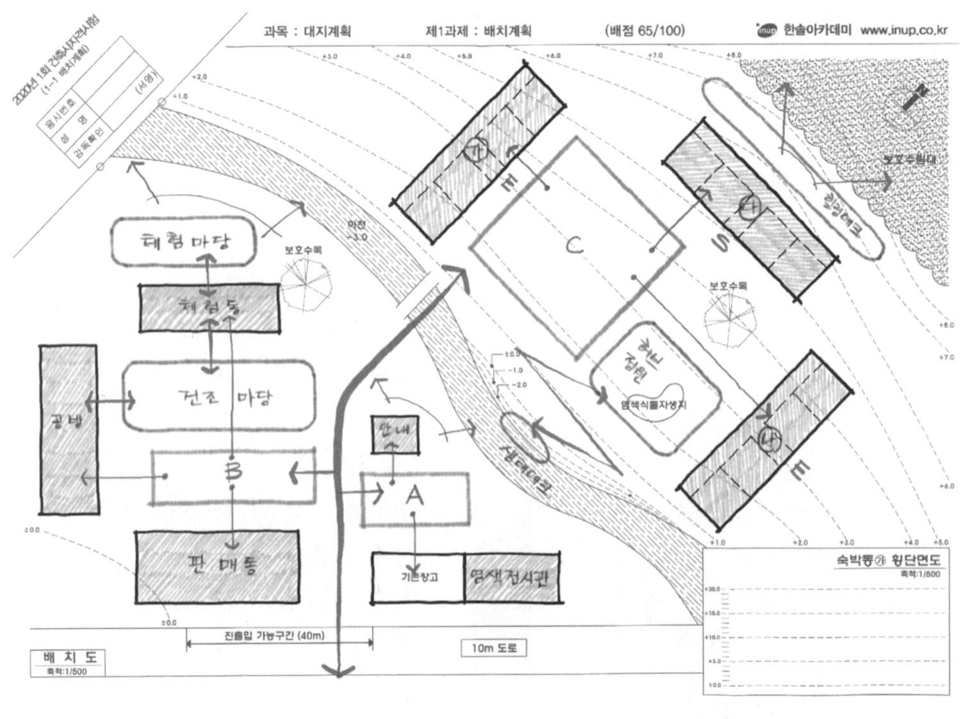

6 모범답안

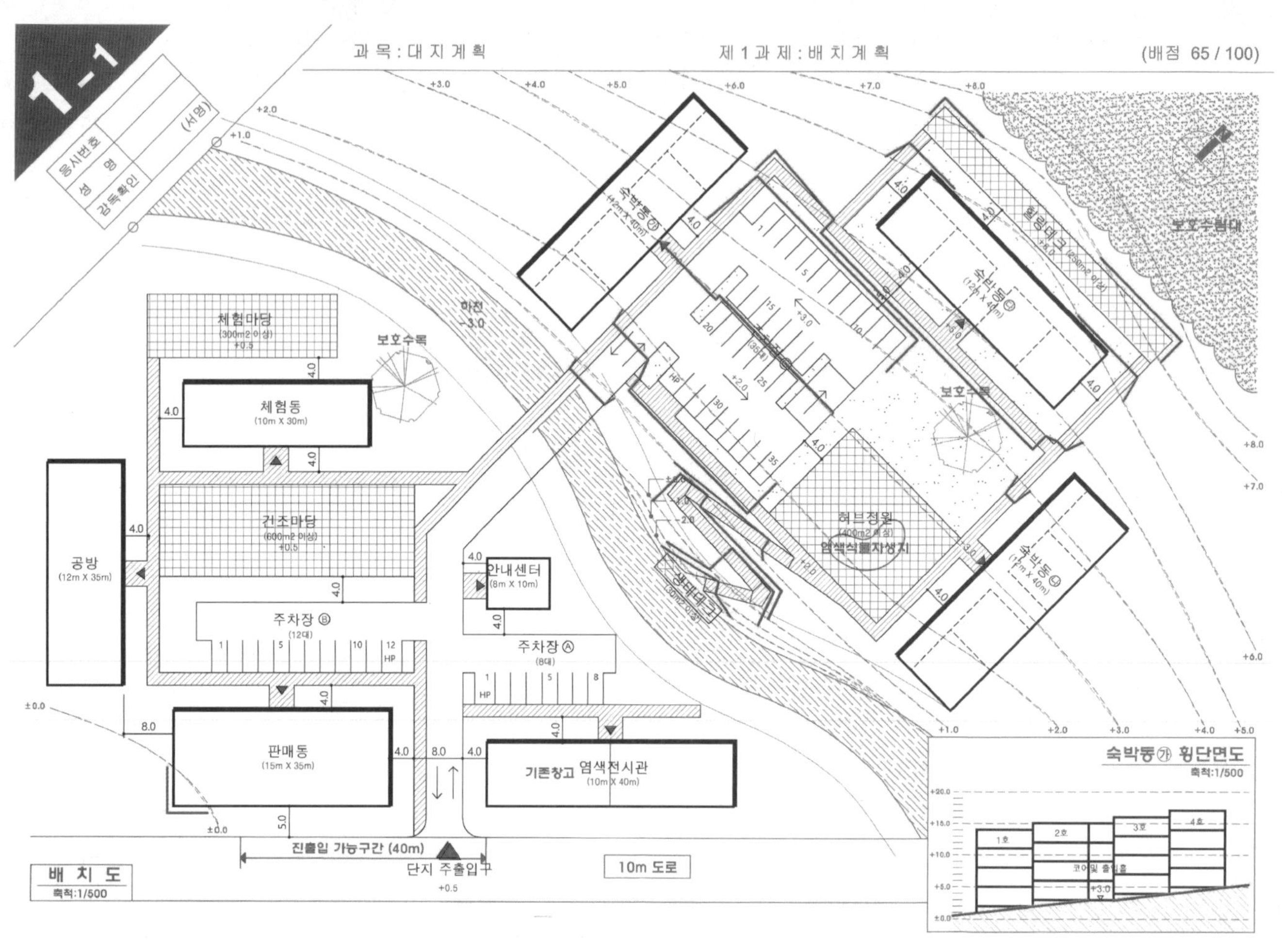

■ 주요 체크포인트

① 하천에 의한 시설조닝 계획

② 동선계획
- 단지 내 도로(진출입 가능구간-기존다리를 잇는 동선 axis)
- 주차장 형태와 위치선정의 적정성

③ 영역별 조닝계획
- 전시체험영역 vs 숙박영역
- 지형축 고려한 배치축 선정
- 요구조건, 향, 조망, 프라이버시를 고려한 숙박동 배치
- 다단식 숙박동 단면도의 적정성

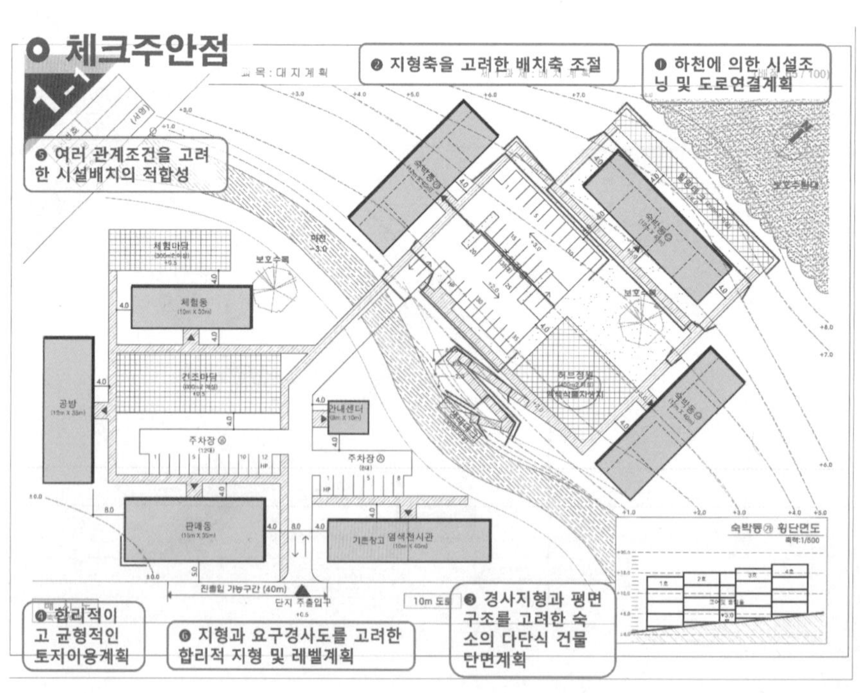

■ 문제풀이 Process

배치계획 문제풀이를 위한 핵심이론 요약

1. 대지로의 접근성

- ▶ 대지주변 현황을 고려하여 보행자 및 차량 접근성 검토
- ▶ 외부에서 대지로의 접근성을 고려 → 대지 내 동선의 축 설정 → 내부동선 체계의 시작
- ▶ 일반적인 보행자 주 접근 동선 – 주도로(넓은 도로)
- ▶ 일반적인 차량 및 보행자 부 접근 동선 – 부도로(좁은 도로)

가. 대지가 일면도로에 접한 경우

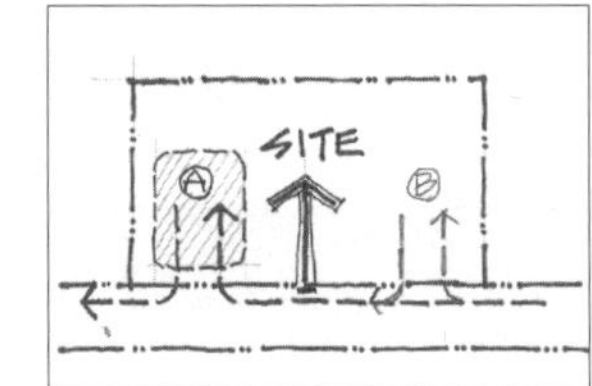

- 대지중앙으로 보행자 주출입 예상
- 대지 좌우측으로 차량 출입 예상
- 주차장 영역 검토 : 초행자를 위해서는 대지를 확인 후 진입 가능한 A 영역이 유리

나. 대지가 이면도로에 접한 경우–1

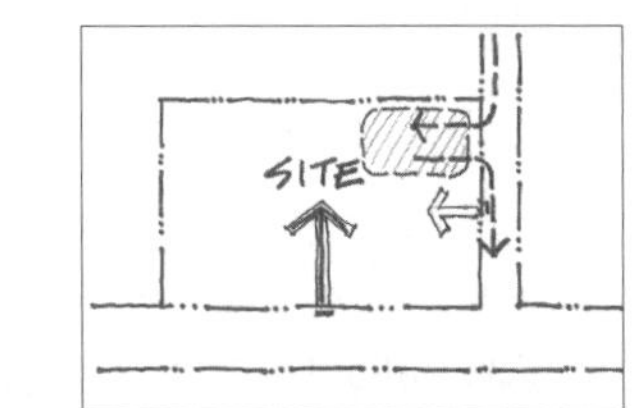

- 주도로에서 보행자 주출입 예상
- 부도로에서 차량 출입 예상 : 주차장 영역 예상
- 요구조건에 따라 부도로에서 보행자 부출입 예상

다. 대지가 이면도로에 접한 경우–2

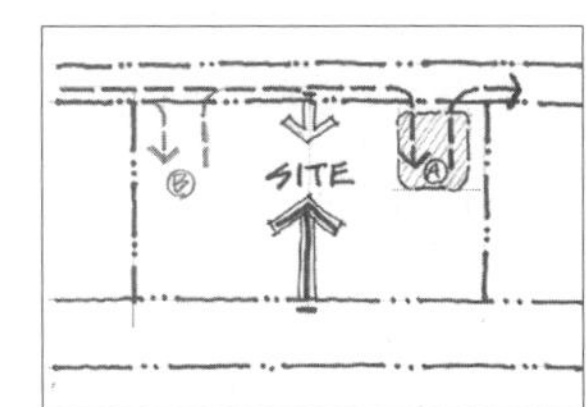

- 주도로에서 보행자 주출입 예상
- 부도로에서 차량 출입 예상 : 주차장 영역 예상 → A 영역 우선 검토
- 부도로에서 보행자 부출입 예상

▶ 지문

① 현황도에 진출입 가능구간(폭 40m) 제시
② 보행로와 차로가 일체화 된 단지 내 도로 : 너비 8m 이상(보행로 2m+차로 6m)
③ 기존 다리를 지나는 단지 내 도로 축(Axis) 설정

2. 외부공간 성격 파악

▶ 외부공간을 계획할 경우 공간의 쓰임새와 성격을 분명하게 규정해야 한다.

▶ 전용공간

① 전용공간은 특정목적을 지니는 하나의 단일공간
② 타 공간으로부터의 간섭을 최소화해야 함
③ 중앙을 관통하는 통과동선이 형성되는 것을 피해야 한다.
④ 휴게공간, 전시공간, 운동공간

▶ 매개공간

① 매개공간은 완충적인 공간으로서 광장, 건물 전면공간 등 공간과 공간을 연결하는 고리역할을 하며 중간적 성격을 갖는다.
② 공간의 성격상 여러 통과동선이 형성될 수 있다.

▶ 지문

① 건조마당(전용) : 공방 및 체험동 연계
② 체험마당(전용) : 하천 인접 배치, 체험동 연계
③ 허브정원(전용) : 염색식물자생지 포함하여 계획
④ 생태데크(전용) : 하천생태 탐방, 데크는 –2.0레벨에 계획
⑤ 힐링데크(전용) : 보호수림대 관찰
– 별도의 매개공간 제시되지 않고 전용공간 위주로 제시 / 시설은 보행로를 통해 접근

3. 보차분리

- ▶ 보행자주출입구 : 대지 전면의 중심 위치에서 한쪽으로 너무 치우치지 않는 곳에 배치
- ▶ 주보행동선 : 모든 시설에서 접근성이 좋도록 시설의 중심에 계획
- ▶ 보·차분리를 동선계획의 기본 원칙으로 하되 내부도로가 형성되는 경우 등에는 부분적으로 보·차 교행구간이 발생하며 이 경우 횡단보도 또는 보행자 험프를 설치
- ▶ 보도 폭을 임의로 계획하는 경우 동선의 빈도와 위계를 고려하여 보도 폭의 위계를 조절

▶ 지문(대지현황)

① 단지 내 도로 : 차로 6m, 보행로 2m (보차 혼용 내부도로)
② 건물의 주출입구 및 외부공간은 보행로와 연결될 수 있도록 계획
– 원칙적인 보차 분리가 불가능한 보차혼용 도로의 형태 제시
– 명쾌한 내부 동선축(Axis) 파악 가능한 대지 현황 + 기타 보행로의 계획적인 표현 필요

4. Privacy

- ▶ 공적공간 – 교류영역 / 개방적 / 접근성 / 동적
- ▶ 사적공간 – 특정이용자 / 폐쇄적 / 은폐 / 정적
- ▶ 건물의 기능과 용도에 따라 프라이버시를 요하는 시설 – 주거, 숙박, 교육, 연구 등
- ▶ 사적인 공간은 외부인의 시선으로부터 보호되어야 하며, 내부의 소리가 외부로 새나가지 않도록 하여야 한다. 즉 시선과 소리를 동시에 고려하여 건물을 배치하여야 한다.

▶ 프라이버시 대책

① 건물을 이격배치 하거나 배치 향을 조절 : 적극적인 해결방안, 우선검토 되는 것이 바람직
② 다른 건물을 이용하여 차폐
③ 차폐 식재하여 시선과 소리 차단 (상엽수를 밀실하게 열식)
④ FENCE, 담장 등 구조물을 이용

▶ 지문

① 숙박동 : 12m x 40m x 3개동, 갓복도형, 정남향 1동, 정동향 2동
② 숙박동 ㉮, ㉯는 자연지형을 고려하여 다단식으로 계획
– 프라이버시를 확보해야 하는 숙박동
– 도로(소음원)에서 충분히 이격 or 가급적 이격 + 측벽 대응
– 주변 환경이 양호하고 지형과 향 및 조망을 고려한 위치에 검토

■ 문제풀이 Process

배치계획 문제풀이를 위한 핵심이론 요약

5. 성격이 다른 주차장

▸ 영역별 조닝계획
 - 건물의 기능에 맞는 성격별 주차장의 합리적인 연계

▸ 성격이 다른 주차장의 일반적인 구분
① 일반 주차장
② 직원 주차장
③ 서비스 주차장 (하역공간 포함)

▸ 성격이 다른 주차장의 특성
① 일반주차장 : 건물의 주출입구 근처에 위치
주보행로 및 보도 연계가 용이한 곳
승하차장, 장애인 주차구획 배치
주차장 진입구와 가까운 곳
일방통행 + 순환동선 체계
② 직원주차장 : 건물의 부출입구 근처에 위치
제시되는 평면에 기능별 출입구 언급되는 경우가 대부분
③ 서비스주차 : 일반이용자의 영역에서 가급적 이격
주출입구 및 건물의 전면공지에서 시각 차폐 고려
토지이용효율을 고려하여 주로 양방향 순환체계 적용

▸ 지문
① 주차구역Ⓐ : 8대 이상(장애인전용주차 1대 포함)/ 염색전시관, 안내센터 주차
② 주차구역Ⓑ : 12대 이상(장애인전용주차 1대 포함)/ 판매동, 체험동, 공방 주차
③ 주차구역Ⓒ : 34대 이상(장애인전용주차 1대 포함)/ 숙박영역 주차 / 일방향 순환 고려
 - 지형 고려, 용도(조닝)별 주차장 분산 배치

7. 경사도

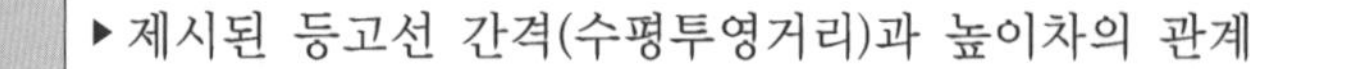

▸ 대지의 경사기울기를 의미 - 비율, 퍼센트, 각도로 제시
▸ 제시된 등고선 간격(수평투영거리)과 높이차의 관계

▸ G=H : V 또는 G=V/H
▸ G=V/H×100
▸ 경사도에 따른 효율성 비교

비율 경사도	% 경사도	시각적 느낌	용도	공사의 난이도
1/25 이하	4% 이하	평탄함	활발한 활동	별도의 성토, 절토 작업 없이 건물과 도로 배치 가능
1/25 ~1/10	4~10%	완만함	일상적인 행위와 활동	
1/10 ~1/5	10~20%	가파름	언덕을 이용한 운동과 놀이에 적극이용	약간의 절토작업으로 건물과 도로를 전통적인 방법으로 배치가능, 편익시설의 배치 곤란
1/5 ~1/2	20%~50%	매우 가파름	테라스 하우스	새로운 형태의 건물과 도로의 배치 기법이 요구됨

▸ 지문
① 단지 내 도로 경사도 1/10 이하
② 건축물, 외부시설 및 단지 내 도로의 배치를 위해 조정된 등고선은 그 경사도를 45° 이하로 하고 옹벽을 사용하지 않는다.

6. 각종 제한요소

▸ 장애물 : 자연적요소, 인위적요소
▸ 건축선, 이격거리
▸ 경사도(급경사지)
▸ 일반적으로 제시되는 장애물의 형태
① 수목(보호수)
② 수림대(휴양림)
③ 연못, 호수, 실개천
④ 암반
⑤ 공동구 등 지하매설물
⑥ 기존건물
⑦ 기타

▸ 지문
① 건물 및 외부시설은 하천경계선에서 5m 이상 이격, 보호수림대 및 보호수목 훼손 금지

8. 성토와 절토

▸ 지형계획의 가장 기본 : 성토와 절토의 균형, 자연훼손의 최소화
▸ 절토 : 높은 고도방향으로 이동된 등고선으로 표현
▸ 성토 : 낮은 고도방향으로 이동된 등고선으로 표현
▸ 성토와 절토의 균형을 맞추는 일반적인 방법
① 등고선 간격이 일정한 경우
 : 지반의 중심을 해당 레벨에 위치
② 등고선 간격이 불규칙한 경우
 : 지반의 중심을 완만한쪽으로 이동

▸ 지문
① 숙박동 ㉮, ㉯는 자연지형을 고려하여 다단식으로 계획한다.
 - 지형축을 거스르는 배치로 유도, 하나의 건물 내에서 바닥 레벨이 변하는 단면계획 요구

■ 문제풀이 Process

배치계획 주요 체크포인트

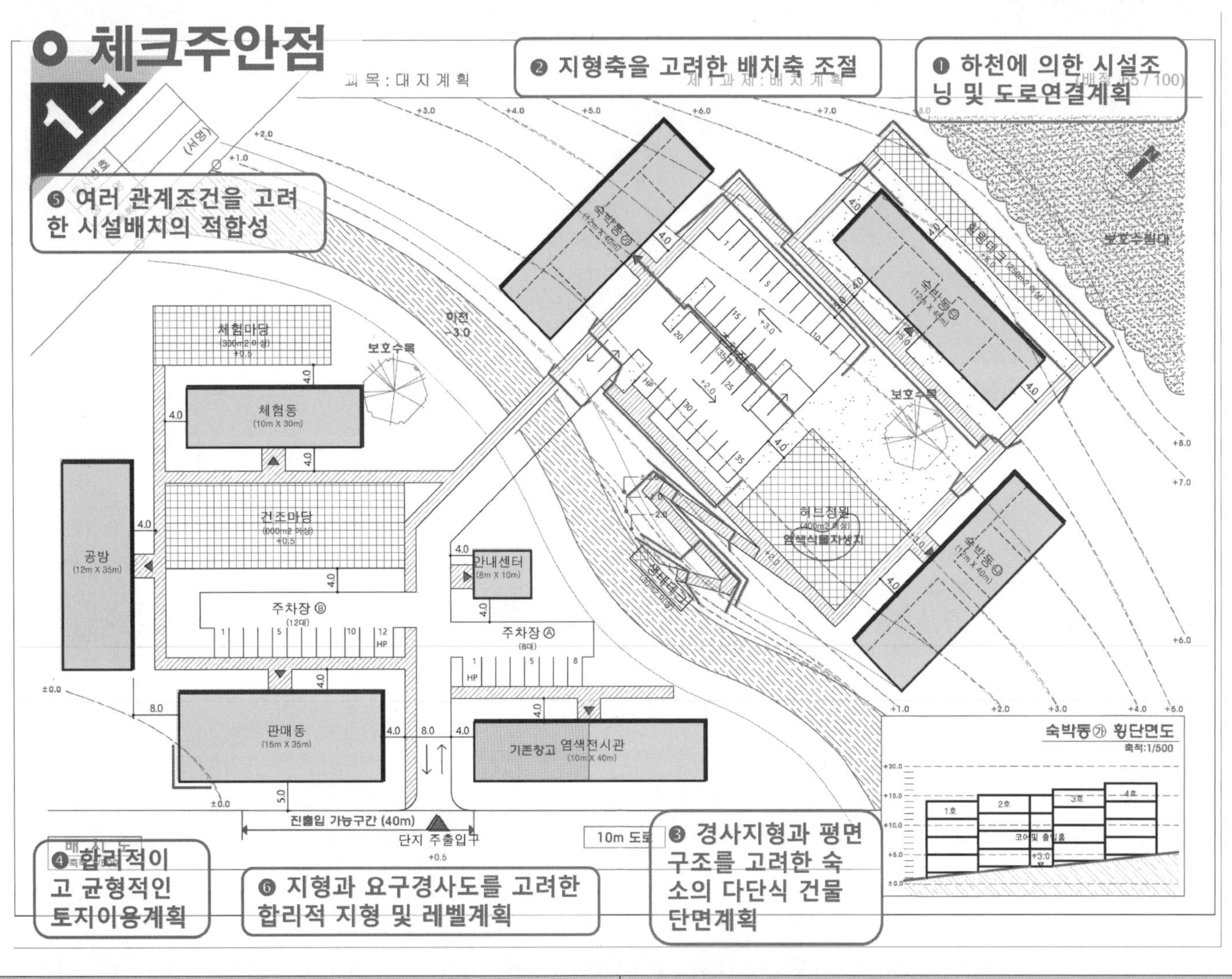

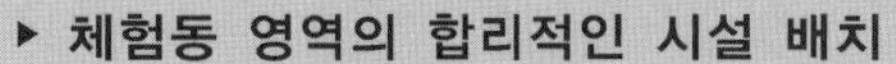

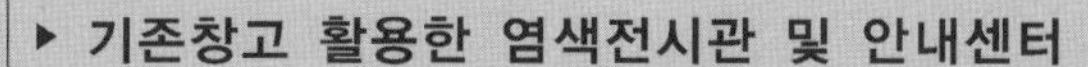

▸ 하천에 의한 시설조닝 및 도로연결 계획

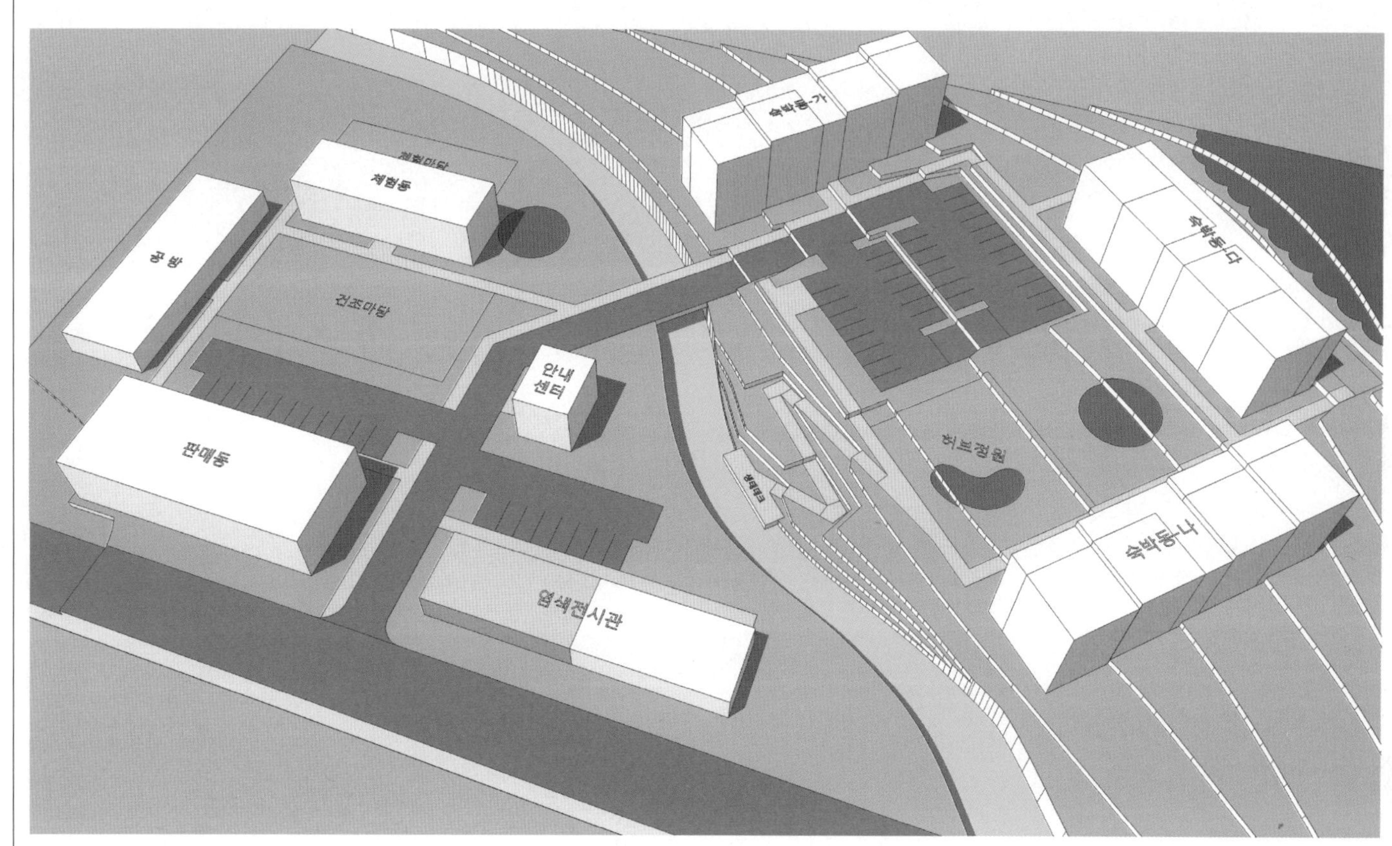

▸ 지형축을 고려한 배치축 조절

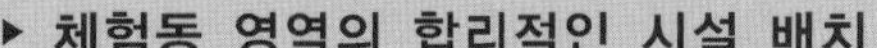
▸ 체험동 영역의 합리적인 시설 배치

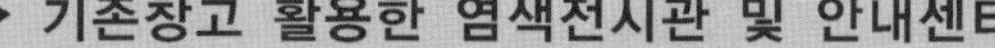
▸ 기존창고 활용한 염색전시관 및 안내센터

▸ 숙박동 영역의 합리적인 시설 배치

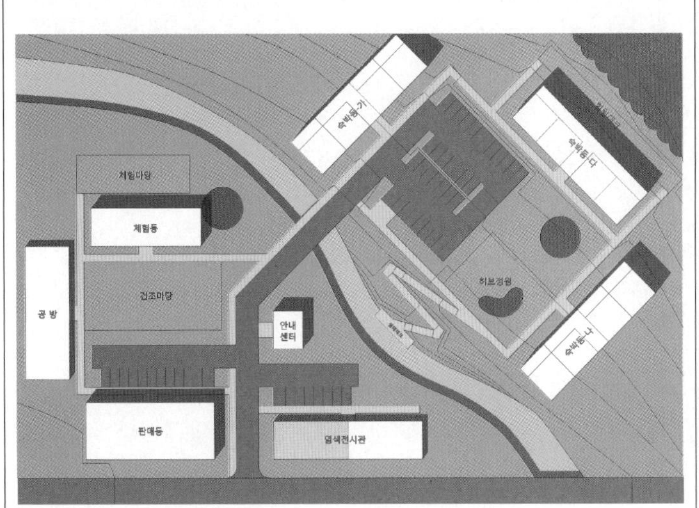

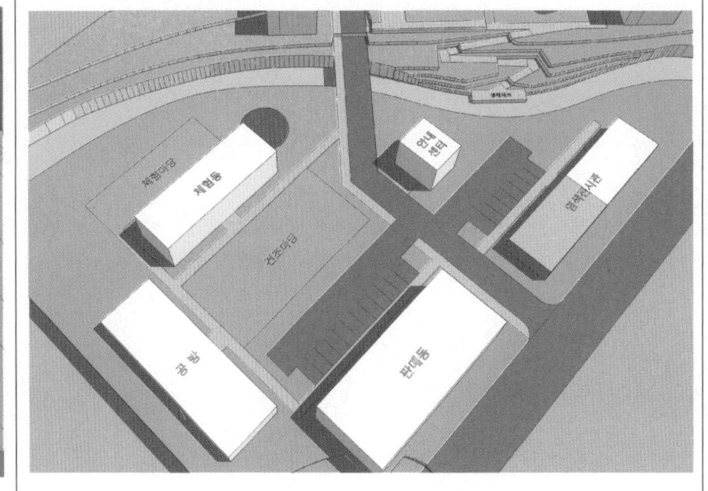

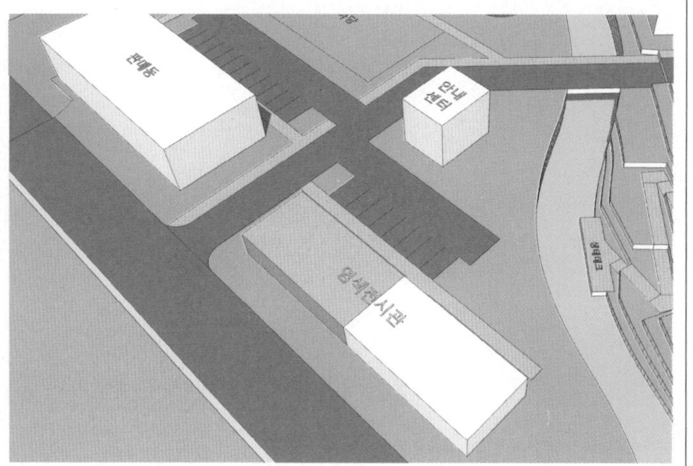

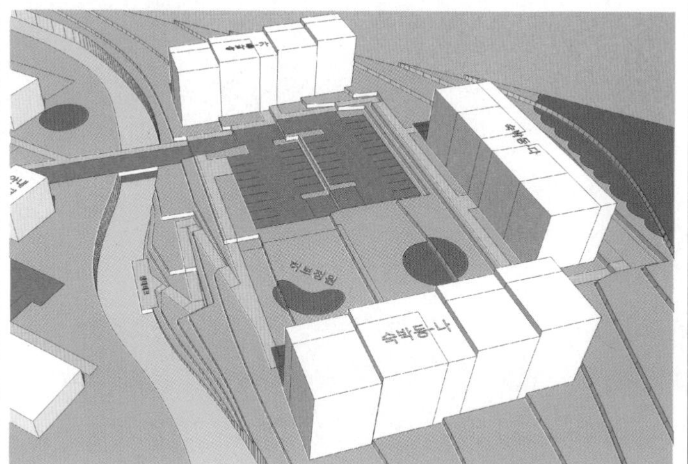

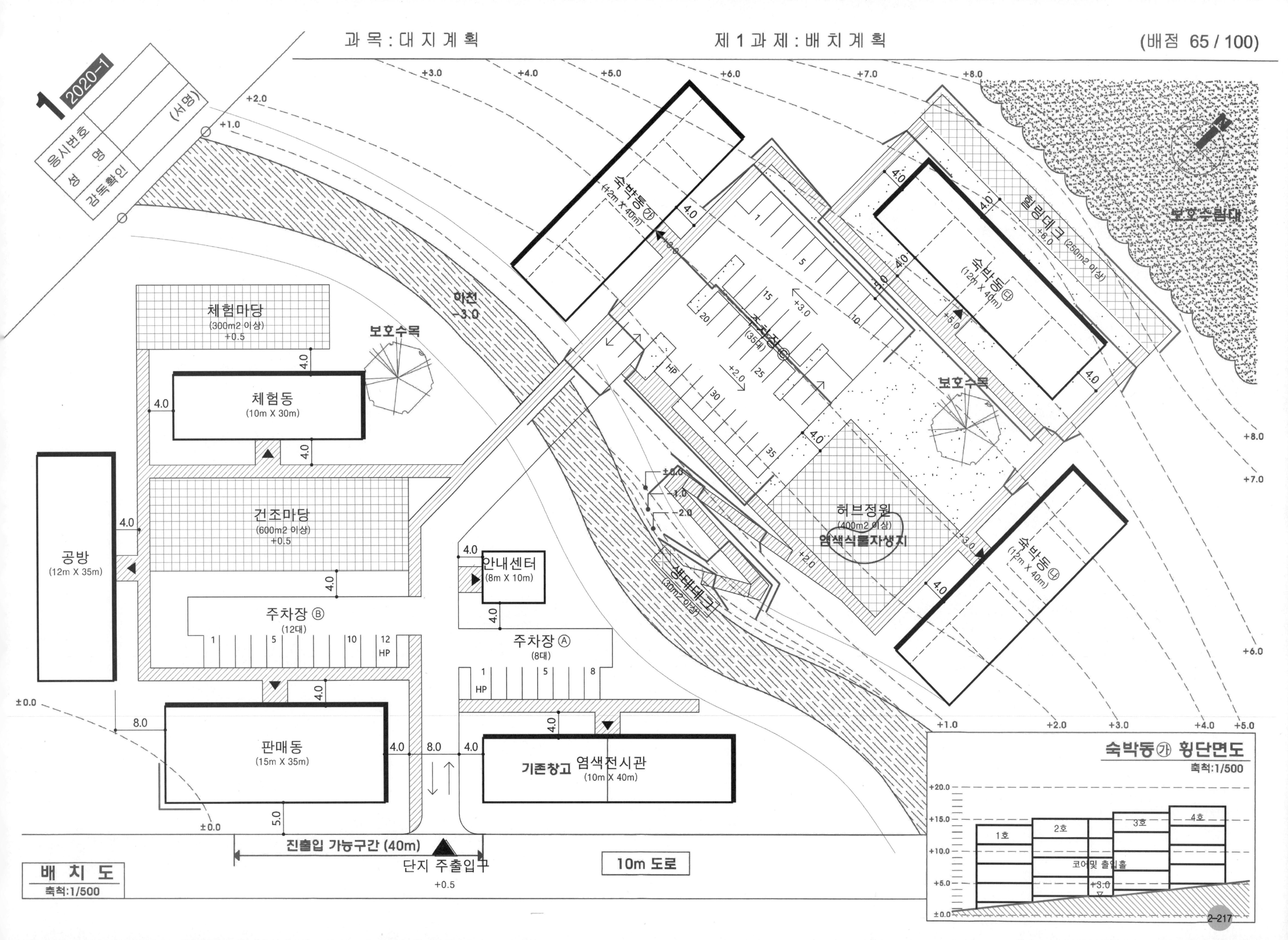
1 2020-1
응시번호
성 명
감독확인
(서명)
체험마당
(300m2 이상)
+0.5
보호수목
하천
-3.0
체험동
(10m X 30m)
공방
(12m X 35m)
건조마당
(600m2 이상)
+0.5
안내센터
(8m X 10m)
주차장 Ⓑ
(12대)
주차장 Ⓐ
(8대)
판매동
(15m X 35m)
기존창고 염색전시관
(10m X 40m)
진출입 가능구간 (40m)
단지 주출입구
+0.5
10m 도로
배 치 도
축척:1/500
숙박동㉮
(12m X 40m)
숙박동㉯
(12m X 40m)
숙박동㉰
(12m X 40m)
주차장 Ⓒ
(35대)
힐링데크 (250m2 이상)
보호수림대
보호수목
허브정원
(400m2 이상)
염색식물자생지
생태데크
(30m2 이상)
숙박동㉮ 횡단면도
축척:1/500
1호
2호
3호
4호
코어및 출입홀

구 성	FACTOR
1. 제목 - 건축물의 용도 제시 (공동주택과 일반건축물 2가지로 구분) - 최대건축가능영역의 산정이 대전제	① 배점을 확인합니다. - 35점 (과제별 시간 배분 기준) ② 용도 체크 - 근린생활시설: 일반건축물 - 최대건축가능영역 - 계획개요(면적표) 작성
2. 과제개요 - 과제의 목적 및 취지를 언급합니다. - 전체사항에 대한 개괄적인 설명이 추가되는 경우도 있습니다.	③ 제3종 일반주거지역 - 정북일조권 적용 ④ 가로구역별 최고높이 - 법규적 factor - 도로와의 레벨 관계 체크
3. 설계(대지)개요 - 대지에 관한 개괄적인 사항 - 용도지역지구 - 대지규모 - 건폐율, 용적률 - 대지내부 및 주변현황 (현황도 제시)	⑤ 건폐율 50% 이하 - 계획 시 건축면적 확인 필요 ⑥ 용적률 200% 이하 - 계획 시 연면적 확인 필요 ⑦ 지정건축선 - 3m, 대지면적 산입됨 - 건축물, 주차장 설치 금지 ⑧ 차량 진출입로 - 횡단보도에서 5m 이상 이격
4. 계획조건 - 접도현황 - 대지안의 공지 - 각종 이격거리 - 각종 법규 제한조건 (정북일조, 채광일조, 가로구역별최고높이, 문화재보호앙각, 고도제한 등) - 각종 법규 완화규정	⑨ 층고, 1층 레벨 - 4m, ±0(평지) ⑩ 대지레벨 - 조정 불가, 평균값으로 이해 ⑪ 일반적 계획 조건 - 벽체두께, 기둥, 수평, 수직 ⑫ 주차계획 - 4대(장애인 1대 포함) - 주차단위구획 크기 제시 - 주차구획은 반드시 필로티 하부, 진출입로와 차로는 필로티 불가

지 문 본 문

2020년도 제1회 건축사자격시험 문제

과목: 대지계획 제2과제 (대지분석 및 주차계획) ① 배점: 35/100점

제 목 : 근린생활시설의 최대 건축가능영역 ②

1. 과제개요

근린생활시설을 계획하고자 한다. 다음 사항을 고려하여 최대 건축가능영역을 구하고 배치도, 1층 평면 및 주차계획도, 단면도 및 계획개요를 작성하시오.

2. 대지개요

(1) 용도지역 : 제3종 일반주거지역 ③
가로구역별 최고높이 제한지역 ④

(2) 건 폐 율 ⑤ : 50% 이하

(3) 용 적 률 ⑥ : 200% 이하

(4) 주변현황 : <대지 현황도> 참조

3. 계획조건

(1) ⑦ 건축선은 도로경계선으로부터 3m 후퇴하여 지정한다. 이 경우 건축선과 도로경계선 사이 부분은 대지면적에 산입하되 건축물과 주차장을 설치할 수 없다.
단, 차량진출입로는 설치가능하다.

(2) 차량 진출입로는 횡단보도로부터 5m 이내에 설치하지 않는다. ⑧

(3) 각 층의 층고는 4m로 하며, 지상 1층 바닥레벨은 대지레벨과 동일한 것으로 한다. ⑨

(4) <대지 현황도>에 표기된 모든 레벨은 ⑩ 조정 불가하며 가중평균값이다.

(5) ⑪ 벽체두께 및 기둥은 고려하지 않는다.

(6) 모든 바닥과 벽체는 수평과 수직으로 계획한다.

(7) 조경면적은 충족한 것으로 한다.

(8) 주차계획 ⑫
① 주차대수는 총 4대(장애인전용주차 1대 포함)로 한다.
② 주차단위구획
- 일반형 주차 : 2.5m x 5.0m
- 장애인전용 주차 : 3.5m x 5.0m
③ 차량진출입로와 차로 너비는 6m 이상으로 한다.
④ 모든 주차구획은 반드시 필로티 하부(건축물로 덮여있는 외부공간)에 계획하고, 차량진출입로와 차로는 필로티 하부에 계획하지 않는다.

4. 높이제한 및 이격거리

(1) ⑬ 일조 등의 확보를 위한 건축물의 높이제한을 위하여 정북방향으로의 인접대지경계선으로부터 띄어야 할 거리
① 높이 9m 이하인 부분 : 1.5m 이상
② 높이 9m 초과하는 부분 : 해당 건축물 각 부분 높이의 1/2 이상

(2) 가로구역별 최고높이는 22m로 한다. ⑭

(3) 건축물과의 이격거리 ⑮
· 인접대지 경계선 : 1m 이상
· 주차구획 : 0.5m 이상

(4) 보호수목 건축제한선과의 이격거리 ⑯
· 건축물 : 0.5m 이상
· 주차구획 : 0.5m 이상

(5) 옥탑 및 파라펫 높이는 고려하지 않는다.

5. 도면작성요령 ⑰

(1) 배치도에는 2층~최상층 건축영역을 <보기> ⑱ 와 같이 표기하고, 중복된 층은 그 최상층만 표기한다.

(2) 1층 평면 및 주차계획도에는 1층 건축영역과 주차계획을 표기한다. ⑲

(3) ⑳ 단면도에는 배치도에 표시된 <A-A'> 단면의 건축 영역을 <보기>와 같이 표기한다.

(4) 모든 기준선, 제한선, 이격거리, 층수 및 치수를 다음 도면에 표기한다.
① 배치도
② 1층 평면 및 주차계획도
③ A-A' 단면도

(5) ㉑ 계획개요의 수치는 소수점 이하 셋째 자리에서 반올림하여 둘째 자리까지 표기한다.

(6) 단위 : m ㉒

(7) 축척 : 1/200

<보기> ㉓

홀수층	(빗금)
짝수층	(실선)

FACTOR	구 성
⑬ 정북일조 적용 조건 - 현행법과 동일 ⑭ 가로구역별 최고높이 - 현행법과 동일 ⑮ 건축물 이격거리 - 인접대지경계선으로부터 1.0m 이상 - 주차구획으로부터 0.5m 이상 ⑯ 보호수목과 이격거리 - 건축물 0.5m 이상 - 주차구획은 0.5m 이상	- 대지 내외부 각종 장애물에 관한 사항 - 1층 바닥레벨 - 각층 층고 - 외벽계획 지침 - 대지의 고저차와 지표면 산정기준 - 기타사항 (요구조건의 기준은 대부분 주어지지만 실무에서 보편적으로 다루어지는 제한요소의 적용에 대해서는 간략하게 제시되거나 현행법령을 기준으로 적용토록 요구할 수 있으므로 그 적용방법에 대해서는 충분한 학습을 통한 훈련이 필요합니다)
⑰ 도면작성요령은 항상 확인 ⑱ 배치도 표현 - 2층~최상층 영역 표기 - <보기>와 같이 표기 ⑲ 1층 평면 및 주차계획도 표현 ⑳ 단면도 표현 ㉑ 계획개요 수치 표현 - 소수점 이하 셋째자리에서 반올림하여 둘째자리까지 표기 ㉒ 단위 및 축척 - m, 1/200 ㉓ <보기> 확인	5. 도면작성요령 - 건축가능영역 표현방법(실선, 빗금) - 층별 영역 표현법 - 각종 제한선 표기 - 치수 표현방법 - 반올림 처리기준 - 단위 및 축척

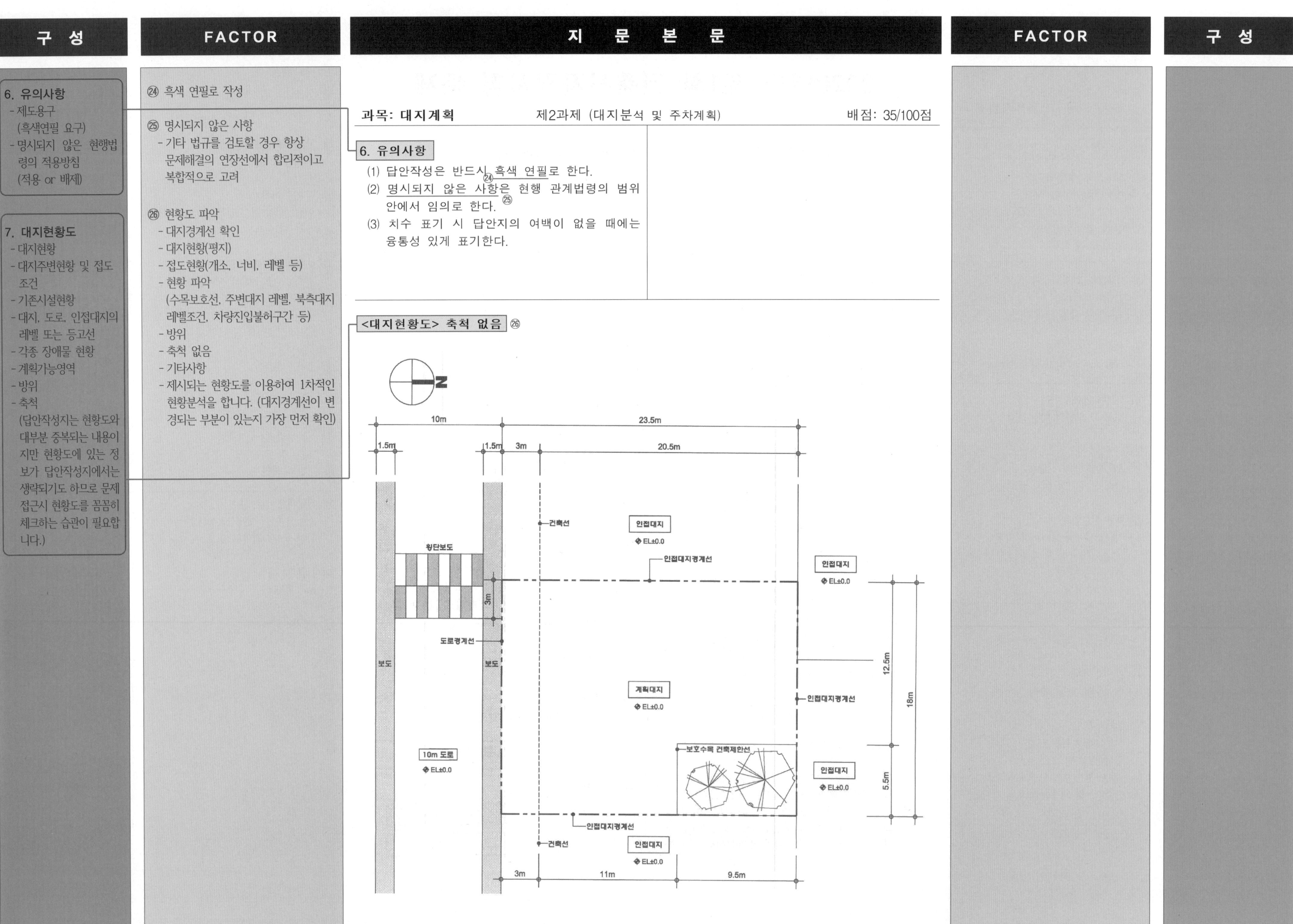

구 성	FACTOR	지 문 본 문	FACTOR	구 성

6. 유의사항
- 제도용구
  (흑색연필 요구)
- 명시되지 않은 현행법령의 적용방침
  (적용 or 배제)

7. 대지현황도
- 대지현황
- 대지주변현황 및 접도조건
- 기존시설현황
- 대지, 도로, 인접대지의 레벨 또는 등고선
- 각종 장애물 현황
- 계획가능영역
- 방위
- 축척
  (답안작성지는 현황도와 대부분 중복되는 내용이지만 현황도에 있는 정보가 답안작성지에서는 생략되기도 하므로 문제 접근시 현황도를 꼼꼼히 체크하는 습관이 필요합니다.)

㉔ 흑색 연필로 작성

㉕ 명시되지 않은 사항
- 기타 법규를 검토할 경우 항상 문제해결의 연장선에서 합리적이고 복합적으로 고려

㉖ 현황도 파악
- 대지경계선 확인
- 대지현황(평지)
- 접도현황(개소, 너비, 레벨 등)
- 현황 파악
  (수목보호선, 주변대지 레벨, 북측대지 레벨조건, 차량진입불허구간 등)
- 방위
- 축척 없음
- 기타사항
- 제시되는 현황도를 이용하여 1차적인 현황분석을 합니다. (대지경계선이 변경되는 부분이 있는지 가장 먼저 확인)

과목: 대지계획 제2과제 (대지분석 및 주차계획) 배점: 35/100점

6. 유의사항

(1) 답안작성은 반드시 흑색 연필로 한다. ㉔
(2) 명시되지 않은 사항은 현행 관계법령의 범위 안에서 임의로 한다. ㉕
(3) 치수 표기 시 답안지의 여백이 없을 때에는 융통성 있게 표기한다.

<대지현황도> 축척 없음 ㉖

■ 문제풀이 Process

1 제목, 과제 및 대지개요 확인

① 배점 확인 : 35점
- 문제 난이도 예상
- 제1과제(배치계획)와 시간배분의 기준으로 유연하게 대처

② 제목 : 근린생활시설의 최대 건축가능영역
- 용도 : 근린생활시설 (일반건축물)
- 주차계획을 포함한 규모계획을 하고 계획개요를 작성하도록 요구

③ 제3종 일반주거지역, 가로구역별 최고높이 제한지역
- 정북일조 고려

④ 대지면적 : 423 ㎡

⑤ 건폐율 50% 이하 : 건축면적 211.5㎡ 이하

⑥ 용적률 200% 이하 : 지상층 연면적 846㎡ 이하

⑦ 구체적인 지문조건 분석 전 현황도를 이용하여 1차적인 현황분석을 우선 하도록 함
- 가장 먼저 확인해야 하는 사항은 건축선 변경 여부임을 항상 명심

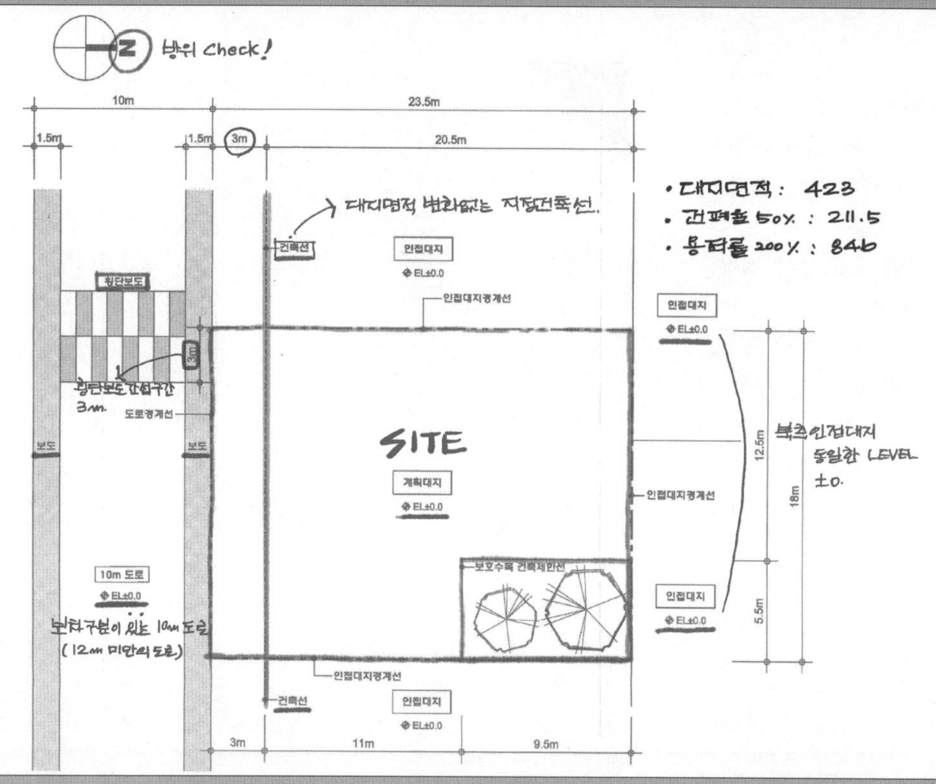

2 현황분석

① 대지조건
- 장방형의 평탄지
- 대지면적 : 423㎡ (건축선, 대지면적 변경 요인 없음)
  건폐율, 용적률에 따른 최대 건축가능영역의 범위 check
- 대지 내부 보호수목 건축한계선 제시

② 주변현황
- 인접대지 모두 제3종 일반주거지역으로 파악

③ 접도조건 확인
- 보.차 구분이 있는 10m 도로(남측 / 평탄 도로 ±0)
- 횡단보도와 대지 간섭 구간 확인
- 도로변 건축선 제시(면적에 관계 없고 건축행위에 영향 주는 지정 건축선)

④ 대지 및 인접대지, 도로 레벨 check

⑤ 방위 확인
- 일조 등의 확보를 위한 높이제한 적용 기준 확인(정북일조)

⑥ 단면지시선 위치 확인
- 현황도가 아닌 답안작성지에 제시됨

3 요구조건분석

① 지정건축선 : 도로변 3m 후퇴선, 대지면적은 산입하되 건축물과 주차장 계획 금지(차량진출입로는 가능)

② 차량진출입로는 횡단보도로부터 5m 이상 이격하여 설치

③ 층고는 4m, 1층 바닥레벨은 대지레벨과 동일 ±0

④ 벽체, 기둥 고려하지 않고 모든 바닥과 벽체는 수평과 수직으로 계획

⑤ 조경면적은 충족한 것으로 함

⑥ 주차계획
- 주차대수 4대(장애인전용주차 1대 포함)
- 일반형 : 2.5m x 5.0m, 장애인전용 : 3.5m x 5.0m
- 차량진출입로와 차로 너비는 6m 이상
- 모든 주차구획은 필로티 하부에 설치
- 차로와 차량진출입로는 필로티 하부 계획 금지

⑦ 정북일조 적용

⑧ 가로구역별 최고높이 22m

⑨ 인접대지경계선으로부터 건축물은 1.0m 이상 이격

⑩ 주차구획과 건축물은 0.5m 이상 이격

⑪ 보호수목 건축제한선과 건축물 및 주차구획은 0.5m 이상 이격

⑫ 옥탑 및 파라펫 높이는 고려하지 않음

■ 문제풀이 Process

4 수평영역 및 수직영역 검토

① 최대 건축가능영역 검토
(건폐율, 용적률 적용 이전)
- 각종 이격거리 조건 정리
- 정북일조 적용
- 가로구역별 최고높이 적용
- 건축선 준수

② 건축면적 검토
- 대지면적 : 423㎡
- 건축면적(건폐율50%) : 211.5㎡
- 1차 건축가능영역 : 261.5㎡
- 261.5 − 211.5 = 50㎡

③ 최대건축가능영역을 고려한
Mass 정리

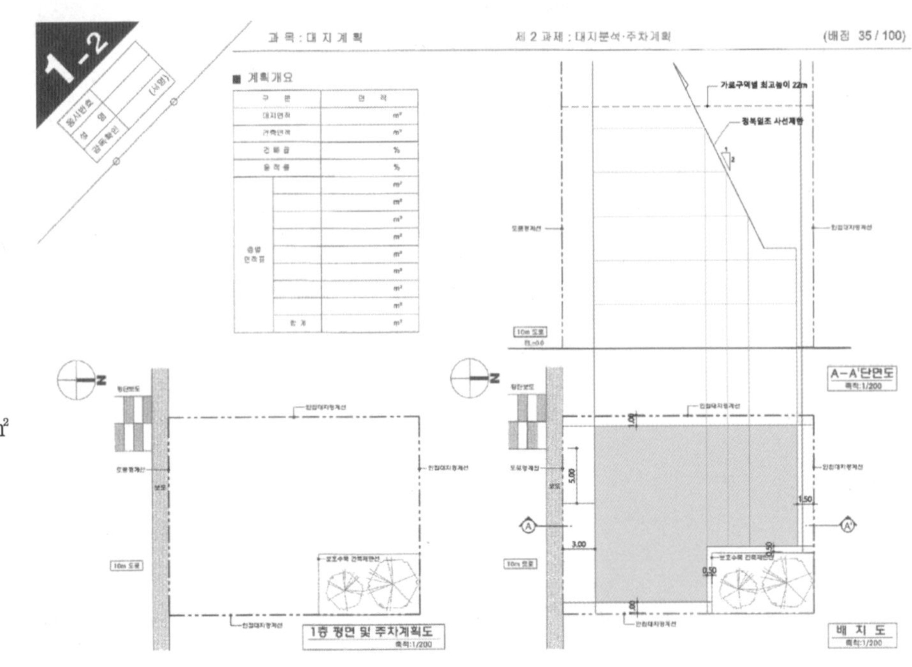

5 1층 바닥면적 및 주차장 검토

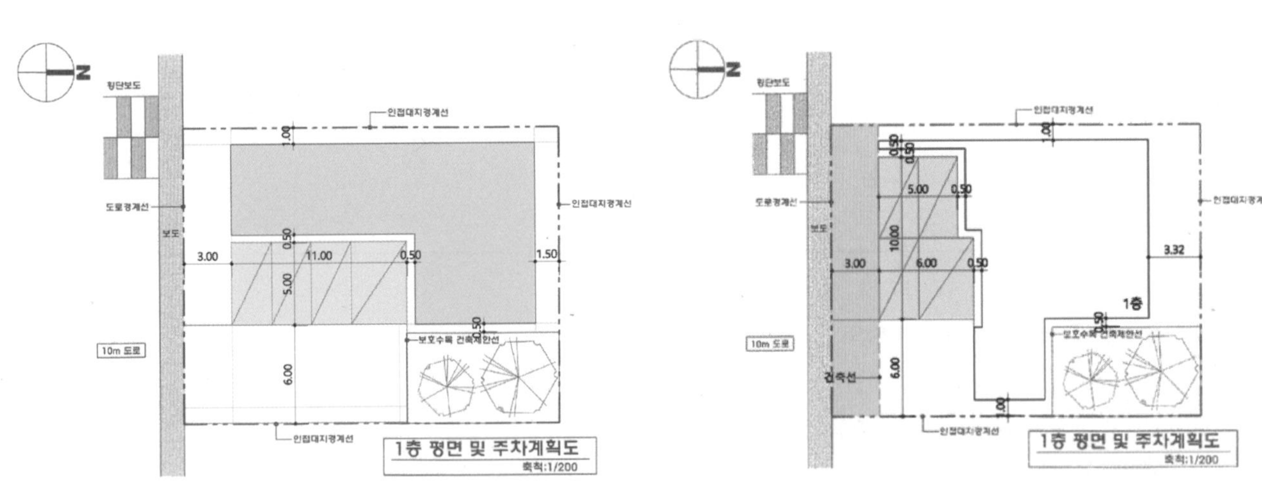

① 전체 연면적 최대를 고려한 주차장 계획 방향성
- 주차구획은 필로티에 계획
- 차로, 차량진출입구는 필로티에 설치 불가
- 건축선에 주차장 영역(차로+주차구획)이 계획되지 않도록 조심(진출입구 제외)

② 차로에 직각방향으로 연접주차 대안 가능
- 지문 우선 고려한 대안
- 장애인주차구획 연접은 출제자의 취지로 보기 어려움
- 지나치게 복잡한 건물 형태

6 모범답안

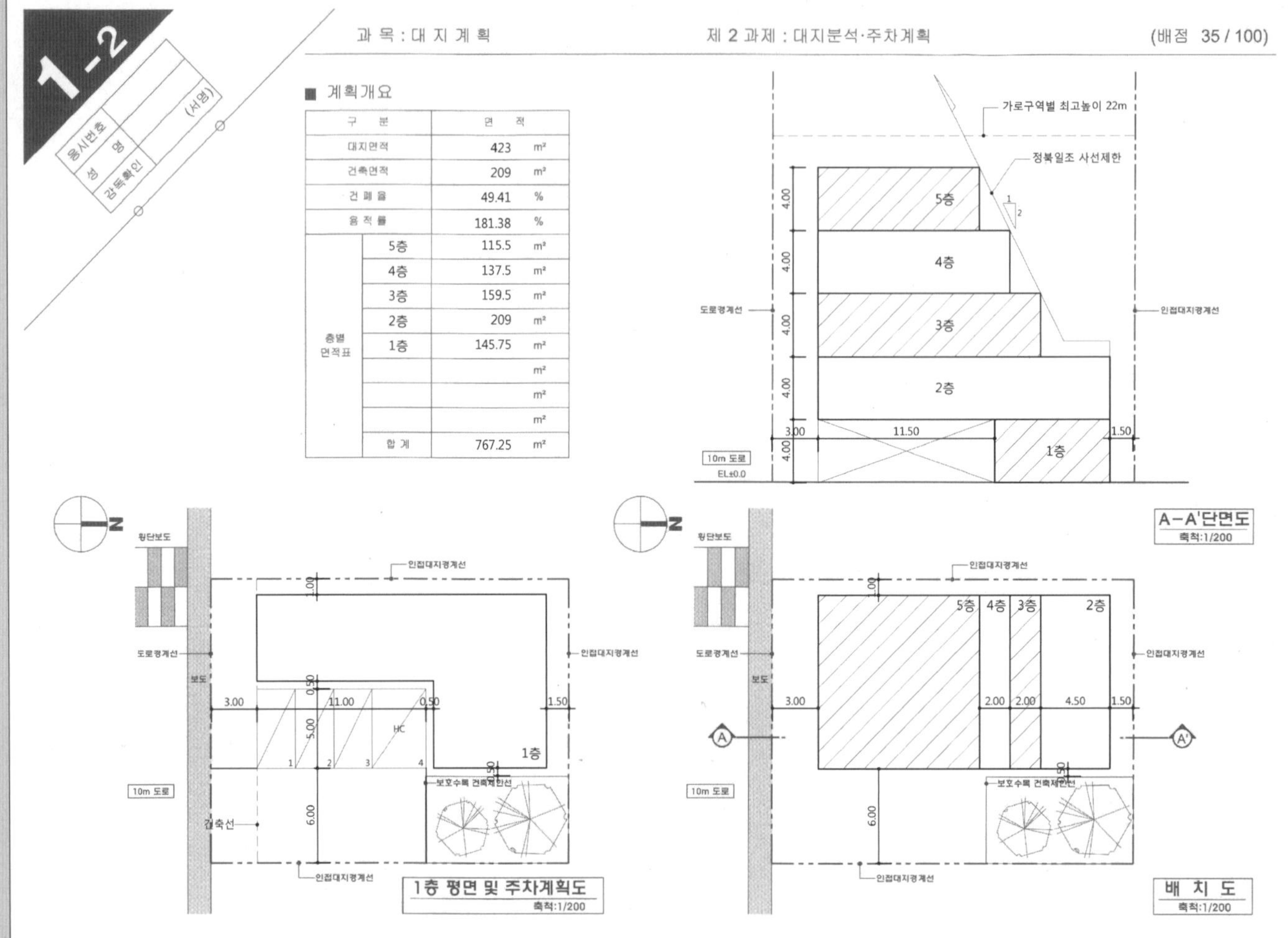

구 분		면 적	
대지면적		423	㎡
건축면적		209	㎡
건 폐 율		49.41	%
용 적 률		181.38	%
층별 면적표	5층	115.5	㎡
	4층	137.5	㎡
	3층	159.5	㎡
	2층	209	㎡
	1층	145.75	㎡
	합 계	767.25	㎡

■ 주요 체크포인트

① 건폐율/용적률 적용형

② 정북일조권/가로구역별 최고높이

③ 지정건축선을 고려한 건축물 및 주차장 계획

④ 최대 연면적을 고려한 주차구획 위치 선정 및 주차장 계획
- 주차구획은 반드시 필로티에 계획

⑤ 수목보호선에 의한 건축 영역 제한

⑥ 정확한 계획개요 작성

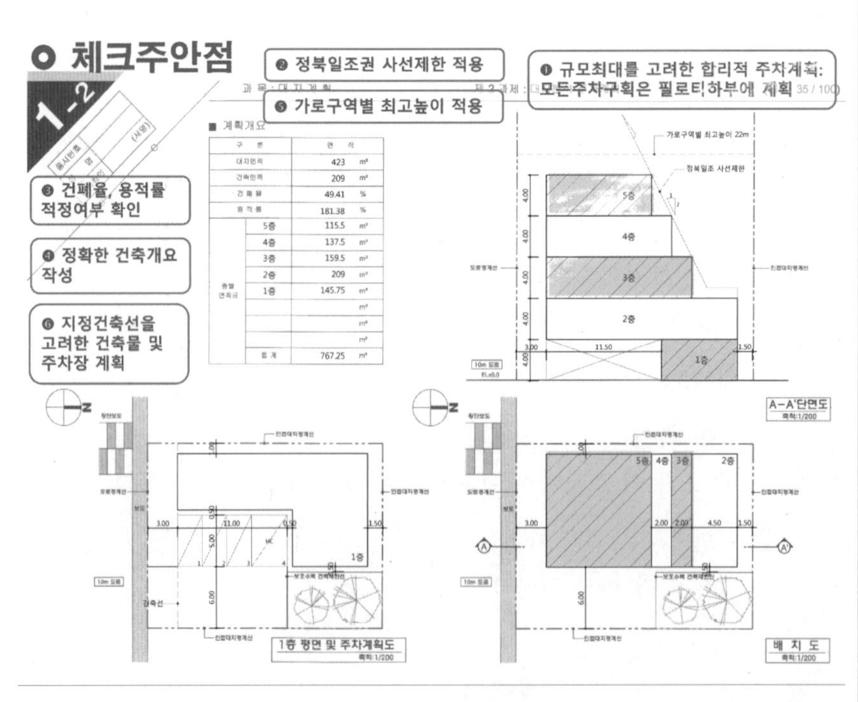

■ 문제풀이 Process

대지분석 · 조닝/대지주차 문제풀이를 위한 핵심이론 요약

1. 가로구역별 최고높이

▸ 가로구역별 최고높이 : 가로구역을 단위로 건축물의 최고높이를 지정

▸ 가로구역 : 도로로 둘러싸인 일단(一團)의 지역

▸ 가로구역별 최고높이의 적용기준은 도로 중심 레벨

▸ 지표면과 도로면 높이차에 따른 가로구역별 최고높이 적용 기준

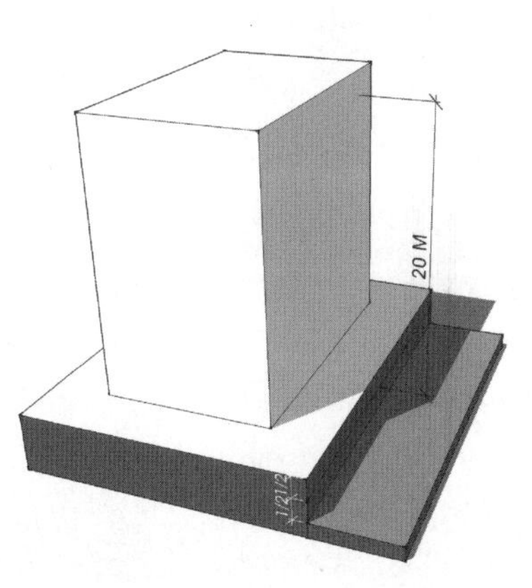

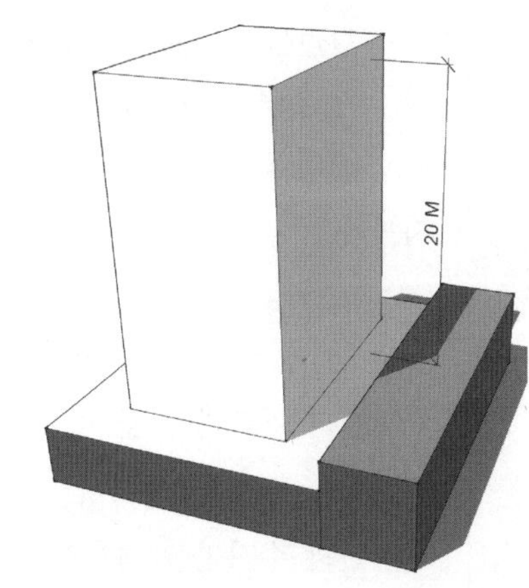

- 도로가 대지보다 낮은 경우 : 높이차의 1/2 위치의 도로레벨 기준
- 도로가 대지보다 높은 경우 : 도로레벨 기준

▸ 전면도로 고저차가 있는 경우
- 건물이 접한 부분의 도로를 가중 평균하여 도로레벨 산정
- 도로의 높이차가 3m 초과되는 경우라도 전체구간을 한번에 가중 (지표면 산정과의 차이)

▸ 이면도로에 접한 경우
- 가로구역별 최고높이의 기준은 넓은 도로의 레벨임

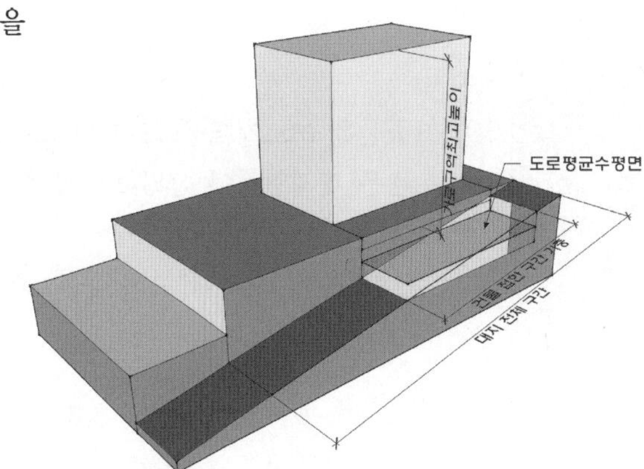

▸ 지문

① 가로구역별 최고높이는 22m로 한다.

-10m 도로와 계획대지 모두 ±0 이므로 ±0에서 22m 적용

2. 정북일조

▸ 지역일조권 : 전용주거지역, 일반주거지역 모든 건축물에 해당

▸ 인접대지와 고저차 있는 경우 : 평균 지표면 레벨이 기준

▸ 인접대지경계선으로부터의 이격거리
- 높이 9m 이하 : 1.5m 이상
- 높이 9m 초과 : 건축물 각 부분의 1/2 이상

▸ 계획대지와 인접대지 간 고저차 있는 경우

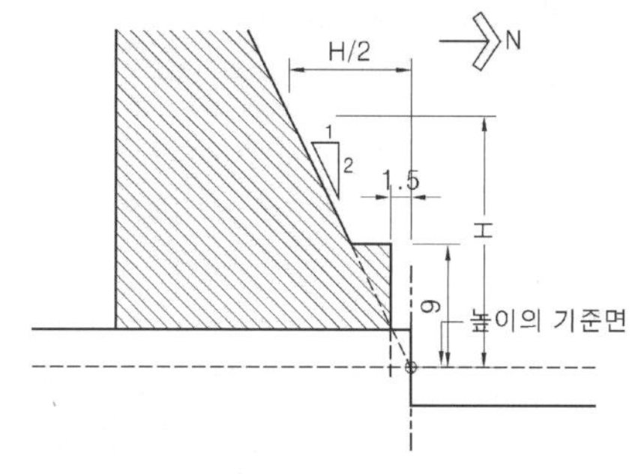

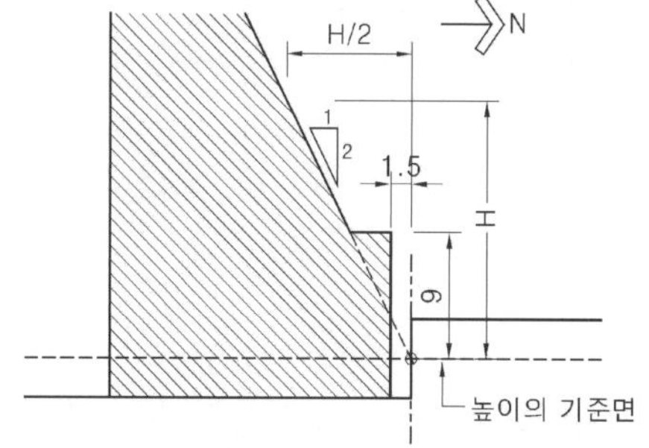

▸ 정북 일조를 적용하지 않는 경우
- 다음 각 목의 어느 하나에 해당하는 구역 안의 너비 20미터 이상의 도로(자동차 · 보행자 · 자전거 전용도로, 도로에 공공공지, 녹지, 광장, 그 밖에 건축미관에 지장이 없는 도시 · 군계획시설이 접한 경우 해당 시설 포함)에 접한 대지 상호간에 건축하는 건축물의 경우
  가. 지구단위계획구역, 경관지구
  나. 중점경관관리구역
  다. 특별가로구역
  라. 도시미관 향상을 위하여 허가권자가 지정 · 공고하는 구역
- 건축협정구역 안에서 대지 상호간에 건축하는 건축물(법 제77조의4제1항에 따른 건축협정에 일정 거리 이상을 띄어 건축하는 내용이 포함된 경우만 해당한다)의 경우
- 정북 방향의 인접 대지가 전용주거지역이나 일반주거지역이 아닌 용도지역인 경우

▸ 정북 일조 완화 적용
- 건축물을 건축하려는 대지와 다른 대지 사이에 다음 각 호의 시설 또는 부지가 있는 경우에는 그 반대편의 대지경계선(공동주택은 인접 대지경계선과 그 반대편 대지경계선의 중심선)을 인접대지경계선으로 한다.
  1. 공원(도시공원 중 지방건축위원회의 심의를 거쳐 허가권자가 공원의 일조 등을 확보할 필요가 있다고 인정하는 공원은 제외), 도로, 철도, 하천, 광장, 공공공지, 녹지, 유수지, 자동차 전용도로, 유원지 등
  2. 다음 각 목에 해당하는 대지
     가. 너비(대지경계선에서 가장 가까운 거리를 말한다)가 2미터 이하인 대지
     나. 면적이 제80조 각 호에 따른 분할제한 기준 이하인 대지
  3. 1,2호 외에 건축이 허용되지 않는 공지

■ 문제풀이 Process

대지분석 · 조닝/대지주차 문제풀이를 위한 핵심이론 요약

3. 소규모 주차장

▸ 소규모 주차장 관련 법규

- 부설주차장의 총 주차대수 규모가 8대 이하인 자주식주차장
- 차로의 너비는 2.5m
- 보도와 차도의 구분이 없는 너비 12미터 미만의 도로에 접하여 있는 경우 그 도로를 차로로 하여 주차단위구획을 배치할 수 있다.
  이 경우 차로의 너비는 도로를 포함하여 6미터 이상(평행주차인 경우에는 도로를 포함하여 4미터 이상)으로 하며, 도로의 포함범위는 중앙선까지로 하되 중앙선이 없는 경우에는 도로 반대측 경계선까지로 한다.
- 보도와 차도의 구분이 있는 12미터 이상의 도로에 접하여 있고 주차대수가 5대 이하인 부설주차장은 당해 주차장의 이용에 지장이 없는 경우에 한하여 그 도로를 차로로 하여 직각주차형식으로 주차단위구획을 배치할 수 있다.

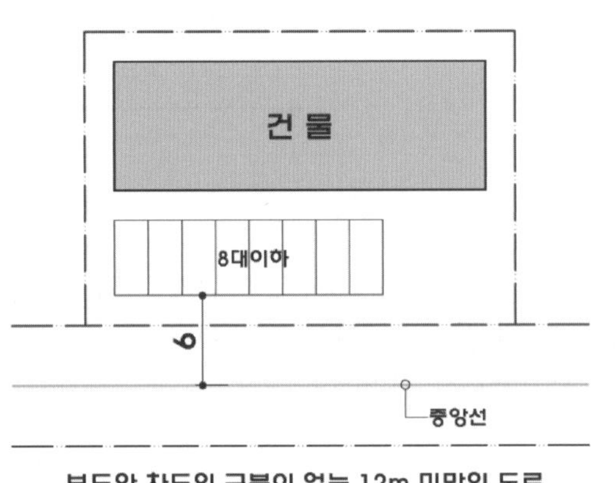

보도와 차도의 구분이 없는 12m 미만의 도로
(중앙선이 있는 경우)

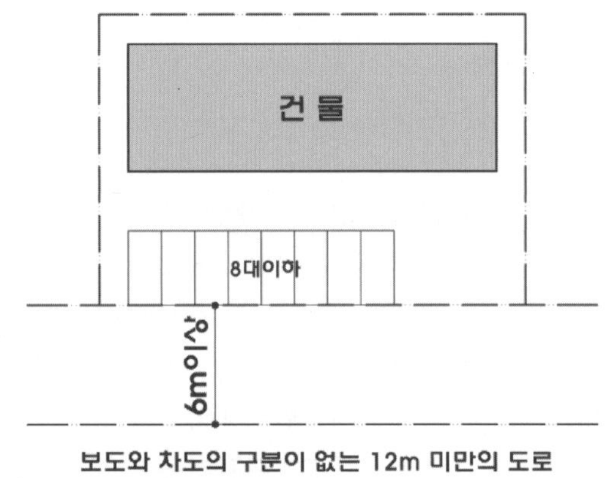

보도와 차도의 구분이 없는 12m 미만의 도로
(중앙선이 없는 경우)

- 주차대수 5대 이하의 주차단위구획은 차로를 기준으로 하여 세로로 2대까지 접하여 배치할 수 있다.
- 출입구의 너비는 3미터 이상으로 한다.
  다만, 막다른도로에 접하여 있는 부설주차장으로서 시장·군수 또는 구청장이 차량의 소통에 지장이 없다고 인정하는 경우에는 2.5미터 이상으로 할 수 있다.
- 보행인의 통행로가 필요한 경우에는 시설물과 주차단위구획사이에 0.5미터 이상의 거리를 두어야 한다.

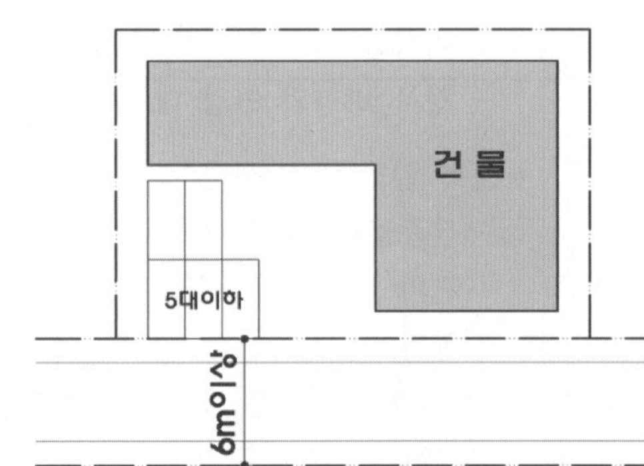

▸ 지문

① 주차대수는 총 4대(장애인전용 주차 1대 포함)로 한다.
 -10m 도로는 보.차 구분이 있으므로 전면도로를 차로로 이용할 수 없음

4. 건축선

▸ 건축선: 도로와 접한 부분에 건축물을 건축할 수 있는 선 / 대지와 도로의 경계선으로 함

▸ 소요폭 미달도로 또는 도로모퉁이 가각전제에 의해서 건축선이 후퇴하는 경우는 후퇴한 선을 건축선으로 하며 이때 대지면적은 제척되어 감소

▸ 건축선의 지정 : 대지 안에서 건축물의 위치나 환경을 정비하기 위하여 필요하다고 인정하여 따로 지정(4m 이내의 범위) - 대지면적 변화 없는 건축선

▸ 건축지정선 : 가로경관이 연속적인 형태를 유지하거나 구역 내 중요 가로변의 건축물을 가지런하게 할 필요가 있는 경우 지정

▸ 벽면지정선 : 특정 지역에서 상점가의 1층 벽면 위치를 정렬하거나 고층부 벽면위치를 지정하는 등 특정층의 벽면의 위치를 규제할 필요가 있는 경우에 지정

▸ 건축한계선 : 도로에 있는 사람이 개방감을 가질 수 있도록 건축물을 도로에서 일정 거리 후퇴시켜 건축하게 할 필요가 있는 곳에 지정

▸ 건축선에 따른 건축제한 : 건축물과 담장은 건축선의 수직면을 넘어서는 안됨 (지표하 부분 제외). 도로면으로부터 높이 4.5m 이하에 있는 출입구, 창문 등은 개폐 시 건축선의 수직면을 넘어서는 안됨

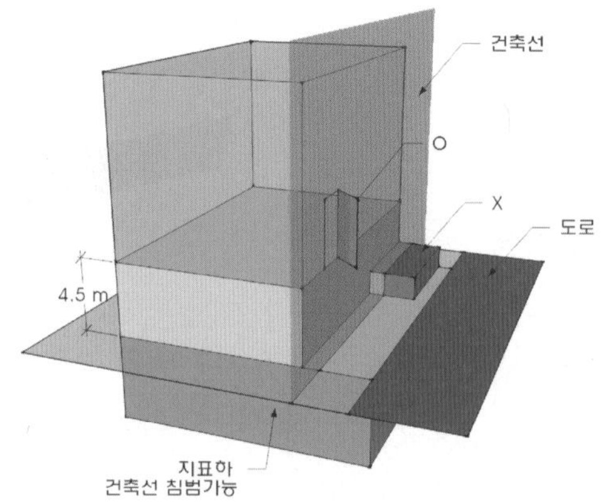

▸ 지문

① 건축선은 도로경계선으로부터 3m 후퇴하여 지정한다. 이 경우 건축선과 도로경계선 사이 부분은 대지면적에 산입하되 건축물과 주차장을 설치 할 수 없다. 단, 차량진출입로는 설치 가능하다.
 -건축한계선으로 이해하고 문제 풀이

대지분석 · 조닝 주요 체크포인트

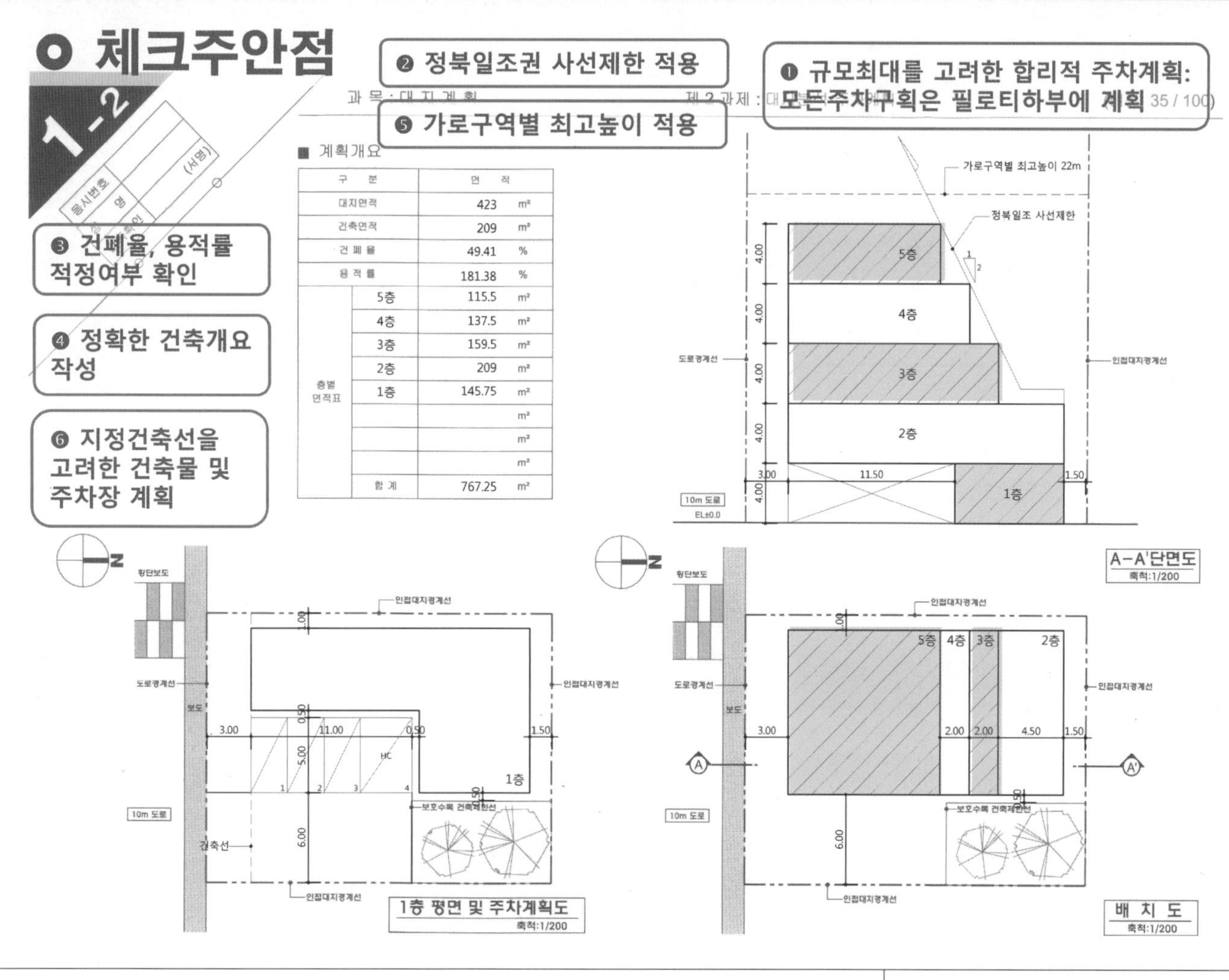

구 분		면 적	
대지면적		423	m²
건축면적		209	m²
건 폐 율		49.41	%
용 적 률		181.38	%
층별 면적표	5층	115.5	m²
	4층	137.5	m²
	3층	159.5	m²
	2층	209	m²
	1층	145.75	m²
			m²
			m²
			m²
	합 계	767.25	m²

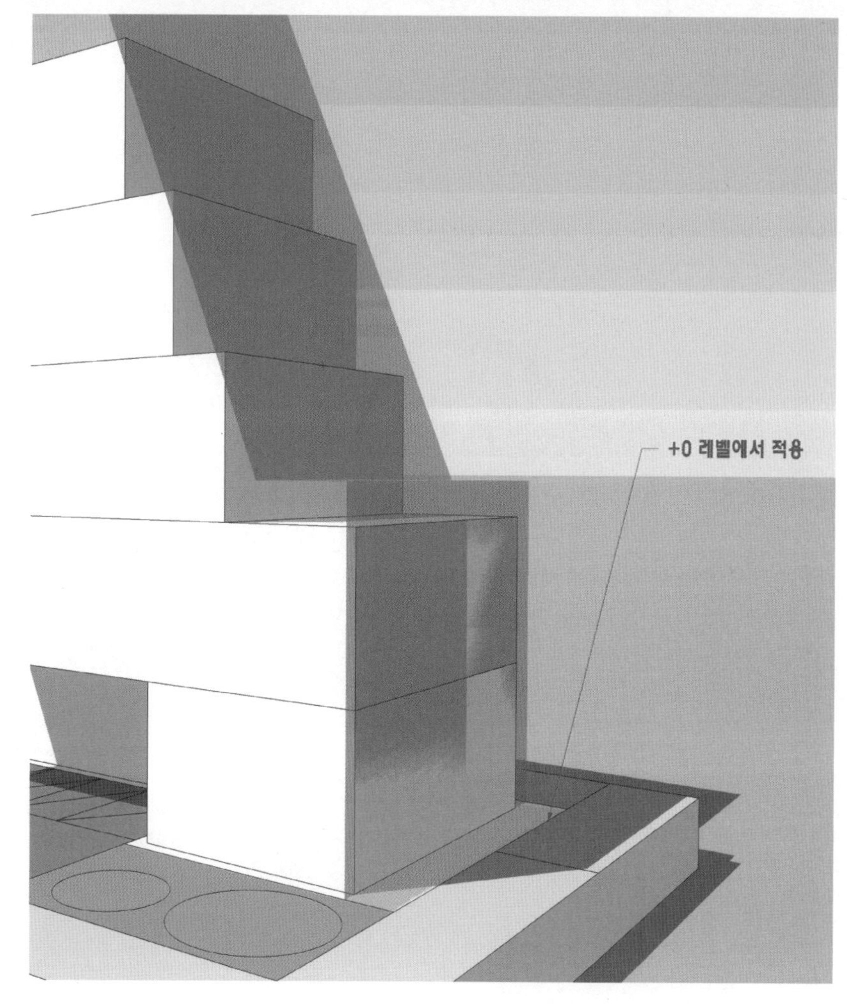

▸ 정북일조 적용

① 북측인접대지 조건에 따른 합리적 일조권 적용

: 적용레벨 ±0

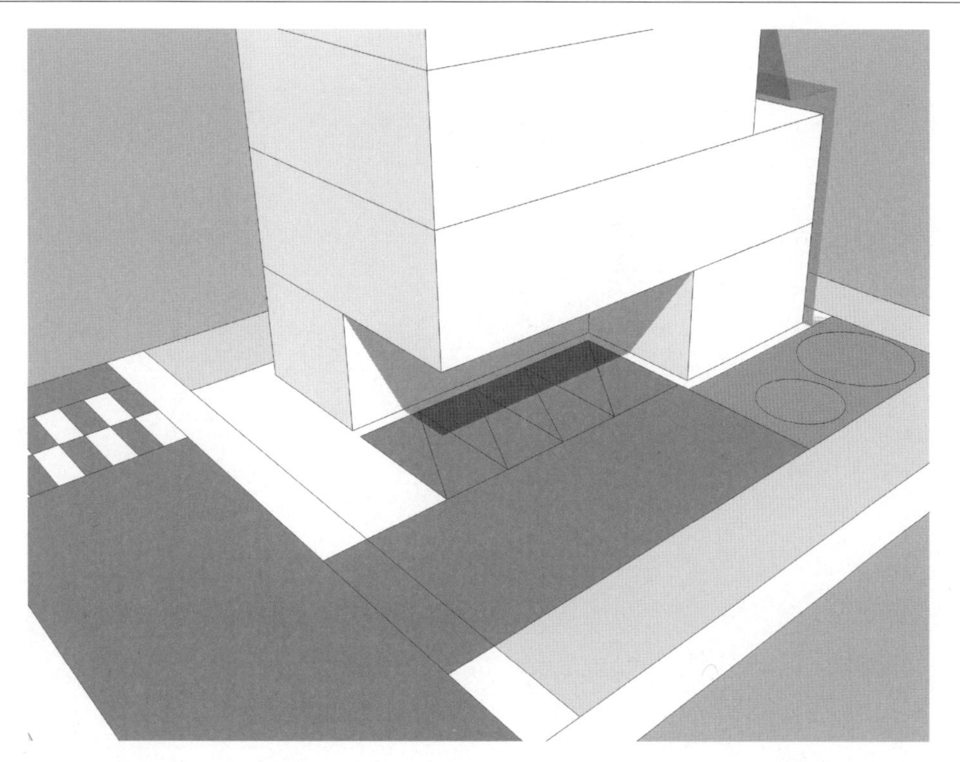

▸ 지상 주차장 계획

① 차량진출입로는 횡단보도에서 5m 이상 이격

② 최대 연면적을 고려한 주차구획 위치 선정

③ 주차구획은 반드시 필로티 하부에 계획

⑤ 차량진출입로와 차로는 필로티 하부에 계획할 수 없음

④ 건축선 후퇴 영역에는 주차구획과 차로 설치 금지

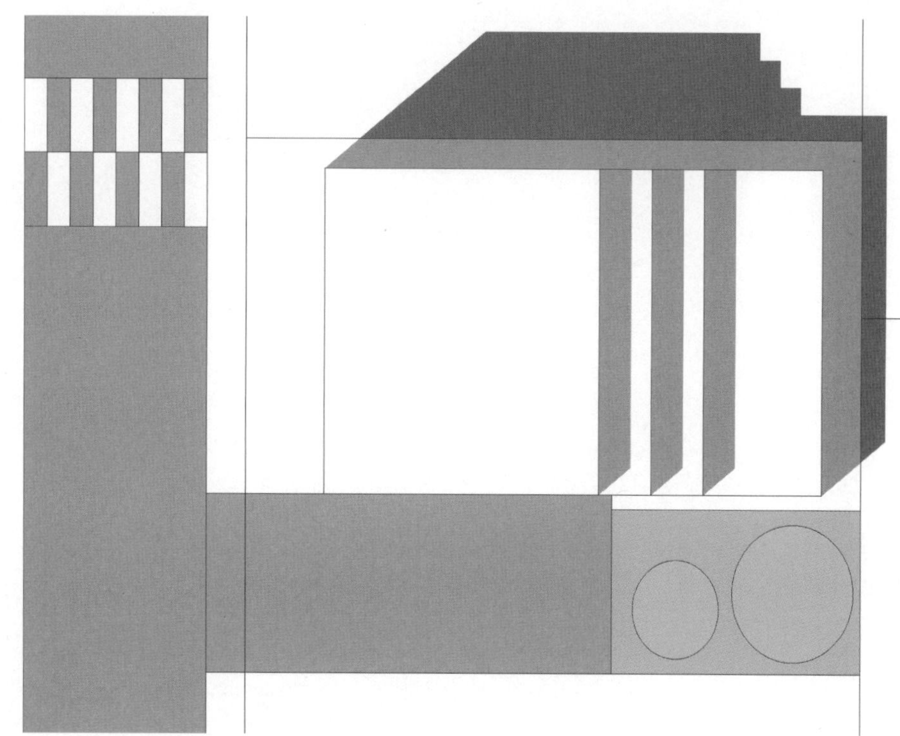

▸ 건폐율, 용적률 적용

① 최대 건폐율, 용적률을 만족하는 규모 검토

② 정확한 면적 산정 및 건축개요 작성

▸ 이격거리 준수

① 건축물은 대지경계선으로부터 1.0m 이상 / 주차구획에서 0.5m 이상 이격

② 보호수목 건축제한선과 건축물 및 주차구획 0.5m 이상 이격

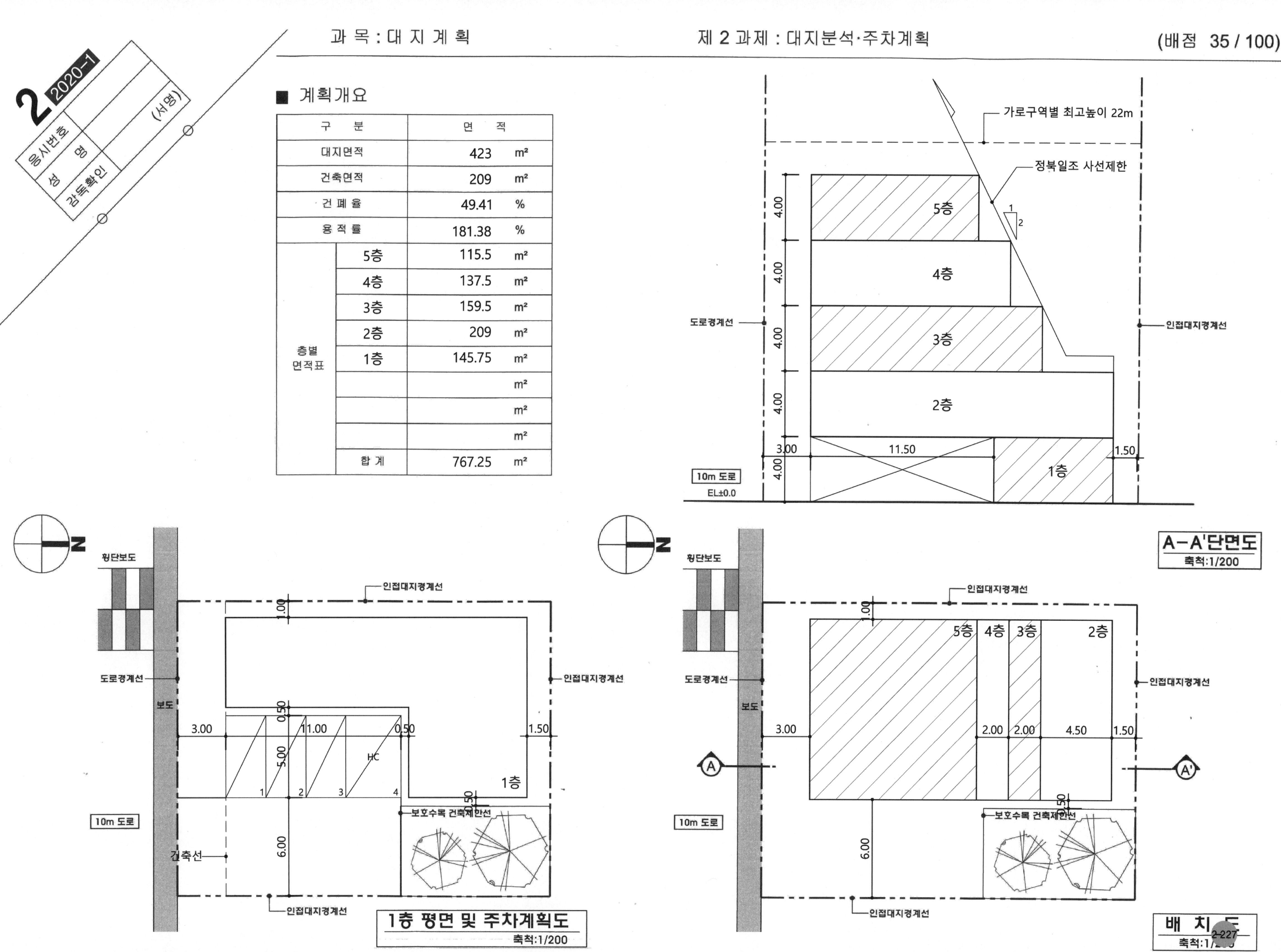

■ 계획개요

구 분		면 적	
대지면적		423	㎡
건축면적		209	㎡
건 폐 율		49.41	%
용 적 률		181.38	%
층별 면적표	5층	115.5	㎡
	4층	137.5	㎡
	3층	159.5	㎡
	2층	209	㎡
	1층	145.75	㎡
			㎡
			㎡
			㎡
	합 계	767.25	㎡

구 성	FACTOR	지 문 본 문	FACTOR	구 성

구 성

제목
- 배치하고자 하는 시설의 제목을 제시합니다.

1. 과제개요
- 시설의 목적 및 취지를 언급합니다.
- 전체사항에 대한 개괄적인 설명이 추가되는 경우도 있습니다.

2. 대지조건(개요)
- 대지전반에 관한 개괄적인 사항이 언급됩니다.
- 용도지역, 지구
- 접도조건
- 건폐율, 용적률 적용 여부를 제시
- 대지내부 및 주변현황 (최근 계속 현황도가 별도로 제시)

3. 계획조건
ⓐ 배치시설
- 배치시설의 종류
- 건물과 옥외시설물은 구분하여 제시되는 것이 일반적입니다.
- 시설규모
- 필요시 각 시설별 요구사항이 첨부됩니다.

FACTOR

① 배점을 확인하여 2과제의 시간배분 기준으로 활용합니다.
- 65점 (난이도 예상)

② 보건의료연구센터 및 보건소
- 2개의 영역별 조닝 이해

③ 지역지구 : 계획관리지역

④ 대지현황도 제시
- 계획조건을 파악하기에 앞서 현황도를 이용한 1차 현황분석을 선행하는 것이 문제의 전체 윤곽을 잡아가는 데 유리합니다.

⑤ 단지 내 도로
- 차로와 보행로로 구분하여 제시
- 경사도 1/10, 1/20 구분
- 수평 참, 난간은 계획 배제

⑥ 건축물
- 규모: 가로x세로 크기로 제시
- 용도별 성격 파악 (보건의료연구센터와 보건소영역)
- 기숙사는 향, 프라이버시 확보가 필요한 시설로 이해
- 건물 간 연계조건 파악

⑦ 외부공간
- 전용공간: 쌈지, 휴게, 의료광장
- 매개공간: 보건마당
- 최소 면적 및 용도 제시
- 쌈지마당 위치 파악
- 하역공간은 실험동 전용

⑧ 주차장
- 용도별 주차장 4개소 분산
- 주차장Ⓑ는 지하주차장
- 주차장Ⓒ, Ⓓ는 일방향 순환 동선 우선 검토
- 각 주차장별 장애인 1대 이상

2020년도 제2회 건축사자격시험 문제

과목: **대지계획** 제1과제 (배치계획) ① 배점: 65/100점

제 목 : 보건의료연구센터 및 보건소 배치계획 ②

1. 과제개요

보건의료연구센터 및 보건소를 계획하고자 한다. 다음 사항을 고려하여 시설을 배치하시오.

2. 대지조건

(1) 용도지역: 계획관리지역③(공공하수처리운영지역)

(2) 주변현황: <대지 현황도>④ 참조

3. 계획조건 및 고려사항

(1) 계획조건

① 단지 내 도로⑤

구 분	너 비	경사도
차 로	6m 이상	1/10 이하
보행로	2.5m 이상	1/20 이하

주) 1. 보행로는 수평면으로 된 참과 난간을 고려하지 않는다.

② 건축물⑥(가로, 세로 구분 없음. 총 7개동, 층고 3m)

구분	시설명	크기	규모	비고
보건의료연구센터영역	관리동	15m x 35m	지상 2층	쌈지마당, 교육동 연계
	교육동	20m x 35m	지상 2층	관리동 연계
	연구동	20m x 55m	지상 2층 지하 1층	실험동, 휴게마당 연계
	실험동	15m x 45m	지상 2층	연구동 연계
보건소영역	보건소	30m x 50m	지상 4층	보건마당, 의료광장 연계
	기숙사㉮	15m x 35m	지상 4층	정남향 배치, 의료광장 연계
	기숙사㉯	15m x 30m	지상 4층	

③ 외부시설

구 분	시설명	규모	용도
외부공간 ⑦	쌈지마당	500㎡ 이상	보호수목 ① 포함
	보건마당	750㎡ 이상	보건소, 의료광장 연계
	휴게마당	650㎡ 이상	연구동, 기숙사 ㉮ 연계
	의료광장	480㎡ 이상	보건소, 기숙사 ㉮, 기숙사 ㉯ 연계
	하역공간	200㎡ 이상	실험동 하역공간
주차장 ⑧	주차장Ⓐ	18대 이상	관리동, 교육동 주차
	주차장Ⓑ	15대 이상	연구동, 실험동 주차
	주차장Ⓒ	35대 이상	보건소 주차
	주차장Ⓓ	30대 이상	기숙사 ㉮, 기숙사 ㉯ 주차

주) 1. 각 주차장마다 장애인전용 주차구획 1대 이상을 계획한다.
2. 주차장 Ⓑ를 제외한 주차장은 지상주차장으로 계획한다.

(2) 고려사항

① 주어진 지형을 최대한 이용하고 지형과의 조화를 고려하여 계획한다.⑨

② 보건의료관련시설임⑩을 고려하여 건축물의 1층 주출입구 및 외부시설은 1/20 이하 경사의 보행로와 연결한다.

③ 보건의료연구센터영역은 15m 도로, 보건소영역은 8m 도로에서 차량이 진출입할⑪ 수 있도록 계획한다.

④ 연구동은⑫ 단지조망이 용이하도록 주어진 대지의 가장 높은 레벨(Level)에 배치한다.

⑤ 주차장 Ⓑ는⑬ 지형을 이용하여 연구동 지하 1층에 계획한다.

⑥ 보건소영역의 차량동선은⑭ 의료광장을 중심으로 순환하도록 계획하여 필요시 드라이브스루(Drive-through) 선별검사소로 사용할 수 있도록 한다.

⑦ 건축물과 외부시설⑮은 15m 도로, 8m 도로, 인접대지경계선에서 5m 이상 이격하여 배치하고, 보호수목을 훼손하지 않도록 배치한다.

⑧ 건축물과 건축물은 5m 이상 이격하고, 건축물과 외부시설, 외부시설과 외부시설 그리고 건축물과 단지 내 도로는 2m 이상 이격하여 배치한다.⑯

⑨ 건축물, 외부시설 및 단지 내 도로의 배치를 위해 등고선의 경사도를 1/2 이하로 조정하거나 3m 이하의 옹벽을 사용한다.⑰

⑩ 우·배수를 위한 등고선 조정은 고려하지 않는다.⑱

FACTOR

⑨ 경사지 계획
- 기존 지형 최대 이용
- 지형과의 조화를 고려

⑩ 보건의료관련시설
- 건물 1층 주출입구, 외부시설은 1/20 보행로와 연계

⑪ 차량진출입
- 보건의료연구센터영역: 15m 도로에 계획
- 보건소영역: 8m 도로에 계획

⑫ 연구동
- 단지조망 고려, +7.0에 계획

⑬ 주차장Ⓑ
- 연구동 지하1층

⑭ 보건소영역 차량동선
- 의료광장 중심으로 순환동선
- 필요시 선별검사소로 활용

⑮ 기본 이격조건
- 모든 시설물은 도로 및 인접대지경계선에서 5m 이상 이격
- 보호수목 훼손 금지

⑯ 시설별 이격거리
- 건축물 vs 건축물: 5m 이상
- 건축물 vs 외부시설, 외부시설 vs 외부시설, 건축물 vs 단지 내 도로: 2m 이상

⑰ 경사도
- 지형 조정 시 1/2 이하
- 3m 이하 옹벽 사용 가능

⑲ 배수 고려하지 않는다.

구 성

ⓑ 배치고려사항
- 건축가능영역
- 시설간의 관계 (근접, 인접, 연결, 연계 등)
- 보행자동선
- 차량동선 및 주차장계획
- 장애인 관련 사항
- 조경 및 포장
- 자연과 지형활용
- 옹벽 등의 사용지침
- 이격거리
- 기타사항

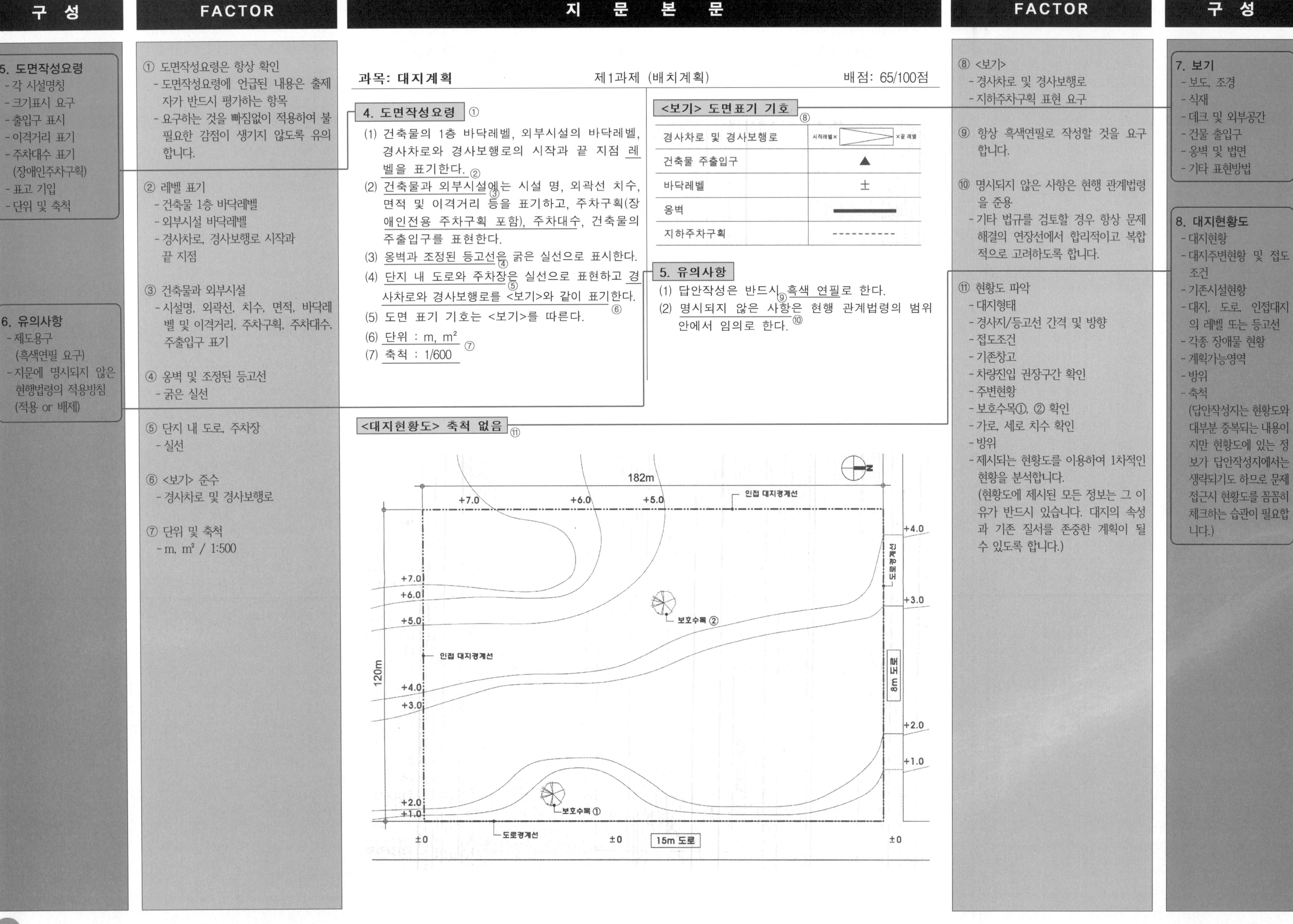

구 성	FACTOR	지 문 본 문	FACTOR	구 성

5. 도면작성요령
- 각 시설명칭
- 크기표시 요구
- 출입구 표시
- 이격거리 표기
- 주차대수 표기 (장애인주차구획)
- 표고 기입
- 단위 및 축척

6. 유의사항
- 제도용구 (흑색연필 요구)
- 지문에 명시되지 않은 현행법령의 적용방침 (적용 or 배제)

① 도면작성요령은 항상 확인
- 도면작성요령에 언급된 내용은 출제자가 반드시 평가하는 항목
- 요구하는 것을 빠짐없이 적용하여 불필요한 감점이 생기지 않도록 유의합니다.

② 레벨 표기
- 건축물 1층 바닥레벨
- 외부시설 바닥레벨
- 경사차로, 경사보행로 시작과 끝 지점

③ 건축물과 외부시설
- 시설명, 외곽선, 치수, 면적, 바닥레벨 및 이격거리, 주차구획, 주차대수, 주출입구 표기

④ 옹벽 및 조정된 등고선
- 굵은 실선

⑤ 단지 내 도로, 주차장
- 실선

⑥ <보기> 준수
- 경사차로 및 경사보행로

⑦ 단위 및 축척
- m, m² / 1:500

과목: **대지계획** 제1과제 (배치계획) 배점: 65/100점

4. 도면작성요령 ①

(1) 건축물의 1층 바닥레벨, 외부시설의 바닥레벨, 경사차로와 경사보행로의 시작과 끝 지점 레벨을 표기한다. ②

(2) 건축물과 외부시설에는 시설 명, 외곽선 치수, 면적 및 이격거리 등을 표기하고, 주차구획(장애인전용 주차구획 포함), 주차대수, 건축물의 주출입구를 표현한다. ③

(3) 옹벽과 조정된 등고선은 굵은 실선으로 표시한다. ④

(4) 단지 내 도로와 주차장은 실선으로 표현하고 경사차로와 경사보행로를 <보기>와 같이 표기한다. ⑤ ⑥

(5) 도면 표기 기호는 <보기>를 따른다.

(6) 단위 : m, m²

(7) 축척 : 1/600 ⑦

<보기> 도면표기 기호 ⑧

구분	기호
경사차로 및 경사보행로	시작레벨× ▷ ×끝 레벨
건축물 주출입구	▲
바닥레벨	±
옹벽	━━━
지하주차구획	----------

5. 유의사항

(1) 답안작성은 반드시 흑색 연필로 한다. ⑨

(2) 명시되지 않은 사항은 현행 관계법령의 범위 안에서 임의로 한다. ⑩

<대지현황도> 축척 없음 ⑪

⑧ <보기>
- 경사차로 및 경사보행로
- 지하주차구획 표현 요구

⑨ 항상 흑색연필로 작성할 것을 요구합니다.

⑩ 명시되지 않은 사항은 현행 관계법령을 준용
- 기타 법규를 검토할 경우 항상 문제해결의 연장선에서 합리적이고 복합적으로 고려하도록 합니다.

⑪ 현황도 파악
- 대지형태
- 경사지/등고선 간격 및 방향
- 접도조건
- 기존창고
- 차량진입 권장구간 확인
- 주변현황
- 보호수목①, ② 확인
- 가로, 세로 치수 확인
- 방위
- 제시되는 현황도를 이용하여 1차적인 현황을 분석합니다. (현황도에 제시된 모든 정보는 그 이유가 반드시 있습니다. 대지의 속성과 기존 질서를 존중한 계획이 될 수 있도록 합니다.)

7. 보기
- 보도, 조경
- 식재
- 데크 및 외부공간
- 건물 출입구
- 옹벽 및 법면
- 기타 표현방법

8. 대지현황도
- 대지현황
- 대지주변현황 및 접도조건
- 기존시설현황
- 대지, 도로, 인접대지의 레벨 또는 등고선
- 각종 장애물 현황
- 계획가능영역
- 방위
- 축척 (답안작성지는 현황도와 대부분 중복되는 내용이지만 현황도에 있는 정보가 답안작성지에서는 생략되기도 하므로 문제 접근시 현황도를 꼼꼼히 체크하는 습관이 필요합니다.)

■ 문제풀이 Process

1 제목 및 과제 개요 check

① 배점 : 65점 / 출제 난이도 예상
소과제별 문제풀이 시간을 배분하는 기준
② 제목 : 보건의료연구센터 및 보건소 배치계획
(시의성 짙은 용도 출제, 2개의 영역별 조닝 언급)
③ 계획관리지역 : 도시계획 차원의 기본적인 대지 성격을 파악
④ 주변현황 : 대지현황도 참조

2 현황 분석

① 대지형상 : 장방형의 경사대지 / 경사방향, 등고선 단위 1m
② 대지현황 : 보호수목 2개소, 방위 등
- +2.0 / +4.0 / +7.0 크게 3개의 레벨 영역으로 우선 파악

③ 주변조건
- 15m 주도로 : 보행자 주출입 예상
- 8m 부도로 : 보행자 부출입 / 차량 진출입 예상
- 주도로 레벨(±0)과 +2.0영역 간 레벨 극복 방법(경사로 등)
- 기타 인접대지
: 추가적인 정보가 없으므로 특별한 고려 대상 아님

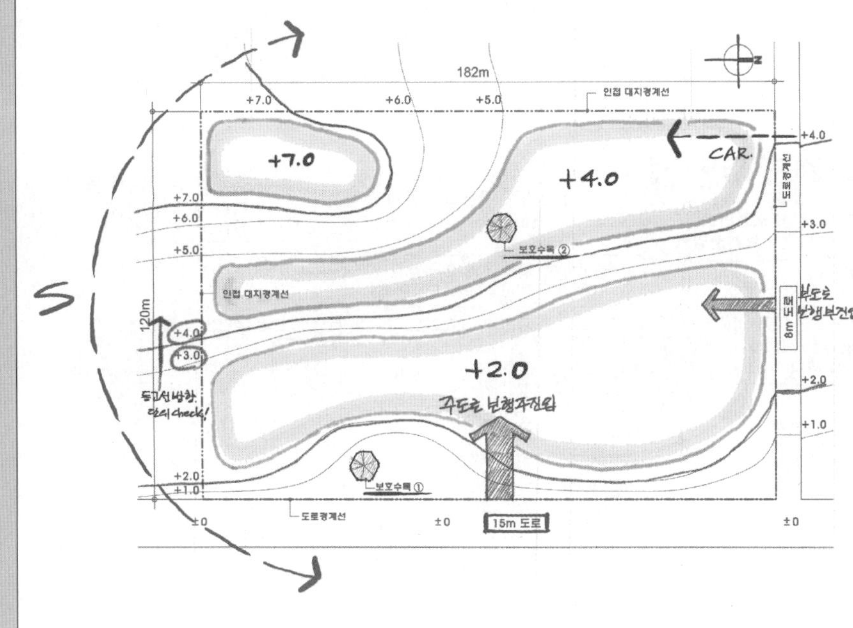

3 요구조건 분석(diagram)

① 도로
- 차로(6m이상, 1/10이하), 보행로(2.5m이상, 1/20이하)
- 수평면의 참과 난간은 제외 가능(장애인 관련 법규 배제 가능)

② 건축물 조건 및 성격 파악
- 규모는 O층, Om x Om, 층고
- 보건의료연구센터 / 보건소 영역
- 관리동+교육동+쌈지마당
- 연구동+실험동+휴게마당
- 보건소+보건마당+의료광장
- 기숙사는 프라이버시, 향 고려

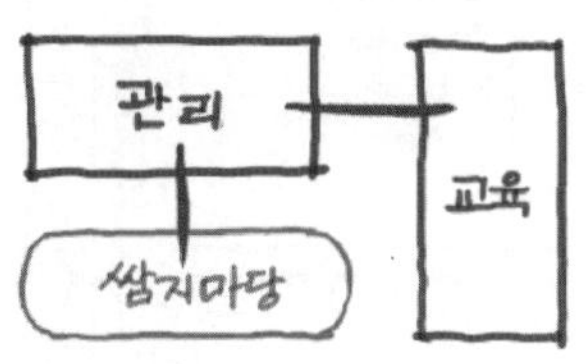

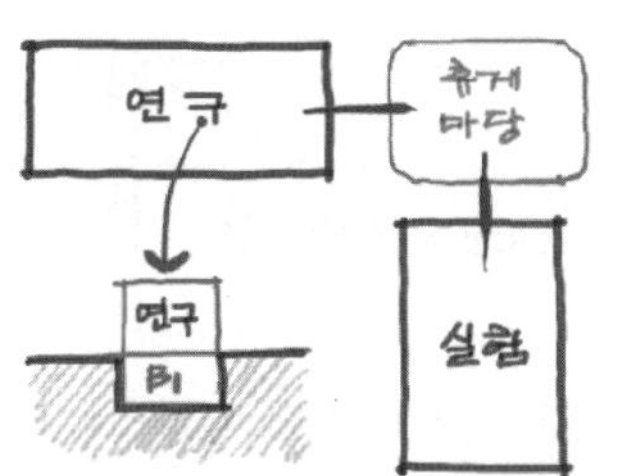

③ 옥외시설 성격 파악
- 매개(완충) vs 전용공간으로 파악
- 쌈지마당은 보호수목① 주변
- 하역공간은 실험동 전용
(차량 연계 시설)

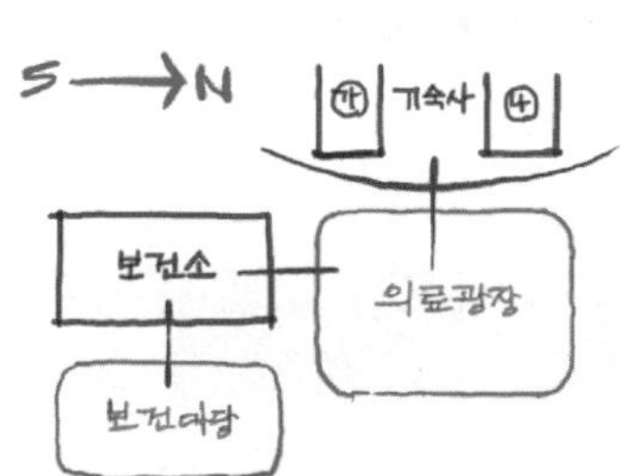

④ 주차장
- 주차장Ⓐ 18대, 관리동, 교육동
- 주차장Ⓑ 15대, 연구동, 실험동
- 주차장Ⓒ 35대, 보건소
- 주차장Ⓓ 30대, 기숙사
- 주차장별 이용시설 제시
- 주차장별 장애인 2대 포함
- 주차장Ⓑ는 지하주차장

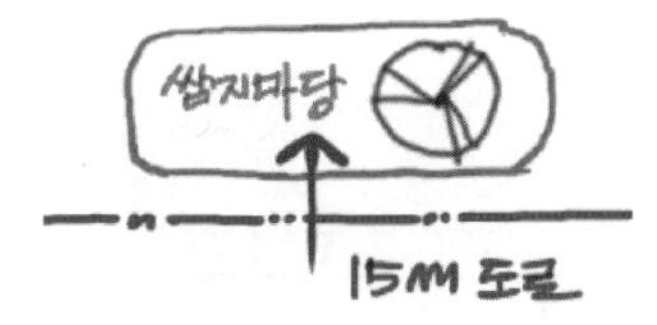

⑤ 보건의료관련시설
- 건축물 1층 주출입구와 외부 시설은 1/20 이하 경사의 보행로와 연결

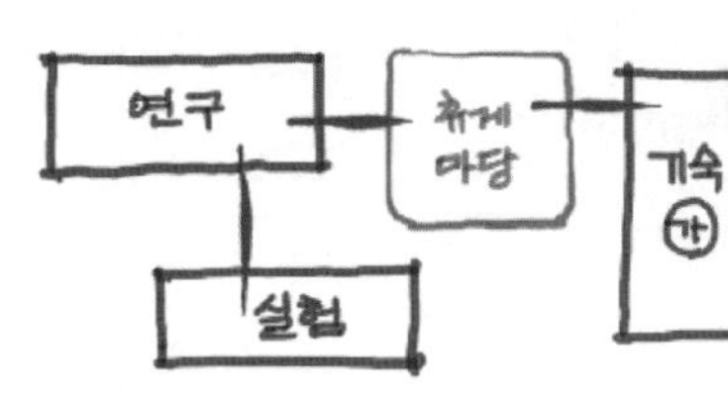

⑥ 차량진출입구
- 보건의료연구센터영역: 15m도로
- 보건소영역: 8m도로
- 각각의 도로에서 각각의 영역별 차량진출입구 계획(2개소)

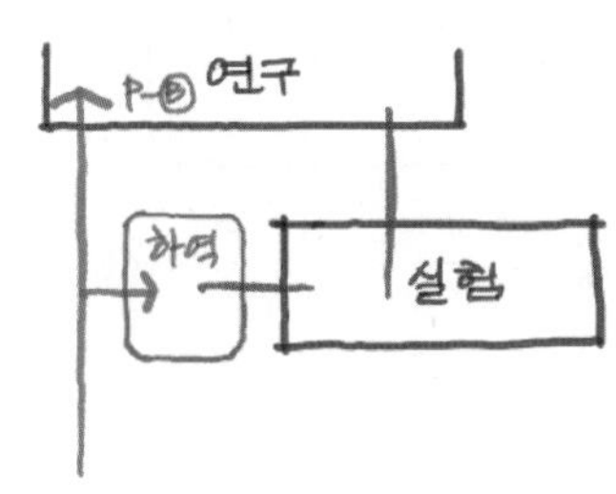

⑦ 연구동
- 단지조망 용이해야 함
- 대지의 가장 높은 레벨에 배치
(+7.0 / 지하주차장Ⓑ로 파악)

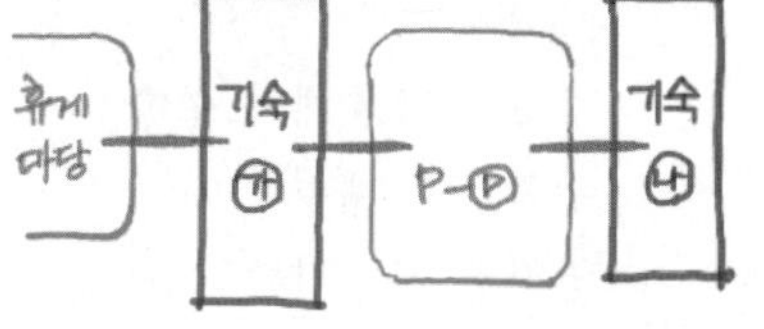

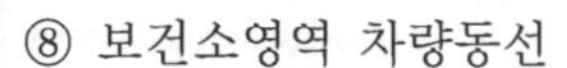

⑧ 보건소영역 차량동선
- 의료광장을 중심으로 순환
- 필요시 선별검사소로 사용 고려
(Drive-through)
- 주차장Ⓒ와 의료광장의 유기적, 효율적 결합 고려

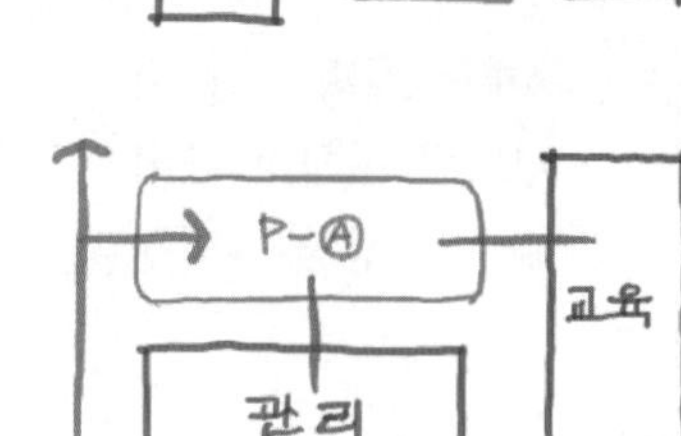

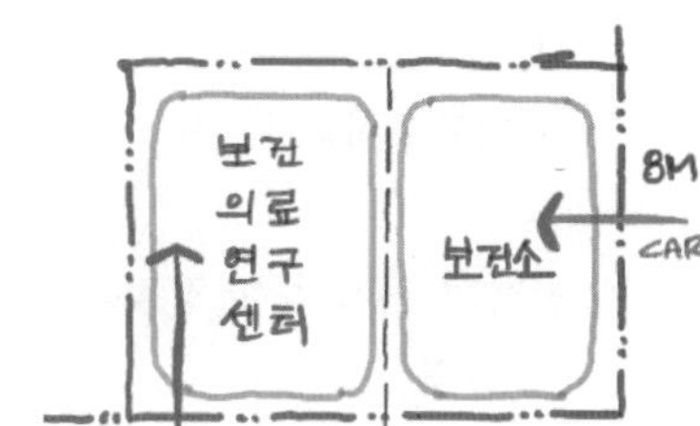

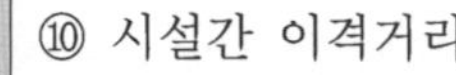

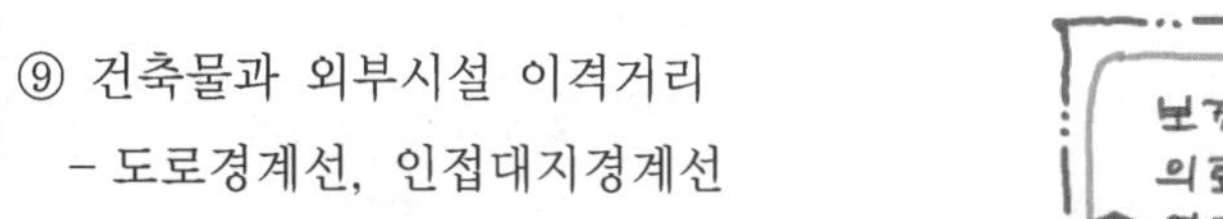

⑨ 건축물과 외부시설 이격거리
- 도로경계선, 인접대지경계선으로부터 5m 이상
- 보호수목 훼손 금지

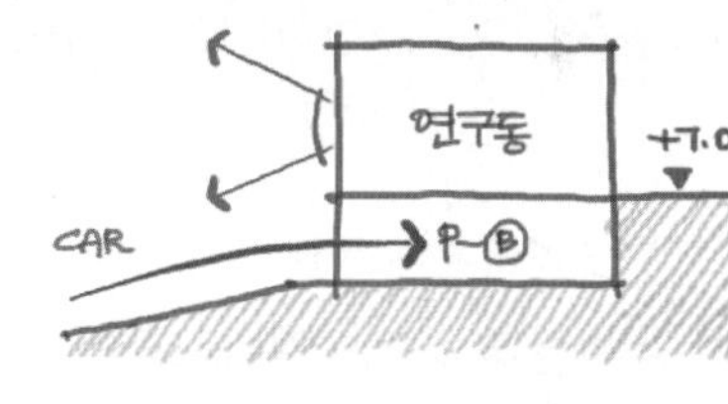

⑩ 시설간 이격거리
- 건축물 vs 건축물: 5m 이상
- 건축물 vs 외부시설
외부시설 vs 외부시설
건축물 vs 단지 내 도로
: 2m 이상

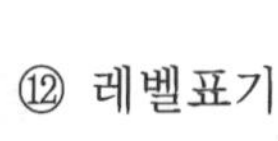

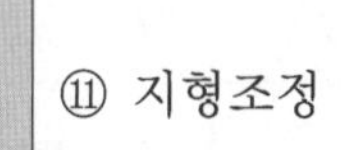

⑪ 지형조정
- 등고선을 조정 경사도 1/2 이하
- 3m이하 옹벽 사용 가능
- 우수, 배수를 위한 등고선 조정은 생략

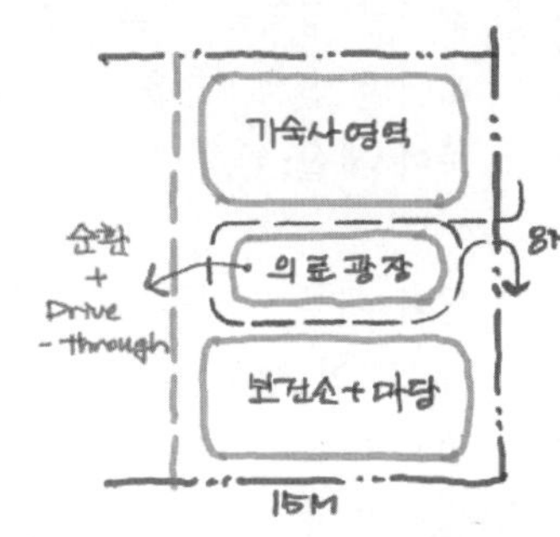

⑫ 레벨표기
- 건축물의 1층 바닥레벨
- 외부시설의 바닥레벨
- 경사차로와 경사보행로의 시작과 끝 지점 레벨

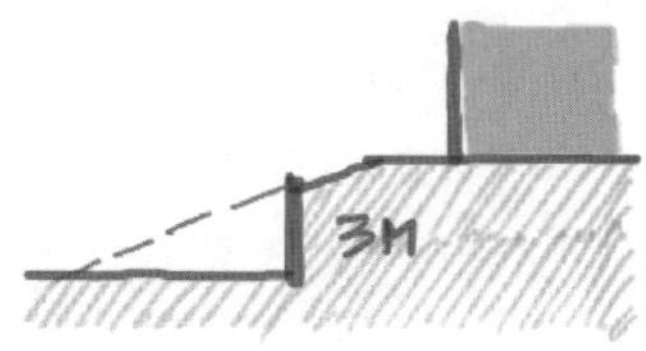

■ 문제풀이 Process

4 토지이용계획

① 내부동선
- 주도로 중앙에서 보행 주출입구 계획
- 영역별 차량진출입구 2개소 계획
- 영역별 주차장 계획 및 의료광장 개념정리

② 시설조닝
- 보건의료연구센터/보건소
- 연구+실험+휴게마당
- 관리+교육+쌈지마당
- 보건소+보건마당 +의료광장+기숙사

③ 시험의 당락을 결정짓는 큰 그림

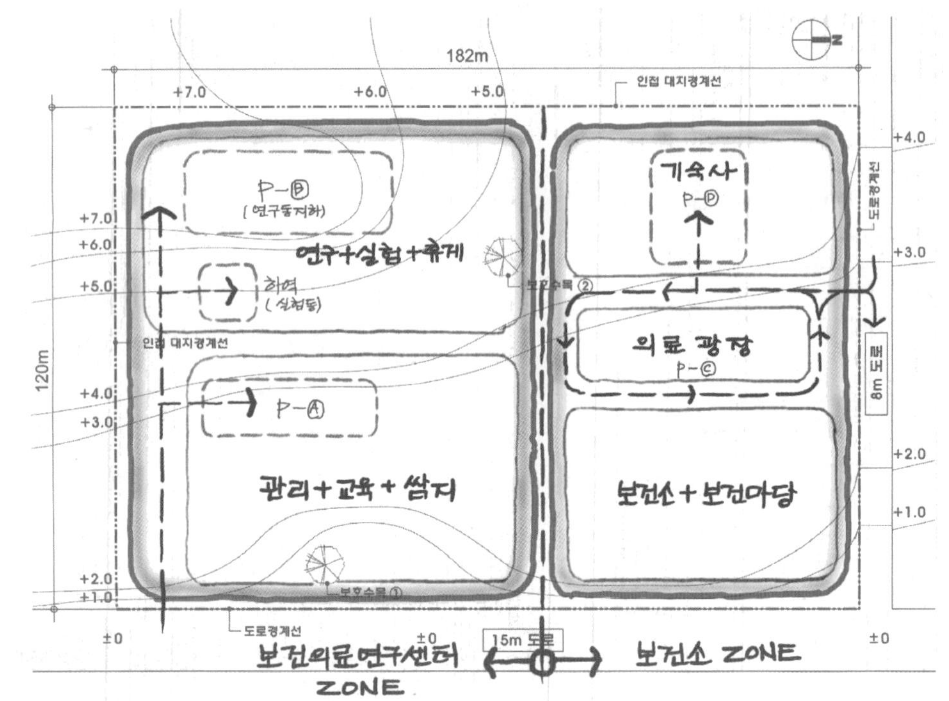

5 배치대안검토

① 토지이용계획을 바탕으로 세부계획 진행

② 조닝된 영역을 기본으로 시설별 연계조건을 고려하여 시설 위치 선정

③ 영역 내부 시설물 배치는 합리적인 수준에서 정리되면 O.K
-정답을 찾으려 하지 말자

④ 단지 내 도로 중 보행로의 경사도(1/20)를 구체적으로 검토

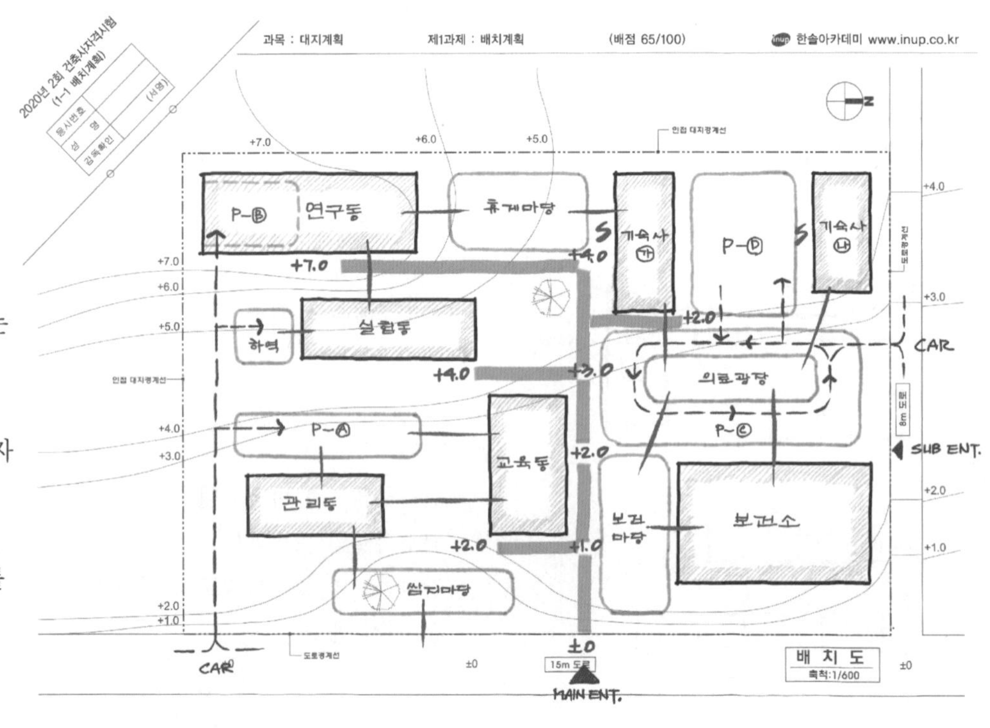

6 모범답안

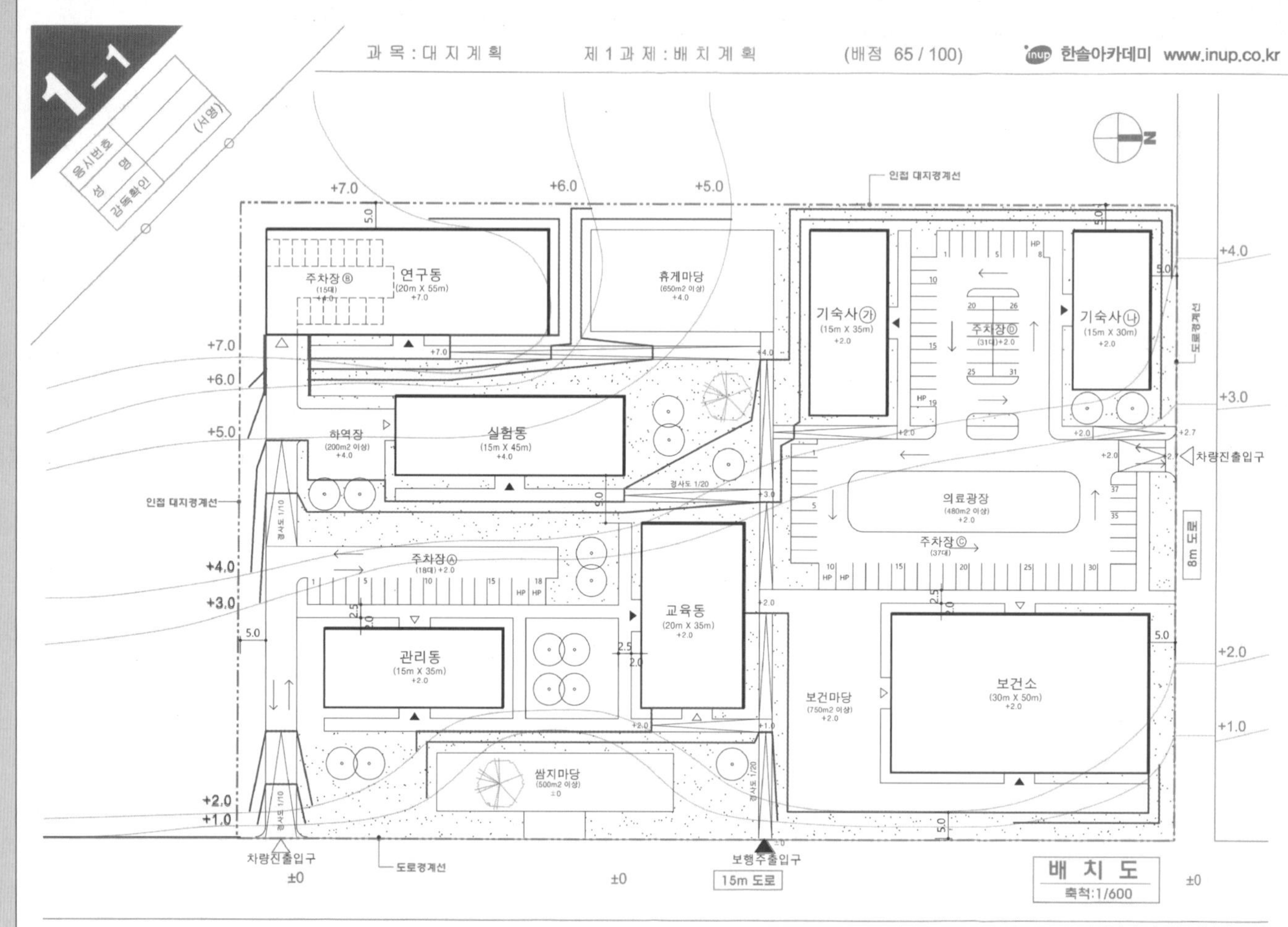

■ 주요 체크포인트

① 지형을 존중하는 레벨 계획

② 영역별 조닝
- 보건의료연구센터영역
- 보건소영역

③ 동선계획
- 각 도로별 차량진출입구 2개소(영역별 출입 분리)
- 의료광장과 주차장Ⓒ의 유기적 계획
- 주차장 형태와 위치선정
- 지형을 이용한 연구동 지하주차장

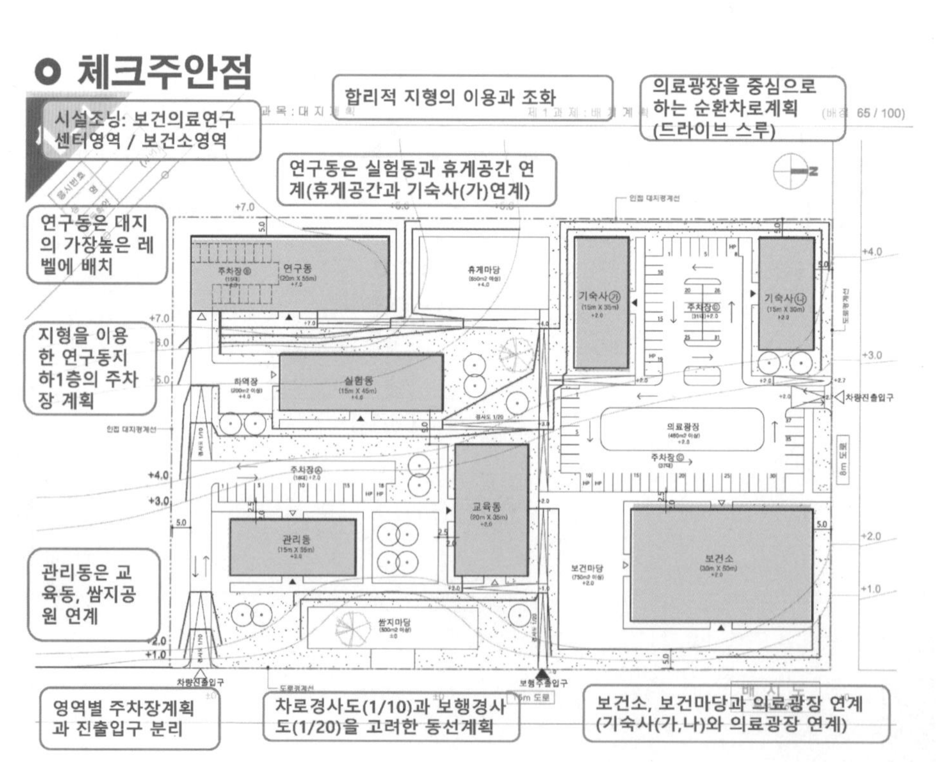

■ 문제풀이 Process

배치계획 문제풀이를 위한 핵심이론 요약

1. 대지로의 접근성

▸ 대지주변 현황을 고려하여 보행자 및 차량 접근성 검토
▸ 외부에서 대지로의 접근성을 고려 → 대지 내 동선의 축 설정 → 내부동선 체계의 시작
▸ 일반적인 보행자 주 접근 동선 – 주도로(넓은 도로)
▸ 일반적인 차량 및 보행자 부 접근 동선 – 부도로(좁은 도로)

가. 대지가 일면도로에 접한 경우

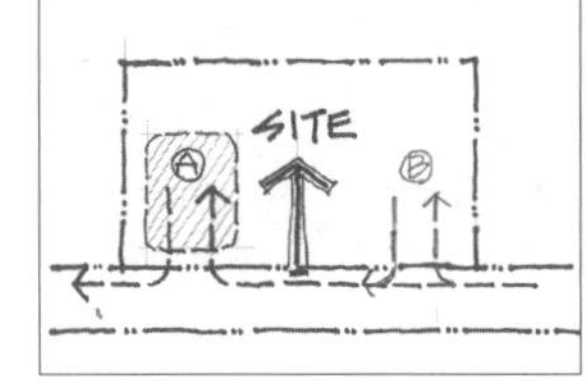

- 대지중앙으로 보행자 주출입 예상
- 대지 좌우측으로 차량 출입 예상
- 주차장 영역 검토 : 초행자를 위해서는 대지를 확인 후 진입 가능한 A 영역이 유리

나. 대지가 이면도로에 접한 경우-1

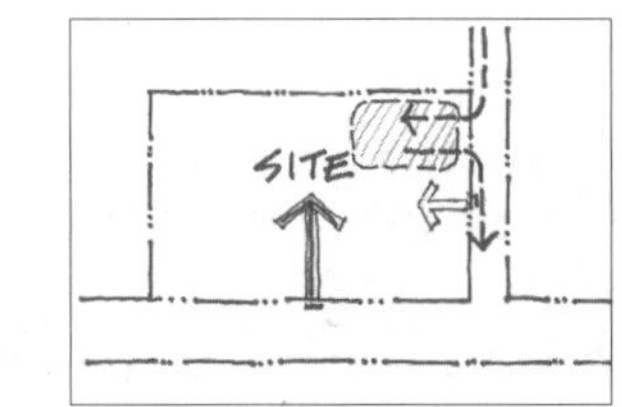

- 주도로에서 보행자 주출입 예상
- 부도로에서 차량 출입 예상 : 주차장 영역 예상
- 요구조건에 따라 부도로에서 보행자 부출입 예상

다. 대지가 이면도로에 접한 경우-2

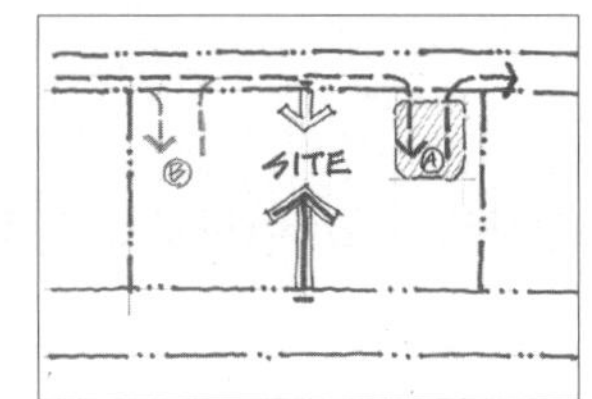

- 주도로에서 보행자 주출입 예상
- 부도로에서 차량 출입 예상 : 주차장 영역 예상 → A 영역 우선 검토
- 부도로에서 보행자 부출입 예상

▸ 지문
① 주도로 : 보행 주출입구 / 부도로 : 보행 부출입구
② 보건의료연구센터영역은 15m 도로, 보건소영역은 8m 도로에서 차량 진출입구 계획
- 영역별 차량 진출입구를 각각의 도로측에 별도 계획

2. 외부공간 성격 파악

▸ 외부공간을 계획할 경우 공간의 쓰임새와 성격을 분명하게 규정해야 한다.
▸ 전용공간
① 전용공간은 특정목적을 지니는 하나의 단일공간
② 타 공간으로부터의 간섭을 최소화해야 함
③ 중앙을 관통하는 통과동선이 형성되는 것을 피해야 한다.
④ 휴게공간, 전시공간, 운동공간
▸ 매개공간
① 매개공간은 완충적인 공간으로서 광장, 건물 전면공간 등 공간과 공간을 연결하는 고리역할을 하며 중간적 성격을 갖는다.
② 공간의 성격상 여러 통과동선이 형성될 수 있다.

▸ 지문
① 쌈지마당 : 보호수목① 포함, 주도로변 공개공지 개념으로 이해 (전용)
② 보건마당 : 보건소 출입공간 (매개)
③ 휴게마당 : 연구동, 기숙사㉮ 휴게공간 (전용)
④ 의료광장 : 평소 매개공간 / 필요시 선별검사소 운영(Drive-through) / 유동적 운영

3. 보차분리

▸ 보행자주출입구 : 대지 전면의 중심 위치에서 한쪽으로 너무 치우치지 않는 곳에 배치
▸ 주보행동선 : 모든 시설에서 접근성이 좋도록 시설의 중심에 계획
▸ 보·차분리를 동선계획의 기본 원칙으로 하되 내부도로가 형성되는 경우 등에는 부분적으로 보·차 교행구간이 발생하며 이 경우 횡단보도 또는 보행자 험프를 설치
▸ 보도 폭을 임의로 계획하는 경우 동선의 빈도와 위계를 고려하여 보도 폭의 위계를 조절

▸ 지문(대지현황)
① 단지 내 도로 : 차로 6m 이상, 보행로 2.5m 이상
② 보건의료관련시설임을 고려하여 건축물의 1층 주출입구 및 외부시설은 1/20 이하 경사의 보행로와 연결한다.
- 용도 특성을 감안하여 원칙적인 보차분리 가능하도록 방향 설정
- 의료광장을 중심으로 차량동선 순환되도록 별도 요구됨

4. Privacy

▸ 공적공간 – 교류영역 / 개방적 / 접근성 / 동적
▸ 사적공간 – 특정이용자 / 폐쇄적 / 은폐 / 정적
▸ 건물의 기능과 용도에 따라 프라이버시를 요하는 시설 – 주거, 숙박, 교육, 연구 등
▸ 사적인 공간은 외부인의 시선으로부터 보호되어야 하며, 내부의 소리가 외부로 새나가지 않도록 하여야 한다. 즉 시선과 소리를 동시에 고려하여 건물을 배치하여야 한다.
▸ 프라이버시 대책
① 건물을 이격배치 하거나 배치 향을 조절 : 적극적인 해결방안, 우선검토 되는 것이 바람직
② 다른 건물을 이용하여 차폐
③ 차폐 식재하여 시선과 소리 차단 (상엽수를 밀실하게 열식)
④ FENCE, 담장 등 구조물을 이용

▸ 지문
① 기숙사㉮, ㉯ : 15m x 35m, 15m x 30m 2개동 / 정남향 배치
- 프라이버시를 확보해야 하는 기숙사시설
- 도로(소음원)에서 가급적 떨어진 대지 모서리 영역 배치가 우선 검토되어야 하나, 보건소 영역이 대지 우측에 조닝됨
- 가급적 주도로에서 이격된 위치에 향을 고려하여 배치

■ 문제풀이 Process

배치계획 문제풀이를 위한 핵심이론 요약

5. 성격이 다른 주차장

▸ 영역별 조닝계획
 – 건물의 기능에 맞는 성격별 주차장의 합리적인 연계

▸ 성격이 다른 주차장의 일반적인 구분
 ① 일반 주차장
 ② 직원 주차장
 ③ 서비스 주차장 (하역공간 포함)

▸ 성격이 다른 주차장의 특성
 ① 일반주차장 : 건물의 주출입구 근처에 위치
  주보행로 및 보도 연계가 용이한 곳
  승하차장, 장애인 주차구획 배치
  주차장 진입구와 가까운 곳
  일방통행 + 순환동선 체계
 ② 직원주차장 : 건물의 부출입구 근처에 위치
  제시되는 평면에 기능별 출입구 언급되는 경우가 대부분
 ③ 서비스주차 : 일반이용자의 영역에서 가급적 이격
  주출입구 및 건물의 전면공지에서 시각 차폐 고려
  토지이용효율을 고려하여 주로 양방향 순환체계 적용

▸ 지문
 ① 주차장Ⓐ : 18대 이상 / 관리동, 교육동 주차 / 양방향 동선
 ② 주차장Ⓑ : 15대 이상 / 연구동, 실험동 주차 / 연구동 지하주차장(실험동과 동선 연계)
 ③ 주차장Ⓒ : 35대 이상 / 보건소 주차 / 의료광장과 유기적 결합 / 일방향 순환
 ④ 주차장Ⓓ : 30대 이상 / 기숙사㉮, 기숙사㉯ 주차 / 일방향 순환
 – 각 주차장마다 장애인전용 주차구획 2대 이상

7. 경사도

▸ 대지의 경사기울기를 의미 – 비율, 퍼센트, 각도로 제시
▸ 제시된 등고선 간격(수평투영거리)과 높이차의 관계
▸ G = H : V 또는 G = V/H
▸ G = V/H × 100
▸ 경사도에 따른 효율성 비교

비율 경사도	% 경사도	시각적 느낌	용도	공사의 난이도
1/25 이하	4% 이하	평탄함	활발한 활동	별도의 성토, 절토 작업 없이 건물과 도로 배치 가능
1/25 ~1/10	4~10%	완만함	일상적인 행위와 활동	
1/10 ~1/5	10~20%	가파름	언덕을 이용한 운동과 놀이에 적극이용	약간의 절토작업으로 건물과 도로를 전통적인 방법으로 배치가능, 편익시설의 배치 곤란
1/5 ~1/2	20%~50%	매우 가파름	테라스 하우스	새로운 형태의 건물과 도로의 배치 기법이 요구됨

▸ 지문
 ① 단지 내 도로 경사도 : 차로 1/10 이하 / 보행로 1/20 이하
 ② 건축물, 외부시설 및 단지 내 도로의 배치를 위해 등고선의 경사도를 1/2이하로 조정하거나 3m 이하의 옹벽을 사용한다.

6. 각종 제한요소

▸ 장애물 : 자연적요소, 인위적요소
▸ 건축선, 이격거리
▸ 경사도(급경사지)
▸ 일반적으로 제시되는 장애물의 형태
 ① 수목(보호수)
 ② 수림대(휴양림)
 ③ 연못, 호수, 실개천
 ④ 암반
 ⑤ 공동구 등 지하매설물
 ⑥ 기존건물
 ⑦ 기타

▸ 지문
 ① 건축물과 외부시설은 보호수목을 훼손하지 않도록 배치한다.
 ② 쌈지마당은 보호수목①을 포함하여 계획

8. 성토와 절토

▸ 지형계획의 가장 기본 : 성토와 절토의 균형, 자연훼손의 최소화
▸ 절토 : 높은 고도방향으로 이동된 등고선으로 표현
▸ 성토 : 낮은 고도방향으로 이동된 등고선으로 표현
▸ 성토와 절토의 균형을 맞추는 일반적인 방법
 ① 등고선 간격이 일정한 경우
  : 지반의 중심을 해당 레벨에 위치
 ② 등고선 간격이 불규칙한 경우
  : 지반의 중심을 완만한쪽으로 이동

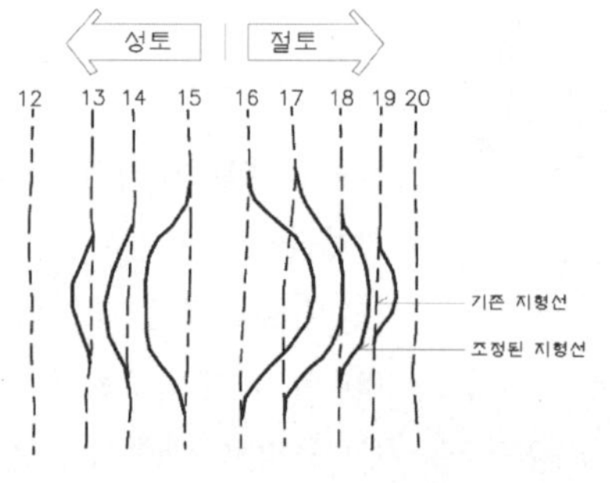

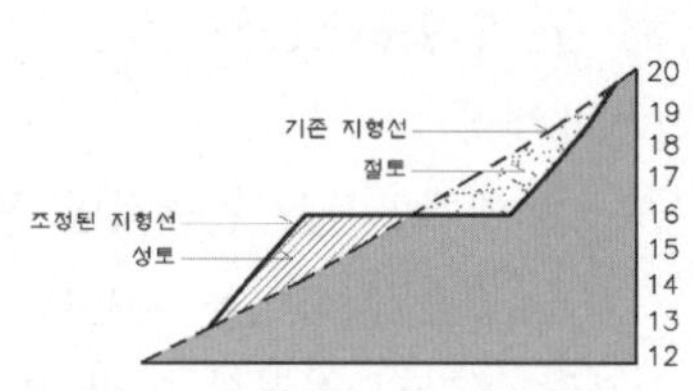

■ 문제풀이 Process

배치계획 주요 체크포인트

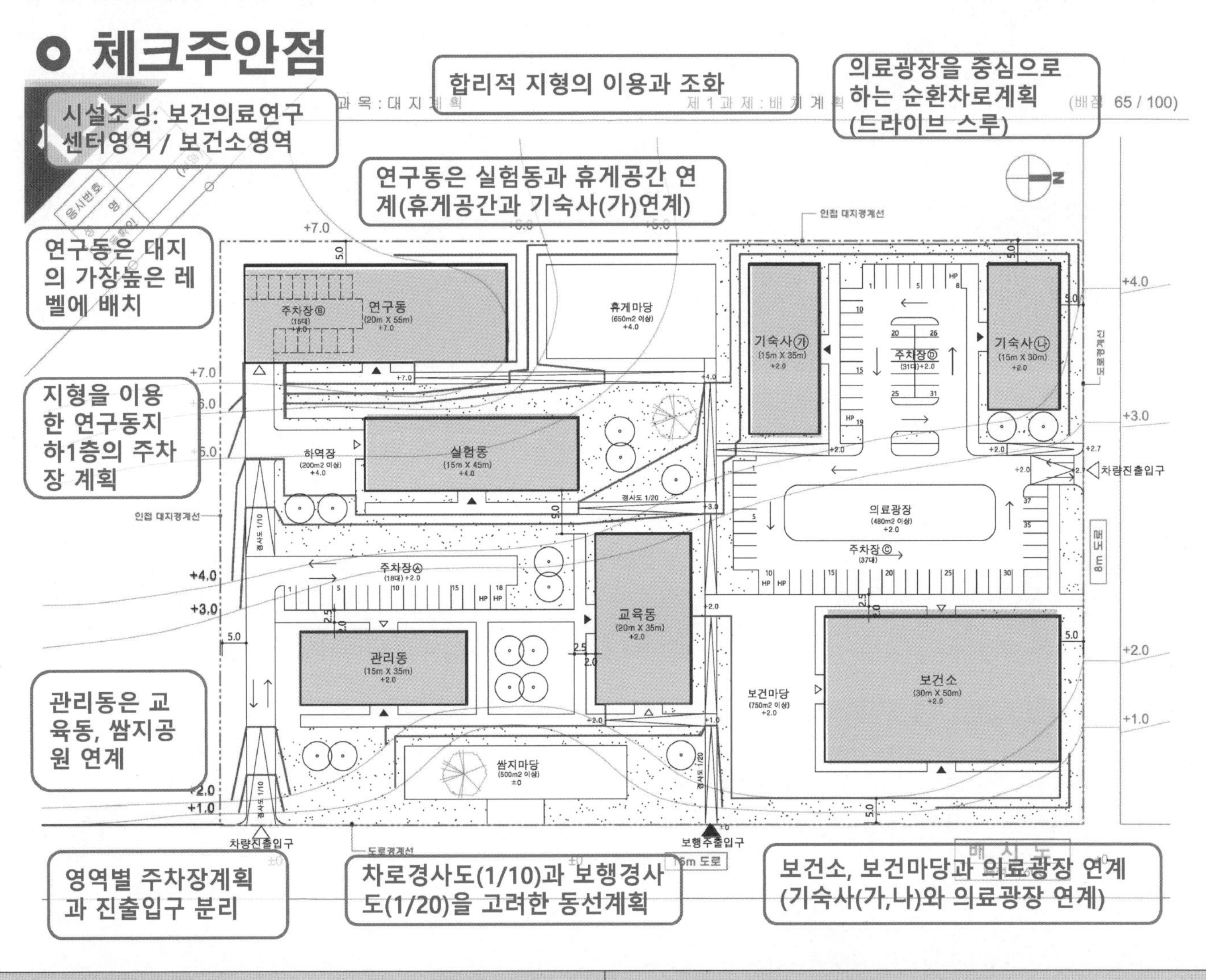

▸ 시설조닝 : 보건의료연구센터영역 / 보건소영역

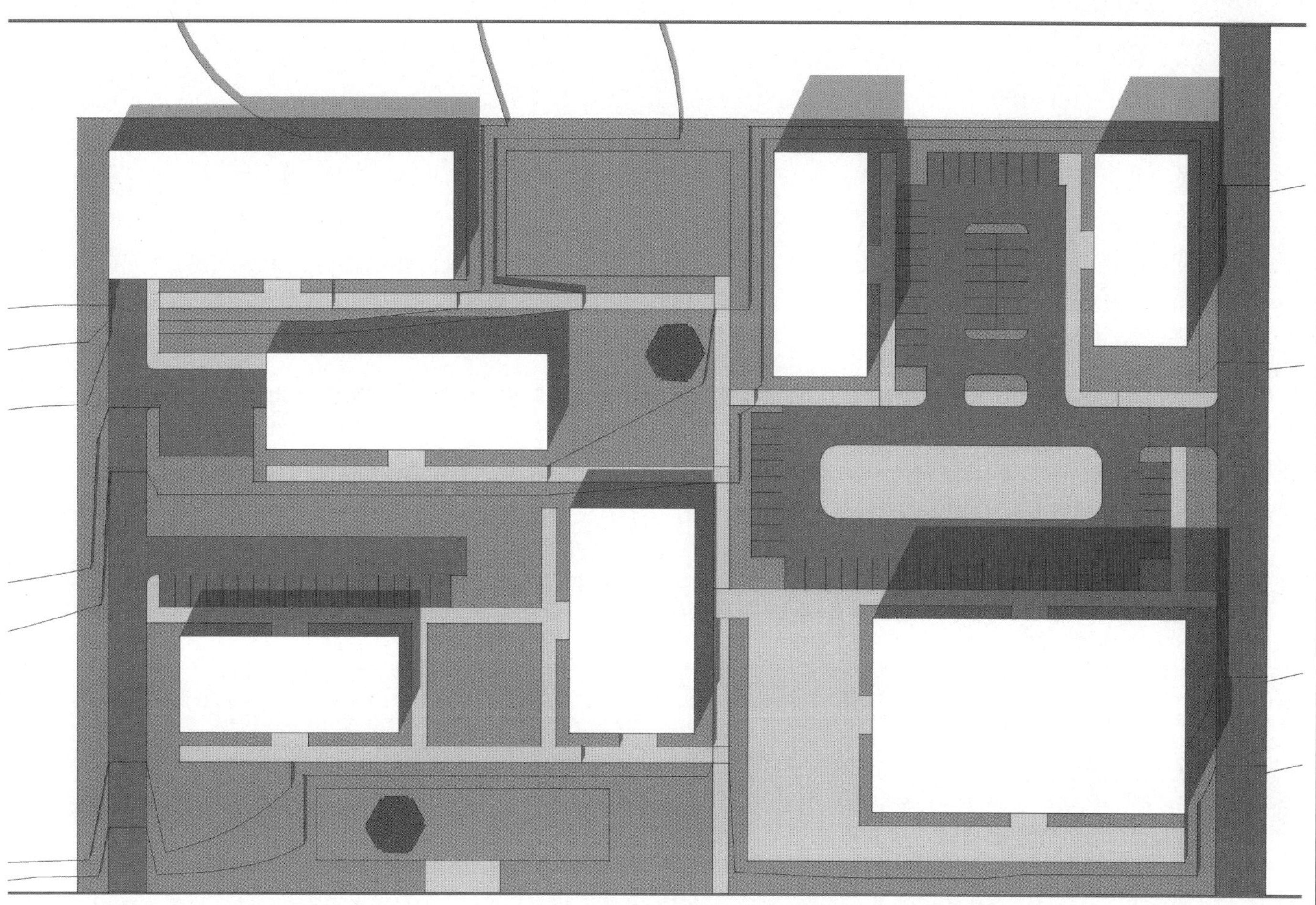

▸ 자연지형의 활용과 조화

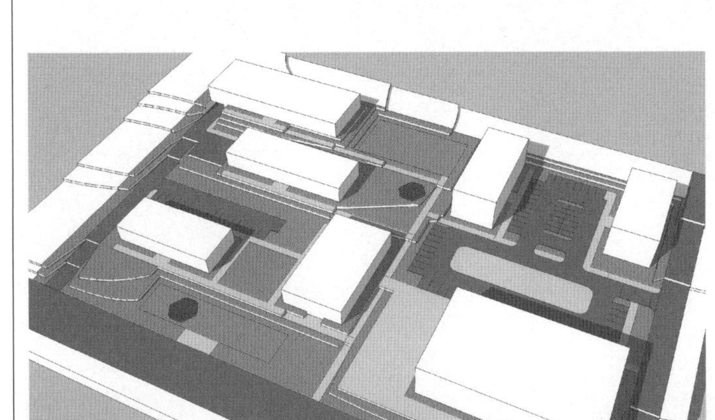

▸ 보건의료연구센터영역의 합리적 배치

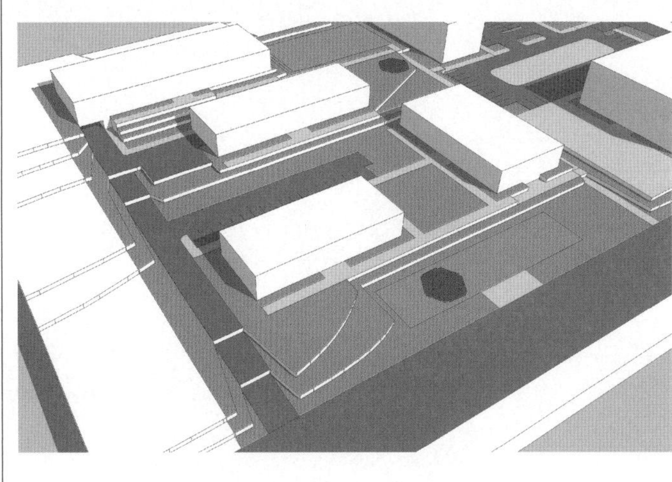

▸ 보건소영역의 합리적 배치

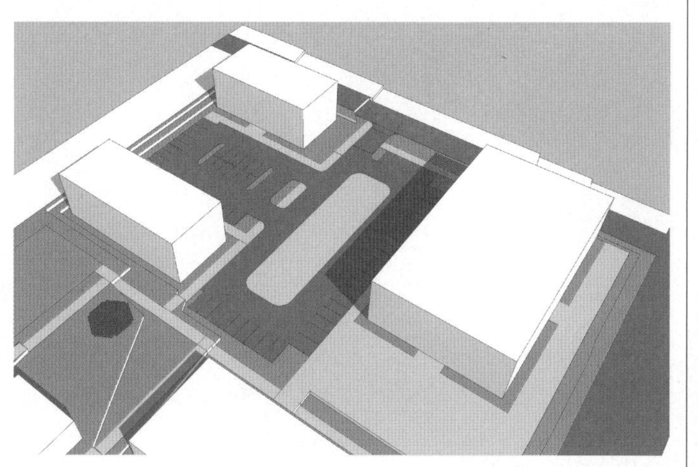

▸ 경사도를 고려한 동선계획

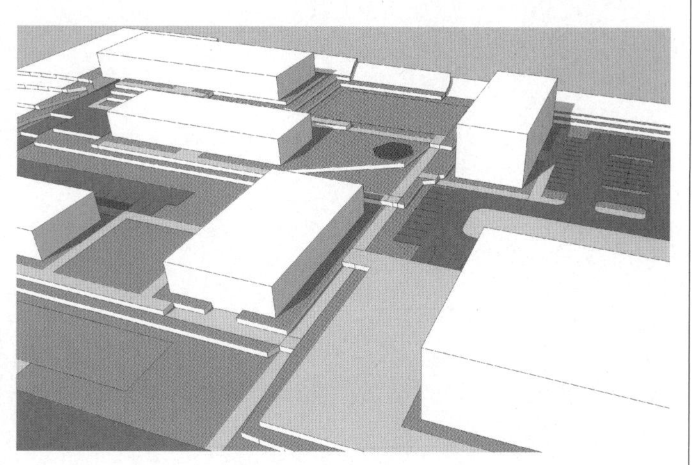

1 2020-2

응시번호
성 명
감독확인 (서명)

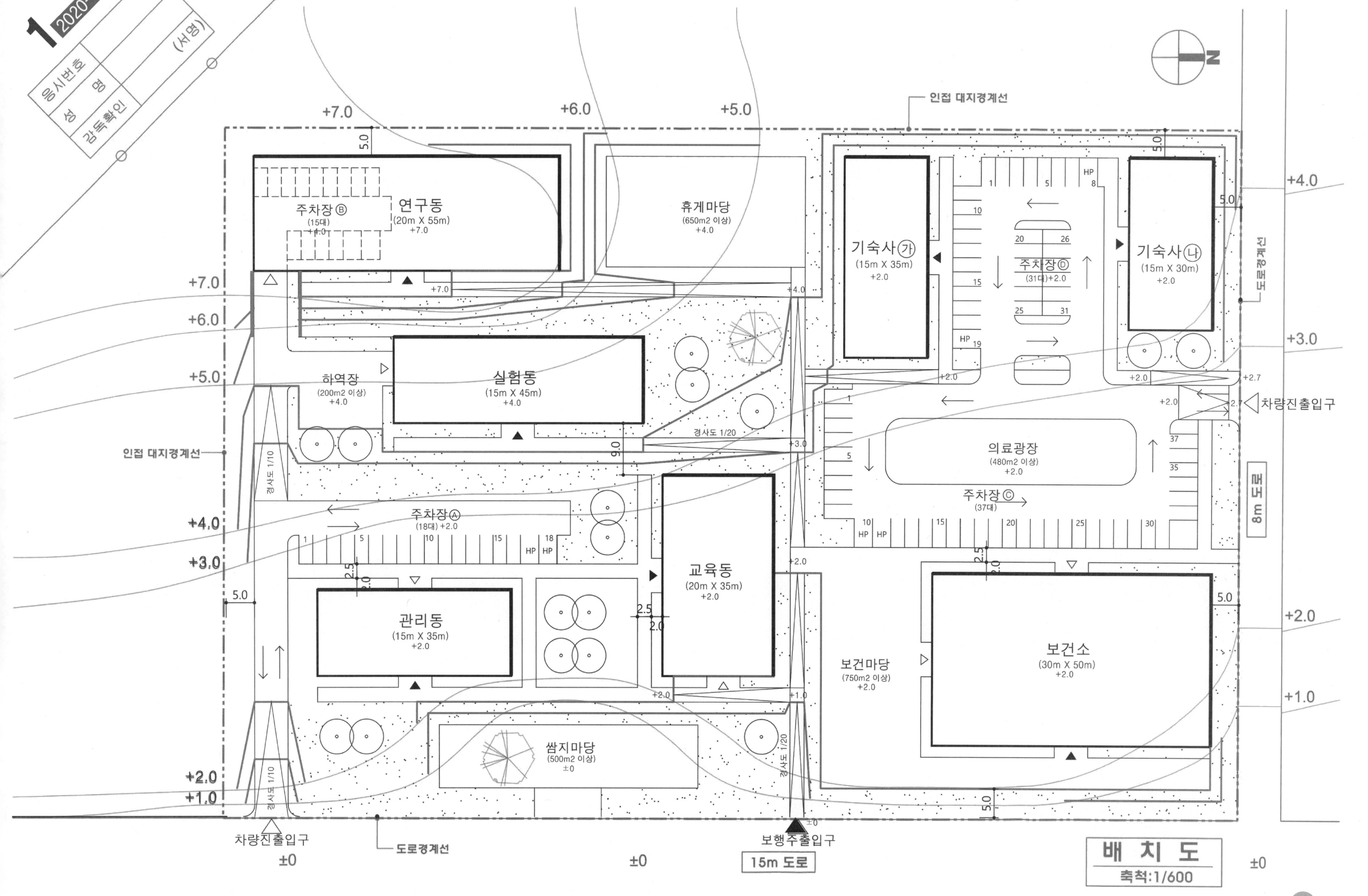

구 성	FACTOR	지 문 본 문	FACTOR	구 성

구 성

1. 제목
- 건축물의 용도 제시 (공동주택과 일반건축물 2가지로 구분)
- 최대건축가능영역의 산정이 대전제

2. 과제개요
- 과제의 목적 및 취지를 언급합니다.
- 전체사항에 대한 개괄적인 설명이 추가되는 경우도 있습니다.

3. 설계(대지)개요
- 대지에 관한 개괄적인 사항
- 용도지역지구
- 대지규모
- 건폐율, 용적률
- 대지내부 및 주변현황 (현황도 제시)

4. 계획조건
- 접도현황
- 대지안의 공지
- 각종 이격거리
- 각종 법규 제한조건 (정북일조, 채광일조, 가로구역별최고높이, 문화재보호앙각, 고도제한 등)
- 각종 법규 완화규정

FACTOR

① 배점을 확인합니다.
- 35점 (과제별 시간 배분 기준)

② 용도 체크
- 지체장애인협회 지역본부
- 최대건축가능영역+주차장+계획개요(면적표) 작성

③ 제2종 일반주거지역, 경관지구
- 정북일조권 적용

④ 가로구역별 최고높이 제한지역

⑤ 건폐율 60% 이하

⑥ 용적률 250% 이하

⑦ 규모 및 용도
- 1층 근린생활시설
- 2층 이상 업무시설
- 지하층 요구 없음

⑧ 인접대지
- 계획대지와 용도지역 동일

⑨ 차량진출입 불허구간
- 주도로 측, 현황도 체크

⑩ 층고 및 바닥레벨
- 각 층 층고 4m
- 1층 바닥레벨 = 대지레벨

⑪ 주차계획
- 총 7대(장애인 2대 포함)
- 주차단위구획 제시
- 장애인 vs 일반 주차구역 간 2.5m 이상 이격
- 장애인 주차구역은 필로티 내부
- 일반 주차구역은 필로티 외부
- 장애인 주차구역 전면과 건물 사이 1.5m 보행안전통로 설치

2020년도 제2회 건축사자격시험 문제

과목: 대지계획 제2과제 (대지분석 및 주차계획) ① 배점: 35/100점

제 목 : 지체장애인협회 지역본부의 최대 건축가능영역 ②

1. 과제개요

근린생활시설을 포함한 지체장애인협회 지역본부를 계획하고자 한다. 다음 사항을 고려하여 최대 건축가능 영역을 구하고 배치도, 1층 평면 및 주차계획도, 단면도 및 계획개요를 작성하시오.

2. 대지개요

(1) 용도지역 : 제2종 일반주거지역, 경관지구, ③
　　　　　　가로구역별 최고높이 제한지역 ④

(2) 건 폐 율 : 60% 이하 ⑤

(3) 용 적 률 : 250% 이하 ⑥

(4) 건축물의 규모 및 용도 ⑦
　① 지상 1층 : 근린생활시설(휴게음식점)
　② 지상 2층～최상층 : 업무시설(사무소)

(5) 주변현황 : <대지 현황도> 참조

3. 계획조건 및 고려사항

(1) <대지 현황도>에 표기된 모든 인접대지들의 용도지역은 본 계획대지와 동일하다. ⑧

(2) <대지 현황도>에 표기된 모든 레벨(Level)은 조정 불가하다.

(3) 도시계획 예정도로의 레벨과 차량 진출입불허구간은 ⑨ <대지 현황도>상에 표기된 12m 도로와 동일하다.

(4) 각 층의 층고는 4m로 하며, 지상 1층 바닥레벨은 대지레벨과 동일한 ⑩ 것으로 한다.

(5) 벽체두께 및 기둥은 고려하지 않는다.

(6) 모든 바닥과 벽체는 수평과 수직으로 계획한다.

(7) 조경면적은 고려하지 않는다.

(8) 주차계획 ⑪
　① 주차대수는 총 7대(장애인전용 2대 포함)로 한다.
　② 주차단위구획
　　- 일반 주차 : 2.5m x 5.0m
　　- 장애인전용 주차 : 3.5m x 5.0m
　③ 장애인전용 주차구역과 일반 주차구역은 2.5m 이상 이격한다.
　④ 장애인전용 주차구역은 필로티(상부가 건축물로 덮여있는 외부공간) 내부에, 일반 주차구역은 외부에 계획한다.
　⑤ 장애인전용 주차구역 전면과 건축물사이에 너비 1.5m의 보행안전통로를 설치한다.

(9) 높이제한
　① 전용주거지역이나 일반주거지역에서 건축물을 건축하는 경우, 일조 등의 확보를 위한 건축물의 높이제한을 ⑫ 위하여 정북방향으로의 인접 대지경계선으로부터 띄어야 할 거리는 아래와 같다.
　　- 높이 9m 이하인 부분 : 1.5m 이상
　　- 높이 9m 초과하는 부분 : 해당 건축물 각 부분 높이의 1/2 이상
　　다만, 지구단위계획구역 또는 경관지구 안의 대지 상호간에 건축하는 건축물로서 해당대지가 너비 20m 이상의 도로에 접한 경우 건축물의 높이제한을 적용하지 아니한다.
　② 가로구역별 최고높이는 21m로 ⑬ 하고 옥탑 및 파라펫 높이는 고려하지 않는다.

(10) 이격거리
　① 건축물과의 이격거리 ⑭
　　- 도로 경계선 : 1m 이상
　　- 인접대지 경계선 : 1.5m 이상
　② 주차구획과의 이격거리 ⑮
　　- 도로 경계선 : 1m 이상
　　- 인접대지 경계선 : 0.5m 이상

4. 도면작성요령 ⑯

(1) 배치도에는 ⑰ 1층～최상층 건축영역을 <보기>와 같이 표기하고, 중복된 층은 그 최상층만 표기한다.

(2) 1층 평면 및 주차계획도에는 1층 건축영역과 주차계획을 표기한다.

(3) 단면도에는 배치도에 표시된 <A-A'> 단면의 건축 영역을 <보기>와 같이 표기한다.

(4) 가로구역별 최고높이와 그 기준레벨을 단면도에 표기한다. ⑱

(5) 모든 기준선, 제한선, 이격거리, 층수 및 치수를 다음 도면에 표기한다.
　① 배치도
　② 1층 평면 및 주차계획도
　③ A-A' 단면도

(6) 계획개요의 수치는 ⑲ 소수점 이하 셋째 자리에서 반올림하여 둘째 자리까지 표기한다.

(7) 단위 : m ⑳

(8) 축척 : 1/200

FACTOR

⑫ 정북일조
- 현행법과 동일 기준
- 20m 이상 도로에 접한 대지 상호간 완화 조건 제시
- 도시계획 예정도로 폭 20m / 경관지구이므로 정북일조 배제

⑬ 가로구역별 최고높이
- 21m
- 계획대지레벨 +3.0 vs 주도로레벨 +2.0 = 적용레벨+2.5
- +2.5+21 = EL+23.5

⑭ 건축물 이격거리
- 도로경계선 : 1.0m 이상
- 인접대지경계선 : 1.5m 이상

⑮ 주차구획 이격거리
- 도로경계선 : 0.5m 이상
- 인접대지경계선 : 0.5m 이상

⑯ 도면작성요령 항상 확인

⑰ 배치도 표현
- 1층~최상층 영역 표기
- <보기>와 같이 표기

⑱ 가로구역별 최고높이 표기

⑲ 계획개요
- 소수점 이하 셋째자리에서 반올림하여 둘째자리까지 표기

⑳ 단위 및 축척
- m, 1/200

구 성

- 대지 내외부 각종 장애물에 관한 사항
- 1층 바닥레벨
- 각종 층고
- 외벽계획 지침
- 대지의 고저차와 지표면 산정기준
- 기타사항 (요구조건의 기준은 대부분 주어지지만 실무에서 보편적으로 다루어지는 제한요소의 적용에 대해서는 간략하게 제시되거나 현행법령을 기준으로 적용토록 요구할 수 있으므로 그 적용방법에 대해서는 충분한 학습을 통한 훈련이 필요합니다)

5. 도면작성요령
- 건축가능영역 표현방법(실선, 빗금)
- 층별 영역 표현법
- 각종 제한선 표기
- 치수 표현방법
- 반올림 처리기준
- 단위 및 축척

구 성	FACTOR
7. 대지현황도 - 대지현황 - 대지주변현황 및 접도조건 - 기존시설현황 - 대지, 도로, 인접대지의 레벨 또는 등고선 - 각종 장애물 현황 - 계획가능영역 - 방위 - 축척 (답안작성지는 현황도와 대부분 중복되는 내용이지만 현황도에 있는 정보가 답안작성지에서는 생략되기도 하므로 문제 접근시 현황도를 꼼꼼히 체크하는 습관이 필요합니다.)	㉑ <보기> 확인 ㉒ 흑색 연필로 작성 ㉓ 명시되지 않은 사항 - 기타 법규를 검토할 경우 항상 문제해결의 연장선에서 합리적이고 복합적으로 고려 ㉔ 현황도 파악 - 대지경계선 확인 - 도시계획 예정도로 (확폭 영역 면적 제척) - 대지현황(평지) - 접도현황(개소, 너비, 레벨 등) - 현황 파악 (주도로 중앙선, 북측대지 레벨조건, 차량진입불허구간 등) - 방위 - 축척 없음 - 기타사항 - 제시되는 현황도를 이용하여 1차적인 현황분석을 합니다. (대지경계선이 변경되는 부분이 있는지 가장 먼저 확인)

지 문 본 문

과목: 대지계획 제2과제 (대지분석 및 주차계획) 배점: 35/100점

<보기> ㉑

홀수층	(빗금)
짝수층	(빈칸)

6. 유의사항

(1) 답안작성은 반드시 흑색 연필로 한다. ㉒
(2) 명시되지 않은 사항은 현행 관계법령의 범위 안에서 임의로 한다. ㉓
(3) 치수 표기 시 답안지의 여백이 없을 때에는 융통성 있게 표기한다.

<대지현황도> 축척 없음 ㉔

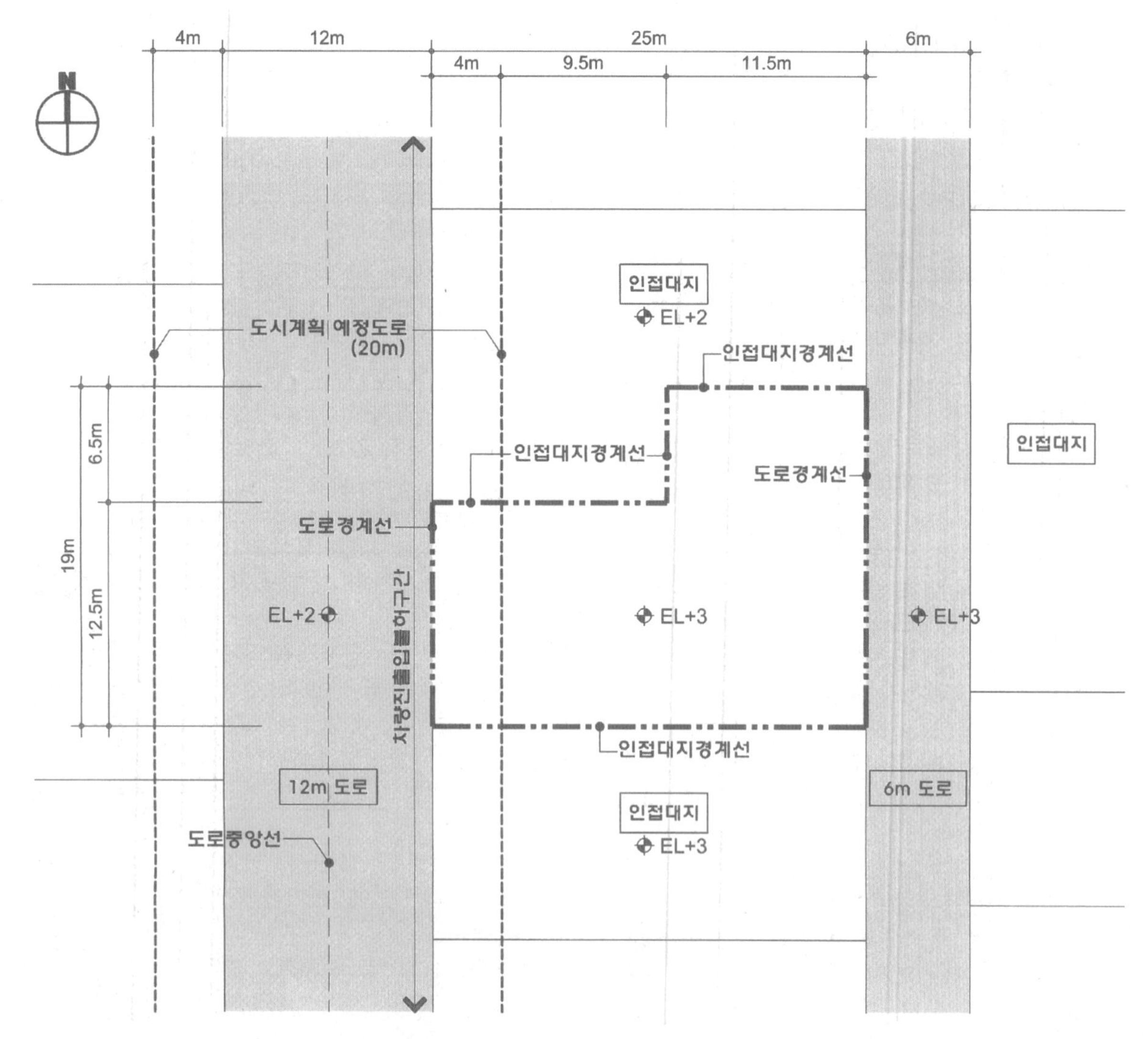

FACTOR	구 성
	6. 유의사항 - 제도용구 (흑색연필 요구) - 명시되지 않은 현행법령의 적용방침 (적용 or 배제)

■ 문제풀이 Process

1 제목, 과제 및 대지개요 확인

① 배점 확인 : 35점
- 문제 난이도 예상
- 제1과제(배치계획)와 시간배분의 기준으로 유연하게 대처

② 제목 : 지체장애인협회 지역본부의 최대 건축가능영역
- 용도 : 근린생활시설+업무시설 (일반건축물)
- 주차계획을 포함한 규모계획을 하고 계획개요를 작성하도록 요구

③ 제2종 일반주거지역, 경관지구
- 정북일조 고려

④ 건폐율 60% 이하 : 현황분석 시 check

⑤ 용적률 250% 이하 : 현황분석 시 check

⑥ 건축물의 규모 및 용도(지하층 없음)
- 지상 1층 : 근린생활시설(휴게음식점)
- 지상2층~최상층 : 업무시설(사무소)

⑦ 구체적인 지문조건 분석 전 현황도를 이용하여 1차적인 현황분석을 우선 하도록 함
- 가장 먼저 확인해야 하는 사항은 건축선 변경 여부임을 항상 명심

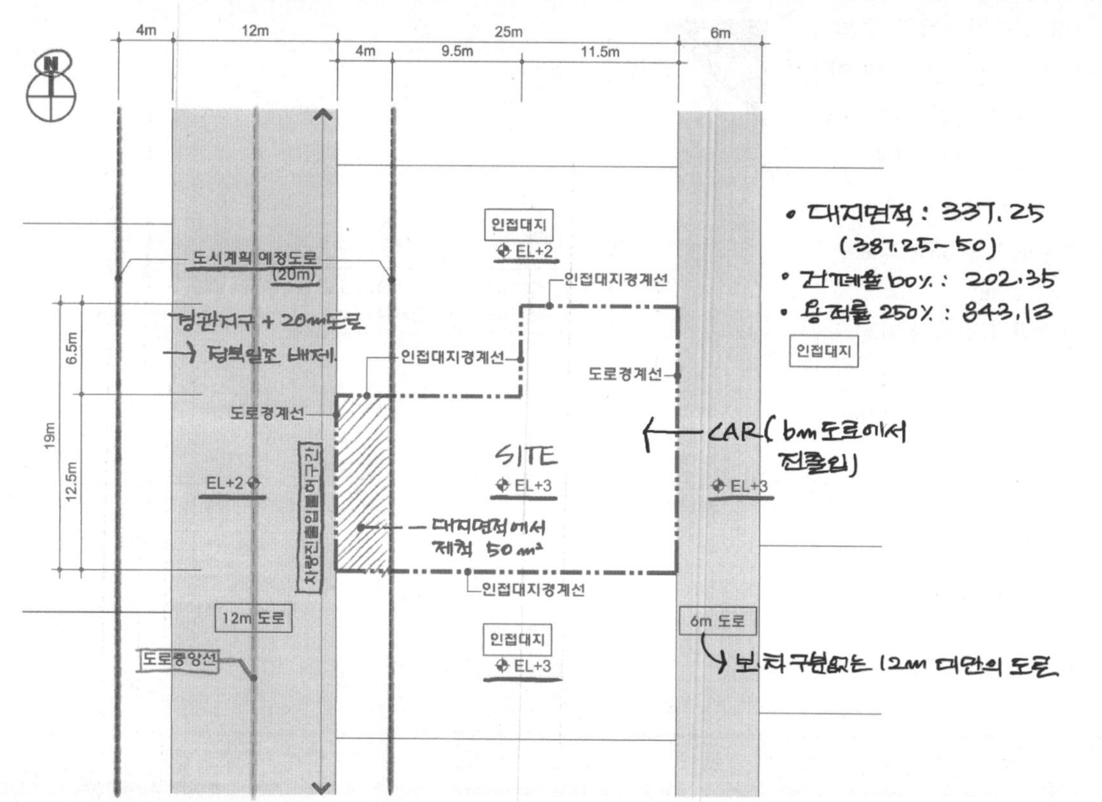

2 현황분석

① 대지조건
- E.L+3.0 평탄지
- 대지면적 : 387.25 − 50 = 337.25㎡ (도로 확폭에 따른 대지면적 변경)
  건폐율, 용적률에 따른 최대 건축가능영역의 범위 check
- 건축면적 max = 202.35㎡ (건폐율 60%)
- 지상층연면적 max = 843.13㎡ (용적률 250%)

② 주변현황
- 인접대지 모두 제2종 일반주거지역으로 파악

③ 접도조건 확인
- 서측 20m 도로(12m 도로 확폭 / 평탄한 도로 +2.0 / 차량진출입 불허구간 / 중앙선 / 보도 없음)
- 동측 6m 도로(중앙선 없음 / +3.0 / 차량진출입 가능)

④ 대지 및 인접대지, 도로 레벨 check
- 북측 인접대지와 계획대지가 접한 영역 지점 레벨 제시

⑤ 방위 확인
- 일조 등의 확보를 위한 높이제한 적용 기준 확인(정북일조)

⑥ 단면지시선 위치 확인
- 현황도가 아닌 답안작성지에 제시됨

3 요구조건분석

① 도시계획 예정도로 레벨과 차량 진출입불허구간 = +2.0

② 각 층 층고는 4m, 지상 1층 바닥레벨은 대지레벨과 동일

③ 벽체두께 및 기둥은 고려하지 않음

④ 모든 바닥과 벽체는 수평과 수직으로 계획

⑤ 조경면적 충족한 것으로 함

⑥ 주차계획
- 주차대수 7대(장애인전용주차 2대 포함) : 보·차 구분 없는 6m 도로이므로 소규모주차장 기준 적용 가능
- 일반형 : 2.5m x 5.0m, 장애인전용 : 3.3m x 5.0m
- 장애인전용 주차구역과 일반 주차구역은 2.5m 이상 이격
- 장애인전용 주차구역은 필로티 내부 / 일반 주차구역은 필로티 외부
- 장애인전용 주차구역 전면과 건축물 사이에 너비 1.5m의 보행안전통로 설치

⑧ 정북일조 적용 : 경관지구 / 20m 이상 도로에 접한 대지 상호간이므로 적용 배제

⑨ 가로구역별 최고높이 21m : 주도로 +2.0 vs 계획대지 +3.0 = 적용레벨 +2.5

⑩ 건축물은 도로 경계선에서 1m 이상, 인접대지 경계선에서 1.5m 이상 이격

⑪ 주차구획은 도로 경계선에서 1m 이상, 인접대지 경계선에서 0.5m 이상 이격

⑫ 옥탑 및 파라펫 높이는 고려하지 않음

■ 문제풀이 Process

4 수평영역 및 수직영역 검토

① 최대 건축가능영역 검토
(건폐율, 용적률 적용 이전)
- 각종 이격거리 조건 정리
- 정북일조 적용 배제

② 건축면적 검토
- 대지면적 : 337.25㎡
(387.25㎡ - 50㎡)
- 건축면적(건폐율60%) :
max 202.35㎡
- 1차 검토면적 : 239㎡

③ 건폐율, 용적률에 따른
mass 조절이 필요

④ 6m 도로를 차로로 이용한
주차장 대안 검토

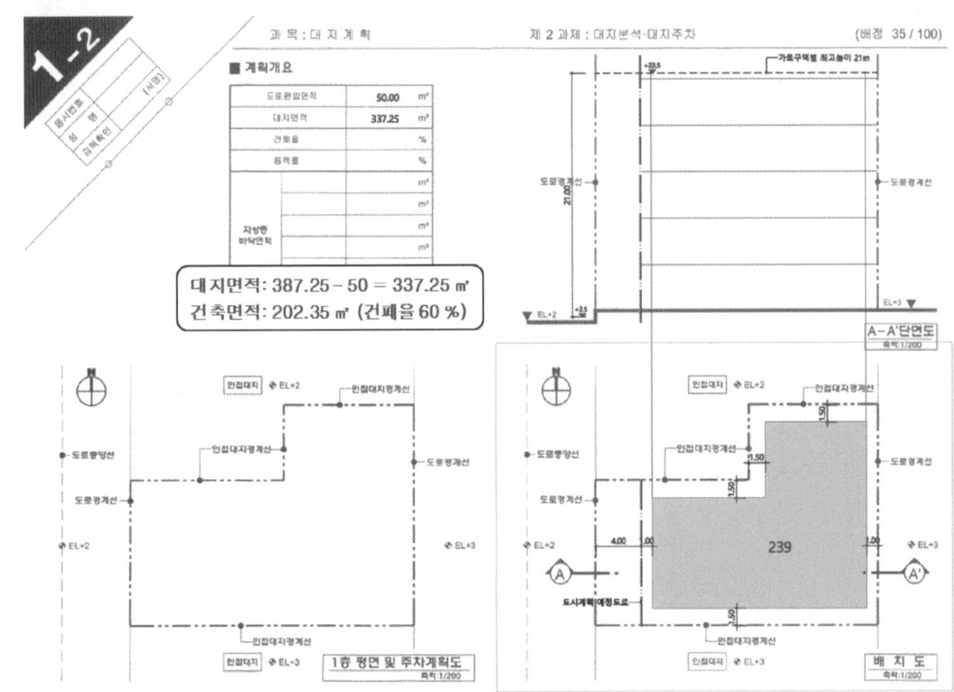

5 1층 바닥면적 및 주차장 검토

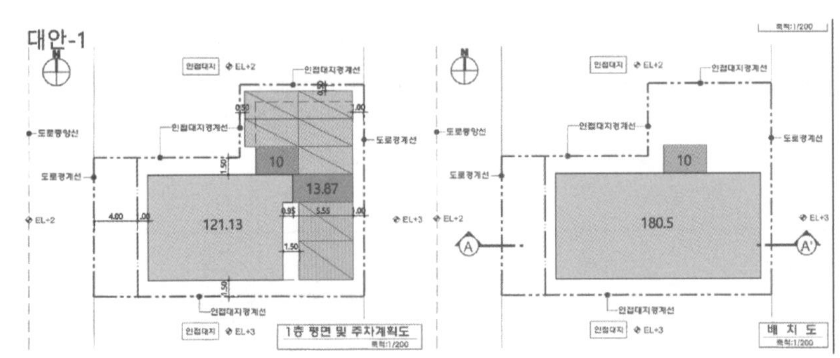

① 대안-1
- 소규모주차장 기준 적용
- 주차구역 간 2.5m 이격
- 용적률: 돌출 mass 잘라내고 1층에서 추가로 면적 제척하여 형태 정리
- 수많은 대안 중 하나
(경관지구 고려 한 mass 형태 정리)

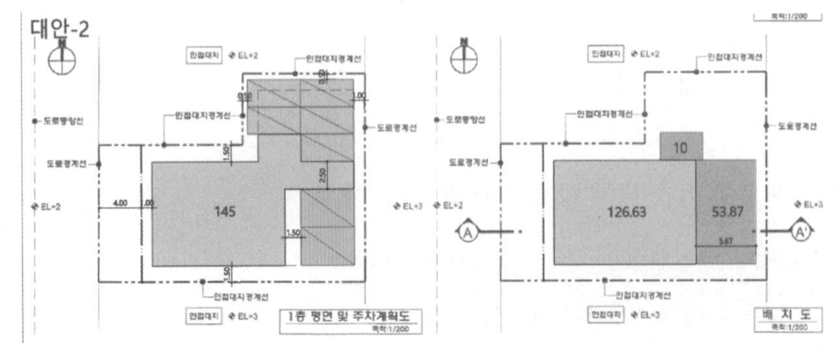

② 대안-2
- 소규모주차장 기준 적용
- 주차구역 간 2.5m 이격
- 용적률: 초과 면적을 최상층에서 잘라내 단순하게 형태 정리
- 수많은 대안 중 하나
(일반 프로세스로 접근 가능한 범위의 대안)

6 모범답안

○ 모범답안 1안

용적률에 맞추어 연면적을 조절하는 여러 방법중 형태를 단순화하는 방향으로 정리한 답안 (기준층 형태를 단순화한 후 나머지 면적을 1층에서 조절)

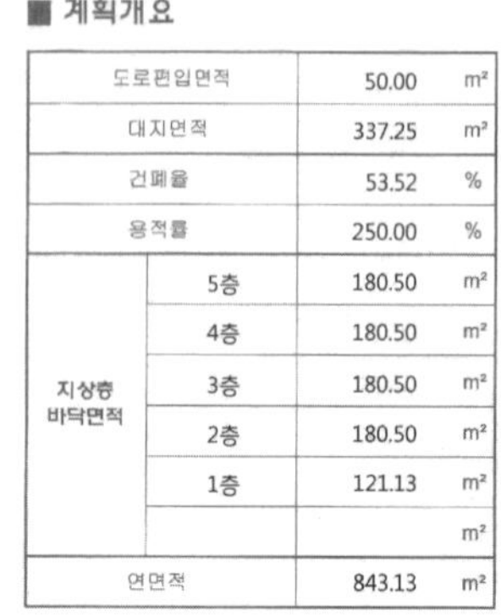

■ 계획개요

도로편입면적		50.00	㎡
대지면적		337.25	㎡
건폐율		53.52	%
용적률		250.00	%
지상층 바닥면적	5층	180.50	㎡
	4층	180.50	㎡
	3층	180.50	㎡
	2층	180.50	㎡
	1층	121.13	㎡
			㎡
연면적		843.13	㎡

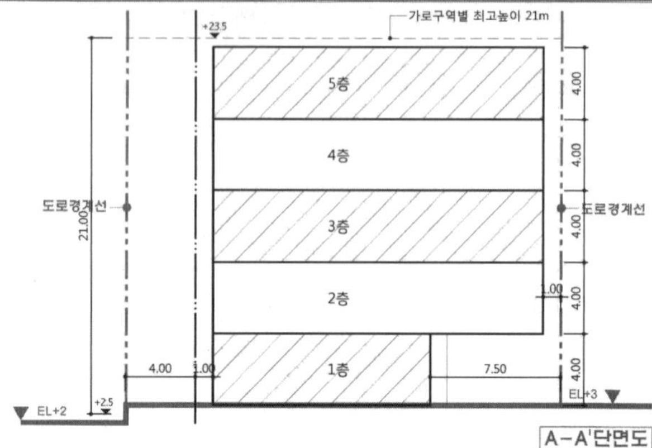

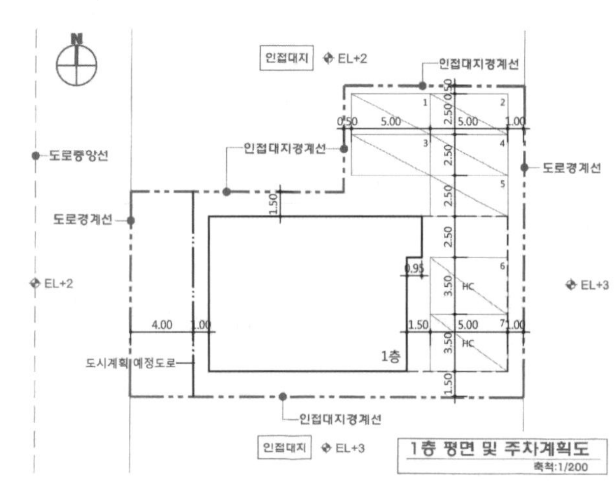

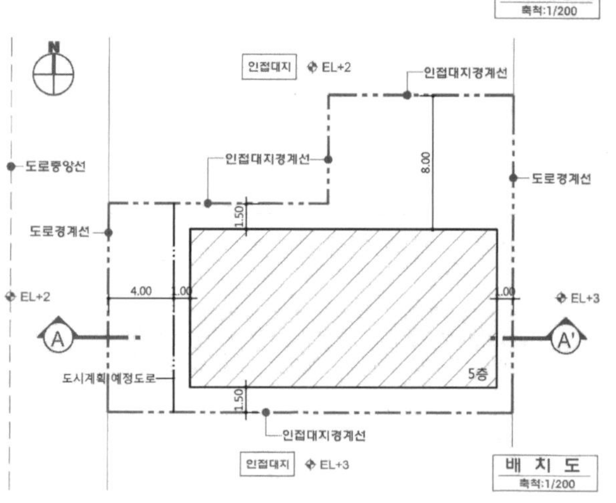

■ 주요 체크포인트

① 건폐율/용적률 적용형

② 정북일조권 배제
- 20m 이상 도로 / 경관지구

③ 가로구역별 최고높이 21m

④ 최대 연면적을 고려한 주차구획 위치 선정 및 주차장 계획
- 일반 주차구역 상부 건축물 금지
- 장애인전용 주차구역 필로티 가능

⑤ 용적률 최대를 만족하는 다양한 대안

⑥ 정확한 계획개요 작성

○ 체크주안점

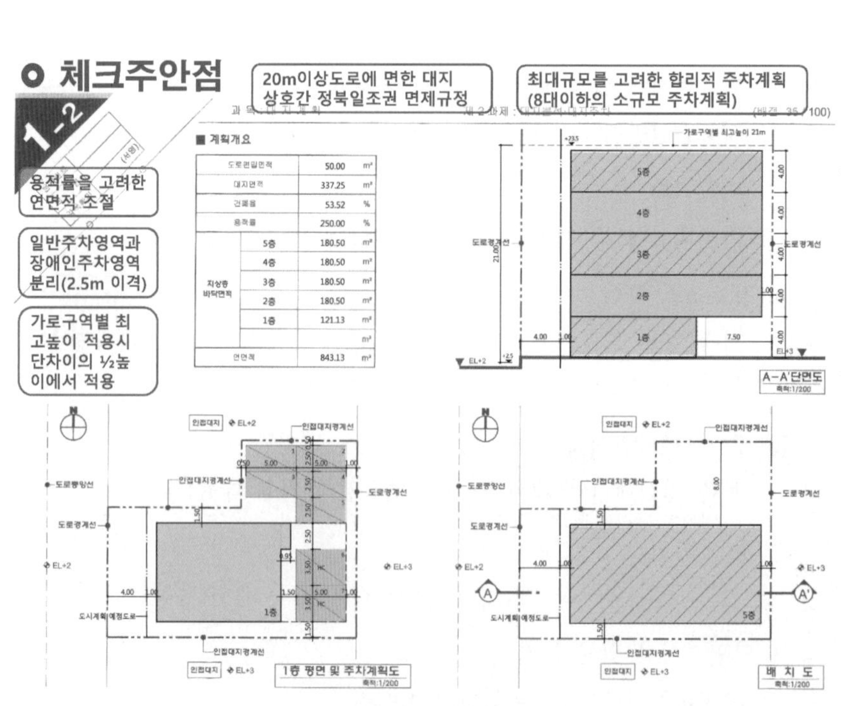

■ 문제풀이 Process

대지분석 · 조닝/대지주차 문제풀이를 위한 핵심이론 요약

1. 가로구역별 최고높이

▸ 가로구역별 최고높이 : 가로구역을 단위로 건축물의 최고높이를 지정

▸ 가로구역 : 도로로 둘러싸인 일단(一團)의 지역

▸ 가로구역별 최고높이의 적용기준은 도로 중심 레벨

▸ 지표면과 도로면 높이차에 따른 가로구역별 최고높이 적용 기준

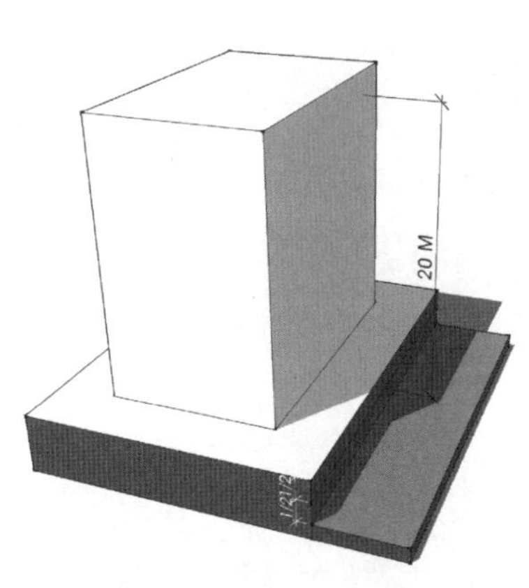

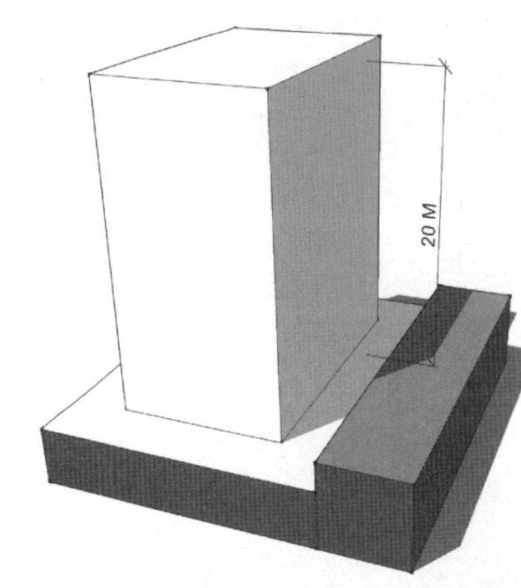

- 도로가 대지보다 낮은 경우 : 높이차의 1/2 위치의 도로레벨 기준
- 도로가 대지보다 높은 경우 : 도로레벨 기준

▸ 전면도로 고저차가 있는 경우
- 건물이 접한 부분의 도로를 가중 평균하여 도로레벨 산정
- 도로의 높이차가 3m 초과되는 경우라도 전체구간을 한번에 가중 (지표면 산정과의 차이)

▸ 이면도로에 접한 경우
- 가로구역별 최고높이의 기준은 넓은 도로의 레벨임

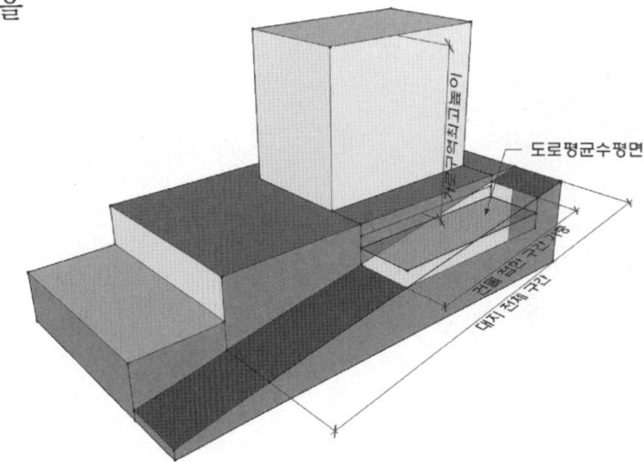

▸ 지문

① 가로구역별 최고높이는 21m로 하고 옥탑 및 파라펫 높이는 고려하지 않는다.
-20m 도로 +2.0 vs 계획대지 +3.0 = 적용레벨 +2.5

2. 정북일조

▸ 지역일조권 : 전용주거지역, 일반주거지역 모든 건축물에 해당

▸ 인접대지와 고저차 있는 경우 : 평균 지표면 레벨이 기준

▸ 인접대지경계선으로부터의 이격거리
- 높이 9m 이하 : 1.5m 이상
- 높이 9m 초과 : 건축물 각 부분의 1/2 이상

▸ 계획대지와 인접대지 간 고저차 있는 경우

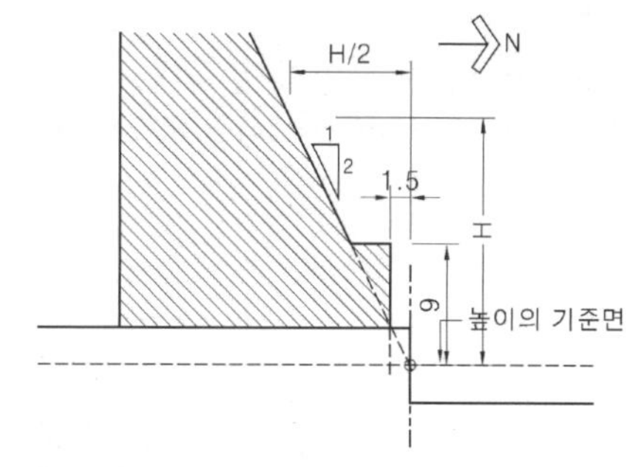

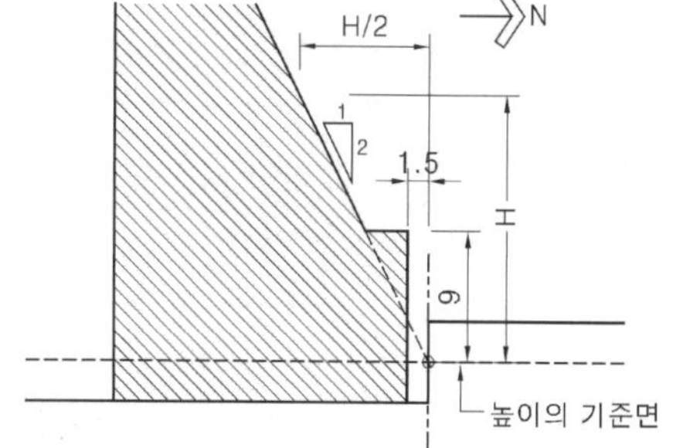

▸ 정북 일조를 적용하지 않는 경우
- 다음 각 목의 어느 하나에 해당하는 구역 안의 너비 20미터 이상의 도로(자동차 · 보행자 · 자전거 전용도로, 도로에 공공공지, 녹지, 광장, 그 밖에 건축미관에 지장이 없는 도시 · 군계획시설이 접한 경우 해당 시설 포함)에 접한 대지 상호간에 건축하는 건축물의 경우
  가. 지구단위계획구역, 경관지구
  나. 중점경관관리구역
  다. 특별가로구역
  라. 도시미관 향상을 위하여 허가권자가 지정 · 공고하는 구역
- 건축협정구역 안에서 대지 상호간에 건축하는 건축물(법 제77조의4제1항에 따른 건축협정에 일정 거리 이상을 띄어 건축하는 내용이 포함된 경우만 해당한다)의 경우
- 정북 방향의 인접 대지가 전용주거지역이나 일반주거지역이 아닌 용도지역인 경우

▸ 정북 일조 완화 적용
- 건축물을 건축하려는 대지와 다른 대지 사이에 다음 각 호의 시설 또는 부지가 있는 경우에는 그 반대편의 대지경계선(공동주택은 인접 대지경계선과 그 반대편 대지경계선의 중심선)을 인접대지경계선으로 한다.
  1. 공원(도시공원 중 지방건축위원회의 심의를 거쳐 허가권자가 공원의 일조 등을 확보할 필요가 있다고 인정하는 공원은 제외), 도로, 철도, 하천, 광장, 공공공지, 녹지, 유수지, 자동차 전용도로, 유원지 등
  2. 다음 각 목에 해당하는 대지
    가. 너비(대지경계선에서 가장 가까운 거리를 말한다)가 2미터 이하인 대지
    나. 면적이 제80조 각 호에 따른 분할제한 기준 이하인 대지
  3. 1,2호 외에 건축이 허용되지 않는 공지

대지분석 · 조닝/대지주차 문제풀이를 위한 핵심이론 요약

3. 소규모 주차장

▸ 소규모 주차장 관련 법규

- 부설주차장의 총 주차대수 규모가 8대 이하인 자주식주차장
- 차로의 너비는 2.5m
- 보도와 차도의 구분이 없는 너비 12미터 미만의 도로에 접하여 있는 경우 그 도로를 차로로 하여 주차단위구획을 배치할 수 있다.
  이 경우 차로의 너비는 도로를 포함하여 6미터 이상(평행주차인 경우에는 도로를 포함하여 4미터 이상)으로 하며, 도로의 포함범위는 중앙선까지로 하되 중앙선이 없는 경우에는 도로 반대측 경계선까지로 한다.
- 보도와 차도의 구분이 있는 12미터 이상의 도로에 접하여 있고 주차대수가 5대 이하인 부설주차장은 당해 주차장의 이용에 지장이 없는 경우에 한하여 그 도로를 차로로 하여 직각주차형식으로 주차단위구획을 배치할 수 있다.

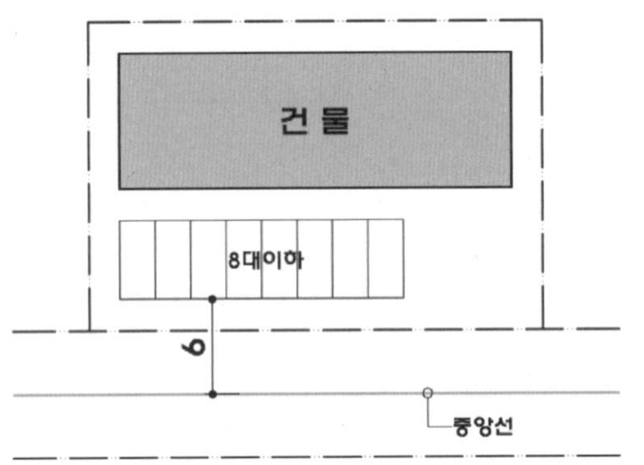

보도와 차도의 구분이 없는 12m 미만의 도로
(중앙선이 있는 경우)

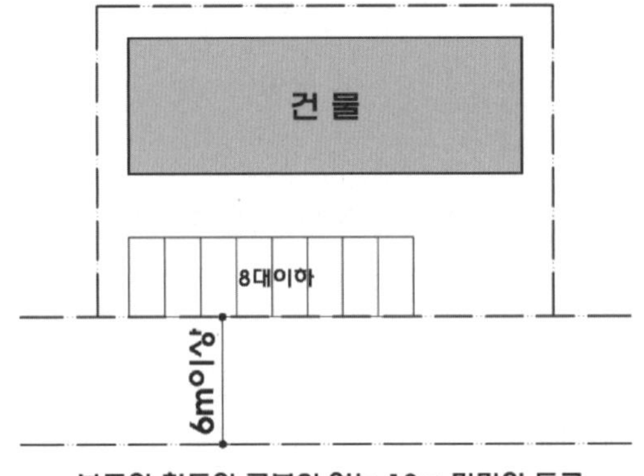

보도와 차도의 구분이 없는 12m 미만의 도로
(중앙선이 없는 경우)

- 주차대수 5대 이하의 주차단위구획은 차로를 기준으로 하여 세로로 2대까지 접하여 배치할 수 있다.
- 출입구의 너비는 3미터 이상으로 한다.
  다만, 막다른도로에 접하여 있는 부설주차장으로서 시장·군수 또는 구청장이 차량의 소통에 지장이 없다고 인정하는 경우에는 2.5미터 이상으로 할 수 있다.
- 보행인의 통행로가 필요한 경우에는 시설물과 주차단위구획사이에 0.5미터 이상의 거리를 두어야 한다.

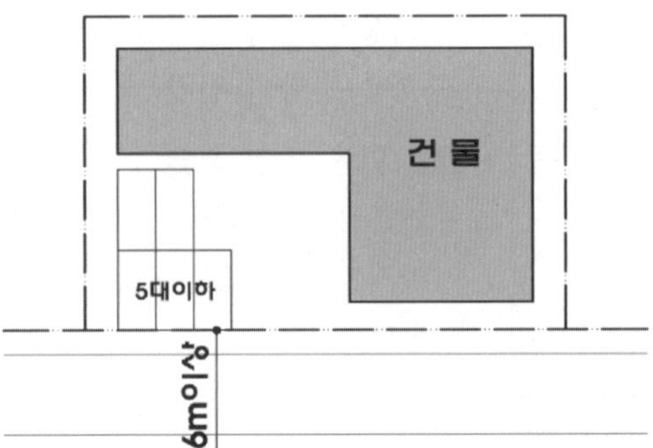

▸ 지문

① 주차대수는 총 4대(장애인전용 주차 1대 포함)로 한다.
-10m 도로는 보.차 구분이 있으므로 전면도로를 차로로 이용할 수 없음

■ 문제풀이 Process

대지분석 · 조닝 주요 체크포인트

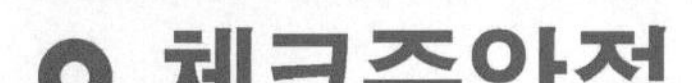

1-2

용적률을 고려한 연면적 조절

일반주차영역과 장애인주차영역 분리(2.5m 이격)

가로구역별 최고높이 적용시 단차이의 ½높이에서 적용

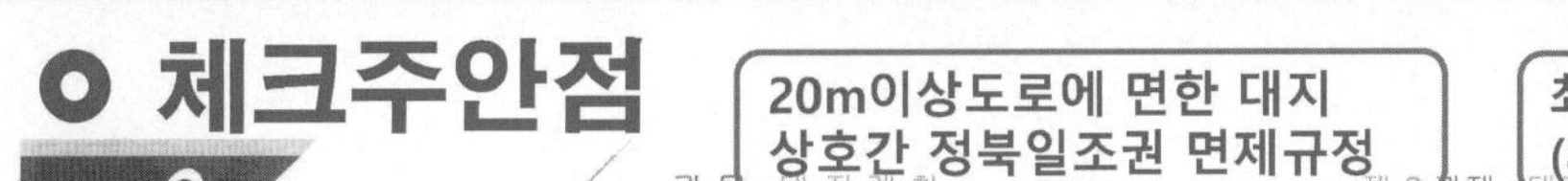

20m이상도로에 면한 대지 상호간 정북일조권 면제규정

최대규모를 고려한 합리적 주차계획 (8대이하의 소규모 주차계획)

과 목 : 대지계획 제 2 과제 : 대지분석·대지주차 (배점 35 / 100)

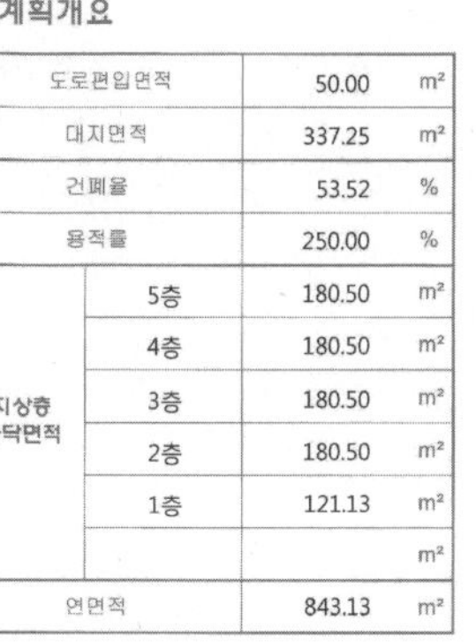

■ 계획개요

구분		면적	단위
도로편입면적		50.00	m²
대지면적		337.25	m²
건폐율		53.52	%
용적률		250.00	%
지상층 바닥면적	5층	180.50	m²
	4층	180.50	m²
	3층	180.50	m²
	2층	180.50	m²
	1층	121.13	m²
			m²
연면적		843.13	m²

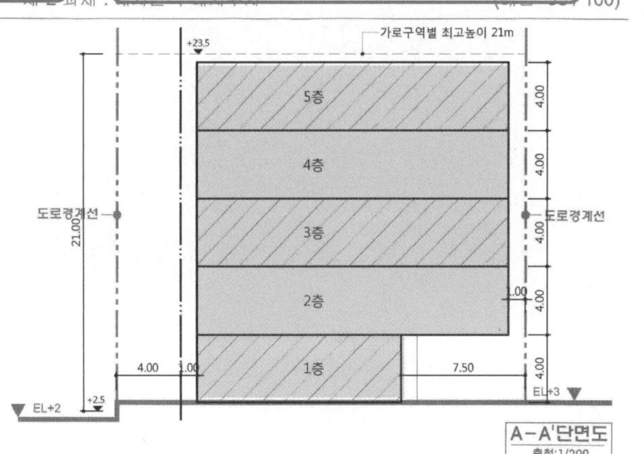

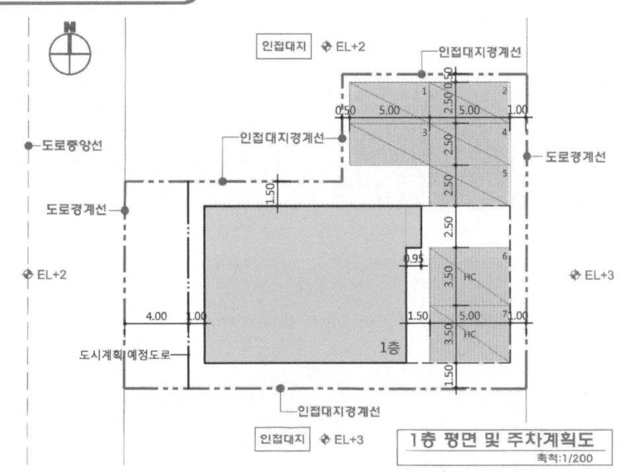

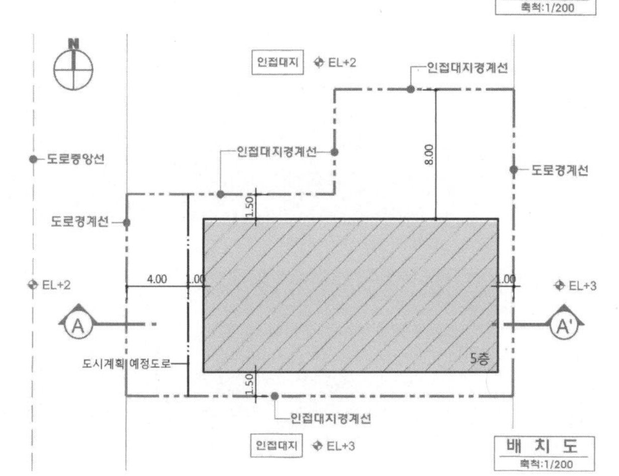

▸ 정북일조 적용 배제

① 정북일조 완화 조건
- 20m 이상 도로 인접
- 경관지구

▸ 가로구역별 최고높이

① 주도로레벨 +2.0 vs 계획대지레벨 +3.0

② 적용레벨 = +2.5
- 2.5+21 = EL+23.5

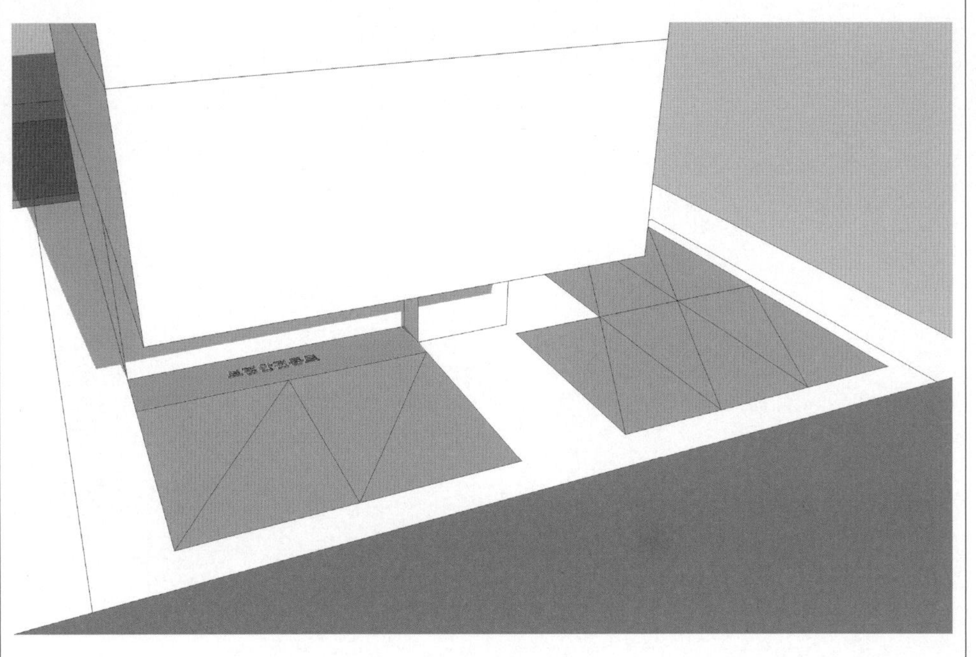

▸ 지상 주차장 계획

① 소규모주차장 기준 적용
- 6m 도로를 차로로 이용

② 장애인주차구역과 일반주차구역은 2.5m 이상 이격

③ 일반주차구역은 상부 건축물 계획 금지

④ 장애인주차구역 전면과 건축물 사이 너비 1.5m 보행안전통로 계획

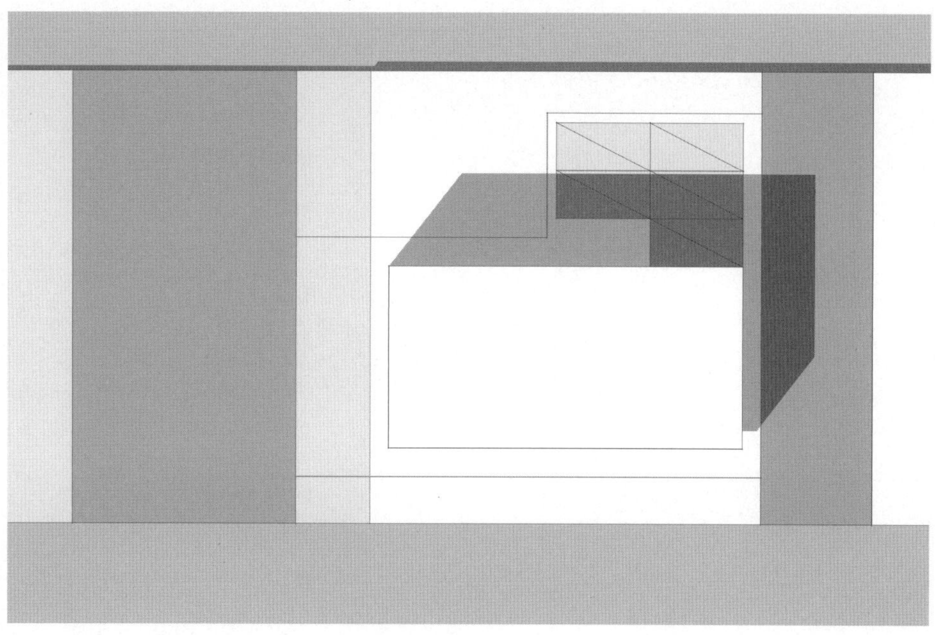

▸ 건폐율, 용적률 적용

① 최대 용적률을 만족하는 많은 대안 가능

② 정확한 면적 산정 및 건축개요 작성

▸ 이격거리 준수

① 건축물은 도로경계선에서 1.0m 이상, 인접대지경계선에서 1.5m 이상 이격

② 주차구획은 도로경계선에서 1.0m 이상, 인접대지경계선에서 0.5m 이상 이격

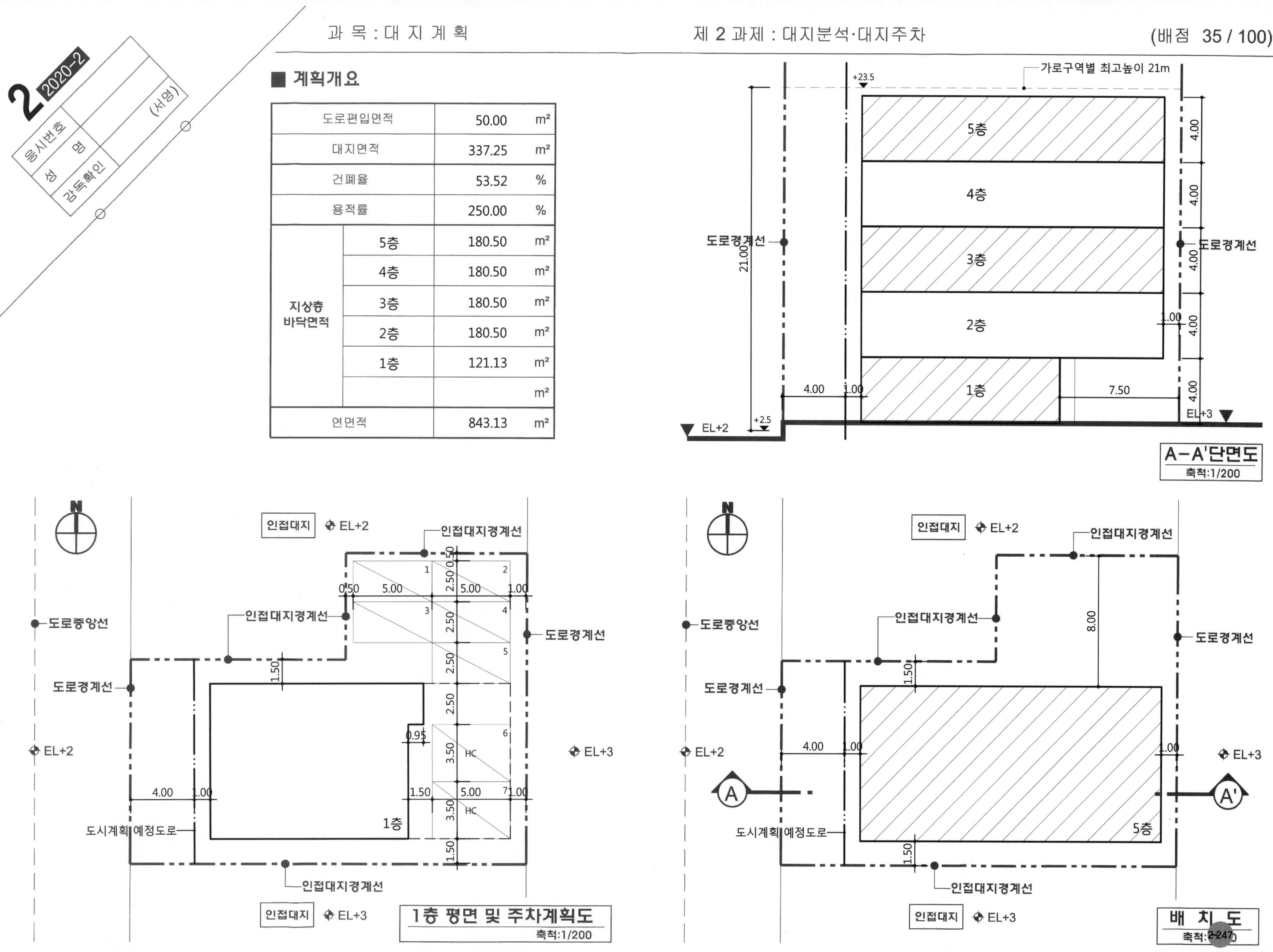

2 2020-2
응시번호
성 명
감독확인
(서명)

■ 계획개요

도로편입면적		50.00	m²
대지면적		337.25	m²
건폐율		53.52	%
용적률		250.00	%
지상층 바닥면적	5층	180.50	m²
	4층	180.50	m²
	3층	180.50	m²
	2층	180.50	m²
	1층	121.13	m²
			m²
연면적		843.13	m²

구 성	FACTOR	지 문 본 문	FACTOR	구 성

구 성

제목
- 배치하고자 하는 시설의 제목을 제시합니다.

1. 과제개요
- 시설의 목적 및 취지를 언급합니다.
- 전체사항에 대한 개괄적인 설명이 추가되는 경우도 있습니다.

2. 대지조건(개요)
- 대지전반에 관한 개괄적인 사항이 언급됩니다.
- 용도지역, 지구
- 접도조건
- 건폐율, 용적률 적용 여부를 제시
- 대지내부 및 주변현황(최근 계속 현황도가 별도로 제시)

3. 계획조건
ⓐ 배치시설
- 배치시설의 종류
- 건물과 옥외시설물은 구분하여 제시되는 것이 일반적입니다.
- 시설규모
- 필요시 각 시설별 요구사항이 첨부됩니다.

FACTOR

① 배점을 확인하여 2과제의 시간배분 기준으로 활용합니다.
- 65점 (난이도 예상)

② 전염병 백신개발 연구단지
- 시설 성격(R&D) 파악
- 시의성 반영된 시설 계획

③ 지역지구 : 준공업지역

④ 대지현황도 제시
- 계획조건을 파악하기에 앞서 반드시 현황도를 이용한 1차 현황분석을 선행(대지의 기본 성격 이해한 후 문제풀이 진행)

⑤ 단지 내 도로
- 차로와 보행로로 구분하여 제시
- 경사도 1/10, 1/12 이하
- 중앙, 공공보행로 위계 확인

⑥ 건축물
- 영역별 건물 종류 명확하게 구분하여 제시
- 유전연구동 범례 제시
- 기숙사는 향/조망/프라이버시 확보 가능한 위치에 고려

⑦ 외부공간
- 최소 면적 제시
- 연계되는 시설 파악
- 매개공간으로 파악하고 접근

⑧ 주차장
- 옥외 / 옥내주차장으로 구분
- 옥외주차장은 양방향 동선
- 주차장Ⓒ는 기숙사㉯ 하부
- 주차장Ⓓ는 연구영역 하부 (출입구 2개소 분산 배치)
- 지하주차장 계획 시 1대당 $33m^2$ (10py) 내외로 고려

2021년도 제1회 건축사자격시험 문제

과목: 대지계획 제1과제 (배치계획) ① 배점: 65/100점

제 목 : 전염병 백신개발 연구단지 배치계획 ②

1. 과제개요

하천과 인접한 대지에 지형을 고려한 전염병 백신개발 연구단지를 계획한다. 다음 사항을 고려하여 배치도를 작성하시오.

2. 대지조건

(1) 용도지역: 준공업지역 ③
(2) 주변현황: <대지 현황도> 참조 ④

3. 계획조건 및 고려사항

(1) 계획조건

① 단지 내 도로(경사도 1/10 이하) ⑤

도로명	너비	경사도
차로	6m 이상	1/10 이하
보행로	3m 이상	1/12 이하
중앙보행로	12m 이상	1/12 이하
공공보행로	8m 이상	1/12 이하

② 건축물 ⑥ (가로, 세로 구분 없음. 총 8개동, 층고 3~5m)

구분	시설명	크기	층수	비고
연구영역	유전연구동	<보기2>참조	5층	8m도로 연접
	백신연구동	15m x 30m	5층	소통마당 연계
	나노공학동	15m x 30m	5층	소통마당 연계
산학영역	제약사본부동	21m x 30m	5층	진입마당 연계
	산학협력동	30m x 36m	5층	진입마당 연계
부속영역	기숙사㉮	12m x 30m	3층	만남광장 연계
	기숙사㉯	12m x 30m	3층	만남광장 연계
	관리동	12m x 24m	3층	

주)1. 표기된 층수는 지상부만 해당한다.

③ 외부시설 ⑦

시설명	규모	비고
진입마당	$900m^2$ 이상	20m 도로 연접
중앙마당	$560m^2$ 이상	유전연구동 연계
소통마당	$840m^2$ 이상	수변보행로 연계
만남광장	$540m^2$ 이상	기숙사㉮, 기숙사㉯ 연계

주)1. 조경면적과 식재계획은 고려하지 않는다.

④ 주차장 ⑧

시설명		규모	비고
옥외	주차장Ⓐ	11대 이상	방문자 주차장(제약사본부동 연계)
	주차장Ⓑ	22대 이상	관리동 연계
옥내	주차장Ⓒ	22대 이상	기숙사㉯ 연계
	주차장Ⓓ	170대 이상	연구영역(출입구 2개소)

주)1. 방문자 주차장을 제외한 산학영역 주차장은 고려하지 않는다.
2. 각 주차장마다 장애인전용주차구획 2대 이상을 포함한다.

(2) 고려사항

① 산학영역은 ⑨ 20m 도로변에 배치한다.
② 단지 내 차로는 ⑩ 보행로와 분리되도록 입체적으로 계획하고 차량 출입구는 2개소로 계획한다.
③ 8m 도로와 수변보행로를 연결하는 단지 내 공공보행로를 ⑪ 계획한다.
④ 중앙보행로는 ⑫ 진입마당과 만남광장을 연결하고 장애인 통행을 고려하여 계획한다.
⑤ 연구영역 3개동은 공중연결통로(너비 4m)로 연결한다.
⑥ 지류를 가로지르는 단지 내 도로는 최대 2개소로 한다. ⑬
⑦ 중앙보행로와 지류변은 옥외계단으로 ⑭ 연결한다.
⑧ 소통마당과 수변보행로는 옥외계단으로 ⑮ 연결한다.
⑨ 건축물은 ⑯ 인접대지경계선, 도로경계선 및 지류경계선에서 5m 이상 이격한다.
⑩ 건축물과 외부시설, 건축물과 주차장, 외부시설(보호수림 포함)과 주차장 그리고 건축물과 단지 내 도로는 2m 이상 이격한다. ⑰
⑪ 단지 내 옹벽은 ⑱ 3m 이하로 계획한다.
⑫ 우·배수를 위한 등고선 조정은 고려하지 않는다.
⑬ 경사보행로의 ⑲ 참과 난간은 고려하지 않는다.

4. 도면작성요령 ⑳

(1) 표기 대상 ㉑
① 단지 내 도로 : 도로명, 경사차로 및 경사보행로의 시점·종점 바닥레벨
② 건축물 : 시설명, 출입구 및 바닥레벨, 크기, 이격거리
③ 외부시설 : 시설명, 규모, 이격거리, 바닥레벨
④ 주차장 : 시설명, 주차구획(장애인전용주차구획 포함), 출입구 및 바닥레벨, 주차대수, 지하주차장(<보기1>과 같이 영역 표시)

(2) 도면표기 기호는 <보기1>을 따른다.
(3) 단위 : m, m^2
(4) 축척 : 1/600 ㉒

FACTOR

⑨ 산학영역
- 주도로변, 진입마당과 조닝

⑩ 단지 내 도로
- 보차분리, 입체적 계획에 유념
- 진출입구 2개소(불허구간 고려)

⑪ 공공보행로
- 부도로와 수변보행로 연결
- 폭 8m, 조닝의 기준으로 작용

⑫ 중앙보행로
- 진입마당(산학)과 만남광장(부속) 연결하는 폭 12m 경사로(1/12)

⑬ 지류와 단지 내 도로의 관계
- 1. 주차장Ⓐ 접근 동선
- 2. 중앙보행로

⑭ 옥외계단-1
- 중앙보행로와 지류변 레벨차 언급
- 입체적 동선계획과 동시 고려

⑮ 옥외계단-2
- 소통마당(연구)과 수변보행로(±0) 레벨차 : 연구영역 계획레벨 +3.0

⑯ 건축물 이격거리
- 인접대지경계선, 도로경계선, 지류경계선에서 5m 이상 이격

⑰ 시설간 이격거리 2m
- 건축물 vs 외부시설, 주차장
- 외부시설과 주차장
- 건축물과 단지 내 도로

⑱ 옹벽
- 높이 3m 이하(+3 vs ±0)

⑲ 경사보행로
- 참과 난간 배제
- 3m 단차 극복 시 장애인 관련 법규 고려치 않음

구 성

ⓑ 배치고려사항
- 건축가능영역
- 시설간의 관계 (근접, 인접, 연결, 연계 등)
- 보행자동선
- 차량동선 및 주차장계획
- 장애인 관련 사항
- 조경 및 포장
- 자연과 지형활용
- 옹벽 등의 사용지침
- 이격거리
- 기타사항

4. 도면작성요령
- 각 시설명칭
- 크기표시 요구
- 출입구 표시
- 이격거리 표기
- 주차대수 표기 (장애인주차구획)
- 표고 기입
- 단위 및 축척

구 성	FACTOR	지 문 본 문	FACTOR	구 성

5. 유의사항
- 제도용구 (흑색연필 요구)
- 지문에 명시되지 않은 현행법령의 적용방침 (적용 or 배제)

⑳ 도면작성요령
- 도면작성요령에 언급된 내용은 출제자가 반드시 평가하는 항목
- 요구하는 것을 빠짐없이 적용
- 요구하지 않은 사항의 추가적인 표현은 점수에 영향이 없거나 미약한 것으로 이해

㉑ 표기대상
- 대상별 표현을 구체적으로 요구

㉒ 단위 및 축척
- m, m^2 / 1:600

㉓ <보기1>
- 경사차로 및 경사보행로 표현
- 지하주차장 영역을 적절한 규모로 표현해야 함
- 옹벽과 등고선 표현(제시된 지형조정 경사도는 따로 없음-1/2 or 45도를 기준으로 계획)

과목: 대지계획 제1과제 (배치계획) 배점: 65/100점

<보기1> 도면표기 기호 ㉓

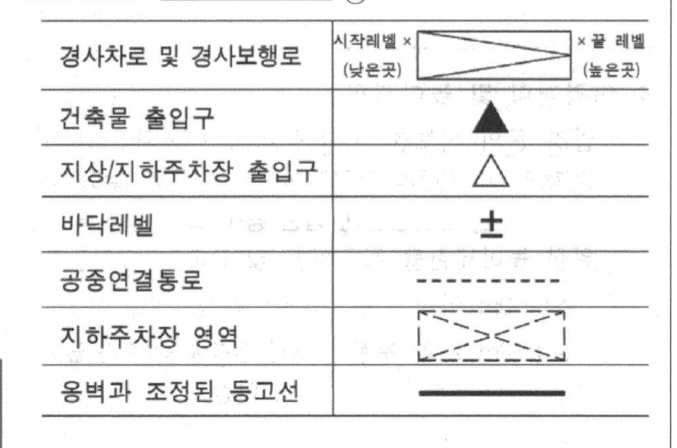

경사차로 및 경사보행로	시작레벨 × (낮은곳) ▷ × 끝 레벨 (높은곳)
건축물 출입구	▲
지상/지하주차장 출입구	△
바닥레벨	±
공중연결통로	----------
지하주차장 영역	(점선 박스)
옹벽과 조정된 등고선	━━━

<보기2> 유전연구동 평면형상 및 크기 ㉔

5. 유의사항

(1) 답안작성은 반드시 흑색 연필로 한다. ㉕

(2) 명시되지 않은 사항은 현행 관계 법령의 범위 안에서 임의로 한다. ㉖

<대지현황도> 축척 없음 ㉗

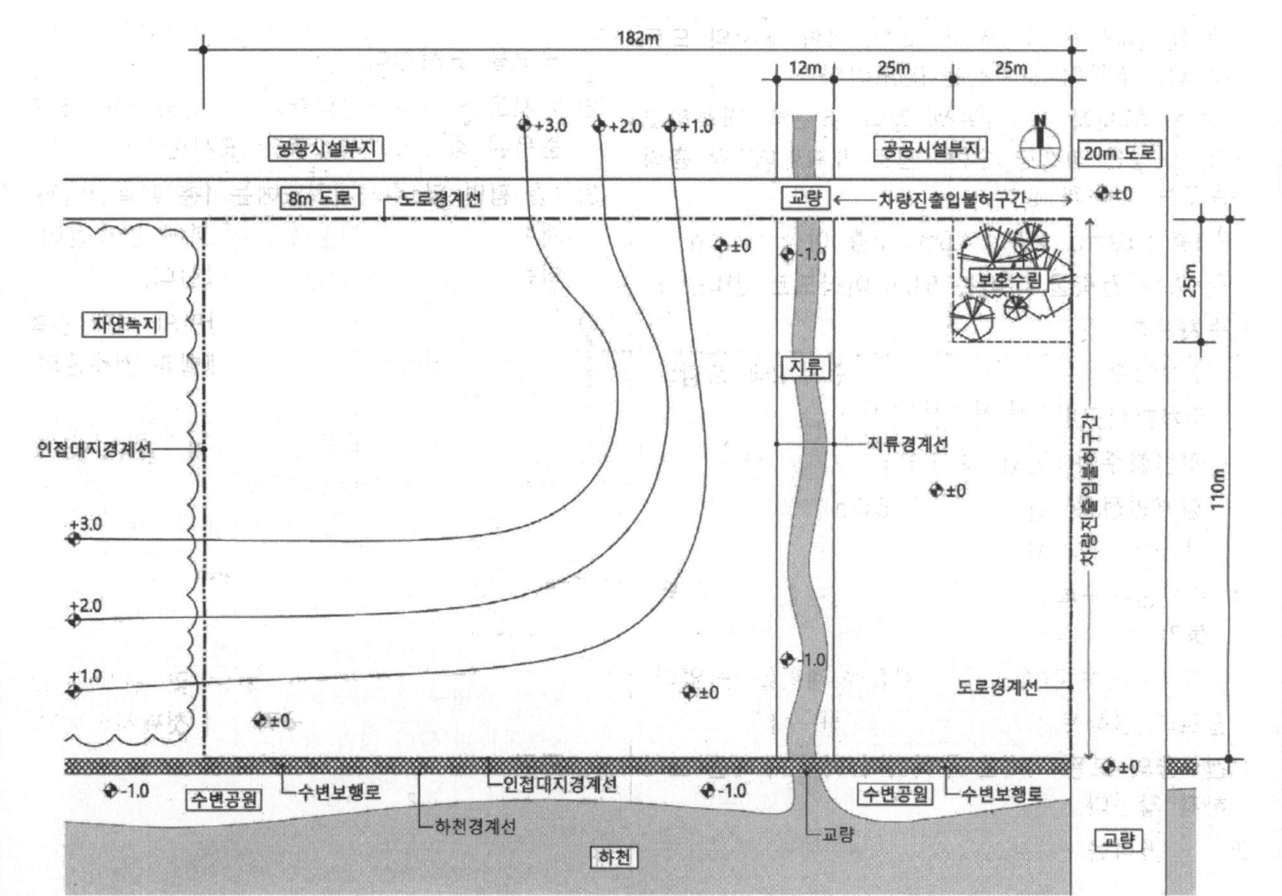

㉔ <보기2>
- 유전연구동 범례 제시
- 위에서 내려다본 배치형상이므로 rotate는 가능, mirror는 불가

㉕ 흑색연필로 작성

㉖ 명시되지 않은 사항은 현행 관계법령을 준용
- 기타 법규를 검토할 경우 항상 문제해결의 연장선에서 합리적이고 복합적으로 고려

㉗ 현황도 파악
- 대지형태
- 경사지/등고선 간격 및 방향
- 접도조건
- 차량진출입불허구간
- 지류 및 보호수림 영역
- 주변현황(하천, 자연녹지, 공공시설부지, 수변공원, 교량 등)
- 가로, 세로 치수 확인
- 방위
- 제시되는 현황도를 이용하여 1차적인 현황분석
(현황도에 제시된 모든 정보는 그 이유가 반드시 있습니다. 대지의 속성과 기존 질서를 존중한 계획이 될 수 있도록 합니다.)

6. 보기
- 보도, 조경
- 식재
- 데크 및 외부공간
- 건물 출입구
- 옹벽 및 법면
- 기타 표현방법

7. 대지현황도
- 대지현황
- 대지주변현황 및 접도조건
- 기존시설현황
- 대지, 도로, 인접대지의 레벨 또는 등고선
- 각종 장애물 현황
- 계획가능영역
- 방위
- 축척
(답안작성지는 현황도와 대부분 중복되는 내용이지만 현황도에 있는 정보가 답안작성지에서는 생략되기도 하므로 문제 접근시 현황도를 꼼꼼히 체크하는 습관이 필요합니다.)

■ 문제풀이 Process

1 제목 및 과제 개요 check

① 배점 : 65점 / 출제 난이도 예상
소과제별 문제풀이 시간을 배분하는 기준
② 제목 : 전염병 백신개발 연구단지 배치계획
③ 준공업지역 : 도시계획 차원의 기본적인 대지 성격을 파악
④ 주변현황 : 대지현황도 참조

2 현황 분석

① 대지형상 : 평지+경사대지
② 대지현황 : 지류, 보호수림, 등고선 방향, 방위 등
- 지류에 의한 물리적 영역 조닝
- 레벨에 의한 물리적 영역 조닝(+3.0 vs ±0 vs 지류변 -1.0)

③ 주변조건
- 동측 20m 도로, 북측 8m 도로
  : 보행자 및 차량 주출입구 예상
- 차량 진출입 불허구간 확인
- 하천 및 수변공원(수변보행로) 연계 예상
  : 향 및 조망 확보 유리
- 기타 주변현황
  : 서측 자연녹지(양호한 자연환경), 북측 공공시설 부지

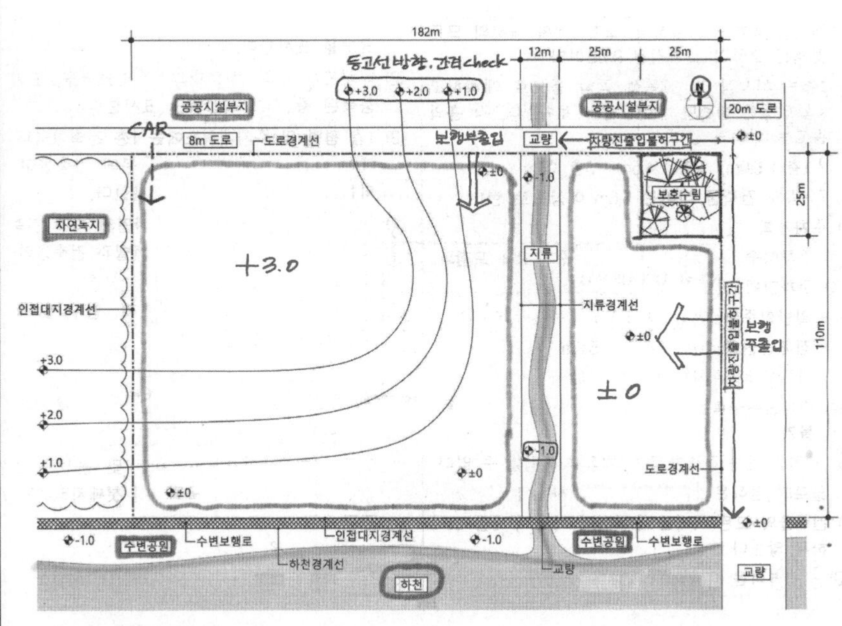

3 요구조건 분석(diagram)

① 도로
- 차로(6m이상), 보행로(3m이상) 제시
- 중앙보행로(12m이상), 공공보행로(8m이상)의 동선 위계 고려

② 건축물 조건 및 성격 파악
- 규모는 O층, Om x Om, 층고Om 제시
- 연구 / 산학 / 부속영역으로 구분
- 외부공간과 연계조건 제시
- 기숙사는 프라이버시, 향 확보 고려
- 유전연구동은 별도 범례

▶ 연구영역
→ 유전연구 + 백신연구 + 나노공학 + 중앙마당 + 소통마당 — 수변보행로 + P-Ⓟ
▶ 산학영역
→ 제약사본부 + 산학협력 + 진입마당 + P-Ⓐ
▶ 부속영역
→ 기숙사 + 관리 + 만남광장 + P-Ⓑ + P-Ⓒ

③ 옥외시설 성격 파악
- 4개소 모두 매개(완충)공간
- 시설별 연계조건 제시
- 진입마당: 산학영역
- 중앙마당, 소통마당: 연구영역
- 만남광장: 부속영역

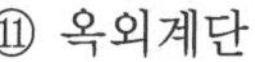

④ 주차장
- 주차장별 이용시설 제시
- 옥외 vs 옥내
- 옥내주차장 규모 검토 시
  33m²(10py)내외/1대 기준
  33x170대=약 5,600m² 내외

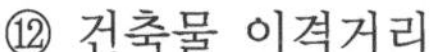

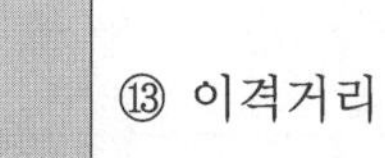

⑤ 산학영역
- 20m 도로변 설치
- 제약사본부+산학협력+
  주차장Ⓐ+진입마당

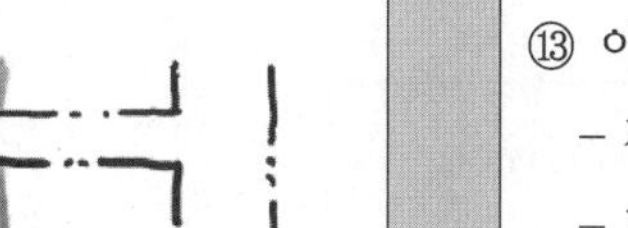

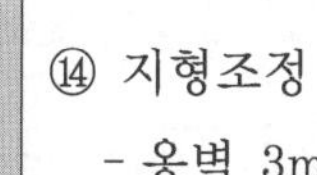

⑥ 단지 내 차로
- 보행로와 입체적 분리
- 차량진출입구 2개소

⑦ 공공보행로
- 8m도로와 수변보행로 연결
- 폭 8m 위계, 1/12이하 경사로
- 영역별 조닝의 기준

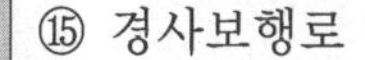

⑧ 중앙보행로
- 진입마당(산학)과 만남광장
  (부속)잇는 12m 경사로
- 단차3m 극복 / 입체적 동선

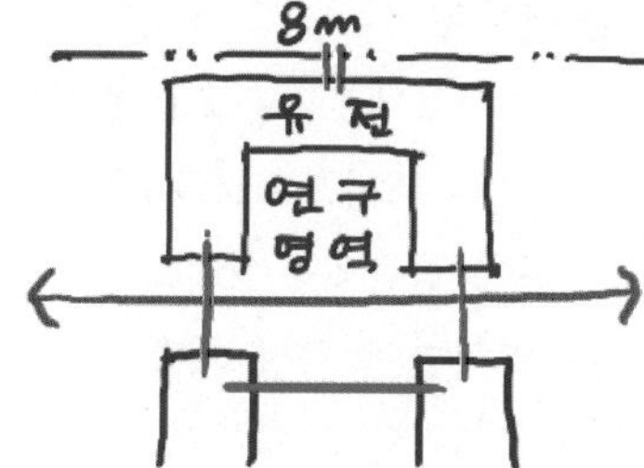

⑨ 연구영역
- 3개동 각각 공중연결통로
- ㅁ자 공간계획+소통마당과
  수변보행로 계단 연계

⑩ 지류와 단지 내 도로
- 2개소 한정
- 산학영역으로의 주차 동선
  +중앙보행로

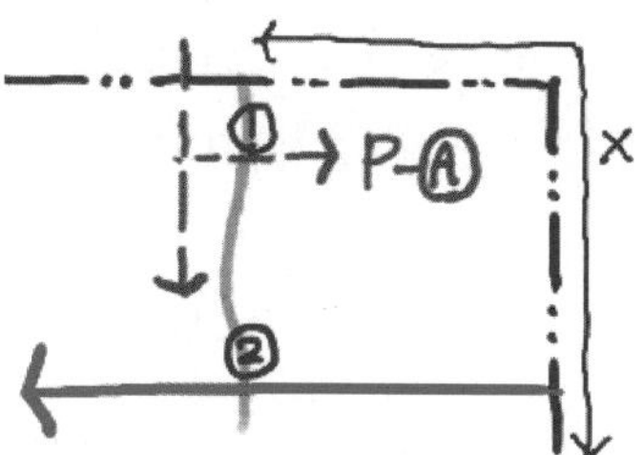

⑪ 옥외계단
- 중앙보행로와 지류변(-1.0)
- 입체적 보차동선 계획+
  지류변 보행자 접근 고려

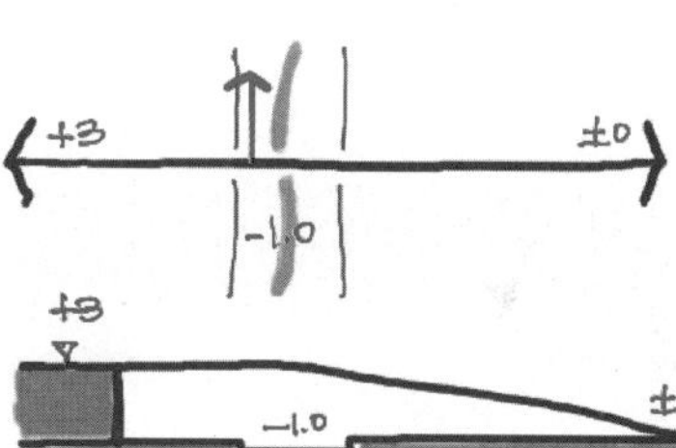

⑫ 건축물 이격거리
- 인접대지, 도로경계선: 5m
- 지류경계선: 5m

⑬ 이격거리
- 건축물 vs 외부시설: 2m
- 건축물 vs 주차장: 2m
- 외부시설 vs 주차장: 2m
- 건축물 vs 단지 내 도로: 2m

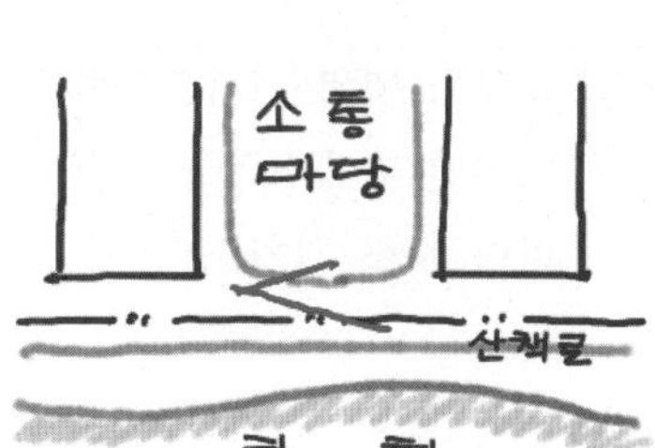

⑭ 지형조정
- 옹벽 3m이하 사용
- 등고선 조정 경사도 임의
  (배수계획 생략)

⑮ 경사보행로
- 참, 난간 계획 생략
- 장애인관련 기타 법규 배제

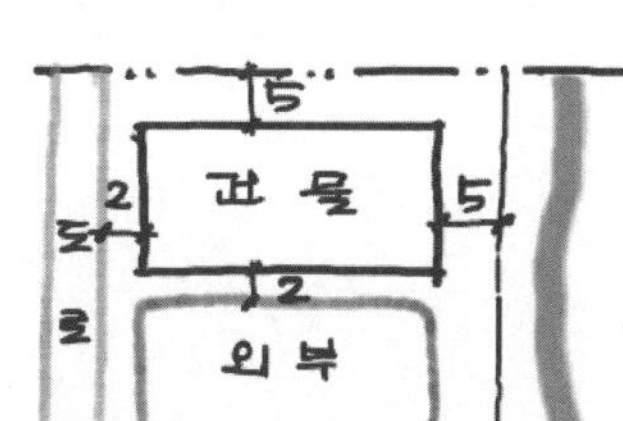

■ 문제풀이 Process

4 토지이용계획

① 내부동선
- 중앙보행로, 공공보행로를 기본 조닝요소로 이용
- 차량진출입구 2개소
- 영역별 주차장 계획
- 입체적인 보차분리

② 시설조닝
- 산학영역:±0, 주도로변
- 연구영역:+3, 지하주차장, 소통마당과 하천 연계
- 부속영역:+3, 프라이버시, 향, 조망, 기능고려

③ 시험의 당락을 결정짓는 큰 그림

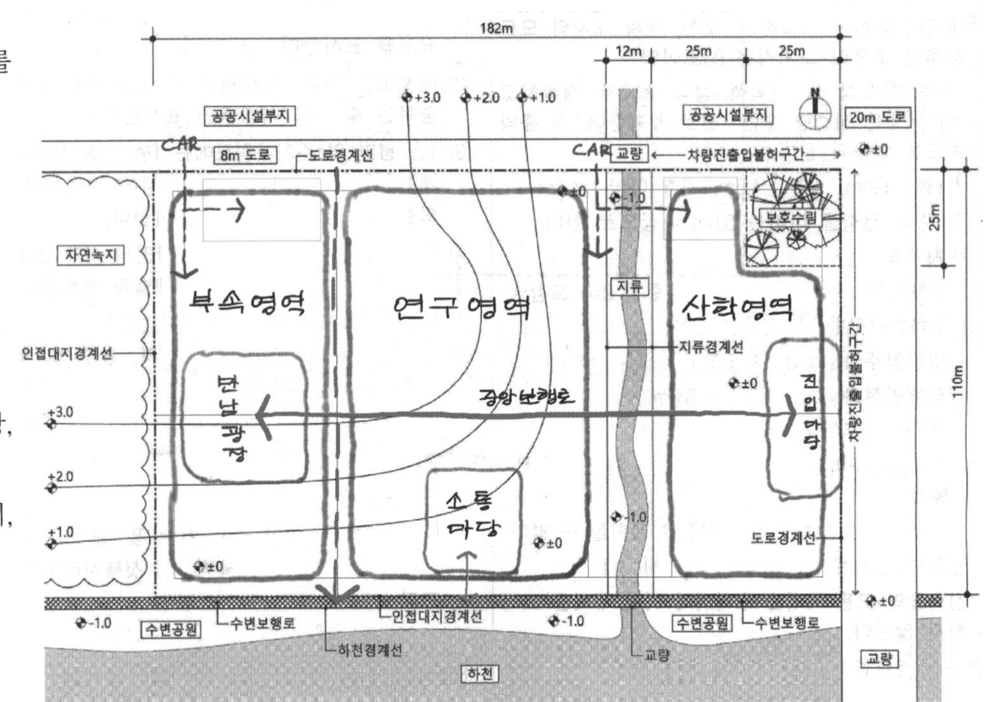

5 배치대안검토

① 토지이용계획을 바탕으로 세부 치수 계획

② 조닝된 영역을 기본으로 시설별 연계조건을 고려하여 시설 위치 선정

③ 영역 내부 시설물 배치는 합리적인 수준에서 정리되면 O.K
-정답을 찾으려 하지 말자

④ 설계주안점 반영 여부 체크 후 작도 시작

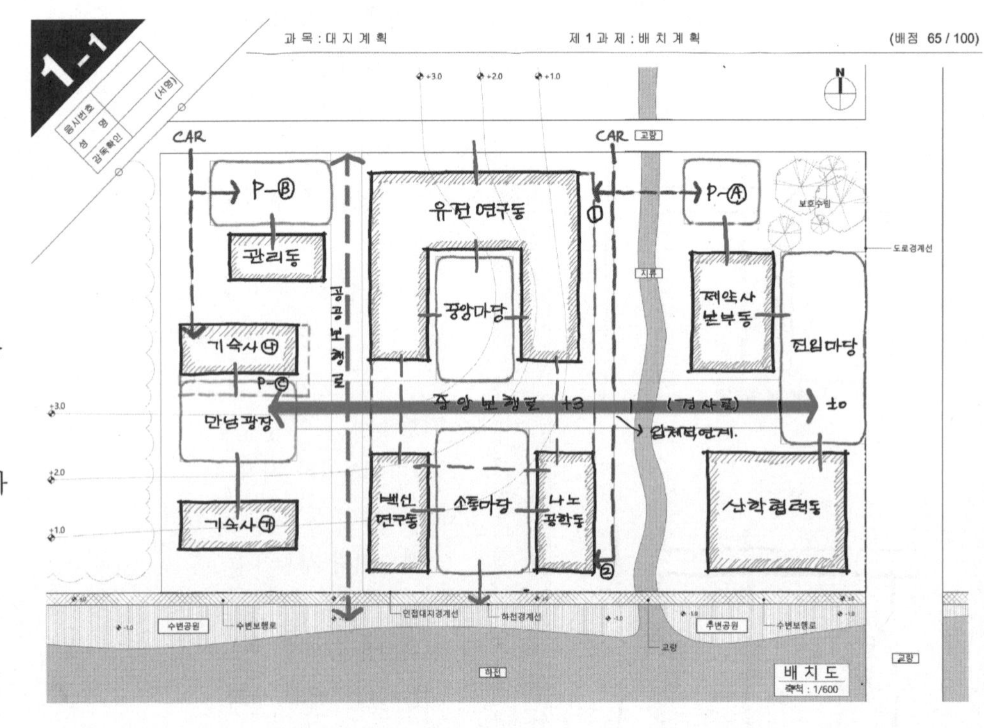

6 모범답안

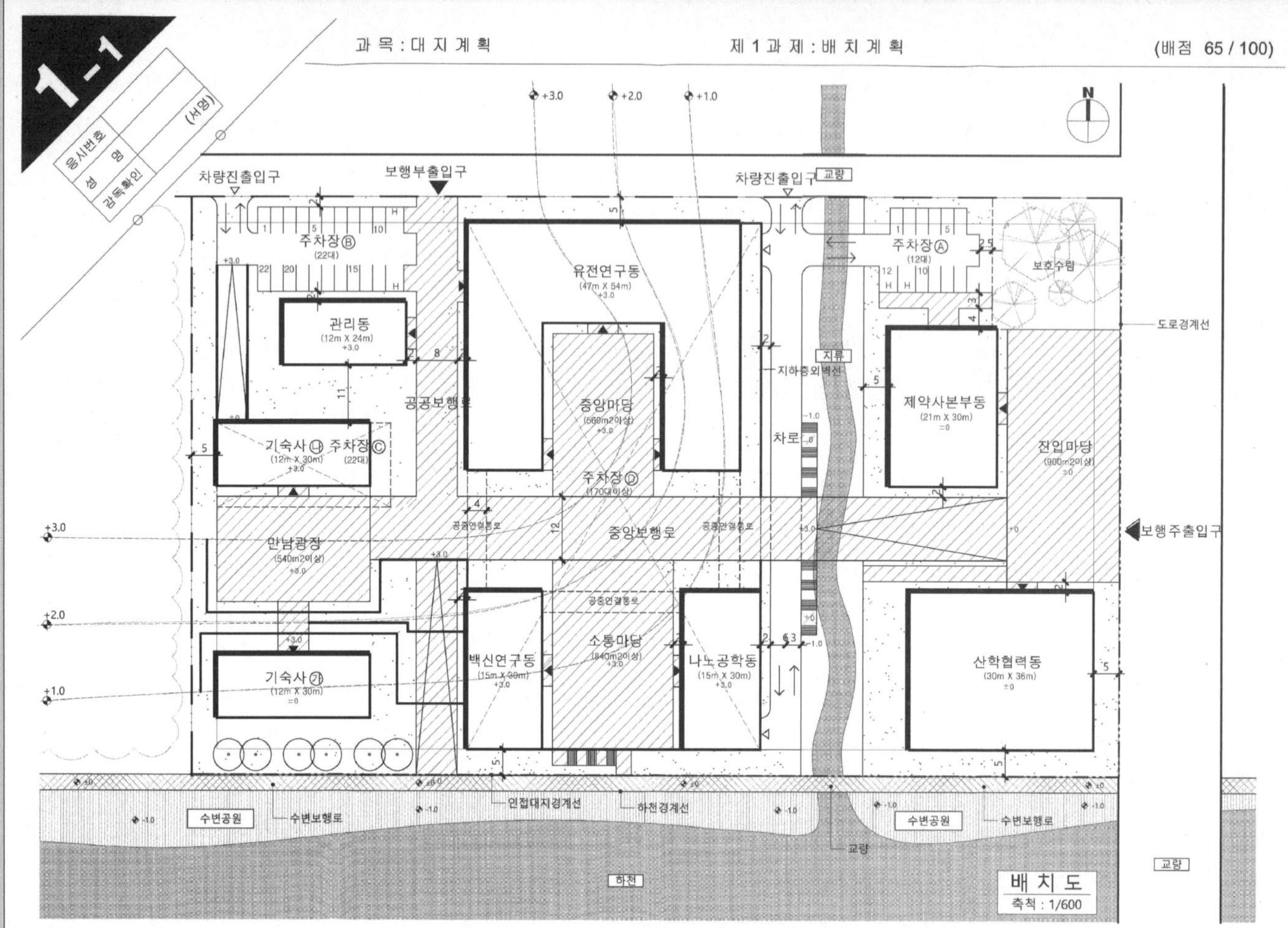

■ 주요 체크포인트

① 3개 영역의 명료한 시설 조닝

② 대지의 단차를 이용한 입체적 보.차 분리 계획

③ 연구영역의 합리적 건물 연계

④ 규모를 고려한 지하주차장 및 차량 진출입구 계획

⑤ 지형을 고려한 2개의 레벨 계획 (3m 이하 옹벽계획 포함)

⑥ 간결한 주.부 보행축 / 차량동선축 설정(시설 조닝 고려)

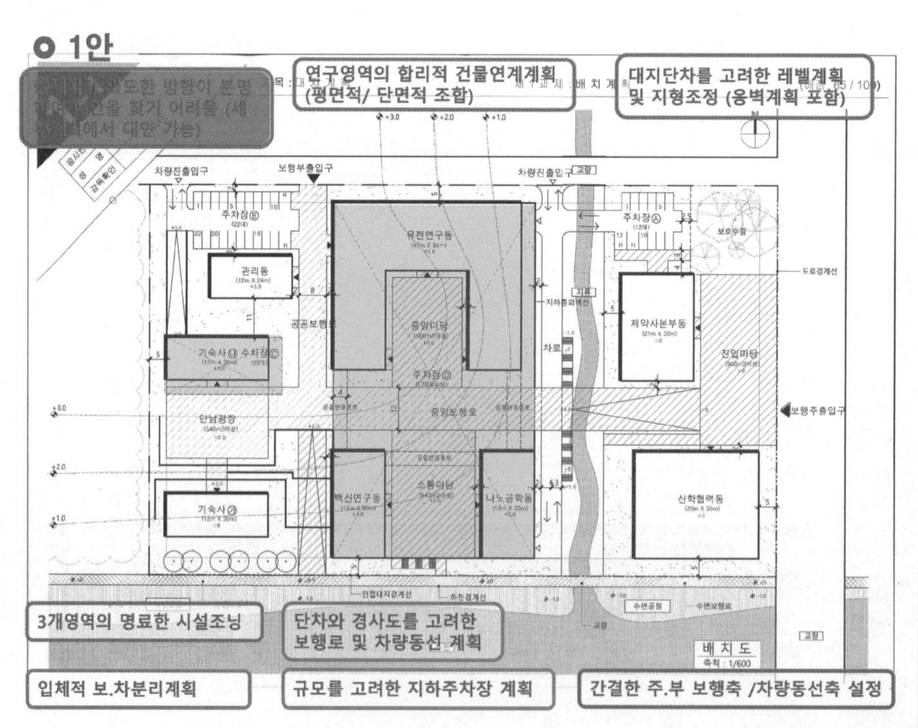

■ 문제풀이 Process

배치계획 문제풀이를 위한 핵심이론 요약

1. 대지로의 접근성

- ▸ 대지주변 현황을 고려하여 보행자 및 차량 접근성 검토
- ▸ 외부에서 대지로의 접근성을 고려 → 대지 내 동선의 축 설정 → 내부동선 체계의 시작
- ▸ 일반적인 보행자 주 접근 동선 – 주도로(넓은 도로)
- ▸ 일반적인 차량 및 보행자 부 접근 동선 – 부도로(좁은 도로)

가. 대지가 일면도로에 접한 경우

- 대지중앙으로 보행자 주출입 예상
- 대지 좌우측으로 차량 출입 예상
- 주차장 영역 검토 : 초행자를 위해서는 대지를 확인 후 진입 가능한 A 영역이 유리

나. 대지가 이면도로에 접한 경우–1

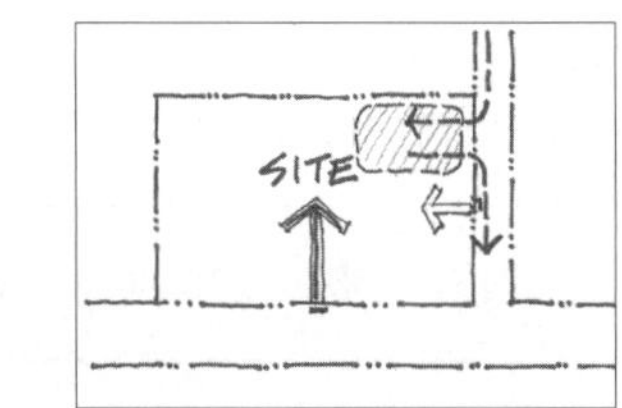

- 주도로에서 보행자 주출입 예상
- 부도로에서 차량 출입 예상 : 주차장 영역 예상
- 요구조건에 따라 부도로에서 보행자 부출입 예상

다. 대지가 이면도로에 접한 경우–2

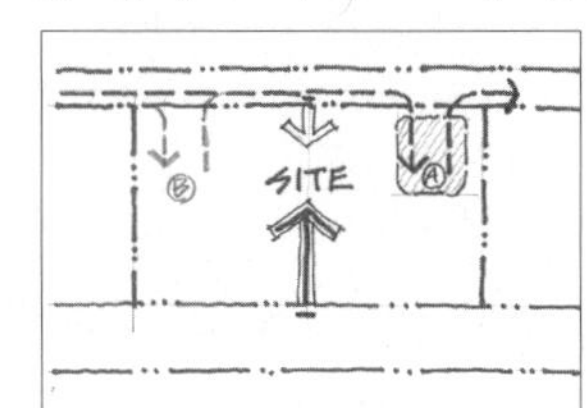

- 주도로에서 보행자 주출입 예상
- 부도로에서 차량 출입 예상 : 주차장 영역 예상→A 영역 우선 검토
- 부도로에서 보행자 부출입 예상

▸ 지문

① 20m 도로 : 주도로(보행주출입) / 8m 도로 : 부도로(보행부출입 및 차량진출입)
② 차량진출입 불허구간 고려한 차량 동선
③ 중앙보행로(12m)와 공공보행로(8m)의 위계를 활용한 영역별 시설 조닝

2. 외부공간 성격 파악

▸ 외부공간을 계획할 경우 공간의 쓰임새와 성격을 분명하게 규정해야 한다.

▸ 전용공간

① 전용공간은 특정목적을 지니는 하나의 단일공간
② 타 공간으로부터의 간섭을 최소화해야 함
③ 중앙을 관통하는 통과동선이 형성되는 것을 피해야 한다.
④ 휴게공간, 전시공간, 운동공간

▸ 매개공간

① 매개공간은 완충적인 공간으로서 광장, 건물 전면공간 등 공간과 공간을 연결하는 고리역할을 하며 중간적 성격을 갖는다.
② 공간의 성격상 여러 통과동선이 형성될 수 있다.

▸ 지문

① 진입마당(매개) : 20m 도로 연접, 중앙보행로의 시발점, 대지로의 주출입공간
② 중앙마당(매개) : 유전연구동 전면 진입공간
③ 소통마당(매개) : 백신연구동, 나노공학동 전면 진입공간, 수변보행로 연계
④ 만남광장(매개) : 기숙사 전면 진입공간
- 별도의 전용공간 제시되지 않고 매개공간 위주로 제시

3. 보차분리

- ▸ 보행자주출입구 : 대지 전면의 중심 위치에서 한쪽으로 너무 치우치지 않는 곳에 배치
- ▸ 주보행동선 : 모든 시설에서 접근성이 좋도록 시설의 중심에 계획
- ▸ 보·차분리를 동선계획의 기본 원칙으로 하되 내부도로가 형성되는 경우 등에는 부분적으로 보·차 교행구간이 발생하며 이 경우 횡단보도 또는 보행자 험프를 설치
- ▸ 보도 폭을 임의로 계획하는 경우 동선의 빈도와 위계를 고려하여 보도 폭의 위계를 조절

▸ 지문(대지현황)

① 단지 내 도로 : 차로 6m, 보행로 3m, 중앙보행로 12m, 공공보행로 8m
② 단지 내 차로는 보행로와 분리되도록 입체적으로 계획하고 차량 출입구는 2개소로 계획한다.
③ 지류를 가로지르는 단지 내 도로는 최대 2개소로 한다.
- 보 · 차 분리하는데 있어 단차를 활용한 입체적 접근을 요구(cross 되는 부분 있다고 예상)
- 지류 vs 2개 동선(중앙보행로 1개소 + 주차장Ⓐ로의 차량동선 1개소)

4. Privacy

- ▸ 공적공간 – 교류영역 / 개방적 / 접근성 / 동적
- ▸ 사적공간 – 특정이용자 / 폐쇄적 / 은폐 / 정적
- ▸ 건물의 기능과 용도에 따라 프라이버시를 요하는 시설 – 주거, 숙박, 교육, 연구 등
- ▸ 사적인 공간은 외부인의 시선으로부터 보호되어야 하며, 내부의 소리가 외부로 새나가지 않도록 하여야 한다. 즉 시선과 소리를 동시에 고려하여 건물을 배치하여야 한다.
- ▸ 프라이버시 대책

① 건물을 이격배치 하거나 배치 향을 조절 : 적극적인 해결방안, 우선 검토되는 것이 바람직
② 다른 건물을 이용하여 차폐
③ 차폐 식재하여 시선과 소리 차단 (상엽수를 밀실하게 열식)
④ FENCE, 담장 등 구조물을 이용

▸ 지문

① 기숙사㉮, ㉯ 2개동
- 프라이버시를 확보해야 하는 대표적인 용도
- 도로(소음원)에서 충분히 이격
- 주변 환경이 양호하고 지형과 향 및 조망을 고려한 위치에 검토

■ 문제풀이 Process

배치계획 문제풀이를 위한 핵심이론 요약

5. 성격이 다른 주차장

▸ 영역별 조닝계획

– 건물의 기능에 맞는 성격별 주차장의 합리적인 연계

▸ 성격이 다른 주차장의 일반적인 구분

① 일반 주차장

② 직원 주차장

③ 서비스 주차장 (하역공간 포함)

▸ 성격이 다른 주차장의 특성

① 일반주차장 : 건물의 주출입구 근처에 위치
주보행로 및 보도 연계가 용이한 곳
승하차장, 장애인 주차구획 배치
주차장 진입구와 가까운 곳
일방통행 + 순환동선 체계

② 직원주차장 : 건물의 부출입구 근처에 위치
제시되는 평면에 기능별 출입구 언급되는 경우가 대부분

③ 서비스주차 : 일반이용자의 영역에서 가급적 이격
주출입구 및 건물의 전면공지에서 시각 차폐 고려
토지이용효율을 고려하여 주로 양방향 순환체계 적용

▸ 지문

① 주차장Ⓐ : 옥외 11대 이상 / 방문자 주차장(제약사본부동 연계) – 양방향 동선

② 주차장Ⓑ : 옥외 22대 이상 / 관리동 연계 – 양방향 동선

③ 주차장Ⓒ : 옥내 22대 이상 / 기숙사㉯ 연계 – 양방향 동선

④ 주차장Ⓓ : 옥내 170대 이상 / 연구영역(출입구 2개소) – 일방향 동선

– 옥외 vs 옥내 주차장으로 구분하여 제시

– 지하주차장 규모 검토 시 $33m^2$ 내외/1대 정도의 규모로 개략 가능 / 지하주차장 영역 표현

6. 각종 제한요소

▸ 장애물 : 자연적요소, 인위적요소

▸ 건축선, 이격거리

▸ 경사도(급경사지)

▸ 일반적으로 제시되는 장애물의 형태

① 수목(보호수)

② 수림대(휴양림)

③ 연못, 호수, 실개천

④ 암반

⑤ 공동구 등 지하매설물

⑥ 기존건물 등 기타

▸ 지문

① 건축물은 인접대지경계선, 도로경계선 및 지류경계선에서 5m 이상 이격한다.

② 건축물과 외부시설, 건축물과 주차장, 외부시설(보호수림 포함)과 주차장 그리고 건축물과 단지 내 도로는 2m 이상 이격한다.

7. 경사도

▸ 대지의 경사기울기를 의미 – 비율, 퍼센트, 각도로 제시

▸ 제시된 등고선 간격(수평투영거리)과 높이차의 관계

▸ G=H : V 또는 G=V/H

▸ G=V/H×100

▸ 경사도에 따른 효율성 비교

비율 경사도	% 경사도	시각적 느낌	용도	공사의 난이도
1/25 이하	4% 이하	평탄함	활발한 활동	별도의 성토, 절토 작업 없이 건물과 도로 배치 가능
1/25 ~1/10	4~10%	완만함	일상적인 행위와 활동	
1/10 ~1/5	10~20%	가파름	언덕을 이용한 운동과 놀이에 적극이용	약간의 절토작업으로 건물과 도로를 전통적인 방법으로 배치가능, 편익시설의 배치 곤란
1/5 ~1/2	20%~50%	매우 가파름	테라스 하우스	새로운 형태의 건물과 도로의 배치 기법이 요구됨

▸ 지문

① 단지 내 도로 경사도

: 차로-1/10 이하, (중앙, 공공)보행로-1/12 이하

– 지형 조정을 위한 경사도는 별도 제시하지 않고 있음-1/2(수직/수평) or 45도 내외로 고려

– 옹벽과 조정된 등고선의 표현은 요구하고 있으므로 일부 지형선 표현되는 방향으로 검토

■ 문제풀이 Process

배치계획 주요 체크포인트

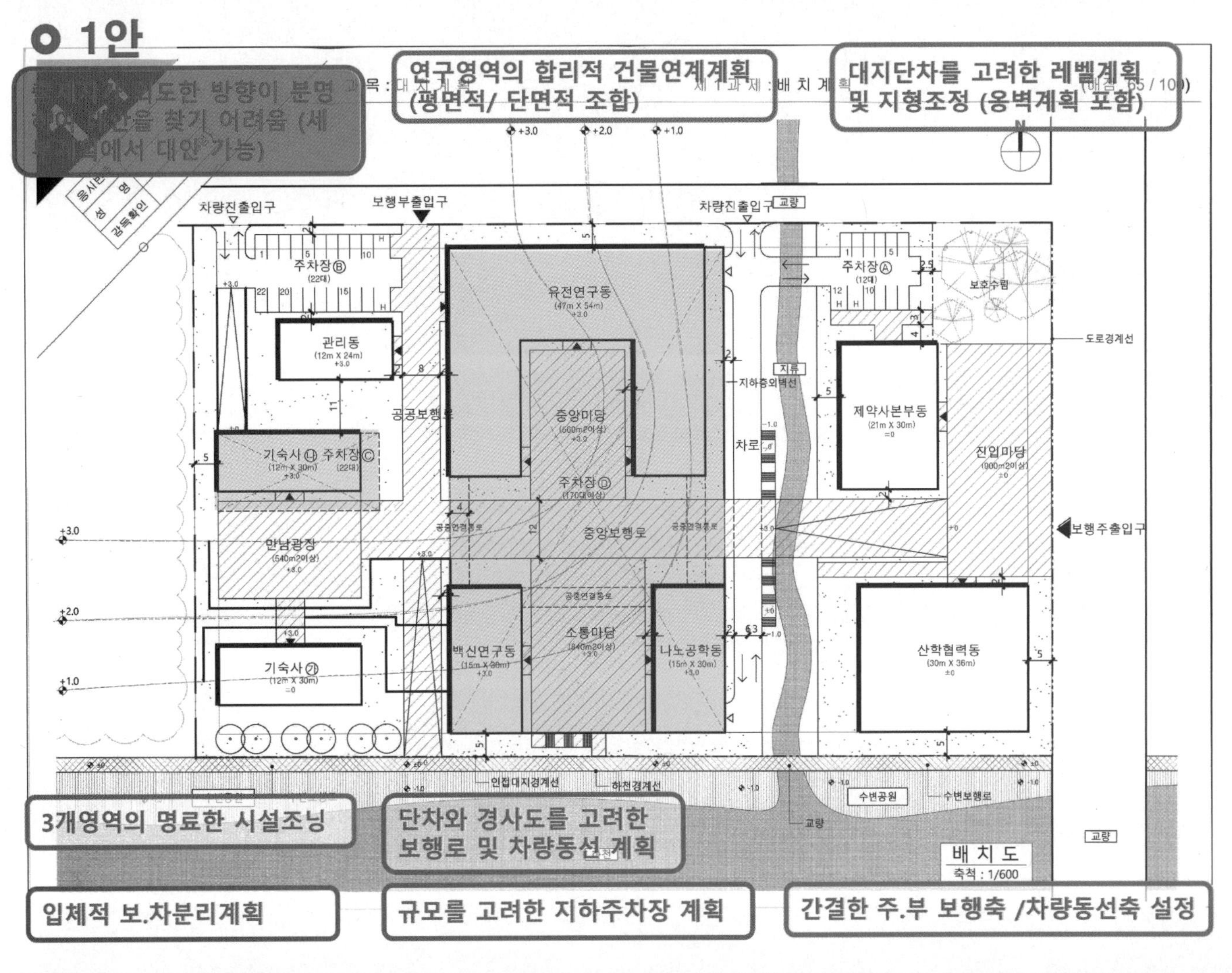

▸ 명확한 영역별 조닝 : 연구영역 vs 산학영역 vs 부속영역

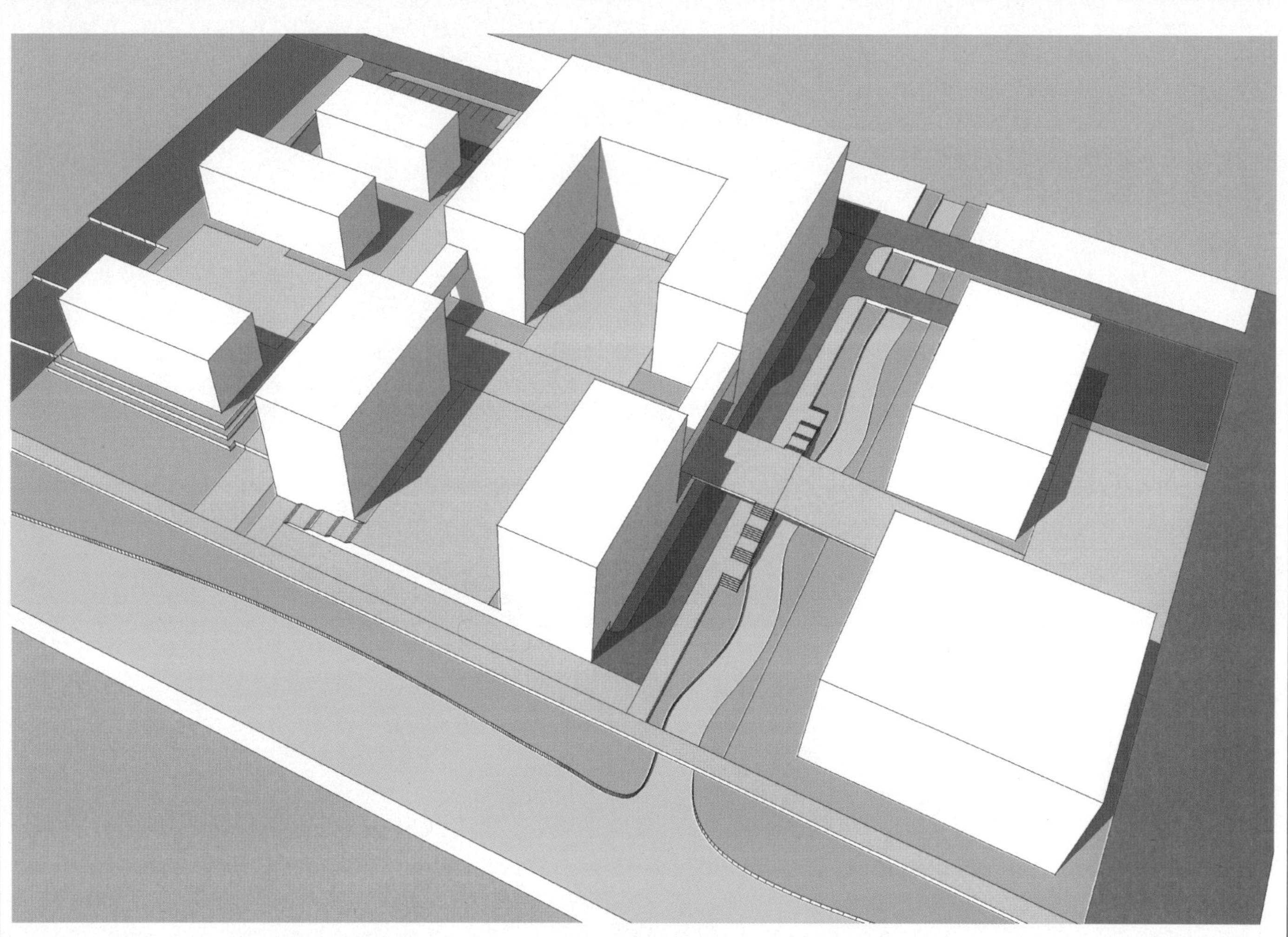

▸ 단차와 경사도를 고려한 보행로 및 차량동선 계획

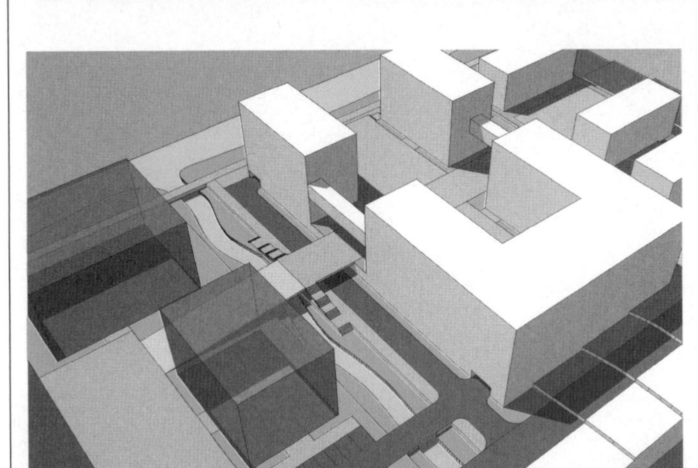

▸ 간결한 주.부 보행축 / 차량동선축 설정

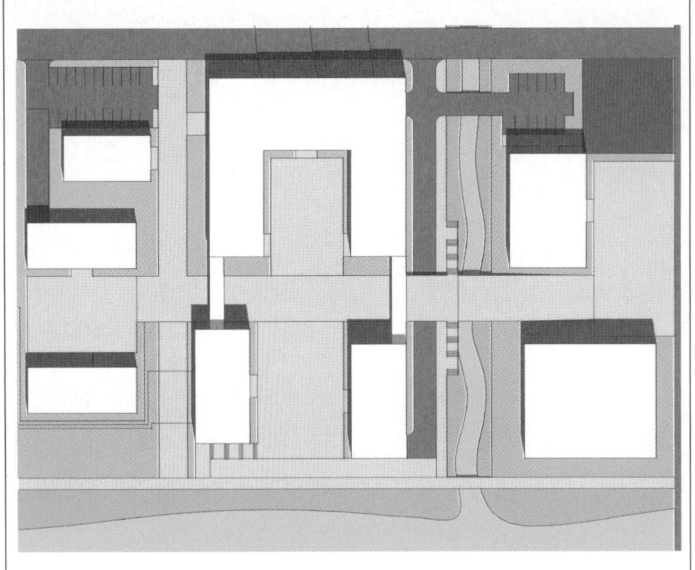

▸ 연구영역의 합리적 건물 및 시설 연계

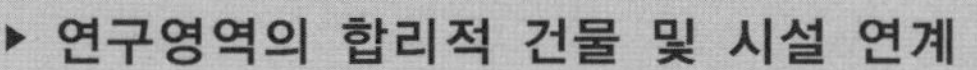

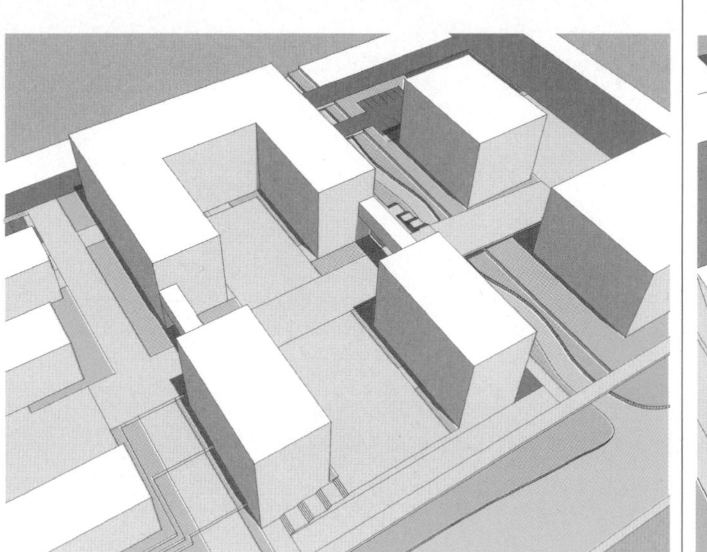

▸ 규모를 고려한 지하주차장 계획

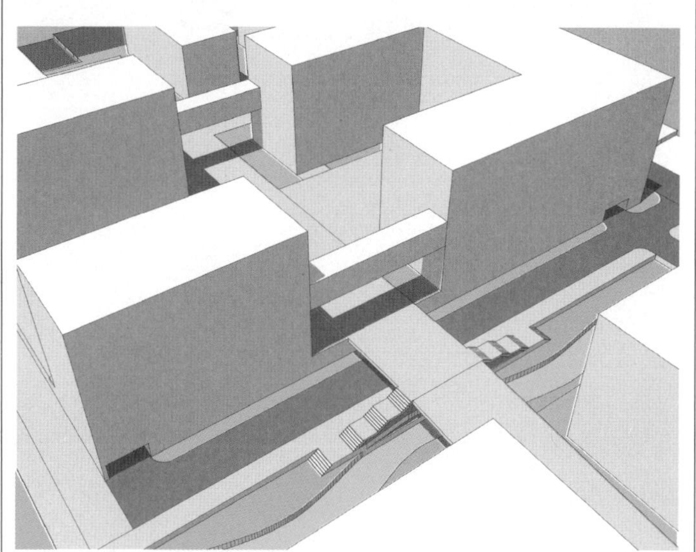

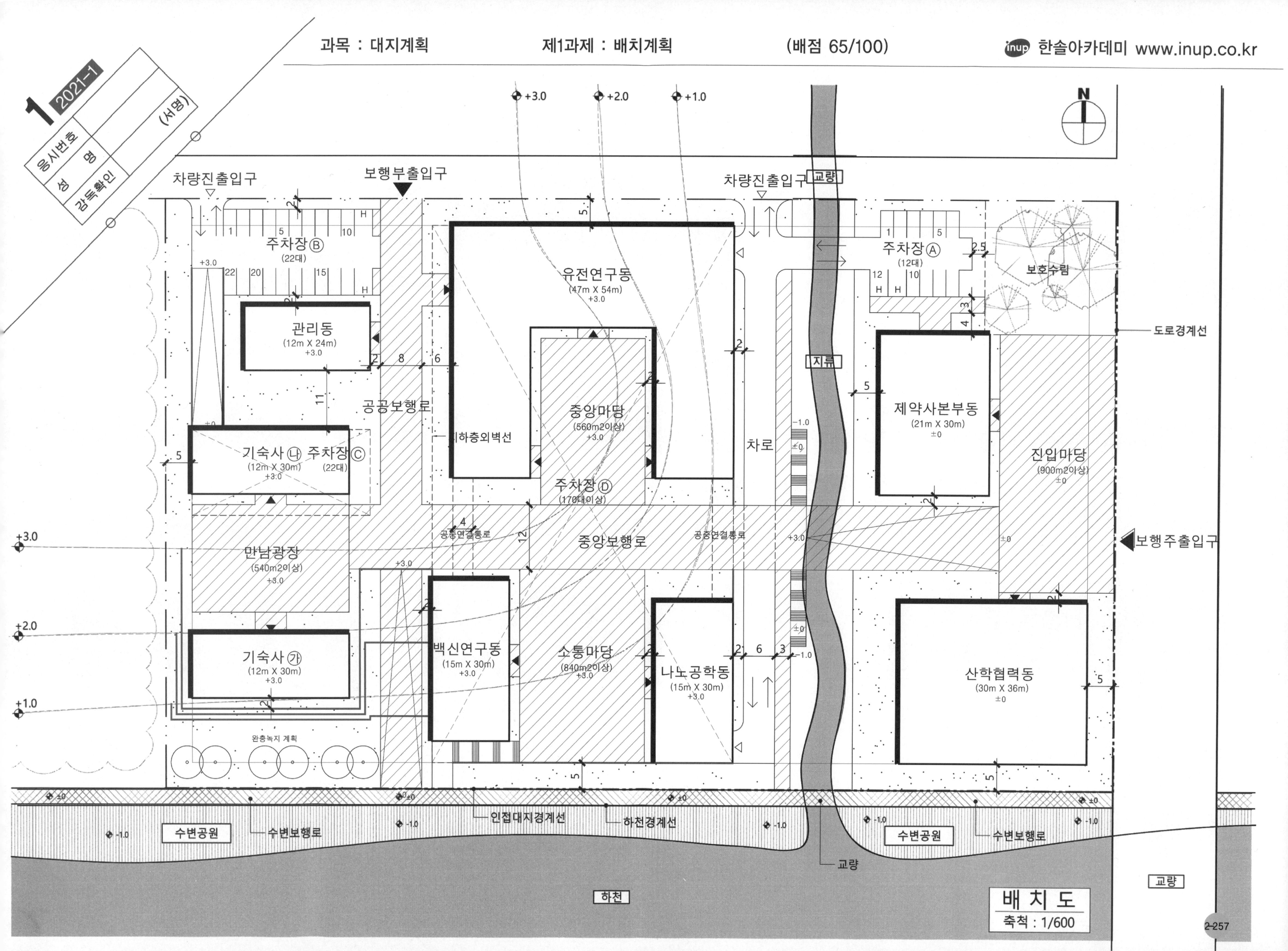
1 2021-1
응시번호
성 명
감독확인
(서명)
차량진출입구
보행부출입구
차량진출입구
교량
주차장Ⓑ
(22대)
주차장Ⓐ
(12대)
보호수림
유전연구동
(47m X 54m)
+3.0
관리동
(12m X 24m)
+3.0
중앙마당
(560m2이상)
+3.0
도로경계선
공공보행로
제약사본부동
(21m X 30m)
±0
지하층외벽선
차로
지류
기숙사Ⓛ
(12m X 30m)
+3.0
주차장Ⓒ
(22대)
주차장Ⓓ
(170대이상)
진입마당
(900m2이상)
±0
공중연결통로
중앙보행로
보행주출입구
만남광장
(540m2이상)
+3.0
백신연구동
(15m X 30m)
+3.0
소통마당
(840m2이상)
+3.0
나노공학동
(15m X 30m)
+3.0
산학협력동
(30m X 36m)
±0
기숙사㉮
(12m X 30m)
+3.0
완충녹지 계획
인접대지경계선
하천경계선
수변공원
수변보행로
교량
하천
배 치 도
축척 : 1/600

구 성	FACTOR

1. 제목
- 건축물의 용도 제시 (공동주택과 일반건축물 2가지로 구분)
- 최대건축가능영역의 산정이 대전제

2. 과제개요
- 과제의 목적 및 취지를 언급합니다.
- 전체사항에 대한 개괄적인 설명이 추가되는 경우도 있습니다.

3. 대지조건(개요)
- 대지에 관한 개괄적인 사항
- 용도지역지구
- 대지규모
- 건폐율, 용적률
- 대지내부 및 주변현황 (현황도 제시)

4. 계획조건
- 접도현황
- 대지안의 공지
- 각종 이격거리
- 각종 법규 제한조건 (정북일조, 채광일조, 가로구역별최고높이, 문화재보호앙각, 고도제한 등)
- 각종 법규 완화규정

FACTOR

① 배점을 확인합니다.
- 35점 (과제별 시간 배분 기준)

② 용도 체크
- 청소년문화의집: 일반건축물
- 최대건축가능영역
- 계획개요(면적표) 작성

③ 제3종 일반주거지역
- 정북일조권 적용

④ 건폐율 60% 이하
- 계획 시 건축면적 확인 필요

⑤ 용적률 200% 이하
- 계획 시 연면적 확인 필요

⑥ 건축물 최고 층수
- 계획적 factor로 파악

⑦ 현황분석
- 본격적인 문제풀이 전<대지현황도> 활용하여 대지 조건 파악

⑧ 인접도로 조건
- 6m, 3m 통과도로
- 폭 및 가각전제 조건 확인

⑨ 용도 및 층고
- 전시장, 강당, 수련시설
- 6m, 4.5m, 4m

⑩ 건축물 최소 너비 5m
- 계획적 factor

⑪ 주차계획
- 6대(장애인 2대 포함)
- 단위구획 크기 제시
- 자주식 직각주차
- 단위구획 상부 건축 불가
- 연접주차 불가

지 문 본 문

2021년도 제1회 건축사자격시험 문제

과목: 대지계획 제2과제 (대지분석 · 대지주차) ①배점: 35/100점

제 목 : 청소년문화의집 신축을 위한 최대 건축가능 규모 산정 및 주차계획 ②

1. 과제개요

지역사회에 청소년수련을 위한 청소년문화의집을 신축하고자 한다. 다음 사항을 고려하여 최대 건축가능 규모를 산정하고 배치도, 1층 평면 및 주차계획도, 단면도와 계획개요를 작성하시오.

2. 대지개요

(1) 용도지역 : 제2종 일반주거지역 ③
(2) 건 폐 율 : 60% 이하 ④
(3) 용 적 률 : 200% 이하 ⑤
(4) 건축물의 최고 층수 : 7층 이하 ⑥
(5) 주변현황 : <대지현황도> 참조 ⑦

3. 계획조건

(1) 건축물 각 부분의 높이는 계획대지 지표면을 기준으로 산정한다.
(2) 모든 인접대지의 레벨은 평탄한 것으로 간주한다.
(3) 계획대지의 주변도로는 ⑧ 통과도로이며 지상 1층과 대지의 레벨은 동일하다. 또한, 계획 대지의 모든 경계선 모퉁이 교차각은 90도이다.
(4) 1층은 전시장 및 다목적 강당 등으로 계획하고 2층 이상은 청소년 수련시설로 계획한다. 각 층의 층고는 다음과 같다. ⑨
- 1층 : 6.0m, 2층 : 4.5m, 3층 이상 : 4.0m
(5) 각 층의 건축물 너비는 5.0m 이상으로 ⑩ 한다.
(6) 주차계획 ⑪
① 주차대수 : 총 6대(장애인전용주차 2대 포함)
② 주차단위구획
- 일반형주차 : 2.5m x 5.0m
- 장애인전용주차 : 3.5m x 5.0m
③ 자주식 직각주차
④ 주차단위구획은 필로티 내부 및 세로 연접주차 불가
(7) 휴게마당에는 ⑫ 건축물 및 주차장을 계획할 수 없다.
(8) 필로티 면적은 바닥면적에 포함하지 않는다. ⑬
(9) 건축물의 모든 외벽은 수직이며 벽체 두께를 고려하지 않는다.
(10) 조경면적은 고려하지 않는다.

4. 높이제한 및 이격거리

(1) 일조 등의 확보를 위한 건축물의 높이제한 ⑭ 을 위하여 정북방향으로의 인접대지경계선에서 다음과 같이 이격한다. 다만, 근린공원에 접한 경우 일조 등의 확보를 위한 높이제한을 적용하지 않는다.
① 높이 9m 이하 부분 : 1.5m 이상
② 높이 9m 초과 부분 : 해당 건축물 각 부분 높이의 1/2 이상
(2) 건축물과의 이격거리 ⑮
① 인접대지경계선 및 건축선 : 1.0m 이상
② 휴게마당경계선 : 1.0m 이상
(3) 주차구획과의 이격거리 ⑯
① 인접대지경계선 및 건축선 : 1.0m 이상
② 건축물 : 0.5m 이상
③ 휴게마당경계선 : 1.0m 이상
④ 장애인전용주차구획과 일반주차구획 사이 : 1.0m 이상
(4) 옥탑 및 파라펫 높이는 고려하지 않는다.

4. 도면작성요령 ⑰

(1) 모든 도면은 <보기>를 참고 ⑱ 하여 최대 건축가능 규모를 표시한다.
(2) 배치도는 2층~최상층의 건축영역을 표기하되 중복된 층은 그 최상층만 표시한다.
(3) 1층 평면 및 주차계획도 ⑲ 에는 1층 건축영역과 주차계획을 표시한다. 또한, 상층부에 건축물이 돌출되는 경우에는 점선으로 표시한다.
(4) 단면도 ⑳ 에는 제시된 <A-A'>단면의 최대 건축가능 규모를 표시한다. 또한, 기준레벨과 건축물의 최고높이를 표기한다.
(5) 모든 기준선, 제한선, 이격거리, 층수 및 치수를 다음 도면에 표기한다.
① 배치도
② 1층 평면 및 주차계획도
③ 단면도
(6) 각종 제한선, 이격거리, 치수 및 면적은 소수점 이하 둘째자리에서 반올림하여 첫째자리까지 표기한다. ㉑
(7) 단위 : m, m^2 ㉒
(8) 축척 : 1/300 ㉓

FACTOR

⑫ 휴게마당
- 건축물, 주차장 계획 금지

⑬ 필로티 면적 제외

⑭ 정북일조 적용 조건
- 현행법과 동일

⑮ 건축물 이격거리
- 인접대지경계선 및 건축선 : 1.0m 이상
- 휴게마당경계선: 1.0m 이상

⑯ 주차구획과 이격거리
- 인접대지경계선 및 건축선 : 1.0m 이상
- 건축물: 0.5m 이상
- 휴게마당경계선: 1.0m 이상
- 장애인전용과 일반주차구획 : 1.0m 이상

⑰ 도면작성요령은 항상 확인

⑱ 모든 도면 <보기>참고

⑲ 1층 평면 및 주차계획도 표현
- 상부 건물라인 점선 표현

⑳ 단면도 표현

㉑ 계획개요 수치 표현
- 소수점 이하 둘째자리에서 반올림하여 첫째자리까지 표기

㉒ 단위
- m, m^2

㉓ 축척
- 1/300

구 성

- 대지 내외부 각종 장애물에 관한 사항
- 1층 바닥레벨
- 각종 층고
- 외벽계획 지침
- 대지의 고저차와 지표면 산정기준
- 기타사항 (요구조건의 기준은 대부분 주어지지만 실무에서 보편적으로 다루어지는 제한요소의 적용에 대해서는 간략하게 제시되거나 현행법령을 기준으로 적용토록 요구할 수 있으므로 그 적용방법에 대해서는 충분한 학습을 통한 훈련이 필요합니다)

5. 도면작성요령
- 건축가능영역 표현방법(실선, 빗금)
- 층별 영역 표현법
- 각종 제한선 표기
- 치수 표현방법
- 반올림 처리기준
- 단위 및 축척

구 성	FACTOR	지 문 본 문	FACTOR	구 성

7. 대지현황도
- 대지현황
- 대지주변현황 및 접도 조건
- 기존시설현황
- 대지, 도로, 인접대지의 레벨 또는 등고선
- 각종 장애물 현황
- 계획가능영역
- 방위
- 축척
  (답안작성지는 현황도와 대부분 중복되는 내용이지만 현황도에 있는 정보가 답안작성지에서는 생략되기도 하므로 문제 접근시 현황도를 꼼꼼히 체크하는 습관이 필요합니다.)

㉔ <보기> 확인

㉕ 명시되지 않은 사항
- 기타 법규를 검토할 경우 항상 문제해결의 연장선에서 합리적이고 복합적으로 고려

㉖ 현황도 파악
- 대지경계선 확인
- 대지현황(평지, 휴게마당)
- 접도현황(개소, 너비, 레벨 등)
- 현황 파악
  (차량 진출입 불허구간, 하천, 근린공원, 주변대지 레벨, 북측대지 레벨 등)
- 방위
- 축척 없음
- 단면지시선 위치
- 기타사항
- 제시되는 현황도를 이용하여 1차적인 현황분석(대지경계선이 변경되는 부분이 있는지 가장 먼저 확인, 변경되는 경우 대지면적과 건폐율, 용적률 범위 최대 면적을 기입 후 문제풀이)

과목: 대지계획 제2과제 (대지분석 · 대지주차) 배점: 35/100점

<보기> ㉔

홀수층	(빗금)
짝수층	(빈칸)

6. 유의사항

(1) 답안작성은 반드시 흑색 연필로 한다.

(2) 명시되지 않은 사항은 현행 관계 법령의 범위 안에서 임의로 한다. ㉕

<대지현황도> 축척 없음 ㉖

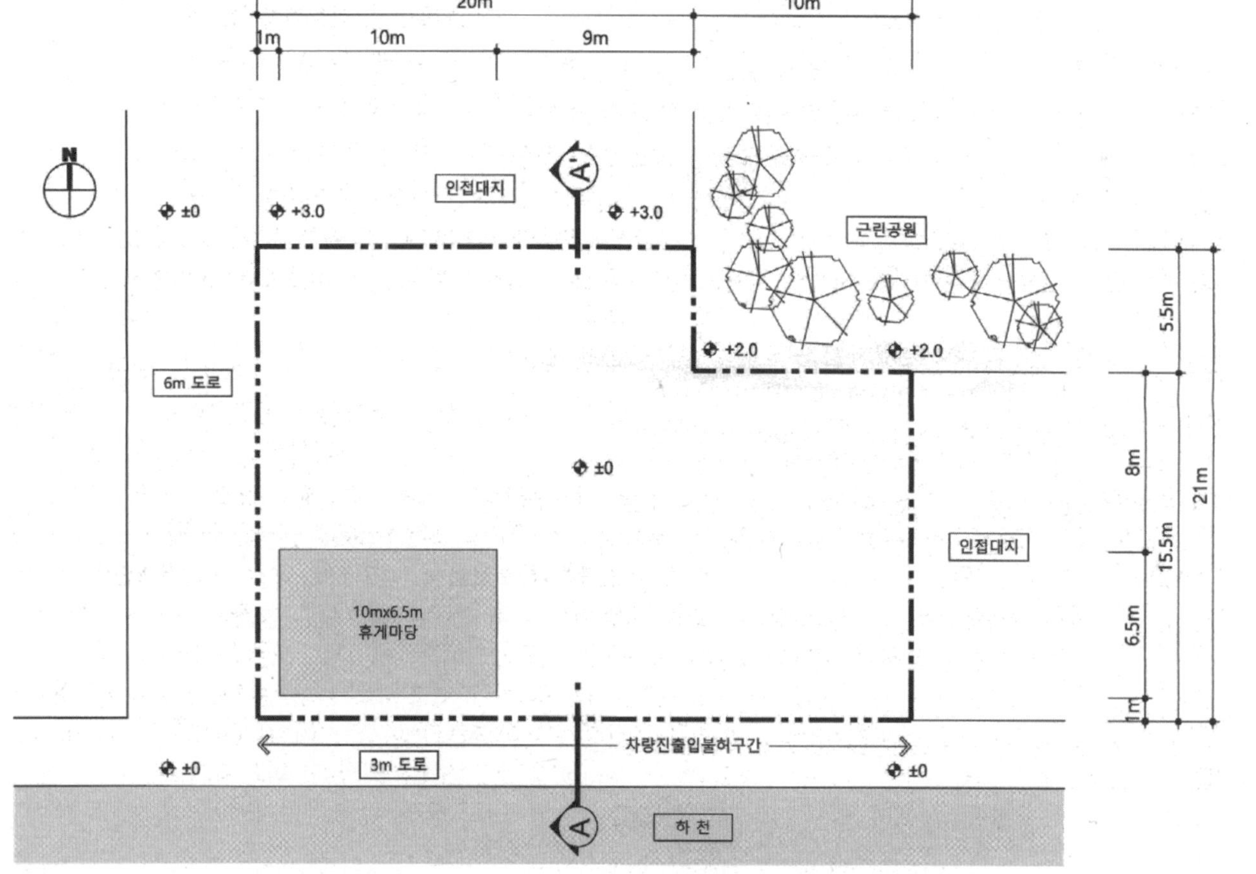

6. 유의사항
- 제도용구
  (흑색연필 요구)
- 명시되지 않은 현행법령의 적용방침
  (적용 or 배제)

■ 문제풀이 Process

1 제목, 과제 및 대지개요 확인

① 배점 확인 : 35점
- 문제 난이도 예상
- 제1과제(배치계획)와 시간배분의 기준으로 유연하게 대처

② 제목 : 청소년문화의집 신축을 위한 최대 건축가능규모 산정 및 주차계획
- 용도 : 청소년문화의집 (일반건축물)
- 주차계획을 포함한 규모계획을 하고 계획개요를 작성하도록 요구

③ 제2종 일반주거지역
- 정북일조 고려

④ 건폐율 60% 이하

⑤ 용적률 200% 이하

⑥ 건축물의 최고 층수 : 7층 이하(가로구역별 최고높이 아님, 계획적 factor)

⑦ 구체적인 지문조건 분석 전 현황도를 이용하여 1차적인 현황분석을 우선 하도록 함
- 가장 먼저 확인해야 하는 사항은 건축선 변경 여부임을 항상 명심

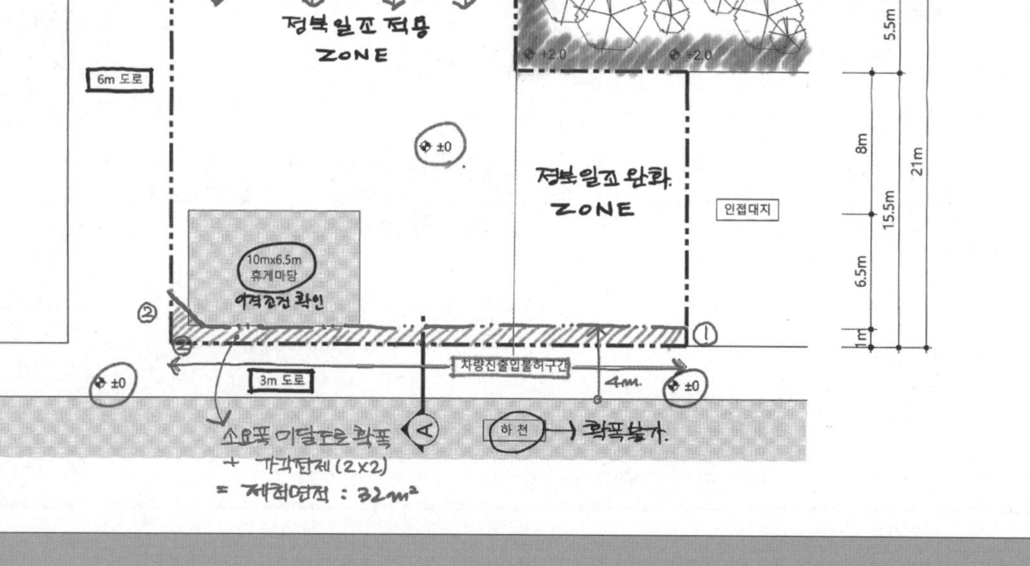

2 현황분석

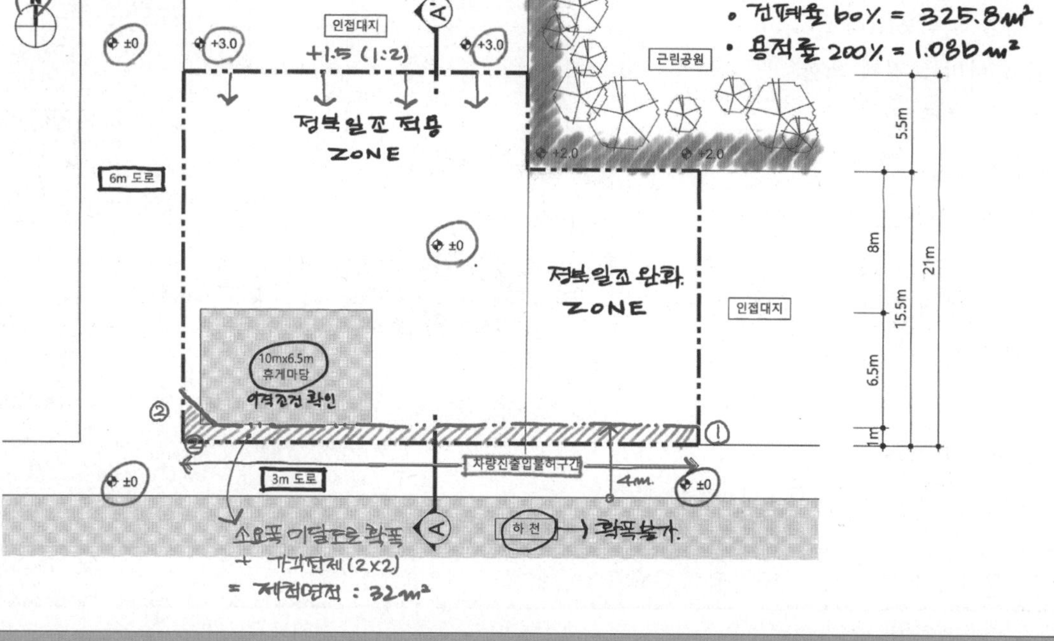

① 대지조건
- ㄴ자형의 평탄지
- 대지면적 : 543m² (소요폭 미달도로 확폭, 가각전제)
  575−32=543m² / 건폐율, 용적률에 따른 최대 건축가능영역의 범위 check
- 휴게마당에 따른 건축제한 파악

② 주변현황
- 인접대지 모두 제2종 일반주거지역으로 파악
- 북측 인접대지와 근린공원 경계를 기준으로 정북일조 적용

③ 접도조건 확인
- 서측 6m 도로, 남측 3m도로(통과도로)
- 소요폭 미달도로 확폭 후 도로모퉁이 2m x 2m 가각전제(제척면적=32m²)

④ 대지 및 인접대지, 도로 레벨 check

⑤ 방위 확인
- 일조 등의 확보를 위한 높이제한 적용 기준 확인(정북일조)

⑥ 단면지시선 위치 확인
- 정북일조 적용되는 위치에 제시

3 요구조건분석

① 대지면적: 543m² / 건폐율max(60%): 325.8m² / 용적률max(200%): 1,086m²

② 건축물 각 부분의 높이는 계획대지 지표면 기준

③ 층고는 1층: 6.0m, 2층: 4.5m, 3층 이상: 4.0m

④ 각 층 건축물 너비는 5.0m 이상으로 함(최소폭 조건, 계획적 factor)

⑤ 주차계획
- 주차대수 6대(장애인전용주차 2대 포함)
- 일반형 : 2.5m x 5.0m, 장애인전용 : 3.5m x 5.0m
- 자주식 직각주차
- 모든 주차구획은 필로티 내부 및 세로 연접주차 불가

⑥ 휴게마당에는 건축물 및 주차장 계획 불가

⑦ 필로티 면적 바닥면적에서 제외

⑧ 건축물의 모든 외벽은 수직이며 벽체 두께를 고려하지 않음

⑨ 정북일조 적용: 근린공원 완화구간 유의

⑩ 건축물과 인접대지경계선, 건축선, 휴게마당경계선은 1.0m 이상 이격

⑪ 주차구획과 인접대지경계선, 건축선, 휴게마당경계선은 1.0m 이상 이격

⑫ 주차구획과 건축물은 0.5m 이상 이격

⑬ 장애인전용 주차구획과 일반 주차구획 사이 1.0m 이상 이격

⑭ 옥탑 및 파라펫 높이는 고려하지 않음

■ 문제풀이 Process

4 수평영역 및 수직영역 검토 / 주차장 계획방향 설정

① 최대 건축가능영역 검토
(건폐율, 용적률 적용 이전)
- 주차장 배제한 규모 검토 선행
- 각종 이격거리 조건 정리
- 정북일조 적용(from +1.5)
- 최소 너비 조건에 의한 건축물 형태 정리

② 주차장 계획
- 건축가능영역 고려한 주차장 (북측에 주차구획 배치하는 것이 규모 검토에 유리)
- 주차구획과 이격거리 고려한 건축가능영역 정리

③ 1차 연면적 산정
- 용적률 200%(1,086m²) 초과 확인

대지면적	543
건축면적	278.5 / 543 = 51.3 %
연면적	1,385 / 543 = 255.07 %

1,385 - 1,086 = 299 → 연면적 초과분

① 최대건축가능영역, 연선 check.
② 1층 주차장 대안검토
③ 면적 확인
최소너비 미달영역 제척.

5 용적률 초과면적에 따른 건물 형태 정리(대안)

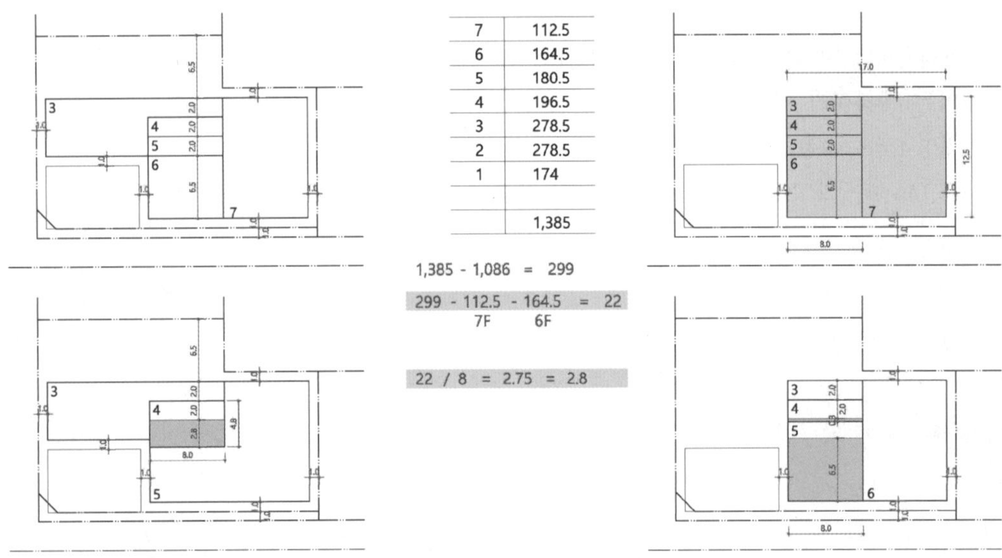

7	112.5
6	164.5
5	180.5
4	196.5
3	278.5
2	278.5
1	174
	1,385

1,385 - 1,086 = 299
299 - 112.5 - 164.5 = 22 (7F, 6F)
22 / 8 = 2.75 = 2.8

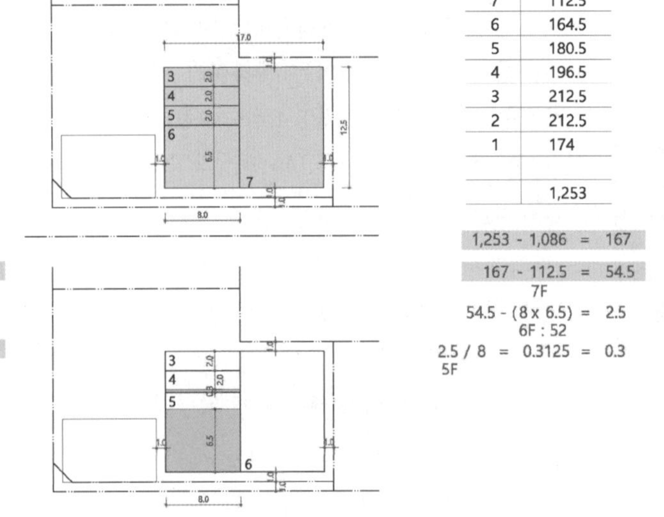

7	112.5
6	164.5
5	180.5
4	196.5
3	212.5
2	212.5
1	174
	1,253

1,253 - 1,086 = 167
167 - 112.5 = 54.5 (7F)
54.5 - (8 x 6.5) = 2.5 (6F : 52)
2.5 / 8 = 0.3125 = 0.3 (5F)

① 용적률 초과면적 → 최상층부터 제척
- 산정한 층별 면적을 기준으로 7층, 6층, 5층 순서로 연면적을 제척해 나감
- 5층 일부(22m²)를 제척하는 다양한 방법이 존재 (수많은 대안 가능)

② 용적률 초과면적 → 건물 형태 단순화하는 방향
- 3층 하부 필로티 영역을 잘라내 직사각형으로 형태 정리
- 7층 제척 후 6층과 5층의 일부를 잘라내 단순한 형태로 정리(수많은 대안 가능)

6 모범답안

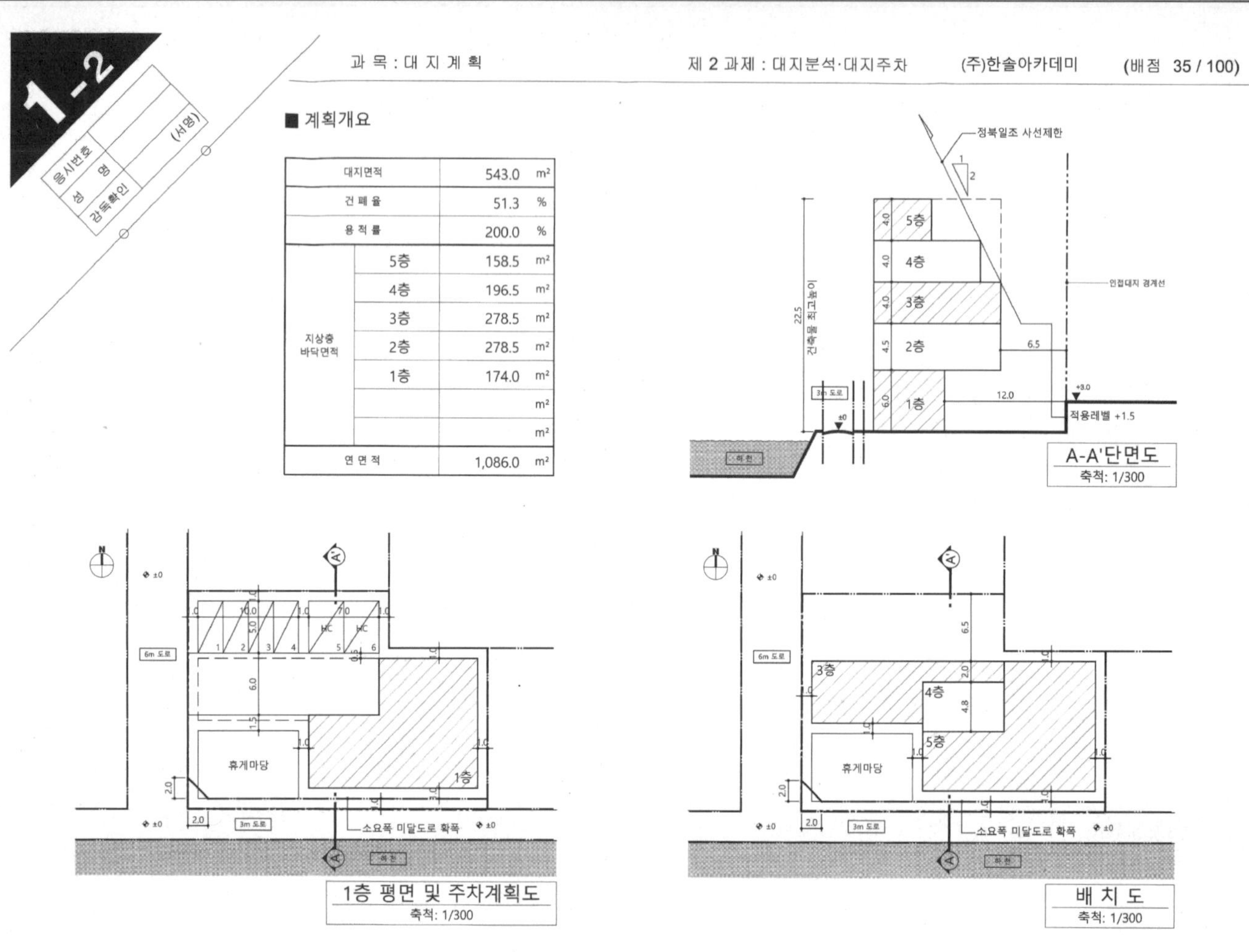

대지면적		543.0	m²
건 폐 율		51.3	%
용 적 률		200.0	%
지상층 바닥면적	5층	158.5	m²
	4층	196.5	m²
	3층	278.5	m²
	2층	278.5	m²
	1층	174.0	m²
			m²
			m²
연 면 적		1,086.0	m²

■ 주요 체크포인트

① 건폐율 / 용적률 적용
② 건물 최고 층수 : 7층 이하
③ 정북일조 사선제한 적용
④ 소요폭 미달도로 확폭 및 가각전제
⑤ 각 층 건축물 너비 5m 이상
⑥ 최대건축가능영역을 고려한 주차장
- 주차구획은 필로티 불가
- 장애인, 일반주차구획 간 1.0m 이격
⑦ 바닥면적 산정
- 용적률 고려한 연면적 조정 (다양한 대안 가능)
- 정확한 건축개요 작성(용적률 max)

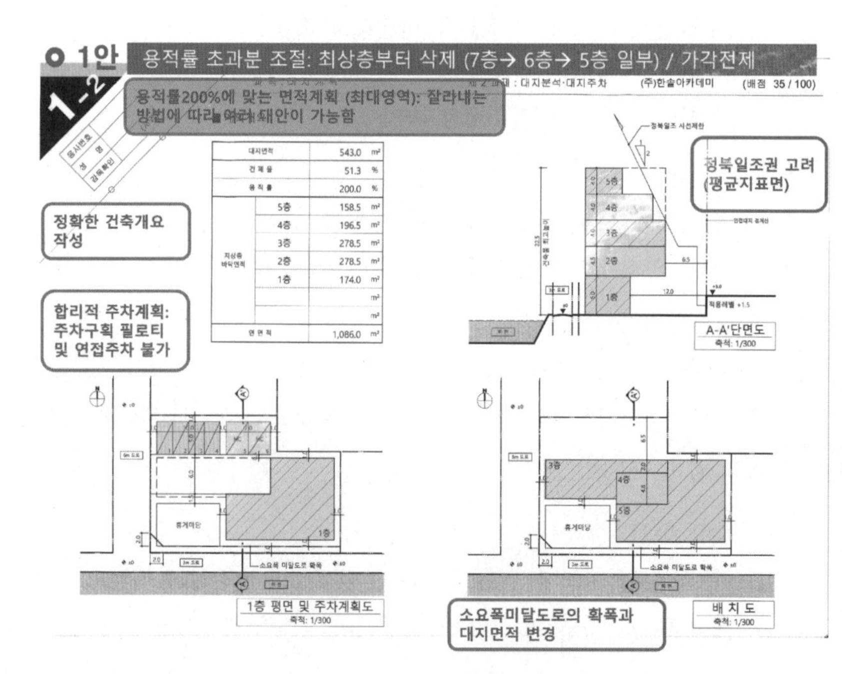

■ 문제풀이 Process

대지분석 · 조닝/대지주차 문제풀이를 위한 핵심이론 요약

1. 정북일조

▸ 지역일조권 : 전용주거지역, 일반주거지역 모든 건축물에 해당

▸ 인접대지와 고저차 있는 경우 : 평균 지표면 레벨이 기준

▸ 인접대지경계선으로부터의 이격거리
- 높이 9m 이하 : 1.5m 이상
- 높이 9m 초과 : 건축물 각 부분의 1/2 이상

▸ 계획대지와 인접대지 간 고저차 있는 경우

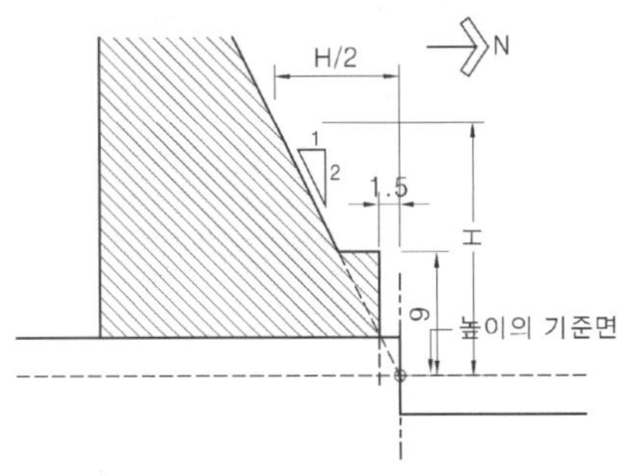

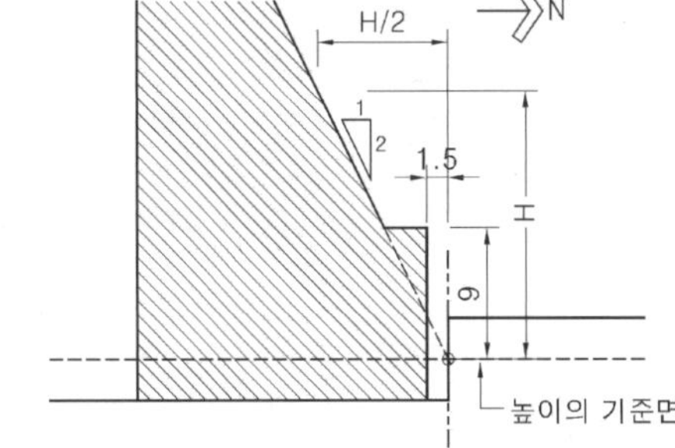

▸ 정북 일조를 적용하지 않는 경우
- 다음 각 목의 어느 하나에 해당하는 구역 안의 너비 20미터 이상의 도로(자동차 · 보행자 · 자전거 전용도로, 도로에 공공공지, 녹지, 광장, 그 밖에 건축미관에 지장이 없는 도시 · 군계획시설이 접한 경우 해당 시설 포함)에 접한 대지 상호간에 건축하는 건축물의 경우
  가. 지구단위계획구역, 경관지구
  나. 중점경관관리구역
  다. 특별가로구역
  라. 도시미관 향상을 위하여 허가권자가 지정 · 공고하는 구역
- 건축협정구역 안에서 대지 상호간에 건축하는 건축물(법 제77조의4제1항에 따른 건축협정에 일정 거리 이상을 띄어 건축하는 내용이 포함된 경우만 해당한다)의 경우
- 정북 방향의 인접 대지가 전용주거지역이나 일반주거지역이 아닌 용도지역인 경우

▸ 정북 일조 완화 적용
- 건축물을 건축하려는 대지와 다른 대지 사이에 다음 각 호의 시설 또는 부지가 있는 경우에는 그 반대편의 대지경계선(공동주택은 인접 대지경계선과 그 반대편 대지경계선의 중심선)을 인접대지경계선으로 한다.
  1. 공원(도시공원 중 지방건축위원회의 심의를 거쳐 허가권자가 공원의 일조 등을 확보할 필요가 있다고 인정하는 공원은 제외), 도로, 철도, 하천, 광장, 공공공지, 녹지, 유수지, 자동차 전용도로, 유원지 등
  2. 다음 각 목에 해당하는 대지
     가. 너비(대지경계선에서 가장 가까운 거리를 말한다)가 2미터 이하인 대지
     나. 면적이 제80조 각 호에 따른 분할제한 기준 이하인 대지
  3. 1,2호 외에 건축이 허용되지 않는 공지

2. 소요폭 미달도로

▸ 건축법상 도로
- 보행과 자동차 통행이 가능한 너비 4미터 이상의 도로
- 폭 4m에 미달되는 경우 4m 이상 확폭

▸ 접도조건
- 2m (연면적 2,000m² 이상인 건축물 : 너비 6m 이상의 도로에 4m 이상)

▸ 보행이 불가능하거나 차량통행이 불가능한 도로는 건축법상 도로 아니다
- 자동차전용도로, 고속도로, 보행자전용도로 등

▸ 소요폭 미달도로의 확폭 기준

조 건	건축선	도 해	비 고
도로 양쪽에 대지가 있을 때	미달되는 도로의 중심선에서 소요너비의 1/2 수평거리를 후퇴한 선	건축선 / 도로중심선 / 건축선 / 통과도로 / 소요폭(4m) 미달도로 / 2m / 2m / 4m (소요폭)	- 확폭 불가능한 경사지인지 아닌지는 절대 주관적으로 판단하지 말 것 - 확폭된 부분은 대지면적에서 제외
도로의 반대쪽에 경사지 · 하천 · 철도 · 선로부지 등이 있을 때	경사지 등이 있는 쪽의 도로 경계선에서 소요너비에 필요한 수평거리를 후퇴한 선	건축선 / 소요폭미달도로 / 경사지 하천 철도부지 / 4m (소요폭) / 폭4m 미만 도로의 건축선	

3. 가각전제

▸ 120° 미만인 도로로서 4m 이상 8m 미만인 도로의 교차시 도로 모퉁이에서의 시야확보가 목적

▸ 3m, 8m 도로, 120° 는 제외

▸ 가각전제된 부분은 대지면적에서 제외

▸ 도로너비와 교차각에 따른 가각전제 기준

도로의 교차각	당해 도로의 너비: 6m 이상 8m 미만	당해 도로의 너비: 4m 이상 6m 미만	교차되는 도로 너비
90° 미만	4m	3m	6m 이상 8m 미만
	3m	2m	4m 이상 6m 미만
90° 이상 120° 미만	3m	2m	6m 이상 8m 미만
	2m	2m	4m 이상 6m 미만

▸ 확폭과 가각전제를 동시 고려하는 경우
- 확폭을 우선 적용 후 가각전제 하는 순서로 진행

4. 소규모 주차장

▸소규모 주차장 관련 법규

- 부설주차장의 총 주차대수 규모가 8대 이하인 자주식주차장
- 차로의 너비는 2.5m
- 보도와 차도의 구분이 없는 너비 12미터 미만의 도로에 접하여 있는 경우 그 도로를 차로로 하여 주차단위구획을 배치할 수 있다.
  이 경우 차로의 너비는 도로를 포함하여 6미터 이상(평행주차인 경우에는 도로를 포함하여 4미터 이상)으로 하며, 도로의 포함범위는 중앙선까지로 하되 중앙선이 없는 경우에는 도로 반대측 경계선까지로 한다.
- 보도와 차도의 구분이 있는 12미터 이상의 도로에 접하여 있고 주차대수가 5대 이하인 부설주차장은 당해 주차장의 이용에 지장이 없는 경우에 한하여 그 도로를 차로로 하여 직각주차형식으로 주차단위구획을 배치할 수 있다.

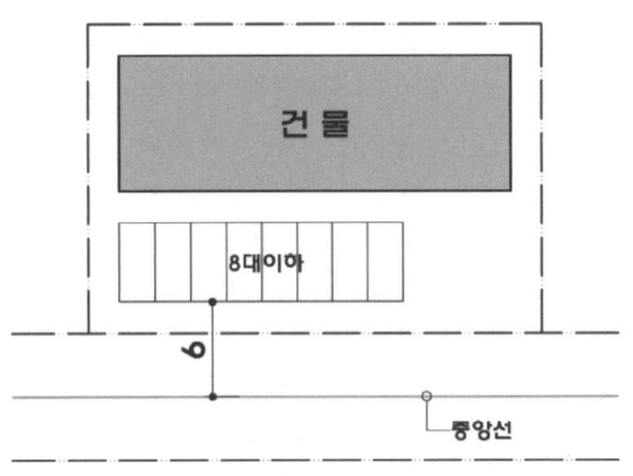

보도와 차도의 구분이 없는 12m 미만의 도로
(중앙선이 있는 경우)

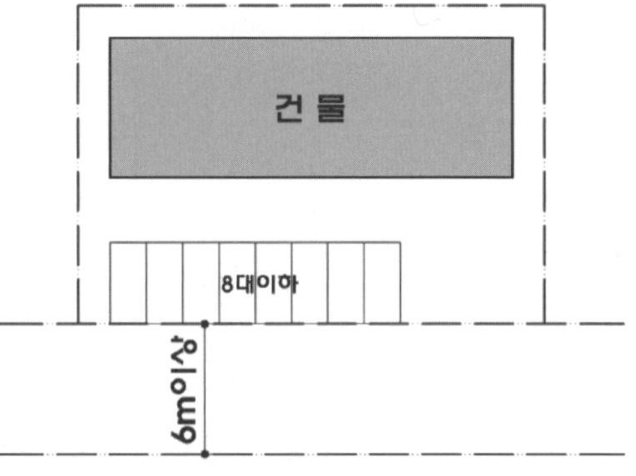

보도와 차도의 구분이 없는 12m 미만의 도로
(중앙선이 없는 경우)

- 주차대수 5대 이하의 주차단위구획은 차로를 기준으로 하여 세로로 2대까지 접하여 배치할 수 있다.
- 출입구의 너비는 3미터 이상으로 한다.
  다만, 막다른도로에 접하여 있는 부설주차장으로서 시장·군수 또는 구청장이 차량의 소통에 지장이 없다고 인정하는 경우에는 2.5미터 이상으로 할 수 있다.
- 보행인의 통행로가 필요한 경우에는 시설물과 주차단위구획사이에 0.5미터 이상의 거리를 두어야 한다.

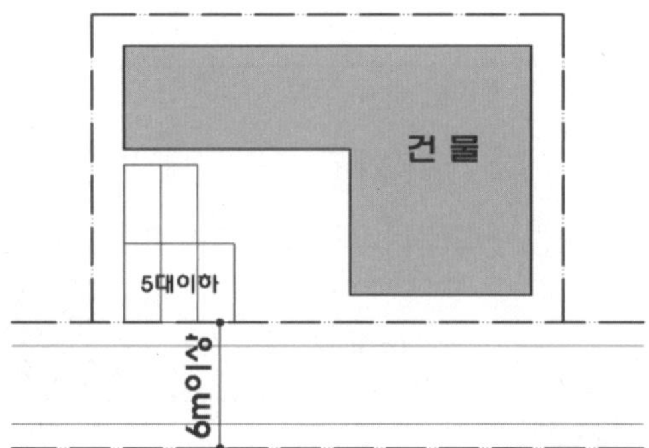

▸지문

① 주차대수는 총 6대(장애인전용 주차 2대 포함)

② 자주식 직각주차 / 주차단위구획은 필로티 내부 및 세로 연접주차 불가

- 연접주차 불가 지문 조건에 의해 소규모 주차장 완화조건 적용을 배제한 경우임

나만의 핵심정리 노트

■ 문제풀이 Process

대지분석 · 조닝/대지주차 주요 체크포인트

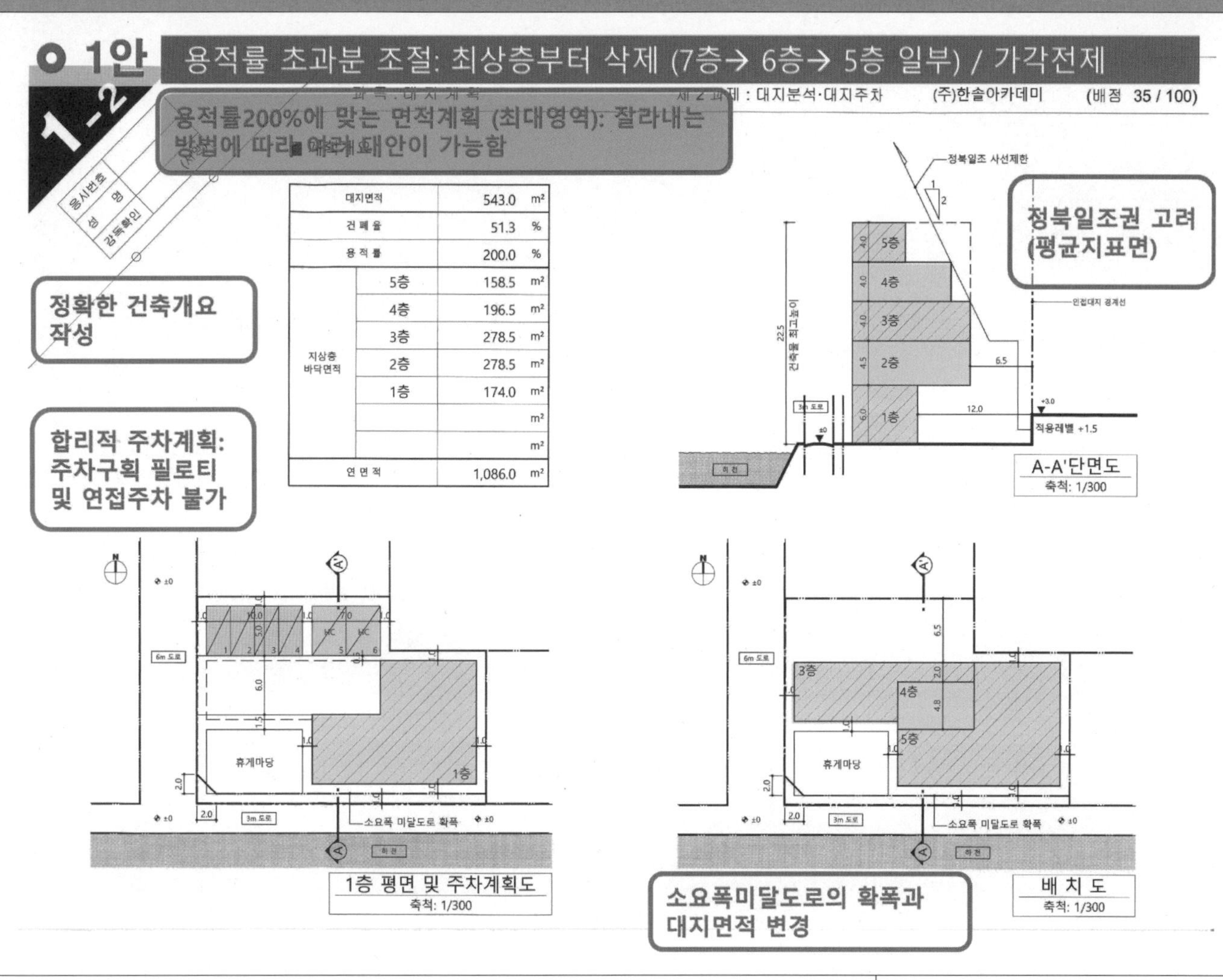

대지면적		543.0	m²
건 폐 율		51.3	%
용 적 률		200.0	%
지상층 바닥면적	5층	158.5	m²
	4층	196.5	m²
	3층	278.5	m²
	2층	278.5	m²
	1층	174.0	m²
			m²
			m²
연 면 적		1,086.0	m²

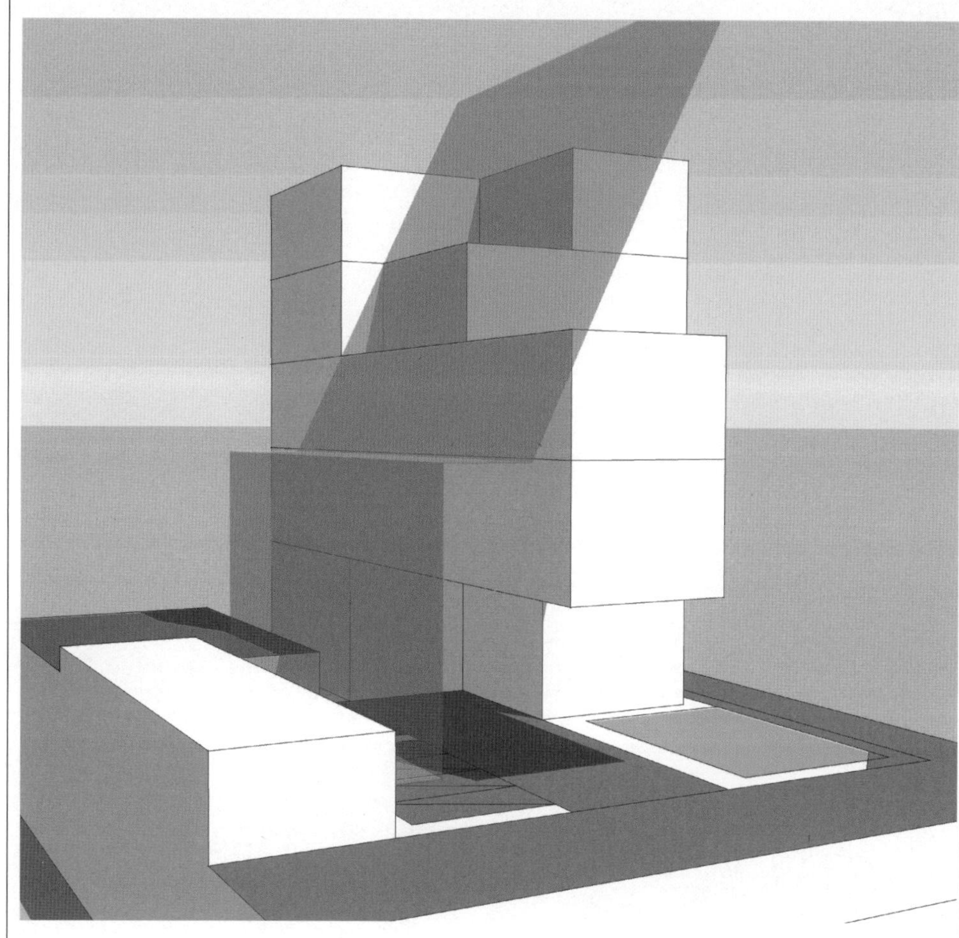

▸ 정북일조 적용

① 정북일조 완화구간
 : 북측 근린공원 영역

② 북측인접대지 조건에 따른 합리적 일조권 적용
 : ±0 vs +3.0
 적용레벨 = +1.5

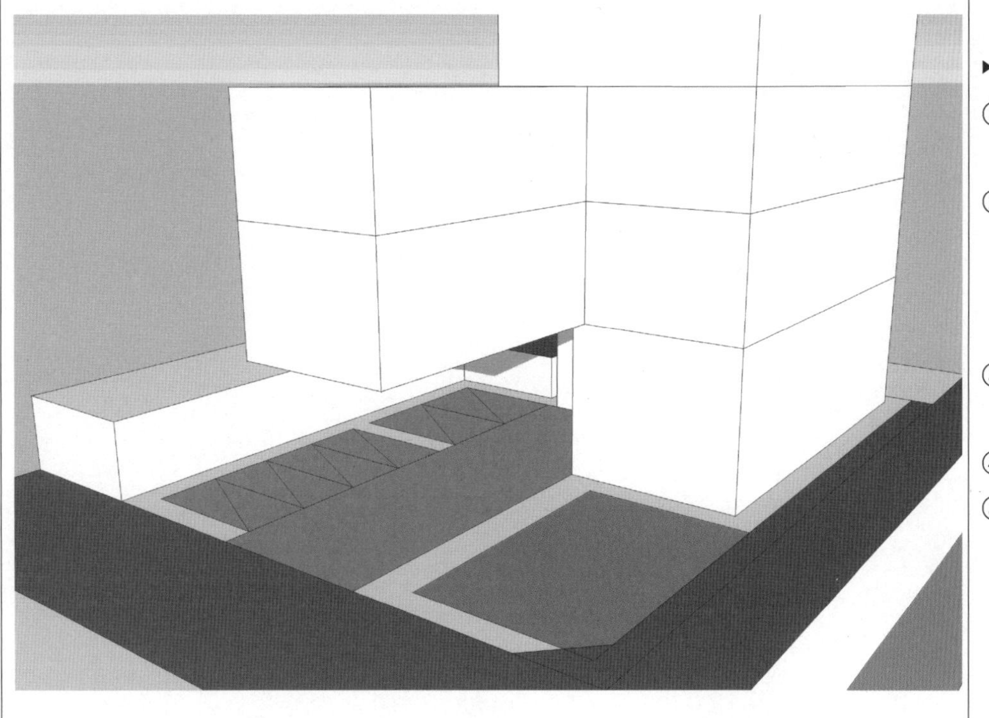

▸ 지상 주차장 계획

① 차량진출입로는 6m 도로 (차량진출입불허구간 check)

② 최대 연면적을 고려한 주차구획 위치 선정
 : 정북일조 적용되는 대지 북측 영역에 배치

③ 주차구획은 필로티 내부 및 연접주차 불가

④ 차로는 필로티 가능

⑤ 소규모주차장에 해당되지만 연접주차 불가 조건에 의해 6m 도로를 차로로 활용하는 대안이 규모검토에 불리

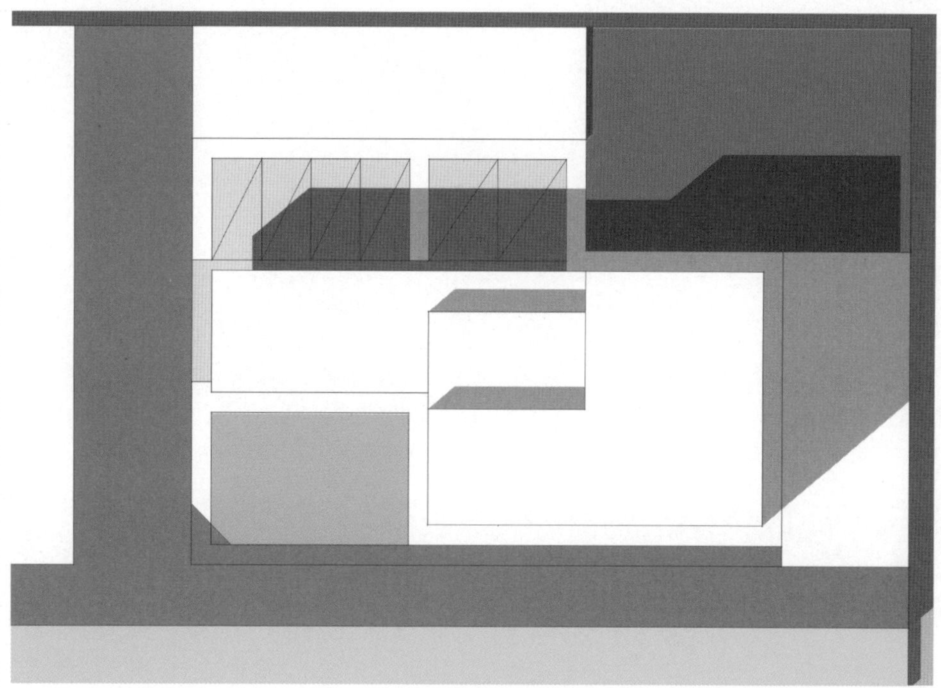

▸ 건폐율, 용적률 적용

① 최대 용적률을 만족하는 다양한 형태의 대안이 가능

② 정확한 면적 산정 및 건축개요 작성

▸ 이격거리 준수

① 건축물은 대지경계선으로부터 1.0m 이상 / 휴게마당경계선으로부터 1.0m 이상 이격

② 주차구획은 대지경계선 및 휴게마당경계선으로부터 1.0m 이상 / 건축물로부터 0.5m 이상 / 장애인전용주차구획과 일반 주차구획 사이 1.0m 이상 이격

■ 계획개요

대지면적		543.0	m²
건 폐 율		51.3	%
용 적 률		200.0	%
지상층 바닥면적	5층	158.5	m²
	4층	196.5	m²
	3층	278.5	m²
	2층	278.5	m²
	1층	174.0	m²
			m²
			m²
연 면 적		1,086.0	m²

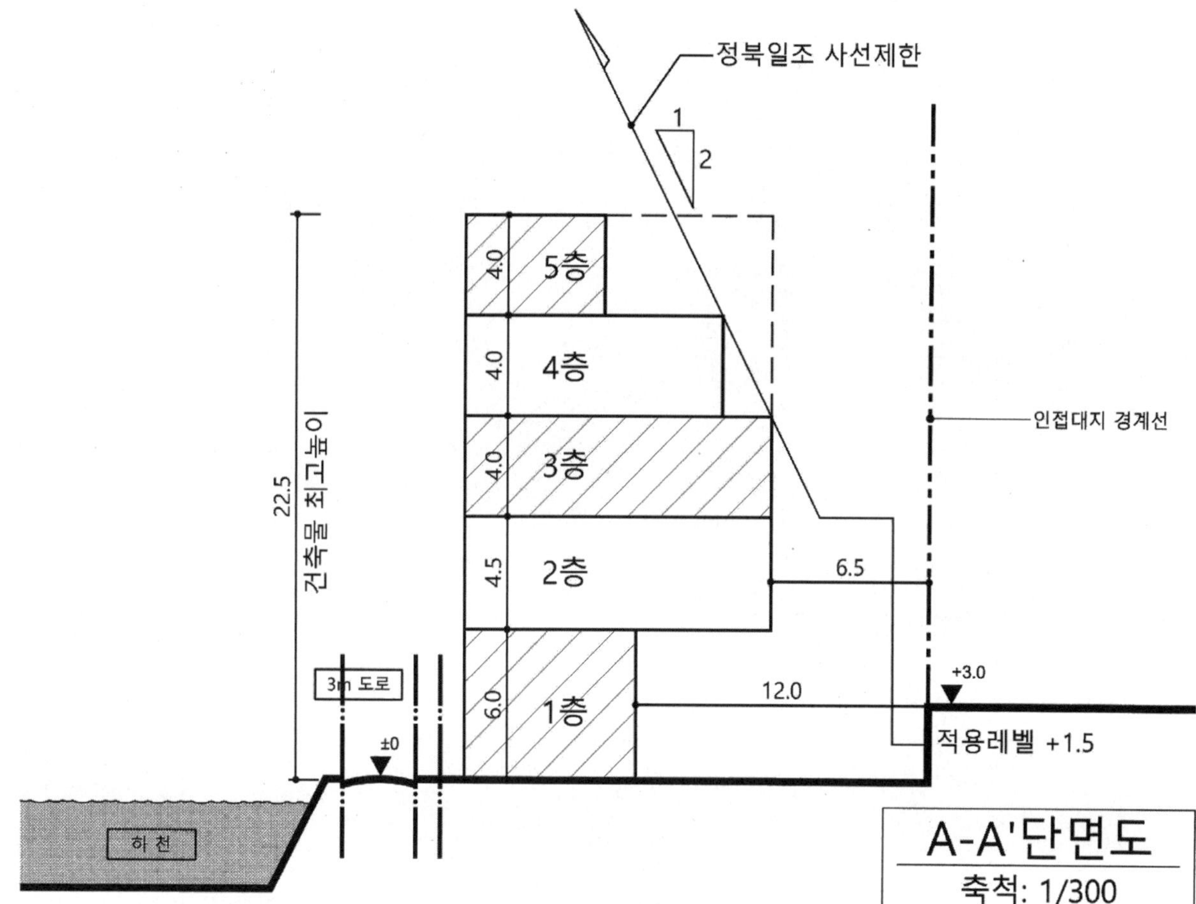

A-A'단면도
축척: 1/300

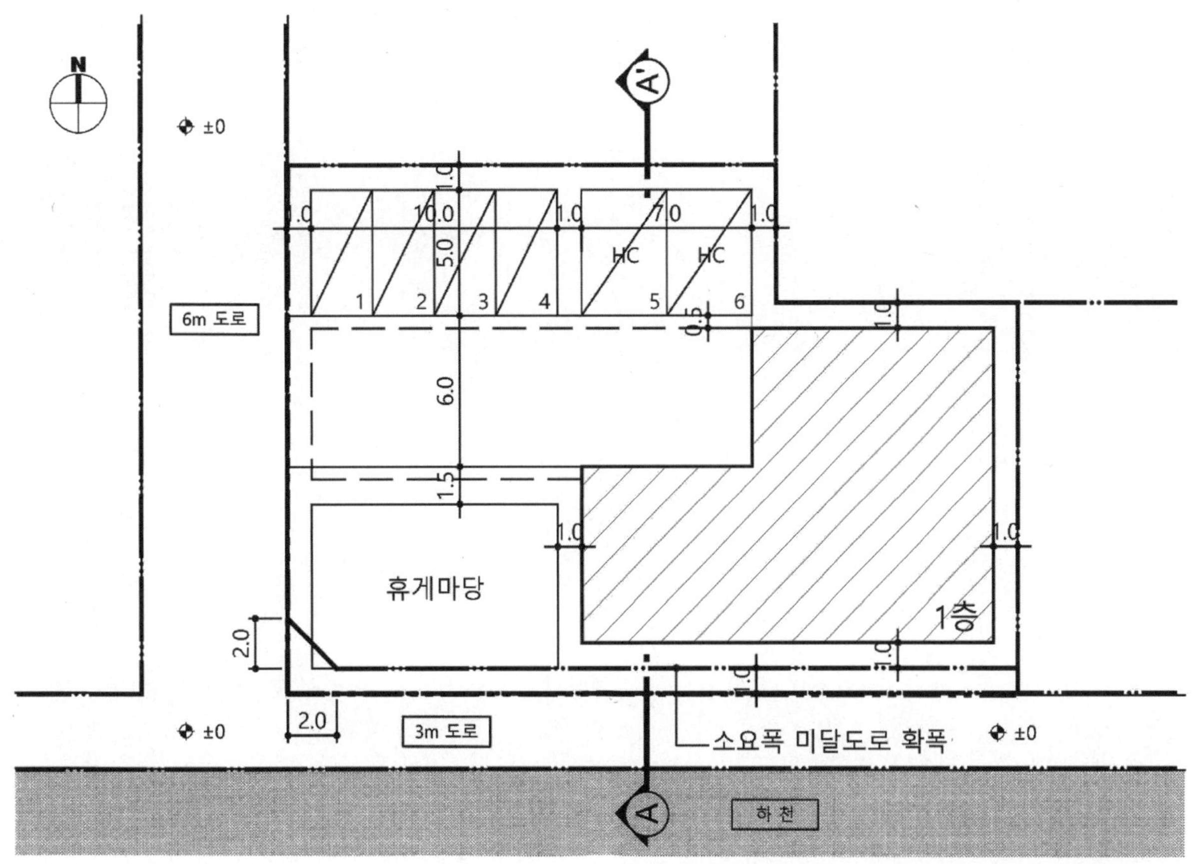

1층 평면 및 주차계획도
축척: 1/300

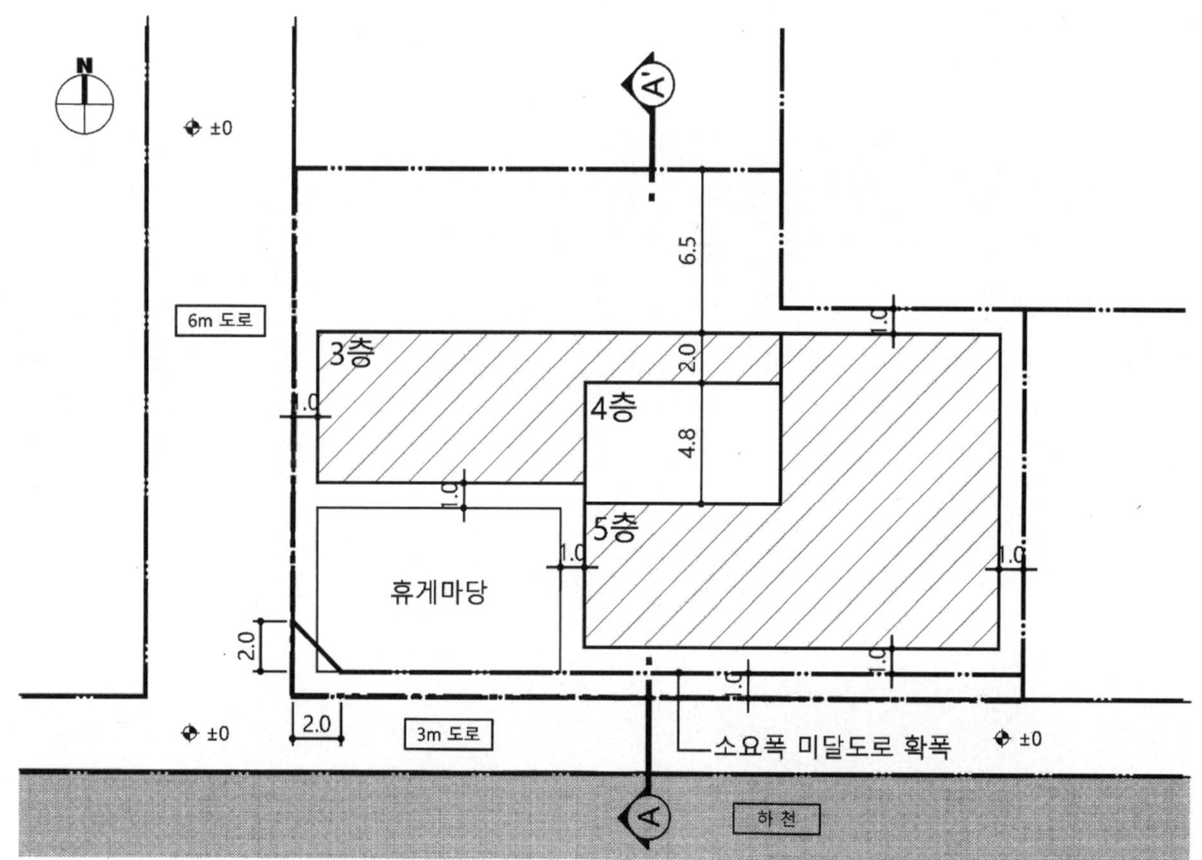

배 치 도
축척: 1/300

구 성	FACTOR

제목
- 배치하고자 하는 시설의 제목을 제시합니다.

1. 과제개요
- 시설의 목적 및 취지를 언급합니다.
- 전체사항에 대한 개괄적인 설명이 추가되는 경우도 있습니다.

2. 대지조건(개요)
- 대지전반에 관한 개괄적인 사항이 언급됩니다.
- 용도지역, 지구
- 접도조건
- 건폐율, 용적률 적용 여부를 제시
- 대지내부 및 주변현황 (최근 계속 현황도가 별도로 제시)

3. 계획조건
ⓐ 배치시설
- 배치시설의 종류
- 건물과 옥외시설물은 구분하여 제시되는 것이 일반적입니다.
- 시설규모
- 필요시 각 시설별 요구사항이 첨부됩니다.

① 배점을 확인하여 2과제의 시간배분 기준으로 활용합니다.
- 60점 (난이도 예상)

② 마을주민과 공유하는 치유시설
- 공공성이 강한 시설로 이해

③ 지역지구 : 자연녹지지역

④ 대지현황도 제시
- 계획조건을 파악하기에 앞서 현황도를 이용한 1차 현황분석을 반드시 선행하는 것이 전체 윤곽을 잡아가는데 도움이 됩니다.

⑤ 단지 내 도로
- 중앙보행로, 보행로, 차로
- 6m 보행로는 차량통행 고려
- 경사지임에도 구배 제시 없음

⑥ 건축물
- 규모: 가로x세로x층수
- 치유영역과 공유영역으로 조닝
- 숙소는 향,프라이버시 확보가 필요한 시설로 이해

⑦ 외부공간
- 전용공간: 치유, 운동장, 옥외데크, 휴게데크
- 매개공간: 작업마당, 소통마당
- 모든 공간 크기로 제시
- 운동장 세부계획 조건

⑧ 주차장
- 영역별 주차장 2개소 분산
- 각 주차장별 장애인 2대 이상
- 주차장 주변 그늘식재 요구 (폭 2m 이상)

⑨ 영역별 조닝
- 치유영역 vs 공유영역
- 치유영역은 자연환경 고려

지 문 본 문

2021년도 제2회 건축사자격시험 문제

과목: 대지계획 제1과제 (배치계획) ① 배점: 60/100점

제 목 : 마을주민과 공유하는 치유시설 배치계획 ②

1. 과제개요

주변에 마을이 있는 경사진 대지에 코로나19 이후 마을주민과 함께할 수 있는 치유시설을 계획하고자 한다. 아래 사항을 고려하여 배치도를 작성하시오.

2. 대지조건

(1) 용도지역 : 자연녹지지역 ③
(2) 대지면적 : 약 21,600m²
(3) 주변현황 : <대지 현황도> 참조 ④

3. 계획조건 및 고려사항

(1) 계획조건

① 단지 내 도로 ⑤

도로명	너비	비고
중앙보행로	9m 이상	
보행로	3m 이상	
	6m 이상	비상시 차량통행 가능
차로	6m 이상	

② 건축물 ⑥

구분	시설명	크기	층수	비고
치유영역	치유센터	45m x 33m	3층	18m x 13m 중정
	숙소㉮	30m x 9m	2층	
	숙소㉯	30m x 9m	2층	
	명상관	18m x 21m	2층	
공유영역	공작소㉮	15m x 15m	1층	
	공작소㉯	15m x 15m	1층	
	도서관	30m x 21m	2층	
	실내체육관	36m x 24m	1층	
기타	안내동	5m x 3m	1층	

③ 외부공간 ⑦

시설명	크기	비고
치유정원	42m x 30m	
작업마당	36m x 9m	공작소 전면 외부 활동공간
소통마당	16m x 30m	
운동장	76m x 47m	모서리 반경 11m, 폭 5m 트랙 포함
옥외데크	30m x 15m	숙소 전면 외부 활동공간 (2개소)
휴게데크	9m x 24m	

④ 주차장 ⑧

시설명		주차대수	비고
옥외	주차장Ⓐ	28대 이상	치유영역 방문자 주차
	주차장Ⓑ	20대 이상	공유영역 방문자 주차

주) 1. 각 주차장마다 장애인전용주차구획 2대 이상을 포함한다.
2. 주차장Ⓐ, Ⓑ는 외부 도로에서 각각 진출입을 하도록 한다.
3. 주차장 주변은 그늘식재(폭 2m 이상)를 계획한다.

(2) 고려사항

① 전체 대지는 치유영역과 공유영역으로 구분하고 치유영역은 자연환경을 고려하여 배치한다. ⑨
② 단지의 출입구는 보행자와 차량으로 분리한다.
③ 중앙보행로는 ⑪ 기존 산책로와 연계되는 ⑩ 보행자 전용도로이며, 산책로와 만나는 주변에 휴게데크를 계획한다.
④ 버스정류장에서 소통마당과 치유정원을 지나서 산책로로 이어지는 보행로를 계획한다. ⑫
⑤ 폭 6m 보행로는 ⑬ 모든 건물들과 연계되고 각 차량출입구에서 계획된 차로와 연결된다. (비상시 차량 통행이 가능하며 차로와 보행로 경계에 차량진입방지용 말뚝 설치)
⑥ 치유정원은 ⑭ 치유영역 중심에 배치하고 치유센터와 연계한다.
⑦ 소통마당은 ⑮ 주차장Ⓑ, 도서관, 실내체육관, 운동장과 연계한다.
⑧ 운동장의 ⑯ 외측 2면에 대지경사를 고려하여 관람석 4단(단너비 1.0m)을 설치한다.
⑨ 치유센터 전면에 승하차 공간을 계획한다. ⑰
⑩ 명상관 남측에 기존 산책로와 연계되는 보행로를 계획한다. ⑱
⑪ 숙소는 ⑲ 자연환경을 고려하고 두 동 사이에 진입부 전실(6m x 6m)을 계획한다.
⑫ 도서관은 ⑳ 마을주민의 접근이 용이하고 자연환경을 고려하여 배치한다.
⑬ 공작소는 ㉑ 작업마당에서 진입하며 두 동 사이에 진입부 전실(6m x 6m)을 계획한다.
⑭ 안내동은 ㉒ 중앙보행로와 차량출입구 사이에 배치하여 관리와 안내가 용이하도록 한다.
⑮ 건축물, 외부공간, 주차장은 인접대지경계선 및 도로경계선에서 5m 이상 ㉓ 이격하고 도로경계선에 접한 구간은 차폐수목을 계획한다.
⑯ 건축물 상호간은 9m 이상 이격거리를 확보한다.(숙소 상호간, 공작소 상호간은 예외) ㉔
⑰ 건축물과 외부공간, 건축물과 보호수, 외부공간 상호간에 6m 이상의 이격거리를 확보한다.(작업마당, 옥외데크, 휴게데크는 예외) ㉕
⑱ 모든 건축물 둘레의 적절한 곳에 너비 3m 이상의 조경계획을 한다.

FACTOR	구 성

⑩ 보·차 분리

⑪ 중앙보행로
- 폭 9m 보행자전용도로
- 산책로 연계(휴게데크 인접)

⑫ 산책로 연계 보행로
- 버스정류장~소통마당~치유정원~산책로

⑬ 6m 보행로
- 모든 건물과 연계
- 비상 차량동선(차로 연계)
- 이동식 볼라드 설치

⑭ 치유정원
- 치유영역 중심 외부공간
- 치유센터와 연계

⑮ 소통마당
- 주차장Ⓑ, 도서관, 실내체육관, 운동장과 연계
- 부도로 버스정류장 인근 배치

⑯ 운동장
- 2면에 관람석 4단 설치
- 폭 3m 소요

⑰ 치유센터 전면 승하차 공간
- 주차장Ⓐ 인접, 일방향 순환

⑱ 명상관 남측 보행로

⑲ 숙소
- 자연환경 고려, 전실 계획

⑳ 도서관
- 주민 접근 용이, 자연환경 고려

㉑ 공작소
- 작업마당에서 진입, 전실 계획

㉒ 안내동
- 중앙보행로와 차량출입구 사이

ⓑ 배치고려사항
- 건축가능영역
- 시설간의 관계 (근접, 인접, 연결, 연계 등)
- 보행자동선
- 차량동선 및 주차장계획
- 장애인 관련 사항
- 조경 및 포장
- 자연과 지형활용
- 옹벽 등의 사용지침
- 이격거리
- 기타사항

구 성	FACTOR	지 문 본 문	FACTOR	구 성

4. 도면작성요령
- 각 시설명칭
- 크기표시 요구
- 출입구 표시
- 이격거리 표기
- 주차대수 표기 (장애인주차구획)
- 표고 기입
- 단위 및 축척

5. 유의사항
- 제도용구 (흑색연필 요구)
- 지문에 명시되지 않은 현행법령의 적용방침 (적용 or 배제)

㉓ 건축물, 외부공간, 주차장은 인접대지경계선 및 도로경계선에서 5m 이상 이격
- 도로경계선 측 차폐수목

㉔ 건축물 상호간 9m 이격
- 숙소 상호간, 공작소 상호간 예외

㉕ 6m 이상 이격거리 대상
- 건축물 vs 외부공간
- 건축물 vs 보호수
- 외부공간 vs 외부공간
- 작업마당, 옥외데크, 휴게데크는 제외

㉖ 도면작성요령은 항상 확인
- 도면작성요령에 언급된 내용은 출제자가 반드시 평가하는 항목
- 요구하는 것을 빠짐없이 적용하여 불필요한 감점이 생기지 않도록 유의

㉗ 주요 표기 대상
- 단지 내 도로: 도로명, 경사차로의 시점과 종점 바닥레벨
- 건축물: 시설명, 출입구, 바닥레벨, 크기, 이격거리
- 외부공간: 시설명, 크기, 이격거리, 바닥레벨
- 주차장: 시설명, 주차구획(장애인전용주차구획 포함), 바닥레벨, 주차대수

㉘ <보기> 참조

㉙ 단위
- m, m^2

㉚ 축척
- 1/600

과목: 대지계획 제1과제 (배치계획) 배점: 60/100점

4. 도면작성요령 ㉖

(1) 주요 표기 대상 ㉗
① 단지 내 도로 : 도로명, 경사차로의 시점과 종점 바닥레벨
② 건축물 : 시설명, 출입구, 바닥레벨, 크기, 이격거리
③ 외부공간 : 시설명, 크기, 이격거리, 바닥레벨
④ 주차장 : 시설명, 주차구획(장애인전용주차구획 포함), 바닥레벨, 주차대수

(2) 주요 도면표기 기호는 <보기>를 따른다. ㉘
(3) 단위 : m, m^2 ㉙
(4) 축척 : 1/600 ㉚

<보기> 주요 도면표기 기호

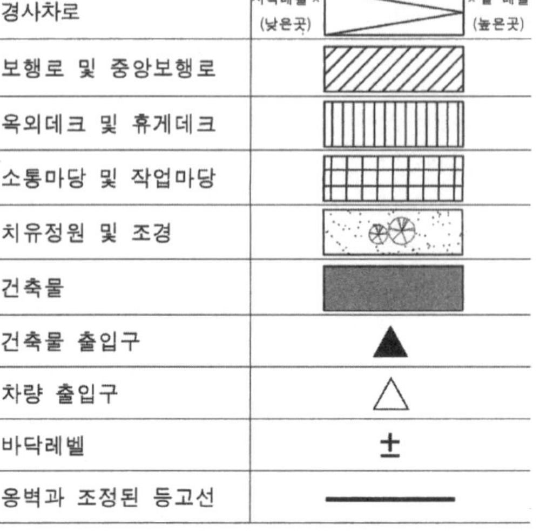

경사차로	시작레벨 × (낮은곳) / × 끝 레벨 (높은곳)
보행로 및 중앙보행로	
옥외데크 및 휴게데크	
소통마당 및 작업마당	
치유정원 및 조경	
건축물	
건축물 출입구	▲
차량 출입구	△
바닥레벨	±
옹벽과 조정된 등고선	───

5. 유의사항

(1) 답안작성은 반드시 흑색 연필로 한다. ㉛
(2) 명시되지 않은 사항은 현행 관계 법령의 범위 안에서 임의로 한다. ㉜

<대지현황도> 축척 없음 ㉞

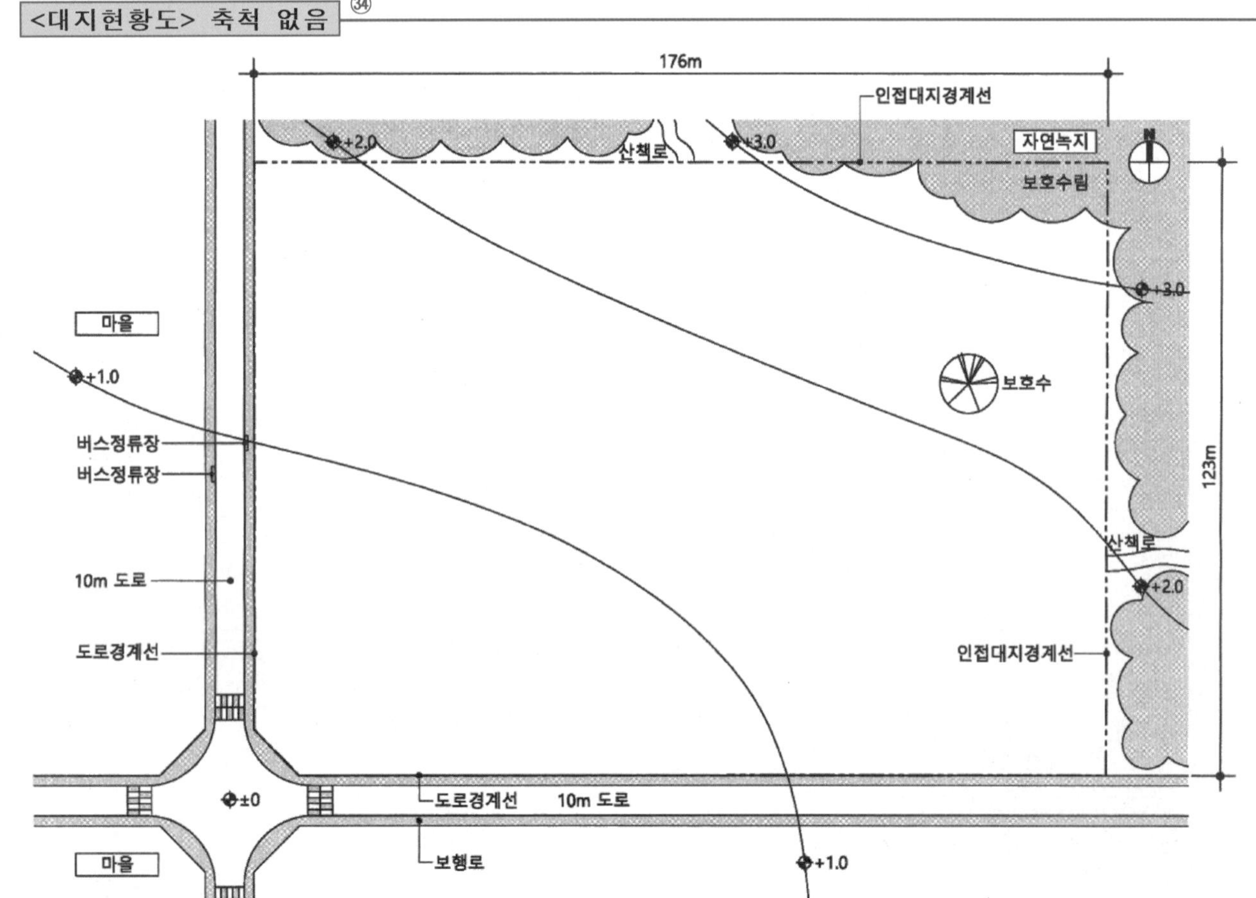

㉛ 흑색연필로 작성

㉜ 명시되지 않은 사항은 현행 관계법령을 준용
- 기타 법규를 검토할 경우 항상 문제해결의 연장선에서 합리적이고 복합적으로 고려하도록 합니다.

㉝ <보기>
- 경사차로 표현
- 공간별 해치
- 옹벽 / 조정된 등고선

㉞ 현황도 파악
- 대지형태
- 경사지/등고선 간격 및 방향
- 접도조건
- 버스정류장, 횡단보도
- 산책로 2개소
- 주변현황(마을, 자연녹지 등)
- 보호수목 확인
- 가로, 세로 치수 확인
- 방위
- 제시되는 현황도를 이용하여 1차적인 현황을 분석합니다. (현황도에 제시된 모든 정보는 그 이유가 반드시 있습니다. 대지의 속성과 기존 질서를 존중한 계획이 될 수 있도록 합니다.)

6. 보기
- 보도, 조경
- 식재
- 데크 및 외부공간
- 건물 출입구
- 옹벽 및 법면
- 기타 표현방법

7. 대지현황도
- 대지현황
- 대지주변현황 및 접도조건
- 기존시설현황
- 대지, 도로, 인접대지의 레벨 또는 등고선
- 각종 장애물 현황
- 계획가능영역
- 방위
- 축척 (답안작성지는 현황도와 대부분 중복되는 내용이지만 현황도에 있는 정보가 답안작성지에서는 생략되기도 하므로 문제 접근시 현황도를 꼼꼼히 체크하는 습관이 필요합니다.)

■ 문제풀이 Process

1	제목 및 과제 개요 check

① 배점 : 60점 / 출제 난이도 예상
소과제별 문제풀이 시간을 배분하는 기준
② 제목 : 마을주민과 공유하는 치유시설 배치계획
(시의성 반영된 시설배치, 공공시설로 파악)
③ 자연녹지지역 : 도시계획 차원의 기본적인 대지 성격을 파악
④ 주변현황 : 대지현황도 참조

2	현황 분석

① 대지형상 : 장방형의 경사대지 / 경사방향, 등고선 단위 1m
② 대지현황 : 보호수목 1개소, 방위 등
- ±0~+3.0에 걸쳐 매우 완만한 경사지로 제시됨

③ 주변조건
- 10m 도로 2개소 : 현황만으로는 주도로의 위계 파악 어려움
- 산책로 2개소 제시 : 내부 보행동선과 연계 예상
- 도로 건너편 인접대지는 마을
- 서측 10m 도로변 버스정류장, 도로 모퉁이 횡단보도 제시
- 북측과 동측은 자연환경이 좋은 자연녹지
  : 인접 시설의 조망 및 프라이버시 확보에 유리

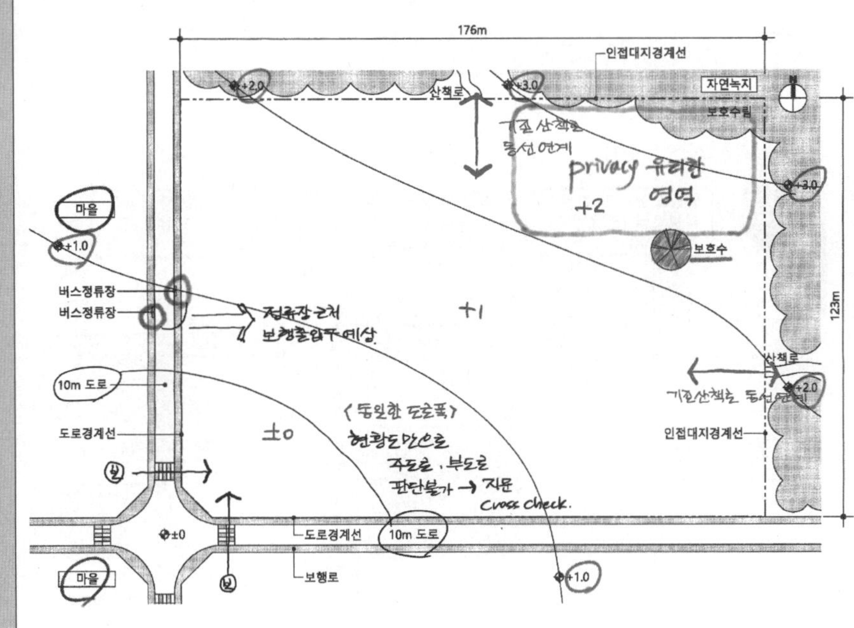

3	요구조건 분석(diagram)

① 도로
- 중앙보행로, 보행로, 차로로 구분하여 제시
- 6m 보행로는 비상차로 역할, 경사지임에도 구배는 제시되지 않음

② 건축물 조건 및 성격 파악
- 규모는 O층, Om x Om
- 치유영역 / 공유 영역
- 숙소는 프라이버시, 향 고려
- 치유센터는 중정있는 형태

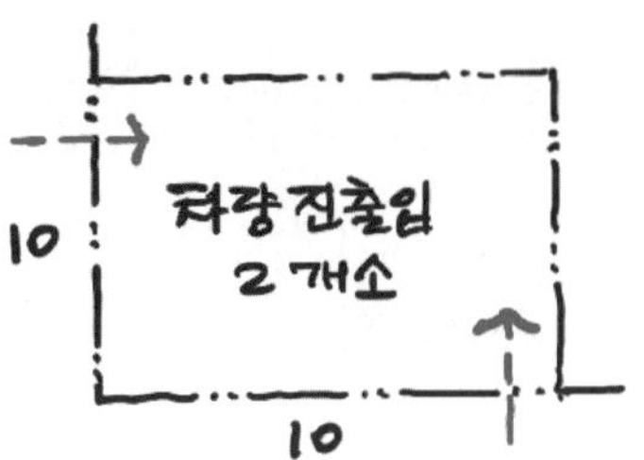

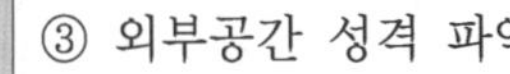
③ 외부공간 성격 파악
- 매개(완충) vs 전용공간으로 파악
- 작업마당+공작소 영역
- 옥외데크+숙소 영역
- 운동장 트랙 계획

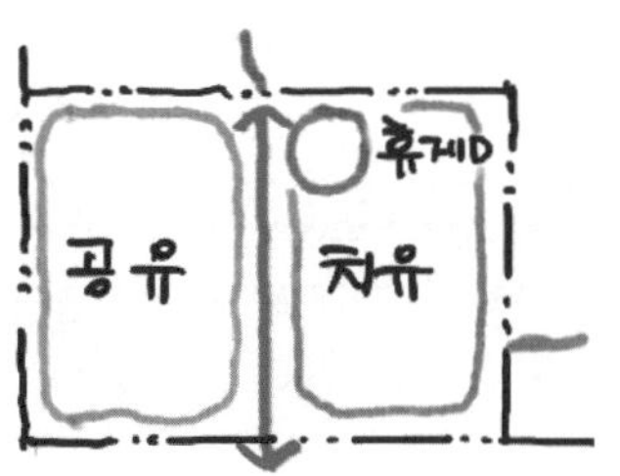

④ 주차장
- 주차장Ⓐ 28대: 치유영역
- 주차장Ⓑ 20대: 공유영역
- 주차장별 장애인 2대 포함
- 도로별 차량진출입구 1개소씩

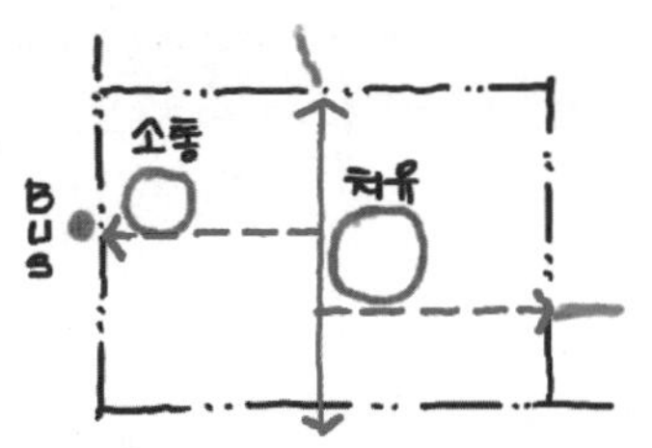

⑤ 영역별 시설 조닝
- 치유영역 vs 공유영역
- 치유영역은 자연환경 고려

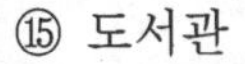

⑥ 중앙보행로
- 폭 9m의 주보행자동선
- 영역별 조닝의 기준
- 산책로 주변 휴게데크 계획

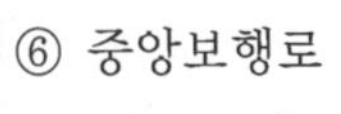

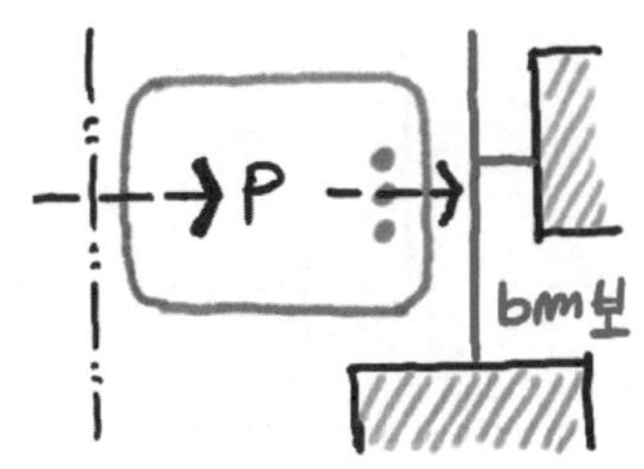

⑦ 산책로 연계 보행로
- 버스정류장, 소통마당, 치유 정원, 산책로를 잇는 보행로

⑧ 폭 6m 보행로(비상 차량동선)
- 모든 건물과 연계
- 차로와 연계, 차로와 보행로 경계에 이동식 볼라드 설치

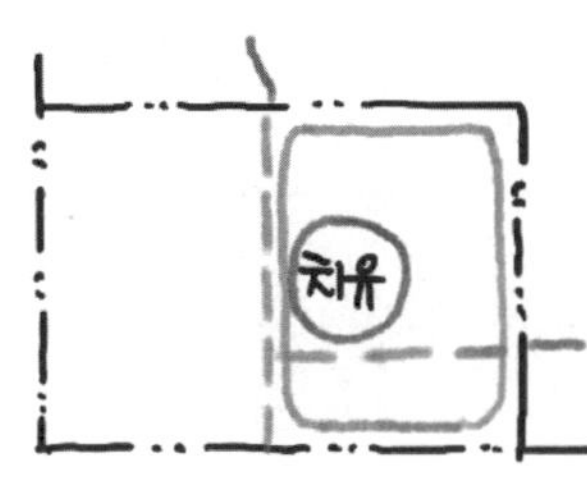

⑨ 치유정원
- 치유영역 중심
- 치유센터와 연계

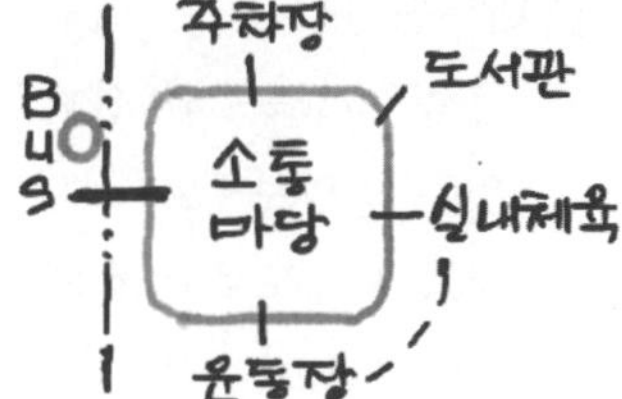

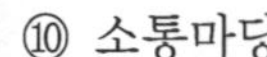
⑩ 소통마당
- 서측 10m 도로변 매개공간
- 주차장Ⓑ, 도서관, 실내체육관, 운동장과 연계

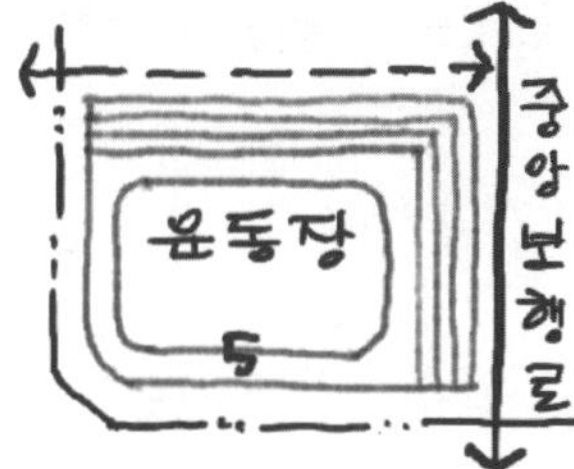

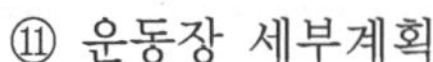
⑪ 운동장 세부계획
- 2면에 관람석 4단 계획
- 모서리반경 11m, 폭 5m 트랙

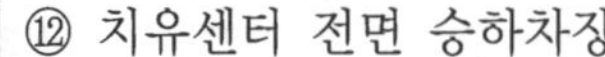
⑫ 치유센터 전면 승하차장
- 주차장Ⓐ와 인접
- 일방향 순환동선으로 계획

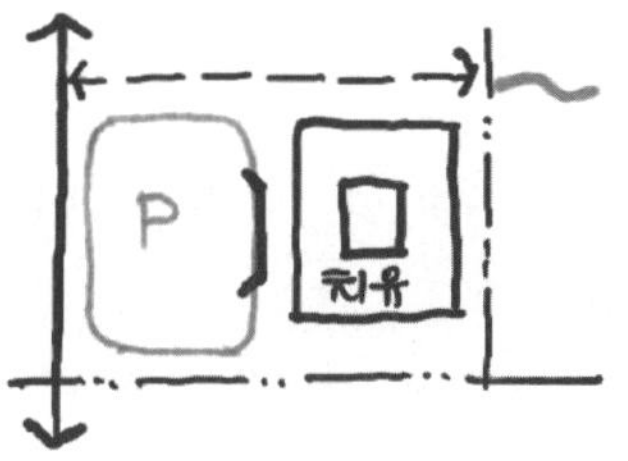

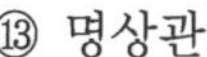
⑬ 명상관
- 남측에 산책로 연계 보행로

⑭ 숙소
- 자연환경 고려
- 두 동 사이 진입부 전실

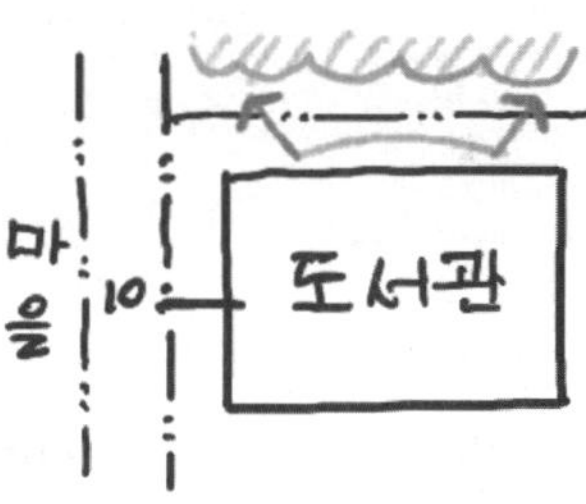

⑮ 도서관
- 주민 접근 용이
- 자연환경 고려한 배치

⑯ 공작소
- 작업마당에서 진입
- 두 동 사이 진입부 전실

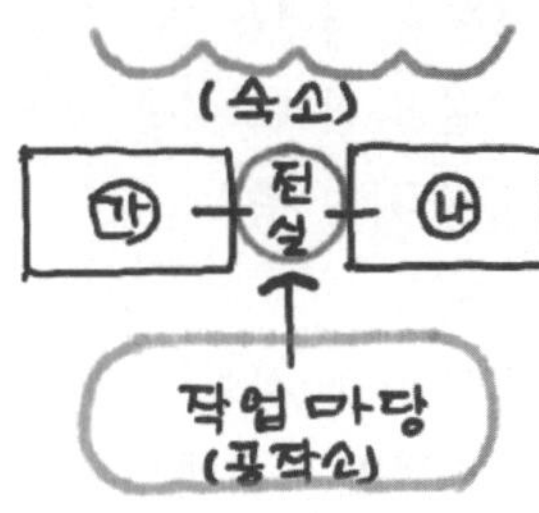

⑰ 시설간 이격거리
- 건축물, 외부공간, 주차장 vs 인접대지, 도로경계선: 5m
- 건축물 vs 건축물: 9m
- 건축물 vs 외부공간
  건축물 vs 보호수
  외부공간 vs 외부공간: 6m

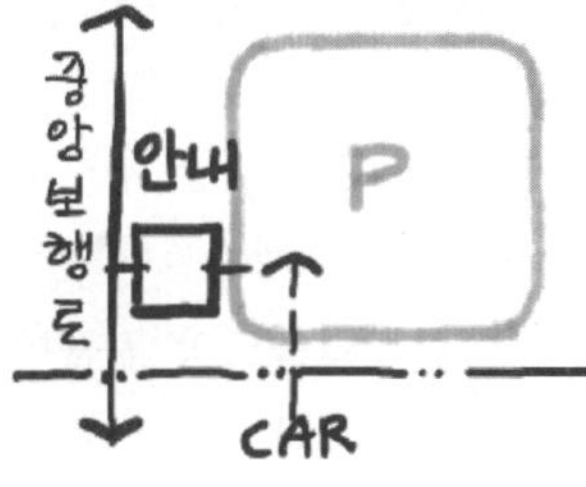

■ 문제풀이 Process

4 토지이용계획

① 내부동선
- 남측 10m도로와 산책로 잇는 중앙보행로
- 서측 10m도로와 산책로 잇는 6m 보행로
- 각 도로별 차량진출입구
- 모든 건물 차량 접근

② 시설조닝
- 중앙보행로를 기준으로 치유영역 vs 공유영역
- 치유영역은 자연환경 고려
- 공유영역은 주민접근 고려
- 크게 2개, 작게는 4개 영역으로 토지이용계획

③ 시험의 당락을 결정짓는 큰 그림

5 배치대안검토

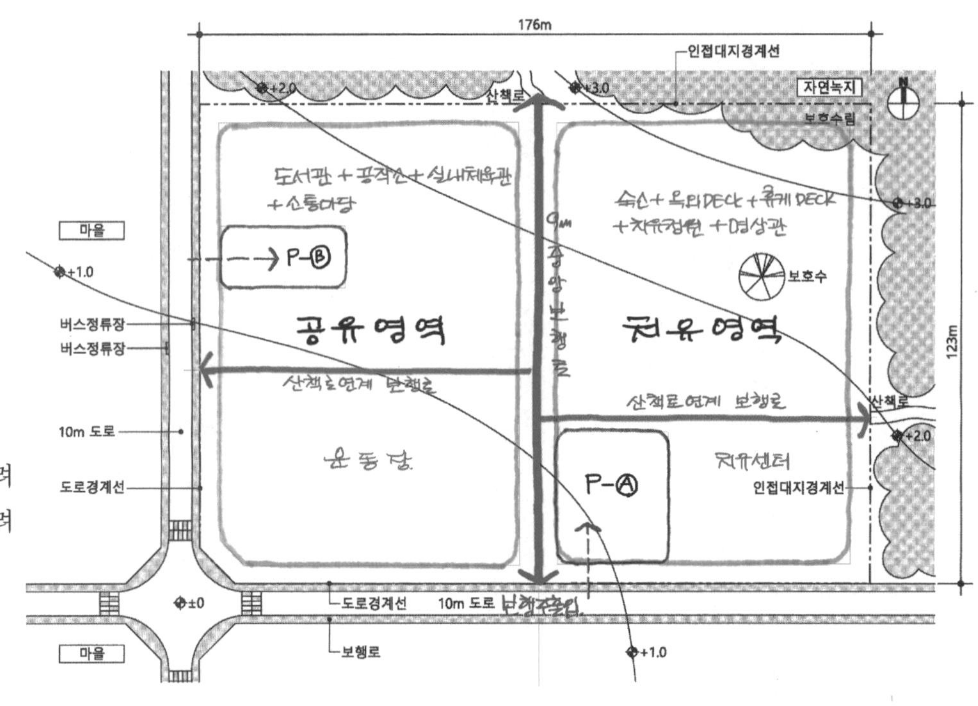

① 토지이용계획을 바탕으로 세부 치수 계획

② 조닝된 영역을 기본으로 시설별 연계조건을 고려하여 시설 위치 선정

③ 영역 내부 시설물 배치는 합리적인 수준에서 정리되면 O.K
-정답을 찾으려 하지 말자

④ 단지 내 도로 중 주차장에서 6m보행로를 통한 모든 건축물로의 접근이 가능한지 검토

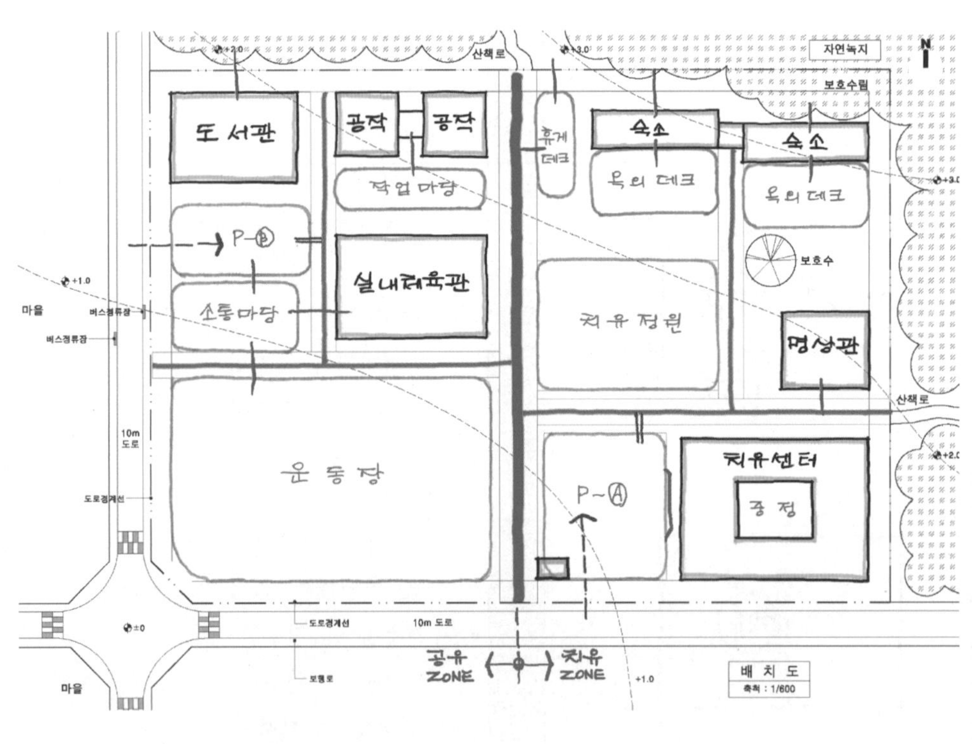

6 모범답안

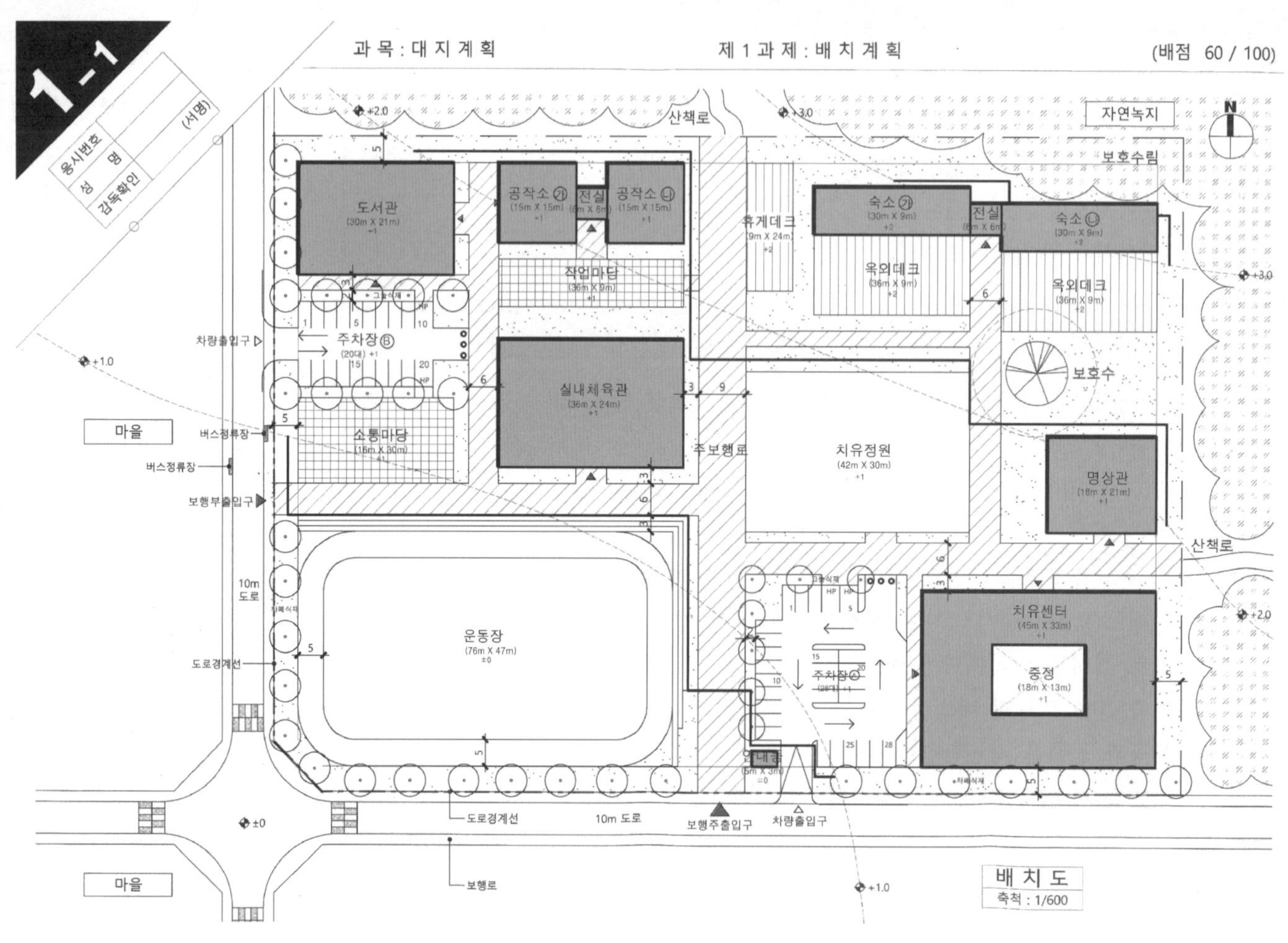

■ **주요 체크포인트**

① 중앙보행로에 의한 시설 조닝 (공유영역 / 치유영역)

② 버스정류장-소통마당-치유정원-산책로로 이어지는 보행로 계획

③ 모든 건물과 주차장을 연계하는 6m보행로(비상차량동선) 계획

⑤ 전실을 매개로 한 숙소동과 공작소의 건물 mass 구성

⑥ 대지경사를 이용한 운동장 관람석(4단)2면 계획

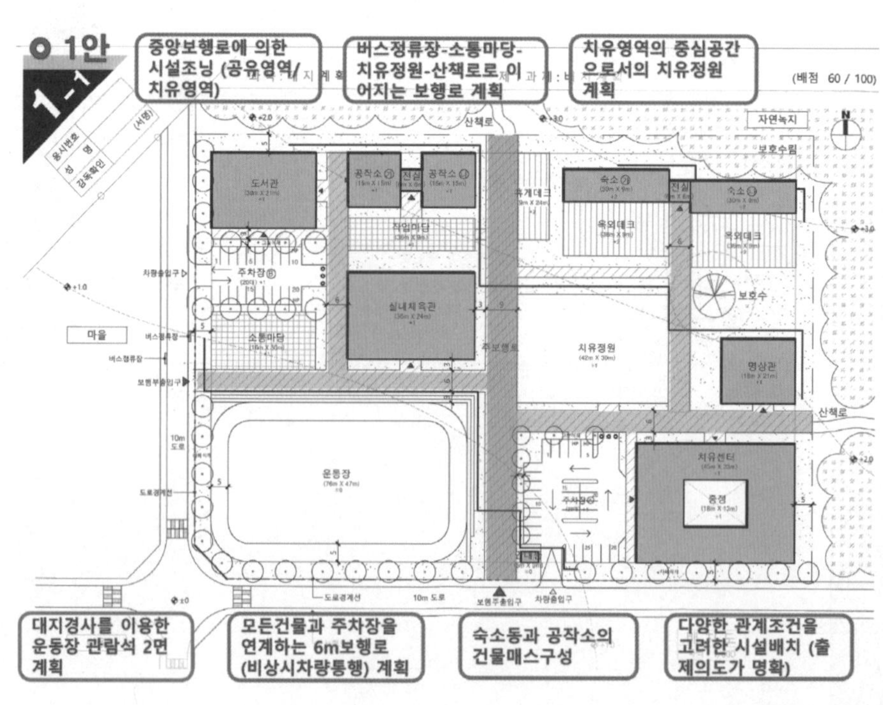

■ 문제풀이 Process

배치계획 문제풀이를 위한 핵심이론 요약

1. 대지로의 접근성

- 대지주변 현황을 고려하여 보행자 및 차량 접근성 검토
- 외부에서 대지로의 접근성을 고려 → 대지 내 동선의 축 설정 → 내부동선 체계의 시작
- 일반적인 보행자 주 접근 동선 – 주도로(넓은 도로)
- 일반적인 차량 및 보행자 부 접근 동선 – 부도로(좁은 도로)

가. 대지가 일면도로에 접한 경우

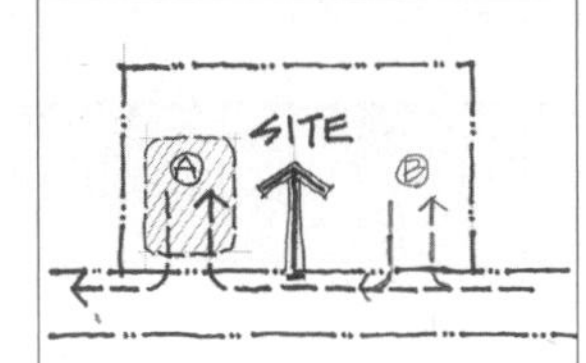

- 대지중앙으로 보행자 주출입 예상
- 대지 좌우측으로 차량 출입 예상
- 주차장 영역 검토 : 초행자를 위해서는 대지를 확인 후 진입 가능한 A 영역이 유리

나. 대지가 이면도로에 접한 경우-1

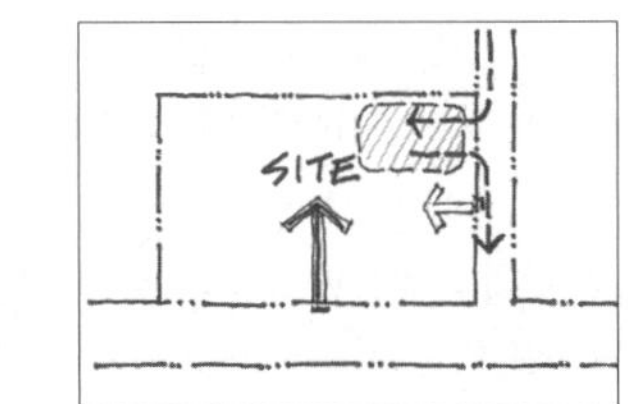

- 주도로에서 보행자 주출입 예상
- 부도로에서 차량 출입 예상 : 주차장 영역 예상
- 요구조건에 따라 부도로에서 보행자 부출입 예상

다. 대지가 이면도로에 접한 경우-2

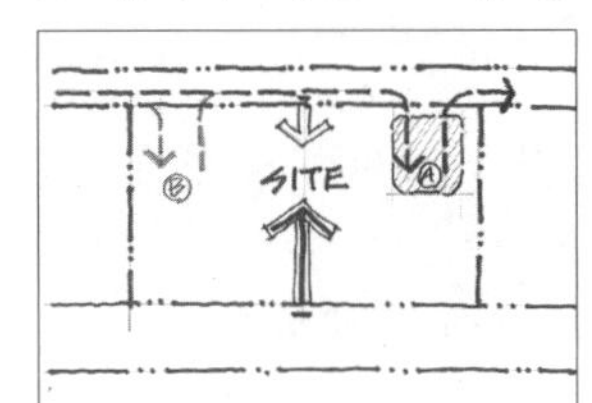

- 주도로에서 보행자 주출입 예상
- 부도로에서 차량 출입 예상 : 주차장 영역 예상 → A 영역 우선 검토
- 부도로에서 보행자 부출입 예상

▸ 지문
① 10m 도로 2개소 : 접도조건만으로는 보행주출입 위치 파악 어려움, 지문조건 함께 고려
② 산책로와 연결하는 중앙보행로를 기준으로 치유 vs 공유영역으로 구분
–산책로의 위치와 영역별 조닝을 고려해 남측 10m 도로에서의 보행주출입 계획

2. 외부공간 성격 파악

▸ 외부공간을 계획할 경우 공간의 쓰임새와 성격을 분명하게 규정해야 한다.
▸ 전용공간
① 전용공간은 특정목적을 지니는 하나의 단일공간
② 타 공간으로부터의 간섭을 최소화해야 함
③ 중앙을 관통하는 통과동선이 형성되는 것을 피해야 한다.
④ 휴게공간, 전시공간, 운동공간
▸ 매개공간
① 매개공간은 완충적인 공간으로서 광장, 건물 전면공간 등 공간과 공간을 연결하는 고리역할을 하며 중간적 성격을 갖는다.
② 공간의 성격상 여러 통과동선이 형성될 수 있다.

▸ 지문
① 치유정원 : 정원(공간성격, 포장면 고려), 치유영역의 중심 외부공간 (전용)
② 작업마당 : 공작소 진입공간 (매개)
③ 소통마당 : 버스정류장 측 10m 도로에서의 진출입 공간 (매개)
④ 운 동 장 : 운동공간, 관람석 및 트랙 설치 (전용)
⑤ 옥외데크 : 숙소 전면 외부 활동공간(공간성격, 포장면 고려 / 전용)
⑥ 휴게데크 : 휴게공간 (전용)

3. 보차분리

▸ 보행자주출입구 : 대지 전면의 중심 위치에서 한쪽으로 너무 치우치지 않는 곳에 배치
▸ 주보행동선 : 모든 시설에서 접근성이 좋도록 시설의 중심에 계획
▸ 보·차분리를 동선계획의 기본 원칙으로 하되 내부도로가 형성되는 경우 등에는 부분적으로 보·차 교행구간이 발생하며 이 경우 횡단보도 또는 보행자 험프를 설치
▸ 보도 폭을 임의로 계획하는 경우 동선의 빈도와 위계를 고려하여 보도 폭의 위계를 조절

▸ 지문(대지현황)
① 단지 내 도로 : 중앙보행로 9m 이상, 차로 6m 이상, 보행로 3m/6m 이상
② 중앙보행로를 기준으로 치유영역 vs 공유영역으로 조닝
③ 폭 6m 보행로는 모든 건물들과 연계되고 각 차량출입구에서 계획된 차로와 연결
–비상차량 동선, 차로와 보행로 경계에 이동식 볼라드 설치
④ 주차장Ⓐ, Ⓑ는 외부 도로에서 각각 진출입을 하도록 한다.
–각각의 도로에서 2개의 차량 진출입구 별도 계획

4. Privacy

▸ 공적공간 – 교류영역 / 개방적 / 접근성 / 동적
▸ 사적공간 – 특정이용자 / 폐쇄적 / 은폐 / 정적
▸ 건물의 기능과 용도에 따라 프라이버시를 요하는 시설 – 주거, 숙박, 교육, 연구 등
▸ 사적인 공간은 외부인의 시선으로부터 보호되어야 하며, 내부의 소리가 외부로 새나가지 않도록 하여야 한다. 즉 시선과 소리를 동시에 고려하여 건물을 배치하여야 한다.
▸ 프라이버시 대책
① 건물을 이격배치 하거나 배치 향을 조절 : 적극적인 해결방안, 우선 검토되는 것이 바람직
② 다른 건물을 이용하여 차폐
③ 차폐 식재하여 시선과 소리 차단 (상엽수를 밀실하게 열식)
④ FENCE, 담장 등 구조물을 이용

▸ 지문
① 치유영역은 자연환경을 고려하여 배치한다.
② 숙소㉮, ㉯ : 숙소는 자연환경을 고려하고 두 동 사이에 진입부 전실(6m x 6m)을 계획한다.
–프라이버시를 확보해야 하는 숙박시설
–도로(소음원)에서 가급적 떨어지고 보호수림 인접한 영역에 향을 고려하여 배치

■ 문제풀이 Process

배치계획 문제풀이를 위한 핵심이론 요약

5. 성격이 다른 주차장

- ▸영역별 조닝계획
  - 건물의 기능에 맞는 성격별 주차장의 합리적인 연계
- ▸성격이 다른 주차장의 일반적인 구분
  - ① 일반 주차장
  - ② 직원 주차장
  - ③ 서비스 주차장 (하역공간 포함)
- ▸성격이 다른 주차장의 특성
  - ① 일반주차장 : 건물의 주출입구 근처에 위치
주보행로 및 보도 연계가 용이한 곳
승하차장, 장애인 주차구획 배치
주차장 진입구와 가까운 곳
일방통행 + 순환동선 체계
  - ② 직원주차장 : 건물의 부출입구 근처에 위치
제시되는 평면에 기능별 출입구 언급되는 경우가 대부분
  - ③ 서비스주차 : 일반이용자의 영역에서 가급적 이격
주출입구 및 건물의 전면공지에서 시각 차폐 고려
토지이용효율을 고려하여 주로 양방향 순환체계 적용
- ▸지문
  - ① 주차장Ⓐ : 28대 이상 / 치유영역 방문자 주차
    - 치유센터 전면 승하차공간 계획, 일방향 순환 동선으로 접근
  - ② 주차장Ⓑ : 20대 이상 / 공유영역 방문자 주차
    - 소통마당과 연계, 규모를 고려하여 양방향 동선(양면주차)으로 접근
  - ③ 각 주차장마다 장애인전용 주차구획 2대 이상, 주차장 주변 그늘식재(폭 2m 이상)를 계획

6. 각종 제한요소

- ▸장애물 : 자연적요소, 인위적요소
- ▸건축선, 이격거리
- ▸경사도(급경사지)
- ▸일반적으로 제시되는 장애물의 형태
  - ① 수목(보호수)
  - ② 수림대(휴양림)
  - ③ 연못, 호수, 실개천
  - ④ 암반
  - ⑤ 공동구 등 지하매설물
  - ⑥ 기존건물 등

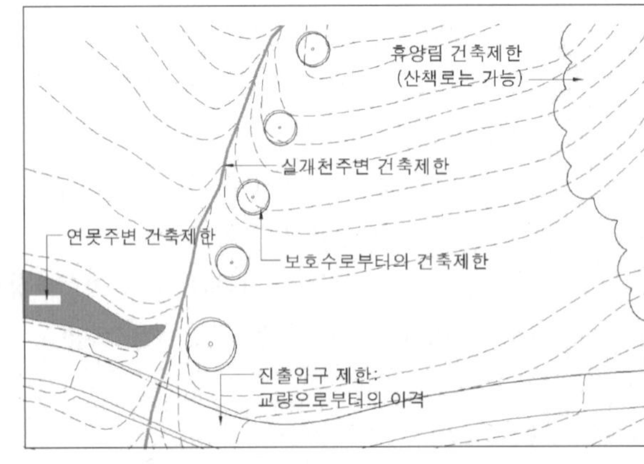

- ▸지문
  - ① 건축물과 외부공간, 건축물과 보호수, 외부공간 상호간에 6m 이상의 이격거리를 확보한다.
  - ② 대지 내 보호수는 치유영역 내 숙소 vs 기타 영역 사이의 조닝 요소로 작용

7. 경사도

- ▸대지의 경사기울기를 의미 – 비율, 퍼센트, 각도로 제시
- ▸제시된 등고선 간격(수평투영거리)과 높이차의 관계
- ▸G＝H : V 또는 G＝V/H
- ▸G＝V/H×100
- ▸경사도에 따른 효율성 비교

비율 경사도	% 경사도	시각적 느낌	용도	공사의 난이도
1/25 이하	4% 이하	평탄함	활발한 활동	별도의 성토, 절토 작업 없이 건물과 도로 배치 가능
1/25 ~1/10	4~10%	완만함	일상적인 행위와 활동	
1/10 ~1/5	10~20%	가파름	언덕을 이용한 운동과 놀이에 적극이용	약간의 절토작업으로 건물과 도로를 전통적인 방법으로 배치가능, 편익시설의 배치 곤란
1/5 ~1/2	20%~50%	매우 가파름	테라스 하우스	새로운 형태의 건물과 도로의 배치 기법이 요구됨

- ▸지문
  - ① 경사지 계획인데도 단지 내 도로 경사도(구배)가 제시되지 않음 : 합리적 수준에서 임의 계획
    - <보기>에 경사차로에 대한 표현은 범례로 제시됨
  - ② 지형조정 시 경사도 제시되지 않음 : 1/2(수직/수평) or 45도 내외로 대처
    - <보기>에 옹벽과 조정된 등고선의 표현은 범례로 제시됨

■ 문제풀이 Process

배치계획 주요 체크포인트

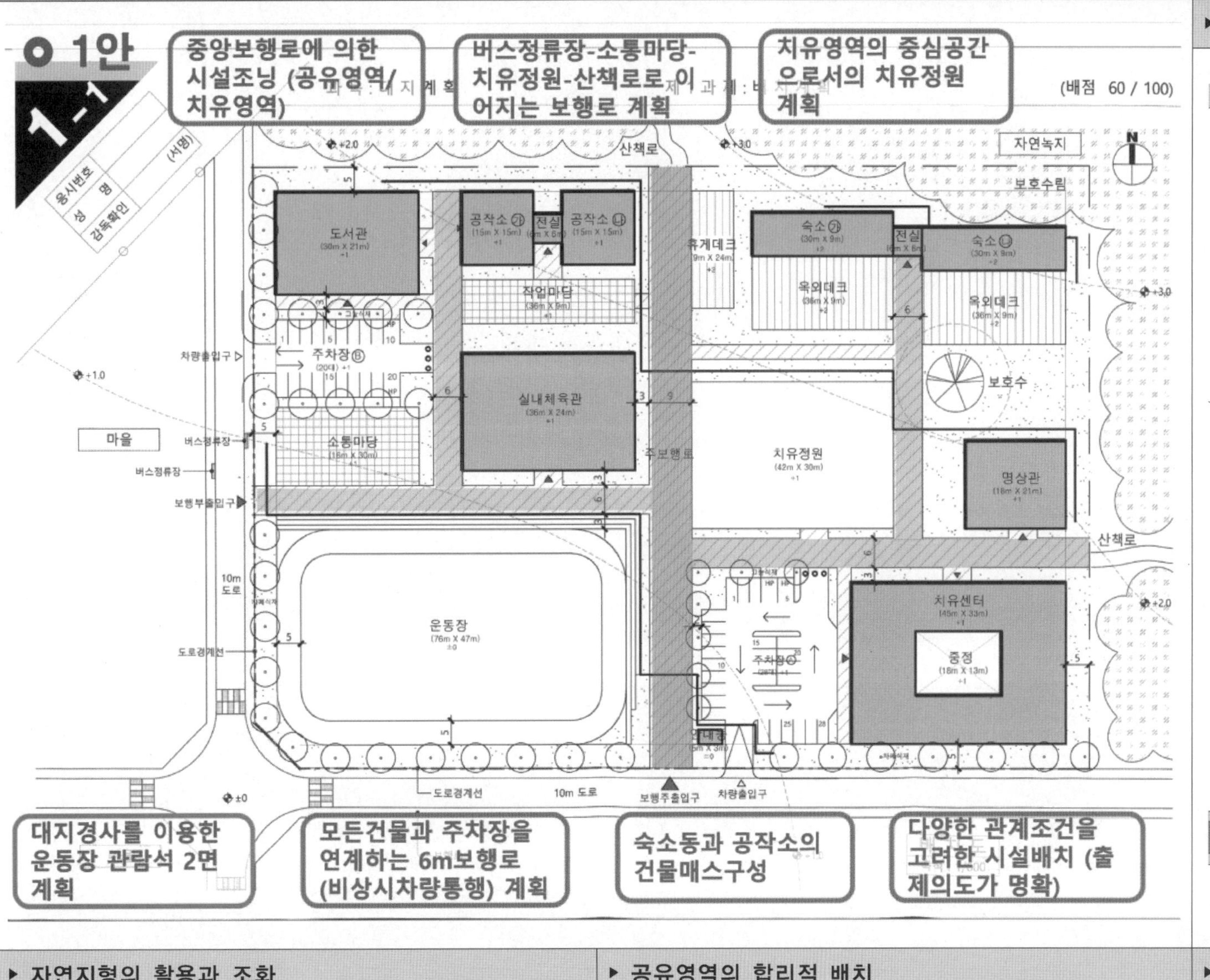

▸ 중앙보행로에 의한 시설조닝 : 공유영역 / 치유영역

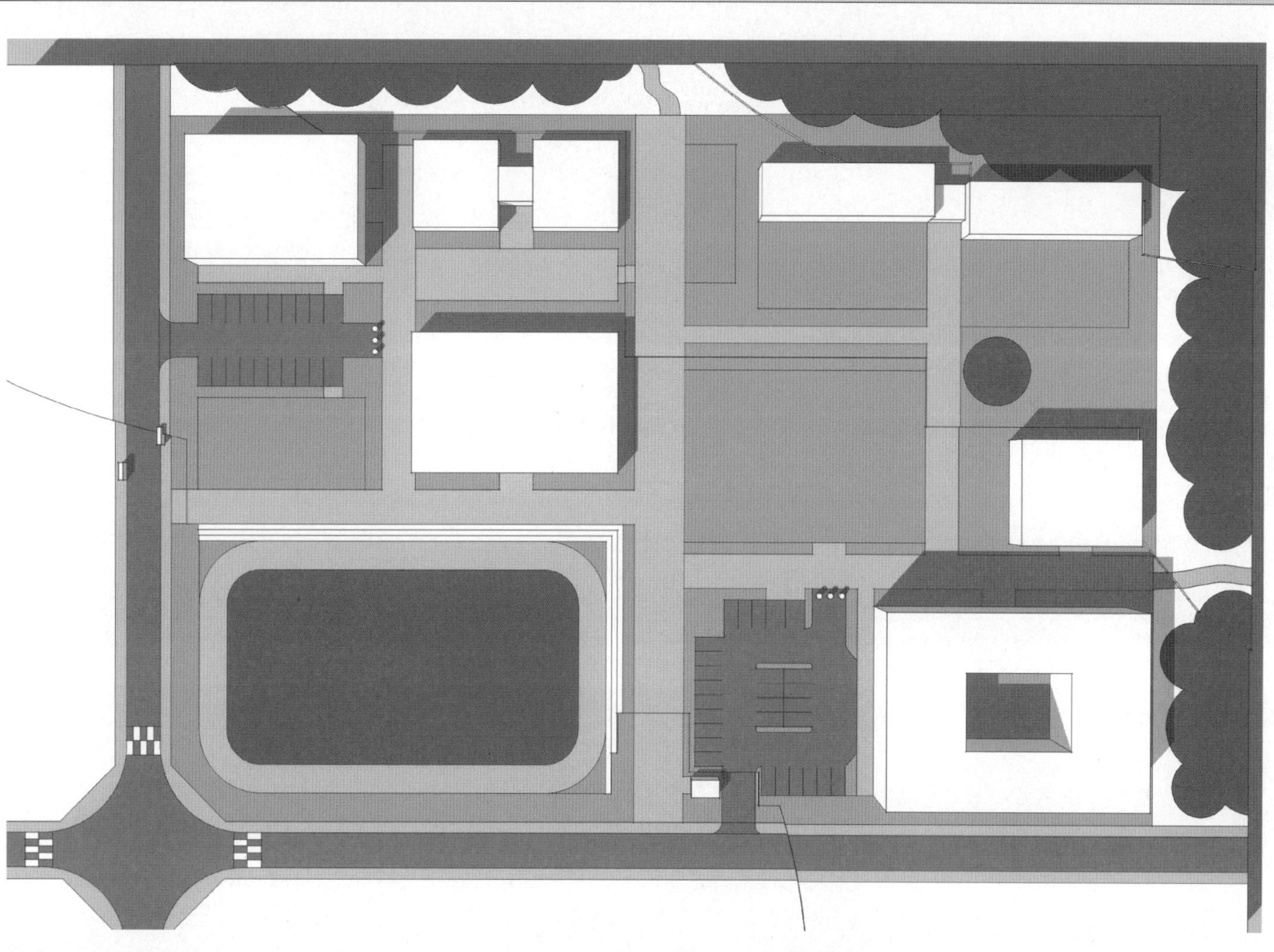

▸ 자연지형의 활용과 조화

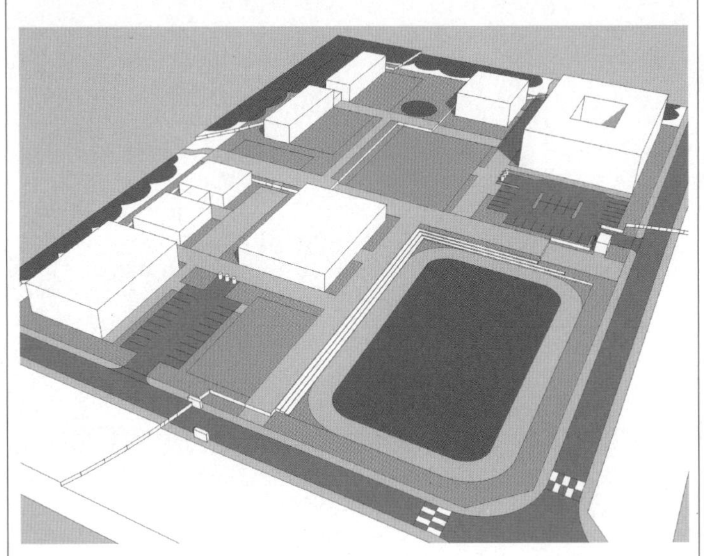

▸ 공유영역의 합리적 배치

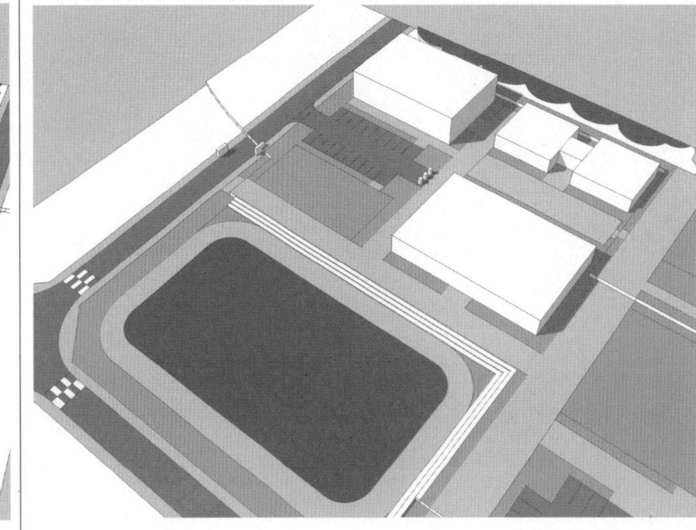

▸ 치유영역의 합리적 배치

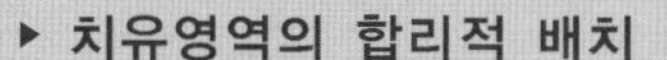

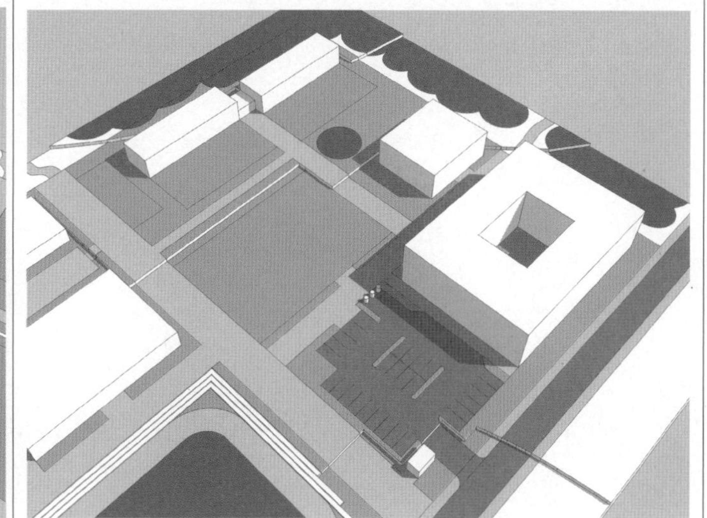

▸ 숙소와 공작소의 건물 조합

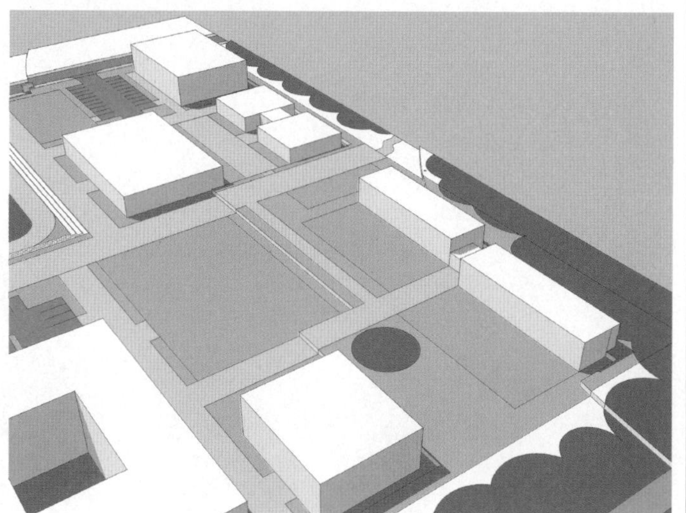

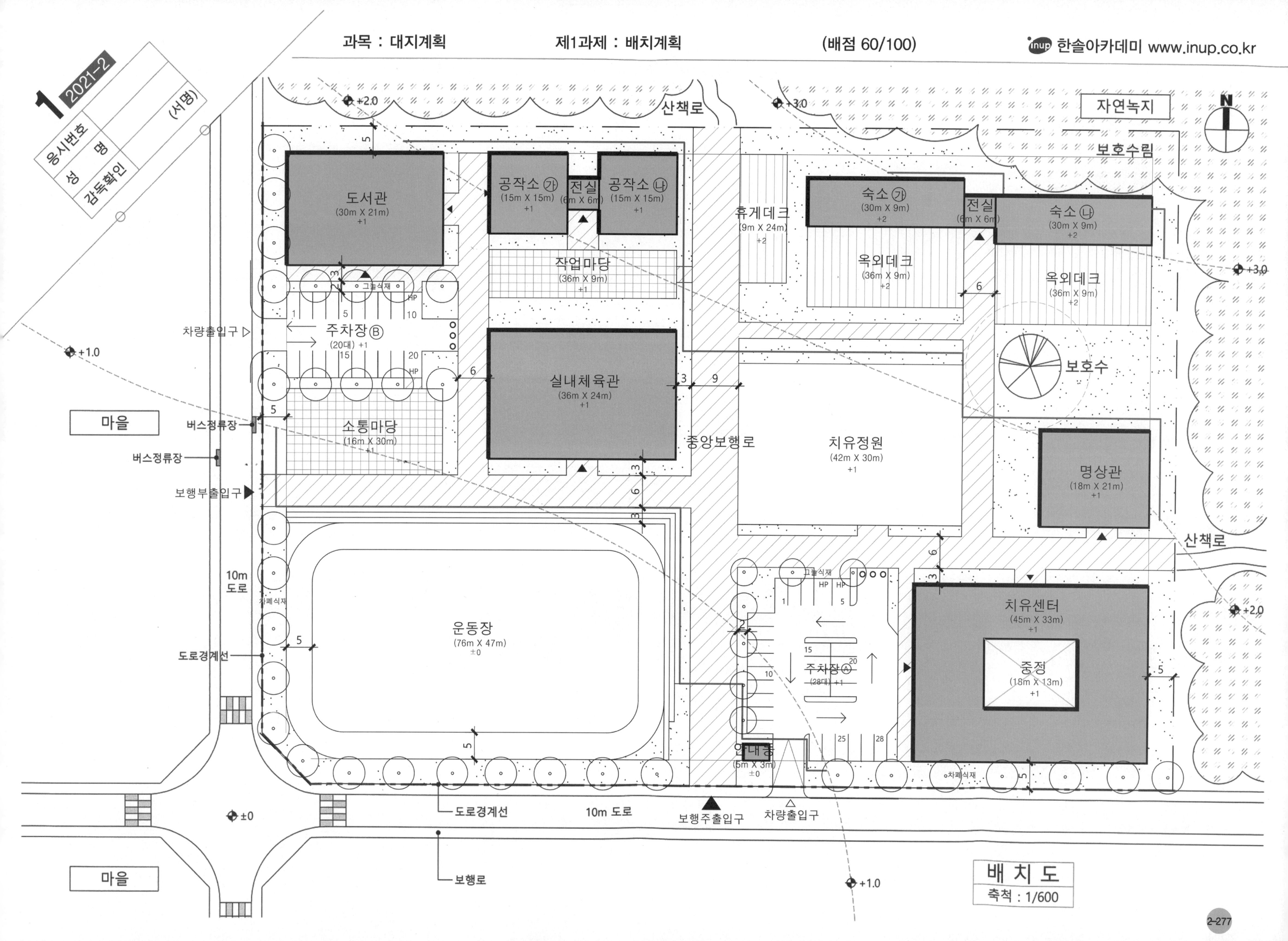
1 2021-2
응시번호
성 명
감독확인
(서명)
산책로
자연녹지
보호수림
도서관
(30m X 21m)
공작소 ㉮
(15m X 15m)
전실
(6m X 6m)
공작소 ㉯
(15m X 15m)
휴게데크
(9m X 24m)
숙소 ㉮
(30m X 9m)
숙소 ㉯
(30m X 9m)
작업마당
(36m X 9m)
옥외데크
(36m X 9m)
주차장 Ⓑ
(20대)
차량출입구
실내체육관
(36m X 24m)
보호수
마을
버스정류장
소통마당
(16m X 30m)
종앙보행로
치유정원
(42m X 30m)
명상관
(18m X 21m)
보행부출입구
10m 도로
운동장
(76m X 47m)
주차장 Ⓐ
(28대)
치유센터
(45m X 33m)
중정
(18m X 13m)
도로경계선
안내동
(6m X 3m)
차폐식재
그늘식재
보행주출입구
차량출입구
보행로
배 치 도
축척 : 1/600

구 성	FACTOR

1. 제목
- 건축물의 용도 제시 (공동주택과 일반건축물 2가지로 구분)
- 최대건축가능영역의 산정이 대전제

2. 과제개요
- 과제의 목적 및 취지를 언급합니다.
- 전제사항에 대한 개괄적인 설명이 추가되는 경우도 있습니다.

3. 대지조건(개요)
- 대지에 관한 개괄적인 사항
- 용도지역지구
- 대지규모
- 건폐율, 용적률
- 대지내부 및 주변현황 (현황도 제시)

4. 계획조건
- 접도현황
- 대지안의 공지
- 각종 이격거리
- 각종 법규 제한조건 (정북일조, 채광일조, 가로구역별최고높이, 문화재보호앙각, 고도제한 등)
- 각종 법규 완화규정

① 배점을 확인합니다.
- 40점 (과제별 시간 배분 기준)

② 용도 체크
- 근린생활시설
- 최대건축가능영역+주차장+계획개요(면적표) 작성

③ 제3종 일반주거지역
- 정북일조권 적용

④ 대지면적
- 지적상 면적(제척 여부 확인)

⑤ 건폐율 50% 이하

⑥ 용적률 250% 이하

⑦ 규모
- 5층 이하: 계획적 factor
- 가로구역별 최고높이 아님

⑧ 건축물 높이
- 지표면을 기준으로 산정

⑨ 북측 대지 가중평균 높이
- 정북 적용레벨은 +0.8

⑩ 접도조건
- 도로모퉁이 가각전제 2m x 2m
- 288 - 2 = 286m² (대지면적)

⑪ 층고: 4.8m, 3.0m

⑫ 주차계획
- 6대(일반형 2.5m x 5m)
- 1층 자주식 직각주차
- 주차출입 1개소 이상

⑬ 조경
- 286 x 5% = 14.3m² 이상

지 문 본 문

2021년도 제2회 건축사자격시험 문제

과목: 대지계획 제2과제 (대지분석 · 대지주차) ① 배점: 40/100점

제 목 : 근린생활시설의 최대 건축가능 규모 계획 ②

1. 과제개요

다음 주어진 대지에 근린생활시설을 신축하고자 한다. 아래 조건을 고려하여 최대 건축가능규모를 구하고 계획개요, 배치도, 1층평면 및 주차계획도, 단면도를 작성하시오.

2. 대지조건

(1) 용도지역 : 제3종 일반주거지역 ③
(2) 대지면적(지적도) : 288m² ④
(3) 건 폐 율 : 50% 이하 ⑤
(4) 용 적 률 : 250% 이하 ⑥
(5) 규 모 : 5층 이하(옥탑 제외) ⑦
(6) 용 도 : 근린생활시설
(7) 주변현황 : <대지 현황도> 참조

3. 계획조건

(1) 건축물 각 부분의 높이는 대지 지표면을 기준으로 산정한다. ⑧
(2) 계획대지와 인접도로는 평탄한 것으로 한다. (북측 대지 가중평균 높이 : +1.6m) ⑨
(3) 대지의 주변도로는 통과도로이며 지상 1층과 대지의 레벨은 동일하다. 대지의 모든 경계선 모퉁이 교차각은 90°이다. ⑩
(4) 각 층의 층고는 다음과 같다. ⑪
① 1층~2층 : 4.8m
② 3층~5층 : 3.0m
(5) 주차계획 ⑫
① 주차대수 : 6대
② 주차단위구획 : 일반형(2.5m x 5.0m)
③ 주차방식 : 1층 자주식(평행주차 불가)
④ 주차출입 : 1개소 이상 가능
(6) 조경은 대지면적의 5% 이상 1개소를 확보한다. ⑬
(7) 대지 내 우물은 보존하되 조경면적에 산입하지 않는다. ⑭
(8) 건축물의 모든 외벽은 수직이며 벽체 두께를 고려하지 않는다.

(9) 건축법 시행령 제31조(건축선)의 아래 규정을 준용한다. ⑮

(단위 : m)

도로의 교차각	해당도로의 너비 6m이상 8m미만	해당도로의 너비 4m이상 6m미만	교차되는 도로의 너비
90° 미만	4	3	6m이상 8m미만
	3	2	4m이상 6m미만
90° 이상 120° 미만	3	2	6m이상 8m미만
	2	2	4m이상 6m미만

(10) 6m 도로에 평행하게 건축한계선(3m)이 지정되어 있다.(건축한계선 내 조경 및 주차계획 불가) ⑯

4. 이격거리 및 높이제한

(1) 일조 등의 확보를 위한 높이제한을 위하여 정북방향으로의 인접대지경계선에서 다음과 같이 이격한다. ⑰
① 높이 9m 이하 부분 : 1.5m 이상
② 높이 9m 초과 부분 : 해당 건축물 각 부분 높이의 1/2 이상
(2) 건축물과의 이격거리 ⑱
① 인접대지경계선, 도로경계선 : 1.0m 이상
② 우물 : 0.5m 이상
(3) 주차구획과의 이격거리 ⑲
① 인접대지경계선, 도로경계선, 건축물, 조경, 우물 : 0.5m 이상
(4) 옥탑 및 파라펫 높이는 고려하지 않는다.

5. 도면작성요령 ⑳

(1) 모든 도면은 <보기>를 참고하여 작성하며 기준선, 건축한계선, 이격거리, 층수, 치수 등을 표기한다. ㉑
(2) 각종 제한선, 이격거리, 치수, 면적은 소수점 이하 둘째자리에서 반올림하여 첫째자리까지 표기한다. ㉒
(3) 배치도에는 1층~최상층의 건축영역을 표시하고 중복된 층은 그 최상층만 표시한다.
(4) 1층평면 및 주차계획도에는 1층 건축영역, 주차, 우물, 조경영역을 표시한다. ㉓
(5) 단면도에는 제시된 <A-A'> 부분의 최대 건축가능영역, 1층 바닥레벨, 일조권 사선제한선 및 기준레벨, 건축물의 최고높이를 표시한다.
(6) 단위 : m, m²
(7) 축척 : 1/200 ㉔

FACTOR	구 성

⑭ 대지 내 우물 보존

⑮ 가각전제
- 표로 제시

⑯ 건축한계선
- 6m 도로측 3m 지정
- 조경 및 주차계획 불가

⑰ 정북일조
- 현행법과 동일 기준

⑱ 건축물 이격거리
- 도로경계선 : 1.0m 이상
- 인접대지경계선 : 1.0m 이상
- 우물 : 0.5m 이상

⑲ 주차구획 이격거리
- 도로경계선, 인접대지경계선, 건축물, 조경, 우물 : 0.5m 이상
- 건축물 전체영역 기준으로 이해

⑳ 도면작성요령 항상 확인

㉑ 모든 도면 <보기>참조

㉒ 이격거리, 치수, 면적 등
- 소수점 이하 둘째자리에서 반올림하여 첫째자리까지 표기

㉓ 우물, 조경영역 표현

㉔ 단위 및 축척
- m, m², 1/200

- 대지 내외부 각종 장애물에 관한 사항
- 1층 바닥레벨
- 각층 층고
- 외벽계획 지침
- 대지의 고저차와 지표면 산정기준
- 기타사항 (요구조건의 기준은 대부분 주어지지만 실무에서 보편적으로 다루어지는 제한요소의 적용에 대해서는 간략하게 제시되거나 현행법령을 기준으로 적용토록 요구할 수 있으므로 그 적용방법에 대해서는 충분한 학습을 통한 훈련이 필요합니다)

5. 도면작성요령
- 건축가능영역 표현방법(실선, 빗금)
- 층별 영역 표현법
- 각종 제한선 표기
- 치수 표현방법
- 반올림 처리기준
- 단위 및 축척

구 성	FACTOR	지 문 본 문	FACTOR	구 성

7. 대지현황도
- 대지현황
- 대지주변현황 및 접도 조건
- 기존시설현황
- 대지, 도로, 인접대지의 레벨 또는 등고선
- 각종 장애물 현황
- 계획가능영역
- 방위
- 축척

(답안작성지는 현황도와 대부분 중복되는 내용이지만 현황도에 있는 정보가 답안작성지에서는 생략되기도 하므로 문제 접근시 현황도를 꼼꼼히 체크하는 습관이 필요합니다.)

㉕ <보기> 확인

㉖ 흑색 연필로 작성

㉗ 명시되지 않은 사항
- 기타 법규를 검토할 경우 항상 문제해결의 연장선에서 합리적이고 복합적으로 고려

㉘ 현황도 파악
- 대지경계선 확인
- 건축한계선 3m
- 도로모퉁이 2m x 2m 가각전제
- 대지면적 변경에 따른 건축면적, 연면적 파악
- 대지현황(평지, 우물)
- 접도현황(개소, 너비, 레벨 등)
- 현황 파악 (북측대지 레벨조건 등)
- 방위
- 축척 없음
- 기타사항
- 제시되는 현황도를 이용하여 1차적인 현황분석을 합니다. (대지경계선이 변경되는 부분이 있는지 가장 먼저 확인)

과목: 대지계획 제2과제 (대지분석 · 대지주차) 배점: 40/100점

<보기> ㉕

홀수층	(빗금)
짝수층	(빈칸)

6. 유의사항

(1) 답안작성은 반드시 흑색 연필로 한다. ㉖

(2) 명시되지 않은 사항은 현행 관계 법령의 범위 안에서 임의로 한다. ㉗

<대지현황도> 축척 없음 ㉘

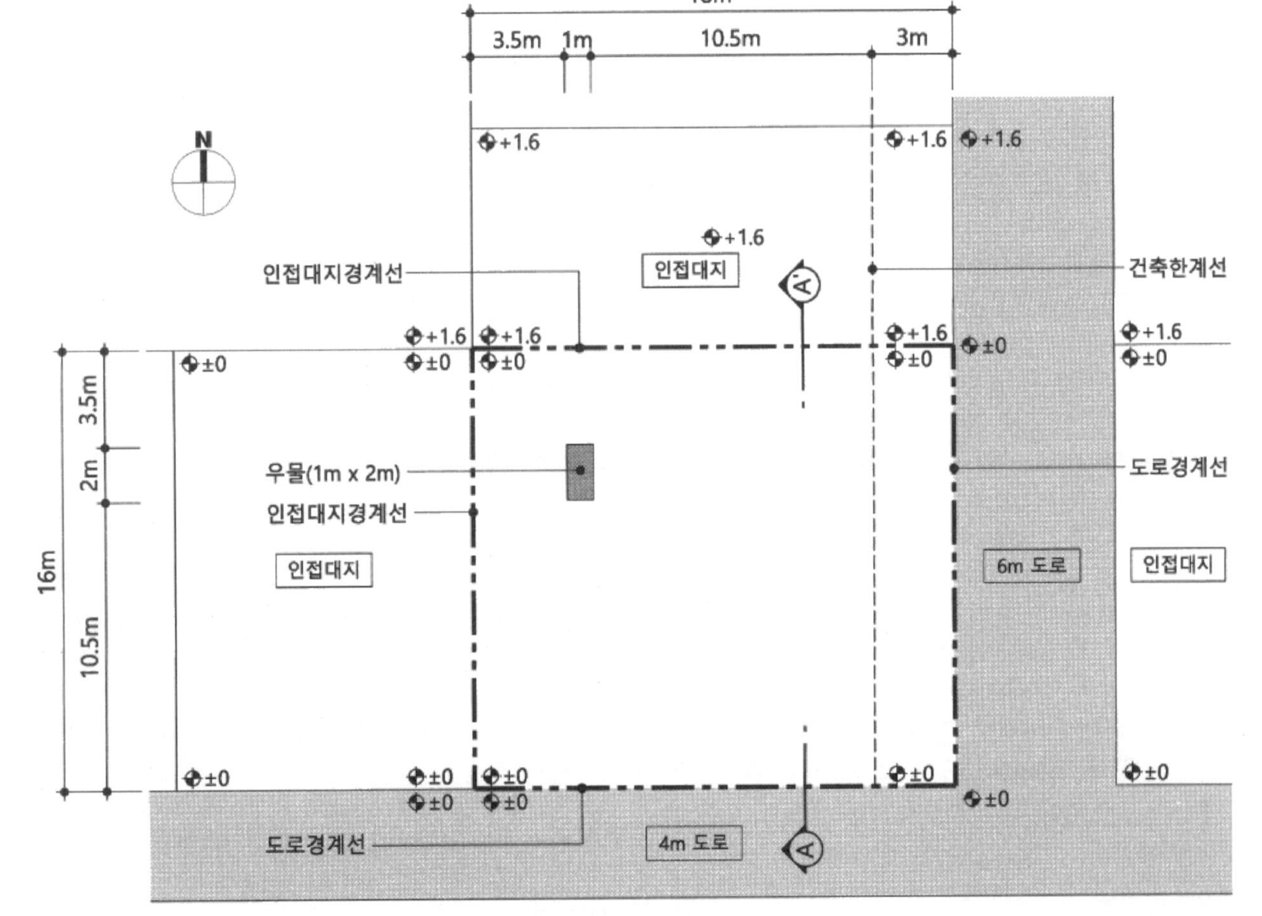

6. 유의사항
- 제도용구 (흑색연필 요구)
- 명시되지 않은 현행법령의 적용방침 (적용 or 배제)

■ 문제풀이 Process

1 제목, 과제 및 대지개요 확인

① 배점 확인 : 40점
- 문제 난이도 예상
- 제1과제(배치계획)와 시간배분의 기준으로 유연하게 대처

② 제목 : 근린생활시설의 최대 건축가능규모 계획
- 용도 : 근린생활시설(일반건축물)
- 주차계획을 포함한 규모계획을 하고 계획개요를 작성하도록 요구

③ 제3종 일반주거지역
- 정북일조 고려

④ 건폐율 50% 이하 : 현황분석 시 check

⑤ 용적률 250% 이하 : 현황분석 시 check

⑥ 건축물의 규모
- 5층 이하(옥탑 제외) : 법규 아닌 계획적 factor로 이해

⑦ 구체적인 지문조건 분석 전 현황도를 이용하여 1차적인 현황분석을 우선 하도록 함
- 가장 먼저 확인해야 하는 사항은 건축선 변경 여부임을 항상 명심

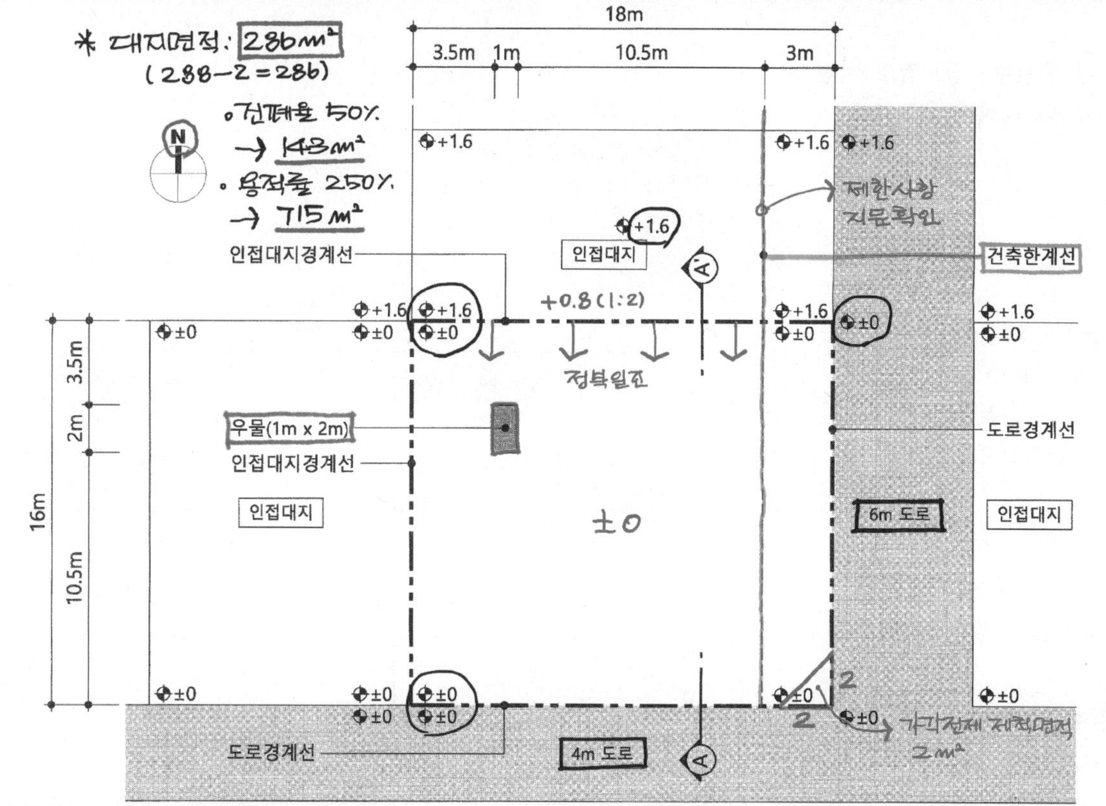

2 현황분석

① 대지조건
- ±0 평탄지 / 6m 도로변 3m 건축한계선
- 대지 내 장애물 : 우물(1m x 2m)

② 주변현황
- 인접대지 모두 제3종 일반주거지역으로 파악

③ 접도조건 확인
- 동측 6m 도로, 남측 4m 도로 교차각 90도
- 가각전제(2m x 2m)에 따른 대지면적 변경 : 288(지적도) − 2(제척면적) = 286m^2(대지면적)

④ 대지 및 인접대지, 도로 레벨 check
- 많은 지점레벨이 제시되었으나 ±0과 +1.6 두 레벨로 간단하게 파악

⑤ 방위 확인
- 일조 등의 확보를 위한 높이제한 적용 기준 확인(정북일조)
- 북측인접대지 레벨 : +1.6 / 정북일조 적용 레벨 : +0.8

⑥ 단면지시선 위치 확인
- 건축한계선으로부터 약 2.5m 위치

3 요구조건분석

① 대지면적 변경 : 288m^2(지적도) − 2m^2(제척면적) = 286m^2(대지면적)

② 건폐율 50% : 143m^2 / 용적률 250% : 715m^2

③ 5층 이하 / 지하층 없음

④ 건축물 높이는 대지 지표면 기준, 북측 인접대지 : +1.6

⑤ 층고 : 4.8m / 3.0m

⑥ 주차계획
- 주차대수 6대 : 소규모주차장 기준 적용 가능
- 일반형 : 2.5m x 5.0m / 1층 자주식 직각주차(평행주차 불가)
- 주차출입 1개소 이상

⑦ 조경면적 : 286m^2 x 0.05 = 14.3m^2 이상

⑧ 대지 내 우물은 보존, 조경면적에 산입하지 않음

⑨ 건축물의 모든 외벽은 수직이며 벽체 두께를 고려하지 않음

⑩ 가각전제 기준 표 제시

⑪ 6m 도로에 평행하게 3m 건축한계선 지정 : 조경 및 주차계획 불가

⑫ 정북일조 적용

⑬ 건축물 이격거리 : 인접대지경계선, 도로경계선-1.0m / 우물-0.5m 이상

⑭ 주차구획 이격거리 : 인접대지경계선, 도로경계선, 건축물, 조경, 우물-0.5m 이상

■ 문제풀이 Process

4 수평영역 및 수직영역 검토

① 외부공간(주차장) 검토 이전
건축가능영역 우선 check

② 최대 mass volume
- 대지면적 : 286m^2
(288m^2 – 2m^2)
- 건축면적(건폐율50%) :
max 143m^2
- 연면적(용적률250%)
max 715m^2

③ 1차 최대건축가능 영역
- 합리적 이격거리 적용
- 정북일조 적용 레벨 : +0.8

④ 주차구획 상부 건축 금지
- 북측 저층영역 주차 방향설정

대지면적: 288 – 2 = 286 ㎡
건축면적: 143 ㎡ (건폐율 50 %)
연면적: 715 ㎡ (용적률 250 %)

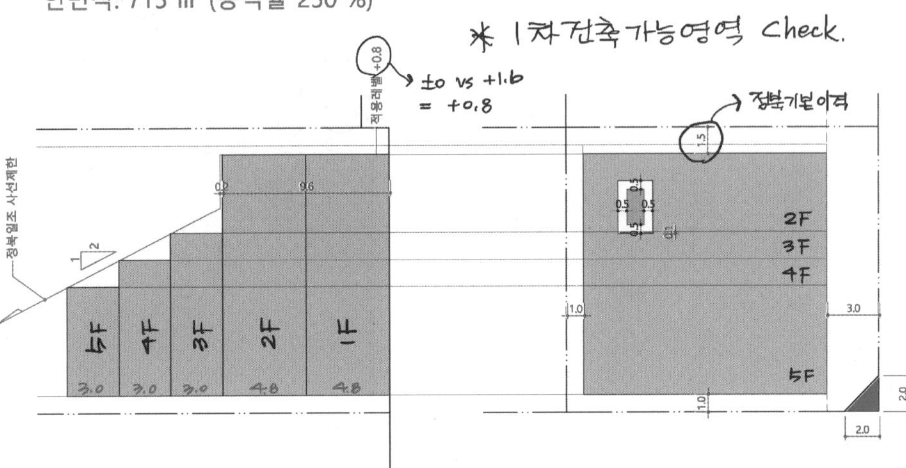

5 1층 바닥면적 및 주차장 검토

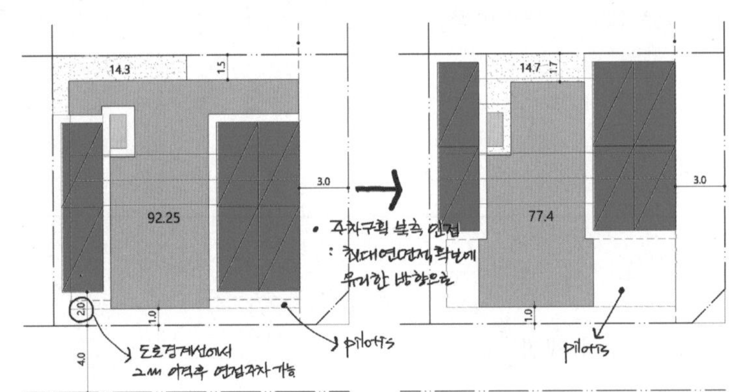

<대안-2> 건축한계선측 출입고려.

<다양한 접근, 면적 check>

연면적 비교

① 대안-1
- 소규모주차장 기준 적용
- 건축한계선 주차계획(출입) 금지
- 4m 도로측 진출입(도로경계선으로부터 2m 이격 후 연접배치 가능)
- 가급적 주차구획을 북측으로 인접시켜 최대 연면적 확보
- 필로티 발생, 복잡한 건물형태 (다양한 형태적 대안 가능)

② 대안-2
- 소규모주차장 기준 적용
- 건축한계선 주차출입(구획금지)
- 각각의 도로에서 차량 진출입
- 북측 영역 주차활용, 심플한 건물 형태, 명쾌한 치수계획, 합리적 조경면적, 필로티 없음, 최대 건축가능영역 확보 등 : 출제자 의도로 예상
- 주차 대안별 미세한 면적 차이

6 모범답안

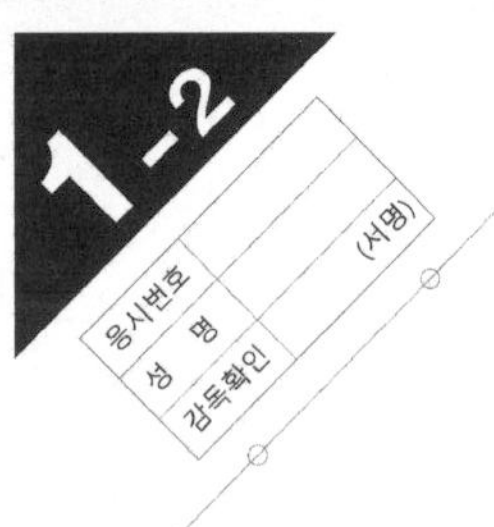

과 목 : 대 지 계 획　　제 2 과 제 : 대지분석 · 대지주차　　(배점 40 / 100)

■ 계획개요

구분		면적	단위
대지면적		286.0	㎡
건축면적		105.4	㎡
건 폐 율		36.9	%
용 적 률		145.3	%
층별면적	1층	77.4	㎡
	2층	105.4	㎡
	3층	86.5	㎡
	4층	77.6	㎡
	5층	68.6	㎡
연면적		415.5	㎡
조경면적		14.7	㎡

1층평면 및 주차계획도
축척: 1/200

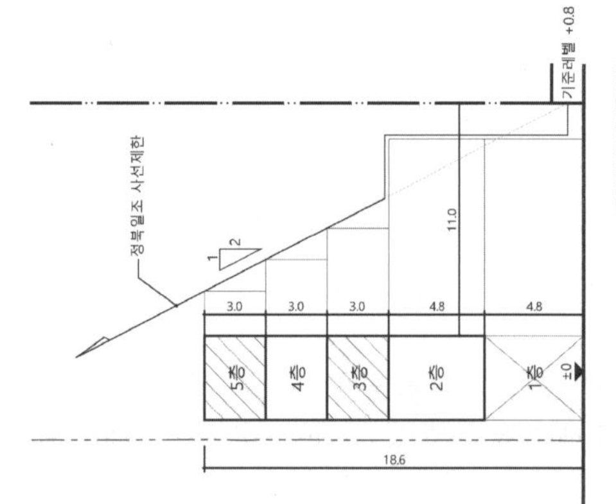

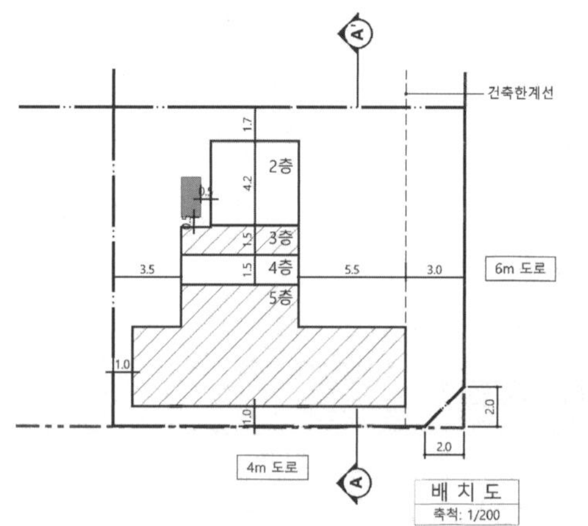

배 치 도
축척: 1/200

■ 주요 체크포인트

① 건폐율/용적률 적용
② 정북일조 사선제한 적용
③ 최대건축가능영역을 고려한 주차장 계획(6대)
- 필로티 언급 없음
- 대지 북측에 주차구획 검토
- 건축한계선 내 조경 및 주차계획 불가
④ 조경 설치(대지면적의 5%)
⑤ 정확한 건축개요 작성
⑥ 조경영역의 형태에 따라 1층 형태 다양한 대안 가능

1안 건축한계선 내 주차출입이 불가능한 것으로 보는 대안

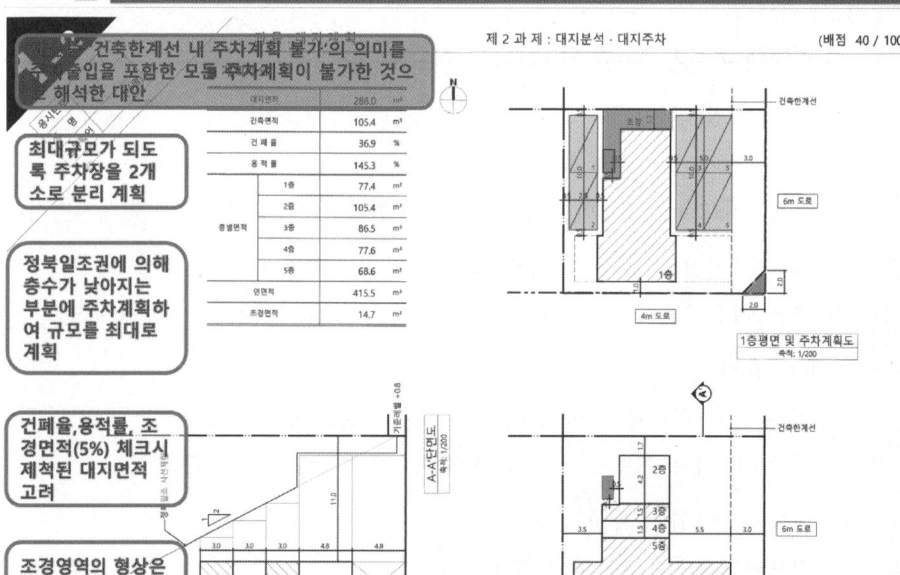

■ 문제풀이 Process

대지분석 · 조닝/대지주차 문제풀이를 위한 핵심이론 요약

1. 정북일조

▸ 지역일조권 : 전용주거지역, 일반주거지역 모든 건축물에 해당

▸ 인접대지와 고저차 있는 경우 : 평균 지표면 레벨이 기준

▸ 인접대지경계선으로부터의 이격거리
- 높이 9m 이하 : 1.5m 이상
- 높이 9m 초과 : 건축물 각 부분의 1/2 이상

▸ 계획대지와 인접대지 간 고저차 있는 경우

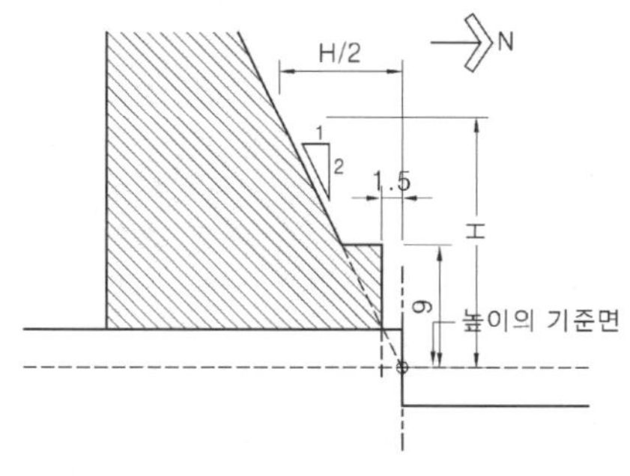

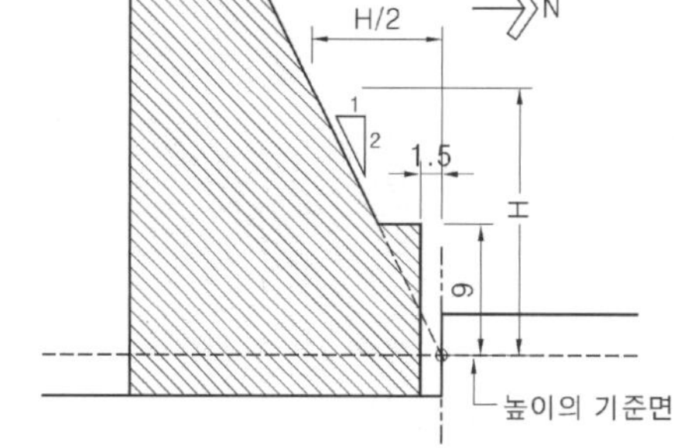

▸ 정북 일조를 적용하지 않는 경우
- 다음 각 목의 어느 하나에 해당하는 구역 안의 너비 20미터 이상의 도로(자동차 · 보행자 · 자전거 전용도로, 도로에 공공공지, 녹지, 광장, 그 밖에 건축미관에 지장이 없는 도시 · 군계획시설이 접한 경우 해당 시설 포함)에 접한 대지 상호간에 건축하는 건축물의 경우
  가. 지구단위계획구역, 경관지구
  나. 중점경관관리구역
  다. 특별가로구역
  라. 도시미관 향상을 위하여 허가권자가 지정 · 공고하는 구역
- 건축협정구역 안에서 대지 상호간에 건축하는 건축물(법 제77조의4제1항에 따른 건축협정에 일정 거리 이상을 띄어 건축하는 내용이 포함된 경우만 해당한다)의 경우
- 정북 방향의 인접 대지가 전용주거지역이나 일반주거지역이 아닌 용도지역인 경우

▸ 정북 일조 완화 적용
- 건축물을 건축하려는 대지와 다른 대지 사이에 다음 각 호의 시설 또는 부지가 있는 경우에는 그 반대편의 대지경계선(공동주택은 인접 대지경계선과 그 반대편 대지경계선의 중심선)을 인접대지경계선으로 한다.
  1. 공원(도시공원 중 지방건축위원회의 심의를 거쳐 허가권자가 공원의 일조 등을 확보할 필요가 있다고 인정하는 공원은 제외), 도로, 철도, 하천, 광장, 공공공지, 녹지, 유수지, 자동차 전용도로, 유원지 등
  2. 다음 각 목에 해당하는 대지
  가. 너비(대지경계선에서 가장 가까운 거리를 말한다)가 2미터 이하인 대지
  나. 면적이 제80조 각 호에 따른 분할제한 기준 이하인 대지
  3. 1,2호 외에 건축이 허용되지 않는 공지

2. 소규모 주차장

▸ 소규모 주차장 관련 법규
- 부설주차장의 총 주차대수 규모가 8대 이하인 자주식주차장
- 차로의 너비는 2.5m
- 보도와 차도의 구분이 없는 너비 12미터 미만의 도로에 접하여 있는 경우 그 도로를 차로로 하여 주차단위구획을 배치할 수 있다.
  이 경우 차로의 너비는 도로를 포함하여 6미터 이상(평행주차인 경우에는 도로를 포함하여 4미터 이상)으로 하며, 도로의 포함범위는 중앙선까지로 하되 중앙선이 없는 경우에는 도로 반대측 경계선까지로 한다.
- 보도와 차도의 구분이 있는 12미터 이상의 도로에 접하여 있고 주차대수가 5대 이하인 부설주차장은 당해 주차장의 이용에 지장이 없는 경우에 한하여 그 도로를 차로로 하여 직각주차형식으로 주차단위구획을 배치할 수 있다.

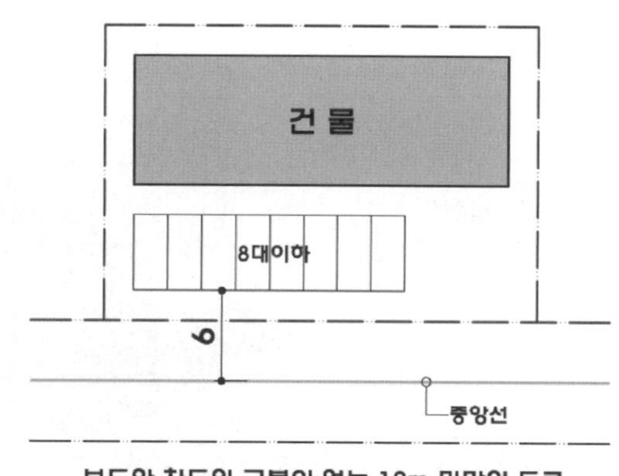

보도와 차도의 구분이 없는 12m 미만의 도로
(중앙선이 있는 경우)

보도와 차도의 구분이 없는 12m 미만의 도로
(중앙선이 없는 경우)

- 주차대수 5대 이하의 주차단위구획은 차로를 기준으로 하여 세로로 2대까지 접하여 배치할 수 있다.
- 출입구의 너비는 3미터 이상으로 한다.
  다만, 막다른도로에 접하여 있는 부설주차장으로서 시장·군수 또는 구청장이 차량의 소통에 지장이 없다고 인정하는 경우에는 2.5미터 이상으로 할 수 있다.
- 보행인의 통행로가 필요한 경우에는 시설물과 주차단위구획사이에 0.5미터 이상의 거리를 두어야 한다.

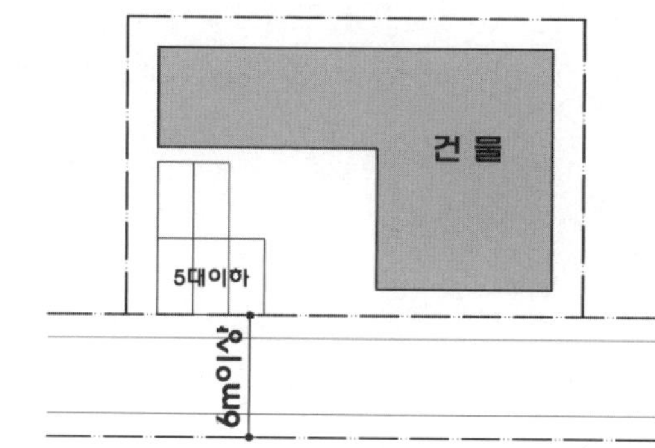

▸ 지문

① 주차대수 : 6대 / 주차방식 : 1층 자주식(평행주차 불가)

② 6m도로, 4m도로 모두 보도와 차도의 구분이 없는 12m 미만의 도로에 해당

-건축한계선 내 조경 및 주차계획 불가하므로 4m 도로를 차로로 활용하는 계획으로 우선 검토

■ 문제풀이 Process

대지분석 · 조닝/대지주차 문제풀이를 위한 핵심이론 요약

3. 건축 한계선

- 건축선: 도로와 접한 부분에 건축물을 건축할 수 있는 선 / 대지와 도로의 경계선으로 함
- 소요폭 미달도로 또는 도로모퉁이 가각전제에 의해서 건축선이 후퇴하는 경우는 후퇴한 선을 건축선으로 하며 이때 대지면적은 제척되어 감소
- 건축선의 지정 : 대지 안에서 건축물의 위치나 환경을 정비하기 위하여 필요하다고 인정하여 따로 지정 (4m 이내의 범위) – 대지면적 변화 없는 건축선
- 건축지정선 : 가로경관이 연속적인 형태를 유지하거나 구역 내 중요 가로변의 건축물을 가지런하게 할 필요가 있는 경우 지정
- 벽면지정선 : 특정 지역에서 상점가의 1층 벽면 위치를 정렬하거나 고층부 벽면위치를 지정하는 등 특정층의 벽면의 위치를 규제할 필요가 있는 경우에 지정
- 건축한계선 : 도로에 있는 사람이 개방감을 가질 수 있도록 건축물을 도로에서 일정 거리 후퇴시켜 건축하게 할 필요가 있는 곳에 지정
- 건축선에 따른 건축제한 : 건축물과 담장은 건축선의 수직면을 넘어서는 안됨 (지표하 부분 제외). 도로면으로부터 높이 4.5m 이하에 있는 출입구, 창문 등은 개폐 시 건축선의 수직면을 넘어서는 안됨

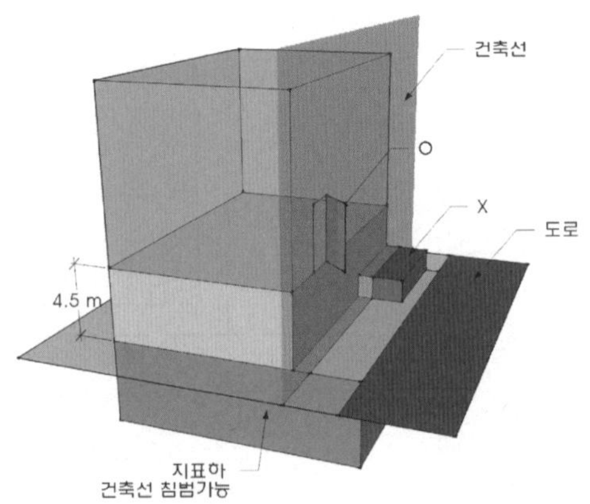

- 지문

① 6m 도로에 평행하게 건축한계선(3m)이 지정되어 있다.
(건축한계선 내 조경 및 주차계획 불가)

나만의 핵심정리 노트

대지분석 · 조닝/대지주차 주요 체크포인트

○ 1안 건축한계선 내 주차출입이 불가능한 것으로 보는 대안

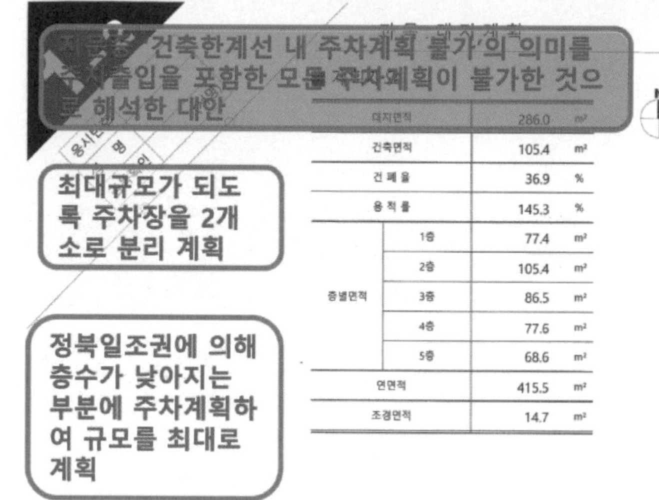

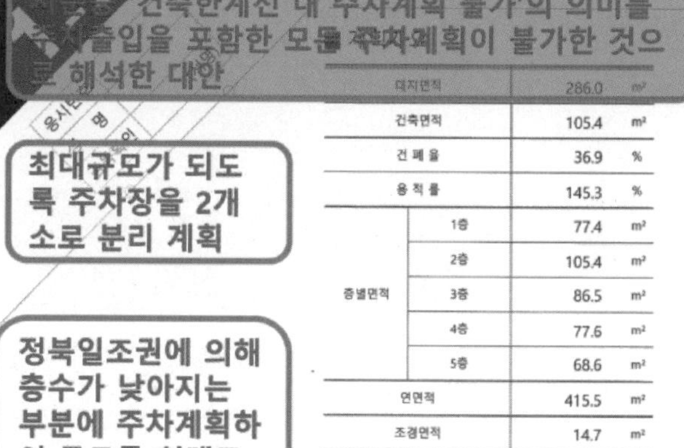

대지면적		286.0	㎡
건축면적		105.4	㎡
건 폐 율		36.9	%
용 적 률		145.3	%
층별면적	1층	77.4	㎡
	2층	105.4	㎡
	3층	86.5	㎡
	4층	77.6	㎡
	5층	68.6	㎡
연면적		415.5	㎡
조경면적		14.7	㎡

제 2 과 제 : 대지분석 · 대지주차 (배점 40 / 100)

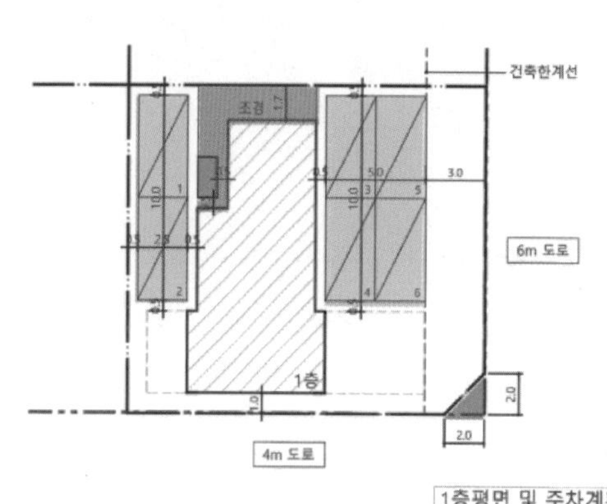

1층평면 및 주차계획도
축척: 1/200

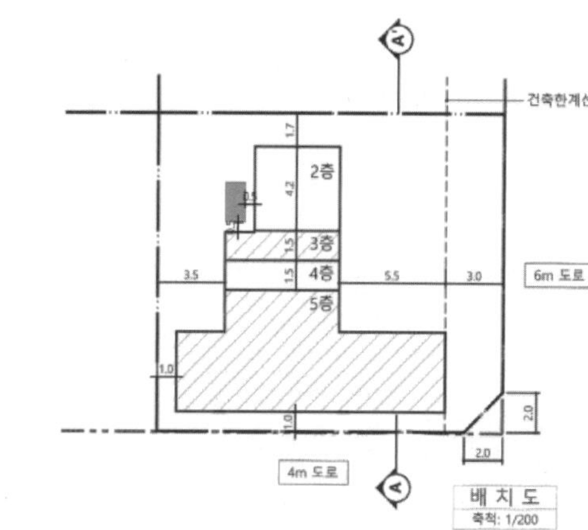

배 치 도
축척: 1/200

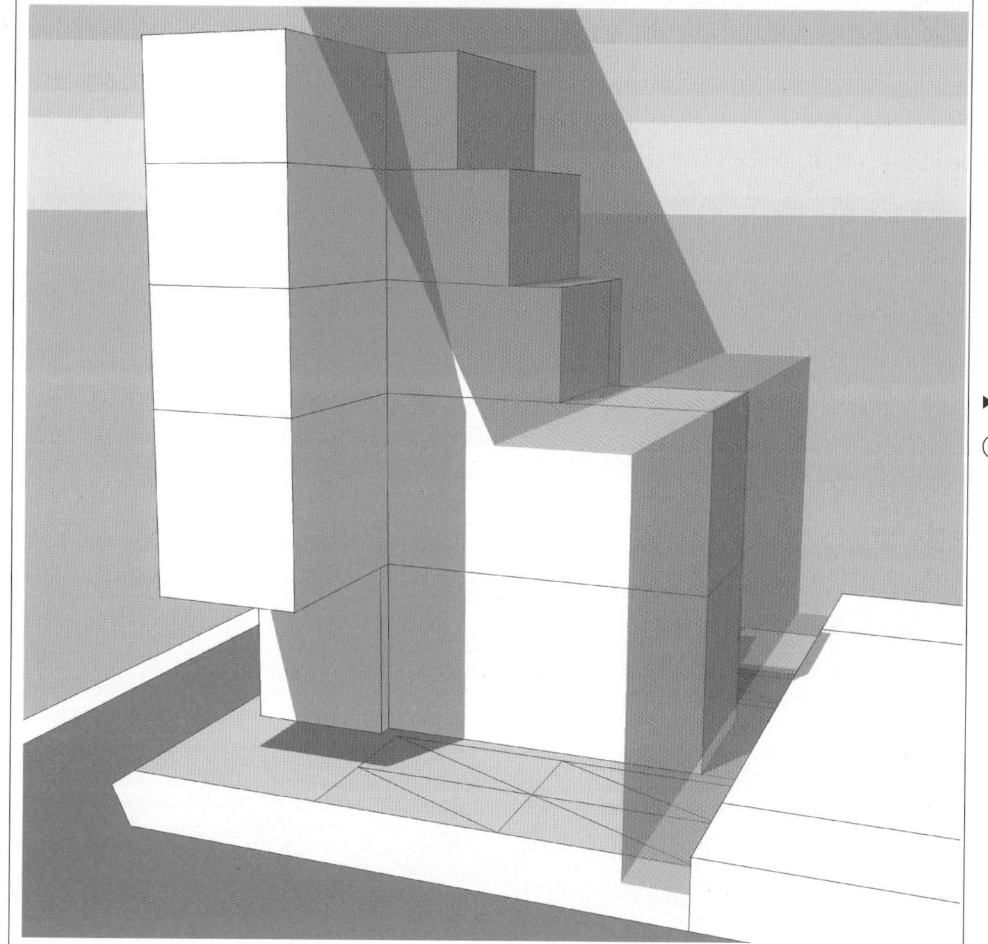

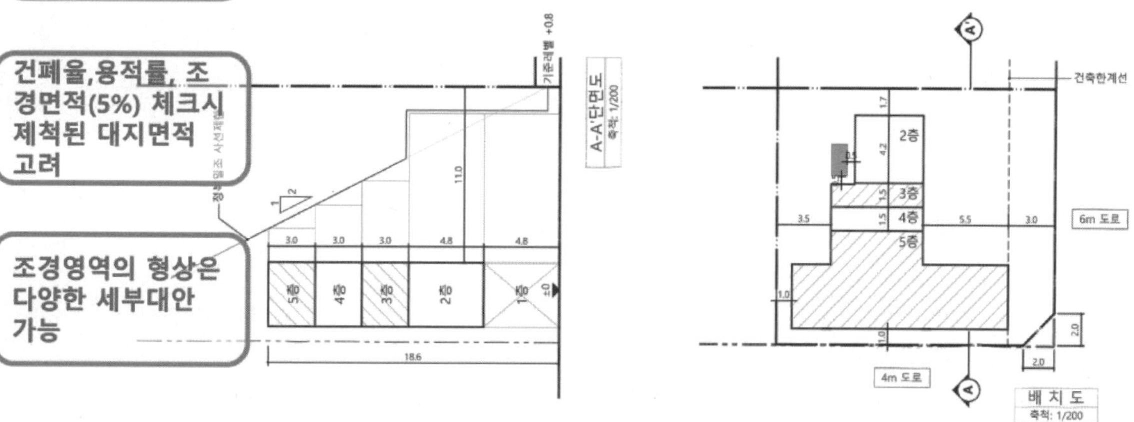

▸ 정북일조 적용
① 북측인접대지 조건에 따른 합리적 일조권 적용
: ±0 vs +1.6
적용레벨 = +0.8

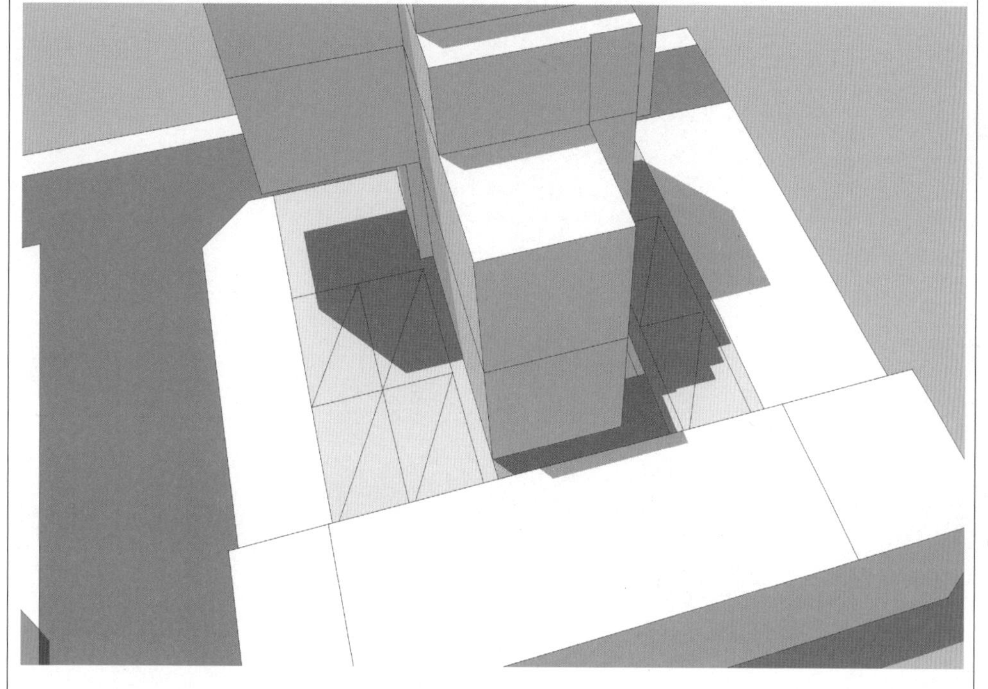

▸ 지상 주차장 계획
① 소규모주차장 기준 적용
-4m 도로를 차로로 이용
-건축선 2m 이격 후 연접주차
-건축한계선 주차출입 대안
② 최대 연면적을 고려한 주차구획 위치 선정
③ 주차구획 상부 건축물 계획 금지
④ 필로티 관련 조건 언급 없음

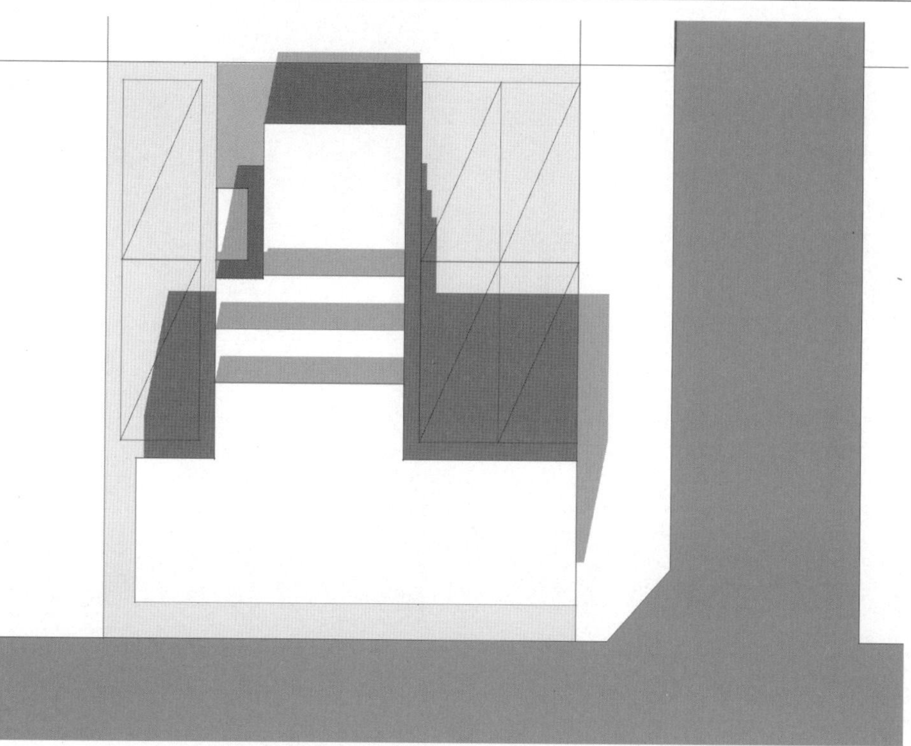

▸ 건폐율, 용적률 적용
① 최대 용적률을 만족하는 규모 검토
② 정확한 면적 산정 및 건축개요 작성

▸ 이격거리 준수
① 건축물은 대지경계선에서 1.0m 이상, 우물에서 0.5m 이상 이격
② 주차구획은 대지경계선, 건축물, 조경, 우물에서 0.5m 이상 이격

2 2021-2

응시번호	
성 명	(서명)
감독확인	

■ 계획개요

구분		면적	단위
대지면적		286.0	m²
건축면적		103.5	m²
건 폐 율		36.2	%
용 적 률		163.7	%
층별면적	1층	103.5	m²
	2층	103.5	m²
	3층	103.5	m²
	4층	87.4	m²
	5층	70.2	m²
연면적		468.1	m²
조경면적		15.8	m²

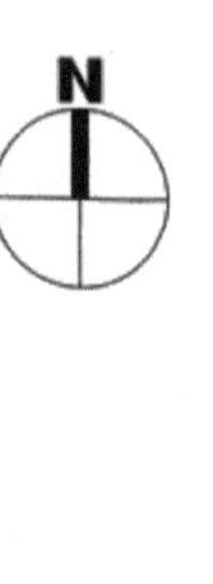

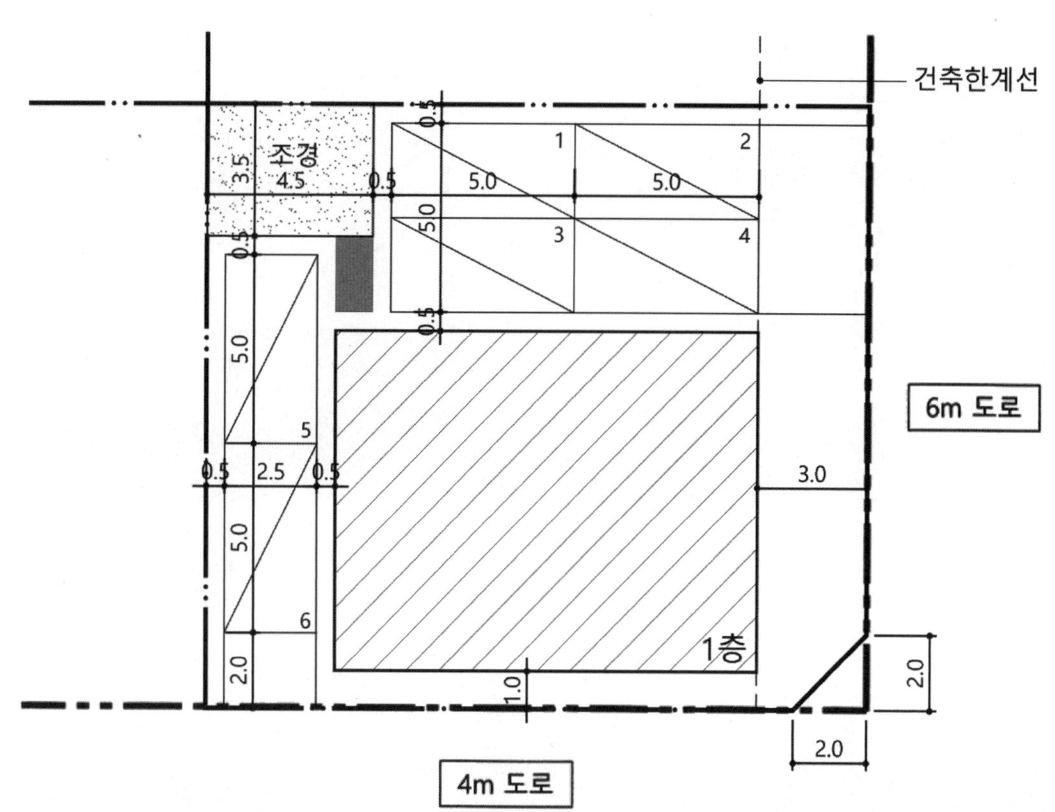

1층평면 및 주차계획도
축척: 1/200

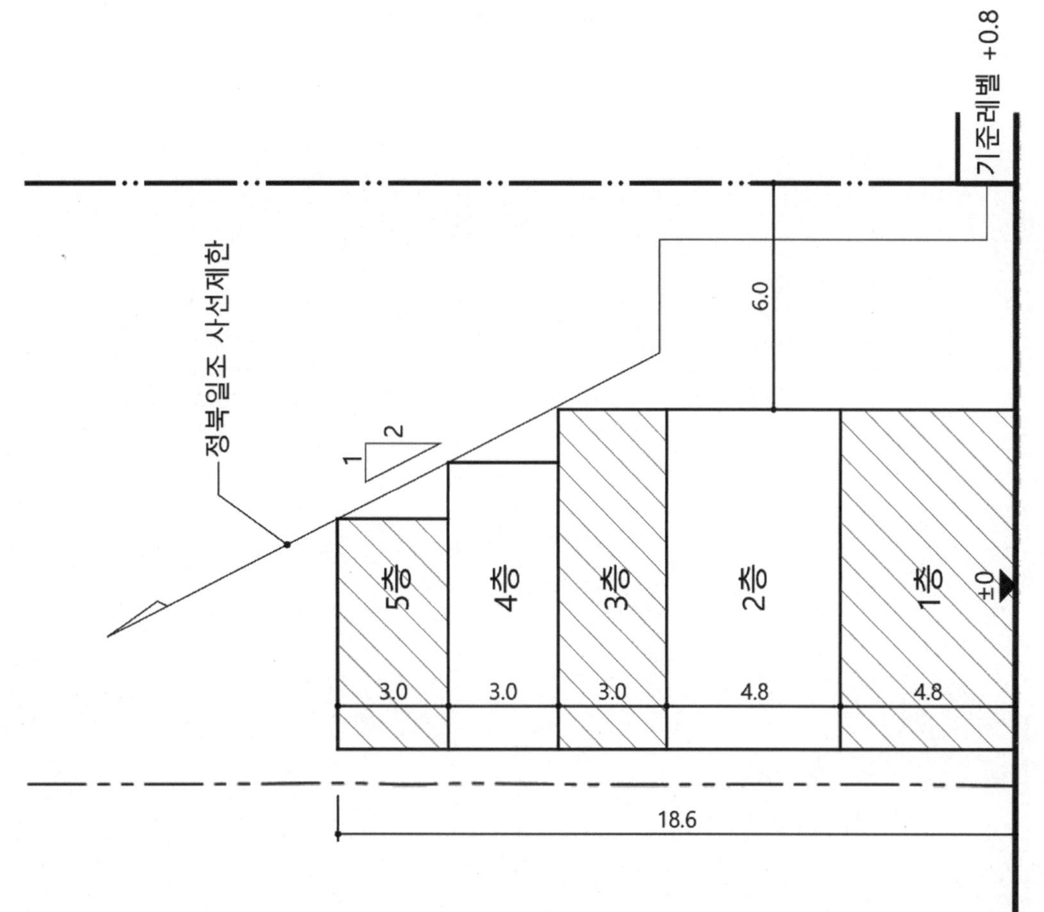

A-A'단면도
축척: 1/200

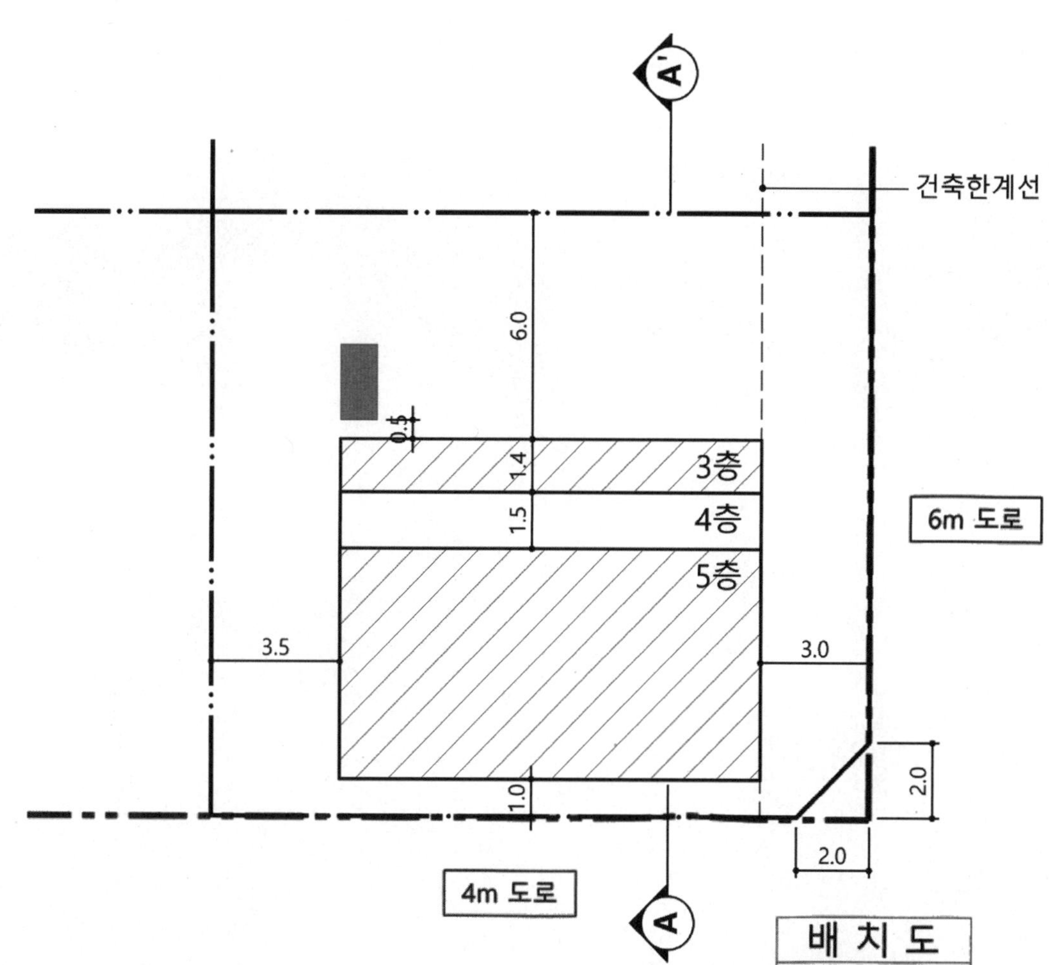

배 치 도
축척: 1/200

구 성

1. 제목
- 배치하고자 하는 시설의 제목을 제시합니다.

2. 과제개요
- 시설의 목적 및 취지를 언급합니다.
- 전체사항에 대한 개괄적인 설명이 추가되는 경우도 있습니다.

3. 대지조건(개요)
- 대지전반에 관한 개괄적인 사항이 언급됩니다.
- 용도지역, 지구
- 접도조건
- 건폐율, 용적률 적용 여부를 제시
- 대지내부 및 주변현황 (최근 계속 현황도가 별도로 제시)

4. 계획조건
ⓐ 배치시설
- 배치시설의 종류
- 건물과 옥외시설물은 구분하여 제시되는 것이 일반적입니다.
- 시설규모
- 필요시 각 시설별 요구사항이 첨부됩니다.

FACTOR

① 배점을 확인하여 2과제의 시간배분 기준으로 활용
- 60점 (난이도 예상)

② 생활로봇 연구센터
- 시설 성격(R&D) 파악

③ 지역지구 : 준공업지역

④ 대지현황도 제시
- 계획 조건을 파악하기에 앞서 반드시 현황도를 이용한 1차 현황분석을 선행(대지의 기본 성격 이해한 후 문제풀이 진행)

⑤ 단지 내 도로
- 차로와 보행로로 구분하여 제시
- 최소폭(위계 고려하여 임의 계획)

⑥ 건축물
- 건물 성격 파악
- 홍보동은 접근성, 인지성 고려
- 메이커스 랩은 테라스하우스 형태로 파악(층고 및 지형 고려)

⑦ 외부시설
- 최소 면적 제시
- 200석 관람석($1m^2$ 내외/인)고려
- 다목적마당과 로봇연구동 연계
- 로봇광장 내 회차로 설치

⑧ 주차장
- 옥외 / 옥내주차장으로 구분
- 규모에 따라 양방향 동선 고려
- 주차장Ⓐ는 관리업무동 인접
- 주차장Ⓑ는 로봇홍보동 인접
- 주차장Ⓒ는 실험동 필로티 주차
- 주차장 레벨은 건축물 1층 바닥과 동일 레벨로 고려
- 단지 내 도로와 별도 영역에 주차장

지 문 본 문

2022년도 제1회 건축사자격시험 문제

과목: 대지계획 제1과제 (배치계획) ① 배점: 60/100점

제 목 : 생활로봇 연구센터 배치계획 ②

1. 과제개요

경사진 대지에 생활로봇 연구센터를 계획하고자 한다. 지형조정의 적합성, 주차장 계획의 합리성, 기능간의 연계성을 고려하여 단지배치도와 대지단면도를 작성하시오.

2. 대지조건

(1) 용도지역: 준공업지역 ③
(2) 대지면적: 약 10,795m^2
(3) 주변현황: <대지현황도> 참조 ④

3. 계획조건 및 고려사항

(1) 계획조건

① 단지 내 도로 ⑤

도로명	너비
차로	6m 이상
보행로	2m 이상

② 건축물 ⑥

시설명	크기	층수	비고
로봇연구동	15m x 30m	지상 5층	층고 3m
로봇실험동	18m x 32m	지상 3층	층고 4m, 1층 필로티 주차
로봇홍보동	15m x 27m	지상 3층	층고 4m
메이커스 랩 (maker's Lap)	24m x 32m	지상 2층	층고 4m, 테라스형 1층 : 15m x 32m 2층 : 15m x 32m
관리업무동	15m x 35m	지상 3층	층고 4m

③ 외부시설 ⑦

시설명	크기	비고
로봇경기장	850㎡이상	200석 이상의 스탠드형 관람석 포함
다목적마당	360㎡이상	로봇연구동 외부 다목적 활동 공간
로봇광장	1,000㎡이상	원형회차로 포함, 원형회차로 중앙에 로봇조형물 설치

④ 주차장 ⑧

시설명	주차대수	비고
주차장Ⓐ	17대 이상	관리업무동 옥외주차
주차장Ⓑ	15대 이상	로봇홍보동 옥외주차
주차장Ⓒ	15대 이상	로봇실험동 필로티 주차

주) 1. 각 주차장마다 장애인전용주차구획 2대 이상을 포함한다.
2. 각 주차장의 바닥레벨은 각 건축물 1층 바닥과 같은 레벨이 되도록 계획한다.
3. 필로티 주차구역은 기둥을 고려하지 않는다.
4. 주차장 차로는 단지 내 도로를 사용할 수 없다.

(2) 고려사항

① 제시된 지형을 최대한 이용하여 ⑨ 계획한다.
② 단지 진출입은 ⑩ 8m 도로에서 하고 단지 내 도로는 로봇광장과 연결한다. 로봇광장에는 내측 반경 5m 이상의 원형회차로(cul-de-sac)를 계획한다.
③ 로봇연구동은 ⑪ 메이커스랩과 관리업무동 이용자들의 이동이 용이하도록 폭 2m의 연결통로를 계획한다.
④ 로봇경기장은 ⑫ 로봇실험동의 외부실험장으로 이용하고, 로봇홍보동 방문자들의 견학을 고려하여 배치한다.
⑤ 로봇경기장에는 지형을 활용한 200석 이상의 스탠드형 관람석을 계획한다.
⑥ 대지 북측 자연녹지와 15m 도로를 연결하는 폭 8m 이상의 조경공간으로 이루어진 녹지축을 ⑬ 2개 이상 계획한다. (단, 단지 내 도로에 의해 일부구간이 단절되는 것은 가능하다.)
⑦ 건축물, 외부시설, 주차장은 인접대지경계선과 도로경계선에서 5m 이상 이격한다. ⑭
⑧ 건축물과 건축물은 9m 이상 이격하고, 건축물과 외부시설, 건축물과 단지 내 도로는 2m 이상 이격한다. ⑮
⑨ 외부시설 및 주차장은 바닥레벨 변화가 없도록 평탄하게 계획한다. (단, 로봇경기장의 관람석은 제외한다.) ⑯
⑩ 등고선 조정은 경사도 45° 이하로 하고 옹벽은 설치하지 않는다. ⑰ (단, 메이커스랩과 로봇경기장 관람석은 옹벽을 설치할 수 있다.)
⑪ 단지 내 도로의 경사도는 10% 이하로 하고, 주차장 진입로는 14% 이하로 계획한다. ⑱
⑫ 배수를 위한 등고선 조정은 고려하지 않는다. ⑲

FACTOR

⑨ 기존 지형 활용
- 배치 시설과 지형의 조화 고려

⑩ 주출입구 & 단지 내 도로
- 부도로(8m)에 단지 진출입구
- 8m 도로에서 로봇광장까지 단지 내 도로 계획

⑪ 로봇연구동
- 메이커스랩, 관리업무동과 연결통로 계획

⑫ 로봇경기장
- 로봇실험동의 외부실험장, 로봇홍보동과 인접
- 200석 이상의 스탠드형 관람석 (약 $200m^2$ 내외)

⑬ 녹지축 2개소
- 15m도로와 북측 자연녹지 잇는 조경공간
- 단지 내 도로와 교차(간섭)가능

⑭ 이격거리-1
- 건축물, 외부시설, 주차장 vs 인접대지경계선, 도로경계선

⑮ 이격거리-2
- 건축물 vs 건축물
- 건축물 vs 외부시설, 단지 내 도로

⑯ 외부시설은 수평지반 조성
- 관람석 제외

⑰ 지형조정 경사도 45˚
- 메이커스랩, 관람석 옹벽 가능

⑱ 도로 경사도 10% 이하
- 주차장 진입로 14% 이하 가능

⑲ 기타
- 배수로 계획 제외
- 경사보행로 참, 난간 제외

구 성

ⓑ 배치고려사항
- 건축가능영역
- 시설간의 관계 (근접, 인접, 연결, 연계 등)
- 보행자동선
- 차량동선 및 주차장계획
- 장애인 관련 사항
- 조경 및 포장
- 자연과 지형활용
- 옹벽 등의 사용지침
- 이격거리
- 기타사항

구 성	FACTOR	지 문 본 문	FACTOR	구 성

5. 도면작성요령
- 각 시설명칭
- 크기표시 요구
- 출입구 표시
- 이격거리 표기
- 주차대수 표기 (장애인주차구획)
- 표고 기입
- 단위 및 축척

6. 유의사항
- 제도용구 (흑색연필 요구)
- 지문에 명시되지 않은 현행법령의 적용방침 (적용 or 배제)

⑳ 도면작성요령
- 도면작성요령에 언급된 내용은 출제자가 반드시 평가하는 항목
- 요구하는 것을 빠짐없이 적용
- 요구하지 않은 사항의 추가적인 표현은 점수에 영향이 없거나 미약한 것으로 이해

㉑ 표기대상
- 대상별 표현을 구체적으로 요구
- 경사로 시점, 종점 바닥레벨
- 원형회차로 회전방향 표시
- 건물 1층, 외부시설, 주차장 바닥레벨
- 단면 지시선에 따른 대지단면도

㉒ 단위 및 축척
- m, m^2 / 1:400

㉓ <보기>
- 경사차로 및 경사보행로 표현
- 필로티 주차장 주차구획선을 점선으로 표현
- 조정된 등고선 표현

과목: 대지계획 제1과제 (배치계획) 배점: 60/100점

4. 도면작성요령 ⑳

(1) 주요 표기 대상 ㉑
① 단지 내 도로 : 도로 폭, 경사차로와 경사보행로의 시점과 종점의 바닥레벨, 원형회차로의 회전방향표시
② 건축물 : 시설명, 출입구, 크기, 지상 1층 바닥레벨, 이격거리
③ 외부시설 : 시설명, 크기, 바닥레벨
④ 주차장 : 시설명, 주차구획(장애인전용주차구획 포함), 바닥레벨, 주차대수
⑤ 조정된 등고선
⑥ 건축물 단면이 포함된 대지단면도 <A-A'>

(2) 도면표기 기호는 <보기>를 따른다.
(3) 단위 : m, m^2
(4) 축척 : 1/400 ㉒

<보기> 주요 도면표기 기호 ㉓

구분	기호
경사차로/경사보행로	시작레벨(낮은곳) × ──▶ × 끝 레벨(높은곳)
건축물/옥내주차장 출입구	▲
바닥레벨	+
조정된 등고선	────
필로티주차장 주차구획선	············

5. 유의사항

(1) 답안작성은 반드시 흑색 연필로 한다. ㉔
(2) 명시되지 않은 사항은 현행 관계 법령의 범위 안에서 임의로 한다. ㉕

<대지현황도> 축척 없음 ㉖

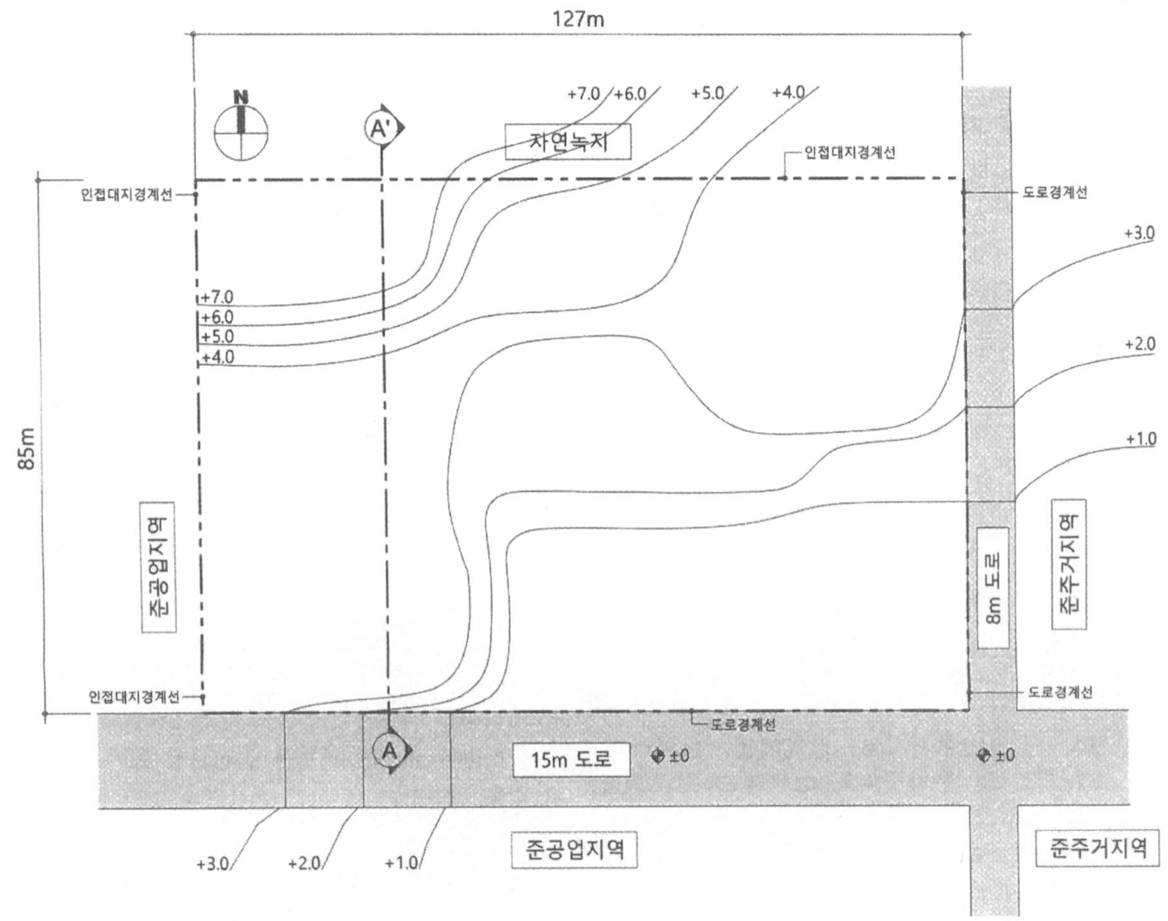

㉔ 흑색연필로 작성

㉕ 명시되지 않은 사항은 현행 관계법령을 준용
- 기타 법규를 검토할 경우 항상 문제 해결의 연장선에서 합리적이고 복합적으로 고려

㉖ 현황도 파악
- 대지형태
- 경사지/등고선 간격 및 방향
- 접도조건
- A-A' 단면지시선 위치 파악
- 주변현황(자연녹지, 준주거, 준공업지역 등)
- 가로, 세로 치수 확인
- 방위
- 제시되는 현황도를 이용하여 1차적인 현황분석 (현황도에 제시된 모든 정보는 그 이유가 반드시 있습니다. 대지의 속성과 기존 질서를 존중한 계획이 될 수 있도록 합니다.)

7. 보기
- 보도, 조경
- 식재
- 데크 및 외부공간
- 건물 출입구
- 옹벽 및 법면
- 기타 표현방법

8. 대지현황도
- 대지현황
- 대지주변현황 및 접도조건
- 기존시설현황
- 대지, 도로, 인접대지의 레벨 또는 등고선
- 각종 장애물 현황
- 계획가능영역
- 방위
- 축척 (답안작성지는 현황도와 대부분 중복되는 내용이지만 현황도에 있는 정보가 답안작성지에서는 생략되기도 하므로 문제 접근시 현황도를 꼼꼼히 체크하는 습관이 필요합니다.)

■ 문제풀이 Process

1	제목 및 과제 개요 check

① 배점 : 60점 / 출제 난이도 예상
소과제별 문제풀이 시간을 배분하는 기준
② 제목 : 생활로봇 연구센터 배치계획
③ 준공업지역 : 도시계획 차원의 기본적인 대지 성격을 파악
④ 주변현황 : 대지현황도 참조

2	현황 분석

① 대지형상 : 경사지
② 대지현황 : 등고선 단위(1m), 방향, 방위 등
- 완경사지, 급경사지
- 레벨에 의한 물리적 영역 조닝(±0 vs +3.5 vs +7.5)

③ 주변조건
- 남측 15m 도로, 동측 8m 도로 : 보행자 및 차량 주출입구 예상
- 단면지시선 확인
- 프라이버시 확보에 유리한 영역 check
- 기타 주변현황 : 자연녹지, 준공업지역, 준주거지역

<대지현황도> 축척 없음

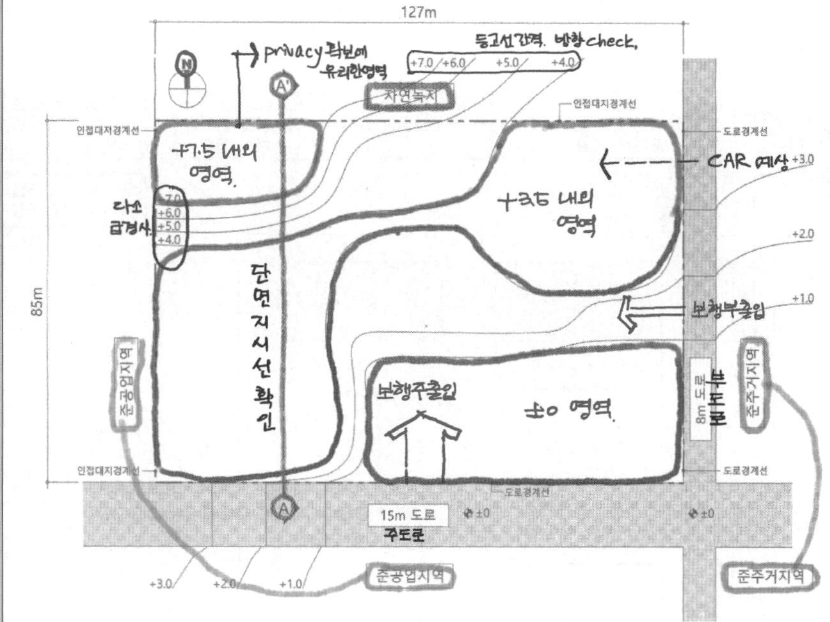

3	요구조건 분석 (diagram)

① 도로
- 차로(6m이상), 보행로(2m이상) 제시

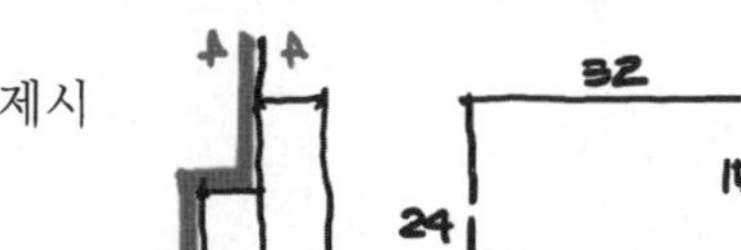

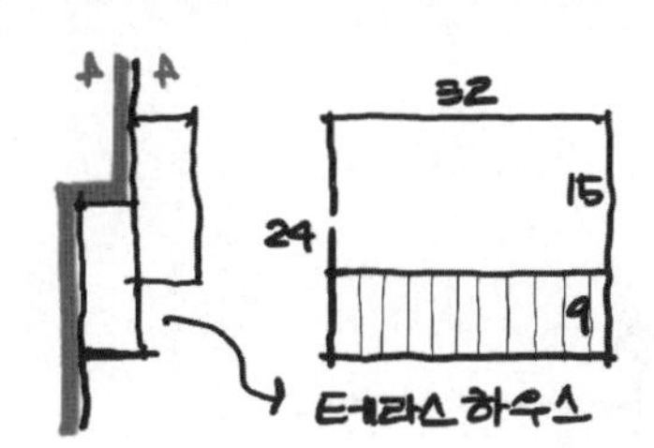

② 건축물 조건 및 성격 파악
- 규모는 O층, Om x Om, 층고Om 제시
- 로봇연구동 층고 3m
- 로봇실험동 1층 필로티 주차
- 로봇홍보동 접근성, 인지성 고려
- 메이커스랩은 테라스하우스 형태

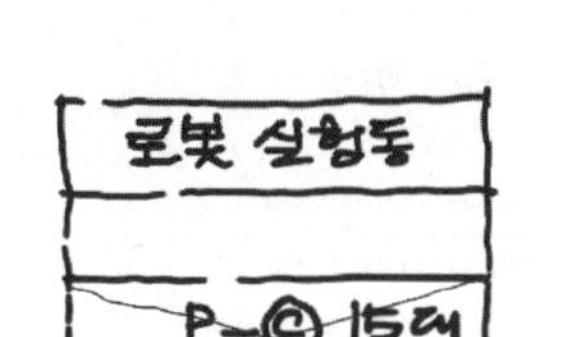

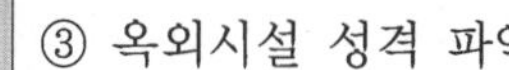

③ 옥외시설 성격 파악
- 최소 면적 제시
- 로봇경기장: 관람석 포함, 전용공간
- 다목적마당: 로봇연구동 외부공간
- 로봇광장: 원형회차로(쿨데삭) 포함, 로봇조형물 설치

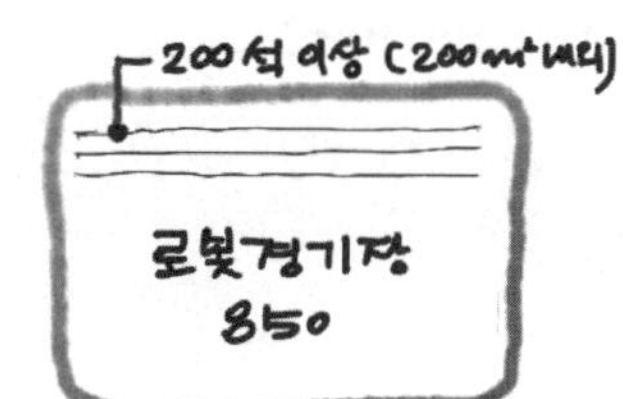

④ 주차장
- 주차장별 이용시설 제시
- 주차장Ⓒ는 필로티 주차
- 규모에 적합한 양방향 동선 우선 고려
- 주차장 바닥=건축물 1층 바닥
- 단지 내 도로와 영역 구분

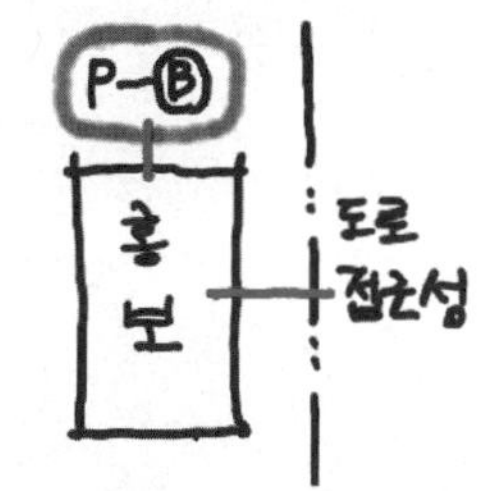

⑤ 진출입 & 단지 내 도로
- 8m 도로에서 단지 진출입
- 단지 내 도로는 로봇광장 연계
- 단지 내 도로 말단부 원형회차로 (내측 반경 5m 이상)설치

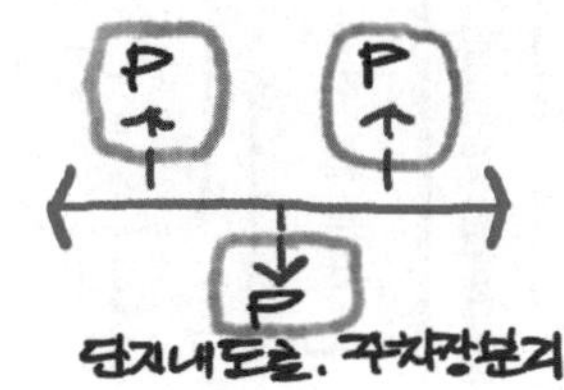

⑥ 로봇연구동
- 메이커스랩 및 관리업무동과 폭 2m 연결통로 계획 (두 건물 사이 배치)
- 다목적마당과 인접
- 층고 3m 고려한 레벨 계획

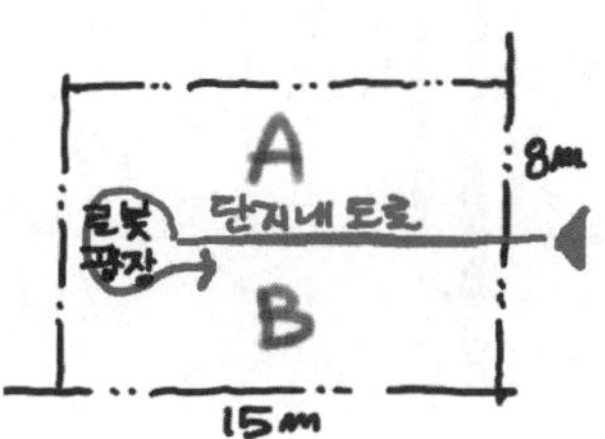

⑦ 로봇경기장
- 로봇실험동의 외부실험장
- 로봇홍보동과 인접
- 지형을 활용한 200석 이상의 스탠드형 관람석 ($1m^2$ / 인 = $200m^2$ 내외)

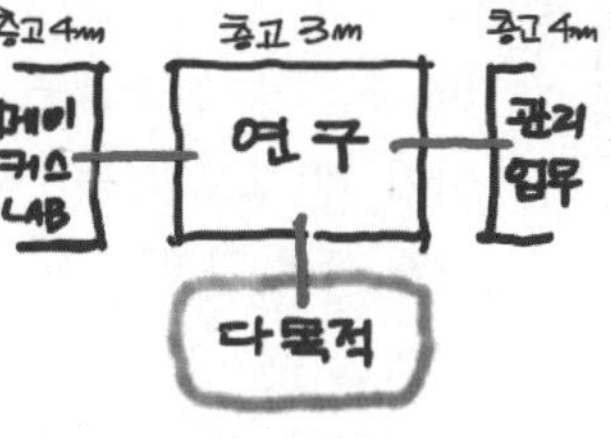

⑧ 녹지축
- 북측 자연녹지와 15m 도로 연결
- 폭 8m 이상, 2개소 이상
- 단지 내 도로에 의한 일부구간 단절되는 것은 가능
- 단지 내 주 조경축

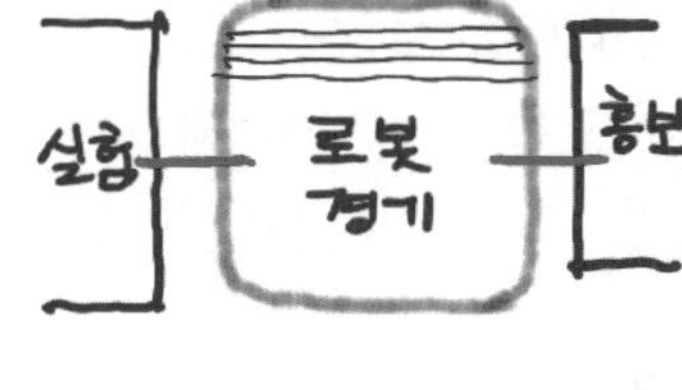

⑨ 건축물, 외부시설, 주차장
- 인접대지 및 도로경계선으로부터 5m 이상 이격

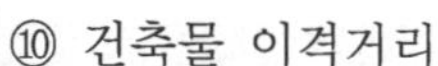

⑩ 건축물 이격거리
- 건축물 vs 건축물 : 9m
- 건축물 vs 외부시설 : 2m
- 건축물 vs 단지 내 도로 : 2m

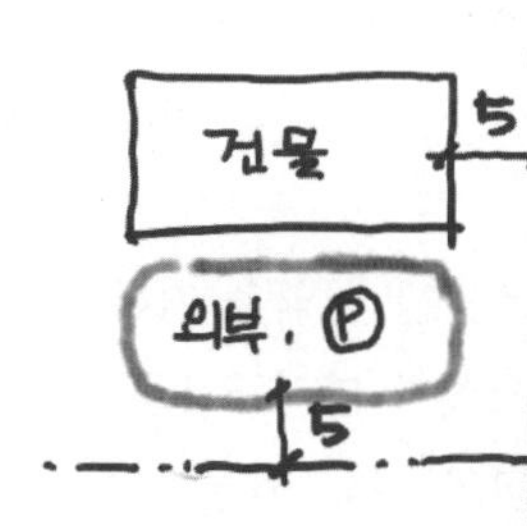

⑪ 외부시설, 주차장
- 바닥레벨 변화 없도록 조성 (로봇경기장 관람석 제외)

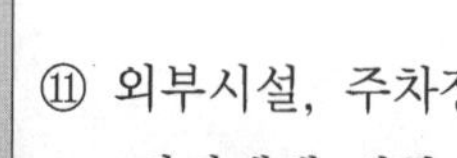

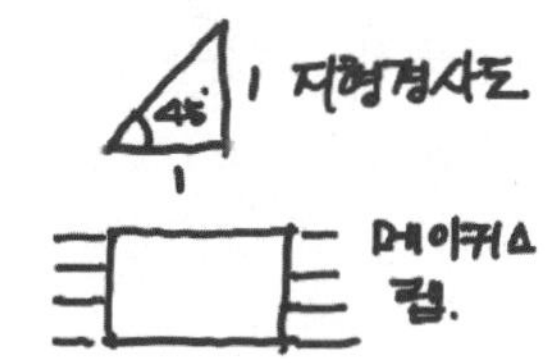

⑫ 지형조정
- 등고선 조정 경사도 45° 이하
- 배수로 계획 배제
- 옹벽 설치 금지 (메이커스랩 외벽과 로봇경기장 관람석은 제외)

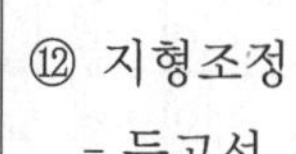

⑬ 도로 경사도
- 단지 내 도로 : 10% 이하
- 주차장 진입로 : 14% 이하

■ 문제풀이 Process

4 토지이용계획

① 내부동선
- 8m 도로측 진출입구
- 단지 내 도로와 녹지축에 의한 영역 구분
- 영역별 주차장 계획
- 합리적인 원형회차로 위치 선정

② 시설조닝
- 북측: 메이커스랩+로봇연구동+관리업무동
- 남측: 로봇실험동+로봇경기장+로봇홍보동
- 쿨데삭과 주차장Ⓒ 연계

③ 시험의 당락을 결정짓는 큰 그림

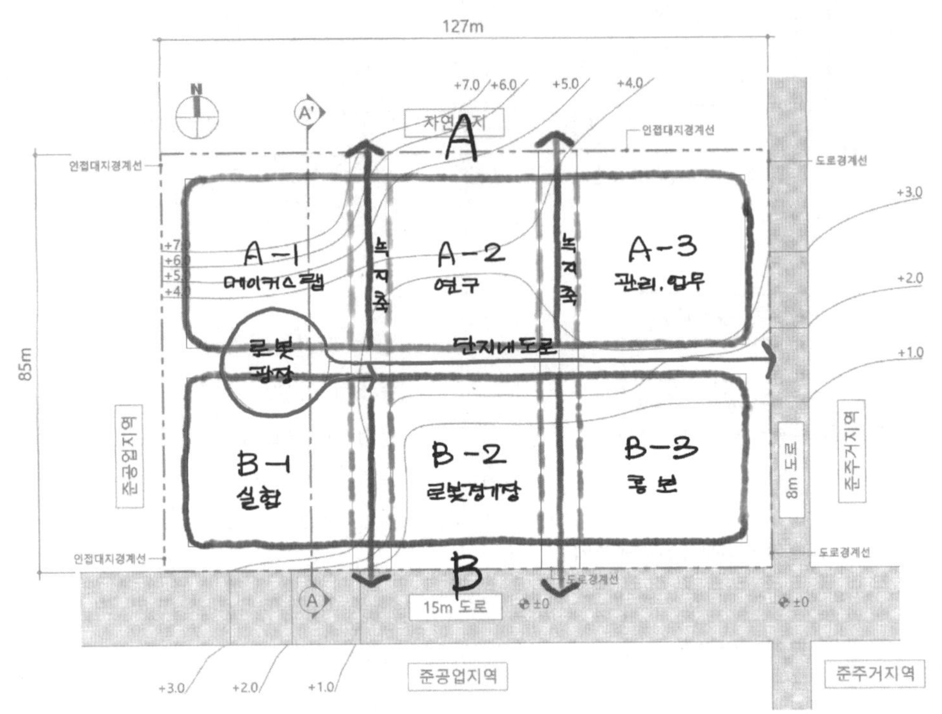

5 배치대안검토

① 토지이용계획을 바탕으로 세부 치수 계획

② 조닝된 영역을 기본으로 시설별 연계조건을 고려하여 시설 위치 선정

③ 영역 내부 시설물 배치는 합리적인 수준에서 정리되면 O.K
-정답을 찾으려 하지 말자

④ 설계주안점 반영 여부 체크 후 작도 시작

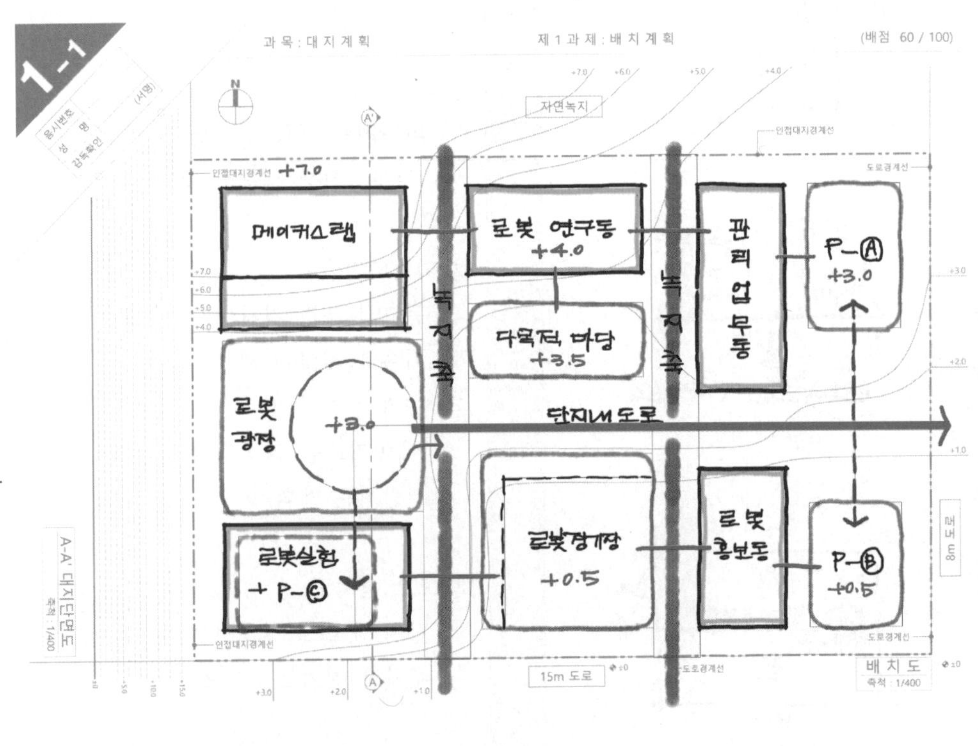

6 모범답안

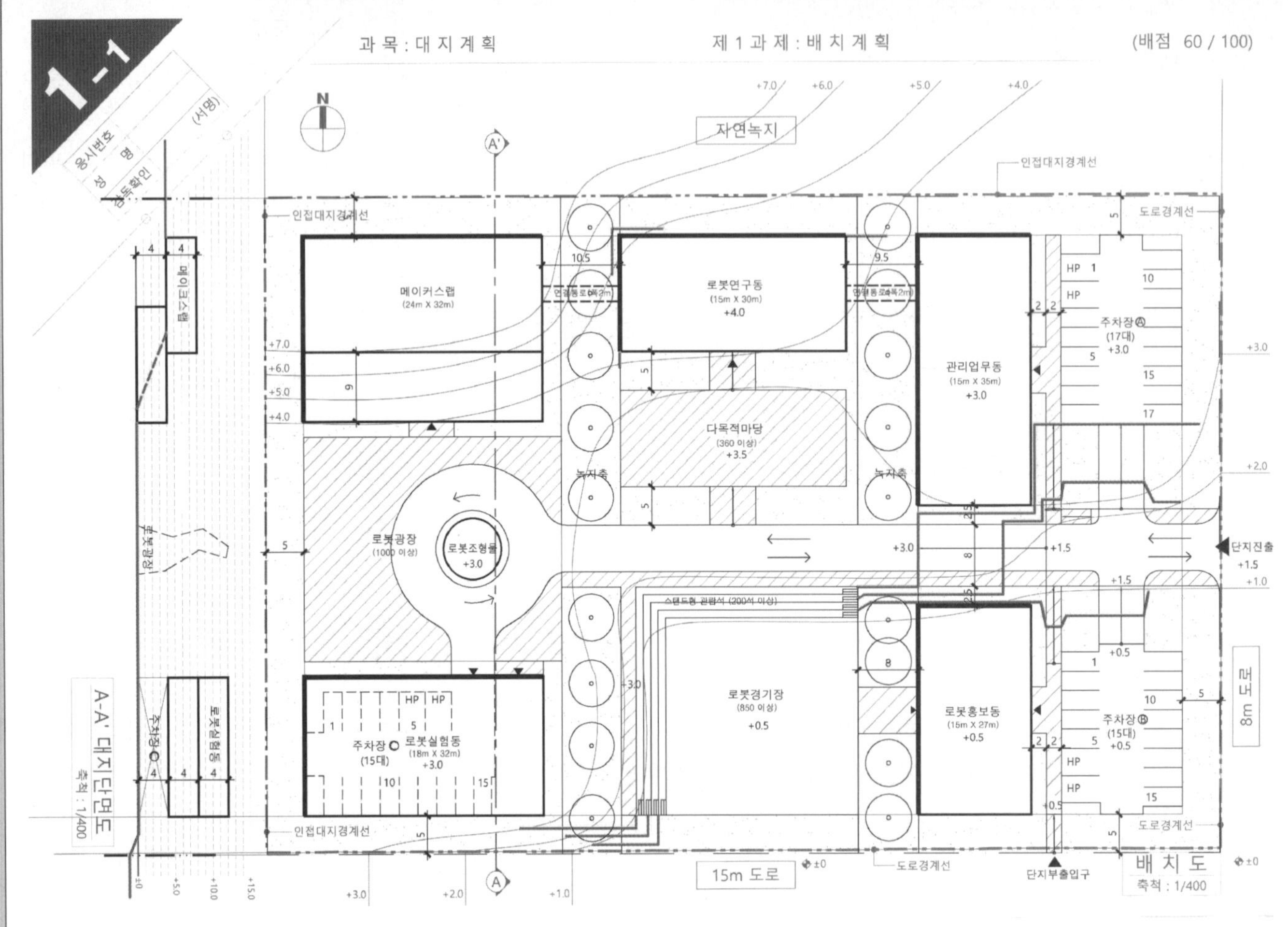

■ 주요 체크포인트

① 기존 지형을 이용한 시설배치

② 8m도로와 로봇광장을 연결하는 단지 내 도로와 쿨데삭 계획

③ 15m도로와 자연녹지를 연결하는 2개의 녹지축 계획

④ 연결통로와 층고를 고려한 건물 지반고 계획

⑤ 지형을 활용한 메이커스랩, 200석 이상의 관람석 계획

⑥ 10%, 14%이하 경사도 고려한 동선 계획

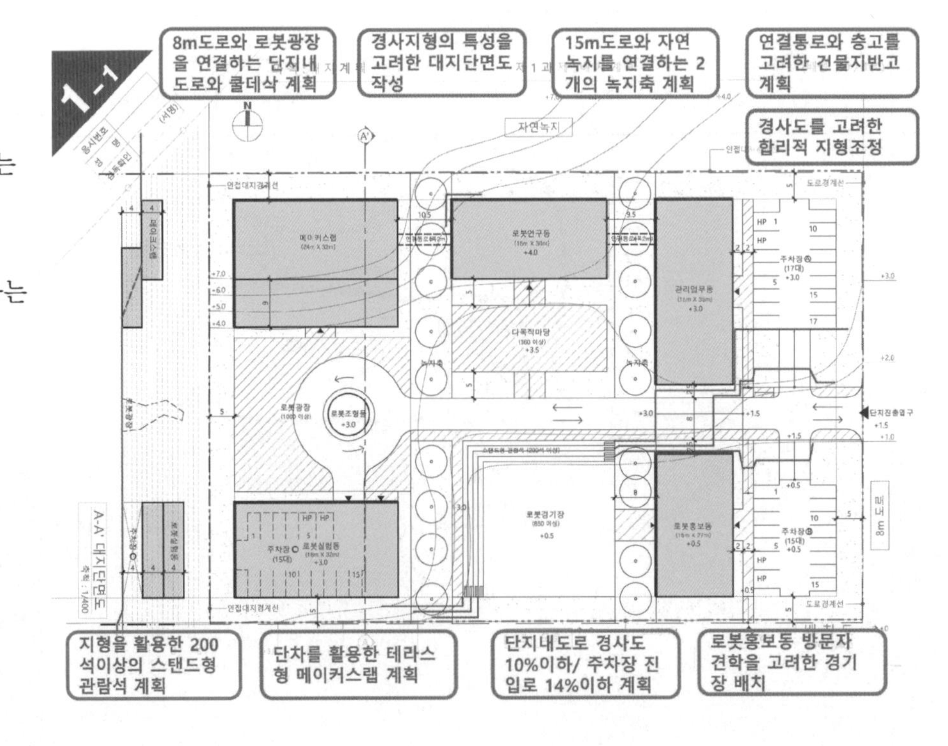

■ 문제풀이 Process

배치계획 문제풀이를 위한 핵심이론 요약

구분	내용
1. 대지로의 접근성	▸ 대지주변 현황을 고려하여 보행자 및 차량 접근성 검토 ▸ 외부에서 대지로의 접근성을 고려 → 대지 내 동선의 축 설정 → 내부동선 체계의 시작 ▸ 일반적인 보행자 주 접근 동선 – 주도로(넓은 도로) ▸ 일반적인 차량 및 보행자 부 접근 동선 – 부도로(좁은 도로) 가. 대지가 일면도로에 접한 경우  – 대지중앙으로 보행자 주출입 예상 – 대지 좌우측으로 차량 출입 예상 – 주차장 영역 검토 : 초행자를 위해서는 대지를 확인 후 진입 가능한 A 영역이 유리 나. 대지가 이면도로에 접한 경우-1 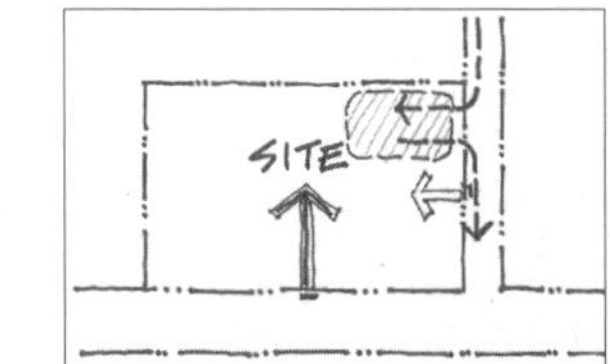 – 주도로에서 보행자 주출입 예상 – 부도로에서 차량 출입 예상 : 주차장 영역 예상 – 요구조건에 따라 부도로에서 보행자 부출입 예상 다. 대지가 이면도로에 접한 경우-2 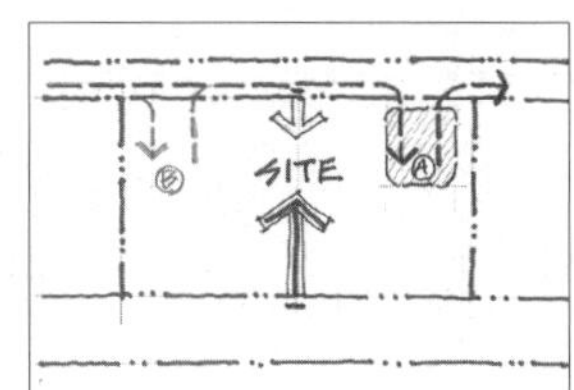 – 주도로에서 보행자 주출입 예상 – 부도로에서 차량 출입 예상 : 주차장 영역 예상 → A 영역 우선 검토 – 부도로에서 보행자 부출입 예상 ▸ 지문 ① 15m 도로 : 주도로 / 8m 도로 : 부도로 ② 단지 진출입은 8m 도로에서 하고 단지 내 도로는 로봇광장과 연결한다. – 부도로 주출입 요구, 일반적인 접근성과 다른 직접적인 요구 조건
2. 외부공간 성격 파악	▸ 외부공간을 계획할 경우 공간의 쓰임새와 성격을 분명하게 규정해야 한다. ▸ 전용공간 ① 전용공간은 특정목적을 지니는 하나의 단일공간 ② 타 공간으로부터의 간섭을 최소화해야 함 ③ 중앙을 관통하는 통과동선이 형성되는 것을 피해야 한다. ④ 휴게공간, 전시공간, 운동공간 ▸ 매개공간 ① 매개공간은 완충적인 공간으로서 광장, 건물 전면공간 등 공간과 공간을 연결하는 고리역할을 하며 중간적 성격을 갖는다. ② 공간의 성격상 여러 통과동선이 형성될 수 있다. ▸ 지문 ① 로봇경기장(전용) : 로봇실험동의 외부실험장, 200석 이상의 스탠드형 관람석 설치 ② 다목적마당(매개) : 로봇연구동 외부 다목적 활동 공간 ③ 로봇광장(매개) : 원형회차로 포함, 원형회차로 중앙에 로봇조형물 설치
3. 보차분리	▸ 보행자주출입구 : 대지 전면의 중심 위치에서 한쪽으로 너무 치우치지 않는 곳에 배치 ▸ 주보행동선 : 모든 시설에서 접근성이 좋도록 시설의 중심에 계획 ▸ 보·차분리를 동선계획의 기본 원칙으로 하되 내부도로가 형성되는 경우 등에는 부분적으로 보·차 교행구간이 발생하며 이 경우 횡단보도 또는 보행자 험프를 설치 ▸ 보도 폭을 임의로 계획하는 경우 동선의 빈도와 위계를 고려하여 보도 폭의 위계를 조절 ▸ 지문 ① 단지 내 도로 : 차로 6m 이상, 보행로 2m 이상 ② 단지 진출입은 8m 도로에서 하고 단지 내 도로는 로봇광장과 연결한다. 로봇광장에는 내측 반경 5m 이상의 원형회차로(cul-de-sac)를 계획한다. – 원칙적인 보차 분리가 불가능한 보차혼용 단지 내 도로의 형태로 지문 제시 – 단순 명쾌한 형태로 단지 내 도로 형태 고려
4. 접근성	▸ 접근성을 고려하기 위해서는 물리적으로 가까이 배치하는 것이 필요 ▸ 대지 외부로부터의 접근성 확보를 위해서는 도로변으로 인접 배치시켜야 함. ▸ 이용자의 원활한 유입을 위해 존재를 부각시켜야 할 필요가 있는 건축물이 있음 -접근성에 대한 요구를 직접 지문에 언급하기도 함. -보통 인접도로나 대지 주출입구로부터의 접근성을 요구하는 것이 일반적이므로 대부분의 경우 도로변에 배치되게 된다. ▸ 지문 ① 로봇연구동은 메이커스랩과 관리업무동 이용자들의 이동이 용이하도록 폭 2m의 연결통로를 계획한다. ② 로봇경기장은 로봇실험동의 외부실험장으로 이용하고, 로봇홍보동 방문자들의 견학을 고려하여 배치한다. ③ 다목적마당 : 로봇연구동 외부 다목적 활동 공간 ④ 로봇홍보동 – 메이커스랩 + 로봇연구동(다목적마당) + 관리업무동 영역별 조닝 – 로봇실험동 + 로봇경기장 + 로봇홍보동 영역별 조닝 – 홍보동은 인지성 및 접근성 확보를 위해 도로변 배치를 우선 고려

■ 문제풀이 Process

배치계획 문제풀이를 위한 핵심이론 요약

5. 성격이 다른 주차장

▸ 영역별 조닝계획
- 건물의 기능에 맞는 성격별 주차장의 합리적인 연계

▸ 성격이 다른 주차장의 일반적인 구분
① 일반 주차장
② 직원 주차장
③ 서비스 주차장 (하역공간 포함)

▸ 성격이 다른 주차장의 특성
① 일반주차장 : 건물의 주출입구 근처에 위치
주보행로 및 보도 연계가 용이한 곳
승하차장, 장애인 주차구획 배치
주차장 진입구와 가까운 곳
일방통행 + 순환동선 체계
② 직원주차장 : 건물의 부출입구 근처에 위치
제시되는 평면에 기능별 출입구 언급되는 경우가 대부분
③ 서비스주차 : 일반이용자의 영역에서 가급적 이격
주출입구 및 건물의 전면공지에서 시각 차폐 고려
토지이용효율을 고려하여 주로 양방향 순환체계 적용

▸ 지문
① 주차장Ⓐ : 옥외 17대 이상 / 관리업무동 옥외주차 - 양방향 동선
② 주차장Ⓑ : 옥외 15대 이상 / 로봇홍보동 옥외주차 - 양방향 동선
③ 주차장Ⓒ : 옥내 15대 이상 / 로봇실험동 필로티 주차 - 양방향 동선
- 옥외 vs 옥내 주차장으로 구분하여 제시
- 각 주차장 바닥레벨은 각 건축물 1층 바닥과 같은 레벨이 되도록 계획한다.
- 주차장 차로는 단지 내 도로를 사용할 수 없다.

7. 경사도

▸ 대지의 경사기울기를 의미 - 비율, 퍼센트, 각도로 제시
▸ 제시된 등고선 간격(수평투영거리)과 높이차의 관계
▸ G=H : V 또는 G=V/H
▸ G=V/H×100
▸ 경사도에 따른 효율성 비교

비율 경사도	% 경사도	시각적 느낌	용도	공사의 난이도
1/25 이하	4% 이하	평탄함	활발한 활동	별도의 성토, 절토 작업 없이 건물과 도로 배치 가능
1/25 ~1/10	4~10%	완만함	일상적인 행위와 활동	
1/10 ~1/5	10~20%	가파름	언덕을 이용한 운동과 놀이에 적극이용	약간의 절토작업으로 건물과 도로를 전통적인 방법으로 배치가능, 편익시설의 배치 곤란
1/5 ~1/2	20%~50%	매우 가파름	테라스 하우스	새로운 형태의 건물과 도로의 배치 기법이 요구됨

▸ 지문
① 단지 내 도로의 경사도는 10% 이하로 하고, 주차장 진입로는 14% 이하로 계획한다.
② 등고선 조정은 경사도 45° 이하로 하고 옹벽은 설치하지 않는다.
(단, 메이커스랩과 로봇경기장 관람석은 옹벽을 설치할 수 있다.)
- 45° = 1/1 (수직/수평)
- 메이커스랩(테라스하우스)과 관람석(계단식 옹벽)주변은 별도 지형 조정 불필요

6. 각종 제한요소

▸ 장애물 : 자연적요소, 인위적요소
▸ 건축선, 이격거리
▸ 경사도(급경사지)
▸ 일반적으로 제시되는 장애물의 형태
① 수목(보호수)
② 수림대(휴양림)
③ 연못, 호수, 실개천
④ 암반
⑤ 공동구 등 지하매설물
⑥ 기존건물 등

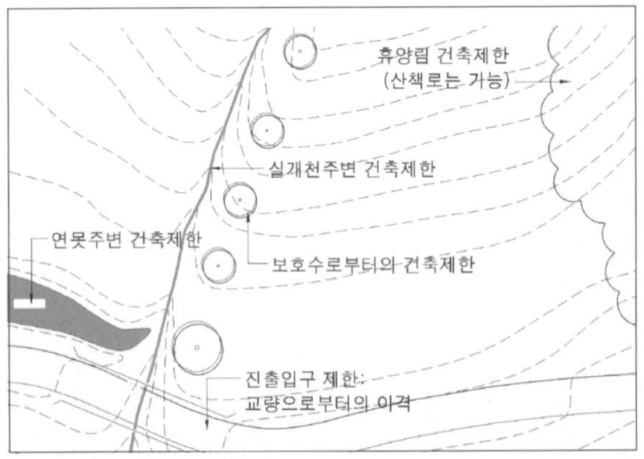

휴양림 건축제한 (산책로는 가능)
실개천주변 건축제한
연못주변 건축제한
보호수로부터의 건축제한
진출입구 제한: 교량으로부터의 이격

▸ 지문
① 건축물은, 외부시설, 주차장은 인접대지경계선과 도로경계선에서 5m 이상 이격한다.
② 건축물과 건축물은 9m 이상 이격하고, 건축물과 외부시설, 건축물과 단지 내 도로는 2m 이상 이격한다.

8. 성토와 절토

▸ 지형계획의 가장 기본 : 성토와 절토의 균형, 자연훼손의 최소화
▸ 절토 : 높은 고도방향으로 이동된 등고선으로 표현
▸ 성토 : 낮은 고도방향으로 이동된 등고선으로 표현
▸ 성토와 절토의 균형을 맞추는 일반적인 방법
① 등고선 간격이 일정한 경우
: 지반의 중심을 해당 레벨에 위치
② 등고선 간격이 불규칙한 경우
: 지반의 중심을 완만한 쪽으로 이동

■ 문제풀이 Process

배치계획 주요 체크포인트

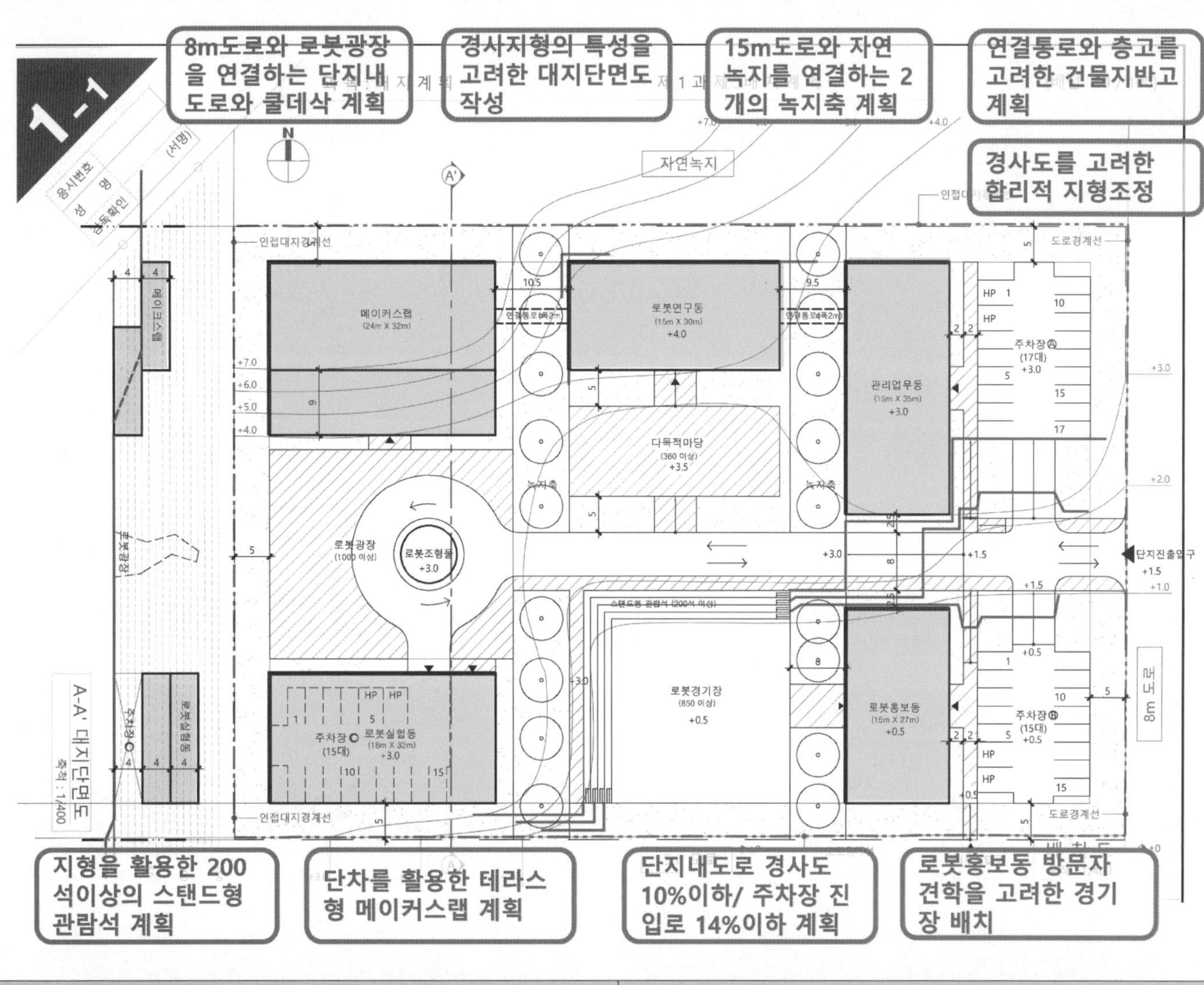

▸ 단지 내 도로를 기준으로 한 명확한 영역별 조닝

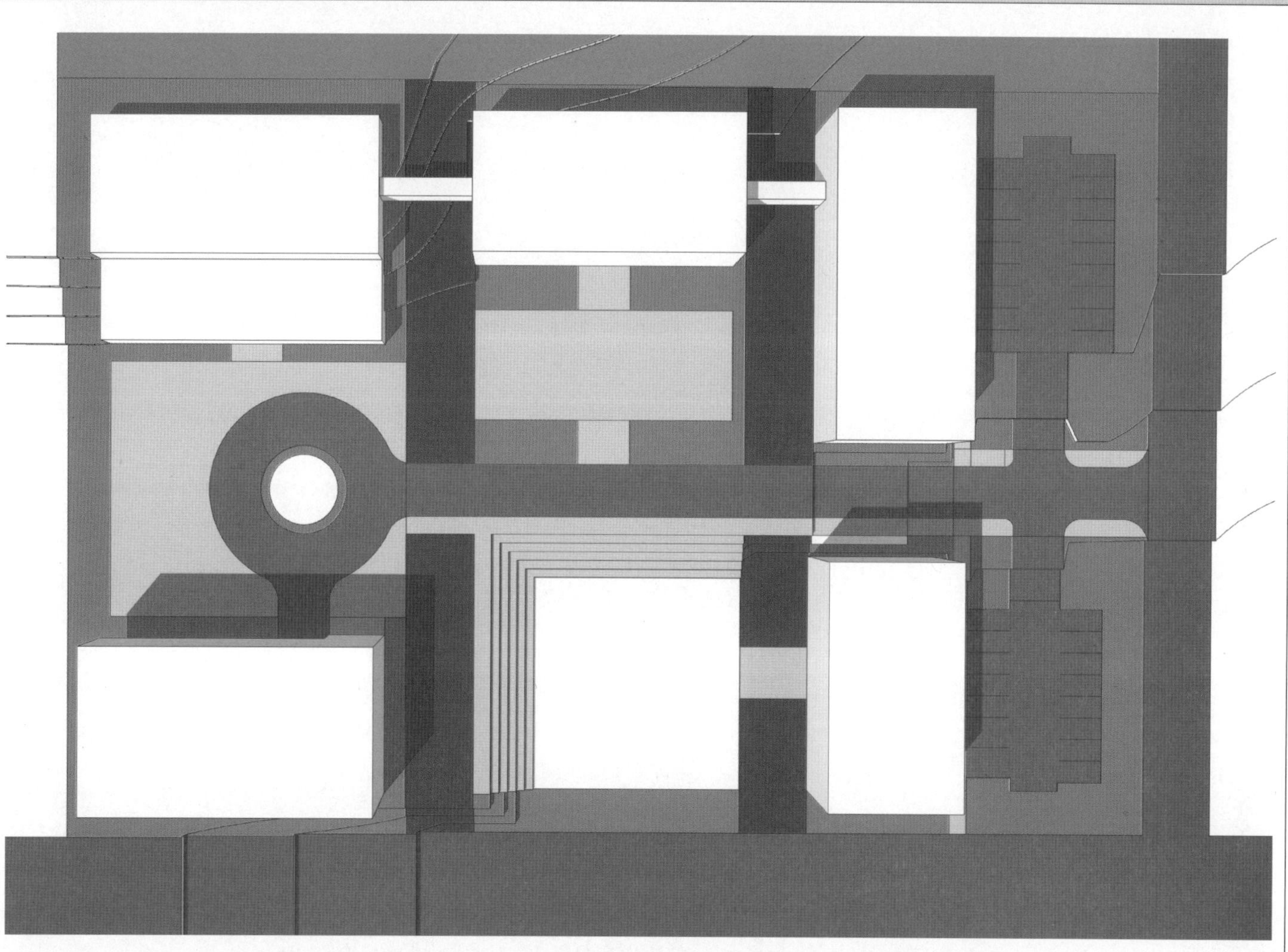

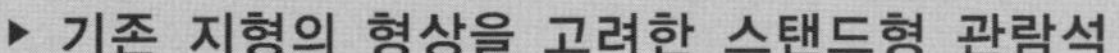

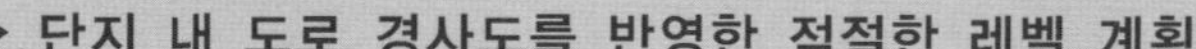

▸ 단차를 활용한 테라스하우스형 메이커스랩

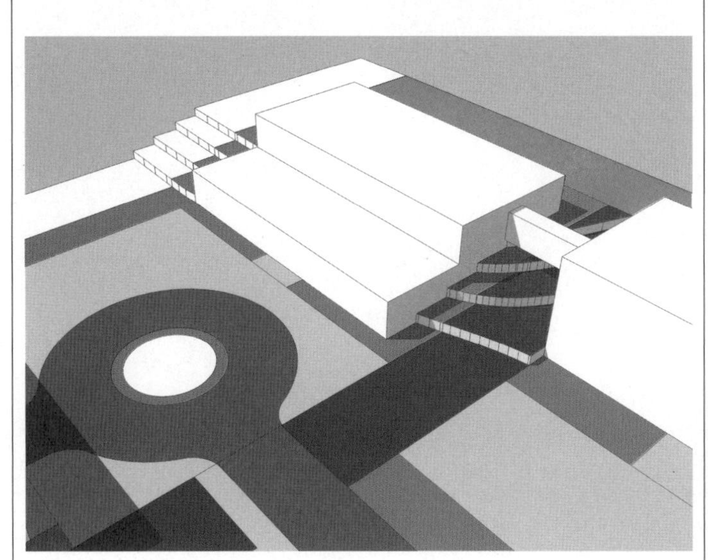

▸ 기존 지형의 형상을 고려한 스탠드형 관람석

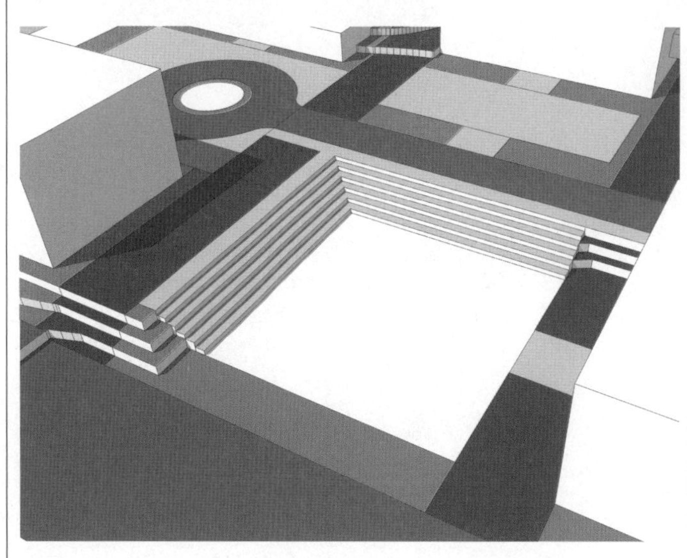

▸ 단지 내 도로 경사도를 반영한 적절한 레벨 계획

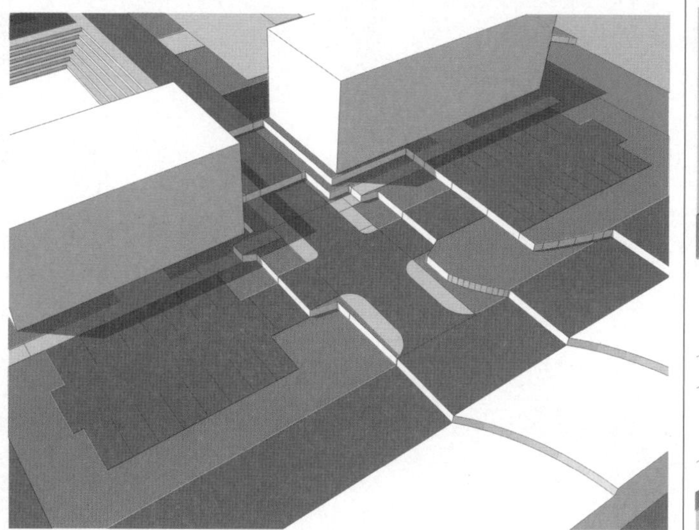

▸ 연계 조건을 만족하는 연결통로 및 레벨 계획

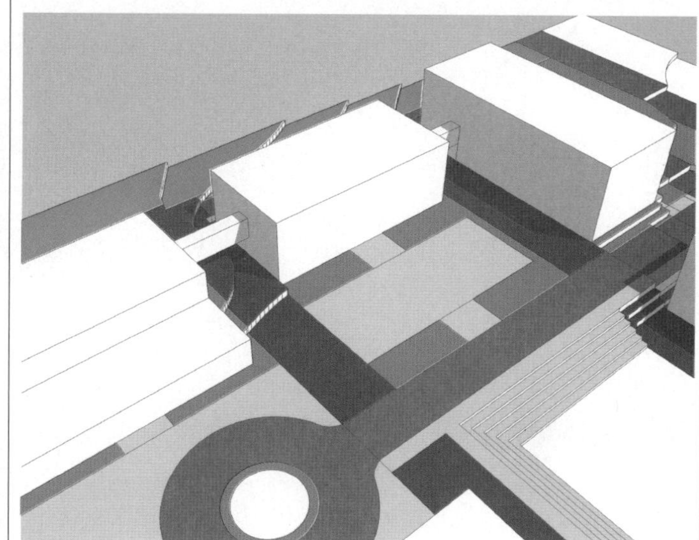

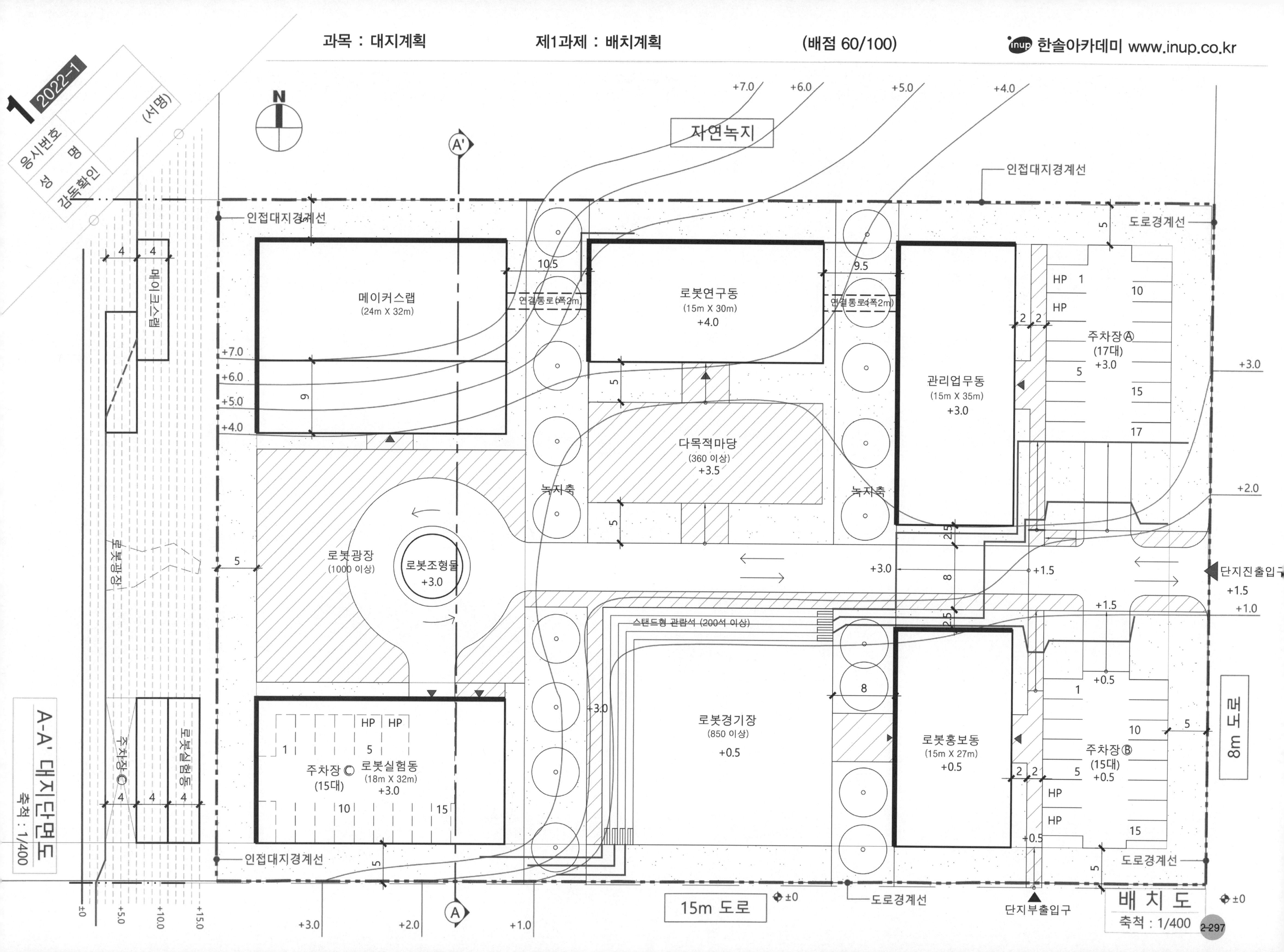
1 2022-1
응시번호
성 명
감독확인 (서명)
자연녹지
인접대지경계선
도로경계선
메이커스랩
(24m X 32m)
연결통로(폭2m)
로봇연구동
(15m X 30m)
+4.0
관리업무동
(15m X 35m)
+3.0
주차장Ⓐ
(17대)
+3.0
다목적마당
(360 이상)
+3.5
녹지축
로봇광장
(1000 이상)
로봇조형물
+3.0
단지진출입구
스탠드형 관람석 (200석 이상)
로봇경기장
(850 이상)
+0.5
로봇홍보동
(15m X 27m)
+0.5
주차장Ⓑ
(15대)
+0.5
주차장Ⓒ
(15대)
로봇실험동
(18m X 32m)
+3.0
8m 도로
15m 도로
단지부출입구
A-A' 대지단면도
축척 : 1/400
배 치 도
축척 : 1/400

구 성

1. 제목
- 건축물의 용도 제시(공동주택과 일반건축물 2가지로 구분)
- 최대건축가능영역의 산정이 대전제

2. 과제개요
- 과제의 목적 및 취지를 언급합니다.
- 전체사항에 대한 개괄적인 설명이 추가되는 경우도 있습니다.

3. 대지조건(개요)
- 대지에 관한 개괄적인 사항
- 용도지역지구
- 대지규모
- 건폐율, 용적률
- 대지내부 및 주변현황(현황도 제시)

4. 계획조건
- 접도현황
- 대지안의 공지
- 각종 이격거리
- 각종 법규 제한조건(정북일조, 채광일조, 가로구역별최고높이, 문화재보호앙각, 고도제한 등)
- 각종 법규 완화규정

FACTOR

① 배점을 확인합니다.
- 40점 (과제별 시간 배분 기준)

② 용도 체크
- 복합커뮤니티센터: 일반건축물
- 최대건축가능영역
- 지하층지표면산정도, 계획개요

③ 2이상의 지역지구에 걸친 대지
- 준주거지역: 건폐율 60% / 용적률 300%
- 제2종 일반주거지역: 건폐율 50% / 용적률 150%

④ 건축물 규모
- 지상 5층 이하(계획적 factor)

⑤ 층고 및 지하층
- 각 층 층고 3m
- 지하층 바닥레벨 ±0

⑥ 기존 옹벽
- 옹벽과 계획 건축물 외벽을 일직선상에 계획
- 경사지와 접하는 영역 한정

⑦ 외부공간 조성레벨
- 기존 조경 및 주차장: +3.0

⑧ 남측 인접대지 D
- 계획대지와 동시 사용승인 완료
- 소규모주차장 계획 시 2m 통과 도로 확폭에 의한 도로폭(4m) 확보가 가능함

⑨ 조경
- 조경 하부 지하층 가능
- 조경 상부 건축물 불가
- 추가 조경계획 생략
- 답안작성용지에 범위 제시

지 문 본 문

2022년도 제1회 건축사자격시험 문제

과목: 대지계획 제2과제 (대지분석 · 대지주차) ① 배점: 40/100점

제 목 : 복합커뮤니티센터의 최대 건축가능 규모 산정 ②

1. 과제개요

지방자치단체에서 복합커뮤니티센터를 건립하고자 한다. 용도지역, 경사지 및 도로조건을 고려하여 최대 건축가능 규모를 산정하고, 배치도, 단면도, 지하층의 지표면 산정도 및 계획개요를 작성하시오.

2. 대지조건

본 대지는 준주거지역과 제2종 일반주거지역에 걸쳐 있다. ③

구분	내용
준주거지역	건폐율 60% 이하, 용적률 300% 이하
제2종 일반주거지역	건폐율 50% 이하, 용적률 150% 이하

3. 계획조건 및 고려사항

(1) 건축물의 규모는 지상 5층 이하로 계획한다. ④
(2) 각 층의 층고는 3m로 하며, 지하층의 바닥레벨은 ±0 레벨로 계획한다. ⑤
(3) 기존 옹벽과 건축물 외벽을 일직선상에 계획한다. ⑥
(4) 모든 바닥과 벽체는 수직과 수평으로 계획한다.
(5) 건축물의 외부공간 조성레벨은 <대지현황도>에 표기된 레벨과 동일하다. ⑦
(6) 본 대지는 남측 인접대지 D와 동시에 사용승인을 완료하는 조건이다. ⑧
(7) 조경 하부에는 지하층을 계획할 수 있으며, 조경⑨ 상부에는 건축물을 설치하지 않는다.(단, 제시된 조경 외에 추가적인 조경계획은 고려하지 않는다.)
(8) 주차계획 ⑩
① 주차대수 : 총 4대(장애인전용주차 1대 포함)
② 주차단위구획

구분	내용
일반주차	2.5m x 5.0m
장애인전용주차	3.5m x 5.0m

③ 주차는 일반주거지역 영역에만 설치하며, 주차차로 및 주차구역의 상부에는 건축물을 설치하지 않는다.
④ 주차는 직각주차형식으로 계획한다.
⑤ 장애인전용주차구역의 주차차로는 반드시 대지 내에 설치한다.

(9) 이격거리 ⑪

구분		
건축물과의 이격거리	인접대지경계선	1m 이상
	도로경계선	1m 이상
	지정건축선	1m 이상
	주차구획	1m 이상
주차구역과의 이격거리	인접대지경계선	0.5m 이상
	도로경계선	1m 이상
	지정건축선	1m 이상
조경과의 이격거리	고려하지 않음	

4. 건폐율 및 용적률 적용기준(국토계획법)

하나의 대지가 둘 이상의 용도지역에 걸치는 경우 ⑫
(1) 각 용도지역에 걸치는 부분 중 가장 작은 규모가 330m² 이하인 경우에는 가중평균한 값을 적용한다.
(2) 각 용도지역에 걸치는 부분 중 가장 작은 규모가 330m² 초과인 경우에는 각각 적용한다.

5. 지하층의 지표면(건축법시행령) ⑬

지하층의 지표면은 건축물 각 층의 주위가 접하는 각 지표면 부분의 높이를 그 지표면 부분의 수평거리에 따라 가중평균한 높이의 수평면을 지표면으로 산정한다.

4. 도면작성요령 ⑭

(1) 이격거리, 치수, 레벨, 면적은 소수점 이하 셋째자리에서 반올림하여 둘째 자리까지 표기한다. ⑮
(2) 내·외부 바닥, 벽, 옹벽 등의 두께는 고려하지 않는다.
(3) 배치도에 지하층의 최대 건축가능영역을 점선으로 표기한다. ⑯
(4) 단면도는 <대지현황도>에 표시된 <A-A'>단면을 <보기>와 같이 표현하여 작성한다. ⑰
(5) 지하층의 지표면 산정도 작성은 서-남-동-북 순으로 한다. ⑱
(6) 지하층의 지표면 산정도와 단면도에는 가중평균한 지하층의 지표면 레벨을 점선으로 표기하고, 레벨값을 기입한다. ⑲
(7) 단위는 m, m²이며, 축척은 1/200으로 한다. ⑳

FACTOR

⑩ 주차계획
- 8대 이하+보차 구분 없는 12m 미만 도로: 소규모주차장
- 일반주거지역 영역에만 설치
- 직각주차 / 상부 건축물 금지
- 장애인구획은 별도 차로 설치

⑪ 이격거리
- 건축물, 주차구역, 조경 기준 별도 제시

⑫ 둘 이상의 용도지역 기준
- 국토계획법: 작은 규모가 330m² 이하인 경우 건폐율 및 용적률 가중평균하여 전체 대지에 적용

⑬ 지하층의 지표면
- 건축물 각 층의 주위가 접하는 지표면의 높이를 그 지표면 부분의 수평거리에 따라 가중평균

⑭ 도면작성요령은 항상 확인

⑮ 이격거리, 치수, 레벨, 면적
- 소수점 이하 셋째자리에서 반올림하여 둘째 자리까지 표기

⑯ 배치도에 지하층 영역을 점선으로 표현

⑰ 단면도 표현

⑱ 지하층 지표면 산정도(전개도) 작성 순서 제시

⑲ 지하층 지표면 레벨 표현
- 지표면 산정도 및 단면도

⑳ 단위 및 축척
- m, m², 1/200

구 성

- 대지 내외부 각종 장애물에 관한 사항
- 1층 바닥레벨
- 각층 층고
- 외벽계획 지침
- 대지의 고저차와 지표면 산정기준
- 기타사항(요구조건의 기준은 대부분 주어지지만 실무에서 보편적으로 다루어지는 제한요소의 적용에 대해서는 간략하게 제시되거나 현행법령을 기준으로 적용토록 요구할 수 있으므로 그 적용방법에 대해서는 충분한 학습을 통한 훈련이 필요합니다)

5. 도면작성요령
- 건축가능영역 표현방법(실선, 빗금)
- 층별 영역 표현법
- 각종 제한선 표기
- 치수 표현방법
- 반올림 처리기준
- 단위 및 축척

구 성	FACTOR	지 문 본 문	FACTOR	구 성

7. 대지현황도
- 대지현황
- 대지주변현황 및 접도 조건
- 기존시설현황
- 대지, 도로, 인접대지의 레벨 또는 등고선
- 각종 장애물 현황
- 계획가능영역
- 방위
- 축척

(답안작성지는 현황도와 대부분 중복되는 내용이지만 현황도에 있는 정보가 답안작성지에서는 생략되기도 하므로 문제 접근시 현황도를 꼼꼼히 체크하는 습관이 필요합니다.)

㉑ <보기> 확인

㉒ 명시되지 않은 사항
- 기타 법규를 검토할 경우 항상 문제해결의 연장선에서 합리적이고 복합적으로 고려

㉓ 현황도 파악
- 대지경계선 확인
- 대지현황(경사지, 기존옹벽, 용도지역 경계선 등)
- 접도현황(개소, 너비, 레벨, 차량출입 불허구간 등)
- 현황 파악(주변 대지 및 북측 대지 레벨 등)
- 방위
- 축척 없음
- 단면지시선 위치
- 기타사항
- 제시되는 현황도를 이용하여 1차적인 현황분석(대지경계선이 변경되는 부분이 있는지 가장 먼저 확인, 변경되는 경우 대지면적과 건폐율, 용적률 범위 최대 면적을 기입 후 문제풀이)

과목: 대지계획 제2과제 (대지분석 · 대지주차) 배점: 40/100점

<보기> ㉑

홀수층, 지하층	(빗금)
짝수층	(빈칸)

5. 유의사항

(1) 답안작성은 반드시 흑색 연필로 한다.

(2) 명시되지 않은 사항은 현행 관계 법령의 범위 안에서 임의로 한다. ㉒

<대지현황도> 축척 없음 ㉓

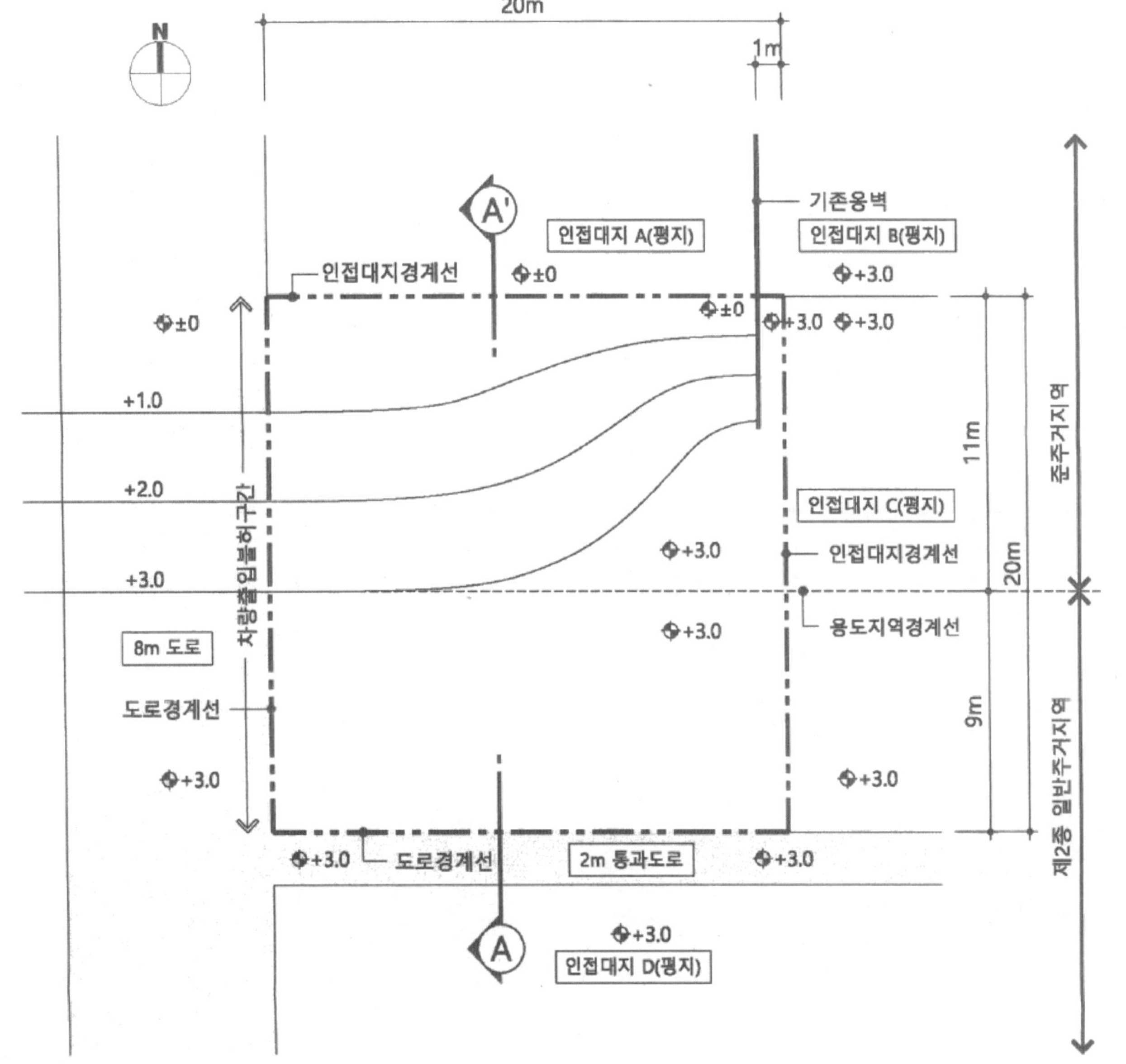

6. 유의사항
- 제도용구 (흑색연필 요구)
- 명시되지 않은 현행법령의 적용방침 (적용 or 배제)

■ 문제풀이 Process

1 제목, 과제 및 대지개요 확인

① 배점 확인 : 40점
- 문제 난이도 예상
- 제1과제(배치계획)와 시간배분의 기준으로 유연하게 대처

② 제목 : 복합 커뮤니티센터의 최대 건축가능 규모 산정
- 용도 : 복합 커뮤니티센터 (일반건축물)
- 주차계획을 포함한 규모를 검토하고 지하층의 지표면 산정도 및 계획개요 작성을 요구

③ 준주거지역 및 제2종 일반주거지역
- 하나의 대지가 둘 이상의 용도지역에 걸치는 경우에 해당
- 준주거지역 건폐율 / 용적률 : 60% 이하 / 300% 이하
- 제2종 일반주거지역 건폐율 / 용적률 : 50% 이하 / 150% 이하
- 건축법 및 국토의 계획 및 이용에 관한 법률 적용 기준 지문 확인 필요

④ 구체적인 지문조건 분석 전 현황도를 이용하여 1차적인 현황분석을 우선 하도록 함
- 가장 먼저 확인해야 하는 사항은 건축선 변경 여부임을 항상 명심
- 정북 일조 등 각종 사선 적용의 기준이 달라지는 상황인지 여부도 확인

대지면적 : 400 – 20 = 380 ㎡
제2종 일반주거지역 = 160 ㎡(50% / 150%)
준주거지역 = 220 ㎡ (60% / 300%)

건폐율
= [(160 x 0.5)+(220 x 0.6)] / 380
= 212 / 380 = 55.7894 = 55.79%
용적률
= [(160 x 1.5)+(220 x 3)] / 380
= 900 / 380 = 236.8421 = 236.84%

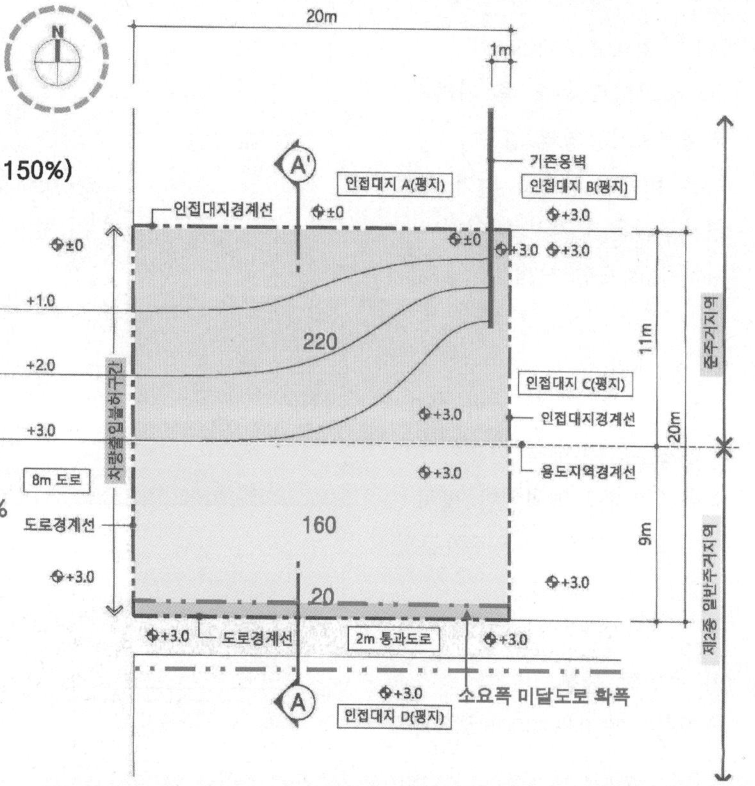

2 현황분석

① 대지조건
- 정방형(20m x 20m)의 경사지
- 대지면적 : 400m²(소요폭 미달도로 확폭 필요)
  400-20=380m²(준주거지역 220m² + 제2종 일반주거지역 160m²)
- 기존 옹벽조건 확인

② 주변현황
- 용도지역 경계선 확인(대지 과반이 준주거지역, 건폐율 및 용적률은 가중평균)
- 제시된 인접대지 A,B,C,D는 평지

③ 접도조건 확인
- 서측 8m 도로, 남측 2m도로(통과도로)
- 소요폭 미달도로 확폭(제척면적=20m²)
- 8m 도로변 차량출입불허구간 확인

④ 대지 및 인접대지, 도로 레벨 check

⑤ 방위표 확인
- 북측 인접대지A는 준주거지역 : 정북일조 적용하지 않음

⑥ 단면지시선 위치 확인

3 요구조건분석

① 대지면적 : 380m² / 건폐율: 55.79% 이하 / 용적률: 236.84% 이하
- 가중평균 건폐율 = [(220 x 0.6) + (160 x 0.5)] / 380 = 55.79%
- 가중평균 용적률 = [(220 x 3) + (160 x 1.5)] / 380 = 236.84%

② 지상 5층 이하로 계획

③ 각 층 층고 : 3m, 지하층 바닥레벨: ±0

④ 기존 옹벽과 건축물 외벽을 일직선상에 계획

⑤ 본 대지는 남측 인접대지 D와 동시 사용승인을 완료하는 조건
- 남측 2m 통과도로를 4m로 확폭 후 소규모주차장을 위한 차로로 이용하는데 문제없음.

⑥ 조경 하부 지하층 가능, 조경 상부 건축물 불가

⑦ 주차계획 : 4대(장애인전용주차 1대 포함)
- 총 주차대수 8대 이하 + 보 · 차 구분이 없는 12m 미만의 도로 = 소규모주차장 기준 적용
- 직각주차, 주차는 일반주거지역 영역에만 설치, 차로 및 주차구역의 상부 건축물 금지
- 장애인전용주차구역의 주차차로는 반드시 대지 내에 설치

⑧ 건축물, 주차구역, 조경과의 이격거리 표 제시

⑨ 둘 이상의 용도지역에 걸치는 경우 가장 작은 규모가 330m² 이하인 경우에는 건폐율, 용적률 가중평균

⑩ 지하층의 지표면은 건축물 각 층의 주위가 접하는 각 지표면의 높이를 수평거리에 따라 가중평균

⑪ 지하층 지표면 산정도 작성은 서-남-동-북 순으로 전개도 작성

■ 문제풀이 Process

4 수평영역 및 수직영역 검토

① 지하층 최대규모 검토
- 2m 통과도로 확폭 후 지하층 최대건축가능영역 검토
- 기존 용벽과 건축물 외벽 일치
- 경사구간은 등경사로 이해
- 지하층 지표면 산정

② 주차장 대안 검토
- 소규모 주차장 완화조건 적용 : 확폭도로 차로로 활용
- 일반주거지역 영역에만 설치
- 직각주차, 장애인전용주차구역 차로는 대지 내 설치

③ 1차 연면적 산정
- 용적률 236.84%(900m^2)초과

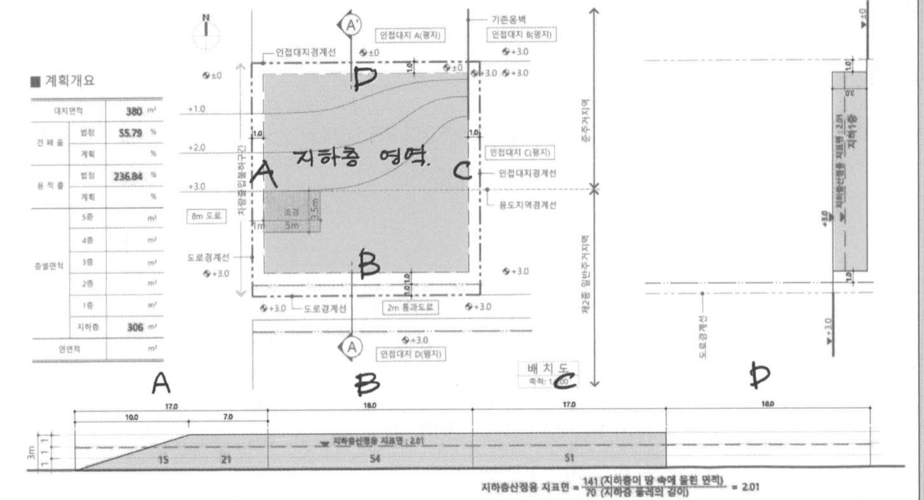

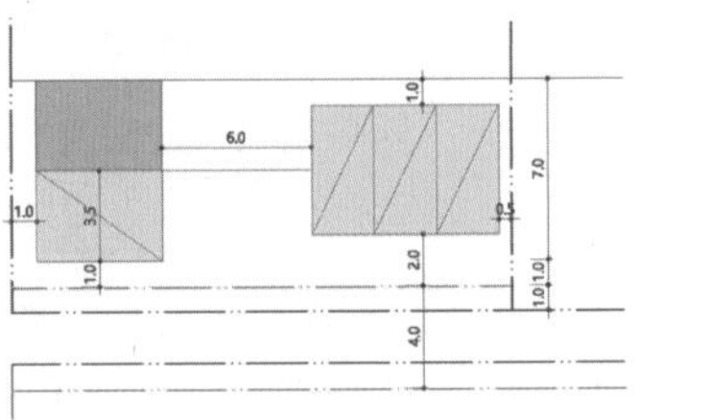

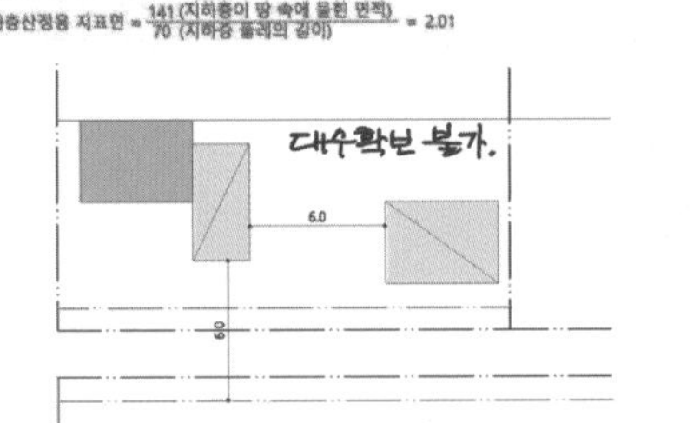

5 1층 바닥면적 및 주차장 검토

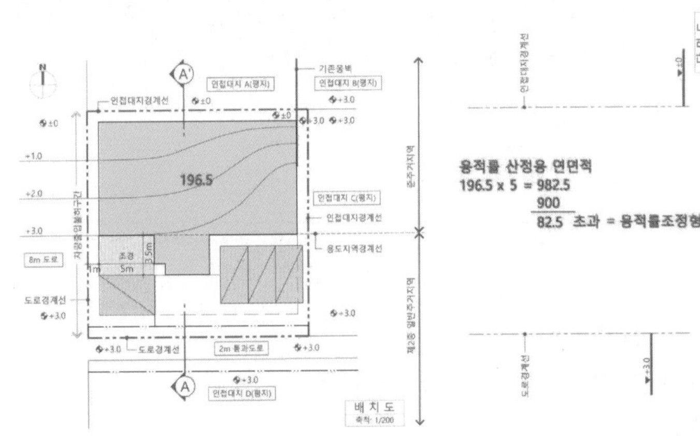

용적률 산정용 연면적
196.5 x 5 = 982.5
900
82.5 초과 = 용적률조정형

① 용적률 초과면적 → 건물 형태 단순화
- 돌출된 영역 5개층 제척
- 정돈된 직사각형(180m^2) x 5개층 = 900m^{2}으로 정리(수많은 대안 가능)
- 출제자 의도로 파악 가능

82.5 / 5 = 16.5

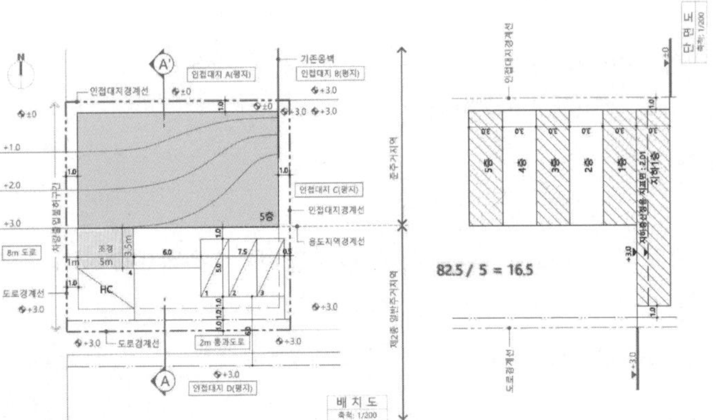

② 용적률 초과면적 → 최상층 일부 제척
- 1층부터 5층까지 최대 건축가능영역(196.5m^2)으로 검토 후 용적률 초과면적(82.5m^2)를 최상층(5층)에서 잘라 내는 방식
- 용적률 만족하는 수많은 형태의 대안 가능

6 모범답안

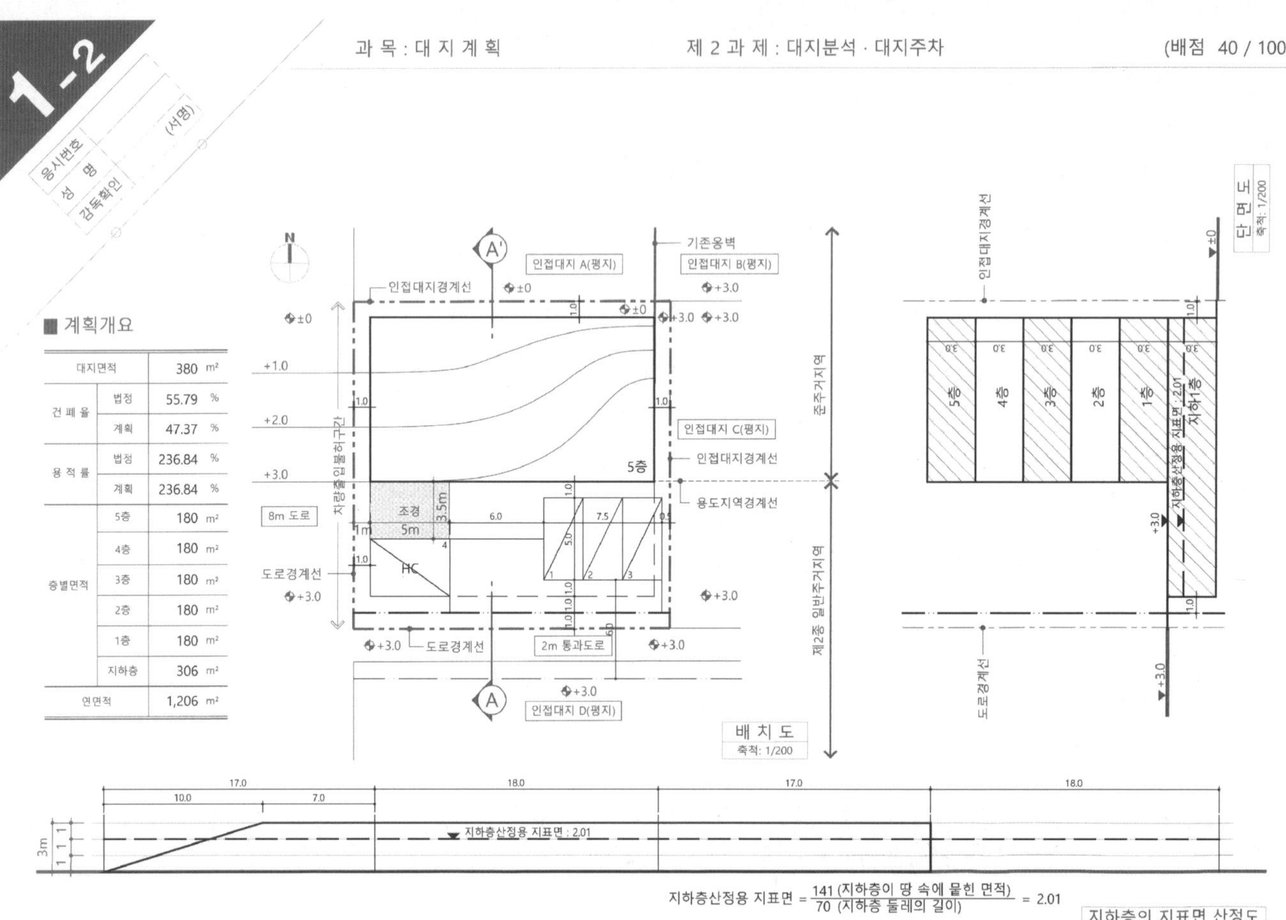

계획개요			
대지면적		380	m²
건폐율	법정	55.79	%
	계획	47.37	%
용적률	법정	236.84	%
	계획	236.84	%
층별면적	5층	180	m²
	4층	180	m²
	3층	180	m²
	2층	180	m²
	1층	180	m²
	지하층	306	m²
연면적		1,206	m²

■ 주요 체크포인트

① 둘 이상의 용도지역에 걸친 대지의 건폐율, 용적률 가중평균 산정

② 2m 통과도로의 확폭

③ 정북일조 배제(준주거지역)

④ 지하층 지표면 산정도 작성

⑤ 소규모 주차장
- 일반주거지역 영역에만 설치
- 장애인구획은 대지 내 차로 설치

⑥ 최대 용적률 고려한 대안
- 출제의도를 고려하여 단순한 형태로 계획하는 것을 권장
- 다양한 형태의 대안 가능
- 정확한 건축개요 작성

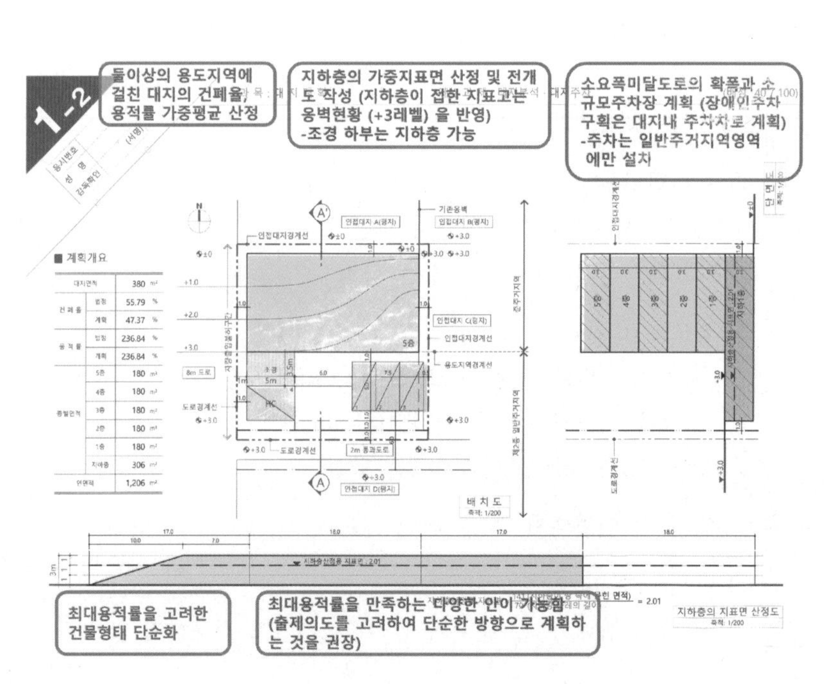

둘이상의 용도지역에 걸친 대지의 건폐율, 용적률 가중평균 산정
지하층의 가중지표면 산정 및 전개도 작성 (지하층이 접한 지표고는 옹벽현황 (+3레벨) 을 반영)
-조경 하부는 지하층 가능
소요폭미달도로의 확폭과 소규모주차장 계획 (장애인주차구획은 대지내 주차로 계획)
-주차는 일반주거지역영역에만 설치
최대용적률을 고려한 건물형태 단순화
최대용적률을 만족하는 다양한 안이 가능함 (출제의도를 고려하여 단순한 방향으로 계획하는 것을 권장)

■ 문제풀이 Process

대지분석 · 조닝/대지주차 문제풀이를 위한 핵심이론 요약

1. 대지가 2 이상의 지역 · 지구 또는 구역에 걸치는 경우

▸ 건축법 제54조 : 건축물과 대지의 전부에 대하여 대지의 과반이 속하는 지역·지구 또는 구역 안의 건축물 및 대지 등에 관한 규정을 적용

▸ 국토의 계획 및 이용에 관한 법률 제84조
- 각각의 지역·지구 또는 구역에 따른 규정을 적용하는 것이 원칙
- 다만 가장 작은 부분의 규모가 대통령령으로 정하는 규모 이하인 경우에 건폐율 및 용적률은 각 부분이 차지하는 비율을 고려하여 가중평균 적용

▸ 건축법과 국토의 계획 및 이용에 관한 법률을 구분하여 적용하도록 한다.

▸ 건폐율, 용적률 가중 평균 방법
1. 가중평균 건폐율 = (f1x1 + f2x2 + … + fnxn) / 전체 대지 면적
2. 가중평균한 용적률 = (f1x1 + f2x2 + … + fnxn) / 전체 대지 면적
- f1-fn : 용도지역에 속하는 토지 부분의 면적
- x1-xn : 각 용도지역 건폐율 및 용적률
- n : 용도지역에 걸치는 각 토지 부분의 총 개수

▸ 국토의 계획 및 이용에 관한 법률 시행령 제94조
- 대통령령으로 정하는 규모 : $330m^2$, 다만 도로변 띠모양으로 지정된 상업지역에 걸쳐있는 토지의 경우 $660m^2$

▸ 사례 검토

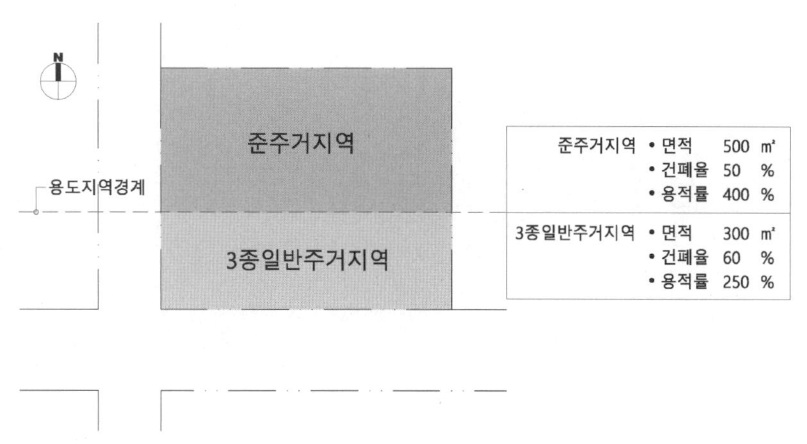

- 가중평균 건폐율 = [(500 x 0.5)+(300 x 0.6)] / 800 = 53.75%
- 가중평균 용적률 = [(500 x 4)+(300 x 2.5)] / 800 = 343.75%
- 건축법 관련 사항은 전체 대지 준주거지역 기준을 따름

2. 소요폭 미달도로

▸ 건축법상 도로
- 보행과 자동차 통행이 가능한 너비 4미터 이상의 도로
- 폭 4m에 미달되는 경우 4m 이상 확폭

▸ 접도조건
- 2m (연면적 $2,000m^2$ 이상인 건축물 : 너비 6m 이상의 도로에 4m 이상)

▸ 보행이 불가능하거나 차량통행이 불가능한 도로는 건축법상 도로 아니다
- 자동차전용도로, 고속도로, 보행자전용도로 등

▸ 소요폭 미달도로의 확폭 기준

조 건	건축선	도 해	비 고
도로 양쪽에 대지가 있을 때	미달되는 도로의 중심선에서 소요너비의 1/2 수평거리를 후퇴한 선	건축선 / 도로중심선 / 건축선 / 통과도로 / 소요폭(4m) 미달도로 / 2m / 2m / 4m (소요폭)	- 확폭 불가능한 경사지인지 아닌지는 절대 주관적으로 판단하지 말 것 - 확폭된 부분은 대지면적에서 제외
도로의 반대쪽에 경사지·하천·철도·선로부지 등이 있을 때	경사지 등이 있는 쪽의 도로 경계선에서 소요너비에 필요한 수평거리를 후퇴한 선	건축선 / 소요폭미달도로 / 경사지 하천 철도부지 / 4m (소요폭) / 폭4m 미만 도로의 건축선	

3. 지하층

▸ 지하층 : 땅에 묻힌 부분의 높이가 층고의 1/2 이상인 것

▸ 지하층 지표면 : 각 층의 주위가 접하는 지표면을 가중평균한 높이를 지표면으로 봄

▸ 대지가 경사진 경우, 각 층 외벽 면적의 1/2 이상이 묻혀 있으면 지하층으로 규정

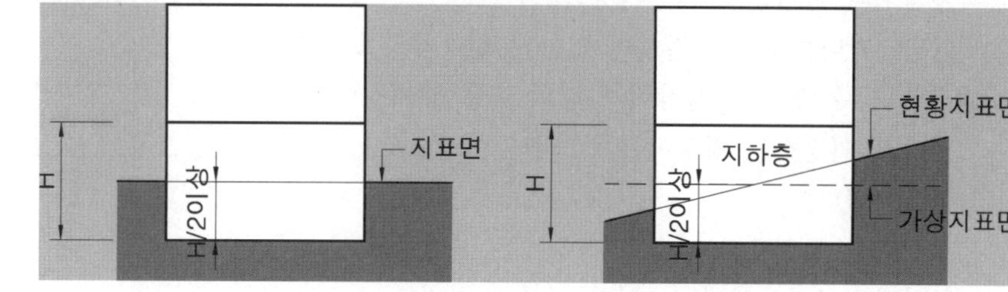

▸ 지하층이 지표하에 있는 경우 지정된 건축선을 벗어난 대지경계선까지 돌출 가능함

▸ 시험에서 적용되는 예
① 건축면적에 산입되지 않는 범위 내에서의 최대한 지하층 외벽노출
② 지하층 인정 범위 내에서 최대한 지하층 외벽 노출
③ 지하층의 지표면은 건축물 각 층의 주위가 접하는 각 지표면 부분의 높이를 그 지표면 부분의 수평거리에 따라 가중평균한 높이의 수평면을 지표면으로 산정

■ 문제풀이 Process

대지분석 · 조닝/대지주차 문제풀이를 위한 핵심이론 요약

4. 소규모 주차장

▸ 소규모 주차장 관련 법규

- 부설주차장의 총 주차대수 규모가 8대 이하인 자주식주차장
- 차로의 너비는 2.5m
- 보도와 차도의 구분이 없는 너비 12미터 미만의 도로에 접하여 있는 경우 그 도로를 차로로 하여 주차단위구획을 배치할 수 있다.
  이 경우 차로의 너비는 도로를 포함하여 6미터 이상(평행주차인 경우에는 도로를 포함하여 4미터 이상)으로 하며, 도로의 포함범위는 중앙선까지로 하되 중앙선이 없는 경우에는 도로 반대측 경계선까지로 한다.
- 보도와 차도의 구분이 있는 12미터 이상의 도로에 접하여 있고 주차대수가 5대 이하인 부설주차장은 당해 주차장의 이용에 지장이 없는 경우에 한하여 그 도로를 차로로 하여 직각주차형식으로 주차단위구획을 배치할 수 있다.

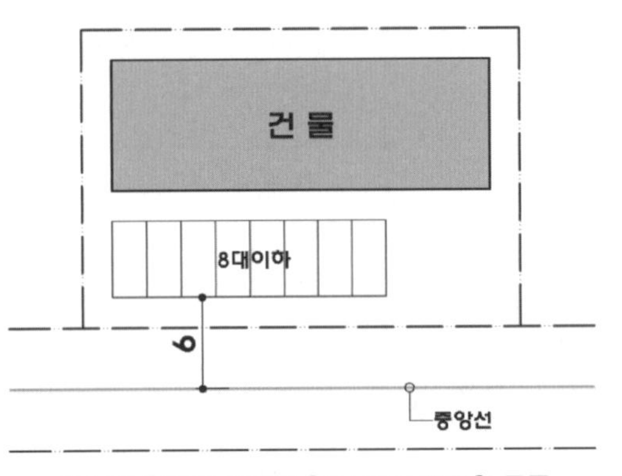

보도와 차도의 구분이 없는 12m 미만의 도로
(중앙선이 있는 경우)

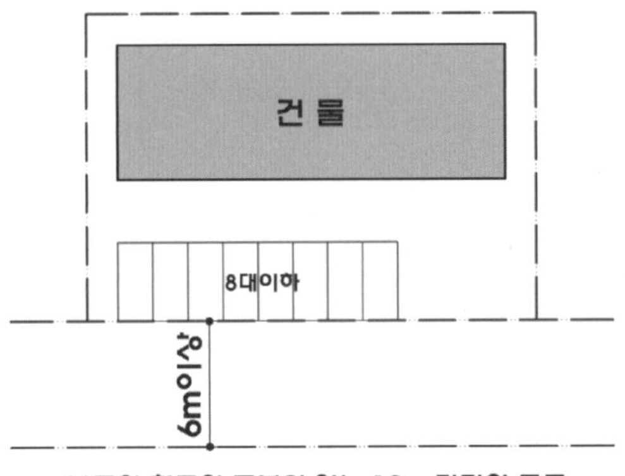

보도와 차도의 구분이 없는 12m 미만의 도로
(중앙선이 없는 경우)

- 주차대수 5대 이하의 주차단위구획은 차로를 기준으로 하여 세로로 2대까지 접하여 배치할 수 있다.
- 출입구의 너비는 3미터 이상으로 한다.
  다만, 막다른도로에 접하여 있는 부설주차장으로서 시장·군수 또는 구청장이 차량의 소통에 지장이 없다고 인정하는 경우에는 2.5미터 이상으로 할 수 있다.
- 보행인의 통행로가 필요한 경우에는 시설물과 주차단위구획사이에 0.5미터 이상의 거리를 두어야 한다.

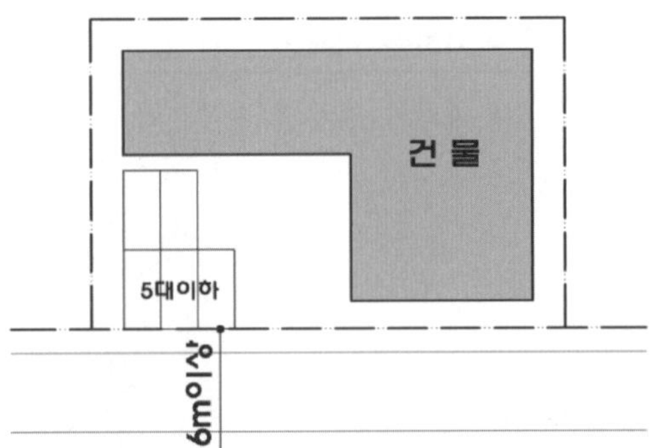

▸ 지문

① 주차대수는 총 4대(장애인전용 주차 1대 포함) / 장애인전용주차구역 차로는 대지 내 설치
② 직각주차 / 일반주거지역 영역에만 설치 / 주차차로 및 주차구역 상부에는 건축물 금지
③ 본 대지는 남측 인접대지D와 동시에 사용승인을 완료하는 조건

■ 문제풀이 Process

대지분석 · 조닝/대지주차 주요 체크포인트

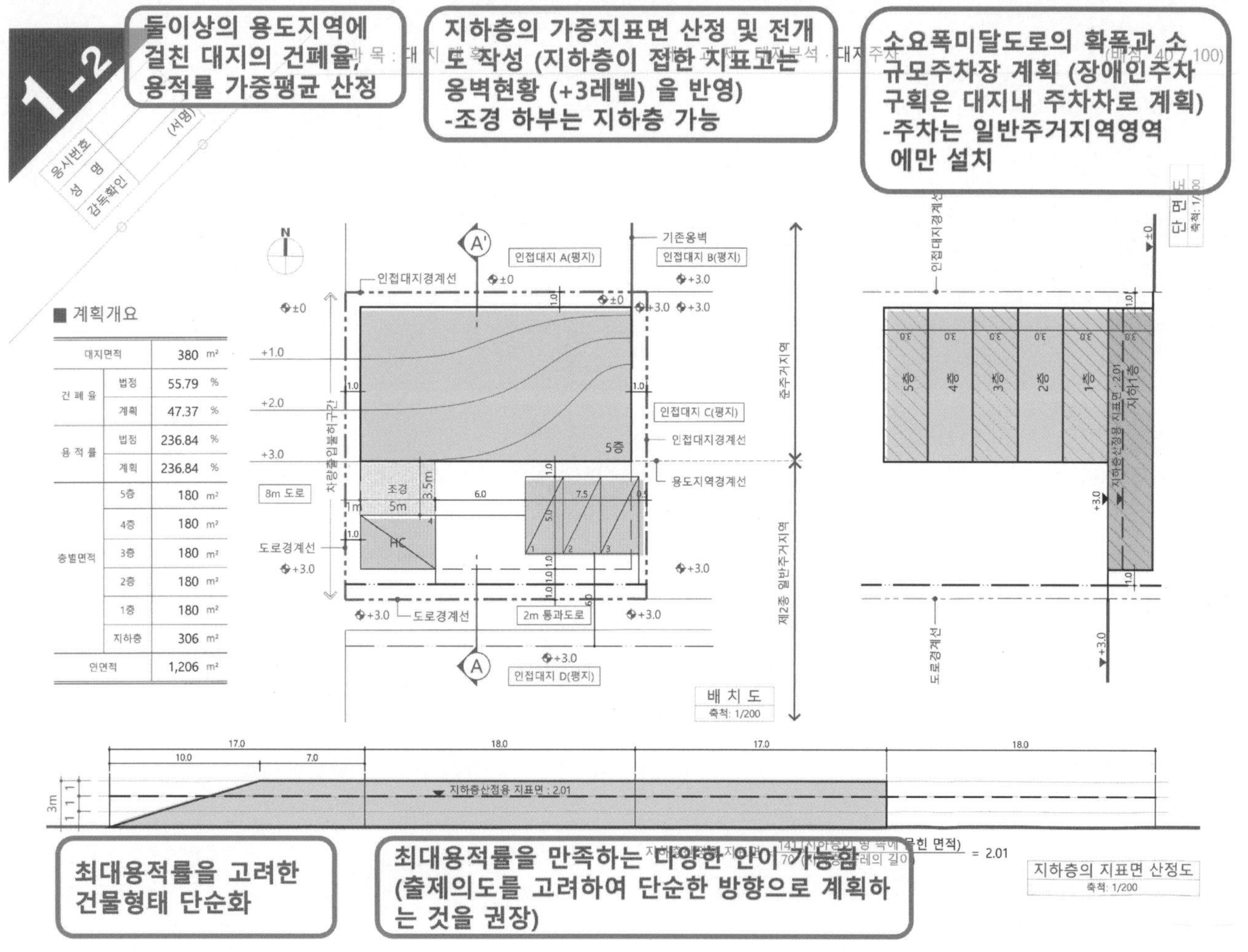

1-2
둘이상의 용도지역에 걸친 대지의 건폐율, 용적률 가중평균 산정
지하층의 가중지표면 산정 및 전개도 작성 (지하층이 접한 지표고는 옹벽현황 (+3레벨) 을 반영)
-조경 하부는 지하층 가능
소요폭미달도로의 확폭과 소규모주차장 계획 (장애인주차구획은 대지내 주차차로 계획)
-주차는 일반주거지역영역에만 설치
■ 계획개요
배 치 도
최대용적률을 고려한 건물형태 단순화
최대용적률을 만족하는 다양한 안이 가능함 (출제의도를 고려하여 단순한 방향으로 계획하는 것을 권장)
지하층의 지표면 산정도

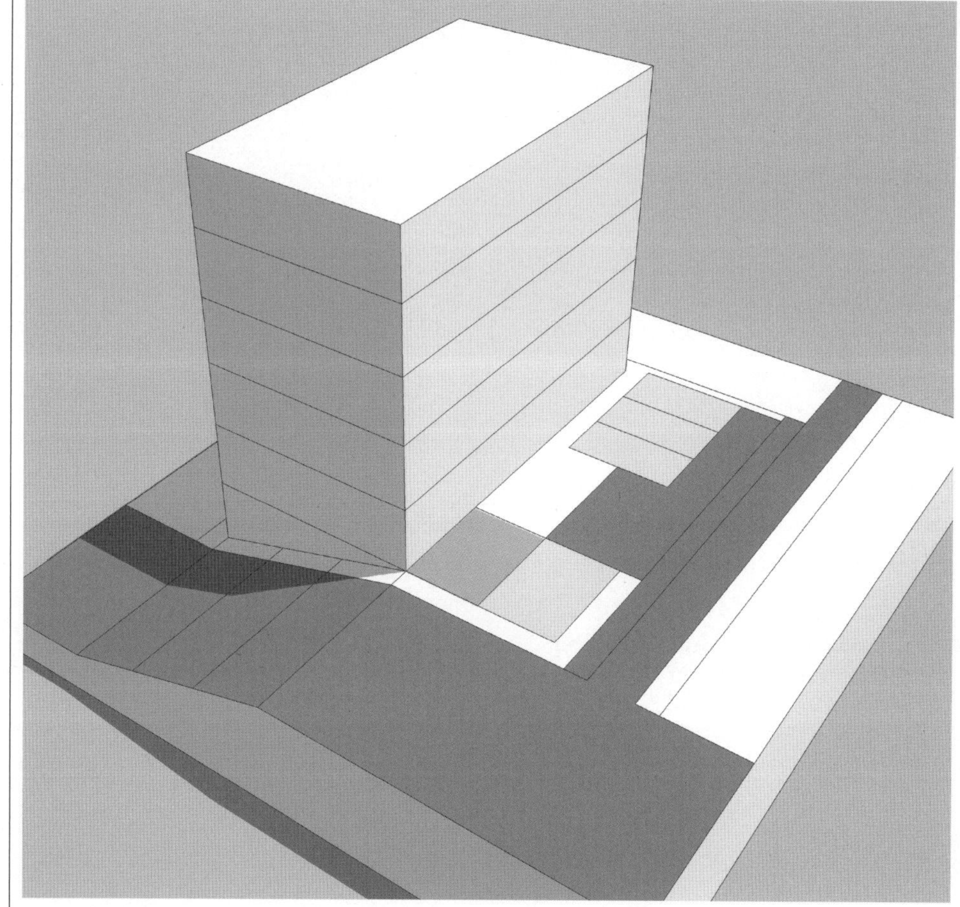

▸ 둘 이상의 용도지역에 걸친 대지의 건폐율, 용적률 가중평균

① 대지면적

: 400 - 20 = 380m^2

: 제2종 일반주거지역

= 160m^2 (50% / 150%)

: 준주거지역

= 220m^2 (60% / 300%)

② 가중평균 건폐율

= [(160x0.5) + (220x0.6)] / 380

= 212/380 = 55.7894 = 55.79%

③ 가중평균 용적률

= [(160x1.5) + (220x3)] / 380

= 900/380 = 236.8421 = 236.84%

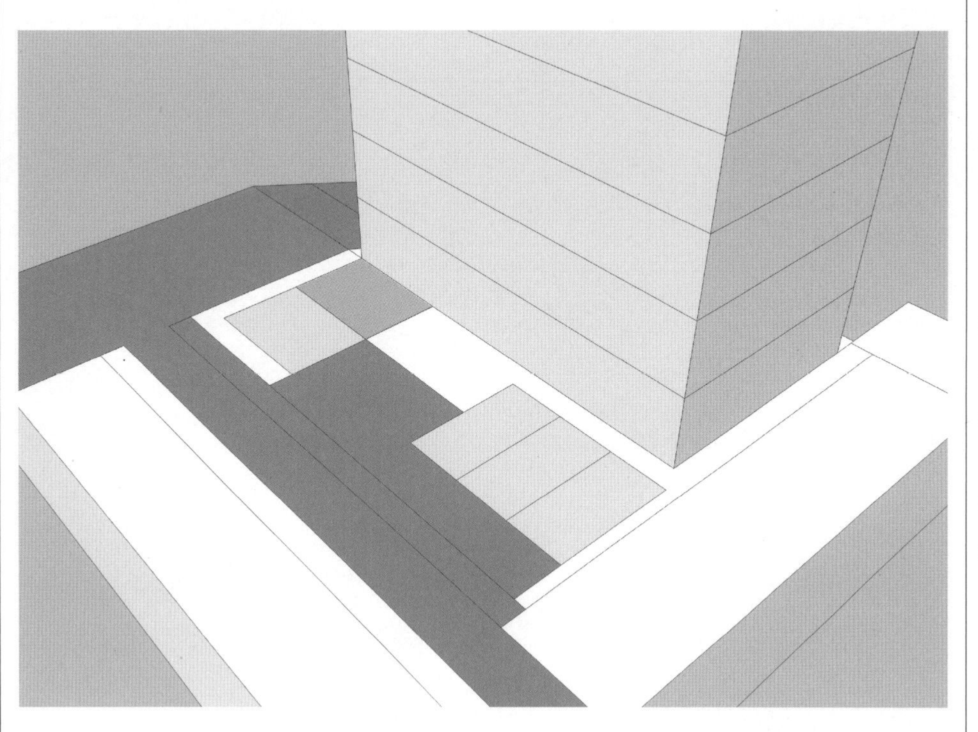

▸ 지상 주차장 계획

① 차량진출입로는 2m 통과도로

: 8m도로 차량출입불허구간

: 소요폭 미달도로 확폭

② 소규모주차장 완화 적용

③ 일반주거지역 영역에만 설치

④ 주차차로 및 주차구역 상부 건축물 금지

⑤ 직각주차

⑥ 장애인전용주차구역의 차로는 대지 내 설치

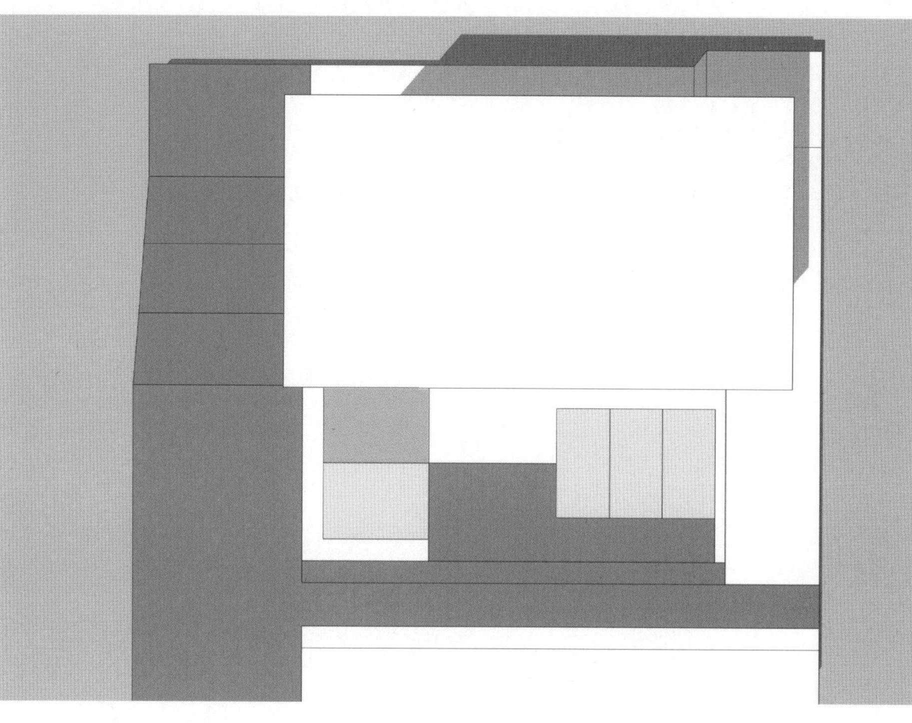

▸ 건폐율, 용적률 적용

① 최대 용적률을 만족하는 다양한 형태의 대안이 가능

② 정확한 면적 산정 및 건축개요 작성

▸ 이격거리 준수

① 건축물은 인접대지경계선, 도로경계선, 지정건축선, 주차구획으로부터 1.0m 이상

② 주차구역은 인접대지경계선으로부터 0.5m 이상 / 도로경계선, 지정건축선으로부터 1.0m 이상

■ 계획개요

대지면적		380 m²
건 폐 율	법정	55.79 %
	계획	47.37 %
용 적 률	법정	236.84 %
	계획	236.84 %
층별면적	5층	180 m²
	4층	180 m²
	3층	180 m²
	2층	180 m²
	1층	180 m²
	지하층	306 m²
연면적		1,206 m²

배 치 도
축척: 1/200

인접대지 A(평지) 인접대지 B(평지) 인접대지 C(평지) 인접대지 D(평지)
기존옹벽 인접대지경계선 용도지역경계선 도로경계선 8m 도로 2m 통과도로
준주거지역 제2종 일반주거지역 차량출입불허구간 조경 HC 5층

단 면 도
축척: 1/200

5층 4층 3층 2층 1층 지하1층 지하층산정용 지표면 : 2.01

지하층의 지표면 산정도
축척: 1/200

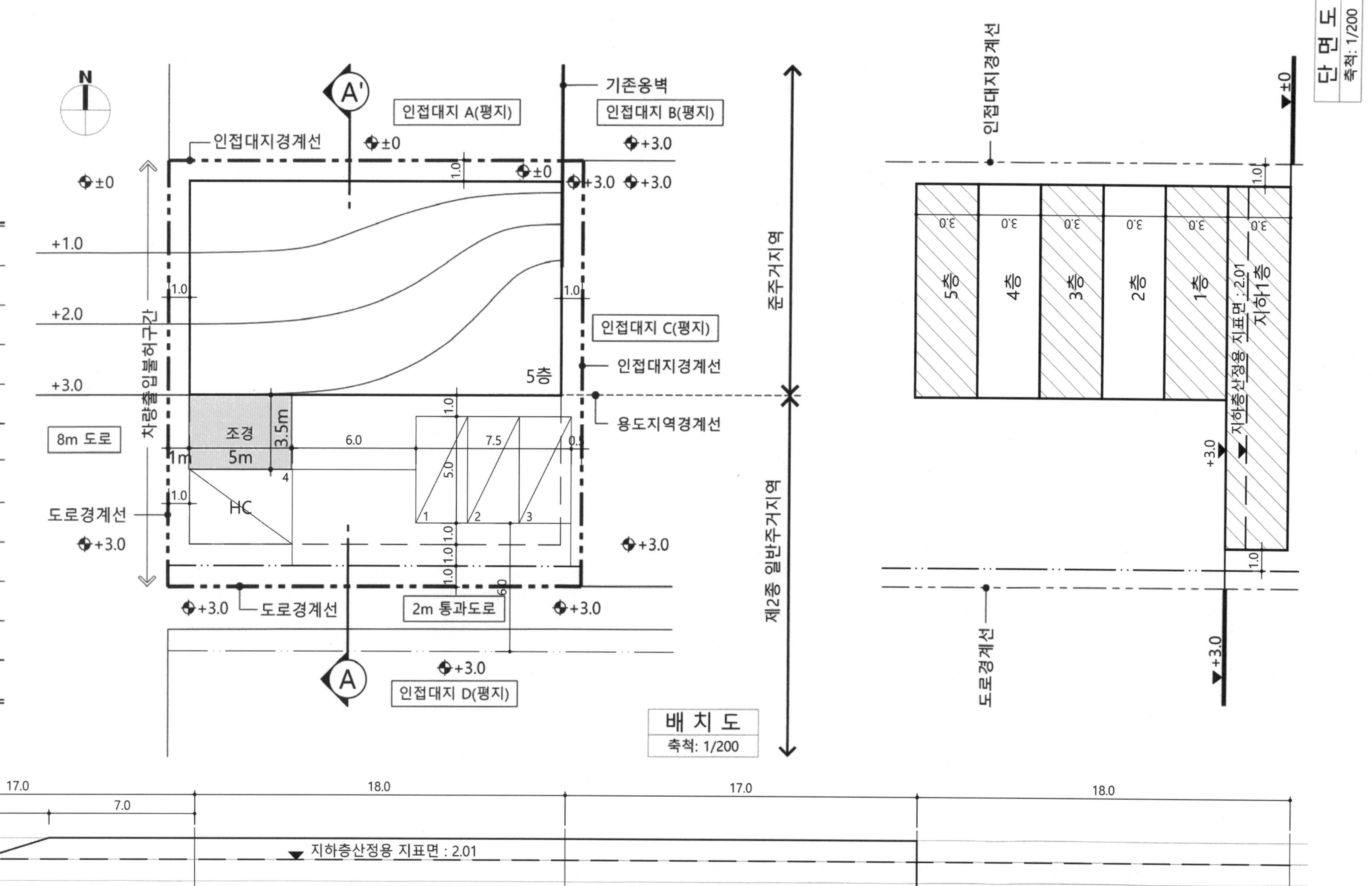

$$\text{지하층산정용 지표면} = \frac{141\ (\text{지하층이 땅 속에 묻힌 면적})}{70\ (\text{지하층 둘레의 길이})} = 2.01$$

구 성	FACTOR	지 문 본 문	FACTOR	구 성

구 성

1. 제목
- 배치하고자 하는 시설의 제목을 제시합니다.

2. 과제개요
- 시설의 목적 및 취지를 언급합니다.
- 전체사항에 대한 개괄적인 설명이 추가되는 경우도 있습니다.

3. 대지조건(개요)
- 대지전반에 관한 개괄적인 사항이 언급됩니다.
- 용도지역, 지구
- 접도조건
- 건폐율, 용적률 적용 여부를 제시
- 대지내부 및 주변현황(최근 계속 현황도가 별도로 제시)

4. 계획조건
ⓐ 배치시설
- 배치시설의 종류
- 건물과 옥외시설물은 구분하여 제시되는 것이 일반적입니다.
- 시설규모
- 필요시 각 시설별 요구사항이 첨부됩니다.

FACTOR

① 배점을 확인하여 2과제의 시간배분 기준으로 활용합니다.
- 60점 (난이도 예상)

② 공동주택단지
- 시설 성격(아파트단지) 파악

③ 지역지구 : 일반주거지역
- 정북일조, 채광일조 check

④ 대지현황도 제시
- 계획 조건을 파악하기에 앞서 반드시 현황도를 이용한 1차 현황분석을 선행(대지의 기본 성격 이해한 후 문제풀이 진행)

⑤ 단지 내 도로
- 차로와 보행로로 구분하여 제시
- 공공보행로 8m 이상
- 보행로는 비상차로 기능 포함

⑥ 건축물
- 건물 성격 파악
- 주거동 / 부대복리시설로 구분
- 근린생활시설과 A동, B동, F동의 유기적 조합 고려
- 유치원, 커뮤니티동, 경비동과 공공보행로의 관계 설정

⑦ 외부시설
- 공공보행로 15m 도로 출입
- 선큰마당에 ELEV.와 계단 설치
- 놀이터는 유치원 연접
- 정자마당 공공보행로 연접
- 주민체육마당 커뮤니티동 인접
- 텃밭 주민체육마당 연접
- 만남마당 버스정류장 인접
- 경사로1은 서측 8m 도로에서 진입하고 근린생활시설 인접
- 경사로2는 동측 8m 도로에서 진입하고 근린생활시설 인접
- 휴게마당 E동 인접

2022년도 제2회 건축사자격시험 문제

과목: **대지계획** 제1과제 (배치계획) ① 배점: 60/100점

제 목 : 공동주택단지 배치계획 ②

1. 과제개요

세대융합형 공동주택단지를 계획하고자 한다. 대지의 도시적 맥락, 주거동과 부대복리시설의 합리적인 배치 및 각 시설간의 연계성을 고려하여 배치도를 작성하시오.

2. 대지조건

(1) 용도지역: 일반주거지역 ③
(2) 대지면적: 약 8,100m²
(3) 주변현황: <대지현황도> 참조 ④

3. 계획조건 및 고려사항

(1) 계획조건

① 단지 내 도로 ⑤

도로명	너비
차로	6m 이상
공공보행로	8m 이상
보행로	4m 이상(비상차로 기능 포함)

② 건축물 ⑥

분류	시설명		크기	층수	비고
주거동	A동		22m x 9m	지상 9층	복도형, 층고 3m
	B동		22m x 9m	지상 9층	복도형, 층고 3m
	C동		22m x 7m	지상 7층	동향 배치 계단실형, 층고 3m, 필로티(2개층)
	D동		44m x 7m	지상 9층	계단실형, 층고 3m, 필로티(2개층)
	E동		22m x 7m	지상 9층	계단실형, 층고 3m, 필로티(2개층)
	F동	고층부	13m x 17m	지상 12층	타워형, 층고 3m
		저층부	22m x 9m	지상 7층	복도형, 층고 3m
부대복리시설	근린생활시설1		22m x 12m	지상 1층	A동 1층에 배치한다.
	근린생활시설2		22m x 12m	지상 1층	B동 1층에 배치한다.
	근린생활시설3		40m x 12m	지상 1층	F동 1층에 배치한다.
	유치원		8m x 12m	지상 1층	공공보행로, 놀이터에 인접한다.
	커뮤니티동		20m x 11m	지하 1층, 지상 1층	공공보행로 및 선큰마당에 인접한다. (경로당, 관리실 포함)
	경비동		3m x 4m	지상 1층	공공보행로에 인접한다.

주) 1. 주거동의 층수는 필로티와 근린생활시설을 포함한다.
2. 지하주차장의 규모 및 형태는 표현하지 않는다.

③ 외부시설 ⑦

시설명	크기	비고
공공보행로	폭 8m	15m 도로에서 출입한다.
선큰마당	170㎡	지하층과 지상층을 ELEV.와 계단으로 연결하고 커뮤니티동에 인접한다.
놀이터	100㎡ 이상	유치원에 연접한다.
정자마당	120㎡	공공보행로에 연접한다.
주민체육마당	150㎡	커뮤니티동에 인접한다.
텃밭	160㎡	주민체육마당과 연접한다.
만남마당	200㎡	버스정류장에 인접한다.
지하주차장 경사로1	폭 6m 이상	서측 8m 도로에서 진입하고 근린생활시설에 인접한다.
지하주차장 경사로2	폭 6m 이상	동측 8m 도로에서 진입하고 근린생활시설에 인접한다.
휴게마당	150㎡	E동에 인접한다.

(2) 고려사항

① 공공보행로는 15m 도로와 체육공원을 연결한다. ⑧
② 단지 차량진출입은 2개소로 계획하고 단지 내 보행로는 비상차로로 계획한다. ⑨
③ 채광을 위한 창문 등이 있는 벽면에서 직각 방향으로 인접 대지경계선까지의 수평거리는 1/2H 이상으로 하고 측벽간 이격거리는 4m 이상으로 한다. ⑩
④ 인접대지경계선과 도로경계선에서 주거동은 6m 이상, 부대복리시설은 3m 이상 이격한다. ⑪
⑤ 건축물과 외부시설, 건축물과 단지 내 도로는 2m 이상 이격한다. ⑫
⑥ 단지 내를 순환할 수 있는 산책로를 계획한다. ⑬
⑦ 건축물은 보호수목 영역으로부터 2m 이상 이격한다. ⑭

4. 도면작성요령 ⑮

(1) 주요 표기 대상 ⑯
① 단지 내 도로 : 도로 폭
② 건축물 : 시설명, 출입구, 크기, 이격거리
③ 외부시설 : 시설명, 크기
④ 지하주차장 경사로의 표현은 <보기1>을 참조

FACTOR

⑧ 공공보행로
- 15m 도로와 체육공원을 연결
- 단지 내 주보행축
- 단순 명쾌하게 읽히도록 접근

⑨ 차량진출입구 및 보행로
- 동측, 서측 8m에 각각 설치
- 차량진출입구는 근린생활시설에 인접 설치
- 단지 내 보행로는 폭 4m 이상, 비상차로(소방도로) 기능

⑩ 채광일조
- 인접대지에서의 채광일조는 1/2H 적용(도로측은 도로 중심에서 적용)
- 측벽간 4m
- 인동거리는 제시되지 않음(1/2H 이상의 범위에서 적절히 대응)
- 가급적 가깝게 마주보는 상황을 피하도록 고려

⑪ 이격거리-1
- 주거동 vs 인접대지경계선, 도로경계선 : 6m 이상
- 부대복리시설 vs 인접대지경계선, 도로경계선 : 3m 이상

⑫ 이격거리-2
- 건축물 vs 외부시설 : 2m 이상
- 건축물 vs 단지 내 도로 : 2m 이상

⑬ 단지 내 순환 산책로 계획

⑭ 이격거리-3
- 건축물 vs 보호수목영역 : 2m 이상

⑮ 도면작성요령
- 도면작성요령에 언급된 내용은 출제자가 반드시 평가하는 항목
- 요구하지 않은 사항의 추가적인 표현은 점수에 영향이 없거나 미약한 것으로 이해

구 성

ⓑ 배치고려사항
- 건축가능영역
- 시설간의 관계(근접, 인접, 연결, 연계 등)
- 보행자동선
- 차량동선 및 주차장계획
- 장애인 관련 사항
- 조경 및 포장
- 자연과 지형활용
- 옹벽 등의 사용지침
- 이격거리
- 기타사항

5. 도면작성요령
- 각 시설명칭
- 크기표시 요구
- 출입구 표시
- 이격거리 표기
- 주차대수 표기(장애인주차구획)
- 표고 기입
- 단위 및 축척

구 성	FACTOR	지 문 본 문	FACTOR	구 성

6. 유의사항
- 제도용구 (흑색연필 요구)
- 지문에 명시되지 않은 현행법령의 적용방침 (적용 or 배제)

7. 보기
- 보도, 조경
- 식재
- 데크 및 외부공간
- 건물 출입구
- 옹벽 및 법면
- 기타 표현방법

⑯ 주요 표기 대상
- 대상별 표현을 구체적으로 요구
- 지하주차장 경사로 표현
- <보기1>, <보기2> check

⑰ 단위 및 축척
- m, m^2 / 1 : 400

⑱ 흑색연필로 작성

⑲ 명시되지 않은 사항은 현행 관계법령을 준용
- 기타 법규를 검토할 경우 항상 문제해결의 연장선에서 합리적이고 복합적으로 고려

⑳ <보기1>
- 지하주차장 경사로 길이 및 표현방법
- 건물 및 차량출입구

과목: 대지계획 제1과제 (배치계획) 배점: 60/100점

(2) 주요 도면표시 기호는 <보기1>을 따른다.
(3) 주거동의 형태는 <보기2>를 따른다.
(4) 단위 : m, m^2 ⑰
(5) 축척 : 1/400

5. 유의사항

(1) 답안작성은 반드시 흑색 연필로 한다. ⑱
(2) 명시되지 않은 사항은 현행 관계 법령의 범위 안에서 임의로 한다. ⑲

<보기1> 주요 도면표기 기호 ⑳

지하주차장 경사로	(15m, DN)
건축물 출입구	▲
차량 출입구	△

<보기2> 주거동 예시

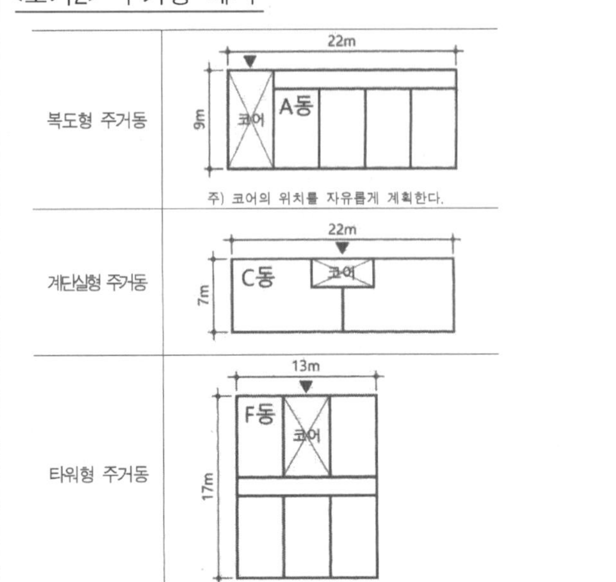

<대지현황도> 축척 없음 ㉒

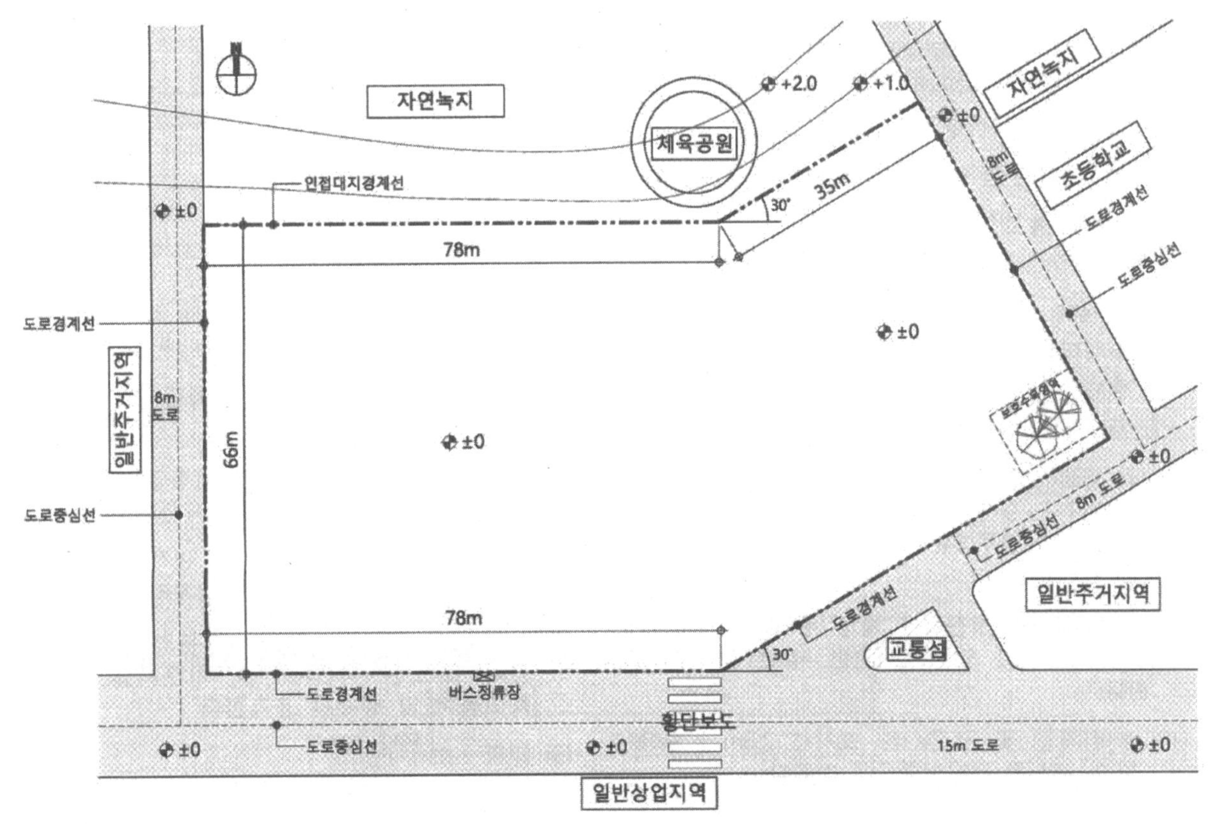

㉑ 주거동 범례
- 복도형 주거동
- 계단실형 주거동
- 타워형 주거동
- 복도형의 코어 위치는 임의
- F동 타워형+복도형 조합 임의
- 계단실형 주거동은 2개층 필로티

㉒ 현황도 파악
- 대지형태(이형, 평지)
- 접도조건
- 대지 내 보호수목 영역
- 주변현황(자연녹지, 체육공원, 초등학교, 일반주거지역, 일반상업지역 등)
- 가로, 세로 치수 확인
- 횡단보도, 버스정류장
- 방위(북측은 체육공원이므로 정북일조 및 채광일조 완화 적용)
- 제시되는 현황도를 이용하여 1차적인 현황분석 (현황도에 제시된 모든 정보는 그 이유가 반드시 있습니다. 대지의 속성과 기존 질서를 존중한 계획이 될 수 있도록 합니다.)

8. 대지현황도
- 대지현황
- 대지주변현황 및 접도조건
- 기존시설현황
- 대지, 도로, 인접대지의 레벨 또는 등고선
- 각종 장애물 현황
- 계획가능영역
- 방위
- 축척 (답안작성지는 현황도와 대부분 중복되는 내용이지만 현황도에 있는 정보가 답안작성지에서는 생략되기도 하므로 문제 접근시 현황도를 꼼꼼히 체크하는 습관이 필요합니다.)

■ 문제풀이 Process

1 제목 및 과제 개요 check

① 배점 : 60점 / 출제 난이도 예상
소과제별 문제풀이 시간을 배분하는 기준
② 제목 : 공동주택단지 배치계획
③ 일반주거지역 : 도시계획 차원의 기본적인 대지 성격을 파악
정북일조 check
④ 주변현황 : 대지현황도 참조

2 현황 분석

① 대지형상 및 내부 조건 파악
- 평지, 30° 꺾인 대지
- 보호수목 보호영역 확인

② 대지주변 조건
- 남측 15m 도로, 동측 8m 도로, 서측 8m 도로
  : 보행자 및 차량 주출입구 예상
- 북측 체육공원 : 정북일조 적용 제외
- 버스정류장, 횡단보도, 체육공원 내 원형 구역, 교통섬, 도로중심선
- 프라이버시 확보에 유리한 영역 check
- 기타 주변현황
  : 자연녹지, 일반주거지역, 초등학교, 일반상업지역

<대지현황도> 축척 없음

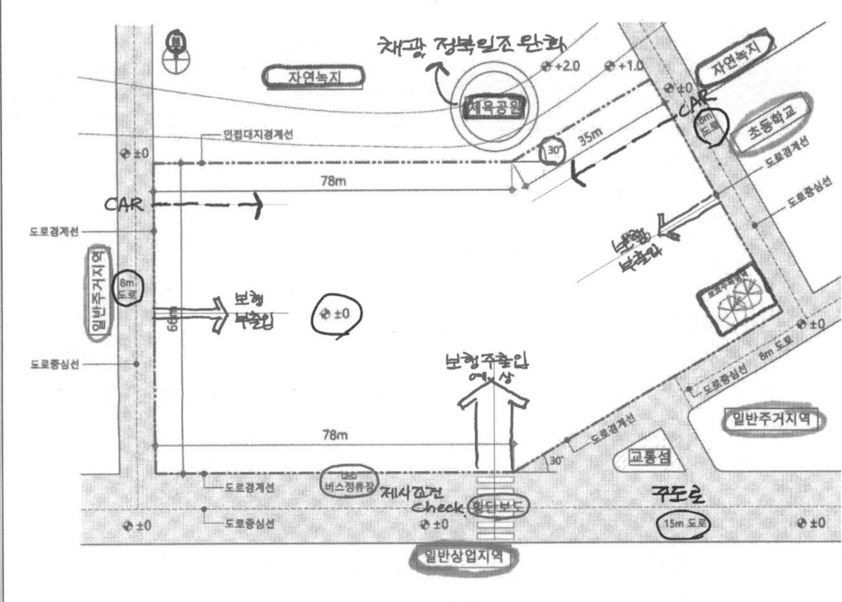

3 요구조건 분석(diagram)

① 도로
- 차로(6m이상), 공공보행로(8m 이상), 보행로(4m이상, 비상차로기능)

② 건축물 조건 및 성격 파악

a. 주거동
- 규모는 O층, Om x Om, 층고Om 제시
- 복도형, 계단실형, 타워형 구분
- C동 동향 배치
- C,D,E동 2개층 필로티 구조
- F동은 저층부와 고층부 조합
  (복도형 7층+타워형 12층 외벽 인접
  1개동으로 조합 / 최고층)
- 필로티와 근린생활시설은 층수 포함

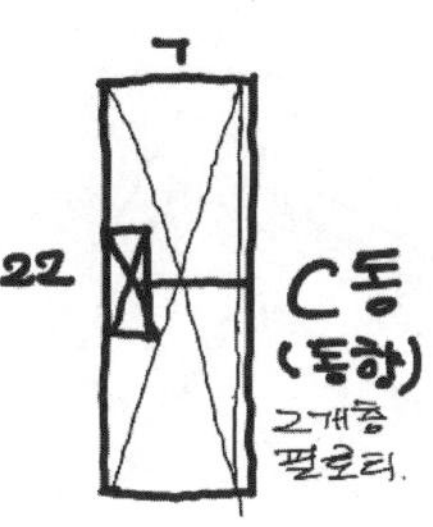

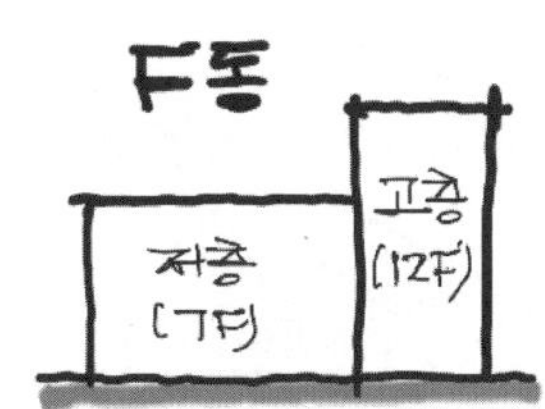

b. 부대복리시설
- 근린생활시설1 : A동 1층
- 근린생활시설2 : B동 1층
- 근린생활시설3 : F동 1층
- 유치원 : 공공보행로, 놀이터 인접
- 커뮤니티동 : 공공보행로, 선큰마당 인접
  (경로당, 관리실 등)
- 경비동 : 공공보행로 인접

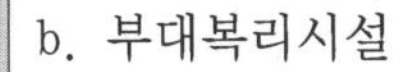

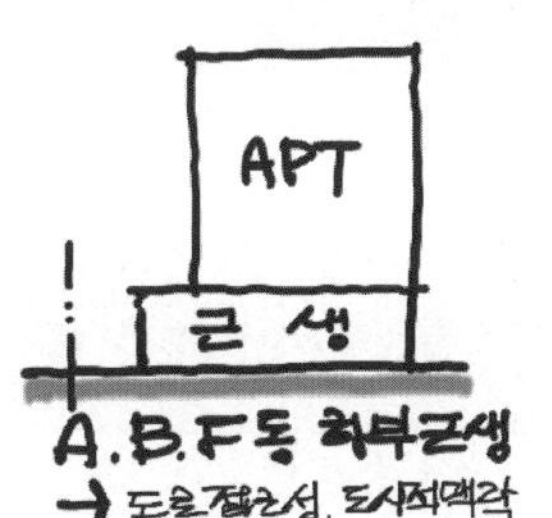

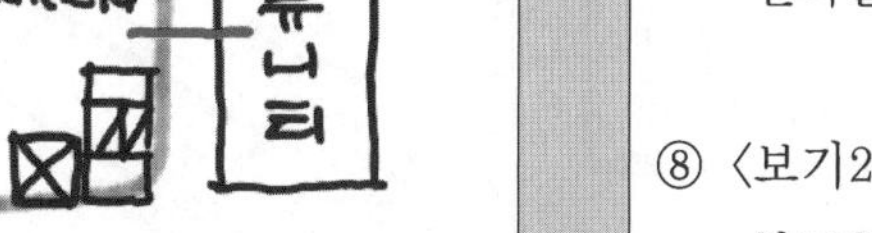

c. 외부시설 성격 파악
- 최소 면적 제시
- 공공보행로 : 폭 8m, 15m 도로 출입
- 선큰마당 : 커뮤니티동 인접,
  ELEV.와 계단 계획
- 놀이터 : 유치원 연접
- 정자마당 : 공공보행로 연접
- 주민체육마당 : 커뮤니티동 인접
- 텃밭 : 주민체육마당 연접
- 만남마당 : 버스정류장에 인접
- 경사로1 : 서측 8m도로에서 진입,
  근린생활시설 인접
- 경사로2 : 동측 8m도로에서 진입,
  근린생활시설 인접
- 휴게마당 : E동에 인접

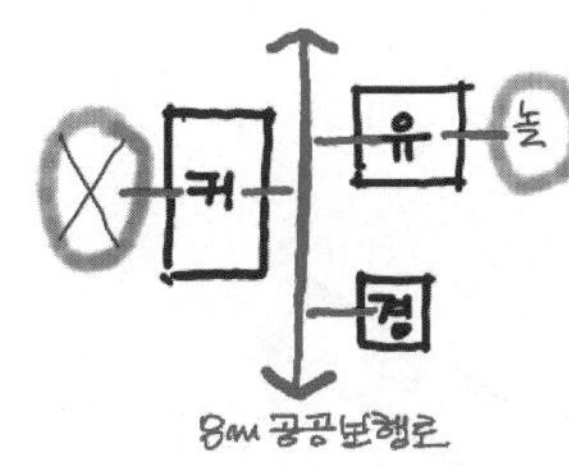

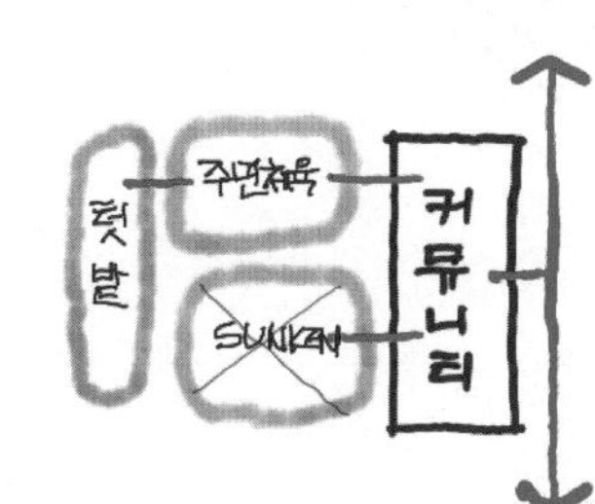

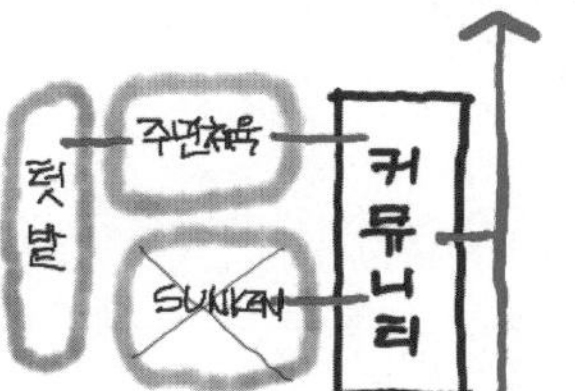

③ 공공보행로
- 15m 도로와 체육공원 연결
- 폭 8m
- 15m 도로 횡단보도 폭과 동일
- 횡단보도와 체육공원 원형 구역 연결
- 공공보행로 기준 좌,우 영역으로
  2개 영역별 조닝

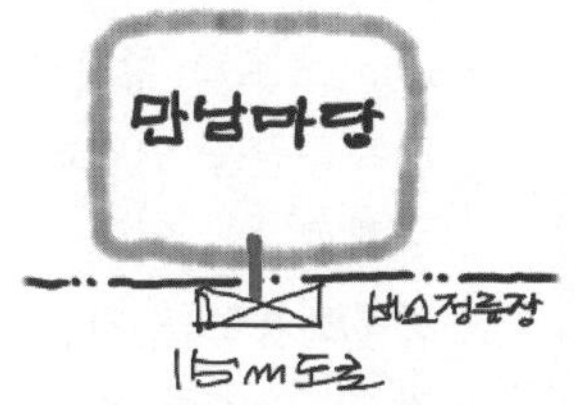

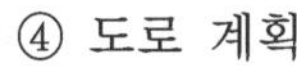

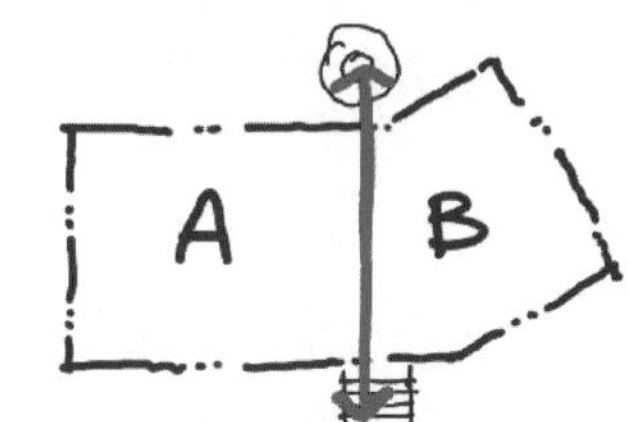

④ 도로 계획
- 단지 차량진출입 2개소: 경사로
  2개소(동,서 8m 도로측)
- 지상주차장 없음
- 단지 내 보행로 4m 이상
  (비상차로로 활용)

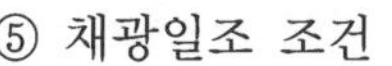

⑤ 채광일조 조건
- 인접대지에서의 채광일조 : 1/2H
- 측벽간 이격거리 4m
- 인동거리 제시되지 않음
- 도로측은 도로 중앙에서 적용
- 공지 활용한 배치 고려

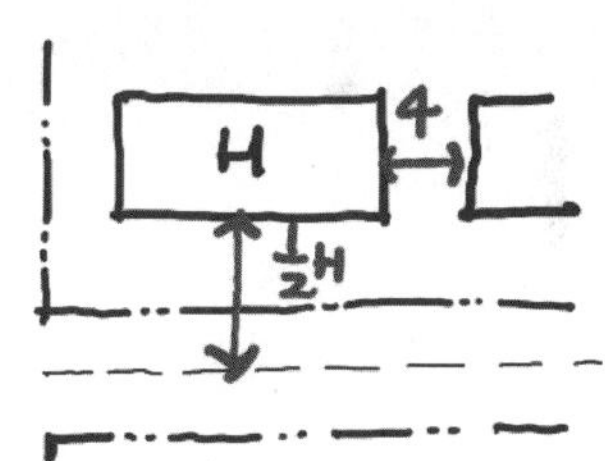

⑥ 인접대지, 도로경계선 이격거리
- 주거동 : 6m 이상
- 부대복리시설 : 3m 이상

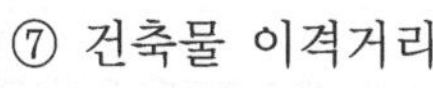

⑦ 건축물 이격거리
- 건축물 vs 외부시설 : 2m 이상
- 건축물 vs 단지 내 도로 : 2m 이상
- 건축물 vs 보호수목영역 : 2m 이상

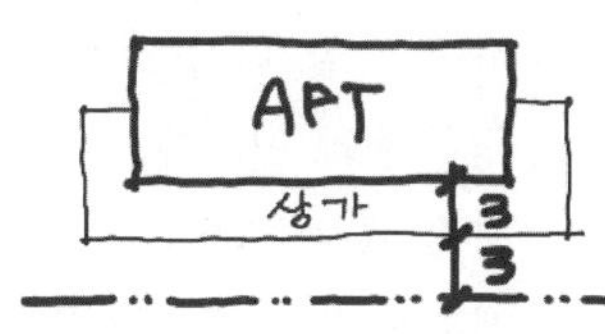

⑧ 〈보기2〉 주거동 예시
- 복도형 주거동 : 코어 위치 변경 가능
- 형태를 고려하여 채광창이 있는
  벽면과 측벽을 합리적으로 판단
- 동별 출입구 방향을 고려한 건물
  배치 고려

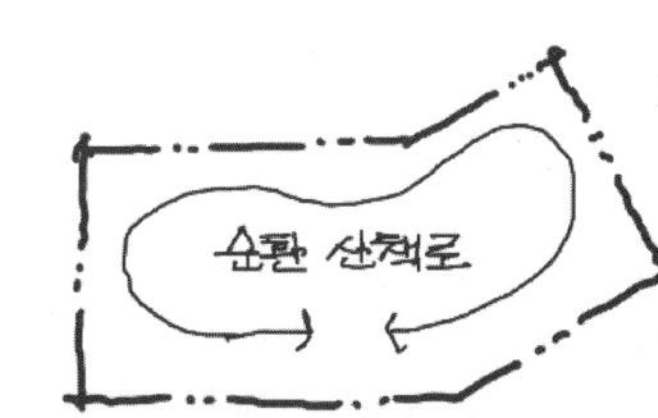

■ 문제풀이 Process

4 토지이용계획

① 내부동선
- 15m 도로측 횡단보도와 체육공원을 연결하는 공공보행로
- 공공보행로를 기준으로 좌,우 영역별 조닝
- 동,서 8m 도로측 차량 진출입 2개소 계획

② 시설조닝
- 북측 : 공지 완화를 고려한 공동주택 배치
- 남측: 주도로 접근성 및 일반상업지역 고려한 근린생활시설 배치
- 합리적인 외부공간 계획 (인동거리 임의 고려)

③ 시험의 당락을 결정짓는 큰 그림

<대지현황도> 축척 없음

5 배치대안검토

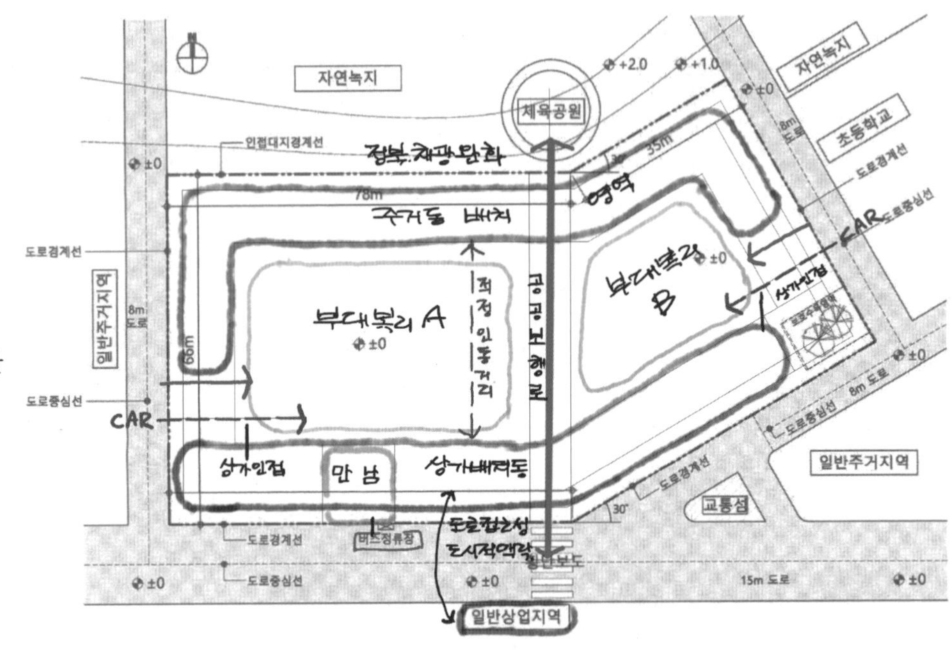

① 토지이용계획을 바탕으로 세부 치수 계획

② 조닝된 영역을 기본으로 시설별 연계조건을 고려하여 시설 위치 선정
-공동주택 배치에 대한 직접 요구조건이 적어 다소 계획적 접근이 어려움

③ 영역 내부 시설물 배치는 합리적인 수준에서 정리되면 O.K
-정답을 찾으려 하지 말자

④ 설계주안점 반영 여부 체크 후 작도 시작

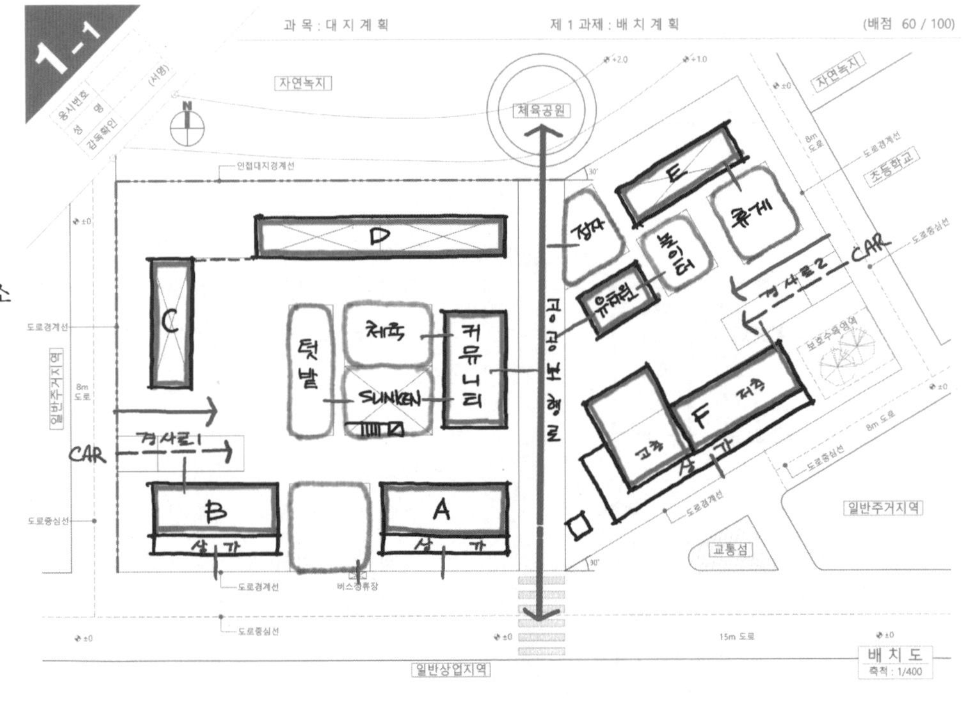

6 모범답안

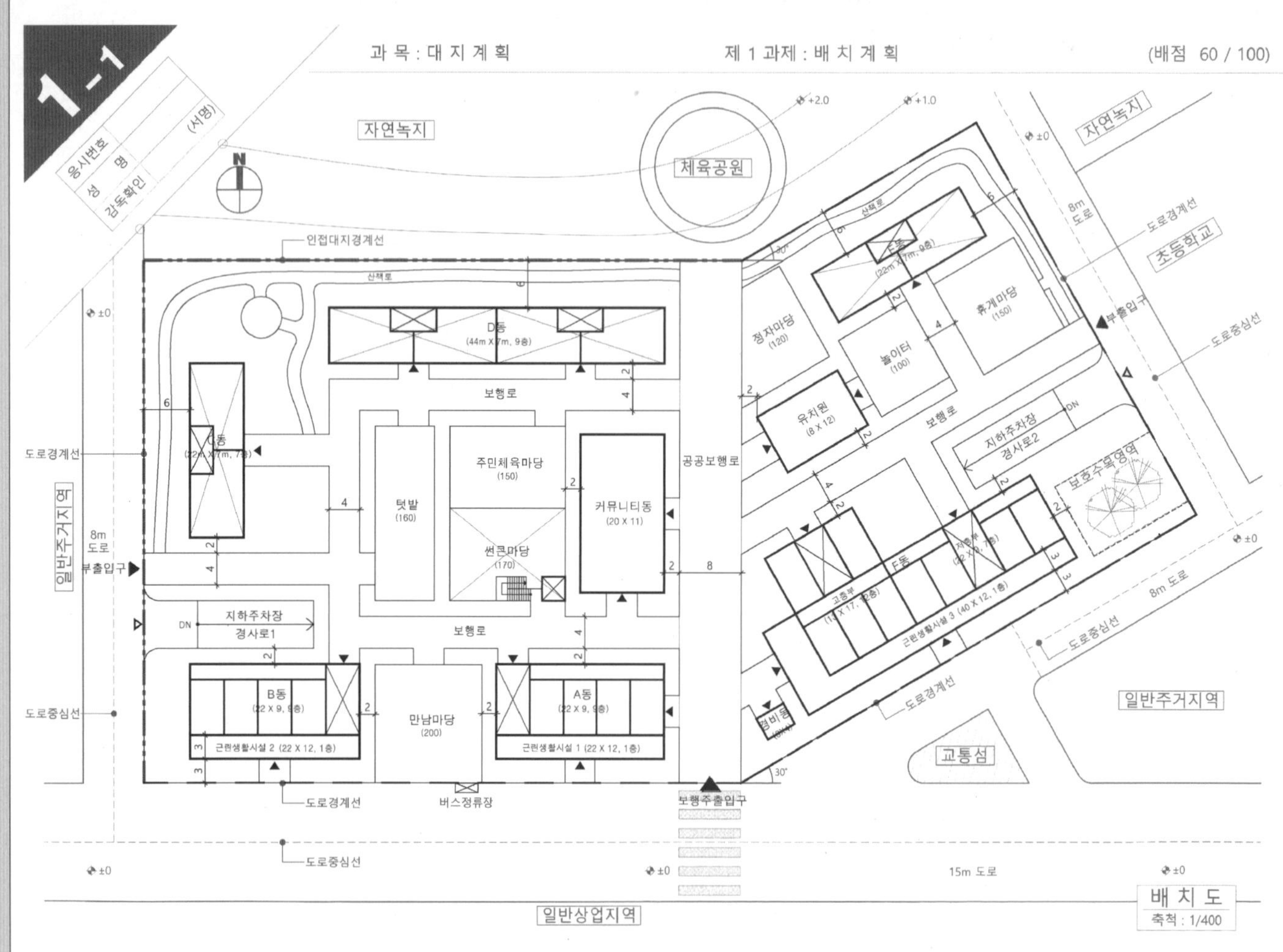

■ 주요 체크포인트

① 15m도로와 체육공원을 연결하는 공공보행로 계획 및 시설 조닝

② 가로축과 대지 형상을 반영하는 배치축 고려

③ 유형별 공동주택, 근린생활시설의 합리적 조합과 배치

④ 향과 전면 개방감을 최대 고려한 공동주택 배치

⑤ 도로 특성을 고려한 근린생활시설

⑥ 공공보행로와 연계조건을 고려한 부대복리시설 배치

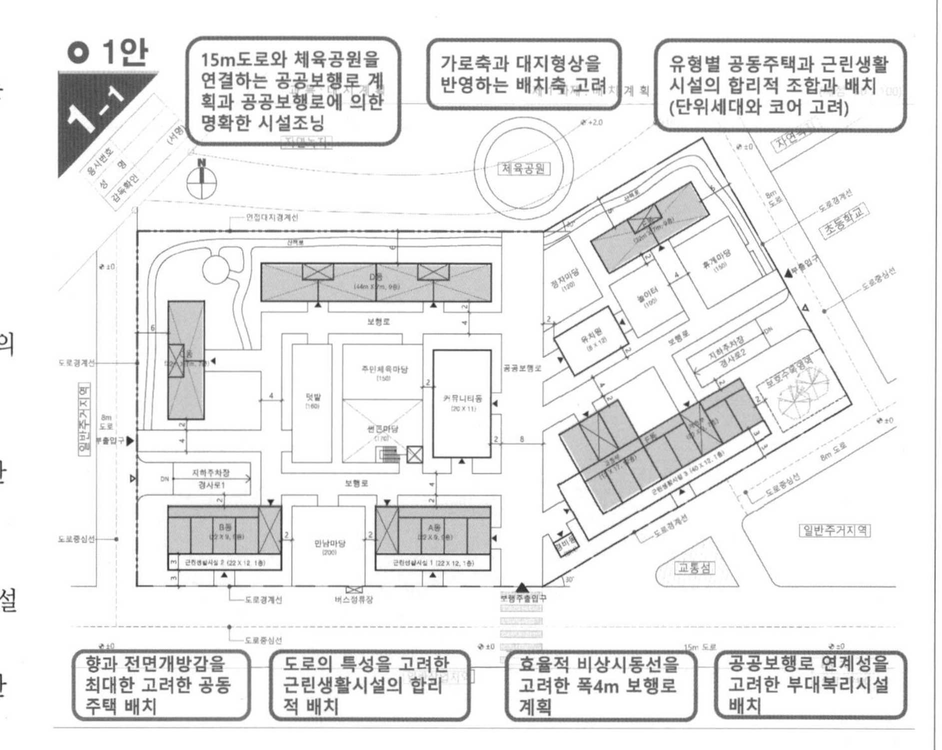

■ 문제풀이 Process

배치계획 문제풀이를 위한 핵심이론 요약

1. 대지로의 접근성

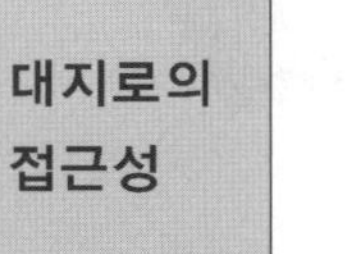

▶ 대지주변 현황을 고려하여 보행자 및 차량 접근성 검토
▶ 외부에서 대지로의 접근성을 고려 → 대지 내 동선의 축 설정 → 내부동선 체계의 시작
▶ 일반적인 보행자 주 접근 동선 – 주도로(넓은 도로)
▶ 일반적인 차량 및 보행자 부 접근 동선 – 부도로(좁은 도로)

가. 대지가 일면도로에 접한 경우

- 대지중앙으로 보행자 주출입 예상
- 대지 좌우측으로 차량 출입 예상
- 주차장 영역 검토 : 초행자를 위해서는 대지를 확인 후 진입 가능한 A 영역이 유리

나. 대지가 이면도로에 접한 경우–1

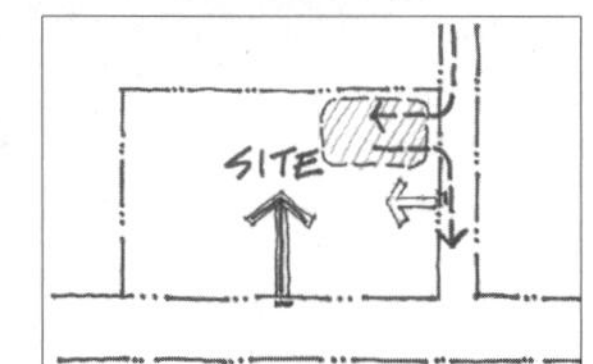

- 주도로에서 보행자 주출입 예상
- 부도로에서 차량 출입 예상 : 주차장 영역 예상
- 요구조건에 따라 부도로에서 보행자 부출입 예상

다. 대지가 이면도로에 접한 경우–2

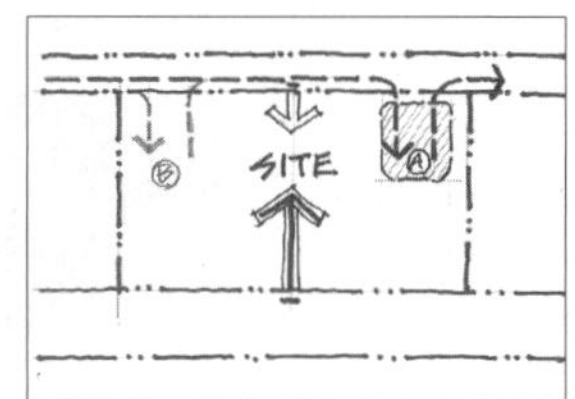

- 주도로에서 보행자 주출입 예상
- 부도로에서 차량 출입 예상 : 주차장 영역 예상 → A 영역 우선 검토
- 부도로에서 보행자 부출입 예상

▶ 지문
① 15m 도로 : 주도로 / 동측, 서측 8m 도로 : 부도로
② 공공보행로는 15m 도로와 체육공원을 연결한다.
③ 단지 차량진출입은 2개소로 계획하고 단지 내 보행로는 비상차로로 계획한다.

2. 외부공간 성격 파악

▶ 외부공간을 계획할 경우 공간의 쓰임새와 성격을 분명하게 규정해야 한다.
▶ 전용공간
① 전용공간은 특정목적을 지니는 하나의 단일공간
② 타 공간으로부터의 간섭을 최소화해야 함
③ 중앙을 관통하는 통과동선이 형성되는 것을 피해야 한다.
④ 휴게공간, 전시공간, 운동공간
▶ 매개공간
① 매개공간은 완충적인 공간으로서 광장, 건물 전면공간 등 공간과 공간을 연결하는 고리역할을 하며 중간적 성격을 갖는다.
② 공간의 성격상 여러 통과동선이 형성될 수 있다.

▶ 지문
① 선큰마당(전용) : 지하층과 지상층을 ELEV.와 계단으로 연결하고 커뮤니티동에 인접한다.
② 놀이터(전용) : 유치원에 연접한다.
③ 정자마당(전용) : 공공보행로에 연접한다.(휴게마당의 일종으로 해석하는 것이 합리적)
④ 주민체육마당(전용) : 커뮤니티동에 인접한다.
⑤ 텃밭(전용) : 주민체육마당과 연접한다.
⑥ 만남마당(매개) : 버스정류장에 인접한다.
⑦ 휴게마당(전용) : E동에 인접한다.

3. 보차분리

▶ 보행자주출입구 : 대지 전면의 중심 위치에서 한쪽으로 너무 치우치지 않는 곳에 배치
▶ 주보행동선 : 모든 시설에서 접근성이 좋도록 시설의 중심에 계획
▶ 보·차분리를 동선계획의 기본 원칙으로 하되 내부도로가 형성되는 경우 등에는 부분적으로 보·차 교행구간이 발생하며 이 경우 횡단보도 또는 보행자 험프를 설치
▶ 보도 폭을 임의로 계획하는 경우 동선의 빈도와 위계를 고려하여 보도 폭의 위계를 조절

▶ 지문(대지현황)
① 공동주택단지 배치계획 : 도시권 배치계획
② 공공보행로는 15m 도로와 체육공원을 연결한다.
③ 경사로1 : 서측 8m 도로에서 진입하고 근린생활시설에 인접한다.
④ 경사로2 : 동측 8m 도로에서 진입하고 근린생활시설에 인접한다.
⑤ 단지 차량진출입은 2개소 : 경사로1,2 진입동선

4. 성격이 다른 주차장

▶ 영역별 조닝계획
– 건물의 기능에 맞는 성격별 주차장의 합리적인 연계
▶ 성격이 다른 주차장의 일반적인 구분
① 일반 주차장
② 직원 주차장
③ 서비스 주차장 (하역공간 포함)
▶ 성격이 다른 주차장의 특성
① 일반주차장 : 건물의 주출입구 근처에 위치
주보행로 및 보도 연계가 용이한 곳
승하차장, 장애인 주차구획 배치
주차장 진입구와 가까운 곳
일방통행 + 순환동선 체계
② 직원주차장 : 건물의 부출입구 근처에 위치
제시되는 평면에 기능별 출입구 언급되는 경우가 대부분
③ 서비스주차 : 일반이용자의 영역에서 가급적 이격
주출입구 및 건물의 전면공지에서 시각 차폐 고려
토지이용효율을 고려하여 주로 양방향 순환체계 적용

▶ 지문
① 지하주차장의 규모 및 형태는 표현하지 않는다.
② 경사로1, 2 : 8m 도로에서 진입하고 근린생활시설에 인접한다.
– 옥외 자주식 주차장이 배제된 첫 사례

■ 문제풀이 Process

배치계획 문제풀이를 위한 핵심이론 요약

5. 각종 제한요소

- ▸장애물 : 자연적요소, 인위적요소
- ▸건축선, 이격거리
- ▸경사도(급경사지)
- ▸일반적으로 제시되는 장애물의 형태
  ① 수목(보호수)
  ② 수림대(휴양림)
  ③ 연못, 호수, 실개천
  ④ 암반
  ⑤ 공동구 등 지하매설물
  ⑥ 기존건물 등 기타

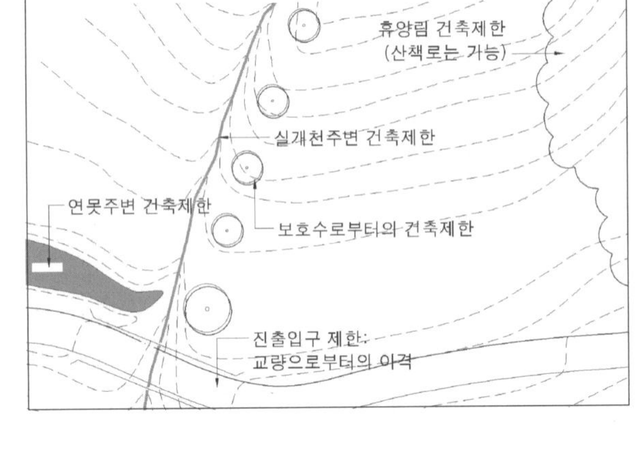

▸지문
① 인접대지경계선과 도로경계선에서 주거동은 6m 이상, 부대복리시설은 3m 이상 이격한다.
② 건축물과 외부시설, 건축물과 단지 내 도로는 2m 이상 이격한다.
③ 건축물은 보호수목 영역으로부터 2m 이상 이격한다.

6. 정북일조

- ▸지역일조권 : 전용주거지역, 일반주거지역 모든 건축물에 해당
- ▸인접대지경계선으로부터의 이격거리
  - 높이 9m 이하 : 1.5m 이상
  - 높이 9m 초과 : 건축물 각 부분의 1/2 이상
- ▸계획대지와 북측 인접대지 간 고저차 있는 경우
  : 단차를 평균한 레벨에서 적용
- ▸정북 일조 및 채광일조 완화 적용
  - 대지와 다른 대지 사이에 다음 각 호의 시설 또는 부지가 있는 경우에는 그 반대편의 대지경계선(공동주택은 인접 대지경계선과 그 반대편 대지경계선의 중심선)을 인접 대지경계선으로 한다.
  1. 공원(도시공원 중 지방건축위원회의 심의를 거쳐 허가권자가 공원의 일조 등을 확보할 필요가 있다고 인정하는 공원은 제외), 도로, 철도, 하천, 광장, 공공공지, 녹지, 유수지, 자동차 전용도로, 유원지
  2. 다음 각 목에 해당하는 대지
     가. 너비(대지경계선에서 가장 가까운 거리를 말한다)가 2미터 이하인 대지
     나. 면적이 제80조 각 호에 따른 분할제한 기준 이하인 대지
  3. 1,2 외에 건축이 허용되지 않는 공지

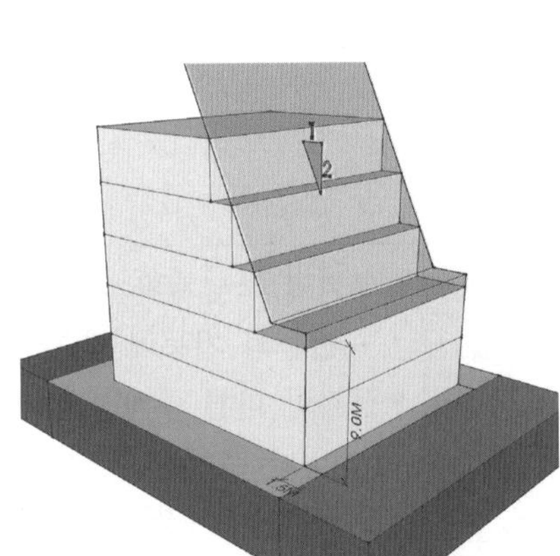

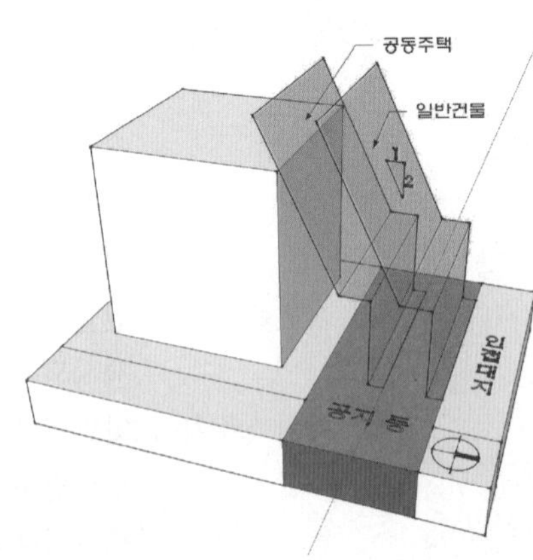

▸지문
① 일조 등의 확보를 위한 높이제한을 위하여 정북방향으로의 인접대지경계선에서 다음과 같이 이격한다.
- 높이 9m 이하 부분 : 1.5m 이상
- 높이 9m 초과 부분 : 해당 건축물 각 부분 높이의 1/2 이상

7. 채광일조

- ▸용도일조권 : 중심상업, 일반상업지역을 제외한 지역의 공동주택에 적용
- ▸공동주택 : 아파트, 연립주택, 다세대주택, 기숙사, 도시형 생활주택
- ▸채광일조권 분류
  - 인접대지 사선제한
  - 인동거리
  - 부위별 이격거리
- ▸인접대지 사선제한
  - 건축물(기숙사 제외)의 각 부분의 높이는 그 부분으로부터 채광을 위한 창문 등이 있는 벽면에서 직각 방향으로 인접 대지경계선까지의 수평거리의 2배(근린상업지역 또는 준주거지역의 건축물은 4배) 이하
  - 다세대주택은 채광을 위한 창문 등이 있는 벽면에서 직각 방향으로 인접 대지경계선까지의 수평거리가 1미터 이상으로서 건축조례로 정하는 거리 이상인 경우 인접대지 사선제한을 적용하지 아니함.
  - 인접 대지가 낮은 경우 : 단차를 평균한 레벨에서 적용
  - 인접 대지가 높은 경우 : 계획 대지 레벨에서 그대로 적용

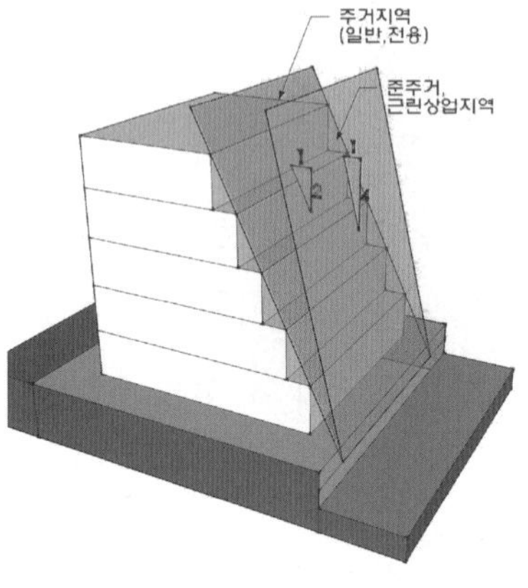

- ▸인동거리
  - 같은 대지에서 두 동 이상의 건축물이 서로 마주보고 있는 경우 건축물 각 부분 사이의 거리는 채광을 위한 창문 등이 있는 벽면으로부터 직각방향으로 건축물 각 부분 높이의 0.5배(도시형 생활주택 0.25배) 이상의 범위에서 건축조례로 정하는 거리 이상

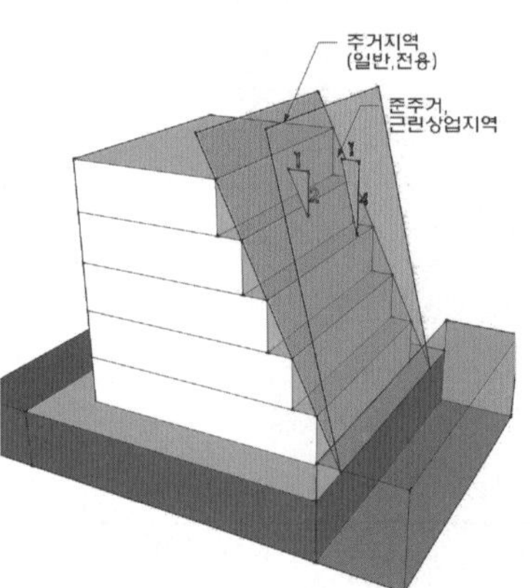

- ▸부위별 이격거리
  - 채광창(창넓이가 0.5제곱미터 이상인 창)이 없는 벽면과 측벽이 마주보는 경우 : 8미터 이상
  - 측벽과 측벽이 마주보는 경우 : 4미터 이상
- ▸주거복합 건물에서의 채광일조권 적용
  - 공동주택의 최하단 부분을 가상지표면으로 보아 채광일조 적용
    - 일반주거, 전용주거지역 : 1/2
    - 근린상업, 준주거지역 : 1/4
  - 주거복합 인접대지 채광일조 적용 기본안
    - 인접대지 레벨과 관계없이 주거 최하단에서 채광일조 적용

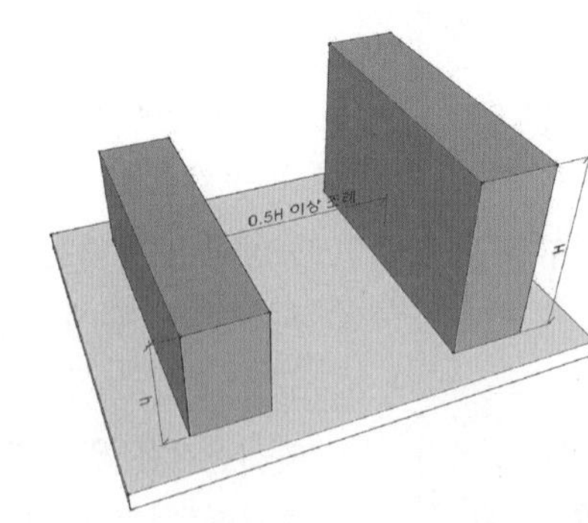

■ 문제풀이 Process

배치계획 주요 체크포인트

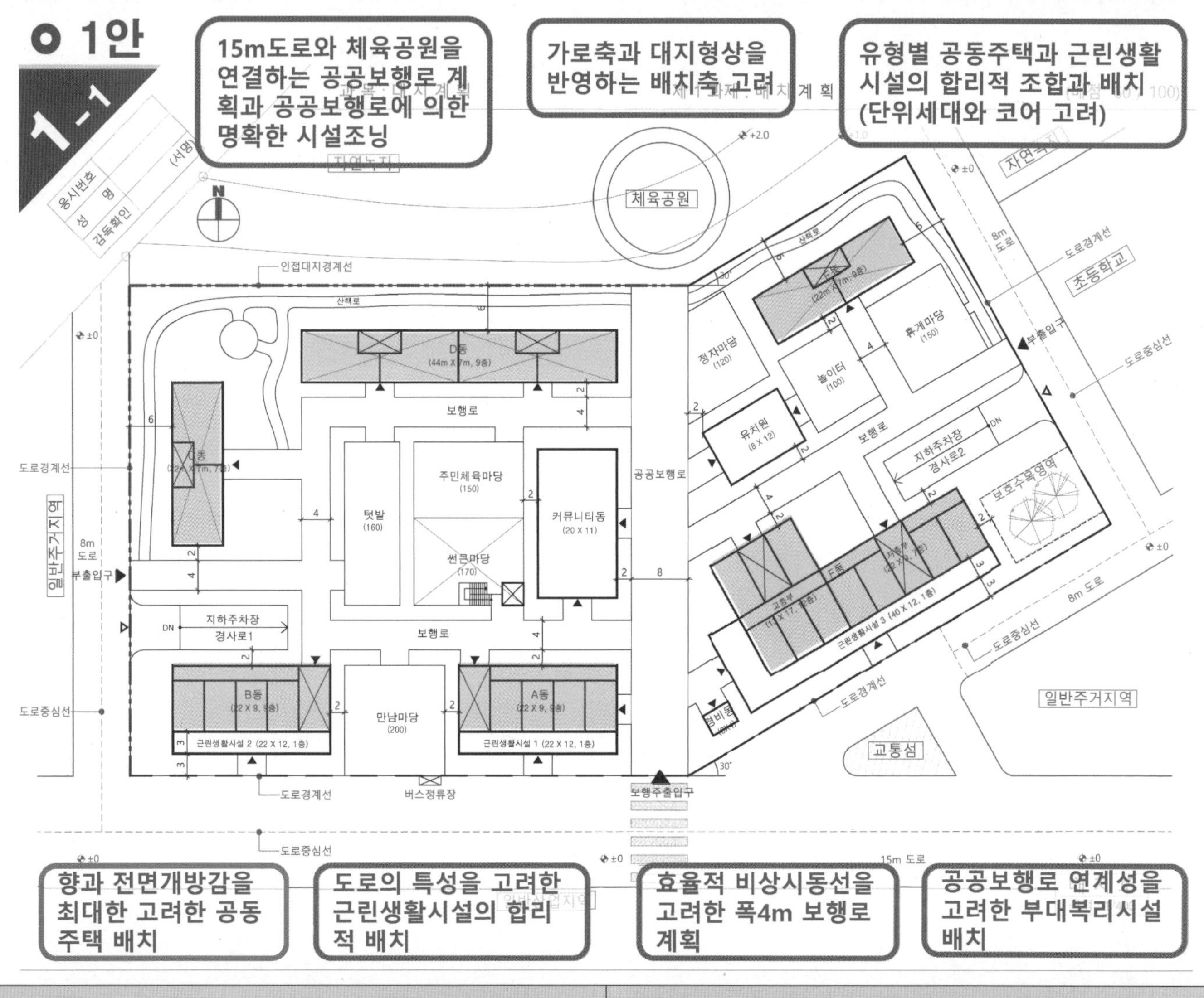

▸ 공공보행로를 기준으로 한 명확한 영역별 조닝

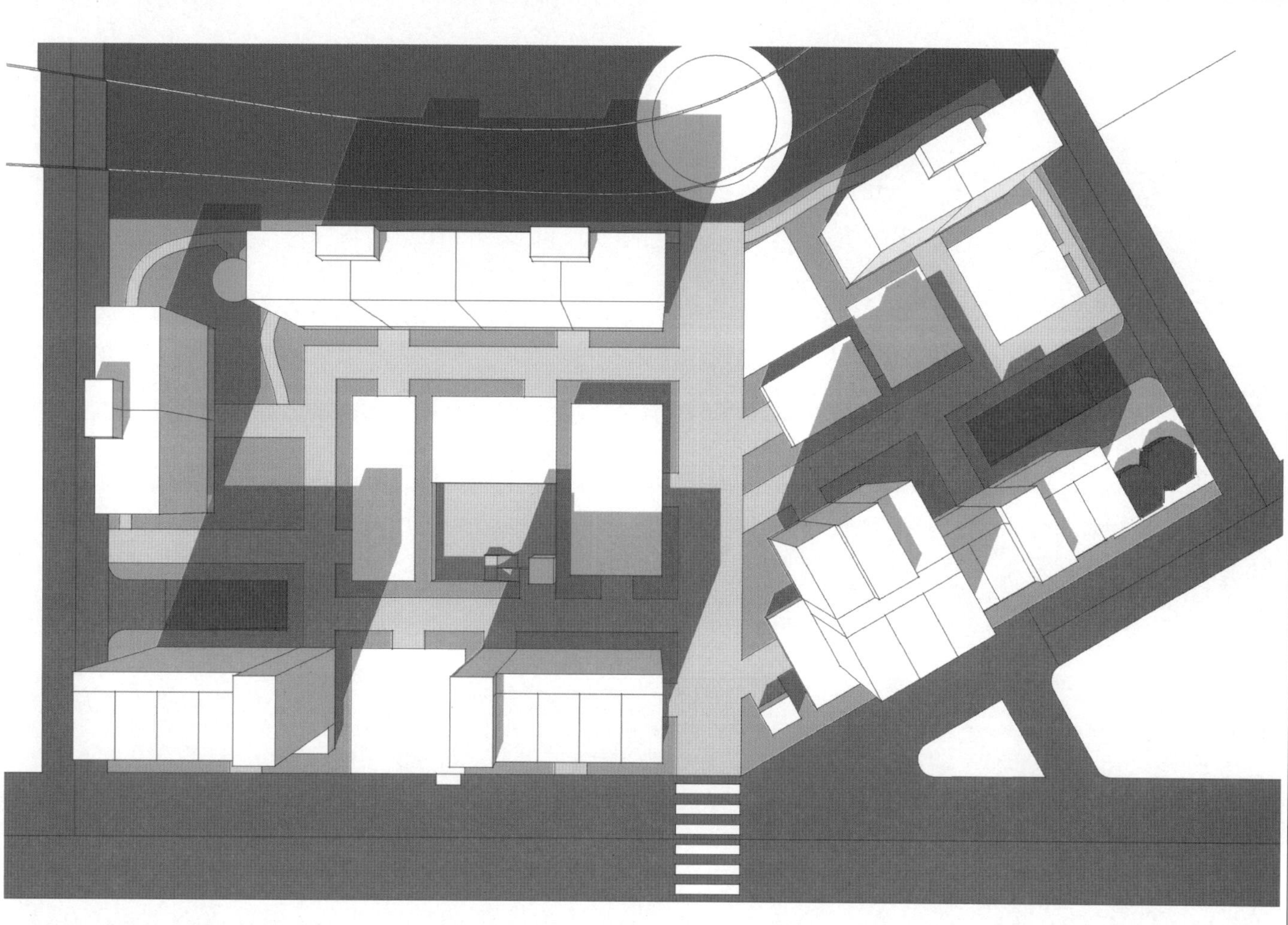

▸ 향과 전면개방감을 최대 고려한 공동주택 배치

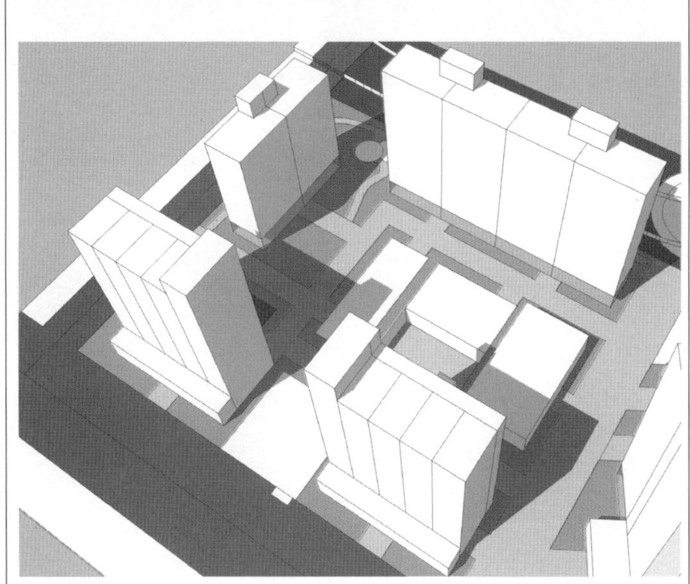

▸ 도로와 주변 맥락을 고려한 근린생활시설 배치

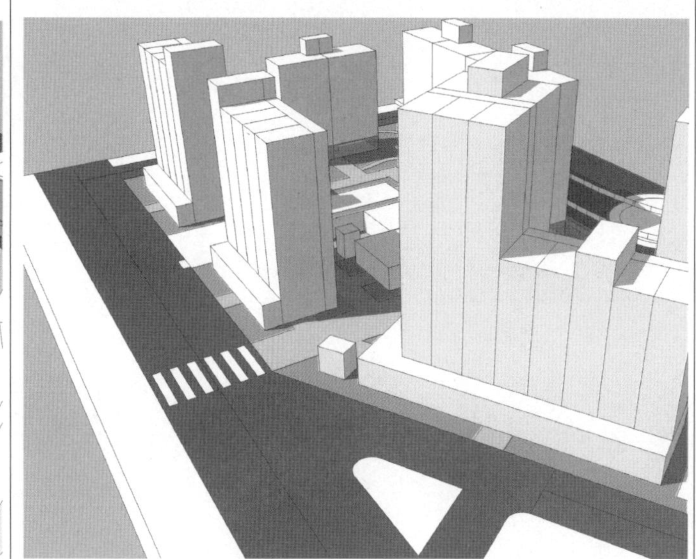

▸ 유형별 공동주택과 근린생활시설의 합리적 조합

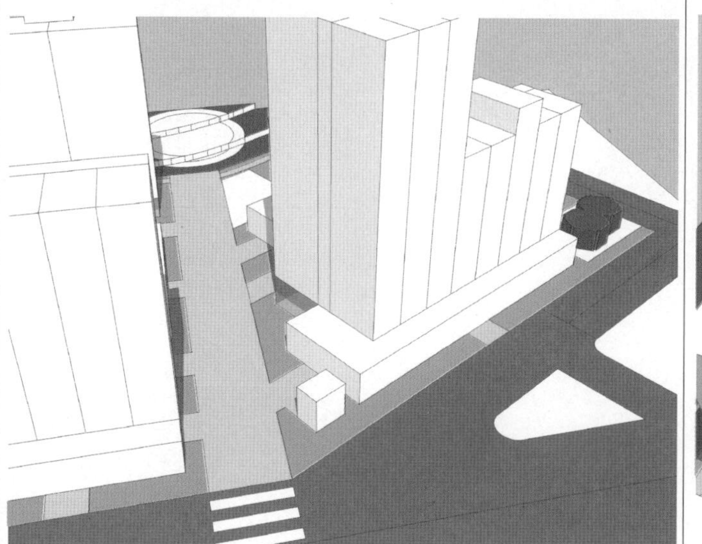

▸ 공공보행로 연계를 고려한 부대복리시설 배치

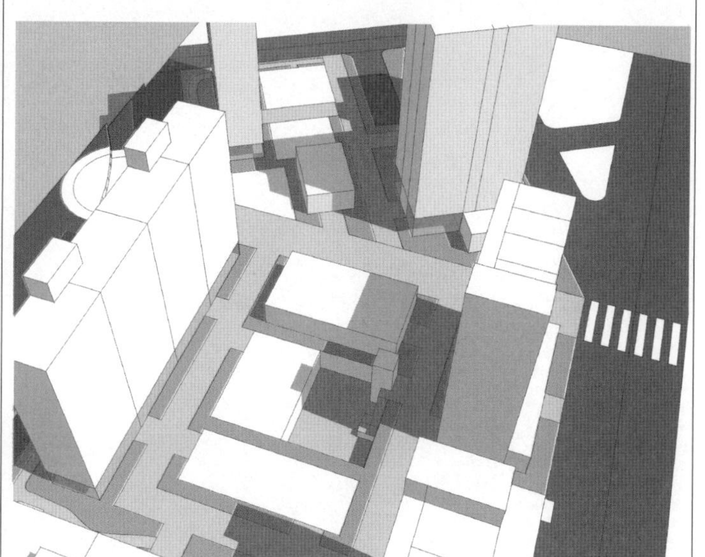

과목 : 대지계획 제1과제 : 배치계획 배점 : 60/100점 한솔아카데미 www.inup.co.kr

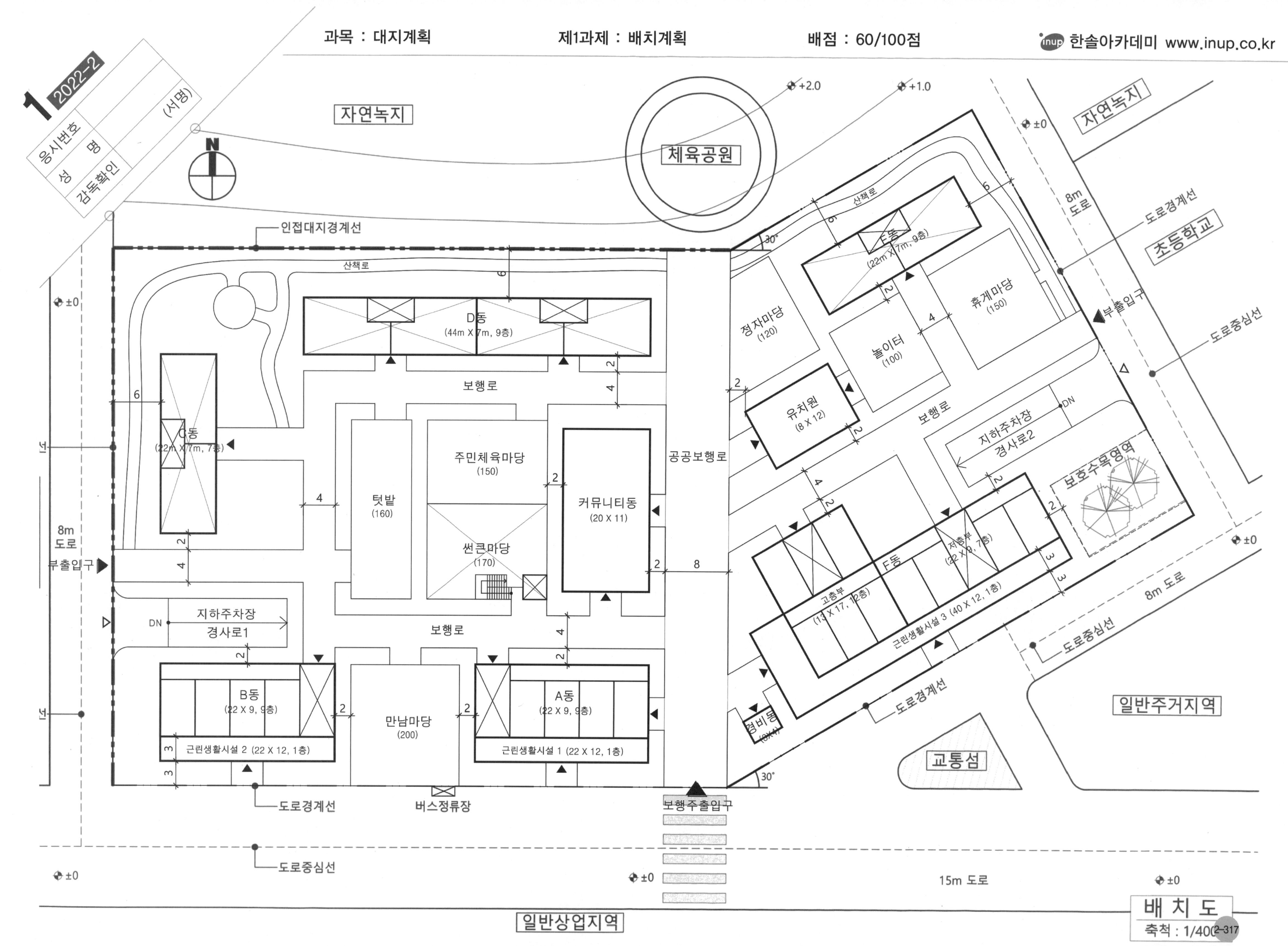

구 성	FACTOR	지 문 본 문	FACTOR	구 성

구 성

1. 제목
- 건축물의 용도 제시 (공동주택과 일반건축물 2가지로 구분)
- 최대건축가능영역의 산정이 대전제

2. 과제개요
- 과제의 목적 및 취지를 언급합니다.
- 전체사항에 대한 개괄적인 설명이 추가되는 경우도 있습니다.

3. 대지조건(개요)
- 대지에 관한 개괄적인 사항
- 용도지역지구
- 대지규모
- 건폐율, 용적률
- 대지내부 및 주변현황 (현황도 제시)

4. 계획조건
- 접도현황
- 대지안의 공지
- 각종 이격거리
- 각종 법규 제한조건 (정북일조, 채광일조, 가로구역별최고높이, 문화재보호앙각, 고도제한 등)
- 각종 법규 완화규정

FACTOR

① 배점을 확인합니다.
- 40점 (과제별 시간 배분 기준)

② 용도 체크
- 주거복합시설(근생+다세대)
- 최대건축가능영역
- 주차계획도, 계획개요

③ 제2종 일반주거지역
- 정북일조 적용
- 용도별 적용 여부 check

④ 건폐율 및 용적률
- 60% / 250%

⑤ 규모 및 용도
- 1층 전체필로티
- 2층 근생+3~5층 다세대주택

⑥ 지상 1층 바닥레벨
- G.L.±0

⑦ 경계선 모퉁이 교차각 90˚

⑧ 층고
- 1층 : 3.6m, 2층 : 5.4m, 3층~5층 : 3.0m

⑨ 주차계획
- 9대, 자주식 직각주차
- 장애인주차구획 없음
- 진출입로 및 차로 6m 이상

⑩ 필로티계획
- 0.6m x 0.6m 기둥
- 기둥간격 9m, 캔틸레버 3m 이내

⑪ 2~5층 바닥면적
- 벽체두께 및 기둥크기 등 무시
- 샤프트 면적 포함

⑫ 코어
- 계단 및 ELEV.
- 2.8m x 8.1m

2022년도 제2회 건축사자격시험 문제

과목: 대지계획 제2과제 (대지분석 · 대지주차) ① 배점: 40/100점

제 목 : 주거복합시설의 최대 건축가능규모 및 주차계획 ②

1. 과제개요

주거 및 근생활시설을 신축하고자 한다. 아래 조건을 고려하여 최대 건축가능규모를 산정하고 계획개요, 1층 평면 및 주차계획도, 배치도 및 단면도를 작성하시오.

2. 대지조건

(1) 용도지역 : 제2종 일반주거지역 ③
(2) 대지면적(지적도) : 369.09m^2
(3) 건 폐 율 : 60% 이하 ④
(4) 용 적 률 : 250% 이하
(5) 주변현황 : <대지현황도> 참조

3. 계획조건

(1) 건축물의 규모 및 용도 ⑤
　① 지상 1층 : 계단 및 ELEV., 주차장
　② 지상 2층 : 근린생활시설
　③ 지상 3층~5층 : 공동주택(다세대주택)
(2) 건축물 각 부분의 높이는 전면도로면을 기준으로 산정한다.
(3) 계획대지와 모든 인접대지 및 공원, 인접도로의 레벨은 평탄한 것으로 계획한다.
(4) 지상 1층 바닥레벨(F.L.)은 G.L.±0으로 본다. ⑥
(5) 대지의 모든 경계선 모퉁이 교차각은 90°이다. ⑦
(6) 각 층의 층고는 다음과 같다. ⑧
　1층 : 3.6m, 2층 : 5.4m, 3층~5층 : 3.0m
(7) 주차계획 ⑨
　① 주차대수 및 방식 : 9대 이상 자주식 직각주차
　② 주차단위구획 : 일반형(2.5m x 5.0m)
　③ 차량진출입로와 차로너비 : 6m 이상
(8) 1층 필로티부분의 기둥크기는 0.6m x 0.6m로 하고 기둥간격은 9m(구조체중심기준) 이내로 한다. 캔틸레버구조인 경우에는 내민길이 3m (구조체중심기준) 이내로 계획한다. ⑩
(9) 2~5층 바닥면적산정은 벽체 두께 및 기둥크기를 고려하지 않고 모든 설비관련 샤프트 면적은 포함한다. ⑪
(10) 코어(계단 및 ELEV.)의 크기는 2.8m x 8.1m로 하고 제시된 대지현황도에 따른다. ⑫

(11) 건축물의 모든 외벽은 벽 두께를 고려하지 않고 수직으로 한다.
(12) 장애인 ELEV. 및 장애인주차는 고려하지 않는다. ⑬
(13) 조경면적은 대지면적의 5% 이상으로 계획한다. ⑭
(14) 옥탑 및 파라펫 높이는 고려하지 않는다. ⑮

4. 이격거리 및 높이제한

(1) 일조 등의 확보를 위한 높이제한을 위하여 정북방향으로의 인접대지 경계선에서 다음과 같이 이격한다. ⑯
　① 높이 9m 이하 부분 : 1.5m 이상
　② 높이 9m 초과 부분 : 해당 건축물 각 부분 높이의 1/2 이상
(2) 공동주택(다세대주택)의 채광을 위한 창문 등이 있는 벽면에서 직각 방향으로 인접대지 경계선까지의 수평거리는 1.0m 이상으로 한다. ⑰
(3) 대지안의 공지는 인접대지 경계선 및 도로 경계선으로부터 1.0m 이상으로 한다. ⑱
(4) 주차구획의 이격거리는 인접대지 경계선으로부터 1.0m 이상으로 한다. ⑲
(5) 건축법 시행령 제31조(건축선)의 아래 규정을 준용한다. ⑳ (단위 : m)

도로의 교차각	해당도로의 너비		교차되는 도로의 너비
	6m 이상 8m 미만	4m 이상 6m 미만	
90° 미만	4	3	6m이상 8m미만
	3	2	4m이상 6m미만
90° 이상 120° 미만	3	2	6m이상 8m미만
	2	2	4m이상 6m미만

5. 도면작성요령 ㉑

(1) 모든 도면은 <보기>를 참고하여 작성하며 기준선, 건축한계선, 이격거리, 층수, 치수 등을 표기한다. ㉒
(2) 1층 평면 및 주차계획도에는 계단 및 ELEV., 기둥, 주차, 조경영역을 표시한다. ㉓
(3) 배치도에는 1층~최상층의 건축영역을 표시하고 중복된 층은 그 최상층만 표시한다.
(4) 각종 제한선, 이격거리, 치수, 면적은 소수점 이하 셋째자리에서 반올림하여 둘째자리까지 표기한다. ㉔
(5) 단면도에는 제시된 <A-A'>부분의 최대 건축가능영역, 일조권 사선제한선, 기준레벨, 건축물의 최고높이 및 층수를 표기한다.
(6) 단위 : mm, m, m^2
(7) 축척 : 1/200 ㉕

FACTOR

⑬ 장애인ELEV.및 장애인주차
- ELEV.면적 포함

⑭ 조경면적
- 대지면적 334.89㎡ x 0.05 = 16.74m^2 이상

⑮ 옥탑 및 파라펫 높이 배제

⑯ 정북일조 적용
- 근생은 공지 반대편, 공동주택은 공지 중심에서 적용

⑰ 채광일조(다세대)
- 인접대지 채광일조 적용 배제

⑱ 대지안의 공지
- 소공원 측 공지완화 적용
- 단순 이격거리가 아닌 법조항

⑲ 주차구획 이격거리

⑳ 가각전제 기준 표로 제시

㉑ 도면작성요령은 항상 확인

㉒ <보기> 참고하여 작성

㉓ 1층 평면 및 주차계획도
- 계단 및 ELEV., 기둥, 주차, 조경

㉔ 이격거리, 치수, 면적
- 소수점 이하 셋째자리에서 반올림하여 둘째 자리까지 표기

㉕ 단위 및 축척
- mm, m, m^2, 1/200

구 성

- 대지 내외부 각종 장애물에 관한 사항
- 1층 바닥레벨
- 각층 층고
- 외벽계획 지침
- 대지의 고저차와 지표면 산정기준
- 기타사항 (요구조건의 기준은 대부분 주어지지만 실무에서 보편적으로 다루어지는 제한요소의 적용에 대해서는 간략하게 제시되거나 현행법령을 기준으로 적용토록 요구할 수 있으므로 그 적용방법에 대해서는 충분한 학습을 통한 훈련이 필요합니다)

5. 도면작성요령
- 건축가능영역 표현방법(실선, 빗금)
- 층별 영역 표현법
- 각종 제한선 표기
- 치수 표현방법
- 반올림 처리기준
- 단위 및 축척

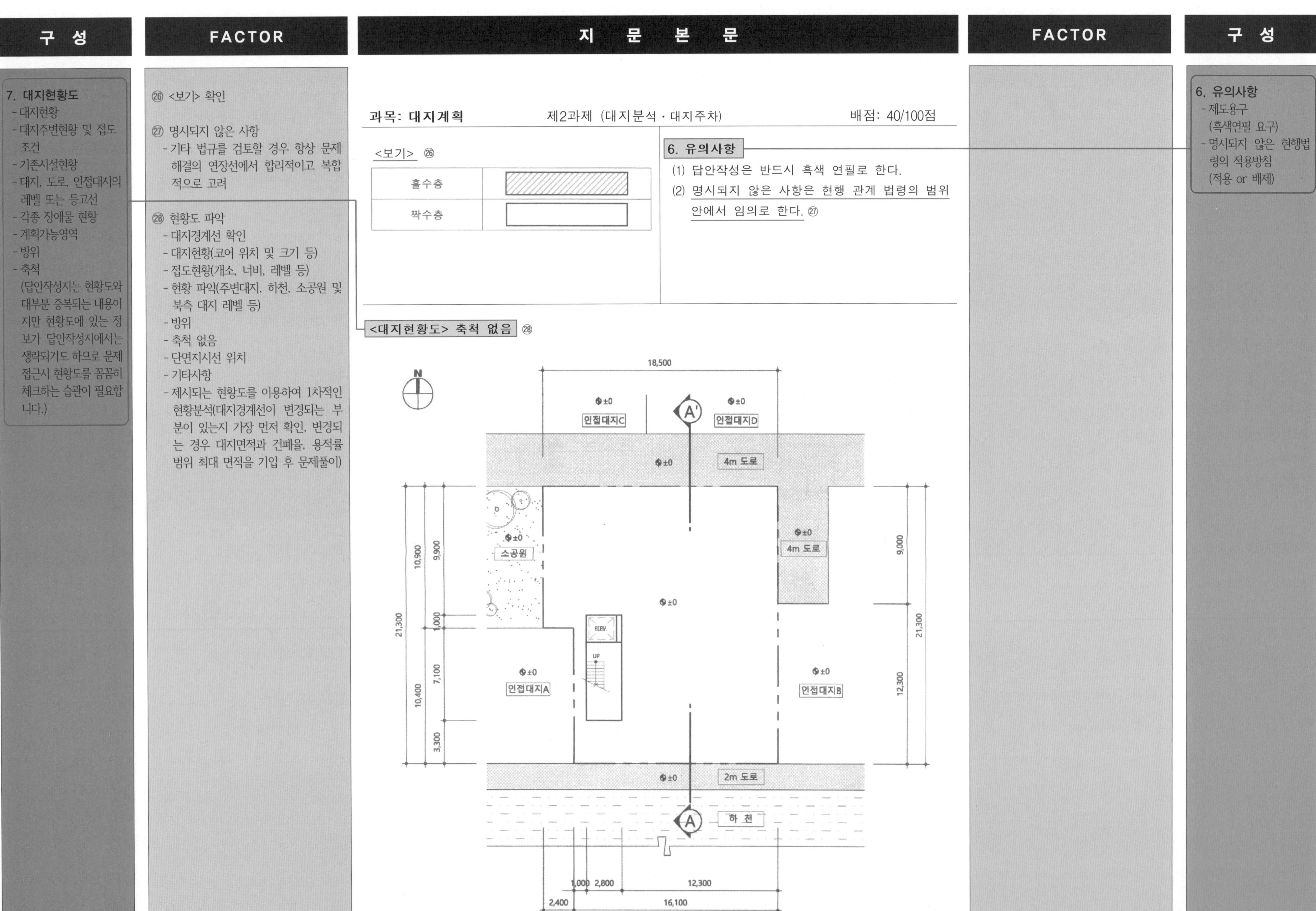

구 성	FACTOR	지 문 본 문	FACTOR	구 성

7. 대지현황도
- 대지현황
- 대지주변현황 및 접도 조건
- 기존시설현황
- 대지, 도로, 인접대지의 레벨 또는 등고선
- 각종 장애물 현황
- 계획가능영역
- 방위
- 축척
(답안작성지는 현황도와 대부분 중복되는 내용이지만 현황도에 있는 정보가 답안작성지에서는 생략되기도 하므로 문제 접근시 현황도를 꼼꼼히 체크하는 습관이 필요합니다.)

㉖ <보기> 확인

㉗ 명시되지 않은 사항
- 기타 법규를 검토할 경우 항상 문제 해결의 연장선에서 합리적이고 복합적으로 고려

㉘ 현황도 파악
- 대지경계선 확인
- 대지현황(코어 위치 및 크기 등)
- 접도현황(개소, 너비, 레벨 등)
- 현황 파악(주변대지, 하천, 소공원 및 북측 대지 레벨 등)
- 방위
- 축척 없음
- 단면지시선 위치
- 기타사항
- 제시되는 현황도를 이용하여 1차적인 현황분석(대지경계선이 변경되는 부분이 있는지 가장 먼저 확인, 변경되는 경우 대지면적과 건폐율, 용적률 범위 최대 면적을 기입 후 문제풀이)

과목: 대지계획 제2과제 (대지분석 · 대지주차) 배점: 40/100점

<보기> ㉖

홀수층	(빗금)
짝수층	(빈칸)

6. 유의사항

(1) 답안작성은 반드시 흑색 연필로 한다.

(2) 명시되지 않은 사항은 현행 관계 법령의 범위 안에서 임의로 한다. ㉗

<대지현황도> 축척 없음 ㉘

6. 유의사항
- 제도용구
(흑색연필 요구)
- 명시되지 않은 현행법령의 적용방침
(적용 or 배제)

■ 문제풀이 Process

1	제목, 과제 및 대지개요 확인

① 배점 확인 : 40점
- 문제 난이도 예상
- 제1과제(배치계획)와 시간배분의 기준으로 유연하게 대처

② 제목 : 주거복합시설의 최대 건축가능규모 및 주차계획
- 용도 : 근린생활시설 + 공동주택(다세대주택)
- 주차계획을 포함한 규모를 검토하고 배치도, 1층 평면 및 주차계획도, 단면도 및 계획개요 작성을 요구

③ 제2종 일반주거지역
- 정북일조 적용 / 채광일조 배제 조건 check(다세대 주택)
- 건폐율 : 60% 이하
- 용적률 : 250% 이하

④ 구체적인 지문조건 분석 전 현황도를 이용하여 1차적인 현황분석을 우선 하도록 함
- 가장 먼저 확인해야 하는 사항은 건축선 변경 여부임을 항상 명심
- 정북 일조 등 각종 사선 적용의 기준이 달라지는 상황인지 여부도 확인

○ 현황 분석

대지면적 : 334.89 ㎡
제2종 일반주거지역 (60% / 250%)

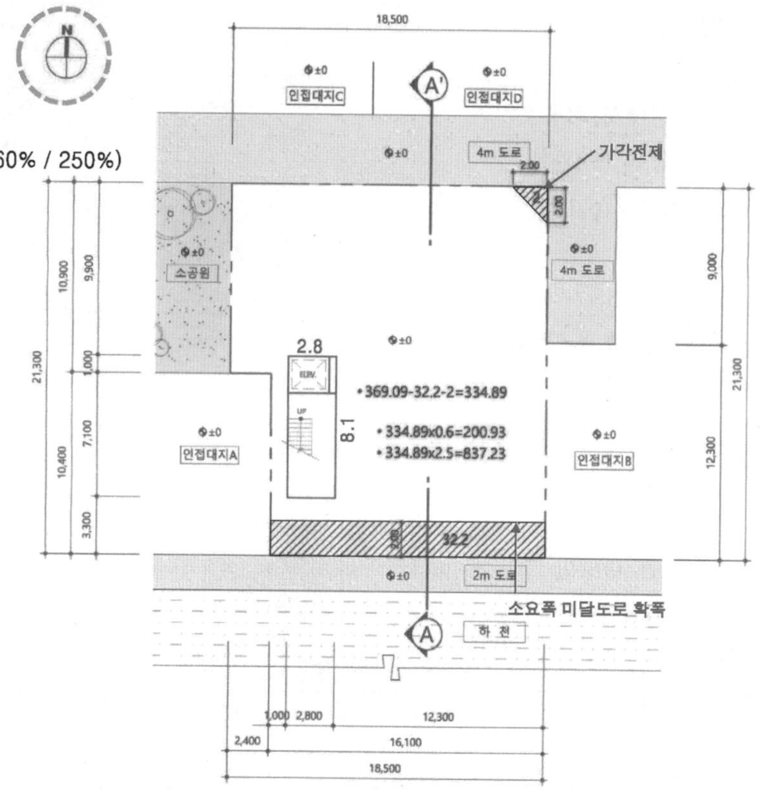

- 369.09-32.2-2=334.89
- 334.89x0.6=200.93
- 334.89x2.5=837.23

2	현황분석

① 대지조건
- 이형 평지, 영역 내 코어(2.8m x 8.1m) 도면 제시
- 대지면적 : 369.09m²(소요폭 미달도로 확폭, 가각전제 필요)
  369.09-32.2(확폭)-2(가각전제) = 334.89m²
- 334.89 x 0.6 = 200.93m²(최대 건축면적)
- 334.89 x 2.5 = 837.23m²(최대 연면적)

② 주변현황
- 소공원 인접 : 공지완화 check
- 제시된 인접대지A,B,C,D는 평지(±0)

③ 접도조건 확인
- 북측 4m 도로, 남측 2m도로(통과도로), 동측 4m 막다른 도로
- 소요폭 미달도로 확폭 + 가각전제

④ 대지 및 인접대지, 도로 레벨 check

⑤ 방위표 확인
- 북측 인접대지 C,D는 동일 레벨 : 정북일조는 4m 도로 중앙에서 적용

⑥ 단면지시선 위치 및 방향 확인

3	요구조건분석

① 대지면적 : 334.89m² (369.09-32.2(확폭)-2(가각전제) = 334.89m²)

② 1층 전체 필로티 : core 제외한 영역 필로티 주차장

③ 2층 : 근린생활시설 / 3층~5층 : 다세대주택

④ 1층 바닥레벨은 ±0 / 층고는 1층-3.6m, 2층-5.4m, 3,4,5층-3.0m

⑤ 주차계획
- 9대 이상 자주식 직각주차
- 일반형 2.5m x 5.0m(장애인용 없음) / 차량진출입로와 차로 너비는 6m 이상

⑥ 1층 필로티
- 기둥 크기 0.6m x 0.6m
- 기둥간격은 구조체 중심 기준 9m 이내, 캔틸레버 내민 길이 구조체 중심 기준 3m 이내

⑦ 2~5층 바닥면적
- 벽체 두께 및 기둥 크기를 고려하지 않고 샤프트 면적 포함 : 검토되는 모든 영역 산정 가능

⑧ 장애인 ELEV, 장애인 주차 배제 : ELEV. 면적 포함

⑨ 정북일조 적용 / 채광일조 배제

⑩ 대지안의 공지
- 인접대지 경계선 및 도로 경계선으로부터 1.0m 이상
- 소공원 측 공지완화 적용

⑪ 주차구획 인접대지 경계선으로부터 1.0m 이상 이격, 건축선 이격조건은 없음

■ 문제풀이 Process

4 수평영역 및 수직영역 검토 / 주차장 계획방향 설정

① 1차 건축가능영역 검토
- 도로 확폭, 가각전제
- 정북일조 도로 중심에서 적용
- 대지안의 공지 소공원 측 완화
- 1차 건축면적 산정 : 273.19m²

② 건축면적 조정
- 개략산정하여 건폐율 초과 확인
- 2층영역 먼저 잘라낸 후
  3층영역 면적 산정 = 221.69m²
- 221.69 - 200.93 = 20.76m²를
  3층영역에서 잘라내야 함.
- 20.76m²를 잘라내는 다양한
  대안이 가능하나 가장 일반적인
  방법으로 정리
- 20.76 / 17.5 = 1.19 set-back

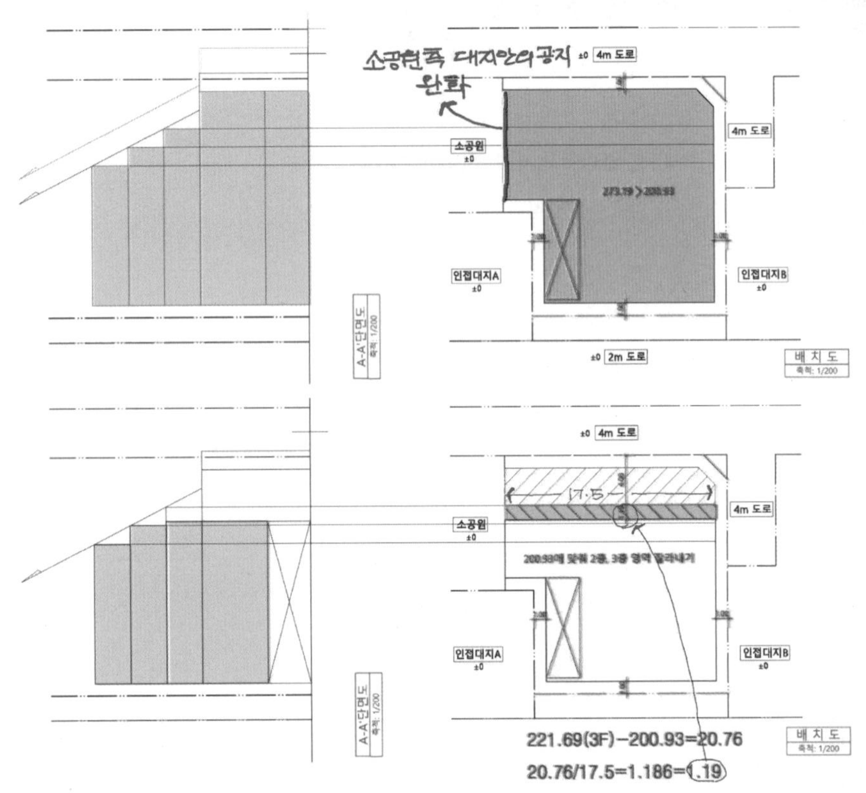

5 용적률 초과면적에 따른 건물 형태 정리(대안)

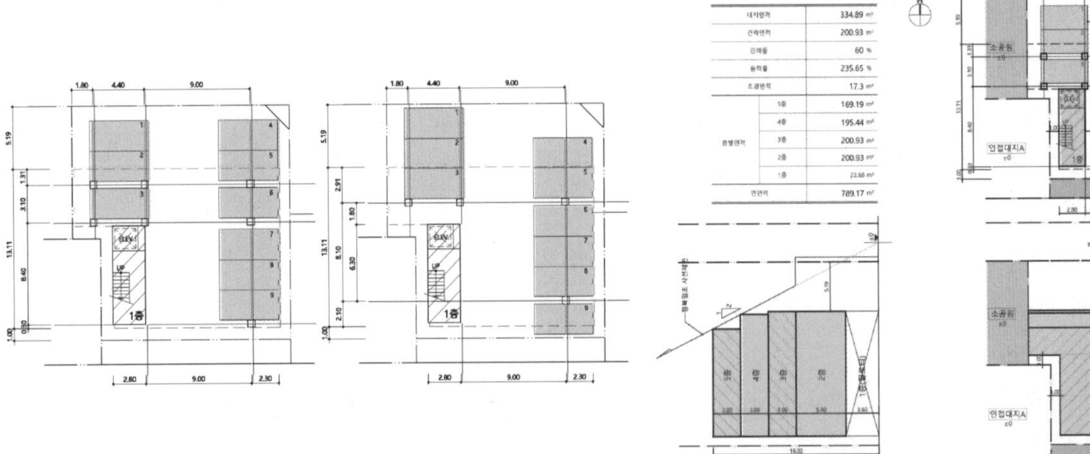

① 상부 건물라인을 고려한 주차대안 검토
- core 장변 길이(8.1m)고려한 기둥 계획
  · (2.5 x 3대)+0.6(기둥)=8.1m
  · 현황도의 애매한 치수와 대지면적이 설명됨.
- 경제성, 시공성을 고려한 기둥 계획
  · 주차구획을 건축선에 인접하여 정리
- 주차 영역의 여유가 있으므로 많은 대안 가능

② 도면작성요령에 따른 도면 정리
- 기둥 및 주차구획의 적절한 표현
- 각종 치수 및 개요의 정확한 표현
- 지문의 세부조건에 대한 해석에 따라 다양한 형태의 대안이 인정될 수 있음(학원 대안 참조)
- 건축면적 조정형이므로 건폐율 max를 기준으로 대안을 검토해야 함.

6 모범답안

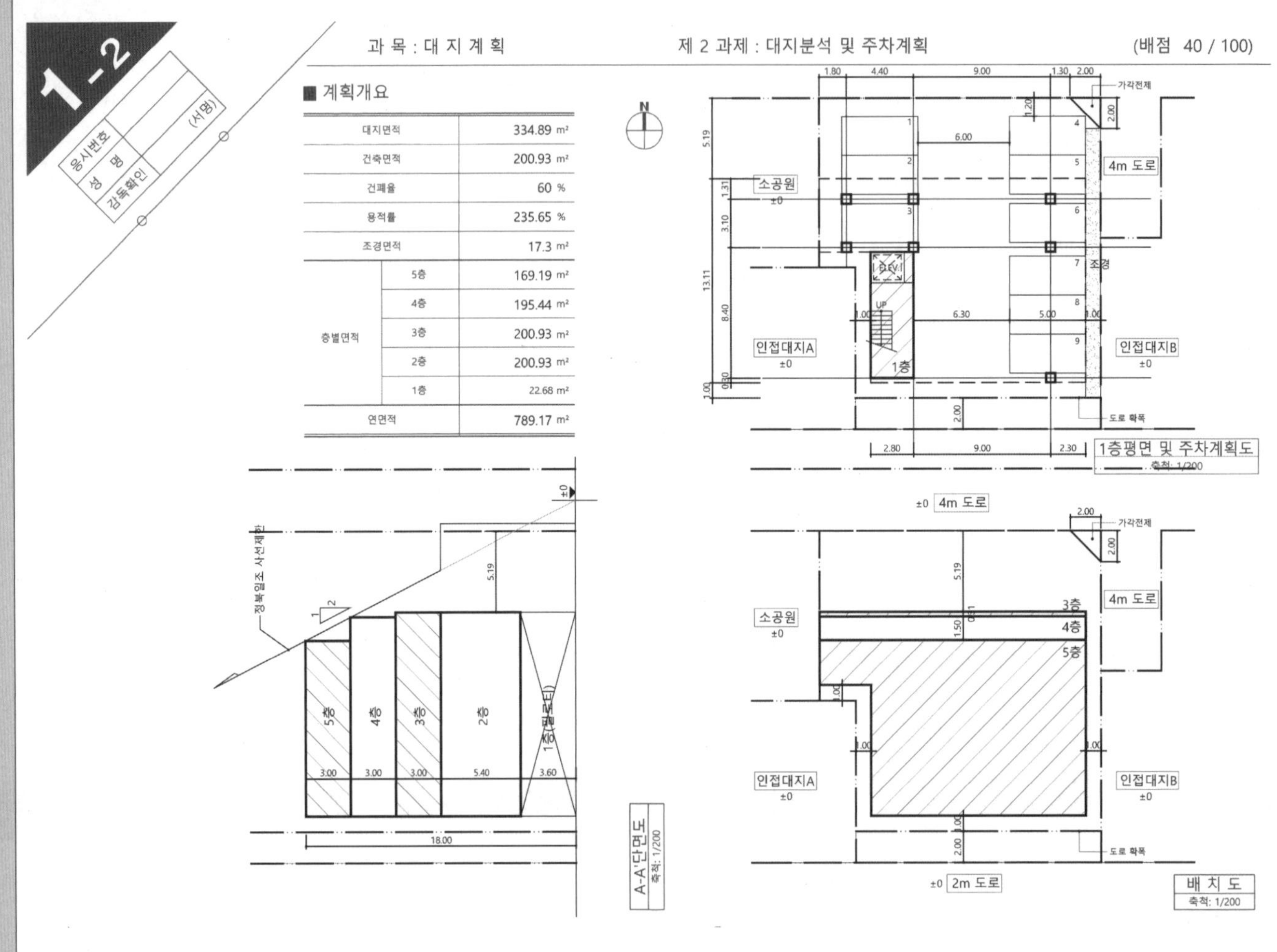

■ 주요 체크포인트

① 코어 위치와 기둥 간격을 고려한 주차계획(다양한 대안 가능)

② 도로 확폭과 가각전제에 따른 대지면적의 변경 반영

③ 도로 중심에서 정북일조 적용(다세대주택)

④ 건폐율 60%에 맞춰 건축면적 조정(다양한 대안 가능)

⑤ 소공원측 대지안의 공지 완화 적용

⑥ 세부조건에 대한 출제의도 해석에 따라 유연한 평가가 예상되지만 가급적 최대용적률을 고려

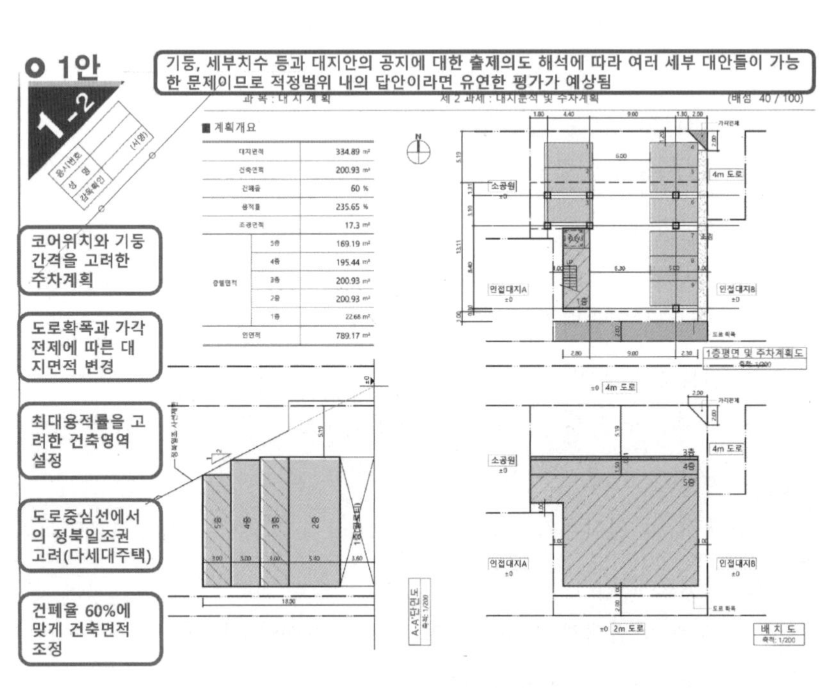

■ 문제풀이 Process

대지분석 · 조닝/대지주차 문제풀이를 위한 핵심이론 요약

1. 정북일조

▸ 지역일조권 : 전용주거지역, 일반주거지역 모든 건축물에 해당

▸ 인접대지와 고저차 있는 경우 : 평균 지표면 레벨이 기준

▸ 인접대지경계선으로부터의 이격거리
- 높이 9m 이하 : 1.5m 이상
- 높이 9m 초과 : 건축물 각 부분의 1/2 이상

▸ 계획대지와 인접대지 간 고저차 있는 경우

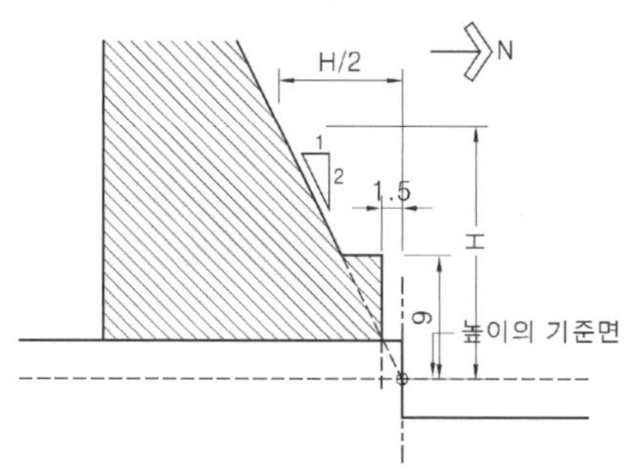

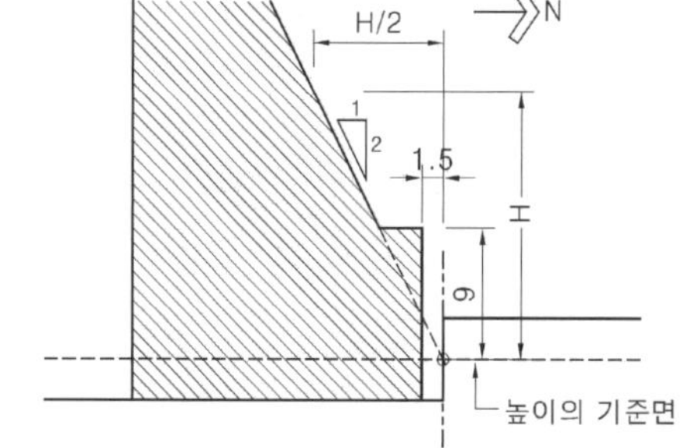

▸ 정북 일조를 적용하지 않는 경우
- 다음 각 목의 어느 하나에 해당하는 구역 안의 너비 20미터 이상의 도로(자동차 · 보행자 · 자전거 전용도로, 도로에 공공공지, 녹지, 광장, 그 밖에 건축미관에 지장이 없는 도시 · 군계획시설이 접한 경우 해당 시설 포함)에 접한 대지 상호간에 건축하는 건축물의 경우
  가. 지구단위계획구역, 경관지구
  나. 중점경관관리구역
  다. 특별가로구역
  라. 도시미관 향상을 위하여 허가권자가 지정 · 공고하는 구역
- 건축협정구역 안에서 대지 상호간에 건축하는 건축물(법 제77조의4제1항에 따른 건축협정에 일정 거리 이상을 띄어 건축하는 내용이 포함된 경우만 해당한다)의 경우
- 정북 방향의 인접 대지가 전용주거지역이나 일반주거지역이 아닌 용도지역인 경우

▸ 정북 일조 완화 적용
- 건축물을 건축하려는 대지와 다른 대지 사이에 다음 각 호의 시설 또는 부지가 있는 경우에는 그 반대편의 대지경계선(공동주택은 인접 대지경계선과 그 반대편 대지경계선의 중심선)을 인접대지경계선으로 한다.
  1. 공원(도시공원 중 지방건축위원회의 심의를 거쳐 허가권자가 공원의 일조 등을 확보할 필요가 있다고 인정하는 공원은 제외), 도로, 철도, 하천, 광장, 공공공지, 녹지, 유수지, 자동차 전용도로, 유원지 등
  2. 다음 각 목에 해당하는 대지
     가. 너비(대지경계선에서 가장 가까운 거리를 말한다)가 2미터 이하인 대지
     나. 면적이 제80조 각 호에 따른 분할제한 기준 이하인 대지
  3. 1,2호 외에 건축이 허용되지 않는 공지

2. 소요폭 미달도로

▸ 건축법상 도로
- 보행과 자동차 통행이 가능한 너비 4미터 이상의 도로
- 폭 4m에 미달되는 경우 4m 이상 확폭

▸ 접도조건
- 2m (연면적 2,000m^2 이상인 건축물 : 너비 6m 이상의 도로에 4m 이상)

▸ 보행이 불가능하거나 차량통행이 불가능한 도로는 건축법상 도로 아니다
- 자동차전용도로, 고속도로, 보행자전용도로 등

▸ 소요폭 미달도로의 확폭 기준

조 건	건축선	도 해	비 고
도로 양쪽에 대지가 있을 때	미달되는 도로의 중심선에서 소요너비의 1/2 수평거리를 후퇴한 선	건축선 / 도로중심선 / 건축선 / 통과도로 / 소요폭(4m) 미달도로 / 2m / 2m / 4m (소요폭)	- 확폭 불가능한 경사지인지 아닌지는 절대 주관적으로 판단하지 말 것 - 확폭된 부분은 대지면적에서 제외
도로의 반대쪽에 경사지 · 하천 · 철도 · 선로부지 등이 있을 때	경사지 등이 있는 쪽의 도로 경계선에서 소요너비에 필요한 수평거리를 후퇴한 선	건축선 / 소요폭미달도로 / 경사지 하천 철도부지 / 4m (소요폭) / 폭4m 미만 도로의 건축선	

3. 가각전제

▸ 120° 미만인 도로로서 4m 이상 8m 미만인 도로의 교차시 도로 모퉁이에서의 시야확보가 목적

▸ 3m, 8m 도로, 120° 는 제외

▸ 가각전제된 부분은 대지면적에서 제외

▸ 도로너비와 교차각에 따른 가각전제 기준

도로의 교차각	당해 도로의 너비		교차되는 도로 너비
	6m 이상 8m 미만	4m 이상 6m 미만	
90° 미만	4m	3m	6m 이상 8m 미만
	3m	2m	4m 이상 6m 미만
90° 이상 120° 미만	3m	2m	6m 이상 8m 미만
	2m	2m	4m 이상 6m 미만

▸ 확폭과 가각전제를 동시 고려하는 경우
- 확폭을 우선 적용 후 가각전제 하는 순서로 진행

■ 문제풀이 Process

대지분석 · 조닝/대지주차 문제풀이를 위한 핵심이론 요약

4. 대지안의 공지

▸용도지역 · 용도지구, 건축물의 용도 및 규모 등에 따라 건축선 및 인접 대지경계선으로부터 6미터 이내의 범위에서 지자체 조례로 정하는 거리 이상 이격해야 함.

▸문제풀이 시 일반적인 이격거리와 대지안의 공지와 분명히 구분하여 적용해야 한다.

- 대지안의 공지에는 공지 완화 조항이 있음을 명심

※ 대지와 대지 사이(인접 대지경계선)에 공원, 철도, 하천, 광장, 공공공지, 녹지, 그 밖에 건축이 허용되지 아니하는 공지가 있는 경우에는 그 반대편의 경계선을 인접 대지경계선으로 함.

▸〈참고〉 건축법 시행령 [별표2]

1. 건축선으로부터 건축물까지 띄어야 하는 거리

대상 건축물	건축조례에서 정하는 건축기준
가. 해당 용도로 쓰는 바닥면적의 합계가 500제곱미터 이상인 공장(전용공업지역, 일반공업지역 또는 「산업입지 및 개발에 관한 법률」에 따른 산업단지에 건축하는 공장은 제외한다)으로서 건축조례로 정하는 건축물	• 준공업지역: 1.5미터 이상 6미터 이하 • 준공업지역 외의 지역: 3미터 이상 6미터 이하
나. 해당 용도로 쓰는 바닥면적의 합계가 500제곱미터 이상인 창고(전용공업지역, 일반공업지역 또는 「산업입지 및 개발에 관한 법률」에 따른 산업단지에 건축하는 창고는 제외한다)로서 건축조례로 정하는 건축물	• 준공업지역: 1.5미터 이상 6미터 이하 • 준공업지역 외의 지역: 3미터 이상 6미터 이하
다. 해당 용도로 쓰는 바닥면적의 합계가 1,000제곱미터 이상인 판매시설, 숙박시설(일반숙박시설은 제외한다), 문화 및 집회시설(전시장 및 동·식물원은 제외한다) 및 종교시설	• 3미터 이상 6미터 이하
라. 다중이 이용하는 건축물로서 건축조례로 정하는 건축물	• 3미터 이상 6미터 이하
마. 공동주택	• 아파트: 2미터 이상 6미터 이하 • 연립주택: 2미터 이상 5미터 이하 • 다세대주택: 1미터 이상 4미터 이하
바. 그 밖에 건축조례로 정하는 건축물	• 1미터 이상 6미터 이하(한옥의 경우에는 처마선 2미터 이하, 외벽선 1미터 이상 2미터 이하)

2. 인접 대지경계선으로부터 건축물까지 띄어야 하는 거리

대상 건축물	건축조례에서 정하는 건축기준
가. 전용주거지역에 건축하는 건축물(공동주택은 제외한다)	• 1미터 이상 6미터 이하(한옥의 경우에는 처마선 2미터 이하, 외벽선 1미터 이상 2미터 이하)
나. 해당 용도로 쓰는 바닥면적의 합계가 500제곱미터 이상인 공장(전용공업지역, 일반공업지역 또는 「산업입지 및 개발에 관한 법률」에 따른 산업단지에 건축하는 공장은 제외한다)으로서 건축조례로 정하는 건축물	• 준공업지역: 1미터 이상 6미터 이하 • 준공업지역 외의 지역: 1.5미터 이상 6미터 이하
다. 상업지역이 아닌 지역에 건축하는 건축물로서 해당 용도로 쓰는 바닥면적의 합계가 1,000제곱미터 이상인 판매시설, 숙박시설(일반숙박시설은 제외한다), 문화 및 집회시설(전시장 및 동·식물원은 제외한다) 및 종교시설	• 1.5미터 이상 6미터 이하
라. 다중이 이용하는 건축물(상업지역에 건축하는 건축물로서 스프링클러나 그 밖에 이와 비슷한 자동식 소화설비를 설치한 건축물은 제외한다)로서 건축조례로 정하는 건축물	• 1.5미터 이상 6미터 이하
마. 공동주택(상업지역에 건축하는 공동주택으로서 스프링클러나 그 밖에 이와 비슷한 자동식 소화설비를 설치한 공동주택은 제외한다)	• 아파트: 2미터 이상 6미터 이하 • 연립주택: 1.5미터 이상 5미터 이하 • 다세대주택: 0.5미터 이상 4미터 이하
바. 그 밖에 건축조례로 정하는 건축물	• 0.5미터 이상 6미터 이하(한옥의 경우에는 처마선 2미터 이하, 외벽선 1미터 이상 2미터 이하)

▸지문

① 대지안의 공지는 인접대지 경계선 및 도로 경계선으로부터 1.0m 이상으로 한다.

5. 채광일조

▸용도일조권 : 중심상업, 일반상업지역을 제외한 지역의 공동주택에 적용

▸공동주택 : 아파트, 연립주택, 다세대주택, 기숙사, 도시형 생활주택

▸채광일조권 분류

- 인접대지 사선제한
- 인동거리
- 부위별 이격거리

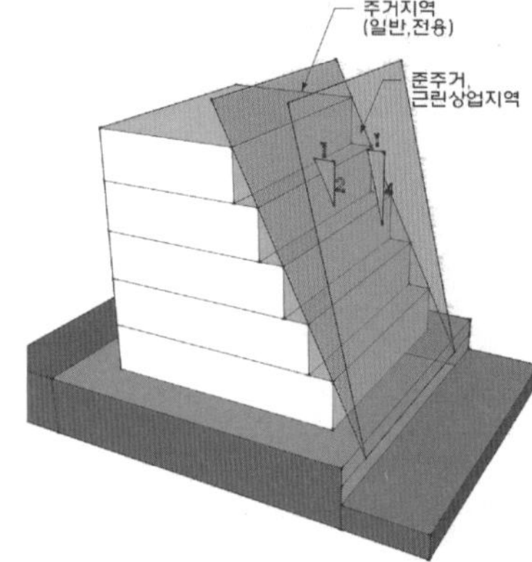

▸인접대지 사선제한

- 건축물(기숙사 제외)의 각 부분의 높이는 그 부분으로부터 채광을 위한 창문 등이 있는 벽면에서 직각 방향으로 인접 대지경계선까지의 수평거리의 2배(근린상업지역 또는 준주거지역의 건축물은 4배) 이하
- 다세대주택은 채광을 위한 창문 등이 있는 벽면에서 직각 방향으로 인접 대지경계선까지의 수평거리가 1미터 이상으로서 건축조례로 정하는 거리 이상인 경우 인접대지 사선제한을 적용하지 아니함.
- 인접 대지가 낮은 경우 : 단차를 평균한 레벨에서 적용
- 인접 대지가 높은 경우 : 계획 대지 레벨에서 그대로 적용

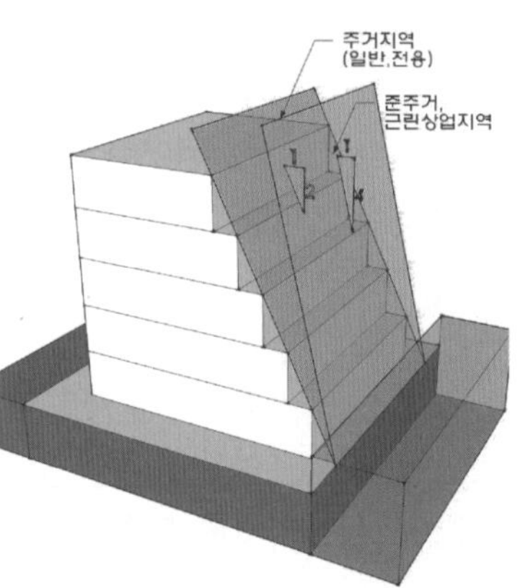

▸인동거리

- 같은 대지에서 두 동 이상의 건축물이 서로 마주보고 있는 경우 건축물 각 부분 사이의 거리는 채광을 위한 창문 등이 있는 벽면으로부터 직각방향으로 건축물 각 부분 높이의 0.5배(도시형 생활주택 0.25배) 이상의 범위에서 건축조례로 정하는 거리 이상

▸부위별 이격거리

- 채광창(창넓이가 0.5제곱미터 이상인 창)이 없는 벽면과 측벽이 마주보는 경우 : 8미터 이상
- 측벽과 측벽이 마주보는 경우 : 4미터 이상

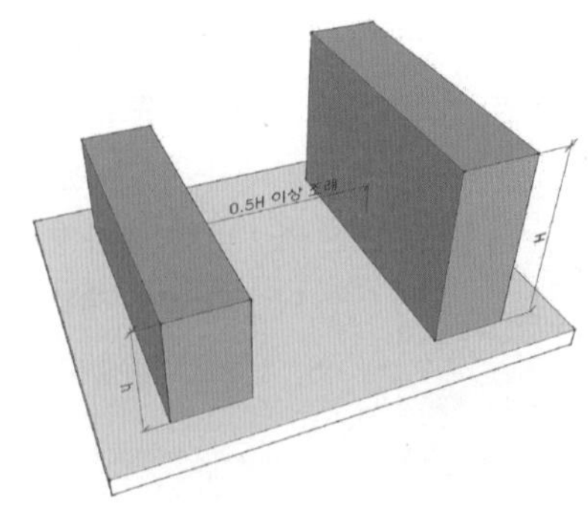

▸주거복합 건물에서의 채광일조권 적용

- 공동주택의 최하단 부분을 가상지표면으로 보아 채광일조 적용
  - 일반주거, 전용주거지역 : 1/2
  - 근린상업, 준주거지역 : 1/4
- 주거복합 인접대지 채광일조 적용 기본안
  - 인접대지 레벨과 관계없이 주거 최하단에서 채광일조 적용

■ 문제풀이 Process

대지분석 · 조닝/대지주차 주요 체크포인트

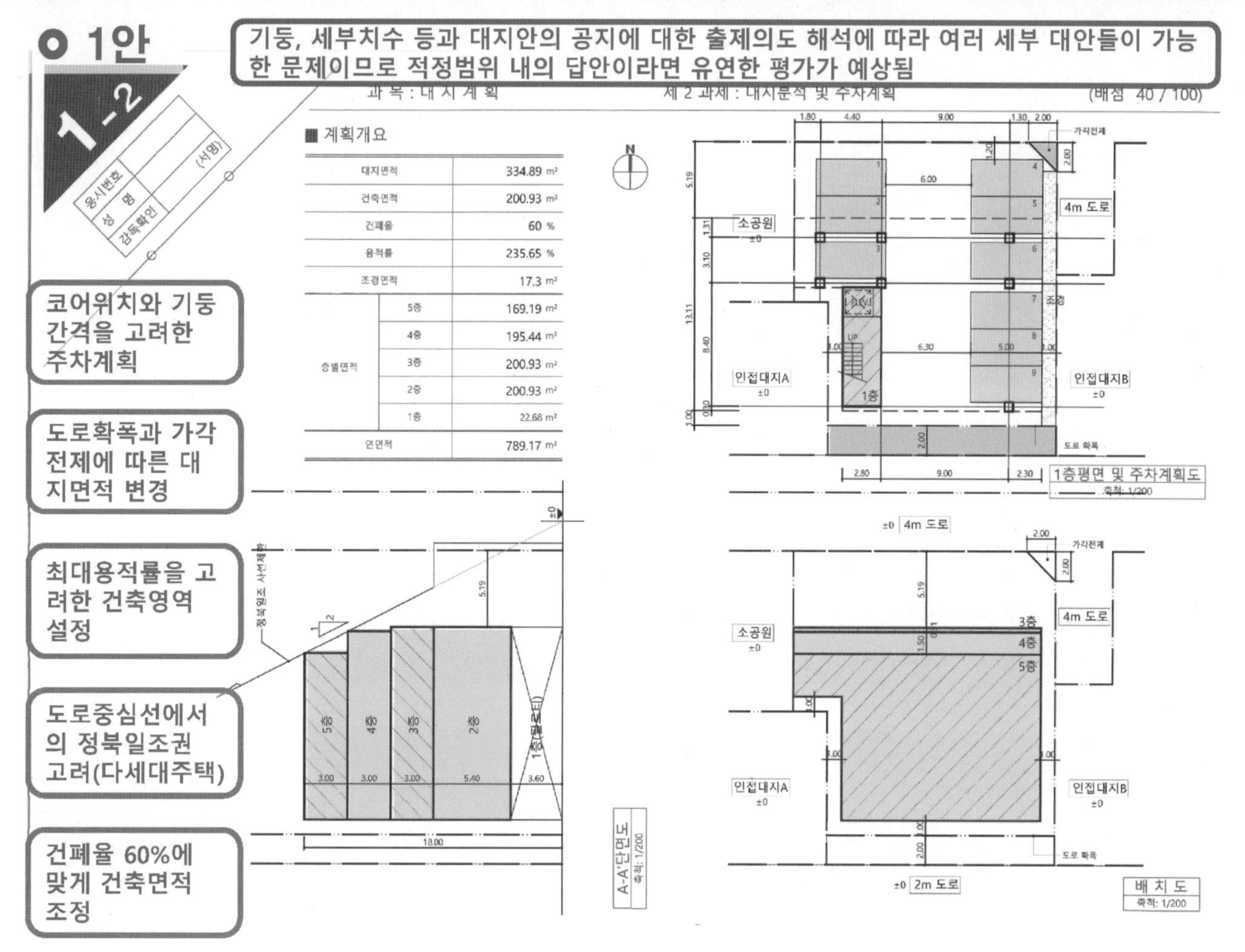

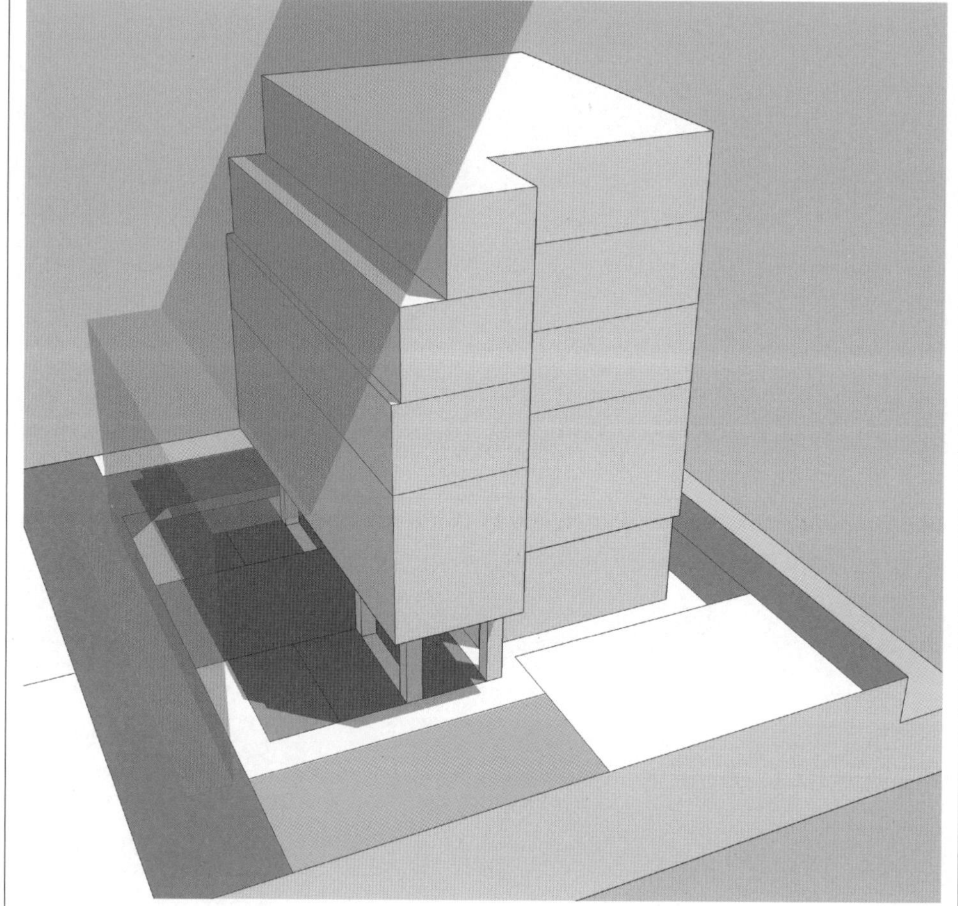

▸ 정북일조 적용

① 북측인접대지 조건에 따른 합리적 일조권 적용

: ±0 vs ±0

: 적용레벨 = ±0

② 공지 완화 적용

: 북측 4m도로 중심(공동주택)

▸ 채광일조 배제

① 공동주택(다세대주택)의 채광을 위한 창문 등이 있는 벽면에서 직각 방향으로 인접대지 경계선까지의 수평거리는 1.0m 이상으로 한다.

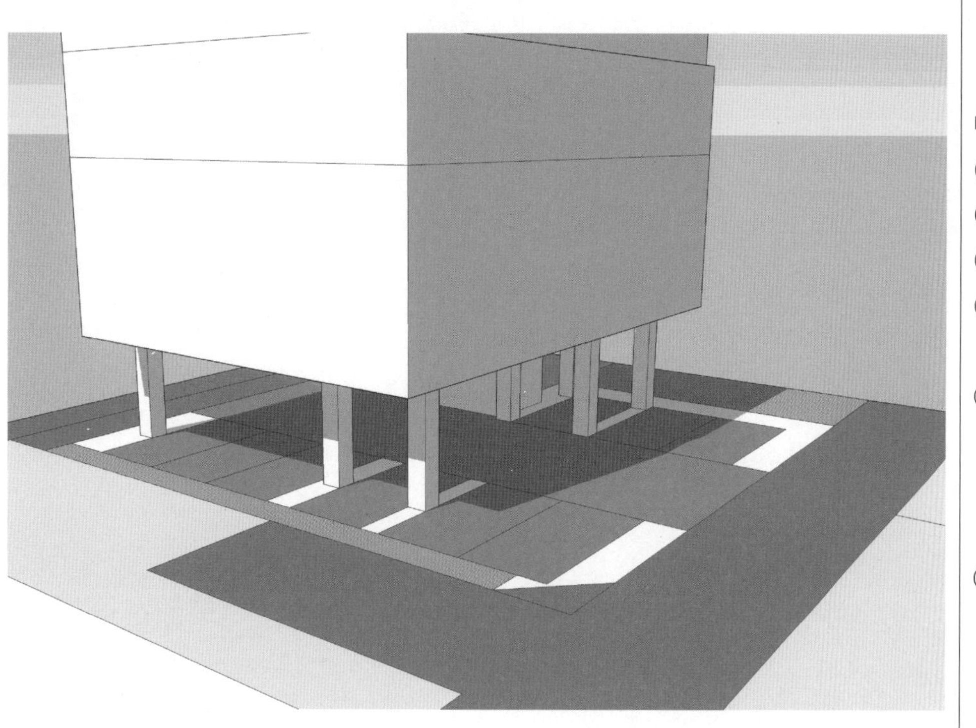

▸ 지상 주차장 계획

① 9대 이상 자주식 직각주차

② 장애인주차 없음

③ 주차구획 : 2.5m x 5.0m

④ 차량진출입로와 차로너비

: 6m 이상

⑤ 필로티 조건

: 기둥크기 0.6m x 0.6m

: 캔틸레버 내민길이 3m 이내

: 치수는 구조체 중심 기준

⑥ 주차구획은 인접대지 경계선으로부터 1.0m 이상 이격

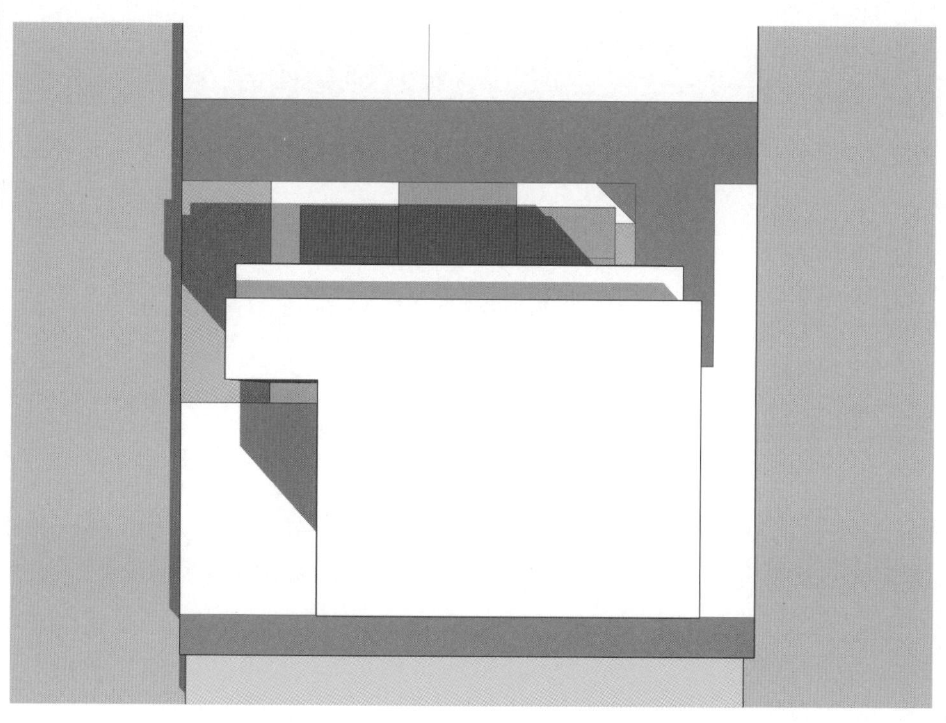

▸ 건폐율, 용적률 적용

① 최대 용적률을 만족하는 다양한 형태의 대안이 가능

② 정확한 면적 산정 및 건축개요 작성

③ 최대 용적률을 만족하는 방향으로 대안 정리

▸ 이격거리 준수

① 대지안의 공지는 인접대지 경계선 및 도로 경계선으로부터 1.0m 이상

② 소공원 측 대지안의 공지 완화 적용

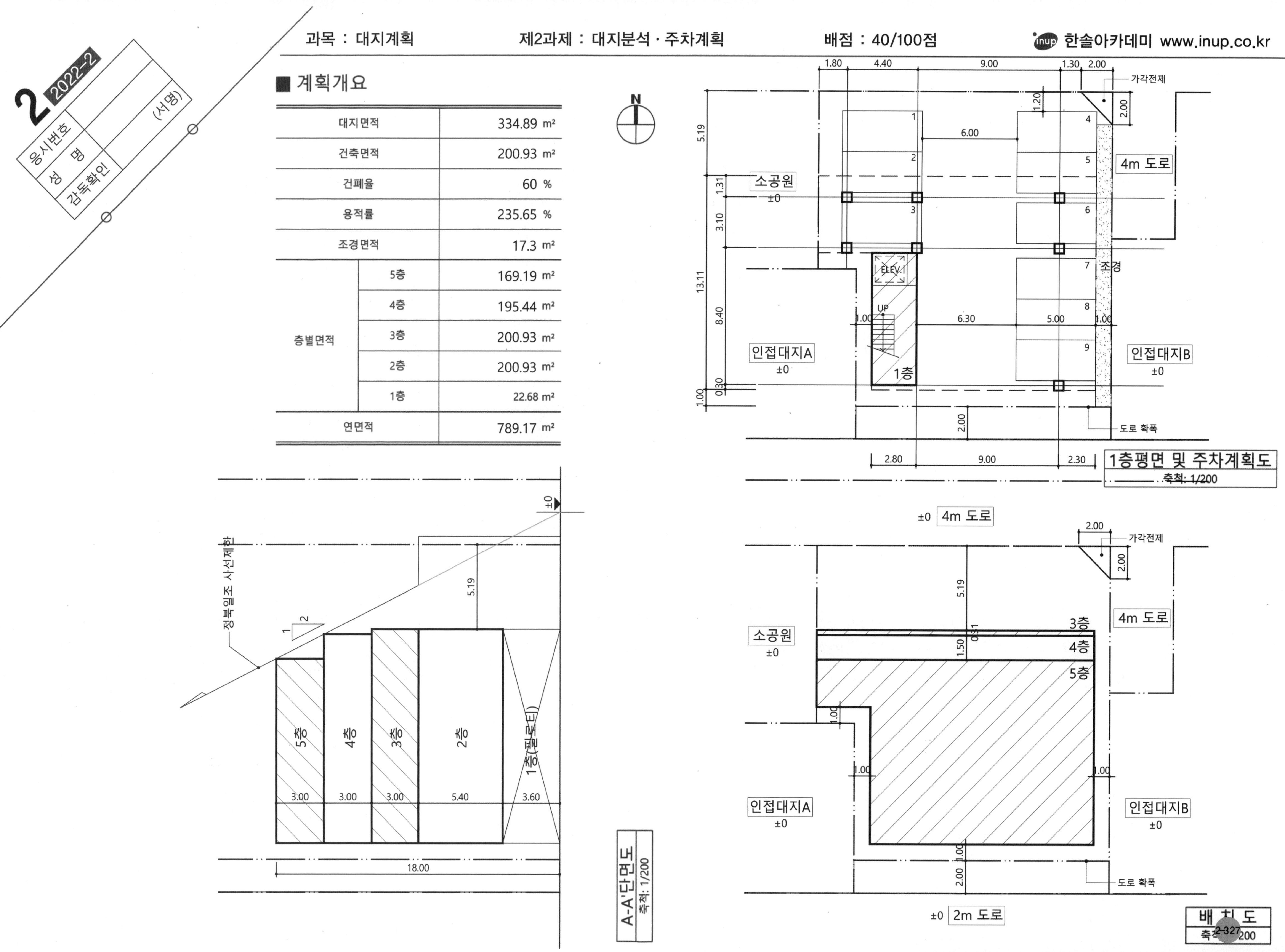

2 2022-2

응시번호
성 명
감독확인 (서명)

■ 계획개요

구분		면적
대지면적		334.89 m²
건축면적		200.93 m²
건폐율		60 %
용적률		235.65 %
조경면적		17.3 m²
층별면적	5층	169.19 m²
	4층	195.44 m²
	3층	200.93 m²
	2층	200.93 m²
	1층	22.68 m²
연면적		789.17 m²

구 성	FACTOR	지 문 본 문	FACTOR	구 성

구 성

1. 제목
- 배치하고자 하는 시설의 제목을 제시합니다.

2. 과제개요
- 시설의 목적 및 취지를 언급합니다.
- 전체사항에 대한 개괄적인 설명이 추가되는 경우도 있습니다.

3. 대지조건(개요)
- 대지전반에 관한 개괄적인 사항이 언급됩니다.
- 용도지역, 지구
- 접도조건
- 건폐율, 용적률 적용 여부를 제시
- 대지내부 및 주변현황(최근 계속 현황도가 별도로 제시)

4. 계획조건
ⓐ 배치시설
- 배치시설의 종류
- 건물과 옥외시설물은 구분하여 제시되는 것이 일반적입니다.
- 시설규모
- 필요시 각 시설별 요구사항이 첨부됩니다.

FACTOR

① 배점을 확인하여 2과제의 시간배분 기준으로 활용합니다.
- 60점 (난이도 예상)

② 초등학교
- 시설 성격 파악

③ 지역지구 : 일반주거지역
(정북일조 check)

④ 대지현황도 제시
- 계획 조건을 파악하기에 앞서 반드시 현황도를 이용한 1차 현황분석을 선행(대지의 기본 성격 이해한 후 문제풀이 진행)

⑤ 보행로
- 보행로A, 보행로B가 학교 내 주 동선(너비 8m 위계 고려)
- 기타 보행로는 최소폭 3m 제시

⑥ 건축물
- 건물 성격 파악
- 특별교실동은 관리, 행정실 포함
: 범례 별도 제시(일부 필로티)
- 저학년, 고학년교실동은 향 및 프라이버시 고려

⑦ 외부시설
- 모두 정형화된 크기로 제시
: 치수 계획형 문제 예상
- 운동장 자체소음 고려
: 주변 대지 및 인접 건물과의 관계 설정 시 고려
- 시설별 인접 조건 확인

⑧ 주차장
- 주차장A : 교사 및 직원용
- 주차장B : 유치원 전용
- 지하주차장 출입경사로
: 지역주민 이용

2023년도 제1회 건축사자격시험 문제

과목: 대지계획 제1과제 (배치계획) ① 배점: 60/100점

제 목 : 초등학교 배치계획 ②

1. 과제개요

지역 사회와 공유하는 초등학교를 계획하고자 한다. **계획조건, 주변현황, 시설 간 연계 및 지형**을 고려하여 배치도를 작성하시오.

2. 대지조건

(1) 용도지역: 일반주거지역 ③
(2) 대지면적: 약 23,450m^2
(3) 주변현황: <대지현황도> 참고 ④

3. 계획조건 및 고려사항

(1) 계획조건

① 보행로 ⑤

구분	너비	계획조건
보행로A	8m 이상	주진출입구와 중앙마당 연계
보행로B	8m 이상	특별교실동, 고학년교실동, 저학년교실동, 상상놀이터 연계
기타 보행로	3m 이상	

② 건축물 ⑥

구분	크기(m)	규모 (지상층)	계획조건
특별교실동	71 × 15	3층	관리 및 행정실 포함 <보기 1> 참고
고학년교실동	54 × 15	3층	
저학년교실동	54 × 15	2층	
다목적체육관	35 × 24	2층	급식실 포함
도서관	21 × 20	3층	
유치원	35 × 18	1층	

③ 외부시설 ⑦

구분	크기(m)	계획조건
운동장	83 × 53	자체소음 고려
운동마당	35 × 28	고학년교실동 인접
중앙마당	54 × 18	부진출입구 인접
놀이마당	54 × 18	저학년교실동 인접
상상놀이터	35 × 18	유치원 인접
진입마당	16 × 16	유치원 전용, 주차장B 인접
휴게정원	23 × 21	다목적체육관 및 도서관 인접

④ 주차장 ⑧

구분	주차대수	계획조건
주차장A	15대 이상	교사 및 직원용 장애인전용주차구획 2대 포함
주차장B	5대 이상	유치원 전용
지하주차장 출입경사로	-	지역주민 이용 도서관 인접

<보기 1> 특별교실동

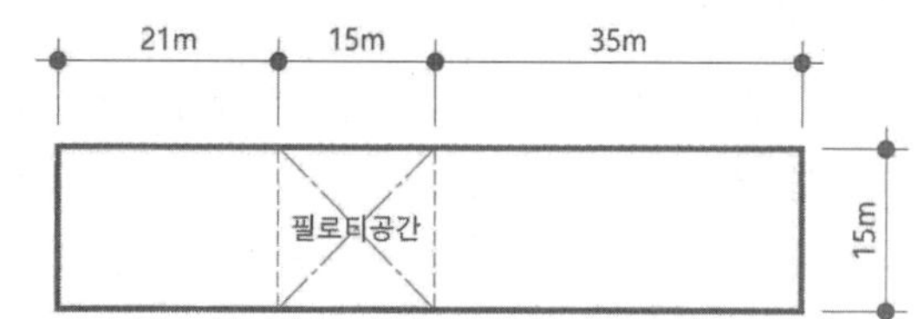

(2) 고려사항

① 주변현황과 지형을 최대한 고려하여 계획한다. ⑨
② 주진출입구(정문, 경비실 포함)와 부진출입구(후문)를 계획한다. ⑩
③ 특별교실동 일부, 다목적체육관, 도서관 및 운동장은 지역주민의 이용을 고려한다. ⑪
④ 보행로A와 보행로B는 비상시 차량동선으로 이용한다. ⑫
⑤ 공중통로(지상 2층, 너비 3m 이상)는 특별교실동, 고학년교실동, 저학년교실동, 다목적체육관 및 도서관을 연결한다. ⑬
⑥ 유치원은 노인복지시설에 인접하여 계획한다. ⑭
⑦ 다목적체육관의 주출입구에는 전면공간을 임의로 계획한다. ⑮
⑧ 지하주차장의 규모 및 형태는 표현하지 않고 차량진출입구와 출입경사로(너비 6m 이상)는 표현한다. ⑯
⑨ 건축물, 외부시설 및 주차장은 인접대지경계선과 도로경계선으로부터 5m 이상 이격한다(진입마당 제외). ⑰
⑩ 건축물 상호간에 9m 이상 이격한다. ⑱ 단, 특별교실동, 고학년교실동, 저학년교실동 및 유치원은 증축을 고려하여 상호간에 25m 이상 이격한다.
⑪ 모든 시설물(건축물, 외부시설, 주차장, 보행로)은 둘레에 3m 이상의 조경공간을 확보한다(공중통로와 특별교실동 필로티공간 제외). ⑲
⑫ 외부시설과 주차장은 평탄하게 계획한다.
⑬ 보행로의 기울기는 18분의 1 이하로 계획한다. ⑳
⑭ 우배수를 위한 등고선 조정은 고려하지 않는다. ㉑

FACTOR

⑨ 주변현황, 지형을 고려한 계획

⑩ 주진출입구, 부진출입구
- 정문 및 경비실 임의 계획
- 학교 보행 출입구 2개소

⑪ 지역주민 이용 고려
- 특별교실동 일부, 다목적체육관, 도서관, 운동장
- 도로변 용도별 조닝 고려

⑫ 보행로A, 보행로B
- 너비 8m 대지 내 주보행로
- 비상시 차량동선

⑬ 공중통로
- 특별교실동, 고학년교실동, 저학년교실동, 다목적체육관, 도서관 연결
- 2층 연결로 이해, 구체적 개소와 연계조건은 제시되지 않음

⑭ 유치원
- 노인복지시설에 인접 배치
- 직접적 위치 조건, 별도 조닝 가능(주차장B, 진입마당, 상상놀이터)

⑮ 다목적체육관 전면공간

⑯ 지하주차장 출입경사로 표현

⑰ 대지경계선 이격거리 5m
- 건축물, 외부시설, 주차장
- 진입마당은 도로경계선 인접

⑱ 건물 상호간 이격거리 9m
- 특별교실동, 고학년교실동, 저학년교실동, 유치원은 상호 25m

⑲ 모든 시설물 둘레 3m 조경

⑳ 보행로 기울기 1/18 이하

㉑ 기타 지형 기울기는 미제시

구 성

ⓑ 배치고려사항
- 건축가능영역
- 시설간의 관계(근접, 인접, 연결, 연계 등)
- 보행자동선
- 차량동선 및 주차장계획
- 장애인 관련 사항
- 조경 및 포장
- 자연과 지형활용
- 옹벽 등의 사용지침
- 이격거리
- 기타사항

구 성	FACTOR	지 문 본 문	FACTOR	구 성

5. 도면작성요령
- 각 시설명칭
- 크기표시 요구
- 출입구 표시
- 이격거리 표기
- 주차대수 표기 (장애인주차구획)
- 표고 기입
- 단위 및 축척

8. 대지현황도
- 대지현황
- 대지주변현황 및 접도 조건
- 기존시설현황
- 대지, 도로, 인접대지의 레벨 또는 등고선
- 각종 장애물 현황
- 계획가능영역
- 방위
- 축척
(답안작성지는 현황도와 대부분 중복되는 내용이지만 현황도에 있는 정보가 답안작성지에서는 생략되기도 하므로 문제 접근시 현황도를 꼼꼼히 체크하는 습관이 필요합니다.)

㉒ 도면작성요령
- 도면작성요령에 언급된 내용은 출제자가 반드시 평가하는 항목
- 요구하는 것을 빠짐없이 적용
- 요구하지 않은 사항의 추가적인 표현은 점수에 영향이 없거나 미약한 것으로 이해
- 보행로 너비와 경사로, 레벨
- 건축물 지상 1층 바닥레벨
- 외부시설 바닥레벨
- 주차장 바닥레벨, 출입경사로
- 계획 등고선 표기
- 단위 : m

㉓ <보기 2>
- 경사로 표현
- 학교 및 건물 주,부출입구
- 바닥레벨
- 계획 등고선
- 공중통로 점선 표현

과목: 대지계획 제1과제 (배치계획) 배점: 60/100점

4. 도면작성요령 ㉒

(1) 주요 표기 대상
① 보행로: 너비, 경사로의 시점과 종점의 바닥레벨
② 건축물: 시설명, 출입구, 크기, 지상 1층 바닥레벨, 이격거리
③ 외부시설: 시설명, 크기, 바닥레벨, 이격거리
④ 주차장: 시설명, 주차구획, 바닥레벨, 주차대수, 이격거리, 진출입구, 출입경사로
⑤ 계획 등고선

(2) 주요 도면표기 기호는 <보기 2>를 따른다.
(3) 단위: m

<보기2> 주요 도면표기 기호 ㉓

경사로	레벨 ●———▷ 레벨
학교 주진출입구 건축물 주출입구	▲
학교 부진출입구 건축물 부출입구 차량 진출입구	△
바닥레벨(예시)	+ 0.0
계획 등고선	————
공중통로	------------

5. 유의사항 ㉔

명시되지 않은 사항은 현행 관계법령의 범위 안에서 임의로 한다.

<대지현황도> 축척 없음 ㉕

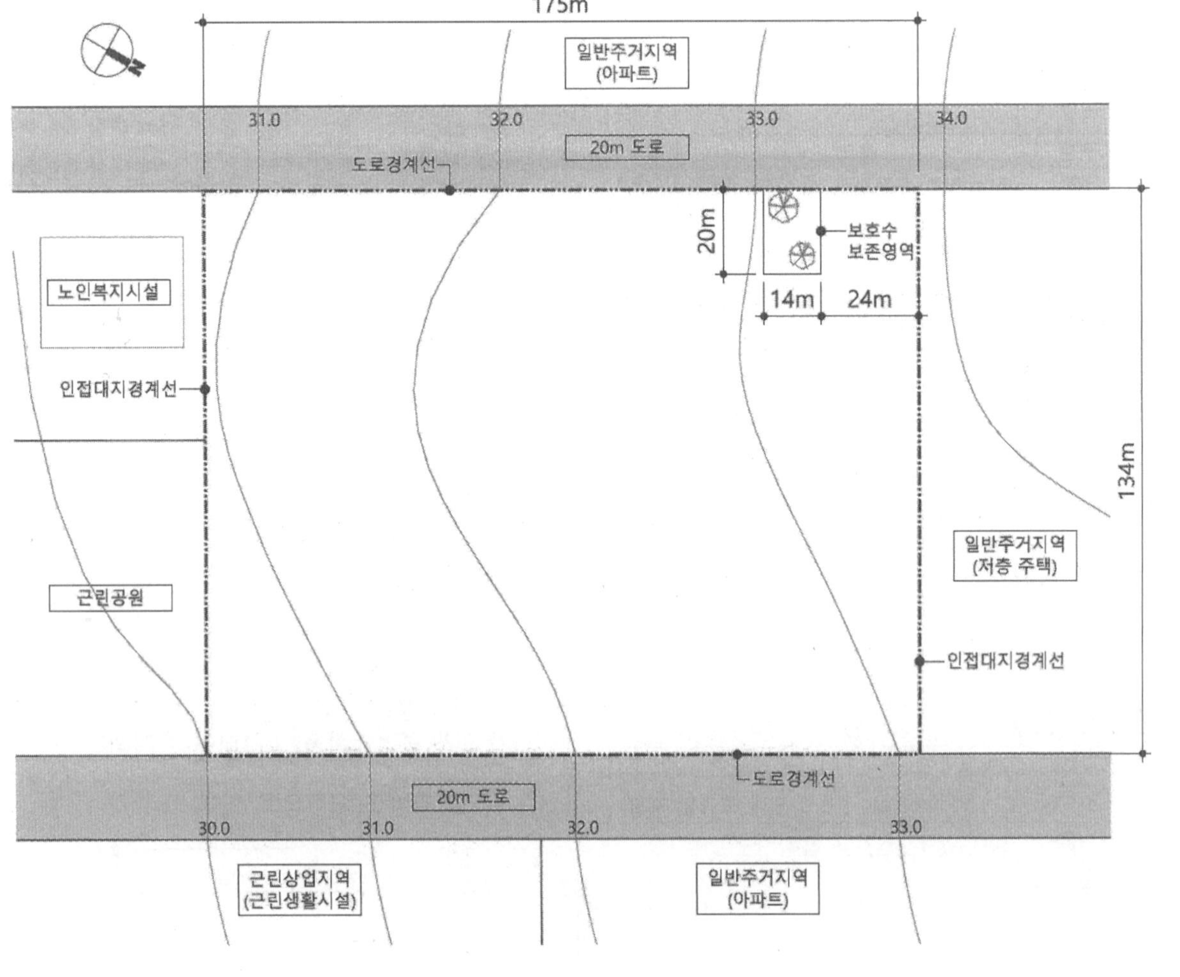

㉔ 명시되지 않은 사항은 현행 관계법령을 준용
- 기타 법규를 검토할 경우 항상 문제 해결의 연장선에서 합리적이고 복합적으로 고려

㉕ 현황도 파악
- 대지형태
- 경사지/등고선 간격 및 방향
- 접도조건(위계가 동일한 20m 도로 2개소)
- 대지 내 보호수 보존영역
- 주변현황(일반주거지역, 아파트, 저층주택, 근린공원, 근린상업지역, 노인복지시설 등)
- 가로, 세로 치수 확인
- 방위
- 제시되는 현황도를 이용하여 1차적인 현황분석
(현황도에 제시된 모든 정보는 그 이유가 반드시 있습니다. 대지의 속성과 기존 질서를 존중한 계획이 될 수 있도록 합니다.)

7. 보기
- 보도, 조경
- 식재
- 데크 및 외부공간
- 건물 출입구
- 옹벽 및 법면
- 기타 표현방법

6. 유의사항
- 제도용구 (흑색연필 요구)
- 지문에 명시되지 않은 현행법령의 적용방침 (적용 or 배제)

■ 문제풀이 Process

1 제목 및 과제 개요 check

① 배점 : 60점 / 출제 난이도 예상
소과제별 문제풀이 시간을 배분하는 기준

② 제목 : 초등학교 배치계획
- 초등학교 배치 각론(교재) 및 2008년 기출 연상 가능

③ 일반주거지역 : 정북일조 적용 check

④ 주변현황 : 대지현황도 참조

2 현황 분석

① 대지형상 : 완경사지

② 대지현황 : 등고선 단위(1m), 방향(남사향), 방위 등
- +31.0~+33.0 사이에서 적절한 레벨 계획 가능
- 서측 도로변 보호수 보존영역

③ 주변조건
- 동측 20m 도로, 서측 20m 도로
  : 위계가 동일한 2개의 도로 제시, 보편적인 대지로의 접근성(보행자 및 차량 출입구) 예상이 어려운 컨디션
- 프라이버시(교실동) 확보에 유리한 계획 영역 예상이 어려움
- 기타 주변현황
  : 근린공원, 노인복지시설, 아파트, 저층 주택, 근린생활시설 등

<대지현황도> 축척 없음

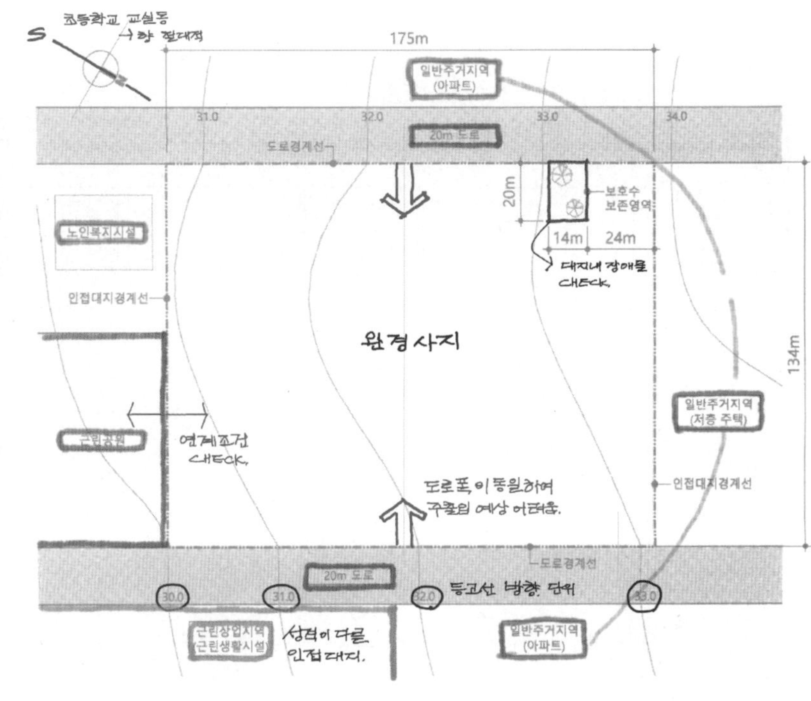

3 요구조건 분석(diagram)

① 보행로
- 보행로A : 주출입구와 중앙마당 연계
- 보행로B : 특별, 고학년, 저학년교실동, 상상놀이터(유치원) 연계
- 너비 8m 위계, 단지 내 주동선
- 기타 보행로 3m, 차로 언급 없음

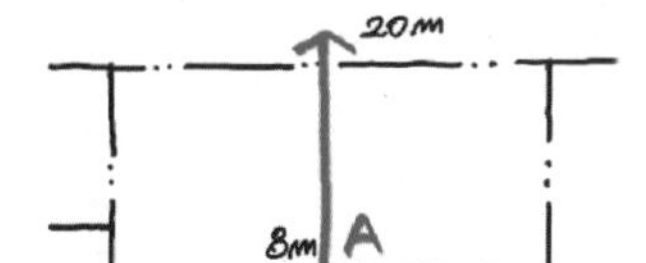

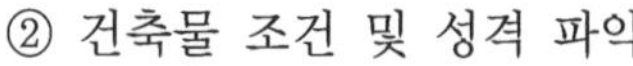

② 건축물 조건 및 성격 파악
- 규모 : O층, Om x Om, 층고 없음
- 특별교실동: 〈보기1〉 제시, 관리 및 행정실 포함(운동장 연계)

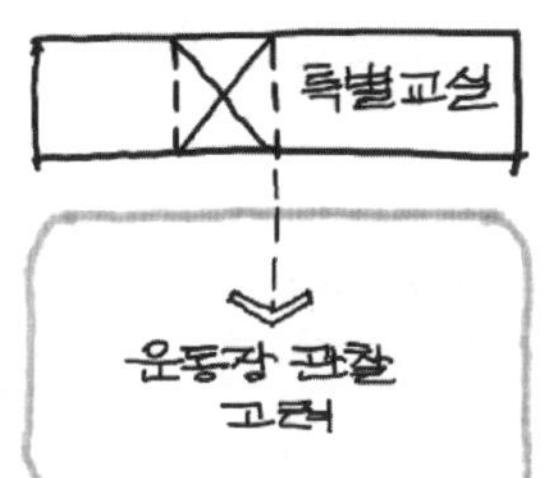

③ 외부시설 성격 파악
- 규모 : 모두 Om x Om로 제시
- 운동장 : 주 외부공간, 자체소음 고려
- 운동마당 : 고학년교실동 인접
- 중앙마당 : 부진출입구(후문) 인접
- 놀이마당 : 저학년교실동 인접
- 상상놀이터, 진입마당 : 유치원 인접
- 휴게정원 : 다목적체육관, 도서관 인접

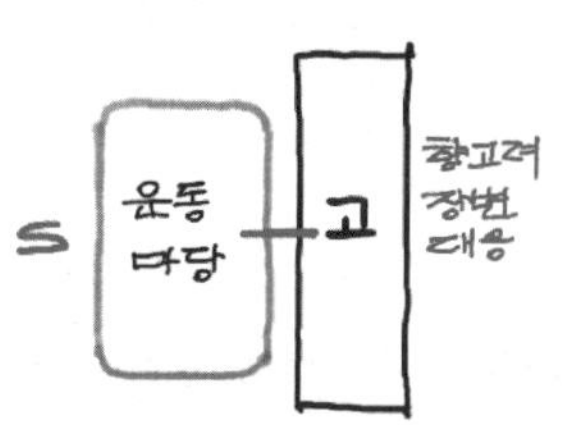

④ 주차장
- 주차장A : 15대 / 교사 및 직원용
- 주차장B : 5대 / 유치원 전용
- 규모에 적합한 양방향 동선 고려
- 지하주차장 출입경사로 : 지역주민 이용, 도서관 인접
- 차량 진출입구 개소에 대한 별도 언급 없음

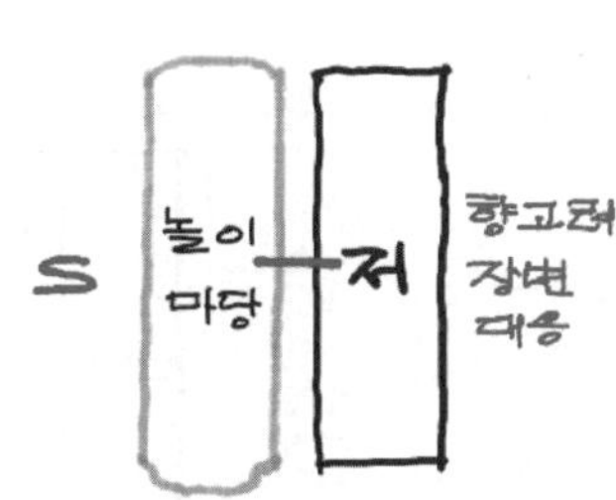

⑤ 주변현황, 지형 최대한 고려
- 근린공원 및 노인복지시설, 일반주거지역, 근린상업지역
- 낮은 레벨 운동장 고려

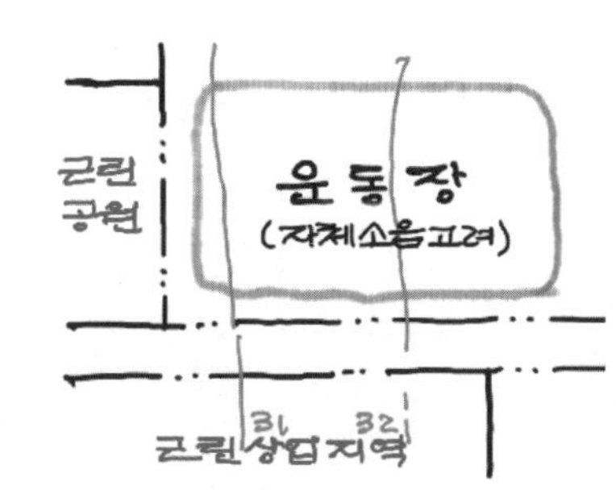

⑥ 주진출입구, 부진출입구
- 정문, 경비실 임의 계획
- 정문과 후문을 잇는 보행로A

⑦ 지역주민 이용 고려
- 특별교실동 일부, 다목적체육관, 도서관 및 운동장
- 학습 영역과 별도 조닝: 특별교실동 일부는 필로티 기준

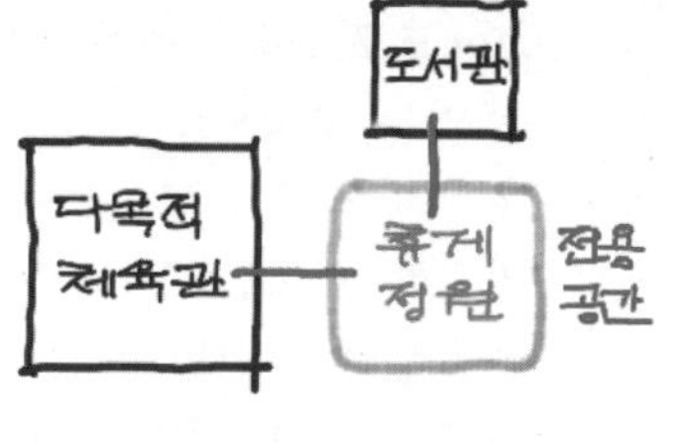

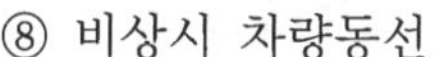

⑧ 비상시 차량동선
- 보행로A: 정문~후문
- 보행로B: 교실3동, 유치원영역
- 너비 8m 이상(주보행로)
- 운동장 장단변 우선 검토
  (일반적 학교시설 내 주동선)

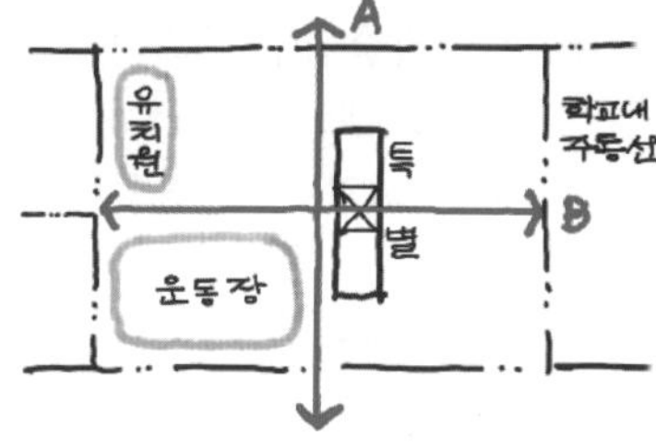

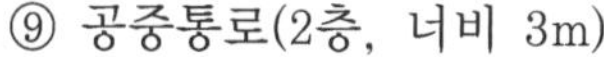

⑨ 공중통로(2층, 너비 3m)
- 특별교실동, 고학년·저학년 교실동, 다목적체육관, 도서관
- 구체적 조건 없음
  (적절한 수준에서 임의 계획)

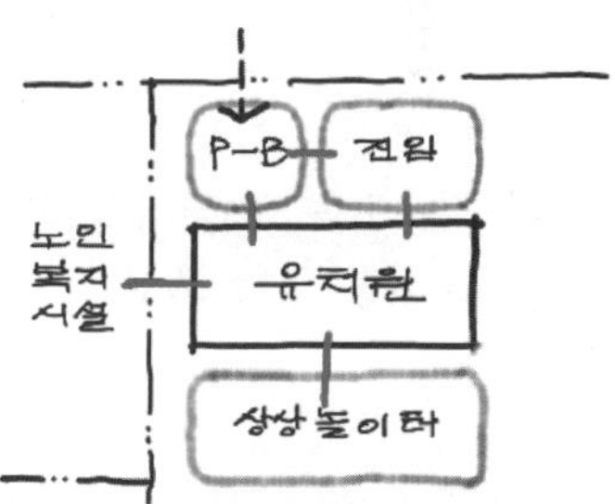

⑩ 유치원
- 노인복지시설 인접
- 유치원+진입마당+상상놀이터 (보행로B 인접)+주차장B

⑪ 지하주차장
- 규모 및 형태 표현 생략
- 진출입구와 경사로(6m) 표현

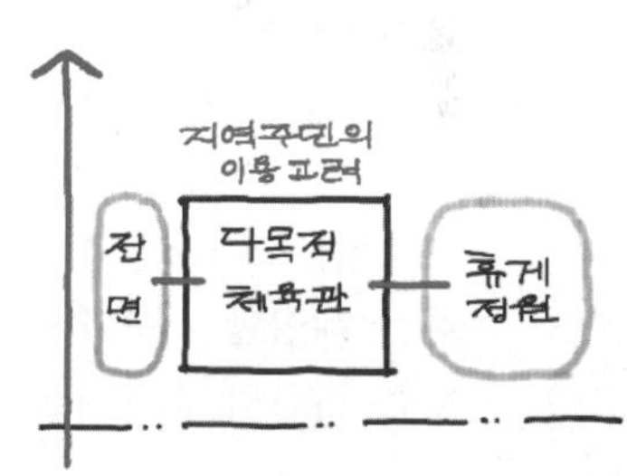

⑫ 건축물, 외부시설, 주차장
- 대지경계선 5m 이격(진입마당 제외)

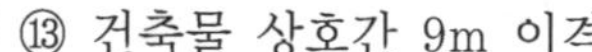

⑬ 건축물 상호간 9m 이격
- 교실3개동 및 유치원은 중축을 고려하여 상호간 25m 이상 이격

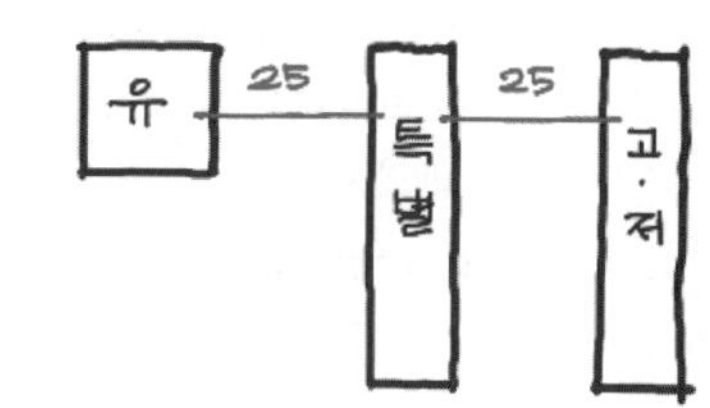

⑭ 모든 시설물 주변 3m 조경
- 공중통로, 필로티공간 제외

⑮ 보행로 기울기 1/18 이하
- 지형조정 구배 조건 없음

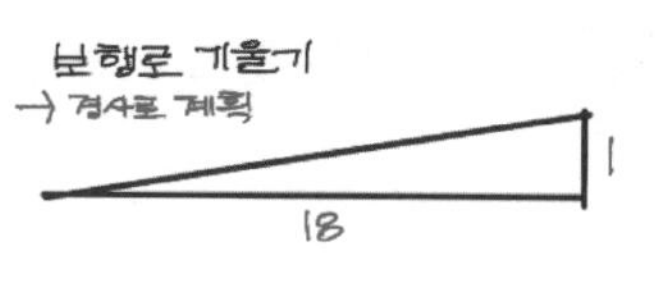

■ 문제풀이 Process

4 토지이용계획

① 내부동선

-20m도로 2개소(정문, 후문)를 를 잇는 보행로A

-유치원 영역과 교실동에 인접하는 보행로B

-운동장의 장단변에 인접하는 보행로A, 보행로B

-영역별 주차장 계획

-차량진출입구 개소가 제시되지 않았음에도 1개소로는 동선 해결이 불가한 조건

② 시설조닝

-보행로A, B에 의한 4영역

-노인복지시설 측 유치원

-근린공원 측 운동장

-지역주민 이용 시설 조닝

-향, 소음, 이격거리 고려한 교실동 영역 조닝

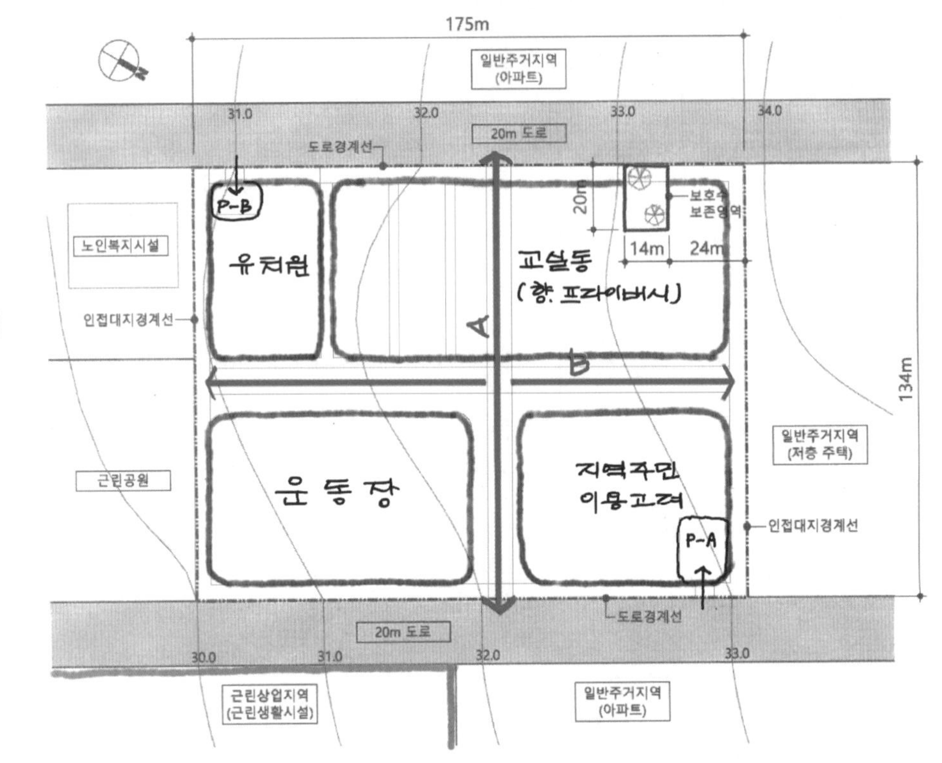

③ 시험의 당락을 결정짓는 큰 그림

5 배치대안검토

① 토지이용계획을 바탕으로 세부 치수 계획

-모든 시설이 크기로 제시된 만큼 요구조건을 만족하는 세심한 치수계획에 많은 시간이 소요되는 유형의 문제

② 조닝된 영역을 기본으로 시설별 연계조건을 고려하여 시설 위치 선정

-일부 미흡한 이격조건 등은 계획시간을 고려하여 적정 수준에서 임의 정리

③ 영역 내부 시설물 배치는 합리적인 수준에서 정리되면 O.K

-정답을 찾으려 하지 말자

④ 설계주안점 반영 여부 체크 후 작도 시작

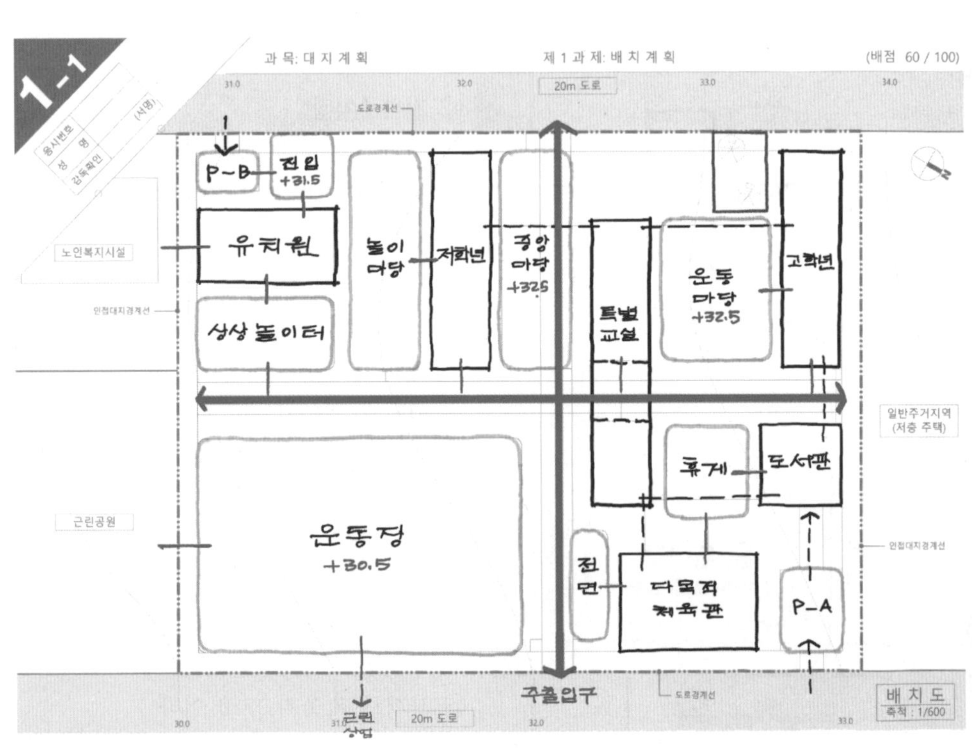

6 모범답안

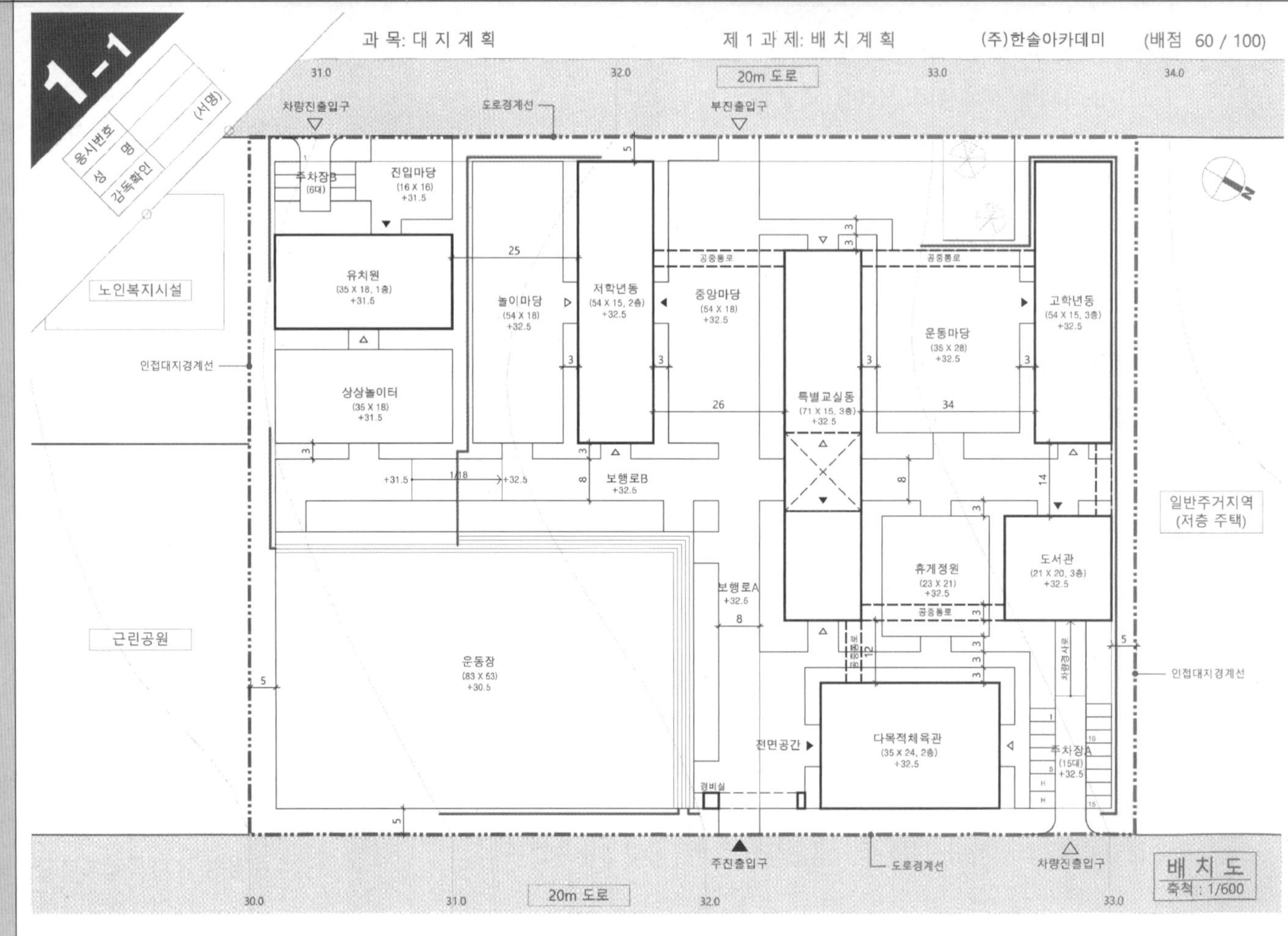

■ 주요 체크포인트

① 주변현황과 지형을 고려한 배치

② 보행로A, 보행로B의 합리적인 보행축 설정

③ 지역주민의 이용을 고려한 시설조닝

④ 공중통로의 유기적 연결

⑤ 요구조건 만족하는 세심한 치수계획

⑥ 자체소음 고려한 운동장의 합리적 배치

⑦ 적절한 레벨계획 및 지형 조정

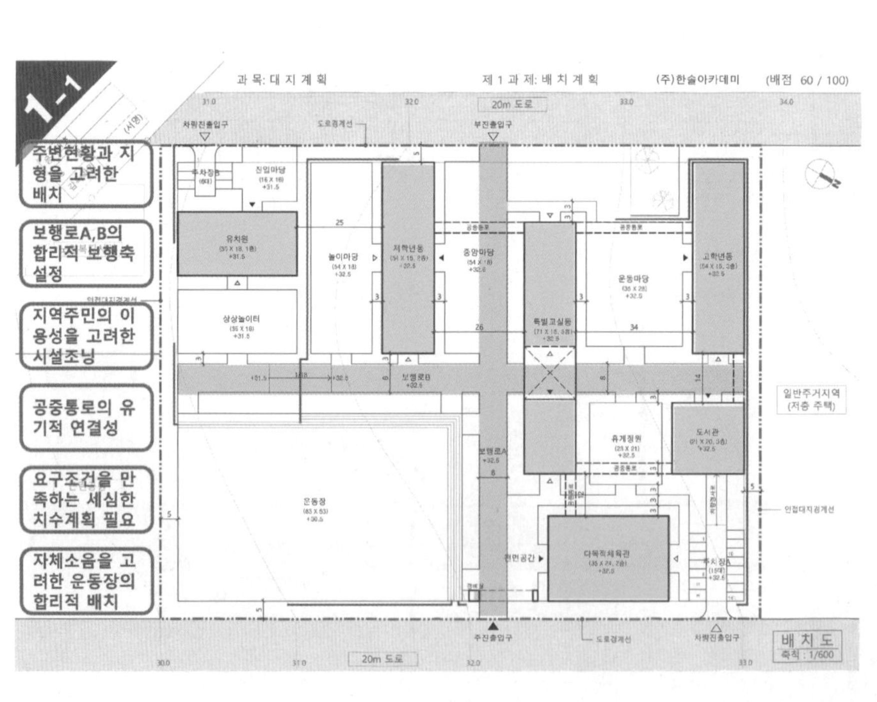

■ 문제풀이 Process

배치계획 문제풀이를 위한 핵심이론 요약

1. 대지로의 접근성

▶ 대지주변 현황을 고려하여 보행자 및 차량 접근성 검토
▶ 외부에서 대지로의 접근성을 고려 → 대지 내 동선의 축 설정 → 내부동선 체계의 시작
▶ 일반적인 보행자 주 접근 동선 – 주도로(넓은 도로)
▶ 일반적인 차량 및 보행자 부 접근 동선 – 부도로(좁은 도로)

가. 대지가 일면도로에 접한 경우

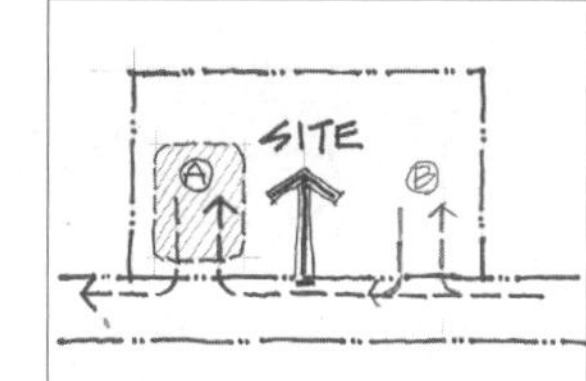

- 대지중앙으로 보행자 주출입 예상
- 대지 좌우측으로 차량 출입 예상
- 주차장 영역 검토 : 초행자를 위해서는 대지를 확인 후 진입 가능한 A 영역이 유리

나. 대지가 이면도로에 접한 경우-1

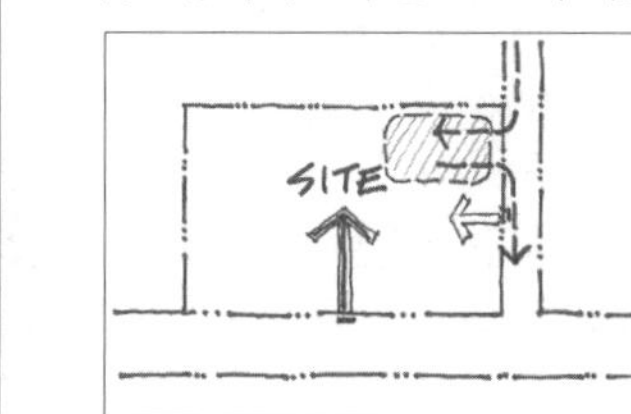

- 주도로에서 보행자 주출입 예상
- 부도로에서 차량 출입 예상 : 주차장 영역 예상
- 요구조건에 따라 부도로에서 보행자 부출입 예상

다. 대지가 이면도로에 접한 경우-2

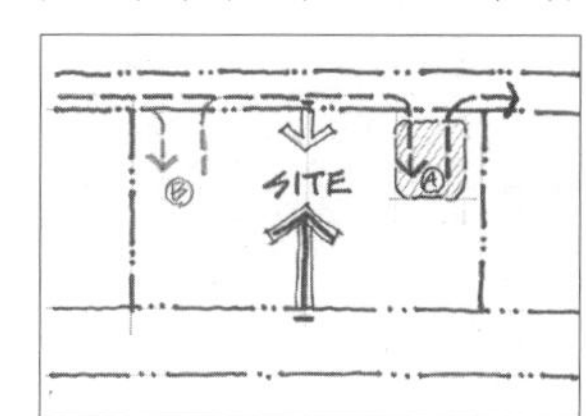

- 주도로에서 보행자 주출입 예상
- 부도로에서 차량 출입 예상 : 주차장 영역 예상→A 영역 우선 검토
- 부도로에서 보행자 부출입 예상

▶ 지문
① 20m 도로 2개소: 접도 조건만으로는 주, 부보행로 예상이 불가, 조건에 의해 추후 결정
② 보행로A: 8m, 주진출입구와 중앙마당 연계
- 20m 도로를 연계하며 대지를 관통하는 초등학교 내 주보행동선

2. 외부공간 성격 파악

▶ 외부공간을 계획할 경우 공간의 쓰임새와 성격을 분명하게 규정해야 한다.
▶ 전용공간
① 전용공간은 특정목적을 지니는 하나의 단일공간
② 타 공간으로부터의 간섭을 최소화해야 함
③ 중앙을 관통하는 통과동선이 형성되는 것을 피해야 한다.
④ 휴게공간, 전시공간, 운동공간
▶ 매개공간
① 매개공간은 완충적인 공간으로서 광장, 건물 전면공간 등 공간과 공간을 연결하는 고리역할을 하며 중간적 성격을 갖는다.
② 공간의 성격상 여러 통과동선이 형성될 수 있다.

▶ 지문
① 운동장(전용): 자체소음 고려, 공원 및 도로변(근린상업지역 측), 낮은 지형 레벨 고려
② 운동마당(전용): 고학년교실동 인접
③ 중앙마당(매개): 부진출입구 인접, 보행로A와 중첩 가능
④ 놀이마당(전용): 저학년교실동 인접, 교실동과 동일한 장변, 배치방향 예측 가능
⑤ 상상놀이터(전용): 유치원 인접
⑥ 진입마당(매개): 유치원 전용, 주차장B 인접, 인접대지경계선 이격조건 제외
⑦ 휴게정원(전용): 다목적체육관 및 도서관 인접

3. 보차분리

▶ 보행자주출입구 : 대지 전면의 중심 위치에서 한쪽으로 너무 치우치지 않는 곳에 배치
▶ 주보행동선 : 모든 시설에서 접근성이 좋도록 시설의 중심에 계획
▶ 보·차분리를 동선계획의 기본 원칙으로 하되 내부도로가 형성되는 경우 등에는 부분적으로 보·차 교행구간이 발생하며 이 경우 횡단보도 또는 보행자 험프를 설치
▶ 보도 폭을 임의로 계획하는 경우 동선의 빈도와 위계를 고려하여 보도 폭의 위계를 조절
▶ 지문
① 차로 조건 별도 제시 없음
② 보행로 A, B를 기준으로 대지 내 보행동선 정리
③ 차량진출입구 개소 별도 제시되지 않는 경우: 1개소 계획이 원칙
- 조건에 의해 2이상의 진출입구가 계획되는 상황 발생(주차장A, 주차장B, 주차경사로)
- 이후 기출부터는 다소 유연한 대처가 필요

4. 접근성

▶ 접근성을 고려하기 위해서는 물리적으로 가까이 배치하는 것이 필요
▶ 대지 외부로부터의 접근성 확보를 위해서는 도로변으로 인접 배치시켜야 함
▶ 이용자의 원활한 유입을 위해 존재를 부각시켜야 할 필요가 있는 건축물이 있음
-접근성에 대한 요구를 직접 지문에 언급하기도 함
-보통 인접도로나 대지 주출입구로부터의 접근성을 요구하는 것이 일반적이므로 대부분의 경우 도로변에 배치되게 된다.
▶ 지문
① 특별교실동 일부, 다목적체육관, 도서관 및 운동장은 지역주민의 이용 고려: 도로 접근성
② 유치원은 노인복지시설에 인접하여 계획
③ 운동장은 특별교실동에서의 관찰 고려
④ 외부시설별 건물 인접조건을 표 (계획조건)에 구체적으로 제시
⑤ 공중통로는 특별교실동, 고학년교실동, 저학년교실동, 다목적체육관 및 도서관을 연결한다.
- 특별교실동을 중심으로 핑거플랜형의 실내 동선을 고려
⑥ 지하주차장 출입경사로는 지역주민 이용과 도서관 인접을 고려

■ 문제풀이 Process

배치계획 문제풀이를 위한 핵심이론 요약

5. 성격이 다른 주차장

▸ 영역별 조닝계획
- 건물의 기능에 맞는 성격별 주차장의 합리적인 연계

▸ 성격이 다른 주차장의 일반적인 구분
① 일반 주차장
② 직원 주차장
③ 서비스 주차장 (하역공간 포함)

▸ 성격이 다른 주차장의 특성
① 일반주차장 : 건물의 주출입구 근처에 위치
주보행로 및 보도 연계가 용이한 곳
승하차장, 장애인 주차구획 배치
주차장 진입구와 가까운 곳
일방통행 + 순환동선 체계
② 직원주차장 : 건물의 부출입구 근처에 위치
제시되는 평면에 기능별 출입구 언급되는 경우가 대부분
③ 서비스주차 : 일반이용자의 영역에서 가급적 이격
주출입구 및 건물의 전면공지에서 시각 차폐 고려
토지이용효율을 고려하여 주로 양방향 순환체계 적용

▸ 지문
① 주차장Ⓐ : 15대 이상, 교사 및 직원용, 장애인전용주차구획 2대 포함 - 양방향 동선
② 주차장Ⓑ : 5대 이상, 유치원 전용 - 양방향 동선
③ 지하주차장 출입경사로 : 지역주민 이용 고려, 도서관 인접
-지하주차장의 규모 및 형태는 표현하지 않고 경사로는 너비 6m 이상으로 표현
④ 차량진출입구는 계획에 따라 2-3개소로 정리

6. 각종 제한요소

▸ 장애물 : 자연적요소, 인위적요소
▸ 건축선, 이격거리
▸ 경사도(급경사지)
▸ 일반적으로 제시되는 장애물의 형태
① 수목(보호수)
② 수림대(휴양림)
③ 연못, 호수, 실개천
④ 암반
⑤ 공동구 등 지하매설물
⑥ 기존건물 등 기타

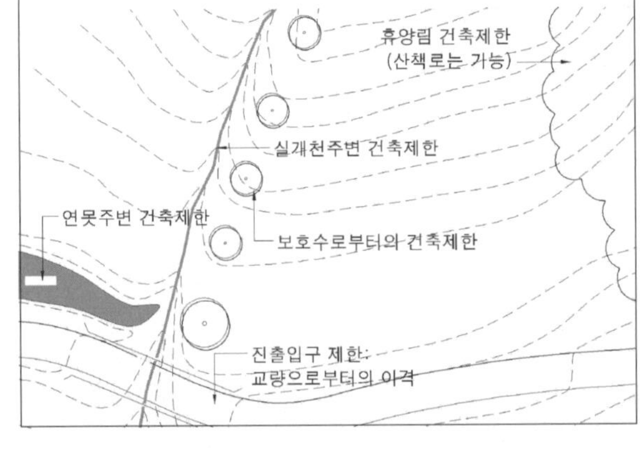

▸ 지문
① 대지 내 20m x 14m 의 보호수 보존영역 제시
② 건축물과 건축물은 9m 이상 이격, 특별교실동, 고학년교실동, 저학년교실동 및 유치원은 중축을 고려하여 상호간 25m 이상 이격
③ 건물과 외부시설 및 주차장은 인접대지경계선과 도로경계선으로부터 5m 이상 이격

7. 경사도

▸ 대지의 경사기울기를 의미 - 비율, 퍼센트, 각도로 제시
▸ 제시된 등고선 간격(수평투영거리)과 높이차의 관계
▸ G=H : V 또는 G=V/H
▸ G=V/H×100
▸ 경사도에 따른 효율성 비교

비율 경사도	% 경사도	시각적 느낌	용도	공사의 난이도
1/25 이하	4% 이하	평탄함	활발한 활동	별도의 성토, 절토 작업 없이 건물과 도로 배치 가능
1/25 ~1/10	4~10%	완만함	일상적인 행위와 활동	
1/10 ~1/5	10~20%	가파름	언덕을 이용한 운동과 놀이에 적극이용	약간의 절토작업으로 건물과 도로를 전통적인 방법으로 배치가능, 편익시설의 배치 곤란
1/5 ~1/2	20%~50%	매우 가파름	테라스 하우스	새로운 형태의 건물과 도로의 배치 기법이 요구됨

▸ 지문
① 보행로의 기울기는 18분의 1 이하로 계획한다.

8. 초등학교 배치계획의 기본 원칙

① 체육관, 강당, 운동장 등은 지역민의 이용동선을 고려하되 학생영역을 침범하지 않도록 배치
② 교사동은 향과 소음을 최대한 고려하여 도로(소음원)에서 이격된 부분에 남향배치를 원칙으로 함 (저학년은 동향 가능)
③ 행정동은 모든 시설과 동선을 연결하되 동선의 중심이 되도록 하되 행정실에서 운동장으로의 시야확보가 보장되어야 함
④ 행정동을 중심으로 교사동, 특별교사동, 식당 등 연결통로로 연결되는 핑거플랜형 배치
⑤ 운동장 주변의 장변과 단변을 따라 보행동선을 확보하고 이것이 단지내 주동선축이 되도록 함
⑥ 운동장은 접근성, 소음완충, 배수, 스탠드 등을 고려하여 도로쪽으로 경사가 완만하게 흐르는 땅이 유리 (이런 특성을 감안하여 운동장 배치)
⑦ 식당, 강당, 체육관 등은 외부인의 이용과 행사 등을 고려하여 주차장, 서비스동선 연계
⑧ 주거밀집지역 등 등교길 동선의 빈도를 고려하여 정문과 후문을 배치하고 저학년일수록 접근성을 고려하여 가까이 배치
⑨ 학년에 따라 이용할 수 있는 외부놀이공간, 생태학습공간 등을 적절히 계획
⑩ 부설유치원은 출입구 인근에 독립적으로 배치(셔틀버스운행동선 고려)하고 저학년과 연계

▸ 지문
① 고학년교실동, 저학년교실동, 특별교실동은 향 및 프라이버시를 고려하여 계획
② 특별교실동은 운동장 관찰을 고려
③ 특별교실동 일부, 다목적체육관, 도서관 및 운동장은 지역주민의 이용을 고려

■ 문제풀이 Process

배치계획 주요 체크포인트

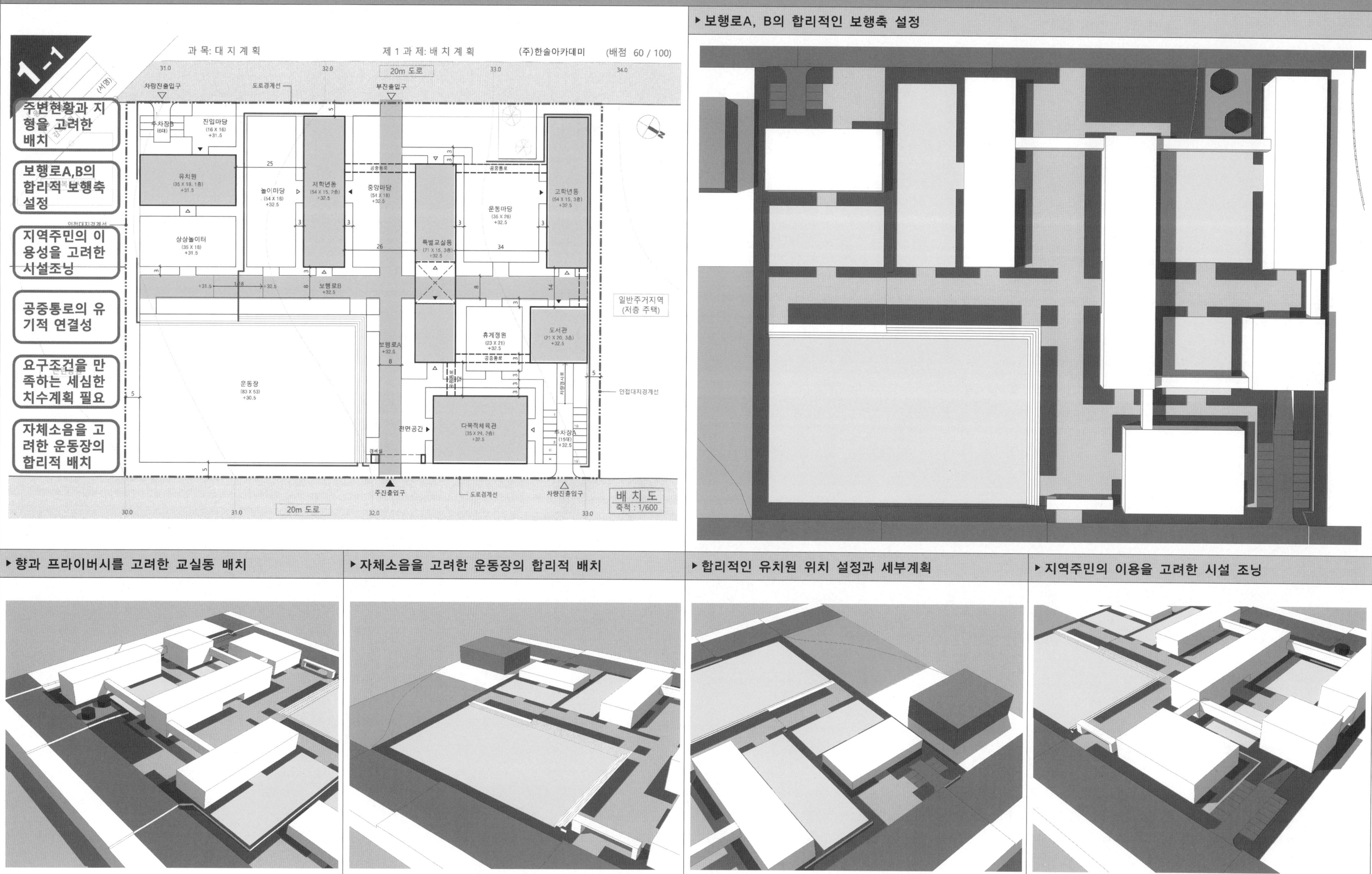

과목 : 대지계획 제1과제 : 배치계획 배점 : 60/100점 한솔아카데미 www.inup.co.kr

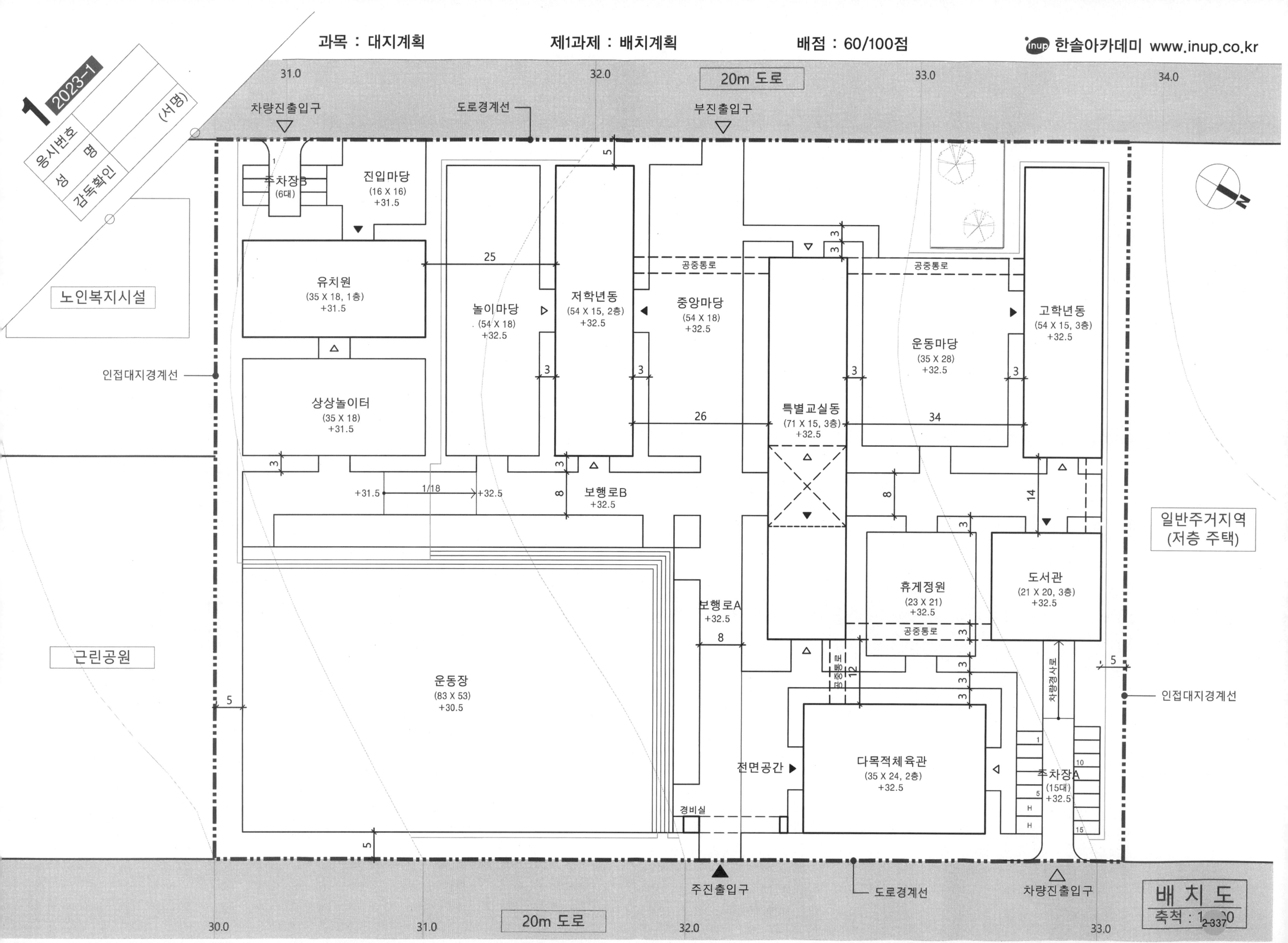

구 성	FACTOR

1. 제목
- 건축물의 용도 제시 (공동주택과 일반건축물 2가지로 구분)
- 최대건축가능영역의 산정이 대전제

2. 과제개요
- 과제의 목적 및 취지를 언급합니다.
- 전체사항에 대한 개괄적인 설명이 추가되는 경우도 있습니다.

3. 대지조건(개요)
- 대지에 관한 개괄적인 사항
- 용도지역지구
- 대지규모
- 건폐율, 용적률
- 대지내부 및 주변현황 (현황도 제시)

4. 계획조건
- 접도현황
- 대지안의 공지
- 각종 이격거리
- 각종 법규 제한조건 (정북일조, 채광일조, 가로구역별최고높이, 문화재보호앙각, 고도제한 등)
- 각종 법규 완화규정

① 배점을 확인합니다.
- 40점 (과제별 시간 배분 기준)

② 건축물 용도
- 다세대주택: 공동주택
- 최대건축가능영역
- 주택층수 4개층 이하, 연면적 $660m^2$ 이하

③ 용도지역
- 제2종 일반주거지역 : 정북일조 적용

④ 건폐율 및 용적률
- 50% 이하 / 200% 이하

⑤ 건축물 조건
- 지상 5층
- 1층은 코어+로비(전체 필로티) : 주택 층수에서 제외
- 코어는 승강기 포함
- 다양한 층고 제시

⑥ 주차 계획
- 총 6대(장애인 1대 포함)
- 직각주차
- 소규모주차장 완화조건은 배제

⑦ 로비
- $50m^2$ 이내(최대 면적 제시)
- 방풍실, 우편물·택배 보관함 등

⑧ 코어
- 5m x 5m
- 최상층 영역 우선 검토
- 승강기 포함

⑨ 승강기
- 장애인 겸용
- 건축면적 및 바닥면적에서 제외

지 문 본 문

2023년도 제1회 건축사자격시험 문제

과목: 대지계획 제2과제 (대지분석 · 대지주차) ① 배점: 40/100점

제 목 : 공동주택(다세대주택)의 최대 건축 가능규모 및 주차계획②

1. 과제개요

공동주택(다세대주택)을 신축하고자 한다. **대지현황과 계획조건**을 고려하여 최대 건축가능규모를 계획하고, 계획개요, 1층 평면도·주차계획도, 배치도 및 단면도를 작성하시오.

2. 대지조건

(1) 용도지역: 제2종 일반주거지역 ③
(2) 대지면적(지적도): $378m^2$
(3) 건 폐 율: 50% 이하
(4) 용 적 률: 200% 이하 ④
(5) 주변현황: <대지현황도> 참고

3. 계획조건

(1) 건축물⑤

구분	용도	층고(m)
1층	코어(계단, 승강기홀, 승강기), 로비	3.2
2층	공동주택(다세대주택)	2.9
3층	공동주택(다세대주택)	2.9
4층	공동주택(다세대주택)	3.0
5층	공동주택(다세대주택)	3.0

(2) 주차계획⑥

① 주차대수 및 크기

구분	대수	크기(m)
일반주차	5	2.5 × 5.0
장애인전용주차	1	3.5 × 5.0

② 직각주차로 계획하고, 차로는 도로를 사용하지 않는다.

③ 주차단위구획은 세로 연접배치를 하지 않는다.

(3) 기타

구분	계획조건
로 비⑦	$50m^2$ 이내 (방풍실, 우편물·택배 보관함 포함)
코 어⑧	5.0m × 5.0m
승강기⑨ (장애인겸용)	2.2m × 2.4m (건축면적과 바닥면적에서 제외)
각 층	최소 폭 4.0m ⑩

4. 이격거리 및 높이제한

(1) 일조 등의 확보를 위한 높이제한은 정북방향으로의 인접대지경계선으로부터 다음과 같이 이격한다.⑪
① 높이 9m 이하 부분: 1.5m 이상
② 높이 9m 초과 부분: 해당 건축물 각 부분 높이의 1/2 이상

(2) 대지의 도로모퉁이 부분 건축선은 아래 기준을 적용한다.⑫

(단위: m)

도로의 교차각	해당도로의 너비		교차되는 도로의 너비
	6m 이상 8m 미만	4m 이상 6m 미만	
90° 미만	4	3	6m 이상 8m 미만
	3	2	4m 이상 6m 미만
90° 이상 120° 미만	3	2	6m 이상 8m 미만
	2	2	4m 이상 6m 미만

(3) 건축물은 도로경계선 및 인접대지경계선으로부터 1.3m 이격한다.⑬

5. 고려사항

(1) 인접대지, 주변도로 및 지상 1층의 바닥레벨은 동일하다.⑭
(2) 바닥면적 산정은 발코니, 벽체 두께 및 기둥 크기를 고려하지 않는다(설비관련 샤프트 면적은 포함).
(3) 막다른 도로의 길이가 10m 이상 35m 미만일 경우 도로의 너비는 3m로 적용한다.⑮
(4) 각 도로의 교차각은 90°이다.
(5) 조경 영역 상부에는 건축물을 계획하지 않는다.
(6) 조경 계획은 대지현황도를 따른다.
(7) 각 층 외벽은 수직으로 한다.
(8) 2, 3층 각 층의 단변 폭은 동일하게 계획한다.⑯
(9) 옥탑 및 파라펫 높이는 고려하지 않는다.
(10) 옥탑은 건축면적의 1/8 이하로 한다. ⑰

FACTOR	구 성

⑩ 각 층 최소폭 4m
- 미달 영역은 삭제

⑪ 정북일조 사선 적용

⑫ 가각전제 기준 제시
- 6m 도로와 4m 도로가 만나는 모퉁이 2m x 2m 가각전제

⑬ 건축물 이격거리
- 도로경계선 및 인접대지경계선으로부터 1.3m 이격

⑭ 인접대지, 주변도로, 1층 바닥 레벨: ±0

⑮ 막다른 도로 길이에 따른 너비
- 길이 16m = 너비 3m ok

⑯ 외벽 일치 조건
- 2, 3층 단변 폭 동일하게 계획

⑰ 옥탑
- 옥탑 및 파라펫 높이 배제
- 옥탑 층고 제시되지 않음
- 옥탑은 건축면적의 1/8이하 (이때 옥탑 기준은 수평투영면적으로, 장애인겸용 승강기 면적도 포함됨)

⑱ 도면작성 기준
- 건축한계선 표기
- 코어, 로비, 차량출입구 표시
- 배치도에 1층 영역 점선 표시
- 단면도에 기준레벨, 최고높이, 층수, 이격거리 표기
- 면적은 소수점 둘째 자리까지 표기(이격거리 조건 없음)
- 배치도, 단면도는 <보기> 참조
- 단위 : mm

- 대지 내외부 각종 장애물에 관한 사항
- 1층 바닥레벨
- 각층 층고
- 외벽계획 지침
- 대지의 고저차와 지표면 산정기준
- 기타사항 (요구조건의 기준은 대부분 주어지지만 실무에서 보편적으로 다루어지는 제한요소의 적용에 대해서는 간략하게 제시되거나 현행법령을 기준으로 적용토록 요구할 수 있으므로 그 적용방법에 대해서는 충분한 학습을 통한 훈련이 필요합니다)

구 성	FACTOR	지 문 본 문	FACTOR	구 성

5. 도면작성요령
- 건축가능영역 표현방법(실선, 빗금)
- 층별 영역 표현법
- 각종 제한선 표기
- 치수 표현방법
- 반올림 처리기준
- 단위 및 축척

7. 대지현황도
- 대지현황
- 대지주변현황 및 접도 조건
- 기존시설현황
- 대지, 도로, 인접대지의 레벨 또는 등고선
- 각종 장애물 현황
- 계획가능영역
- 방위
- 축척
(답안작성지는 현황도와 대부분 중복되는 내용이지만 현황도에 있는 정보가 답안작성지에서는 생략되기도 하므로 문제 접근시 현황도를 꼼꼼히 체크하는 습관이 필요합니다.)

⑲ <보기> 확인

⑳ 명시되지 않은 사항
- 기타 법규를 검토할 경우 항상 문제 해결의 연장선에서 합리적이고 복합적으로 고려

㉑ 현황도 파악
- 대지경계선 확인
- 대지현황(코어 위치 및 크기 등)
- 접도현황(개소, 너비, 레벨 등)
- 현황 파악(주변대지, 하천, 소공원 및 북측 대지 레벨 등)
- 방위
- 축척 없음
- 단면지시선 위치
- 기타사항
- 제시되는 현황도를 이용하여 1차적인 현황분석(대지경계선이 변경되는 부분이 있는지 가장 먼저 확인, 변경되는 경우 대지면적과 건폐율, 용적률 범위 최대 면적을 기입 후 문제풀이)

과목: 대지계획 제2과제 (대지분석 · 대지주차) 배점: 40/100점

6. 도면작성기준 ⑱

(1) 모든 도면은 기준선, 이격거리, 층수, 치수 및 건축한계선 등을 표기한다.

(2) 1층 평면도·주차계획도에는 1층 건축가능 영역(코어, 로비)과 주차계획, 차량 출입구를 표시한다.

(3) 배치도는 각 층의 건축영역을 표시하고, 1층 건축 영역은 점선으로 표시한다(중복된 층은 최상층만 표시).

(4) 단면도에는 제시된 A-A′ 부분의 최대 건축가능영역, 일조권 사선제한선, 기준레벨, 건축물의 최고높이 및 층수, 이격거리를 표기한다.

(5) 면적은 소수점 둘째 자리까지 표기한다.

(6) 배치도, 단면도의 층 표기는 <보기>를 참조한다.

(7) 단위: mm

<보기> ⑲

홀수층	(빗금)
짝수층	(빈칸)

7. 유의사항

명시되지 않은 사항은 현행 관계법령의 범위 안에서 임의로 한다.

<대지현황도> 축척 없음 ㉑

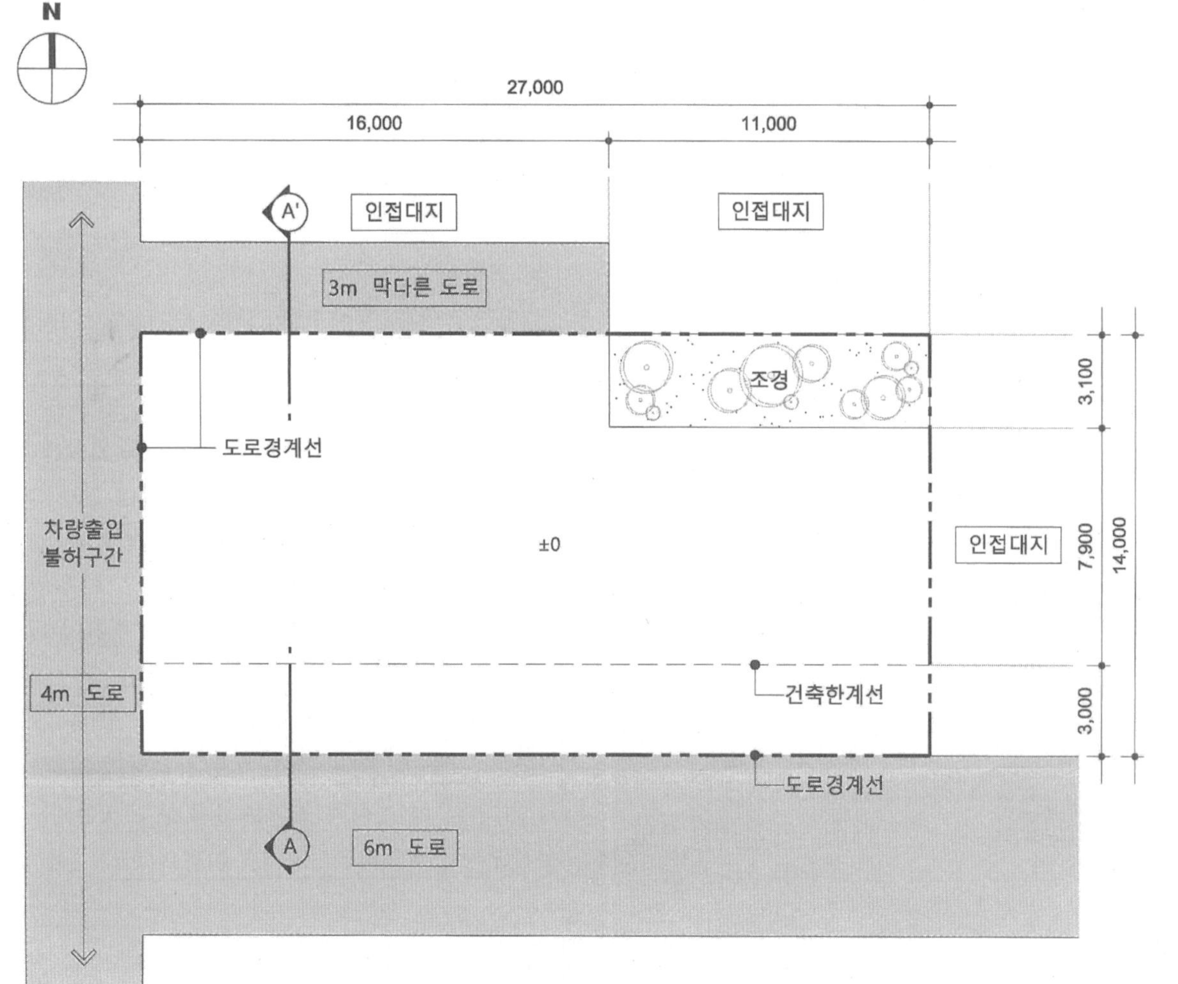

6. 유의사항
- 제도용구 (흑색연필 요구)
- 명시되지 않은 현행법령의 적용방침 (적용 or 배제)

■ 문제풀이 Process

1 제목, 과제 및 대지개요 확인

① 배점 확인 : 40점
- 문제 난이도 예상
- 제1과제(배치계획)와 시간배분의 기준으로 유연하게 대처

② 제목 : 공동주택(다세대주택)의 최대 건축가능규모 및 주차계획
- 용도 : 다세대주택 (공동주택)

  주택으로 쓰는 층수 4층, 연면적 660m² 이하

  채광을 위한 창문 등이 있는 벽면에서 직각 방향으로 인접 대지경계선까지의 수평거리가 1미터 이상으로서 건축조례로 정하는 거리 이상인 다세대주택은 채광일조 배제
- 주차계획을 포함한 규모를 검토하고 계획개요 작성을 요구

③ 제2종 일반주거지역
- 정북일조 사선 적용
- 건폐율 / 용적률 : 50% 이하 / 200% 이하

④ 구체적인 지문조건 분석 전 현황도를 이용하여 1차적인 현황분석을 우선 하도록 함
- 가장 먼저 확인해야 하는 사항은 건축선 변경 여부임을 항상 명심
- 정북 일조 등 각종 사선 적용의 기준이 달라지는 상황인지 여부도 확인

○ 대지현황도

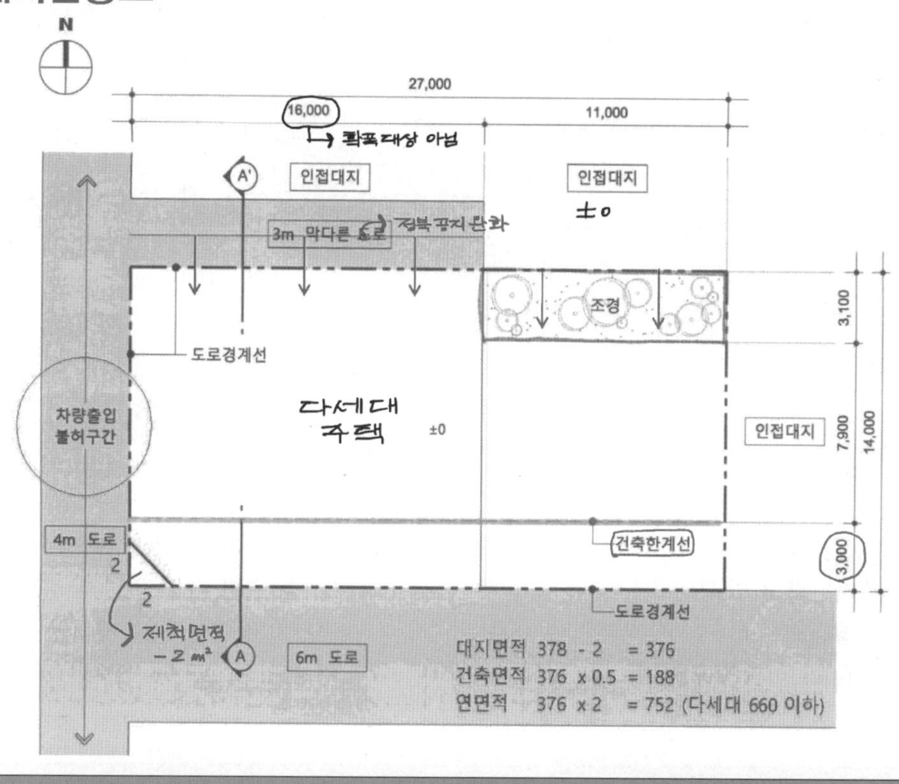

2 현황분석

① 대지조건
- 정방형(27m x 14m)의 평지
- 대지면적 : 378m²(6m vs 4m 도로모퉁이 가각전제 2m x 2m 필요)

  378-2=376㎡(건축면적 max 188m² / 연면적 max 752m² / 다세대연면적 max 660m²)
- 조경 영역 check(11m x 3.1m)
- 6m 도로변 3m 건축한계선 check

② 주변현황
- 인접대지로만 제시, 레벨은 ±0

③ 접도조건 확인
- 북측 3m 막다른 도로(확폭 대상 아님), 서측 4m 도로(차량출입 불허구간), 남측 6m 도로
- 도로 모퉁이 가각전제(제척면적=2m²)

④ 방위표 확인
- 정북일조 적용
- 3m 막다른 도로 중심(공동주택) 정북일조 적용 구간 check

⑤ 단면지시선 위치 확인
- 정확한 위치(치수)가 아닌 개략 위치로 제시

3 요구조건분석

① 대지면적: 376m² / 건축면적: 188m² 이하 / 연면적: 725m² 이하(다세대 660m² 이하)

② 지상 5층
- 1층 : 코어(계단, 승강기홀, 승강기), 로비, 필로티주차장
- 2~5층 : 다세대주택
- 층고(m) : 3.2(1F), 2.9(2F, 3F), 3.0(4F, 5F)

③ 주차계획
- 총 6대(일반주차 5대 + 장애인전용주차 1대) / 직각주차
- 소규모주차장 완화조건 배제(도로를 차로로 이용 불가, 세로 연접배치 불가)

④ 로비 : 50m2 이내(바닥면적 max 제시), 방풍실, 우편물·택배 보관함 포함

⑤ 코어 : 5m x 5m(25m2)

⑥ 승강기(장애인 겸용): 2.2m x 2.4m(5.28m²), 건축면적과 바닥면적에서 제외
- 코어에 승강기 영역 포함

⑦ 각 층 최소 폭 4m

⑧ 정북일조 적용, 가각전제 2m x 2m(제척 면적 2m2)

⑨ 인접대지, 주변도로 및 지상 1층의 바닥레벨은 동일(±0)

⑩ 2,3층 각 층의 단변 폭은 동일하게 계획

⑪ 옥탑 및 파라펫 높이 배제, 옥탑은 건축면적의 1/8 이하로 함

⑫ 도면작성 기준에서 요구된 것은 반드시 표현

■ 문제풀이 Process

4 수평영역 및 수직영역 검토

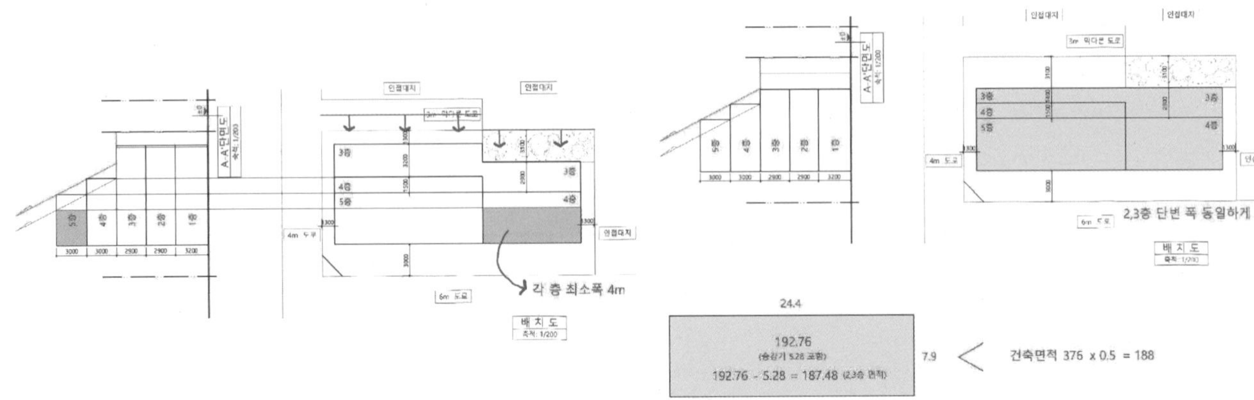

① 1차 건축가능영역
- 가각전제(대지면적 376m²)
- 정북일조 적용
- 5층 최소 폭(4m) 미달영역 삭제

② 2차 건축가능영역
- 2,3층 단변 폭 동일하게 정리
- 승강기(장애인겸용) 제외한 건폐율 check
- 건축면적: 192.76−5.28=187.48m² 〈 188m²

5 코어 위치 대안 및 주차장 계획방향 설정

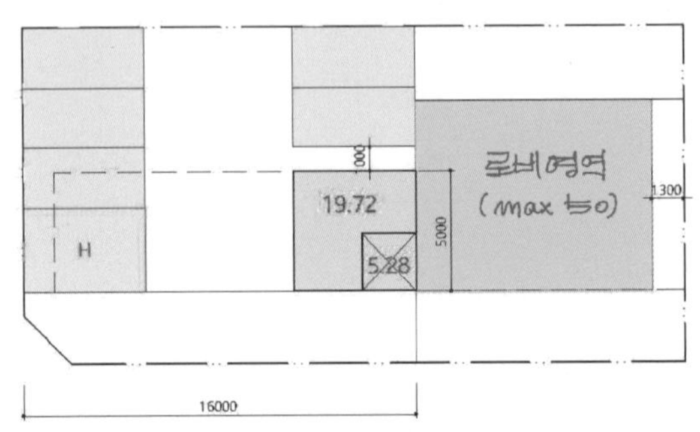

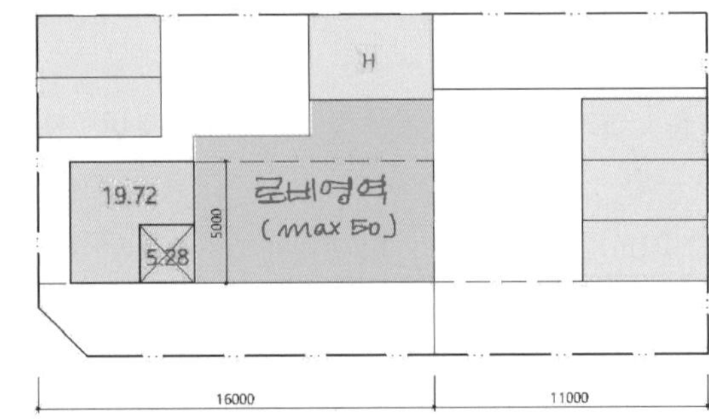

1층 면적 max = 19.72 + 로비max (50) = 69.72
로비 면적 최대를 만족하는 다양한 주차장 대안 가능

* notice
옥탑 및 파라펫 고려하지 않는다.
옥탑은 건축면적의 1/8 이하로 한다.

건축면적 187.48 / 8 = 23.435

① 5층 영역 우측 코어 배치
- 코어영역에 승강기 포함
- 단일 영역에 주차장 계획 가능
- 건축한계선 주차구획 배치 지양
- 최대면적(50m²)을 만족하는 다양한 대안의 로비 계획 가능
- 1층 최대면적은 모든 대안이 동일 : 50(로비)+19.72(코어)=69.72m²

② 5층 영역 좌측 코어 배치
- 코어영역에 승강기 포함
- 6m 도로와 3m 막다른 도로측 차량진출입구 2개소 고려
- 건축한계선 주차구획 배치 지양
- 최대면적(50m²)을 만족하는 다양한 대안의 로비 계획 가능
- 간결하고 합리적인 형태의 주차장을 대안으로 선택

6 모범답안

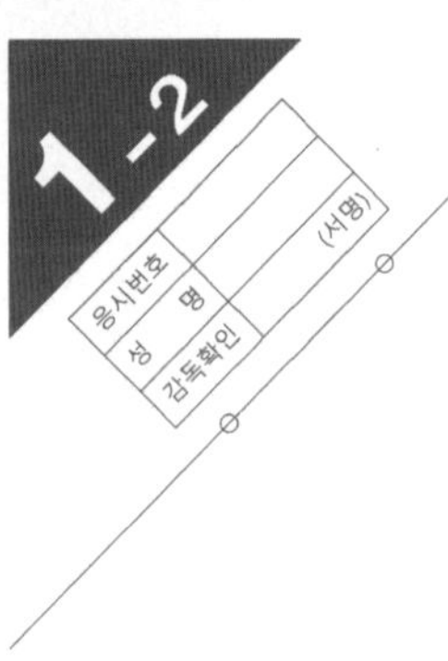

과 목: 대 지 계 획 제 2 과 제: 대지분석 · 대지주차 (주)한솔아카데미 (배점 40 / 100)

■ 계획개요

구분		면적	단위
대지면적		376	m²
건축면적		187.48	m²
건폐율		49.86	%
용적률		173.32	%
층별면적	5층	68.22	m²
	4층	138.77	m²
	3층	187.48	m²
	2층	187.48	m²
	1층	69.72	m²
연면적		651.67	m²

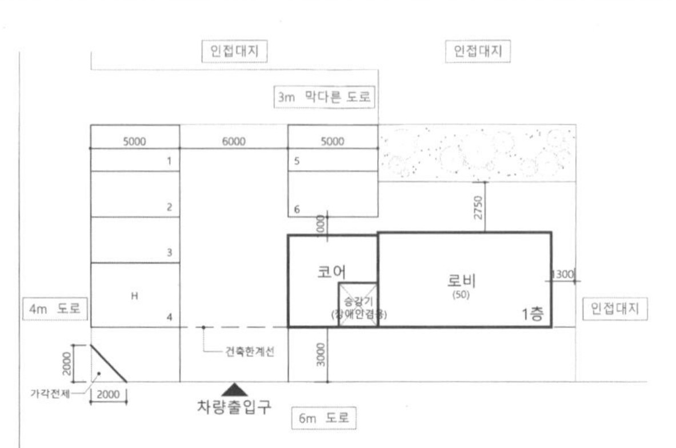

1층 평면도·주차계획도
축척: 1/200

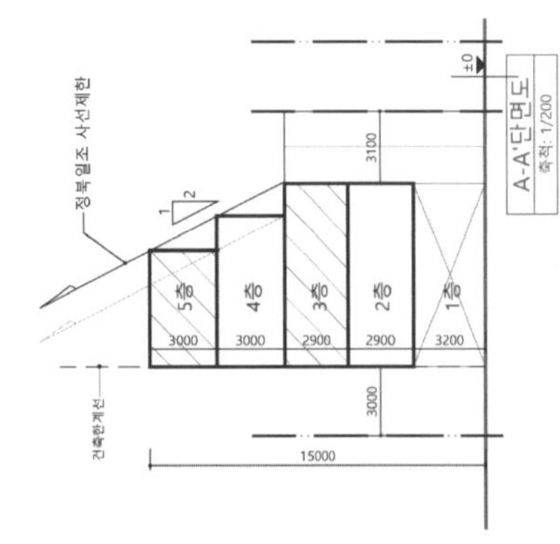

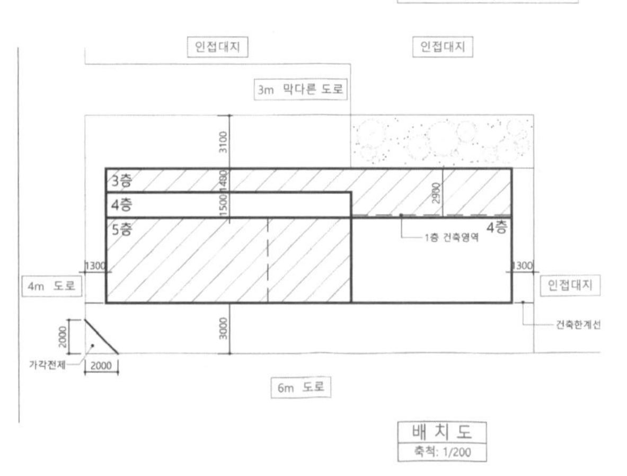

배 치 도
축척: 1/200

■ 주요 체크포인트

① 코어의 합리적 위치 선정 (5층 영역 내, 승강기 포함)

② 도로모퉁이 가각전제(2m x 2m)

③ 최대 규모를 위한 로비 계획(50m²)

④ 2,3층 단변 폭 통일

⑤ 최소 폭 4m 미만 5층 영역 삭제

⑥ 1층 평면도 및 주차계획 대안 가능
- 간결하고 합리적인 주차계획
- 다양한 형태는 가능하지만 1층 최대 면적은 69.72m²로 동일

⑦ 정확한 건축개요 작성
- 장애인 겸용 승강기 면적 제외

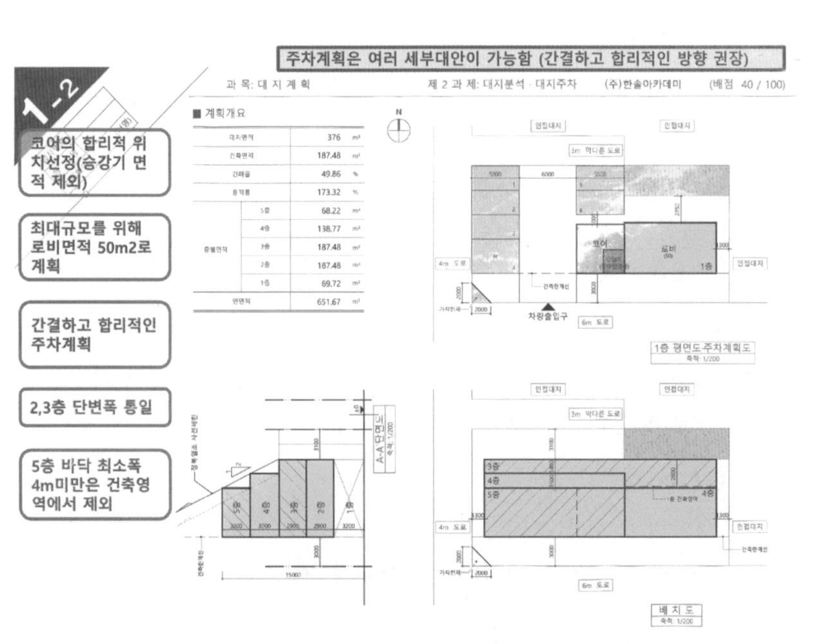

■ 문제풀이 Process

대지분석 · 조닝/대지주차 문제풀이를 위한 핵심이론 요약

1. 정북일조

▸ 지역일조권 : 전용주거지역, 일반주거지역 모든 건축물에 해당

▸ 인접대지와 고저차 있는 경우 : 평균 지표면 레벨이 기준

▸ 인접대지경계선으로부터의 이격거리
- 높이 9m 이하 : 1.5m 이상
- 높이 9m 초과 : 건축물 각 부분의 1/2 이상

▸ 계획대지와 인접대지 간 고저차 있는 경우

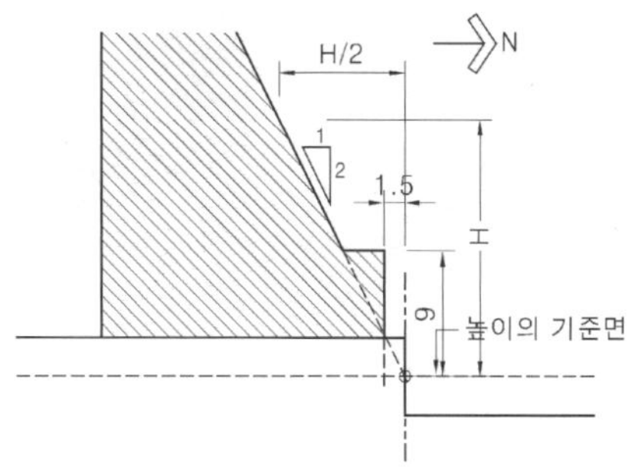

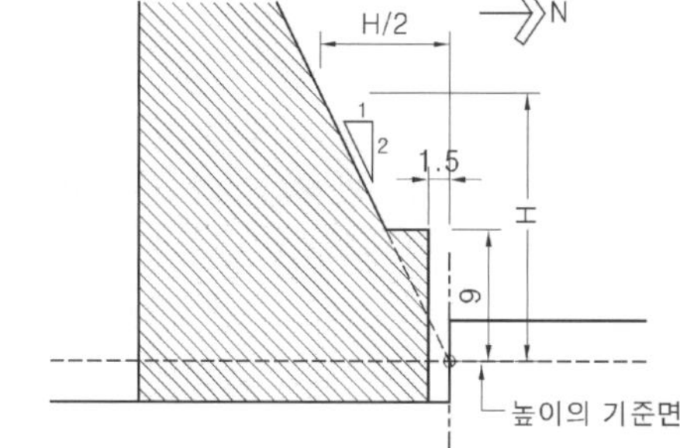

▸ 정북 일조를 적용하지 않는 경우
- 다음 각 목의 어느 하나에 해당하는 구역 안의 너비 20미터 이상의 도로(자동차 · 보행자 · 자전거 전용도로, 도로에 공공공지, 녹지, 광장, 그 밖에 건축미관에 지장이 없는 도시 · 군계획시설이 접한 경우 해당 시설 포함)에 접한 대지 상호간에 건축하는 건축물의 경우
  - 가. 지구단위계획구역, 경관지구
  - 나. 중점경관관리구역
  - 다. 특별가로구역
  - 라. 도시미관 향상을 위하여 허가권자가 지정 · 공고하는 구역
- 건축협정구역 안에서 대지 상호간에 건축하는 건축물(법 제77조의4제1항에 따른 건축협정에 일정 거리 이상을 띄어 건축하는 내용이 포함된 경우만 해당한다)의 경우
- 정북 방향의 인접 대지가 전용주거지역이나 일반주거지역이 아닌 용도지역인 경우

▸ 정북 일조 완화 적용
- 건축물을 건축하려는 대지와 다른 대지 사이에 다음 각 호의 시설 또는 부지가 있는 경우에는 그 반대편의 대지경계선(공동주택은 인접 대지경계선과 그 반대편 대지경계선의 중심선)을 인접대지경계선으로 한다.
  1. 공원(도시공원 중 지방건축위원회의 심의를 거쳐 허가권자가 공원의 일조 등을 확보할 필요가 있다고 인정하는 공원은 제외), 도로, 철도, 하천, 광장, 공공공지, 녹지, 유수지, 자동차 전용도로, 유원지 등
  2. 다음 각 목에 해당하는 대지
     - 가. 너비(대지경계선에서 가장 가까운 거리를 말한다)가 2미터 이하인 대지
     - 나. 면적이 제80조 각 호에 따른 분할제한 기준 이하인 대지
  3. 1,2호 외에 건축이 허용되지 않는 공지

2. 건축면적 제외항목

▸ 건축면적에서 제외되는 항목

① 지표면으로부터 1미터 이하에 있는 부분
② 창고 중 물품을 입출고하기 위하여 차량을 접안시키는 부분의 경우에는 지표면으로부터 1.5미터 이하에 있는 부분은 건축면적 제외
③ 기존의 다중이용업소 (2004년 5월 29일 이전의 것)의 비상구에 연결하여 설치하는 폭 2미터 이하의 옥외 피난계단(기존 건축물에 옥외 피난 계단을 설치함으로써 건폐율의 기준에 적합하지 아니하게 된 경우만 해당)
④ 건축물 지상층에 일반인이나 차량이 통행할 수 있도록 설치한 보행통로나 차량통로
⑤ 지하주차장의 경사로
⑥ 지하층의 출입구 상부(출입구 너비에 상당 하는 규모의 부분)
⑦ 생활폐기물 보관함
⑧ 어린이집 비상구에 연결하여 설치하는 폭 2미터 이하의 영유아용 대피용 미끄럼대 또는 비상계단
⑨ 장애인용 승강기, 장애인용 에스컬레이터, 휠체어리프트 또는 경사로
⑩ 현지보존 및 이전보존을 위하여 매장문화재 보호 및 전시에 전용되는 부분
⑪ 기타 가축사육 관련 시설(상세한 조건은 건축법시행령 제119조 1항 2호 참조)

3. 바닥면적 제외항목

① 벽, 기둥의 구획이 없는 건축물은 그 지붕 끝부분으로부터 수평거리 1m를 제외
② 발코니 등 노대 : 최대길이(L) × 1.5m 제외
③ 필로티 중 다음의 경우 면적 제외 (원칙적으로 필로티는 바닥면적 산입)
- 공중의 통행 / 차량의 통행 또는 주차에 전용 / 공동주택

④ 승강기탑(옥상 출입용 승강장 포함), 계단탑, 장식탑 등
⑤ 다락
- 평지붕 : 층고 1.5m 이하 / 경사지붕 : 층고 1.8m 이하

⑥ 건축물의 외부 또는 내부에 설치하는 굴뚝, 더스트슈트, 설비덕트 등과 옥상·옥외 또는 지하에 설치하는 물탱크, 기름탱크, 냉각탑, 정화조, 도시가스 정압기 등을 설치하기 위한 구조물
⑦ 공동주택으로서 지상층에 설치한 기계실, 전기실, 어린이놀이터, 조경시설 및 생활폐기물 보관함
⑧ 기존의 다중이용업소의 비상구에 연결하여 설치하는 폭 1.5미터 이하의 옥외 피난계단 (용적률에 적합하지 아니하게 된 경우만 해당)은 바닥면적에서 제외
⑩ 건축물을 리모델링하는 경우로서 미관 향상, 열의 손실 방지 등을 위하여 외벽에 부가하여 마감재 등을 설치하는 부분
⑪ 외단열 건축물의 경우 단열재가 설치된 외벽 중 내측 내력벽의 중심선을 기준으로 산정한 면적을 바닥면적으로 한다.
⑫ 어린이집 비상구에 연결하여 설치하는 폭 2미터 이하의 영유아용 대피용 미끄럼대 또는 비상계단
⑬ 장애인용 승강기, 장애인용 에스컬레이터, 휠체어리프트 또는 경사로
⑭ 현지보존 및 이전보존을 위하여 매장문화재 보호 및 전시에 전용되는 부분
⑮ 지하주차장의 경사로(지상층에서 지하 1층으로 내려가는 부분으로 한정한다)

■ 문제풀이 Process

대지분석 · 조닝/대지주차 문제풀이를 위한 핵심이론 요약

4. 가각전제

▸120° 미만인 도로로서 4m 이상 8m 미만인 도로의 교차시 도로 모퉁이에서의 시야확보가 목적

▸3m, 8m 도로, 120° 는 제외

▸가각전제된 부분은 대지면적에서 제외

▸도로너비와 교차각에 따른 가각전제 기준

도로의 교차각	당해 도로의 너비		교차되는 도로 너비
	6m 이상 8m 미만	4m 이상 6m 미만	
90° 미만	4m	3m	6m 이상 8m 미만
	3m	2m	4m 이상 6m 미만
90° 이상 120° 미만	3m	2m	6m 이상 8m 미만
	2m	2m	4m 이상 6m 미만

▸확폭과 가각전제를 동시 고려하는 경우
- 확폭을 우선 적용 후 가각전제 하는 순서로 진행

5. 공동주택 정의

공동주택[공동주택의 형태를 갖춘 가정어린이집 · 공동생활가정 · 지역아동센터 · 공동육아나눔터 · 작은도서관 · 노인복지시설(노인복지주택은 제외한다) 및 「주택법 시행령」 제10조제1항제1호에 따른 소형 주택을 포함한다]. 다만, 가목이나 나목에서 층수를 산정할 때 1층 전부를 필로티 구조로 하여 주차장으로 사용하는 경우에는 필로티 부분을 층수에서 제외하고, 다목에서 층수를 산정할 때 1층의 전부 또는 일부를 필로티 구조로 하여 주차장으로 사용하고 나머지 부분을 주택(주거 목적으로 한정한다) 외의 용도로 쓰는 경우에는 해당 층을 주택의 층수에서 제외하며, 가목부터 라목까지의 규정에서 층수를 산정할 때 지하층을 주택의 층수에서 제외한다.

가. 아파트 : 주택으로 쓰는 층수가 5개 층 이상인 주택

나. 연립주택 : 주택으로 쓰는 1개 동의 바닥면적(2개 이상의 동을 지하주차장으로 연결하는 경우에는 각각의 동으로 본다) 합계가 660제곱미터를 초과하고, 층수가 4개 층 이하인 주택

다. 다세대주택 : 주택으로 쓰는 1개 동의 바닥면적 합계가 660제곱미터 이하이고, 층수가 4개 층 이하인 주택(2개 이상의 동을 지하주차장으로 연결하는 경우에는 각각의 동으로 본다)

라. 기숙사 : 다음의 어느 하나에 해당하는 건축물로서 공간의 구성과 규모 등에 관하여 국토교통부 장관이 정하여 고시하는 기준에 적합한 것. 다만, 구분소유된 개별 실(室)은 제외한다.

1) 일반기숙사 : 학교 또는 공장 등의 학생 또는 종업원 등을 위하여 사용하는 것으로서 해당 기숙사의 공동취사시설 이용 세대 수가 전체 세대 수(건축물의 일부를 기숙사로 사용하는 경우에는 기숙사로 사용하는 세대 수로 한다. 이하 같다)의 50퍼센트 이상인 것(「교육기본법」 제27조제2항에 따른 학생복지주택을 포함한다)

2) 임대형기숙사 : 「공공주택 특별법」 제4조에 따른 공공주택사업자 또는 「민간임대주택에 관한 특별법」 제2조제7호에 따른 임대사업자가 임대사업에 사용하는 것으로서 임대 목적으로 제공하는 실이 20실 이상이고 해당 기숙사의 공동취사시설 이용 세대 수가 전체 세대 수의 50퍼센트 이상인 것

6. 채광일조

▸용도일조권 : 중심상업, 일반상업지역을 제외한 지역의 공동주택에 적용

▸공동주택 : 아파트, 연립주택, 다세대주택, 기숙사, 도시형 생활주택

▸채광일조권 분류
- 인접대지 사선제한
- 인동거리
- 부위별 이격거리

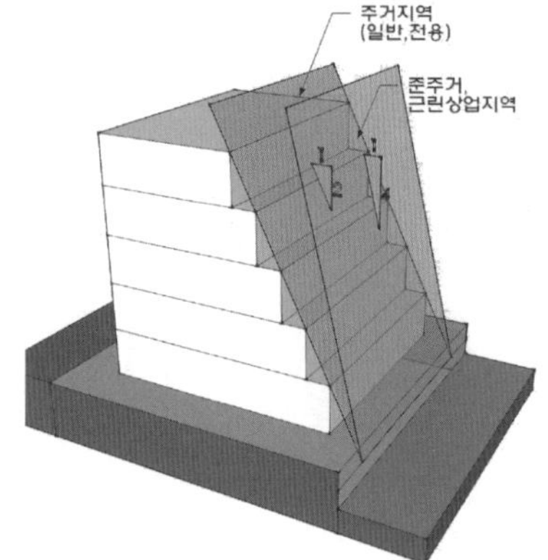

▸인접대지 사선제한
- 건축물(기숙사 제외)의 각 부분의 높이는 그 부분으로부터 채광을 위한 창문 등이 있는 벽면에서 직각 방향으로 인접 대지경계선까지의 수평거리의 2배(근린상업지역 또는 준주거지역의 건축물은 4배) 이하
- 다세대주택은 채광을 위한 창문 등이 있는 벽면에서 직각 방향으로 인접 대지경계선까지의 수평거리가 1미터 이상으로서 건축조례로 정하는 거리 이상인 경우 인접대지 사선제한을 적용하지 아니함.
- 인접 대지가 낮은 경우 : 단차를 평균한 레벨에서 적용
- 인접 대지가 높은 경우 : 계획 대지 레벨에서 그대로 적용

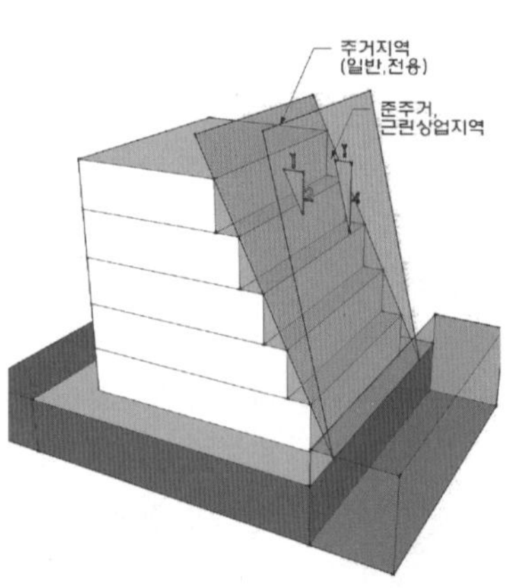

▸인동거리
- 같은 대지에서 두 동 이상의 건축물이 서로 마주보고 있는 경우 건축물 각 부분 사이의 거리는 채광을 위한 창문 등이 있는 벽면으로부터 직각방향으로 건축물 각 부분 높이의 0.5배(도시형 생활주택 0.25배) 이상의 범위에서 건축조례로 정하는 거리 이상

▸부위별 이격거리
- 채광창(창넓이가 0.5제곱미터 이상인 창)이 없는 벽면과 측벽이 마주보는 경우 : 8미터 이상
- 측벽과 측벽이 마주보는 경우 : 4미터 이상

▸주거복합 건물에서의 채광일조권 적용
- 공동주택의 최하단 부분을 가상지표면으로 보아 채광일조 적용
  - • 일반주거, 전용주거지역 : 1/2
  - • 근린상업, 준주거지역 : 1/4
- 주거복합 인접대지 채광일조 적용 기본안
  - • 인접대지 레벨과 관계없이 주거 최하단에서 채광일조 적용

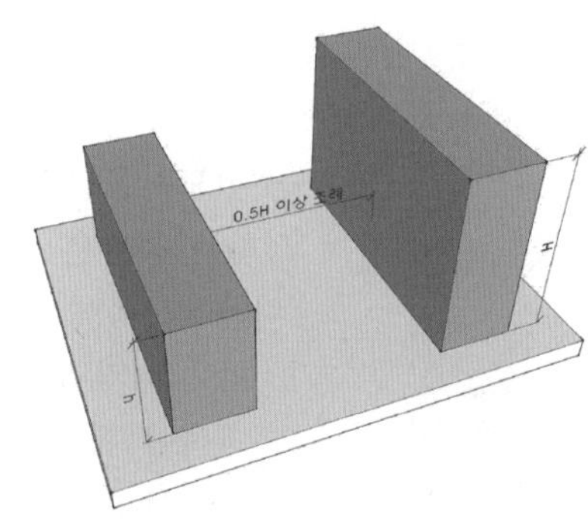

▸지문

① 건축물 용도 : 다세대주택

② 건축물은 도로경계선 및 인접대지경계선으로부터 1.3m 이격한다.
- 채광일조 관련 지문 미제시 : 인접대지 사선 배제

■ 문제풀이 Process

대지분석 · 조닝/대지주차 주요 체크포인트

○ 설계주안점

주차계획은 여러 세부 대안이 가능함 (간결하고 합리적인 방향 권장)

1-2

- 코어의 합리적 위치 선정 (승강기 면적 제외)
- 최대규모를 위해 로비 면적 50m2로 계획
- 간결하고 합리적인 주차계획
- 2,3층 단변 폭 통일
- 5층 바닥 최소폭 4m 미만은 건축영역에서 제외

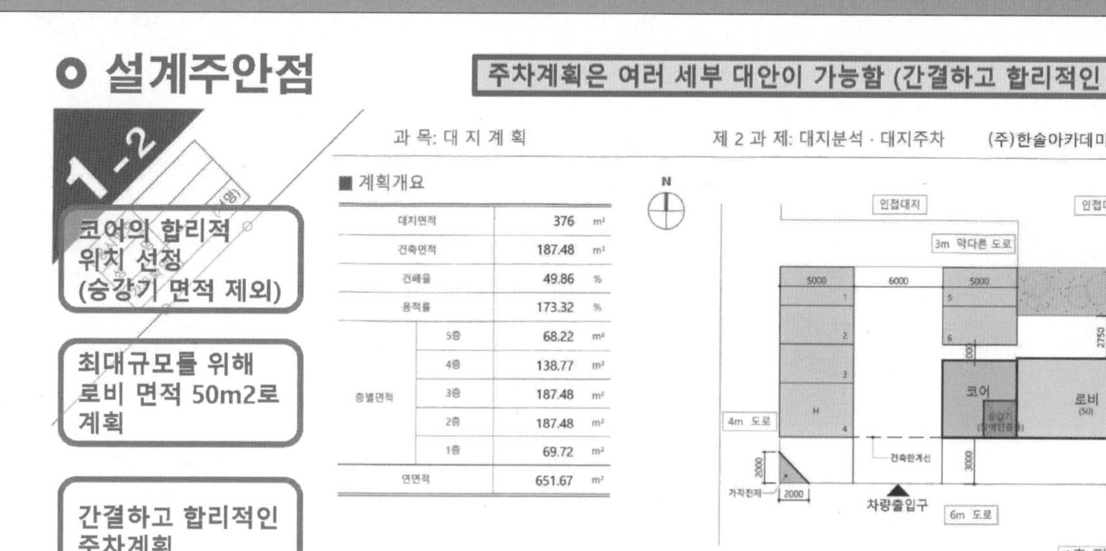

과 목: 대 지 계 획　　제 2 과 제: 대지분석 · 대지주차　　(주)한솔아카데미　　(배점 40 / 100)

■ 계획개요

구분		면적	단위
대지면적		376	m²
건축면적		187.48	m²
건폐율		49.86	%
용적률		173.32	%
층별면적	5층	68.22	m²
	4층	138.77	m²
	3층	187.48	m²
	2층	187.48	m²
	1층	69.72	m²
연면적		651.67	m²

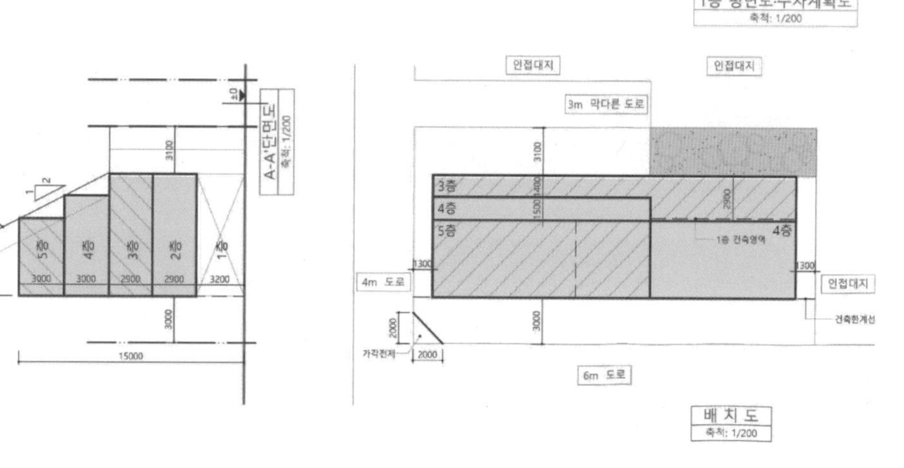

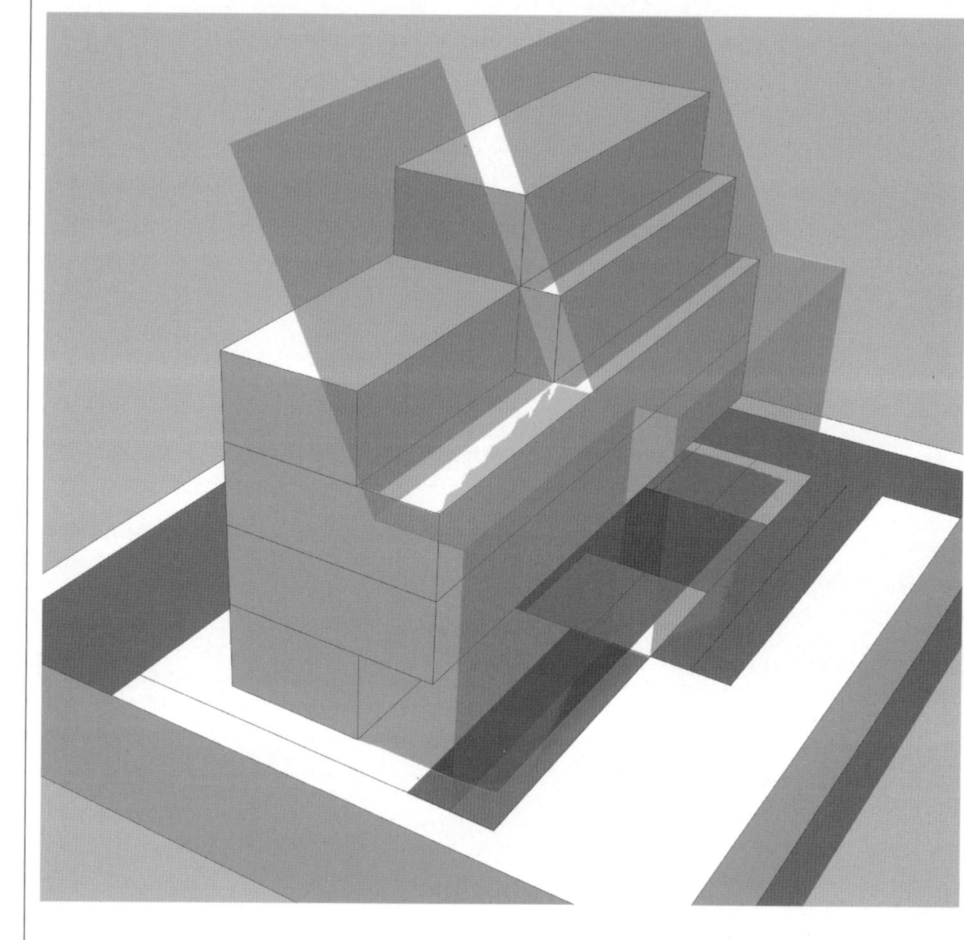

▸ 정북일조 적용

① 북측인접대지 조건에 따른 합리적 일조권 적용

: ±0 vs ±0

: 적용레벨 = ±0

② 공지 완화 적용

: 북측 3m도로 중심(공동주택)

▸ 채광일조 배제

① 건축물은 도로경계선 및 인접대지경계선으로부터 1.3m 이격한다.

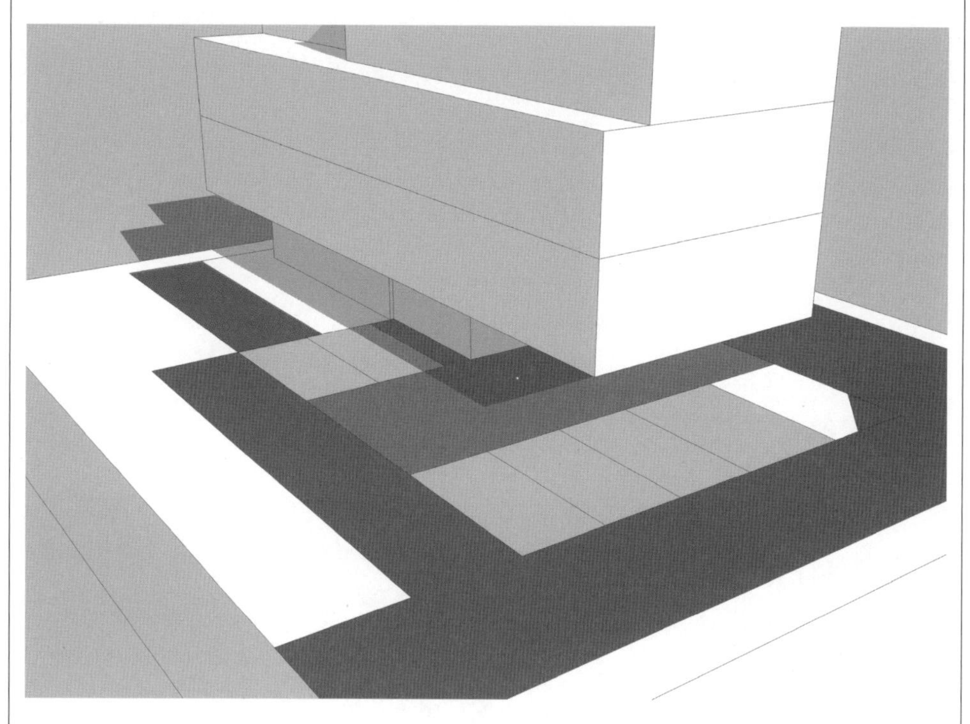

▸ 지상 주차장 계획

① 직각주차, 차로는 도로를 사용하지 않는다.

② 주차단위구획은 세로 연접배치를 하지 않는다.

③ 일반주차 5대 (2.5m x 5.0m)

④ 장애인전용주차 1대 (3.5m x 5.0m)

⑤ 상부건축물 영역 검토 후 최상층 영역 내 코어위치에 대한 대안과 동시에 주차장 계획 검토

▸ 건폐율, 용적률 적용

① 최대 용적률을 만족하는 다양한 형태의 대안이 가능 (1층 로비 형태)

② 정확한 면적 산정 및 건축개요 작성

▸ 이격거리 준수

① 건축물은 인접대지경계선, 도로경계선으로부터 1.3m 이상

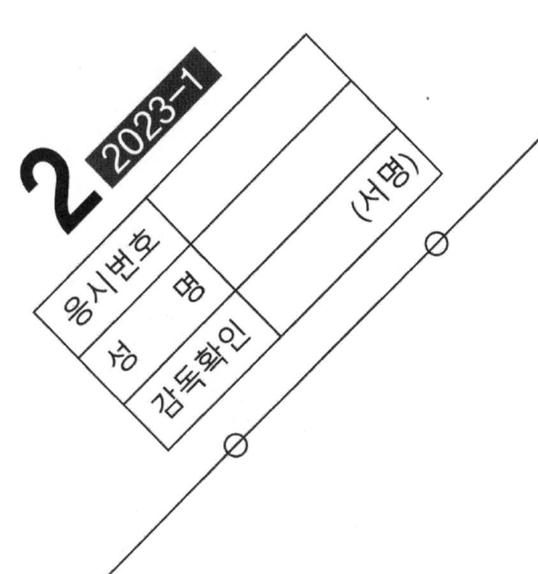

■ 계획개요

대지면적		376	m²
건축면적		187.48	m²
건폐율		49.86	%
용적률		173.32	%
층별면적	5층	68.22	m²
	4층	138.77	m²
	3층	187.48	m²
	2층	187.48	m²
	1층	69.72	m²
연면적		651.67	m²

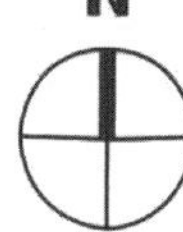

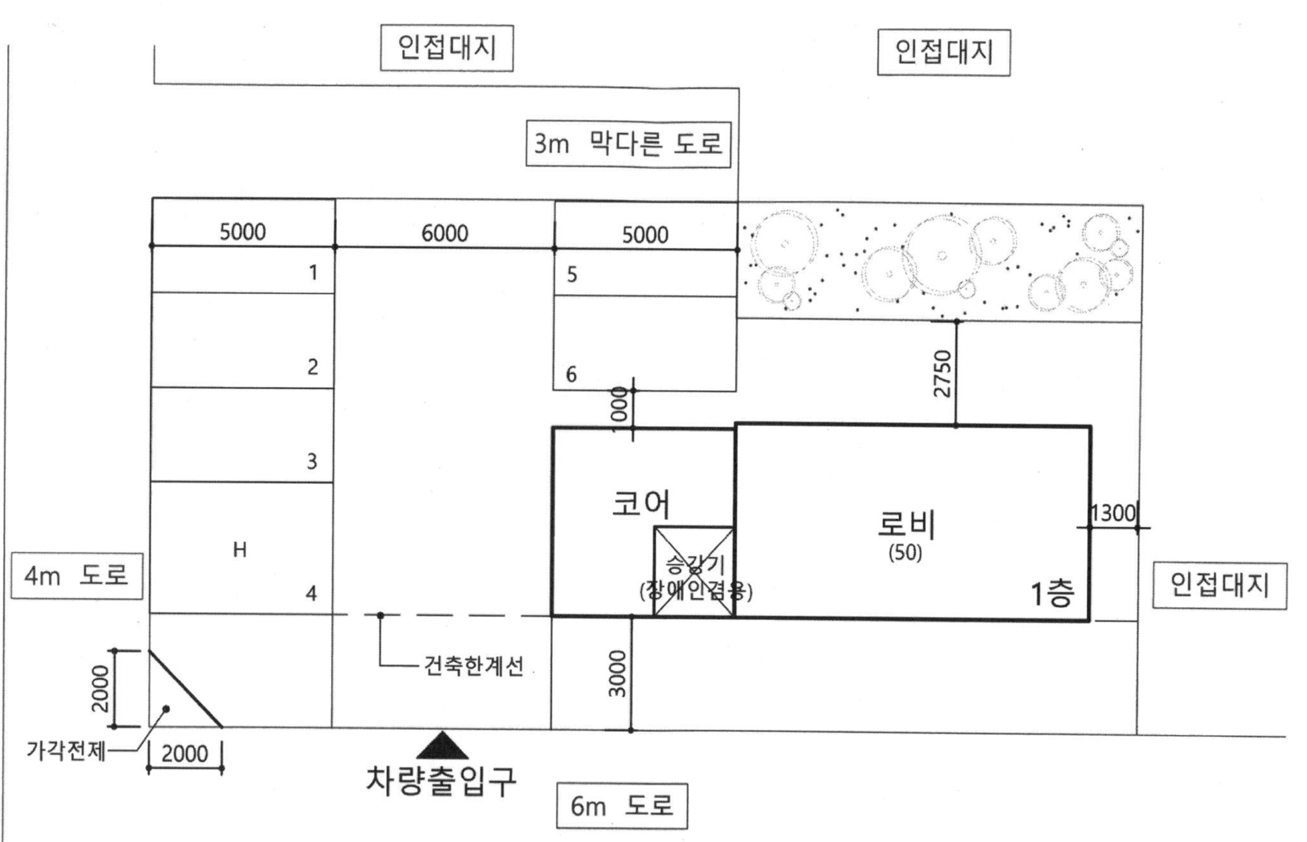

1층 평면도·주차계획도
축척: 1/200

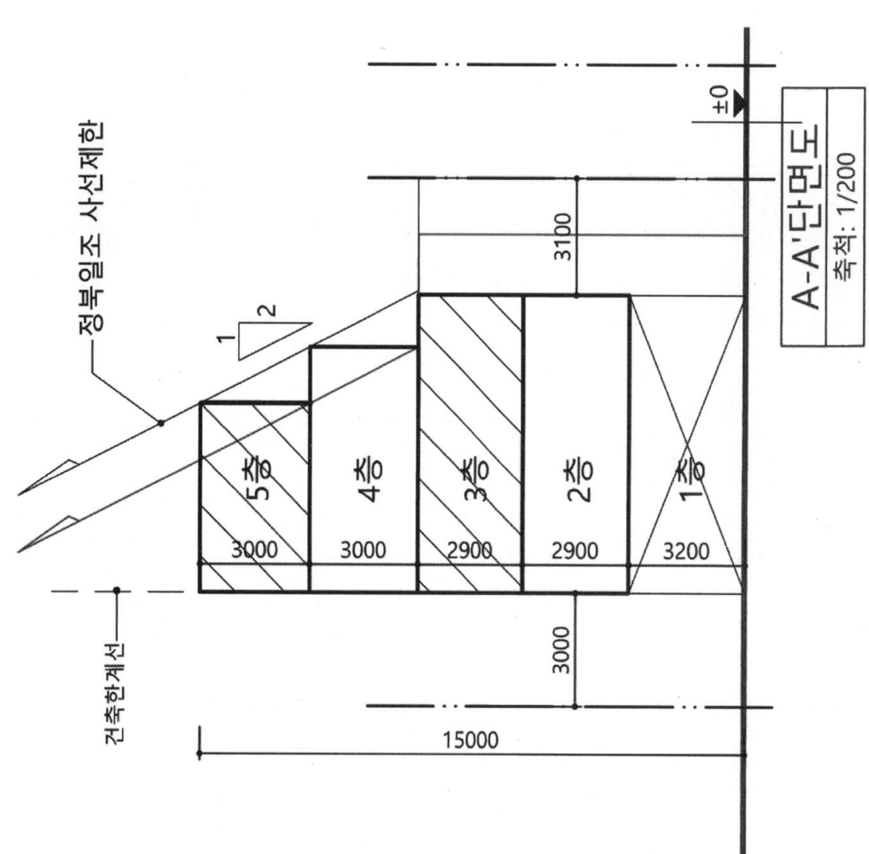

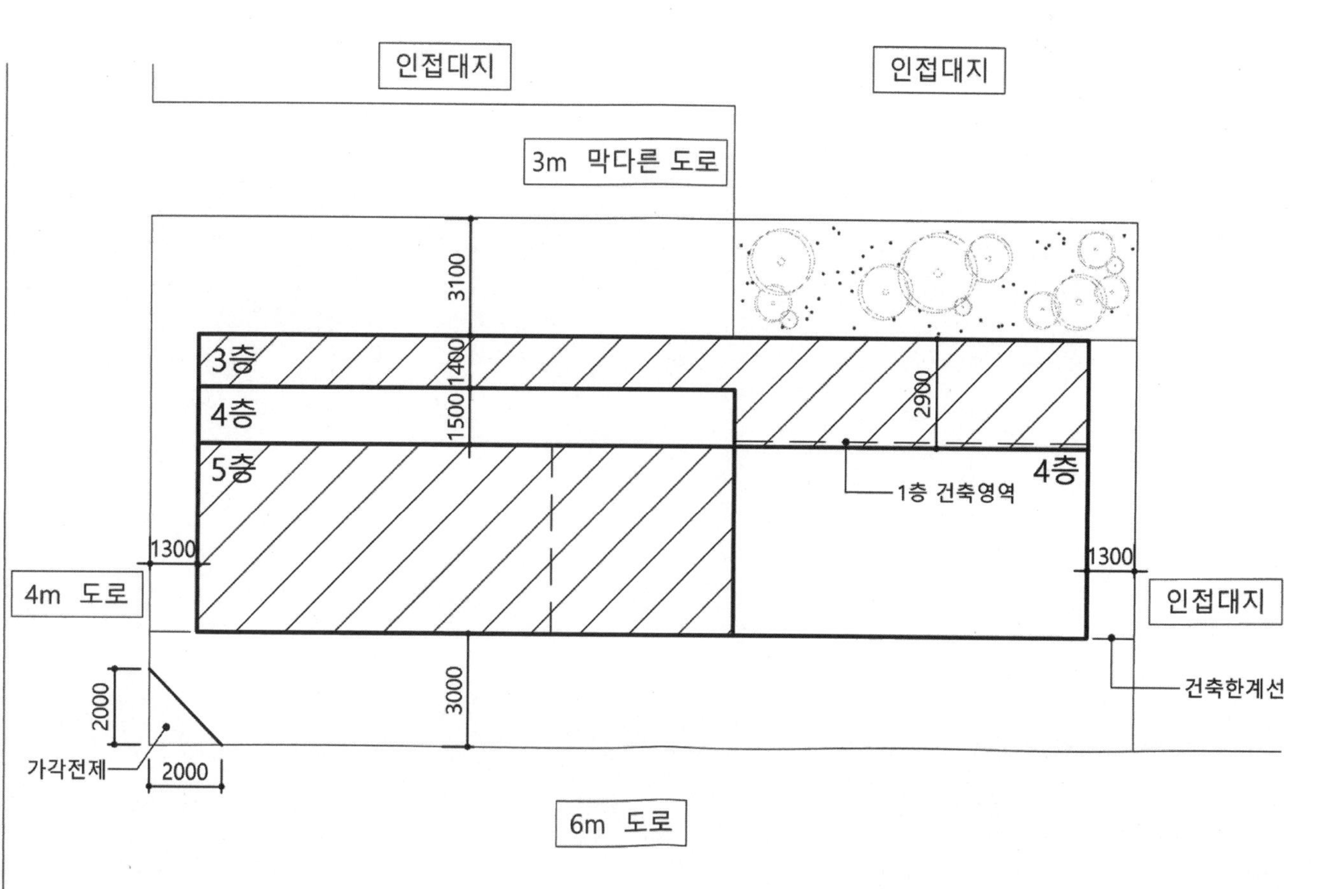

배 치 도
축척: 1/200

구 성	FACTOR	지 문 본 문	FACTOR	구 성

2023년도 제2회 건축사자격시험 문제

과목: 대지계획 　　　　제1과제 (배치계획) 　　　　① 배점: 65/100점

제 목 : 문화산업진흥센터 ②

1. 과제개요

문화산업진흥센터를 계획하고자 한다. 계획조건, 주변현황, 시설 간 연계를 고려하여 배치도를 작성하시오.

2. 대지조건

(1) 용도지역: 준공업지역③
(2) 대지면적: 16,200m^2
(3) 주변현황: <대지현황도> 참고④

3. 계획조건 및 고려사항

(1) 계획조건

① 단지 내 도로⑤

구분	너비
차로	6m 이상
보행로	2m 이상

② 건축물 (가로 세로 구분 없음, 총 7개 동)⑥

구분	시설명	크기	층수	비고
공연지원영역	공연동	42m × 40m	2층	다목적 행사 및 공연
	운영지원동	30m × 20m	4층	센터 운영 및 공연 지원
	숙박동	42m × 11m	3층	공연 및 행사 관계자의 숙소
문화산업진흥영역	창작동	50m × 18m	3층	예술인의 창작 작업실
	전시동	40m × 10m	2층	작품 전시 및 판매
	후생동	40m × 10m	2층	식당 및 카페테리아
	업무동	30m × 20m	4층	문화산업 관련 사무공간

③ 외부시설⑦

구분	크기	계획조건
진입마당	10m × 50m (가로×세로)	아트 스트리트 연결
아트 스트리트	40m × 10m (가로×세로)	진입마당과 중앙광장 연결
중앙광장	1,000m^2 이상	공연동 연결
휴게마당	400m^2 이상	업무동과 운영지원동 이용자 사용
생태정원	32m × 16m (가로×세로)	숙박동과 근린공원 연계

④ 주차장⑧

구분	주차대수	계획조건
주차장Ⓐ	35대 이상	운영지원동과 공연동 이용자 사용 장애인전용주차 2대 포함
주차장Ⓑ	6대 이상	업무동과 후생동 이용자 사용 장애인전용주차 1대 포함
주차장Ⓒ	6대 이상	창작동과 전시동 이용자 사용 장애인전용주차 1대 포함

(2) 고려사항

① 건축물 및 외부시설은 대지경계선에서 3m 이상 이격하여 배치한다.⑨
② 차량 출입구는 10m 도로에 1개소 계획한다.⑩
③ 건축물 상호간은 10m 이상 이격거리를 확보한다.⑪
④ 건축물 둘레에는 너비 2m 이상의 보행로를 계획한다.⑫
⑤ 진입마당은 전통악기거리와의 연속성을 고려하여 계획한다.⑬
⑥ 진입마당과 중앙광장은 아트 스트리트를 통해 연결되도록 한다.⑬
⑦ 공연동은 차량 출입구와 인접하여 배치하며, 중앙광장과 연결한다.⑭
⑧ 업무동은 대중교통 이용이 편리한 곳에 배치한다.⑮
⑨ 전시동과 후생동 사이에 아트 스트리트를 배치하고, 별도의 보행로를 계획하지 않는다.⑯
⑩ 전시동과 후생동의 장변에 2m 폭의 아케이드를 건축물 내부에 각각 계획한다.
⑪ 업무동은 후생동과 인접하여 배치하고, 2층에 연결통로(너비 4m 이상)를 계획한다.
⑫ 창작동은 전시동과 인접하여 배치하고, 2층에 연결통로(너비 4m 이상)를 계획한다.⑰
⑬ 숙박동은 향과 조망을 고려하여 배치한다.⑱
⑭ 생태정원은 근린공원과 연결되도록 배치한다.

구성 (왼쪽)

1. 제목
- 배치하고자 하는 시설의 제목을 제시합니다.

2. 과제개요
- 시설의 목적 및 취지를 언급합니다.
- 전체사항에 대한 개괄적인 설명이 추가되는 경우도 있습니다.

3. 대지조건(개요)
- 대지전반에 관한 개괄적인 사항이 언급됩니다.
- 용도지역, 지구
- 접도조건
- 건폐율, 용적률 적용 여부를 제시
- 대지내부 및 주변현황 (최근 계속 현황도가 별도로 제시)

4. 계획조건
ⓐ 배치시설
- 배치시설의 종류
- 건물과 옥외시설물은 구분하여 제시되는 것이 일반적입니다.
- 시설규모
- 필요시 각 시설별 요구사항이 첨부됩니다.

FACTOR (왼쪽)

① 배점을 확인하여 2과제의 시간배분 기준으로 활용합니다.
- 65점 (난이도 예상)

② 문화산업진흥센터
- 시설 성격(공공시설) 파악

③ 지역지구 : 준공업지역

④ 대지현황도 제시
- 계획 조건을 파악하기에 앞서 반드시 현황도를 이용한 1차 현황분석을 선행(대지의 기본 성격 이해한 후 문제풀이 진행)

⑤ 단지 내 도로
- 차로와 보행로로 구분하여 제시

⑥ 건축물
- 건물 성격 파악
- 2개 영역 구분하여 제시
공연지원 vs 문화산업진흥 (영역별 조닝 고려)
- 숙박동 프라이버시 고려

⑦ 외부시설
- 진입마당+아트 스트리트+중앙광장으로 이어지는 주보행축
- 중앙광장은 공연동 연결
- 휴게마당은 업무동(문화산업진흥영역)과 운영지원동(공연지원영역) 이용자 사용
- 생태정원은 숙박동과 근린공원 연계

⑧ 주차장
- 주차장Ⓐ : 일방향순환, 운영지원동과 공연동 인접
- 주차장Ⓑ : 양방향동선, 업무동과 후생동 인접
- 주차장Ⓒ : 양방향동선, 창작동과 전시동 인접

FACTOR (오른쪽)

⑨ 이격거리-1
- 건축물 및 외부시설은 대지경계선에서 3m 이격

⑩ 차량진출입구
- 10m 도로에 1개소 계획
- 각 주차장까지 내부도로 검토

⑪ 이격거리-2
- 건축물 vs 건축물: 10m 이상

⑫ 건축물 둘레 너비 2m 보행로
- 건축물 4면 모두 고려

⑬ 진입마당
- 전통악기거리와의 연속성 고려
- 주진입 보행동선 축(axis)
- 아트 스트리트를 통해 중앙광장과 연계

⑭ 공연동
- 차량 출입구(10m 도로)와 인접
- 중앙광장과 연결

⑮ 업무동
- 대중교통 이용이 편리한 곳에 배치
- 20m 도로변 버스정류장 인접
- 후생동과 인접, 상부 연결통로

⑯ 아트 스트리트
- 전시동과 후생동 사이 배치
- 건물 장변 아케이드와 유기적 연계

⑰ 창작동
- 전시동과 인접, 상부 연결통로

⑱ 숙박동
- 향과 조망 고려
- 생태정원 및 근린공원과 연계
- 프라이버시 고려

구성 (오른쪽)

ⓑ 배치고려사항
- 건축가능영역
- 시설간의 관계 (근접, 인접, 연결, 연계 등)
- 보행자동선
- 차량동선 및 주차장계획
- 장애인 관련 사항
- 조경 및 포장
- 자연과 지형활용
- 옹벽 등의 사용지침
- 이격거리
- 기타사항

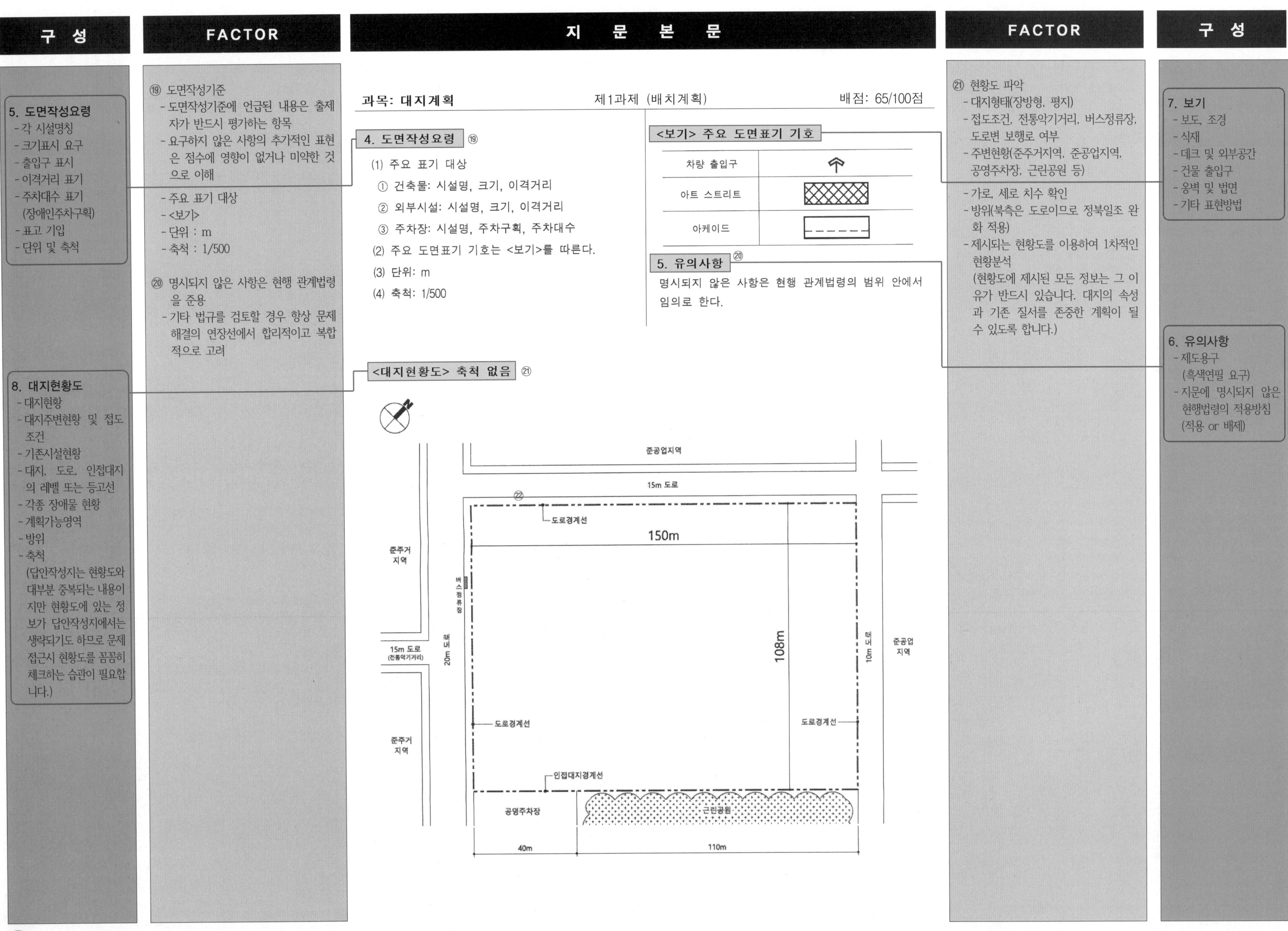

구 성	FACTOR	지 문 본 문	FACTOR	구 성

구 성

5. 도면작성요령
- 각 시설명칭
- 크기표시 요구
- 출입구 표시
- 이격거리 표기
- 주차대수 표기 (장애인주차구획)
- 표고 기입
- 단위 및 축척

8. 대지현황도
- 대지현황
- 대지주변현황 및 접도조건
- 기존시설현황
- 대지, 도로, 인접대지의 레벨 또는 등고선
- 각종 장애물 현황
- 계획가능영역
- 방위
- 축척 (답안작성지는 현황도와 대부분 중복되는 내용이지만 현황도에 있는 정보가 답안작성지에서는 생략되기도 하므로 문제 접근시 현황도를 꼼꼼히 체크하는 습관이 필요합니다.)

FACTOR

⑲ 도면작성기준
- 도면작성기준에 언급된 내용은 출제자가 반드시 평가하는 항목
- 요구하지 않은 사항의 추가적인 표현은 점수에 영향이 없거나 미약한 것으로 이해
- 주요 표기 대상
- <보기>
- 단위 : m
- 축척 : 1/500

⑳ 명시되지 않은 사항은 현행 관계법령을 준용
- 기타 법규를 검토할 경우 항상 문제해결의 연장선에서 합리적이고 복합적으로 고려

지 문 본 문

과목: **대지계획** 제1과제 (배치계획) 배점: 65/100점

4. 도면작성요령 ⑲

(1) 주요 표기 대상
① 건축물: 시설명, 크기, 이격거리
② 외부시설: 시설명, 크기, 이격거리
③ 주차장: 시설명, 주차구획, 주차대수

(2) 주요 도면표기 기호는 <보기>를 따른다.

(3) 단위: m

(4) 축척: 1/500

<보기> 주요 도면표기 기호

차량 출입구	(기호)
아트 스트리트	(기호)
아케이드	(기호)

5. 유의사항 ⑳

명시되지 않은 사항은 현행 관계법령의 범위 안에서 임의로 한다.

<대지현황도> 축척 없음 ㉑

FACTOR

㉑ 현황도 파악
- 대지형태(장방형, 평지)
- 접도조건, 전통악기거리, 버스정류장, 도로변 보행로 여부
- 주변현황(준주거지역, 준공업지역, 공영주차장, 근린공원 등)
- 가로, 세로 치수 확인
- 방위(북측은 도로이므로 정북일조 완화 적용)
- 제시되는 현황도를 이용하여 1차적인 현황분석 (현황도에 제시된 모든 정보는 그 이유가 반드시 있습니다. 대지의 속성과 기존 질서를 존중한 계획이 될 수 있도록 합니다.)

구 성

7. 보기
- 보도, 조경
- 식재
- 데크 및 외부공간
- 건물 출입구
- 옹벽 및 법면
- 기타 표현방법

6. 유의사항
- 제도용구 (흑색연필 요구)
- 지문에 명시되지 않은 현행법령의 적용방침 (적용 or 배제)

■ 문제풀이 Process

1 제목 및 과제 개요 check

① 배점 : 60점 / 출제 난이도 예상
소과제별 문제풀이 시간을 배분하는 기준
② 제목 : 문화산업진흥센터 배치계획
③ 준공업지역 : 도시계획 차원의 기본적인 대지 성격을 파악
④ 주변현황 : 대지현황도 참조

2 현황 분석

① 대지형상 및 내부 조건 파악
- 장방형 평지

② 대지주변 조건
- 남서측 20m 도로, 북서측 15m 도로, 북동측 8m 도로
  : 보행자 및 차량 주출입구 예상
- 남동측 공영주차장 및 근린공원(공원 연계 조건 확인)
- 버스정류장, 전통악기거리
- 프라이버시 확보에 유리한 영역 check
- 기타 주변현황 + 방위축 확인
  : 준주거지역, 준공업지역

<대지현황도> 축척 없음

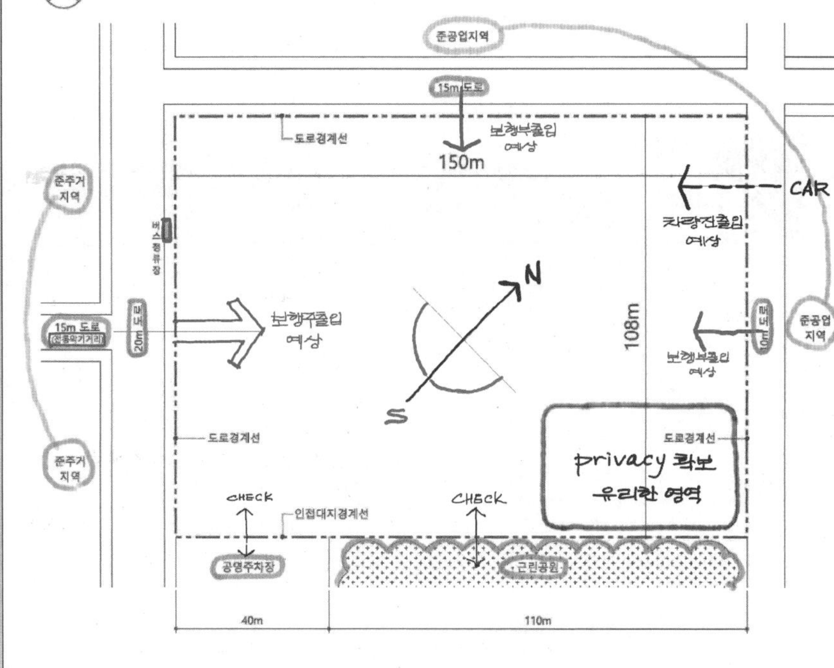

3 요구조건 분석 (diagram)

① 단지 내 도로
- 차로(6m이상), 보행로(2m이상)

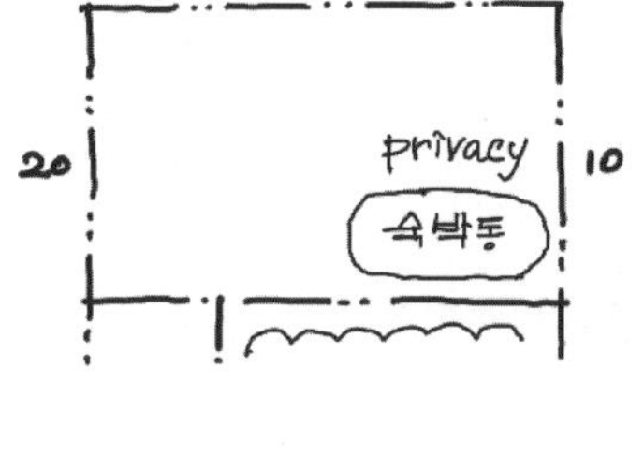

② 건축물 조건 및 성격 파악
- 공연지원영역 vs 문화산업진흥영역
- 규모는 O층, Om x Om 제시
- 숙박동 : 프라이버시 고려

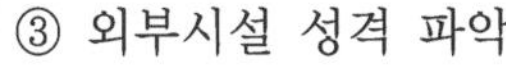
③ 외부시설 성격 파악
- 규모 : Om x Om, Om²
- 진입마당 : 아트 스트리트 연결
- 아트 스트리트 : 진입마당과 중앙광장 연결
- 중앙광장 : 공연동 연결
- 휴게마당 : 업무동, 운영지원동 인접
- 생태정원 : 숙박동, 근린공원 인접

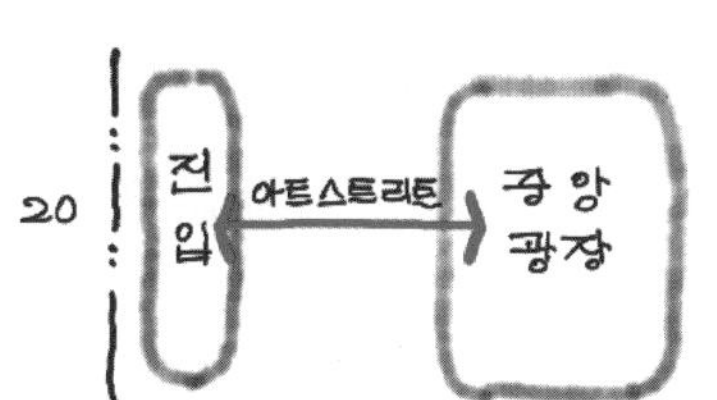

④ 주차장
- 주차장A : 35대(장애인용 2대), 운영지원동과 공연동 이용자 사용
- 주차장B : 6대(장애인용 1대), 업무동과 후생동 이용자 사용
- 주차장C : 6대(장애인용 1대), 창작동과 전시동 이용자 사용
- 규모에 어울리는 동선 계획

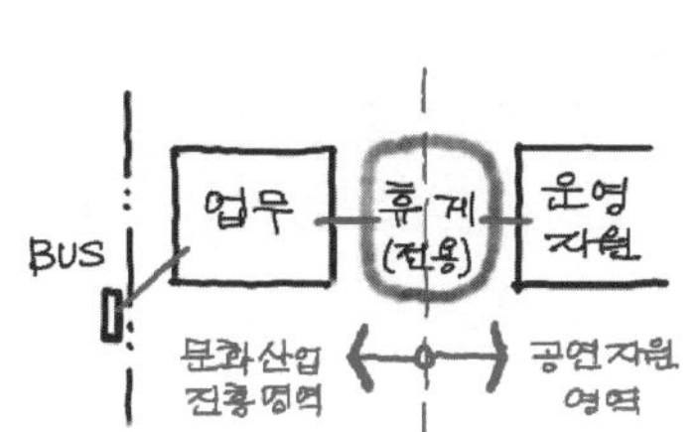

⑤ 차량 출입구
- 10m 도로에 1개소 계획
- 각 주차장까지 내부도로 검토

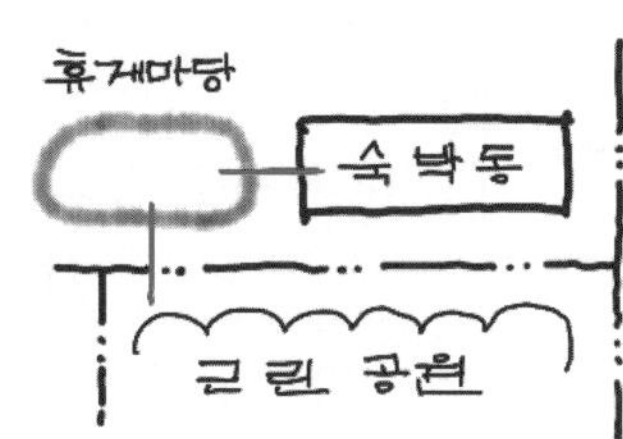

⑥ 이격거리
- 건축물 및 외부시설 vs 대지경계선 : 3m 이상
- 건축물 vs 건축물 : 10m 이상

⑦ 보행로 세부계획 기준
- 건축물 둘레에 2m 이상 보행로
- 건물 주변 4면 모두 고려

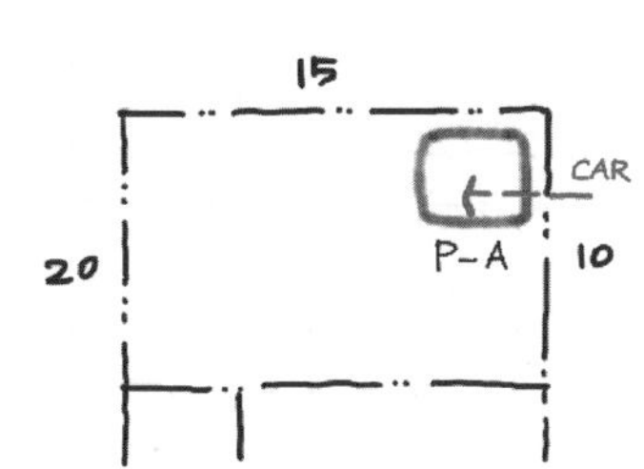

⑧ 진입마당
- 전통악기거리와의 연속성 고려
- 주보행축(axis) 설정

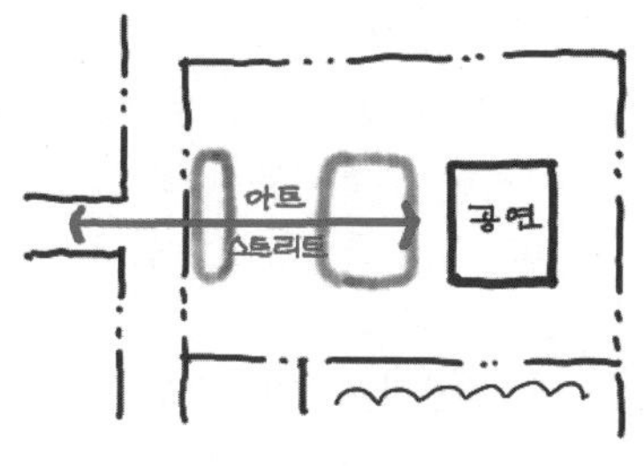

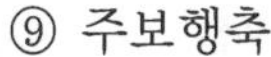
⑨ 주보행축
- 진입마당과 중앙광장은 아트 스트리트를 통해 연결

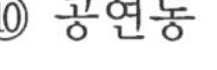
⑩ 공연동
- 차량 출입구와 인접 배치
- 중앙광장과 연결
- 주보행축과 관계 설정 가능

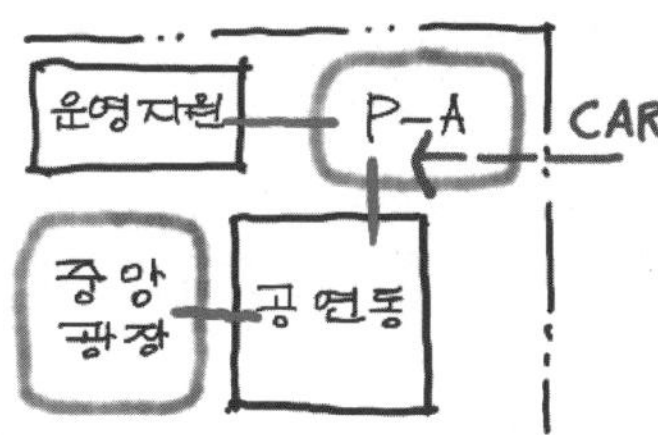

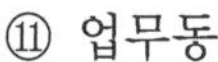
⑪ 업무동
- 대중교통 이용이 편리한 곳
- 휴게마당과 연계
- 주차장B와 연계

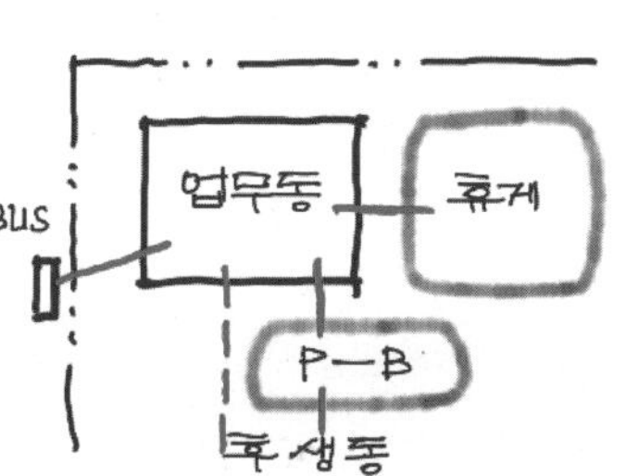

⑫ 아트 스트리트
- 전시동과 후생동 사이
- 아케이드와 유기적 연계

⑬ 연결통로
- 업무동과 후생동 인접, 상부 연결통로 계획
- 창작동과 전시동 인접, 상부 연결통로 계획

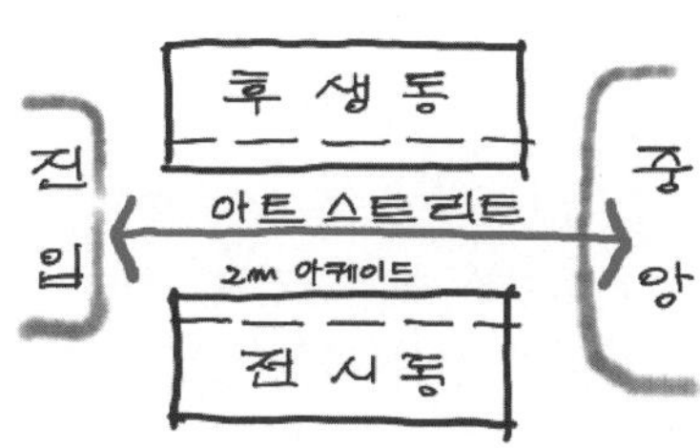

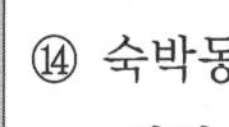
⑭ 숙박동
- 향과 조망을 고려하여 배치
- 생태정원 인접
- 프라이버시 고려

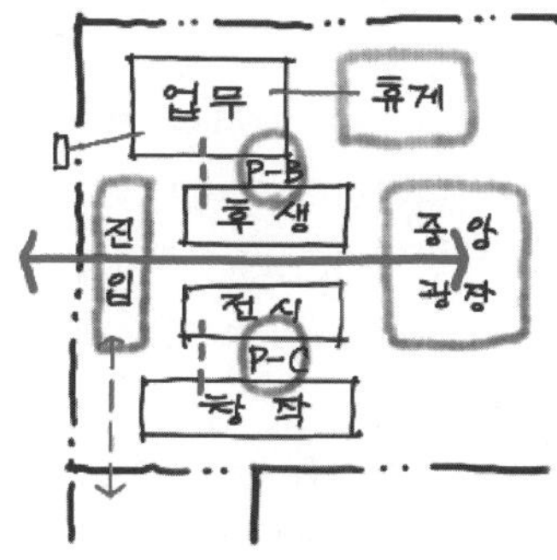

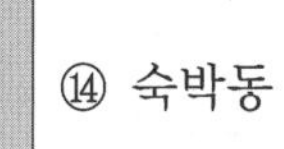

⑮ 생태정원
- 근린공원과 연결

■ 문제풀이 Process

4 토지이용계획

① 내부동선
-전통악기거리와 연속성을 고려한 주보행동선 축
-10m 도로측 차량 출입구 1개소 계획
-각 주차장까지의 내부도로 예상

② 시설조닝
-주도로측 : 문화산업진흥 영역
-부도로측 : 공연지원영역
-중앙광장, 공연동을 중심으로 합리적인 시설 배치

③ 시험의 당락을 결정짓는 큰 그림

5 배치대안검토

① 토지이용계획을 바탕으로 세부 치수 계획

② 조닝된 영역을 기본으로 시설별 연계조건을 고려하여 시설 위치 선정
-원칙적인 보차분리가 불가능한 요구조건을 파악하여 적절히 대응

③ 영역 내부 시설물 배치는 합리적인 수준에서 정리되면 O.K
-정답을 찾으려 하지 말자

④ 설계주안점 반영 여부 체크 후 작도 시작

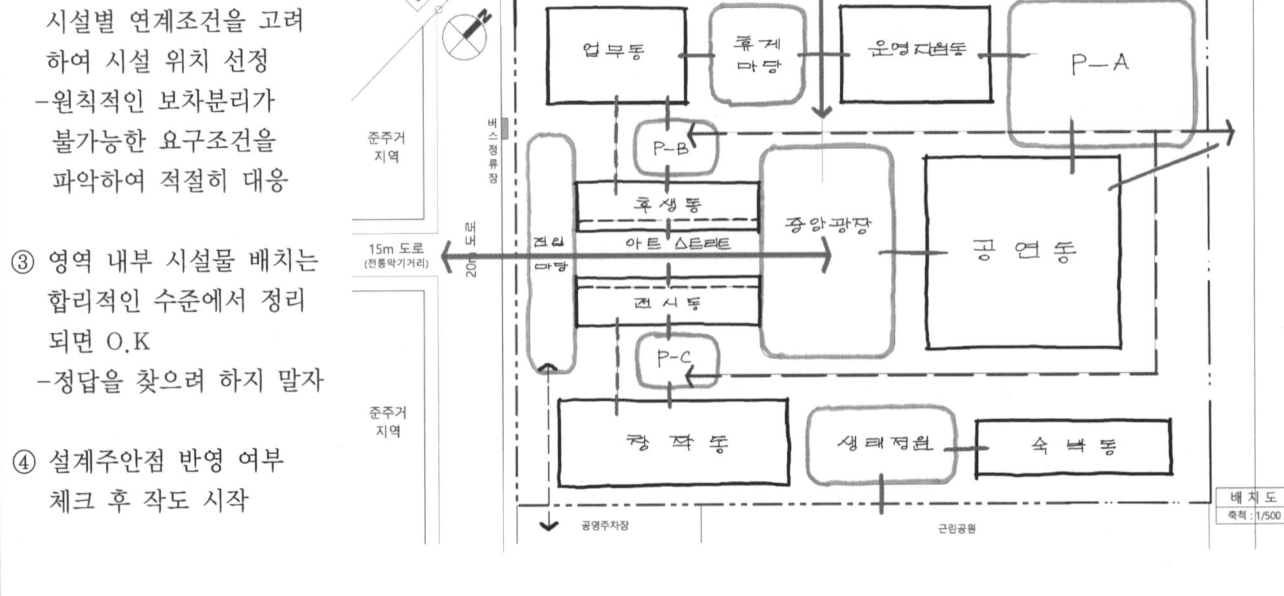

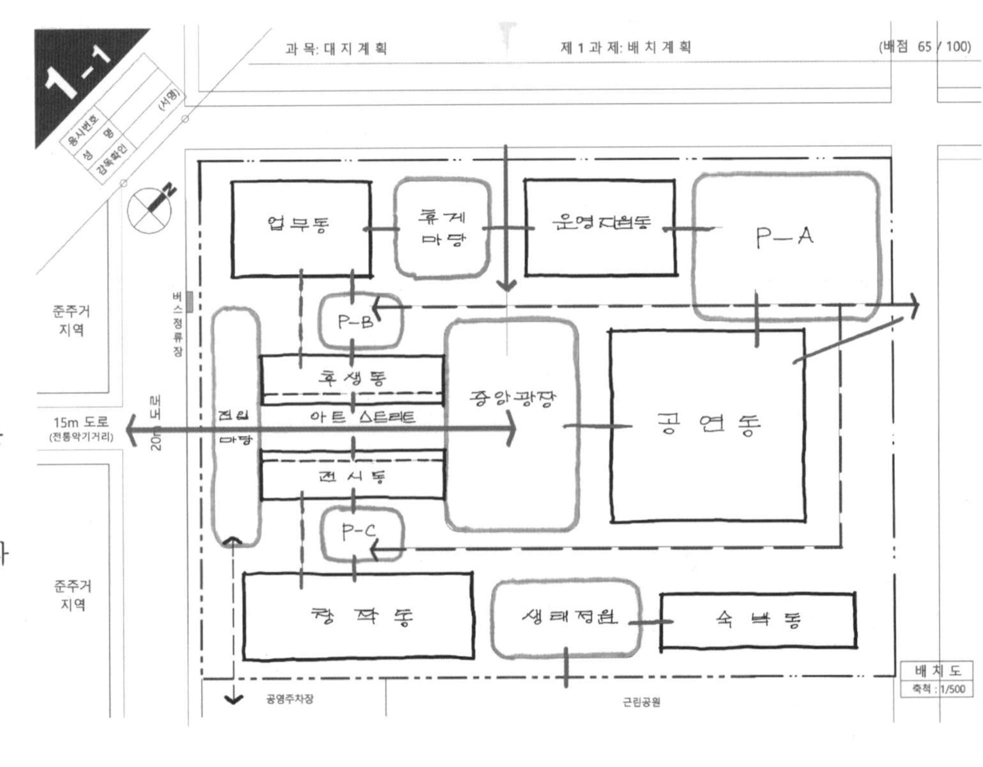

6 모범답안

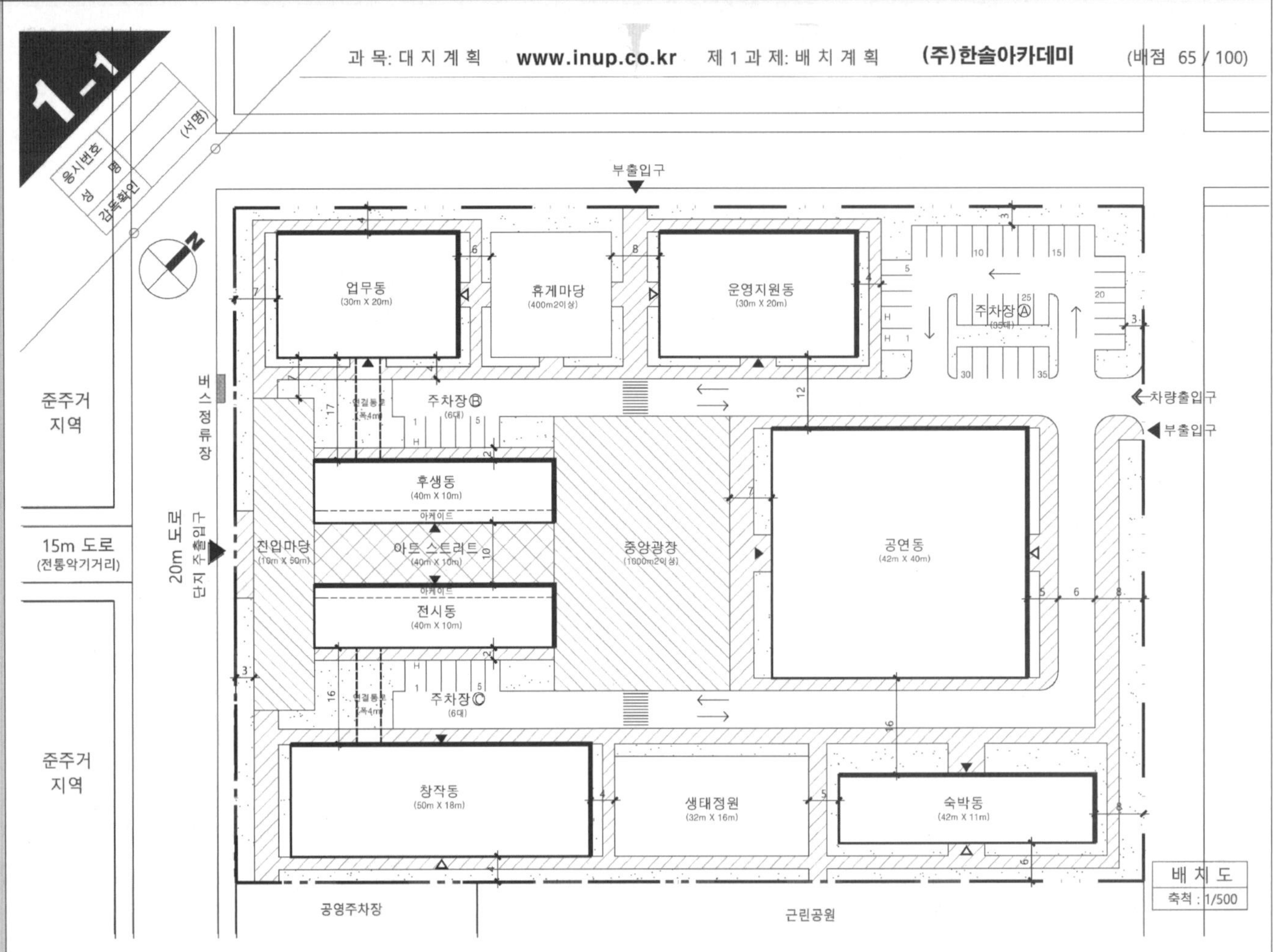

■ 주요 체크포인트

① 공연지원영역과 문화산업진흥영역의 시설조닝

② 전통악기거리와의 연속성을 고려한 주진입 보행축 설정

③ 진입마당-아트 스트리트-중앙광장-공연장으로 이어지는 공간축

④ 생태정원과 숙박동의 공원 연계

⑤ 대중교통 이용성 고려한 업무동

⑥ 각 시설별 주차장 연계 및 단지 내 차로 계획

● 설계 주안점

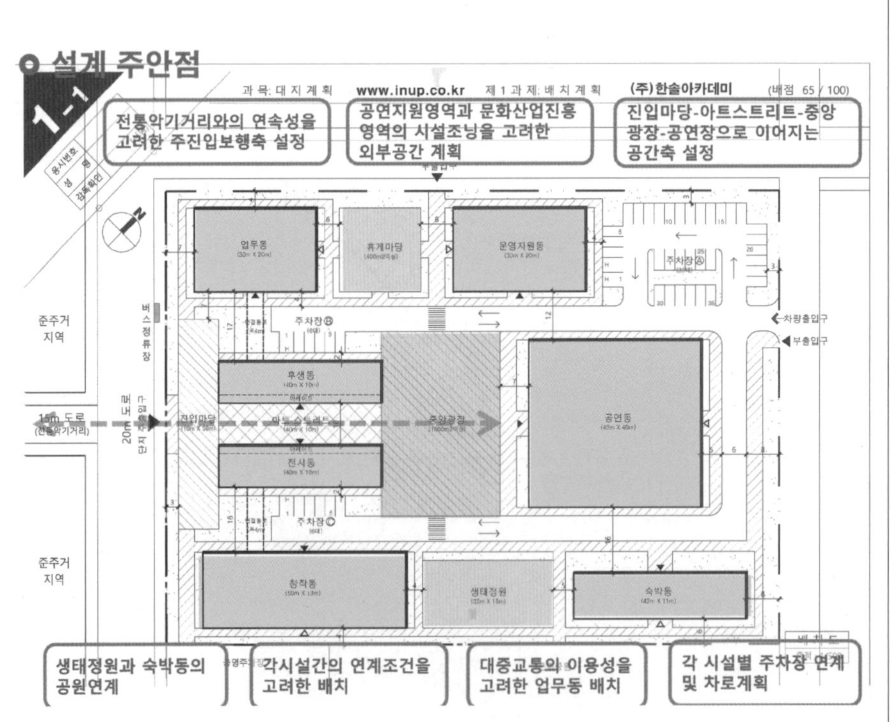

■ 문제풀이 Process

배치계획 문제풀이를 위한 핵심이론 요약

1. 대지로의 접근성

▸ 대지주변 현황을 고려하여 보행자 및 차량 접근성 검토
▸ 외부에서 대지로의 접근성을 고려→대지 내 동선의 축 설정 →내부동선 체계의 시작
▸ 일반적인 보행자 주 접근 동선 – 주도로(넓은 도로)
▸ 일반적인 차량 및 보행자 부 접근 동선 – 부도로(좁은 도로)

가. 대지가 일면도로에 접한 경우

- 대지중앙으로 보행자 주출입 예상
- 대지 좌우측으로 차량 출입 예상
- 주차장 영역 검토 : 초행자를 위해서는 대지를 확인 후 진입 가능한 A 영역이 유리

나. 대지가 이면도로에 접한 경우-1

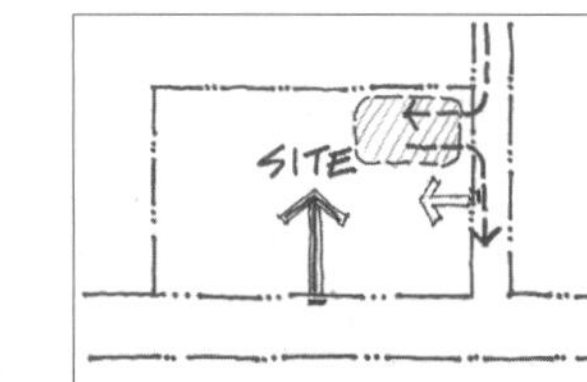

- 주도로에서 보행자 주출입 예상
- 부도로에서 차량 출입 예상 : 주차장 영역 예상
- 요구조건에 따라 부도로에서 보행자 부출입 예상

다. 대지가 이면도로에 접한 경우-2

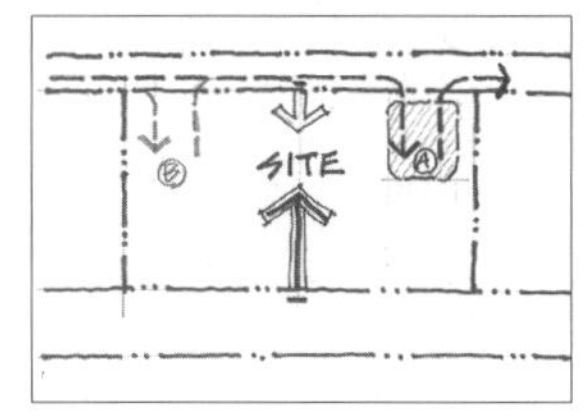

- 주도로에서 보행자 주출입 예상
- 부도로에서 차량 출입 예상 : 주차장 영역 예상→A 영역 우선 검토
- 부도로에서 보행자 부출입 예상

▸ 지문
① 20m 도로 : 주도로(보행주진입) / 15m, 10m 도로 : 부도로(보행부진입, 차량출입)
② 진입마당은 전통악기거리와의 연속성을 고려하여 계획한다.
③ 차량 출입구는 10m 도로에 1개소 계획한다.

2. 외부공간 성격 파악

▸ 외부공간을 계획할 경우 공간의 쓰임새와 성격을 분명하게 규정해야 한다.
▸ 전용공간
① 전용공간은 특정목적을 지니는 하나의 단일공간
② 타 공간으로부터의 간섭을 최소화해야 함
③ 중앙을 관통하는 통과동선이 형성되는 것을 피해야 한다.
④ 휴게공간, 전시공간, 운동공간
▸ 매개공간
① 매개공간은 완충적인 공간으로서 광장, 건물 전면공간 등 공간과 공간을 연결하는 고리역할을 하며 중간적 성격을 갖는다.
② 공간의 성격상 여러 통과동선이 형성될 수 있다.

▸ 지문
① 진입마당(매개) : 10(가로) x 50(세로), 아트 스트리트 연결
② 아트 스트리트(매개) : 40(가로) x 10(세로), 진입마당과 중앙광장 연결
③ 중앙광장(매개) : 1,000m² 이상, 공연동 연결
④ 휴게마당(전용) : 400m² 이상, 업무동과 운영지원동 이용자 사용
⑤ 생태정원(전용) : 32(가로) x 16(세로), 숙박동과 근린공원 연계
-건물은 가로 세로 구분 없지만, 외부시설은 가로 x 세로를 구체적으로 제시
(답안작성지를 기준으로 가로, 세로 판단)

3. 보차분리

▸ 보행자주출입구 : 대지 전면의 중심 위치에서 한쪽으로 너무 치우치지 않는 곳에 배치
▸ 주보행동선 : 모든 시설에서 접근성이 좋도록 시설의 중심에 계획
▸ 보·차분리를 동선계획의 기본 원칙으로 하되 내부도로가 형성되는 경우 등에는 부분적으로 보·차 교행구간이 발생하며 이 경우 횡단보도 또는 보행자 험프를 설치
▸ 보도 폭을 임의로 계획하는 경우 동선의 빈도와 위계를 고려하여 보도 폭의 위계를 조절

▸ 지문
① 진입마당(전통악기거리와의 연속성) – 아트 스트리트 – 중앙광장 : 주보행축 설정
② 차량 출입구는 10m 도로에 1개소 계획한다. + 영역별 주차장 3개소
③ 도시권 배치계획이지만 보차분리가 불가능한 조건, 내부도로 형성

4. 성격이 다른 주차장

▸ 영역별 조닝계획
- 건물의 기능에 맞는 성격별 주차장의 합리적인 연계
▸ 성격이 다른 주차장의 일반적인 구분
① 일반 주차장
② 직원 주차장
③ 서비스 주차장 (하역공간 포함)
▸ 성격이 다른 주차장의 특성
① 일반주차장 : 건물의 주출입구 근처에 위치
주보행로 및 보도 연계가 용이한 곳
승하차장, 장애인 주차구획 배치
주차장 진입구와 가까운 곳
일방통행 + 순환동선 체계
② 직원주차장 : 건물의 부출입구 근처에 위치
제시되는 평면에 기능별 출입구 언급되는 경우가 대부분
③ 서비스주차 : 일반이용자의 영역에서 가급적 이격
주출입구 및 건물의 전면공지에서 시각 차폐 고려
토지이용효율을 고려하여 주로 양방향 순환체계 적용

▸ 지문
① 주차장Ⓐ : 35대 이상, 운영지원동과 공연동 이용자 사용, 장애인전용주차 2대 포함
-main 주차장, 일방통행+순환동선 체계
② 주차장Ⓑ : 6대 이상, 업무동과 후생동 이용자 사용, 장애인전용주차 1대 포함, 양방향 동선
③ 주차장Ⓒ : 6대 이상, 창작동과 전시동 이용자 사용, 장애인전용주차 1대 포함, 양방향 동선

■ 문제풀이 Process

배치계획 문제풀이를 위한 핵심이론 요약

5. 각종 제한요소

▸ 장애물 : 자연적요소, 인위적요소
▸ 건축선, 이격거리
▸ 경사도(급경사지)
▸ 일반적으로 제시되는 장애물의 형태
① 수목(보호수)
② 수림대(휴양림)
③ 연못, 호수, 실개천
④ 암반
⑤ 공동구 등 지하매설물
⑥ 기존건물 등 기타

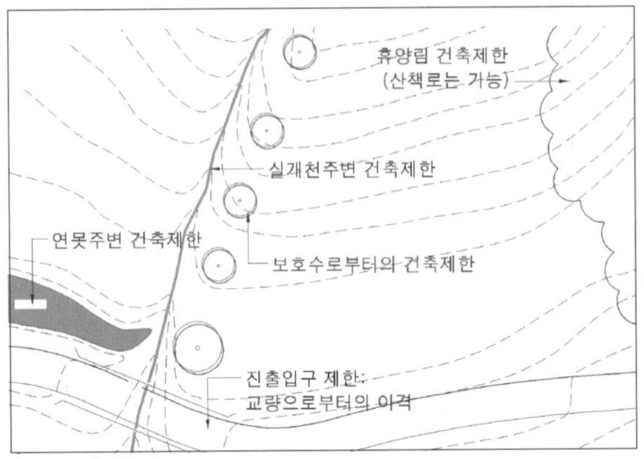

▸ 지문
① 건축물 및 외부시설은 대지경계선에서 3m 이상 이격하여 배치한다.
② 건축물 상호간은 10m 이상 이격거리를 확보한다.

6. 프라이버시

▸ 공적공간 – 교류영역 / 개방적 / 접근성 / 동적
▸ 사적공간 – 특정이용자 / 폐쇄적 / 은폐 / 정적
▸ 건물의 기능과 용도에 따라 프라이버시를 요하는 시설 – 주거, 숙박, 교육, 연구 등
▸ 공적인 시설은 프라이버시를 크게 고려하지 않아도 무방
▸ 사적인 공간은 외부인의 시선으로부터 보호되어야 하며, 내부의 소리가 외부로 새나가지 않도록 하여야 한다. 즉 시선과 소리를 동시에 고려하여 건물을 배치하여야 한다.

▸ 프라이버시 대책
– 건물을 이격배치 하거나 배치 향을 조절
  : 적극적인 해결방안으로 항상 우선 검토되는 것이 바람직
– 다른 건물을 이용하여 차폐
– 개실의 위치를 조절
– 차폐 식재하여 시선과 소리 차단(상엽수를 밀실하게 열식)
– Fence, 담장 등 구조물을 이용
– 창의 위치와 방향을 조절하거나 차양, 루버 등을 설치

▸ 지문
① 숙박동 : 42m x 11m, 3층, 공연 및 행사 관계자의 숙소
② 생태정원 : 숙박동과 근린공원 연계
③ 숙박동은 향과 조망을 고려하여 배치한다.
  –근린공원 및 10m 도로측 인접배치, 향 및 소음을 고려하여 도로측으로 측벽 대응

7. 인지성

▸ '인지'란 존재를 알아채는 것을 의미 – 건물 존재의 부각
▸ 건물의 인지성을 확보 위해서는 도로측에 인접하여 배치하거나 부분적으로 Mass를 돌출하도록 하여 건물의 존재를 인식하도록 하는 것이 중요
▸ 건물은 이용자의 원활한 유입을 위해 건물의 존재가 부각되도록 할 필요가 있다.
▸ 정면성과의 차이를 이해하도록 한다.

▸ 지문
① 전시동 : 40m x 10m, 2층, 작품 전시 및 판매
  –판매, 홍보 등의 용도를 갖는 건축물은 인지성 확보를 위해 도로변 배치를 고려

■ 문제풀이 Process

배치계획 주요 체크포인트

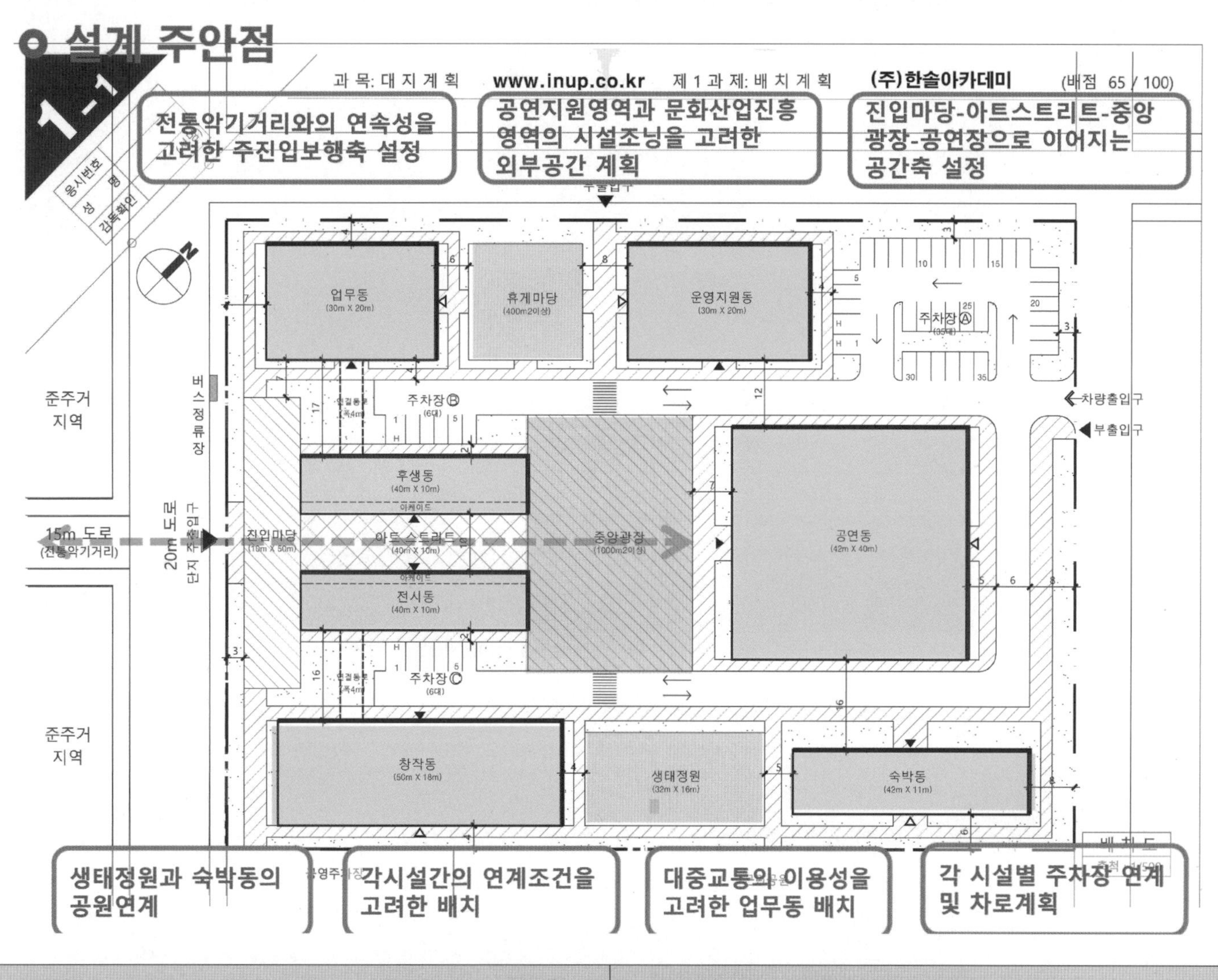

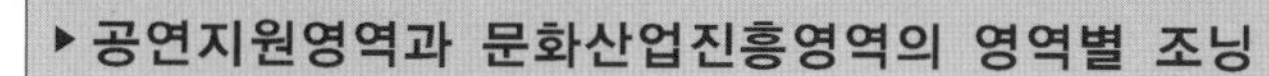

▸ 공연지원영역과 문화산업진흥영역의 영역별 조닝

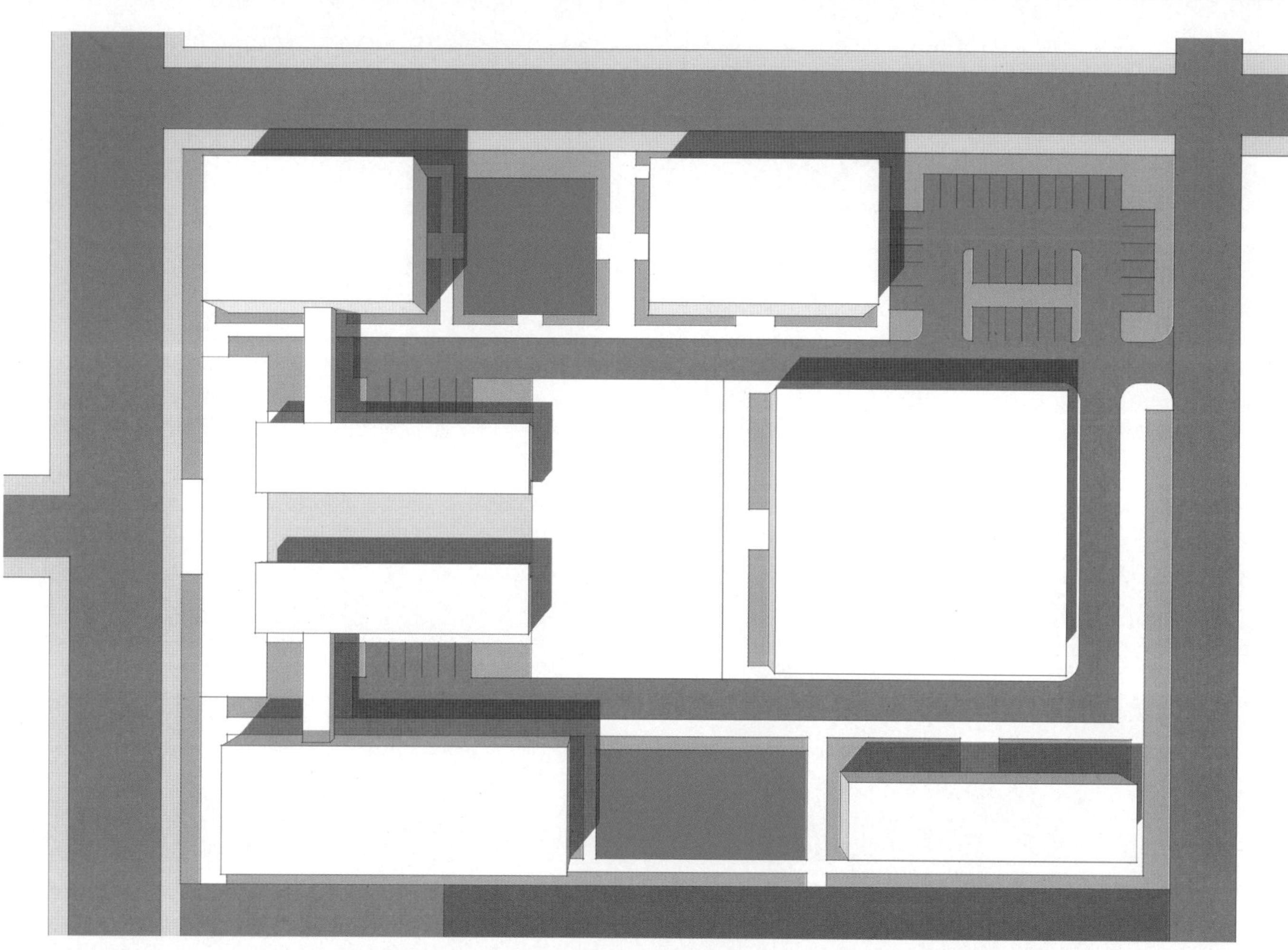

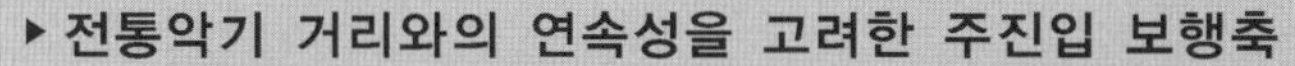

▸ 전통악기 거리와의 연속성을 고려한 주진입 보행축

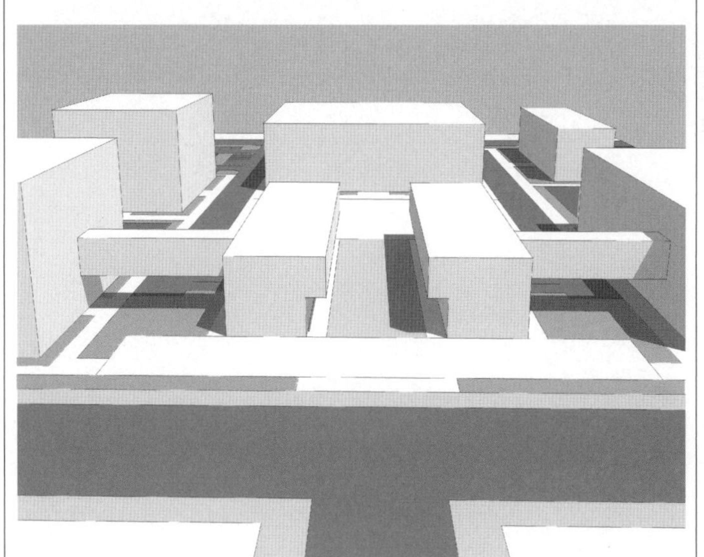

▸ 생태정원과 숙박동의 공원 연계

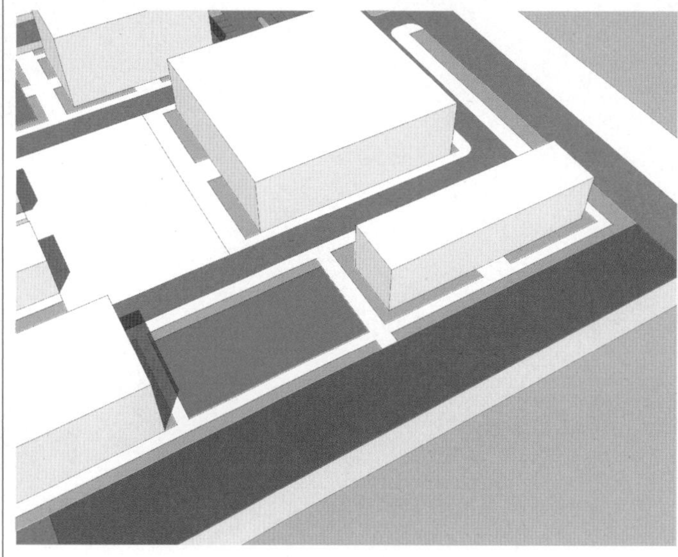

▸ 각 시설별 주차장 연계 및 차로 계획

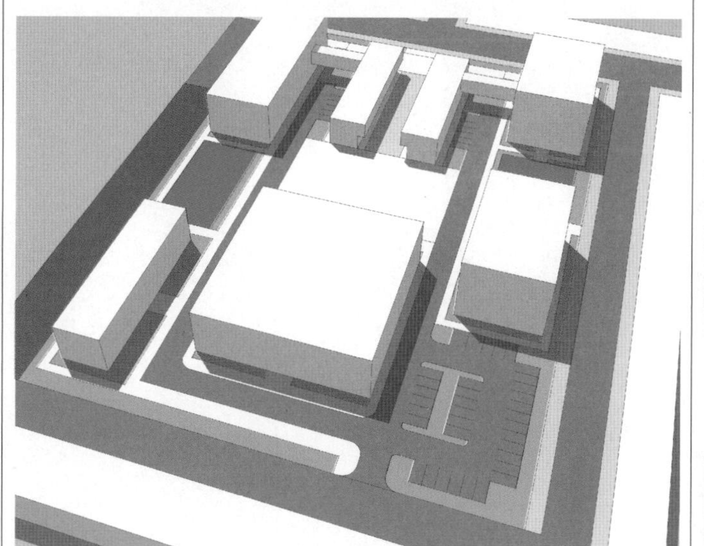

▸ 대중교통의 이용성을 고려한 업무동 배치

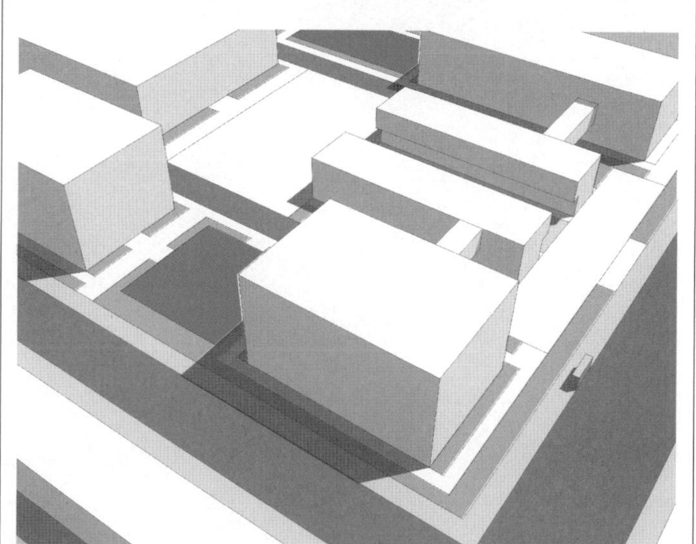

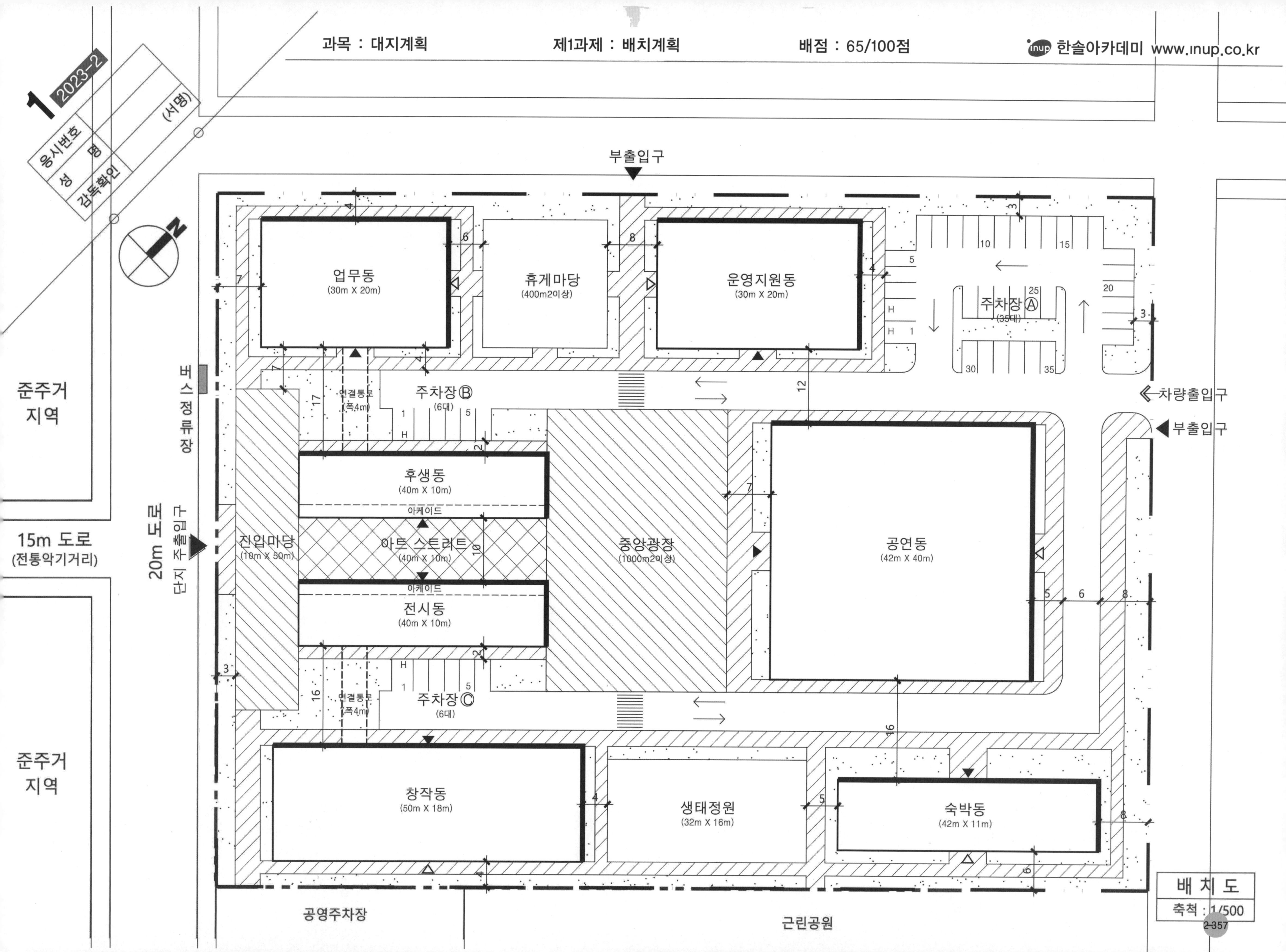

1 2023-2
응시번호
성 명
감독확인
(서명)
부출입구
업무동
(30m X 20m)
휴게마당
(400m2이상)
운영지원동
(30m X 20m)
주차장Ⓐ
(35대)
차량출입구
부출입구
주차장Ⓑ
(6대)
연결통로
(폭4m)
버스정류장
준주거 지역
15m 도로
(전통악기거리)
20m 도로
단지 주출입구
진입마당
(10m X 50m)
후생동
(40m X 10m)
아케이드
아트 스트리트
(40m X 10m)
전시동
(40m X 10m)
중앙광장
(1000m2이상)
공연동
(42m X 40m)
주차장Ⓒ
(6대)
창작동
(50m X 18m)
생태정원
(32m X 16m)
숙박동
(42m X 11m)
공영주차장
근린공원
배 치 도
축척 : 1/500

구 성	FACTOR	지 문 본 문	FACTOR	구 성

1. 제목
- 건축물의 용도 제시 (공동주택과 일반건축물 2가지로 구분)
- 최대건축가능영역의 산정이 대전제

2. 과제개요
- 과제의 목적 및 취지를 언급합니다.
- 전체사항에 대한 개괄적인 설명이 추가되는 경우도 있습니다.

3. 대지조건(개요)
- 대지에 관한 개괄적인 사항
- 용도지역지구
- 대지규모
- 건폐율, 용적률
- 대지내부 및 주변현황 (현황도 제시)

4. 계획조건
- 접도현황
- 대지안의 공지
- 각종 이격거리
- 각종 법규 제한조건 (정북일조, 채광일조, 가로구역별최고높이, 문화재보호앙각, 고도제한 등)
- 각종 법규 완화규정

① 배점을 확인합니다.
- 35점 (과제별 시간 배분 기준)

② 용도 체크
- 중소기업 사옥(근생+업무시설)
- 최대건축가능 거실면적

③ 제2종 일반주거지역
- 정북일조 적용

④ 건폐율 및 용적률
- 60% / 250%

⑤ 세부 기준

a. 2층 이상
- 일반업무시설(최대 거실면적)
- 코어+발코니(전층)

b. 1층
- 근린생활시설(최대 거실면적)
- 코어+기계식주차승강로
- 지상주차장

c. 지하층 : 기계식주차장 18대

⑥ 거실 조건
- 근생, 업무시설은 요철 없이 직사각형 형태(한 변 7m 이상)

⑦ 2층~최상층 평면 동일

⑧ 코어
- 로비, 계단실, 화장실, 장애인용승강기(3m x 3m)로 구성
- 대지 북측에 장변 접하도록 배치

⑨ 발코니
- 건물 남측 면
- 조경 상부 계획 가능

⑩ 층고
- 지상 1층 : 4.5m
- 지상 2층 이상 : 4.0m

2023년도 제2회 건축사자격시험 문제

과목: 대지계획 제2과제 (대지분석 · 대지주차) ① 배점: 35/100점

제 목 : 최대 건축가능 거실면적 및 주차계획

1. 과제개요

중소기업 사옥을② 신축하고자 한다. 대지현황과 계획조건을 고려하여 최대 건축가능 거실면적을 구하고, 층별 바닥면적표, 설계개요, 지상 1층 평면 및 주차계획도, 기준층 평면도를 작성하시오.

2. 대지조건

(1) 용도지역: 제2종 일반주거지역(인접대지 동일)③

(2) 건 폐 율: 60% 이하④

(3) 용 적 률: 250% 이하

(4) 주변현황: <대지현황도> 참고

3. 계획조건

구분	용도	크기(m)	비고⑤
지상 2층 이상	일반업무시설		최대 거실면적 계획
	코어	6.0×11.0	장애인용승강기 포함
	발코니	1.5×벽면길이	지상 2층 이상 전층에 계획
지상 1층	근린생활시설		최대 거실면적 계획
	코어	6.0×11.0	장애인용승강기 포함
	기계식주차 승강로	7.0×7.0	<그림1> 참조
	지상주차장 (외부)	3.5×5.0	장애인전용주차 1대
		2.5×5.0	일반주차 1대
지하층	기계식주차장	18대(계획하지 않음)	

(1) 건축물

① 근린생활시설, 일반업무시설은 요철 없이 직사각형 형태(한 변의 최소폭 7m 이상)로 계획한다.⑥

② 지상 2층 이상의 평면은 모두 동일해⑦야 한다.

③ 코어는⑧ 로비, 계단실, 화장실, 장애인용승강기(승강로 규격 3.0m × 3.0m)를 포함하며, 대지의 북측에 장변이 접하도록 배치한다.

④ 발코니는⑨ 건축물 남측 면에 설치하고, 조경상부에 계획 가능하다.

⑤ 지상 1층의 층고는 4.5m, 지상 2층 이상의 층고는 4.0m 이다.⑩

(2) 주차계획⑪

① 차량진출입은 7m 도로에 1개소 계획한다.

② 지하주차의 형식은 기계식주차(방향전환장치 내장형)이다.

③ 기계식주차 승강로의 규격과 구성은 <그림1>과 같다.

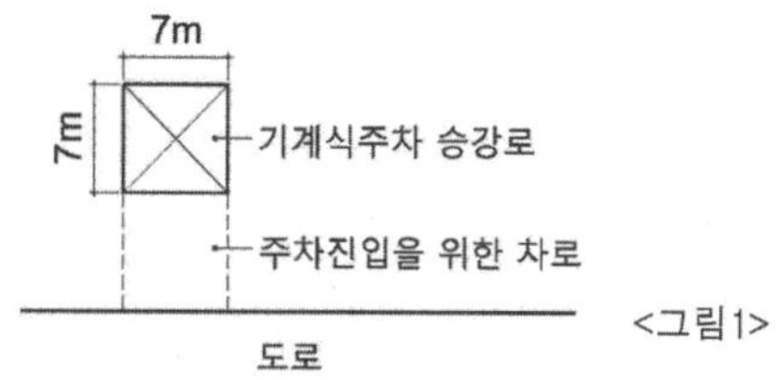

<그림1>

④ 주차구역 및 차로는 본 건축물의 주차용으로만 쓰인다.

⑤ 지상층의 주차용(해당 건축물의 부속용도)으로 쓰는 면적은 바닥면적에는 산입하고 용적률에는 산입하지 않는다.

(3) 이격거리

① 건축물의 이격거리⑫
- 도로경계선, 인접대지경계선: 1.0m 이상
- 조경: 이격하지 않는다.

② 지상주차구역의 이격거리⑬
- 건축물: 이격하지 않는다.
- 도로경계선: 0.5m 이상

③ 발코니의 이격거리⑭
- 인접대지경계선: 1.0m 이상

4. 고려사항

(1) 기둥, 벽체, 옥탑, 설비샤프트, 조경 및 공개공지는 고려하지 않는다.

(2) 인접대지, 주변도로 및 지상 1층의 바닥레벨은 동일하며, 각 도로의 교차각은 90°이다.

(3) 장애인용승강기의 승강로 면적은 건축면적 및 바닥면적에 산입하지 않는다. ⑮

(4) 필로티 부분은⑯ 공중의 통행이나 차량의 통행 또는 주차에 전용되는 경우 바닥면적에 산입하지 않는다.

⑪ 주차계획
- 차량진출입 : 7m도로, 1개소
- 지하주차 : 턴테이블 내장형, 기계식주차
- 기계식주차 승강로 범례 제시
- 지상층의 주차용(부설주차장) 면적 : 바닥면적 산입 / 용적률 제외

⑫ 건축물 이격거리
- 도로경계선, 인접대지경계선 : 1.0m 이상
- 조경 : 이격 없음

⑬ 지상주차구역 이격거리
- 건축물 : 이격 없음
- 도로경계선 : 0.5m 이상

⑭ 발코니 이격거리
- 인접대지경계선 : 1.0m 이상

⑮ 장애인용승강기
- 승강로 면적은 건축면적 및 바닥면적 제외

⑯ 필로티
- 공중의 통행, 차량의 통행, 주차에 전용되는 경우 바닥면적 제외

⑰ 발코니
- 발코니가 접한 가장 긴 외벽에 접한 길이에 1.5미터를 곱한 값을 뺀 면적을 바닥면적에 산입 (건축면적에는 모두 산입)

⑱ 가각전제
- 4m 도로와 7m 도로가 90°로 만나는 경우 : 2m x 2m 가각

- 대지 내외부 각종 장애물에 관한 사항
- 1층 바닥레벨
- 각종 층고
- 외벽계획 지침
- 대지의 고저차와 지표면 산정기준
- 기타사항 (요구조건의 기준은 대부분 주어지지만 실무에서 보편적으로 다루어지는 제한요소의 적용에 대해서는 간략하게 제시되거나 현행법령을 기준으로 적용토록 요구할 수 있으므로 그 적용방법에 대해서는 충분한 학습을 통한 훈련이 필요합니다)

구 성	FACTOR	지 문 본 문	FACTOR	구 성

7. 대지현황도
- 대지현황
- 대지주변현황 및 접도 조건
- 기존시설현황
- 대지, 도로, 인접대지의 레벨 또는 등고선
- 각종 장애물 현황
- 계획가능영역
- 방위
- 축척

(답안작성지는 현황도와 대부분 중복되는 내용이지만 현황도에 있는 정보가 답안작성지에서는 생략되기도 하므로 문제 접근시 현황도를 꼼꼼히 체크하는 습관이 필요합니다.)

⑲ 도면작성 기준
- 용도를 구분하여 표시
- 차량 출입구 표시
- 건축가능영역, 코어, 발코니, 주차 승강로 구분하여 표시
- 코어는 내부구획 없이 표현
- m, m², %
- 면적 : 소수점 이하 둘째자리에서 반올림하여 소수점 첫째자리까지 표기

⑳ 명시되지 않은 사항
- 기타 법규를 검토할 경우 항상 문제해결의 연장선에서 합리적이고 복합적으로 고려

㉑ 현황도 파악
- 대지경계선 확인
- 대지현황(코어 위치 및 크기 등)
- 접도현황(개소, 너비, 레벨 등)
- 현황 파악(주변대지, 하천, 소공원 및 북측 대지 레벨 등)
- 방위
- 축척 없음
- 단면지시선 위치
- 기타사항
- 제시되는 현황도를 이용하여 1차적인 현황분석(대지경계선이 변경되는 부분이 있는지 가장 먼저 확인, 변경되는 경우 대지면적과 건폐율, 용적률 범위 최대 면적을 기입 후 문제풀이)

과목: 대지계획 제2과제 (대지분석 · 대지주차) 배점: 35/100점

(5) 발코니는 전망이나 휴식 등의 목적으로 건축물 외벽에 ⑰접하여 부가적으로 설치되는 공간을 말하며, 발코니가 접한 가장 긴 외벽에 접한 길이에 1.5미터를 곱한 값을 뺀 면적을 바닥면적에 산입한다(건축면적에는 모두 산입).

(6) 대지의 도로모퉁이 부분 건축선은⑱ 아래 기준을 적용한다.

(단위: m)

도로의 교차각	해당도로의 너비		교차되는 도로의 너비
	6m 이상 8m 미만	4m 이상 6m 미만	
90° 미만	4	3	6m 이상 8m 미만
	3	2	4m 이상 6m 미만
90° 이상 120° 미만	3	2	6m 이상 8m 미만
	2	2	4m 이상 6m 미만

5. 도면작성기준 ⑲

(1) 모든 도면은 기준선, 이격거리, 치수 및 대지경계선 등을 표기하며, 용도를 구분하여 표시한다.

(2) 지상 1층 평면 및 주차계획도에는 건축가능 영역, 코어, 주차구역 및 차량 출입구를 표시한다.

(3) 기준층 평면도에는 건축가능 영역, 코어 및 발코니를 표시한다.

(4) 코어를 표현할 때는 내부 구획 없이 직사각형 테두리(6.0m × 11.0m)로만 표현한다.

(5) 단위는 m, m², %이며, 면적은 소수점 이하 둘째 자리에서 반올림 하여 소수점 첫째 자리까지 표기한다.

6. 유의사항 ⑳

명시되지 않은 사항은 현행 관계법령의 범위 안에서 임의로 한다.

<대지현황도> 축척 없음

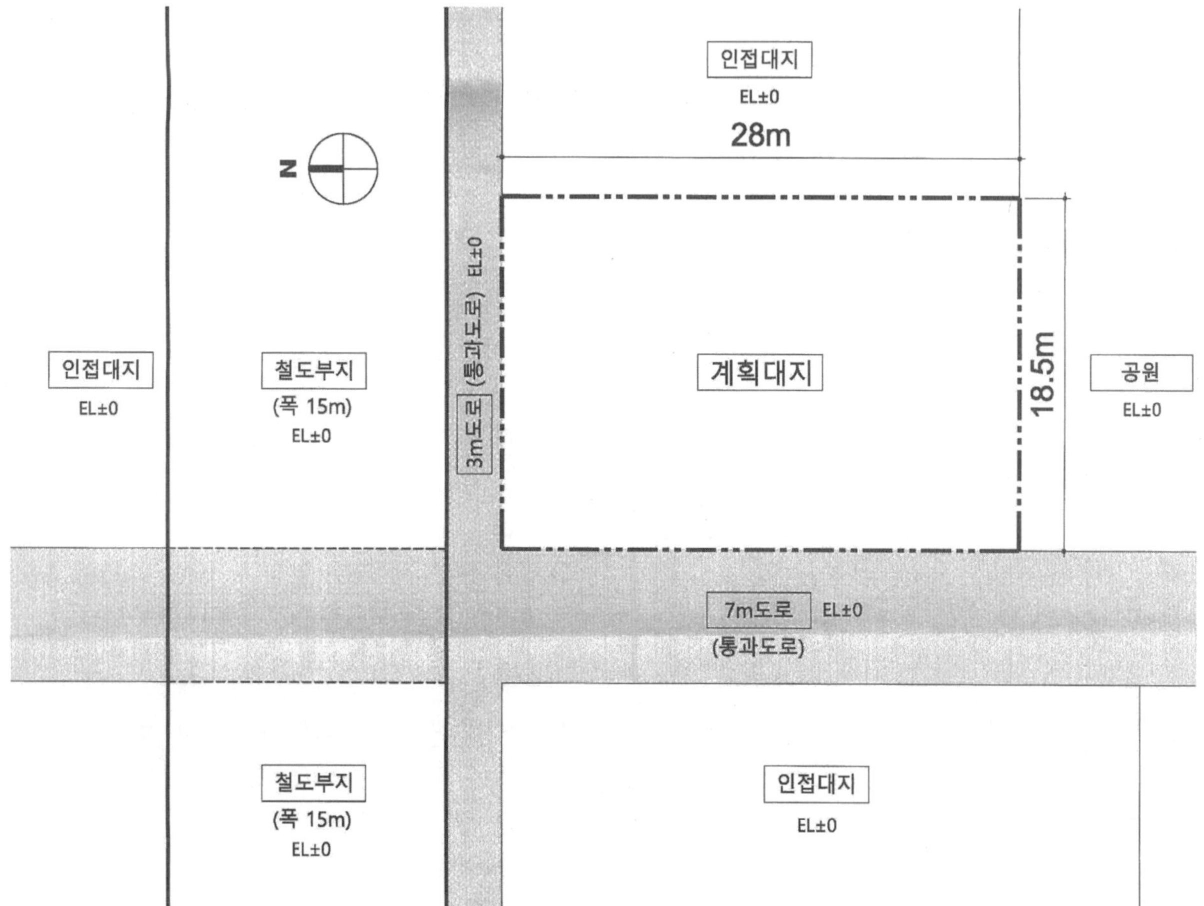

5. 도면작성요령
- 건축가능영역 표현방법(실선, 빗금)
- 층별 영역 표현법
- 각종 제한선 표기
- 치수 표현방법
- 반올림 처리기준
- 단위 및 축척

6. 유의사항
- 제도용구 (흑색연필 요구)
- 명시되지 않은 현행법령의 적용방침 (적용 or 배제)

■ 문제풀이 Process

1 제목, 과제 및 대지개요 확인

① 배점 확인 : 35점
- 문제 난이도 예상
- 제1과제(배치계획)와 시간배분의 기준으로 유연하게 대처

② 제목 : 최대 건축가능 거실면적 및 주차계획
- 용도 : 중소기업 사옥(근린생활시설 + 일반업무시설)
- 최대 건축가능 거실면적을 구하고 층별 바닥면적표, 설계개요, 지상 1층 평면 및 주차계획도, 기준층 평면도 작성 요구

③ 제2종 일반주거지역
- 정북일조 적용
- 건폐율 : 60% 이하
- 용적률 : 250% 이하

④ 구체적인 지문조건 분석 전 현황도를 이용하여 1차적인 현황분석을 우선 하도록 함
- 가장 먼저 확인해야 하는 사항은 건축선 변경 여부임을 항상 명심
- 정북 일조 등 각종 사선 적용의 기준이 달라지는 상황인지 여부도 확인

O 현황분석

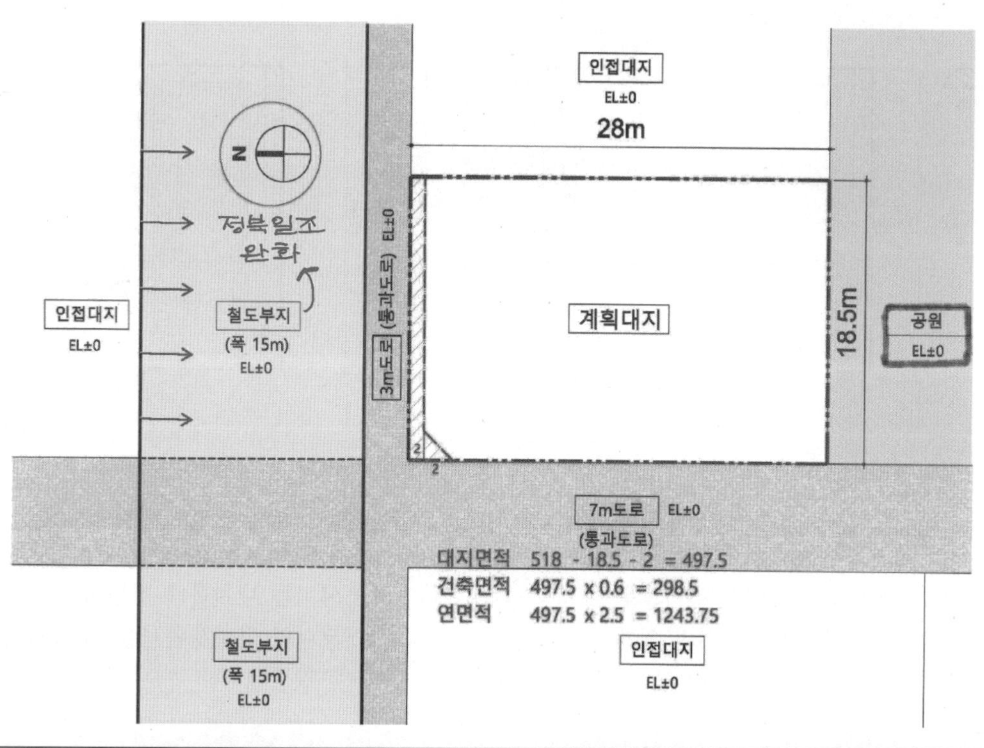

2 현황분석

① 대지조건
- 장방형 평지
- 대지면적 : 518.0m²(소요폭 미달도로 확폭, 가각전제 필요)
  518.0 - 18.5(확폭) - 2(가각전제) = 497.5m²
- 497.5 x 0.6 = 298.5m²(최대 건축면적)
- 497.5 x 2.5 = 1,243.75m²(최대 용적률 산정용 연면적)

② 주변현황
- 남측 공원 인접
- 북측 철도부지 : 정북일조 완화
- 제시된 인접대지는 평지(±0)

③ 접도조건 확인
- 북측 3m 통과도로, 서측 7m도로
- 소요폭 미달도로 확폭(1m)+가각전제(2m x 2m)

④ 방위표 확인

⑤ 단면지시선 없음

3 요구조건분석

① 대지면적 : 518.0 - 18.5(확폭) - 2(가각전제) = 497.5m²

② 1층 : 근린생활시설 + 코어 + 기계식주차승강로 + 지상주차장(2대)

③ 2층 이상 : 일반업무시설 + 코어 + 발코니

④ 지하층 : 기계식주차장 18대(계획하지 않음), 정류장 설치 대상 아님, 164.5m²

⑤ 건축물 조건
- 근린생활시설, 일반업무시설은 직사각형(한 변 최소폭 7m 이상)으로 계획
- 지상 2층 이상의 평면은 모두 동일
- 코어 : 로비, 계단실, 화장실, 장애인용승강기(승강로 3m x 3m), 대지 북측에 장변이 접하도록 배치
- 발코니 : 건축물 남측 면, 조경 상부에 계획 가능
- 층고 : 1층-4.5m, 2층 이상-4.0m

⑥ 주차계획
- 차량진출입은 7m 도로에 1개소 계획
- 기계식주차 승강로 규격과 구성은 <그림1>로 제시
- 지상층 주차용 면적은 바닥면적에 산입, 용적률에는 산입하지 않음

⑦ 이격거리
- 건축물, 지상주차구역, 발코니 이격거리 별도 제시

⑧ 장애인용승강기의 승강로 면적은 건축면적 및 바닥면적 제외

■ 문제풀이 Process

4 코어 및 기계식주차 승강로 대안 검토

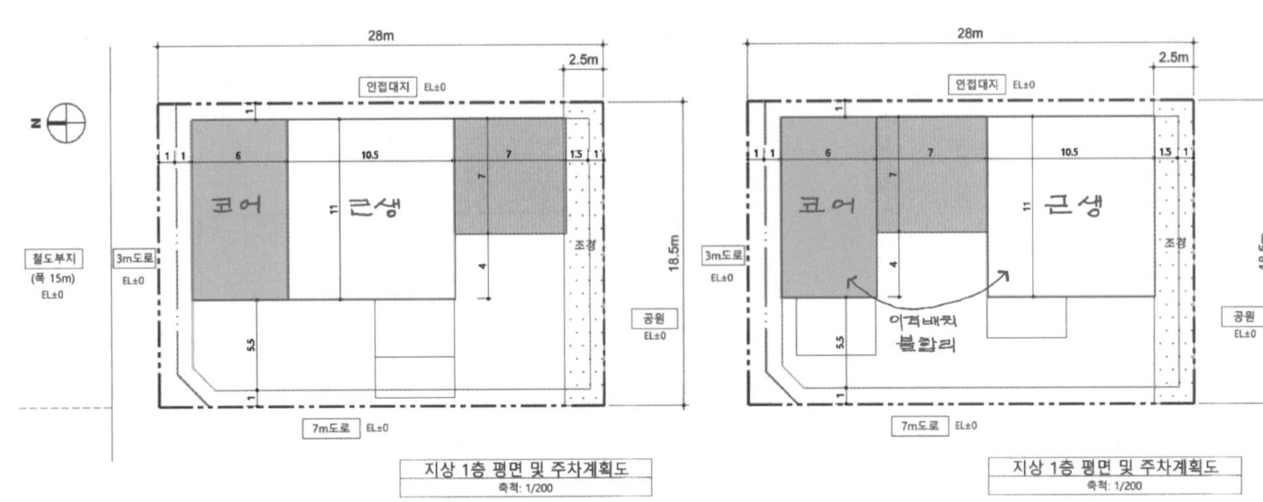

① 코어+근린생활시설+주차승강로 안
- 코어는 대지북측 장변이 접하도록 배치
- 코어와 근린생활시설 유기적 연계
- 주차승강로와 지상주차장(차량 진출입 1개소)

② 코어+주차승강로+근린생활시설 안
- 코어는 대지북측 장변이 접하도록 배치
- 코어와 근린생활시설 연계 불합리
- 근린생활시설 규모 결정 어려움

5 1층 정리 후 용적률에 맞춰 상부층 규모 결정

ㅇ 1층 대안 / 면적 정리

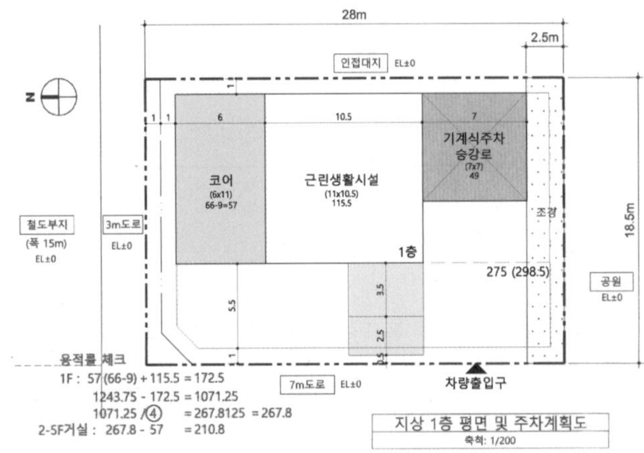

① 1층 규모 정리
- 1층 용적률 산정용 바닥면적 :
  57(66−9) + 115.5 = 172.5
- 2층~최상층 면적 :
  1,243.75 − 172.5 = 1,071.25

ㅇ 기준층(2-5층) 규모 검토

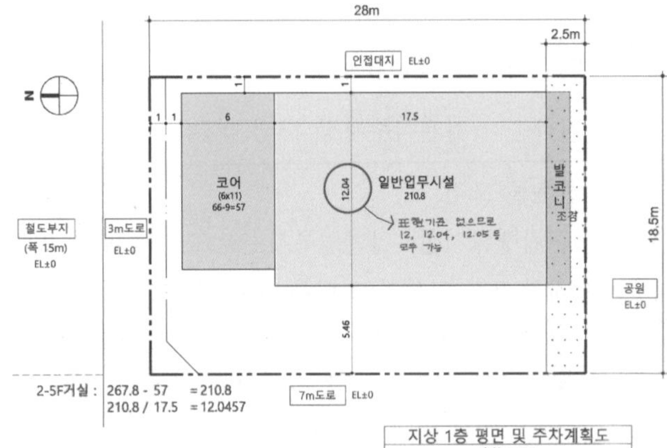
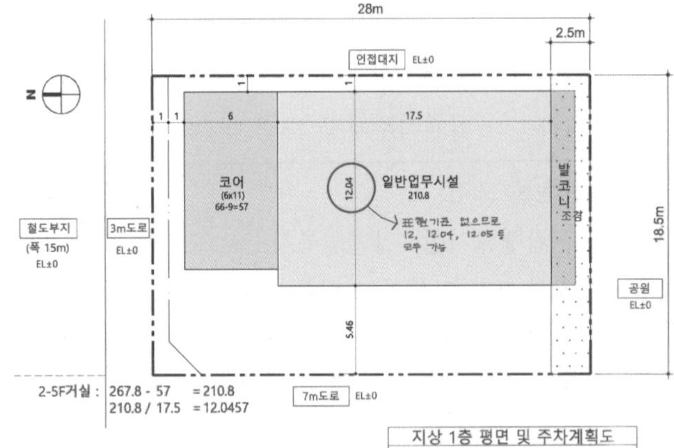

② 2층~최상층 규모 정리
- 최대 거실면적을 위해 가급적 낮은 층수로 검토 (공용면적 최소 = 거실면적 최대)
- 1,071.25 ÷ 4층 = 267.8125 = 267.8
- 267.8 − 57(코어) = 210.8(일반업무시설 거실)
- 210.8 ÷ 17.5 = 12.0457(표현 기준 없음)

6 모범답안

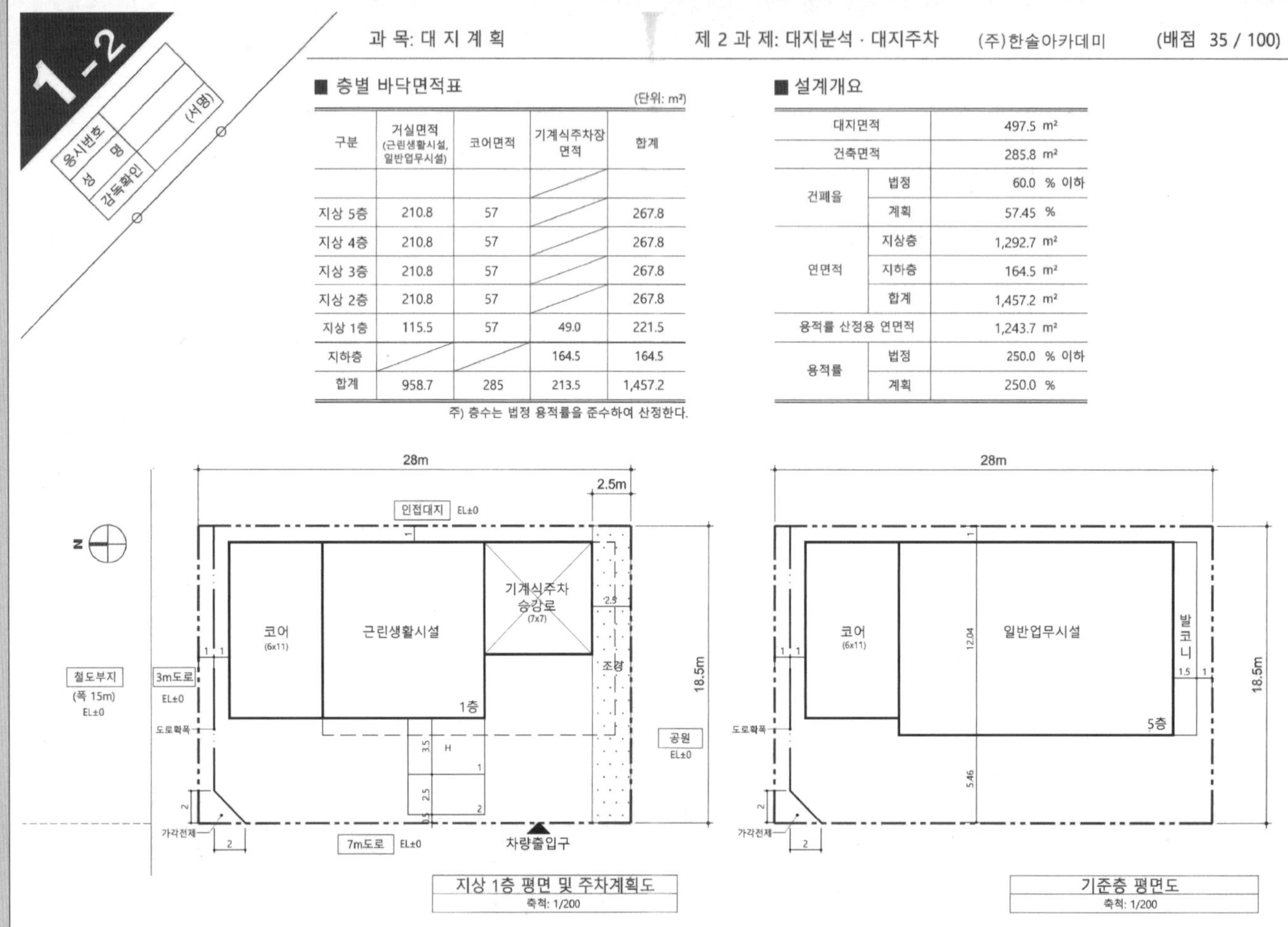

■ 층별 바닥면적표 (단위: m²)

구분	거실면적 (근린생활시설, 일반업무시설)	코어면적	기계식주차장 면적	합계
지상 5층	210.8	57		267.8
지상 4층	210.8	57		267.8
지상 3층	210.8	57		267.8
지상 2층	210.8	57		267.8
지상 1층	115.5	57	49.0	221.5
지하층			164.5	164.5
합계	958.7	285	213.5	1,457.2

주) 층수는 법정 용적률을 준수하여 산정한다.

■ 설계개요

구분		
대지면적		497.5 m²
건축면적		285.8 m²
건폐율	법정	60.0 % 이하
	계획	57.45 %
연면적	지상층	1,292.7 m²
	지하층	164.5 m²
	합계	1,457.2 m²
용적률 산정용 연면적		1,243.7 m²
용적률	법정	250.0 % 이하
	계획	250.0 %

■ 주요 체크포인트

① 건폐율과 용적률을 고려한 용도별 최대 거실면적 검토

② 지하주차장과 필로티를 고려한 합리적 주차 영역과 주차 승강로 계획

③ 직사각형(7m 이상) 형태의 용도별 거실영역(2층 이상 동일 규모)

④ 철도부지에 의한 정북일조 완화

⑤ 도로 확폭과 가각 전제

⑥ 발코니 조경 상부 계획(남측 면)

⑦ 바닥면적, 건축면적, 용적률 적용 시 제외면적 정확히 반영한 층별 바닥면적표 및 설계개요 작성

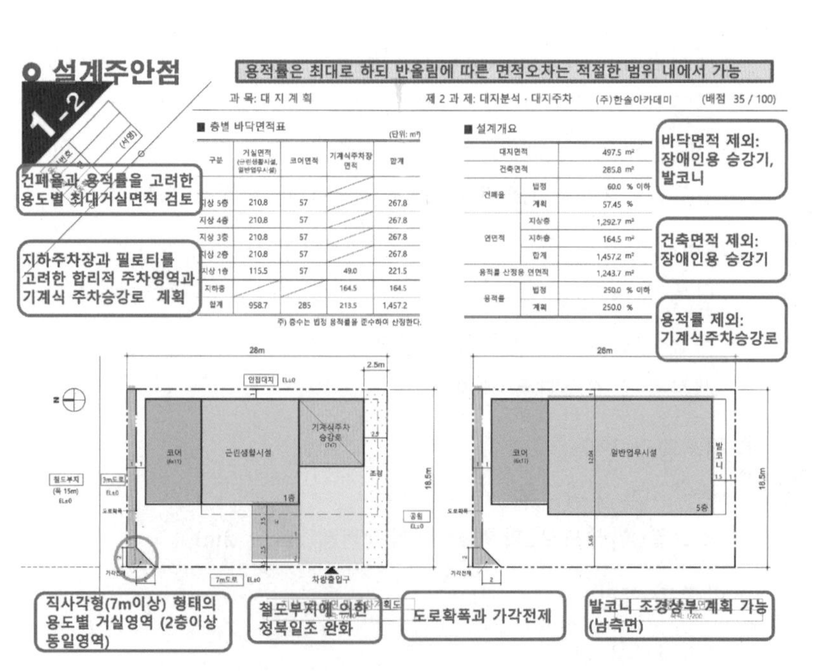

■ 문제풀이 Process

대지분석 · 조닝/대지주차 문제풀이를 위한 핵심이론 요약

1. 정북일조

▸ 지역일조권 : 전용주거지역, 일반주거지역 모든 건축물에 해당

▸ 인접대지와 고저차 있는 경우 : 평균 지표면 레벨이 기준

▸ 인접대지경계선으로부터의 이격거리
- 높이 9m 이하 : 1.5m 이상
- 높이 9m 초과 : 건축물 각 부분의 1/2 이상

▸ 계획대지와 인접대지 간 고저차 있는 경우

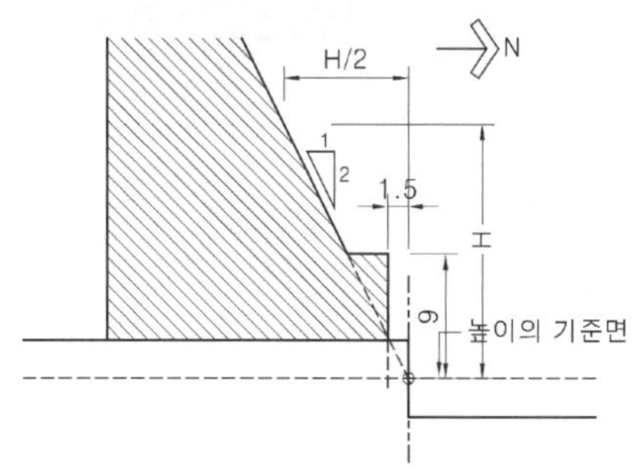

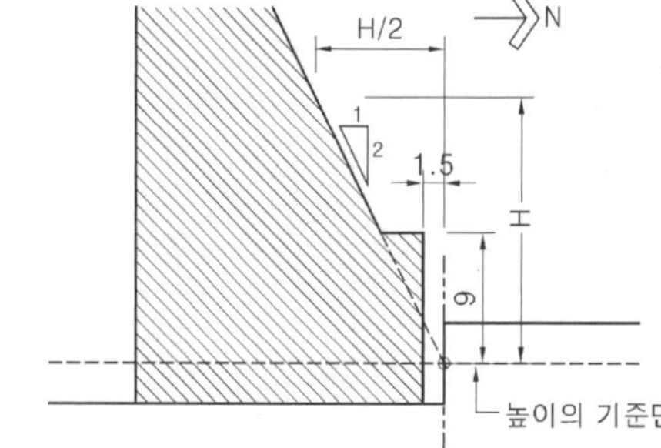

▸ 정북 일조를 적용하지 않는 경우
- 다음 각 목의 어느 하나에 해당하는 구역 안의 너비 20미터 이상의 도로(자동차 · 보행자 · 자전거 전용도로, 도로에 공공공지, 녹지, 광장, 그 밖에 건축미관에 지장이 없는 도시 · 군계획시설이 접한 경우 해당 시설 포함)에 접한 대지 상호간에 건축하는 건축물의 경우

  가. 지구단위계획구역, 경관지구

  나. 중점경관관리구역

  다. 특별가로구역

  라. 도시미관 향상을 위하여 허가권자가 지정 · 공고하는 구역
- 건축협정구역 안에서 대지 상호간에 건축하는 건축물(법 제77조의4제1항에 따른 건축협정에 일정 거리 이상을 띄어 건축하는 내용이 포함된 경우만 해당한다)의 경우
- 정북 방향의 인접 대지가 전용주거지역이나 일반주거지역이 아닌 용도지역인 경우

▸ 정북 일조 완화 적용
- 건축물을 건축하려는 대지와 다른 대지 사이에 다음 각 호의 시설 또는 부지가 있는 경우에는 그 반대편의 대지경계선(공동주택은 인접 대지경계선과 그 반대편 대지경계선의 중심선)을 인접대지경계선으로 한다.

  1. 공원(도시공원 중 지방건축위원회의 심의를 거쳐 허가권자가 공원의 일조 등을 확보할 필요가 있다고 인정하는 공원은 제외), 도로, 철도, 하천, 광장, 공공공지, 녹지, 유수지, 자동차 전용도로, 유원지 등
  2. 다음 각 목에 해당하는 대지

     가. 너비(대지경계선에서 가장 가까운 거리를 말한다)가 2미터 이하인 대지

     나. 면적이 제80조 각 호에 따른 분할제한 기준 이하인 대지
  3. 1,2호 외에 건축이 허용되지 않는 공지

2. 소요폭 미달도로

▸ 건축법상 도로
- 보행과 자동차 통행이 가능한 너비 4미터 이상의 도로
- 폭 4m에 미달되는 경우 4m 이상 확폭

▸ 접도조건
- 2m (연면적 2,000m² 이상인 건축물 : 너비 6m 이상의 도로에 4m 이상)

▸ 보행이 불가능하거나 차량통행이 불가능한 도로는 건축법상 도로 아니다
- 자동차전용도로, 고속도로, 보행자전용도로 등

▸ 소요폭 미달도로의 확폭 기준

조 건	건축선	도 해	비 고
도로 양쪽에 대지가 있을 때	미달되는 도로의 중심선에서 소요너비의 1/2 수평거리를 후퇴한 선	건축선 도로중심선 건축선 통과도로 소요폭(4m) 미달도로 2m 2m 4m (소요폭)	- 확폭 불가능한 경사지인지 아닌지는 절대 주관적으로 판단하지 말 것 - 확폭된 부분은 대지면적에서 제외
도로의 반대쪽에 경사지·하천·철도·선로부지 등이 있을 때	경사지 등이 있는 쪽의 도로 경계선에서 소요너비에 필요한 수평거리를 후퇴한 선	건축선 소요폭미달도로 경사지 하천 철도부지 4m (소요폭) 폭4m 미만 도로의 건축선	

3. 가각전제

▸ 120° 미만인 도로로서 4m 이상 8m 미만인 도로의 교차시 도로 모퉁이에서의 시야확보가 목적

▸ 3m, 8m 도로, 120° 는 제외

▸ 가각전제된 부분은 대지면적에서 제외

▸ 도로너비와 교차각에 따른 가각전제 기준

도로의 교차각	당해 도로의 너비		교차되는 도로 너비
	6m 이상 8m 미만	4m 이상 6m 미만	
90° 미만	4m	3m	6m 이상 8m 미만
	3m	2m	4m 이상 6m 미만
90° 이상 120° 미만	3m	2m	6m 이상 8m 미만
	2m	2m	4m 이상 6m 미만

▸ 확폭과 가각전제를 동시 고려하는 경우
- 확폭을 우선 적용 후 가각전제 하는 순서로 진행

■ 문제풀이 Process

대지분석 · 조닝/대지주차 문제풀이를 위한 핵심이론 요약

4. 건축면적 제외항목	▸건축면적에서 제외되는 항목 ① 지표면으로부터 1미터 이하에 있는 부분 ② 창고 중 물품을 입출고하기 위하여 차량을 접안시키는 부분의 경우에는 지표면으로부터 1.5미터 이하에 있는 부분은 건축면적 제외 ③ 기존의 다중이용업소 (2004년 5월 29일 이전의 것)의 비상구에 연결하여 설치하는 폭 2미터 이하의 옥외 피난계단(기존 건축물에 옥외 피난 계단을 설치함으로써 건폐율의 기준에 적합하지 아니하게 된 경우만 해당) ④ 건축물 지상층에 일반인이나 차량이 통행할 수 있도록 설치한 보행통로나 차량통로 ⑤ 지하주차장의 경사로 ⑥ 지하층의 출입구 상부(출입구 너비에 상당 하는 규모의 부분) ⑦ 생활폐기물 보관함 ⑧ 어린이집 비상구에 연결하여 설치하는 폭 2미터 이하의 영유아용 대피용 미끄럼대 또는 비상계단 ⑨ 장애인용 승강기, 장애인용 에스컬레이터, 휠체어리프트 또는 경사로 ⑩ 현지보존 및 이전보존을 위하여 매장문화재 보호 및 전시에 전용되는 부분 ⑪ 기타 가축사육 관련 시설(상세한 조건은 건축법시행령 제119조 1항 2호 참조)
5. 바닥면적 제외항목	① 벽, 기둥의 구획이 없는 건축물은 그 지붕 끝부분으로부터 수평거리 1m를 제외 ② 발코니 등 노대 : 최대길이(L) × 1.5m 제외 ③ 필로티 중 다음의 경우 면적 제외 (원칙적으로 필로티는 바닥면적 산입) - 공중의 통행 / 차량의 통행 또는 주차에 전용 / 공동주택 ④ 승강기탑(옥상 출입용 승강장 포함), 계단탑, 장식탑 등 ⑤ 다락 - 평지붕 : 층고 1.5m 이하 / 경사지붕 : 층고 1.8m 이하 ⑥ 건축물의 외부 또는 내부에 설치하는 굴뚝, 더스트슈트, 설비덕트 등과 옥상·옥외 또는 지하에 설치하는 물탱크, 기름탱크, 냉각탑, 정화조, 도시가스 정압기 등을 설치하기 위한 구조물 ⑦ 공동주택으로서 지상층에 설치한 기계실, 전기실, 어린이놀이터, 조경시설 및 생활폐기물 보관함 ⑧ 기존의 다중이용업소의 비상구에 연결하여 설치하는 폭 1.5미터 이하의 옥외 피난계단 (용적률에 적합하지 아니하게 된 경우만 해당)은 바닥면적에서 제외 ⑩ 건축물을 리모델링하는 경우로서 미관 향상, 열의 손실 방지 등을 위하여 외벽에 부가하여 마감재 등을 설치하는 부분 ⑪ 외단열 건축물의 경우 단열재가 설치된 외벽 중 내측 내력벽의 중심선을 기준으로 산정한 면적을 바닥면적으로 한다. ⑫ 어린이집 비상구에 연결하여 설치하는 폭 2미터 이하의 영유아용 대피용 미끄럼대 또는 비상계단 ⑬ 장애인용 승강기, 장애인용 에스컬레이터, 휠체어리프트 또는 경사로 ⑭ 현지보존 및 이전보존을 위하여 매장문화재 보호 및 전시에 전용되는 부분 ⑮ 지하주차장의 경사로(지상층에서 지하 1층으로 내려가는 부분으로 한정한다)
6. 용적률 산정 시 제외면적	▸용적률 산정 시 제외면적 ① 지하층의 면적 ② 지상층의 주차용(해당 건축물의 부속용도인 경우만 해당)으로 쓰는 면적 ③ (준)초고층 건축물의 피난안전구역의 면적 ④ 초고층 건축물의 피난안전구역의 면적

■ 문제풀이 Process

대지분석 · 조닝/대지주차 주요 체크포인트

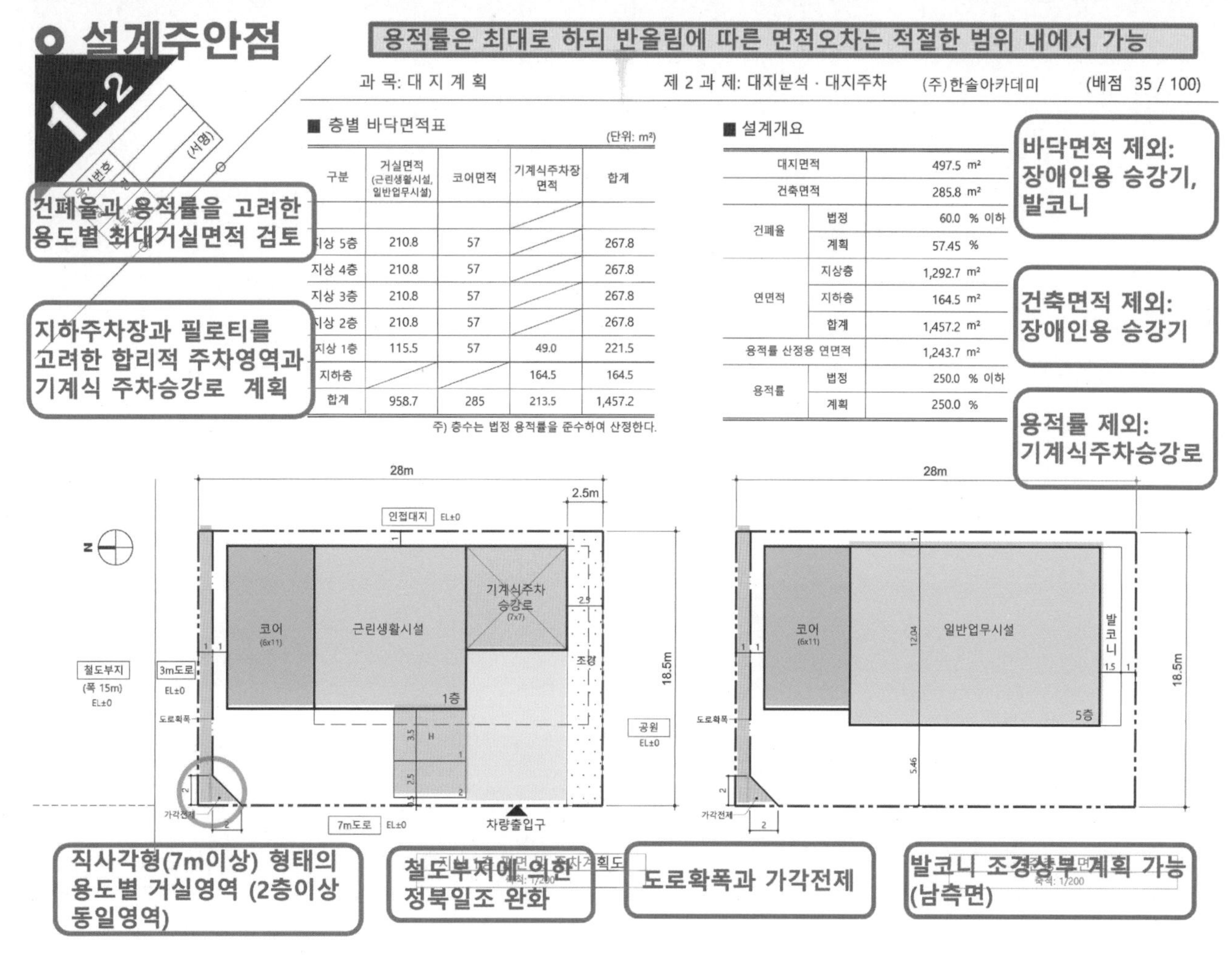

■ 층별 바닥면적표 (단위: m²)

구분	거실면적 (근린생활시설, 일반업무시설)	코어면적	기계식주차장 면적	합계
지상 5층	210.8	57		267.8
지상 4층	210.8	57		267.8
지상 3층	210.8	57		267.8
지상 2층	210.8	57		267.8
지상 1층	115.5	57	49.0	221.5
지하층			164.5	164.5
합계	958.7	285	213.5	1,457.2

주) 층수는 법정 용적률을 준수하여 산정한다.

■ 설계개요

구분		
대지면적		497.5 m²
건축면적		285.8 m²
건폐율	법정	60.0 % 이하
	계획	57.45 %
연면적	지상층	1,292.7 m²
	지하층	164.5 m²
	합계	1,457.2 m²
용적률 산정용 연면적		1,243.7 m²
용적률	법정	250.0 % 이하
	계획	250.0 %

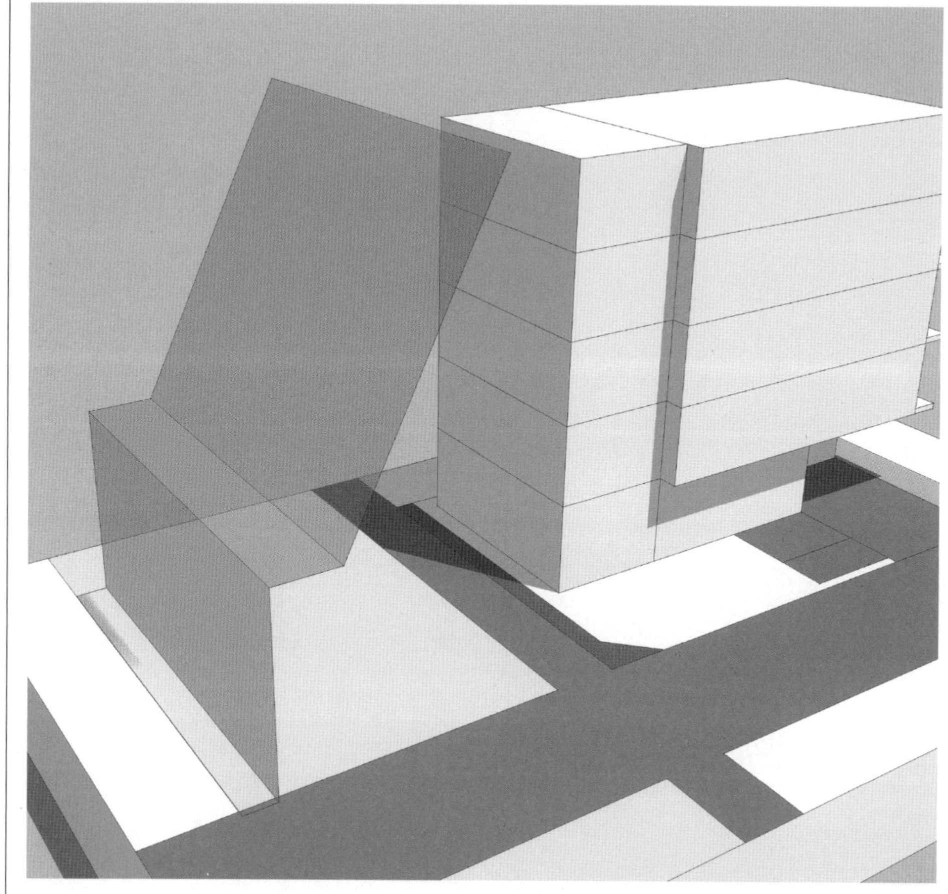

▸정북일조 적용

① 북측 철도부지에 의한 정북 일조권 완화 적용

: 철도부지 반대편 경계선을 북측인접대지 경계선으로 봄

▸소요폭미달도로 확폭/가각전제

① 철도부지 측 확폭 금지

② 확폭 후 4m 도로와 7m 도로 90° 교차 : 2m x 2m 가각전제

③ 대지면적 변경

: 518㎡ − 18.5㎡ − 2㎡

= 497.5㎡

④ 건폐율 및 용적률 max check

: 497.5㎡ x 0.6 = 298.5㎡

: 497.5㎡ x 2.5 = 1,243.75㎡

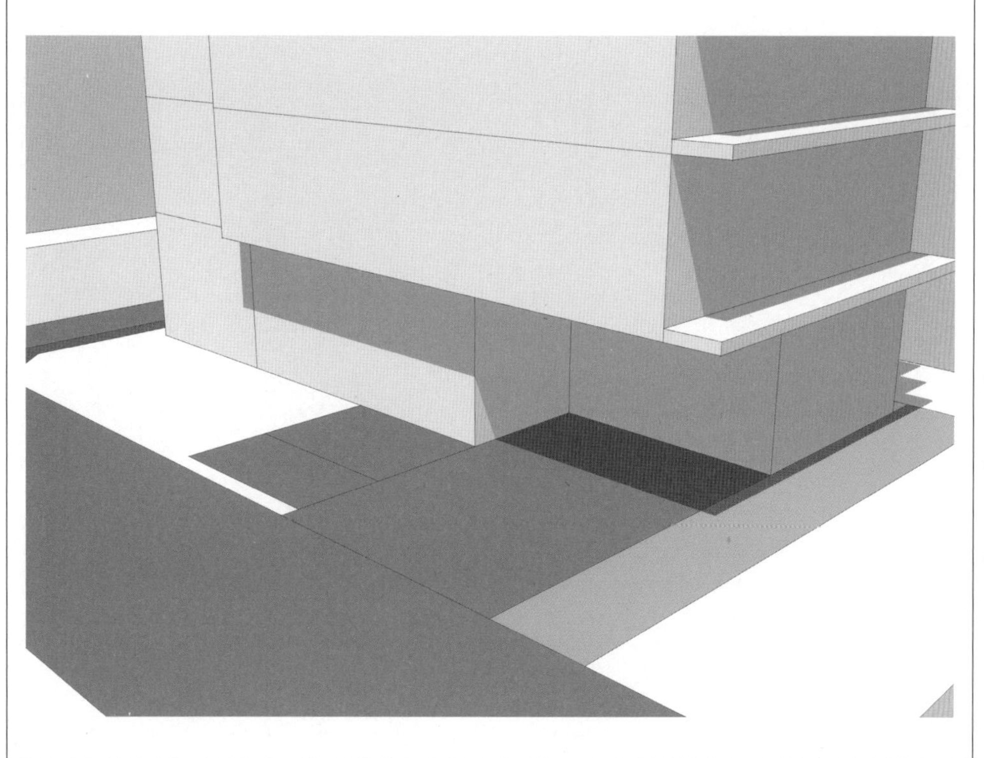

▸1층 규모 검토

① 코어는 북측 장변 인접

② 코어-근생-주차승강기 계획

③ 거실영역 직사각형 형태 (한 변 최소폭 7m 이상)

④ 차량진출입은 7m 도로에 1개소

⑤ 기계식주차 승강로 규격, 구성 〈그림1〉로 제시

⑥ 지상주차장 2대, 지하주차장 18대(기계식, 계획 제외)

⑦ 용적률 산정용 1층 면적(m^2)

: 57(코어) + 115.5(근생)

= 172.5

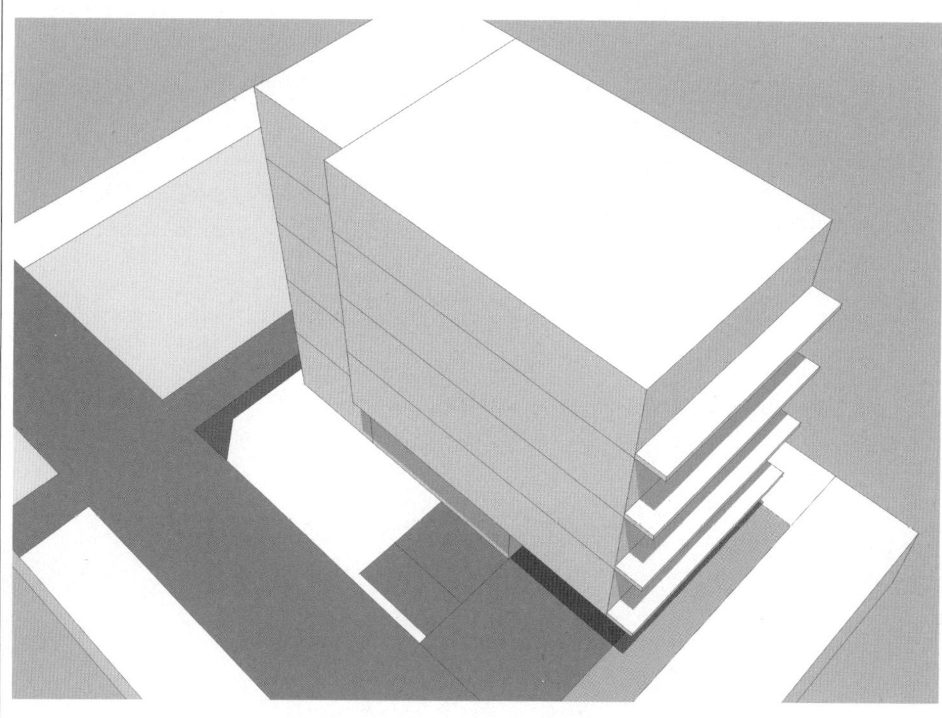

▸기준층(2~5층) 규모 검토

① 최대 거실면적을 고려한 층수 설정(5층)

② 기준층 면적 검토(㎡)

: 1,243.75 − 172.5(1층)

= 1,071.25 / 4개층

= 267.8125 = 267.8(층별)

③ 기준층 거실 면적(㎡)

: 267.8 − 57(코어)

= 210.8 (17.5 x 12.0457)

▸이격거리 준수

① 건축물, 지상주차구역, 발코니 이격조건 준수

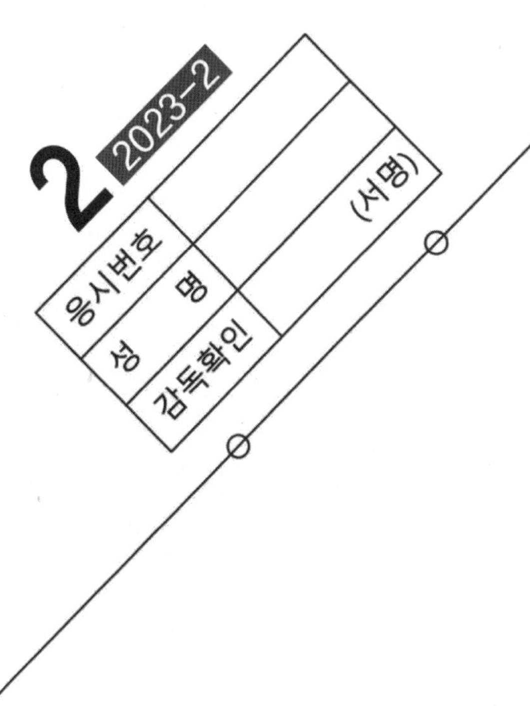

■ 층별 바닥면적표

(단위: m²)

구분	거실면적 (근린생활시설, 일반업무시설)	코어면적	기계식주차장 면적	합계
지상 5층	210.8	57		267.8
지상 4층	210.8	57		267.8
지상 3층	210.8	57		267.8
지상 2층	210.8	57		267.8
지상 1층	115.5	57	49.0	221.5
지하층			164.5	164.5
합계	958.7	285	213.5	1,457.2

주) 층수는 법정 용적률을 준수하여 산정한다.

■ 설계개요

구분		내용
대지면적		497.5 m²
건축면적		285.8 m²
건폐율	법정	60.0 % 이하
	계획	57.45 %
연면적	지상층	1,292.7 m²
	지하층	164.5 m²
	합계	1,457.2 m²
용적률 산정용 연면적		1,243.7 m²
용적률	법정	250.0 % 이하
	계획	250.0 %

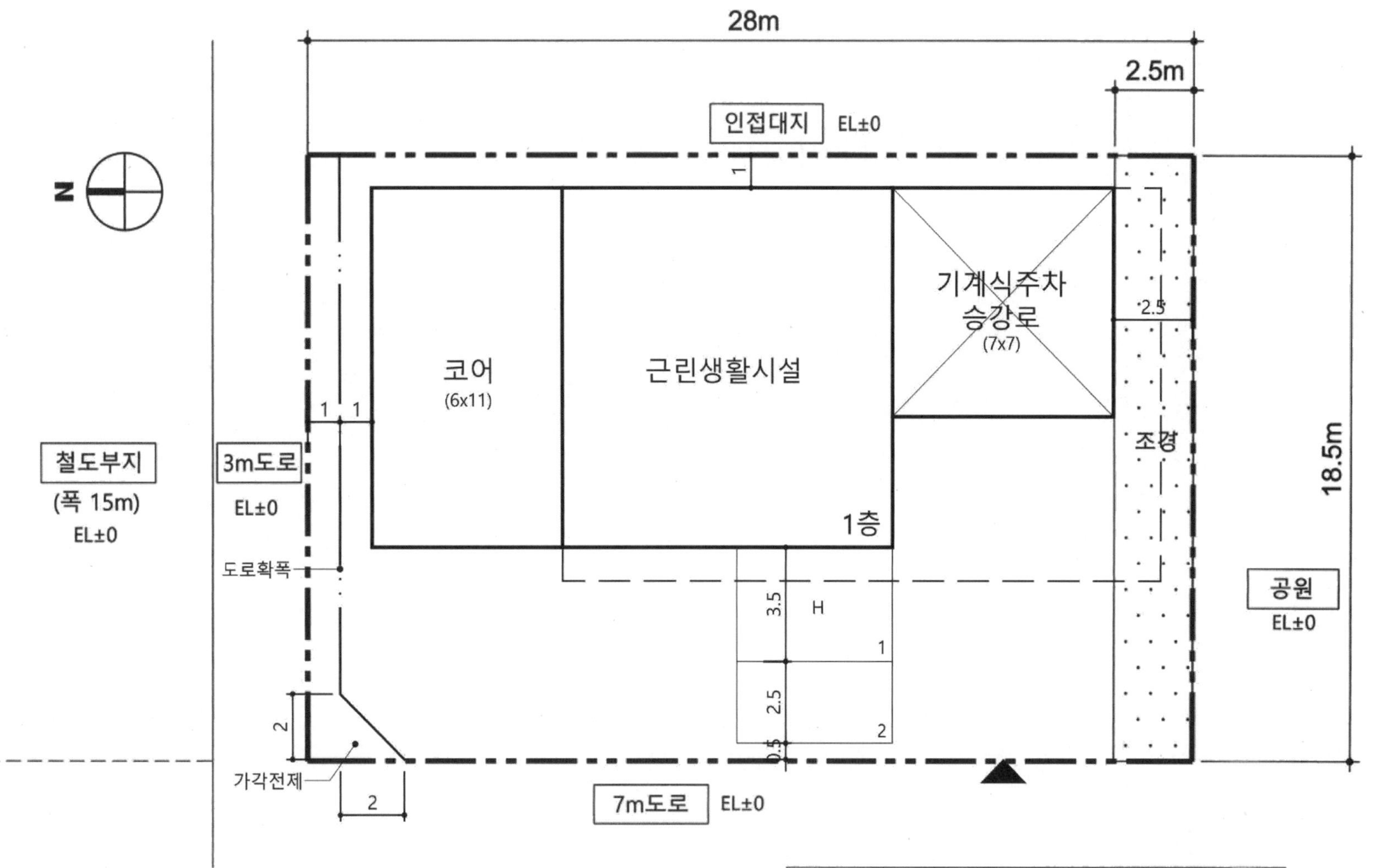

지상 1층 평면 및 주차계획도

축척: 1/200

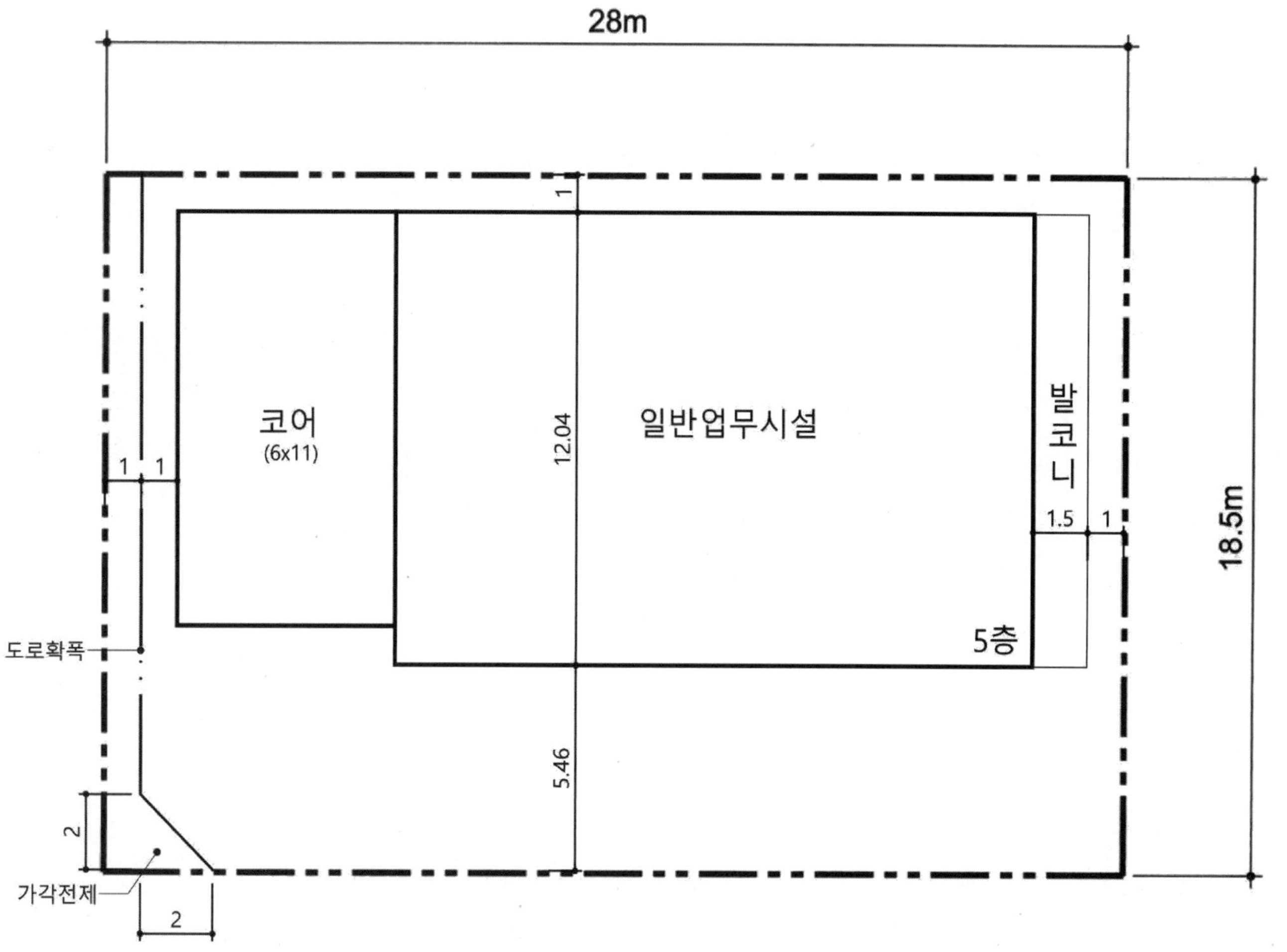

기준층 평면도

축척: 1/200

건축사자격시험 과년도 출제문제

1교시 대지계획

定價 33,000원

편 저 한 솔 아 카 데 미
건축사수험연구회

발행인 이 종 권

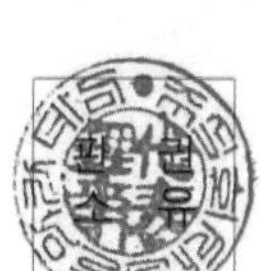

2013年 5月 22日 초 판 발 행
2015年 5月 26日 2차개정발행
2016年 5月 12日 3차개정발행
2017年 5月 29日 4차개정발행
2018年 4月 27日 5차개정발행
2019年 4月 9日 6차개정발행
2019年 12月 9日 7차개정발행
2020年 12月 22日 8차개정발행
2022年 5月 4日 9차개정발행
2024年 1月 10日 10차개정발행

發行處 **(주) 한솔아카데미**

(우)06775 서울시 서초구 마방로10길 25 트윈타워 A동 2002호
TEL : (02)575-6144/5 FAX : (02)529-1130
〈1998. 2. 19 登錄 第16-1608號〉

ISBN 979-11-6654-443-9 14540
ISBN 979-11-6654-442-2 (세트)